AF587311

# HANDBUCH DER ANALYTISCHEN CHEMIE

HERAUSGEGEBEN

VON

W. FRESENIUS UND G. JANDER
WIESBADEN BERLIN

## DRITTER TEIL
## QUANTITATIVE BESTIMMUNGS- UND TRENNUNGSMETHODEN

### BAND IIIaβ/IIIb
### ELEMENTE DER DRITTEN HAUPTGRUPPE TEIL II UND DER DRITTEN NEBENGRUPPE

ZWEITE AUFLAGE

Springer-Verlag Berlin Heidelberg GmbH

1956

# ELEMENTE DER DRITTEN HAUPTGRUPPE TEIL II UND DER DRITTEN NEBENGRUPPE

GALLIUM · INDIUM · THALLIUM · SCANDIUM
YTTRIUM · ELEMENTE DER SELTENEN ERDEN
(LANTHAN-CASSIOPEIUM) · ACTINIUM UND MESOTHOR 2
ACTINIUM UND ISOTOPE

ZWEITE AUFLAGE

BEARBEITET
VON
A. BRUKL · O. ERBACHER † · A. FAESSLER · W. HERR
H.-G. JERSCHKEWITZ · K. LANG · G. RIENÄCKER

MIT 8 ABBILDUNGEN

Springer-Verlag Berlin Heidelberg GmbH

1956

Ursprünglich erschienen bei Springer-Verlag OHG., Berlin/Göttingen/Heidelberg 1956.
Softcover reprint of the hardcover 2nd edition 1956

ISBN 978-3-662-30583-6
DOI 10.1007/978-3-662-30582-9

ISBN 978-3-662-30582-9 (eBook)

# Inhaltsverzeichnis.

# Verzeichnis der Zeitschriften und ihrer Abkürzungen.

| Abkürzung | Zeitschrift |
|---|---|
| *A.* | LIEBIGS Annalen der Chemie; bis **172** (1874): Annalen der Chemie und Pharmacie. |
| *Acc. Sci. med. Ferrara* | Accadimie delle scienze mediche di Ferrara. |
| *A. Ch.* | Annales de Chimie; vor 1914: Annales de Chimie et de Physique. |
| *Acta Comment. Univ. Tartu* | Acta et Commentationes Universitatis Tartensis (Dorpatensis). |
| *Acta med. Scand.* | Acta Medica Scandinavica. |
| *Agricultura* | Agricultura. |
| *Am. Chem. J.* (*Am. Ch.*) | American Chemical Journal; seit 1917 vereinigt mit Am. Soc. |
| *Am. Fertilizer* | The American Fertilizer. |
| *Am. J. Physiol.* | American Journal of Physiology. |
| *Am. J. Sci.* | American Journal of Science. |
| *Am. Soc.* | Journal of the American Chemical Society. |
| *Am. Soc. Test. Mater.* (*Am. Soc. Testing Materials*) | American Society of Testing Materials. |
| *Anal. Chem.* | Analytical Chemistry, früher Ind. Eng. Chem. Anal. Edit. |
| *Anal. chim. Acta* | Analytica chimica acta. |
| *Analyst* | The Analyst. |
| *An. Argentina* | Anales de la asociación química Argentina. |
| *An. Españ.* | Anales de la sociedad espanola de física y química; seit **1941**: Anales de fisica y quimica (Madrid). |
| *An. Farm. Bioquim.* | Anales de farmacia y bioquímica (Buenos Aires). |
| *Angew. Ch.* | Angewandte Chemie, vor 1932: Zeitschrift für angewandte Chemie. |
| *Ann. Acad. Sci. Fenn.* | Annales academiae scientiarum fennicae. |
| *Ann. agronom.* | Annales agronomiques. |
| *Ann. Chim. anal.* | Annales de Chimie analytique et de Chimie appliquée. |
| *Ann. Chim. appl*(*ic*). | Annali di chimica applicata. |
| *Ann. Falsific.* | Annales des Falsifications et des Fraudes. |
| *Ann. Office nat. Combustibles liquides* | Annales de l'Office National des Combustibles Liquides. |
| *Ann. Phys.* | Annalen der Physik (GRÜNEISEN und PLANCK). |
| *Ann. Sci. agronom. Franç.* | Annales de la Science agronomique française et étrangère; nach 1930: Annales agronomiques. |
| *Ann. Soc. Sci. Bruxelles* | Annales de la société scientifique de Bruxelles, Série A: Sciences mathématiques; Série B: physiques et naturelles. |
| *Anz. Akad. Wiss. Wien, math.-naturwiss. Kl.* | Anzeiger der Akademie der Wissenschaften in Wien, Mathematische-Naturwissenschaftliche Klasse. |
| *Anz. Krakau. Akad.* | Anzeiger der Akademie der Wissenschaften, Krakau. |
| *Apoth.-Z.* | Apotheker-Zeitung. |
| *Ar.* | Archiv der Pharmazie. |
| *Arch. Eisenhüttenw.* | Archiv für das Eisenhüttenwesen. |
| *Arch. exp. Pathol.* | Archiv für experimentelle Pathologie und Pharmakologie (NAUNYN-SCHMIEDEBERG). |
| *Arch. Math. Naturvidensk* (*Arch. F. Mathem. og Naturvid.*) | Archiv for Mathematik og Naturvidenskab. |
| *Arch. Néerland. Physiol.* | Archives Néerlandaises de Physiologie de l'Homme et des Animaux. |
| *Arch. Phys. biol.* | Archives de Physique biologique et de Chimie-Physique des Corps organisés. |
| *Arch. Physiol.* | Archiv für die gesamte Physiologie des Menschen und der Tiere (PFLÜGER). |

| Abkürzung | Zeitschrift |
|---|---|
| *Arch. Sci. biol.* | Archivio di science biologiche (Italy). |
| *Arch. Sci. phys. nat. Genève* | Archives des Sciences physiques et naturelles, Genève. |
| *Atti Accad. Lincei* | Atti della Reale Accademia nazionale dei Lincei. |
| *Atti Accad. Sci. Torino* | Atti della Reale Accademia delle Scienze di Torino. |
| *Atti Congr. naz. Chim. pura applic.* | Atti del congresso nazionale di chimica pura ed applicata. |
| *Atti X Congr. int. Chim., Roma (Atti Congr. int. Chim. Roma)* | Atti del X Congresso Internazionale di Chimica (Roma). |
| *Austr. J. exp. Biol. med. Sci.* | Australian Journal of Experimental Biology and Medical Science. |
| *B.* | Berichte der Deutschen Chemischen Gesellschaft. |
| *Ber. dtsch. keram. Ges.* | Berichte der Deutschen Keramischen Gesellschaft. |
| *Ber. dtsch. pharm. Ges.* | Berichte der Deutschen Pharmazeutischen Gesellschaft. |
| *Ber. oberhess. Ges. Naturk.* | Bericht der oberhessischen Gesellschaft für Natur- und Heilkunde. |
| *Ber. Wien. Akad.* | Sitzungsberichte der Akademie der Wissenschaften, Wien. |
| *Betriebslab.* | Betriebslaboratorium; russ.: Sawodskaja Laboratorija. |
| *Biochem. J.* | Biochemical Journal. |
| *Biol. Bl.* | Biological Bulletin of the Marine Biological Laboratory; seit 1930: Biological Bulletin. |
| *Bio. Z.* | Biochemische Zeitschrift. |
| *Bl.* | Bulletin de la Société chimique de France; vor 1907: Bulletin de la Société chimique de Paris. |
| *Bl. Acad. Roum.* | Bulletin de la section scientifique de l'Académie Roumaine. |
| *Bl. Acad. Russie* | Bulletin de l'Académie des Sciences de Russie; seit 1925: Bl. Acad. URSS. |
| *Bl. Acad. Sci. Pétersb.* | Bulletin de l'Académie impériale des Sciences, Pétersbourg; seit 1917: Bl. Acad. Russie. |
| *Bl. Acad. URSS.* | Bulletin de l'Académie des Sciences de l'U[nion des] R[épubliques] S[oviétiques] S[ocialistes]. |
| *Bl. Acad. URSS., Sér. chim.* | Bulletin de l'Académie des Sciences de l'U[nion des] R[épubliques S[oviétiques] S[ocialistes], Sér. chimique. |
| *Bl. agric. chem. Soc. Japan* | Bulletin of the Agricultural Chemical Society of Japan. |
| *Bl. Am. phys. Soc.* | Bulletin of the American Physical Society. |
| *Bl. Assoc. techn. Fonderie (Bull. [Ass.] techn. Fonderie)* | Bulletin de l'Association Technique de Fonderie. |
| *Bl. Biol. pharm.* | Bulletin des Biologistes pharmaciens. |
| *Bl. Bur. Mines Washington* | Bulletin, Bureau of Mines, Washington. |
| *Bl. chem. Soc. Japan* | Bulletin of the Chemical Society of Japan. |
| *Bl. Chim. pura apl. Bukarest (B. Chim. pura aplicata Bukarest)* | Buletinul de Chimie Pură si Aplicată (al Societătii Romane de Chimie) Bukarest. |
| *Bl. Inst. physic. chem. Res. (Abstr.) Tôkiô* | Bulletin of the Institute of Physical and Chemical Research, Abstracts, Tôkyô. |
| *Bl. Sci. pharmacol.* | Bulletin des Sciences pharmacologiques. |
| *Bl. Soc. chim. Belg.* | Bulletin de la Société chimique Belgique. |
| *Bl. Soc. Chim. biol.* | Bulletin de la Société de Chimie biologique. |
| *Bl. Soc. chim. Paris* | Vgl. Bl. |
| *Bl. Soc. Min.* | Bulletin de la Société française de Minéralogie. |
| *Bl. Soc. Mulhouse* | Bulletin de la Société industrielle de Mulhouse. |
| *Bl. Soc. Pharm. Bordeaux* | Bulletin des Travaux de la Société de Pharmacie de Bordeaux. |
| *Bl. Soc. România* | Buletinul societatii de chimie din România. |
| *Bodenkunde Pflanzenernähr.* | Bodenkunde und Pflanzenernährung: 1. Folge (Band 1 bis 45) heißt: Zeitschrift für Pflanzenernährung, Düngung und Bodenkunde. |
| *Boll. chim. farm.* | Bolletino chimico-farmaceutico. |
| *Branntwein-Ind. (russ.)* | Branntwein-Industrie (russisch). |
| *Brit. chem. Abstr.* | British Chemical Abstracts. |
| *Bur. Stand. J. Res.* | Bureau of Standards Journal of Research. |
| *C.* | Chemisches Zentralblatt. |
| *Canad. Chem. Metallurgy (Can. Chem. Met.)* | Canadian Chemistry and Metallurgy; ab Bd. 22 (1938): Canadian Chemistry and Process Industries. |

| Abkürzung | Zeitschrift |
|---|---|
| *Canadian J. Res.* | Canadian Journal of Research. |
| *Časopis českoslov. Lékárn.* | Časopis československého Lékárnictva. |
| *Cereal Chem.* | Cereal Chemistry. |
| *Chem. Abstr.* | Chemical Abstracts. |
| *Chem. Age* | Chemical Age. |
| *Chem. Apparatur* | Chemische Apparatur. |
| *Chem. eng. min. Rev.* | Chemical Engineering and Mining Review. |
| *Chem. Ind.* | Chemistry and Industry. |
| *Chemisat. soc. Agric. (Chemisat. socialist. Agr.) (russ.)* | Chemisation of Socialistic Agriculture (russisch). |
| *Chemist-Analyst* | The Chemist-Analyst. |
| *Chem. J. Ser. A* | Chemisches Journal Serie A, Journal für allgemeine Chemie; russ.: Chimitscheski Shurnal Sser. A, Shurnal obschtschei Chimii. |
| *Chem. J. Ser. B* | Chemisches Journal Serie B, Journal für angewandte Chemie; russ.: Chimitscheski Shurnal Sser. B, Shurnal prikladnoi Chimii. |
| *Chem. Listy* | Chemické Listy pro vědu a průmysl. |
| *Chem. Metallurg. Eng. (Chem. Met. Engin.)* | Chemical and Metallurgical Engineering. |
| *Chem. N.* | Chemical News. |
| *Chem. Obzor* | Chemický Obzor. |
| *Chem. Reviews* | Chemical Reviews. |
| *Chem. social. Agric.* | Chemisation of socialistic Agriculture; russ.: Chimisazia sozialistitscheskogo Semledelija. |
| *Chem. Trade J. chem. Engr. (Chem. Trade J.)* | Chemical Trade Journal and Chemical Engineer. |
| *Chem. Weekbl.* | Chemisch Weekblad. |
| *Ch. Fabr.* | Die chemische Fabrik. |
| *Chim. e Ind. (Milano)* | Chimica e Industria (Milano). |
| *Chim. Ind.* | Chimie & Industrie. |
| *Chim. Ind. 17. Congr. Paris* | Chimie & Industrie, 17. Congrès, Paris. |
| *Ch. Ind.* | Die chemische Industrie. |
| *Ch. Z.* | Chemiker-Zeitung. |
| *Ch. Z. Chem. techn. Übersicht* | Chemiker-Zeitung, Chemisch-technische Übersicht. |
| *Ch. Z. Repert.* | Chemiker-Zeitung, Repertorium. |
| *Coll. Trav. chim. Tchécosl.* | Collection des Travaux chimiques de Tchécoslovaquie. |
| *C. r.* | Comptes rendus de l'Académie des Sciences. |
| *C. r. Acad. URSS.* | Comptes rendus (Doklady) de l'académie des sciences de l'U[nion des] R[épubliques] S[oviétiques] S[ocialistes]. |
| *C. r. Carlsberg* | Comptes rendus des Travaux du Laboratoire de Carlsberg. |
| *C. r. Soc. Biol.* | Comptes rendus de la Société de Biologie. |
| *Current Sci.* | Current Science. |
| *Dansk Tidsskr. Farm.* | Dansk Tidsskrift for Farmaci. |
| *Dingl. J.* | DINGLERS Polytechnisches Journal. |
| *Dtsch. med. Wschr.* | Deutsche medizinische Wochenschrift. |
| *Dtsch. tierärztl. Wschr.* | Deutsche tierärztliche Wochenschrift. |
| *Eng. Min. Journ.* | Engineering and Mining Journal. |
| *E. P.* | Englisches Patent. |
| *Erzmetall* | Zeitschrift für Erzbergbau und Metallhüttenwesen; neue Folge von „Metall und Erz". |
| *Fenno-Chem.* | Fenno-Chemica. |
| *Finska Kemistsamfundets Medd.* | Finska Kemistsamfundets Meddelanden; fortgesetzt unter der Bezeichnung: Fenno-Chemica. |
| *Fortschr. Chem. Physik physik. Chem.* | Fortschritte der Chemie, Physik und physikalischen Chemie. |
| *Fr.* | Zeitschrift für analytische Chemie (FRESENIUS). |
| *G.* | Gazzetta chimica italiana. |
| *Gas- und Wasserfach* | Das Gas- und Wasserfach; vor 1922: Journal für Gasbeleuchtung sowie für Wasserversorgung. |
| *Gen. electr. Rev. (General Electric Rev.)* | General Electric Review. |

| Abkürzung | Zeitschrift |
|---|---|
| *Giorn. Biol. appl. Ind. chim. aliment.* (*G. Biol. appl. Ind. chim.*) | Giornale di Biologia Applicata alla Industria Chimica ed Alimentare; ab Bd. **5** (1935): Giornale di Biologia Industriale Agraria ed Alimentare. |
| *Giorn. Chim. ind. ed applic.* (*Giorn. Chim. ind. appl.*) | Giornale di Chimica Industriale ed Applicata. |
| *Glastechn. Ber.* | Glastechnische Berichte. |
| *Glückauf* | Glückauf, berg- und hüttenmännische Zeitschrift. |
| *H.* | Zeitschrift für physiologische Chemie (Hoppe-Seyler). |
| *Helv.* | Helvetica chimica acta. |
| *Ind. Chemist* (*chem. Manufacturer*) (*Ind. Chemist a. Chemical Manufacturer*) | Industrial Chemist and Chemical Manufacturer. |
| *Ind. chimica* | L'Industria chimica, mineraria e metallurgica. |
| *Ind. eng. Chem.* | Industrial and Engineering Chemistry. |
| *Ind. eng. Chem. Anal. Edit.* | Industrial and Engineering Chemistry, Analytical Edition. |
| *Ing. Chimiste* (*Bruxelles*) | Ingénieur Chimiste (Bruxelles). |
| *Internat. Sugar J.* | International Sugar Journal. |
| *J. agric. Sci.* | Journal of Agricultural Science. |
| *J. Am. ceram. Soc.* | Journal of the American Ceramic Society. |
| *J. Am. Leather Chem.* | Journal of the American Leather Chemists' Association. |
| *J. Am. med. Assoc.* | Journal of the American Medical Association. |
| *J. Am. pharm. Assoc.* | Journal of the American Pharmaceutical Association. |
| *J. Am. Soc. Agron.* | Journal of the American Society of Agronomy. |
| *J. Am. Water Works Assoc.* | Journal of the American Water Works Association. |
| *J. anal. appl. Chem.* | Journal of Analytical and Applied Chemistry. |
| *J. Assoc. offic. agric. Chem.* | Journal of the Association of Official Agricultural Chemists. |
| *J. Biochem.* | Journal of Biochemistry (Japan). |
| *J. biol. Chem.* | Journal of Biological Chemistry. |
| *Jbr.* | Jahresberichte über die Fortschritte der Chemie (Liebig und Kopp), 1847—1910. |
| *Jb. Radioakt.* | Jahrbuch der Radioaktivität und Elektronik. |
| *J. chem. Educat.* | Journal of Chemical Education. |
| *J. chem. Ind.* | Journal der chemischen Industrie; russ.: Shurnal Chimitscheskoi Promyschlennosti. |
| *J. chem. Physics* (*J. chem. Phys.*) | Journal of Chemical Physics. |
| *J. chem. Soc.* | Journal of the Chemical Society of London. |
| *J. chem. Soc. Japan* | Journal of the Chemical Society of Japan. |
| *J. Chim. appl.* (*J. chem. applic.*) (*russ.*) | Journal de Chimie Appliquée (russisch). |
| *J. Chim. phys.* | Journal de Chimie physique; seit 1931: ... et Revue générale des Colloides. |
| *J. chos. med. Assoc.* | Journal of the Chosen Medical Association (Japan). |
| *Jernkont. Ann.* | Jernkontorets Annaler. |
| *J. ind. eng. Chem.* | Journal of Industrial and Engineering Chemistry; seit 1923: Ind. eng. Chem. |
| *J. Indian chem. Soc.* | Journal of the Indian Chemical Society. |
| *J. Indian Inst. Sci.* | Journal of the Indian Institute of Science. |
| *J. Inst. Brew.* | Journal of the Institute of Brewing. |
| *J. Inst. Petrol. Tech.* | Journal of the Institution of Petroleum Technologists. |
| *J. Iron Steel Inst.* | Journal of the Iron and Steel Institute. |
| *J. Labor clin. Med.* | Journal of Laboratory and Clinical Medicine. |
| *J. Landwirtsch.* | Journal für Landwirtschaft. |
| *J. of Hyg.* (*Brit.*) | Journal of Hygiene (britisch). |
| *J. opt. Soc. Am.* | Journal of the Optical Society of America. |
| *J. Pharm. Belg.* | Journal de Pharmacie de Belgique. |
| *J. Pharm. Chim.* | Journal de Pharmacie et de Chimie. |
| *J. pharm. Soc. Japan* | Journal of the Pharmaceutical Society of Japan. |
| *J. physic. Chem.* | Journal of Physical Chemistry. |
| *J. Physiol.* | Journal of Physiology. |
| *J. pr.* | Journal für praktische Chemie. |
| *J. Pr. Austr. chem. Inst.* | Journal and Proceedings of the Australian Chemical Institute. |

| Abkürzung | Zeitschrift |
|---|---|
| *J. Res. Nat. Bureau of Standards* | Journal of Research of the National Bureau of Standards, früher: Bur. Stand. J. Res. |
| *J. Russ. phys.-chem. Ges.* | Journal der russischen physikalisch-chemischen Gesellschaft. |
| *J. S. African chem. Inst.* | Journal of the South African Chemical Institute. |
| *J. Sci. Soil Manure* | Journal of the Sciences of Soil and Manure (Japan). |
| *J. Soc. chem. Ind.* | Journal of the Society of Chemical Industrie (Chemistry and Industry). |
| *J. Soc. chem. Ind. Japan (Suppl.)* | Journal of the Society of Chemical Industry, Japan. Supplement. |
| *J. Soc. Dyers Colourists* | Journal of the Society of Dyers and Colourists. |
| *J. Washington Acad. Sci.* | Journal of the Washington Academy of Sciences. |
| *J. Zucker-Ind.* | Journal der Zuckerindustrie; russ.: Shurnal Sakharnoi Promyschlennosti. |
| *Keem. Teated* | Keemia Teated (Tartu). |
| *Kem. Maanedsbl. nord. Handelsbl. kem. Ind.* | Kemisk Maanedsblad og Nordisk Handelsblad for Kemisk Industri. |
| *Klin. Wschr.* | Klinische Wochenschrift. |
| *Koks u. Chem. (russ.)* | Koks und Chemie (russisch). |
| *Kolloidchem. Beih.* | Kolloidchemische Beihefte. |
| *Kolloid-Z.* | Kolloid-Zeitschrift. |
| *Lantbruks-Akad. Handl. Tidskr.* | Kungl. Lantbruks-Akademiens Handlingar och Tidskrift. |
| *Lantbruks-Högskol. Ann.* | Lantbruks-Högskolans Annaler. |
| *L. V. St.* | Landwirtschaftliche Versuchsstation. |
| *M.* | Monatshefte für Chemie. |
| *Magyar Chem. Folyóirat* | Magyar Chemiai Folyóirat (Ungarische chemische Zeitschrift). |
| *Malayan agric. J.* | Malayan Agricultural Journal. |
| *Medd. Centralanst. Försöksväs. jordbruks., landwirtsch.-chem. Abt.* | Meddelande från Centralanstalten för Försöksväsendet på Jordbruksområdet, landbrukskemi. |
| *Medd. Nobelinst.* | Meddelanden från K. Vetenskapsakademiens Nobelinstitut. |
| *Med. Doswiadczalna i Spoleczna* | Medycyna Doswiadczalna i Spoleczna. |
| *Mem. Sci. Kyoto Univ.* | Memoirs of the College of Science, Kyoto Imperal University |
| *Metal Ind. (London)* | Metal Industry (London). |
| *Metallurgia ital. (Metallurg. Ital.)* | Metallurgia Italiana. |
| *Metallwirtschaft (Metallwirtsch., Metallwiss., Metalltechn.)* | Metallwirtschaft, Metallwissenschaft, Metalltechnik. |
| *Met. Erz* | Metall und Erz. |
| *Mikrochemie (Mikrochem.)* | Mikrochemie, vereinigt mit Mikrochimica acta. |
| *Mikrochim. A.* | Mikrochimica acta. |
| *Milchw. Forsch.* | Milchwirtschaftliche Forschungen. |
| *Mitt. berg- u. hüttenmänn. Abt. kgl. ung. Palatin-Joseph-Universität Sopron* | Mitteilungen der berg- und hüttenmännischen Abteilung der königlich ungarischen Palatin-Joseph-Universität, Sopron. |
| *Mitt. Forsch.-Anst. G. H. Hütte (Gutehoffnungshütte-Konzerns)* | Mitteilungen aus den Forschungsanstalten des Gutehoffnungshütte-Konzerns. |
| *Mitt. Geb. Lebensmitteluntersuch. Hyg.* | Mitteilungen auf dem Gebiet der Lebensmitteluntersuchung und Hygiene. |
| *Mitt. Kali-Forsch.-Anst.* | Mitteilungen der Kali-Forschungsanstalt. |
| *Mitt. K.W. I. Eisenforschg. (Düsseldorf)* | Mitteilungen aus dem Kaiser-Wilhelm-Institut für Eisenforschung zu Düsseldorf. |
| *Nachr. Götting. Ges.* | Nachrichten der Kgl. Gesellschaft der Wissenschaften, Göttingen; seit 1923 fällt „Kgl." fort. |
| *Nature* | Nature (London). |
| *Naturwiss.* | Naturwissenschaften. |
| *Natuurwetensch. Tijdschr.* | Natuurwetenschappelijk Tijdschrift. |
| *Nederl. Tijdschr. Geneesk.* | Nederlandsch Tijdschrift voor Geneeskunde. |
| *Neues Jahrb. Mineral. Geol.* | Neues Jahrbuch für Mineralogie, Geologie und Paläontologie. |

| Abkürzung | Zeitschrift |
|---|---|
| *New Zealand J. Sci. Tech.* | New Zealand Journal of Science and Technology. |
| *Öst. Ch. Z.* | Österreichische Chemiker-Zeitung. |
| *Onderstepoort J. Vet. Sci.* | Onderstepoort Journal of Veterinary Science and Animal Industry. |
| *P. C. H.* | Pharmazeutische Zentralhalle. |
| *Ph. Ch.* | Zeitschrift für physikalische Chemie. |
| *Pharm. Weekbl.* | Pharmaceutisch Weekblad. |
| *Pharm. Z.* | Pharmazeutische Zeitung. |
| *Phil. Mag.* | Philosophical Magazine and Journal of Science. |
| *Phil. Trans.* | Philosophical Transactions of the Royal Society of London. |
| *Phys. Rev.* | Physical Review. |
| *Phys. Z.* | Physikalische Zeitschrift. |
| *Plant Physiol.* | Plant Physiology. |
| *Pogg. Ann.* | Annalen der Physik und Chemie, herausgegeben von POGGENDORF (1824—1877); dann Wied. Ann. (1877—1899); seit 1900: Ann. Phys. |
| *Pr. Am. Acad.* | Proceedings of the American Academy of Arts and Sciences, Boston. |
| *Pr. Am. Soc. Test. Mater.* (*Pr. Am. Soc. for testing Materials*) | Proceedings of the American Society for Testing Materials. |
| *Pr.* (*chem. Soc.*) | Proceedings of the Chemical Society (London). |
| *Pr. Indian Acad. Sci.* | Proceedings of the Indian Academy of Sciences. |
| *Pr. internat. Soc. Soil Sci.* | Proceedings of the International Society of Soil Science. |
| *Pr. Leningrad Dept. Inst. Fert.* | Proceedings of the Leningrad Departmental Institute of Fertilizers. |
| *Pr. Roy. Soc. Edinburgh* | Proceedings of the Royal Society of Edinburgh. |
| *Pr. Roy. Soc. London Ser. A* | Proceedings of the Royal Society (London). Serie A: Mathematical and Physical Sciences. |
| *Pr. Roy. Soc. New South Wales* | Proceedings of the Royal Society of New South Wales. |
| *Pr. Soc. Cambridge* | Proceedings of the Cambridge Philosophical Society. |
| *Problems Nutrit.* | Problems of Nutrition; russ.: Woprossy Pitanija. |
| *Pr. Oklahoma Acad. Sci.* | Proceedings of the Oklahoma Academy of Science. |
| *Pr. Soc. exp. Biol. Med.* | Proceedings of the Society for Experimental Biology and Medicine. |
| *Pr. Utah Acad. Sci.* | Proceedings of the Utah Academy of Sciences. |
| *Przemysl Chem.* | Przemysl Chemiczny. |
| *Publ. Health Rep.* | Public Heath Reports. |
| *R.* | Recueil des Travaux chimiques des Pays-Bas. |
| *Radium* | Le Radium, seit 1920: Journal de Physique et Le Radium. |
| *Rep. Connecticut agric. Exp. Stat.* | Report of the Connecticut Agricultural Experiment Station. |
| *Repert. anal. Chem.* | Repertorium der analytischen Chemie (1881—1887). |
| *Répert. Chim. appl.* | Répertoire de Chimie pure et appliquée (von 1864 ab: Bulletin de la Société chimique de France). |
| *Rep. Invest.* (*Rep. Investig.*) | United States Department Interior, Bureau of Mines, Report of Investigation. |
| *Rev. brasil. chim.* (*Revista brasileira de chimica*) | Revista Brasileira de Chimica (São Paulo). |
| *Rev. Centro Estud. Farm. Bioquim.* | Revista del centro estudiantes de farmacia y bioquímica. |
| *Rev. Mét.* | Revue de Métallurgie. |
| *Rev. univ. des Min.* | Revue universelle des Mines. |
| *Roczniki Chem.* | Roczniki Chemji. |
| *Schweiz. Apoth. Z.* | Schweizerische Apotheker-Zeitung. |
| *Schweiz. med. Wschr.* | Schweizerische medizinische Wochenschrift. |
| *Schw. J.* | SCHWEIGGERS Journal für Chemie und Physik (Nürnberg, Berlin 1811—1833, 68 Bde.). |
| *Science* | Science (New York). |
| *Sci. Pap. Inst. Tôkyô* | Scientific Papers of the Institute of Physical and Chemical Research Tôkyô. |
| *Sci. quart. nat. Univ. Peking* | Science Quarterly of the National University of Peking. |

| Abkürzung | Zeitschrift |
|---|---|
| *Sci. Rep. Tôhoku (Imp. Univ.)* | Science Reports of the Tôhoku Imperial University. |
| *Skand. Arch. Physiol.* | Skandinavisches Archiv für Physiologie. |
| *Soc.* | Journal of the Chemical Society of London. |
| *Soc. chem. Ind. Victoria (Proc.)* | Society of Chemical Indıstry of Viktoria, Proceedings. |
| *Soil Sci.* | Soil Science. |
| *Spectrochim. Acta.* | Spectrochimica Acta. |
| *Sprechsaal* | Sprechsaal für Keramik-Glas-Email. |
| *Stahl Eisen* | Stahl und Eisen. |
| *Svensk Tekn. Tidskr.* | Svensk Teknisk Tidskrift. |
| *Sv. V.A.H. (SvVAH, Sv. Vet. Akad. Handl.)* | Svenska Vetenskaps-Akademiens-Handlingar. |
| *Techn. Mitt. Krupp* | Technische Mitteilungen KRUPP. |
| *Tôhoku J. exp. Med.* | Tôhoku Journal of Experimental Medicine. |
| *Trans. Am. electrochem. Soc.* | Transactions of the American Electrochemical Society. |
| *Trans. Am. Inst. min. metalling. Eng. (Trans. Am. Inst. Min. Eng.)* | Transactions of the American Institute of Mining and Metallurgical Engineers. |
| *Trans. Butlerov Inst. chem. Technol. Kazan* | Transactions of the BUTLEROV Institute; (seit 1935: KIROV Institute) for Chemical Technology of Kazan. |
| *Trans. ceram. Soc. England* | Transactions of the Ceramic Society, England; ab Bd. **38** (1939): Transactions of the British Ceramic Society. |
| *Trans. Dublin Soc.* | Scientific Transactions of the Royal Dublin Society. |
| *Trans. Faraday Soc.* | Transactions of the FARADAY Society. |
| *Trans. Roy. Soc. Edinburgh* | Transactions of the Royal Society of Edinburgh. |
| *Trans. sci. Inst. Fert.* | Transactions of the Scientific Institute of Fertilizers and Insectofungicides (USSR.). |
| *Trans. Sci. Soc. China* | Transactions of the Science Society of China. |
| *Trav. Inst. Etat Radium (russ.)* | Travaux de l'Institut d'Etat de Radium (russisch). |
| *Trav. Lab. biogéochim. Acad. Sci. URSS.* | Travaux du laboratoire biogéochimique de l'académie des sciences de l'U[nion des] R[épubliques] S[oviétiques] S[ocialistes]. |
| *Uchen. Zapiski Kazan. Gosud. Univ.* | Uchenye Zapiski Kazanskogo Gosudarstvennogo Universiteta (USSR.). |
| *Ukrain. chem. J.* | Ukrainian Chemical Journal (Journal chimique de l'Ukraine). |
| *Union pharm.* | Union pharmaceutique. |
| *Union S. Africa Dept. Agric.* | Union of South Africa. Department of Agriculture. |
| *Univ. Illinois Bl.* | University of Illinois, Bulletin. |
| *U. S. Dep. Commerce Bur. Mines Bl. (U. S. Bur. Min. B.)* | U. S. Department of Commerce, Bureau of Mines, Bulletin. |
| *U. S. Dep. Interior Bur. (U. S. Mines Bull.)* | United States Department of the Interior, Bureau of Mines, Bulletin. |
| *U. S. Dept. Agric. Bl.* | United States Department of Agriculture, Bulletins. |
| *U. S. Geol. Surv. Bl.* | United States Geological Survey Bulletin. |
| *Verh. phys. Ges.* | Verhandlungen der Deutschen physikalischen Gesellschaft. |
| *Vorratspflege u. Lebensmittelforsch.* | Vorratspflege und Lebensmittelforschung. |
| *Washington Acad. Science* | Journal of the Washington Academy of Sciences. |
| *Wschr. Brauerei* | Wochenschrift für Brauerei. |
| *Wied. Ann.* | Annalen der Physik und Chemie, herausgegeben von WIEDEMANN; s. Pogg. Ann. |
| *Wien. klin. Wschr.* | Wiener klinische Wochenschrift. |
| *Wien. med. Wschr.* | Wiener medizinische Wochenschrift. |
| *Wiss. Nachr. Zucker-Ind.* | Wissenschaftliche Nachrichten der Zuckerindustrie (ukrain.). |
| *Wiss. Veröffentl. Siemens-Konzern* | Wissenschaftliche Veröffentlichung aus dem SIEMENS-Konzern (seit 1935: aus den SIEMENS-Werken). |
| *Z. anorg. Ch.* | Zeitschrift für anorganische und allgemeine Chemie. |
| *Zbl. Min. Geol. Paläont. Abt. A* | Zentralblatt für Mineralogie, Geologie und Paläontologie, Abt. A.: Mineralogie und Petrographie. |

| Abkürzung | Zeitschrift |
|---|---|
| *Z. Chem. Ind. Kolloide* | Zeitschrift für Chemie und Industrie der Kolloide; seit 1913: Kolloid-Zeitschrift. |
| *Z. Deutsch. Öl- u. Fettind.* | Zeitschrift für Deutsche Öl- und Fettindustrie. |
| *Z. El. Ch.* | Zeitschrift für Elektrochemie. |
| *Zentr. wiss. Forsch.-Inst. Leder-Ind.* | Zentrales wissenschaftliches Forschungsinstitut für die Lederindustrie; russ.: Zentralny nautschno-issledowatelski Institut koshewennoi Promyschlennosti, Sbornik Rabot. |
| *Z. ges. Brauw.* | Zeitschrift für das gesamte Brauwesen. |
| *Z. ges. Kältetechnik (-Industrie)* | Zeitschrift für die gesamte Kältetechnik (-Industrie). |
| *Z. Hygiene* | Zeitschrift für Hygiene und Infektionskrankheiten. |
| *Z. klin. Med.* | Zeitschrift für klinische Medizin. |
| *Z. Krist.* | Zeitschrift für Kristallographie und Mineralogie. |
| *Z. landw. Vers.-Wes. Österr.* | Zeitschrift für das landwirtschaftliche Versuchswesen in Deutsch-Österreich; 1925—1933 genannt: Fortschritte der Landwirtschaft. |
| *Z. Lebensm.* | Zeitschrift für Untersuchung der Lebensmittel; bis 1925: Zeitschrift für Untersuchung der Nahrungs- und Genußmittel sowie der Gebrauchsgegenstände. |
| *Z. Metallkunde* | Zeitschrift für Metallkunde. |
| *Z. Naturforschg.* | Zeitschrift für Naturforschung. |
| *Z. Oberschl. Berg- u. Hüttenmänn. Verb.* | Zeitschrift des Oberschlesischen Berg- und Hüttenmännischen Verbandes. |
| *Z. öffentl. Ch.* | Zeitschrift für öffentliche Chemie. |
| *Z. Pflanzenernähr. Düng. Bodenkunde* | Vgl. Bodenkunde Pflanzenernähr. |
| *Z. Phys.* | Zeitschrift für Physik. |
| *Z. pr. Geol.* | Zeitschrift für praktische Geologie. |
| *Zprávy česk. keram. společnosti* | Zprávy československé keramické společnosti. |
| *Z. techn. Phys. (russ.)* | Zeitschrift für technische Physik (russ.). |
| *Z. VDI (Z. Ver. dtsch. Ing.)* | Zeitschrift des Vereins Deutscher Ingenieure. |

# Abkürzungen oft benutzter Sammelwerke.

| Abkürzung | Sammelwerk |
|---|---|
| *Berl-Lunge* | BERL-LUNGE: Chemisch-technische Untersuchungsmethoden, 8. Aufl. Berlin 1931—1934. Bis zur 7. Aufl. „LUNGE-BERL“ genannt. |
| *GM.* | GMELINS Handbuch der anorganischen Chemie, 8. Aufl. Berlin. |
| *Handb. Pflanzenanal.* | Handbuch der Pflanzenanalyse (KLEIN). |
| *Lunge-Berl* | Vgl. BERL-LUNGE. |
| *Schiedsverfahren* | Analyse der Metalle. Erster Band: Schiedsverfahren. 2. Aufl. Berlin-Göttingen-Heidelberg 1949. |

# ELEMENTE DER DRITTEN HAUPTGRUPPE TEIL II UND DER DRITTEN NEBENGRUPPE

# Gallium*.

Ga, Atomgewicht 69,72, Ordnungszahl 31.

Von **Günther Rienäcker**, Berlin, und **Hans-Georg Jerschkewitz**, Berlin.

**Inhaltsübersicht.**



* Siehe auch Nachtrag S. 141.

## Bestimmungsmöglichkeiten.

Gallium kann bestimmt werden

**A. Gewichtsanalytisch:**

1. Als Oxyd $Ga_2O_3$ nach Fällung des Galliumhydroxyds mit Ammoniak, nach Fällung des Hydroxyds oder basischer Salze durch Hydrolyse, nach Fällung einer Adsorptionsverbindung von Galliumhydroxyd und Tannin, nach Fällung mit Kupferron, nach Fällung des camphersauren Galliums, nach Fällung des Gallium-dibromoxychinolats.
2. Als Gallium-oxychinolat $Ga(C_9H_6NO)_3$.
3. Als Gallium-dibromoxychinolat $Ga(C_9H_4Br_2NO)_3$.
4. Als Galliummetall nach elektrolytischer Abscheidung.
5. Als Galliumhexacyanoferrat(II) $Ga_4[Fe(CN)_6]_3$.

**B. Maßanalytisch:**

1. Durch bromometrische Titration des Galliumoxychinolats.
2. Durch potentiometrische Verfolgung der Fällung von $Ga_4[Fe(CN)_6]_3$.

**C. Optisch:**

1. Durch colorimetrische Bestimmung.
2. Durch spektralanalytische Bestimmung.
3. Durch röntgenspektrographische Bestimmung.

## Eignung der wichtigsten Verfahren.

Von den gravimetrischen Verfahren sind folgende besonders zur genauen Bestimmung geeignet, die bei Galliummengen von einigen Milligramm bis etwa 0,1 bis 0,3 g mit der üblichen Genauigkeit von $\pm 0{,}1$ bis 0,2 mg arbeiten: Bestimmung als Galliumoxyd nach Fällung mit Kupferron, mit Tannin und Camphersäure, ferner die sehr genaue Bestimmung als Oxychinolat. Mengen von 0,1 bis 20 mg lassen sich genau mit Dibromoxychinolin bestimmen.

Welches Verfahren zu wählen ist, hängt im wesentlichen von den vorhandenen Begleitelementen ab; einige der erwähnten Verfahren sind recht spezifisch, so daß auch früher schwierige Trennungen, wie die von Aluminium, Zink, Indium u. a. heute leicht möglich sind. Am schwierigsten ist die Trennung von Eisen, die besondere Trennungsoperationen erfordert.

Zur Bestimmung kleiner Mengen Gallium ist als beste Methode die Spektralanalyse zu empfehlen; sie ist deshalb von besonderer Wichtigkeit, weil Gallium keine eigenen Mineralien bildet, sondern in sehr geringen Mengen recht häufig in anderen Mineralien enthalten ist. In der Mineralanalyse hat man daher immer mit außerordentlich kleinen Galliummengen zu rechnen, und eine Galliumbestimmung auf chemisch-analytischem Wege ist fast aussichtslos (s. § 10).

### Vorbereitung des Untersuchungsmaterials.

Galliummetall und Galliumverbindungen haben recht große Ähnlichkeit mit Aluminium und seinen Verbindungen. Metallische Proben werden also in Säure gelöst, in den üblichen Säuren ist Gallium, wenigstens in der Wärme, löslich. Die Wahl der Säure richtet sich naturgemäß nach den etwa vorhandenen Begleitmetallen.

Oxydisches oder silicatisches Material kann in üblicher Weise gelöst oder aufgeschlossen werden, auch eine Abscheidung der Kieselsäure durch Abrauchen ist in Gegenwart von Gallium möglich. Ganz allgemein — auch beim Lösen von Legierungen — ist jedoch zu beachten, daß Galliumchlorid leicht flüchtig ist. Salzsaure oder chloridhaltige Lösungen dürfen nur auf dem Wasserbad eingedampft und abgeraucht werden, beim Eindampfen auf freier Flamme und Erhitzen des Rückstandes, ferner beim Abrauchen von Ammoniumchlorid in Gegenwart von Galliumverbindungen entstehen sehr große Galliumverluste.

## *Bestimmungsmethoden.*

## § 1. Gravimetrische Bestimmung als Gallium(III)-oxyd.

$Ga_2O_3$, Molekulargewicht 187,44.

### Allgemeines.

**Übersicht über die Abscheidungsmethoden.** Zur Bestimmung des Galliums als Galliumoxyd kann es aus Lösung abgeschieden werden als Hydroxyd, als basisches Salz, als Adsorptionsverbindung des Hydroxyds an kolloide Säuren oder als Salz bzw. innerkomplexes Salz organischer Säuren.

Da Galliumhydroxyd amphoter ist, ist es nur mit schwachen Basen, z. B. sehr verdünntem Ammoniak, oder durch Hydrolysenmethoden zu fällen. Die Abscheidung mit Ammoniak ist nicht ganz einfach und leidet an manchen Schwierigkeiten; häufig ist die Fällung durch Hydrolyse vorzuziehen. Die Fällung unter Bildung einer sehr schwer löslichen Adsorptionsverbindung des Galliumhydroxyds an Tannin (Gerbsäure) und die Fällung mit organischen Reagenzien wie Kupferron u. a. sind der Ammoniakfällung überlegen, weil diese Methoden wesentlich empfindlicher und meist selektiver sind. Auf diese Methoden sei deshalb mit Nachdruck hingewiesen.

**Überführung der Niederschläge in Galliumoxyd und Wägung.** Die wichtigste Wägungsform des Galliums ist das Oxyd, das durch Verglühen der bei den erwähnten Fällungsmethoden entstehenden Niederschläge erzeugt wird.

Zum Veraschen und Verglühen benutzt man Porzellantiegel und arbeitet möglichst in oxydierender Atmosphäre, so daß durch Filterkohle etwa entstandene Reduktionsprodukte wieder oxydiert werden. Bis zur endgültigen Oxydation des Tiegelinhaltes soll vorsichtig erhitzt werden, da sonst Verluste durch Verflüchtigung möglich sind. $Ga_2O_3$ selbst ist bis gegen 2000° nicht merklich flüchtig (v. WARTENBERG und REUSCH), auch Galliummetall (Sdp. 2300° abs.) ist bei 1000° nicht merklich flüchtig (HARTECK). Der Gewichtsverlust beim Glühen von Galliumoxyd in reduzierender Atmosphäre ist verursacht durch das Auftreten von $Ga_2O$, das schon bei 660° sichtbar sublimiert [BRUKL (b)].

Hoch erhitztes (Rotglut) $Ga_2O_3$ greift etwas die Tiegelglasuren und auch Quarz an, was jedoch keine Gewichtsveränderung zur Folge hat [BRUKL (b)]. Das Glühen chloridhaltiger Niederschläge führt zu großen Verlusten infolge der hohen Flüchtigkeit des Galliumchlorids; Fällungen aus chloridhaltiger Lösung müssen daher stets mit besonderer Sorgfalt ausgewaschen werden. Galliumoxyd kann z. B. durch Erhitzen mit der doppelten Menge $NH_4Cl$ bei 250° verflüchtigt werden [BRUKL (b)].

Bei 1200 bis 1300° C geglühtes Galliumoxyd ist nicht hygroskopisch (LUNDELL und HOFFMAN), jedoch sind die in üblicher Weise, z. B. über starkem TECLU-Brenner erhaltenen Oxyde stets sehr hygroskopisch, so daß sie rasch im bedeckten Tiegel oder im geschlossenen Wägeglas gewogen werden müssen [FRICKE und MEYRING; MOSER und BRUKL (a); PAPISH und HOAG; DENNIS und BRIDGMAN]. Platintiegel sind zum Glühen nicht zu verwenden, da in Gegenwart von Platin oft stärkere Reduktion des Oxyds durch Filterkohle eintritt unter merklicher Bildung von Platin-Gallium-Legierungen [FRICKE und MEYRING; BRUKL (b)].

*Übliche Vorschrift zur Überführung eines Niederschlages in Oxyd.* Der auf Papierfilter filtrierte Niederschlag wird mit dem Filter getrocknet, mit Filter in einem Porzellantiegel vorsichtig verascht und in möglichst stark oxydierender Atmosphäre bei Rotglut bis zur Gewichtskonstanz erhitzt. Gewogen wird rasch im bedeckten Tiegel oder nach Einstellen des kalten Tiegels in ein tariertes, geschlossenes Wägeglas. Über das Verglühen des Ga-dibromoxychinolats zu $Ga_2O_3$ siehe unter § 3.

*Vorschrift nach* WILLARD *und* FOGG. Zur Vermeidung der Reduktion durch Papier und Filterkohle wird durch einen Porzellanfiltertiegel filtriert, der nach dem Trocknen bei 850° geglüht und rasch gewogen wird. Sodann wird der Tiegelinhalt so weitgehend wie möglich in einen gewogenen unglasierten Porzellantiegel umgeschüttet, sofort gewogen und bei 1200° konstant geglüht. Der so gefundene Gewichtsverlust wird auf die Gesamtmenge umgerechnet.

## Fällungsverfahren.

### A. Fällung mit Ammoniak.

**Vorbemerkung.** Die Abscheidung des $Ga(OH)_3$ mit Ammoniak [zuerst angegeben von LECOQ DE BOISBAUDRAN (a)] ist früher oft angewandt worden. Obwohl sie durch bessere Methoden ersetzt werden kann, ist eine kurze Beschreibung nötig. Die Fällung eignet sich zur Abscheidung größerer Galliummengen, sofern man die unten angegebenen Vorsichtsmaßregeln beachtet und geringe Verluste durch die merkliche Löslichkeit des Galliumhydroxyds in Kauf nimmt.

**Eigenschaften des Galliumhydroxyds.** Mit Ammoniak gefälltes Galliumhydroxyd ist ein Hydrogel, das entsprechend seiner amphoteren Natur in Säuren und Laugen gut löslich ist, ferner merklich in Ammoniak und auch in Wasser. $Ga(OH)_3$ ist noch etwas stärker sauer als $Al(OH)_3$, der Beginn der Fällung von $Ga(OH)_3$ und $Al(OH)_3$ liegt, vom sauren und alkalischen Gebiete ausgehend, bei folgenden Werten (SCHWARZ V. BERGKAMPF; vgl. auch FRICKE und MEYRING; FRICKE und BLENCKE):

| | pH des Beginns der Fällung aus | |
|---|---|---|
| | ursprünglich saurer Lösung | ursprünglich alkalischer Lösung |
| $Ga(OH)_3$ | 3,4 | 9,7 |
| $Al(OH)_3$ | 4,15 | 10,4—10,8 |

Löslichkeit des $Ga(OH)_3$ in $H_2O$, $NH_3$ und $NH_4$-Salzen nach MOSER und BRUKL (a) bei 20° C:

| Lösungsmittel | Löslichkeit in mg $Ga(OH)_3$/l |
|---|---|
| $H_2O$ | 1,0 |
| $NH_3$ (4,64%ig) | 32,2 |
| $NH_3$ (m/109) + $(NH_4)_2SO_4$ (m/31) | 57,4 |
| $(NH_4)_2SO_4$ (m/25) | 5,2 |

Die Löslichkeit ist vom Alterungszustand abhängig. Die Auflösung in Ammoniak ist durch die Gallatbildung zu erklären, die Löslichkeit wird bedeutend erhöht durch anwesende Ammoniumsalze, die wohl stets bei einer Ammoniakfällung zugegen sind. Für exakte Analysen ist die Ammoniakfällung infolgedessen nicht brauchbar und nicht zu empfehlen, zumal bessere Verfahren zur Verfügung stehen.

Mit Ammoniak gefälltes gelartiges $Ga(OH)_3$ klebt oft äußerst hartnäckig an der Wand des Becherglases, vor allem das durch Wegkochen eines Ammoniaküberschusses ausgeschiedene feinteilige Hydroxyd. Der anklebende Niederschlag ist durch Abwischen meist nicht quantitativ zu entfernen. Man muß daher bei der Fällung einen größeren Ammoniaküberschuß vermeiden.

Eine Fällung aus Alkaligallatlösung durch Kochen mit Ammoniumsalz ist wegen der Löslichkeit des Hydroxyds in ammoniumsalzhaltigen Lösungen nicht quantitativ und außerdem wegen der unangenehmen Eigenschaften des so erzeugten Niederschlages unbrauchbar [MOSER und BRUKL (a)].

***Arbeitsvorschrift.*** Die zu fällende Lösung (Chlorid oder Sulfat) soll nur sehr schwach sauer sein, sie soll auf 10 mg $Ga_2O_3$ 20 bis 30 cm³ Volumen haben. Große Säureüberschüsse werden am besten vorher durch Abrauchen entfernt. Dann wird mit einigen Tropfen Methylorange versetzt und so viel verdünntes Ammoniak (0,2 bis 0,3 n) zugegeben, bis eben reine Gelbfärbung auftritt; darauf gibt man noch 1 bis 2 Tropfen im Überschuß zu. Anschließend wird die Lösung etwa 1 Std. zum Sieden erhitzt (nach anderen Vorschriften kürzere Zeit, und zwar bis zum Verschwinden des Ammoniakgeruches und bis zur guten Zusammenballung des Niederschlages), nach dem Absitzen filtriert man durch ein Papierfilter, wäscht den Niederschlag aus und führt, wie auf S. 6 angegeben, in $Ga_2O_3$ über (FRICKE und MEYRING, FRICKE und BLENCKE, DENNIS und BRIDGMAN, PAPISH und HOAG).

***Arbeitsvorschrift nach* HILLEBRAND *und* LUNDELL.** Die Lösung soll wegen der Möglichkeit von Galliumverlusten beim Glühen chloridhaltiger Niederschläge chlorfrei sein. Sie wird nach dem Verdünnen auf 200 cm³ mit Methylrot versetzt und zum Sieden erhitzt. Man setzt carbonatfreies verdünntes Ammoniak zu, bis ein Niederschlag entsteht, und fährt unter stetem Kochen mit dem Zusatz in kleinen Anteilen fort, bis der Indicator gerade nach Gelb umschlägt. Dann wird etwas Papierbrei zugefügt, noch 1 bis 2 Min. gekocht und filtriert. Der an den Wänden des Becherglases haftende Niederschlag wird anschließend rasch mit etwas verdünnter heißer Schwefelsäure wieder gelöst, wieder mit Ammoniak in der beschriebenen Weise gefällt und filtriert.

***Bemerkungen.*** **I. Auswaschen des Niederschlages.** Das Auswaschen kann mit kaltem oder heißem Wasser geschehen, es muß unbedingt bis zur Chlorfreiheit ausgewaschen werden (vgl. S. 7), was nach FRICKE und MEYRING leicht zu erreichen ist. HILLEBRAND und LUNDELL empfehlen heiße, 2%ige Ammoniumnitratlösung als Waschflüssigkeit, was nach den Vorbemerkungen auf S. 7 nicht unbedenklich erscheint.

**II. Genauigkeit.** Vgl. die Vorbemerkungen auf S. 7.

**III. Einfluß anderer Bestandteile.** Die Fällung ist selbstverständlich keineswegs spezifisch, da alle durch Ammoniak fällbaren Hydroxyde mitfallen, z. B. Al, Cr, Be, Ti, Zr, Th, Seltene Erden, Fe, In usw. Sie wird außerdem durch Oxalsäure und Weinsäure verhindert [LECOQ DE BOISBAUDRAN (b); GOLDSCHMIDT, BARTH und LUNDE].

**IV. Andere Fällungsmittel.** Auch mit anderen schwachen Basen ist $Ga(OH)_3$ zu fällen, z. B. mit Anilin oder Phenylhydrazin, s. unter Fe–Ga-Trennung, S. 40, 41.

## B. Fällung des $Ga(OH)_3$ bzw. basischer Salze durch Hydrolyse.

### 1. Fällung mit Sulfit nach DENNIS und BRIDGMAN bzw. PORTER und BROWNING.

**Vorbemerkung.** Durch Sulfite, besser durch saure Sulfite, wird Galliumhydroxyd infolge hydrolytischer Spaltung des Galliumsulfits quantitativ gefällt;

der Niederschlag ist im Gegensatz zu dem mit Ammoniak gefällten körnig und gut filtrierbar.

**Fällungsreagenzien.** a) Festes $Na_2SO_3 \cdot 7\,H_2O$, oder b) Lösung von Ammoniumbisulfit, herzustellen durch Sättigen von Ammoniaklösung (1:4) mit gasförmigem Schwefeldioxyd, oder c) Natriumbisulfit, herzustellen durch Sättigen einer 10%igen Natriumsulfitlösung mit gasförmigem Schwefeldioxyd.

***Arbeitsvorschrift.*** Die Lösung, aus der das Gallium gefällt werden soll (Volumen ungefähr 200 $cm^3$), muß neutral oder ganz schwach sauer reagieren. Man setzt auf rund 100 mg Ga entweder 1,5 g festes Natriumsulfit oder 10 bis 15 $cm^3$ der Lösungen b) oder c) zu; nach dem Reagenszusatz soll die Lösung gerade deutlich sauer gegen Lackmus reagieren. Darauf erhitzt man und hält 5 bis 6 Min. in kräftigem Sieden, läßt den Niederschlag absitzen und filtriert durch ein Papierfilter. Es wird mit Wasser bis zur Chloridfreiheit des Niederschlages ausgewaschen, das Filter wird getrocknet, verascht, zu $Ga_2O_3$ verglüht und gewogen (s. S. 6). Von der Vollständigkeit der Fällung überzeugt man sich durch nochmaligen Zusatz von Sulfit zum Filtrat und nochmaliges Kochen. Falls noch ein geringer Niederschlag ausfallen sollte — was bei richtigem Arbeiten in ganz schwach saurer Lösung nicht eintreten darf —, wird er gesondert filtriert, das Filter zum ersten in den Tiegel gegeben und mit diesem gemeinsam verascht.

***Bemerkungen.*** **I. Genauigkeit.** Die Reaktion ist empfindlicher als die Fällung mit Ammoniak, 0,2 mg Ga in 5 $cm^3$ fallen mit Sulfit noch aus. Die Resultate der Beleganalysen (Porter und Browning) mit 15 bis 47 mg $Ga_2O_3$ weichen durchschnittlich um $\pm$ 0,1 mg, höchstens um 0,3 mg vom Sollwert ab, auch in Gegenwart von Zink (s. Bemerkung II).

**II. Einfluß anderer Bestandteile.** Die Methode eignet sich bei doppelter Fällung zur Bestimmung des Galliums in Gegenwart nicht zu großer Mengen Zink (bis maximal 350 mg Zink in Gegenwart von 15 bis 47 mg Galliumoxyd). Die doppelte Fällung wird folgendermaßen ausgeführt: Der durch Sulfit oder Bisulfit gefällte Niederschlag wird im Becherglas belassen, die überstehende Lösung durch ein Papierfilter möglichst vollständig abdekantiert, darauf der Niederschlag im Becherglas mit einigen Tropfen Salzsäure gelöst; 200 $cm^3$ Wasser werden hinzugegeben und es wird, eventuell nach Abstumpfen eines etwa vorhandenen größeren Säureüberschusses, nochmals mit Bisulfit in gleicher Weise gefällt. Man filtriert durch das schon benutzte Filter, wäscht aus und verascht wie oben angegeben.

Die Ergebnisse in Gegenwart der angegebenen Zinkmengen sind sehr zufriedenstellend (s. Bemerkung I), durch besondere Versuche ist erwiesen, daß sogar durch 3malige Fällung keine Galliumverluste eintreten (Porter und Browning).

### 2. Fällung mit Harnstoff nach Willard und Fogg.

**Vorbemerkung.** Aus sulfathaltigen, chloridfreien Galliumlösungen fällt mit Harnstoff nach dessen hydrolytischer Spaltung in der Wärme basisches Galliumsulfat als dichter Niederschlag. Das Löslichkeitsminimum liegt bei einem $p_H$-Wert von etwa 5, das Verhältnis von Ga zu $SO_4$ im Niederschlag beträgt ungefähr 8:1. Die Löslichkeit des Niederschlages ist mit rd. 0,2 mg Ga/l wesentlich niedriger als bei der Fällung mit Ammoniak. Durch Glühen läßt sich das basische Galliumsulfat in Galliumoxyd überführen.

***Arbeitsvorschrift.*** Die schwefelsaure, chloridfreie Lösung (enthaltend etwa 3 $cm^3$ konzentrierter $H_2SO_4$) wird mit 3 g Harnstoff versetzt, auf 500 $cm^3$ verdünnt und tropfenweise mit Ammoniak versetzt bis zur bleibenden Trübung. Dann erhitzt man und hält im Sieden, bis eine Probe der Lösung ein $p_H$ zwischen 4 und 5,5 zeigt, d.h. bis sie eben alkalisch gegen Methylorange reagiert. Es wird filtriert und der Niederschlag nach der auf S. 7 angegebenen Vorschrift von Willard und FOGG in Galliumoxyd überführt. Das Auswaschen geschieht mit kaltem Wasser, da der Niederschlag in anderen Waschflüssigkeiten löslicher ist als in kaltem Wasser.

***Bemerkungen.*** **I. Genauigkeit.** Durch colorimetrische Bestimmung wurde festgestellt, daß rd. 0,1 bis 0,2 mg Galliumoxyd in je 500 cm³ Filtrat verbleiben, ferner werden durch 150 bis 200 cm³ Waschwasser rd. 0,01 mg gelöst. Die größten Fehler entstehen durch das Kleben des Niederschlages an der Becherglaswand, trotz starken Auswischens können diese Mengen 0,1 bis 0,6 mg betragen.

**II. Einfluß anderer Bestandteile.** Calcium stört nicht, falls es nicht in so großer Menge vorhanden ist, daß es als Sulfat auskristallisiert, also etwa über 0,2 g/500 cm³. Zink und Mangan stören nicht bis zu Mengen von 1 g; bei derartigen Mengen ist eine doppelte Fällung notwendig.

3. Weitere Vorschläge zur Abscheidung durch Hydrolyse.

**a) Fällung mit Natriumthiosulfat.** Gallium kann mit Natriumthiosulfat gefällt werden; wegen der nicht vollständigen Abscheidung ist eine Nachfällung mit Anilin nötig. Diese Methode ist zur Eisen-Gallium-Trennung anwendbar und wird dort beschrieben (S. 40) [MOSER und BRUKL (b)].

**b) Fällung mit Natriumazid nach DENNIS und BRIDGMAN.** Zur schwach sauren Lösung, deren Volumen etwa 250 cm³ auf 0,07 g Ga beträgt, werden 0,5 g Natriumazid zugesetzt. Nach 2 bis 5 Min. Kochen fällt gut filtrierbares Galliumhydroxyd aus; die Fällung ist quantitativ. Längeres Kochen erzeugt einen Niederschlag, der stark an der Glaswand klebt. Die Schwierigkeiten der Methode liegen in dem oft mangelhaften Reinheitsgrad des käuflichen Natriumazids und in den unangenehmen physiologischen Eigenschaften der sehr giftigen Stickstoffwasserstoffsäure, die beim Kochen entsteht und teilweise entweicht.

**c) Fällung mit Bromid-Bromat** ergibt quantitative Abscheidung des Galliumhydroxyds. Da Aluminiumhydroxyd unter den gleichen Bedingungen mitfällt und außerdem die Fällung schlecht filtrierbar ist, besitzt dies Verfahren keinen besonderen Wert [MOSER und BRUKL (a) und (b)].

**d) Fällung mit Acetat** ist im allgemeinen nicht quantitativ [MOSER und BRUKL (a)], durch ausfallendes basisches Eisenacetat wird Gallium wie Aluminium jedoch quantitativ mitgerissen (KRIESEL).

C. Fällung mit Tannin nach MOSER und BRUKL (a).

***Vorbemerkung.*** Tannin (Gallusgerbsäure) tritt als negatives Hydrosol mit vielen positiven Hydroxydsolen in Reaktion unter Bildung sehr schwer löslicher, ausflockender Adsorptionsverbindungen. In essigsaurer Lösung tritt bei gleichzeitiger Anwesenheit von flockungsbegünstigenden Neutralsalzen wie $NH_4NO_3$ eine quantitative Fällung des Gallium(III)-ions durch Tannin ein; diese Reaktion ist wesentlich empfindlicher als z. B. die Fällung mit Ammoniak. Bei 2stündigem Stehen auf dem Wasserbad lassen sich noch sicher 0,2 mg $Ga_2O_3$/l nachweisen, die Empfindlichkeit der Reaktion ergab sich zu rd. $1 \cdot 10^{-6}$.

***Arbeitsvorschrift.*** Die schwach essigsaure Lösung des Galliumsalzes wird mit so viel Ammoniumnitrat versetzt, daß eine ungefähr 2%ige Lösung entsteht; nach dem Erhitzen zum Sieden fügt man unter Rühren tropfenweise 10%ige Tanninlösung zu, bis die Fällung vollendet ist. Im allgemeinen genügt die 10fache Gewichtsmenge an Tannin, ihre absolute Menge soll jedoch auch bei Vorhandensein von wenig Gallium nicht unter 0,5 g sinken, da der Niederschlag sich sonst zu langsam absetzt. Es wird mit heißem Wasser, dem etwas Ammoniumnitrat und einige Tropfen Essigsäure zugesetzt sind, gewaschen, das Filtrat ist schwach gelb gefärbt und muß ganz klar sein. Das Filter wird mit Inhalt getrocknet und durch Verglühen im Porzellan- oder Quarztiegel in rein weißes, lockeres Galliumoxyd überführt. Man beachte die Bemerkungen über das Glühen und Wägen auf S. 6 und über das Auswaschen bis zur Chloridfreiheit auf S. 7.

***Bemerkungen.*** **I. Tanninlösung.** Über die Bereitung der Tanninlösung sind keine besonderen Angaben gemacht; es ist anzunehmen, daß es sich, wie üblich, um eine Lösung von Tannin in kaltgesättigter Ammoniumacetatlösung handelt. Über die Herstellung der Lösung und die eventuelle nötige Reinheitsprüfung des Tannins vgl. man die Angaben in Bd. IIa des Teiles III dieses Handbuches, S. 24.

**II. Genauigkeit.** Die Ergebnisse der Beleganalysen sind sehr genau und weichen im allgemeinen um nicht mehr als $\pm 0,2$ bis 0,3 mg vom Sollwert ab.

**III. Einfluß anderer Bestandteile.** Die Anwesenheit von Komplexbildnern, wie Weinsäure, Sulfosalicylsäure und Ammoniumacetat, hat keinen störenden Einfluß [BRUKL (a)]. Sehr schwache Basen, wie $Fe(OH)_3$, $Al(OH)_3$ und andere, werden ebenfalls in essigsaurer Lösung durch Tannin gefällt, jedoch nicht die 2wertigen Metalle, wie Zn, Ni, Co, Mn, Cd, Be und auch Tl. Allerdings neigt der Gallium-Tannin-Niederschlag zur Adsorption, so daß in Gegenwart der erwähnten Begleitelemente bei nur 1maliger Fällung zu hohe Werte erhalten werden. Bei doppelter Fällung enthält man jedoch stets richtige Galliumwerte.

**IV. Arbeitsvorschrift in Gegenwart 2wertiger Metalle, wie Zink, Nickel, Kobalt, Mangan, Cadmium, Beryllium.** Die schwach saure Lösung der Metallsalze wird mit Ammoniumacetat versetzt, so daß sie ungefähr 1% Essigsäure enthält; ist sie sehr sauer, so neutralisiert man zuerst annähernd mit Ammoniak. Auf je 100 $cm^3$ Lösung fügt man 2 g Ammoniumnitrat hinzu, erhitzt zum Sieden und fällt mit 10%iger Tanninlösung, deren Menge etwa 10mal so groß wie die zu erwartende Menge Galliumhydroxyd sein soll. Nach Filtration und Auswaschen mit der oben angegebenen Waschflüssigkeit wird der Niederschlag in heißer verdünnter Salzsäure gelöst und die Fällung wiederholt.

Zur Trennung von den erwähnten Metallen läßt sich diese Methode mit sehr gutem Erfolg benutzen, vgl. auch S. 30.

## D. Fällung mit Kupferron nach MOSER und BRUKL (b).

**Vorbemerkung.** Durch Kupferron (Ammoniumsalz des Nitrosophenylhydroxylamins) wird Gallium in schwefelsaurer Lösung quantitativ gefällt, das Gallium wird nach Verglühen des Niederschlages als $Ga_2O_3$ ausgewogen. Diese Methode ist deshalb besonders wertvoll, weil sie im Gegensatz zu den meisten anderen Fällungen unter Einhaltung gewisser Vorsichtsmaßregeln die Bestimmung des Galliums in Gegenwart der sonst sehr störenden Ionen Al, Cr, In, Ce (+ Seltene Erden) und Uranylsalz erlaubt.

***Arbeitsvorschrift.*** Die etwa 10 bis 300 mg Ga enthaltende Lösung, die nicht frei von Ammoniumsalzen zu sein braucht, wird vorsichtig neutralisiert, dann durch Zusatz von Schwefelsäure auf eine Acidität von möglichst genau 2 n $H_2SO_4$ gebracht, das Volumen beträgt 100 bis 500 $cm^3$. Nun versetzt man bei Zimmertemperatur mit einer 6%igen wäßrigen Kupferronlösung unter starkem Umrühren. Für 0,1 Ga benötigt man theoretisch 0,6 g Kupferron, man wendet aber einen Überschuß an, nach MOSER und BRUKL etwa insgesamt 1 g Kupferron auf 0,1 g Ga, nach Versuchen von GASTINGER müssen jedoch 3 bis 4,5 g, also 50 bis 75 $cm^3$ der 6%igen Lösung verwendet werden (vgl. auch SCHERRER). Es entsteht ein flockiger Niederschlag, falls dieser sich zu Klumpen zusammenballt oder an der Glaswand haftet, wird er mit einem Glasstab zu einem kristallinischen Brei zerdrückt. Der Niederschlag wird durch ein Papierfilter mit eingelegtem Platinkonus filtriert und zuletzt schwach abgesaugt. Der oft an der Gefäßwand als dünner Belag haftende Niederschlag wird mit etwas aschefreiem Filtrierpapier abgewischt und ebenfalls auf das Filter gebracht. Das erste Filtrat ist häufig schwach getrübt, man setzt dann noch 1 bis 2 $cm^3$ Reagens zu, filtriert nochmals durch das gleiche

Filter und saugt zuletzt scharf ab. In dem Filtrat darf nach 1stündigem Stehen keine Trübung entstehen, sonst muß die letzte Operation nochmals wiederholt werden. Nach SCHERRER und GASTINGER läßt sich die Filtration wesentlich erleichtern, wenn man die Fällung 10 Min. in fließendem Wasser kühlt und erst dann filtriert, nachträgliche Ausscheidungen treten dann nicht ein. Das Filter wird mit 2 n $H_2SO_4$ ausgewaschen bis zur völligen Chlorfreiheit, die Waschflüssigkeit wird jedesmal scharf abgesaugt. Man trocknet den Niederschlag in einem Porzellantiegel, verascht, glüht und wägt als $Ga_2O_3$, wie es auf S. 6 angegeben ist.

***Bemerkungen.* I. Genauigkeit.** Die Ergebnisse der von MOSER und BRUKL sowie von GASTINGER angegebenen Beleganalysen sind sehr zufriedenstellend; das Fällungsvolumen ist in recht weiten Grenzen (100 bis 500 $cm^3$) ohne Einfluß auf die Ergebnisse.

**II. Einfluß anderer Bestandteile.** Die Fällung mit Kupferron ist besonders als Trennungsmethode von großem Wert. Die Methode läßt sich vermutlich in Gegenwart aller durch Kupferron nicht fällbaren Metalle ohne weiteres durchführen, besonders untersucht wurde die Abscheidung in Gegenwart von Al, Cr, In, Ce, Sc, Y, Er und Uranylsalz. Es genügt meist einfache Fällung zur sauberen Abtrennung des Galliums.

In Gegenwart von Aluminium muß die Fällung gegebenenfalls wiederholt werden, es empfiehlt sich ferner, die Arbeitsweise etwas zu verändern (Vorschrift siehe § 8, A, 2); eine doppelte Fällung ist auch erforderlich in Anwesenheit von Scandium, das bei der ersten Fällung spurenweise mitgerissen wird [BRUKL (a)].

Bei Gegenwart von Indium muß ganz besonders sorgfältig ausgewaschen werden; um die Löslichkeit des Niederschlages in der zum Auswaschen benutzten 2 n $H_2SO_4$ noch herabzusetzen, setzt man der Waschflüssigkeit noch einige Kubikzentimeter Kupferronlösung zu.

In Anwesenheit von Uran muß darauf geachtet werden, daß alles Uran in der 6wertigen Stufe vorliegt und keine Reduktion eintreten kann, denn 4wertiges Uran wird durch Kupferron quantitativ gefällt.

Größere Mengen von Neutralsalzen, z. B. NaCl oder $Na_2SO_4$, stören bei sorgfältigem Auswaschen nicht. Gegebenenfalls laugt man das geglühte Galliumoxyd nochmals mit heißem Wasser aus, filtriert, wäscht gründlich aus und verascht und verglüht wiederum das so gereinigte Oxyd (GASTINGER).

In oxalsaurer Lösung bleibt die Fällung des Galliums mit Kupferron aus [BRUKL (a)]. Bei Anwesenheit von Tartrat ist zu beachten, daß dann in 2n schwefelsaurer Lösung keine Fällung eintritt; die Konzentration der Schwefelsäure darf dann höchstens 0,3 Mol/l betragen. Diese Konzentration ist nahe an der Grenze, bei der Aluminium mitfällt, so daß in Gegenwart von Tartrat die Acidität mit besonderer Sorgfalt eingestellt werden muß (SCHWARZ V. BERGKAMPF). Es erscheint daher ratsam, die Weinsäure vor der Fällung durch Abrauchen in bekannter Weise zu zerstören.

### E. Fällung mit Camphersäure nach ATO.

**Vorbemerkung.** Durch Camphersäure [1,2,2-Trimethylcyclopentandicarbonsäure-(1,3), $C_5H_5(CH_3)_3(COOH)_2$] wird Gallium quantitativ in neutraler oder schwach essigsaurer Lösung als camphersaures Gallium gefällt. Die Fällung ist empfindlich und recht spezifisch, so daß sie eine Trennung des Galliums von zahlreichen anderen Kationen erlaubt. Der Niederschlag ist bei 100° in Wasser und in 0,6 n Essigsäure höchstens spurenweise löslich; zur Wägung wird er durch Glühen in Galliumoxyd übergeführt.

**Fällungsreagenzien.** Wegen der geringen Löslichkeit der Camphersäure in Wasser ist eine wäßrige Lösung nicht zu benutzen. Die Fällung wird mit einem der folgenden Reagenzien empfohlen:

A. Lösung von 25 g Camphersäure in 100 $cm^3$ Alkohol.
B. Lösung von 10 g Camphersäure in 100 $cm^3$ Aceton.
C. Lösung von 25 g camphersaurem Natrium in 100 $cm^3$ Wasser.
D. Feste Camphersäure in Substanz.

Bei der Bestimmung großer Galliummengen empfiehlt sich die Verwendung des Reagenses in der unter C oder D angebenenen Form, um den Zusatz größerer Alkohol- oder Acetonmengen zu vermeiden.

**Waschflüssigkeit.** Es wird ausgewaschen mit ammoniumnitrathaltiger Essigsäure (10 $cm^3$ 6 n Essigsäure + 20 $cm^3$ 10%ige Ammoniumnitratlösung + 80 $cm^3$ Wasser), die bei Anwendung des Fällungsreagenses C zur Verminderung der Löslichkeit des Niederschlages noch mit fester Camphersäure gesättigt werden muß.

***Arbeitsvorschrift.*** Die zu fällende Lösung (Chlorid oder Nitrat) wird auf dem Wasserbad zur Trockne verdampft und der Rückstand in 100 $cm^3$ 2%iger Ammoniumnitratlösung oder in 100 $cm^3$ 0,6 n Essigsäure, die 2% Ammoniumnitrat enthält, gelöst. Zur Lösung wird ungefähr 1 bis 2 g Camphersäure (Lösungen A, B, C oder auch festes Reagens D) hinzugefügt und das Reaktionsgemisch etwa 10 Min. im siedenden Wasserbad unter kräftigem Umrühren erhitzt. Anschließend erfolgt die Filtration durch ein Papierfilter; zum Auswaschen werden rd. 50 $cm^3$ der angegebenen Waschflüssigkeit in kleinen Anteilen benutzt. Der getrocknete Niederschlag wird im gewogenen Porzellantiegel möglichst getrennt vom Filter verascht, schließlich wird das Filter hinzugefügt und alles zu $Ga_2O_3$ verglüht und gewogen (s. S. 6).

***Bemerkungen.*** **I. Genauigkeit.** Die Ergebnisse der mitgeteilten Beleganalysen sind sehr zufriedenstellend.

**II. Einfluß anderer Bestandteile.** Falls keine anderen Bestandteile zugegen sind, löst man nach dem Eindampfen besser in Wasser statt in Essigsäure, da sich der Niederschlag dann besser filtrieren läßt. Bei Fällung aus essigsaurer Lösung kann der Niederschlag gelegentlich fest an der Becherglaswand haften, eventuell können auch die ersten Anteile des Filtrats trübe durchlaufen, man muß sie dann zurückgeben.

Die Bestimmung des Galliums ist nach dem Verfahren in essigsaurer Lösung möglich in Gegenwart von Alkalien, Mg, Ca, Sr, Ba, Ni, Co, Zn, Mn, Cd, Ge, V, Cr, U, Be, Th, Ce, La, Pr und anderen, so daß diese Methode als Trennungsmethode von diesen Elementen sehr geeignet ist. In, Fe und andere werden jedoch durch Camphersäure quantitativ mitgefällt, diese Metalle dürfen also nicht zugegen sein (vgl. auch § 8, S. 29).

## Literatur.

Ato, S.: Sci. Pap. Inst. Tôkyô **12**, 225 (1929/30); **15**, 289 (1931).

Brukl, A.: (a) M. **52**, 253 (1929); (b) Fr. **86**, 92 (1931).

Dennis, L. M., u. J. A. Bridgman: Am. Soc. **40**, 1544 (1918).

Fricke, R., u. W. Blencke: Z. anorg. Ch. **143**, 183 (1925). — Fricke, R., u. K. Meyring: Z. anorg. Ch. **176**, 326 (1928).

Gastinger, E.: Unveröffentlichte Versuche (1941). — Goldschmidt, V. M., T. Barth u. G. Lunde: Skr. Akad. Oslo **1925**, Nr 7, S. 26.

Harteck, P.: Ph. Ch. **134**, 9 (1928). — Hillebrand, W. F., u. G. E. F. Lundell: Applied Inorganic Analysis, S. 387. New York 1929.

Kriesel, F. W.: Ch. Z. **48**, 962 (1924).

Lecoq de Boisbaudran: (a) Ann. Chim. Phys. [6] **2**, 181 (1884); (b) C. r. **93**, 816 (1881). — Lundell, G. E. F., u. J. I. Hoffman: J. Res. Nat. Bureau of Standards **15**, 415 (1935).

Moser, L., u. A. Brukl: (a) M. **50**, 181 (1928); (b) **51**, 325 (1929).

Papish, J., u. L. E. Hoag: Am. Soc. **50**, 2118 (1928). — Porter, L. E., u. P. E. Browning: Am. Soc. **41**, 1491 (1919).

Scherrer, J. A.: J. Res. Nat. Bureau of Standards **15**, 585 (1935). — Schwarz v. Bergkampf, E.: Fr. **90**, 333 (1932).

Wartenberg, H. v., u. H. J. Reusch: Z. anorg. Ch. **207**, 9 (1932). — Willard, H. H., u. H. C. Fogg: Am. Soc. **59**, 1179, 2422 (1937).

## § 2. Bestimmung des Galliums nach Fällung mit 8-Oxychinolin nach Geilmann und Wrigge und nach Brukl.

**Vorbemerkung.** In ganz schwach saurer, nahezu neutraler Lösung, ebenso in schwach ammoniakalischer Lösung wird Gallium quantitativ als gelbgrünes Galliumoxychinolat von der Formel $Ga(C_9H_6NO)_3$ gefällt. In stärkeren Säuren, in stärkerem Ammoniak oder in Laugen tritt die Fällung nicht ein bzw. ist sie nicht quantitativ. In essigsaurer, acetatgepufferter Lösung wird ebenfalls keine vollständige Fällung erreicht.

Die Reaktion ist unter geeigneten Bedingungen recht empfindlich, in schwach ammoniakalischer Lösung ergeben 0,1 mg Ga in 50 $cm^3$ Lösung nach 2 Std. noch eine deutliche Fällung, 0,02 bis 0,05 mg nach 24 Std. noch gerade sichtbare Niederschlagsspuren, so daß die Fällbarkeitsgrenze in schwach ammoniakalischer, oxychinolinhaltiger Lösung etwa bei einer Verdünnung von $1:10^6$ liegt.

Galliumoxychinolat läßt sich bei 110 bis 150° gewichtskonstant trocknen und entspricht dann der oben angegebenen Formel mit einem Gehalt von 13,89% Ga; Umrechnungsfaktor auf Ga: 0,1389 (log: 0,14279—1), auf $Ga_2O_3$: 0,1867 (log: 0,27126—1). Der Niederschlag ist praktisch unlöslich in Wasser von 20° (0,2 bis 0,4 mg beim Durchsaugen von 200 $cm^3$ $H_2O$), etwas löslich jedoch in heißem Wasser (1,2 bis 1,4 mg in 200 $cm^3$), in wäßrigem Alkohol (0,4 bis 0,6 mg in 200 $cm^3$ 5%igem Alkohol, jedoch 40 bis 45 mg in 100 $cm^3$ 50%igem Alkohol).

Beim Erhitzen auf höhere Temperatur schmilzt der Niederschlag unter Zersetzung, wobei erhebliche Sublimation stattfindet, so daß ein Verglühen zu Oxyd zum Zwecke der Auswaage oder der Wiedergewinnung des Galliums nicht vorgenommen werden darf. Ein Zusatz von Oxalsäure vermindert die Verluste, beseitigt sie jedoch nicht völlig.

Galliumoxychinolat löst sich in warmer Salzsäure (1:1) oder in warmer 2 n Schwefelsäure; aus der schwefelsauren Lösung kann das Gallium mit Kupferron ohne weiteres gefällt werden.

Die Fällung zum Zweck der quantitativen Bestimmung läßt sich aus saurer Lösung, aus alkalischer Lösung und auch aus tartrathaltiger Lösung vornehmen.

Die Bestimmung des Galliums kann entweder gravimetrisch durch Wägung des Oxychinolates oder des Oxydes (nach Fällung mit Kupferron in der schwefelsauren Auflösung des Oxychinolates) oder auch maßanalytisch durch bromometrische Titration erfolgen. Über die colorimetrische Bestimmung des Ga-Oxychinolates vgl. § 6.

### A. Gewichtsanalytische Bestimmung.

**Fällungsreagens.** a) 5%ige alkoholische Oxychinolinlösung oder b) 3%ige Oxychinolinlösung in Ammoniumacetat, oder c) ammoniakalische Oxychinolinlösung.

Herstellung von b: 6 g 8-Oxychinolin werden mit 6 g Eisessig innig verrieben, mit 150 $cm^3$ heißem Wasser aufgenommen und tropfenweise mit Ammoniak bis zum Auftreten einer Trübung versetzt. Nach dem Verdünnen auf 200 $cm^3$ und dem Erkalten wird filtriert. Bei der Bestimmung größerer Galliummengen ist Reagens b dem Reagens a vorzuziehen, damit nicht zu große Alkoholmengen eingeführt werden, in denen der Niederschlag merklich löslich ist.

***Arbeitsvorschrift.*** **Abscheidung.** a) Fällung aus saurer Lösung nach Geilmann und Wrigge. Die mineralsaure Lösung wird mit Wasser auf 100 bis 200 $cm^3$ verdünnt, mit der zur Fällung erforderlichen Oxychinolinmenge in geringem Überschuß versetzt und bei 70 bis 80° tropfenweise mit Ammoniak neutralisiert. Ein schwacher Ammoniaküberschuß schadet nicht. Die Fällung bleibt ½ bis 1 Std. bei häufigem Umrühren auf dem heißen Wasserbade stehen und wird nach dem Erkalten und 1- bis 2stündigem Stehen in der Kälte durch einen Porzellanfiltertiegel abgesaugt. Ausgewaschen wird erst mit etwa 20 $cm^3$ warmem Wasser, dann mit kaltem Wasser, bis dieses farblos abläuft.

b) Fällung aus ursprünglich alkalischer Lösung nach GEILMANN und WRIGGE. Liegen stark alkalische Lösungen vor, etwa Alkaliaufschlüsse von Oxyden, so ist es nicht zweckmäßig, vorher mit Säure zu neutralisieren und dann erst die Oxychinolinfällung vorzunehmen, sondern man verfährt dann folgendermaßen: Die alkalische Lösung wird mit einem geringen Überschuß des zur Fällung der zu erwartenden Galliummenge erforderlichen Oxychinolins (Reagens b) versetzt; nach dem Erwärmen auf etwa 70° und Zusatz eines passenden Indicators wird Salzsäure bis zum Farbumschlag zugesetzt, worauf das Oxychinolat quantitativ bei einem $p_H$-Wert zwischen 6 und 8 ausfällt. Geeignete Indicatoren sind Thymolblau und Bromthymolblau, von denen so viel zuzusetzen ist, daß die alkalische oxychinolinhaltige Lösung eine blaugrüne Mischfarbe zeigt, die sich im Umschlagsgebiet in rein gelb ändert, was leicht zu erkennen ist. Die Neutralisation muß zur Erzielung guter Resultate sehr sorgfältig erfolgen. Man kommt auch auf folgendem Wege zum Ziel: Nach eingetretenem Farbumschlag des Indicators wird noch etwas Säure im Überschuß zugegeben, dann wird nach Vorschrift a ammoniakalisch gemacht und wie dort weiter verfahren. Nach dem Erkalten des Reaktionsgemisches und 2stündigem Stehen in der Kälte wird filtriert und ausgewaschen, wie es unter a) angegeben ist.

c) Fällung aus ammoniakalischer Lösung nach BRUKL. Die Fällung aus ammoniakalischer Lösung ist zur Trennung des Galliums von Vanadium, Molybdän und Wolfram von Wert. Man verfährt so, daß die Hauptmenge des Galliums in stärker ammoniakalischer Lösung abgeschieden wird, der Rest wird in nahezu neutraler Lösung nachgefällt.

Die Lösung wird stark ammoniakalisch gemacht (5 $cm^3$ konzentriertes Ammoniak auf je 100 $cm^3$), zum Sieden erhitzt, wobei das Galliumhydroxyd zu Gallat aufgelöst wird, und dann ammoniakalische Oxychinolinlösung zugegeben, bis keine Niederschlagsbildung mehr eintritt. Nach ¼stündigem Stehen auf dem Wasserbad filtriert man durch ein Papierfilter und wäscht mit 1%igem Ammoniak gut aus. Das Filtrat wird mit Essigsäure genau neutralisiert, mit 1 $cm^3$ gesättigter Ammoniumcarbonatlösung versetzt und so lange im Sieden erhalten, bis es gegen Lackmus neutral reagiert. Man läßt erkalten und 2 bis 3 Std. stehen. Die geringe Menge dieses zweiten Niederschlages wird ebenfalls filtriert und ausgewaschen. Beide Niederschläge werden in warmer 2 n Schwefelsäure gelöst, aus dieser Lösung scheidet man das Gallium mit Kupferron in der auf S. 11 angegebenen Weise ab, verglüht und wägt als $Ga_2O_3$ (s. unten). Beträgt das Gewicht des zu fällenden Galliums weniger als 20 mg, so genügt es, die Fällung in folgender einfacher Weise vorzunehmen: Zur stark ammoniakalischen Lösung wird, wie oben, Oxychinolin zugegeben, dann ohne vorherige Filtration mit Essigsäure genau neutralisiert, wie oben mit Ammoniumcarbonat versetzt, ausgekocht und filtriert.

**Auswägung des Galliums.** Der nach Verfahren a oder b durch einen Porzellanfiltertiegel filtrierte Oxychinolatniederschlag wird im Tiegel bei 120° getrocknet und gewogen, Umrechnungsfaktor siehe oben (Vorbemerkungen, GEILMANN und WRIGGE). Wegen der Schwierigkeit der Wiedergewinnung des Galliums infolge der Flüchtigkeit des Oxychinolinates empfiehlt BRUKL nicht die direkte Auswaage, sondern die Auswaage als Oxyd in der in Vorschrift c angegebenen Weise. Hierzu ist zu bemerken, daß es wahrscheinlich wohl einfacher wäre, zuerst die sehr genaue Bestimmung durch Auswaage des Oxychinolats vorzunehmen und nur zu präparativen Zwecken der Wiedergewinnung des Galliums die BRUKLsche Arbeitsweise anzuwenden, zumal die Wägung als $Ga_2O_3$ wegen der Eigenschaften des Oxyds (s. S. 7) zweifellos unangenehmer ist als die des Oxychinolates.

***Bemerkungen.* I. Genauigkeit.** Die Bestimmung ist sehr genau, die Resultate der Beleganalysen von GEILMANN und WRIGGE mit 3 bis 70 mg Gallium und von GASTINGER mit 1 bis 20 mg Gallium weichen im Mittel um rd. $\pm$ 0,1 mg vom theoretischen Wert ab.

**II. Einfluß anderer Bestandteile.** Eine Trennung von Aluminium und anderen, mit Oxychinolin fällbaren Metallen ist auch durch Variation der Fällungsbedingungen nicht möglich (MOSER und BRUKL, BRUKL). Jedoch ist die Fällung als Oxychinolat, abgesehen von ihrem Wert zur genauen Einzelbestimmung, besonders geeignet zur Trennung des Galliums von Vanadium, Wolfram und Molybdän nach der von BRUKL angegebenen Arbeitsweise c. Falls bei der Fällung in Gegenwart von Vanadium die zweite, geringe Ausscheidung des Oxychinolates nicht hellgelb, sondern schmutziggrün ist, deutet dies auf geringe Mitfällung von Vanadium. In diesem Falle muß diese geringe Niederschlagsmenge in wenig warmer Schwefelsäure nochmals gelöst und in kleinem Volumen nochmals gefällt werden. Die Ergebnisse der Beleganalysen BRUKLS in Anwesenheit von Vanadium, Molybdän und Wolfram sind zufriedenstellend, die Abweichungen vom theoretischen Wert übersteigen nicht 0,6 mg $Ga_2O_3$.

Für manche Trennungen ist es wertvoll, daß die Fällung nach GEILMANN und WRIGGE auch durch Tartrat nicht gestört wird. In Anwesenheit von 1 bis 2 g kristallisierter Weinsäure wurden gute Ergebnisse erzielt nach der Vorschrift a mit der Abänderung, daß der Ammoniakzusatz vor der Fällung erfolgte und so hoch bemessen wurde, daß die Lösung ziemlich stark nach Ammoniak roch.

## B. Maßanalytische Bestimmung nach GEILMANN und WRIGGE.

**Vorbemerkung.** Die maßanalytische Bestimmung gefällter Oxychinolate ist durch bromometrische Titration möglich. Oxychinolin reagiert als Phenol und bindet zwei Atome Brom unter Bildung von 5,7-Dibromoxychinolin nach der Gleichung:

$$C_9H_7ON + 2\,Br_2 = C_9H_5ONBr_2 + 2\,HBr.$$

Das erforderliche Brom entsteht durch Reaktion von Bromat und Bromid in salzsaurer Lösung; der Endpunkt wird entweder so erkannt, daß man einen geeigneten Indicator zusetzt, der durch überschüssiges Brom zerstört wird, oder daß man einen geringen Überschuß von Brom hinzufügt, ihn mit Kaliumjodid zu freiem Jod umsetzt und mit Thiosulfat zurücktitriert. Das letztere Verfahren ist besonders bei der Titration des Galliums geeignet. 1 $cm^3$ n/10 $KBrO_3$ entspricht 0,581 mg Gallium. Über die bromometrische Titration von Oxychinolaten vgl. im übrigen z. B. Bd. IIa des Teiles III dieses Handbuches, S. 172f.

***Arbeitsvorschrift.*** Die Fällung des Oxychinolates wird in der gleichen Weise vorgenommen, wie es in der Vorschrift a oder b beschrieben ist; der Niederschlag wird auf einem Papierfilter gesammelt, mit warmer 10- bis 15%iger Salzsäure gelöst und in den Titrationskolben gespült. Dann wird mit 1 bis 2 g festem Kaliumbromid und mit n/10- oder besser n/5-$KBrO_3$-Lösung bis zu einem geringen Überschuß versetzt, was an dem Auftreten von freiem Brom leicht zu erkennen ist; der Bromüberschuß wird nach Zusatz von Kaliumjodid und Stärke mit n/10 Thiosulfat zurückgemessen. Die Ergebnisse sind genau, die Abweichungen vom theoretischen Werte betragen rd. $\pm$ 0,1 bis 0,15 mg, sind also etwas größer als bei der gewichtsanalytischen Bestimmung nach Vorschrift a oder b.

## Literatur.

BRUKL, A.: M. **52**, 253 (1929).

GASTINGER, E.: Unveröffentlichte Versuche (1941). — GEILMANN, W., u. F. W. WRIGGE: Z. anorg. Ch. **209**, 135 (1932); **212**, 32 (1933).

MOSER, L., u. A. BRUKL: M. **51**, 325 (1929).

## § 3. Bestimmung des Galliums nach Fällung mit 5,7-Dibrom-8-oxychinolin nach GASTINGER.

**Vorbemerkung.** Gallium läßt sich in schwach ammoniakalischer Lösung mit 5,7-Dibrom-8-oxychinolin als stabiles Innerkomplexsalz der Formel $Ga(C_9H_4Br_2NO)_3$ quantitativ fällen (GASTINGER). In gleicher Weise fallen auch Cu, Ti, V, Fe und Hg (BERG bzw. BERG und KÜSTENMACHER), Al stört dagegen nicht.

Das hellgelbe Komplexsalz scheidet sich in der Wärme in feinkristalliner Form ab und ist gut filtrierbar. Die Löslichkeit ist in der Fällungsflüssigkeit (acetonhaltige, verdünnte HCl, etwa 30% Aceton, 0,06 n HCl) sehr gering, sofern die Konzentration 0,03 mg Ga/cm³ nicht unterschritten wird. Fällung, Filtration und Auswaschen müssen in der Siedehitze vorgenommen werden.

Eine gewisse Schwierigkeit besteht in der geringen Löslichkeit des Reagenses, vor allem bei Zimmertemperatur, es ist daher stets in der Wärme zu arbeiten und ein zu großer Überschuß des Fällungsmittels zu vermeiden, da sonst das Dibromoxychinolin auskristallisiert. Infolgedessen ist die Methode am besten entweder bei Vorliegen einigermaßen bekannter oder aber recht geringer Mengen Ga (0,1 bis 0,6 mg) brauchbar. Die Wägung erfolgt als $Ga(C_9H_4Br_2NO)_3$, der Niederschlag enthält 7,15% Ga. 1 mg Ga entspricht 14,00 mg Ga-Dibromoxychinolat.

Unter Umständen (z. B. bei Gefahr der Anwesenheit von überschüssigem Fällungsreagens) kann der Niederschlag auch nach Verglühen unter Zusatz von Oxalsäure als $Ga_2O_3$ ausgewogen werden, da die Verdampfung im Gegensatz zum nicht bromierten Ga-Oxychinolat zu vernachlässigen ist. Das Ga-Dibromoxychinolat ist in einem Gemisch von konzentrierter HCl und Alkohol 1:1 bei Zimmertemperatur leicht löslich.

**Fällungsreagens.** Man benutzt am besten eine kalt gesättigte Lösung von Dibromoxychinolin in Aceton (3 g Reagens in 1000 cm³ Aceton). Die Lösung ist dann 0,3%ig und haltbar.

***Arbeitsvorschrift.*** a) Fällung. Für die Fällung des Galliums muß dessen Konzentration sowie die Konzentration der Säure ungefähr bekannt sein. Bei der Analyse technischer Produkte, wie Aluminium oder Zinkblende, ist die erste Bedingung ohne weiteres erfüllt. Die Bestimmung der freien Säure kann gegebenenfalls durch Titration mit NaOH bei Gegenwart von Oxalationen und Phenolphthalëin als Indicator geschehen (HAHN und HARTLEB).

Eine Konzentration von 0,1 mg Ga/cm³ ist am besten geeignet, sie kann jedoch bis zu 0,03 mg Ga/cm³ verringert werden. Das Volumen wählt man so, daß die Lösung nach vollendeter Fällung nicht mehr als 30 Vol.-% Aceton enthält. Bei höherem Acetongehalt wird zwar die Gefahr verringert, daß überschüssiges Reagens mit ausfällt, andererseits steigt dann aber die Löslichkeit der Fällung selbst.

Man fällt in schwach saurer Lösung, bei Gegenwart von Al soll die Säurekonzentration möglichst hoch sein, um ein Mitfällen von Al zu verhindern, nach vollendeter Fällung soll sie am günstigsten 0,06 n sein. Liegt von vornherein ein höherer Gehalt an Säure vor, so vertreibt man diese durch Eindampfen zur Trockne auf dem Wasserbad. Neutralisation mit NaOH oder $NH_3$ ist weniger günstig, da der hohe Gehalt an Fremdsalz die Löslichkeit des überschüssigen Fällungsmittels stark herabsetzen würde. In diesem Falle müßte man den Niederschlag zu $Ga_2O_3$ verglühen.

Die Fällung geschieht in der Siedehitze mit einem geringen Überschuß des Reagenses, nach vollendeter Fällung dürfen höchstens noch 35 mg Reagens in 100 cm³ Lösung vorhanden sein. Maximal können 20 mg Ga gefällt werden, die genauesten Werte erhält man bei Mengen von unter 0,6 mg Ga. Filtration durch Glasfilter (Schott G 4), Auswaschen mit heißer 0,04 n HCl, die 20 Vol.-% Aceton enthält, zum Schluß mit reinem heißem Wasser. Während der Filtration muß die Lösung unbedingt nahe am Sieden gehalten werden.

Die Methode ist zur Bestimmung von Ga neben großen Al-Mengen sehr gut brauchbar. Ga-Mengen von 0,9 bis 0,56 mg konnten neben der 1000fachen Menge Al bestimmt werden, größere Ga-Mengen bis zu 4 mg neben dem 100fachen Al-Überschuß. Eine Änderung der Arbeitsweise ist dann nicht erforderlich, nur ist das über die Säurekonzentration Angegebene zu beachten.

b) Auswägen des Galliums. Der Niederschlag wird bei 140° C bis zur Gewichtskonstanz getrocknet. 14,00 mg Ga-Dibromoxychinolat entsprechen 1,00 mg Ga.

Falls man beabsichtigt, das Ga als $Ga_2O_3$ auszuwägen, wird die Fällung auf ein Blaubandfilter abfiltriert, dann im Porzellantiegel vorsichtig verascht, nachdem vorher das Filter mit etwa 3 g wasserfreier Oxalsäure bedeckt worden war. Wegen der Kohlenstoffabscheidung muß man ziemlich lange verglühen; die Methode empfiehlt sich nur dann, wenn Gefahr besteht, daß die Fällung überschüssiges Fällungsmittel enthält. Als Mindestglühtemperatur wird 817° angegeben (Dupuis und Duval).

***Bemerkungen.* I. Genauigkeit.** Die Beleganalysen (Gastinger) zeigen bei Auswägung als Ga-Dibromoxychinolat bei 9,36 mg Ga etwa 0,02 mg Fehler, bei 0,562 mg Ga etwa 0,001 mg Fehler, sofern das Fällungsvolumen nicht unzulässig groß ist (300 bzw. 100 $cm^3$).

Bei Auswägung als $Ga_2O_3$ zeigen Bestimmungen von 25 mg $Ga_2O_3$ einen Fehler von rd. 0,5 mg.

**II. Einfluß anderer Bestandteile.** Die Bestimmung ist nicht möglich bei Gegenwart von Cu, Ti, V, Hg und Fe(III), da diese Metalle unter den gleichen Bedingungen gefällt werden. Al stört nicht, Moeller und Cohen konnten 2,18 mg sogar noch neben der 1450fachen Menge Al so bestimmen.

Die Anwesenheit von $HNO_3$ und $H_2SO_4$ setzt die Löslichkeit des Reagenses stark herab, weshalb man zweckmäßig in salzsaurem Medium arbeitet. Gegebenenfalls müßte man sonst die Wägung als $Ga_2O_3$ vornehmen.

Oxalsäure verhindert die Fällung, dagegen sind Weinsäure, Citronensäure, Malonsäure ohne Einfluß.

**III. Colorimetrische Mikrobestimmung nach Moeller und Cohen.** Die Lösung des Ga-Dibromoxychinolates in Chloroform zeigt verschiedene Absorptionsbanden, von denen die Bande bei 410 m$\mu$ zur spektralphotometrischen Bestimmung geeignet ist; das Beersche Gesetz gilt hier bis zu Konzentrationen von 1 mg Ga je Liter $CHCl_3$. Auf diese Weise können sehr kleine Ga-Mengen nach Fällung (nach der Vorschrift von Gastinger), Filtration, Auswaschen und Auflösen des Niederschlages in $CHCl_3$ bestimmt werden; als untere Grenze der Bestimmbarkeit werden Mengen von $10^{-8}$ g Ga angegeben, die obere Grenze ist durch die Konzentration von 1 mg je Liter $CHCl_3$ gegeben. Man kann also so Spuren Gallium in Gegenwart von Al quantitativ bestimmen, allerdings stört Eisen und darf nicht anwesend sein. Vgl. im übrigen die colorimetrische Bestimmung des Ga-Oxychinolates in § 6.

### Literatur.

Berg, R.: Z. anorg. Ch. **204**, 208 (1932). — Berg, R., u. H. Küstenmacher: Z. anorg. Ch. **204**, 215 (1932).

Gastinger, E.: Fr. **126**, 373 (1943).

Hahn, Fr. L., u. E. Hartleb: Fr. **71**, 215 (1927).

Moeller, Th., u. A. J. Cohen: Anal. chim. Acta (Amsterdam) **4**, 316 (1950).

## § 4. Bestimmung als Galliummetall durch elektrolytische Abscheidung.

**Vorbemerkung.** Das Normalpotential des Galliums, gemessen gegen n $Ga_2(SO_4)_3$ beträgt —0,58 Volt (Richards und Boyer), infolgedessen ist eine Abscheidung in saurer Lösung schwierig, aus alkalischer jedoch möglich.

Nach Reichel (a) haben die Abscheidungsspannungen in ammoniakalischer, ammonsulfathaltiger Lösung folgende Werte:

bei 20° C (festes Ga): 2,6 Volt,
bei 75° C (flüssiges Ga): 2,4 Volt,

die Überspannung des Wasserstoffs beträgt an festem Ga bei 23° ungefähr 0,46 Volt, an flüssigem Ga bei 73° ungefähr 0,62 Volt, die Werte sind von der Elektrolytbewegung abhängig. Zur Erzielung einer glänzenden Metallabscheidung muß stark gerührt werden, die Metallmenge soll mindestens 20 mg auf 120 cm³ Elektrolyt betragen.

Bei der Elektrolyse geht anodisch Platin in Lösung, die Anodenverluste betragen rd. 2 mg, von denen rd. 40 bis 60% sich kathodisch abscheiden. Um richtige Werte zu erhalten, kann man entweder nach Reichel (a) Korrekturen anbringen (Tabelle im Original) oder nach Reichel (b) durch Zusatz von Hydrazinsulfat zwar nicht die Anodenverluste, wohl aber die kathodische Abscheidung des Platins weitgehend unterbinden.

***Arbeitsvorschrift nach* Reichel.** Der Elektrolyt soll das Gallium als Sulfat enthalten, Nitrat in sehr geringen Mengen schadet nicht. Die Lösung wird mit 50 cm³ konzentriertem Ammoniak, 10 bis 40 g festem Ammoniumsulfat und zur Vermeidung der kathodischen Platinabscheidung mit 6 g festem Hydrazinsulfat versetzt und auf ein Volumen von 130 cm³ gebracht. Zur elektrolytischen Abscheidung sind Galliummengen von 0,05 bis 0,2 g am besten geeignet. Die Elektrolyse wird mit einer Fischerschen Doppelnetzelektrode aus Platiniridium (5% Ir) unter Rührung mit 1200 Umdr./Min. ausgeführt, der Elektrolyt wird während der Elektrolyse, am besten mit Hilfe eines Wasserbades, auf 60 bis gegen 80° gehalten und die Stromstärke konstant auf 5 Amp. eingestellt. Dabei beträgt die Spannung rd. 3,3 bis 4 Volt. Bei konstanter Stromstärke ist die Abscheidung meist in 30 bis 60 Min. beendet.

Zur Erkennung der Vollständigkeit der Abscheidung wird eine Probe des Elektrolyten mit verdünnter Schwefelsäure angesäuert, bis ein zugesetztes Indicatorgemisch aus gleichen Teilen Neutralrot und Bromthymolblau von Grünlich nach Rosa umschlägt, der $p_H$-Wert beträgt dann 7 bis 7,2. Wenn in dieser Probe nach einiger Zeit keine Ausscheidung von $Ga(OH)_3$ mehr eintritt, ist die Elektrolyse beendet. Dann wird der Elektrolyt durch Einstellen in kaltes Wasser völlig abgekühlt, darauf hebt man die Elektroden ohne Stromunterbrechung heraus und taucht sie sehr rasch in kaltes destilliertes Wasser, wäscht mehrmals mit Wasser, dann mit absolutem Alkohol und Äther; das Trocknen geschieht sehr vorsichtig hoch über einer kleinen Bunsen-Flamme. Das silberweiße Gallium haftet in flüssigem Zustande gut an der Netzkathode; wenn es nach dem Abkühlen infolge Unterkühlung nicht von selbst erstarrt, bringt man es durch Berührung mit einem Stückchen festen Galliums zur Kristallisation (Erstarrungspunkt: 29,8° C), das abgeschiedene Metall wird dann blaugrau. Bei der Aufbewahrung im Exsiccator erfolgt keine merkliche Oxydation des abgeschiedenen Metalls.

Nach dem Wägen wird das Metall mit konzentrierter Salpetersäure abgelöst, eine Dunkelfärbung der Elektrode beseitigt man durch kurzes Eintauchen in Königswasser oder kurzes Ausglühen in der Bunsen-Flamme.

Bei langer Elektrolysendauer empfiehlt es sich, nochmals einige Gramm festes Hydrazinsulfat zuzusetzen.

***Bemerkungen.* I. Genauigkeit.** Die Ergebnisse der Beleganalysen sind gut, sowohl unter Benutzung der Korrektur für den Anodenverlust und die Platinabscheidung auf der Kathode als auch bei Zusatz von Hydrazinsulfat.

**II. Einfluß anderer Bestandteile.** Die Bestimmungsmethode wurde nur für reine Galliumlösungen ausgearbeitet, es ist anzunehmen, daß eine Trennung wohl nur von sehr unedlen Metallen möglich ist.

Literatur.

REICHEL, E.: (a) Fr. **87**, 321 (1932); (b) **89**, 420 (1932). — RICHARDS, TH. W., u. S. BOYER: Am. Soc. **41**, 133 (1919).

## § 5. Fällung mit Kaliumhexacyanoferrat(II).

**Vorbemerkung.** Die Abscheidung des Galliums als $Ga_4[Fe(CN)_6]_3$ in stark saurer Lösung ist von LECOQ DE BOISBAUDRAN in die quantitative Analyse des Galliums eingeführt und vielfach angewandt worden. Für eine gravimetrische Bestimmung ist dies Verfahren nicht mehr empfehlenswert, da es durch neuere, bessere überholt ist. Es ist zwar in neuerer Zeit von PORTER und BROWNING nochmals durchgearbeitet worden, jedoch hat es im Vergleich zu anderen Verfahren viele Nachteile, deren größte sind: schlechte Filtrierbarkeit des Niederschlages und die Notwendigkeit besonderer, manchmal umständlicher Operationen, um das darin enthaltene Gallium zur Auswaage zu bringen.

Eine gewisse Bedeutung hat indessen die Fällung immer noch zur Abtrennung des Galliums von anderen Metallen; wegen der guten Spezifität auch eventuell zur Anreicherung des Galliums bei der Aufbereitung von Mineralien usw.; ferner, weil sie eine potentiometrische Titration des Galliums ermöglicht.

Nach 1stündigem Stehen fallen in 12%iger Salzsäure noch 0,1 mg in 10 $cm^3$, nach längerem Stehen noch kleinere Mengen mit Hexacyanoferrat(II) aus, die Empfindlichkeit ist also nicht besonders groß.

### A. Gravimetrische Bestimmung.

***Fällungsvorschrift nach* PORTER *und* BROWNING.** Die Fällung wird in 12%iger Salzsäure mit Kaliumhexacyanoferrat(II) bei 60 bis 70° vorgenommen, man hält ungefähr ½ Std. auf dieser Temperatur, läßt dann abkühlen und mehrere Stunden stehen, bei sehr kleinen Galliummengen eventuell 1 bis 2 Tage. Wegen der schlechten Filtrierbarkeit des Niederschlages wird am besten durch Trichter mit doppeltem Filter unter schwachem Saugen filtriert, es empfiehlt sich, einen Platinkonus zum Schutz des Filters einzulegen. Die ersten, meist trüben Anteile des Filtrats werden zurückgegeben. Nach PAPISH und HOLT wirkt ein Zusatz von Eieralbumin vorteilhaft auf die Filtrierbarkeit. Da in der stark sauren Lösung Hexacyanoferrat(II) sich etwas zersetzt, tritt immer Bildung von Berliner Blau ein, es ist also ein direktes Wägen nicht möglich.

***Bestimmung des Galliums im Niederschlag.*** Zur Überführung des Niederschlages in wägbare Verbindungen sind folgende Operationen vorgeschlagen worden:

a) Der Niederschlag wird verglüht, mit Salpetersäure, dann mit Salzsäure mehrfach abgeraucht; darauf wird in essigsaurer Lösung das Eisen mit $\alpha$-Nitroso-$\beta$-Naphthol abgetrennt (Vorschrift s. S. 37). Im Filtrat kann Gallium wie üblich gefällt und bestimmt werden (PAPISH und HOLT, PAPISH und HOAG).

b) Der Niederschlag wird zum Oxydgemisch verglüht. Das Oxydgemisch wird im Silbertiegel mit festem Natriumhydroxyd aufgeschlossen, die Schmelze wird gelöst, filtriert, dann bestimmt man das Gallium im Filtrat mit Oxychinolin. Vorschrift für diese Trennung siehe S. 39 (RIENÄCKER).

Ferner bestehen folgende ältere Vorschläge:

c) Der Niederschlag wird direkt in überschüssiger Natronlauge gelöst, aus der so erhaltenen Gallatlösung wird Galliumhydroxyd durch Einleiten von $CO_2$ gefällt, filtriert und als Galliumoxyd ausgewogen (PORTER und BROWNING).

d) Durch Schmelzen mit Ammoniumnitrat wird das komplexe Cyanid zerstört, sodann soll durch Behandeln mit wäßriger überschüssiger Natronlauge Eisen gefällt werden, im Filtrat befindet sich Gallium als Gallat, das nach dem Ansäuern bestimmt werden kann (PORTER und BROWNING). Über Bedenken gegen diese Eisen-Gallium-Trennung siehe S. 39.

e) Der Niederschlag von Galliumhexacyanoferrat(II) wird in Lauge gelöst, das gelöste Hexacyanoferrat(II) wird mit Wasserstoffperoxyd zu Hexacyanoferrat(III) oxydiert, dann wird aus der Gallatlösung das $Ga(OH)_3$ durch Kochen mit Ammoniumchlorid gefällt (PORTER und BROWNING). Nach Erfahrungen von MOSER und BRUKL ist aber eine Ausfällung des $Ga(OH)_3$ nach dieser Methode keineswegs quantitativ, vgl. auch S. 7.

f) Definiertes $Ga_4[Fe(CN)_6]_3$ läßt sich durch Verglühen in $Ga_2O_3$ und $Fe_2O_3$ überführen, demnach wäre theoretisch die Auswaage als Summe der Oxyde möglich. Auch etwa eintretende Carbidbildung würde nicht schaden, da die Gewichte von $Fe_2O_3$ und $2\,FeC_2$ gleich sind. Jedoch fällt nach ATO nur aus 0,005 bis 0,0025 n HCl definiertes Galliumhexacyanoferrat(II), in stärker saurer Lösung ist das Verhältnis Ga:Fe stets kleiner als 1,333. Dies Verfahren der Auswaage ist daher völlig unbrauchbar.

***Bemerkungen.* I. Genauigkeit.** Es ist ersichtlich, daß die Brauchbarkeit des Verfahrens und der Ergebnisse ganz wesentlich von der Zuverlässigkeit der Methode der Aufarbeitung der Fällung abhängt. Am brauchbarsten erscheint die erste Trennungsmethode nach PAPISH und HOAG. Wegen der Schwierigkeiten und Umständlichkeiten einer sauberen Eisen-Gallium-Trennung und auch der Schwierigkeiten bei der Filtration des Hexacyanoferratniederschlages erscheint die ganze Methode recht bedenklich, MOSER und BRUKL lehnen sie nach ihren Erfahrungen zur gravimetrischen Galliumbestimmung ab.

**II. Einfluß anderer Bestandteile.** Oxydierende Substanzen, auch Nitrat, müssen abwesend sein, ebenso selbstverständlich auch alle die Metalle, die unter den gleichen Bedingungen als Hexacyanoferrate ausfallen, z. B. Zink, Indium, Zirkonium. Hingegen ist die Fällung möglich in Gegenwart von Blei, Quecksilber, Wismut, Cadmium, Antimon, Kobalt, Mangan, Aluminium, Beryllium, Seltenen Erden, Ruthenium, Rhodium, Iridium, Erdalkalien, Borat und Phosphat.

## B. Potentiometrische Bestimmung mit Kaliumhexacyanoferrat(II) nach ATO bzw. KIRSCHMAN und RAMSEY.

**Vorbemerkung.** Während das Galliumhexacyanoferrat(II) schwer löslich ist, ist das Hexacyanoferrat(III) leicht löslich. Bei Fällung des Galliums mit einer $K_3[Fe(CN)_6]$-haltigen Hexacyanoferrat(II)-lösung wird das an einer Platinelektrode meßbare Redoxpotential $[Fe(CN)_6]''''/[Fe(CN)_6]'''$ nach beendigter Fällung sprunghaft unedler wegen des Auftretens größerer Hexacyanoferrat(II)-konzentrationen, so daß damit die Möglichkeit der potentiometrischen Indizierung des Endpunktes gegeben ist. Diese Methode ist schon vielfach zur potentiometrischen Bestimmung von durch Hexacyanoferrat(II) fällbaren Metallen benutzt worden, vor allem bei der Zinktitration. Bei der Bestimmung des Galliums müssen definierte, sehr kleine Säurekonzentrationen eingehalten werden (nach ATO 0,005 bis 0,0025 n HCl), da nur dann der Niederschlag wirklich der formelmäßigen Zusammensetzung entspricht mit einem Verhältnis Ga : Fe = 1,333 (ATO). KIRSCHMAN und RAMSEY fanden in „schwach salzsaurer" Lösung 1,304 bis 1,348, im Mittel 1,327.

In stärker sauren Lösungen, z.B. über 0,1 n HCl, ebenso wie in zu schwach sauren Lösungen (unter 0,0005 n HCl), ferner in stark neutralsalzhaltigen Lösungen ist der Endpunkt schlecht zu erkennen. Während der Titration stellt sich das Gleichgewichtspotential langsam ein (Dauer 3 bis 5 Min.), jedoch rascher in der Nähe des Endpunktes. Temperaturen über 40° sind zu vermeiden, da dann Zersetzung des Niederschlages eintritt, kenntlich an der Blaufärbung.

***Arbeitsvorschrift.*** **Reagenslösungen.** 0,01 oder 0,05 molare $K_4[Fe(CN)_6]$-lösung mit 0,5 bis 1 g $K_3[Fe(CN)_6]$ im Liter; der Gehalt an $K_3[Fe(CN)_6]$ darf in ziemlich weiten Grenzen schwanken.

**Apparatur.** Indicatorelektrode aus blankem Platin (z. B. Platindraht), konstante Bezugselektrode, z. B. Kalomelelektrode, elektrisch angetriebener Rührer, Einrichtung zum Messen der Potentiale, z. B. nach der POGGENDORFschen Kompensationsmethode.

**Arbeitsweise.** Die neutrale Galliumchloridlösung wird mit 0,005 normaler Salzsäure versetzt und bei Zimmertemperatur oder höchstens 40° unter Messung des Potentials mit der hexacyanoferrat(III)-haltigen Hexacyanoferrat(II)-lösung titriert.

***Bemerkungen.*** **I. Genauigkeit.** Die Methode liefert zufriedenstellende Ergebnisse, falls die angegebene Säurekonzentration genau eingehalten wird.

**II. Einfluß anderer Bestandteile.** Die Titration ist in Gegenwart anderer Kationen nicht untersucht worden. Die Methode ist vermutlich nicht besonders selektiv, da bei der erforderlichen sehr geringen Acidität eine große Anzahl anderer Metalle ebenfalls schwerlösliche Hexacyanoferrate gibt.

### Literatur.

ATO, S.: Sci. Pap. Inst. Tôkyô **10**, 1 (1929).
KIRSCHMAN, H. D., u. J. B. RAMSEY: Am. Soc. **50**, 1632 (1928).
LECOQ DE BOISBAUDRAN: Ann. Chim. Phys. [5] **10**, 124 (1877); [6] **2**, 194 (1884); C. r. **94**, 1228, 1439, 1526 (1882); **99**, 526 (1884); Chem. N. **45**, 228 (1882); **46**, 3 (1882).
MOSER, L., u. A. BRUKL: M. **50**, 181 (1928).
PAPISH, J., u. L. E. HOAG: Am. Soc. **50**, 2118 (1928). — PAPISH, J., u. D. A. HOLT: J. physic. Chem. **32**, 146 (1928). — PORTER, L. E., u. P. E. BROWNING: Am. Soc. **43**, 111 (1921).
RIENÄCKER, G.: Unveröffentlichte Versuche (1941).

## § 6. Optische Bestimmung des Galliums.

### A. Colorimetrische Bestimmung des Galliums.

#### 1. Bestimmung mit Chinalizarin nach WILLARD und FOGG.

**Vorbemerkung.** Chinalizarin (1,2,5,8-Tetraoxyanthrachinon) gibt, wie mit vielen Kationen, auch mit Gallium-Ion einen charakteristisch gefärbten Lack. In ammoniakalischer, ammoniumchloridhaltiger Lösung fällt dieser Lack als blauvioletter Niederschlag aus und erlaubt so einen empfindlichen Nachweis von Gallium (PIETSCH und ROMAN); in schwach saurer Lösung, etwa bei einem $p_H$-Wert von 4,5 bis 6, bleibt die Verbindung mit einem Farbton von Orange bis Rot in Lösung, unter diesen Bedingungen ist Chinalizarin bei Abwesenheit von Gallium hellgelb (WILLARD und FOGG). Auf dem Vergleich der Intensität der Farbe des Lackes in saurer Lösung mit entsprechend hergestellten Standardlösungen beruht die Methode zur colorimetrischen Galliumbestimmung nach WILLARD und FOGG. Wegen der Eigenfarbe des Farbstoffes ist eine Messung im Colorimeter nicht möglich, sondern es muß mit einer Reihe von Vergleichsproben möglichst ähnlicher Konzentration gearbeitet werden.

Die Anwesenheit anderer Elemente kann die Bestimmung stören (s. Bemerkung III), die Bestimmung ist wegen dieser Störungen auf alle Fälle am besten in einer Lösung auszuführen, die normal in bezug auf Ammoniumacetat, halbnormal in bezug auf Ammoniumchlorid ist und 0,05% Natriumfluorid enthält, der $p_H$-Wert soll $= 5{,}0 \pm 0{,}1$ sein. Galliummengen von 0,02 mg/l sind noch gut zu erkennen, am günstigsten sind Mengen von 0,02 bis 0,2 mg/l zu bestimmen.

***Arbeitsvorschrift.*** Die zu untersuchende möglichst neutrale Lösung wird mit so viel Ammoniumacetat und Ammoniumchlorid versetzt, daß sie 1 n an Acetat und 0,5 n an Ammoniumchlorid ist, ferner mit Natriumfluorid (0,5 g/l). 50 cm³ der Lösung werden dann in einem NESSLER-Röhrchen mit 1 cm³ einer 0,01%igen alkoholischen Chinalizarinlösung versetzt und durch Vergleich mit einer Skala ähnlich hergestellter Lösungen in gleichen Röhrchen bei Tageslicht oder unter Verwendung einer „Tageslichtlampe" colorimetriert. Probelösung und Vergleichslösungen sollen einen $p_H$-Wert von möglichst genau 5,0 haben, was am besten durch Messung mit der Chinhydronelektrode nachgeprüft wird. Die Vergleichslösung enthält zweckmäßig 0,01 mg Ga im Kubikzentimeter.

***Bemerkungen.*** **I. Chinalizarinlösung.** Die Lösung ist nicht sehr beständig; ferner sind ganz frische Lösungen nicht zu verwenden. Am besten arbeitet man mit einer 1 bis 4 Tage alten Lösung; nach 7 Tagen ist sie völlig unbrauchbar.

**II. Genauigkeit.** Die Genauigkeit ist natürlich von dem Intervall der einzelnen Stufen der Vergleichsskala abhängig. 10 bis 50 $\gamma$ Gallium je Probe sind im allgemeinen mit einem Fehler von $\pm 1$ bis 4 $\gamma$ zu bestimmen. Nachprüfung der Methode durch RIENÄCKER bestätigte sowohl die Empfindlichkeit (2 $\gamma$ in 20 cm³) als auch die Genauigkeit, auch bei Anwendung von nur jeweils 20 cm³ Lösung in Reagensgläsern.

**III. Einfluß anderer Bestandteile.** $Fe^{\cdots}$, $Sn^{\cdot\cdot}$, $Sb^{\cdots}$, $Cu^{\cdot\cdot}$, $Pb^{\cdot\cdot}$, $In^{\cdots}$, $Ge^{\cdots\cdot}$, $VO^{\cdot\cdot}$, $VO_3'$, $MoO_4''$ geben störende Färbungen mit Chinalizarin, $Co^{\cdot\cdot}$ und $Ni^{\cdot\cdot}$ stören durch ihre Eigenfarbe. $Zr^{\cdots\cdot}$, $Th^{\cdots\cdot}$, Seltene Erden, $Sn^{\cdots\cdot}$, $Be^{\cdot\cdot}$, $Al^{\cdots}$, $Tl^{\cdots}$, $Ti^{\cdots\cdot}$, $AsO_3'''$ und $SbO_4'''$ geben nur bei Abwesenheit von Fluorid eine störende Färbung, während Alkalien, Erdalkalien, $Mg^{\cdot\cdot}$, $Mn^{\cdot\cdot}$, $Fe^{\cdot\cdot}$, $Hg^{\cdot\cdot}$, $Tl^{\cdot}$, $Cd^{\cdot\cdot}$, $UO_2^{\cdot\cdot}$, $WO_4''$ und $AsO_4'''$ keine Färbung bewirken. Silber, $Hg^{\cdot}$, Wismut, Niob und Tantal fallen entweder als Chloride oder infolge Hydrolyse aus und stören so nach Filtration nicht mehr. $Zn^{\cdot\cdot}$ darf in Mengen bis zu 0,5 g/l zugegen sein. Citrat, Oxalat und Tartrat stören auf jeden Fall, Phosphat verringert die Farbintensität stark. Die Anwesenheit der störenden Elemente erfordert besondere Abtrennungsoperationen, um die Galliumbestimmung zu ermöglichen, nur für Vanadium und Molybdän sind keine Trennungsmöglichkeiten vorhanden, so daß diese Elemente nicht vorliegen dürfen.

Arbeitsvorschrift in Gegenwart von Aluminium. Die Lösung, die nicht mehr als einige Milligramm Kalium- oder 100 mg Natriumsalz enthalten darf, wird bis zur auftretenden Trübung mit Ammoniak versetzt, mit 6 n HCl wieder geklärt, darauf werden 4 cm³ HCl zugesetzt. Dann fügt man 7,7 g Ammoniumacetat und 2,7 g Ammoniumchlorid hinzu, verdünnt auf 70 bis 80 cm³ und erhitzt auf 70 bis 80°. Unter Rühren wird jetzt das Aluminium durch tropfenweisen Zusatz gesättigter Natriumfluoridlösung als $Na_3AlF_6$ gefällt und so viel NaF im Überschuß zugesetzt, daß 0,05 g/100 cm³ davon vorhanden ist. Nach 1 Std. wird nach Zufügen von Papierbrei abfiltriert, das Filtrat wird auf 100 cm³ aufgefüllt, mit der Chinhydronelektrode auf ein $p_H$ von 5,0 gebracht und nun colorimetriert. Die Methode ist brauchbar, wenn in der Probe nicht mehr als 10 mg Aluminium vorhanden sind. Bei weniger als 1 mg Aluminium kann die Filtration des $Na_3AlF_6$ unterbleiben.

Arbeitsvorschrift in Gegenwart von Eisen und Indium. Eisen und Indium werden durch Fällung mit Natriumhydroxyd abgetrennt: Es wird zur siedenden Lösung so viel 3 n NaOH zugesetzt, daß die Lösung 0,5 bis 1 n NaOH enthält; Filtration nach Zusatz von Papierbrei und Auswaschen mit NaOH-haltiger Natriumchloridlösung. Das Filter wird mit heißer 1,5 n NaOH gründlich extrahiert und mit Wasser nachgewaschen. Zum Filtrat werden in der Siedehitze 8 bis 10 Tropfen 1%ige $KMnO_4$-Lösung gegeben, dann einige Tropfen Alkohol bis zur Reduktion. Das ausfallende Mangandioxydhydrat reißt noch vorhandene störende Eisenmengen mit und wird abfiltriert und ausgewaschen. Das Filtrat wird neutralisiert, mit Ammoniumacetat, Ammoniumchlorid und Natriumfluorid versetzt und colorimetriert.

Man erhält brauchbare Resultate in Gegenwart von höchstens 2 bis 3 mg Eisen, auch dann treten schon Galliumverluste durch Adsorption ein. Nach RIENÄCKER ist eine Bestimmung in Gegenwart größerer Eisenmengen möglich, wenn man zur Trennung das Eisen-Gallium-Oxydgemisch einer Schmelze mit Ätznatron unterwirft. Das durch Auflösen der Schmelze entstehende Eisenhydroxyd ist körniger und adsorbiert viel weniger Gallium. Man bringt das Oxydgemisch in einen Eisen- oder Silbertiegel, setzt 3 bis 5 mg Mangansalz hinzu, schmilzt mit 2 g Ätznatron und löst den grünen Schmelzkuchen in so viel kaltem Wasser, daß eine etwa 15- bis 20%ige NaOH-Lösung entsteht. In der Kälte reduziert man mit sehr wenig $H_2SO_3$, das ausfallende $MnO(OH)_2$ reißt etwa vorhandenes kolloidales Eisen mit. Man filtriert durch ein laugenfestes Filter (Schleicher & Schüll Nr. 575), wäscht mit NaOH-haltiger Natriumchloridlösung aus, neutralisiert das eisenfreie Filtrat und colorimetriert, am besten unter Benutzung eines aliquoten Teiles des Filtrates. In Gegenwart der 1000fachen Eisenmenge, z. B. 30 mg Eisen neben 30 $\gamma$ Gallium, treten nur verhältnismäßig geringe Galliumverluste ein (gefunden 22 bis 28 $\gamma$ Gallium).

Indium im Betrage von 100 mg beeinträchtigt die Genauigkeit nach WILLARD und FOGG nicht, falls es vorher wie das Eisen abgetrennt wird.

Falls neben Eisen noch Aluminium vorliegt, müssen aus dem eisenfreien Filtrat Aluminium und Gallium zusammen mit Ammoniak als Hydroxyd gefällt werden, die Hydroxyde werden in Salzsäure gelöst, und die Lösung wird, wie oben beschrieben, zur Trennung von Aluminium und Gallium mit Fluorid behandelt.

Allgemeine Arbeitsvorschrift in Gegenwart störender Metalle. Die Lösung wird mit Salzsäure versetzt, etwa ausfallendes AgCl, $Hg_2Cl_2$ und $PbCl_2$ wird abfiltriert. Dann wird aus stark salzsaurer Lösung etwa vorhandenes Germanium abdestilliert, der Rückstand wird so weit verdünnt, daß gerade keine Hydrolyse eintritt und zur Fällung der edleren Metalle mit einem kleinen Überschuß Cadmiumstaub behandelt. Nach Abfiltration der niedergeschlagenen Metalle und des überschüssigen Cadmiums raucht man die Salzsäure mit Schwefelsäure ab, fügt 100 $cm^3$ Wasser zu und entfernt das Cadmium durch Elektrolyse. Zur Abscheidung der letzten Cadmiumspuren und anderer Metallspuren fällt man mit Schwefelwasserstoff, filtriert, engt das Filtrat auf ein kleines Volumen ein, dann entfernt man etwa vorhandenes Eisen und Aluminium wie oben angegeben. So werden alle störenden Elemente außer Vanadium und Molybdän entfernt. Die störenden Elemente dürfen höchstens in Mengen bis zu 100 mg zugegen sein, die Aluminiummenge soll jedoch 10 mg und die Eisenmenge 1 mg nicht übersteigen.

### 2. Colorimetrische Mikrobestimmung durch Extraktion mit Oxychinolin-Chloroform nach MOELLER und COHEN.

**Vorbemerkungen.** Gallium-Ion läßt sich aus wäßriger Lösung mit einer Lösung von 8-Oxychinolin in Chloroform ausschütteln (SANDELL). Die Extraktion ist quantitativ bei $p_H$-Werten zwischen 3,0 und 6,2. Die Lösung des sich bildenden Komplexes $Ga(C_9H_6ON)_3$ in $CHCl_3$ hat eine zur analytischen Bestimmung verwertbare Absorptionsbande bei 392,5 m$\mu$, das BEERsche Gesetz ist bis zu Konzentrationen von 2,5 mg Ga je 1 l $CHCl_3$ erfüllt; bei der üblicherweise angewandten $CHCl_3$-Menge von 50 $cm^3$ betragen die bestimmbaren Ga-Mengen also bis 0,125 mg. Überschüssiges Oxychinolin stört nicht, da es in diesem Spektralbereich eine nur geringe, praktisch zu vernachlässigende Absorption aufweist.

***Arbeitsvorschrift.*** Die zu extrahierende Lösung wird auf ein Volumen von 25 $cm^3$ und ein $p_H$ von nur wenig über 3 gebracht und viermal mit je 5 $cm^3$ einer 0,01 molaren Lösung von 8-Oxychinolin in $CHCl_3$ ausgeschüttelt, die vereinigten Extrakte werden mit $CHCl_3$ auf 50 $cm^3$ verdünnt. In einem Spektralphotometer wird bei 392,5 m$\mu$ die Extinktion geeigneter Mengen des Extraktes gemessen nach

Eichung mit Gallium-Standardlösungen, die unter den gleichen Bedingungen extrahiert wurden.

***Bemerkungen.* I. Genauigkeit.** Galliummengen von 0,02 bis 0,1 mg in 25 $cm^3$ Lösung wurden nach diesem Verfahren angeblich mit wenigen Prozenten Fehler bestimmt; die Erfassungsgrenze wird mit 5 $\gamma$ angegeben.

**II. Einfluß anderer Bestandteile.** Die Methode ist leider wenig spezifisch, daher ist auf die Abwesenheit störender Ionen genau zu achten. Insbesondere dürfen Al, In, Tl, Sn(II), Cu, Bi, Fe(II) und Fe(III), Ni und Co nicht anwesend sein, da sie auch extrahierbare Oxychinolate bilden. Mg, Ca, Sr, Ba, Zn, Cd, Hg, Sn(IV), Pb, Mn(II), Cr(III) und Ag stören nicht, falls das $p_H$ unter 3,5 liegt.

Nach LACROIX soll jedoch bei $p_H$ 2 eine vollständige Trennung des Ga vom Al zu erreichen sein.

## B. Mikrobestimmung unter Verwendung der Papierchromatographie.

**Vorbemerkung.** Zur Bestimmung kleiner Mengen Gallium neben Indium, Zink und Aluminium kann nach ARDEN, BURSTALL, DAVIES, LEWIS und LINSTEAD die Papierchromatographie herangezogen werden. Das Chromatogramm wird zur ungefähren Abschätzung der Galliummenge nach dem Entwickeln mit Aluminon (Ammoniumsalz der Aurintricarbonsäure) mit Standardfarbstreifen verglichen, die unter gleichen Bedingungen, aber mit bekannten Galliummengen aufgenommen wurden. Für exakte Analysen benutzt man die Chromatographie nur zur Trennung von den obengenannten Metallen; die Galliumzone wird aus dem entwickelten Streifen herausgeschnitten und das Metall nach Zerstörung der organischen Substanz in üblicher Weise, mit Vorteil colorimetrisch oder polarographisch bestimmt.

***Arbeitsvorschrift.*** Die zu untersuchende Lösung wird auf einen Filtrierpapierstreifen nahe dem einen Ende aufgetropft. Nach dem Eintrocknen an der Luft wird der Streifen in der üblichen Weise in einem geschlossenen Zylinder mit n-Butanol, das HCl-Gas enthält, behandelt. Das Ga wandert mit der Lösungsmittelfront. Entwickelt wird mit Aluminon.

***Bemerkungen.*** Die Methode ist zur Bestimmung von Mengen zwischen 5 und 200 $\gamma$ Ga geeignet, Mengen von 0,1 bis 1 $\gamma$ Ga lassen sich noch schätzen.

## C. Bestimmung durch Spektralanalyse im optischen Gebiet.

Gallium läßt sich im Flammen-, Bogen- und Funkenspektrum bestimmen. Die „letzten Linien“ des Galliums sind: 4172 und 4033 Å, unabhängig von den Anregungsbedingungen (Flamme, Bogen oder Funken) (DE GRAMONT, weitere Linien im Ultraviolett: LUNDEGÅRDH).

Bei Analyse mit Hilfe der wichtigsten Linie 4172 können Täuschungen oder Störungen auftreten durch Linien der Elemente Au, Co, Cr, Fe, Ir, Mo, Mn, Os, Pd, Rh, Ru, Sc, Si, Ti, V, W; es muß also durch Aufsuchen anderer Linien dieser Elemente geprüft werden, ob sie in störenden Mengen anwesend sind. Die störenden Linien der angegebenen Elemente mit Ausnahme von Os, Ti, Fe, Mn sind recht schwach und oft bei hoher Dispersion gut von der Galliumlinie zu trennen, so daß Fehler in den meisten Fällen nicht eintreten werden. Hingegen muß besonders auf anwesendes Ti, Fe und Mn Rücksicht genommen werden (GERLACH, GASTINGER). Auch die anderen Linien des Galliums sind nicht ganz ungestört: 2943,6 und 2874,2 koinzidieren mit Eisenlinien. Die Sichtbarkeit der Linie 4033 Å wird durch ein in Gegenwart von Mangan auftretendes Triplett beeinträchtigt (SMITH).

### 1. Bestimmung im Flammenspektrum.

Zur flammenspektroskopischen Bestimmung (LUNDEGÅRDH, RUSSANOW, KUNINA und WASSILJEW) benutzt man eine Acetylenflamme, in der die zu untersuchende

Lösung zerstäubt wird. Als Vergleichssubstanzen werden z. B. gemessene Mengen von Kalium- oder Rubidiumsalz beigemischt, zum Vergleich eignen sich folgende Linienpaare:

Ga 4033,01 Å und K 4044,16 und 4047,22 Å

bzw.

Ga 4172,05 Å und Rb 4201,81 und 4215,58 Å.

Durch Eichmischungen werden die Intensitätsverhältnisse festgelegt.

Es kann auch in der Knallgasflamme gearbeitet werden, zur Anregung der violetten Linien ist dann eine Mindestmenge von 0,01 mg Ga erforderlich (HARTLEY und MOSS, HARTLEY und RAMAGE).

### 2. Bestimmung im Bogenspektrum.

Gallium läßt sich in ausgezeichneter Weise bogenspektroskopisch bestimmen. Der Lichtbogen wird zwischen reinsten Spektralkohlen erzeugt, die Probesubstanz wird in eine Vertiefung einer Kohleelektrode gebracht und im Lichtbogen verdampft. Nach MANNKOPFF und PETERS verfährt man am besten so, daß man das sehr verstärkte Spektrum in der Glimmschicht vor der Kathode des Kohlelichtbogens beobachtet bzw. aufnimmt, dort herrschen konstante Entladungsbedingungen, und die Empfindlichkeit ist außerordentlich groß (s. folgende Tabelle). Nach dieser Methode führten GOLDSCHMIDT und PETERS sehr zahlreiche Galliumbestimmungen aus. Die Konzentrationsbestimmung erfolgt mit Hilfe von Vergleichsaufnahmen auf dem gleichen Plattenmaterial, als Eichsubstanzen werden Gemische aus Quarz und Galliumoxyd benutzt. Die brauchbaren Linien sind mit der Nachweisbarkeitsgrenze in der folgenden Tabelle nach GOLDSCHMIDT und PETERS angegeben:

| Linie (in Å) | Sichtbarkeit bei einem $Ga_2O_3$-Gehalt von | | | | | Linie (in Å) | Sichtbarkeit bei einem $Ga_2O_3$-Gehalt von | | | | |
|---|---|---|---|---|---|---|---|---|---|---|---|
| | 1% | 0,1% | 0,01% | 0,001% | 0,0005% | | 1% | 0,1% | 0,01% | 0,001% | 0,0005% |
| 3020,5 | Koinzidenz mit Fe 3020,48 Å | | | | | 2719,7 | + | + | + | — | — |
| 2944,2 | + | + | + | + | — | 2659,9 | + | + | + | — | — |
| 2943,6 | + | + | + | + | + | 2500,2 | + | + | + | — | — |
| 2874,2 | Koinzidenz mit Fe 2874,18 Å | | | | | 2450,1 | + | + | — | — | — |

Vor allem sind also die Linien 2944,2 und 2943,6 Å zu benutzen. Diese Methode von GOLDSCHMIDT und PETERS eignet sich sehr zur direkten Bestimmung des Galliums in Gesteinen, Silicaten usw., das Material wird direkt in die Bohrung der Spektralkohle gebracht. Es lassen sich Gehalte bis zu 0,0002 Atom-% bestimmen, entsprechend 0,000003 mg Ga. Die Bestimmung wird durch Anwesenheit anderer Stoffe nicht beeinträchtigt.

Auch bei Verwendung salzsaurer Lösungen läßt sich Gallium bogenspektroskopisch bestimmen, in Mengen bis zu 0,1 $\gamma$ mit Hilfe der Linien 4172 und 4033 Å, in Mengen unter 0,1 $\gamma$ mittels der Linien 2943,6 und 2874,2 Å (PAPISH und HOLT).

### 3. Bestimmung im Funkenspektrum.

Eine funkenspektroskopische Galliumbestimmung unter Benutzung der letzten Linien (4033 und 4172 Å) wurde von DENNIS und BRIDGMAN ausgearbeitet. In einem mittels eines Schwingungskreises erzeugten Funken von rd. 2,5 cm Länge wird Galliumchloridlösung verdampft, unter Verwendung eines KRÜSSschen Spektralapparates werden die Linien visuell beobachtet, sie können natürlich auch photographisch aufgenommen werden. Als Behälter der Lösung werden kleine Glasschälchen von 7 mm Durchmesser und 6 mm Länge benutzt, in die ein Platindraht eingeschmolzen wird (Herstellung der Schälchen am einfachsten aus einem Glasrohr), man benutzt ungefähr 3 Tropfen einer salzsauren Lösung (1 Volumen konzentrierte HCl + 4 Volumen $H_2O$).

Empfindlichkeit bei Beobachtung mit bloßem Auge:

| Galliumkonzentration in der Probelösung (mg/Ga in 100 cm³) | Galliummenge in Schälchen γ | Linie 4172 Å | Linie 4033 Å |
|---|---|---|---|
| 3 | 4,6 | schwach | unsichtbar |
| 4,6 | 7 | deutlich | unsichtbar |
| 7,2 | 14 | deutlich | sehr schwach |
| 15,4 | 23 | deutlich | deutlich |

Bei rd. 5 $\gamma$ ist eine Linie, bei 15 $\gamma$ sind also beide Linien zu beobachten, die Intensitäten werden auch durch Anwesenheit der 100fachen Menge Indium nicht verändert.

Die Auswertung der Analyse mittels der Funkenspektren auf photographischem Wege dürfte ohne weiteres leicht möglich sein nach den Methoden, wie sie in der Spektralanalyse gebräuchlich sind.

### D. Bestimmung durch Röntgenspektralanalyse.

Die Emissionslinien der $K$-Serie des Röntgenspektrums des Galliums haben folgende Wellenlängen (Mittelwerte aus den Angaben in GMELINS Handbuch):

| $K\alpha_2$ | $K\alpha_1$ | $K\beta_1$ | $K\beta_2$ |
|---|---|---|---|
| 1341,3 XE | 1337,5 XE | 1205,5 XE | 1193,8 XE |

Zur quantitativen Bestimmung des Galliums wird die zu untersuchende Substanz mit einer Vergleichssubstanz gemischt, auf die Antikathode einer Röntgenröhre gebracht und in einem Röntgenspektrographen, z. B. nach SIEGBAHN, mit Hilfe eines geeigneten Kristalls spektroskopiert. Das Intensitätsverhältnis der Linien des Galliums und der Vergleichssubstanz wird durch Eichaufnahmen bestimmt; durch Zumischung verschiedener Mengen Vergleichssubstanz zur Analysensubstanz versucht man sodann, möglichst den Eichaufnahmen ähnliche Verhältnisse herbeizuführen, dann ist die Mengenbestimmung am einfachsten und genauesten.

HEVESY und ALEXANDER empfehlen zur quantitativen Analyse des Galliums das Linienpaar:

$$\text{Ga}\ K\alpha_1 = 1337\ \text{XE},$$
$$\text{Hf}\ L\beta_1 = 1371\ \text{XE},$$

in diesem Falle müßten also gemessene Mengen von $HfO_2$ zugemischt werden. Zwischen den Kanten der Vergleichselemente liegen störende Linien folgender Elemente: As($K\alpha_1$), Pb($L\alpha_1$) und Ir($L\beta_1$).

Aluminiumantikathoden sind nicht zu verwenden, da sie stets Gallium enthalten können (GOLDSCHMIDT und PETERS)! SCHWARZ V. BERGKAMPF schlägt Eisen als geeignete Vergleichssubstanz vor; GOLDSCHMIDT und PETERS empfehlen Zink oder Indium.

Der von SCHWARZ V. BERGKAMPF benutzte Spektrograph hatte einen Durchmesser von 172 mm, die Strahlung wurde mittels eines Steinsalzkristalles zerlegt, die Belichtungszeit betrug 1 Std. bei einer Belastung von 15 mA und 50 kV max. EISENHUT und KAUPP benutzten eine Röntgenröhre mit LENARD-Fenster, bei der die Antikathode außerhalb der Röhre lag, und wandten das Gallium als $GaCl_3$ an.

Zur Bestimmung kleiner Mengen muß das Gallium angereichert werden, wozu sich die Fällung mit Hexacyanoferrat(II) eignet, es können dann gleich bekannte Mengen von Zn- oder In-Lösung vor der Fällung hinzugesetzt werden als Vergleichssubstanzen. So sind auch noch Galliumgehalte bis 0,01% zu bestimmen, die Ergebnisse auf röntgenspektrographischem und bogenspektrographischem Wege stimmen gut überein (GOLDSCHMIDT und PETERS).

## Literatur.

ARDEN, T. V., F. H. BURSTALL, G. R. DAVIES, J. A. LEWIS u. R. P. LINSTEAD: Nature **162**, 691 (1948).

DENNIS, L. M., u. J. A. BRIDGMAN: Am. Soc. **40**, 1533 (1918).

EISENHUT, O., u. E. KAUPP: Z. Phys. **54**, 431 (1929)

GASTINGER, E.: Unveröffentlichte Versuche (1941). — GERLACH, W., u. E. RIEDL: Die chemische Emissions-Spektralanalyse, III. Teil, S. 59. Leipzig 1936. — GMELINS Handbuch der anorganischen Chemie, Syst.-Nr. 36 (Gallium), 8. Aufl., S. 33. 1936. — GOLDSCHMIDT, V. M., u. C. PETERS: Nachr. Götting. Ges. **1931**, 168f. — GRAMONT, DE: C. r. **159**, 5 (1914); **171**, 1106 (1920); **175**, 1208 (1925).

HARTLEY, W. N., u. H. W. MOSS: Pr. Roy. Soc. A **87**, 39 (1917). — HARTLEY, W. N., u. H. RAMAGE: Astrophys. J. **9**, 214 (1899). — HEVESY, G. v. u. E. ALEXANDER: Praktikum der chemischen Analyse mit Röntgenstrahlen, S. 70. Leipzig 1933.

LACROIX, S.: Anal. chim. Acta **1**, 260 (1947). — LUNDEGÅRDH, H.: Die quantitative Spektralanalyse der Elemente, Bd. II, S. 41f. Jena 1934.

MANNKOPFF, R., u. C. PETERS: Z. Phys. **70**, 448 (1931). — MOELLER, TH., u. A. J. COHEN: Anal. chim. Acta (Amsterdam) **4**, 316 (1950); Am. Soc. **72**, 3546 (1950); Anal. Chem. **22**, 686 (1950).

PAPISH, J., u. D. A. HOLT: J. physic. Chem. **32**, 143 (1928). — PIETSCH, E., u. W. ROMAN: Z. anorg. Ch. **220**, 219 (1934).

RIENÄCKER, G.: Unveröffentlichte Versuche (1941). — RUSSANOW, A. K., S. I. KUNINA u. K. N. WASSILJEW: Betriebslab. **6**, 1420 (1937); durch Cent.-Bl. **1939**, **I**, 1013.

SANDELL, E. B.: Anal. Chem. **19**, 63 (1947); Ind. eng. Chem. Anal. Edit. **13**, 844 (1941). — SMITH, D. M.: J. Inst. Met. **56**, 264 (1935). — SCHWARZ V. BERGKAMPF, E.: Fr. **90**, 334 (1932).

WILLARD, H. H., u. H. C. FOGG: Am. Soc. **59**, 40 (1937).

## § 7. Polarographische Bestimmung des Galliums.

Als Grundlage polarographischer Bestimmungen des Galliums seien in der folgenden Zusammenstellung die Halbstufenpotentiale des Galliums und der im Halbstufenpotential ($\pi/2$) benachbarten Ionen angegeben. Der Wert für das Gallium bezieht sich auf nicht komplex gebundenes $Ga^{+++}$-Ion, die Halbstufenpotentiale sind bezogen auf die n-Kalomelelektrode.

| Ion | Bindungsart des Ions | $\frac{\pi}{2}$ (Volt) |
|---|---|---|
| Zink(II) . . . . | unkomplex | —1,06 |
| Ni(II) . . . . | unkomplex | —1,09 |
| In(III) . . . . | alkalisch, Indat | —1,13 |
| Cd(II) . . . . | alkalisch, Cyanidkomplex | —1,15 |
| Antimon(III) . | alkalisch, Cyanidkomplex | —1,17 |
| Zinn(II). . . . | alkalisch, Stannit | —1,18 |
| Kobalt(II) . . | unkomplex und Cyanidkomplex | —1,23 |
| Gallium(III). . | unkomplex | —1,24 |
| Eisen(II) . . . | unkomplex | —1,33 |
| Zink(II). . . . | alkalisch, Zinkat | —1,41 |

Nach TAGAKI ist in saurer Lösung eine Galliumstufe nicht zu beobachten, da das Abscheidungspotential des Wasserstoffions in der Nähe liegen soll (?).

## Literatur.

HEYROVSKÝ, J.: Polarographie, in BÖTTGER: Physikalische Methoden der analytischen Chemie, 2. Aufl., Bd. II, S. 173 (1949). — Polarographisches Praktikum (Anleitungen für die chemische Laboratoriumspraxis, Bd. IV), S. 97 (1948). — HOHN, H.: Chemische Analysen mit dem Polarographen (Anleitungen für die chemische Laboratoriumspraxis, Bd. III), Tafel III (1937).

TAGAKI, S.: J. chem. Soc. London **1928**, 301.

ZELTZER, S.: Coll. Czechoslov. Chem. Communic. **4**, 319 (1932).

## *Trennungsmethoden.*

## § 8. Allgemeiner anwendbare Trennungsmethoden.

### Allgemeines.

Beim üblichen Gruppentrennungsgang unter Verwendung von Schwefelwasserstoff usw. wäre Gallium in die Ammoniak- bzw. Ammoniumsulfidgruppe einzuordnen, da es mit $H_2S$ in saurer Lösung nicht ausfällt, jedoch mit Ammoniak bzw. Sulfiden als $Ga(OH)_3$. Jedoch ist vor einer Abtrennung der mit Schwefelwasserstoff fällbaren Metalle durch Sulfidfällung im allgemeinen zu warnen (MOSER und BRUKL), da die Sulfide mehr oder weniger große Mengen Gallium mitreißen. Bei Vorliegen kleiner Galliummengen ist dies besonders zu beachten, diese können unter Umständen quantitativ im Schwefelwasserstoffniederschlag mit ausfallen, vor allem, wenn in schwach saurer Lösung gefällt wird.

Da häufig nur geringe Mengen Gallium neben größeren Mengen von Begleitstoffen zu bestimmen sein werden, sind ganz allgemein diejenigen Verfahren vorzuziehen, bei denen das Gallium ausgefällt wird und die Begleitelemente in Lösung verbleiben oder bei denen Gallium ohne Fällung abgetrennt wird, z. B. durch Ausschütteln mit Lösungsmitteln, wie Äther, da in beiden Fällen Verluste durch Mitreißen ausgeschlossen sind.

Sind Ausfällungen anderer Elemente vor der Galliumbestimmung unerläßlich, so sollten nur Fällungen benutzt werden, bei denen kristallinische, wenig adsorbierende Niederschläge auftreten; so kann z. B. Blei als Sulfat vor der Galliumbestimmung abgeschieden werden.

Von der an sich sehr unerwünschten Erscheinung, daß Gallium durch andere Niederschläge mitgerissen wird, kann man gelegentlich bei der Anreicherung oder auch Trennung des Galliums mit Vorteil Gebrauch machen; so reißt in essigsaurer Lösung ausfallendes Arsentrisulfid Gallium einigermaßen quantitativ mit (LECOQ DE BOISBAUDRAN) (vgl. S. 32).

Im folgenden werden einige Trennungsmethoden erwähnt oder beschrieben, die allgemeinerer Anwendbarkeit fähig sind, Verfahren in speziellen Fällen sind im nächsten Paragraphen dargestellt.

Wegen der chemischen Ähnlichkeit oder des gemeinsamen Vorkommens ist die Trennung des Galliums von Zink, Blei, Eisen, Aluminium und Indium am wichtigsten.

### A. Fällungsreaktionen zur Trennung des Galliums von anderen Elementen.

**Übersicht über die Abtrennungsmöglichkeiten des Galliums.** Zur Abtrennung des Galliums sind an neueren Verfahren benutzt worden die Fällungen mit

1. Tannin,
2. Kupferron,
3. Camphersäure,
4. Oxychinolin,
5. Harnstoff (Hydrolyseverfahren),

ferner die älteren, schon auf LECOQ DE BOISBAUDRAN zurückgehenden Fällungen mit

6. Kaliumhexacyanoferrat(II),
7. Kupferhydroxyd bzw. Kupfer(I)-oxyd,
8. Mißreißen des Galliums durch ausfallendes Arsen(III)-sulfid,

die durch die neueren Methoden aber im wesentlichen überholt sind.

1. Abtrennung des Galliums mit Tannin nach Moser und Brukl (Trennung des Galliums von 2wertigen Metallen, insbesondere von Zn, Cd, Co, Ni, Mn, Be, ferner von $Tl^{I}$).

Die sehr empfindliche und quantitativ verlaufende Abscheidung des Galliums mit Tannin in essigsaurer Lösung ermöglicht bei doppelter Fällung eine saubere Trennung, insbesondere von Zink und den oben angegebenen Metallen, zweifellos auch von anderen, z. B. den Erdalkalien und Alkalien. Die Fällungsvorschrift wurde bereits in § 1, C, auf S. 10, gegeben.

Die Bestimmung der Begleitelemente im Filtrat bereitet keine Schwierigkeiten. Benutzt man Fällungen, bei denen zur Überführung in eine Wägungsform geglüht werden muß, so verbrennt die den Niederschlägen etwa anhaftende organische Substanz; das Tannin braucht dann nicht vorher zerstört zu werden. Wenn eine Zerstörung nötig ist, geschieht sie durch zweimaliges Abrauchen mit konzentrierter oder rauchender Salpetersäure.

Ohne Zerstörung des Tannins lassen sich Zn, Cd, Co, Ni, Mn als Sulfide fällen, die Niederschläge werden geglüht oder mit Salpetersäure abgeraucht und nach Überführen in Sulfate als solche gewogen. Beryllium kann im Filtrat der Galliumfällung in ammoniakalischer Lösung unter Zusatz von Tannin gefällt werden, es wird als BeO ausgewogen (Vorschrift s. Bd. IIa des Teiles III dieses Handbuches, S. 23).

Zur Bestimmung des Thalliums muß das Tannin mit rauchender Salpetersäure zerstört werden, dann läßt sich das Thallium als $Tl_2CrO_4$ in 10%ig alkoholischer Lösung fällen und auswägen (Vorschrift s. auf S. 90 dieses Bandes).

2. Abtrennung des Galliums mit Kupferron nach Moser und Brukl (Trennung von 3wertigen Metallen, insbesondere von Al, Cr, In, Ce, Y, Er, Sc, ferner von U).

Mit guter Genauigkeit ist die in § 1, D, S. 11 beschriebene Kupferronfällung in schwefelsaurer Lösung zur Trennung von den genannten Metallen zu benutzen. Eine Trennung von Eisen ist so nicht möglich.

Nach Moser und Brukl ist in Gegenwart von Scandium, ferner in Gegenwart von über 2 g Aluminium eine doppelte Fällung nötig, da diese Elemente bei der ersten Fällung in kleinen Mengen mitfallen. Nach Versuchen von Wainer, von Gastinger und von Rienäcker ist die doppelte Fällung schon bei kleineren Aluminiummengen unbedingt erforderlich. Gastinger fand ferner, daß die Mitfällung von Aluminium sehr stark von der Arbeitsweise abhängt. Arbeitet man nach Moser und Brukl (Vorschrift in § 1, D), und zwar mittels mehrmaliger Filtration durch das gleiche Filter, so ist die Filtration sehr mühsam, außerdem fällt viel Aluminium mit; nach der unten gegebenen abgeänderten Vorschrift, die auf Scherrer zurückgeht, erhielt Gastinger bessere Erfolge, wie die folgenden Zahlen belegen:

Fällung in 200 $cm^3$ 2 n $H_2SO_4$ mit 15 $cm^3$ 6%iger Kupferronlösung.

| Angewandte Menge Al (g) | Gefällte Menge Al (mg) bei Filtration | |
|---|---|---|
| | nach Moser und Brukl | nach Scherrer (Gastinger) |
| 1,00 | 11,5 | 3,9 |
| 0,30 | 2,9 | 1,0 |
| 0,04 | 0,3 | 0,2 |

Auch unter den verbesserten Bedingungen muß also doppelt gefällt werden, und zwar gibt Gastinger an, bei einem Aluminiumgehalt der zu fällenden Lösung von mehr als 0,5 mg im Kubikzentimeter.

Arbeitsvorschrift nach Scherrer bzw. Gastinger. Die Fällung wird nach der in § 1, D gegebenen Vorschrift ausgeführt. Vor der Filtration wird die Fällung 1 bis 2 Std. mit fließendem Leitungswasser gekühlt. Bei der nun folgenden Filtration in der angegebenen Weise unter schwachem Saugen ist das Filtrat sofort klar, die Filtration gelingt leicht. Die weitere Verarbeitung erfolgt wie früher angegeben.

Ist die Aluminiumkonzentration höher als 0,5 mg im Kubikzentimeter, so muß das geglühte Galliumoxyd mit Kaliumpyrosulfat aufgeschlossen und nochmals gefällt werden.

Die so erhaltenen Ergebnisse der Bestimmung von 20 mg Ga neben 0,02 bis 1 g Al sind sehr zufriedenstellend.

Bei Aluminiummengen von mehr als 5 mg im Kubikzentimeter kristallisiert leicht Aluminiumsulfat aus; es erscheint dann zweckmäßiger, das Gallium von derart großen Aluminiummengen auf anderem Wege zu trennen, etwa durch Extraktion des Chlorids mit Äther.

In Gegenwart von Indium muß besonders sorgfältig ausgewaschen werden, vgl. S. 12.

Uran muß quantitativ in der 6wertigen Stufe vorliegen.

Zur Bestimmung der Begleitelemente wird das Filtrat unter Zusatz von etwas Wasserstoffperoxyd bis zum Auftreten der $SO_3$-Nebel eingedampft, der Rückstand wird mit Wasser aufgenommen, dann können z. B. Al, Cr, In in üblicher Weise mit Ammoniak gefällt und als Oxyd gewogen werden.

3. Abtrennung des Galliums mit Camphersäure nach Ato (Trennung von Zn, Pb, Mn, Be, Ni, Co, Cd, Ge, V, Cr, U, Tl, Th, Ce, La, Pr, Erdalkalien, Alkalien).

Die sehr spezifische Fällung mit Camphersäure wird in Gegenwart der oben angegebenen Begleitelemente genau so ausgeführt, wie es in der Vorschrift in § 1, E, auf S. 12 beschrieben ist. In und Fe fallen jedoch mit aus, sie dürfen nicht anwesend sein.

Die Ergebnisse von Beleganalysen in Gegenwart je eines der oben angegebenen Metalle sind sehr befriedigend. Mischungen in folgenden extremen Verhältnissen wurden noch mit gutem Erfolg getrennt:

| mg Ga | Menge des Begleitelementes | mg Ga | Menge des Begleitelementes |
|---|---|---|---|
| 90 | 1,5 mg Zn | 75 | 50 mg Co oder Ni |
| 6 | 2,5 g Zn | 2 | 2 g Co oder Ni |
| 20 | 1 mg Cd | 50 | 200 mg Erdalkalien |
| 6 | 5 g Cd | 3 bis 6 | 2 bis 4 g Erdalkalien |
| 75 | 1 mg Pb | 50 | 1 mg Pr (La, Ce, Nd) |
| 1 | 200 mg Pb [1] | 1 | 100 bis 150 mg La, Ce, Pr, Nd |
| 20 | 50 mg Mn | | |
| 6 | 2 g Mn | | |

Meist ist eine Bestimmung der Begleitelemente direkt im Filtrat (+ Waschflüssigkeit) möglich. Falls eine Zerstörung der Camphersäure erforderlich ist, wird sie durch Abrauchen mit Schwefelsäure unter Zusatz von etwas Salpetersäure vorgenommen.

4. Abtrennung des Galliums mit 8-Oxychinolin nach Brukl (Trennung von Molybdän, Wolfram und Vanadium).

Die an sich wenig spezifische Fällung des Galliumoxychinolates eignet sich zur Trennung des Galliums von den angegebenen Elementen bei Fällung in ammoniakalischer Lösung, wie es auf S. 15 angegeben ist.

Über die Bestimmung der Begleitelemente im Filtrat liegen keine Angaben vor.

5. Abtrennung des Galliums durch Fällung basischer Salze (Hydrolysemethoden) (Trennung von Zn, Mn, Ca).

Die auf S. 8f. beschriebenen Hydrolysemethoden erlauben eine Trennung von stärkeren Basen, vor allem von Zink. Besonders untersucht ist die Fällung mit Harnstoff (Vorschrift auf S. 9) und mit Sulfiten (S. 8).

[1] Bei größeren Bleimengen ist vorherige Abscheidung als $PbSO_4$ notwendig.

Die Fällung als basisches Acetat ist im allgemeinen nicht quantitativ und nicht anzuraten.

6. Abtrennung des Galliums mit Kaliumhexacyanoferrat(II) in stark saurer Lösung.

Diese von LECOQ DE BOISBAUDRAN (a) sehr häufig angewandte Methode zur Fällung des Galliums in Gegenwart von Pb, $Hg^{II}$, Bi, Cd, Ru, Rh, Sb, Ir, Co, Mn, Al, Be, Seltenen Erden, Erdalkalien usw. wird in stark saurer Lösung (12%iger Salzsäure) ausgeführt, wie es auf S. 20 beschrieben ist. Wegen der dort geschilderten Schwierigkeiten sollte diese Methode vermieden werden, wenn es angängig ist.

7. Abtrennung des Galliums mit Kupfer(I)-oxyd oder Kupfer(II)-hydroxyd (Trennung von stärkeren Basen, z. B. 2wertigen Metallen).

Kupfer(I)-oxyd [oder Kupfer(II)-hydroxyd] fällt in Aufschlämmung das sehr schwach basische Galliumhydroxyd quantitativ aus (LECOQ DE BOISBAUDRAN). Dies historische Verfahren ist im allgemeinen durch die neueren, schon erwähnten Methoden überholt. In neuerer Zeit wurde es von KRIESEL wieder zur Fällung des Galliums in Gegenwart von 2wertigem Eisen benutzt (nach vorheriger Reduktion des 3wertigen Eisens), für dies Beispiel sei die folgende Arbeitsvorschrift angegeben.

***Arbeitsvorschrift (Beispiel: Ga–Fe-Trennung nach* KRIESEL*).*** Die schwach schwefelsaure Lösung wird zur Reduktion von $Fe^{+++}$ zu $Fe^{++}$ mit Schwefelwasserstoff behandelt und vom Schwefel abfiltriert. Nach dem Wegkochen des Schwefelwasserstoffüberschusses und Abkühlen neutralisiert man mit Soda bis zur ganz schwach sauren Reaktion, setzt einen Überschuß von gefälltem und in Wasser aufgeschlämmtem Kupfer(I)-oxyd hinzu und kocht einige Minuten. Das Gallium wird quantitativ gefällt und so vom Eisen getrennt. Der mit viel überschüssigem Kupfer(I)-oxyd vermengte Niederschlag wird filtriert und heiß ausgewaschen. Da während des Filtrierens und Auswaschens geringe Oxydation des Eisens stattfindet, ist der Niederschlag noch schwach eisenhaltig, und eine Umfällung ist nötig. Man löst in Salpetersäure, raucht mit Schwefelsäure ab, löst den Rückstand in Wasser und entfernt das Kupfer durch Elektrolyse in schwefelsaurer Lösung. Der kupferfreie Elektrolyt wird nach Reduktion des Eisens in der oben beschriebenen Weise nochmals mit Kupfer(I)-oxyd gefällt. Aus dem nun eisenfreien Niederschlag kann nach dem Abtrennen des Kupfers durch Elektrolyse das Gallium in üblicher Weise gefällt werden.

8. Abtrennung des Galliums durch Adsorption an Arsensulfid.

Die von LECOQ DE BOISBAUDRAN beobachtete Tatsache, daß verschiedene in schwach saurer Lösung ausfallende Sulfide, insbesondere Arsensulfid, Gallium einigermaßen quantitativ mitreißen, läßt sich in manchen Fällen zur Trennung oder zur Anreicherung benutzen. Diese an sich nur noch selten angewandte Methode wurde kürzlich von KRIESEL zur Trennung des Galliums vom Aluminium wieder benutzt; ferner wurde sie von PAPISH und HOLT zur Gewinnung des Galliums aus Lepidolith angewandt; ein Beispiel für die Arbeitsweise sei hier wiedergegeben.

***Arbeitsvorschrift (Beispiel: Ga–Al-Trennung nach* KRIESEL*).*** Die saure Lösung wird mit Soda bis zur schwach sauren Reaktion neutralisiert, auf etwa 500 $cm^3$ verdünnt und mit 5 g Natriumacetat versetzt. Nun gibt man so viel einer Natriumarsenitlösung hinzu, daß die Menge des Arsens mindestens doppelt so groß ist wie die vorhandene Galliummenge und leitet in die kalte Lösung Schwefelwasserstoff ein. Arsen und Gallium fallen rasch als grünlichgelber Niederschlag aus, dessen Farbe deutlich von der des reinen Arsensulfids verschieden ist. Aluminium bleibt im Filtrat. Es wird kalt filtriert und ausgewaschen, das Filtrat prüft man durch Zusatz von Kaliumhexacyanoferrat(II) auf etwa vorhandenes Gallium. Der Niederschlag wird in ein Becherglas gebracht, mit Salpetersäure oder Königswasser gelöst, nach Zusatz von Schwefelsäure bis zum Auftreten von $SO_3$-Nebeln abgeraucht und darauf stark salzsauer gemacht. Aus dieser Lösung fällt man das Arsen frei von Gallium durch Einleiten von Schwefelwasserstoff unter wiederholtem Erhitzen zur Reduktion des 5wertigen Arsens zu 3wertigem. Nach der Filtration und dem Wegkochen des Schwefelwasserstoffes kann das Gallium mit einem der üblichen Fällungsmittel bestimmt werden.

HILLEBRAND und LUNDELL empfehlen die Abtrennung des Arsens durch Abdestillation. Der galliumhaltige Sulfidniederschlag wird nach Lösen in Salpetersäure oder Königswasser mit Schwefelsäure abgeraucht, darauf wird das Arsentrichlorid aus salzsaurer, kaliumbromidhaltiger Lösung in der üblichen Weise abdestilliert. Im Kolbenrückstand bestimmt man das Gallium.

***Bemerkungen.*** Bei KRIESEL sind keine Beleganalysen für diese Trennung angegeben. MOSER und BRUKL äußern starke Bedenken gegen diese Methode, speziell zur Trennung von Gallium und Aluminium.

Nach PAPISH und HOLT muß die Fällung des Arsensulfids aus schwach saurer Lösung mehrmals wiederholt werden, bis das Gallium quantitativ aus der Lösung entfernt ist, auch diese Autoren beobachteten, daß etwas Aluminium mitgerissen wird. Schwierigkeiten bereitet ferner auch die anschließende Entfernung des Arsens; die oben angegebene Abtrennung des Arsens vom Gallium durch Sulfidfällung in stark salzsaurer Lösung ist nicht ganz sauber, nach PAPISH und HOLT enthält das so gefällte Arsensulfid spektroskopisch nachweisbare Galliummengen.

## B. Extraktionsverfahren nach SWIFT bzw. WADA und ISHII zur Trennung des Galliums von anderen Elementen.

**Vorbemerkung.** Galliumchlorid ist in Äther löslich, die Löslichkeit bzw. die Verteilung des Galliums zwischen den beiden Phasen ist sehr stark von der Salzsäurekonzentration abhängig (s. folgende Tabellen).

Löslichkeit des $GaCl_3$ in Äther in Abhängigkeit von der HCl-Konzentration (SWIFT) bei Ausschütteln von je 50 cm³ salzsaurer $GaCl_3$-Lösung (137 mg $Ga_2O_3$) mit je 50 cm³ Äther (vorher mit HCl entsprechender Konzentration gesättigt).

| n HCl | 1,97 | 3,07 | 3,80 | 4,90 | 5,45 | 5,91 | 6,92 | 7,92 |
|---|---|---|---|---|---|---|---|---|
| % Ga extrahiert | 2,4 | 14,8 | 80,0 | 96,7 | 97,9 | 96,9 | 82,5 | 25,5 |

Bei 1maligem Ausschütteln von jeweils 20 cm³ saurer Lösung (enthaltend 100 mg bzw. 1 mg Ga) mit jeweils 30 cm³ Äther fanden WADA und ISHII folgende Galliummengen in der sauren Restlösung:

| n HCl vor dem Ausschütteln | 6,5 | 6,0 | 5,5 | 5,0 | 4,5 | 4,0 |
|---|---|---|---|---|---|---|
| mg Ga in der Restlösung (ursprünglich 100 mg Ga) | 9,8 | 0,7 | 0,5 | 1,0 | 1,0 | 4,3 |
| mg Ga in der Restlösung (ursprünglich 1 mg Ga) | 0,3 | 0 | 0 | 0,1 | 0,1 | 0,4 |

Die geeignete HCl-Konzentration liegt also bei 5,5 bis 6 n HCl.

Extraktion durch mehrmaliges Ausschütteln aus 5,5 n HCl mit je 30 cm³ Äther nach WADA und ISHII.

| mg Ga in der Ausgangslösung (20 cm³, 5,5 n HCl) | Galliummenge in mg im | | | |
|---|---|---|---|---|
| | 1. Ätherauszug | 2. Ätherauszug | 3. Ätherauszug | in der sauren Restlösung |
| 100 | 99,6 (a)[1] | 0,4 | 0 | 0 |
| 10 | 9,8 | 0,2 | 0 | 0 |
| 1 | 1 (b) | 0 | 0 | 0 |

[1] Beim Auswaschen der Ätherlösung mit 5 cm³ 5,5 n HCl gingen bei a 0,1 mg, bei b 0 mg in die Waschflüssigkeit.

WADA und ISHII empfehlen daher eine 2malige Extraktion und 3maliges Auswaschen. Bei dieser Behandlung gehen von 38 untersuchten Metallen außer $GaCl_3$ folgende als Chlorid in die Ätherschicht:

| Element | Ursprünglich vorhandene Menge in mg | In den vereinigten Ätherauszügen vorhandene Menge in mg | Element | Ursprünglich vorhandene Menge in mg | In den vereinigten Ätherauszügen vorhandene Menge in mg |
|---|---|---|---|---|---|
| Au | 1 | 1 | Re | 100 | 0,8 |
| In | 100 | 0,1 | Fe | 250 | 246,1 |
| Mo | 100 | 76,5 | Ir | 100 | 0,3 |

Nicht berücksichtigt wurden die Elemente Ag, Tl, Ge, Sn, Nb, Ta, As, W, Se, Os, von denen nach SWIFT die Chloride von As, Tl, Sn, Ge, Se ebenfalls mehr oder weniger ätherlöslich sind.

Bei einem vollständigen, allgemeingültigen Trennungsgang muß also auf die ätheröslichen Elemente besonders Rücksicht genommen werden. Nach der vollständigen Arbeitsvorschrift von WADA und ISHII werden Tl, Ag, Ge, Sn, Nb, Ta, As, W, Se, Os und z. T. das Au vorher nach Methoden entfernt, die im Abschnitt Thallium (S. 127f. dieses Buches) beschrieben sind. Anschließend läßt sich dann die Extraktion des Galliums und seine Trennung von den störenden Begleitern In, Mo, Re, Fe und Ir nach folgender Arbeitsvorschrift ausführen:

***Arbeitsvorschrift nach* WADA *und* ISHII.** Nach Entfernung der Elemente Tl usw. (s. oben und die Vorschrift auf S. 127f. dieses Bandes) wird die zu untersuchende Lösung auf ein Volumen von 20 cm³ und eine Acidität von 5,5 n HCl gebracht, was durch mehrmaliges Abdampfen mit Salzsäure und entsprechendes Verdünnen geschieht.

Diese Lösung wird 2mal mit je 30 cm³ frischem Äther ausgeschüttelt, die beiden Ätherlösungen werden vereinigt (= Ätherlösung A) und 3mal mit je 5 cm³ 5,5 n HCl ausgewaschen. Die Ätherlösung A enthält die Hauptmenge des Galliums und wird beiseite gestellt. Die drei Waschlösungen werden vereinigt und 1mal mit 15 cm³ Äther ausgeschüttelt, wodurch der Galliumrest wieder extrahiert wird, der Äther (= Ätherlösung B) wird mit 3 cm³ 5,5 n HCl gewaschen und mit der Ätherlösung A vereinigt. Diese Lösung enthält jetzt das gesamte Gallium und außerdem mehr oder weniger große Mengen von Mo, Au, Re, Ir, Fe und etwas In. Der Äther wird abgedampft, der Rückstand mit 100 cm³ 0,9 n HCl aufgenommen und in einer Druckflasche unter Eiskühlung mit Schwefelwasserstoff gesättigt. Die verschlossene Druckflasche wird nun 1 Std. im siedenden Wasserbad erhitzt und dadurch Mo, Au, Re und Ir ausgefällt. Der Niederschlag wird abfiltriert, das Filtrat kann außer Gallium noch Eisen und wenig Indium enthalten, es wird auf eine Acidität von 0,1 n HCl und ein Volumen von 25 cm³ gebracht, mit Schwefelwasserstoff zur Reduktion des 3wertigen Eisens behandelt und endlich bei höherer Salzsäurekonzentration (5,5 n) wiederum mit Äther extrahiert (= Ätherlösung C), wobei Gallium und nur noch äußerst geringe Eisenmengen in den Äther gehen. Der Äther wird verdampft, der Rückstand in wenig Wasser unter Zusatz von einigen Tropfen Salzsäure aufgenommen und mit überschüssiger Natronlauge alkalisch gemacht, wodurch die geringen Eisenspuren frei von Gallium ausfallen. Im Filtrat kann dann das Gallium gefällt und bestimmt werden.

***Bemerkungen.*** SWIFT, ferner auch SCHERRER und GASTINGER extrahieren nicht, wie WADA und ISHII, mit reinem Äther, sondern mit Äther, der mit dem doppelten Volumen 6 n HCl vorher 3mal durchgeschüttelt worden ist. Zu Abtrennung des Galliums schreibt SWIFT 3maliges Ausschütteln mit je dem gleichen Volumen Äther vor (z. B. werden 50 cm³ 6 n HCl-Lösung 3mal mit je 50 cm³ Äther extrahiert), die Ätherauszüge werden vereinigt und zum Auswaschen 1mal mit 5 cm³ 6 n HCl durchgeschüttelt.

Im Falle der Abtrennung des Galliums von großen Mengen von Begleitstoffen, z. B. von Aluminium, hat man dann wegen der beschränkten Löslichkeit der Chloride dieser Begleitmetalle in 5,5 bis 6 n HCl ein recht großes Volumen und benötigt entsprechend große Äthermengen, deren Aufarbeitung umständlich ist. SCHERRER wies nach, daß auch mit kleineren Äthermengen gute Resultate erhalten werden, die durch Versuche GASTINGERS bestätigt wurden. Nach GASTINGER genügt es, etwa 350 bis 400 cm³ einer salzsauren Lösung (5,5 n HCl) einmal mit 200 und dann 2mal mit je 50 cm³ Äther auszuschütteln, wodurch an Äther erheblich gespart wird, vor Gebrauch wird der Äther mit 5,5 n HCl mehrmals durchgeschüttelt. Die erste Äthermenge muß so hoch gewählt werden, weil sich viel Äther in der wäßrig-salzsauren Lösung löst.

In Gegenwart von Aluminium ist zu beachten, daß oft kleine Mengen von Aluminiumchlorid mit in den Äther gehen (GASTINGER), mit Kupferron ist aber das Gallium leicht frei von Aluminium zu fällen.

Zur Extraktion des Galliums in Gegenwart von Eisen empfiehlt SWIFT, das Eisen vorher in 6 n salzsaurer Lösung durch metallisches Quecksilber zur 2wertigen Stufe zu reduzieren.

Vor dem Verdampfen des Äthers zum Zweck der weiteren Verarbeitung des Galliumextraktes ist ein Zusatz von etwas schwefliger Säure zur Zerstörung der Ätherperoxyde ratsam (GASTINGER).

MOSER und BRUKL lehnen auf Grund ihrer Versuche (ohne Angabe von Beleganalysen) die Extraktion mit Äther ab.

### Literatur.

ATO, S.: Sci. Pap. Int. Tôkyô **12**, 225 (1929/30); **15**, 289 (1931).

BRUKL, A.: M. **52**, 253 (1929).

GASTINGER, E.: Unveröffentlichte Versuche (1941).

HILLEBRAND, W. F., u. G. E. F. LUNDELL: Applied Inorganic Analysis. New York 1929.

KRIESEL, F. W.: Ch. Z. **48**, 962 (1924).

LECOQ DE BOISBAUDRAN: (a) C. r. **94**, 1228 (1882); Ann. Chim. Phys. [6] **2**, 194 (1884); (b) C. r. **94**, 1626 (1882); Ann. Chim. Phys. [6] **2**, 216 (1884).

MOSER, L., u. A. BRUKL: M. **50**, 181 (1928); **51**, 325 (1929).

PAPISH, J., u. D. A. HOLT: J. physic. Chem. **32**, 143 (1928).

RIENÄCKER, G.: Unveröffentlichte Versuche (1941).

SCHERRER, J. A.: J. Res. Nat. Bureau of Standards **15**, 585 (1935). — SWIFT, E. H.: Am. Soc. **46**, 2378 (1924).

WADA, I., u. R. ISHII: Sci. Pap. Inst. Tôkyô **34**, 787 (1937/38). — WAINER, E.: Am. Soc. **56**, 348 (1934).

## § 9. Spezielle Trennungsmethoden.

### Allgemeines.

Für sehr viele der praktisch in Frage kommenden Trennungen werden geeignete Methoden in der Zusammenstellung im § 8 zu finden sein. In § 9 sind in den Abschnitten A bis M die Trennungsverfahren des Galliums von den wichtigsten und häufigsten Begleitern nochmals übersichtlich dargestellt oder zusammengefaßt, ferner ausführlicher wichtige spezielle Trennungsverfahren, die sich nur auf den betreffenden Fall beziehen. Im Abschnitt N sind dann Trennungen von geringerer Bedeutung, vor allem von ganz fernliegenden Elementen, kurz registriert.

Die Abtrennung der Metalle der Schwefelwasserstoffgruppe durch Fällung mit Schwefelwasserstoff in saurer Lösung ist nicht besonders aufgeführt, man vergleiche die Bemerkung auf S. 29. Wo eine solche Trennung nötig scheint, ist es sehr ratsam, sich von der Galliumfreiheit des Sulfidniederschlages zu überzeugen, etwa durch spektralanalytische Prüfung des Niederschlages, denn sogar in stark saurer Lösung gefälltes Arsensulfid reißt Gallium mit (PAPISH und HOLT).

Die Reihenfolge der hier aufgeführten Trennungsmethoden richtet sich ungefähr nach der Wichtigkeit der Begleitstoffe, wie folgende Übersicht ergibt:

Trennung des Galliums von:

| | | |
|---|---|---|
| A. Zink | E. Blei | I. Wolfram, Molybdän, Vanadium |
| B. Indium | F. Kupfer | K. Titan, Zirkonium, Thorium |
| C. Eisen | G. Arsen | L. Kieselsäure |
| D. Aluminium | H. Germanium | M. Fluorid |
| | | N. übrigen Elementen. |

## A. Trennung des Galliums von Zink.

Wegen des Vorkommens des Galliums in Zinkblenden und dementsprechend auch im Handelszink haben die Trennungsmethoden des Galliums vom Zink größere Bedeutung. Infolge der Basizitätsunterschiede von Gallium und Zink ist die Trennung nicht besonders schwierig; die brauchbaren Methoden sind in den vorstehenden Kapiteln schon beschrieben. Es eignen sich folgende Verfahren:

1. Fällung des Galliums mit Tannin (S. 10 und 30).
2. Fällung des Galliums mit Camphersäure (S. 12 und 31).
3. Fällung des Galliums mit Harnstoff oder Sulfit (Hydrolysemethode, S. 8, 9 und 31).
4. Extraktion des Galliums mit Äther (S. 33f.).

Ferner wurden folgende Trennungsvorschläge gemacht:

5. Fällung des Galliums mit Kupfer(I)-oxyd oder Kupferhydroxyd (S. 32).
6. Fällung des Zinks in Gegenwart des Galliums als Zinkquecksilberrhodanid, $ZnHg(CNS)_4$, nach Dennis und Bridgman. Dies Verfahren ist den oben verzeichneten unterlegen, weil vor der eigentlichen Galliumbestimmung zwei Fällungen notwendig sind, nämlich die Fällung des $ZnHg(CNS)_4$ und die Fällung des Quecksilberüberschusses mit Schwefelwasserstoff, so daß die Möglichkeit von Galliumverlusten gegeben ist.
7. Fällung des Zinks in alkalischer Lösung als Zinksulfid nach Porter und Browning. Auch hier besteht die Möglichkeit von Verlusten an Gallium, welches durch das ausfallende Zinksulfid mitgerissen wird.
8. Abtrennung des Zinks durch Destillation des Metalls (Browning und Uhler; Richards und Boyer). Diese Methode, die sich nur bei Vorliegen einer Metallprobe eignet, benutzt die leichte Flüchtigkeit des Zinkmetalls zur Trennung. Zink läßt sich im Vakuum oder im Wasserstoffstrom bei Rotglut verdampfen, während Gallium auch bei 1000° noch nicht merklich flüchtig ist. Dies Verfahren würde sich also besonders zur Anreicherung des Galliums eignen, die quantitative Bestimmung des Galliums läßt sich dann nach Abdestillation der Hauptmenge des Zinks in üblicher Weise vornehmen. Über Verfahren der Verdampfungsanalyse, speziell des Zinks, vgl. H. Töpelmann.

## B. Trennung des Galliums von Indium.

Eine direkte und genaue Bestimmung des Galliums in Anwesenheit von Indium ist mit Kupferron nach der auf S. 11 und 30 gegebenen Vorschrift möglich. Über die Bestimmung des Indiums, auch neben Gallium, vgl. Abschnitt „Indium“ dieses Handbuches.

## C. Trennung des Galliums von Eisen.

### *Allgemeines.*

Die Trennung des Galliums vom Eisen gehört zu den schwierigsten Trennungsoperationen in der Analyse des Galliums. Von den in § 8 angegebenen allgemeiner anwendbaren Fällungsmethoden des Galliums eignet sich keine ohne weiteres, da stets Gallium mitfällt. Man ist deshalb auf spezielle Verfahren angewiesen, von denen manche entweder schwierig oder ungenau sind. Folgende Verfahren sind vorgeschlagen worden:

1. Abtrennung des Eisens mit α-Nitroso-β-Naphthol.
2. Abtrennung des Eisens als Eisen(II)-sulfid.
3. Abtrennung des Eisens mit Natriumhydroxyd.
4. Fällung des Galliums mit Kupfer(I)-oxyd nach Reduktion des Eisens zur 2wertigen Stufe (Vorschrift s. S. 32).
5. Extraktion des Galliums mit Äther nach Reduktion des Eisens zur 2wertigen Stufe (Vorschrift s. S. 34).
6. Fällung des Galliums mit Camphersäure nach Reduktion des Eisens zur 2wertigen Stufe.
7. Fällung des Galliums mit Anilin nach Reduktion des Eisens zur 2wertigen Stufe.
8. Fällung des Galliums mit Phenylhydrazin nach Reduktion des Eisens zur 2wertigen Stufe.
9. Weitere Vorschläge.

## *Trennungsverfahren.*

### 1. Abtrennung des Eisens vom Gallium mit α-Nitroso-β-Naphthol nach Papish und Hoag.

**Vorbemerkung.** Papish und Hoag konnten nachweisen, daß Gallium durch α-Nitroso-β-Naphthol in essigsaurer Lösung nicht gefällt wird, Eisen fällt hingegen quantitativ, so daß eine recht einfache Trennungsmöglichkeit gegeben ist, zumal der Eisenniederschlag kein Gallium mitreißt.

**Reagens.** Lösung von 1 g α-Nitroso-β-Naphthol in 50 $cm^3$ 50%iger Essigsäure. Die Lösung muß frisch hergestellt werden, vor Gebrauch ist sie zu filtrieren.

***Arbeitsvorschrift.*** Die zu fällende Chloridlösung wird bis zur schwachen bleibenden Trübung mit Ammoniak versetzt, die Trübung wird in einem Tropfen Salzsäure wieder gelöst, darauf überschüssige 50%ige Essigsäure zugegeben. Man kann auch einen geringen Überschuß (einige Tropfen) Salzsäure zusetzen und dann statt der Essigsäure Ammoniumacetat hinzugeben, um essigsaure Reaktion zu erreichen. Dann wird mit der Reagenslösung gefällt, nach dem Absitzen überzeugt man sich von der Vollständigkeit der Fällung. Man läßt einige Stunden stehen, filtriert durch Papierfilter und wäscht zuerst mit kalter 50%iger Essigsäure, dann mit Wasser aus. Zur Eisenbestimmung trocknet man den Niederschlag, verascht sehr vorsichtig und verglüht zu $Fe_2O_3$. Im Filtrat kann das Gallium in üblicher Weise gefällt werden.

***Bemerkungen.* I. Vollständigkeit der Trennung.** Die spektroskopische Untersuchung des Eisenniederschlages ergab, daß er völlig frei von Gallium war; der Galliumniederschlag enthielt gelegentlich sehr geringe Eisenspuren, die gewichtsmäßig zu vernachlässigen waren. Die Trennung ist also vollständig, insbesondere adsorbiert der ausfallende Eisenniederschlag kein Gallium. Da der Eisenniederschlag voluminös und das Fällungsreagens ziemlich teuer ist, ist die Methode wohl nicht bei sehr großen Eisenmengen brauchbar.

**II. Genauigkeit.** Die Ergebnisse der Beleganalysen mit rund 4 bis 44 mg $Fe_2O_3$ und 25 mg $Ga_2O_3$ sind zufriedenstellend, die Eisen- und Galliumwerte wichen um $\pm$ 0,1 bis 0,4 mg vom theoretischen Wert ab.

### 2. Abtrennung des Eisens als Eisen(II)-sulfid nach Moser und Brukl.

**Vorbemerkung.** Eisen läßt sich vom Gallium durch Fällung des Sulfides des 2wertigen Eisens in Anwesenheit eines Komplexbildners trennen, der die Ausfällung des Galliums verhindert; die Methode arbeitet also nach dem Vorbild der Trennung von Eisen und Aluminium durch Fällung des Eisen(II)-sulfids in tartrathaltiger Lösung nach BERZELIUS. Als Komplexbildner wenden MOSER und BRUKL Sulfosalicylsäure an. Die Methode ist brauchbar bei Anwesenheit von verhältnismäßig wenig Gallium und wenig Eisen, etwa bis zu einer Oxydsumme von 300 mg. Da das Eisen(II)-sulfid schlecht auszuwaschen ist, werden Fehler in Anwesenheit größerer Galliummengen beobachtet, weshalb unter diesen Bedingungen eine teilweise Vortrennung mit Ammoniak eingeschoben wird, durch die ein großer Teil des Galliums abgetrennt wird, das nunmehr schwach galliumhaltige Eisen wird dann nach der Sulfidmethode abgetrennt.

***Arbeitsvorschrift a*** (wenig Gallium und wenig Eisen, bis zu Mengen von $Ga_2O_3 + Fe_2O_3 = 300$ mg). Die Lösung der Metallsalze wird mit Sulfosalicylsäurelösung (1:10) und dann mit so viel Ammoniak versetzt, bis sie schwach rot und völlig klar geworden ist. In die zum Sieden erhitzte Flüssigkeit wird Schwefelwasserstoff bis zum Erkalten eingeleitet, vom FeS abfiltriert und dieses mit schwefelammoniumhaltigem Wasser, dem etwas $(NH_4)_2SO_3$ zugefügt wurde, möglichst rasch gewaschen. Die Bestimmung des Eisens erfolgt dann als $Fe_2O_3$. Das Filtrat wird mit Essigsäure angesäuert, der Schwefelwasserstoff ausgekocht, Ammoniumacetat zugefügt und das Gallium als Tannin-Adsorptionsverbindung nach § 1, C (S. 10) gefällt, eine Zerstörung der Sulfosalicylsäure ist nicht erforderlich. Der Galliumniederschlag wird in der angegebenen Weise in Oxyd übergeführt und ausgewogen. Falls das Ion eines Alkalimetalls vorhanden ist, wird der Galliumniederschlag in verdünnter Salzsäure gelöst und die Fällung wiederholt.

***Arbeitsvorschrift b*** (viel Gallium und wenig Eisen). Man gießt die fast neutrale Lösung der Metallsalze in eine heiße Ammoniaklösung langsam ein, wobei Eisenhydroxyd gefällt wird und die Hauptmenge des Galliums als Gallat in Lösung geht. Es wird filtriert und mit heißem Wasser ausgewaschen. Der Eisenhydroxydniederschlag enthält eine gewisse Menge Gallium in adsorbiertem Zustande; er wird in Säure gelöst, nun nimmt man nach Vorschrift a die quantitative Trennung des Eisens von den nun noch geringen Mengen Gallium vor. Die galliumhaltigen Filtrate der Ammoniakfällung und der Sulfidfällung werden vereinigt, aus ihnen wird das Gallium in der oben angegebenen Weise gefällt und bestimmt.

***Bemerkungen.*** **I. Genauigkeit.** Die Ergebnisse der Beleganalysen mit 88 bis 590 mg $Fe_2O_3$ und 13 bis 54 mg $Ga_2O_3$ sind befriedigend; die Eisenwerte weichen bis zu 0,5%, die Galliumwerte um 0,1 bis 0,2 mg vom theoretischen Wert ab

**II. Reinigung der Sulfosalicylsäure.** Die gewöhnliche Sulfosalicylsäure des Handels [$C_6H_3OH$ (1) COOH (2) $SO_3H$ (5)] enthält oft Eisen, Aluminium und besonders Calcium, der Gesamtrückstand an anorganischen Verbindungen kann 0,3% betragen. Zur Reinigung stellt man eine bei Zimmertemperatur gesättigte Lösung in 96%igem Alkohol her, filtriert nach mehrtägigem Stehen von dem Rückstand, der hauptsächlich aus $CaSO_4$ besteht, durch eine Glasfritte ab und kristallisiert die Sulfosalicylsäure wieder aus. Bei 2- bis 3maliger Wiederholung dieser Operation gelingt es, die anorganischen Beimengungen bis auf Spuren zu entfernen. Neuerdings werden von bekannten Firmen auch reinste Präparate für analytische Zwecke geliefert.

### 3. Abtrennung des Eisens mit Natriumhydroxyd.

**Vorbemerkung.** Grundsätzlich läßt sich das nicht amphotere Eisen(III)-hydroxyd vom Gallium durch Fällen mit überschüssigem Alkalihydroxyd trennen. So gibt SWIFT an, daß bei Versuchen der Trennung von rd. 200 mg Eisen von 20 mg Gallium bei 1maliger Fällung mit Natronlauge der Eisenniederschlag praktisch galliumfrei sei, falls ein solcher Natronlaugeüberschuß angewandt wird, daß die Lösung nach der Fällung mindestens 0,3 n an NaOH ist. Schon LECOQ DE BOISBAUDRAN (a), auf den diese Trennungsmethode zurückgeht, schreibt jedoch mehrmalige Fällung vor, auch FRICKE, ATO (b) sowie ferner WADA und ISHII fanden, daß sogar bei Anwendung größerer NaOH-Überschüsse Galliumhydroxyd durch Adsorption an Eisenhydroxyd verlorengeht. Zur Beurteilung der geringen Leistungsfähigkeit dieser an sich früher oft empfohlenen Methode seien Versuchsergebnisse von WADA und ISHII wiedergegeben.

Die angegebenen Eisen- und Galliummengen wurden mit Natronlauge gefällt, so daß nach der Fällung die Lösung 0,5 bzw. 1 n an NaOH war, die Fällung wurde 3mal wiederholt und nach jeder Trennung die im Filtrat vorhandene Galliummenge bestimmt.

| mg Fe gegeben | mg Ga gegeben | Konzentration der überschüssigen NaOH | mg Ga im Filtrat der | | | |
|---|---|---|---|---|---|---|
| | | | 1. Fällung | 2. Fällung | 3. Fällung | 4. Fällung |
| 250 | 50 | 0,5 n | viel | 4,5 | 0,8 | 0,2 |
| 250 | 100 | 0,5 n | viel | 6,6 | 1,8 | 0,3 |
| 500 | 1 | 0,5 n | 0,4 | n. b. | n. b. | n. b. |
| 250 | 100 | 0,5 n | viel | 5,1 | 0,5 | 0,2 |
| 250 | 100 | 1 n | viel | 5,4 | 1 | 0,2 |
| 250 | 1 | 1 n | 0,8 | n. b. | n. b. | n. b. |

Es ergibt sich also, daß auch bei doppelter Fällung keineswegs eine saubere Trennung statthat.

Wesentlich geringere Mengen Gallium werden adsorbiert durch Eisenhydroxyd, das durch Auflösen einer Natriumhydroxydschmelze entstanden ist. Durch colorimetrische Bestimmung mittels der in § 6, A beschriebenen Methode konnte nachgewiesen werden (RIENÄCKER), daß auch von größeren so hergestellten Eisenhydroxydmengen nur wenige $\gamma$ Gallium adsorbiert werden. Durch Ätznatronaufschluß von Eisen-Gallium-Mischungen läßt sich so eine brauchbare Trennung des Eisens von Gallium auch bei Vorliegen größerer Eisenmengen rasch und einfach ausführen.

***Arbeitsvorschrift nach* RIENÄCKER.** Eisen und Gallium müssen zusammen als Oxydgemisch vorliegen, was durch gemeinsame Fällung mit Kupferron oder mit Ammoniak unter Einhaltung der entsprechenden Vorsichtsmaßregeln geschieht. Das Oxydgemisch wird dann im Silbertiegel mit 7 bis 8 g festem reinem Natriumhydroxyd aufgeschlossen, die Schmelze nach dem Abkühlen in 100 bis 200 cm³ Wasser gelöst, kurz aufgekocht und durch ein laugefestes Filter filtriert (z. B. Schleicher & Schüll Nr. 575). Es wird mit NaOH-haltiger Natriumchloridlösung ausgewaschen. Im Filtrat wird dann das Gallium am besten nach GEILMANN und WRIGGE mit Oxychinolin gefällt und bestimmt, siehe § 2.

***Bemerkungen.* I. Vollständigkeit der Trennung.** Die Ergebnisse der Bestimmung von Gallium in Mengen von je 10 mg neben Eisen sind folgende: a) neben 50 mg Fe: 9,7; 9,9 mg Ga; b) neben 100 mg Fe: 10,2, 9,9, 9,8, 9,9, 10,3 mg Ga; c) neben 1000 mg Fe: 10,1, 9,87 mg Ga. Es ist also eine Bestimmung sogar neben der 100fachen Eisenmenge möglich.

**II. Überführen des Oxydgemisches in den Silbertiegel.** Falls Eisen und Gallium in Lösung vorlagen und dementsprechend gemeinsam gefällt werden mußten, geschieht das Verglühen des Niederschlages in einem gewogenen Porzellantiegel. Das Oxydgemisch wird gewogen und dann möglichst vollständig in den Silbertiegel überführt, etwa zurückbleibendes Oxydgemisch (meist 2 bis 4% der Gesamtmenge) wird zurückgewogen. Die nach der Trennung gefundene Galliummenge wird auf die ursprüngliche Gesamtoxydsumme umgerechnet.

Die Methode eignet sich auch zur Bestimmung des Galliums in verglühten Fällungen von Galliumhexacyanoferrat(II).

**III. Verfahren in Anwesenheit von Eisen und Aluminium.** Aus der Lösung werden Eisen und Gallium gemeinsam mit Kupferron gefällt, dann zum Oxydgemisch vergläht. Das Oxydgemisch wird, wie angegeben, aufgeschlossen. Da geringe Aluminiummengen bei der ersten Kupferronfällung mit dem Gallium mitfallen, muß die endgültige Galliumbestimmung nicht mit Oxychinolin, sondern mit Kupferron vorgenommen werden.

### 4. Fällung des Galliums mit Kupfer(I)-oxyd.

Die Vorschrift wurde auf S. 32 gegeben.

### 5. Extraktion des Galliums mit Äther.

Die Vorschrift wurde auf S. 33f. gegeben.

### 6. Fällung des Galliums mit Camphersäure nach Reduktion des Eisens zur 2wertigen Stufe nach Ato (b).

**Vorbemerkung.** Bei Zusatz von Thiosulfat zu einer Lösung, die Eisen und Gallium enthält, wird Eisen zur 2wertigen Stufe reduziert, Gallium fällt zum Teil aus, die Fällung kann mit Camphersäure vervollständigt werden, jedoch ist dieser Niederschlag noch schwach eisenhaltig. Er muß deshalb nochmals gelöst werden, die Abtrennung der geringen Eisenmenge gelingt dann mit überschüssiger Natronlauge, aus dem Filtrat läßt sich nunmehr Gallium rein abscheiden.

***Fällungsvorschrift.*** Die zu fällende Lösung wird mit 10 cm³ 6 n Essigsäure und 10 cm³ 20%iger Natriumthiosulfatlösung versetzt, erhitzt und 10 Min. im Sieden erhalten, dann werden 2 g feste Camphersäure zugesetzt, und es wird weitere 10 Min. gekocht. Der entstandene Niederschlag wird abfiltriert, getrocknet und verglüht, wobei Schwefel entweicht und verbrennt. Der Rückstand wird in Königswasser gelöst, zur Trockne verdampft und in 50 cm³ Wasser unter Zusatz einiger Tropfen Salpetersäure gelöst. Dann wird die Lösung 1 normal an NaOH gemacht, aufgekocht und filtriert, um Eisenhydroxyd zu entfernen. Das Filtrat neutralisiert man mit Essigsäure, setzt 10 cm³ 6 n Essigsäure und 2 g Camphersäure hinzu, kocht 10 Min. und fällt so das Gallium, das in der auf S. 13 beschriebenen Weise bestimmt wird.

***Bemerkungen.*** Die Ergebnisse der Beleganalysen mit 1 bis 500 mg $Fe_2O_3$ bzw. 1 bis 150 mg $Ga_2O_3$ sind, insbesondere bei Vorliegen kleiner Galliummengen, sehr zufriedenstellend.

### 7. Fällung des Galliums mit Anilin nach Reduktion des Eisens zur 2wertigen Stufe nach Moser und Brukl.

**Vorbemerkung.** Wie in der vorigen Methode wird hier ebenfalls die Reduktion des Eisens zur 2wertigen Stufe durch Thiosulfat benutzt, die Fällung des Galliums mit Anilin vervollständigt. Auch bei dieser Methode ist der Galliumniederschlag schwach eisenhaltig; zur Abtrennung der geringen Eisenmengen wird das Eisen als Eisen(II)-sulfid nach Vorschrift 2a (S. 38) entfernt, nach Wainer wird jedoch besser mit Phenylhydrazin getrennt (Vorschrift 8).

***Arbeitsvorschrift.*** Die saure, ammoniumsalzfreie Lösung, deren Volumen möglichst gering sein soll, wird mit Soda fast neutralisiert (sie soll ganz schwach sauer bleiben) und in der Kälte so lange mit Natriumthiosulfatlösung versetzt, bis die Violettfärbung des Eisen(III)-komplexes unter Reduktion verschwunden ist, man setzt dann noch einen geringen Überschuß von Thiosulfat hinzu. Man erhitzt und hält 15 Min. im Sieden. Während dieser Zeit setzt man in Pausen von 5 Min. je 10 cm³ Anilin zu, wobei Galliumhydroxyd ausfällt. Es wird heiß filtriert und mit heißem Wasser sehr sorgfältig ausgewaschen, um möglichst alle Natriumsalze zu entfernen. Der Niederschlag wird samt Filter getrocknet, in einem Porzellantiegel verbrannt und stark geglüht. In den meisten Fällen ist der Niederschlag nicht eisenfrei, dann muß man ihn mit Pyrosulfat aufschließen und die Abtrennung des Eisens nach Trennungsvorschrift 2a oder 2b oder nach Verfahren 8 mit Phenylhydrazin vornehmen. Das Filtrat der Anilinfällung ist völlig galliumfrei, es wird oft nach dem Erkalten durch ausgeschiedenes Anilin trübe.

***Bemerkungen.*** Diese Methode dient zur Trennung des Galliums von sehr großen Eisenmengen (5 bis 50 g $FeCl_3$). Die erhaltenen Galliumwerte liegen etwas zu niedrig, z. B. 45,6 mg statt 46,1 in Anwesenheit von 5 g $FeCl_3$, 3,8 mg statt 4,6 mg in Anwesenheit von 50 g $FeCl_3$, jedoch sind diese extremen Verhältnisse auch selten vorhanden.

#### 8. Fällung des Galliums mit Phenylhydrazin nach Reduktion des Eisens zur 2wertigen Stufe nach Wainer.

**Vorbemerkung.** Die Methode beruht wie die Verfahren 6 und 7 auf der Tatsache, daß aus einem Gemisch von 2wertigem Eisen und 3wertigem Gallium nur das schwach basische Gallium durch Hydrolyse oder schwache Basen zu fällen ist. Während bei Verfahren 6 oder 7 im allgemeinen jedoch ein eisenhaltiger Galliumniederschlag ausfällt, der erst noch einer Reinigung unterworfen werden muß, gelingt eine eisenfreie Fällung in einfacher Weise mit Phenylhydrazin, das eine schwache Base ist und gleichzeitig reduzierend wirkt. Die Fällung wird nach dem Vorbild der Aluminium-Eisen-Trennung nach Hess und Campbell bzw. Allen vorgenommen.

In Anwesenheit außerordentlich großer Eisenmengen, etwa unter den von Moser und Brukl in Methode 7 angewandten Verhältnissen, empfiehlt Wainer die Vortrennung nach Moser und Brukl (Verfahren 7), dann aber die endgültige Trennung nicht nach dem umständlicheren Verfahren 2a oder 2b, sondern mit Phenylhydrazin.

***Arbeitsvorschrift.*** Zu der heißen Lösung (eventuell des nach Verfahren 7 vorliegenden Pyrosulfataufschlusses) wird so lange Ammoniak zugetropft, als gerade noch keine Fällung eintritt. Nun setzt man tropfenweise eine gesättigte Lösung von Ammoniumhydrogensulfit zu, bis das Eisen reduziert ist, neutralisiert vorsichtig mit Ammoniak und löst einen etwa entstandenen Niederschlag rasch wieder in einem Tropfen Salzsäure. Dann wird Phenylhydrazin (1 bis 3 $cm^3$) zugegeben, man rührt, bis der Niederschlag flockig geworden ist, prüft auf Vollständigkeit der Fällung mit wenig Phenylhydrazin, läßt kurz absitzen und filtriert. Es wird mit warmem Wasser, das etwas Sulfit und Phenylhydrazin enthält, ausgewaschen, verglüht und als $Ga_2O_3$ gewogen.

***Bemerkung.*** Beleganalysen werden nicht mitgeteilt, jedoch soll nach Angabe des Autors die Trennung einfach und vollständig sein.

#### 9. Weitere Vorschläge.

Einige weitere Vorschläge seien nur erwähnt, sie bieten keine besseren Möglichkeiten als die oben beschriebenen. So ist die Fällung des Galliums nach Reduktion des Eisens zur 2wertigen Stufe auch mit Bariumcarbonat vorgenommen worden. Eine Abtrennung kleiner Eisenmengen vom Gallium ist auch durch überschüssiges Ammoniak versucht worden, jedoch ist die Brauchbarkeit der letzteren Methode sehr umstritten (Fricke und Mitarbeiter, Moser und Brukl, Einecke und Harms).

## D. Trennung des Galliums von Aluminium.

**Vorbemerkung.** Wegen der Ähnlichkeit der Basizität von Aluminiumhydroxyd und Galliumhydroxyd fallen Aluminium und Gallium mit vielen Fällungsmitteln zusammen aus, jedoch sind gute Trennungsmethoden vorhanden.

#### 1. Fällung des Galliums mit Kupferron.

Die Vorschrift für diese Trennung ist auf S. 11 und 30 gegeben.

2. Fällung des Galliums mit Camphersäure.

Die Methode eignet sich zur Fällung des Galliums in Gegenwart von höchstens 10 mg Aluminium, die Vorschrift findet sich auf S. 12 und 31.

3. Fällung des Galliums mit Dibromoxychinolin.

Die Methode ist zur Bestimmung kleiner Galliummengen in Gegenwart großer Aluminiummengen geeignet. Die Vorschrift ist auf S. 17 gegeben.

4. Extraktion des Galliumchlorids mit Äther.

Vorschrift siehe S. 33f.

5. Verfahren zur Abtrennung großer Aluminiummengen als $AlCl_3 \cdot 6H_2O$.

**Vorbemerkung.** Aluminium kann bekanntlich in salzsaurer Lösung als $AlCl_3 \cdot 6H_2O$ abgeschieden werden, die Abscheidung geschieht entweder mit Chlorwasserstoff und Äther, mit Chlorwasserstoff und Aceton oder mit Acetylchlorid und Aceton. Diese Trennungen sind angebracht, wenn es sich um die Entfernung sehr großer Aluminiummengen im Betrage von mehreren Grammen handelt. Nach den Befunden von Ato (a) bleiben kleine Aluminiummengen (etwa 0,2 bis 0,7 mg) im Filtrat, in Gegenwart dieser kleinen Mengen ist aber die Galliumbestimmung leicht möglich, z. B. mit Camphersäure oder Kupferron. Eine Trennung von Eisen erlauben diese Methoden nicht.

***Arbeitsvorschriften.*** **a) Fällung des Aluminiums mit Acetylchlorid nach Ato (a).** Die Lösung der Chloride wird auf dem Wasserbad eingedampft, zum Rückstand werden langsam unter Rühren 30 cm³ einer Lösung von 1 Teil Acetylchlorid in 4 Teilen Aceton hinzugefügt, man filtriert und wäscht mehrmals mit je 30 bis 50 cm³ Acetylchloridlösung aus. Das Filtrat enthält alles Gallium, es wird entweder verdampft, mehrmals mit Salpetersäure abgeraucht, geglüht und als $Ga_2O_3$ direkt gewogen, oder man fällt das Gallium frei von den stets anwesenden geringen Aluminiumresten (etwa 0,2 mg), z. B. mit Camphersäure.

Bemerkung. Das Acetylchlorid muß phosphorfrei sein, was bei vielen Handelspräparaten nicht der Fall ist.

**b) Fällung des Aluminiums mit Chlorwasserstoff und Aceton nach Ato (a).** Die Lösung der Chloride wird auf dem Wasserbad eingedampft, der Rückstand wird mit 20 cm³ 6 n HCl und 20 cm³ Aceton aufgenommen, dann leitet man unter Eiskühlung Chlorwasserstoff bis zur Sättigung ein. Der Niederschlag wird filtriert und mit 40 bis 50 cm³ einer Mischung von 6 n HCl und Aceton (1:1), die mit HCl-Gas gesättigt ist, ausgewaschen. Im Filtrat befindet sich Gallium neben etwa 0,3 bis 0,4 mg Aluminium, von dem es, wie oben angegeben, getrennt werden kann.

**c) Fällung des Aluminiums mit Chlorwasserstoff und Äther.** Arbeitsvorschriften für diese an sich bekannte Abscheidung des Aluminiums wurden zum Zwecke der Aluminium-Gallium-Trennung von Dennis und Bridgman, von Browning und Porter, von Scherrer und von Ato (a) gegeben. Nach Ato verfährt man folgendermaßen: Die Lösung der Chloride wird auf dem Wasserbad eingedampft, der Rückstand wird mit 20 cm³ 6 n HCl und 30 cm³ Äther aufgenommen, man leitet unter Eiskühlung Chlorwasserstoff bis zur Sättigung ein, filtriert und wäscht mit 50 cm³ chlorwasserstoffgesättigter Äther-Salzsäuremischung aus. Neben dem Gallium befinden sich rd. 0,2 bis 0,7 mg Aluminium im Filtrat, von denen das Gallium mit Camphersäure oder Kupferron getrennt werden kann. In Gegenwart von mehr als 500 mg $Al_2O_3$ ist eine doppelte Aluminiumfällung erforderlich, sonst werden zu geringe Galliumwerte gefunden.

***Bemerkungen.*** Bei einer vergleichenden Prüfung der Methoden a bis c gibt Ato der Vorschrift c den Vorzug, seine Werte sind zufriedenstellend, während die Ergebnisse von Dennis und Bridgman mit größeren Fehlern behaftet sind. Auf alle Fälle ist es wohl unerläßlich, im Filtrat der Aluminiumfällung das Gallium von den stets vorhandenen geringen Aluminiummengen zu trennen. Zur Aluminiumbestimmung wird das Filtrat von der Galliumfällung eingedampft, die darin vorhandenen organischen Reagenzien (Camphersäure bzw. Kupferron) werden durch Glühen zerstört, man löst in Salzsäure, vereinigt mit der als $AlCl_3 \cdot 6H_2O$ vorliegenden Hauptmenge des Aluminiums und fällt nun das Aluminium in üblicher Weise, z. B. mit Ammoniak.

#### 6. Weitere Trennungsvorschläge.

In Anbetracht der vorhandenen leistungsfähigen Trennungsverfahren sollen ältere oder zweifelhafte Methoden hier nur erwähnt werden, es sind dies die Trennungsmöglichkeiten durch Fällung des Galliums als Hexacyanoferrat(II) (s. S. 32) mit Kupfer(I)-oxyd oder Kupfer(II)-hydroxyd (s. S. 32) und die — recht umstrittene — Möglichkeit der Abtrennung geringer Aluminiummengen mit überschüssigem Ammoniak, zu letzterer Methode vgl. die Bemerkungen bei der ähnlichen Eisen-Gallium-Trennung auf S. 41.

### E. Trennung des Galliums von Blei.

In Gegenwart von nicht mehr als 200 mg Blei kann eine direkte Galliumbestimmung mit Camphersäure ausgeführt werden. Im übrigen läßt sich in jedem Falle Blei mit gutem Erfolge in üblicher Weise als Sulfat abscheiden, z. B. durch Abrauchen mit Schwefelsäure; im Filtrat kann dann Gallium bestimmt werden.

### F. Trennung des Galliums von Kupfer.

Als einfachste und gut brauchbare Methode zur Trennung empfiehlt sich die z. B. auch von Kriesel angewandte elektrolytische Abscheidung des Kupfers in chloridfreier Sulfatlösung mit einer Klemmenspannung von 2 bis 2,2 Volt; das Kupfer wird galliumfrei abgeschieden, im kupferfreien Elektrolyten kann Gallium bestimmt werden.

### G. Trennung des Galliums von Arsen.

Das Arsen kann durch Destillation des Chlorids aus salzsaurer Lösung in üblicher Weise vom Gallium abgetrennt werden, wobei man eine Überhitzung der nicht von der Flüssigkeit benetzten Kolbenwand wegen des verhältnismäßig niedrigen Siedepunktes von $GaCl_3$ (rd. 200°) vermeiden muß (Wada und Ishii, Hillebrand und Lundell). — Es ist ferner anzunehmen, daß verschiedene der Galliumfällungen, z. B. die mit Kupferron in schwefelsaurer Lösung, ohne weiteres in Anwesenheit von Arsenit oder Arsenat anzuwenden sind, Angaben von Brukl deuten darauf hin.

### H. Trennung des Galliums von Germanium.

Diese Trennung hat eine gewisse Bedeutung, weil der Germanit von Tsumeb (Ge-Gehalt 8,7%) nach Kriesel 0,74% Gallium enthält. Kriesel trennt das Germanium von Gallium durch Destillation des $GeCl_4$ aus konzentriert salzsaurer Lösung im Chlorstrom, das Gallium verbleibt im Destillationskolben.

### I. Trennung des Galliums von Wolfram (Molybdän, Vanadium).

Die auf S. 15 beschriebene Oxychinolinfällung in ammoniakalischer Lösung nach Brukl erlaubt die Abtrennung des Galliums von diesen drei Metallen. In Anwesenheit von Wolfram allein ist die Abscheidung des Wolframtrioxyds durch Abrauchen mit Salzsäure möglich, Gallium ist dann im Filtrat zu bestimmen [Lecoq de Boisbaudran (b), Kriesel].

## K. Trennung des Galliums von Titan, Zirkonium und Thorium.

**Vorbemerkung.** Die allgemeiner verwendbaren Trennungsmethoden erlauben keine Fällung des Galliums in Anwesenheit von Titan, Zirkonium und Thorium, so daß in Anwesenheit dieser Metalle besondere Verfahren angewandt werden müssen. LECOQ DE BOISBAUDRAN (c) wandte entweder die Fällung von Ti, Zr bzw. Th durch siedende Alkalilauge an oder die Mitfällung des Galliums durch ausfallendes Arsen(III)-sulfid. Neue, befriedigendere Verfahren sind von BRUKL ausgearbeitet worden.

Eine Trennungsmöglichkeit beruht auf der Tatsache, daß in oxalsaurer Lösung durch Kupferron nur Titan, Zirkonium und Thorium gefällt werden, während das Gallium in Lösung bleibt; da die drei Metalle flockig ausfallen und so Gallium adsorbieren können, ist die Vollständigkeit der Trennung von der Menge des Titans usw. abhängig, als obere Grenze wird 0,1 g angegeben. In Gegenwart größerer Mengen dieser Elemente lassen sich die Fällungen von Titan und Zirkonium mit Phenylarsinsäure (zuerst von RICE, FOGG und JAMES angegeben) bzw. die Fällung des Thoriums mit Oxalsäure zur Trennung von Gallium benutzen. Diese Trennungen sind etwas zeitraubend, aber gut brauchbar.

### 1. Trennung des Titans, Zirkoniums und Thoriums von Gallium mit Kupferon nach BRUKL.

***Arbeitsvorschrift.*** Die saure Lösung wird mit Ammoniak neutralisiert und überschüssiges Ammoniumoxalat zugegeben, dann setzt man so viel Oxalsäure hinzu, daß eine 1 n Lösung entsteht und fällt Ti, Zr oder Th mit Kupferronlösung. Nach 15 Min. wird durch ein Papierfilter mit eingelegtem Platinkonus filtriert und mit 1 n Oxalsäure unter scharfem Absaugen ausgewaschen. Der Niederschlag wird verascht und als $TiO_2$ bzw. $ZrO_2$ oder $ThO_2$ gewogen. Im Filtrat werden Kupferron und Oxalsäure durch Abrauchen mit einer gemessenen Menge konzentrierter Schwefelsäure und Wasserstoffperoxyd bis zum Auftreten der $SO_3$-Nebel zerstört, dann verdünnt man auf einen Säuregehalt von 1,5 n Schwefelsäure, prüft mit einem Tropfen $KMnO_4$ auf Wasserstoffperoxyd, entfernt das überschüssige Permanganat mit etwas schwefliger Säure und fällt das Gallium mit Kupferron in schwefelsaurer Lösung nach der auf S. 11 gegebenen Vorschrift.

***Bemerkungen.*** **I. Die Menge der Begleitelemente** Ti, Zr und Th soll 0,1 g nicht übersteigen.

**II. Genauigkeit.** Die mitgeteilten Ergebnisse der Beleganalysen sind sehr zufriedenstellend, die Galliumauswaagen (10 bis 30 mg) wichen im Durchschnitt um 0,2 bis 0,3 mg vom theoretischen Wert ab, mit gleicher Genauigkeit wurden auch Titan, Zirkonium und Thorium bestimmt.

### 2. Trennung größerer Titanmengen von Gallium mit Phenylarsinsäure nach BRUKL.

**Vorbemerkung.** Dies Verfahren besteht aus mehreren Trennungsoperationen: 1. Abtrennung des Titans von der Hauptmenge des Galliums durch Sodaschmelze, 2. Abtrennung des Galliumrestes vom Titan durch Fällung des Titans mit Phenylarsinsäure, wobei etwas Titan beim Galliumrest verbleibt, 3. Trennung des titanhaltigen Galliums vom Titan mit Kupferron in oxalsaurer Lösung nach der in Abschnitt 1 wiedergegebenen Methode.

***Arbeitsvorschrift.*** Man schließt die Oxyde mit der 8- bis 10fachen Menge Soda bis zum ruhigen Fluß auf, löst die Schmelze in Wasser, das mit etwas 2 n NaOH versetzt ist, erhitzt zum Sieden und erhält so nach dem Filtrieren und Auswaschen mit verdünnter Natronlauge einen Niederschlag, der alles Titan neben geringen Galliummengen enthält. Im Filtrat wird die Hauptgalliummenge in schwefelsaurer Lösung mit Kupferron nach Vorschrift S. 11 gefällt und bestimmt.

Das galliumhaltige Titandioxydhydrat wird in Schwefelsäure 1:1 gelöst, die Lösung auf 2 n $H_2SO_4$ verdünnt, mit 10 bis 15 g Ammoniumsulfat versetzt, zum

Sieden erhitzt und mit der 5fachen Menge Phenylarsinsäure (10%ige Lösung) gefällt. Es wird heiß filtriert, mit warmer 1 n Schwefelsäure gewaschen, das Filtrat abgekühlt und mehrere Stunden stehengelassen. Aus diesem Filtrat fällt ein zweiter, galliumhaltiger Titanniederschlag aus, der gesammelt, in wenig heißer Schwefelsäure (1:1) wieder gelöst und nochmals, wie oben angegeben, in kleinem Volumen gefällt wird, er ist dann galliumfrei. Die vereinigten Filtrate enthalten nunmehr alles noch vorhandene Gallium und etwas Titan. Man fällt beide Elemente aus schwefelsaurer Lösung mit Kupferron, verascht und schließt den Rückstand mit Kaliumpyrosulfat auf. Die Schmelze wird in ammoniumoxalathaltigem Wasser gelöst und das darin enthaltene Titan nach Vorschrift 1 vom Gallium getrennt. Der Galliumwert ergibt sich aus der Addition der beiden Auswägungen an Galliumoxyd. Zur Titanbestimmung werden die Niederschläge der Phenylarsinsäure verascht, wobei sich bereits viel Arsen verflüchtigt (Vorsicht!), dann wird im Wasserstoffstrom bei Rotglut reduziert und schließlich nochmals im Gebläse geglüht, zu dem so erhaltenen Gewicht wird das der nach Methode 1 abgeschiedenen Titanmenge zugeschlagen.

***Bemerkung.*** **Genauigkeit.** Die Werte der angegebenen Beleganalysen sind trotz der Umständlichkeit des Verfahrens sehr befriedigend.

#### 3. Trennung größerer Zirkoniummengen von Gallium mit Phenylarsinsäure nach Brukl.

***Arbeitsvorschrift.*** Die 2 n schwefelsaure heiße Lösung wird mit Phenylarsinsäure gefällt, wodurch das gesamte Zirkonium abgeschieden wird. Man filtriert heiß und wäscht mit warmer, verdünnter Schwefelsäure aus. Das Filtrat ist frei von Zirkonium, aus ihm kann die Hauptmenge des Galliums mit Kupferron gefällt werden (der Niederschlag ist ebenfalls frei von Arsen). Der Zirkonniederschlag enthält etwas Gallium, er wird deshalb nochmals gelöst und umgefällt, wie es in der Vorschrift 2 beschrieben ist. Aus dem Filtrat kann der Rest des Galliums bestimmt werden, nach Veraschen des Zirkonniederschlages und Verglühen nach Vorschrift 2 kann das Zirkonium als $ZrO_2$ ausgewogen werden.

#### 4. Trennung größerer Thoriummengen von Gallium mit Oxalsäure nach Brukl.

Die salzsaure, sulfatfreie Lösung wird mit Oxalsäure gefällt, wodurch eine vollständige Fällung des Thoriums erzielt wird, sofern keine Sulfate zugegen sind. Im Filtrat zerstört man die Oxalsäure entweder durch Abrauchen mit Schwefelsäure oder durch Oxydation mit Kaliumpermanganat und Entfernen des Permanganatüberschusses mit schwefliger Säure. Dann kann im Filtrat das Gallium neben Mangan ohne weiteres mit Kupferron in schwefelsaurer Lösung nach der auf S. 11 gegebenen Vorschrift bestimmt werden.

***Bemerkung.*** **Genauigkeit.** Die Ergebnisse der Beleganalysen mit 10 bis 130 mg $Ga_2O_3$ neben 0,1 bis 2,3 g $ZrO_2$ bzw. 0,12 bis 2,4 g $ThO_2$ sind sehr gut.

## L. Trennung des Galliums von Kieselsäure.

Es wird die Kieselsäure nach den in der Silicatanalyse üblichen Verfahren durch mehrmaliges Abrauchen mit Salzsäure unlöslich gemacht, wobei nur zu beachten ist, daß Überhitzungen wegen der Flüchtigkeit des Galliumchlorids vermieden werden müssen, man arbeitet also am besten nur auf dem siedenden Wasserbad. Nach sehr sorgfältigem Auswaschen findet sich die Hauptmenge des Galliums im Filtrat, nach dem Abrauchen des $SiO_2$ mit Flußsäure und Schwefelsäure und Lösen des verbliebenen Rückstandes in der in der Silicatanalyse üblichen Weise wird diese Lösung mit der Hauptlösung vereinigt, aus der dann die Galliumbestimmung vorgenommen werden kann [Lecoq de Boisbaudran (b), Kriesel].

## M. Trennung des Galliums von Fluorid nach Hannebohm und Klemm.

Eine Fällung des Galliumhydroxyds mit Ammoniak in Gegenwart von Fluorid führt zu erheblichen Fehlbeträgen an Gallium im Niederschlag wie auch an Fluorid, die um so größer sind, je länger man erwärmt; es bildet sich also wahrscheinlich eine lösliche komplexe Verbindung, aus der weder Gallium mit Ammoniak noch das Fluor als PbClF quantitativ fällbar sind. Brauchbare Ergebnisse erhält man dagegen nach folgender ***Arbeitsvorschrift:***

Die fluoridhaltige Galliumlösung wird in einer Platinschale mit Kalilauge alkalisch gemacht, auf 40 $cm^3$ verdünnt und gelinde erwärmt. Diese Gallatlösung versetzt man tropfenweise mit verdünnter Salzsäure, bis zugesetztes Methylrot eben nach Rot umschlägt. Nach gelindem Erwärmen wird nochmals genau neutralisiert, indem man unter ständigem Rühren 0,2 n KOH bis zur Gelbfärbung und 0,1 n HCl bis zur Orangefärbung zutropfen läßt. Dann filtriert man durch ein mit Papierbrei belegtes Schwarzbandfilter im Platintrichter, wäscht mit wenig ammonnitrathaltigem heißem Wasser aus, spült Niederschlag und Papierbrei in eine Platinschale und löst wieder in verdünnter Salzsäure. Die Lösung wird fast bis zum Sieden erhitzt, mit verdünntem Ammoniak bis eben zur Gelbfärbung von Methylrot und mit 0,1 n HCl tropfenweise bis zur Orangefärbung versetzt. Der Niederschlag wird auf dem zuerst benutzten Filter gesammelt und gut mit heißem ammoniumnitrathaltigem Wasser gewaschen, Filter und Niederschlag werden getrocknet, vorsichtig verascht und geglüht.

Im Filtrat kann nun das Fluor in bekannter Weise als PbClF bestimmt werden.

Unlösliche Fluoride, z. B. $GaF_3$, müssen aufgeschlossen werden. Z. B. werden 50 mg Substanz mit 1 g gepulvertem Kaliumhydroxyd im Goldtiegel eben zum Schmelzen erhitzt (Dauer 2 bis 3 Min.), nach dem Abkühlen wird in Wasser gelöst und das Gallium, wie oben beschrieben, abgeschieden.

***Bemerkung.*** **Genauigkeit.** Testanalysen zeigen, daß diese Methode für Gallium reproduzierbar um 1% zu niedrige Werte gibt (nach vorangegangenem Aufschluß 2%), die Fluorwerte werden um 1,5 bis 2% zu niedrig. Da diese Minuswerte reproduzierbar sind, kann man eine entsprechende Korrektur anbringen.

## N. Übersicht über die Trennungsmöglichkeiten von den übrigen Elementen.

Im folgenden Absatz werden die Methoden zur Abtrennung des Galliums von nur sehr selten mit dem Gallium vergesellschafteten Elementen kurz registriert. Häufig handelt es sich zudem um Verfahren, die alt und mit modernen Mitteln noch nicht überprüft sind. Die Reihenfolge der Elemente richtet sich nach dem Periodensystem.

*1. Trennung des Galliums von den Alkalimetallen.* Wahrscheinlich läßt sich Gallium mit den üblichen Methoden stets ohne weiteres in Gegenwart der Alkali-Ionen fällen. Mit Sicherheit ist dies der Fall bei der Fällung mit Ammoniak [Lecoq de Boisbaudran (a); die etwa mögliche Adsorption von Alkali-Ion bei sehr hohen Alkalikonzentrationen darf aber wahrscheinlich nicht außer acht gelassen werden], ferner bei den Fällungen mit Sulfit, mit Oxychinolin und mit Kupferron.

*2. Trennung des Galliums von Silber.* Am empfehlenswertesten erscheint die Abtrennung des Silbers als Silberchlorid, die Fällung als Silbersulfid ist ebenfalls möglich [Lecoq de Boisbaudran (d)], jedoch sei an die Bedenken gegen die Trennungen mittels Schwefelwasserstoff erinnert (vgl. die Vorbemerkung zu § 8). Trennung durch Extraktion mit Äther vgl. § 8, B (Swift).

*3. Trennung des Galliums von Gold.* Nach Lecoq de Boisbaudran (d) läßt sich Gold von Gallium durch Fällung als Sulfid mittels Schwefelwasserstoff in salzsaurer Lösung oder durch Fällung als Metall unter Reduktion durch schweflige Säure oder Kupfermetall trennen.

*4. Trennung des Galliums von Beryllium.* Fällung des Galliums mit Tannin (§ 8, A, 1), mit Kaliumhexacyanoferrat(II) (§ 8, A, 6), Trennung durch Extraktion des Galliumchlorids mit Äther (§ 6, B) oder durch Adsorption des Galliums an Arsensulfid (§ 8, A, 8).

*5. Trennung des Galliums von Magnesium und den Erdalkalimetallen.* Eine Reihe der üblichen Methoden ist in Gegenwart dieser Elemente anwendbar; die Fällung des Galliums mit Camphersäure (§ 8, A, 3) durch Hydrolyse (§ 8, A, 5, wenigstens in Gegenwart von Calcium), mit Kaliumhexacyanoferrat(II) in stark salzsaurer Lösung (§ 8, A, 6), mit Ammoniak [LECOQ DE BOISBAUDRAN (a)], wahrscheinlich auch die Fällungen mit Tannin oder Kupferron. — Eine Abtrennung der Elemente Barium, Strontium und Calcium von Gallium ist möglich durch Fällung der Sulfate, unter Umständen unter Zusatz von Alkohol [LECOQ DE BOISBAUDRAN (a)].

*6. Trennung des Galliums von Cadmium.* Fällung des Galliums mit Tannin (§ 8, A, 1) oder Camphersäure (§ 8, A, 3), auch mit Ammoniak [LECOQ DE BOISBAUDRAN (e)]. Von den älteren Trennungsverfahren sind anwendbar die Fällung des Galliums mit Kupferhydroxyd oder mit Kaliumhexacyanoferrat(II) (§ 8, A, 6 u. 7). Die Trennung durch Fällung des Cadmiums mit Schwefelwasserstoff ist nicht möglich [LECOQ DE BOISBAUDRAN (e)].

*7. Trennung des Galliums von Quecksilber.* Quecksilber läßt sich von Gallium trennen durch Fällung als Sulfid mit Schwefelwasserstoff in salzsaurer Lösung oder durch Reduktion zum Metall durch Kupfer [LECOQ DE BOISBAUDRAN (d)]. Falls Quecksilber und Gallium als Nitrate vorliegen, verglüht man das Gemisch bei dunkler Rotglut; durch siedende Salzsäure wird dann aus dem Rückstand nur Gallium gelöst und so vom Quecksilber getrennt (PUTNAM, ROBERTS und SELCHOW). Bei der Extraktion des Galliumchlorids mit Äther (§ 8, B) treten Spuren von Quecksilberchlorid in den Äther über. Gallium läßt sich durch Fällung mit Kaliumhexacyanoferrat(II) von Quecksilber trennen (§ 8, A, 6).

*8. Trennung des Galliums von Bor (Borsäure).* Wahrscheinlich sind verschiedene der neueren Bestimmungsmethoden des Galliums in Gegenwart von Borsäure ausführbar. Von älteren Verfahren lassen sich die Fällung des Galliums mit Kaliumhexacyanoferrat(II) und mit Arsensulfid in Gegenwart von Borsäure anwenden (vgl. § 8, A. 6 und 8).

*9. Trennung des Galliums von Thallium.* In Gegenwart von Thallium, das in der 1wertigen Stufe vorliegen muß, läßt sich Gallium mit den meisten der üblichen Fällungen abscheiden, z. B. mit Ammoniak (§ 1), Tannin, Camphersäure, Kaliumhexacyanoferrat(II) (vgl. § 8, A). Thallium läßt sich von Gallium als $Tl_2PtCl_6$ trennen [LECOQ DE BOISBAUDRAN (d)], weitere Fällungsmethoden für Thallium siehe Abschnitt „Thallium" in diesem Bande des Handbuches.

*10. Trennung des Galliums von Scandium, Yttrium und den Seltenen Erden.* Fällung des Galliums mit Kupferron, mit Camphersäure, mit Kaliumhexacyanoferrat(II), mit Arsensulfid (vgl. § 8, A). Extraktion des Galliumchlorids mit Äther (§ 8, B). Fällung der Hydroxyde der Begleitmetalle mit Kaliumhydroxyd in der Siedehitze, Gallium bleibt als Gallat in Lösung [LECOQ DE BOISBAUDRAN (a)].

*11. Trennung des Galliums von Zinn.* Als Trennungsmethoden werden die Fällung des Zinns mit Schwefelwasserstoff [LECOQ DE BOISBAUDRAN (f), SCHERRER] und die Fällung des Zinns als Zinndioxyd [LECOQ DE BOISBAUDRAN (f); PUTNAM, ROBERTS und SELCHOW] angegeben. Bei der Reduktion des Zinns zum Metall durch Zink wird unter den Bedingungen, unter denen die Abscheidung des Zinns quantitativ verläuft, stets Gallium mit niedergeschlagen [LECOQ DE BOISBAUDRAN (f);

Putnam, Roberts und Selchow], so daß diese Trennung unbrauchbar ist, ebenso sind die Fällungen des Galliums mit Kaliumhexacyanoferrat(II) und Arsensulfid nicht brauchbar [Lecoq de Boisbaudran (f)].

*12. Trennung des Galliums von Phosphorsäure.* Beschrieben sind zur Trennung nur die Fällungen des Galliums mit Hexacyanoferrat(II) und mit Arsensulfid. Zur Fällung der Phosphorsäure in Gegenwart von Gallium eignet sich die Molybdatmethode [Lecoq de Boisbaudran (b)].

*13. Trennung des Galliums von Antimon.* Trennung durch Fällung des Antimons durch Schwefelwasserstoff oder Kaliumhexacyanoferrat(II). Die Reduktion des Antimons zum Metall durch Zink läßt sich zur Trennung nicht verwerten [Lecoq de Boisbaudran (f)].

*14. Trennung des Galliums von Wismut.* Fällung des Galliums mit Kaliumhexacyanoferrat(II) (§ 8, A, 6). Extraktion des Galliumchlorids mit Äther (§ 8, B). Abtrennung des Wismuts durch Fällung mit Schwefelwasserstoff in saurer Lösung führt nur nach mehrmaliger Wiederholung zum Erfolg; eine Trennung durch Fällung des Wismuts als Metall mit metallischem Kupfer ist nicht ganz vollständig, da Gallium spurenweise mit ausgeschieden wird [Lecoq de Boisbaudran (d)]. Nach Kriesel wird Wismut bei der Ausfällung von basischem Eisencarbonat mitgerissen und läßt sich so von Gallium trennen.

*15. Trennung des Galliums von Niob und Tantal.* Fällung des Galliums mit Arsensulfid (§ 8, A, 8). Niob und Tantal lassen sich von Gallium scheiden durch hydrolytische Spaltung der schwefelsauren Lösung. Beim Extrahieren des Pyrosulfataufschlusses der Oxyde mit siedendem Wasser wird nur Gallium gelöst [Lecoq de Boisbaudran (g)].

*16. Trennung des Galliums von Selen und Tellur.* Bei der Extraktion des Galliumchlorids mit Äther geht Selen spurenweise mit in die Ätherschicht (Swift, vgl. auch § 8, B). Selen und Tellur können durch Ausfällung mit Reduktionsmitteln, z. B. Schwefelwasserstoff oder schwefliger Säure, von Gallium getrennt werden [Lecoq de Boisbaudran (h), Kriesel].

*17. Trennung des Galliums von Chrom.* Im allgemeinen sind die gleichen Trennungsmethoden möglich wie zur Trennung des Galliums von Aluminium, also die Fällung mit Kupferron, mit Kaliumhexacyanoferrat(II), mit Arsensulfid, die Extraktion des Galliumchlorids mit Äther (§ 8).

*18. Trennung des Galliums von Uran.* Fällung des Galliums mit Kupferron, mit Kupferhydroxyd, Extraktion des Galliumchlorids mit Äther (§ 8, A und B). Uran läßt sich durch überschüssiges Natriumhydroxyd als Natriumuranat abscheiden [Lecoq de Boisbaudran (e)].

*19. Trennung des Galliums von Mangan.* Die Trennung ist einfach auszuführen mit Tannin oder Camphersäure (§ 8, A, 1 und 3), ferner auch mit Ammoniak, Kupferhydroxyd, Kaliumhexacyanoferrat(II), Arsensulfid (§ 8, A), schließlich auch durch Extraktion des Galliumchlorids mit Äther (§ 8, B).

*20. Trennung des Galliums von Kobalt und Nickel.* Die Trennung ist leicht auszuführen durch Fällung des Galliums mit Tannin oder Camphersäure (§ 8, A, 1 und 3); die Trennung mit Ammoniak ist nach Moser und Brukl nicht zu empfehlen. Trennung durch Extraktion des Galliumchlorids mit Äther vgl. § 8, B. An älteren Vorschlägen sei erwähnt die Möglichkeit der Fällung des Galliums mit Kupferhydroxyd (§ 8, A, 7).

*21. Trennung des Galliums von den Platinmetallen.* Durch Fällung mit Schwefelwasserstoff in salzsaurer Lösung sind von Gallium zu trennen die Elemente Ruthenium, Rhodium, Palladium, Osmium und Platin. Durch Reduktion mit metallischem Kupfer gelingt nur eine quantitative Trennung des Rhodiums und Palladiums von Gallium [Lecoq de Boisbaudran (i)]. Durch Fällung mit Kaliumhexacyanoferrat(II) kann Gallium getrennt werden von Ruthenium, Rhodium und Iridium [Lecoq de Boisbaudran (i)], durch Extraktion des Chlorids mit Äther (vgl. § 8, B) von Rhodium, Palladium, Osmium, Platin (Switf, vgl. aber auch Wada und Ishii in § 8, B). Iridium kann durch Kochen der Lösung der Sulfate mit Kaliumhydroxyd abgetrennt werden [Lecoq de Boisbaudran (i)].

## Literatur.

Allen, E. T.: Am. Soc. **25**, 421 (1903). — Ato, S.: (a) Sci. Pap. Inst. Tôkyô **14**, 36 (1930); (b) **24**, 277 (1934).

Browning, P. E., u. L. E. Porter: Am. J. Sci. [4] **44**, 223 (1917). — Browning, P. E., u. H. S. Uhler: Am. J. Sci. [4] **41**, 352 (1916). — Brukl, A.: M. **52**, 256 (1929).

Dennis, L. M., u. J. A. Bridgman: Am. Soc. **40**, 1544 (1918).

Einecke, E., u. J. Harms: Fr. **98**, 432 (1934).

Fricke, R., u. W. Blencke: Z. anorg. Ch. **143**, 197 (1925). — Fricke, R.: Z. anorg. Ch. **144**, 267 (1925).

Gastinger, E.: Unveröffentlichte Versuche (1941).

Hannebohm, O., u. W. Klemm: Z. anorg. Ch. **229**, 337 (1936). — Hess, W. H., u. E. D. Campbell: Am. Soc. **21**, 776 (1899). — Hillebrand, W. F., u. G. E. F. Lundell: Applied Inorganic Analysis, S. 384, 210. New York 1929.

Kriesel, F. W.: Ch. Z. **48**, 961 (1924).

Lecoq de Boisbaudran: (a) C. r. **94**, 228, 1440 (1882); A. Ch. [6] **2**, 66, 220 (1884); (b) C. r. **97**, 66, 521 (1883); A. Ch. [6] **2**, 206, 210 (1884); (c) C. r. **97**, 623 (1883); **94**, 1441, 1625 (1882); A. Ch. [6] **2**, 197, 203 (1884); (d) C. r. **95**, 159, 1193, 1332 (1882); A. Ch. [6] **2**, 230, 246 (1884); Chem. N. **47**, 16 (1883); (e) C. r. **95**, 412, 503 (1882); A. Ch. [6] **2**, 214, 227 (1884); Chem. N. **46**, 152, 165 (1882); (f) C. r. **95**, 703 (1882); A. Ch. [6] **2**, 237 (1884); Chem. N. **46**, 211 (1882); (g) C. r. **97**, 730 (1883); A. Ch. [6] **2**, 199 (1884); Chem. N. **48**, 197 (1883); (h) C. r. **96**, 1839 (1883); **97**, 66 (1883); A. Ch. [6] **2**, 243 (1884); Chem. N. **48**, 15, 148 (1883); (i) C. r. **95**, 1332 (1882); **96**, 152, 1696, 1838 (1883); A. Ch. [6] **2**, 247 (1884); Chem. N. **47**. 17, 100, 299 (1883); **48**, 15 (1883).

Moser, L., u. A. Brukl: M. **51**, 328 (1929).

Papish, J., u. L. E. Hoag: Am. Soc. **50**, 2118 (1928). — Papish, J., u. D. A. Holt: J. physic. Chem. **32**, 145 (1928). — Porter, L. E., u. P. E. Browning: Am. Soc. **43**, 113 (1921). — Putnam, P. C., E. S. Roberts u. D. H. Selchow: Am. J. Sci [5] **15**, 425 (1928).

Rice, A. C., H. C. Fogg u. C. James: Am. Soc. **48**, 895 (1926). — Richards, T. W., u. S. Boyer: Am. Soc. **43**, 281 (1921). — Rienäcker, G.: Unveröffentlichte Versuche (1941).

Scherrer, J. A.: J. Res. Nat. Bureau of Standards **15**, 585 (1935). — Swift, E. H.: Am. Soc. **46**, 2379 (1924).

Töpelmann, H.: Schnellanalyse anorganischer Stoffe durch Verdampfen auf trockenem Wege, in: Physikalische Methoden der analytischen Chemie, herausgeg. von W. Böttger, 3. Teil, S. 75f. Leipzig 1939.

Wada, I., u. R. Ishii: Sci. Pap. Inst. Tôkyô **34**, 787 (1937/38). — Wainer, E.: Am. Soc. **56**, 348 (1934).

## § 10. Anreicherung des Galliums bei der Analyse sehr galliumarmer Proben.

Zur quantitativen Analyse sehr galliumarmer Proben, z. B. von Mineralien und technischen Produkten, zum Zwecke der Bestimmung des Galliumgehaltes ist als rasche und zuverlässige Methode besonders die spektroskopische Bestimmung zu empfehlen. Eine gravimetrische Analyse derartiger Proben erfordert außerordentlich große Einwaagen, so daß die Analyse dann auf eine Aufarbeitung und präparative Darstellung des Galliums mit quantitativen Methoden hinausläuft. Deshalb soll hier davon abgesehen werden, spezielle Anreicherungsverfahren zu beschreiben; es wird im folgenden nur ein Hinweis auf das Schrifttum gegeben. Es handelt sich bei den meisten Arbeiten um Verfahren zur Extraktion und Gewinnung des Galliums durch Aufarbeitung der jeweils in Klammern angegebenen Materialien.

## Literatur.

BERG, R., u. W. KEIL: Z. anorg. Ch. **209**, 383 (1932) (Germanit). — BOULANGER, C., u. J. BARDET: C. r. **157**, 718 (1913) (Aluminium).

CRAIGH, W. M., u. G. W. DRAKE: Am. Soc. **56**, 584 (1934) (Blei bzw. Bleirückstände aus Handelszink).

EHRLICH, L.: Ch. Z. **9**, 78 (1885) (Zinkblende).

FEIT, W.: Angew. Ch. **46**, 216 (1933); Öst. Ch. Z. **35**, 137 (1932) (Mansfelder Kupferschiefer). — FOGG, H. C., u. C. JAMES: Am. Soc. **41**, 947 (1919) (Zinkoxyd aus Retortenrückständen). — FOSTER, L. S., W. C. JOHNSON u. C. A. KRAUS: Am. Soc. **57**, 1828, 1832 (1935) (Germanit).

GRINBERG, A. A., A. N. FILIPPOW u. I. I. JASWONSKI: C. r. Acad. URSS. **1933**, 66, 69 (Aufbereitungsprodukte, Konzentrate sulfidischer Erze).

HARTLEY, W. N., u. H. RAMAGE: Pr. Roy. Soc. **60**, 393 (1896/97) (Roheisen aus Toneisenstein).

JAMES, C., u. H. C. FOGG: Am. Soc. **51**, 1459 (1929) (Zinkoxyd aus Retortenrückständen). — JUNGFLEISCH, E.: Bl. Soc. Chim. [2] **31**, 50 (1879). — JUNGFLEISCH, E., u. LECOQ DE BOISBAUDRAN: B. **12**, 382 (1879) (Zinkblende).

KEIL, W.: Z. anorg. Ch. **152**, 103 (1926) (Germanit). — KRIESEL, F. W.: Ch. Z. **48**, 961 (1924) (Germanit). — KUNERT, G.: Ch. Z. **9**, 1826 (1885) (Zinkblende).

LECOQ DE BOISBAUDRAN: C. r. **82**, 1098; **83**, 636 (1876); Bl. Soc. Chim. [2] **25**, 521; **26**, 437 (1876); Ann. Chim. Phys. [5] **10**, 129, 134 (1877); Chem. N. **33**, 230; **34**, 173 (1876); **35**, 167 (1877) (Zinkblende). — LECOQ DE BOISBAUDRAN u. E. JUNGFLEISCH: C. r. **86**, 475 (1878) (Zinkblende). — LLORD y GAMBOA, R.: An. Españ. **21**, 280 (1923) (Aluminium). — LLOYD, D. J., u. W. PUGH: J. chem. Soc. (London) **1943**, 74 (Germanit).

MORGAN, G. T.: J. chem. Soc. **1935**, 566 (Kohlenasche).

OBERHAUSER, F., u. P. RIPOLL: Univ. Chile An. Fac. Fil. Educ. Secc. Quim. **1934**, 45; durch C. **1936**, **I**, 527 (Chilenische Sande).

PAPISH, J., u. D. A. HOLT: J. physic. Chem. **32**, 145 (1928) (Lepidolith). — PATNODE, W. J., u. R. W. WORK: Ind. eng. Chem. **23**, 204 (1931) (Germanit). — PUTNAN, P. C., E. J. ROBERTS u. D. H. SELCHOW: Am. J. Sci. [5] **15**, 425 (1928) (Zinkblende, Sphalerit).

RICHARDS, T. W., u. W. M. CRAIGH: Am. Soc. **45**, 1156 (1923) (Blei bzw. Bleirückstände aus Handelszink). — ROSE, H., u. R. BÖSE: Naturwiss. **23**, 354 (1935) (Aquamarin).

SCHERRER, J. A.: J. Res. Nat. Bureau of Standards **15**, 585 (1935) (Aluminium). — SMITH, D. M.: J. Inst. Met. **56**, 264 (1935) (Aluminium).

THOMAS, J. S., u. W. PUGH: J. chem. Soc. **125**, 816, 822 (1924) (Germanit).

URBAIN, G.: C. r. **149**, 602 (1909) (Zinkblende).

WAINER, E.: Am. Soc. **56**, 348 (1934) (Anreicherung in Erzen).

# Indium*.

In, Atomgewicht 114,76, Ordnungszahl 49.

Von GÜNTHER RIENÄCKER, Berlin, und HANS-GEORG JERSCHKEWITZ, Berlin.

**Inhaltsübersicht.**



* Siehe auch Nachtrag S. 141.

## Bestimmungsmöglichkeiten.

Unter den Bedingungen der Analyse kann Indium nur in Form 3wertiger Verbindungen vorliegen.

Indium kann bestimmt werden:

A. Gewichtsanalytisch:

1. Als Oxyd $In_2O_3$ nach Fällung des Hydroxyds mit Basen, insbesondere mit Ammoniak, oder nach Fällung des Hydroxyds infolge Hydrolyse, am besten nach Zusatz von Kaliumcyanat.

2. Als Indiumsulfid $In_2S_3$ nach Fällung mit Schwefelwasserstoff oder nach Überführung des Oxyds in Sulfid im trockenen Schwefelwasserstoffstrom.

3. Als Indiumoxychinolat $In(C_9H_6NO)_3$.

4. Als Indiumorthophosphat, $InPO_4$.

5. Als Indium-Hexamminkobalt(III)-chlorid, $InCo(NH_3)_6Cl_6$.

6. Als Indiumdiäthyldithiocarbamat, $In[SCS \cdot N(C_2H_5)_2]_3$.

7. Als Indiummetall nach elektrolytischer Abscheidung.

B. Maßanalytisch:

1. Durch Fällung als Kalium-Indium-Hexacyanoferrat(II) unter potentiometrischer Indizierung des Endpunktes oder Indizierung mittels Redoxindicators.

2. Durch bromometrische Titration des Indiumoxychinolates.

C. Optisch:

1. Durch colorimetrische Bestimmung.

2. Durch spektralanalytische Bestimmung.

3. Durch röntgenspektrographische Bestimmung.

D. Polarographisch.

## Eignung der wichtigsten Verfahren.

Von den gravimetrischen Verfahren sind die Bestimmung als Sulfid und Oxychinolat sehr genau, gut ist auch die Bestimmung als Oxyd nach Fällung mit Ammoniak oder Kaliumcyanat. Dagegen ist die elektrolytische Abscheidung nicht zu empfehlen.

Welches Verfahren zu wählen ist, hängt im wesentlichen von den vorhandenen Begleitelementen ab. Die Fällungen mit Schwefelwasserstoff und mit Kaliumcyanat bieten manche wertvolle Trennungsmöglichkeit, vor allem auch von wichtigen und häufigen Begleitelementen, wie Eisen, Aluminium, Zink usw. Die Trennungen werden erst dann schwierig, wenn es sich um die Bestimmung des Indiums in sehr geringen Mengen neben zahlreichen Begleitelementen handelt.

Als beste Methode zur Bestimmung kleiner Mengen Indium ist die Spektralanalyse zu empfehlen, die deshalb von besonderer Wichtigkeit ist, weil das Indium keine eigenen Mineralien bildet, sondern nur in äußerst geringen Mengen selten in anderen Mineralien enthalten ist. Eine Bestimmung auf chemisch-analytischem

Wege ist in solchen Fällen jedenfalls mit den sonst bei der Analyse üblichen Ansätzen aussichtslos, es sei denn, daß man sich der empfindlichen colorimetrischen Methoden bedient; auch bei sehr großen Einwaagen ist eine Analyse auf chemischem Wege sehr schwierig, da die stets nur spurenweise vorhandenen Indiummengen durch Mitreißen oder Adsorption leicht verloren werden.

Die chemische Analyse des Indiums hat also nur Bedeutung zur Bestimmung des Indiums in Konzentraten, technischen Produkten, Präparaten, Legierungen u. dgl. Die polarographische Analyse ist auch zur Bestimmung kleiner Indiummengen geeignet.

### Vorbereitung des Untersuchungsmaterials.

Aus dem oben Gesagten ergibt sich, daß allgemeine Regeln für die Vorbereitung des Untersuchungsmaterials nicht gegeben werden können.

An sich haben Indium und Indiumverbindungen einige Ähnlichkeit mit Zink und seinen Verbindungen. Das Metall ist in Säure löslich, so daß Legierungsproben so zu lösen sind, wie bei Zinklegierungen verfahren wird. Auch die Verbindungen des Indiums sind in Säure löslich. Oxydisches oder silicatisches Material kann in üblicher Weise aufgeschlossen werden, falls es durch Säuren nicht zersetzt wird.

Zu beachten ist nur, daß Indiumverbindungen, auch Indiumoxyd, in Gegenwart von Ammoniumchlorid bei höheren Temperaturen beträchtlich flüchtig sind; Abrauchen in Gegenwart von Chlorid und Ammoniumsalz muß daher unter allen Umständen vermieden werden.

## *Bestimmungsmethoden.*

## § 1. Bestimmung als Indium(III)-oxyd.

$In_2O_3$, Molekulargewicht 277,52.

### Allgemeines.

***Übersicht über die Abscheidungsmethoden.*** Indium kann zur Bestimmung als Indiumoxyd aus Lösung als Hydroxyd $In(OH)_3$ abgeschieden werden durch Fällung mit Ammoniak, mit organischen Basen oder durch Salze schwacher Säuren, die eine Abscheidung des Hydroxyds infolge Hydrolyse bewirken. Das Indiumhydroxyd ist nur sehr schwach amphoter, so daß in entsprechend gepufferten Lösungen leicht eine vollständige Fällung möglich ist.

Die Niederschläge werden durch Glühen in Oxyd überführt.

***Überführung des Indiumhydroxyds in Oxyd und Wägung.*** Indium(III)-oxyd, $In_2O_3$, ist gelb, bei höheren Temperaturen braun bis braunrot, der Schmelzpunkt liegt nach Klemm und v. Vogel bei etwa 2000°, nach Goldschmidt, Barth und Lunde sogar noch höher. Beim Erhitzen über 1000 bis 1200° gibt es unter partiellem Übergang in $In_2O$ Sauerstoff ab, vor allem bei Anwesenheit reduzierender Gase (Thiel und Koelsch), $In_2O$ kann aber leicht an der Luft wieder oxydiert werden. Beim Glühen an der Luft soll $In_2O_3$ bis 1700° nicht merklich flüchtig sein (Thiel und Luckmann). Schwach geglühtes Indiumoxyd ist hygroskopisch, stark geglühtes (z. B. längere Zeit bei 850° und kurz auf 1000° erhitztes) hingegen nicht (Thiel und Luckmann; Moser und Siegmann).

Die Entwässerung des Indiumhydroxyds unter Bildung von Oxyd ist nach Thiel und Luckmann bei Temperaturen von 850 bis 860° noch nicht ganz vollständig, die so erhaltenen Produkte sind etwas zu schwer, durchschnittlich um

0,59%, z. B. 0,0883 g $In_2O_3$ statt 0,0878 g oder 0,1531 g statt 0,1521 g. Auch KLEMM und v. VOGEL bestätigen dies. Längeres Erhitzen auf 1000° bewirkt sicher völlige Entwässerung, es besteht jedoch dann die Gefahr von Sauerstoffverlust. Unter Berücksichtigung aller dieser Umstände verfährt man am besten nach folgender Arbeitsvorschrift von MOSER und SIEGMANN: Der vorgetrocknete Niederschlag wird samt Filter im offenen Porzellan- oder Quarztiegel in gut oxydierender Atmosphäre nach und nach auf Rotglut gebracht (BUNSEN-Brenner) und zuletzt etwa eine Viertelstunde vor dem Gebläse geglüht. Da er nicht hygroskopisch ist, kann er im offenen Tiegel gewogen werden. HILLEBRAND und LUNDELL empfehlen Verglühen im elektrischen oder Muffelofen; beim Verglühen über Flammen setzt man zweckmäßig den Tiegel in eine durchbohrte Asbestscheibe, um den Inhalt vor Flammengasen zu schützen. Zur Kontrolle eignet sich sehr die Umwandlung in Indiumsulfid (s. S. 58). Nach DUPUIS und DUVAL hängt die Mindesttemperatur, die notwendig ist, um Indiumoxyd konstanten Gewichtes zu erhalten, von der Art der Fällung ab. Diese Mindesttemperaturen betragen für die Fällung mit Ammoniak 345°, Urotropin 546°, Cyanat 475°, Schwefelwasserstoff 690°.

## Fällungsverfahren.

### A. Fällung mit Ammoniak.

***Vorbemerkung.*** $In(OH)_3$ fällt aus Indiumsalzlösungen mit Ammoniak als schleimiges, sehr voluminöses Gel, das in der Hitze nach einiger Zeit in eine körnige, gut filtrierbare Form übergeht (THIEL und KOELSCH; THIEL und LUCKMANN; MOSER und SIEGMANN). Ganz frisch gefälltes, schleimiges Hydroxyd ist nach THIEL und LUCKMANN in einem größeren Ammoniaküberschuß merklich löslich, die Löslichkeit nimmt mit zunehmendem Alterungsgrad ab; nach MOSER und SIEGMANN werden durch 10%iges Ammoniak in Gegenwart von 10% Ammoniumchlorid keine wägbaren Mengen Indiumhydroxyd gelöst, so daß für die praktische Analyse ein Verlust durch Auflösung in überschüssigem Fällungsmittel bei vorschriftsmäßiger Arbeit nicht zu befürchten ist.

Beim Auswaschen des Niederschlages ist unbedingt auf Chloridfreiheit zu achten, da Indiumoxyd in Gegenwart von Ammoniumchlorid merklich flüchtig ist.

***Arbeitsvorschrift nach* MOSER *und* SIEGMANN.** Die Lösung des Indium(III)-salzes (Chlorid, Nitrat oder Sulfat), die ammoniumsalzfrei oder ammoniumsalzhaltig sein darf, wird in der Wärme mit einem Überschuß an Ammoniak versetzt und so lange im schwachen Sieden erhalten, bis der zuerst flockige Niederschlag dicht geworden ist. Dann wird heiß filtriert und mit heißem Wasser sorgfältig gewaschen, wobei zu beachten ist, daß bei Fällung aus chloridhaltigen Lösungen bis zur Chlorfreiheit zu waschen ist. Der Niederschlag wird mit dem Filter getrocknet und verascht, wie es oben angegeben ist.

***Bemerkungen.* I. Genauigkeit.** Nach MOSER und SIEGMANN liefert die Methode genaue Resultate.

**II. Einfluß anderer Bestandteile.** Die Fällung ist keineswegs spezifisch. Ob sie eine Abtrennung des Indiums von den an sich nicht durch Ammoniak fällbaren Metallen erlaubt, scheint nicht ausführlich untersucht zu sein. Auch alte Angaben über eine Trennungsmöglichkeit von Indium und Thallium (BÖTTGER), ferner von Indium und Cadmium (RÖSSLER und WOLF) mit Ammoniak sind offenbar mit modernen Methoden nicht überprüft worden. In Gegenwart geringer Zinkmengen ist die Fällung jedoch möglich (s. S. 73 u. 75). Es sei im übrigen auf die gute Trennungsmöglichkeit des Indiums von einigen 2wertigen Metallen mit Hilfe der Fällung des $In(OH)_3$ durch Hydrolyse mit Cyanat (S. 57) verwiesen. In Weinsäure löst sich $In(OH)_3$ auf (MEYER); Tartrat verhindert die Fällung des Indiumhydroxyds.

### B. Fällung mit organischen Basen.

Das schwach basische Indiumhydroxyd kann statt mit Ammoniak auch mit organischen Basen gefällt werden. Nach RENZ erfolgt quantitative Fällung mit Dimethylamin, Guanidin und Piperidin, nach MOSER und SIEGMANN auch mit Hexamethylentetramin und mit Pyridin. Jedoch sind diese Fällungsmethoden der Fällung mit Ammoniak in keiner Weise überlegen, weil sie auch nicht spezifischer sind.

### C. Fällung durch Hydrolyse.

#### 1. Fällung mit Kaliumcyanat nach MOSER und SIEGMANN.

***Vorbemerkung.*** In Gegenwart von Cyanat-Ion wird Indiumhydroxyd infolge Hydrolyse quantitativ niedergeschlagen, der Niederschlag ist bei geeigneter Fällung gut filtrierbar, vor allem ist die Fällung mit gutem Erfolge in Gegenwart verschiedener anderer Metalle auszuführen, so daß diese Methode Trennungsmöglichkeiten bietet.

***Arbeitsvorschrift.*** Die schwach saure, ammoniumsalzhaltige oder ammoniumsalzfreie Lösung, deren Volumen 200 bis 400 $cm^3$ beträgt, wird nach Zugabe einiger Tropfen Methylorange bei Zimmertemperatur mit so viel 10%iger Kaliumcyanatlösung versetzt, daß die Farbe der Lösung nach Gelb umschlägt. Es wird zum Sieden erhitzt, wobei sich Indiumhydroxyd in dichter Form abscheidet; der Niederschlag wird durch ein Papierfilter abfiltriert, mit heißem Wasser chlorfrei gewaschen und nach der Vorschrift auf S. 55 zu Oxyd verglüht.

***Bemerkungen.*** **I. Genauigkeit.** Die Methode liefert nach MOSER und SIEGMANN gute Ergebnisse.

**II. Einfluß anderer Bestandteile.** Die Cyanatfällung kann mit gutem Erfolg zur Trennung des Indiums von Zink, Nickel, Kobalt und 6wertigem Chrom benutzt werden, man muß die Ausfällung der Hydroxyde der Begleitmetalle dann durch geeignete Zusätze verhindern. Nähere Vorschriften siehe § 12. Mangan fällt stets zum Teil mit dem Indiumhydroxyd aus.

#### 2. Weitere Vorschläge.

MOSER und SIEGMANN konnten Indiumhydroxyd quantitativ durch Hydrolyse in Gegenwart von Ammoniumnitrit fällen, die Fällung ist feinkörnig, bietet aber im übrigen nicht die Trennungsmöglichkeiten, wie sie mit der Cyanatmethode gegeben sind. Hydrolyse durch Bromid-Bromat führt zu einer zu hohen Endacidität, so daß die Fällung nicht quantitativ ist, Hydrolyse mit Jodid-Jodat führt nach THIEL und KOELSCH zu neutraler Reaktion der Lösung, wodurch zwar das Indium quantitativ gefällt wird, aber keine Trennungsmöglichkeiten gegeben sind. Außerdem ist der Niederschlag schwer auszuwaschen. Durch Alkalicarbonat wird Indiumhydroxyd ebenfalls quantitativ gefällt (s. S. 72 u. 77).

Bei der Hydrolyse in Gegenwart von Acetat verhält sich dagegen Indium wie Aluminium, es wird nicht quantitativ gefällt.

### Literatur.

BÖTTGER: J. pr. **98**, 27 (1866).
DUPUIS, TH., u. C. DUVAL: Anal. chim. Acta (Amsterdam) **3**, 330 (1949).
GOLDSCHMIDT, V. M., T. BARTH u. G. LUNDE: Skr. Akad. Oslo **1925**, Nr 7, S. 8, 12.
HILLEBRAND, W. F., u. G. E. F. LUNDELL: Applied Inorganic Analysis **1929**, 382.
KLEMM, W., u. H. U. v. VOGEL: Z. anorg. Ch. **219**, 46, 60 (1934).
MEYER, R. E.: A. **150**, 145 (1869). — MOSER, L., u. F. SIEGMANN: M. **55**, 16 (1930).
RENZ, C.: B. **34**, 2763 (1901). — RÖSSLER, H., u. C. WOLF: Dingl. J. **193**, 489 (1869).
THIEL, A.: Z. anorg. Ch. **40**, 298 (1904). — THIEL, A., u. H. KOELSCH: Z. anorg. Ch. **66**, 293 (1910). — THIEL, A., u. H. LUCKMANN: Z. anorg. Ch. **172**, 358 (1928).

## § 2. Bestimmung als Indium(III)-sulfid.

$In_2S_3$, Molekulargewicht 325,70.

***Vorbemerkung.*** In‴-Ion ist sowohl aus alkalischer als auch aus sehr schwach saurer Lösung als Sulfid zu fällen. Mit Ammoniumsulfid oder Natriumsulfid fällt aus tartrathaltiger ammoniakalischer Lösung ein weißer Niederschlag, der wahrscheinlich aus Hydrogensulfid besteht, er ist in überschüssigem warmem Ammoniumsulfid löslich. Aus saurer Lösung fällt durch Schwefelwasserstoff hellgelbes Indiumsulfid ($In_2S_3$) (REICH und RICHTER; WINKLER; MEYER; vgl. auch GMELIN).

Die Fällung in saurer Lösung ist quantitativ entweder in acetathaltiger essigsaurer Lösung (THIEL und LUCKMANN) oder in sehr schwach salzsaurer Lösung. Bei Fällung aus salzsaurer Lösung tritt nur aus 0,03 bis 0,05 n HCl quantitative Abscheidung ein (MOSER und SIEGMANN), in 0,6 n HCl wird Indium nicht gefällt, in 0,3 n HCl nur teilweise, besonders in Gegenwart anderer durch Schwefelwasserstoff fällbarer Metalle (WADA und ATO). Es ist damit zu rechnen, daß bei Fällung anderer Metalle in Gegenwart von Indium durch Schwefelwasserstoff in stärker salzsaurer Lösung Indium teilweise mitgerissen wird (s. S. 71). Zur Einzelbestimmung sind beide Methoden gleichwertig. Die Fällung in schwach salzsaurer Lösung bietet die Möglichkeit zu Trennungen, weshalb sie in solchen Fällen mit Vorteil anzuwenden ist.

Die Bestimmung geschieht durch Auswaage als $In_2S_3$, das in der Hitze nicht merklich flüchtig ist, beim Erhitzen an Luft jedoch oxydiert wird. Die erhaltenen Niederschläge müssen daher im luftfreien Kohlendioxydstrom oder noch besser im Schwefelwasserstoffstrom bis zur Gewichtskonstanz erhitzt werden; man erhält so ein sehr gut definiertes rotes Indiumsulfid, das eine Indiumbestimmung von hoher Präzision erlaubt. Auch $In_2O_3$ läßt sich durch Erhitzen im Schwefelwasserstoffstrom in definiertes $In_2S_3$ überführen, wovon man mit Vorteil zur Kontrolle der Auswaagen als $In_2O_3$ Gebrauch machen kann.

### 1. Fällung in essigsaurer Lösung nach THIEL und LUCKMANN.

Die zu analysierende Indiumlösung wird nötigenfalls durch Eindampfen oder durch Abstumpfen von überschüssiger starker Säure befreit, auf je 0,1 g In mit 30 cm³ 2 n Essigsäure und 10 cm³ 2 n Ammoniak versetzt und auf 100 cm³ verdünnt. Die Lösung hat dann ein $p_H$ von etwa 4. Nach dem Erhitzen bis nahe zum Sieden wird Schwefelwasserstoff eingeleitet und das Einleiten bis zum Erkalten der Lösung fortgesetzt. Der hellgelbe Niederschlag setzt sich gut ab und wird durch einen Porzellanfiltertiegel abfiltriert. Man wäscht aus mit 0,2 n Ammoniumacetat. Erhitzen und Wägen des Niederschlages vgl. nächsten Abschnitt.

### 2. Fällung aus salzsaurer Lösung nach MOSER und SIEGMANN.

Die zu analysierende Lösung wird genau auf eine Salzsäurekonzentration von 0,03 bis 0,05 n gebracht, wie oben angegeben gefällt und filtriert.

***Überführung des Niederschlages in eine wägbare Form.*** Nach MOSER und SIEGMANN wird der Filtertiegel mit dem Niederschlag im Luftbade in einem Strom von trockenem Schwefelwasserstoff auf 350 bis 400° erhitzt, man läßt in diesem Gase erkalten. Diese Operation wird zur Prüfung auf Gewichtskonstanz wiederholt. THIEL und LUCKMANN empfehlen Erhitzen auf 500 bis 600° in einem Luftbade aus Jenaer Glas in einem Strom von luftfreiem Kohlendioxyd, nachdem man etwas reinen Schwefel auf den Niederschlag im Tiegel gegeben hat, oder auch Erhitzen im Schwefelwasserstoffstrom auf 350 bis 450°. Im allgemeinen genügt eine Erhitzungsdauer von 30 Min.

Zur Überführung von Indiumoxyd in Indiumsulfid wird das Oxyd in der gleichen Weise bei 350 bis 400° im Schwefelwasserstoffstrom erhitzt, es ist in rund 30 bis 45 Min. glatt in Sulfid umgewandelt.

*Bemerkungen.* **I. Genauigkeit.** Nach beiden Verfahren erhält man sehr gute Ergebnisse, die Werte der Beleganalysen mit 20 bis 600 mg Indiumsulfid weichen im allgemeinen nicht mehr als um 0,1 bis 0,3 mg vom theoretischen Wert ab. Auch die Überführung des Oxyds in Sulfid gelingt mit der gleichen Genauigkeit.

**II. Einfluß anderer Bestandteile.** Die Methode eignet sich zur Bestimmung des Indiums in Gegenwart anderer, durch Schwefelwasserstoff in saurer Lösung nicht fällbarer Metalle; besonders sind Vorschriften zur Trennung des Indiums von Mangan, Eisen und Aluminium mit Schwefelwasserstoff ausgearbeitet, die in § 12 wiedergegeben werden.

**III. Volumen der Lösung.** Bei Fällung kleiner Indiummengen soll das Volumen nicht mehr als 100 $cm^3$ auf je 10 mg $In_2O_3$ betragen, da sonst das Sulfid in schlecht filtrierbarer Form ausfällt (MOSER und SIEGMANN).

Literatur.

GMELINs Handbuch der anorganischen Chemie, 8. Aufl. Syst.-Nr 37, Indium, S. 98—99 (1936).
MEYER, R. E.: Diss. Göttingen 1868, S. 43; A. **150**, 153 (1869). — MOSER, L., u. F. SIEGMANN: M. **55**, 18 (1930).
REICH, F., u. TH. RICHTER: J. pr. **92**, 482 (1864).
THIEL, A., u. H. LUCKMANN: Z. anorg. Ch. **172**, 359 (1928).
WADA, I., u. S. ATO: Sci. Pap. Inst. Tôkyô **1**, 58, 65 (1922—1924). — WINKLER, CL.: J. pr. **94**, 8 (1865); **102**, 288, 294 (1867).

## § 3. Bestimmung des Indiums nach Fällung mit 8-Oxychinolin nach GEILMANN und WRIGGE.

*Allgemeines.* In essigsaurer, acetathaltiger Lösung und in schwach mineralsaurer Lösung vom $p_H$ 2,5 bis 3 wird Indium durch 8-Oxychinolin als Indiumoxychinolat von der Formel $In(C_9H_6NO)_3$ gefällt. Der Niederschlag ist in starken Säuren löslich. In acetathaltiger, aber zu schwach essigsaurer Lösung fällt das Oxychinolat nicht rein, sondern vermischt mit Indiumhydroxyd aus.

Die Reaktion ist in essigsaurer, acetathaltiger Lösung sehr empfindlich; 0,2 mg In in 50 $cm^3$ geben sofort eine Fällung, nach 16stündigem Stehen geben sogar Mengen von 0,01 mg in diesem Volumen noch eine Trübung, so daß die Fällbarkeitsgrenze bei einer Verdünnung von $1 : 5 \cdot 10^6$ liegt.

Indiumoxychinolat läßt sich bei 110 bis 150° gewichtskonstant trocknen, seine Zusammensetzung entspricht dann der oben angegebenen Formel mit einem Indiumgehalt von 20,99%; Umrechnungsfaktor auf Indium: 0,2099 (log: 0,32203 —1), auf Indiumoxyd: 0,2538 (log: 0,40448 —1). Indiumoxychinolat ist wenig löslich in kaltem Wasser (0,2 bis 0,4 mg beim Durchsaugen von 100 bis 400 $cm^3$ $H_2O$ von 20°), merklich löslich jedoch in heißem Wasser (rund 2 mg in 200 $cm^3$) und in wäßrigem Alkohol (2 mg in 100 $cm^3$ 10%igem, 57 mg in 100 $cm^3$ 50%igem Alkohol), so daß größere Alkoholmengen nicht zugegen sein dürfen.

Beim Erhitzen auf höhere Temperatur schmilzt das Indiumoxychinolat unter Zersetzung und teilweiser Verflüchtigung, im Vakuum ist es destillierbar. Aus diesem Grunde dürfen die Niederschläge zum Zwecke der Auswaage oder der Wiedergewinnung des Indiums nicht verglüht werden, es können so Verluste bis zu 40% des Indiums auftreten. Zur Wiedergewinnung wird die Fällung mit konzentrierter Schwefelsäure unter tropfenweisem Zusatz von Salpetersäure abgeraucht, nach Zerstörung der organischen Substanz kann das Indium mit Ammoniak gefällt werden.

Die Bestimmung des Indiums kann mit großer Genauigkeit entweder gravimetrisch durch Auswaage des getrockneten Oxychinolats erfolgen oder maßanalytisch durch bromometrische Titration des Oxychinolats. Kleine Mengen von gefälltem In-Oxychinolat lassen sich auch colorimetrisch bestimmen (siehe § 9).

## A. Gewichtsanalytische Bestimmung.

***Fällungsreagens.*** a) 5%ige alkoholische 8-Oxychinolinlösung, oder b) 3%ige 8-Oxychinolinlösung in Ammoniumacetat.

Herstellung von b): 6 g 8-Oxychinolin werden mit 6 g Eisessig innig verrieben, mit 150 cm³ heißem Wasser aufgenommen und tropfenweise mit Ammoniak bis zum Auftreten einer Trübung versetzt. Nach dem Verdünnen auf 200 cm³ und dem Erkalten wird filtriert. Bei der Bestimmung größerer Indiummengen ist das Reagens b) dem Reagens a) vorzuziehen, damit nicht zu große Alkoholmengen eingeführt werden, in denen der Niederschlag merklich löslich ist.

***Arbeitsvorschrift.*** Die Indiumlösung soll von überschüssiger Säure möglichst frei sein, sie wird mit Essigsäure, Natriumacetat und heißem Wasser je nach Indiumgehalt in folgenden Mengen versetzt:

unter 5 mg In: 0,5 g Natriumacetat, 0,5 cm³ Eisessig, Volumen: 50 cm³.
5 bis 15 mg In: 1 g Natriumacetat, 1 cm³ Eisessig, Volumen: 100 cm³.
15 bis 100 mg In: 2 g Natriumacetat, 2 cm³ Eisessig, Volumen: 200 cm³.

Die Lösung wird unter Umrühren tropfenweise mit Oxychinolinlösung in geringem Überschuß bei 70 bis 80° gefällt; man läßt unter mehrfachem Umrühren erkalten und mindestens 2 bis 3 Std. stehen, dann wird durch einen Filtertiegel filtriert. Dabei überführt man den Niederschlag mit wenig heißem Wasser in den Filtertiegel, um die Hauptmenge Fällungsreagens zu entfernen, und wäscht dann mit kaltem Wasser oxychinolinfrei, was am Verschwinden der Gelbfärbung des Waschwassers zu erkennen ist. Je nach der Niederschlagsmenge braucht man 25 bis 75 cm³ kaltes Wasser. Man trocknet bei etwa 120° bis zur Gewichtskonstanz, die meist nach 1 bis 1½ Std. erreicht ist.

***Bemerkungen.* I. Genauigkeit.** Die Bestimmung ist sehr genau, die Resultate der Beleganalysen mit 1 bis 60 mg Indium wichen meist um weniger als 0,1 mg vom theoretischen Wert ab. Die Methode ist nach ROYER auch zur Mikrobestimmung geeignet.

**II. Einfluß anderer Bestandteile.** Die Fällung des Indiums in Gegenwart anderer Metalle ist nicht untersucht, jedoch dürfte die Methode nicht spezifisch sein, Gallium, Aluminium, Eisen, Zink usw. fallen sicher mindestens teilweise mit aus.

## B. Maßanalytische Bestimmung.

***Vorbemerkung.*** Die maßanalytische Bestimmung gefällter Oxychinolate ist durch bromometrische Titration möglich. Oxychinolin reagiert als Phenol und bindet 2 Atome Brom unter Bildung von 5,7-Dibrom-8-oxychinolin nach der Gleichung:

$$C_9H_7ON + 2\,Br_2 = C_9H_5ONBr_2 + 2\,HBr.$$

Das erforderliche Brom entsteht durch Reaktion von Bromat und Bromid in salzsaurer Lösung, der Endpunkt wird so erkannt, daß man einen geeigneten Farbstoff zusetzt, der durch überschüssiges Brom zerstört wird. Über die bromometrische Titration von Oxychinolaten vgl. im übrigen z. B. Bd. IIa des Teiles III dieses Handbuches. 1 cm³ $KBrO_3$ (0,1 n) entspricht 0,9575 mg Indium.

***Arbeitsvorschrift.*** Die Fällung des Indiumoxychinolats wird in der gleichen Weise vorgenommen, wie es bei der gewichtsanalytischen Bestimmung beschrieben ist; der Niederschlag wird auf einem Papierfilter gesammelt und mit warmer 10- bis 15%iger Salzsäure in den Titrationskolben gelöst. Dann wird mit 1 bis 2 g festem Kaliumbromid versetzt und nach Zusatz von Methylorange oder Methylrot in üblicher Weise mit Kaliumbromatlösung titriert.

***Bemerkung.* Genauigkeit.** Die maßanalytische Bestimmung wurde von GEILMANN und WRIGGE mit der gleichen Genauigkeit bei Mengen von 6 bis 70 mg Indium ausgeführt wie die gewichtsanalytische Bestimmung.

Literatur.

GEILMANN, W., u. F. W. WRIGGE: Z. anorg. Ch. **209**, 129 (1932).
ROYER, G. L.: Ind. eng. Chem. Anal. Edit. **12**, 239 (1940).

## § 4. Fällung mit Kaliumhexacyanoferrat(II).

***Allgemeines.*** Aus Indiumlösungen fällt auf Zusatz von Kaliumhexacyanoferrat(II) ein Niederschlag aus, der Indium und Eisen im Verhältnis 5:4 enthält und welchem dementsprechend die Formel $In_5K[Fe(CN)_6]_4$ zugeschrieben wird. Der Niederschlag ist in Essigsäure, Salpetersäure und Salzsäure (unter 4 n HCl) unlöslich, das Indiumhexacyanoferrat(III) ist hingegen löslich. Infolgedessen wird bei Fällung des Indiums mit einer $K_3[Fe(CN)_6]$-haltigen $K_4[Fe(CN)_6]$-Lösung das an einer Platinelektrode meßbare Redoxpotential $[Fe(CN)_6]''''/[Fe(CN)_6]'''$ nach beendigter Fällung sprunghaft unedler werden wegen des Auftretens größerer $[Fe(CN)_6]''''$-Konzentrationen, so daß damit sowohl die Möglichkeit der potentiometrischen Indizierung des Endpunktes als auch der Titration mit Hilfe eines Redoxindicators gegeben ist. Beide Methoden sind ausgearbeitet worden.

### A. Titration des Indiums mit Kaliumhexacyanoferrat(II) unter Verwendung eines Redoxindicators nach HOPE, ROSS und SKELLY.

***Vorbemerkung.*** Für diese Titration wird als Redoxindicator Diphenylbenzidin benutzt (2 g Diphenylbenzidin in 100 cm³ nitratfreier konz. Schwefelsäure). Maßlösung: Lösung von 2,5 g $K_4[Fe(CN)_6] \cdot 3H_2O + 0{,}2$ g $K_3[Fe(CN)_6]$ im Liter, die gegen Indium eingestellt ist.

***Arbeitsvorschrift.*** Die etwa 10 bis 15 mg Indium enthaltende chloridfreie Lösung wird mit Eisessig bis zu einem Säuregehalt von etwa 40% versetzt und gekühlt. Nach Zusatz von 2 Tropfen der Indicatorlösung wird unter Schütteln mit der Maßlösung titriert. Die Farbe schlägt scharf von Schieferblau nach Erbsengrün um. Bei Gegenwart von 3wertigem Eisen wird genügend Kaliumfluorid zugesetzt, um das Eisen als $[FeF_6]'''$ komplex zu binden, und die Essigsäurekonzentration auf 60% gebracht; der Farbumschlag erfolgt dann von Dunkelgrün nach Hellblau.

### B. Potentiometrische Titration des Indiums mit Kaliumhexacyanoferrat(II) nach BRAY und KIRSCHMAN.

***Vorbemerkung.*** Zur potentiometrischen Bestimmung wird die Fällung am besten in verdünnt salzsaurer Lösung ausgeführt, die Konzentration der HCl soll höchstens 0,05 n betragen. Größere Säurekonzentrationen verkleinern den Potentialsprung, der sich zudem dann noch über ein größeres Intervall erstreckt. Den gleichen nachteiligen Einfluß üben größere Mengen von Neutralsalzen aus. Vermutlich wird auch die Zusammensetzung des Niederschlages in stärker saurer Lösung sich ändern, vor allem wegen der Möglichkeit der Bildung von Berliner Blau (s. Gallium § 5); diese Verhältnisse sind hier nicht näher untersucht. Während der Titration stellt sich das Potential befriedigend rasch ein (in rund 30 Sek.), noch rascher in unmittelbarer Nähe des Endpunktes. Am besten wird bei Zimmertemperatur oder bei höchstens 45° gearbeitet.

Die Einstellung der Maßlösung (0,05 n $K_4[Fe(CN)_6]$ unter Zusatz von 0,5 g $K_3[Fe(CN)_6]$/Liter) geschieht potentiometrisch gegen eine Standard-Zinklösung.

***Arbeitsvorschrift.*** **Apparatur:** Indicatorelektrode aus blankem Platin (z. B. Platindraht), konstante Bezugselektrode, z. B. Kalomelelektrode, elektrisch angetriebener Rührer, Einrichtung zum Messen der Potentiale, z. B. POGGENDORFsche

Kompensationsschaltung. Die nahezu neutrale und möglichst neutralsalzfreie Indiumlösung wird auf eine Acidität an Salzsäure von 0,02 n gebracht und bei Zimmertemperatur unter Messung des Potentials mit der $K_3[Fe(CN)_6]$-haltigen $K_4[Fe(CN)_6]$-Lösung titriert.

***Bemerkungen.* I. Genauigkeit.** Die Fehler betragen in der Regel höchstens 0,5%. Nach GEILMANN gibt die Methode gute Resultate.

**II. Einfluß anderer Bestandteile.** Die Titration ist in Gegenwart anderer Kationen nicht untersucht, sie ist zweifellos nicht besonders spezifisch, da eine große Anzahl anderer Metalle ebenfalls unlösliche Niederschläge mit $[Fe(CN)_6]''''$ bzw. $[Fe(CN)_6]'''$ bildet und so die Titration stören.

### Literatur.

BRAY, U. B., u. H. D. KIRSCHMAN: Am. Soc. **49**, 2739 (1927).
GEILMANN, W.: Glastechn. Ber. **19**, 40 (1941).
HOPE, H. B., M. ROSS, J. F. SKELLY: Ind. eng. Chem. Anal. Edit. **8**, 51 (1936).

## § 5. Bestimmung als Indiumorthophosphat.

***Vorbemerkung.*** Indiumsalze bilden mit sauren und neutralen wasserlöslichen Phosphaten in neutraler oder schwach saurer Lösung Niederschläge von Indiumorthophosphat, $InPO_4$, welche sich nach ENSSLIN zur quantitativen Bestimmung des Indiums eignen. Die ausfallenden Niederschläge sind wasserhaltig, lassen sich aber durch Glühen über 800°, nach DUPUIS und DUVAL schon gegen 500°, vollkommen entwässern. Der Faktor zur Umrechnung auf Indium beträgt 0,547.

Die Fällung ist auch aus mineralsaurer Lösung noch vollständig, man erhält dann nur zu hohe Auswaagen, die nach ENSSLIN auf eine starke Adsorption freier Phosphorsäure an Indiumphosphat zurückzuführen sind. Durch Fällung von Indiumsulfat mit freier Phosphorsäure konnte so z. B. ein Niederschlag erhalten werden, der nach dem Glühen ein Verhältnis In : P = 1 : 1,13 aufwies.

***Arbeitsvorschrift nach* ENSSLIN.** Die Indiumlösung wird in essigsaurer Lösung, welche durch Zugabe von Ammoniumacetat zu der mineralsauren Lösung erzeugt wird, oder in schwach mineralsaurer Lösung in der Hitze mit 25 $cm^3$ einer 10%igen Lösung von Diammoniumphosphat versetzt, wobei ein weißer Niederschlag von Indiumphosphat ausfällt. Der Niederschlag wird 15 Min. gekocht, nach dem Absitzen sofort filtriert und mit Wasser ausgewaschen. Das Filter wird feucht bei möglichst niedriger Temperatur verascht und der Niederschlag 1 Std. bei 1100° geglüht.

***Bemerkungen.* I. Einstellung des Säuregrades.** Versuche über den Einfluß des Säuregehaltes ergaben, daß die besten Werte aus ursprünglich schwach mineralsauren Lösungen erhalten werden, die mit 15 $cm^3$ 50%iger Ammoniumacetatlösung abgestumpft worden waren, oder aus neutralen Lösungen ohne Puffersubstanz bei direkter Fällung mit Diammoniumphosphat.

**II. Genauigkeit.** Die Ergebnisse der mitgeteilten Beleganalysen sind zufriedenstellend; Indiummengen von 200 bis 10 mg konnten mit einem Fehler von $\pm 0,2\%$, von 1 mg mit einer Abweichung von 0,03 mg bestimmt werden. Ein Nachteil der Methode besteht darin, daß die Filtration des Phosphats und das Auswaschen des Niederschlages beträchtliche Zeit erfordert.

### Literatur.

DUPUIS, TH., u. C. DUVAL: Anal. chim. Acta (Amsterdam) **3**, 330 (1949).
ENSSLIN, F.: Met. Erz **38**, 305 (1941).

## § 6. Bestimmung als Indium-hexamminkobalt(III)-chlorid nach ENSSLIN.

***Vorbemerkung.*** Bei Zusatz von Kobalthexamminchlorid, $Co(NH_3)_6Cl_3$, zu einer salzsauren Indiumlösung entsteht ein gelbbrauner kristalliner Niederschlag von Indium-hexamminkobalt(III)-chlorid, $InCo(NH_3)_6Cl_6$. Seine Zusammensetzung entspricht nach dem Trocknen genau der angegebenen Formel, der Umrechnungsfaktor auf Indium beträgt 0,2349.

Der Niederschlag ist in reinem Wasser leicht löslich, wesentlich schwerer jedoch in Ammoniumsalzlösungen oder Salzsäure, wie die folgenden Zahlen angeben:

| Lösungsmittel | Gelöste Menge g/Liter |
|---|---|
| Wasser (20°) . . . . . . . . . . . . . . | 10,1 |
| 5%ige Ammoniumchloridlösung (20°) . . | 0,11 |
| 5%ige Salzsäure (20°) . . . . . . . . . | 0,0067 |

Man arbeitet also am besten in salzsaurer Lösung; wegen der immerhin noch merklichen Löslichkeit muß in kleinem Volumen gefällt und beim Auswaschen mit Vorsicht verfahren werden.

***Arbeitsvorschrift.*** Zu der Indiumlösung (das Indium soll als Chlorid vorliegen), deren Volumen 75 $cm^3$ nicht übersteigen soll, wird 20% ihres Volumens an konzentrierter Salzsäure zugegeben, dann fällt man das Indium in der Hitze mit einer 4%igen wäßrigen Lösung von Hexamminkobalt(III)-chlorid. Der schwere Niederschlag scheidet sich beim Erkalten in feinkristalliner Form ab. Nach mindestens 12stündigem Stehen filtriert man ab, wäscht aus mit Salzsäure (1:4), die mit Indiumhexamminkobalt(III)-chlorid gesättigt ist, dann mit Alkohol und Äther, trocknet bei 105° und wägt den Niederschlag, dessen Gewicht zur Umrechnung auf Indium mit dem Faktor 0,2349 zu multiplizieren ist. Größere Mengen Indium fallen sofort, kleinere Mengen erst nach längerem Stehen aus.

***Bemerkungen.*** **I. Genauigkeit.** Infolge der Löslichkeit des Niederschlages erhält man etwas zu niedrige Werte, der Fehler beträgt nach der oben gegebenen Arbeitsweise durchschnittlich —0,1 bis 0,5 mg; der prozentische Fehler ist infolgedessen bei großen Indiummengen relativ klein, bei kleinen aber erheblich (0,2 bis 0,5% bei 50 mg In; 10 bis 20% bei 1,3 mg In).

**II. Einfluß fremder Bestandteile.** Störend wirken Silber, Quecksilber, Thallium und Cadmium, welche ebenfalls ausfallen, ferner größere Mengen Eisen(III)- und Kupfersalz, während Zink und Aluminium auch in größeren Mengen die Analyse nicht beeinflussen. Sulfat darf nur in kleinen Mengen vorhanden sein, da sonst Hexamminkobalt(III)-salz ausfällt.

### Literatur.

ENSSLIN, F.: Met. Erz **38**, 305 (1941).

## § 7. Bestimmung als Indiumdiäthyldithiocarbamat nach ENSSLIN.

***Vorbemerkung.*** In neutraler bis schwach saurer Lösung fällt Indium auf Zusatz von Natriumdiäthyldithiocarbamat als weißer, voluminöser Niederschlag von Indiumdiäthyldithiocarbamat, $In[SCS \cdot N(C_2H_5)_2]_3$, aus, dessen Zusammensetzung nach dem Trocknen bei 105° genau der Formel entspricht. Wegen der Beschaffenheit des Niederschlages soll die zu fällende Indiummenge 100 mg nicht überschreiten; infolge des günstigen Umrechnungsfaktors auf Indium von 0,2050 eignet sich die Methode zur Bestimmung kleiner Mengen von Indium.

***Arbeitsvorschrift.*** Die Indiumlösung, die nicht mehr als 100 mg Indium enthalten soll, wird bei Zimmertemperatur in essigsaurer, acetatgepufferter Lösung bei einem $p_H$ von 4 bis 5 mit einem kleinen Überschuß einer 2%igen wäßrigen Lösung von Natriumdiäthyldithiocarbamat gefällt. Ursprünglich mineralsaure Lösungen werden mit Ammoniumacetat abgestumpft, bis die Acidität den vorgeschriebenen Wert hat. Nach 8stündigem Stehen wird der weiße voluminöse Niederschlag durch einen Glasfiltertiegel abfiltriert, mit Wasser gewaschen und bei 105° getrocknet. Umrechnungsfaktor auf Indium: 0,2050.

***Bemerkungen.*** **I. Genauigkeit.** Unter den angegebenen Bedingungen erhält man stets etwas zu niedrige Werte, und zwar um rund 0,1 bis 0,2 mg Indium bei einer angewandten Menge von 1 bis 20 mg Indium, 0,8 mg bei einer Indiummenge von 100 mg. In stärker saurer Lösung ($p_H$ 1,2 bis 1,3), in schwach ammoniakalischer sowie in warmer Lösung sind die Abweichungen größer.

**II. Einfluß fremder Bestandteile.** Eine Reihe von Elementen stört die Bestimmung, insbesondere Blei, Cadmium, Zink, Kupfer, Eisen, deren Abtrennung vorher erforderlich ist (vgl. S. 71f.).

Literatur.

ENSSLIN, F.: Met. Erz **38**, 305 (1941).

## § 8. Bestimmung des Indiums als Metall nach elektrolytischer Abscheidung.

Das Normalpotential des Indiums beträgt —0,34 Volt, es steht also dem Cadmium nahe. Eine vollständige elektrolytische Abscheidung derart unedler Metalle gelingt am besten in alkalischer Lösung unter Anwendung von Komplexbildnern, die ein Ausfallen des Hydroxyds verhindern, wie es bei den bekannten Verfahren der Elektrolyse des Zinks aus Zinkatlösung, des Galliums aus Gallatlösung, des Nickels aus Ammoniakatlösung usw. der Fall ist. Solche Möglichkeiten sind bei dem Indium bis jetzt noch nicht gefunden, so daß man auf die Elektrolyse in saurer Lösung angewiesen ist, die nicht sehr befriedigend ist, da die letzten Metallreste nur sehr schwierig abzuscheiden sind. Am besten arbeitet man in schwach schwefelsaurer Lösung mit einer Spannung von 5 bis 8 Volt und einer Stromstärke von 1 bis 4 Amp. Eine weitere Schwierigkeit besteht darin, daß Indium sich mit der Kathode legiert und auch etwas Platin kathodisch verstäubt, was durch Versilbern der Kathode oder durch Zusatz von Ameisensäure zum Elektrolyten weitgehend verhindert werden kann.

TSCHERNICHOW und STUTZER schlagen die innere Elektrolyse im Acetat- oder Tartratpuffer vor, als Anode dient Zn, als Kathode Pt. Die Lösung muß frei von $NO_3^-$-Ionen sein und darf nicht mehr als 100 mg Fe enthalten.

Nach ROYER kann die elektrolytische Bestimmung reiner In-Lösungen in ammoniakalischer, oxalathaltiger Lösung auch im Mikromaßstab — 2 mg In — ausgeführt werden.

Da außerdem die elektrolytische Abscheidung wegen der Stellung des Indiums in der Spannungsreihe keine besonderen Trennungsmöglichkeiten bietet, ist sie als Bestimmungsmethode nicht zu empfehlen, denn zur Einzelbestimmung sind wesentlich bessere Verfahren vorhanden. Die Elektrolyse hat Bedeutung für präparative Arbeiten. Im übrigen sei auf das Schrifttum verwiesen.

Literatur.

BRAY, U. B., u. H. D. KIRSCHMAN: Am. Soc. **49**, 2739 (1927).
DENNIS, L. M., u. W. C. GEER: Am. Soc. **26**, 438 (1904).
KOLLOCK, L. G., u. E. F. SMITH: Am. Soc. **32**, 1248 (1910).
ROYER, G. L.: Ind. eng. Chem. Anal. Edit. **12**, 439 (1940).
THIEL, A.: Z. anorg. Ch. **40**, 334 (1904). — THIEL, A., u. H. LUCKMANN: Z. anorg. Ch. **172**, 355 (1928). — TSCHERNICHOW, JU. A., u. JE. W. STUTZER: Betriebslab. **9**, 531 (1940).
YATAGAWA, S.: J. Soc. chem. Ind. Japan, Suppl. Bind. **44**, 68B (1941).

# § 9. Optische Bestimmung des Indiums.

## A. Colorimetrische Bestimmung.

### 1. Colorimetrische Mikrobestimmung durch Extraktion mit 8-Oxychinolin-Chloroform nach MOELLER.

**Vorbemerkungen.** Indium-Ion läßt sich aus wäßriger Lösung mit einer Lösung von 8-Oxychinolin in Chloroform ausschütteln. Die Extraktion ist quantitativ bei $p_H$-Werten zwischen 3,2 bis 4,5; der optimale Wert ist $p_H = 3{,}5$. Die Lösung des sich bildenden Komplexes $In(C_9H_6ON)_3$ in $CHCl_3$ hat eine zur analytischen Bestimmung auswertbare Absorptionsbande bei rund 400 m$\mu$, das BEERsche Gesetz ist bis zu Konzentrationen von 18 mg In je Liter $CHCl_3$ erfüllt; bei der üblicherweise angewandten $CHCl_3$-Menge von 50 cm³ kann man also In-Mengen bis 1 mg bestimmen. Überschüssiges Oxychinolin stört nicht, da es in diesem Spektralbereich eine nur geringe, praktisch zu vernachlässigende Absorption aufweist.

***Arbeitsvorschrift.*** Die zu extrahierende Lösung (Sulfat, Nitrat oder Chlorid) wird auf ein Volumen von 25 cm³ und ein $p_H$ von 3,5 gebracht und 4mal mit je 5 cm³ einer 0,01 molaren Lösung von 8-Oxychinolin in $CHCl_3$ ausgeschüttelt, die vereinigten Extrakte werden mit $CHCl_3$ auf 50 cm³ verdünnt. In einem Spektralphotometer wird bei 400 m$\mu$ die Extinktion geeigneter Mengen des Extraktes gemessen; zur Eichung dienen Indiumvergleichslösungen, die unter den gleichen Bedingungen extrahiert werden.

***Bemerkungen.*** **I. Genauigkeit.** Indiummengen von 0,015 bis 1 mg in 25 cm³ Lösung lassen sich unter diesen Bedingungen mit einem Fehler von 0,005 mg In bestimmen, bei Mengen unter 0,015 und über 1 mg wird der Fehler größer.

**II. Einfluß anderer Bestandteile.** Die Anwesenheit von Magnesium, Calcium, Strontium, Zink, Cadmium, Quecksilber, Zinn(IV), Blei, Mangan(II), Chrom und Silber stört die Bestimmung nicht. Dagegen werden die Ionen von Aluminium, Gallium, Thallium, Zinn(II), Wismut, Kupfer, Eisen(II) und Eisen(III), Nickel und Kobalt mit extrahiert (wenigstens zum Teil), so daß die Bestimmung in Gegenwart dieser Ionen nicht möglich ist. Eine Bestimmung neben Eisen ist auch bei Variation des $p_H$-Wertes nicht durchzuführen.

### 2. Colorimetrische Mikrobestimmung nach Fällung mit 8-Oxychinolin nach GEILMANN.

**Vorbemerkungen.** Die Fällung des In als Oxychinolat und dessen direkte Auswaage ist an sich auch im Mikromaßstab anwendbar. Zur colorimetrischen Bestimmung kann man den Niederschlag in alkalischer Lösung zu einem kräftig gelbroten 5-Aryl-azofarbstoff kuppeln. Die Methode wurde zur Bestimmung kleinster Al-Mengen ausgearbeitet (ALTEN, WEILAND, LOOFMANN) und konnte auf In übertragen werden (GEILMANN).

***Arbeitsvorschrift.*** Die von überschüssiger Säure freie In-Lösung wird nach Zugabe von etwas Natriumacetat bei 60 bis 70° C durch tropfenweisen Zusatz einer 3%igen alkoholischen Oxychinolinlösung gefällt. Während des Erkaltens wird mehrmals kräftig gerührt, die Fällung bleibt mehrere Stunden, am besten über Nacht, stehen. Der Niederschlag wird abgetrennt und mit kaltem Wasser kräftig gewaschen, dann in 3 bis 5 cm³ alkoholischer Salzsäure (gleiche Teile 2 n HCl und Alkohol) gelöst und die Lösung im Meßkolben (50 bis 100 cm³) nacheinander mit 1 bis 2 cm³ Sulfanilsäurelösung (0,85 g in 100 cm³ 30%iger Essigsäure unter Erwärmen gelöst), 1 bis 2 cm³ Kaliumnitritlösung (0,35 g in 100 cm³ $H_2O$) und nach 10 Min. mit 10 cm³ 2 n NaOH versetzt. Nach dem Auffüllen und guten Durchmischen des Kolbeninhaltes wartet man weitere 10 Min. und ermittelt die Intensität der Färbung. Dies kann im Absolutcolorimeter mit Grünfilter (Filterschwerpunkt 531 m$\mu$) oder in üblicher Weise gegen eine in gleicher Weise hergestellte Vergleichslösung geschehen.

***Bemerkungen.*** Die Methode ist geeignet für Indiummengen von 0,025 bis 0,25 mg und ist vornehmlich zur Indiumbestimmung in Gläsern verwandt worden. Die Abweichungen betragen 5 bis 10%.

Ein Nachteil der Methode ist, daß von Al sehr sorgfältig getrennt werden muß, auch Fe und Zn werden unter gleichen Bedingungen gefällt.

### 3. Colorimetrische Bestimmung als Sulfidkolloid nach GEILMANN.

**Vorbemerkungen.** Indium kann bei Abwesenheit von mit $H_2S$ fällbaren Metallen dadurch bestimmt werden, daß es bei Gegenwart eines Schutzkolloides mit $H_2S$ in eine goldgelb gefärbte, kolloide Lösung überführt wird. Die Methode ist zur Indiumbestimmung in Gläsern geeignet.

***Arbeitsvorschrift.*** Die neutrale In-Lösung, die nicht mehr als 2 mg In enthalten darf, wird in einem 50 $cm^3$-Meßkolben auf 40 $cm^3$ verdünnt, mit 4 $cm^3$ einer völlig klaren 1%igen Gelatinelösung versetzt und auf 80 bis 90° C erwärmt. Dann wird 5 bis 8 Min. lang $H_2S$ eingeleitet, schnell abgekühlt, aufgefüllt und gegen eine entsprechend angesetzte Vergleichslösung, die 1 mg In/50 $cm^3$ enthält, colorimetriert.

***Bemerkungen.*** Der Fehler der Bestimmung beträgt etwa $\pm 0,1$ mg. Es stören alle Metalle, die mit $H_2S$ unter den angegebenen Bedingungen fällbar sind, ferner Oxydationsmittel, die $H_2S$ zu Schwefel oxydieren und dadurch eine Trübung der Lösung verursachen.

### 4. Mikrobestimmung unter Verwendung der Papierchromatographie.

**Vorbemerkungen.** Zur Bestimmung kleiner Mengen von Indium neben Gallium, Zink und Aluminium kann nach ARDEN, BURSTALL, DAVIES, LEWIS und LINSTEAD die Papierchromatographie herangezogen werden. Das Chromatogramm wird zur ungefähren Abschätzung der Indiummenge nach dem Entwickeln mit Dithizon mit Standardpapierstreifen verglichen, die unter gleichen Bedingungen, aber mit bekannten Indiummengen aufgenommen wurden. Gallium wandert mit der Lösungsmittelfront, ihm folgt das Zink, dann das Indium, während Aluminium am langsamsten wandert.

Für exakte Analysen benutzt man die Chromatographie nur zur Trennung von den obengenannten Metallen; die Indiumzone wird aus dem entwickelten Streifen herausgeschnitten und das Metall nach Zerstörung der organischen Substanz in üblicher Weise, mit Vorteil colorimetrisch bestimmt.

***Arbeitsvorschrift.*** Die zu untersuchende Lösung wird auf einen Filtrierpapierstreifen nahe dem einen Ende aufgetropft. Nach dem Eintrocknen an der Luft wird der Streifen in der üblichen Weise in einem geschlossenen Zylinder mit n-Butanol, das HCl-Gas enthält, behandelt. Entwickelt wird mit Dithizon.

***Bemerkungen.*** Die Methode ist zur Bestimmung von Mengen zwischen 5 und 200 $\gamma$ In geeignet; Mengen von 0,1 bis 1 $\gamma$ In lassen sich noch abschätzen.

## B. Spektralanalytische Bestimmung.

***Allgemeines.*** Eine Bestimmung des Indiums ist möglich mit Hilfe des Flammen-, Bogen- oder Funkenspektrums, ferner noch auf röntgenspektroskopischem Wege. Die letzten Linien des Indiums sind im sichtbaren Gebiet 4511 und 4102 Å (DE GRAMONT; SCHEIBE und LINSTRÖM), es eignen sich ferner zur Bestimmung auch die sehr intensiven und beständigen Linien 3256 und 3039 Å (PAPISH und HOLT; BREWER und BAKER; SEITH und PERETTI). Die Intensitätsverhältnisse sind weitgehend unabhängig von den Anregungsbedingungen (Flamme, Bogen oder Funken).

### 1. Bestimmung im Flammenspektrum.

Zur Bestimmung im Flammenspektrum wird die zu untersuchende Lösung zerstäubt und einer Acetylenflamme beigemischt. Als Vergleichselemente werden

Kalium und Strontium benutzt; zum Vergleich dienen die Linienpaare

In 4101,76 Å — K 4044,16 bzw. 4047,22 Å,
In 4511,31 Å — Sr 4607,34 Å.

Das Intensitätsverhältnis wird durch Photometrieren unter Benutzung von logarithmischem oder Stufen-Sektor bestimmt. Zur Anreicherung kann Indium zusammen mit Aluminium und Eisen durch Ammoniak gefällt oder durch metallisches Zink abgeschieden und dann in Schwefelsäure gelöst werden (Russanow und Kunina).

Auch mittels einer visuellen Methode kann die Bestimmung vorgenommen werden. Nach diesem Verfahren wird die Intensität der Linie In $\lambda = 4511$ Å durch Auslöschung mittels einer Lösung von Kaliumdichromat bestimmter Schichtdicke bestimmt. 0,2%ige $K_2Cr_2O_7$-Lösung wird in einer Keilküvette so lange verschoben, bis die Linie verschwindet. Nach entsprechender Eichung kann dann aus der Dicke der lichtabsorbierenden Schicht auf die Indiumkonzentration in der Flamme geschlossen werden. Das Verfahren arbeitet bei Indiumkonzentrationen von 0,2 bis 0,002% mit einem Fehler von rund $\pm 12$%, Zink, Kupfer und Zinn in Konzentrationen von unter 3% stören nicht. Bei Gegenwart von mehr als 1% Eisen und Aluminium erhält man zu niedrige Resultate (Russanow und Ssolodownik).

### 2. Bestimmung im Bogenspektrum.

Indium läßt sich mit sehr gutem Erfolge bogenspektroskopisch bestimmen. Als Elektroden kommen entweder reinste Spektralkohlen in Frage, die jedoch bei der Bestimmung auf Grund der Linie 4511 Å nicht zu verwenden sind, weil im Kohlebogen die störende Cyanbande 4514,9 Å enthalten ist, oder man benutzt aus diesem Grunde zweckmäßig Metallelektroden (Papish und Holt), z. B. Eisenelektroden (Brewer und Baker).

Die untere Elektrode wird mit der zu untersuchenden Substanz (z. B. Lösung, die vorsichtig auf der Elektrode eingetrocknet wird) beschickt; die Substanz wird in einem Lichtbogen von 110 Volt und 5,5 Amp. bei Benutzung von Kohlen von 7 mm Durchmesser (Papish und Holt) oder von 100 Volt und 3 Amp. bei Benutzung von Eisenelektroden bei einer Belichtungszeit von 15 Sek. verdampft (Brewer und Baker).

Die wichtigsten Linien sind unter diesen Bedingungen nach Brewer und Baker noch bei folgenden Indiummengen bei Vorliegen von reinem Indium und in Anwesenheit von Silber und Zinn zu beobachten:

| Wellenlänge in Å | Indium in mg | | | | | Wellenlänge in Å | Indium in mg | | | | |
|---|---|---|---|---|---|---|---|---|---|---|---|
| | 1 | 0,1 | 0,01 | 0,001 | 0,0001 | | 1 | 0,1 | 0,01 | 0,001 | 0,0001 |
| *Reines Indium:* | | | | | | | | | | | |
| 4511,37 | st | st | m | m | ss (?) | 2837,01 | m | s | s | — | — |
| 4101,82 | st | m | m | m | ss | 2775,35 | s | s | ss | — | — |
| 3258,55 | m | m | m | s | — | 2753,98 | m | s | s | — | — |
| 3256,03 | st | st | m | m | s | 2714,00 | m | s | — | — | — |
| 3039,36 | st | m | m | s | ss | 2710,31 | st | m | s | — | — |
| 2957,14 | m | m | s | — | — | 2601,90 | m | s | — | — | — |
| 2932,62 | st | m | s | s | — | 2560,22 | st | m | ss | — | — |
| *In Gegenwart von überwiegenden Mengen Silber:* | | | | | | | | | | | |
| 4511,37 | st | st | m | — | — | 3256,03 | st | m | m | m | — |
| 4101,82 | m | m | — | — | — | 3039,36 | st | st | s | s | — |
| 3258,55 | st | m | s | — | — | 2932,62 | st | m | — | — | — |
| *In Gegenwart von überwiegenden Mengen Zinn:* | | | | | | | | | | | |
| 4511,37 | st | st | m | s | ss (?) | 3256,03 | m | m | m | s | ss (?) |
| 4101,82 | st | m | m | ss | — | 3039,36 | m | m | m | s (?) | — |
| 3258,55 | m | s | s | s | — | 2932,62 | m | s | s | — | — |

st stark, m mittel, s schwach, ss sehr schwach.

BREWER und BAKER führten Indiumbestimmungen in zahlreichen Metallen und Mineralien mit dieser Methode aus; Kupfer, Blei, Zink, Eisen und Gallium stören nicht; Zinn und Silber verändern etwas die Empfindlichkeit, wie aus der obigen Tabelle hervorgeht.

Für Gesteinsuntersuchungen ist eine Methode von PREUSS geeignet, die sich der fraktionierten Destillation bedient. Eine Probe von etwa 1 g wird in einem waagerecht liegenden Kohlerohr langsam auf 2000° C erhitzt (Widerstandsheizung). Senkrecht zu diesem Rohr ist ein dünnes, ebenfalls beheiztes Kohlerohr aufgesetzt, zwischen dessen Mündung und einem Kohlestab wird der Lichtbogen erzeugt. Das Indium verdampft neben anderen leicht flüchtigen Metallen und wird durch einen Spülstrom von $CO_2$, $N_2$ oder Argon in den Bogen geführt. Die Spektren der Metalle erscheinen nacheinander gemäß ihrer Flüchtigkeit.

Zur Bestimmung des Indiums dienen die Linien 3256,08 Å und 3039,35 Å. Die Eichspektren werden unter gleichen Bedingungen mit künstlichen Eichproben aufgenommen. Bei 1 g Einwaage sind noch Gehalte von $3 \cdot 10^{-6}$% erfaßbar.

### 3. Bestimmung im Funkenspektrum.

Zur Bestimmung des Indiums in Metallen benutzen SEITH und PERETTI die funkenspektroskopische Methode unter Verwendung von Legierungen mit bekanntem Indiumgehalt (z. B. 0,3, 0,1 und 0,03 Atom-%) als Eichsubstanzen, so daß die Intensität der Indiumlinien der unbekannten Proben (In 4511,3, 4101,8, 3256, 3039,4 Å) mit derjenigen der Eichlegierungen verglichen wurde. Der Funke wird zwischen einer Gegenelektrode aus reinstem Gold und der zu untersuchenden Metallprobe erzeugt.

Gute Ergebnisse erhielten RUSSANOW und BODUNKOW mit einer Lösungselektrode (0,3 cm³ Lösung). Es wurden die Intensitäten folgender Linien miteinander verglichen:

In 4511,3 und Cs 4555,3 Å;

man setzt also gemessene Mengen Caesiumsalz als Vergleichssubstanz zu. Bei einer Belichtungszeit von 10 Min. wird bei Konzentrationen von 0,2 bis 0,0008% In in der Lösung eine Genauigkeit von $\pm 7$% erreicht.

### 4. Bestimmung durch Röntgenspektralanalyse.

Die Emissionslinien der $L$-Serie des Röntgenspektrums des Indiums haben folgende Wellenlängen (nach Angaben in GMELINS Handbuch):

| $L\alpha_1$ | $L\alpha_2$ | $L\beta_1$ | $L\beta_2$ | $L\beta_3$ |
|---|---|---|---|---|
| 3763,67 | 3772,42 | 3547,83 | 3331,2 | 3461,9 XE. |

Eine quantitative Bestimmung des Indiums auf röntgenspektroskopischem Wege ist noch nicht ausgeführt worden. Zur Bestimmung müßte die zu untersuchende Substanz mit einer Vergleichssubstanz gemischt, auf die Antikathode einer Röntgenröhre gebracht und in einem Röntgenspektrographen mit Hilfe eines geeigneten Kristalls spektroskopiert werden. Als Vergleichssubstanzen wurden von v. HEVESY und ALEXANDER Cadmium oder Zinn vorgeschlagen, vergleichbare Linien:

In $L\alpha_1 = 3764$ mit Cd $L\beta_1 = 3730$ oder
In $L\beta_1 = 3548$ mit Sn $L\alpha_1 = 3592$ XE.

Früher wurden von v. HEVESY und BÖHM vorgeschlagen:

In $L\beta_2 = 3331$ mit Cd $L\gamma_1 = 3328$ XE.

Das Intensitätsverhältnis der Linien des Indiums und der Vergleichssubstanz muß durch Eichaufnahmen bestimmt werden; durch Zumischen verschiedener Mengen Vergleichssubstanz zur Analysenprobe versucht man sodann, möglichst den Eichaufnahmen ähnliche Intensitätsverhältnisse herbeizuführen, dann ist die Mengenbestimmung am einfachsten und genauesten.

## Literatur.

ALTEN, F., H. WEILAND u. H. LOOFMANN: Angew. Ch. **46**, 668 (1933). — ARDEN, T. V., F. H. BURSTALL, G. R. DAVIES, J. A. LEWIS u. R. P. LINSTEAD: Nature **162**, 691 (1948).

BREWER, F. M., u. E. BAKER: Soc. **1936**, 1288.

GEILMANN, W.: Glastechn. Ber. **19**, 40 (1941). — GMELINS Handbuch der anorganischen Chemie, Syst.-Nr 37: Indium, S. 36f. 1936. — GRAMONT, A. DE: C. r. **151**, 310 (1910); **159**, 9 (1914); **171**, 1106 (1920); **175**, 1028 (1922); Ann. Chim. [9] **3**, 278, 285 (1915).

HEVESY, G. v., u. E. ALEXANDER: Praktikum der chemischen Analyse mit Röntgenstrahlen, S. 69. Leipzig 1933. — HEVESY, G. v., u. J. BÖHM: Z. anorg. Ch. **164**, 78 (1927).

MOELLER, TH.: Ind. eng. Chem. Anal. Edit. **15**, 270 (1943).

PAPISH, J., u. D. A. HOLT: Z. anorg. Ch. **192**, 90 (1930). — PREUSS, E.: Z. angew. Min. **3**, 8 (1941).

RUSSANOW, A. K., u. B. I. BODUNKOW: Betriebslab. **7**, 573 (1938); durch C. **1939**, **II**, 691. — RUSSANOW, A. K., u. S. I. KUNINA: Betriebslab. **6**, 836 (1937); durch C. **1939**, **I**, 1012. — RUSSANOW, A. K., u. S. M. SSOLODOWNIK: Rare Metals **6**, 29 (1937); durch C. **1938**, **I**, 3665.

SCHEIBE, G., u. C. F. LINSTRÖM: Chemische Spektralanalyse, in BÖTTGER: Physikalische Methoden der analytischen Chemie, Teil 1, S. 84, 86. Leipzig 1933. — SEITH, W., u. E. A. PERETTI: Z. El. Ch. **42**, 572 (1936).

## § 10. Polarographische Bestimmung des Indiums.

### Allgemeines.

Indium ist in saurer und alkalischer Lösung polarographisch wirksam.

In folgenden Zusammenstellungen werden nach der Literatur (HOHN, HEYROVSKÝ) die Halbwellenpotentiale des Indiums und der im Halbstufenpotential $\left(\frac{\pi}{2}\right)$ benachbarten Ionen angegeben:

| Ion | Bindungsart des Ions | $\frac{\pi}{2}$ (Volt) |
|---|---|---|
| Bi(III) | neutral oder sauer | −0,03 |
| Sb(III) | ,, ,, ,, | −0,21 |
| Pb(II) | ,, ,, ,, | −0,46 |
| Sn(II) | ,, ,, ,, | −0,47 |
| Tl(I) | ,, ,, ,, | −0,50 |
| In(III) | ,, ,, ,, | −0,63 |
| Cd(II) | ,, ,, ,, | −0,63 |
| Zn(II) | ,, ,, ,, | −1,06 |

| Ion | Bindungsart des Ions (alkalisch, 1 n Alkali) | $\frac{\pi}{2}$ (Volt) |
|---|---|---|
| Cd(II) | alkalisch | −0,80 |
| Pb(II) | Plumbit | −0,81 |
| In(III) | Indat | −1,13 |
| Sn(II) | Stannit | −1,18 |
| Zn(II) | Zinkat | −1,41 |

In saurer Lösung koinzidieren Indium und Cadmium (zu beachten bei der polarographischen Indiumbestimmung im Zink!), in alkalischem Medium ist zwar diese Koinzidenz nicht vorhanden, jedoch treten in alkalischer Lösung keine analytisch brauchbaren In-Stufen auf (RIENÄCKER und HOSCHEK).

Zur quantitativen Bestimmung arbeitet TAGAKI in salzsaurer Lösung; das Halbwellenpotential hängt von der Konzentration der Cl-Ionen ab, was TAGAKI auf die Bildung von Anionenkomplexen zurückführt. TAGAKI hat geringe Indiumgehalte von Zink und von Gallium polarographisch bestimmt und konnte noch $10^{-5}$ Mol-% In erfassen.

ENSSLIN polarographiert in einer Grundlösung, die aus 600 cm³ konzentrierter HCl, 30 g Traubenzucker und 340 cm³ $H_2O$ besteht; 5 cm³ der Probelösung werden mit 5 cm³ der Grundlösung vermischt. 0,5 mg In in 100 cm³ ließen sich noch sicher auswerten.

SINIAKOVA verwendet als Grundlösung 0,1 n KCl, NaCl, $LiNO_3$, $ZnCl_2$ oder $NH_4$-Acetat und polarographiert mit einer Genauigkeit von ± 2%. Die Anwesenheit geringer Mengen von Cu, Fe und Pb stört nicht, auch Zn kann in höherer Konzentration vorliegen, Cd muß jedoch abwesend sein. Die Erfassungsgrenze beträgt 1 $\gamma$ In/cm$^3$ Lösung.

RIENÄCKER und HOSCHEK prüften die Methoden von TAGAKI bzw. ENSSLIN nach und fanden gut auswertbare Kurven, die Stufenhöhe war der Konzentration proportional, aber etwas abhängig von der Salzsäurekonzentration, wie schon TAGAKI beobachtete. Weinsaures Medium ist für die polarographische Bestimmung ganz besonders geeignet, die Stufen sind sehr scharf, es treten keine Maxima auf, und besondere Zusätze sind überflüssig. Die Koinzidenz mit Cd ist jedoch auch hier nicht vermeidbar. Das Halbstufenpotential beträgt in weinsaurer Lösung —0,63 Volt (RIENÄCKER und HOSCHEK).

Indium läßt sich jedoch von Cd auf einfache Weise abtrennen, so daß damit auch die Möglichkeit der polarographischen Indiumbestimmung in Rohzink usw. gegeben ist.

In 1 n alkalischer Lösung wurden sehr flache, nicht auswertbare In-Stufen erhalten, die bei längerem Stehen langsam verschwanden. Auch in cyankalischer Lösung wurden keine definierten Stufen erhalten. Die nach der Lage der Halbstufenpotentiale in alkalischer Lösung möglich erscheinende Bestimmung von Indium neben Cadmium ist also nicht durchzuführen.

### 1. Bestimmung des Indiums in weinsaurer Lösung nach RIENÄCKER und HOSCHEK.

Die Grundlösung besteht nur aus 10%iger Weinsäure. Zur Überführung von Indiumverbindungen in rein weinsaure Lösung wird das $In(OH)_3$ gefällt und in 10%iger Weinsäure wieder gelöst (s. nächsten Abschnitt).

### 2. Bestimmung des Indiums neben anderen Metallen, insbesondere neben Cd (z. B. in Handelszink).

***Arbeitsvorschrift.*** Etwa 3 g Handelszink werden in möglichst wenig mäßig konzentrierter HCl in einem 25 cm$^3$-Becherglas gelöst. Nach Zugabe von 5 cm$^3$ 0,5 n $NH_4Cl$-Lösung leitet man in die klare Lösung $NH_3$-Gas unter Kühlung und Rühren ein. Sobald sich der Niederschlag von $Zn(OH)_2$ gelöst hat, unterbricht man das Einleiten und spült das Einleitungsröhrchen mit wenig warmem, $NH_3$- und $NH_4Cl$-haltigem Wasser ab, saugt die Lösung durch ein Filterstäbchen G 4 ab und wäscht einige Male mit 5 cm$^3$ $NH_3$- und $NH_4Cl$-haltigem Wasser nach. Der Niederschlag von $In(OH)_3$ [eventuell auch $Fe(OH)_3$ und $Bi(OH)_3$] wird in 10 cm$^3$ 10%iger warmer Weinsäure gelöst und nach einer Stunde bei Zimmertemperatur polarographiert.

Bei geringen Indiummengen empfiehlt sich der Zusatz von etwas Wismut-Salz als Spurenfänger. Alle Operationen werden in dem gleichen Gläschen vorgenommen.

Die Auswertung der Polarogramme erfolgt mit Hilfe einer Eichkurve, die unter sonst gleichen Bedingungen, jedoch ausgehend von reinen Indiumlösungen, erhalten wurde.

***Bemerkungen.* I. Einfluß anderer Bestandteile.** Die Bestimmung von 0,1 bis 0,5 mg Indium war bei gleichzeitiger Anwesenheit von 3,5 g Zn, 4,0 mg Cd, 2,6 mg Cu, 1,0 mg Bi und 2 mg Tl möglich, auch Fe und Pb stören in geringen Mengen nicht. Es konnten noch 0,0058% In in technischem Zink bestimmt werden.

**II. Genauigkeit.** Die Genauigkeit beträgt etwa 5%, wenn für Temperaturkonstanz gesorgt wird.

## Literatur.

ENSSLIN, F.: Met. Erz **38**, 305 (1941).

HEYROVSKÝ, J.: Chem. Listy **19**, 168 (1925); Polarographisches Praktikum (Anleitungen für die chemische Laboratoriumspraxis, Bd. IV), S. 97 (1948). — HOHN, H.: Chemische Analyse mit dem Polarographen (Anleitungen für die chemische Laboratoriumspraxis, Bd. III), Tafel III (1937).

RIENÄCKER, G., u. E. HOSCHEK: Z. anorg. Ch. **268**, 260 (1952).

SINIAKOVA, S. I.: C. r. Acad. URSS. **29** (N. S. 8), 376 (1940). Nach C. **1942**, I, 392.

TAGAKI, S.: J. chem. Soc. Lond. **1928**, 301.

## *Trennungsmethoden.*

## § 11. Allgemeiner anwendbare Trennungsmethoden.

A. Abtrennung der Metalle der Schwefelwasserstoffgruppe von Indium.

***Vorbemerkung.*** Da Indium nur in sehr schwach saurer Lösung mit Schwefelwasserstoff ausfällt, besteht grundsätzlich die Möglichkeit, die eigentlich zur Schwefelwasserstoffgruppe gehörigen Metalle in stärker saurer Lösung als Sulfide abzutrennen. Durch WADA und ATO sind die Verhältnisse genauer untersucht worden mit folgendem Ergebnis: Zur Abtrennung von Blei, Kupfer, Wismut und Cadmium ist eine Fällung aus 0,6 n $HNO_3$ oder 0,6 n HCl auszuführen. In stärker saurer Lösung fallen manche dieser Sulfide nicht mehr vollständig, in schwächer sauren Lösungen werden zu große Indiummengen mitgerissen. In Anwesenheit von Cadmium ist längeres Einleiten von Schwefelwasserstoff erforderlich, außerdem muß die Flüssigkeit nach erfolgter Fällung und Filtration so weit verdünnt werden, daß sie an Säure 0,3 n ist, um die letzten Cadmiumreste abzuscheiden. Iridium, Rhodium, Ruthenium und Platin werden unter diesen Umständen nicht quantitativ gefällt, in ihrer Gegenwart muß etwas anders verfahren werden, siehe Bemerkung I.

Unter den angegebenen Bedingungen werden durch rund 300 mg ausfallender Sulfide von Pb, Cu, $Hg^{II}$, Bi und Cd durchschnittlich folgende Indiummengen mitgerissen:

| mg In ursprünglich vorhanden | mg In mitgefällt durch 300 mg des betreffenden Sulfids |
|---|---|
| 1 | 0 (Bi, Cd); 0,2 bis 0,4 (Pb, Cu, Hg) |
| 5 | 0 (Bi, Cd); 0,3 bis 0,5 (Pb); 2 (Cu, Hg) |
| 20 | 0,5 (Bi); 1 (Pb); 5 (Cu); 6 (Hg) |
| 50 | 2 (Pb, Bi); 3 (Cd); 7 (Cu) |

Die mitgefällten Indiummengen verhalten sich im weiteren Trennungsgange der Schwefelwasserstoffgruppe genau wie das Wismut, so daß sie sich im mit Ammoniak gefällten Wismutniederschlag finden, sie können zur Wiedergewinnung leicht vom Wismut getrennt und mit der Hauptindiummenge wieder vereinigt werden.

***Arbeitsvorschrift nach* WADA *und* ATO.** Die Lösung wird mit Salzsäure oder Salpetersäure genau auf einen Säuregehalt von 0,6 n gebracht, in der Kälte mit Schwefelwasserstoff gesättigt und filtriert. Das Filtrat wird weiter mit Schwefelwasserstoff behandelt und mit Wasser auf das doppelte Volumen verdünnt; etwa noch ausfallende Sulfidmengen werden wiederum abfiltriert. Im Filtrat ist nun das Indium nach üblichen Methoden zu fällen. Falls der Sulfidniederschlag mehr als 100 mg beträgt, können etwa mitgerissene Indiummengen folgendermaßen wiedergewonnen werden: Das bei der Aufarbeitung des Schwefelwasserstoffniederschlages mit Ammoniak ausgefällte, indiumhaltige Wismuthydroxyd wird in Salzsäure gelöst, die Lösung wird bis fast zur Trockne verdampft. Zum Rückstand fügt man kaltes Wasser (20 $cm^3$ auf 50 mg, 100 $cm^3$ auf bis 300 mg Bi), erhitzt zum Sieden und filtriert von der durch Hydrolyse ausgeschiedenen Hauptmenge Wismut ab. Das Filtrat wird bis fast zur Trockne verdampft, mit 10 $cm^3$ 6 n HCl aufgenommen und kalt mit Schwefelwasserstoff gesättigt. Man filtriert die so gefällten letzten Wismutreste ab, vertreibt den Schwefelwasserstoff durch Auskochen und fällt nun entweder die Indiumreste direkt oder gibt diese Lösung zur die Haupt-Indiummenge enthaltenden Lösung.

***Bemerkungen.* I. Verfahren in Anwesenheit von Platin, Iridium, Ruthenium, Rhodium.** Vor der Fällung in 0,6 n Säure wird die Lösung 1 n an Salzsäure gemacht, in einer Druckflasche mit Schwefelwasserstoff gesättigt und dann in der verschlossenen Druckflasche 1 Std. im siedenden Wasserbad erhitzt. Die Platinmetalle fallen aus, Indium wird nicht merklich mitgefällt. Dann wird wie oben verfahren.

**II. Genauigkeit.** Die Trennungsergebnisse sind nach WADA und ATO befriedigend. Geringe Indiumverluste sind stets unvermeidlich, wenn Trennungen so vorgenommen werden müssen, daß andere Elemente aus der indiumhaltigen Lösung ausgefällt werden. Ganz allgemein empfiehlt es sich, besonders bei Vorliegen geringer Indiummengen, derartige Niederschläge zur Kontrolle spektroskopisch auf Indium zu untersuchen.

**III. Trennung des Zinns vom Indium.** Nach ERÄMETSÄ ist die Trennung des Zinns vom Indium mit Schwefelwasserstoff nicht empfehlenswert, besser gelingt sie mit 2 n Natronlauge. Die Lösung, die neben Indium Sn in der 2wertigen Stufe enthält, wird mit überschüssiger 2 n NaOH versetzt; durch kurzes Sieden wird $In(OH)_3$ quantitativ aus dieser Lösung ausgefällt, Zinn bleibt als Stannit in Lösung. Es ist darauf zu achten, daß Zinn nicht als Metall gefällt wird (dunkle Farbe des Niederschlages!).

## B. Allgemeines Verfahren zur Bestimmung des Indiums in Anwesenheit der Metalle der Ammoniakgruppe nach WADA und ATO.

***Vorbemerkung.*** In dem normalen Trennungsgang fällt Indium mit Ammoniak oder Ammoniumsulfid zusammen mit den Metallen Fe, Mn, $Tl^{III}$, Zr, Ti, Al, Cr, Zn, Be, U und V aus. Die Möglichkeit der Aufarbeitung dieses Niederschlages unter Berücksichtigung des Indiums wurde von WADA und ATO untersucht, folgende Operationen führen einigermaßen zum Ziel: Die Lösung dieser Metalle wird zuerst mit überschüssiger Lauge unter Zusatz von Alkalicarbonat und Peroxyd behandelt, wobei In, Fe, Mn, $Tl^{III}$, Zr und Ti ausfallen. Aus dieser Mischung wird dann Mangan mit Salpetersäure und Chlorat als $MnO_2$ abgetrennt, der Rest wird in salzsaurer Lösung ausgeäthert, dabei lösen sich die Chloride von Eisen und Thallium im Äther. Endlich wird das Indium von Titan und Zirkonium getrennt durch Fällung als Indiumsulfid mit Ammoniumsulfid in ammoniumtartrathaltiger Lösung; durch diese Fällung können selbst Mengen von 1 mg In in Gegenwart von 100 mg Ti + 100 mg Zr gefällt werden. Vor der eigentlichen Fällung des Indiums erfolgt also nur eine einzige Ausfällung eines Begleitmetalls, nämlich die Manganfällung; hierbei können allerdings geringe Indiummengen mitgerissen werden.

***Arbeitsvorschrift.*** Die Lösung des mit Ammoniak (oder Ammoniumsulfid) erhaltenen Niederschlages in Säure wird mit überschüssiger Natronlauge und dann mit 1 g Natriumperoxyd in kleinen Anteilen versetzt; zu der Mischung fügt man 5 $cm^3$ 1 n $Na_2CO_3$-Lösung und kocht sie 3 Min. lang. Der Niederschlag, der alles Indium enthält, wird abfiltriert und mit 15 $cm^3$ $HNO_3$ (D. 1,42) und 3 g festem $KClO_3$ behandelt, um das Mangan als Dioxyd zu fällen. Das Filtrat der Manganfällung wird mit Salzsäure eingedampft, mit 6 n HCl aufgenommen und 3mal mit Äther ausgeschüttelt; Eisen und Thallium werden so ausgeäthert. Die salzsaure Restlösung wird auf dem Wasserbad bis zur Vertreibung des Äthers erwärmt, mit 1 $cm^3$ Schwefelsäure versetzt und bis zum Auftreten von Schwefelsäuredämpfen abgeraucht. Falls dabei viel Rückstand auftritt, wird noch 1 $cm^3$ $H_2SO_4$ (D. 1,20) zugegeben. Nun versetzt man mit 5 bis 10 $cm^3$ 2 n Weinsäure, neutralisiert mit Ammoniak und fügt 2 $cm^3$ Ammoniak im Überschuß, ferner 5 $cm^3$ 6 n Ammoniumsulfidlösung hinzu; es fällt dann weißes Indiumhydrogensulfid (vgl. S. 58) aus. Nach einigen Minuten wird filtriert. Der Indiumniederschlag kann entweder direkt in wägbares Sulfid (S. 58) oder in Oxyd überführt und ausgewogen werden.

***Bemerkungen.*** **Vollständigkeit der Trennung.** Es besteht die Möglichkeit von Indiumverlusten (etwa 10% der Indiummenge) bei Anwesenheit von mehr als 100 bis 200 mg Mangan. — In Gegenwart großer Eisenmengen ist oft die Entfernung des Eisens nicht vollständig, so daß bei der letzten Fällung mit Ammoniumsulfid ein grauer bis schwarzer Niederschlag entsteht. In diesem Falle wird der Niederschlag nochmals in Salzsäure gelöst und vor der endgültigen Indiumfällung aus kleinem Volumen noch einige Male ausgeäthert. — Weinsäure verhindert völlig die Fällung von Titan und Zirkonium, wenn sie in der 3fachen Gewichtsmenge, bezogen auf $TiO_2$ und $ZrO_2$, angewandt wird. (2 n Weinsäure enthält 1,5 g in 10 $cm^3$.)

## C. Abtrennung des Indiums von fremden Elementen, insbesondere in Hüttenprodukten, nach Ensslin.

Das indiumhaltige Material (Hüttenprodukte, Konzentrate und ähnliche Proben) wird mit Salpetersäure oder Königswasser aufgeschlossen und mit Schwefelsäure abgeraucht. Nach dem Erkalten werden die Sulfate mit Wasser aufgenommen, wobei etwa vorhandene Kieselsäure mit dem Bleisulfat und Bariumsulfat ungelöst bleibt. In diese Lösung, welche etwa 10 bis 15 Vol.-% Schwefelsäure enthalten soll, wird ohne Filtration des Niederschlages Schwefelwasserstoff bis zur Sättigung eingeleitet, wobei die Elemente der Schwefelwasserstoffgruppe mit Ausnahme des Cadmiums quantitativ gefällt werden. Bei Anwendung einer geringeren Säurekonzentration ist der Sulfidniederschlag in Gegenwart größerer Mengen Indium stets indiumhaltig.

Das Filtrat des Schwefelwasserstoffniederschlages wird verkocht und zur Oxydation des Schwefelwasserstoffs und etwa vorhandenen Eisens mit Brom oder Wasserstoffperoxyd versetzt. Zur Abtrennung von dem Zink, dem Cadmium und den noch vorhandenen Erdalkalien fällt man nunmehr das Indium zusammen mit Eisen und Aluminium mit Ammoniak und filtriert. Der Niederschlag wird in Salzsäure gelöst, die Lösung mit 1 bis 5 g Sulfosalicylsäure, je nach der vorhandenen Eisen- und Aluminiummenge, versetzt und mit Ammoniak neutralisiert. Zu der neutralen Lösung gibt man auf je 100 $cm^3$ Flüssigkeit 5 $cm^3$ Ameisensäure und leitet Schwefelwasserstoff bis zur Sättigung ein. Das Indium fällt hierbei als rein hellgelbes Indiumsulfid aus, während Aluminium und Eisen in Lösung bleiben. Sollte der Indiumniederschlag infolge des Vorhandenseins sehr großer Eisenmengen nicht hellgelb, sondern dunkel gefärbt sein, so wird die Fällung mit Schwefelwasserstoff wiederholt. Das Indium kann dann nach bekannten Verfahren bestimmt werden.

***Bemerkung.*** Nishnik benutzt einen ähnlichen Trennungsgang zur Bestimmung des Indiums in Konzentraten, hält aber die erste Schwefelwasserstoffällung wegen ihrer Unzulänglichkeit nicht für zweckmäßig. Nach Nishnik wird Blei vorher als Sulfat entfernt; die Abtrennung des Kupfers und Cadmiums erfolgt wie nach Ensslin mit Ammoniak. Etwa vorhandenes Zinn und Antimon werden dann durch Extraktion des letzten Indiumsulfidniederschlages mit farblosem Ammoniumsulfid vom Indium getrennt.

## D. Extraktionsverfahren zur Abtrennung des Indiums von anderen Metallen nach Wada und Ishii.

***Vorbemerkung.*** Indiumchlorid ist im Gegensatz zu Galliumchlorid aus salzsaurer Lösung nicht mit Äther extrahierbar; von dieser Tatsache wurde zur Abtrennung des Galliums Gebrauch gemacht (vgl. Gallium, § 8, B). Indiumbromid, $InBr_3$, läßt sich jedoch aus bromwasserstoffsaurer Lösung (4,5 n HBr) praktisch vollständig mit Äther ausschütteln. Folgende Zahlen zeigen die Verteilung des Indiums zwischen den beiden Phasen:

| mg In ursprünglich in 4,5 n HBr | mg In in den vereinigten Ätherauszügen | mg In in den Waschlösungen | mg In in der sauren Restlösung |
|---|---|---|---|
| 100 | 99,4 | 0,5 | 0,1 |
| 1 | 0,95 | 0 | 0,05 |

Die angegebenen Indiummengen, enthalten in je 20 cm³ 4,5 n HBr, wurden 2mal mit je 30 cm³ Äther extrahiert, die vereinigten Ätherauszüge wurden 3mal mit je 3 cm³ 4,5 n HBr gewaschen.

Bei diesem Verfahren lösen sich von den untersuchten Begleitmetallen Gallium in größeren Mengen, ferner weniger als 10 mg Fe, Mo, Re und Ir und weniger als 1 mg Zn und Te im Äther auf. Gallium muß vorher entfernt werden durch Ausäthern in salzsaurer Lösung (s. Gallium, § 7, B), Fe, Zn, Mo, Re und Ir können vom Indium getrennt werden. Dies geschieht am besten durch Ausfällen von Mo, Re und Ir mit Schwefelwasserstoff in salzsaurer Lösung, dann werden Eisen + Indium mit Ammoniak in Gegenwart von Ammoniumchlorid gefällt, während Zink in Lösung bleibt. Schließlich wird Eisen in salzsaurer Lösung durch Extraktion mit Äther von Indium getrennt.

***Arbeitsvorschrift.*** Die galliumfreie Lösung (s. Bemerkung I) wird mit Bromwasserstoff abgedampft, um alle Salze in Bromide überzuführen, und der Rückstand mit 20 cm³ 4,5 n HBr aufgenommen. Diese Lösung wird 2mal mit je 30 cm³ frischem Äther ausgeschüttelt, die beiden Ätherlösungen werden vereinigt und 3mal mit je 3 cm³ 4,5 n HBr ausgewaschen. Diese Ätherlösung enthält die Hauptmenge Indium. Die 3 Waschlösungen werden vereinigt, mit 15 cm³ Äther ausgeschüttelt und vom Äther abgetrennt. Diese Ätherlösung wird mit 1 cm³ 4,5 n HBr gewaschen und mit der Hauptätherlösung vereinigt, die nunmehr praktisch alles Indium enthält.

Die gesamte Ätherlösung wird verdampft, der Rückstand mit Salzsäure abgeraucht und mit 0,9 n HCl aufgenommen. Man überführt in eine Druckflasche, sättigt unter Eiskühlung mit Schwefelwasserstoff und erhitzt dann die verschlossene Flasche 1 Std. im siedenden Wasserbad, wodurch die Sulfide von Mo, Te, Re und Ir ausgefällt werden. Der Sulfidniederschlag wird abfiltriert und mit 0,9 n HCl ausgewaschen.

Das Filtrat des Sulfidniederschlages enthält alles Indium neben wenig Eisen und sehr wenig Zink. Es wird bis zur Entfernung des Schwefelwasserstoffes gekocht und dann mit überschüssigem Ammoniumchlorid und Ammoniak versetzt; es fallen Eisen und Indium als Hydroxyde aus, Zink bleibt gelöst. Der Niederschlag wird abfiltriert und in 6 n HCl gelöst; aus dieser Lösung wird das Eisen durch mehrmaliges Ausschütteln mit Äther entfernt. Indium bleibt in der wäßrig-salzsauren Schicht und kann nun bestimmt werden.

***Bemerkungen.*** **I. Anwesenheit von Gallium.** Falls Gallium vorhanden ist, muß es vorher nach der Vorschrift im Kapitel Gallium § 8, B ausgeschüttelt werden. Die Hauptmenge des Indiums befindet sich dabei in der zur Ätherlösung A und B gehörigen wäßrig-salzsauren Lösung, geringe Mengen befinden sich noch in der zur Ätherlösung C gehörigen wäßrigen Lösung und in den sauren Waschflüssigkeiten, die zur Gewinnung des Indiums alle vereinigt werden müssen. Die vereinigten Lösungen werden eingedampft, wie oben in die Bromide überführt und weiterbehandelt.

**II. In Anwesenheit großer Indiummengen** kann bei der letzten Eisen-Indium-Trennung durch Ausschütteln mit Äther in salzsaurer Lösung etwas Indium in die Ätherschicht gehen. In diesem Falle muß die Ätherschicht nochmals abgedampft werden, den Rückstand löst man in 6 n HCl und äthert nochmals aus. Indium befindet sich dann in den vereinigten wäßrigen Schichten und kann in diesen bestimmt werden.

## Literatur.

ENSSLIN, F.: Met. Erz **38**, 305 (1941). — ERÄMETSÄ, O.: Suomen Kem. **13 B**, 17 (1940); durch C. **1941**, **I**, 550.

NISHNIK, A. T.: Ber. Inst. phys. Chem. Akad. Wiss. Ukr. SSR **6**, 265 (1940); durch C. **1941**, **I**, 1074.

WADA, I., u. S. ATO: Sci. Pap. Inst. Tôkyô **1**, 57 (1922/24). — WADA, I., u. R. ISHII: Sci. Pap. Inst. Tôkyô **34**, 787 (1937/38).

## § 12. Spezielle Trennungsmethoden.

### A. Trennung des Indiums von Zink.

***Vorbemerkung.*** Das Zink ist eines der wichtigsten Begleitmetalle des Indiums. Für die Trennung des Indiums von Zink steht als beste Methode die Abscheidung des Indiums mit Kaliumcyanat nach MOSER und SIEGMANN zur Verfügung. Nach Angaben von WADA und ISHII ist ferner die Fällung des Indiums bei Anwesenheit geringer Zinkmengen mittels Ammoniak in Gegenwart von Ammoniumsalz möglich (s. S. 74). Nach GEILMANN ist bei doppelter Fällung mit Ammoniak die Trennung von Zink sauber, sofern größere Ammoniaküberschüsse vermieden werden. Ebenso ist eine Trennung von Zink (und Cadmium) durch Ammoniumacetat oder Natriumacetat brauchbar, sofern Säureüberschüsse vor der Fällung abgestumpft worden sind (GEILMANN). Ein anderer Weg ist durch Fällung des Indiums mit Harnstoff, Bernsteinsäure und Ammoniumchlorid gegeben (Übertragung des entsprechenden Verfahrens zur Fällung des Aluminiums nach WILLARD und TANG, vgl. Kapitel Aluminium dieses Handbuches). Auch die Fällung des Indiums mit überschüssiger Natronlauge bewirkt eine Trennung von Indium und Zink (DENNIS und BRIDGMAN), am besten arbeitet man unter Zusatz von Carbonat, da sonst Indium in merklichen Mengen ins Filtrat geht (WADA und ATO, vgl. auch S. 72). Ältere, weniger brauchbare Verfahren sollen hier nicht beschrieben werden.

***Arbeitsvorschrift nach* MOSER *und* SIEGMANN.** Die schwach saure Lösung beider Metalle wird mit so viel Ammoniumchlorid versetzt, als zur Bildung des Zinkammoniakats nötig ist, das ist das 6fache der Zinkmenge. Nach Zusatz einiger Tropfen Methylorange setzt man so viel Kaliumcyanat zu, daß die Farbe der Flüssigkeit nach Gelb umschlägt (vgl. auch die Vorschrift auf S. 57). Man erhitzt allmählich zum Sieden, filtriert den dichten Niederschlag von Indiumhydroxyd ab und wäscht heiß aus. Falls mehr als die 10fache Menge Zink vorhanden ist, wird der Niederschlag in verdünnter Salzsäure gelöst, die Lösung mit Ammoniak fast neutralisiert und die Fällung wiederholt. Es muß bis zur völligen Chloridfreiheit ausgewaschen werden, dann wird geglüht, wie auf S. 55 angegeben ist, und als Indiumoxyd ausgewogen.

In den vereinigten eingeengten Filtraten kann das Zink mit Schwefelwasserstoff gefällt und bestimmt werden.

Es wurden gute Ergebnisse, selbst in Anwesenheit von 4,5 g Zink neben 24 mg $In_2O_3$, erhalten.

### B. Trennung des Indiums von Aluminium.

***Vorbemerkung.*** Zur Trennung von Indium und Aluminium wird am besten die Fällung des Indiums mit Schwefelwasserstoff in schwach saurer (essigsaurer) Lösung benutzt. Um eine hydrolytische Abscheidung des Aluminiumhydroxyds zu verhindern, muß es als Komplex in Lösung gehalten werden, was nach MOSER und SIEGMANN am besten mit Sulfosalicylsäure geschieht. Auch aus ameisensaurer Lösung gelingt in Gegenwart von Sulfosalicylsäure die Trennung von Aluminium (siehe § 11, C, ENSSLIN). Eine weitere Trennungsmöglichkeit ist durch Fällung des Indiums mit überschüssiger Natronlauge gegeben (DENNIS und BRIDGMAN), deren Ergebnisse aber nicht sehr befriedigend sind; vgl. auch den allgemeinen Trennungsgang nach WADA und ATO auf S. 72.

***Arbeitsvorschrift nach* MOSER *und* SIEGMANN.** Die Lösung beider Metalle wird mit 50 $cm^3$ einer 1,5%igen Lösung von Sulfosalicylsäure in Wasser und so viel Ammoniumcarbonat versetzt, bis sie gegen Methylorange neutral reagiert. Nach dem schwachen Ansäuern mit Essigsäure wird erhitzt und in die heiße Lösung Schwefelwasserstoff eingeleitet. Das Volumen der Lösung soll nicht mehr als 100 $cm^3$

auf je 10 mg In betragen, da sonst das Indiumsulfid schlecht filtrierbar ist. Der Niederschlag wird abfiltriert, mit Ammoniumacetat gewaschen und in verdünnter Salzsäure gelöst; dann wird das Indium endgültig mit Ammoniak gefällt.

Zur Bestimmung des Aluminiums wird das Filtrat unter Zusatz von Schwefelsäure eingedampft, bis zum Auftreten der Schwefelsäurenebel erhitzt und als $Al(OH)_3$ mit Ammoniak gefällt.

***Bemerkungen.*** **I. Genauigkeit.** Die Ergebnisse sind bei Mengen von 100 bis 400 mg $Al_2O_3$ neben 12 mg $In_2O_3$ bei einfacher Fällung sehr zufriedenstellend, bei Gegenwart von bis zu 10 g Aluminium erhält man bei doppelter Fällung befriedigende Ergebnisse.

**II. Herstellung der Sulfosalicylsäure.** Sulfosalicylsäure [$C_6H_3 \cdot OH$ (1) COOH (2) $SO_3H$ (5)] stellt man dar durch Sulfurierung von Salicylsäure mit konzentrierter Schwefelsäure (Vorschriften bei REMSEN; ferner bei MOSER und IRÁNYI); das Präparat ist auch im Handel in analysenreiner Form zu beziehen.

## C. Trennung des Indiums von Eisen.

***Allgemeines.*** Zur Trennung des Indiums von Eisen kann sowohl so verfahren werden, daß aus der Lösung beider Elemente zuerst das Indium gefällt wird, als auch umgekehrt. Wenn es auf eine genaue Indiumbestimmung ankommt, ist stets die Methode vorzuziehen, bei der Indium gefällt wird und Eisen in Lösung bleibt, weil dann keine Möglichkeit des Auftretens von Indiumverlusten durch Mitreißen besteht. Nach MOSER und SIEGMANN gelingt die Fällung des Indiums in Gegenwart von Eisen in schwach mineralsaurer Lösung mit Schwefelwasserstoff; sie liefert auch in Anwesenheit großer Eisenmengen gute Ergebnisse, nach ENSSLIN führt man die Fällung aus ameisensaurer Lösung aus (§ 11, C). In Anwesenheit kleiner Eisenmengen kann auch das Eisen aus der indiumhaltigen Lösung ausgefällt werden, und zwar mit $\alpha$-Nitroso-$\beta$-Naphthol (nach MATHERS) oder Kupferron (nach MATHERS und PRICHARD). Ältere, weniger leistungsfähige Trennungsvorschläge werden hier nicht beschrieben. Für präparative Zwecke läßt sich Indium von Eisen auf Grund der verschiedenen Flüchtigkeit der wasserfreien Chloride (THIEL, KLEMM) und Bromide (THIEL) befreien. Über die Trennung nach dem Extraktionsverfahren siehe § 11.

### 1. Fällung des Indiums in Gegenwart des Eisens mit Schwefelwasserstoff nach MOSER und SIEGMANN.

***Vorbemerkung.*** Eine eisenfreie Fällung des Indiumsulfids gelingt nur aus salzsaurer Lösung; dabei ist auf genaue Einstellung der Acidität zu achten (s. S. 58), damit das Indium quantitativ gefällt wird. Aus essigsaurer Lösung fällt stets eisenhaltiges Indiumsulfid.

***Arbeitsvorschrift.*** Die Lösung, die beide Metalle in 3wertiger Form enthalten soll, wird tropfenweise mit Ammoniak bis zur Bildung eines Niederschlages versetzt, der Niederschlag wird dann in so viel 0,1 n HCl gelöst, daß eine ungefähr 0,03 n salzsaure Lösung entsteht. (Die Konzentration der Salzsäure darf keinesfalls 0,05 n erreichen oder übersteigen!) Die Lösung wird auf 70° (nicht höher!) erwärmt, man leitet 2 Std. lang Schwefelwasserstoff ein, filtriert vom Indiumsulfid ab, wäscht mit ganz schwach angesäuertem Schwefelwasserstoffwasser aus und bestimmt das Indium entweder nach § 2 als Indiumsulfid oder nach § 1 als Oxyd, dazu muß das Sulfid in Salzsäure gelöst und mit Ammoniak gefällt werden.

Bei Vorhandensein großer Eisenmengen wird vorher in stark salzsaure Lösung Schwefelwasserstoff eingeleitet zur Reduktion des Eisens zur 2wertigen Stufe; man entfernt den Überschuß an Schwefelwasserstoff durch Einleiten von Kohlendioxyd und neutralisiert mit Ammoniak. Durch Zusatz von Salzsäure wird, wie oben beschrieben, auf einen Säuregehalt von 0,03 n gebracht und dann mit Schwefelwasserstoff gefällt. Auch bei sehr großen Eisenmengen scheidet sich Indiumsulfid eisenfrei ab.

Das im Filtrat befindliche Eisen wird durch Ammoniak als FeS gefällt, nach dem Lösen des Sulfids in Salzsäure mit Salpetersäure oxydiert, als Hydroxyd gefällt und als Oxyd bestimmt.

***Bemerkung.*** **Genauigkeit.** 17 mg $In_2O_3$ konnten in Gegenwart von 90 mg bis 6 g $Fe_2O_3$ mit guter Genauigkeit bestimmt werden. Auch die Ergebnisse der Eisenbestimmung sind gut.

2. Fällung des Eisens in Gegenwart von Indium mit $\alpha$-Nitroso-$\beta$-Naphthol oder Kupferron.

Kleine Eisenmengen, z. B. bis zu 30 mg, können nach MATHERS in üblicher Weise aus 50%iger Essigsäure mit $\alpha$-Nitroso-$\beta$-Naphthol gefällt werden. Die Ergebnisse sind nicht sehr genau, da der Eisenniederschlag stets etwas Indium enthält, wie folgende Zahlen belegen:

| Angewandte Menge $In_2O_3$ g | Angewandte Menge $Fe_2O_3$ g | Gefundene Menge $Fe_2O_3$ g | mg $In_2O_3$ im Eisenniederschlag g |
|---|---|---|---|
| 0,3061 | 0,0262 | 0,0286 | 0,0024 |
| 0,1520 | 0,0262 | 0,0283 | 0,0021 |
| 0,2142 | 0,0262 | 0,0281 | 0,0019 |

Auch bei doppelter Fällung ist stets noch etwa 1 mg $In_2O_3$ im Eisenniederschlag enthalten.

Von MATHERS und PRICHARD wurde ferner festgestellt, daß kleine Eisenmengen in Gegenwart von Indium durch Kupferron zu fällen sind.

## D. Trennung des Indiums von Gallium.

***Allgemeines.*** Über die sehr gute Möglichkeit der quantitativen Ausfällung des Galliums in Gegenwart von Indium mittels Kupferron wurde im Abschnitt Gallium (§ 9, B) berichtet, diese Trennung liefert gute Ergebnisse.

Es bestehen ferner Möglichkeiten zur Fällung des Indiums in Gegenwart von Gallium; vor allem kommt dafür die Fällung des Indiums mit überschüssiger Alkalilauge in Frage, Gallium bleibt dann als Gallat in Lösung. Diese Reaktion benutzten z. B. DENNIS und BRIDGMAN. Sie verfahren so, daß Indium 2 mal durch Kochen mit überschüssiger Natronlauge (1,5 g in 200 $cm^3$) gefällt wird. Der Niederschlag wird dann wieder gelöst und endgültig mit Ammoniak gefällt und als Oxyd bestimmt. Die Ergebnisse sind nicht voll befriedigend. Zur annähernden Trennung ist diese Methode auch bei Mineralaufarbeitungen benutzt worden, so z. B. von PUTNAM, ROBERTS und SELCHOW. ATO lehnt jedoch die Methode auf Grund eigener Versuche ab, er benutzt zur Trennung die Fällung des Indiums mit überschüssiger Natriumcarbonatlösung; seine Trennungsergebnisse sind befriedigender.

### Trennung des Indiums von Gallium mit Natriumcarbonat nach ATO.

***Arbeitsvorschrift.*** Die Lösung wird mit überschüssigem Natriumcarbonat versetzt, so daß eine 5%ige Lösung entsteht; im allgemeinen genügt ein Volumen der zu fällenden Lösung von 60 $cm^3$ und dementsprechend 3 g Natriumcarbonat. Die Mischung wird 5 Min. lang gekocht, der entstandene Niederschlag von Indiumhydroxyd abfiltriert und zuerst mit 1%iger Natriumcarbonatlösung, dann mit Wasser ausgewaschen. Zur Entfernung des anhaftenden Alkalis wird er nochmals in Salpetersäure gelöst und mit Ammoniak gefällt. Er kann dann als Indiumoxyd ausgewogen werden, wozu ATO folgendes, von der üblichen Vorschrift abweichendes Verfahren angibt: Der Niederschlag wird in einer kleinen Menge 6 n $HNO_3$ gelöst, die Lösung im Tiegel zur Trockne verdampft, der Rückstand zu $In_2O_3$ verglüht und gewogen.

Zur Bestimmung des Galliums werden Filtrat und Waschflüssigkeiten mit Essigsäure neutralisiert, mit 10 $cm^3$ 6 n Essigsäure und 2 g Camphersäure versetzt, 10 Min. gekocht und filtriert. Der Niederschlag wird mit einer gesättigten Lösung von Camphersäure ausgewaschen und in Galliumoxyd übergeführt, es wird dann das $Ga_2O_3$ ausgewogen, wie es im Kapitel Gallium, § 1, E, beschrieben ist.

***Bemerkung*. Genauigkeit.** Die Ergebnisse mit 0,5 bis 80 mg $In_2O_3$ und 1 bis 94 mg $Ga_2O_3$ sind, auch bei extremen Mischungsverhältnissen, sehr zufriedenstellend.

## E. Trennung des Indiums von Mangan.

Eine Abscheidung des Indiums durch Hydrolyse in Gegenwart von Mangan führt stets zu manganhaltigen Niederschlägen. Eine gute Trennungsmöglichkeit bietet indes die Fällung des Indiums mit Schwefelwasserstoff in essigsaurer Lösung nach der in § 2 gegebenen Vorschrift.

Die Bestimmung des Mangans im Filtrat geschieht nach Moser und Siegmann durch Fällung mit Bromwasser und Ammoniak und Abrauchen des Niederschlages mit Ammoniumchlorid und Ammoniumsulfat; das Mangan wird als Sulfat ausgewogen.

Die Ergebnisse der Beleganalysen von Moser und Siegmann sind sehr zufriedenstellend, selbst in Gegenwart von 20 g $MnSO_4 \cdot 5H_2O$ neben 12 mg $In_2O_3$; es genügt in allen Fällen eine einmalige Fällung.

## F. Trennung des Indiums von Nickel.

Die Abscheidung des Indiums gelingt in Gegenwart von Nickel durch Hydrolyse nach Zusatz von Kaliumcyanat. Die Trennung wird genauso ausgeführt, wie es bei der Trennung Indium–Zink beschrieben ist. Größere Cyanatüberschüsse sind zu vermeiden, da sonst etwas Nickel mit ausfällt.

Die Ergebnisse der Trennung sind nach Moser und Siegmann sehr gut, auch in Gegenwart von Ni-Mengen bis zu 10 g.

## G. Trennung des Indiums von Kobalt.

***Vorbemerkung*.** Zur Abscheidung des Indiums in Gegenwart von Kobalt eignet sich die Fällung durch Hydrolyse in Anwesenheit von Cyanat. Allerdings gelingt es nicht, Kobalt als Ammoniakat in Lösung zu halten, wie es bei Zink und Nickel möglich ist, dagegen hat sich als Komplexbildner Cyanid bewährt.

***Arbeitsvorschrift nach* Moser *und* Siegmann.** Zu der mit Natriumcarbonat neutralisierten Lösung setzt man so viel Kaliumcyanidlösung, bis der anfänglich entstandene Niederschlag sich gerade gelöst hat, dann erfolgt der Zusatz von wenigen Kubikzentimetern Kaliumcyanatlösung (10%ig). Es wird zum Sieden erhitzt, einige Minuten gekocht, der Niederschlag durch ein Papierfilter abfiltriert und ausgewaschen. Da die Fällung stets alkalihaltig ist, wird nochmals in Salzsäure gelöst und mit Ammoniak gefällt. Falls mehr als die 10fache Menge Kobalt vorhanden ist, muß die Trennung wiederholt werden.

Das Kobalt kann aus den vereinigten Filtraten elektrolytisch bestimmt werden (aus ammoniakalischer Lösung).

Man erhält gute Ergebnisse, selbst in Anwesenheit von bis zu 6 g Kobalt.

## H. Trennung des Indiums von Chrom.

Die Fällung des Indiums ist nur in Anwesenheit von 6wertigem Chrom möglich, dann gelingt die Abscheidung mit Kaliumcyanat glatt und quantitativ.

Arbeitsvorschriften für die Cyanatmethode sind auf S. 57 und 75 gegeben. Das im Filtrat befindliche Chrom wird nach dem Ansäuern mit konzentrierter Salzsäure und Reduktion durch Alkohol mit Ammoniak bestimmt. Die Ergebnisse sind gut, selbst in Anwesenheit von 13 g $Cr_2O_3$ (MOSER und SIEGMANN).

### I. Bestimmung des Indiums in Anwesenheit von Fluorid.

Indium fällt wie Gallium als Hydroxyd in Anwesenheit von Fluorid mit Ammoniak nicht vollständig aus. Zur Indiumbestimmung verfährt man nach HANNEBOHM und KLEMM bei reinen Indiumfluoriden daher am besten so, daß das Fluorid in einer Platinschale mit Schwefelsäure abgeraucht, der Rückstand zu Oxyd verglüht und dann gewogen wird.

***Arbeitsvorschrift.*** Zur Bestimmung des Indiums aus fluoridhaltigen Lösungen wird nach HANNEBOHM und KLEMM so vorgegangen, daß zur siedenden Lösung (Platinschale) tropfenweise 10%ige Kalilauge zugegeben wird, bis Methylrot nach Gelb umschlägt. Dann setzt man noch 1 $cm^3$ Lauge hinzu und erhitzt eine Viertelstunde mit kleiner Flamme, wobei gerührt werden muß, um Stoßen der Lösung zu vermeiden. Nun filtriert man durch ein mit Papierbrei belegtes Schwarzbandfilter, wäscht mit wenig ammonnitrathaltigem heißem Wasser aus, spült Niederschlag und Papierbrei in eine Platinschale und löst wieder in verdünnter Salzsäure. Diese Lösung wird mit Ammoniak gefällt, der Niederschlag in das schon benutzte Filter abfiltriert und in üblicher Weise in Oxyd übergeführt und gewogen.

Im Filtrat der Indiumfällung kann nun das Fluorid in bekannter Weise als PbClF bestimmt werden.

***Bemerkung.*** **Genauigkeit.** Die erhaltenen Indiumwerte fielen um 2% zu hoch aus, es ließ sich eine entsprechende Korrektur anbringen. Wahrscheinlich ist durch Umfällen eine Verbesserung zu erreichen, denn das Übergewicht wird zum Teil auf adsorbiertes Alkali zurückzuführen sein. Die Fluorauswaagen waren reproduzierbar um 2% zu niedrig (bei den Verhältnissen In:F = 1 : 2 bis 1 : 3), auch hier muß eine entsprechende Korrektur angebracht werden.

### Literatur.


ATO, S.: Sci. Pap. Inst. Tôkyô **24**, 270 (1934).

DENNIS, L. M., u. J. A. BRIDGMAN: Am. Soc. **40**, 1549 (1918).

ENSSLIN, F.: Met. Erz **38**, 305 (1941).

GEILMANN, W.: Glastechn. Ber. **19**, 40 (1941).

HANNEBOHM, O., u. W. KLEMM: Z. anorg. Ch. **229**, 339 (1936).

KLEMM, W.: Z. anorg. Ch. **152**, 254 (1926).

MATHERS, F. C.: Am. Soc. **30**, 210 (1908). — MATHERS, F. C., u. C. E. PRICHARD: Pr. Indian Acad. Sci. **43**, 125 (1934); durch Chem. Abstr. **1934**, 7196. — MOSER, L., u. E. IRÁNYI: M. **43**, 681 (1922). — MOSER, L., u. F. SIEGMANN: M. **55**, 18 (1930).

PUTNAM, P. C., E. J. ROBERTS u. D. H. SELCHOW: Am. J. Sci. [5] **15**, 427 (1928).

REMSEN, I.: A. **179**, 107 (1875).

THIEL, A.: Z. anorg. Ch. **40**, 293, 317 (1904).

WADA, I., u. S. ATO: Sci. Pap. Inst. Tôkyô **1**, 69 (1922). — WADA, I., u. R. ISHII: Sci. Pap. Inst. Tôkyô **34**, 787 (1937/38). — WILLARD, H. H., u. N. K. TANG: Am. Soc. **59**, 1190 (1937); Ind. eng. Chem. Anal. Edit. **9**, 357 (1937).


## § 13. Anreicherung des Indiums bei der Analyse sehr indiumarmer Proben.

Indium kommt als „disperses" Element niemals in größeren Konzentrationen im Mineralreich vor, spezielle Indiumminerallen sind unbekannt. Zur quantitativen Bestimmung des Indiums in Mineralien und ähnlichem Material ist als empfindlichste, rasche und zuverlässige Methode daher stets die spektralanalytische Bestimmung zu empfehlen. Eine gravimetrische Analyse derartiger Proben erfordert außerordentlich große Einwaagen, so daß die Analyse dann meist auf eine Aufarbeitung in präparativem Maßstab hinausläuft.

Eine zweckmäßige Anreicherung zur Bestimmung in Konzentraten besteht nach BABKO, POLISCHTSCHUK und WOLKOWA darin, daß zuerst die edleren Elemente durch Cd-Amalgam abgetrennt werden, daß dann das In mit Zn-Amalgam gefällt und aus diesem mit $CuSO_4$ wieder extrahiert wird. Die so erhaltene In-Lösung wird in üblicher Weise, z. B. mit $NH_3$, gefällt.

Im folgenden sind einige Literaturhinweise angegeben, die sich auf weitere Anreicherungsverfahren des Indiums zum Zwecke des Nachweises oder der chemischen bzw. spektralanalytischen Bestimmung beziehen.

## Literatur.

BABKO, A., A. POLISCHTSCHUK u. A. WOLKOWA: Ber. Inst. phys. Chem. Akad. Wiss. Ukr. SSR **7**, 505 (1941) (Konzentrate); vgl. auch die Arbeitsvorschrift im C. **1942**, **I**, 3238. — BOROVICK, S. A., u. N. M. PROKOPENKO: C. r. Acad. URSS. **24** (N. S. 7), 925 (1939); durch C. **1941**, **I**, 2368. — BREWER, F. M., u. E. BAKER: Soc. **1936**, 1290 (Cylindrit, Chalkopyrit, metallisches Zinn).

GEILMANN, W.: Glastechn. Ber. **19**, 40 (1941) (Glas).

HENKEL, G.: Diss. Würzburg **1932**, 11, 12 (tierische Organe und Exkrete). — HOPE, H. B., M. ROSS u. J. F. SKELLY: Ind. eng. Chem. Anal. Edit. **8**, 51 (1936) (Goldamalgame).

PUTNAM, P. C., E. J. ROBERTS u. D. H. SELCHOW: Am. J. Sci. [5] **15**, 427 (1928) (Sphalerit).

STEIDLE, H.: Arch. exp. Pathol. **173**, 459 (1933) (tierische Organe und Exkrete).

Im übrigen sei auf die allgemeinen Trennungsmethoden in § 11 verwiesen.

# Thallium*.

Tl, Atomgewicht 204,39, Ordnungszahl 81.

Von **Günther Rienäcker**, Berlin, und **Hans-Georg Jerschkewitz**, Berlin.

Mit einem Anhang: „Spezielle Methoden zur Bestimmung des Thalliums in Handelspräparaten und in biologischem Material"

von **K. Lang**; ergänzt von **G. Rienäcker** und **H.-G. Jerschkewitz.**

Mit 1 Abbildung.

**Inhaltsübersicht.**



* Siehe auch Nachtrag S. 141.

## Bestimmungsmöglichkeiten.

Für das Element Thallium liegt eine große Zahl von Bestimmungsmöglichkeiten vor; es wurde eine Auswahl getroffen, und folgende Verfahren sind in diesem Handbuch ausführlicher wiedergegeben:

*I. Gewichtsanalytische Bestimmungen.*

Wichtigste Methoden:

1. Fällung mit Chromaten als $Tl_2CrO_4$ (§ 1 und 16).
2. Fällung mit „Thionalid“ als $C_{10}H_7NH \cdot CO \cdot CH_2 \cdot STl$ (§ 2 und 14).
3. Fällung mit Jodiden als TlJ (§ 4).
4. Fällung mit Mercaptobenzthiazol als $C_7H_4NS_2Tl$ (§ 3).

Von den zahlreichen weiteren Methoden seien ferner genannt:

5. Fällung mit Alkalien als $Tl_2O_3$ (§ 5).
6. Fällung mit Hexammin-Kobalt(III)-chlorid bzw. Hexammin-Chrom(III)-chlorid (§ 6).
7. Elektrogravimetrische Bestimmungen unter Abscheidung als Thalliummetall (§ 8) oder anodischer Abscheidung als $Tl_2O_3$ bzw. $Tl_2O_3 \cdot HF$ (§ 5).

Als wichtige Abscheidungsform zur Abtrennung des Thalliums von anderen Metallen kommt ferner in Betracht:

8. Fällung als Thalliumperchlorat-Thioharnstoff-Verbindung bzw. Thalliumnitrat-Thioharnstoff-Verbindung $TlClO_4 \cdot 4\,CS(NH_2)_2$ bzw. $TlNO_3 \cdot 4\,CS(NH_2)_2$ (§ 15).

*II. Maßanalytische Bestimmungen.* Thallium kann sowohl mit Hilfe von Fällungstitrationen als auch besonders mit Hilfe oxydimetrischer oder reduktometrischer Methoden bestimmt werden, die letzteren beruhen auf dem leichten Übergang von $Tl^{\cdot}$ in $Tl^{\cdot\cdot\cdot}$ und umgekehrt.

A. Fällungstitrationen:

1. mit Jodiden als TlJ (§ 4).
2. mit Chromaten als $Tl_2CrO_4$ (§ 1).

B. Oxydimetrische Bestimmungen:

1. Oxydation von $Tl^{\cdot}$ zu $Tl^{\cdot\cdot\cdot}$ mit Kaliumbromat, Cer(IV)-sulfat oder Kaliumjodat u. a. (§ 9).
2. Oxydation der Thionalidfällung mit Jod (§ 2).

C. Reduktometrische Bestimmungen:

1. Reduktion von $Tl^{\cdot\cdot\cdot}$ zu $Tl^{\cdot}$ mit Jodid unter Bestimmung der dem Thallium äquivalenten Jodmenge mit Thiosulfat oder Arsenit (§ 10).
2. Direkte Reduktion von $Tl^{\cdot\cdot\cdot}$ zu $Tl^{\cdot}$ mit Thiosulfat oder Arsenit (§ 10).

D. Elektrometrische Titrationsmethoden:

Fast alle der unter II B und C genannten Titrationen sind als potentiometrische Titrationen ausführbar, die Fällungstitration mit Chromat ferner auch auf konduktometrischem Wege.

*III. Zur Bestimmung kleiner Mengen von Thallium* sind eine Reihe der schon erwähnten Verfahren geeignet, so z. B.

1. Bestimmung als Chromat (§ 1).
2. Bestimmung als Jodid (Anhang, § 2, A).
3. Bestimmung mit Thionalid, besonders als potentiometrische Mikrotitration (§ 2).
4. Verschiedene der Titrationsmethoden, insbesondere die Titration mit $KBrO_3$ (§ 9, vgl. auch Anhang, § 2, B und C).

An besonderen Mikromethoden stehen

5. colorimetrische und nephelometrische Methoden (§ 11),
6. die polarographischen Methoden (§ 13) zur Verfügung.

*IV. Die spektralanalytische Bestimmung des Thalliums* kann im Bogen-, Flammen- oder Funkenspektrum ausgeführt werden, ferner im Röntgenspektrum (§ 12).

## Eignung der wichtigsten Verfahren.

Von den gewichtsanalytischen Bestimmungsmethoden mit anorganischen Fällungsmitteln hat die Bestimmung als Chromat den Anspruch, die genaueste und beste zu sein, da das $Tl_2CrO_4$ unter geeigneten Bedingungen genügend schwer löslich ist. Die Methode ist einfach und erlaubt vor allem auch die Bestimmung in Gegenwart zahlreicher anderer Metalle und die Ausführung vieler wichtiger Trennungen. Sehr häufig ist auch die Abscheidung und Bestimmung als TlJ benutzt worden, sie steht aber wohl an Genauigkeit der Chromatmethode nach, da das Jodid leichter löslich ist.

Den anorganischen Fällungsmitteln sind in neuester Zeit organische Fällungsmittel an die Seite getreten, von denen vor allem das „Thionalid" genannt sei. Die Fällung mit Thionalid ist als Bestimmungs- und Trennungsmethode an Empfindlichkeit, Genauigkeit und Spezifität von keinem anderen Verfahren erreicht und heute als nahezu „ideale" Methode in der quantitativen Analyse des Thalliums anzusprechen. Diese Methode dürfte auch z. B. in der gerichtlichen und medizinischen Chemie manche der noch üblichen alten Verfahren mit Vorteil ersetzen.

Zur äußerst spezifischen Abscheidung des Thalliums in Gegenwart fast aller Elemente ist ferner als neue Methode die Fällung als Thalliumperchlorat-Thioharnstoff-Verbindung ganz besonders geeignet; die Methode ist zwar kein Bestimmungsverfahren, bietet aber ebenfalls nahezu ideale Trennungsmöglichkeiten.

Zur raschen, sehr genauen und recht spezifischen maßanalytischen Bestimmung eignen sich vor allem die Titration des 1wertigen Thalliums mit Kaliumbromat und mit Cer(IV)-sulfat, die beide sowohl mit Farbindikation als auch potentiometrisch durchgeführt werden können.

Die Bestimmung kleiner Mengen geschieht am einfachsten auf colorimetrischem Wege, es sind noch Mengen von einigen $\gamma$ zu erfassen, auch durch die potentiometrische Mikrotitration mit $KBrO_3$ können ähnlich kleine Mengen bestimmt werden. Eine besonders empfindliche und gute Bestimmung ist mittels der Spektralanalyse möglich, vor allem bei Benutzung des Flammenspektrums.

Zur Anreicherung kleiner Mengen von Thallium sei besonders auf die Möglichkeiten der Extraktion mit nichtwäßrigen Lösungsmitteln verwiesen, die gerade im Falle des Thalliums besonders einfach und wirkungsvoll sind (§ 17).

## Vorbereitung des Untersuchungsmaterials.

Die Vorbereitung richtet sich nach der Natur der vorliegenden Probe.

Thalliummetall wird von starker Schwefelsäure und Salpetersäure leicht gelöst, Legierungen sind daher leicht mit einer dieser Säuren aufzuschließen. Thallium geht im allgemeinen als 1wertiges Ion in Lösung, in Gegenwart starker Oxydationsmittel, z. B. Chlor oder Brom, dagegen 3wertig.

In Anwesenheit von Salzsäure oder Chloriden bildet 1wertiges Thallium schwerlösliches TlCl; bei kleinen Thalliummengen ist zwar die Anwesenheit von Chlorid unbedenklich, da z.B. in 1 l Wasser bei 25° 3,86 g TlCl löslich sind, bei größeren Mengen ist jedoch auf die Möglichkeit des Ausfallens von TlCl Rücksicht zu nehmen. Dies gilt z. B. auch für die Analyse von Thalliumgläsern; bei der üblichen Abscheidung der Kieselsäure durch Abrauchen mit Salzsäure ist dann die Kieselsäure stets mit TlCl verunreinigt.

Außer den Halogeniden ist vor allem noch das Chromat schwer löslich in Wasser, aber löslich in Säuren; alle anderen Thalliumverbindungen sind, zum mindesten in Säuren, löslich, so daß beim Auflösen keine Schwierigkeiten eintreten.

Die selten vorkommenden Mineralien, in denen Thallium als Hauptbestandteil vorhanden ist (es handelt sich, chemisch gesehen, um Sulfide, Sulfosalze oder Selenide), sind leicht säurelöslich. Nach HILLEBRAND und LUNDELL[1] löst man 1 g Mineral im ERLENMEYER-Kolben nach Zusatz von 2 g Kaliumsulfat mit 10 cm³ Schwefelsäure durch Erhitzen über freier Flamme. Nach dem Abkühlen fügt man 100 cm³ Wasser hinzu, kocht nochmals auf und läßt wieder erkalten. Dann wird filtriert; das Filtrat wird mit Natriumcarbonat neutralisiert; es werden noch 2 g im Überschuß hinzugegeben. Nachdem man auf 200 cm³ verdünnt hat, fügt man 3 g sulfidfreies Natriumcyanid hinzu, erhitzt zum Sieden und läßt 12 Std. stehen. Nun wird filtriert; den Rückstand wäscht man mit 1%iger Sodalösung aus. Das Filtrat enthält alles Thallium, es wird mit farblosem Ammoniumsulfid behandelt, bis kein weiterer schwarzer Sulfidniederschlag mehr ausfällt. Nach dem Abkühlen wird filtriert, der Niederschlag, in welchem das Thallium enthalten ist, wird mit verdünntem farblosem Schwefelammonium unter stetem Nachfüllen ausgewaschen, so daß das Filter nicht trocken läuft. Der Sulfidniederschlag wird in Schwefelsäure

---

[1] HILLEBRAND u. LUNDELL: Applied Inorganic Analysis, S. 374. New York 1929.

1:4 aufgelöst, aus der Lösung vertreibt man den Schwefelwasserstoff durch Auskochen, fügt einige Tropfen schweflige Säure zu und neutralisiert nahezu mit Natriumcarbonat. In dieser — nötigenfalls nochmals filtrierten — Lösung kann dann das Thallium mit den üblichen Methoden bestimmt werden.

Zur Bestimmung geringer Mengen Thallium in Pyriten oder Zinkblenden geht man nach HILLEBRAND und LUNDELL folgendermaßen vor: 25 bis 100 g des fein gepulverten Materials werden mit Salzsäure versetzt, zum Sieden erhitzt und nach und nach durch Zusatz von Salpetersäure zersetzt. Dann wird überschüssige Schwefelsäure (1:1) zugefügt und bis zum Rauchen der Schwefelsäure abgedampft. Nach dem Abkühlen verdünnt man und filtriert. Zur Reduktion des Thalliums, Kupfers, Cadmiums und ähnlicher Metalle gibt man zum Filtrat metallisches Zink im Überschuß und läßt über Nacht stehen. Falls die Säure verbraucht ist, gibt man noch etwas hinzu, um die Reaktion mit dem Zink wieder in Gang zu bringen, dann filtriert man durch ein Filter, das einige Zinkstückchen enthält, und wäscht den Niederschlag, der alles Thallium enthält, rasch mit etwas heißem Wasser. Man löst das Thallium mit heißer verdünnter Schwefelsäure heraus und behandelt die Lösung mit Natriumcarbonat und Natriumcyanid, wie es oben beschrieben wurde.

Über die Behandlung von organischem Material zur Thalliumbestimmung (Giftpräparate, Leichenteile usw.) vgl. Anhang, § 1 und 2.

## *Bestimmungsmethoden.*

### § 1. Bestimmung als Thallium(I)-chromat.

$Tl_2CrO_4$, Molekulargewicht 524,79.

#### A. Gewichtsanalytische Bestimmung.

***Vorbemerkung.*** Thallium(I)-chromat fällt aus alkalischen Thallium(I)-salzlösungen als gelber, schwer löslicher Niederschlag auf Zusatz löslicher Chromate aus. Der Niederschlag ist in heißem Wasser beträchtlich löslich, in kaltem weniger, doch immerhin noch so merklich, daß bei Fällung aus wäßriger Lösung das nachfolgende Auswaschen mit Wasser zu größeren Verlusten führt. Wesentlich geringer ist die Löslichkeit in wäßrigem Alkohol, vor allem in Gegenwart von Chromat und Ammoniak; über die Löslichkeiten gibt die folgende Zusammenstellung nach MOSER und BRUKL Auskunft:

| Lösungsmittel | Löslichkeit in mg/l bei 20° | Lösungsmittel | Löslichkeit in mg/l bei 20° |
|---|---|---|---|
| $H_2O$ | 42,7 | 2% $NH_3$ + 2% $K_2CrO_4$ | 9,5 |
| Alkohol, 60%ig | 9,2 | 5% $NH_3$ + 2% $K_2CrO_4$ | 14,2 |
| Alkohol, 70%ig | 8,0 | 10% $NH_3$ + 2% $K_2CrO_4$ | 20,5 |
| Alkohol, 80%ig | 7,2 | 2% $NH_3$ + 4% $K_2CrO_4$ + 10% Alkohol | 6,0 |
| Alkohol, 96%ig | 6,0 | | |

Man arbeitet deshalb in einer chromathaltigen, schwach ammoniakalischen Lösung, zum Auswaschen benutzt man zuerst chromathaltige Waschflüssigkeit, später wäßrigen Alkohol. Unter diesen Bedingungen werden keine Verluste an $Tl_2CrO_4$ beim Auswaschen beobachtet. Die Anwesenheit großer Mengen von Ammoniumsalz ist zu vermeiden.

Die Zusammensetzung des Niederschlages entspricht der Formel. Nach dem Trocknen kann er direkt ausgewogen werden. Er enthält 77,895% Tl, also F(Tl) = 0,77895 (log = 89151 — 1). Die Methode ist nicht nur eine der genauesten gewichtsanalytischen Bestimmungsmethoden für das Thallium, sondern erlaubt auch die

Bestimmung in Gegenwart zahlreicher anderer Metalle und die Ausführung vieler wichtiger Trennungen (s. § 16).

Unter geeigneten Bedingungen gestattet die Methode auch die Bestimmung kleiner Thalliummengen.

Die Chromatfällung wurde zuerst von CROOKES, einem der Entdecker des Thalliums, angegeben, sie ist bearbeitet oder verwandt worden von WILLM, CARSTANJEN, BODNÁR und TERÉNYI, BROWNING und HUTCHINS, ATO, MACH und LEPPER und vor allem von MOSER und BRUKL und von MOSER und REIF (a); den letzteren Autoren verdanken wir genaue Vorschriften über Anwendbarkeit insbesondere zu Trennungen.

***Arbeitsvorschrift nach* MOSER *und* BRUKL.** Die ammoniakalische Lösung wird zum Sieden erhitzt und unter Umrühren mit so viel Kaliumchromatlösung versetzt, daß die Gesamtlösung etwa 2% überschüssiges Kaliumchromat enthält; bei größeren Thalliummengen fällt sofort gelbes $Tl_2CrO_4$, sehr kleine Mengen fallen erst nach einiger Zeit bei kräftigem Rühren aus. Nach 12stündigem Stehen in der Kälte dekantiert man durch einen Filtertiegel, wäscht unter Dekantieren mit kalter 1%iger Kaliumchromatlösung, bringt den Niederschlag unter Verwendung der gleichen Flüssigkeit in den Tiegel und wäscht endlich mit 50%igem Alkohol sorgfältig aus, bis die Flüssigkeit farblos abläuft. Der Niederschlag wird bei 120 bis 130° getrocknet und als $Tl_2CrO_4$ ausgewogen.

***Bemerkungen.* I. Genauigkeit.** Das Filtrat ist praktisch thalliumfrei, der Niederschlag hat konstante Zusammensetzung, so daß die Ergebnisse genau sind (Abweichung bis zu $\pm$ 0,5 mg).

**II. Bestimmung kleiner Mengen Thallium.** Nach MOSER und REIF (b) lassen sich Mengen von 0,7 bis 2 mg Tl in einem Volumen von 6 bis 8 cm³ als Chromat bestimmen. Man versetzt mit einem Tropfen Ammoniak, fügt Kaliumchromat bis zu einem Gehalt von 2% und bei Anwesenheit von Ammonsalz in der Kälte einige Kubikzentimeter 50%igen Alkohol zu. Man filtriert durch ein PREGLsches Filterröhrchen, wäscht im übrigen aus wie bei der Makrobestimmung und trocknet unter anfänglichem Durchsaugen von Luft im Trockenblock bei 120°. Der maximale Fehler betrug $\pm$ 0,006 mg.

**III. Varianten.** MACH und LEPPER waschen statt mit 50%igem Alkohol mit 80%igem Aceton aus. — ATO fällt die Sulfatlösung (hergestellt durch Abrauchen mit Schwefelsäure) nach Neutralisation mit Ammoniak und Zusatz von 5 cm³ 6 n $NH_3$ auf ursprünglich 20 cm³ Ausgangslösung mit so viel 30%iger Kaliumchromatlösung, daß die Lösung 4% davon enthält und setzt noch 10% Alkohol zu. Im übrigen wird nach MOSER und BRUKL verfahren. Da überschüssige Ammoniumsalze die Fällung ungünstig beeinflussen, wird nach MOSER und REIF (a) die Neutralisation saurer Lösungen besser mit Natriumcarbonat als mit Ammoniak vorgenommen.

**IV. Reduktion von 3wertigem Thallium vor der Fällung.** Die Probe wird durch Abrauchen mit Schwefelsäure in Sulfat überführt, durch Einleiten von Schwefeldioxyd reduziert, durch Erhitzen vom überschüssigen $SO_2$ befreit und dann weiter wie oben behandelt. Auch mittels Wasserstoffperoxyd ist eine Reduktion möglich (ATO), ferner durch Thioharnstoff (s. Bem. V).

**V. Einfluß anderer Bestandteile.** Bei der Bestimmung dürfen nicht zugegen sein:

Halogenion, da sonst unlösliche Thalliumhalogenide ausfallen. Halogene können durch Abrauchen mit Schwefelsäure entfernt werden;

reduzierende Substanzen, die Chromat zur 3wertigen Stufe reduzieren. Arsenit oder 3wertiges Antimon werden in ammoniakalischer Lösung mit Wasserstoffperoxyd zur 5wertigen Stufe oxydiert und stören dann nicht mehr;

Ionen, die schwerlösliche Chromate bilden, wie Blei und 1wertiges Quecksilber.

Die Bestimmung ist ohne weiteres ausführbar in Gegenwart von Arsenat, Selenit und 5wertigem Antimon. Sie ist ferner möglich in Gegenwart zahlreicher Metalle nach deren Überführung in geeignete Komplexe, so z. B. neben Al, Fe···, Cr···, Be, Zn, Cd, Ni, Co, Ag, Hg··, Cu, VO··, $WO_4''$ und $MoO_4''$, Vorschriften siehe in § 16 unter „Trennungen". Folgende Metalle müssen nach ebenfalls in § 16 gegebenen Vorschriften vorher gefällt werden: Bi, Pb, Mn, Th, Ti, Zr, Ce, Ga; auch Al, Be, Fe und Cr können vorher abgeschieden werden.

Eine sehr gute Trennungsmöglichkeit von vielen Metallen besteht in der Abscheidung als Thalliumperchlorat-Thioharnstoff-Anlagerungsverbindung nach MAHR und OHLE. Die Fällung als quantitativ ausfallende Verbindung $TlClO_4 \cdot 4\,(CS(NH_2)_2)$ oder auch als entsprechendes Nitrat (dieses nur in Abwesenheit von Blei und Silber) ist in Gegenwart von Hg, Pb, Ag, Cu, Cd, Fe, Mn, Ni, Co, Cr, Al, Zn, Ba, Sr, Ca möglich, das im Niederschlag enthaltene Thallium wird dann als Chromat bestimmt. Arbeitsvorschrift nach MAHR und OHLE siehe § 15. Etwa vorhandenes 3wertiges Thallium wird durch Thioharnstoff reduziert.

## B. Bestimmung auf maßanalytischem Wege.

***Allgemeines.*** Die Fällung des Thalliums als $Tl_2CrO_4$ eignet sich zur maßanalytischen Thalliumbestimmung unter Anwendung folgender Verfahren:

1. Direkte Verfolgung der Fällung durch Leitfähigkeitsmessungen. Die konduktometrische Titration wird mit Natriumchromat (nicht mit Kaliumchromat) ausgeführt, da der Unterschied zwischen den spezifischen Leitfähigkeiten des Thalliums und Natriums größer ist als zwischen Thallium und Kalium.

2. Fällung des Thalliumchromates in üblicher Weise und Auflösen des ausgewaschenen Niederschlages in Schwefelsäure, anschließend erfolgt die Chromatbestimmung in der so erhaltenen Lösung auf jodometrischem Wege.

3. Fällung mit überschüssiger Chromatlösung bekannten Gehaltes und jodometrische Bestimmung des Chromatüberschusses.

***1. Bestimmung durch konduktometrische Titration nach* ROTHER *und* JANDER. Arbeitsvorschrift.** Am besten verfährt man zur Leitfähigkeitsmessung nach den von JANDER und Mitarbeitern entwickelten Methoden der visuellen Leitfähigkeitstitration (Benutzung eines Synchrongleichrichters oder empfindlichen Wechselstrominstruments). Die Thalliumlösung, z. B. $Tl_2SO_4$, wird mit einer etwa 0,07 molaren Natriumchromatlösung titriert unter Messung der Leitfähigkeit. Die Meßpunkte liegen auf Geraden, die sich im Äquivalenzpunkt schneiden, die Leitfähigkeitsänderung am Äquivalenzpunkt ist sehr deutlich ausgeprägt. Die Ergebnisse stimmen sehr gut mit dem Sollwert überein.

***2. Maßanalytische Bestimmung nach* CUTTICA *und* CANNERI. Arbeitsvorschrift.** Das Thallium wird in üblicher Weise als Chromat gefällt, abfiltriert und ausgewaschen. Dann löst man den Niederschlag mit verdünnter Schwefelsäure, wäscht das Filtergerät sehr sorgfältig bis zur Chromatfreiheit aus, setzt die entstandene Lösung mit überschüssigem Kaliumjodid um und titriert die dem vorhandenen Chromat äquivalente ausgeschiedene Jodmenge mit 0,1 n Natriumthiosulfat.

***3. Maßanalytische Bestimmung nach* RUPP *und* ZIMMER. Arbeitsvorschrift.** Die neutrale (gegebenenfalls mit Ammoniak neutralisierte) Thalliumlösung wird im 50 oder 100 $cm^3$ fassenden Meßkolben zu einer Mischung von 10 bis 20 $cm^3$ genau eingestellter Kaliumchromatlösung, 10 bis 20 $cm^3$ Wasser und 1 bis 2 g gefälltem Calciumcarbonat unter Umschwenken zugegeben. Nachdem mit Wasser bis zur Marke aufgefüllt und wiederholt kräftig umgeschüttelt worden ist, läßt man 30 Min. stehen, gießt durch ein dichtes Filter ab und bestimmt in 20 bis 50 $cm^3$ des Filtrats den Chromatgehalt. Dazu wird mit 10 bis 15 $cm^3$ 25%iger Salzsäure angesäuert, mit 1 g Kaliumjodid versetzt und nach 5 Min. mit 0,1 n Thiosulfat titriert. 1 $cm^3$ 0,1 n Thiosulfat entsprechen 0,01362 g Tl.

Die Abweichungen von dem Sollwert betragen weniger als 1%, meist nur 0,2 bis 0,3%.

## Literatur.

ATO, S.: Sci. Pap. Inst. Tôkyô **24**, 273 (1934).

BODNÁR, J., u. A. TERÉNYI: Fr. **69**, 32 (1926). — BROWNING, P. E., u. G. P. HUTCHINS: Z. anorg. Ch. **22**, 381 (1900); Am. J. Sci. [4] **8**, 461 (1899).

CARSTANJEN: J. pr. **102**, 89 (1867). — CROOKES, W.: Soc. **17**, 131 (1864). — CUTTICA, V., u. G. CANNERI: G. **51**, **I**, 314 (1921).

MACH, F., u. W. LEPPER: Fr. **68**, 38 (1926). — MAHR, C., u. H. OHLE: Fr. **115**, 256 (1938/39). — MOSER, L., u. A. BRUKL: M. **47**, 709 (1926). — MOSER, L., u. W. REIF: (a) M. **52**, 343 (1929); (b) Mikrochemie, EMICH-Festschrift 1930, 215.

ROTHER, E., u. G. JANDER: Z. angew. Ch. **43**, 932 (1930). — RUPP, E.: Z. anorg. Ch. **33**, 156 (1902).

WILLM, J. E.: Ann. Chim. Phys. [4] **5**, 82 (1865).

ZIMMER, M.: Diss. Freiburg i. Br. 1902, S. 10.

## § 2. Bestimmung des Thalliums mit „Thionalid" nach BERG und FAHRENKAMP.

***Vorbemerkung.*** Thioglykolsäure-$\beta$-Aminonaphthalid (abgekürzt als „Thionalid" bezeichnet), $C_{10}H_7NH \cdot CO \cdot CH_2 \cdot SH$, bildet mit einer Anzahl von Metallionen schwerlösliche innere Komplexe, besonders charakteristisch ist die Thallium(I)-verbindung

$$C_{10}H_7\text{—NH} \cdot \underset{\underset{O}{\|}}{C}\text{—}CH_2\text{—}\underset{\underset{Tl}{|}}{S} \quad (O \ldots\ldots Tl),$$

die zu einer quantitativen Bestimmung des Thalliums und vor allem zu einer spezifischen Fällung des Thalliums in Gegenwart sehr zahlreicher Metalle hervorragend geeignet ist. Die citronengelbe, kristallinische Thalliumverbindung, „Thallium-Thionalat", enthält 48,60% Tl, der Faktor zur Umrechnung auf Thallium beträgt also 0,4860 (log = 0,68664 — 1). Sie ist in heißem Wasser etwas löslich, in der Kälte praktisch unlöslich, ferner unlöslich in Aceton, was wichtig ist, da infolgedessen die Entfernung überschüssigen Fällungsmittels mit Aceton möglich ist.

Die Fällung geschieht in alkalischer, tartrat- und cyanidhaltiger Lösung; unter diesen Bedingungen bleiben fast alle anderen Metalle in Lösung; 0,1 $\gamma$ Tl im Kubikzentimeter fallen mit Thionalid noch aus.

Die Bestimmung des Thalliums kann gewichtsanalytisch durch Wägung des getrockneten Niederschlages oder maßanalytisch durch jodometrische Titration des Thionalids geschehen. Colorimetrische und nephelometrische Methoden sind in § 11 beschrieben.

### A. Gewichtsanalytische Bestimmung.

***Reagens.*** 5%ige Thionalidlösung in Aceton, die stets frisch herzustellen ist, da sie nur wenige Stunden unzersetzt haltbar ist. Thionalid ist in analysenreiner Form käuflich.

***Arbeitsvorschrift.*** Die zu fällende Lösung wird mit 2 n NaOH neutralisiert, mit 2 g Natriumtartrat und 3 bis 5 g Kaliumcyanid versetzt, durch Zusatz von 2 n NaOH etwa 1 n alkalisch gemacht und auf ein Volumen von 100 $cm^3$ gebracht. Nunmehr versetzt man die Lösung in der Kälte mit einem 4- bis 5fachen Überschuß an Thionalidreagens und erhitzt unter gelindem Rühren bis zum Sieden, wobei der zuerst amorph ausfallende Niederschlag kristallin wird und die Lösung sich klärt. Man kühlt auf Zimmertemperatur durch Einstellen in kaltes Wasser ab, filtriert dann durch einen Glasfiltertiegel G 4 und wäscht zuerst mit kaltem Wasser cyanidfrei (Reaktion mit Silbernitrat und Salpetersäure), dann mit Aceton thionalidfrei. Der Tiegel wird bei 100° getrocknet und gewogen.

## B. Maßanalytische Bestimmung.

***Vorbemerkung.*** Die Bestimmung beruht auf der Oxydation des Thionalids mit Jod nach der Gleichung:

$$2\,C_{10}H_7NHCOCH_2SH + J_2 = C_{10}H_7NHCOCH_2S{-}SH_2COCHNH_7C_{10} + 2\,HJ.$$

1 $cm^3$ 0,02 n Jodlösung entspricht 0,00409 g Tl.

Man setzt überschüssige Jodlösung zu und mißt den Jodüberschuß mit Thiosulfat zurück.

***Arbeitsvorschrift.*** Die Fällung wird ebenso ausgeführt wie bei der gravimetrischen Methode. Zur Filtration benutzt man dagegen ein Papierfilter (Weißband von Schleicher & Schüll); der Niederschlag wird, wie oben angegeben, gewaschen und dann mit dem Filter in das Fällungsgefäß zurückgegeben. Nun zersetzt man ihn mit einer Mischung aus 3 Teilen Eisessig und 1 Teil 2 n $H_2SO_4$; für Mengen bis rd. 40 mg Tl genügen 30 $cm^3$ Eisessig und 10 $cm^3$ $H_2SO_4$, um den Komplex zu zersetzen. Dann wird eine gemessene Menge 0,02 n Jodlösung im Überschuß zugesetzt, der Überschuß wird nach gutem Durchrühren mit 0,02 n Natriumthiosulfat unter Benutzung von Stärke als Indicator zurücktitriert.

***Bemerkungen.*** **I. Genauigkeit.** Die Einzelbestimmungen ergaben auf gewichtsanalytischem Wege mit 25 bis 75 mg Tl einen Fehler von maximal −0,04 bis +0,1 mg, meist ist der Fehler schwach positiv (rd. +0,05 mg), die Bestimmung ist also sehr genau. Auf maßanalytischem Wege beträgt die Abweichung im allgemeinen 0,1 bis 0,2, maximal 0,4 mg.

**II. Einfluß anderer Bestandteile.** Die Abscheidung des Thalliums aus tartrat- und cyanidhaltiger alkalischer Lösung ist in Gegenwart von Silber, Kupfer, Arsen, Antimon, Zinn, Wolfram, Molybdän, Zink, Aluminium, Kobalt, Nickel und 2wertigem Eisen ohne weiteres möglich; bei geringfügig veränderter Arbeitsweise auch in Gegenwart von Eisen (3wertig), Cadmium, Gold, Platin, Palladium, Vanadium, Uran, Erdalkalien, Magnesium, ferner schließlich Quecksilber, Wismut und Blei. Diese Fällung stellt somit eine der besten spezifischen Abscheidungsformen des Thalliums dar und ermöglicht die Bestimmung in allen in Betracht kommenden Fällen. Vorschriften für Trennungen sind in § 14 gegeben. Da die Bestimmung durch Wägung oder Titration außerdem sehr rasch auszuführen ist, eignet sie sich ausgezeichnet zu Schnellanalysen und Betriebsanalysen.

**III. Potentiometrische Mikrotitration.** Kleine Thalliummengen (0,25 bis 2,5 mg) lassen sich sehr genau durch potentiometrische Verfolgung der Titration des Thionalids mit 0,002 n Jodlösung bestimmen, auch in Gegenwart anderer Metalle mit Ausnahme von Hg, Pb und Bi. Die Lösung, deren Volumen 50 $cm^3$ betragen soll, darf Cu, Cd, Ag, Sn, Sb, As, Au, Ni, Co und Zn bis zu 300 mg, Mn, Cr, Fe und Al bis zu höchstens je 25 mg enthalten. Man fällt mit Thionalid nach der oben angegebenen Vorschrift mit der Abweichung, daß man den Zusatz von Kaliumcyanid um 1 bis 2 g für 50 $cm^3$ Lösung erhöht und daß man einen 10fachen Reagensüberschuß zugibt.

Der Niederschlag wird, wie oben angegeben, mit dem Papierfilter in das Titrationsgefäß gebracht, mit wenig Eisessig oder Methylalkohol und verdünnter Schwefelsäure gelöst, mit heißem Wasser verdünnt und bei 50° potentiometrisch mit 0,002 n Jodlösung unter Verwendung einer Platinindicatorelektrode (blanker Platindraht) titriert. Die Potentialeinstellung erfolgt innerhalb 1 Min. Bei unbekannten Mengen empfiehlt sich eine orientierende Vortitration, dann kann bei der zweiten Titration fast die ganze Menge der Jodlösung auf einmal zugesetzt und tropfenweise bis zum Endpunkt titriert werden. Man benutzt eine Feinbürette von 2 $cm^3$ Inhalt und 0,01 $cm^3$ Teilung.

1 $cm^3$ 0,002 n Jodlösung entspricht 0,409 mg Tl.

Die Ergebnisse weichen rd. um 0,01 bis 0,04 mg vom Sollwert ab.

Literatur.

BERG, R., u. E. S. FAHRENKAMP: Fr. **109**, 305 (1937); vgl. auch W. PRODINGER: Organische Fällungsmittel in der quantitativen Analyse (in W. BÖTTGER: Die chemische Analyse), 2. Aufl., S. 101. Stuttgart 1939. — BERG, R., u. E. S. FAHRENKAMP: Mikrochim. A. **1**, 64 (1937) (potentiometrische Mikrotitration).

## § 3. Bestimmung als Thalliumsalz des Mercaptobenzthiazols nach SPACU und KURAS.

$C_7H_4NS_2Tl$, Molekulargewicht 370,62.

***Vorbemerkung.*** 1wertige Thalliumverbindungen bilden mit Mercaptobenzthiazol in ammoniakalischer Lösung einen schwefelgelben mikrokristallinen Niederschlag von der Formel $C_7H_4NS_2Tl$ mit einem Thalliumgehalt von 55,17%. Umrechnungsfaktor auf Thallium = 0,5517 (log = 74167 — 1). Der Niederschlag ist in Wasser, vor allem in der Wärme, spurenweise löslich, daher darf die Fällung nur in der Kälte, in nicht zu verdünnten Lösungen und mit einem entsprechenden Überschuß des Reagenses ausgeführt werden. Der entstandene Niederschlag eignet sich nach Trocknung zur direkten Auswägung, die Bestimmung ist rasch und genau auszuführen.

***Arbeitsvorschrift.*** Als Reagens benutzt man eine Lösung von 1 g Mercaptobenzthiazol in 100 $cm^3$ 2,5%igem Ammoniak, die wegen ihrer geringen Haltbarkeit am besten stets frisch bereitet wird. Die höchstens 30 $cm^3$ betragende Thalliumlösung wird in der Kälte mit der 3fachen Menge des Reagenses tropfenweise versetzt, die Fällung durch einen Filtertiegel filtriert. Man wäscht mit 30 $cm^3$ 2,5%igem Ammoniak und trocknet bei 110° bis zur Gewichtskonstanz.

***Bemerkungen.*** **I. Genauigkeit.** Die Beleganalysen mit rd. 90 mg Thallium weichen um höchstens 0,1 bis 0,2% vom Sollwert ab.

**II. Einfluß anderer Bestandteile.** Eine Reihe anderer Metalle, z. B. Blei, Wismut, Gold, fallen unter den angegebenen Bedingungen mit aus, sie dürfen also nicht zugegen sein.

Literatur.

SPACU, G., u. M. KURAS: Fr. **104**, 90 (1936). — Siehe auch PRODINGER: Organische Fällungsmittel in der quantitativen Analyse (in W. BÖTTGER: Die chemische Analyse), 2. Aufl., S. 117. Stuttgart 1939.

## § 4. Bestimmung als Thallium(I)-jodid.

TlJ, Molekulargewicht 331,31.

***Allgemeines.*** Die Abscheidung des Thalliums als TlJ ist eine früher sehr häufig benutzte Bestimmungsmethode. Sie genügt keineswegs hohen Anforderungen an Genauigkeit, da das TlJ eine recht beträchtliche Löslichkeit besitzt: in 100 $cm^3$ Wasser lösen sich nach KOHLRAUSCH bzw. BÖTTGER bei 10° 3 mg und bei 20° 6 mg TlJ. Bei Gegenwart von überschüssigem Jodion, so z. B. in einer 1%igen Kaliumjodidlösung, ist die Löslichkeit geringer, die Abscheidung ist aber auch dann nur nach längerer Kristallisationszeit vollständig. Wegen der Löslichkeit muß auch beim Auswaschen mit besonderer Vorsicht verfahren werden, Auswaschen mit Wasser ist nicht angängig, man wäscht am besten mit wäßrigem Aceton oder

Alkohol. Gelegentlich beobachtet man unerwünschte Peptisationserscheinungen beim Auswaschen.

Die Fällung liefert verhältnismäßig brauchbare Werte, wenn sie aus essigsaurer oder schwach ammoniakalischer Lösung vorgenommen wird, aus neutraler Lösung erhält man weniger gute Ergebnisse (MACH und LEPPER). Um gut filtrierbare Fällungen zu erhalten, empfiehlt sich in allen Fällen die Abscheidung aus zuerst heißer Lösung mit anschließendem Stehenlassen in der Kälte.

Für Präzisionsbestimmungen verdienen die Fällungen mit Chromat oder mit organischen Reagenzien nach modernen Vorschriften entschieden den Vorzug.

Die Bestimmung als TlJ erfolgt im allgemeinen gewichtsanalytisch; es sind auch Methoden ausgearbeitet, um bei Fällungen mit gemessenen Jodidmengen den Überschuß des Fällungsmittels maßanalytisch bestimmen zu können. Eine Fällungstitration unter potentiometrischer Endpunktsindikation ist ebenfalls möglich. Über ein Verfahren zur colorimetrischen Bestimmung kleiner Mengen TlJ vgl. § 11.

## A. Gewichtsanalytische Bestimmung.

***Arbeitsvorschrift nach* MACH *und* LEPPER.** 50 bis 100 cm$^3$ der Lösung werden mit 2 cm$^3$ Essigsäure angesäuert, zum Sieden erhitzt und mit so viel einer 4%igen Kaliumjodidlösung versetzt, daß der Überschuß daran etwa 1% beträgt. Nach 18 Std. wird die erkaltete Lösung durch einen Filtertiegel filtriert. Man wäscht den Niederschlag zuerst mit einer Lösung von 1%igem Kaliumjodid und 1%iger Essigsäure, dann mit wenig 80%igem Aceton und trocknet bei 120 bis 130°.

Zur Fällung aus ammoniakalischer Lösung versetzt man die neutrale Lösung statt mit Essigsäure mit 2 cm$^3$ 20%igem Ammoniak und verfährt wie oben; zum Auswaschen wird zuerst eine Lösung von 1 g Kaliumjodid und 1 cm$^3$ 1%igem Ammoniak in 100 cm$^3$ Wasser benutzt.

***Bemerkungen.* I. Genauigkeit.** Bei dieser Arbeitsweise erhält man bei Anwendung von 28 bis 400 mg Thallium geringe Minuswerte, die von der angewandten Thalliummenge abhängen, z. B. —0,1 bis 0,4 mg bei 28 mg, —3 mg bei 400 mg Tl.

**II. Varianten.** Da TlJ in 50%igem Alkohol praktisch unlöslich, Kaliumjodid hingegen löslich ist, kann auch mit dieser Flüssigkeit ausgewaschen werden (MOSER und BRUKL). Für die Löslichkeit des Niederschlages in den Waschflüssigkeiten ist auch die Anbringung von Korrekturen vorgeschlagen worden (WERTHER). Bei Bestimmungen kleiner Mengen ist das Arbeiten mit Waschlösung, die an TlJ gesättigt ist, zu empfehlen (SOULE, SHAW).

**III. Einfluß anderer Bestandteile.** Kationen, die unlösliche Jodide bilden, wie Blei, Kupfer oder Silber, ferner diejenigen, die z. B. infolge Hydrolyse in essigsaurer oder ammoniakalischer Lösung ausfallen, endlich Anionen, die schwerlösliche Thalliumsalze bilden, wie Chlorid oder Bromid, dürfen nicht zugegen sein.

Die Fällung ist möglich in Anwesenheit von Cd, Fe, Al, Cr, Co, Ni, Zn, Mn, Mg, Erdalkalien und Alkalien. In Gegenwart von Rhenium muß mit NaJ gefällt werden, um die Mitfällung von Kaliumperrhenat zu verhindern (HÖLEMANN).

## B. Maßanalytische Bestimmung.

***1. Titration auf visuellem Wege.*** Bei Fällung mit einem gemessenen Überschuß von Kaliumjodidlösung bekannten Gehaltes kann der Jodidüberschuß maßanalytisch bestimmt werden. Folgende Verfahren wurden vorgeschlagen:

a) Die Fällung wird unter kräftigem Umschütteln vorgenommen. Nach der Filtration versetzt man das Filtrat mit Nitrit und Säure bis zur völligen Ausscheidung des Jods, dieses wird mit Xylol ausgeschüttelt, im Scheidetrichter abgetrennt und mit Thiosulfat titriert. Der Fehler beträgt etwa 0,5% (STRECKER und DE LA PEÑA).

b) Der Jodidüberschuß im Filtrat wird mit einer bekannten Menge Kaliumjodat in saurer Lösung oxydiert. Dann kocht man das ausgeschiedene Jod aus und titriert das noch vorhandene Jodat mit Thiosulfat. Fehler etwa —0,2% (BOGORODSKI und TROTZKI).

Unter Verwendung von Bromphenolblau als Adsorptionsindicator ist eine direkte Titration mit Kaliumjodid möglich. Man legt die Jodidlösung (0,1 n KJ) vor, versetzt sie mit 4 Tropfen 0,1%iger Indicatorlösung in Alkohol und titriert mit der in der Bürette befindlichen Thalliumlösung. Am Äquivalenzpunkt tritt ein Farbumschlag von Gelb nach Grün ein (MEHROTRA). Man muß bei diffusem Licht arbeiten, da TlJ in hellem Licht grün wird. Der Umschlag wird schärfer, wenn man den Indicator erst kurz vor dem Äquivalenzpunkt zusetzt.

***2. Potentiometrische Titration.*** Um den Endpunkt der Ausfällung des Thalliumjodids potentiometrisch zu indizieren, kann man folgenden Kunstgriff anwenden: Man setzt der Lösung etwas freies Jod zu und mißt das Redoxpotential $J^-/J_2$ an einer Platinindicatorelektrode. Am Endpunkt der Titration wird das Potential unedler durch den dann auftretenden Überschuß an freien Jodionen. Zur Titration setzt man der Thalliumlösung, die mindestens 0,05 normal an Thallium sein muß, einige Tropfen einer frisch bereiteten Jodlösung (in Alkohol) zu, man titriert unter Messung des Potentials an einer Platinelektrode in üblicher Weise, das Umschlagspotential liegt etwa bei 0,46 Volt gegen die Normalkalomelelektrode. Der Fehler beträgt etwa 0,2% (KOLTHOFF).

## Literatur.

BOGORODSKI, A. J., u. M. W. TROTZKI: Žurnal obščej Chim. (russ.) **1**, 895 (1931), zit. nach GMELIN. — BÖTTGER, W.: Ph. Ch. **46**, 602 (1903).
HÖLEMANN, H.: Z. anorg. Ch. **235**, 11 (1938).
KOHLRAUSCH, F.: Ph. Ch. **64**, 129 (1908). — KOLTHOFF, I. M.: R. **41**, 189 (1922).
LEPPER, W.: Fr. **79**, 323 (1930).
MACH, F., u. W. LEPPER: Fr. **68**, 40 (1926). — MEHROTRA, B. C.: Nature **161**, 242 (1948). — MOSER, L., u. W. BRUKL: M. **47**, 709 (1926).
SHAW, P. K.: Ind. eng. Chem. Anal. Edit. **5**, 93 (1933). — SOULE, S.: Chemist-Analyst **17**, Nr. 3, S. 4 (1928); zit. nach GMELIN. — STRECKER, W., u. P. DE LA PEÑA: Fr. **67**, 268 (1925/26).
WERTHER, G.: J. pr. **92**, 129 (1864); Fr. **3**, 1 (1864).

## § 5. Bestimmung als Thallium(III)-oxyd.

$Tl_2O_3$, Molekulargewicht 456,78.

***Vorbemerkung.*** Aus Lösungen 3 wertiger Thalliumsalze fällt mit Alkalien schwerlösliches, nicht amphoteres Thallium(III)-hydroxyd aus. Es ist eine sehr schwache Base und läßt sich zu Thallium(III)-oxyd entwässern, so daß damit grundsätzlich eine Fällungs- und Bestimmungsmöglichkeit für Thallium gegeben ist. Schwierigkeiten bereitet die völlige Entwässerung des Hydroxyds und Überführung in definiertes Oxyd. Über die einzuhaltenden Bedingungen liegen sehr widersprechende Angaben vor. Die Entwässerungstemperaturen werden z. B. mit 70° (R. J. MEYER) und gegen 500° (RABE) angegeben. Als Ursache für die sehr verschiedenen Ergebnisse, auch bezüglich möglicher Gewichtsverluste beim Überhitzen durch Sauerstoffverlust oder Verdampfung, ist in manchen Fällen eine Reduktion durch Flammengase oder auch eine Aufnahme schwefelhaltiger Verbindungen aus Flammengasen anzunehmen; diese Fehlermöglichkeiten müssen unbedingt berücksichtigt werden, was nicht immer geschehen ist. Beim Arbeiten im trockenen Luftstrom ist Thalliumoxyd erst bei Temperaturen von gegen 500° völlig zu entwässern (RABE); es scheint, daß die gegenteiligen Angaben über Entwässerung bei tieferen Temperaturen auf zufälliger Kompensation der Fehler beruhen, etwa derart, daß das

Übergewicht infolge Wassergehaltes gleich dem Mindergewicht durch Reduktion ist. Wenn auch von einigen Autoren, z. B. von MACH und LEPPER, sehr gute Ergebnisse mit dieser Methode erzielt worden sind, so ist sie doch im allgemeinen als nicht sehr zuverlässig zu bezeichnen.

Zur Überführung etwa vorliegender 1wertiger Thalliumverbindungen in 3wertige empfiehlt sich die Oxydation in alkalischer Lösung mit Kaliumhexacyanoferrat(III) oder in saurer Lösung mit Bromwasser. Die Methode kann zur maßanalytischen Thalliumbestimmung ausgenutzt werden, indem das entstandene Kaliumhexacyanoferrat(II) mit Permanganat titriert wird. Thallium(III)-hydroxyd kann auch durch Elektrolyse anodisch quantitativ abgeschieden werden.

## A. Gewichtsanalytische Bestimmung durch Fällung.

***Arbeitsvorschrift nach* BROWNING *und* PALMER *bzw.* MACH *und* LEPPER.** Zu der Lösung des 1wertigen Thalliumsalzes in 50 bis 100 $cm^3$ fügt man 25 $cm^3$ 5%ige Kalilauge und 25 $cm^3$ 8%ige Kaliumhexacyanoferrat(III)-lösung, filtriert das ausgefallene braune Thallium(III)-hydroxyd, eventuell nach 18stündigem Stehen, durch einen Filtertiegel, wäscht mit kaltem oder heißem Wasser aus und trocknet höchstens 1 Std. lang bei 200° bis zur Gewichtskonstanz des entstandenen Thallium(III)-oxyds. Bei längeren Trocknungszeiten ist Gewichtsabnahme zu befürchten. Der Niederschlag soll, insbesondere beim Erhitzen, vor dem Zutritt der Flammengase und vor Kohlendioxyd geschützt werden.

***Bemerkungen.* I. Genauigkeit.** Die Methode liefert nach BROWNING und PALMER bzw. MACH und LEPPER sehr gute Werte, Mengen von 28 bis 420 mg Thallium wurden mit einem Fehler von rd. 0,2 bis 0,5 mg bestimmt. Für die Bestimmung kleiner Mengen ist dies Verfahren nicht zu empfehlen.

**II. Einfluß anderer Bestandteile.** Reduzierende Substanzen, Ionen, die in alkalischer Lösung schwerlösliche Salze mit Hexacyanoferrat(II)- bzw. (III)-ion bilden, und Ionen, die schwerlösliche Thalliumsalze bilden, wie Jodionen, dürfen nicht zugegen sein.

**III. Varianten.** Zur Oxydation kann in saurer Lösung mit Bromwasser bis zum Überschuß (Gelbfärbung) versetzt werden, auf Zusatz von Kaliumhydroxyd tritt dann die Fällung des Thallium(III)-oxyds ein (BROWNING, R. J. MEYER). Die Fällung mit Ammoniak statt mit Alkalihydroxyd liefert leicht etwas zu niedrige Werte (BROWNING).

## B. Gewichtsanalytische Bestimmung durch elektrolytische Abscheidung des Thallium(III)-oxyds.

***Vorbemerkung.*** In schwach sauren Lösungen wird bei der Elektrolyse anodisch $Tl_2O_3$ abgeschieden (HEIBERG, DIETERLE, GUTBIER und DIETERLE, BESSON), das durch hydrolytischen Zerfall des anodisch gebildeten 3wertigen Thalliumsalzes entsteht. Infolgedessen ist die Abscheidung nur quantitativ, wenn die Hydrolyse quantitativ verläuft, also in schwach saurer Lösung. Aus schwefelsaurer Lösung scheidet sich nach GUTBIER und DIETERLE ein durch Sulfat verunreinigtes, also zu schweres Produkt ab, man muß daher in salpetersaurer Lösung arbeiten. Eine gleichzeitige kathodische Abscheidung des Metalls muß durch Einhalten besonderer Abscheidungsbedingungen und geeigneter Ausmaße der Kathode vermieden werden.

***Arbeitsvorschrift nach* DIETERLE.** Zur Abscheidung benutzt man eine mattierte Platinschale als Anode und eine Platin-Iridiumkathode von mindestens 12 $cm^2$ Oberfläche, die als elektrisch angetriebene Rührelektrode (300 Umdrehungen/Min.) ausgebildet ist. Die Thalliumnitratlösung (entsprechend etwa 150 bis 400 mg $Tl_2O_3$) darf höchstens bis zu 0,1 g freie Salpetersäure enthalten, sie wird auf 100 cm³ verdünnt und entweder mit 10 cm³ Alkohol oder 5 bis 10 cm³ Aceton versetzt. Man elektrolysiert bei einer Temperatur von möglichst genau 60° und einer Spannung von 2 bis 2,2 Volt (Akkumulator ohne Widerstand) unter mechanischer Rührung etwa 10 Std. lang, dann wird die Spannung auf 2,5 bis 3 Volt erhöht (Stromstärke = 0,05 Amp.), wodurch die vollständige Abscheidung erreicht wird. Während der Elektrolyse muß das Volumen stets konstant gehalten werden. Nach vollständiger Abscheidung (Ausbleiben einer Opalescenz bei Versetzen einer Probe mit Kaliumjodid) ersetzt man den Elektrolyten durch Wasser, wäscht die Schale mit Wasser gründlich aus, trocknet bei 160 bis 170° im elektrischen Trockenschrank und wägt als $Tl_2O_3$.

***Bemerkungen.*** **I. Genauigkeit.** Die Werte stimmen auf rd. 0,2% mit der Theorie überein. Bei Elektrolyse nach HEIBERG aus Sulfatlösung, auch unter Zusatz von Oxalsäure nach dem Vorschlage von GALLO und CENNI, erhält man nach Angaben von GUTBIER und DIETERLE hingegen um mehr als 1% zu hohe Werte. Nach BESSON ist es sehr schwer, zu vermeiden, daß sich kathodisch gleichzeitig Tl-Metall abscheidet.

**II. Elektrolyse aus fluoridhaltiger Lösung.** Bei Abscheidung aus Thalliumnitratlösung, die 1 bis 2 g 40%ige Flußsäure enthält, scheidet sich an der Anode bei ähnlicher Arbeitsweise ein Niederschlag von der ungefähren Formel $Tl_2O_3 \cdot HF$ ab mit einem empirisch bestimmten Thalliumgehalt von 84,44% (JÍLEK und LUKAS). Man elektrolysiert bei 2 bis 5 Volt und 0,2 Amp./cm² Stromdichte (anodisch) mit rotierender Scheibenkathode in einer mattierten Platinschale etwa 3 bis 4 **Std.** lang. Eine kathodische Abscheidung wird durch Zusatz von jeweils 1 cm³ 30%igem Wasserstoffperoxyd je Stunde vermieden. Unter Benutzung des empirisch gefundenen Faktors 0,8444 sind die Ergebnisse genau. In Anwesenheit von Alkalisalz und Sulfat erhält man zu hohe Werte.

## C. Maßanalytische Bestimmung nach BROWNING und PALMER.

Bei der Oxydation von 1wertigen Thalliumsalzen in alkalischer Lösung mittels Kaliumhexacyanoferrat(III) wird eine dem Thallium äquivalente Menge $[Fe^{III}(CN)_6]'''$ zu $[Fe^{II}(CN)_6]''''$ reduziert. Man fällt, wie unter A. angegeben ist, filtriert und wäscht sorgfältig aus. Das Filtrat, das alles $[Fe^{II}(CN)_6]''''$ enthält, wird mit Schwefelsäure angesäuert und mit Permanganat bis zur Rotfärbung titriert. Es ist nötig, als Indicatorkorrektur die zur deutlichen Rotfärbung der austitrierten Lösung erforderliche Permanganatmenge (0,1 bis 1 cm³) zu ermitteln und in Abzug zu bringen. Die Ergebnisse sind nach dieser Methode gut; Mengen von 80 bis 160 mg $Tl_2O_3$ wurden mit einem Fehler von rd. $\pm$ 0,1 bis 0,5 mg bestimmt.

1 g-Äquivalent $KMnO_4$ entspricht 0,5 g-Atomen Thallium, also 1 cm³ 0,1 n $KMnO_4$ = 10,22 mg Tl.

## Literatur.

BESSON, J.: C. r. **224**, 1226 (1947). — BROWNING, P. H.: Ind. eng. Chem. Anal. Edit. **4**, 417 (1932). — BROWNING, P. E., u. H. E. PALMER: Z. anorg. Ch. **62**, 219 (1909); Am. J. Sci. [4] **27**, 379 (1909).

DIETERLE, W.: Z. El. Ch. **29**, 493 (1923).

GALLO, G., u. G. CENNI: G. **39**, **I**, 285 (1909); Atti Accad. Lincei [5] **17**, **II**, 276 (1908), zit. nach GMELIN. — GUTBIER, A., u. W. DIETERLE: Z. El. Ch. **29**, 457 (1923).

HEIBERG, M. E.: Z. anorg. Ch. **35**, 347 (1903).

JÍLEK, A., u. J. LUKAS: Coll. Trav. chim. Tchécosl. **1**, 417 (1929); Chem. Listy (tschech.) **24**, 223. 245 (1930).

MACH, F., u. W. LEPPER: Fr. **68**, 42 (1926). — MEYER, R. J.: Z. anorg. Ch. **24**, 364 (1900).

RABE, O.: Z. anorg. Ch. **50**, 158 (1906); **55**, 130 (1907).

## § 6. Bestimmung des Tl durch Fällung mit Hexammin-Kobalt(III)-chlorid bzw. Hexammin-Chrom(III)-chlorid nach Spacu und Pop.

***Vorbemerkungen.*** 3wertiges Tl kann in salzsaurer Lösung mit Hexammin-Kobalt(III)-chlorid oder Hexammin-Chrom(III)-chlorid quantitativ als

$$[Co(NH_3)_6][TlCl_6] \text{ bzw. } [Cr(NH_3)_6][TlCl_6]$$

gefällt werden. Liegt das Tl-Ion in einer keine überschüssigen Cl-Ionen enthaltenden Lösung vor, so muß es durch Zugabe von HCl in das Komplexion $[TlCl_6]'''$ überführt werden; 1wertiges Tl kann durch $HNO_3$, HCl und $KClO_3$ leicht in diese Form gebracht werden. Die Auswaage erfolgt nach Waschen mit verdünnter HCl, Alkohol und Äther und Trocknen des Niederschlages im Vakuumexsiccator.

Die Fällung mit Hexammin-Kobalt(III)-chlorid kann auch im Mikromaßstab ausgeführt werden.

***Arbeitsvorschrift.*** a) Fällung normaler Tl-Mengen mit $[Co(NH_3)_6]Cl_3$ oder $[Cr(NH_3)_6]Cl_3$. Die Tl(III)-lösung wird — sofern sie nicht genügend salzsauer ist — mit 4 bis 6 $cm^3$ konzentrierter HCl und etwas $KClO_3$ versetzt, auf 100 bis 400 $cm^3$ verdünnt und zum Sieden erhitzt, worauf man einen kleinen Überschuß der Lösung des Reagenses hinzugibt. Es fällt ein schwach orangegelb bzw. citronengelb gefärbter mikrokristalliner Niederschlag, bei sehr geringen Tl-Mengen erst nach 2 bis 5 Min. Die Lösung kann durch Einstellen in kaltes Wasser schnell abgekühlt werden.

Es wird kalt durch einen Porzellanfiltertiegel filtriert, mit 2%iger HCl gut gewaschen und dann 6- bis 7mal mit je 2 bis 3 $cm^3$ 96%igem Äthanol und 4- bis 5mal mit Äther entlang den Tiegelwänden nachgewaschen, gut abgesaugt und im Vakuumexsiccator 15 bis 20 Min. getrocknet, dann ausgewogen.

Liegt 1wertiges Tl vor, so wird die nicht zu verdünnte Lösung mit wenig $HNO_3$ versetzt und nach Zusatz von 0,5 bis 1 g $KClO_3$ zum Sieden erhitzt. Nach Zugabe von 4 bis 6 $cm^3$ konzentrierter HCl wird 5 bis 7 Min. gekocht, verdünnt und wie oben verfahren.

Faktoren: 0,35346 für die Co-, 0,3577 für die Cr-Verbindung.

b) Mikrobestimmung durch Fällung als $[Co(NH_3)_6][TlCl_6]$. In einem 50 $cm^3$-Becherglas werden zu etwa 6 $cm^3$ der zu bestimmenden Lösung 3 bis 5 Tropfen verdünnte $HNO_3$ und 0,1 bis 0,2 g $KClO_3$ gegeben und zum Sieden erhitzt. Nach dem Erkalten gibt man 8 bis 10 Tropfen konzentrierte HCl hinzu und erhitzt vorsichtig weitere 5 bis 7 Min. zum Sieden. Dann wird mit 8 bis 10 $cm^3$ Wasser verdünnt und bei etwa 80° C mit 8 bis 10 Tropfen einer gesättigten Lösung von Hexammin-Kobalt(III)-chlorid versetzt. Nach 2 bis 5 Min. beginnt die Fällung, man kühlt auf 10 bis 15° C und filtriert nach 1 bis 2 Std. durch einen Mikrofiltertiegel (Schott & Gen. G 4).

Man wäscht mit wenig 2%iger HCl, so daß das gesamte filtrierte Flüssigkeitsvolumen 60 $cm^3$ nicht übersteigt, und trocknet nach dem Nachwaschen mit Alkohol und Äther im Vakuumexsiccator.

***Bemerkungen.*** **I. Genauigkeit.** Der Fehler beträgt bei Tl-Mengen von etwa 100 bis 200 mg bei beiden Fällungsformen $\pm$ 0,05 bis 0,1%. Die Mikrobestimmung erlaubt, 1 bis 15 mg Tl mit einer Genauigkeit von $\pm$ 0,5% zu erfassen.

**II. Einfluß anderer Bestandteile.** Die Bestimmung wird von Hg, Bi und Pb gestört. Bei Gegenwart von Silber wird die zu fällende Lösung in der Siedehitze mit $KClO_3$ und konzentrierter HCl versetzt, 5 bis 10 Min. im Sieden gehalten und das Silberchlorid nach Erkalten im Dunkeln abfiltriert, dann wie oben verfahren.

$H_2SO_4$, $HNO_3$, $CH_3COOH$ stören nicht, auch darf der Säuregehalt in weiten Grenzen schwanken, bis zu 20 $cm^3$ konzentrierter HCl/100 $cm^3$ Lösung; die optimale Fällungsbedingung liegt bei 2 bis 4% HCl.

(Über die Herstellung der Reagenzien siehe W. BILTZ und H. BILTZ, SPACU und VOICHESCU, SPACU und POP.)

Literatur.

BILTZ, W., u. H. BILTZ: Übungsbeispiele aus der anorganischen Experimentalchemie, 2. Aufl., S. 166 (1913).

SPACU, G., u. A. POP: Fr. **120**, 322 (1940); Bl. Acad. Roum. **23**, 297 (1941); **23**, 229 (1941). — SPACU, G., u. P. VOICHESCU: Z. anorg. Ch. **243**, 289 (1940).

## § 7. Weitere Bestimmungsmöglichkeiten.

Im folgenden wird auf weitere Bestimmungsmöglichkeiten hingewiesen, die ausgearbeitet worden sind. Da manche dieser Methoden keine wesentlichen Vorteile gegenüber den üblichen Verfahren bieten oder noch keine besondere praktische Bedeutung erlangt haben, wird in verschiedenen Fällen von einer ausführlichen Wiedergabe der Arbeitsvorschriften hier abgesehen, es muß auf die angegebene Originalliteratur verwiesen werden.

***1. Bestimmung als Thallium(I)-sulfat, $Tl_2SO_4$,*** geeignet zur Gehaltsbestimmung von Thalliumlösungen oder zur Analyse von Verbindungen des 1- und 3wertigen Thalliums flüchtiger Säuren nach Abrauchen mit Schwefelsäure und Trocknen des Rückstandes bei ganz schwacher Rotglut [MACH und LEPPER; SCHAEFER, BROWNING, RAMMELSBERG, CARSTANJEN, STORTENBEKER (a), PRATT]. Die Angaben über das Verhalten des Sulfats beim Erhitzen sind etwas widersprechend [NEUMANN (a), R. J. MEYER, WERTHER (a, b), VOGEL, STORTENBEKER (a), BOUSSINGNAULT, CARSTANJEN, CROOKES (a), HAWLEY (a), BODNÁR und TERÉNYI].

***2. Bestimmung als Thallium(I)-chlorid oder Thallium(I)-bromid.*** In wäßriger Lösung ist die Fällung als Chlorid wegen dessen beträchtlicher Löslichkeit nicht quantitativ; es ist notwendig, in stark alkoholischer Lösung zu arbeiten [WERTHER (a), KUHLMANN, WILLM (a), CROOKES (b), STORTENBEKER (b), HARTWIG].

Unter Einhaltung bestimmter Konzentrationsbedingungen kann die Bestimmung auch durch konduktometrische Titration erfolgen; titriert wird mit 1 n KBr- bzw. 1 n KCl-Lösung, in letzterem Falle muß die vorgelegte Lösung 25 bis 50% Äthanol enthalten (RIPAN und POPPER).

***3. Fällung als Thallium(I)-sulfid, $Tl_2S$.*** Die Fällung ist in neutraler oder sehr schwach saurer Lösung ($p_H$ 5 bis 6) quantitativ [HILLEBRAND und LUNDELL (a)], besser fällt man in sehr schwach ammoniakalischer Lösung (MOSER und BEHR, MOSER und NEUSSER) oder mit Natriumsulfid [JÍLEK und LUKAS (a)]. Wegen der leichten Oxydierbarkeit der Fällung ist das Filtrieren und Auswaschen schwierig, eine Auswaage ist nur bei besonderen Vorsichtsmaßregeln möglich [MOSER und NEUSSER, HILLEBRAND und LUNDELL, WILLM (a, b), HEBBERLING, RAMMELSBERG, PRATT], so daß diese Reaktion höchstens eine Abtrennungsmöglichkeit, aber keine gute Bestimmungsmöglichkeit bietet.

***4. Bestimmung durch Fällung mit Tetraphenylarsoniumchlorid.*** Tetraphenylarsoniumchlorid [$(C_6H_5)_4AsCl$] fällt 3wertiges Tl als $(C_6H_5)_4AsTlCl_4$ quantitativ aus, der Niederschlag kann nach Trocknen bei 110° ausgewogen werden. Zur Bestimmung wird das Tl in alkalischer Lösung durch $H_2O_2$ zur 3wertigen Stufe oxydiert, nach Ansäuern mit HCl muß evtl. nachoxydiert werden. In 0,5 bis 2 n HCl wird die Fällung vorgenommen (Volumen 25 bis 75 cm³). Nach der Fällung wird aufgekocht, nach 12stündigem Stehen durch Glasfiltertiegel filtriert und mit 20 bis 40 cm³ 1 n HCl ausgewaschen. (Waschen mit Wasser ist nicht zulässig.) Trocknen bei 110° und Wägen. Genauigkeit rd. 0,1%. Es stören Permanganat, Perjodat, Chlorat, Rhodanid, Nitrat, Jodid, Bromid, Fluorid, ferner alle Metalle, die anionische Chlorokomplexe bilden, und Perrhenat (SMITH JR.).

***5. Bestimmung als Thalliummetall.*** Durch Reduktion mit unedlen Metallen, z. B. Magnesium oder Zink, läßt sich Thallium quantitativ als Metall niederschlagen. Diese Abscheidung ist benutzt worden zur gewichtsanalytischen Bestimmung, allerdings müssen bei der Auswaage Vorkehrungen gegen Oxydation getroffen werden (STRECKER und DE LA PEÑA). In einigen Fällen ist diese Abscheidung als Trennungsmethode zu gebrauchen [HILLEBRAND und LUNDELL (b), SPENCER und LE PLA, WERTHER (c), NICKLÈS]. Außer der Auswägung des metallischen Thalliums ist die gasvolumetrische Bestimmung des mit Säure entwickelten Wasserstoffes empfohlen worden [STRECKER und DE LA PEÑA: nach Reduktion mit Magnesium; NEUMANN (b): nach elektrolytischer Abscheidung des Thalliums].

***6. Bestimmung als Thalliumplatinchlorid, $Tl_2PtCl_6$.*** Der Niederschlag ist sehr schwer löslich und läßt sich bei höchstens 100° C gewichtskonstant trocknen. Die Bestimmung ergibt sehr genaue Werte, gelegentlich werden Schwierigkeiten bei der Filtration und dem Auswaschen beschrieben [CUSHMAN, CROOKES (a, b), CARSTANJEN, WERTHER (c), WILLM (b); über die Zusammensetzung des Niederschlages vgl. JÍLEK und LUKAS (b)].

***7. Bestimmung als Oxychinolat bzw. Dibromoxychinolat des dreiwertigen Thalliums.*** Oxychinolin und Dibromoxychinolin fällen aus ammoniakalischer, tartrathaltiger Lösung Tl(III) quantitativ als $Tl(C_9H_6ON)_3 \cdot 3H_2O$ (bei 100° C getrocknet) mit einem Tl-Gehalt von 29,55% bzw. als $Tl(C_9H_4Br_2ON)_3 \cdot H_2O$ (bei 100° C getrocknet) mit einem Tl-Gehalt von 18,10% aus. In Gegenwart von Kationen, die mit Oxin oder Dibromoxin ausfallen würden, wird vorher eine Trennung mittels $Na_2CO_3$ durchgeführt, das 1wertige Thallium wird durch Carbonat nicht gefällt. Nunmehr wird nach Ansäuern mit $Br_2$ oxydiert, das überschüssige Brom mit Sulfosalicylsäure gebunden und nach Zusatz von Weinsäure und Ammoniumacetat mit essigsaurem Oxin bzw. Dibromoxin in $CHCl_3$ gefällt. Die Verwendung von Dibromoxin empfiehlt sich nur bei kleinen Thalliummengen wegen der Schwerlöslichkeit des Reagenses (FEIGL und BAUMFELD).

**Anmerkung.** Sehr kleine Mengen von gefälltem Tl(III)-oxychinolat (entsprechend etwa 0,05 bis 0,3 mg Tl) lassen sich nach MOELLER und COHEN spektrophotometrisch durch Messung der Extinktion der Lösung des Niederschlages in $CHCl_3$ (50 $cm^3$) bei 400 bis 402 m$\mu$ bestimmen. Die Chloroformlösung wird durch Tageslicht zersetzt.

***8. Bestimmung nach Fällung als $TlJO_3$.*** Thallium fällt in neutraler Lösung mit $KJO_3$ als $TlJO_3$, der Niederschlag ist in verdünntem Alkohol schwer löslich. Fällt man mit einer gemessenen Menge $KJO_3$, so kann dessen Überschuß nach Abfiltrieren des Niederschlages und nach Zugabe von KJ und $H_2SO_4$ durch potentiometrische Titration des ausgeschiedenen Jods mit Thiosulfat bestimmt und daraus die Thalliummenge errechnet werden (G. und P. SPACU). — Wird die Fällung mit 5%iger Jodsäurelösung vorgenommen, so kann der Niederschlag nach Waschen mit 1%iger Jodsäure und verdünntem Alkohol bei 105 bis 110° C getrocknet und direkt ausgewogen werden (RAGHAVE RAO).

***9. Bestimmung als Thalliumkobaltnitrit.*** Je nach den Bedingungen fällt $NaTl_2\ Co(NO_2)_6$ oder $Tl_3\ Co(NO_2)_6$ aus, die Fällung läßt sich nach STRECKER und DE LA PEÑA, NISIHUKU, CUNNINGHAM und PERKIN bei 100 bis 110° gewichtskonstant trocknen und auswägen; PELTIER und DUVAL halten die Methode für unbrauchbar, da das Gewicht bzw. die Zusammensetzung nicht konstant ist.

***10. Bestimmung als Thallium(I)-Zinn(IV)-sulfid $Tl_4SnS_4$*** [HAWLEY (b)]. Nach PELTIER und DUVAL ist keine Gewichtskonstanz zu erreichen.

***11. Bestimmung mit Kaliumhexacyanoferrat(II).*** Mit Ca, Ba oder Mg bildet Thallium schwerlösliche Doppelsalze vom Typ $MeTl_2[Fe(CN)_6]$, die zur gravimetrischen Thalliumbestimmung benutzt worden sind (GASPAR Y ARNAL). Auch die konduktometrische Titration mit $K_4[Fe(CN)_6]$ ist möglich, sowohl bei Gegenwart von Ca-Ionen in alkoholischer Lösung als auch bei deren Abwesenheit (RIPAN und POPPER).

***12. Konduktometrische Titration mit KCNS oder KCNSe.*** Thallium kann mit KCNS- oder KCNSe-Lösung unter Einhaltung bestimmter Konzentrationsbedingungen konduktometrisch titriert werden (RIPAN und POPPER).

***13. Bestimmung mit Gold(III)-bromwasserstoffsäure.*** 1 wertige Thalliumverbindungen reduzieren Goldbromid unter Ausscheidung der äquivalenten Menge Gold, die ausgewogen werden kann (THOMAS).

## Literatur.

BODNÁR, J., u. A. TERÉNYI: Fr. **69**, 34 (1926). — BOUSSINGNAULT: C. r. **64**, 1165 (1867). — BROWNING, P. E.: Z. anorg. Ch. **23**, 155 (1900).

CARSTANJEN: J. pr. **102**, 88, 132 (1867). — CROOKES, W.: (a) Chem. N. **8**, 243, 255 (1863); (b) Phil. Trans. **153**, 187 (1863). — CUNNINGHAM, M., u. F. PERKIN: J. chem. Soc. London **95**, 1569 (1909). — CUSHMAN, A. S.: Am. Chem. J. **24**, 227 (1900).

FEIGL, F., u. L. BAUMFELD: Anal. chim. Acta (Amsterdam) **3**, 83 (1949); durch C. **1950**, **I**, 215.

GASPAR Y ARNAL, T.: An. Españ. **30**, 398 (1932).

HARTWIG, F.: A. **176**, 262 (1875). — HAWLEY, L. F.: (a) Am. Soc. **29**, 300 (1907); (b) Am. Soc. **29**, 1011 (1907). — HEBBERLING, M.: A. **134**, 14 (1865). — HILLEBRAND, W. F., u. G. E. F. LUNDELL: Applied Inorganic Analysis, (a) S. 56; (b) S. 374. New York u. London 1929.

JÍLEK, A., u. J. LUKAS: (a) Coll. Trav. chim. Tchécosl. **1**, 426 (1929); (b) **1**, 88.

KUHLMANN, F.: C. r. **55**, 608 (1862).

MACH, F., u. W. LEPPER: Fr. **68**, 37 (1926). — MEYER, R. J.: Z. anorg. Ch. **24**, 363 (1900). — MOELLER, TH., u. A. J. COHEN: Anal. Chem. **22**, 686 (1950). — MOSER, L., u. M. BEHR: Z. anorg. Ch. **134**, 55 (1924). — MOSER, L., u. E. NEUSSER: Ch. Z. **47**, 543 (1923).

NEUMANN, G.: (a) A. **244**, 349 (1888); (b) B. **21**, 356 (1888). — NICKLÈS, J.: C. r. **58**, 132 (1864). — NISIHUKU, S.: J. Soc. chem. Ind. Japan (Suppl.) **37**, 180 B (1934).

PELTIER, S., u. C. DUVAL: Anal. chim. Acta (Amsterdam) **2**, 210 (1948); durch C. **1949**, **I**, 1148. — PRATT, J. H.: Z. anorg. Ch. **9**, 20 (1895).

RAGHAVE RAO, S. V.: Current Sci. **16**, 376 (1947); durch C. **1948**, **I**, 1314. — RAMMELSBERG, C.: Ann. Phys. [2] **16**, 694 (1895). — RIPAN, R., u. E. POPPER: Fr. **125**, 269 (1943); **127**, 173 (1944); G. **72**, Heft 9 (1942).

SCHAEFER, E.: Z. anorg. Ch. **38**, 170 (1904). — SMITH JR., W. T.: Anal. Chem. **20**, 937 (1948). — SPACU, G., u. P. SPACU: Bl. Acad. Roum. **26**, 162 (1943); durch C. **1945**, **I**, 199. — SPENCER, J. F., u. M. LE PLA: J. chem. Soc. **93**, 858 (1908). — STORTENBEKER, W.: (a) R. **21**, 94 (1902); (b) R. **26**, 251 (1907). — STRECKER, W., u. P. DE LA PEÑA: Fr. **67**, 257, 264 (1925/26).

THOMAS, V.: C. r. **130**, 1316 (1900); Bl. Soc. chim. Paris [3] **27**, 470 (1902).

VOGEL, F.: Z. anorg. Ch. **35**, 405 (1903).

WERTHER, G.: (a) Fr. **3**, 1 (1864); (b) J. pr. **92**, 137 (1864); (c) J. pr. **91**, 390 (1864). — WILLM, J. E.: (a) Bl. Soc. chim. Paris **1863**, 352; (b) Ann. Chim. Phys. [4] **5**, 24, 81 (1865).

## § 8. Elektrolytische Abscheidung als Thalliummetall.

***Vorbemerkung.*** Thalliumsalze werden bei der Elektrolyse kathodisch zu Metall reduziert; unter geeigneten Bedingungen tritt anodisch eine Oxydation zu Thallium(III)-oxyd ein, die, wie schon in § 5, B beschrieben, zur Thalliumbestimmung benutzt werden kann. Die kathodische Abscheidung ist ebenfalls analytisch verwertbar. Das Normalpotential des Thalliums ($Tl/Tl^{\cdot}$) beträgt −0,336 Volt, es ist in der Spannungsreihe also etwa folgendermaßen einzuordnen: — Fe Cd In *Tl* Co Ni Pb H+; da die Überspannung des Wasserstoffes an reinem Thallium recht groß ist (0,54 Volt in 0,01 n Schwefelsäure), ist eine quantitative Abscheidung möglich. Jedoch macht die Auswägung des Metalls Schwierigkeiten, da es sich leicht an der Luft oxydiert. Abhilfe schafft die Abscheidung des Thalliums in Form von Legierungen. Als flüssiges Kathoden-Legierungsmaterial eignet sich verdünntes Zink- oder Cadmiumamalgam (MORDEN); CHRÉTIEN und LONGI schlagen auf eine Pt-Netzkathode Hg nieder und erzeugen damit bei der Tl-Elektrolyse ein Tl-

Amalgam, müssen dann aber in $CO_2$-Atmosphäre wägen. Am besten arbeitet man nach einem von PAWEK und WEINER bzw. PAWEK und STRICKS angegebenen Verfahren mit flüssigem WOODschen Metall als Kathodenmaterial. Bei dieser Methode ist die Abscheidung aus salzsaurer Lösung vollständig; der Wasserstoff hat eine hohe Überspannung an WOODschem Metall, es tritt nur geringe Gasentwicklung in großen Blasen ein. Durch die anwesende Salzsäure fällt TlCl aus, das sich aber nach Maßgabe der Thalliumabscheidung während der Elektrolyse wieder auflöst. Einen Angriff der Platinanode durch Chlor verhindert man durch Zusatz von Hydroxylaminchlorhydrat. Die günstigsten Stromstärken betragen 2 bis 3 Amp., die Thalliumauswaagen können bis zu 4 g betragen. Mit dem Kathodenmetall kann mehrmals elektrolysiert werden, die Legierung nimmt bis zu 15% Thallium auf und ist luftbeständig.

*Arbeitsvorschrift nach* PAWEK *und* STRICKS. **Apparatur und Elektroden.** Zur Elektrolyse benutzt man ein schmales, hohes Becherglas (etwa 4 cm Durchmesser, 11 cm Höhe). (Vgl. Abb. 1.) Als Kathode dienen etwa 25 g WOOD-Metall, das durch Umschmelzen unter verdünnter Salzsäure gereinigt, mit Wasser, Alkohol und Äther gewaschen und anschließend gewogen wurde. Der Regulus wird auf den Boden des Becherglases gelegt; als Stromzuführung dient ein dünner Platindraht (0,5 mm), der in ein enges, gerade passendes Glasrohr eingeschmolzen wurde, so daß das freie untere Ende 1 bis 2 mm weit herausragt. Als Anode benutzt man eine flache Spirale aus 1 mm starkem Platindraht, die im Abstand von etwa 1 cm waagerecht über der Kathode angeordnet ist.

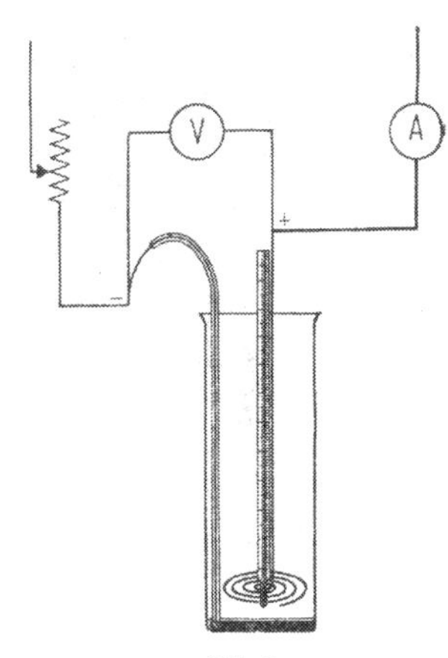

Abb. 1.

**Ausführung der Bestimmung.** Die Legierungskathode (mit der kathodischen Stromzuführung zusammen gewogen) wird in das Becherglas eingelegt, die Elektroden werden eingesetzt, dann wird mit heißem Wasser übergossen, bis auch die Anode benetzt ist, der Strom wird dann sogleich eingeschaltet. Nun setzt man 3 cm³ konzentrierte Salzsäure und 3 bis 5 g Hydroxylaminchlorhydrat zu und spült dann erst die heiße Thalliumlösung (z. B. Sulfat) in das Elektrolysiergefäß. Die Einhaltung dieser Reihenfolge ist wichtig. Das Volumen soll etwa 80 cm³ betragen. Am Anfang tritt eine weiße Trübung von TlCl ein, die sich bald wieder auflöst. Man elektrolysiert mit 2 bis 3 Amp. bei Temperaturen oberhalb des Erstarrungspunktes des WOOD-Metalls, die Spannung beträgt etwa 2 bis 6 Volt. In 2½ bis 3 Std. ist die Abscheidung quantitativ, unabhängig von der Metallmenge und Stromstärke. Dann wird der Elektrolyt ohne Stromunterbrechung abgehebert und ständig durch heißes Wasser ersetzt, so daß die Kathode noch flüssig bleibt. Wenn der Elektrolyt völlig entfernt ist, wird die Stromzuführung aus der noch flüssigen Legierungskathode herausgezogen und das Metall durch Übergießen mit kaltem Wasser zum Erstarren gebracht. Es wird mit Wasser, Alkohol und Äther gewaschen, bei 60° getrocknet; man läßt im Exsiccator erkalten und wägt gemeinsam mit der Stromzuführung, an der geringe Metallmengen haften können.

***Genauigkeit.*** Die maximalen Abweichungen betragen nach PAWEK und STRICKS einige Zehntel Milligramme.

## Literatur.

CHRÉTIEN u. LONGI: Bl. **11**, 241 u. 245 (1944).
MORDEN, G. W.: Am. Soc. **31**, 1045 (1909).
PAWEK, H., u. W. STRICKS: Fr. **79**, 124 (1930). — PAWEK, H., u. R. WEINER: Fr. **72**, 225 (1927).

## § 9. Maßanalytische Bestimmung durch Oxydation des 1wertigen Thalliums zur 3wertigen Stufe.

### A. Oxydation zu 3wertigem Thallium mit Kaliumbromat nach KOLTHOFF, ZINTL und RIENÄCKER bzw. RIENÄCKER und KNAUEL.

***Vorbemerkung.*** In salzsaurer Lösung werden 1wertige Thalliumsalze durch Kaliumbromat rasch und quantitativ oxydiert nach der Gleichung: $3\,Tl^{\cdot} + BrO_3' + 6\,H^{\cdot} = 3\,Tl^{\cdot\cdot\cdot} + Br' + 3\,H_2O$. Am Endpunkt bildet überschüssiges Bromat mit Bromid in salzsaurer Lösung freies Brom, welches entweder an der gelben Farbe erkannt wird oder besser an seiner Eigenschaft, zugesetzte Farbstoffe (Methylorange u. ä.) unter Ausbleichung zu zerstören. Sehr genau kann der Endpunkt auch durch potentiometrische Indikation erkannt werden, diese Methode eignet sich auch zur genauen Mikrobestimmung, z. B. in Handelspräparaten und in biologischem Material (vgl. Anhang).

#### 1. Titration mit Methylorange als Indicator.

***Arbeitsvorschrift nach ZINTL und RIENÄCKER bzw. RIENÄCKER und KNAUEL.*** Die Lösung wird auf eine Salzsäurekonzentration von rd. 5 bis 8% HCl gebracht und unter Zusatz von Methylorange bei 50 bis 60° mit 0,1 n $KBrO_3$ titriert. In Anwesenheit von Eisen(III) ist ein Zusatz von Ammoniumphosphat notwendig, und zwar etwa 0,5 g für 50 mg Fe bzw. 1 g für 1 g Fe (RIENÄCKER und KNAUEL). Der Endpunkt wird an der Entfärbung von Methylorange erkannt, am Resultat ist die im Blindversuch zu ermittelnde Indicatorkorrektur (einige Hundertstel $cm^3$) anzubringen. In Anwesenheit von Eisen ist der Endpunkt am besten bei Tageslicht zu erkennen. Etwa anfangs vorhandenes unlösliches TlCl löst sich während der Titration auf.

***Bemerkungen.*** **I. Genauigkeit.** Die Ergebnisse entsprechen innerhalb der in der Maßanalyse üblichen Fehler ($\pm$ 0,02 $cm^3$) der Theorie. Wegen der hohen Genauigkeit wurde diese Methode, deren Zuverlässigkeit auch von vielen Seiten bestätigt wurde, von zahlreichen Autoren zum Einstellen von Thalliumlösungen benutzt.

**II. Einfluß anderer Bestandteile.** Siehe unter „potentiometrische Titration" mit Kaliumbromat.

#### 2. Potentiometrische Titration mit Kaliumbromat.

##### a) Bestimmung größerer Mengen.

***Arbeitsvorschrift nach ZINTL und RIENÄCKER.*** Die mit großer Genauigkeit ausführbare Titration wird in rd. 5- bis 8%iger Salzsäure vorgenommen, entweder bei Zimmertemperatur oder in der Wärme. In Anwesenheit von Eisen ist ein Zusatz von Ammoniumphosphat notwendig (s. unter 1). Bei Titration bei Zimmertemperatur ist anfangs ein Teil des Thalliums als unlösliches TlCl vorhanden, es löst sich im Laufe der Titration auf. Man titriert mit einem blanken Platindraht als Indicatorelektrode unter Benutzung einer der üblichen Vergleichselektroden (Kalomel- oder ähnliche Elektrode) unter mechanischer Rührung. Der Potentialsprung ist scharf und groß, die Potentiale stellen sich gut ein, das Umschlagspotential beträgt rd. 760 mV gegen die „gesättigte" Kalomelelektrode, der Potentialsprung rd. 110 mV auf 0,03 $cm^3$ 0,1 n $KBrO_3$.

##### b) Bestimmung kleiner Mengen (Mikrotitration).

***Arbeitsvorschrift nach RIENÄCKER und KNAUEL.*** Die potentiometrische Mikrotitration erfolgt in 20 bis 25% Salzsäure enthaltender Lösung unter Zusatz von 0,1 g Ammoniumphosphat zur Maskierung des Eisens. In einem Gesamtvolumen von 5 bis 6 $cm^3$ wird bei Zimmertemperatur mit 0,001 n $KBrO_3$-Lösung titriert; es werden Titrationsgefäße von etwa 7 $cm^3$ Inhalt und entsprechend kleine Elektroden verwandt, es ist zweckmäßig, die Bürettenspitze in die Lösung eintauchen zu lassen. Mechanische Rührung (Drehen des Titrierbecherchens) ist notwendig. Erfassungsgrenze rd. 5 $\gamma$ Tl, entsprechend rd. 0,05 cm³ Maßlösung.

***Bemerkungen.*** **I. Genauigkeit.** Die Ergebnisse weichen bei normalen Tl-Mengen um nicht mehr als $\pm$ 0,1 bis 0,2% vom theoretischen Wert ab, nach der Mikromethode beträgt bei Mengen bis herab zu 10 $\gamma$ Tl die mittlere Abweichung 3 bis 4%, bei 5 $\gamma$ etwa das Doppelte.

**II. Einfluß anderer Bestandteile.** 5wertiges Arsen und Antimon, 4wertiges Zinn, 2wertiges Kupfer und Quecksilber, ferner Wismut, Cadmium und Blei stören die Titration nicht. 3wertiges Arsen und Antimon werden mit oxydiert, man erhält dann die Summe. In Anwesenheit von Eisen(III)-salz erhält man nach Zusatz von Ammoniumphosphat sehr gute Werte (RIENÄCKER und KNAUEL). Essigsäure stört nicht, jedoch darf Weinsäure nicht zugegen sein.

## B. Oxydation zu 3wertigem Thallium mit Cer(IV)-sulfat nach WILLARD und YOUNG.

***Vorbemerkung.*** In salzsaurer Lösung wird nach WILLARD und YOUNG $Tl^{\cdot}$ zu $Tl^{\cdot\cdot\cdot}$ durch Cer(IV)-sulfat oxydiert nach der Gleichung: $Tl^{\cdot} + 2Ce^{\cdot\cdot\cdot\cdot} = Tl^{\cdot\cdot\cdot} + 2Ce^{\cdot\cdot\cdot}$. Die Reaktion verläuft rasch und quantitativ, der Endpunkt der Titration kann visuell festgestellt werden, am besten mittels Redoxindicators, oder er wird elektrometrisch bestimmt.

### 1. Titration auf visuellem Wege.

***Arbeitsvorschrift.*** Auf 200 cm³ Gesamtvolumen setzt man 20 cm³ konzentrierte Salzsäure zu, erhitzt bis nahe zum Sieden und titriert ohne weitere Wärmezufuhr mit Cersulfat. Der Endpunkt wird erkannt an der Gelbfärbung durch überschüssiges Cersulfat. Die zu dieser Gelbfärbung nötige Menge wird im Blindversuch ermittelt; sie beträgt unter den angegebenen Bedingungen 0,05 cm³ und wird vom Ergebnis abgezogen.

Besser und genauer arbeitet man mit Hilfe von o-Phenanthrolineisen(II)-sulfat als Indicator. Die zu titrierende Lösung soll auf 200 cm³ 40 bis 50 cm³ konzentrierte Salzsäure enthalten, man setzt 5 cm³ 0,005 n Jodmonochloridlösung und einen Tropfen 0,025 m Indicatorlösung zu, erhitzt auf 50° und titriert auf Blaßblau. Temperaturen unter 45° sind zu vermeiden.

***Bemerkungen.*** **I. Genauigkeit.** Die Ergebnisse sind sehr befriedigend, Mengen von 40 bis 300 mg Tl sind mit einer Genauigkeit von 0,1 bis 0,3% zu bestimmen.

**II. Einfluß anderer Bestandteile.** Siehe unter „potentiometrische Titration“.

**III. Titration unter Indikation mit Jodmonochlorid** in Gegenwart von Chloroform, die auf der Entfärbung des Jods infolge Oxydation durch überschüssiges Cer(IV)-salz beruht, gibt nach SWIFT und GARNER zu hohe Werte.

### 2. Potentiometrische Titration mit Cer(IV)-sulfat.

Die Titration ist mit großer Genauigkeit auf potentiometrischem Wege auszuführen. Die Lösung soll auf 200 cm³ Gesamtvolumen zur Titration bei den angegebenen Temperaturen folgende Mengen konzentrierte Salzsäure enthalten, um gute Endpunktsindikation zu erreichen:

bei 35°: 60 cm³,
„ 45°: 50 cm³,
„ 60°: 30 cm³.

Es wird an einer blanken Platinelektrode als Indicatorelektrode unter Benutzung einer der üblichen Vergleichselektroden (z. B. Kalomel- oder Silberchloridelektrode) unter den angegebenen Bedingungen mit 0,1 n $Ce(SO_4)_2$ titriert. Der Potentialsprung am Äquivalenzpunkt ist scharf und groß, er beträgt rd. 200 bis 250 mV auf 0,02 $cm^3$ 0,1 n $Ce(SO_4)_2$-Lösung. Temperaturen von über 60° verschlechtern den Sprung.

***Bemerkungen.*** **I. Genauigkeit.** Die Ergebnisse sind sehr genau und weichen im Mittel nur um 0,1% vom theoretischen Wert ab.

**II. Einfluß anderer Bestandteile.** Die Methode ist recht spezifisch und erlaubt eine Bestimmung in Anwesenheit von Kupfer-, Eisen(III)-, Cadmium-, Wismut-, Zinn(IV)-, Blei-, Quecksilber(II)-, Antimon(V)-, Cr(III)- und Zink-Ion, ferner von Selenit, Tellurit, Arsenat. In Anwesenheit von Cr(III)-ion muß bei niedriger Temperatur und hoher Säurekonzentration titriert werden, um die Oxydation des Chroms zu verhindern. 3wertiges Arsen und Antimon stören. Größere Mengen von Schwefelsäure und Überchlorsäure bewirken langsamere Reaktion; Salpetersäure stört auch in kleinen Mengen.

## C. Oxydation zu 3wertigem Thallium mit Kaliumjodat.

***Vorbemerkung.*** In salzsaurer Lösung werden 1wertige Thalliumsalze durch Kaliumjodat zu 3wertigen oxydiert nach der Gleichung: $JO_3' + 2\,Tl^{\cdot} + 6\,H^{\cdot} = J^{\cdot} + 2\,Tl^{\cdot\cdot\cdot} + 3\,H_2O$, das $J^{\cdot}$ liegt in Gegenwart von HCl hauptsächlich als JCl vor. Vor Erreichung des Endpunktes ist eine gewisse Konzentration an freiem Jod vorhanden, das erst am Äquivalenzpunkt quantitativ in $J^{\cdot}$ bzw. JCl überführt wird. Der Äquivalenzpunkt ist daher an dem Verschwinden der Jodfarbe zu erkennen, die durch Zufügung von Chloroform oder Tetrachlorkohlenstoff deutlicher sichtbar zu machen ist. Die Indizierung des Endpunktes ist auch auf potentiometrischem Wege möglich.

### 1. Titration auf visuellem Wege nach Berry bzw. Swift und Garner.

***Arbeitsvorschrift.*** In einer Glasstöpselflasche wird die Thalliumlösung in 3 bis 5 n Salzsäure (chlorfrei!) nach Zusatz von 4 $cm^3$ Tetrachlorkohlenstoff mit Kaliumjodat (0,1 n) titriert. Man titriert am besten in der Kälte (Wasserkühlung), schüttelt nach Zusatz der Maßlösung die verschlossene Flasche gut durch und beobachtet die Entfärbung der Tetrachlorkohlenstoffschicht nach Umkehren der Flasche.

***Bemerkungen.*** **I. Genauigkeit.** Die Ergebnisse der rasch verlaufenden Titration sind nach Swift und Garner genau (Abweichung 0,1 $cm^3$ Maßlösung), eine Endpunktskorrektur ist nicht nötig; etwa zugesetzte Jodatüberschüsse können mit eingestellter Jodidlösung zurückgemessen werden.

**II. Einfluß anderer Bestandteile.** Anwesenheit von Bromid stört nicht. Jodid und Rhodanid werden durch Jodat ebenfalls oxydiert [Berry (a)], und zwar nach den Gleichungen:

$$TlJ + JO_3' + 6\,H^{\cdot} = Tl^{\cdot\cdot\cdot} + 2\,J^{\cdot} + 3\,H_2O$$

bzw.

$$TlCNS + 2\,JO_3' + 5\,H^{\cdot} = Tl^{\cdot\cdot\cdot} + 2\,J^{\cdot} + HCN + SO_4'' + 2\,H_2O.$$

### 2. Potentiometrische Titration mit Kaliumjodat.

Der Endpunkt der Reaktion läßt sich potentiometrisch indizieren, man arbeitet in mindestens 4 n Salzsäure bei einer Temperatur von 10°; der an einer Platinindicatorelektrode meßbare Potentialsprung ist scharf. Die Titration liefert nach Singh und Ilahi genaue Ergebnisse.

## D. Weitere Vorschläge zur maßanalytischen Bestimmung des Thalliums durch Oxydation zur 3wertigen Stufe.

***1. Oxydation mit Permanganat.*** In salzsaurer Lösung wird 1wertiges Thallium durch Permanganat glatt zur 3wertigen Stufe oxydiert (Willm), nicht jedoch in chloridfreier, z. B. schwefelsaurer Lösung. Es wird aber im allgemeinen ein Überverbrauch an Permanganat festgestellt, der durch Oxydation des Chlorions verursacht ist. Trotz Anwendung empirischer Faktoren ist die Methode unzuverlässig und nicht genau. Es wird hier daher von der Wiedergabe ausführlicher Arbeitsvorschriften abgesehen und auf die Originalliteratur verwiesen, insbesondere auf Arbeiten von SWIFT und GARNER, JÍLEK und LUKAS, HAWLEY, PROSZT. Ferner ist diese Titration bearbeitet bzw. benutzt oder kritisiert worden von BODNÁR und TERÉNYI, BERRY (c), BRUNER und ZAWADSKI, W. J. MÜLLER, NOYES, BENRATH und ESPENSCHIED, LEPPER, J. MEYER und WILK, NEUMANN, BEALE, HUTCHISON und CHANDLEE. — BERTORELLE und GIUFFRÉ berichten über die potentiometrische Titration mit Permanganat in salzsaurer Lösung unter Zusatz von Mangansulfat-Phosphorsäure.

Nach KATÔ läßt sich 1wertiges Thallium auch in alkalischer Lösung mit Permanganat titrieren, ein Zusatz von $Ag_2SO_4$ beschleunigt das Ausflocken des $MnO_2$.

Titrationen mit Permanganat auf indirektem Wege beschrieben: BROWNING und PALMER, BERRY (c), SCHEE (Umsetzung des 1wertigen Thalliums mit Kaliumhexacyanoferrat(III) und Titration des entstandenen $[Fe^{II}(CN)_6]''''$, vgl. auch § 5, C); GASPAR Y ARNAL (nach Fällung des Thalliums als $Tl_2Ca[Fe(CN)_6]$); STRECKER und DE LA PEÑA (nach Fällung als $NaTl_2[Co(NO_2)_6]$).

Die Titrationen mit den titerbeständigen Maßlösungen, wie Kaliumbromat oder Cer(IV)-sulfat, sind wesentlich brauchbarer und sehr genau, diese Maßlösungen sind daher für die Thalliumbestimmung dem Permanganat unbedingt vorzuziehen.

**2. *Oxydation mit anderen Oxydationsmitteln.*** Die Oxydation gelingt auch mit Bromwasser bzw. mit Chloramin T (Natrium-p-toluolsulfochloramin), doch bieten diese zum Teil wenig titerbeständigen Oxydationsmittel keine Vorzüge gegenüber dem Bromat [SPONHOLTZ, BERRY (b)]. Die potentiometrische Titration ist ferner mit Kaliumchlorat (SINGH und SINGH) bzw. mit Hypobromit (TOMIČEK, JAŠEK und FILIPOVIČ) durchgeführt worden.

Stark alkalische Thalliumlösungen lassen sich direkt mit Kaliumhexacyanoferrat(III) potentiometrisch titrieren (DEL FRESNO und VALDÉ).

## Literatur.

BEALE, R. S., A. WITT HUTCHISON u. G. C. CHANDLEE: Ind. eng. Chem. Anal. Edit. **13**, 240 (1941). — BENRATH, A., u. H. ESPENSCHIED: Z. anorg. Ch. **121**, 364 (1922). — BERRY, A. J.: (a) Analyst **51**, 137 (1926); (b) **59**, 738 (1934); (c) Soc. **121**, 394 (1922). — BERTORELLE, F., u. L. GIUFFRÉ: Ann. Chim. **40**, 132 (1950); durch C. **1951**, **I**, 1640. — BODNÁR, J., u. A. TERÉNYI: Fr. **69**, 33 (1926). — BROWNING, P. E., u. H. E. PALMER: Z. anorg. Ch. **62**, 218 (1909); Am. J. Sci. [4] **27**, 379 (1909). — BRUNER, L., u. J. ZAWADSKI: Bl. Acad. Crac. **1909**, **II**, 270 (zit. nach GMELIN).

DEL FRESNO, C., u. L. VALDÉS: An. Españ. **27**, 602 (1929); Z. anorg. Ch. **183**, 261 (1929).

GASPAR Y ARNAL, T.: An. Españ. **30**, 398 (1932).

HAWLEY, L. F.: Am. Soc. **29**, 300 (1907).

JÍLEK, A., u. J. LUKAS: Coll. Trav. chim. Tchécosl. **1**, 83 (1929); Chem. Listy **23**, 124, 155 (1929) (zit. nach GMELIN).

KATÔ, H.: Sci. Rep. Tôhoku Imp. Univ., Ser. I, **28**, 570 (1940). — KOLTHOFF, I. M.: R. **41**, 189 (1922).

LEPPER, W.: Fr. **79**, 321 (1930).

MEYER, J., u. H. WILK: Z. anorg. Ch. **132**, 242 (1924). — MÜLLER, W. J.: Ch. Z. **33**, 297 (1909).

NEUMANN, G.: A. **244**, 353 (1888). — NOYES, A. A.: Ph. Ch. **9**, 608 (1892).

PROSZT, J.: Fr. **73**, 401 (1928).

RIENÄCKER, G., u. G. KNAUEL: Fr. **128**, 459 (1948).

SCHEE, J.: Beitr. gerichtl. Med. **7**, 16 (1928). — SINGH, B., u. I. ILAHI: J. Indian chem. Soc. **13**, 717 (1936). — SINGH, B., u. S. SINGH: J. Indian chem. Soc. **16**, 27 (1939) (zit. nach GMELIN). — SPONHOLTZ, K.: Fr. **31**, 519 (1892). — STRECKER, W., u. P. DE LA PEÑA: Fr. **67**, 260 (1925/26). — SWIFT, E. H., u. C. S. GARNER: Am. Soc. **58**, 114 (1936).

TOMIČEK, O., u. M. JAŠEK: Am. Soc. **57**, 2409 (1935). — TOMIČEK, O., u. F. FILIPOVIČ: Coll. Trav. chim. Tchécosl. **10**, 415 (1938).

WILLARD, H. H., u. PH. YOUNG: Am. Soc. **52**, 36 (1930); **55**, 3268 (1933). — WILLM, J. E.: Bl. Soc. chim. Paris **1863**, 352; Ann. Chim. Phys. [4] **5**, 83 (1865).
ZINTL, E., u. G. RIENÄCKER: Z. anorg. Ch. **153**, 278 (1926).

## § 10. Maßanalytische Bestimmung durch Reduktion des 3wertigen Thalliums zur 1wertigen Stufe.

### A. Reduktion zu 1wertigem Thallium mit Kaliumjodid.

***Vorbemerkung.*** 3wertiges Thallium wird durch Jodid bzw. Jodwasserstoff rasch und quantitativ reduziert, falls genügend Säure vorhanden ist, um eine hydrolytische Abscheidung des $Tl(OH)_3$ zu verhindern. Auch die Konzentrationen an Thallium und Jodwasserstoff (Jodid) müssen sich in bestimmten Grenzen bewegen. Das ausgeschiedene, dem Thallium äquivalente Jod kann mit Thiosulfat oder mit Arsenit zurückgemessen werden, die Indikation des Endpunktes wird visuell nach Stärkezusatz oder potentiometrisch vorgenommen.

#### *1. Titrationen auf visuellem Wege.*

a) Bestimmung des dem Thallium äquivalenten Jods mit Thiosulfat.

***Arbeitsvorschrift nach* ČŮTA (a).** Die vorliegende Lösung der Probe, die Thallium meist 1wertig enthält und deren Thalliumgehalt zwischen 17 und 440 mg liegen kann, wird bis zur schwachen Gelbfärbung mit Bromwasser versetzt und nach Zugabe von 10 bis 30 $cm^3$ konzentrierter Salzsäure durch Erhitzen und Auskochen von dem Bromüberschuß befreit. Nach Verdünnen auf nahezu 1 l, also auf eine etwa 0,0002 bis 0,004 n Tl-Lösung, fügt man 5 g Kaliumjodid hinzu (bei größeren Thalliummengen mehr), dann wird mit 0,1 n Thiosulfatlösung titriert unter Zusatz von Stärkelösung in genügender Menge.

***Bemerkungen.* I. Genauigkeit.** Die Genauigkeit beträgt $\pm$ 0,15%; die Ergebnisse sind im Mittel um rd. 0,1% zu niedrig.

**II. Arbeitsvorschrift nach PROSZT.** Zur Bestimmung kleiner Mengen (1 bis 5 mg) gibt PROSZT folgende Arbeitsweise an: Zu der Thalliumlösung im Volumen von 5 bis 30 $cm^3$ werden 3 bis 4 Tropfen konzentrierte Salzsäure zugegeben, dann versetzt man tropfenweise mit Bromwasser bis zur deutlichen Gelbfärbung. Der Bromüberschuß wird mit Phenol (5%ige wäßrige Lösung) gebunden, dann setzt man etwas festes Kaliumjodid zu und titriert mit 0,01 oder 0,02 n Thiosulfat in einem Gesamtvolumen von 30 bis 60 $cm^3$. Der Thiosulfatfaktor ist etwas von der Thalliummenge abhängig, es empfiehlt sich die Einstellung der Maßlösungen unter den Bedingungen der Methode gegen ähnliche Thalliummengen.

**III. Varianten.** Nach HOLLENS und SPENCER kann das Ansäuern auch mit Essigsäure oder Schwefelsäure geschehen, die Oxydation des Thalliums wird mit Chlor vorgenommen, der Chlorüberschuß mit einem Luftstrom ausgetrieben. Der Endpunkt wird nach Zusatz von Chloroform am Verschwinden der Jodfarbe erkannt. Die Ergebnisse sind etwas zu niedrig (rd. 0,5%).

In Gegenwart von 3wertigem Eisen setzt man nach der Oxydation mit Brom und dem Entfernen des Bromüberschusses durch Phenol dem Reaktionsgemisch vor der Zugabe von Kaliumjodid Dinatriumphosphat und Phosphorsäure zu (FRIDLI).

Liegt Thallium als Thioharnstoffperchlorat vor (s. § 15), so muß mit flüssigem elementarem Brom unter Aufkochen oxydiert werden (MAHR und OHLE).

b) Bestimmung des dem Thallium äquivalenten Jods mit Arsenit.

***Arbeitsvorschrift nach* ČŮTA (a).** Etwa vorhandenes 1wertiges Thallium wird genau so zur 3wertigen Stufe oxydiert, wie es unter a) beschrieben ist. Die Lösung, die zwischen 20 und 250 mg Tl enthält, wird nun mit 10 $cm^3$ konzentrierter HCl versetzt und nach Verdünnen auf etwa 1 l mit einem Überschuß von Kaliumjodid zur Reaktion gebracht (je nach der Thalliummenge 5 bis 22 g). Durch Zusatz von Ammoniumacetat wird die Acidität verringert bis auf ein $p_H$ von rd. 6, dann wird nach Zufügen von Stärkelösung mit 0,1 n Natriumarsenitlösung titriert.

***Bemerkungen.*** **I. Genauigkeit.** Die erhaltenen Werte sind im Mittel um rd. 0,24% $\pm$ 0,3 zu niedrig.

**II. Variante.** HOLLENS und SPENCER titrieren mit Arsenit in Hydrogencarbonatlösung unter Zusatz von Chloroform, der Endpunkt wird an dem Verschwinden der Jodfarbe im Chloroform erkannt. Die Ergebnisse sind genau, jedoch nur bei größeren Thalliummengen, so daß mit 0,1 n Lösung titriert werden kann, bei Verwendung von 0,01 n Lösung ist der Endpunkt unscharf, bei 0,002 n unbrauchbar.

### *2. Potentiometrische Titration.*

#### a) Bestimmung des dem Thallium äquivalenten Jods mit Thiosulfat.

***Arbeitsvorschrift nach* ČŮTA (a).** Die Lösung wird, wie beschrieben, oxydiert, auf fast 1 l verdünnt und bei einem Salzsäuregehalt von 10 bis 30 $cm^3$/l mit 5 g KJ versetzt. Nun wird unter Indikation mit einer Platin- oder Goldelektrode mit 0,1 n Thiosulfat titriert, die Potentialeinstellung ist gut, am Ende etwas zögernd. Die Genauigkeit ist die gleiche wie unter 1 a).

***Arbeitsvorschrift nach* HOLLENS *und* SPENCER.** Nach Oxydation zur 3wertigen Stufe wird in schwach essigsaurer Lösung mit Kaliumjodid versetzt und unter Messung des Potentials mittels eines bimetallischen Elektrodenpaares mit Thiosulfat titriert. Die Ergebnisse sind auf $\pm$ 0,1% genau, auch in Gegenwart von Zn und Fe(II); Cu und Pb stören. In Anwesenheit von freier Salzsäure oder Schwefelsäure erhält man geringe Überwerte.

#### b) Bestimmung des dem Thallium äquivalenten Jods mit Arsenit.

***Arbeitsvorschrift nach* HOLLENS *und* SPENCER.** Die oben beschriebene Titration auf visuellem Wege läßt sich potentiometrisch indizieren, falls die Lösung hydrogencarbonatalkalisch ist. Man setzt das Kaliumjodid in saurer Lösung zu und erst vor Beginn der Titration das erforderliche Hydrogencarbonat. Die Titration mit Arsenit ist auf 0,1 bis 0,2% genau.

## B. Reduktion zu 1wertigem Thallium mit Thiosulfat.

### 1. Titration auf visuellem Wege.

***Vorbemerkung.*** 3wertiges Thallium wird in schwach saurer Lösung durch Thiosulfat quantitativ reduziert, offenbar unter Bildung von Tetrathionat (?), der Thiosulfatüberschuß kann nach Ausfällung des 1wertigen Thalliums als Thalliumjodid mittels Jodlösung zurücktitriert werden. Um eine Zersetzung des Thiosulfatüberschusses zu verhindern, arbeitet man bei größerer Verdünnung. Die Thiosulfatlösung muß entweder auf Thallium unter den Bedingungen der Bestimmung eingestellt oder der Faktor (gegen Jod) um 0,74% vergrößert werden.

***Arbeitsvorschrift nach* W. J. MÜLLER.** Die 1wertige Thalliumlösung (0,1 bis 0,2 g Tl) wird auf ein Volumen von 300 $cm^3$ gebracht, mit 15 $cm^3$ konzentrierter HCl versetzt und bei 65° langsam mit Permanganat versetzt bis zur eben auftretenden Rotfärbung. Der Permanganatüberschuß wird durch Kochen zerstört, dann füllt man auf 500 $cm^3$ auf. Nach dem Abkühlen wird Thiosulfat im gemessenen Überschuß von etwa 3 bis 6 $cm^3$ zugesetzt, darauf werden 25 $cm^3$ 1%ige Kaliumjodidlösung erst tropfenweise, dann rascher unter Umschütteln zugegeben. Dadurch wird das Thallium als TlJ gefällt. Nun setzt man 2 $cm^3$ Stärkelösung zu und titriert mit Jodlösung zurück. Der Umschlag, der sehr scharf ist, zeigt sich in einer Mißfärbung der vorher durch den Niederschlag rein gelb bis orange gefärbten

Flüssigkeit; durch 1 Tropfen Thiosulfat muß die ursprüngliche Färbung wiederhergestellt werden können.

***Bemerkung.*** **Genauigkeit.** Unter Verwendung des korrigierten Faktors der Thiosulfatlösung beträgt die Abweichung weniger als 0,5%.

#### 2. Potentiometrische Titration mit Thiosulfat.

***Vorbemerkung.*** Nach ČŮTA (b) verläuft die Oxydation des Thiosulfats durch 3wertiges Thallium bei 90° in salzsaurer Lösung bei Gegenwart von $HgJ_2$ bis zur Bildung von Sulfat, so daß also 1 Mol Thiosulfat 4 g-Atome Thallium zu reduzieren vermag. Das an einer Platinindicatorelektrode zu messende Umschlagspotential liegt bei 0,313 Volt gegen eine „gesättigte" Kalomelelektrode in etwa 2%iger Salzsäure. Durch den Zusatz von $HgJ_2$ als Katalysator wird die Reaktion und auch die Potentialeinstellung am Endpunkt beschleunigt und die Genauigkeit erhöht.

***Arbeitsvorschrift nach ČŮTA.*** Die Lösung von Thallium(I)-salz wird mit Bromwasser oxydiert, dann wird in 2%iger salzsaurer Lösung unter potentiometrischer Indikation mit Thiosulfat bis zum ersten Potentialsprung titriert; dadurch ist der Bromüberschuß zurückgemessen. Nun wird 0,02 g $HgJ_2$ hinzugefügt und in der Wärme mit Thiosulfat titriert bis zum zweiten Potentialsprung. Die zwischen beiden Sprüngen verbrauchte Maßlösung entspricht dem Thallium.

***Bemerkungen.*** **I. Genauigkeit.** Die Ergebnisse der Bestimmung von 0,026 bis 0,44 g Tl in 200 bis 900 $cm^3$ weichen im Mittel um $-0,5\% \pm 0,66$ vom theoretischen Wert ab.

**II. Einfluß anderer Bestandteile.** Chlorid, Bromid, Schwefelsäure, Phosphorsäure, Überchlorsäure, $Hg^{II}$- und Cd-Salz stört nicht. Dagegen darf Kupfer- und Eisensalz, ferner Arsenat nicht vorhanden sein.

### C. Reduktion zu 1wertigem Thallium mit Arsenit.

***Vorbemerkung.*** 3wertiges Thallium wird in saurer, in hydrogencarbonatalkalischer und in stärker alkalischer Lösung durch Arsenit quantitativ zur 1wertigen Stufe reduziert. Die Bestimmungsmethode beruht darauf, daß mit gemessenem Überschuß von Arsenit reduziert und der Arsenitüberschuß mit Jodlösung zurückgemessen wird (ČŮTA, BERRY).

***Arbeitsvorschrift nach ČŮTA (a).*** Die Oxydation zu 3wertigem Thallium erfolgt, wie es auf S. 108 angegeben ist. Die oxydierte Lösung wird neutralisiert und zu der verdünnten alkalischen Arsenitlösung gegeben, die im Überschuß anzuwenden ist. Nach kurzem Stehen, besser nach kurzem Erwärmen, ist die Reaktion beendet, der Arsenitüberschuß wird darauf in hydrogencarbonatalkalischer Lösung unter Indikation mit Stärkelösung mit 0,1 n Jodlösung zurücktitriert.

***Bemerkungen.*** **I. Genauigkeit.** Der mittlere Fehler beträgt nach ČŮTA etwa 0,2%.

**II. Reduktion in saurer oder hydrogencarbonatalkalischer Lösung.** In saurer Lösung (ungefähr 0,5 n HCl) verläuft die Reduktion langsamer, es ist mindestens ½stündiges Erhitzen auf dem Wasserbad erforderlich.

BERRY reduziert mit hydrogencarbonatalkalischer Arsenitlösung unter Erhitzen, bis der Niederschlag von $Tl(OH)_3$ sich gelöst hat.

#### Literatur.

BERRY, A. J.: Soc. **121**, 398 (1922).

ČŮTA, F.: (a) Coll. Trav. chim. Tchécosl. **7**, 33, 42 (1935); (b) Coll. Trav. chim. Tchécosl. **6**, 383 (1934); Chem. Listy (tschech.) **28**, 320 (1934), zit. nach GMELIN.

FRIDLI, R.: Dtsch. Z. ges. gerichtl. Med. **15**, 479 (1930).

HOLLENS, W. R. A., u. J. F. SPENCER: Analyst **60**, 673 (1935).

MAHR, C., u. H. OHLE: Fr. **115**, 256 (1938/39). — MÜLLER, W. J.: Ch. Z. **33**, 297 (1909).

PROSZT, J.: Fr. **73**, 403 (1928).

## § 11. Colorimetrische und nephelometrische Bestimmungsmethoden.

### A. Colorimetrische Bestimmung mit Thionalid und Phosphor-Wolfram-Molybdänsäure nach BERG, FAHRENKAMP und ROEBLING.

***Allgemeines.*** Thionalid, das ein empfindliches und spezifisches Thalliumreagens darstellt (vgl. § 2), reduziert Phosphormolybdänsäure und Phosphorwolframsäure zu den blauen niederen Oxydationsstufen dieser Metalle; die Blaufärbung ist der vorhandenen Menge Thionalid proportional und dementsprechend auch der als Thionalat vorhandenen Thalliummenge. Die Farbintensität kann colorimetrisch bestimmt werden, wozu Standardlösungen bekannten Gehaltes erforderlich sind.

Da die Standardlösungen nicht längere Zeit haltbar sind, benutzt man zur groben Bestimmung (auf 20% genau) künstlich hergestellte Lösungen blauer Farbstoffe, zum Feincolorimetrieren dann frisch hergestellte Thalliumfarbstandards.

Die Methode erlaubt die Bestimmung von Thalliummengen von rd. 0,3 bis 0,005 mg.

***Arbeitsvorschrift.*** **Erforderliche Reagenzien:**

2 n Natronlauge,

10%ige Kaliumcyanidlösung,

5%ige Lösung von Thionalid in Aceton. Die Lösung ist nur 8 bis 10 Std. haltbar und muß also frisch hergestellt sein,

Aceton, reinst,

Äthylalkohol, 96%ig,

1 n Schwefelsäure,

Phosphor-Molybdän-Wolframsäure. Herstellung: 1 g Phosphormolybdänsäure, 5 g Natriumwolframat und 5 cm³ konzentrierte Phosphorsäure ($d = 1{,}70$) werden mit 18 cm³ Wasser 2 Std. im Schliffkolben unter Rückfluß erhitzt und nach dem Erkalten auf 25 cm³ aufgefüllt,

Formamid, reinst.

Vergleichslösungen aus Indigo, Chikagoblau, Naphthylaminschwarz und chinesischer Tusche, s. Bem. II.

**Ausführung der Bestimmung.** Die ganz schwach saure oder neutrale, etwa 3 bis 5 cm³ betragende Probelösung wird mit 0,5 cm³ 2 n Natronlauge und 0,5 cm³ 10%iger Kaliumcyanidlösung alkalisch gemacht und in der Kälte mit 5 bis 6 Tropfen der Thionalidlösung in einem Zentrifugengläschen vermischt. Darauf wird 5 Min. unter zeitweiligem Umrühren im Wasserbad auf etwa 90° erwärmt bis zum Kristallinischwerden des Niederschlages, was man daran erkennt, daß die milchige Trübung der Flüssigkeit verschwindet und der Niederschlag ein tieferes Gelb annimmt. Nach dem Erkalten wird scharf zentrifugiert, die überstehende Flüssigkeit so weit als möglich abgehebert und der Niederschlag unter Abspülung der Wände 2mal mit je 3 bis 5 cm³ Aceton aufgewirbelt und erneut zentrifugiert.

Nach Abhebern der Waschflüssigkeit wird der Niederschlag durch 2 Tropfen n Schwefelsäure und 1 cm³ Alkohol warm gelöst, die Lösung wird in ein Colorimeterglas gebracht; das Zentrifugenglas spült man 1mal mit 1 cm³ warmem Alkohol und 1- bis 2mal mit je 1 cm³ warmem Wasser nach.

Je nach der Menge des Thalliums setzt man nun 1 bis 3 Tropfen Phosphor-Wolfram-Molybdänsäure und 30 bis 40 Tropfen Formamid hinzu, schüttelt gründlich durch und läßt 15 Min. bei 40° stehen. Darauf nimmt man unter Benutzung der Farbstoffvergleichslösungen eine annähernde Schätzung des Thalliumgehaltes vor, ohne Benutzung des Colorimeters. Zur Feinbestimmung stellt man sich nach der eben beschriebenen Arbeitsweise eine dem geschätzten Gehalt entsprechende Thalliumlösung genau bekannten Gehaltes her und gleichzeitig nochmals in gleicher Weise eine zweite Probe der unbekannten Lösung. Die entstandenen Blaufärbungen werden nun unter Benutzung eines empfindlichen Colorimeters verglichen, man nehme das Mittel von 4 bis 5 Ablesungen.

***Bemerkungen.*** **I. Genauigkeit.** Mengen von 0,3 bis 0,005 mg Tl ließen sich mit einer Abweichung von rd. —2 bis 4% bestimmen.

**II. Herstellung der Farbstoff-Vergleichslösungen.** Bekannte Thalliummengen werden in der angegebenen Weise gefällt und behandelt, sie zeigen dann je nach der Menge Blaufärbungen bestimmter Intensität. Durch entsprechendes Mischen wäßriger Lösungen von Chikagoblau, Naphthylaminschwarz und einer Spur chinesischer Tusche werden möglichst gleiche Farbnuancen bereitet. Bei kleinen Mengen Tl (5 bis 15$\gamma$) kann man auch 0,01%ige Indigolösung mit einer Spur der genannten Farbstoffe benutzen. Die Standardlösungen sind gut verschlossen und im Dunkeln aufzubewahren, sie sind dann längere Zeit haltbar und lassen eine orientierende Schätzung auf 20% Genauigkeit zu. Im Colorimeter sind sie nicht benutzbar.

### B. Colorimetrische Bestimmung durch Messung der durch 3wertiges Thallium frei gemachten Jodmenge.

***Vorbemerkung.*** 3wertiges Thallium oxydiert Jodwasserstoff zu Jod unter Übergang in 1wertiges Thallium; diese Reaktion bildet die Grundlage der jodometrischen Titrationsverfahren (vgl. § 10, A). Bei Vorliegen kleiner Mengen ist eine gute und brauchbare Mikromethode durch colorimetrische Bestimmung der dem Thallium äquivalenten Jodmenge möglich. Die Bestimmung sehr kleiner Jodmengen wird durch Colorimetrieren der blauen Jodstärkefärbung vorgenommen (Arbeitsvorschrift nach Haddock), bei größeren Mengen kann man nach Shaw das Jod mit Schwefelkohlenstoff ausschütteln und diese Lösung colorimetrieren.

***Arbeitsvorschrift nach* Haddock.** (Thalliummengen von 5 bis 200 $\gamma$.) Zur Oxydation des 1wertigen Thalliums wird die salzsaure, ammoniumchloridhaltige Lösung mit etwas Brom oxydiert, kurz aufgekocht und der Bromrest mit einigen Tropfen einer 25%igen Lösung von Phenol in Eisessig gebunden. Dann setzt man zu etwa 35 cm³ der Lösung 5 cm³ frische 0,2%ige Kaliumjodidlösung und 1 cm³ einer Stärke-Glycerinlösung zu (1 g Stärke + 50 cm³ Glycerin in 100 cm³ Lösung). Ein geringer Phosphatzusatz zur Maskierung etwa vorhandenen Eisens ist empfehlenswert. Man schüttelt um, läßt genau 5 Min. bei 18° stehen und colorimetriert gegen eine genau in gleicher Weise und gleichzeitig hergestellte Vergleichslösung.

***Bemerkungen.*** **I. Genauigkeit.** Die Färbung ist von den Arbeitsbedingungen, also Konzentration, Temperatur, Wartezeit usw. abhängig. Bei exakter Innehaltung gleicher Bedingungen der Behandlung von Probelösung und Vergleichslösung lassen sich 5 bis 200 $\gamma$ Tl auf etwa 2 bis 3 $\gamma$ genau bestimmen. Es ist stets ein Blindversuch mit den Reagenzien allein auszuführen.

**II. Einfluß anderer Bestandteile.** Die Reaktion ist nicht spezifisch und wird durch andere Ionen leicht gestört oder beeinflußt. Von allen Ionen, auch Alkalisalzen, wird das Thallium am besten durch Extraktion mit Diphenylthiocarbazon (s. § 17, B) getrennt, wobei besonders auf völlige Trennung von Mangan und Zinn zu achten ist. Blei und Wismut in Mengen unter 0,5 mg sind leicht nach der Dithizonmethode zu entfernen.

***Arbeitsvorschrift nach* Shaw.** (Thalliummengen von 0,5 bis 5 mg.) Zu etwa 60 cm³ der salzsauren Lösung, in der das Thallium zuvor in bekannter Weise in die 3wertige Stufe überführt wurde, gibt man am besten in einem Scheidetrichter 5 cm³ 0,2%ige Kaliumjodidlösung und 20 cm³ Schwefelkohlenstoff. Man schüttelt 15 bis 30 Sek. lang und trennt die Schichten. Die Farbe der Schwefelkohlenstofflösung wird mit einer Lösung bekannter Jodmengen im Colorimeter verglichen, die man am besten auch in gleicher Weise, also aus einer bekannten, möglichst gleichen

Menge Thalliumsalz, Kaliumjodid und Schwefelkohlenstoff herstellt, da dann die Fehler durch nicht vollständiges Ausschütteln des Jods eliminiert werden.

***Bemerkungen.* I. Genauigkeit.** Es sind die Arbeitsbedingungen, vor allem Säuregehalt und Jodidmenge, bei der Untersuchung möglichst genau einzuhalten, unter diesen Umständen erreicht man eine Genauigkeit von $\pm 2\%$ bei Thalliummengen von 0,5 bis 3 mg.

**II. Einfluß anderer Bestandteile.** Chromat stört. Von anderen Ionen kann Thallium durch Extraktion des $TlCl_3$ aus chlorhaltiger salzsaurer Lösung mit Äther abgetrennt werden (vgl. § 17, A), es stören dann nicht je 5 mg Cu, Pb, As, Hg, W, Mo und Fe, letzteres muß jedoch außerdem durch Phosphatzusatz maskiert werden, die gleiche Menge Phosphat ist auch der Vergleichslösung zuzusetzen.

## C. Colorimetrische Bestimmung von gefälltem Thallium(I)-jodid.

Nach KLUGE zersetzt man kleine Mengen von gefälltem Thallium(I)-jodid mit wenig konzentrierter Schwefelsäure, versetzt in einem Volumen von ungefähr 1 cm³ mit Natriumnitrit zur Oxydation des Jodids zu Jod und schüttelt mit 0,5 cm³ Chloroform aus. Man vergleicht die Jodmenge mit Lösungen, die durch gleiche Behandlung bekannter Thalliumjodidmengen entstanden sind. Die Methode ist zur Bestimmung von 0,05 bis 10 mg Thallium geeignet (vgl. Anhang, § 2, A).

## D. Colorimetrische Bestimmung durch Extraktion mit Dithizon-Chloroform.

Die von HADDOCK zur Abtrennung des Thalliums vorgeschlagene Methode der Extraktion mittels Dithizon in Chloroform (vgl. § 17, B) kann nach BAUMBACH zur direkten colorimetrischen Tl-Bestimmung benutzt werden. Zu diesem Zwecke wird die Farbintensität der Chloroformextrakte direkt mit entsprechend hergestellten Standardextrakten verglichen. Blei und Wismut stören; die Methode ist sehr empfindlich.

## E. Nephelometrische Bestimmung mit Phosphormolybdänsäure.

***Vorbemerkung.*** 1wertiges Thallium bildet ein gelbes, schwer lösliches Phosphormolybdat. Der Niederschlag bleibt in salpetersaurer Lösung in Anwesenheit von überschüssiger Phosphormolybdänsäure suspendiert und läßt sich nicht filtrieren, eignet sich also zur Trübungsmessung. Die Reaktion ist ziemlich empfindlich, 20 $\gamma$/cm³ sind noch deutlich nachzuweisen; Pb, Bi, Cd und $Hg^{\cdot\cdot}$ stören nicht, erfordern nur unter Umständen (Pb, Bi) einen größeren Reagenzienüberschuß, Hg wird durch Salpetersäurezusatz unschädlich gemacht. Kalium- und Ammoniumsalz stört.

***Arbeitsvorschrift nach* PAVELKA *und* MORTH.** Die Probelösung, die in 1 cm³ etwa 20 bis 100 $\gamma$ Tl enthalten soll, wird mit 2 bis 3 Tropfen Salpetersäure (1:1) und 2 bis 4 Tropfen 5%iger Phosphormolybdänsäurelösung versetzt; man läßt 5 Min. stehen und vergleicht nach dem Auffüllen auf ein bekanntes Volumen, z. B. 10 cm³, mit einer Trübung, die durch gleiche Behandlung einer Standardlösung bekannten Gehaltes hergestellt worden ist. Der Vergleich der Trübungen erfolgt am besten in einem geeigneten Meßgerät, etwa in einem Colorimeter oder Nephelometer.

***Genauigkeit.*** Unter Benutzung des Keilcolorimeters nach AUTHENRIETH konnten 20 bis 50 $\gamma$ Tl durchschnittlich auf 0,5 $\gamma$ genau bestimmt werden. In Gegenwart von etwa 1 bis 2 mg Pb oder 0,4 bis 1,5 mg Bi beträgt der Fehler 1 bis 2 $\gamma$.

### F. Nephelometrische Bestimmung mit Thionalid nach BERG, FAHRENKAMP und ROEBLING.

Die in § 2 beschriebene Ausfällung des Thalliums mit „Thionalid“ läßt sich zur nephelometrischen Bestimmung benutzen. Bei Vorliegen sehr kleiner Mengen Thallium entsteht bei den üblichen Fällungsbedingungen eine Ausscheidung, die als Trübung erscheint und nicht ausflockt.

Man verfährt so, daß man gleichzeitig die Probelösung und parallel dazu bekannte Thalliummengen fällt und die Trübungen, eventuell erst nach einiger Zeit, im Nephelometer vergleicht.

Bei Anwesenheit von Oxydationsmitteln reduziert man vorher durch Aufkochen mit etwas Hydroxylaminsulfat.

### G. Weitere nephelometrische Methoden.

Nach STICH kann die Trübung durch Ausscheidung von Thallium(I)-sulfid zur Bestimmung verwandt werden (vgl. Anhang, § 2, D). Zur neutralisierten Thallium(I)-lösung wird Natriumsulfid zugesetzt, im Parallelversuch werden bekannte Mengen Thallium in gleicher Weise behandelt, die bekannten Mengen sollen nicht um mehr als 20% mit den unbekannten differieren. Es entsteht eine braunschwarze Trübung von $Tl_2S$. Blei und Wismut stört, auch in Gegenwart von Komplexbildnern, wie Kaliumcyanid.

Die Abscheidung von Thallium(III)-oxydhydrat kann zur Bestimmung kleiner Thalliummengen nicht verwandt werden (HADDOCK).

### Literatur.

BAUMBACH, K.: Ind. eng. Chem. Anal. Edit. **12**, 63 (1940); durch C. **1940**, **I**, 3957. — BERG, R., E. S. FAHRENKAMP u. W. ROEBLING: Mikrochemie, Festschr. H. MOLISCH, S. 44. 1936.
HADDOCK, L. A.: Analyst **60**, 394 (1935).
KLUGE, H.: Z. Lebensm. **76**, 158 (1938).
PAVELKA, F., u. H. MORTH: Mikrochem. **11**, 30 (1932).
SHAW, P. A.: Ind. eng. Chem. Anal. Edit. **5**, 93 (1933). — STICH, C.: Pharm. Z. **74**, 27 (1929).

## § 12. Spektralanalytische Bestimmung des Thalliums.

### A. Spektralanalyse im optischen Gebiet.

***Allgemeines.*** Die Bestimmung des Thalliums kann im Flammen-, Bogen- und Funkenspektrum erfolgen. Thallium ist eines der wenigen Schwermetalle, die mit besonderer Empfindlichkeit im Flammenspektrum bestimmt werden können.

In der folgenden Übersicht sind die letzten Linien bzw. die zu einer spektralanalytischen Bestimmung besonders geeigneten Spektrallinien des Thalliums zusammengestellt. (Durch + oder ++ ist angedeutet, daß der betreffende Autor die bezeichnete Linie für geeignet bzw. besonders geeignet hält. B Bogen, F Funke, TF Tauchfunke, Fl Flamme.)

| λ in Å | TWYMAN u. SMITH (B), LÖWE (F) | SCHEIBE (F, B) | DE GRAMONT (F) | LUNDEGÅRDH | | | BARDET (B) | HARTLEY u. MOSS | |
|---|---|---|---|---|---|---|---|---|---|
| | | | | (Fl) | (F) | (TF) | | (F) | (Fl) |
| 6714,3 | | + | | | | | | | |
| 6550 | | + | | | | | | | |
| 5948,9 | | | | + | | | | | |
| 5350,47 | + | + | + | ++ | ++ | + | | | + |
| 3775,73 | + | + | + | ++ | + | ++ | | + | + |
| 3529,41 | + | | | | | | | + | |
| 3519,21 | + | + | + | ++ | + | ++ | + | + | |
| 3229,76 | + | + | + | + | + | + | + | | |
| 2918,33 | + | + | | + | + | + | + | | |
| 2767,88 | + | + | + | ++ | ++ | + | + | + | |

### 1. Bestimmung im Flammenspektrum.

Die Bestimmung des Thalliums im Flammenspektrum ist außerordentlich empfindlich und genau, es ist die beste Methode zur Bestimmung kleinster Thalliummengen.

Nach LUNDEGÅRDH wird die Thalliumlösung in einer Acetylen-Luft-Flamme zerstäubt. Die Empfindlichkeitsgrenzen liegen bei nebenstehenden Konzentrationen.

| λ in Å | Grenzkonzentration der Lösung in Mol |
|---|---|
| 5350,5 | $5 \cdot 10^{-4}$ |
| 3775,7 | $2 \cdot 10^{-6}$ |
| 3519,2 | $1 \cdot 10^{-4}$ |
| 2767,9 | $2 \cdot 10^{-3}$ |

Zur Intensitätsmessung können folgende Wege beschritten werden:

a) Photometrieren (LUNDEGÅRDH).

b) Direkte Intensitätsmessung der durch einen Monochromator ausgesonderten Linie mittels einer Photozelle (LUNDEGÅRDH).

c) Messung der relativen Intensitäten der Linien Tl 3775,7 Å und Co 3874,1 Å mit einem Mikrophotometer. Der mittlere Fehler beträgt etwa 5%, Cd stört nicht, Cu, Cr, Na nur bei Tl-Konzentrationen $< 0,004\%$ (SSOLODOWNIK und GUSSJATZKAJA).

d) Visuelle Messung der Intensität der Linie 5350,5: Man benutzt zur Absorption eine Lösung von $KMnO_4$ (0,04%ig), die in einer keilförmigen Küvette so weit vor den Kollimatorspalt geschoben wird, bis die Linie im Spektroskop gerade verschwindet. Eichung mit bekannten Thalliummengen ist erforderlich. Fehler etwa 10 bis 15% (RUSSANOW).

e) Visuelle Messung durch schrittweises Verdünnen der eingeführten Thalliumlösung, bis die Linie 5350,5 bei Beobachtung mit dem Auge gerade verschwindet (HEMPEL und KLEMPERER, BALLMANN, BELL).

Nach HULTGREN zerstäubt man die Thalliumlösung in einer Wasserstoff-Aceton-Flamme, läßt durch die Flamme einen kondensierten elektrischen Funken schlagen und beobachtet die Linien 3775,7 und 3519,2. Anwesenheit von Natrium verstärkt die Intensität, dagegen sind auch größere Kupfer-, Silber- und Quecksilbermengen ohne Einfluß.

### 2. Bestimmung im Bogenspektrum.

Die Bestimmung im Bogenspektrum ist nicht so empfindlich wie die flammenspektroskopische Methode, vor allem nicht bei der Benutzung kohlehaltiger Elektroden, da die empfindlichsten Linien 3775,7 und 3519,2 durch C-Banden völlig verdeckt werden (GERLACH und ROLLWAGEN, SLAVIN, BRECKPOT und KÖRBER). Wenn es auf hohe Empfindlichkeit ankommt, arbeitet man daher besser mit dem Flammenspektrum, oder man benutzt Metallelektroden.

Es ist weiter zu beachten, daß die Linie 2767,9 in Gegenwart größerer Zinkmengen nur recht unempfindlich ist (SLAVIN), daß ferner eine Reihe von Koinzidenzen auftreten können, z. B. folgende: 3229,7 mit einer Bleilinie, 2767 mit einer schwachen Eisenlinie, 2709 mit einer Germaniumlinie (BRECKPOT).

Bogenspektroskopisch läßt sich Thallium in metallischem Blei in Mengen von 1% bis herab zu 0,0001% durch Vergleich mehrerer Tl-Linien mit Bleilinien bestimmen (BRECKPOT), in Kupferpräparaten in Mengen von 1% bis herab zu 0,001% durch entsprechenden Vergleich mit Kupferlinien (BRECKPOT und MEVIS), ebenso in Zinkverbindungen (BRECKPOT und KÖRBER).

Zur Bestimmung in festen, gepulverten Mineralien wird Barium als Bezugselement benutzt, man vergleicht die Linien Tl 3775,7 und 3519,2 mit Ba 4573,9 und 4523,2 Å. Der Bogen wird zwischen Kupferelektroden erzeugt und man schüttet das gepulverte Material stetig durch den Bogen. Man kann so Thalliumgehalte von 0,01 bis herab zu 0,0001% mit einer Genauigkeit von etwa $\pm 12\%$ bestimmen. Bei Benutzung von Kohleelektroden statt der Kupferelektroden ist die Methode wesentlich unempfindlicher (KUSMINA).

Weiter wurden als Bezugselemente vorgeschlagen: Lanthan, Mangan u. a. Vergleichbare Linien: Tl 3519,2 — Mn 3330,6 Å (SLAVIN) oder Tl 3775,7 — La 3790,8 bzw. 3794,8 Å (VAN CALKER); bei letzterer Methode, die mittels des Abreißbogens ausgeführt wird, ist das Intensitätsverhältnis sehr von den Versuchsbedingungen und den Konzentrationen der Begleitstoffe abhängig, was überhaupt ganz allgemein gilt.

Zur Thalliumbestimmung in Cadmium sind die Cd-Linien als Bezugslinien nicht brauchbar (LAMB).

Bogenspektroskopisch läßt sich Thallium in Zink auch in Lösung bestimmen (LAUENSTEIN). Man verwendet Kohleelektroden und arbeitet mittels des Abreißbogens. Zur Bestimmung dient das Linienpaar Tl 2767 und Zn 2756. Die Methode wurde ausgearbeitet für Konzentrationen von 0,008 bis 1,2% Tl im Zink; bei Gehalten von 0,008 bis 0,08% Tl empfiehlt sich die Verwendung von Kohleelektroden, die nach ROLLWAGEN mit NaCl getränkt wurden.

### 3. Bestimmung im Funkenspektrum.

Nach LUNDEGÅRDH, der alle spektralanalytischen Bestimmungsmethoden geprüft hat, ist die flammenspektroskopische Methode im allgemeinen wegen ihrer Empfindlichkeit auch der funkenspektroskopischen vorzuziehen.

Bei der Bestimmung im Funkenspektrum werden meist Lösungen benutzt, die Methode ist auch bei Vorliegen von metallischem Material mit festen Proben auszuführen, z. B. in Tl–Pb-Legierungen nach GUENTHER.

Die Gehaltsbestimmung geschieht meist auf photographischem Wege durch Auswertung des Spektrogramms, visuell oder mit dem Photometer.

Die Linie 2767,9 wird von LUNDEGÅRDH als die empfindlichste bezeichnet, die übrigen geeigneten Linien sind auf S. 114 angegeben, besonders geeignet ist auch 5450,3, die noch 3 bis 6 $\gamma$ Tl auf 2 $\gamma$ zu bestimmen gestattet (GORONCY und BERG). In Mineralien lassen sich Thalliumgehalte bis herab zu 0,0001% bestimmen unter Benutzung der Linien 3519,2 und 2775,7 Å. Die an sich sehr empfindliche Linie 2767,9 koinzidiert mit einer Eisenlinie (MORITZ).

Zur Erzeugung des Funkens benutzt LUNDEGÅRDH Graphitelektroden mit axialer Durchbohrung, durch die die Thalliumlösung in den Funken eingetropft wird. ROHNER benutzt Kupfer- oder Platinelektroden und läßt die Lösung auf die untere Elektrode auftropfen. Zur Abtrennung oder Anreicherung des Thalliums bewährt sich die Methode des Ausschüttelns mit Diphenylthiocarbazon (Dithizon, vgl. § 17, B), man kann die Dithizonlösung direkt zur spektralanalytischen Bestimmung benutzen (ROHNER).

Mit großer Empfindlichkeit, die allerdings die der flammenspektroskopischen Bestimmung auch nicht erreicht, läßt sich die Analyse auch mittels des Tauchfunkens durchführen mit Hilfe der in der Tabelle S. 114 unter TF angegebenen Linien, geeignet sind ferner noch 2580,2 und 2379,6 Å. Bei Benutzung von 3519,2 liegt das geeignetste Konzentrationsgebiet etwa bei 0,002 bis 0,0001 m Thalliumsalz (LUNDEGÅRDH).

Zur Bestimmung des Thalliums in Anwesenheit von organischem Material muß man wegen der Koinzidenz der empfindlichsten Linie 3775,7 Å mit den C-Banden einen Spektrographen hoher Dispersion benutzen (WA. GERLACH und WE. GERLACH).

Eine visuelle Bestimmung ist durch den Vergleich von Tl 5350,47 mit Fe 5270,36 und 5269,54 möglich. Man erzeugt den Funken zwischen einer Kohleelektrode und der Thalliumsalzlösung, die Thalliumgehalte bewegten sich zwischen 0,1 und 0,006%, das Volumen der Lösung betrug 0,35 $cm^3$. Bei visueller Beobachtung im Spektroskop betrug der Fehler im Mittel gegen 6% (RUSSANOW und BODUNKOW).

### B. Spektralanalyse im Röntgengebiet.

Die röntgenspektroskopische Methode ist bei der Bestimmung eines Elementes, das, wie Thallium, leicht und empfindlich auf spektralanalytischem Wege im optischen Gebiet oder auf chemischem Wege zu bestimmen ist, nicht von besonderer Bedeutung. Zur Bestimmung wären Linien der $L$-Serie zu benutzen, deren Wellenlängen in X-Einheiten nach SIEGBAHN betragen:

| $L\alpha_2$ | $L\alpha_1$ | $L\beta_1$ | $L\beta_2$ | $L\beta_3$ |
|---|---|---|---|---|
| 1215 | 1205 | 1012 | 1006 | 998 |

Nach v. HEVESY und BÖHM vergleicht man Tl $L\beta_1$ mit Os $L\gamma_1 = 1022$; nach v. HEVESY und ALEXANDER Tl $L\alpha_1$ mit As $K\alpha_1 = 1173$ oder Pb $L\alpha_1 = 1172$ XE. Über die Grundzüge des experimentellen Verfahrens vgl. Gallium, § 6, C, Indium, § 9, Scandium usw. Kap. A, IV oder auch v. HEVESY und ALEXANDER.

### Literatur.

BALLMANN, H.: Fr. **14**, 301 (1875). — BARDET, J.: Atlas de Spectres d'Arc, S. 48. Paris 1926. — BELL, L.: Am. Chem. J. **7**, 35 (1885/86). — BRECKPOT, R.: Natuurwetensch. Tijdschr. **18**, 176 (1936); Ann. Soc. Sci. Bruxelles **I**, **57**, 131 (1937). — BRECKPOT, R., u. W. KÖRBER: Ann. Soc. Sci. Bruxelles B **56**, 387, 403 (1936). — BRECKPOT, R., u. A. MEVIS: Ann. Soc. Sci. Bruxelles B **55**, 21, 29 (1935); zit. nach GMELIN.

VAN CALKER, J.: Z. anorg. Ch. **234**, 183 (1937).

GERLACH, WA., u. WE. GERLACH: Die chemische Emissionsspektralanalyse, Bd. 2, S. 166. Leipzig 1933. — GERLACH, W., u. W. ROLLWAGEN: Metallwirtschaft **16**, 1061, 1090 (1937). — GORONCY, K., u. R. BERG: Dtsch. Z. ges. gerichtl. Med. **20**, 226 (1933). — DE GRAMONT, A.: C. r. **144**, 1163 (1907); **159**, 9 (1914); **171**, 1108 (1920); Chem. N. **122**, 59 (1921). — GUENTHER, A.: Z. anorg. Ch. **200**, 415 (1931).

HARTLEY, W. N.: Trans. Dublin Soc. [2] **9**, 128 (1908). — HARTLEY, W. N., u. H. W. MOSS: Pr. Roy. Soc. A **87**, 39, 45 (1912). — HEMPEL, W., u. R. L. KLEMPERER: Angew. Ch. **23**, 1756 (1910). — HEVESY, G. v., u. E. ALEXANDER: Praktikum der chemischen Analyse mit Röntgenstrahlen, S. 68. Leipzig 1933. — HEVESY, G. v., u. J. BÖHM: Z. anorg. Ch. **164**, 78 (1927). — HULTGREN, R.: Am. Soc. **54**, 2320 (1932).

KUSMINA, W. P.: Betriebslab. **7**, 579 (1938); zit. nach GMELIN.

LAMB, F. W.: Pr. Am. Soc. Test. Mater. **35**, **II**, 76 (1935). — LAUENSTEIN, A.: Metallwirtschaft **22**, 318 (1943). — LÖWE, F.: Atlas der Analysen-Linien der wichtigsten Elemente, 2. Aufl., S. 25. Dresden u. Leipzig 1936. — LUNDEGÅRDH, H.: Die quantitative Spektralanalyse der Elemente, Bd. 1, S. 72, 122, 134. Jena 1929; Bd. 2, S. 66, 68, 87, 94, 105. Jena 1934; Lantbruks-Högskol. Ann. **3**, 84 (1936).

MORITZ, H.: N. Jahrb. Min. A. Beilagebd. **66**, 201 (1933).

ROHNER, F.: Helv. **21**, 23 (1938). — ROLLWAGEN, W.: Spectrochim. Acta **1**, 66 (1939). — RUSSANOW, A. K.: Žurnal obščej Chim. (russ.) **6**, 1057 (1936); zit. nach GMELIN. — RUSSANOW, A. K., u. B. I. BODUNKOW: Betriebslab. **7**, 573 (1938); zit. nach GMELIN.

SCHEIBE, G.: Chemische Spektralanalyse, in W. BÖTTGER: Physikalische Methoden der analytischen Chemie, Bd. 1, S. 73 (1933). — SLAVIN, M.: Eng. Min. Journ. **134**, 512 (1933). — SSOLODOWNIK, S. M., u. E. W. GUSSJATZKAJA: Betriebslab. **9**, 426 (1940).

TWYMAN, F., u. D. M. SMITH: Wavelength Tables for Spectrum Analysis, 2. Aufl., S. 129. London 1931.

## § 13. Polarographische Bestimmung des Thalliums.

### Allgemeines.

Die polarographische Bestimmung des Thalliums ist leicht möglich; das Halbwellenpotential beträgt unabhängig von der Acidität der Lösung oder vom Vorhandensein von Komplexbildnern sehr konstant —0,50 Volt (gegen n Kalomelelektrode). Eine Übersicht über mögliche Koinzidenzen gibt folgende Zusammenstellung (nach HEYROVSKÝ):

| Ion | $\frac{\pi}{2}$ (Volt) in neutraler bzw. saurer Lösung | Ion | $\frac{\pi}{2}$ (Volt) in alkalischer Lösung (1 n Alkali) |
|---|---|---|---|
| Cu(II) | —0,03 | Tl(I) | —0,50 |
| Bi(III) | —0,03 | Cu(II) | —0,52 |
| Sb(III) | —0,21 | Cd(II) | —0,80 |
| Pb(II) | —0,46 | Pb(II) | —0,81 |
| Sn(II) | —0,47 | In(III) | —1,15 |
| Tl(I) | —0,50 | Sn(II) | —1,18 |
| Cd(II) | —0,63 | | |
| In(III) | —0,63 | | |
| Zn(II) | —1,06 | | |

Während also in saurer Lösung Pb(II) und Sn(II) mit dem Tl koinzidieren, besteht in alkalischer Lösung die Möglichkeit, Tl auch in Gegenwart dieser Elemente zu bestimmen, allerdings stört hier die Anwesenheit von Kupfer; diese Störung ist hinwiederum in Tartrat- bzw. Citratlösung (10%ig) nicht mehr vorhanden (Cu in Tartrat: —0,21). ENSSLIN, DREYER und ABRAHAM bestimmten Thallium neben Cadmium. COZZI gibt eine ausführliche Vorschrift zur polarographischen Bestimmung der Verunreinigungen in äußerst reinem Feinzink, die Analyse erstreckt sich auf Cu, Bi, Pb, Tl, Cd und Fe. Die Anreicherung dieser Metalle geschieht durch Sulfidfällung; durch polarographische Bestimmung in neutraler Tartratlösung erhält man die Summe Tl + Pb, anschließend wird in alkalischer Cyanidlösung das Blei allein polarographisch bestimmt. Bei einer Einwaage von 5 bis 10 g Zink konnten so 0,0001% Tl bestimmt werden.

***Arbeitsvorschrift zur Bestimmung von Thallium in Feinzink nach* COZZI.** 5 bis 10 g der Probe werden in $HNO_3$ (1:1) gelöst und mit überschüssigem Ammoniak versetzt. Dann wird auf der Zentrifuge so lange tropfenweise mit Ammoniumsulfid gefällt, bis die Fällung rein weiß wird (ZnS). Der auf der Zentrifuge dekantierte Niederschlag wird in $HNO_3$ gelöst und mit $H_2SO_4$ abgeraucht. Die Sulfatlösung wird mit $H_2S$ gefällt, wodurch Cu, Bi, Pb, Cd und Tl ausfallen, evtl. auch Sn. Nach der Lösung des Sulfidniederschlages in Königswasser und Verdampfen der überschüssigen Säure werden die Metalle in Tartratlösung (2,7%ige Natriumtartratlösung) überführt und in einer Mikrozelle polarographiert (Volumen 1 bis 2 $cm^3$). Der Luftsauerstoff wird durch reinen Wasserstoff ferngehalten. Nacheinander erscheinen die Wellen von Cu, Bi, Pb + Tl und Cd [Sn(IV) stört nicht]. Anschließend werden zu der Lösung in der Zelle 0,15 bis 0,3 $cm^3$ einer Lösung hinzugefügt, die 10% KCN und 15% KOH enthält, bei —0,74 Volt erscheint dann nur die Stufe des Bleies. Der so gefundene Bleiwert wird von der vorher bestimmten Summe Pb + Tl subtrahiert.

***Arbeitsvorschrift für die Bestimmung von Tl neben Cd nach* ENSSLIN, DREYER *und* ABRAHAM.** Tl und Cd können in praktisch jedem Verhältnis nebeneinander polarographisch bestimmt werden, wenn man in sehr stark ammoniakalischer Lösung arbeitet.

Die zu analysierende Lösung muß die Elemente als Sulfate enthalten und soll möglichst arm an freier Schwefelsäure sein. 5 $cm^3$ der entsprechend verdünnten Lösung werden mit 5 $cm^3$ einer Grundlösung, welche aus 1800 $cm^3$ konzentriertem $NH_3$ und 200 $cm^3$ einer kalt bereiteten Lösung von Tylose S (200 g Tylose S gelöst in Wasser zu 1000 $cm^3$) besteht und mit $Na_2SO_3$ gesättigt ist, versetzt. Man leitet 15 Min. reinen Wasserstoff durch die Lösung und polarographiert mit einer Tropfgeschwindigkeit von etwa 8 bis 12 Tropfen Hg/10 Sek. bei geeigneter Empfindlichkeit.

Die Tl-Welle erscheint bei etwa 0,2 Volt und erstreckt sich über rd. 100 mV, während die Cd-Welle erst bei 0,65 Volt beginnt.

Zur Bestimmung von Tl in Cd-Metall werden 10 bis 50 g des Metalls in Schwefelsäure (1 + 2) gelöst, von einem etwa übrigbleibenden Metallschwamm (Cu, Ag) wird abfiltriert und nach geeignetem Verdünnen wie oben verfahren.

Von Zink und Zinklegierungen wägt man 10 bis 50 g ein und löst in der Hitze mit Schwefelsäure (1 + 1), filtriert von dem Kupferschlamm ab, verdünnt im Meßkolben auf 100 cm³, bereitet wie oben vor und polarographiert mit einer Empfindlichkeit von $^1/_{10}$ bis $^1/_2$.

0,001 bis 3% Tl konnten neben 99,9 bis 90% Cd mit einem relativen Fehler von etwa ± 3% bestimmt werden, bei Tl-Gehalten von 0,0004 bis 0,02% in Zink und Zinklegierungen beträgt die Genauigkeit durchschnittlich ±15% relativ.

## Literatur.

COZZI, D.: Mikrochem. **31**, 37 (1943).
ENSSLIN, F., H. DREYER u. K. ABRAHAM: Met. Erz **39**, 184 (1942).
HEYROVSKÝ, J.: Polarographisches Praktikum (Anleitungen für die chemische Laboratoriumspraxis, Bd. IV), S. 97 (1948).

## *Trennungsmethoden.*

**Allgemeines.** Die Abtrennung des Thalliums von Begleitelementen bietet vor allem dank der Ergebnisse der analytischen Arbeiten der jüngsten Zeit keine Schwierigkeiten mehr. Einerseits ist die wichtigste und genaueste der „klassischen“ anorganischen Bestimmungsmethoden, nämlich die Bestimmung als Thalliumchromat, durch die gründlichen Arbeiten MOSERS und seiner Mitarbeiter auf alle irgendwie wichtigen Trennungsmethoden hin durchgearbeitet worden. Dann sind durch die Auffindung sehr spezifischer Fällungen mit organischen Reagenzien (Thionalid und Thioharnstoff) geradezu ideale Trennungsverfahren neu geschaffen worden, wie sie für kaum ein zweites Element des Periodensystems existieren. Schließlich stehen noch gute Extraktionsverfahren zur Verfügung, die eine Abtrennung ohne Fällung und Filtration ermöglichen, nämlich die Extraktion des Thallium(III)-bromids mit Äther und die Extraktion des Thalliumdiphenylthiocarbazons.

Infolgedessen kann hier davon abgesehen werden, die ausführlichen Vorschriften vieler Spezialtrennungsverfahren aufzuführen.

In den nächsten Paragraphen werden ausführlichere Arbeitsvorschriften für die folgenden, allgemeiner anwendbaren Trennungsverfahren gegeben:

Trennungen durch Fällung des Thalliums mit Thionalid (§ 14),
Trennungen durch Fällung des Thalliums als Thioharnstoffperchlorat (§ 15),
Bestimmung des Thalliums als Chromat in Gegenwart anderer Metalle (§ 16),
Extraktionsverfahren zur Abtrennung des Thalliums von anderen Metallen (§ 17).

Mit diesen ausgewählten und guten Verfahren wird man in allen Fällen auskommen. Eine zusammenfassende Übersicht über die speziellen Trennungen von den einzelnen Elementen findet sich anschließend in § 18.

Es sei hier ferner nochmals darauf hingewiesen, daß einige der guten und zuverlässigen maßanalytischen Methoden zur Bestimmung des Thalliums, z. B. die Titration mit Kaliumbromat oder Cer(IV)-sulfat, recht spezifisch sind und eine Thalliumbestimmung in Gegenwart vieler Metalle rasch und genau erlauben.

Zum Verhalten des Thalliums bei dem allgemein üblichen Trennungsgang ist zu bemerken, daß in stark saurer Lösung durch Schwefelwasserstoff zwar kein Thallium gefällt wird, daß aber trotzdem die Benutzung der Sulfidfällung zur Abtrennung der entsprechenden Elemente von Thallium im allgemeinen nicht zu empfehlen ist, da viele Sulfide recht große Mengen von Thallium mitreißen (vgl. § 18, 8).

## § 14. Trennungen durch Abscheidung des Thalliums mit Thionalid nach Berg und Fahrenkamp.

***Vorbemerkung.*** Die Fällung des Thalliums mit Thioglykolsäure-$\beta$-amino-naphthalid („Thionalid") ist außerordentlich spezifisch und ermöglicht die Abscheidung des Thalliums in Gegenwart fast aller der irgendwie in Frage kommenden Begleiter. Die Abscheidungsbedingungen werden im folgenden angegeben; die Bestimmung des Thalliums kann gewichtsanalytisch oder maßanalytisch nach den in § 2 gegebenen Vorschriften geschehen.

***Reagenzien.*** 5%ige, frische Thionalidlösung in Aceton (s. § 2),
2 n Natronlauge,
20%ige Natriumtartratlösung,
20%ige Kaliumcyanidlösung (möglichst analysenreines Präparat).

**1. Trennung des Thalliums von Silber, Kupfer, Arsen, Antimon, Zinn, Wolfram, Molybdän, Zink, Aluminium, Kobalt, Nickel und 2wertigem Eisen.** Die Thalliumlösung wird für je 100 cm³ Gesamtvolumen mit 10 bis 25 cm³ Tartratlösung versetzt und mit Natronlauge gegen Phenolphthalein neutralisiert. Dann wird so viel Kaliumcyanid zugesetzt, daß im Endvolumen etwa 5% KCN vorhanden sind. Durch Zusatz von 2n NaOH erhöht man dann die Alkalität auf etwa 1 normal (s. Bem. II). Die Fällung erfolgt mit der Thionalidlösung in der Kälte unter Anwendung eines 4- bis 5fachen Überschusses, also für 100 mg Tl etwa 0,4 bis 0,5 g Thionalid in 8 bis 10 cm³ Aceton. Darauf wird unter gelindem Rühren zum Sieden erhitzt, die zuerst milchige Ausscheidung ballt sich zusammen, wird kristallin und intensiv citronengelb. Man kühlt ab durch Einstellen in kaltes Wasser und filtriert durch einen Glasfiltertiegel G4 (bei maßanalytischer Bestimmung durch ein Papierfilter, s. § 2). Beim Filtrieren und Auswaschen ist darauf zu achten, daß der Niederschlag nicht zu fest angesaugt wird, da sonst ein restloses Auswaschen der Fremdbestandteile erschwert ist. Zuerst wird mit kaltem Wasser cyanidfrei gewaschen (Silbernitratprobe in salpetersaurer Lösung), sodann mit Aceton in Anteilen von je 2 bis 3 cm³ so lange befeuchtet, bis in dem ablaufenden Waschaceton kein Thionalid mehr festzustellen ist. Dieses ist daran zu erkennen, daß ein Teil des Waschacetons — auf das 2- bis 3fache mit Wasser verdünnt und mit Schwefelsäure angesäuert — nach Zusatz einiger Tropfen n Jodlösung keine Trübung oder Opalescenz mehr zeigt. Trocknen bei 100° und Auswaage oder maßanalytische Bestimmung des Niederschlages s. § 2.

**2. Trennung des Thalliums von 3wertigem Eisen, Gold, Platin, Palladium, Vanadium, Cadmium, Uran.** 3wertiges Eisen geht durch den Cyanidzusatz in das Hexacyanoferrat(III) über, das Thionalid oxydiert. Ebenso wirken Gold-, Platin- und Palladiumsalze oxydierend. In Gegenwart von Vanadat scheiden sich schwerlösliche Thalliumvanadate ab, die die Fällung stören. Diese Störungen werden behoben durch vorher auszuführende Reduktion der betreffenden Ionen. Man kocht die Lösung mit Hydroxylaminsalz bis zur völligen Reduktion des betreffenden störenden Bestandteils, kühlt (nach eventuell nötiger Filtration) auf 30° ab und verfährt dann wie unter 1. angegeben.

In Gegenwart von Cadmium muß der Cyanidgehalt der Lösung auf 7 bis 9% erhöht werden, damit Cadmium durch genügend starke komplexe Bindung am Mitfallen verhindert wird.

In Anwesenheit von Uran fällt in der Hitze etwas Natriumuranat aus, was nicht zu verhindern ist. Vor dem Auswaschen des Thalliumniederschlages in der unter 1. beschriebenen Weise muß etwa vorhandenes Uran mit 10%iger Ammoniumcarbonatlösung ausgewaschen werden.

**3. Trennung des Thalliums von Quecksilber, Wismut und Blei.** Die angegebene Fällungsvorschrift versagt bei Anwesenheit von Quecksilber, Wismut und Blei, da diese Metalle zum Teil mit ausfallen. Die „Thionalate" dieser drei Metalle sind jedoch in Aceton löslich, so daß man deren Fällung durch Acetonzusatz verhindern kann. Man verfährt folgendermaßen:

Es wird nach der in Abschnitt 1 gegebenen Vorschrift gearbeitet mit dem Unterschied, daß mit dem 10fachen Überschuß der theoretisch erforderlichen Reagensmenge versetzt wird, die in so viel Aceton gelöst wird, daß die Acetonkonzentration im Endvolumen etwa 30% beträgt. Bei Anwesenheit von Quecksilber wird ferner der Cyanidzusatz bis etwa 9 g KCN auf je 100 $cm^3$ Endvolumen erhöht. Im übrigen verfährt man wie üblich.

**4. Trennung des Thalliums von Erdalkalien und Magnesium.** Die Erdalkalicarbonate und das Magnesiumhydroxyd sind in der alkalischen, cyanidhaltigen Lösung unlöslich, daher stört die Anwesenheit dieser Elemente. Die Störung wird behoben durch Arbeiten in ammoniakalischer, carbonatfreier Lösung: Die schwach saure Metallsalzlösung wird mit frisch bereitetem Ammoniakwasser etwa 1 n ammoniakalisch gemacht, in Gegenwart von Magnesium ferner noch mit Ammoniumsalz versetzt, dann gibt man den 5fachen Überschuß der Thionalidlösung hinzu, kocht auf und verfährt nach dem Erkalten in der üblichen Weise.

***Bemerkungen.* I. Vollständigkeit der Trennung.** Die Bestimmung des Thalliums ist nach den angegebenen Beleganalysen in Gegenwart der angeführten Bestandteile mit einem relativen Fehler von rd. $\pm$ 0,2% möglich, es wurden jeweils Mengen von 2,5 bis 50 mg Tl neben 0,1 bis 1 g des Begleitmetalls bestimmt.

**II. Einstellung der erforderlichen Alkalität.** 5 g KCN in 100 $cm^3$ würden einer Alkalität von 0,75 n entsprechen, ein Zusatz von 10 $cm^3$ 2 n Natronlauge ergibt eine Gesamtalkalikonzentration von etwa 1 n. In Gegenwart von Metallen, die Cyankomplexe bilden, muß deren Cyanidverbrauch in Rechnung gesetzt werden. So würden 0,55 g Fe 4,0 g KCN verbrauchen, das restliche KCN gibt der Lösung eine Hydroxyl-Ionen-Konzentration von 0,15 n. Es fehlen also etwa 40 $cm^3$ 2 n Natronlauge, um die $^1/_1$ Normalität zu erhalten.

**III. Zulässige Tartratmenge.** Der Tartratgehalt darf 5% nicht übersteigen, bei 10% werden schon etwas zu geringe Auswaagen an Thalliumthionalat erhalten. Sehr große Überschüsse an freiem (nicht komplex gebundenem) Cyanid sind ebenfalls schädlich.

Literatur.

Berg, R., u. E. S. Fahrenkamp: Fr. **109**, 305 (1937); vgl. auch § 2.

## § 15. Trennungen durch Abscheidung des Thalliums mit Thioharnstoff nach Mahr und Ohle.

***Vorbemerkung.*** Thioharnstoff, $CS(NH_2)_2$, lagert sich an 1wertiges Thalliumperchlorat und Thalliumnitrat an unter Bildung schwerlöslicher Komplexverbindungen $TlClO_4 \cdot 4\,CS(NH_2)_2$ bzw. $TlNO_3 \cdot 4\,CS(NH_2)_2$. Diese Verbindungen sind vor allem in thioharnstoffhaltiger Lösung praktisch unlöslich, so daß eine quantitative Fällung des Thalliums eintritt.

Von den Metallnitraten bildet vor allem das Bleinitrat eine ähnlich schwerlösliche Verbindung, während von den Perchloraten nur das Thalliumperchlorat mit Thioharnstoff ausfällt, so daß hiermit eine äußerst spezifische Fällungsmethode und damit eine ganz allgemein anwendbare Trennungsmethode gegeben ist. Sie ist erprobt in Anwesenheit von Quecksilber, Silber, Kupfer, Cadmium, Eisen, Mangan, Nickel, Kobalt, Chrom, Aluminium, Zink, Barium, Strontium und Calcium, bei doppelter Fällung ist sie auch in Gegenwart von Blei ausführbar.

Vor Ausführung der Trennung müssen andere vorliegende Säuren durch Abrauchen mit Überchlorsäure vertrieben werden, so daß nur Perchlorate vorliegen; bei Abwesenheit von Blei ist die Gegenwart von Nitrat erlaubt.

Da man die Fällung mit Thioharnstofflösung auswaschen muß, stellt sie keine Wägungsform dar. Man löst den Niederschlag infolgedessen wieder auf und bestimmt in der nunmehr nur Thallium enthaltenden Lösung dieses Element entweder gravimetrisch oder titrimetrisch.

Die Fällungsmöglichkeit mit Thioharnstoff ist unabhängig von der vorliegenden Oxydationsstufe des Thalliums, da 3wertiges Thallium durch Thioharnstoff zum 1wertigen reduziert und dann als Komplex gefällt wird.

***Arbeitsvorschrift.*** Die etwa 2% freie Überchlorsäure enthaltende Lösung wird mit dem gleichen Volumen einer 10%igen Thioharnstofflösung versetzt. Den sofort ausfallenden Niederschlag läßt man noch 30 Min. unter Kühlung mit fließendem Wasser stehen, da bei höherer Temperatur das Salz merklich löslich ist. Nun filtriert man durch eine Glasnutsche, wäscht den Niederschlag mit kalter, schwach überchlorsaurer 5%iger Thioharnstofflösung aus, saugt scharf ab, löst nach Wechseln der Vorlage den Niederschlag in heißem Wasser auf und wäscht gründlich nach. Bei Gegenwart von Blei wird die so erhaltene Lösung mit Überchlorsäure angesäuert, das Thallium erneut mit Thioharnstoff gefällt und der Niederschlag in der gleichen Weise behandelt.

Als gewichtsanalytische Bestimmungsform des nunmehr fremdmetallfreien Thalliums eignet sich die Fällung als Chromat. Die wäßrige Thallium-Thioharnstoff-Lösung wird mit 5 $cm^3$ 10%igem Ammoniak versetzt, zum Sieden erhitzt und mit so viel Kaliumchromat versetzt, daß die Lösung 2%ig daran ist. Ein Ausfallen von Kaliumperchlorat ist in dieser verdünnten Lösung nicht zu befürchten. Nach 12-stündigem Stehen wird durch einen Porzellanfiltertiegel filtriert, mit 1%iger Kaliumchromatlösung und nachher mit 5 bis 10 $cm^3$ 50%igem Alkohol bis zur Farblosigkeit gewaschen. Der Niederschlag wird dann bei 120° getrocknet.

Zur maßanalytischen Bestimmung kann man die Methode von PROSZT benutzen (s. § 10, S. 108). Man säuert die Thioharnstoff-Thallium-Lösung mit Salzsäure an, versetzt mit mindestens 0,5 $cm^3$ flüssigem Brom, kocht bis zum Verschwinden des Broms und gibt nach dem Erkalten noch 5 Tropfen Bromwasser zu. Bei vollständiger Oxydation muß hierdurch eine deutliche Gelbfärbung eintreten. Dieser Bromüberschuß wird dann durch 5 $cm^3$ Phenollösung (5%ig) gebunden. Nach Zugabe von Kaliumjodid wird nunmehr das durch Thallium(III)-salz ausgeschiedene Jod mit Natriumthiosulfat titriert, wie es in § 10 angegeben ist.

***Bemerkungen.*** **I. Vollständigkeit der Trennung.** Die Methode liefert in Gegenwart von bis zu 200 mg der oben angegebenen Begleitmetalle sehr gute Werte; Thalliummengen von 15 bis 60 mg wurden abgetrennt und mit einem Fehler von höchstens $\pm$ 0,18, meist unter 0,1 mg bestimmt.

**II. Varianten.** Liegt kein Blei und Silber vor, so kann die Abtrennung aus salpetersaurer Lösung statt überchlorsaurer Lösung erfolgen. Man muß dann wegen der leichteren Löslichkeit des Thallium-Thioharnstoff-Nitrates unter Eiskühlung und unter Sättigung mit Thioharnstoff arbeiten.

In Anwesenheit von Blei und Silber darf dagegen kein Nitrat zugegen sein, eventuell muß mit Überchlorsäure abgeraucht werden. Acetation stört nicht, ferner auch nicht Sulfation, sofern keine schwerlöslichen Sulfate ausfallen können.

## Literatur.

MAHR, C., u. H. OHLE: Fr. **115**, 254 (1938/39).

## § 16. Bestimmung des Thalliums als Chromat in Gegenwart anderer Metalle nach MOSER und BRUKL bzw. MOSER und REIF.

***Allgemeines.*** Auf der Grundlage der Fällung des Thalliums als Chromat sind von MOSER, BRUKL und REIF Trennungen ausgearbeitet worden von den Elementen:

Silber, Quecksilber, Blei, Arsen, Antimon, Zinn, Selen, Molybdän, Wolfram, Vanadium;

Kupfer, Wismut, Cadmium;

Kobalt, Nickel, Eisen, Aluminium, Beryllium, Chrom, Mangan, Zink, Thorium, Zirkon, Titan und Cer.

Vor Ausarbeitung der in den vorstehenden Abschnitten erwähnten Trennungsverfahren unter Benutzung spezifischer organischer Reagenzien bzw. der Extraktionsmethoden stellten die Arbeiten von MOSER und Mitarbeitern die einzige moderne, exakte und umfassende Untersuchung über die Trennung des Thalliums von allen wichtigen Elementen dar.

Die Trennungsverfahren lassen sich folgendermaßen einteilen:

a) Fällung des $Tl_2CrO_4$ aus ammoniakalischer Lösung: Trennung von $As^V$, $Sb^V$, $Se^{IV}$, $Mo^{VI}$, $W^{VI}$, ferner von den durch Ammoniak komplex gebundenen Metallen Zn, Cd, Ni, Co.

b) Fällung des $Tl_2CrO_4$ aus sulfosalicylsäurehaltiger Lösung: Trennung von den komplex gebundenen Metallen Fe, Al, Cr, Be.

c) Fällung des $Tl_2CrO_4$ aus cyanid- oder thiosulfathaltiger Lösung: Trennung von den komplex gebundenen Metallen Ag, Hg, Cu.

d) Fällung des $Tl_2CrO_4$ aus tartrathaltiger Lösung: Trennung von Vanadium.

e) Vorherige Abtrennung der Begleitelemente durch Hydrolyse mittels Ammoniumnitrit: Trennung von Al, Be, Cr, Fe, Th, Zr, Ti.

f) Vorherige Abtrennung der Begleitelemente durch Phosphat: Trennung von Bi, Pb, Mn.

g) Vorherige Abtrennung der Begleitelemente nach verschiedenen Methoden: Trennung von Sn und Ce.

### a) Fällung aus ammoniakalischer Lösung; Trennung von Arsen, Antimon, Selen, Molybdän, Wolfram, Zink, Cadmium, Nickel, Kobalt.

***Vorbemerkung.*** In Anwesenheit von 5wertigem Arsen und Antimon ist die Fällung des $Tl_2CrO_4$ ohne weiteres möglich, liegen diese Metalle in der 3wertigen Stufe vor, so müssen sie vorher oxydiert werden. 4wertiges Selen stört ebenfalls nicht, ferner Zink, Cadmium, Nickel und Kobalt, falls Ammoniak in genügendem Überschusse zugesetzt worden ist, so daß diese Metalle als Ammoniakate in Lösung sind. In Gegenwart von Molybdat und Wolframat fallen in saurer oder neutraler Lösung schwerlösliche Thallium(I)-molybdate oder Wolframate aus, die aber in überschüssigem Ammoniak löslich sind; aus der ammoniakalischen Lösung ist dann ebenfalls die Fällung des $Tl_2CrO_4$ möglich.

***Arbeitsvorschrift in Anwesenheit von As, Sb, Se.*** Man gibt zur Probelösung überschüssiges Ammoniak, oxydiert, falls erforderlich, mit Wasserstoffperoxyd, wodurch bei größerer Verdünnung selbst bei 100° kein 1wertiges Thallium zur 3wertigen Stufe oxydiert wird, erhitzt und fällt das Thallium als Chromat, wie es in § 1 beschrieben ist.

***Arbeitsvorschrift in Anwesenheit von Mo und W.*** In neutraler Lösung enthält die Probe in Anwesenheit von Molybdat oder Wolframat unlösliche Niederschläge. Man löst sie in wenig heißem konzentriertem Ammoniak, verdünnt etwas und fällt das Thallium als Chromat, wie es in § 1 beschrieben ist.

***Arbeitsvorschrift in Anwesenheit von Zn, Cd, Ni, Co.*** Die ursprünglich saure oder neutrale Lösung wird zur Fällung des Thalliums neben Zink und Cadmium bei 60°, neben Nickel und Kobalt bei Zimmertemperatur tropfenweise unter Rühren mit Ammoniak versetzt, bis die entstandenen Niederschläge sich völlig klar gelöst haben. Dann wird bei 60° die $Tl_2CrO_4$-Fällung in der üblichen Weise (§ 1) vorgenommen.

***Bemerkungen.*** **I. Genauigkeit.** Die Ergebnisse der Beleganalysen sind sehr zufriedenstellend.

**II. Bestimmung der Begleitelemente.** Zur Bestimmung des Antimons wird das Filtrat von $Tl_2CrO_4$ schwefelsauer gemacht, eingeengt, das Antimon zur 3wertigen Stufe reduziert und die Fällung mit Schwefelwasserstoff vorgenommen. Selen kann in üblicher Weise mit Hydroxylaminchlorid gefällt werden. Zur Zinkbestimmung neutralisiert man das Filtrat, fällt aus neutraler Lösung das Zink als Zinkammoniumphosphat, das nach Umfällung zu Pyrophosphat verglüht und gewogen wird. Bei nur 1maliger Ausfällung ist der Zinkniederschlag chromathaltig. Zur Cadmiumfällung eignet sich die Fällung mit Schwefelwasserstoff in schwefelsaurer Lösung (4 bis 6 $cm^3$ konzentrierter $H_2SO_4$/100 $cm^3$). Nickel läßt sich im ammoniakalischen Filtrat mit Diacetyldioxim in bekannter Weise fällen und bestimmen. Zur Bestimmung des Kobalts vertreibt man im Filtrat auf dem Wasserbad das gesamte Ammoniak, dabei scheidet sich schon der größte Teil des Kobalthydroxyds aus. Der Rest wird mit Bromwasser und Kalilauge vollkommen gefällt und der Niederschlag von gelöstem Chromat abfiltriert, mit heißem Wasser chromfrei gewaschen und zur Kobaltbestimmung entweder im Wasserstoffstrom zu Metall reduziert oder nach Auflösen und Fällung mit Schwefelwasserstoff als Sulfat ausgewogen. Für die hier nicht aufgeführten Begleitelemente sind keine Vorschriften von MOSER und Mitarbeitern angegeben.

b) Fällung aus sulfosalicylsäurehaltiger Lösung; Trennung von Eisen, Aluminium, Chrom, Beryllium.

***Vorbemerkung.*** Sulfosalicylsäure (s. Formel) ist ein ausgezeichnetes Reagens zur komplexen Bindung von 3wertigem Eisen, Chrom, Aluminium (MOSER und IRÁNYI) und Beryllium (MOSER und LIST), die Hydroxyde dieser Metalle fallen in Gegenwart von Sulfosalicylsäure mit Ammoniak nicht aus. Über eine etwa nötige Reinigung der Sulfosalicylsäure vgl. Abschnitt Gallium, S. 38 dieses Handbuches. In Gegenwart dieses Komplexbildners kann also Thalliumchromat aus ammoniakalischer Lösung ohne Beeinträchtigung durch anwesendes Eisen, Aluminium, Chrom oder Beryllium gefällt werden.

OH COOH $HO_3S$

***Arbeitsvorschrift.*** Die Lösung wird mit einer genügenden Menge Sulfosalicylsäure (1:2) versetzt; für 0,1 g $Fe_2O_3$ reichen 10 $cm^3$ der Lösung aus, für die anderen Metalle sind entsprechende Mengen zu nehmen. Man erhitzt zum Sieden, macht ammoniakalisch, wobei die dunkelviolette Färbung des Eisenkomplexes in Rot übergeht, dann fällt man das Thallium wie üblich als Chromat (Vorschrift s. § 1). Etwa vorhandenes 2wertiges Eisen muß zuvor oxydiert werden. Die Methode liefert bei 1maliger Fällung gute Ergebnisse. Eine Bestimmung der Begleitelemente im Filtrat ist umständlich und unzweckmäßig, es sei auf die Arbeitsvorschrift der Methode e) verwiesen.

c) Fällung aus cyanid- oder thiosulfathaltiger Lösung; Trennung von Silber, Quecksilber und Kupfer.

***Vorbemerkung.*** Silber, Quecksilber und Kupfer werden in ammoniakalischer Lösung durch Cyanidzusatz komplex gebunden, aus dieser Lösung ist dann die Fällung des Thalliumchromats störungsfrei möglich. Silber und Quecksilber können auch durch Thiosulfat maskiert werden, jedoch darf dann die Fällung des Thalliums nur in der Kälte vorgenommen werden, um eine Zersetzung des Thiosulfatkomplexes unter Sulfidabscheidung zu verhindern.

***Arbeitsvorschrift.*** Die Probelösung wird schwach ammoniakalisch gemacht und mit so viel Kaliumcyanidlösung versetzt, bis eine klare Lösung entstanden ist. Nun wird die Fällung des Thalliums als Chromat in der üblichen Weise vorgenommen (s. § 1).

Zur Bestimmung der Begleitmetalle im Filtrat versetzt man mit viel Natriumthiosulfat, säuert stark mit Schwefelsäure an und kocht, bis die Schwermetalle quantitativ als Sulfide gefällt sind. Die Sulfide sind nicht immer ganz rein und müssen in geeigneter Weise umgefällt oder in andere zur Auswaage geeignete Verbindungen umgewandelt werden, z. B. in Silberchlorid u. a.

Die Ergebnisse sind zufriedenstellend.

d) Fällung aus tartrathaltiger Lösung; Trennung von Vanadium.

***Vorbemerkung.*** In Gegenwart von 5wertigem Vanadium ist eine Thalliumfällung als Chromat nicht möglich, weil unlösliche Thalliumvanadate vorliegen, die auch in Ammoniak unlöslich sind. Reduziert man das Vanadium zur 4wertigen Stufe, die sich durch Komplexbindung maskieren läßt, so ist in der Kälte eine Chromatfällung möglich. Als Reduktionsmittel und Komplexbildner ist Weinsäure geeignet, es ist aber unbedingt nötig, größere Überschüsse zu vermeiden, da sonst Chromat reduziert wird und die Fällung des Thalliums unvollständig ist.

***Arbeitsvorschrift.*** Der bei gleichzeitigem Vorhandensein von Thallium und 5wertigem Vanadium entstandene Niederschlag wird in einer konzentrierten Weinsäurelösung bei höchstens 40° gelöst, man nehme nicht mehr Weinsäure, als erforderlich ist. Zu der entstandenen roten Lösung fügt man so viel Ammoniak, daß sie deutlich danach riecht, wobei die Farbe in Blau (oder Farblos, je nach der Vanadiummenge) umschlägt. In dieser Lösung wird das Thallium bei Zimmertemperatur wie Chromat gefällt.

Die Ergebnisse der Thalliumbestimmungen sind zufriedenstellend. Vanadiumbestimmungen wurden von Moser und Reif nicht ausgeführt.

e) Vorherige Abtrennung der Begleitelemente Aluminium, Eisen, Chrom, Beryllium, Thorium, Zirkonium, Titan durch Ausfällung der Hydroxyde mit Ammoniumnitrit.

***Vorbemerkung.*** Eine Ausfällung der Hydroxyde dieser schwach basischen Elemente zur Abtrennung von 1wertigem Thallium ist nur dann zu einer Trennung zu benutzen, wenn die Hydroxyde in dichter und wenig adsorbierender Form gefällt werden. Fällungen mit Ammoniak, Tannin und ähnlichen Fällungsmitteln führen zu stark adsorbierenden Hydrogelen. Gut brauchbar ist hingegen die Fällung durch Hydrolyse mittels Ammoniumnitrit in Gegenwart von Methylalkohol nach Moser und Singer. Der Methylalkohol bewirkt, daß die bei der Reaktion gebildete salpetrige Säure sich rasch unter Bildung von Methylnitrit verflüchtigt und so die Bildung von Salpetersäure verhindert wird, die lösend auf die Metallhydroxyde einwirken würde. Die ausgefällten Hydroxyde sind dicht, gut filtrierbar und gut auszuwaschen, so daß bei 1maliger Fällung schon eine gute Trennung zu erreichen ist.

Zur Trennung kleiner Thalliummengen von Al, Fe, Cr, Be benutzt man mit Vorteil die Methode b) und fällt das Thallium zuerst, zur Trennung großer Mengen hingegen diese Methode e).

***Arbeitsvorschrift zur Abtrennung von Aluminium, Eisen, Chrom, Beryllium.*** Die saure Lösung (z. B. der Sulfate) wird mit Natriumcarbonat (nicht mit Ammoniak) annähernd neutralisiert, dann fügt man 20 $cm^3$ 7%ige Ammoniumnitritlösung und nach Erwärmen auf 40° 20 $cm^3$ Methylalkohol hinzu, erhitzt zum Sieden und erhält ungefähr 20 Min. im schwachen Sieden. Durch erneuten Zusatz von Ammoniumnitrit und Methylalkohol überzeugt man sich davon, daß die Fällung vollständig ist. Nach dem Absitzen filtriert man heiß durch ein Papierfilter, wäscht mit ammoniumnitrathaltigem Wasser und verglüht zu Oxyd, das ausgewogen werden kann. Im Filtrat der Fällung ist Thallium enthalten. Man dampft das Filtrat auf 100 bis 200 $cm^3$ ein, macht ammoniakalisch und fällt das Thallium in der üblichen Weise als Chromat (s. § 1).

Die Ergebnisse sind sehr zufriedenstellend.

***Arbeitsvorschrift zur Abtrennung von Thorium, Zirkonium, Titan.*** In der oben beschriebenen Weise verläuft die Hydrolyse bei diesen Metallen zu rasch, so daß schleimige, stark adsorbierende Niederschläge resultieren. Dichte Niederschläge erhält man, wenn man in der Kälte, also langsam, hydrolysieren läßt. Man setzt Ammoniumnitrit in der Kälte zu, erhitzt sehr langsam, und erst nachdem ein Teil des Niederschlags bereits ausgefallen ist, setzt man Methylalkohol zu. Zum Schluß arbeitet man genau so, wie oben, also in Anwesenheit von Al usw., angegeben wurde.

Die Ergebnisse sind sehr befriedigend.

f) Vorherige Abtrennung der Begleitelemente Wismut, Blei und Mangan durch Phosphat.

***Vorbemerkung.*** Thallium fällt weder in schwach saurer noch in ammoniakalischer, sulfosalicylathaltiger Lösung mit Phosphat aus. So ist die vorherige Abscheidung des Wismuts als Phosphat in schwach saurer Lösung und die des Bleis und Mangans in ammoniakalischer Lösung möglich.

***Arbeitsvorschrift zur Abtrennung von Blei oder Mangan.*** Die saure, halogenfreie Lösung wird, falls erforderlich, mit etwas schwefliger Säure zur Reduktion etwa vorhandenen 3wertigen Thalliums versetzt. Nun setzt man nach Verkochen der schwefligen Säure 20 $cm^3$ Sulfosalicylsäure 1:2 hinzu (vgl. S. 124), anschließend Diammoniumphosphat und macht schwach ammoniakalisch. Dann erhitzt man und hält im Sieden, bis der Niederschlag, meist nach einigen Minuten, kristallinisch geworden ist. Nach mehrstündigem Stehen filtriert man durch einen Filtertiegel, wäscht mit ammoniakalischer Ammoniumnitratlösung, trocknet und verglüht im elektrischen Ofen. Blei fällt als $Pb_3(PO_4)_2$ aus und wird als solches gewogen, Mn als $MnNH_4PO_4$ und wird als Pyrophosphat $Mn_2P_2O_7$ gewogen. Im Filtrat befindet sich das Thallium, man engt ein, macht wieder etwas ammoniakalisch und fällt, wie üblich, mit Chromat (s. § 1).

Die Trennung ist bei 1maliger Fällung sauber und quantitativ, die Ergebnisse der Beleganalysen sind sehr zufriedenstellend.

***Arbeitsvorschrift zur Abtrennung von Wismut.*** Die Lösung der Nitrate wird so weit verdünnt, daß auf 100 $cm^3$ ungefähr 0,1 g Bi vorhanden ist. Die zum Sieden erhitzte Lösung wird unter Rühren mit Diammoniumphosphat versetzt, wobei kristallinisches Wismutphosphat $BiPO_4$ erhalten wird, das nach dem Glühen gewogen wird. Das im Filtrat befindliche Thallium wird in üblicher Weise als Chromat gefällt. Die Ergebnisse sind zufriedenstellend in Gegenwart von 48 bis 700 mg Bi und 45 bis 900 mg Tl. Bei sehr kleinen Wismut- und sehr großen Thalliummengen versagt die Trennung, weil immer Thallium mitgerissen wird; eine doppelte Fällung ist aber wegen der Schwerlöslichkeit des Wismutphosphates in Salpetersäure nicht anwendbar.

g) Abtrennung des Zinns und Ceriums von Thallium.

***Vorbemerkung.*** 3wertiges Cer wird aus schwefelsaurer Lösung mit Oxalsäure gefällt und so von Thallium getrennt. Wegen der beträchtlichen Löslichkeit des Niederschlages ist die Trennung nicht exakt. Zinn wird in essigsaurer, nitrathaltiger Lösung als Zinndioxydhydrat gefällt.

***Arbeitsvorschrift zur Abtrennung von Cer.*** Die fast neutrale Lösung der Sulfate wird auf 60° erwärmt und das Cer durch einen geringen Überschuß von Oxalsäure gefällt. Nach 12stündigem Stehenlassen der Fällungsflüssigkeit wird der

Niederschlag kristallinisch. Er wird filtriert, heiß gewaschen, getrocknet und zu $CeO_2$ verglüht. Im eingeengten Filtrat wird Thallium in üblicher Weise als Chromat bestimmt.

***Arbeitsvorschrift zur Abtrennung von Zinn.*** Die saure Lösung, die Thallium nur in der 1wertigen Stufe enthalten darf, wird mit Ammoniak neutralisiert, man säuert mit wenig Essigsäure an, fügt etwas Ammoniumnitrat hinzu, verdünnt auf 500 cm³ und erhitzt zum Sieden. Nach Stehenlassen in der Wärme wird das Zinndioxydhydrat heiß abfiltriert und mit ammoniumnitrathaltigem Wasser gewaschen, getrocknet und verglüht. Im Filtrat wird das Thallium in üblicher Weise als Chromat bestimmt.

Mengen bis zu 1 g Thallium lassen sich von bis zu 0,5 g Sn so durch 1malige Fällung sauber trennen, bei größeren Zinnmengen ist eine doppelte Fällung des Zinndioxydhydrates nötig.

### Literatur.

MOSER, L., u. A. BRUKL: M. **47**, 709 (1926). — MOSER, L., u. E. IRÁNYI: M. **43**, 679 (1922). — MOSER, L., u. F. LIST: M. **51**, 185 (1929). — MOSER, L., u. FR. REIF: M. **52**, 343 (1929). — MOSER, L., u. F. SINGER: M. **48**, 673 (1927).

## § 17. Extraktionsverfahren zur Abtrennung des Thalliums.

### A. Abtrennung des Thalliums durch Extraktion mit Äther.

***Vorbemerkung.*** $TlCl_3$ und $TlBr_3$ lassen sich aus chlorwasserstoff- bzw. bromwasserstoffsaurer Lösung mit Äther ausschütteln (NOYES, BRAY und SPEAR; BROWNING, SIMPSON und PORTER; SHAW; WADA und ISHII). Zur Extraktion des Chlorids ist das Arbeiten in etwa 4 n HCl am günstigsten, wie folgende Zahlen nach WADA und ISHII belegen:

Extraktion von 100 mg Tl als $TlCl_3$ aus 20 cm³ Lösung mit 30 cm³ Äther; der Äther wurde mit HCl der entsprechenden Konzentration vorher geschüttelt.

| n HCl | 0,5 | 1 | 2 | 4 | 6 |
|---|---|---|---|---|---|
| mg Tl in der sauren Restlösung | 3 | 2 | 1,5 | 1 | 2 |

Diese Trennung ist nicht sehr spezifisch, vor allem werden Gold, Eisen, Gallium, Indium, Molybdän und andere mitextrahiert.

Spezifischer ist die Extraktion des Bromids aus bromwasserstoffsaurer Lösung mit Äther, außerdem liegt der Verteilungskoeffizient des $TlBr_3$ günstiger als der des $TlCl_3$.

Folgende Zahlen nach WADA und ISHII geben Aufschluß über die Extrahierbarkeit sowohl des Thalliumbromids als auch einiger an sich unter gewissen Umständen ebenfalls ätherlöslichen Metallbromide.

Extraktion von Tl und anderen Elementen (je 20 cm³ Lösung mit 30 cm³ Äther geschüttelt, der vorher mit Bromwasserstoffsäure der betreffenden Konzentration geschüttelt wurde). mg des betreffenden Elementes in der sauren Restlösung. Zahl in Klammern: ursprünglich vorhandene Menge.

| n HBr | 0,03 | 0,1 | 0,5 | 1,0 | 1,5 | 2,0 | 3,0 | 4,0 | 5,0 | 6,0 |
|---|---|---|---|---|---|---|---|---|---|---|
| Tl (100) | 1,5 | 1,0 | 1,0 | 0,8 | 0,2 | 0,3 | 0,3 | 0,2 | 0,4 | 8 |
| Tl (1) | 0 | 0 | 0 | 0 | 0 | 0 | 0 | 0 | 0 | 0,3 |
| Fe (250) | | | 250 | 250 | 249,9 | 249,5 | 226,2 | 76,3 | 68,7 | 99,0 |
| Ga (83) | | | 83 | 83 | 83 | 83 | 82,7 | 80,0 | 38,2 | 35,4 |
| In (100) | | | 99 | 96,8 | | 80,8 | 10,7 | 1 | | 1 |
| Au (60) | | | 0,5 | 0,5 | | | | 0,5 | | 16 |
| Te (100) | | | 99,7 | 98 | | 97 | | 97 | | 97 |
| Hg (100) | | | 97 | 99 | | 99,8 | | 99,7 | | 99,7 |

Am selektivsten ist also die Abtrennung durch Ausschütteln in 1 n HBr-Lösung. Nach 2maligem Ausschütteln ist Thallium quantitativ in die Ätherschicht überführt; im Äther befinden sich noch: Gold (quantitativ) und geringe Mengen von Indium, Tellur, Zink, Quecksilber, Molybdän und Antimon. Diese Elemente außer Gold können durch 1maliges Auswaschen mit 1 n HBr wieder völlig entfernt werden.

***Arbeitsvorschrift nach* Wada *und* Ishii.** Die Probelösung wird durch Abrauchen mit Bromwasserstoff in Bromidlösung verwandelt, mit Bromwasser oder Brom oxydiert und auf ein Volumen von 20 cm³ und eine Acidität von 1 n HBr gebracht. Man schüttelt mit 30 cm³ Äther, der vorher mit Bromwasserstoff gleicher Konzentration durchgeschüttelt wurde, trennt die Schichten und wiederholt die Operation. Die vereinigten Ätherauszüge werden mit 5 cm³ 1 n HBr ausgewaschen unter Durchschütteln. Falls man weitere Trennungen vorzunehmen beabsichtigt, vereinigt man Waschflüssigkeit und saure Hauptlösung.

Aus der Ätherlösung wird der Äther nach Zusatz von Wasser verdampft, das Thallium kann dann direkt, eventuell nach Reduktion zur 1wertigen Stufe, bestimmt werden, falls Gold abwesend ist.

Thallium kann so von den meisten Elementen getrennt werden. In Gegenwart von Gold und in Gegenwart der in Bemerkung II angeführten Elemente sind besondere Trennungsoperationen auszuführen, die in den Bemerkungen angegeben sind. Andere als die angegebenen Elemente stören nach Wada und Ishii nicht.

***Bemerkungen.* I. Verfahren in Anwesenheit von Gold.** Gold findet sich quantitativ neben Thallium im Ätherauszug. Die Bestimmung des Thalliums geschieht dann auf folgende Weise: Der Ätherlösung werden 20 cm³ Wasser zugesetzt, dann vertreibt man den Äther auf dem Dampfbade. Zur Lösung fügt man zuerst 2 cm³ einer 10%igen Hydroxylaminchloridlösung und dann eine Mischung von 2 cm³ 10%iger Kaliumcyanidlösung und 2 cm³ 2 n Kalilauge. Man überzeugt sich, daß die Lösung alkalisch reagiert und fällt dann mit 1 cm³ 5%iger Kaliumjodidlösung. Nach einiger Zeit wird das TlJ abfiltriert und ausgewogen, wie es in § 4 beschrieben ist. Gold ist als Cyankomplex in Lösung, er kann durch Königswasser zerstört werden, darauf ist das Gold aus salzsaurer Lösung mit Schwefelwasserstoff zu fällen.

**II. Verfahren in Anwesenheit von Germanium, Arsen, Selen, Silber und der Elemente der Niob- und Wolframgruppe.** (Allgemeine Vorbereitung der Analyse.) Die Originalprobe wird mit 6 n $HNO_3$ zum Sieden erhitzt. Falls ein Metall vorlag, lösen sich die in Betracht kommenden Elemente (Tl, Ga, In usw.), eventuell muß mit Salpetersäure + Flußsäure aufgeschlossen werden. Die Lösung wird eingedampft, der Rückstand 1 Std. im Luftbad auf 120 bis 130° erhitzt, dann wird wieder mit Salpetersäure gelöst. Hierdurch werden die Elemente der Wolfram- und Niobgruppe entfernt. Man dampft die Lösung ein, versetzt sie mit Bromwasserstoff ($d = 1{,}49$) und einigen Tropfen Brom, bringt sie in den Kolben einer Destillationsapparatur und unterwirft sie der Destillation im brombeladenen Luftstrom. Germanium, Arsen und Selen werden quantitativ abdestilliert. Die zurückbleibende Lösung (3 cm³) wird im brombeladenen Luftstrom abgekühlt, dann mit 70 bis 100 cm³ Wasser versetzt, so daß die Konzentration an Bromwasserstoff noch 0,1 bis 0,3 n ist. Dann kühlt man mit Eiswasser, Silber fällt quantitativ als AgBr, eventuell fällt teilweise Blei und Antimon mit, jedoch kein Thallium. Das Filtrat vom Silberniederschlag wird nun auf die Konzentration 1 n HBr und ein Volumen von 20 cm³ gebracht und kann dann der Ätherextraktion unterworfen werden.

## B. Abtrennung des Thalliums durch Extraktion mit Diphenylthiocarbazon (Dithizon).

***Vorbemerkung.*** Diphenylthiocarbazon („Dithizon"),

$$C_6H_5 \cdot NH \cdot NH \cdot CS \cdot N = N \cdot C_6H_5$$

reagiert in Lösung (Chloroform oder Tetrachlorkohlenstoff) mit 1wertigem Thallium unter Bildung eines roten, in Chloroform oder Tetrachlorkohlenstoff löslichen Komplexes, der im $p_H$-Bereich von etwa 9 bis 12 beständig ist. Die optimale Beständigkeit liegt beim $p_H = 11$. Die Anwesenheit von Cyanid stört nicht, Cyanid kann deshalb zur Maskierung anderer, sonst störender Metalle zugesetzt werden.

Die Bildung dieser in organischen Lösungsmitteln löslichen Komplexverbindung ist für die quantitative Analyse des Thalliums von Bedeutung, weil es auf Grund dieser Reaktion möglich ist, sehr kleine Thalliummengen zu extrahieren und dementsprechend abzutrennen und anzureichern (HADDOCK); nach BAUMBACH kann der Gehalt der Extrakte direkt colorimetrisch bestimmt werden.

***1. Arbeitsvorschrift nach*** **HADDOCK.** Die Thalliumlösung (Tl-Gehalt etwa $10\,\gamma/cm^3$) wird (evtl. aus einer Mikrobürette) zu einer Lösung von 0,5 g Kaliumcyanid und 0,5 g Ammoniumcitrat in 40 cm³ gegeben, das Thallium wird nun durch starkes Schütteln mit 4 Teilen von je 15 cm³ 0,1 %iger Dithizonlösung in Chloroform extrahiert. Jeder Extrakt wird mit 20 cm³ Wasser gewaschen (s. Bem. II), die Extrakte werden dann vereinigt und zusammen in einem 100 cm³-Mikro-KJELDAHL-Kolben zur Trockne verdampft. Die organische Substanz wird durch vorsichtiges Erhitzen mit 1 cm³ konzentrierter Schwefelsäure und einigen Tropfen Wasserstoffperoxyd zerstört. Die Lösung ist dann für eine Thalliumbestimmung geeignet; nach HADDOCK colorimetriert man nach der in § 11, B gegebenen Vorschrift.

***Bemerkungen.*** **I. Einfluß anderer Bestandteile.** Die Erfassungsgrenze beträgt 5 bis 200 $\gamma$ (beim colorimetrischen Verfahren mit vorhergehender Extraktion) in Gegenwart von 1 g anderer Metallsalze. Blei und Wismut in Mengen von über 0,5 mg stören, ferner Quecksilber, Nickel und Zink in Mengen von über 0,1 g. In Elementen, die mit Dithizon in cyanidhaltiger Lösung nicht reagieren, lassen sich noch Spuren von $10^{-3}$% Tl bestimmen, in Quecksilber, Zink, Mangan, Nickel und Zinn (II) noch $10^{-2}$% (bei letzteren doppelte Extraktion). Der Analysenfehler liegt zwischen 5 und 10%.

**II. Auswaschen der Extrakte.** Nach FISCHER geschieht das Auswaschen der Dithizonextrakte wahrscheinlich besser mit einer schwach alkalischen Lösung vom $p_H = 11$, statt mit reinem Wasser.

***2. Arbeitsvorschrift nach*** **BAUMBACH.** Zur salpetersauren Lösung der Probe werden, wie bei HADDOCK angegeben, Ammoniumcitrat, KCN und ferner Hydroxylaminchlorhydrat zugesetzt; die mit Ammoniak auf ein $p_H$ von rd. 11 gebrachte Probe wird dann so lange mit Dithizonlösung (12 mg Dithizon/l $CHCl_3$) ausgeschüttelt, bis das Dithizon seine Farbe nicht mehr verändert. Die vereinigten Auszüge werden mit 1 %iger $HNO_3$ geschüttelt, die Chloroformschicht wird abgetrennt und die saure Lösung nochmals mit 5 cm³ Dithizonlösung und 4 cm³ Ammoniumcyanidmischung 30 Sek. lang geschüttelt; der neue Extrakt wird mit ebenso hergestellten Standardextrakten colorimetrisch verglichen.

***Bemerkungen.*** Blei und Wismut stören, jedoch kann das Wismut entfernt werden. In pharmazeutischen Präparaten wurden so bis herab zu $10^{-4}$% Tl erfaßt.

## Literatur.

BAUMBACH, K.: Ind. eng. Chem. Anal. Edit. **12**, 63 (1940); durch C. **1940**, **I**, 3957. — BROWNING, P. E., G. S. SIMPSON u. L. E. PORTER: Am. J. Sci. [4] **42**, 108 (1916).

FISCHER, H.: Angew. Ch. **50**, 926 (1937).

HADDOCK, L. A.: Analyst **60**, 394 (1935); durch C. **1935**, **II**, 3135 u. H. FISCHER.

NOYES, A. A., W. C. BRAY u. E. B. SPEAR: Am. Soc. **30**, 516, 559 (1908).
SHAW, P. A.: Ind eng. Chem. Anal. Edit. **5**, 93 (1933).
WADA, I., u. R. ISHII: Sci. Pap. Inst. Tôkyô **24**, 135 (1934); **34**, 787 (1938).

## § 18. Übersicht über spezielle Trennungsverfahren.

***Vorbemerkung.*** Im folgenden wird eine Übersicht über die Trennung des Thalliums von einzelnen Begleitern gegeben; von der Wiedergabe ausführlicher Arbeitsvorschriften kann abgesehen werden, da sie für die wichtigen der Trennungsverfahren bereits in den vorigen Paragraphen enthalten sind. In die Übersicht sind auch die fällungsanalytischen Trennungsverfahren der vorangehenden Paragraphen tabellarisch mit aufgenommen, also z. B. die Trennungen mit Thionalid, Thioharnstoffperchlorat und Chromat, nicht aber jedoch im allgemeinen die Extraktionsverfahren, die ja in § 17 zusammengestellt sind.

Die Reihenfolge der erwähnten Begleitelemente richtet sich nach dem üblichen Trennungsvorgang, beginnend mit den durch Salzsäure fällbaren Elementen.

### 1. Trennung von Silber und Thallium.

a) Fällung des Thalliums mit Thionalid (§ 14).

b) Fällung des Thalliums als Thioharnstoffperchlorat (§ 15).

c) Fällung des Thalliums als Thalliumchromat aus cyanidhaltiger Lösung (§ 16).

d) Fällung des Silbers als AgCl oder AgBr nach Oxydation des Thalliums zur 3wertigen Stufe [WILLM, WERTHER, SPENCER und LE PLA, WADA und ISHII (b) (vgl. auch § 17), BENEDETTI-PICHLER und SPIKES, HILLEBRAND und LUNDELL, NOYES und BRAY, MOSER und BRUKL (a)].

e) Fällung des Silbers als AgJ (WILLM).

f) Fällung des Silbers als $Ag_2S$ (TREADWELL, SPENCER und LE PLA, STORTENBEKER, WILLM).

g) Gemeinsame Reduktion von Thallium und Silber durch metallisches Zink und Extraktion des Thalliums mit Schwefelsäure (SPENCER und LE PLA).

### 2. Trennung von Blei und Thallium.

a) Fällung des Thalliums mit Thionalid unter besonderen Bedingungen (§ 14).

b) Fällung des Thalliums als Thioharnstoffperchlorat unter besonderen Bedingungen (§ 15).

c) Fällung des Thalliums als TlJ in Anwesenheit von Thiosulfat (WERNER).

d) Fällung des Bleis als $PbSO_4$ [MOSER und BRUKL (a), BENEDETTI-PICHLER und SPIKES, HILLEBRAND und LUNDELL, NOYES und BRAY, EPHRAIM und BARTECZKO, WILLM, CROOKES (a)].

e) Fällung des Bleis als $Pb_3(PO_4)_2$ [MOSER und BRUKL (a), vgl. § 16, f].

f) Fällung des Bleis als PbS [TREADWELL, MOSER und BRUKL (a), STORTENBEKER, WILLM, BRUNER und ZAWADZKI].

g) Fällung des Bleis mit Natriumcarbonat, eventuell in Gegenwart von Cyanid [MONTIGNIE, SCHOELLER und POWELL, HILLEBRAND und LUNDELL, CROOKES (a), ZIMMER].

### 3. Trennung von Quecksilber und Thallium.

a) Fällung des Thalliums mit Thionalid unter besonderen Bedingungen (§ 14).

b) Fällung des Thalliums als Thioharnstoffperchlorat (§ 15).

c) Fällung des Thalliums als $Tl_2CrO_4$ aus cyanid- oder thiosulfathaltiger Lösung (§ 16).

d) Fällung des Thalliums als TlJ [CROOKES (a), WILLM, MOSER und BRUKL (a)].

e) Fällung des Quecksilbers als HgO mit Kaliumhydroxyd (WILLM).

f) Eine Trennung durch Fällung des Quecksilbers mit Schwefelwassertoff in salzsaurer Lösung wurde vorgeschlagen (TREADWELL); jedoch wird durch das ausfallende HgS Thallium mitgerissen [BRUNER und ZAWADZKI, MOSER und BRUKL (a), WILLM].

4. Trennung von Gold, Platin, Palladium und Thallium.

1. Fällung des Thalliums mit Thionalid (§ 14).
2. Fällung des Thalliums in Anwesenheit von Gold als TlBr in cyanidhaltiger Lösung [WADA und ISHII (a)], vgl. auch § 17, A, Bemerkung I.
3. Fällung des Thalliums in Anwesenheit von Platin als TlJ (WARREN).
4. Fällung des Goldes in Gegenwart von Thallium durch Reduktion zum Metall mittels Oxalsäure [CROOKES (a)].

5. Trennung von Kupfer und Thallium.

1. Fällung des Thalliums mit Thionalid (§ 14).
2. Fällung des Thalliums als Thioharnstoffperchlorat (§ 15).
3. Fällung des Thalliums als $Tl_2CrO_4$ in ammoniakalischer, cyanidhaltiger Lösung (§ 16).
4. Eine Fällung des Thalliums als TlJ führt in Gegenwart von Kupfer zu einer Mitfällung von CuJ, das auch durch Auswaschen mit Ammoniak in Gegenwart von Luftsauerstoff nicht zu entfernen ist [CROOKES (c), MOSER und BRUKL (a)].
5. Fällung des Kupfers als Hydroxyd mittels Kaliumhydroxyd (WILLM, GEWECKE; vgl. jedoch NORDENSKIÖLD).
6. Eine Fällung des Kupfers mit Schwefelwasserstoff aus saurer Lösung führt zu einem Sulfidniederschlag, der thalliumhaltig ist (BRUNER und ZAWADZKI, NORDENSKIÖLD); eine bessere Trennung ist möglich durch Fällung des Thalliums als Sulfid aus Cyanidlösung [CROOKES (a, d), ALIMARIN und IWANOW-EMIN, SCHOELLER und POWELL, HILLEBRAND und LUNDELL], jedoch ist auch dies so gefällte Thalliumsulfid nicht ganz kupferfrei [MOSER und BRUKL (a)].

6. Trennung von Wismut und Thallium.

a) Fällung des Thalliums mit Thionalid (§ 14).
b) Fällung des Wismuts als Phosphat (§ 15, f).
c) Fällung des Wismuts als Hydroxyd bzw. basisches Salz [CROOKES (a, b), EPHRAIM und BARTECZKO, ZIMMER, MOSER und BRUKL (a), SCHOELLER und POWELL, HILLEBRAND und LUNDELL].

7. Trennung von Cadmium und Thallium.

a) Fällung des Thalliums mit Thionalid (§ 14).
b) Fällung des Thalliums als Thioharnstoffperchlorat (§ 15).
c) Fällung des Thalliums als $Tl_2CrO_4$ (§ 16).
d) Fällung des Thalliums als TlJ (WILLM).
e) Fällung des Cadmiums als Sulfid (WILLM, BRUNER und ZAWADZKI).

8. Trennung von Arsen und Thallium.

a) Fällung des Thalliums mit Thionalid (§ 14).
b) Fällung des Thalliums als $Tl_2CrO_4$ aus ammoniakalischer Lösung, Arsen muß in 5wertiger Stufe vorliegen (§ 16).
c) Abtrennung des Arsens durch Destillation des $AsCl_3$ aus salzsaurer, bromidhaltiger Lösung [MOSER und BRUKL (a), CROOKES (a)].
d) Eine Abtrennung des Arsens als Sulfid führt nicht zum Ziel infolge der Neigung des Thalliums zur Bildung von Doppelsulfiden oder festen Lösungen, und zwar nicht nur mit Arsensulfid, sondern auch mit den Sulfiden von Antimon, Zinn,

Kupfer und Quecksilber (HAWLEY, BRUNER und ZAWADZKI, LOCZKA, GUNNING, CUSHMAN, FRESENIUS, EPHRAIM und BARTECZKO, STAVENHAGEN, ROSE, LAMY und DES CLOISEAUX).

9. Trennung von Antimon und Thallium.

a) Fällung des Thalliums mit Thionalid (§ 14).

b) Fällung des Thalliums als $Tl_2CrO_4$, Antimon muß in der 5wertigen Stufe vorliegen (§ 16).

c) Fällung des Antimons als Antimonsäure (LAMY und DES CLOISEAUX).

d) Eine Fällung des Antimons als Sulfid ist zum Zwecke der Trennung unbrauchbar, vgl. Abschnitt 8 (Arsen).

e) Eine Fällung des Thalliums als TlJ ist zum Zwecke der Trennung nicht zu benutzen, da das TlJ stets Antimon enthält (EPHRAIM und BARTECZKO, EPHRAIM, LAMY und DES CLOISEAUX).

10. Trennung von Zinn und Thallium.

a) Fällung des Thalliums mit Thionalid (§ 14).

b) Fällung des Zinns mit Ammoniumnitrat [MOSER und BRUKL (a), § 16, g].

c) Eine Fällung des Thalliums als Chromat ist unbrauchbar in Gegenwart von Zinn [MOSER und BRUKL (a)].

d) Eine Fällung des Zinns als Sulfid führt nicht zum Ziel, vgl. Abschnitt 8 (Arsen).

11. Trennung von Molybdän, Wolfram, Uran, Vanadin und Thallium.

a) Fällung des Thalliums mit Thionalid (§ 14).

b) Fällung des Thalliums als $Tl_2CrO_4$ in Gegenwart von Wolfram, Molybdän und Uran; bei Anwesenheit von Vanadin muß dieses zur 4wertigen Stufe reduziert und Tartrat zugesetzt werden (§ 16).

c) Fällung des Thalliums als TlJ in Gegenwart von Vanadium und Molybdän (CARNELLY, ROSENHEIM und GARFUNKEL).

d) Eine Abtrennung des Wolframs als $WO_3$ führt nicht zum Ziel, da der Niederschlag Thallium enthält und nur sehr schwer davon zu befreien ist (SCHAEFER).

12. Trennung von Rhenium und Thallium.

Fällung des Thalliums mit NaJ als TlJ, da K-Ionen wegen der geringen Löslichkeit des Kaliumperrhenats nicht zugegen sein dürfen (HÖLEMANN).

13. Trennung von Eisen, Aluminium, Chrom und Thallium.

a) Fällung des Thalliums mit Thionalid (§ 14).

b) Fällung des Thalliums als Thioharnstoffperchlorat (§ 15).

c) Fällung des Thalliums als $Tl_2CrO_4$ in Gegenwart von Sulfosalicylsäure (§ 16).

d) Fällung des Thalliums als TlJ, geeignet zur Trennung des Thalliums von 2wertigem Eisen, nicht jedoch von Aluminium [CERNOTZKY, MOSER und BRUKL (a), NOYES, BRAY und SPEAR, BROWNING, SIMPSON und PORTER, CROOKES (a), HILLEBRAND und LUNDELL].

e) Fällung von Eisen, Aluminium und Chrom als Hydroxyd [MOSER und REIF, MOSER und BRUKL (a), CERNOTZKY, BENRATH, CARSTANJEN, WILLM] (§ 16, e).

14. Trennung von Beryllium und Thallium.

a) Fällung des Thalliums als $Tl_2CrO_4$ in Gegenwart von Sulfosalicylsäure (MOSER und LIST, vgl. auch § 16).

b) Fällung des Berylliums als Hydroxyd durch Ammoniumnitrit (MOSER und LIST, vgl. auch § 16, e).

c) Es ist zu vermuten, daß die Fällungen des Thalliums mit Thionalid oder als Thioharnstoffperchlorat neben Beryllium in der gleichen Weise ausführbar sind wie z. B. neben Aluminium.

15. Trennung von Gallium, Indium und Thallium.

a) Fällung des Galliums durch Tannin (vgl. Kapitel Gallium, § 1, C), nach Zerstörung des überschüssigen Tannins durch Salpetersäure kann Thallium als $Tl_2CrO_4$ bestimmt werden [MOSER und BRUKL (b)].

b) Fällung des Galliums mit Camphersäure (vgl. Kapitel Gallium, § 1, E); im Filtrat Bestimmung des Thalliums als $Tl_2CrO_4$ (ATO).

c) Fällung des Thalliums als $Tl_2PtCl_6$ (LECOQ DE BOISBAUDRAN).

d) Fällung der Hydroxyde des Galliums und Indiums (LECOQ DE BOISBAUDRAN, BÖTTGER).

e) Eine Fällung des Thalliums als TlJ ist in Anwesenheit von Gallium wenig geeignet (LECOQ DE BOISBAUDRAN).

f) Weitere Trennungsmöglichkeiten bieten die Extraktionsmethoden mit Äther (vgl. § 17).

g) Die Anwendbarkeit der Fällungsmöglichkeiten des Thalliums mittels Thionalid oder als Thioharnstoffperchlorat zur Abtrennung von Gallium und Indium ist wahrscheinlich, sie ist aber nicht geprüft.

16. Trennung von Titan, Zirkonium, Cerium, Thorium und Thallium.

a) Fällung von Ti, Zr, Th mit Ammoniumnitrit (§ 16, e).

b) Fällung des Ceriums als Oxalat (§ 16, g).

c) Fällung des Zirkoniums als Phosphat (BROWNING, SIMPSON und PORTER).

d) Abtrennung des Thalliums durch Extraktion (§ 17).

17. Trennung von Nickel, Kobalt, Zink, Mangan und Thallium.

a) Fällung des Thalliums mit Thionalid (§ 14).

b) Fällung des Thalliums als Thioharnstoffperchlorat (§ 15).

c) Fällung des Thalliums als $Tl_2CrO_4$ (§ 16).

d) Fällung des Thalliums als TlJ [BENRATH, MOSER und BRUKL (a), NISSENSON, CROOKES (a), HILLEBRAND und LUNDELL].

e) Fällung des Thalliums neben großen Zinkmengen durch Abscheidung des Thalliums als $Tl(OH)_3$ mittels $KMnO_4$ in neutraler Lösung. Das gleichzeitig ausfallende Mangandioxydhydrat dient als Spurenfänger für das Thallium; anschließend ist eine Thallium-Mangan-Trennung erforderlich (SLAVIN).

f) Fällung des Nickels, Kobalts, Zinks, Mangans als Carbonat oder Hydroxyd [GEWECKE, NISSENSON, PHIPSON, WILLM; vgl. auch MOSER und BRUKL (a), BENRATH].

g) Fällung des Mangans als $MnNH_4PO_4$ in Anwesenheit von Sulfosalicylsäure [MOSER und BRUKL (a)] (§ 16, f).

h) Fällung des Nickels mit Diacetyldioxim (BENRATH).

18. Trennung der Erdalkalien, einschließlich Magnesium und Thallium.

a) Fällung des Thalliums mit Thionalid (§ 14).

b) Fällung des Thalliums als Thioharnstoffperchlorat (§ 15).

c) Fällung des Thalliums als TlJ (WILLM, BENRATH, HILLEBRAND und LUNDELL).

d) Fällung des Thalliums als $Tl(OH)_3$ mit carbonatfreiem Ammoniak (GEWECKE).

e) Fällung des Thalliums als Thallium(I)-kobaltnitrit (ROBIN).

f) Fällung der Erdalkalien als Sulfate (soweit sie schwer löslich sind) (HILLEBRAND und LUNDELL, BENRATH, WILLM).

g) Fällung der Erdalkalien als Carbonate (GEWECKE).

19. Trennung der Alkalien, einschließlich Ammonium und Thallium.

a) Fällung des Thalliums mit den üblichen Fällungsmitteln (Thionalid, § 14; Thioharnstoff, § 15; Chromat, § 16); auch die Bestimmungen als Jodid (§ 4), als $Tl_2O_3$ (§ 5) und schließlich die Fällung als $Tl_2S$ (WILLM, JÍLEK und LUKAS) sind in Anwesenheit der Alkalien möglich.

b) Fällung des Thalliums mit Silberwismutnitrit in Gegenwart von Kalium und Natrium (ROBIN).

c) Fällung des Thalliums mit Natriumkobalt(III)-nitrit in Gegenwart von Lithium (ROBIN).

d) Trennungsmöglichkeiten bietet ferner die verschiedene Löslichkeit der Platindoppelchloride des Thalliums und der Alkalien (SCHRÖTTER).

e) Fällung des Thalliums als Erdalkali-Thallium-Hexacyanoferrat(II) (GASPAR Y ARNAL).

20. Trennung von Selen und Thallium.

Fällung des Thalliums als Chromat [§ 16, MOSER und BRUKL (a)].

## Literatur.

ALIMARIN, I. P., u. B. N. IWANOW-EMIN: Žurnal prikladnoj Chim. (russ.) **9**, 1130 (1936), zit. nach GMELIN. — ATO, S.: Sci. Pap. Inst. Tôkyô **24**, 273 (1934).

BENEDETTI-PICHLER, A. A., u. W. F. SPIKES: Mikrochem. **19**, 241 (1935/36). — BENRATH, A.: Z. anorg. Ch. **151**, 25 (1926). — BÖTTGER: J. pr. **98**, 27 (1866); Dingl. J. **182**, 140 (1866). — BROWNING, P. E., G. S. SIMPSON u. L. E. PORTER: Am. J. Sci. [4] **42**, 108 (1916). — BRUNER, L., u. J. ZAWADZKI: Z. anorg. Ch. **65**, 139 (1910); Bl. Acad. Crac. **1909**, **II**, 313.

CARNELLY, T.: J. chem. Soc. **26**, 324 (1873); A. **166**, 156 (1873). — CARSTANJEN: J. pr. **102**, 136 (1887). — CERNOTZKY, A.: Fr. **93**, 349 (1933). — CROOKES, W.: (a) Phil. Trans. **153**, 189 (1863); (b) Chem. N. **7**, 109 (1863); (c) Chem. N. **7**, 218 (1863); (d) Chem. N. **7**, 133 (1863). — CUSHMAN, A. S.: Am. Chem. J. **24**, 227 (1900).

EPHRAIM, F., u. P. BARTECZKO: Z. anorg. Ch. **61**, 249 (1909). — EPHRAIM, F.: Z. anorg. Ch. **58**, 354 (1908).

FRESENIUS, C. R.: Anleitung zur quantitativen chemischen Analyse, 17. Aufl., S. 675, 678. Braunschweig 1919.

GASPAR Y ARNAL, T.: An. Españ. **30**, 398 (1932). — GEWECKE, J.: A. **366**, 235 (1909). — GUNNING, J. W.: Chem. N. **17**, 138 (1868).

HAWLEY, L. F.: J. physic. Chem. **10**, 654 (1906); Am. Soc. **29**, 1011 (1907). — HILLEBRAND, F. W., u. G. E. F. LUNDELL: Applied Inorganic Analysis, S. 375. New York u. London 1929. — HÖLEMANN, H.: Z. anorg. Ch. **235**, 11 (1938).

JÍLEK, A., u. J. LUKAS: Coll. Trav. chim. Tchécosl. **1**, 426 (1929).

LAMY, A., u. DES CLOISEAUX: Ann. Chim. Phys. [4] **17**, 344 (1869). — LECOQ DE BOISBAUDRAN: C. r. **95**, 159 (1882). — LOCZKA, J.: Magyar Chem. Folyóirat **3** (1898); durch C. **1898**, **I**, 657.

MONTIGNIE, E.: Bl. [5] **4**, 2085 (1937). — MOSER, L., u. A. BRUKL: (a) M. **47**, 720 (1926); (b) M. **50**, 191 (1928). — MOSER, L., u. F. LIST: M. **51**, 185 (1929). — MOSER, L., u. W. REIF: M. **52**, 346 (1929).

NISSENSON, H.: Die Untersuchungsmethoden des Zinks, in B. M. MARGOSCHES: Die chemische Analyse, Bd. 2, S. 106. Stuttgart 1907. — NORDENSKIÖLD, A. E.: Öfvers. Akad. Stockholm **1866**, 365; Bl. Soc. chim. Paris [2] **7**, 413 (1867). — NOYES, A. A., u. W. C. BRAY: A System of Qualitative Analysis for the Rare Elements, S. 124. New York 1927. — NOYES, A. A., W. C. BRAY u. E. B. SPEAR: Am. Soc. **30**, 516 (1908).

PHIPSON, T.-L.: C. r. **78**, 563 (1872).

ROBIN, P.: J. Pharm. Chim. [8] **18**, 384 (1933). — ROSE, H.: Handbuch der analytischen Chemie, 6. Aufl., Bd. 2, S. 932. 1871. — ROSENHEIM, A., u. A. GARFUNKEL: B. **41**, 2388 (1908).

SCHAEFER, E.: Z. anorg. Ch. **38**, 173 (1904). — SCHOELLER, W. R., u. A. R. POWELL: The Analysis of Minerals and Ores of the Rare Elements, S. 64. London 1919. — SCHRÖTTER, A.: Ber. Wien. Akad. **50**, **II**, 280 (1864). — SLAVIN, M.: Eng. Min. Journ. **134**, 512 (1933). — SPENCER, J. F., u. M. LE PLA: J. chem. Soc. **93**, 859 (1908); Pr. chem. Soc. **24**, 75 (1908). — STAVENHAGEN, A.: J. pr. [2] **51**, 30 (1895). — STORTENBEKER, W.: R. **26**, 252 (1907); Z. Krist. **45**, 416 (1908).

TREADWELL, W. D.: Tabellen zur quantitativen Analyse, S. 89. Leipzig u. Wien 1938.

WADA, I., u. R. ISHII: (a) Sci. Pap. Inst. Tôkyô **24**, 137, 147 (1934); (b) Sci. Pap. Inst. Tôkyô **34**, 789 (1938). — WARREN, H. N.: Chem. N. **55**, 241 (1887). — WERNER, A.: Chem. N. **53**, 51 (1886). — WERTHER, G.: J. pr. **92**, 128 (1864). — WILLM, J. E.: Ann. Chim. Phys. [4] **5**, 89 (1865).

ZIMMER, M.: Diss. Freiburg i. Br. 1902, S. 34.

## Anhang.

# Spezielle Methoden zur Bestimmung des Thalliums in Handelspräparaten und in biologischem Material.

Von K. LANG. Ergänzt von G. RIENÄCKER und H.-G. JERSCHKEWITZ.

### Inhaltsübersicht.



## § 1. Bestimmung des Thalliums in Handelspräparaten.

***Vorbemerkung.*** Die Bestimmung des Thalliums in Handelspräparaten stößt auf keine besonderen Schwierigkeiten, da der Thalliumgehalt dieser für die Bekämpfung von Schädlingen bestimmten Präparate so hoch ist (1, 2 oder mehr Prozent), ferner meist genügend Material zur Verfügung steht, daß die Analyse mit üblichen Methoden erfolgen kann.

Vor der Analyse muß die in den Präparaten enthaltene organische Substanz zerstört werden. BODNÁR und TERÉNYI verkohlen die Masse in flachen Porzellanschalen im elektrischen Ofen oder über der Gasflamme und lösen das Thallium aus der Kohle mit heißer 10- bis 15%iger $H_2SO_4$ als $Tl_2SO_4$ heraus, das sie dann mit Permanganat titrieren. Bei der Verkohlung entstehen jedoch Thalliumverluste. Diesem Umstand tragen BODNÁR und TERÉNYI dadurch Rechnung, daß sie bei ihren Bestimmungen zu den gefundenen Prozenten $Tl_2SO_4$ stets 0,04% als Korrektur hinzurechnen. Besser ist zweifellos die Veraschung auf nassem Wege. MACH und LEPPER, ferner auch DONOVAN veraschen mit Salpetersäure und Schwefelsäure, LEPPER empfiehlt außerdem noch, $NaNO_3$ in kleinen Portionen einzutragen, weil dadurch die Aufschlußdauer erheblich herabgesetzt wird. RIENÄCKER und KNAUEL benutzen ebenfalls mit sehr guten Ergebnissen den nassen Aufschluß nach LEPPER. Nach dem Aufschluß erfolgt die eigentliche Thalliumbestimmung entweder gravimetrisch als TlJ oder $Tl_2CrO_4$, oder maßanalytisch durch Titration mit $KBrO_3$, letztere Methode ist auch im Mikromaßstab bis herab zu wenigen $\gamma$ Tl verwendbar.

Die modernen organischen Fällungsreagenzien, z. B. Thionalid, haben offenbar noch keinen Eingang in die toxikologische oder forensische Praxis gefunden, zweifellos sind sie dazu ganz besonders geeignet und wohl der historischen, aber immer noch üblichen Jodidmethode vorzuziehen.

***Arbeitsvorschrift von* LEPPER.** a) Bestimmung als TlJ. 5 g der gemahlenen Zeliokörner oder der Zeliopaste werden im KJELDAHL-Kolben mit 100 cm³ konzentrierter $HNO_3$ und 10 cm³ konzentrierter $H_2SO_4$ unter Zugabe von Siedesteinchen so lange gekocht, bis die Salpetersäure verjagt ist. Man erhitzt weiter und gibt zu der dunkelgefärbten Lösung in kleinen Anteilen $NaNO_3$, bis die Veraschung beendet, d. h. die Flüssigkeit nur noch schwach gelb gefärbt oder farblos ist. Eine zu heftige Reaktion ist zu vermeiden, da sie zu Thalliumverlusten führen kann. Nach Aufkochen mit 60 bis 70 cm³ $H_2O$ wird mit 25 cm³ 6%iger schwefliger Säure reduziert und das überschüssige $SO_2$ verkocht. Man verdünnt mit Wasser, neutralisiert mit $NH_3$ gegen Rosolsäure, spült in einen 200 cm³ fassenden Meßkolben über, versetzt mit 5 cm³ Eisessig und füllt mit Wasser bis zur Marke auf. Dann wird filtriert. Man erwärmt 100 cm³ des Filtrats auf 80 bis 90° und fällt das Thallium durch Zusatz von 25 cm³ 4%iger KJ-Lösung aus. Nach dem Erkalten wird durch einen Berliner Porzellanfiltertiegel filtriert, mit 1% KJ und 1% Essigsäure enthaltendem Wasser nachgespült, mit wenig 80%igem Aceton ausgewaschen, 30 Min. bei 120 bis 130° getrocknet und gewogen. 1 g TlJ = 0,6169 g Tl.

b) Bestimmung als $Tl_2CrO_4$. Der Aufschluß erfolgt wie unter a) beschrieben. Man spült den Inhalt des KJELDAHL-Kolbens in einen 200 cm³ fassenden Meßkolben über, fügt zur Entfernung der Phosphorsäure 10 cm³ 20%ige Ammoniaklösung, 10 cm³ Eisencitratlösung und 10 cm³ Magnesiamixtur zu, füllt mit Wasser zur Marke auf und schüttelt während einer halben Stunde mehrmals kräftig durch. Bei phosphorsäurearmen Substanzen (z. B. Zeliopaste) ist es vorteilhaft, zur besseren Ausfällung der geringen vorhandenen Phosphatmengen 2 bis 3 Tropfen einer Natriumphosphatlösung zuzusetzen. Man filtriert und versetzt 100 cm³ des Filtrates unter Umrühren mit 25 cm³ 4%iger $K_2CrO_4$-Lösung. Nach ½stündigem Stehen wird der Niederschlag auf einen Berliner Filtertiegel abfiltriert, mit 1%iger $K_2CrO_4$-Lösung nachgespült, mit 80%igem Aceton ausgewaschen, 30 Min. bei 120 bis 130° getrocknet und gewogen.

***Arbeitsvorschrift von* RIENÄCKER *und* KNAUEL.** Geeignete Mengen, z. B. 5 g Giftweizen, werden mit Schwefelsäure-Salpetersäuremischung 1:10 im schräggestellten KJELDAHL-Kolben zunächst vorsichtig und nach Beendigung des anfänglich starken Schäumens kräftig erhitzt. Sobald die Salpetersäure verbraucht ist, wird in die heiße Schwefelsäure $KNO_3$ in kleinen Portionen vorsichtig eingetragen. Nach mehrmaliger Wiederholung dieses Verfahrens ist die verkohlte Substanz entfärbt; nunmehr wird soweit wie möglich abgeraucht. Nach dem Abkühlen wird mit dem 15fachen Volumen Wasser aufgenommen, zur Reduktion 10 Min. lang gekocht und schließlich im Meßkolben aufgefüllt. (Zur Reduktion des 3wertigen Tl genügt diese Behandlung des Aufkochens in saurer Lösung; eine Reduktion mit schwefliger Säure nach LEPPER würde vorhandenes Eisen zur 2wertigen Stufe reduzieren, was bei der nachfolgenden Titration Fehler bedingen würde.) Bei größeren Tl-Mengen füllt man auf 250 cm³ auf, bei sehr geringen Tl-Mengen, z. B. in Leichenteilen, nur auf ein kleineres Volumen. Bei sehr geringem Tl-Gehalt der Probe führt man die Oxydation besser durch Zutropfen von Salpetersäure statt durch Eintragen von Kaliumnitrat zu Ende, da das sich bildende $K_2SO_4$ bei der Titration den Potentialsprung verkleinert. Aliquote Mengen der Probelösung werden nun in etwa 5- bis 8%iger salzsaurer Lösung nach Zusatz von Ammoniumphosphat mit $KBrO_3$ titriert, entweder bei 50 bis 60° unter Endpunktsindikation mit Methylorange oder potentiometrisch bei Zimmertemperatur (nähere Vorschriften siehe Kapitel „Thallium", § 9). Auch sehr kleine Mengen lassen sich so erfassen (vgl. folgenden Abschnitt, § 2).

Literatur.

BODNÁR, J., u. A. TERÉNYI: Fr. **69**, 29 (1926).
DONOVAN, C. G.: J. Assoc. offic. agric. Chem. **22**, 411 (1939).
LEPPER, W.: Fr. **79**, 321 (1930).
MACH, F., u. W. LEPPER: Fr. **68**, 36 (1926).
RIENÄCKER, G., u. G. KNAUEL: Fr. **128**, 459 (1948).

## § 2. Bestimmung des Thalliums in biologischem Material (z. B. in Leichenteilen).

***Vorbemerkung.*** Die Bestimmung des Thalliums in biologischem Material, insbesondere die toxikologische Analyse, stößt häufig auf die Schwierigkeit, das Element noch in außerordentlich geringen Konzentrationen erfassen zu müssen. Bei vielen der bisher beschriebenen Vergiftungsfälle waren im Blut und in vielen Organen so geringe Thalliummengen vorhanden, daß sie mit Sicherheit nur spektrographisch nachweisbar und bestimmbar waren. Aus diesem Grunde empfehlen GORONCY und BERG, ferner VAN CALKER in erster Linie die spektrographische Bestimmung. Hinsichtlich ihrer Durchführung sei auf W. GERLACH, ROLLWAGEN und INTONI, ferner auf PREUSS verwiesen. Größere, auch chemisch-analytisch faßbare Thalliummengen wurden vor allem in Magen, Darm, Leber, Niere und auch im Harn aufgefunden.

Von den chemischen Analysenverfahren erscheinen geeignet zur Bestimmung des Thalliums in biologischem Material die Abscheidung als TlJ, die Reduktion von Tl(III) zu Tl(I) und besonders die Oxydation von Tl(I) zu Tl(III) mit $KBrO_3$.

### A. Bestimmung durch Fällung als Thallium(I)-jodid.

#### 1. Arbeitsvorschrift von KLUGE.

Von anderen, die Bestimmung störenden Elementen wird das Thallium auf Grund der Löslichkeit des Thallium(III)-chlorids in Äther abgetrennt. Die Bestimmung kann gewichtsanalytisch oder bei kleinen Mengen (unter 1 mg) colorimetrisch erfolgen.

a) Gewichtsanalytische Methode. Die zerkleinerten Organe werden in üblicher Weise mit Salzsäure und Kaliumchlorat zerstört. Nach beendeter Aufschließung filtriert man die Flüssigkeit, die viel freies Chlor enthalten soll, von den geringen Resten unzerstörter Substanz durch Glaswolle ab, wäscht mit heißem Wasser nach und bringt das Filtrat je nach der eingesetzten Organmenge auf 100 cm³ oder 250 cm³. 90 cm³ bzw. 225 cm³ Filtrat werden nun 5mal mit Äther ausgeschüttelt. Die abgetrennte wäßrige Flüssigkeit wird mit Chlorgas behandelt und dann noch 2mal mit Äther ausgeschüttelt. Die vereinigten Ätherauszüge werden in einem KJELDAHL-Kolben zur Trockne verdampft. Zur Zerstörung der organischen Substanz versetzt man den Rückstand mit 3 Tropfen konzentrierter Schwefelsäure, erhitzt und gibt so lange konzentrierte Salpetersäure (oder Perhydrol) tropfenweise zu, bis die Flüssigkeit nur noch schwach gelblich gefärbt ist. Nach dem Abkühlen versetzt man mit Wasser und dampft wieder bis fast zur Trockne ein. Der Rückstand wird in Wasser aufgenommen, in ein kleines Glasschälchen übergeführt und auf dem Wasserbad stark eingeengt (bei kleinen Thalliummengen bis auf etwa 0,5 cm³). Man macht mit einigen Tropfen einer 20%igen Ammoniaklösung schwach alkalisch und gibt 20%ige Kaliumjodidlösung im Überschuß zu. Nach Stehen über Nacht wird der Niederschlag auf einen GOOCH-Tiegel filtriert, mit Alkohol gewaschen, bei 100° getrocknet und gewogen. 1 mg TlJ = 0,6169 mg Tl.

b) Colorimetrische Methode. Die wie oben beschrieben in einem Glasschälchen stark eingeengte Lösung wird in ein Zentrifugenglas übergeführt, wobei das Volumen 1 cm³ nicht übersteigen soll. Dann wird mit Ammoniak schwach alkalisiert und mit Kaliumjodidlösung gefällt. Nach Stehen über Nacht, gegebenenfalls noch länger, wird abzentrifugiert und der Niederschlag 2- bis 3mal mit Alkohol unter Zentrifugieren ausgewaschen. Dabei müssen die Flüssigkeitsreste in dem Gläschen nach dem Abgießen jedesmal mit Filtrierpapier abgetupft werden, damit das überschüssige Kaliumjodid entfernt wird. Man zersetzt nun den Thallium(I)-jodid-Niederschlag mit 1 bis 2 Tropfen konzentrierter Schwefelsäure. Dann fügt man 1 $cm^3$ Wasser, 1 bis 3 Tropfen einer 10%igen Natriumnitritlösung und 0,5 $cm^3$ Chloroform zu und schüttelt kräftig durch. Die Flüssigkeit wird in ein Röhrchen von 10 cm Länge und 0,8 cm lichter Weite gegeben. Wenn sich die durch das abgeschiedene Jod rotviolett gefärbte Chloroformschicht abgesetzt hat, wird mit einer Chloroformschicht des gleichen Volumens, die eine bekannte Jodmenge enthält, verglichen.

Die Grenze der colorimetrischen Bestimmbarkeit liegt bei etwa 0,05 mg Thallium.

2. Methode von GORONCY und BERG.

Das organische Material wird mit konzentrierter Schwefelsäure und Salpetersäure aufgeschlossen, auf ein möglichst geringes Volumen eingeengt, mit Wasser verdünnt, mit Sulfid reduziert, mit Ammoniak bis zur bleibenden Trübung versetzt, dann wieder schwach mit Schwefelsäure angesäuert und mit Ammoniumacetat gekocht. Dadurch fallen die hydrolytisch spaltbaren Metallsalze als Hydroxyde aus, während das Thallium in Lösung bleibt. Um aber das Thallium quantitativ zu erhalten, muß man den Niederschlag 1- bis 2mal umfällen. Die vereinigten Filtrate werden auf ein kleines Volumen eingeengt. Nach Zusatz von Kaliumjodidlösung läßt man 24 Std. stehen, zentrifugiert den Niederschlag ab, wäscht ihn zuerst mit kaliumjodidhaltigem Wasser und dann zur Entfernung der Jodide von Silber, Blei und Kupfer mit 0,1 n Thiosulfatlösung aus. Das goldgelb gefärbte Thallium(I)-jodid bleibt übrig und kann gewogen werden.

***Bemerkung von* KÜNKELE.** Die Methode von GORONCY und BERG wird zur Bestimmung sehr kleiner Thalliummengen dahin abgeändert, daß der Niederschlag von Thallium(I)-jodid nicht nach 24 Std., sondern nach mehrtägigem Stehen abzentrifugiert wird. Der Niederschlag wird dann mit einer Skala von Vergleichsniederschlägen verglichen. Die Erfassungsgrenze liegt für 5 $cm^3$ Lösung bei 1 $\gamma$ Tl.

### B. Bestimmung durch Reduktion von $Tl^{\cdot\cdot\cdot}$ zu $Tl^{\cdot}$.

***Arbeitsvorschrift von* FRIDLI.** Die Bestimmung erfolgt maßanalytisch auf Grund der Reaktion: $Tl^{\cdot\cdot\cdot} + 2\,J' = Tl^{\cdot} + J_2$. Das im biologischen Material immer anwesende Eisen wird durch Zusatz von Phosphat unschädlich gemacht.

50 bis 100 g Organ werden fein zerkleinert und in einer Porzellanschale auf dem Wasserbad nach Zusatz von 10 g Natriumhydroxyd so lange erwärmt, bis eine homogene Paste entstanden ist. Dann vertreibt man über freier Flamme zunächst das Wasser und erhitzt darauf, bis alles verascht ist. Die Asche wird zerrieben und nochmals erhitzt. Den Rückstand versetzt man bis zur schwach sauren Reaktion mit 10%iger Schwefelsäure, gibt dann noch 20 $cm^3$ der Schwefelsäure zu und erwärmt 30 Min. auf dem Wasserbad. Man filtriert und bringt das Filtrat auf genau 200 $cm^3$. Das Filtrat wird mit 10 g $Na_2HPO_4 \cdot 12\,H_2O$ und 20 $cm^3$ 50%iger Phosphorsäure versetzt. Man oxydiert nun das Thallium mit Bromwasser und beseitigt dessen Überschuß durch Zusatz von 2 $cm^3$ einer 5%igen Phenollösung. Die Titration erfolgt wie in § 9 beschrieben. Nach der Titration wird das ausgefallene Thallium(I)-jodid abfiltriert und mit Königswasser gelöst. Man verdampft die Lösung auf dem Wasserbad und kann mit dem Rückstand weitere Reaktionen zur Identifizierung des Thalliums vornehmen.

***Arbeitsvorschrift von* Shaw.** Das bei der Reaktion $Tl^{\cdot\cdot\cdot} + 2 J' = Tl^{\cdot} + J_2$ frei werdende Jod wird colorimetrisch bestimmt. Zur Abtrennung von etwaigen anderen störenden Elementen wird das Thallium zunächst in Thallium(III)-chlorid übergeführt, das sich ausäthern läßt.

Man maceriert die Organe mit 1:1 verdünnter Salzsäure, erhitzt die Masse auf dem Wasserbad und fügt Kaliumchlorat in kleinen Anteilen so lange hinzu, bis die organische Substanz zerstört ist. Nach dem Abkühlen wird vom unzerstörten Fett abfiltriert, bis zur beginnenden dunklen Verfärbung eingedampft und in einen Scheidetrichter übergeführt. Nach Zusatz von überschüssigem Chlorwasser schüttelt man 2mal mit je 50 $cm^3$ Äther aus. Man verdampft die Ätherextrakte zur Trockne, versetzt den Rückstand mit 15 $cm^3$ Wasser, einigen Tropfen konzentrierter Salzsäure und 2 $cm^3$ konzentrierter Schwefelsäure und erhitzt bis zum Auftreten von Schwefelsäurenebeln. Durch Zutropfen von konzentrierter Salpetersäure wird die organische Substanz völlig zerstört. Nach dem Abkühlen versetzt man mit 30 $cm^3$ 15%iger Ammoniumchloridlösung, verdampft über freier Flamme zur Trockne und nimmt den Rückstand in 20 $cm^3$ Wasser auf. Zu dieser Lösung (oder einem aliquoten Teil derselben) fügt man 50 $cm^3$ einer Mischung von 100 $cm^3$ konzentrierter Salzsäure, 100 g sekundärem Natriumphosphat und 900 $cm^3$ gesättigtem Bromwasser hinzu und kocht 3 Min. kräftig über freier Flamme. Die Lösung wird dann in einen Scheidetrichter übergeführt, auf etwa 60 $cm^3$ verdünnt und mit 5 $cm^3$ 0,2%iger Kaliumjodidlösung und 20 $cm^3$ Schwefelkohlenstoff versetzt. Man schüttelt etwa ½ Min. kräftig durch und colorimetriert dann die violettrote Schwefelkohlenstoffphase gegen eine genau gleich behandelte Standardlösung.

***Bemerkung.*** Haddock benutzt zur Bestimmung sehr kleiner Thalliummengen (5 bis 200 $\gamma$) die Colorimetrie der Jodstärke-Färbung. Das Thallium wird von störenden Elementen durch Ausschütteln mit Dithizon in Chloroform abgetrennt.

## C. Bestimmung durch Oxydation von Tl˙ zu Tl˙˙˙.

***Methode von* Rienäcker *und* Knauel.** Der Aufschluß erfolgt im wesentlichen in der in § 1 angegebenen Weise. Da es sich meist um sehr geringe Thalliummengen handeln wird, füllt man im Meßkolben nicht mit Wasser, sondern mit 20- bis 25%iger Salzsäure auf, um ein zu großes Titrationsvolumen durch nachträgliches Hinzufügen der notwendigen Säure zu vermeiden. Calciumsulfat, welches sich beim Aufschluß von Skeletteilen abscheidet, stört die Bestimmung in keiner Hinsicht und braucht nicht entfernt zu werden. Die Bestimmung des Thalliums nach Aufschluß erfolgt durch potentiometrische Mikrotitration in salzsaurer Lösung (20 bis 25% HCl) unter Zusatz von 100 mg Ammoniumphosphat in einem Volumen von 5 bis 6 $cm^3$ mit 0,001 n $KBrO_3$ bei Zimmertemperatur. Erfassungsgrenze etwa 5 $\gamma$ Tl. Bei größeren Tl-Mengen kann selbstverständlich die normale Titration mit $KBrO_3$ ohne weiteres angewandt werden (Vorschriften siehe Kapitel „Thallium“, § 9). Rienäcker und Knauel bestimmten nach der Mikromethode Thalliummengen bis herunter zu wenigen $\gamma$ in Organen thalliumvergifteter Tiere.

***Methode von* Schee.** Die Organe werden in üblicher Weise durch Behandeln mit Kaliumchlorat und Salzsäure verascht. Man macht ammoniakalisch und fällt Thallium und das in biologischem Material stets anwesende Eisen mit Ammoniumsulfid. Zur Abtrennung des Eisens glüht man den Niederschlag, wodurch das Eisen in unlösliches Oxyd, das Thallium in das leicht wasserlösliche $Tl_2SO_4$ überführt werden. Der Glührückstand wird mit Wasser extrahiert, das Tl durch Zugabe von $K_3[Fe(CN)_6]$-Lösung und Kalilauge als $Tl(OH)_3$ ausgefällt, abfiltriert und das Filtrat nach Zusatz von verdünnter $H_2SO_4$ mit 0,01 n $KMnO_4$ titriert. Schee bestimmte mit diesem Verfahren Tl-Mengen bis herunter zu wenigen Milligramm in Organen thalliumvergifteter Tiere.

### D. Bestimmung als Thallium(I)-sulfid.

***Methode von* Stich.** Die Organe werden trocken verascht. Man nimmt die Asche in heißer verdünnter Schwefelsäure auf und bringt die Lösung mit Wasser auf ein bestimmtes Volumen. Ein aliquoter Teil wird mit KOH alkalisch gemacht, mit Wasser verdünnt und mit Natriumsulfidlösung versetzt. Die durch kolloidal gelöstes $Tl_2S$ schwarz gefärbte Lösung wird dann gegen eine in genau gleicher Weise hergestellte Standardlösung colorimetriert. Voraussetzung ist die Abwesenheit aller anderen unter den angegebenen Bedingungen gefärbte Sulfide liefernden Metalle (vgl. auch Kapitel ,,Thallium", § 11, G).

### E. Colorimetrische Bestimmung als Dithizonkomplex.

***Methode von* Baumbach.** Die Methode ist hauptsächlich zur Bestimmung in pharmazeutischen Präparaten entwickelt worden, läßt sich aber zweifellos auch auf biologisches Material anwenden. Zur salpetersauren Lösung der Probe werden entsprechend der im Kapitel ,,Thallium", § 17, B gegebenen Vorschrift Ammoniumcitrat, KCN und Hydroxylaminchlorhydrat gegeben, die mit Ammoniak alkalisch gemachte Probe wird dann so lange mit Dithizon (12 mg/l $CHCl_3$) ausgeschüttelt, bis dieses seine ursprüngliche Farbe behält. Die vereinigten Auszüge werden mit 1%iger $HNO_3$ geschüttelt und das $CHCl_3$ abgetrennt. Die saure Lösung wird nochmals mit 5 $cm^3$ Dithizon-Chloroformlösung und 4 $cm^3$ Ammoniumcyanidmischung 30 Sek. lang geschüttelt und dann mit ebenso behandelter Standardlösung bekannter Konzentration verglichen. Blei und Wismut stören, vgl. Kapitel ,,Thallium", § 11, D. Gehalte von $10^{-4}$% Tl in pharmazeutischen Präparaten waren so erfaßbar.

### Literatur.

Baumbach, K.: Ind. eng. Chem. Anal. Edit. **12**, 63 (1940); durch C. **1940**, **I**, 3957.
Calker, van: Arch. Gewerbepathol. u. Gewerbehyg. **7**, 685 (1937).
Fridli, F.: Dtsch. Z. gerichtl. Med. **15**, 478 (1930).
Gerlach, Wa., W. Rollwagen u. R. Intony: Virchows Arch. **301**, 588 (1938). — Goroncy u. R. Berg: Dtsch. Z. gerichtl. Med. **20**, 215 (1933).
Haddock, L. A.: Analyst **60**, 394 (1935).
Kluge, H.: Z. Lebensm. **76**, 158 (1938). — Künkele, F.: Ch. Z. **62**, 49 (1938).
Preuss, E.: Bio. Z. **320**, 258 (1950); durch C. **1951**, **I**, 1783.
Rienäcker, G., u. G. Knauel: Fr. **128**, 459 (1948).
Schee, J.: Beitr. gerichtl. Med. **7**, 14 (1928). — Shaw, P. A.: Ind. eng. Chem. Anal. Edit. **5**, 93 (1933). — Stich, C.: Pharm. Z. **74**, 27 (1929).

# Nachtrag zu den Kapiteln Gallium, Indium, Thallium.

## Vorbemerkung.

Die analytische Chemie der Elemente Gallium, Indium und Thallium ist in den letzten Jahren um einige wertvolle Methoden bereichert worden. Eine Reihe bekannter Verfahren wurde verbessert, modifiziert oder speziellen Problemen angepaßt. Infolge der Verzögerung des Erscheinens dieses Bandes werden diese Arbeiten in einem Nachtrag berücksichtigt[1].

Die komplexometrische Methode konnte zur Bestimmung dieser Elemente herangezogen werden. Für die maßanalytische Bestimmung von Gallium und Indium ist damit eine neue, den bisherigen Titrationsverfahren überlegene Bestimmungsmethode geschaffen worden. Die Anwendung von Ionenaustauschern auf bestimmte Probleme dürfte manches ältere Trennungsverfahren mit Erfolg ersetzen.

Diese in der analytischen Chemie des Galliums, Indiums und Thalliums neuartigen Methoden werden ausführlicher behandelt.

Die an bekannten Methoden erreichten Verbesserungen sowie speziellere Verfahren werden in Form von Bemerkungen zu den entsprechenden Paragraphen des Hauptteiles berücksichtigt.

## Inhaltsübersicht.



[1] In diesem Nachtrag wurde die in den Chemical Abstracts 1950 bis 1955 referierte Literatur berücksichtigt.

# Gallium.

## Bestimmung des Galliums mit Pyrrolidindithiocarbaminat nach GEILMANN, BODE und KUNKEL.

**Vorbemerkung.** Pyrrolidindithiocarbaminat bildet mit Gallium unter bestimmten Bedingungen eine schwerlösliche Verbindung, die zur Bestimmung des Galliums herangezogen werden kann. Die Fällung muß in einem engbegrenzten $p_H$-Bereich vorgenommen werden, außerhalb desselben tritt entweder Zersetzung des Fällungsmittels ein, oder die Löslichkeit des Niederschlages ist zu hoch. Die optimalen Bedingungen liegen bei $p_H$ 3 bis 4,5. Das Fällungsreagens ist wenig selektiv, so daß Fremdelemente vorher abgetrennt werden müssen; Aluminium — ein häufiges Begleitelement des Galliums — stört unter gewissen Bedingungen nicht.

Die Bestimmung größerer Galliummengen erfolgt gravimetrisch, sehr kleine Galliummengen werden mit Vorteil nephelometrisch erfaßt.

### 1. Gravimetrische Galliumbestimmung.

**Reagenzien.** Fällungsreagens: 200 bis 250 mg Natriumpyrrolidindithiocarbaminat werden in 10 $cm^3$ Wasser gelöst[1]; Acetatpufferlösung: 50 $cm^3$ n NaOH, 100 $cm^3$ n Essigsäure werden zu 500 $cm^3$ mit bidestilliertem Wasser aufgefüllt; Indicatorpapier für den $p_H$-Bereich 3,2 bis 4,7; Waschflüssigkeit: 0,3- bis 0,5%ige Lösung des Fällungsreagenses, der auf je 10 $cm^3$ einige Tropfen Essigsäure und 1 $cm^3$ Pufferlösung zugesetzt werden ($p_H$ etwa 4).

***Arbeitsvorschrift.*** Die möglichst neutrale Galliumlösung, die nicht mehr als 5 mg Ga als Chlorid oder Sulfat enthalten soll, wird mit einer ausreichenden Menge Weinsäure (für 1 mg Ga etwa 25 mg) versetzt und nach Zugabe von 2 bis 5 $cm^3$ Pufferlösung auf $p_H$ 3,8 bis 4 gebracht. Es wird auf 20 $cm^3$ verdünnt, auf 65° erwärmt und unter ständigem Umrühren mit dem Fällungsreagens versetzt, bis die Lösung etwa 0,3 bis 0,5% des letzteren enthält. Man rührt bis zum Zusammenballen des Niederschlages und filtriert durch einen Porzellanfiltertiegel. Es wird 3- bis 5mal mit einigen $cm^3$ der Waschflüssigkeit, dann 2mal mit kaltem Wasser gewaschen, bei 110 bis 120° C getrocknet und gewogen. Umrechnungsfaktor auf Ga: 0,13713 (log = 0,13713 — 1).

***Bemerkungen.* I. Genauigkeit.** Der relative Fehler beträgt etwa $\pm 0{,}5\%$, auch bei Variation des Fällungsvolumens, Pufferzusatzes usw., bei Ga-Mengen von 0,5 bis 10 mg.

**II. Einfluß anderer Bestandteile.** Neutralsalze in hoher Konzentration [z. B. 1 g Natriumtartrat, mehr als 2 g NaCl, $NH_4Cl$, $(NH_4)_2SO_4$, $K_2SO_4$] verursachen erhebliche Fehler. Obwohl Al kein entsprechendes Carbaminat bildet, ist die Fällung neben größeren Aluminiummengen nicht möglich, da der dann notwendige hohe Tartratzusatz die Neutralsalzkonzentration unzulässig erhöht. In einem Volumen von 20 $cm^3$ sind 20 bis 50 mg Al noch zulässig.

Von den meisten in Frage kommenden Elementen muß Gallium vor der Bestimmung abgetrennt werden. Hierfür wird die Kombination von Ätherextraktion (vgl. S. 33) und Ausschüttelung der Diäthyldithiocarbaminate der Fremdmetalle mittels Tetrachlorkohlenstoff oder Chloroform vorgeschlagen. Eine ausführliche Arbeitsvorschrift für die Analyse von Mineralien und technischen Produkten ist in der Originalarbeit zu finden.

### 2. Nephelometrische Bestimmung.

**Reagenzien.** Vgl. unter 1.; ferner: Filtrierte Lösung von 50 mg Gummi arabicum in 50 $cm^3$ heißem, doppelt destilliertem Wasser.

---

[1] Darstellung des Reagenses siehe K. GLEU u. R. SCHWAB: Angew. Ch. **62**, 320 (1950).

***Arbeitsvorschrift.*** Die möglichst neutrale $GaCl_3$-Lösung wird in einer 10 $cm^3$-Reagensglasküvette mit 50 mg Weinsäure, 0,5 $cm^3$ Gummi arabicum-Lösung und 2 $cm^3$ Pufferlösung versetzt. Man stellt den $p_H$-Wert auf 3 bis 4 durch Zusatz von verdünnter HCl- oder Sodalösung ein, versetzt mit 1 $cm^3$ der Lösung des Fällungsreagenses, füllt zur Marke auf und mischt durch dreimaliges Umkehren des verschlossenen Glases. Innerhalb von 20 Min. wird die nephelometrische Messung gegen Wasser bzw. das Reagensgemisch unter Verwendung eines Blaufilters ausgeführt[1]. Die Auswertung erfolgt mittels unter gleichen Bedingungen aufgenommener Eichkurven.

***Bemerkungen.*** **I. Genauigkeit.** Der Fehler betrug bei Ga-Mengen von 10 bis 130 $\gamma$ maximal $\pm 8\%$, meistens weniger.

**II. Einfluß anderer Bestandteile.** Es gilt im wesentlichen das unter a) Gesagte. 30 mg Al sind zulässig, Spuren von Fe stören sehr stark.

## Titration kleiner Galliummengen mit Kaliumhexacyanoferrat(II) unter Verwendung von Redoxindicatoren nach BELCHER, NUTTEN und STEPHEN.

**Vorbemerkung.** Der Endpunkt der Fällungstitration des Galliums mit Kaliumhexacyanoferrat(II) kann mit Hilfe des Redoxsystems $[Fe(CN)_6]^{----}/[Fe(CN)_6]^{---}$ potentiometrisch (vgl. S. 21) oder durch Redoxindicatoren erkannt werden. Geeignet sind 3,3'-Dimethylnaphthidin bzw. 3,3'-Dimethylnaphthidindisulfonsäure. Die Methode ist für kleine Galliummengen gut geeignet, sie führt schneller zum Ziel als die potentiometrische Methode, bei der sich die langsame Potentialeinstellung störend bemerkbar macht.

**Reagenzien.** Für Ga-Mengen von 1 bis 3 mg wird eine 0,0075 molare $K_4[Fe(CN)_6]$-Lösung verwendet; $K_3[Fe(CN)_6]$-Lösung 0,5%ig; Indicatorlösungen: 3,3'-Dimethylnaphthidin in 0,2%iger alkoholischer Lösung oder 3,3'-Dimethylnaphthidindisulfonsäure in 0,2%iger Lösung, hergestellt durch Lösen der Substanz in einem kleinen Überschuß von Ammoniak, Verkochen dieses Überschusses und Verdünnen mit Wasser.

***Arbeitsvorschrift.*** Zu je 1 $cm^3$ der etwa 0,01 m Ga-Lösung werden 5 $cm^3$ 50%iges Äthanol sowie 1 Tropfen der $K_3[Fe(CN)_6]$-Lösung und 2 Tropfen Indicatorlösung hinzugefügt. Die Ga-Lösung soll schwach sauer, etwa 0,05 n an HCl, sein. Es wird schnell bis zum Verblassen der anfangs roten Farbe der Lösung titriert, dann tropfenweise unter Umschütteln bis zum Farbumschlag nach Blaßgrün.

***Bemerkung.*** Ga-Mengen von 0,75 bis 2,94 mg wurden mit einem durchschnittlichen Fehler von $\pm 0{,}25\%$ bestimmt.

## Komplexometrische Titration des Galliums.

**Allgemeines.** Gallium kann mit Komplexon III (Dinatriumäthylendiamintetraacetatdihydrat) maßanalytisch bestimmt werden[2]. Eine direkte Titration gegen Eriochromschwarz T als Indicator ist nicht möglich (FLASCHKA und ABDINE). Die Beständigkeit des Gallium-Erio T-Komplexes ist so gering, daß ein scharfer Endpunkt nicht erhalten wird. Wird jedoch eine Galliumlösung mit einem Überschuß von Komplexon III-Lösung versetzt, so kann der durch Galliumion nicht verbrauchte Anteil des Komplexons mit geeigneten Metallsalzmaßlösungen unter Verwendung von Eriochromschwarz T und einiger anderer Indicatoren zurückgemessen werden.

---

[1] Z. B. mit dem lichtelektrischen Colorimeter nach B. LANGE, Filter B. G. 12.

[2] Allgemeines über komplexometrische Titrationsverfahren siehe z. B. H. FLASCHKA: Fortschr. chem. Forschung **3**, 253 (1955).

Eine andere Indikationsart wird von MILNER vorgeschlagen. Galliumion bildet mit Gallocyanin einen blauen Farblack, der gegen Komplexon III nicht beständig ist infolge des Entzuges von Galliumion unter Bildung der Komplexonverbindung des Galliums.

Eine dritte Möglichkeit der Endpunktserkennung fand PÁTROVSKÝ. Morin bildet mit Galliumion eine fluorescierende Komplexverbindung, die weniger stabil ist als das Galliumkomplexonat. Im Äquivalenzpunkt verschwindet die Fluorescenz, da dann nur freies Morin vorliegt, während alles Galliumion an Komplexon gebunden ist.

1. Komplexometrische Mikrotitration nach FLASCHKA und ABDINE.

**Vorbemerkung.** Wird eine Galliumlösung mit einem Überschuß von Komplexon III-Lösung versetzt, so kann der nicht mit Gallium reagierende Anteil mit geeigneten Metallsalzlösungen zurückgemessen werden. Im einzelnen bestehen folgende Möglichkeiten:

a) Rücktitration mit Zinklösung gegen Erio T.

b) Rücktitration mit Bleilösung gegen Erio T.

c) Rücktitration mit Zinklösung unter Verwendung des Hexacyanoferrat(II)-Hexacyanoferrat(III)-3, 3'-Dimethylnaphthidin-Indicatorsystems.

Diese Indikationsweise gründet sich darauf, daß das Redoxpotential des Systems $[Fe(CN)_6]^{----}/[Fe(CN)_6]^{---}$ sprunghaft ansteigt, sobald Fällung von Zinkhexacyanoferrat(II) durch überschüssiges freies Zinkion eintritt, was ein Umschlagen des Redoxindicators 3, 3'-Dimethylnaphthidin bewirkt.

d) Rücktitration mit Kupferlösung gegen Murexid.

e) Rücktitration mit Kupferlösung gegen PAN-Indicator [1-(2-Pyridyl-azo)2-naphthol].

Einige dieser Methoden sind auch bei Anwesenheit von Fremdionen anwendbar. 1 $cm^3$ 0,01 m Komplexon III-Lösung entspricht 0,6972 mg Ga (log = 0,84336–1).

**Reagenzien.** 0,01 m Komplexon III-Lösung, 0,01 m Lösungen von Zink, Kupfer und Blei; $p_H$ 10-Pufferlösung, hergestellt durch Auflösen von 13,5 g $NH_4Cl$ p. a. und 88 $cm^3$ konzentrierten Ammoniak zu 250 $cm^3$ Gesamtvolumen mit bidestilliertem Wasser; $p_H$ 5-Pufferlösung, hergestellt durch Lösen von 27,22 g kristallisiertem Natriumacetat und 60 $cm^3$ n HCl zu 1 l mit bidestilliertem Wasser; Indicatoren: Eriochromschwarz T, mit NaCl p. a. im Verhältnis 1 : 400 verrieben; Murexid, mit NaCl p. a. im Verhältnis 1 : 200 verrieben, 3, 3'-Dimethylnaphthidin, 1%ige Lösung in Eisessig; Kaliumhexacyanoferrat(II)-Lösung, 0,1%ig, täglich frisch zu bereiten (der Gehalt an Hexacyanoferrat(III) reicht für das Einspielen des Indicatorsystems aus); 0,1%ige methanolische Lösung von 1-(2-Pyridyl-azo)2-naphthol (PAN-Indicator); 1%ige wäßrige Lösung von Ascorbinsäure, frisch zu bereiten.

***Arbeitsvorschriften.*** a) Rücktitration mit Zinklösung. Die schwach saure Probelösung wird mit einem gemessenen Überschuß der Komplexonlösung, 3 bis 4 Tropfen $p_H$ 10-Pufferlösung und 3 bis 4 Spatelspitzen Ammoniumchlorid versetzt und mit Wasser auf 50 bis 80 $cm^3$ verdünnt. Es wird Erio T-Indicator bis zur Blaufärbung zugegeben, mit Zinkmaßlösung bis zum Umschlag nach Rot und wiederum mit Komplexon bis eben zum Umschlag nach Blau titriert.

b) Rücktitration mit Bleilösung. Es wird wie unter a) verfahren unter Verwendung einer Bleinitratlösung.

c) Rücktitration mit Zinklösung gegen 3,3'-Dimethylnaphthidin. Die schwach saure Probelösung wird mit einem gemessenen Überschuß Komplexonlösung und 5 $cm^3$ $p_H$ 5-Pufferlösung versetzt und mit Wasser auf 50 bis 80 $cm^3$ verdünnt. Nach Zugabe von je 1 Tropfen Kaliumhexacyanoferrat(II)-lösung und 3,3'-Dimethylnaphthidinlösung wird mit Zinklösung bis zum Erscheinen einer leichten Violettfärbung titriert. Als Indicatorkorrektur sind vom Verbrauch an Zinklösung 0,05 cm³ abzuziehen. Die Indicatorkorrektur ist entbehrlich, wenn mit Komplexon sehr langsam auf eben Gelb zurücktitriert wird.

d) Rücktitration mit Kupferlösung gegen Murexid. Die schwach saure Probelösung wird mit einem gemessenen Überschuß Komplexonlösung versetzt und gegen sehr wenig Methylrot neutralisiert. Es werden 1 bis 2 Tropfen $p_H$ 10-Pufferlösung hinzugefügt und auf 50 bis 80 cm³ verdünnt. Nach Zugabe von Murexidindicator bis zur kräftigen Violettfärbung titriert man mit Kupferlösung auf rein Gelb und nimmt mit Komplexonlösung auf eben Violett zurück. Erfolgt bei größeren Galliummengen der Umschlag zögernd, so ist etwas stärker zu puffern.

e) Rücktitration mit Kupferlösung gegen PAN-Indicator. Die mit einem gemessenen Überschuß von Komplexonlösung versetzte Probelösung wird nötigenfalls neutralisiert, wie üblich verdünnt und mit 3 Tropfen Eisessig angesäuert. Nach Zusatz von PAN-Indicator wird mit Kupfermaßlösung auf Violett titriert und mit Komplexon langsam auf eben rein Gelb zurückgenommen.

***Bemerkungen.*** **I. Einfluß von Fremdionen.** Die Methode b) und e) kann bei Gegenwart von Ca und Mg ohne weiteres angewendet werden. Das unter b) genannte Verfahren eignet sich für die Titration des Galliums neben Fremdionen, welche mit Cyanidion maskiert werden können. Beträchtliche Mengen Cu und Ni können durch Zusatz von KCN maskiert werden, Zn und Cd benötigen einen großen KCN-Überschuß, so daß die Zinkmenge 20 bis 30 mg nicht überschreiten soll; auch Co soll nicht in zu großer Menge anwesend sein. Zur Maskierung von Eisen verfährt man so: Die Probelösung wird auf $p_H$ 2 bis 3 gebracht und durch tropfenweisen Zusatz frisch bereiteter Ascorbinsäurelösung reduziert. Man setzt 1 bis 2 Tropfen im Überschuß hinzu und neutralisiert mit Ammoniak bis zur Verfärbung der Lösung. Nach Zugabe von genügend KCN wird erwärmt, bis die Lösung rein gelbe Farbe annimmt. Nach Verdünnen auf das übliche Volumen wird mit einigen Spatelspitzen Ammoniumchlorid versetzt und wie beschrieben titriert. Eine etwa auftretende Trübung von Galliumhexacyanoferrat(II) ist bedeutungslos, sie verschwindet bei Zugabe der Komplexonlösung.

In den Fällen, in denen zur Maskierung größere Cyanidmengen angewendet werden müssen, kann durch die damit verbundene Erhöhung des $p_H$-Wertes eine Störung auftreten, die sich durch langsames Verschwinden der Rotfärbung im Endpunkt kundgibt. Durch Erhöhung des Ammoniumchloridzusatzes ist sie leicht zu beseitigen.

**II. Genauigkeit.** Beleganalysen für Titrationen reiner Ga-Lösungen nach den Methoden a) bis d) mit Galliummengen von 0,2 bis 1,6 mg zeigen relative Fehler von durchschnittlich weniger als 1%. Die gleiche Genauigkeit wird bei Titrationen nach Verfahren b) in Gegenwart von Fremdionen erreicht. Es wurden z. B. angewendet bei Ga-Mengen von 1,4 mg: 18 bis 185 mg Ni, 4 bis 16 mg Co, 10 bis 28 mg Zn, 11 bis 57 mg Cu, 8 bis 18 mg Fe.

**III. Allgemeines.** Über die nähere theoretische Begründung der einzelnen Verfahren siehe die Originalarbeit.

### 2. Komplexometrische Titration nach Milner mit Gallocyanin als Indicator.

***Arbeitsvorschrift.*** Die Probelösung wird mit 10 cm³ Eisessig und soviel Ammoniak versetzt, bis ein $p_H$-Wert von 2,8 erreicht ist (Kontrolle mit einem $p_H$-Meßgerät). Es werden 5 Tropfen der Indicatorlösung, die man durch Lösen von 0,1 g Gallocyanin in 10 cm³ Eisessig erhält, hinzugefügt. Man rührt kräftig, um die Bildung des blauen Farblackes zu beschleunigen, und titriert unter Rühren mit einem Glasstab, bis die Farbe völlig nach Rot umgeschlagen ist. Für Galliummengen größer als 2 mg wird eine 0,02 m Lösung, für kleinere Mengen eine 0,002 m Komplexonlösung benutzt. Das Endvolumen soll 50 bis 100 cm³ betragen. 1 cm³ 0,02 m Komplexon III-Lösung entspricht 1,3944 mg Ga (log = 0,14438).

***Bemerkung.*** Für Galliummengen von 1 bis 46 mg betrug der Fehler durchschnittlich 0,5%, für kleinere Galliummengen war er erheblich größer; in allen Fällen wurde zuviel Ga gefunden.

Angaben über Störung durch andere Ionen liegen nicht vor, die Methode ist aber sicher wenig selektiv.

3. Komplexometrische Titration nach PÁTROVSKÝ mit Morin als Fluorescenzindicator.

**Reagenzien.** 0,01 m Komplexon III-Lösung; Indicatorlösung: 0,1%ige Lösung von Morin in 96%igem Äthanol; Natriumfluoboratlösung, bereitet durch Lösen von 1,8 g kristallisiertem Borax und 3,2 g Natriumfluorid in Wasser zu 100 $cm^3$.

***Arbeitsvorschrift.*** Die zu titrierende Lösung, etwa 40 bis 60 $cm^3$, wird mit 2 g Natriumchlorid, 2 g Natriumacetat, 1 $cm^3$ Eisessig und 0,5 $cm^3$ Morin-Indicatorlösung versetzt und mit Komplexon III-Lösung im UV-Licht bis zum Verschwinden der Fluorescenz titriert. 1 $cm^3$ 0,01 m Komplexon III-Lösung entspricht 0,6972 mg Ga (log = 0,84336—1).

Die Titration kann in Gegenwart der 10fachen Aluminium- und der 5fachen Eisenmenge ausgeführt werden, wenn man diese Fremdionen durch Zusatz von 2 bis 3 $cm^3$ Natriumfluoboratlösung maskiert.

Die Titration kann zur Bestimmung des Galliums in Bauxit und in Silicaten dienen, wenn der große Überschuß der Fremdionen durch Ausäthern des Galliums entfernt wird. Die geringen in den Ätherextrakt gehenden Mengen von Fe und Al sind dann wie angegeben maskierbar. Näheres siehe in der Originalarbeit.

***Bemerkungen.*** **I. Genauigkeit.** Galliummengen von 0,6 bis 5 mg konnten in fremdionenfreier Lösung mit einem Fehler von etwa $\pm 1\%$ bestimmt werden; bei Anwesenheit von Al und Fe traten größere, stets positive Fehler auf.

**II. Einfluß anderer Bestandteile.** Die Titration wird durch fast alle Fremdionen, mit Ausnahme der Alkalimetalle gestört; im übrigen vgl. oben.

## Fluorometrische Bestimmung kleiner Mengen Gallium nach BRADACS, FEIGL und HECHT.

**Vorbemerkung.** Gallium bildet in salzsaurer Lösung mit Kupferron und Morin einen gelblichweißen Niederschlag einer Komplexverbindung nicht näher bekannter Konstitution. Der Niederschlag ist in Chloroform löslich, die Lösung zeigt eine gelbgrüne Fluorescenz mit Emissionsbanden bei 490 bis 580 m$\mu$, deren Intensität unter Einhaltung gewisser Bedingungen eine lineare Funktion der anwesenden Galliummenge ist. Die Messung der Fluorescenzintensität erfolgt unter Anregung mit UV-Licht in einem Fluorometer[1].

Das Verfahren eignet sich zur Bestimmung sehr kleiner Galliummengen in Mineralien, Wässern usw. Der fluorometrischen Endbestimmung geht in derartigen Fällen eine Ätherextraktion voraus, um den größten Teil der Fremdionen abzutrennen.

**Reagenzien.** 6%ige wäßrige Lösung von Kupferron, 0,2%ige methanolische Lösung von Morin; Chloroform, 2mal destilliert.

***Arbeitsvorschrift.*** Die auf übliche Weise erhaltene Lösung des zu untersuchenden Materials wird mittels eines Silberreduktors reduziert, sofern Eisen(III)-ion anwesend ist. Die Lösung wird sodann 6 n an HCl gemacht (durch Titration einer Probe kontrollieren) und mit 8 $cm^3$ gesättigter Titan(III)-chloridlösung versetzt, um Reoxydation auszuschließen. Man läßt über Nacht stehen und extrahiert in einem Extraktionsapparat mit 250 $cm^3$ frisch destilliertem, mit 6 n HCl durchgeschüttel-

[1] Die Verfasser der Originalarbeit verwendeten das Fluorometer der Fa. Kipp en Zonen, Delft, Holland.

tem Äther 6 Std. lang. Nach Abdestillieren des Äthers wird der Rückstand mit 3 n HCl aufgenommen und zu neuerlicher Reduktion mit etwas Kaliumhypophosphit versetzt. Nach Auffüllen im Meßkolben zu einem passenden Volumen werden für Parallelbestimmungen je 1 $cm^3$ der Lösung mit 1 $cm^3$ 2 n HCl und 2 $cm^3$ Wasser verdünnt. Es werden 10 Tropfen Kupferronlösung und 2 Tropfen Morinlösung hinzugefügt und eine bestimmte, stets gleich lange Zeitspanne geschüttelt. Sodann wird mit 6 $cm^3$ Chloroform ausgeschüttelt und nach 3 Min. die Fluorescenzintensität mittels des Fluorometers gemessen. Der Galliumgehalt ergibt sich durch Vergleich der Emissionswerte mit denen eines Chloroformextraktes von reiner Galliumlösung bekannten Gehaltes.

***Bemerkungen.*** **I. Genauigkeit.** Modellversuche ergaben bei Galliummengen von 1 bis 6 $\gamma$ einen Fehler von $-6$ bis $-8$%; es ist zweckmäßig, das Ergebnis mit dem Faktor 1,075 zu multiplizieren.

**II. Einfluß anderer Bestandteile.** Die Modellversuche wurden ausgeführt mit einer Lösung, die folgende Fremdelemente enthielt: 0,1 mg Gallium neben 1000 mg Al, 500 mg Fe, 500 mg Zn, 50 mg U, 20 mg Be, 20 mg Zr, je 10 mg Mo, W, V, 1 mg Au in Form geeigneter Salze, gelöst unter Zugaben von 200 $cm^3$ konzentrierter HCl zu 1 Liter. 10 bis 40 $cm^3$ der Testlösung, entsprechend 1 bis 4 $\gamma$ Ga, wurden nach obiger Arbeitsvorschrift analysiert; die angegebenen Fehler beziehen sich auf diese Messungen. Störungen durch geringe Mengen etwa in den Ätherextrakt gelangender Fremdionen traten nicht auf.

Es ist zu beachten, daß alle Geräte, insbesondere Glashähne, fettfrei gehalten werden müssen, um Störungen durch die UV-Fluorescenz der Fette zu vermeiden.

**III. Untersuchungen an natürlichen Proben.** Es wurden Wässer, Bauxit und Meteoreisen untersucht und gute Übereinstimmung mit auf anderem Wege ermittelten Werten gefunden.

## Trennung von Eisen und Gallium durch Ionenaustausch nach Blasius und Negwer bzw. Klement und Sandmann.

**Vorbemerkung.** Eisen und Gallium können durch Ionenaustausch einfach und genau getrennt werden. Blasius und Newger benutzen einen stark basischen Anionenaustauscher und gehen von den beständigen anionischen Oxalatokomplexen der beiden Metalle aus. Gallium wird mit Natronlauge von der Trennsäule heruntergelöst, während Eisen, als Hydroxyd gefällt, darauf verbleibt.

Klement und Sandmann verwenden einen Kationenaustauscher. Eisen muß zuvor in die Oxydationsstufe 2 übergeführt werden, es wird durch n HCl vor dem Gallium eluiert, welches sich erst durch 1,5 n HCl herunterlösen läßt.

### 1. Trennung nach Blasius und Negwer.

***Arbeitsvorschrift.*** Die schwach salzsaure Analysenlösung wird auf 150 $cm^3$ verdünnt, mit 1 g Oxalsäure versetzt und mit Ammoniumacetat auf $p_H$ 4,0 gepuffert. Die Austauschersäule hat einen Durchmesser von 1,6 cm und ist mit 30 $cm^3$ „Permutit ES" in der Nitratform gefüllt. Sie wird mit 0,001 n Oxalsäure vorgewaschen; dann gibt man die vorbereitete Analysenlösung mit einer Durchflußgeschwindigkeit von 4 bis 5 $cm^3$/Min. über die Säule und wäscht mit 50 $cm^3$ 0,001 n Oxalsäure nach. Das Filtrat ist völlig frei von Gallium und Eisen.

Die Elution des Galliums erfolgt mit 300 $cm^3$ n NaOH bei einer Durchflußgeschwindigkeit von 2 $cm^3$/Min., anschließend wird mit 50 $cm^3$ Wasser gewaschen und Eisen mit 300 $cm^3$ 2 n $HNO_3$ eluiert. Nach abschließendem Neutralwaschen ist die Säule wieder betriebsfertig.

***Bemerkung.*** 30 mg Ga und 70 mg Fe konnten glatt getrennt werden, die Beleganalysen zeigen Werte, die um maximal 0,2 mg für Ga, 0,3 mg für Fe differieren.

2. Trennung nach KLEMENT und SANDMANN.

***Arbeitsvorschrift.*** Die schwach salzsaure Probelösung wird mit Schwefeldioxyd behandelt, um Eisen(III) zu reduzieren. Die Lösung wird über eine mit Dowex 50 in der H-Form (20 bis 50 Maschen) gefüllte Austauschersäule von 100 cm Länge und 0,8 cm Durchmesser mit einer Durchlaufgeschwindigkeit von 10 cm³/Min. gegeben. Sodann wird mit 1000 cm³ n HCl das Eisen eluiert, wobei die Salzsäure zweckmäßig mit etwas Schwefeldioxyd versetzt wird. Gallium wird schließlich durch 2000 cm³ 1,5 n HCl eluiert.

***Bemerkungen.*** **I. Vollständigkeit der Trennung.** Beleganalysen mit Galliummengen von etwa 100 bis 200 mg und Eisenmengen von etwa 50 bis 100 mg zeigten durchschnittliche Fehler von −0,5% für Ga und +0,6% für Fe.

**II. Einfluß anderer Kationen.** Die angegebene Arbeitsweise erlaubt die gleichzeitige Abtrennung der Elemente Antimon, Blei, Kupfer und Zink. Sie werden zusammen mit dem Eisen eluiert. Bei Abwesenheit von Eisen kann die Reduktion mit Schwefeldioxyd unterbleiben.

### Trennung von Gallium und Indium durch Ionenaustausch nach KLEMENT und SANDMANN.

**Vorbemerkung.** Die Trennung dieser Elemente gelingt nach KLEMENT und SANDMANN auf Grund des unterschiedlichen Verhaltens der am Kationenaustauscher festgehaltenen Metalle gegenüber Salzsäure verschiedener Konzentration. Indium läßt sich bereits durch 0,4 n HCl quantitativ eluieren, während die Elution des Galliums eine HCl-Konzentration von mindestens 1,3 n benötigt.

***Arbeitsvorschrift.*** Die Analysenlösung wird mit einer Durchlaufgeschwindigkeit von 10 cm³/Min. über die Säule (vgl. oben, 2., Arbeitsvorschrift) gegeben. Nach Auswaschen mit 100 cm³ Wasser wird Indium mit 2000 cm³ 0,4 n HCl, danach Gallium mit 2000 cm³ 1,5 n HCl, jeweils bei der gleichen Durchlaufgeschwindigkeit, eluiert. Sind keine anderen Ionen anwesend, so kann Gallium auch mit einer kleineren Menge HCl höherer Normalität ausgewaschen werden.

***Bemerkung.*** Bei Gesamtmetallmengen zwischen 150 und 300 mg bei einem Verhältnis Ga : In von 1 : 2 bis 4 : 1 zeigen die Beleganalysen für Ga stets negative Fehler von durchschnittlich 0,4%, Indium konnte mit einem durchschnittlichen Fehler von ±0,3% bestimmt werden.

### Trennung des Galliums von Antimon, Blei, Kupfer und Zink nach KLEMENT und SANDMANN.

Siehe oben, 2., Bemerkung II.

### Bemerkungen und Literaturhinweise.

**Zu § 1, D.** GASTINGER (a) hat die Fällung des Galliums mit Kupferron, insbesondere bei Anwesenheit von Aluminium und Zink, nochmals eingehend untersucht. Er schlägt vor, die Fällung bei Temperaturen zwischen 0 und 10° C vorzunehmen und sofort zu filtrieren. Das Fällungsvolumen soll 200 cm³ nicht überschreiten. Ga allein wird am besten aus 0,1 n schwefelsaurer Lösung gefällt. Bei Anwesenheit von Zn soll die Schwefelsäurekonzentration 1 n, in Gegenwart von Al 2 n sein. Für die Bestimmung kleiner Galliummengen in Aluminiummetall [GASTINGER (b)] ist eine vorangehende Ätherextraktion erforderlich.

**Zu § 4.** Die elektrolytische Abscheidung des Galliums an einer Quecksilberkathode wurde von BOCK und HACKSTEIN untersucht. Vollständige Abscheidung tritt nur in schwach schwefelsaurer Lösung ($< 0,1$ n) ein. Die Methode kann möglicherweise für Trennungen nützlich sein, eine Trennung von Eisen gelingt jedoch nicht. Als Bestimmungsmethode wird das Verfahren nicht empfohlen.

**Zu § 6, A.** Die Bestimmung des Galliums kann auch durch Messung der Fluorescenzintensität des Gallium-Oxychinolinkomplexes in Chloroform erfolgen. DUDLEY bestimmt so Gallium in biologischem Material nach Zerstörung der organischen Substanz und Extraktion unter ähnlichen Bedingungen, wie MOELLER und COHEN (vgl. S. 24) sie vorschlagen. Die Fluorescenzmessung erfolgt mit einem bei 635 m$\mu$ maximal durchlässigen Filter.

**Zu § 6, C.** Für die bogenspektroskopische Bestimmung des Galliums in Aluminiummetall arbeitete FARHAN eine Methode aus. Der Bogen wird zwischen Elektroden des zu untersuchenden Metalls, Durchmesser 5 mm, erzeugt. Die Bedingungen sind folgende: 100 Bogenunterbrechungen/Sek., 5 A, 110 V, Spaltbreite 0,015 mm, Belichtungszeit 30 Sek. Es wird die Intensität der Linien Ga 2943,6 Å und Al 2935 Å verglichen. Intensitätsgleichheit herrscht bei einem Galliumgehalt von 0,0105%. Der relative Fehler beträgt 1 bis 2% bei Ga-Gehalten von 0,01 bis 0,02%.

Die funkenspektroskopische Unterwasseranregung in wassergekühlter Zelle mit Platinelektroden wird von PERMAN beschrieben. Es wird mit einer Lösung aus 3 Teilen Äthanol, 4 Teilen konzentrierter Salzsäure und 5 Teilen Wasser gearbeitet, die etwa 0,5 mg/cm$^3$ des zu untersuchenden Salzes enthält. 0,5 $\gamma$ Ga/cm$^3$ können mit einem Fehler von $\pm 20\%$ bestimmt werden.

**Zu § 8, B.** Die Extraktion mit Äther wird von MILNER, WOOD und WOODHEAD modifiziert. Die extrahieren aus 7,2 n schwefelsaurer Lösung, der auf 100 cm$^3$ 20,0 g Ammoniumchlorid zugesetzt werden.

Systematische Untersuchungen mittels markierter Atome über die Extraktion von $GaBr_3$ und $GaJ_3$ wurden von IRVING und ROSSOTTI angestellt (vgl. auch „Indium", S. 156); auch BOCK und Mitarbeiter untersuchten die Ätherextraktion von Galliumbromid. STEINBACH und FREISER untersuchten die Extraktion mittels Acetylaceton. Auf die Möglichkeit einer analytischen Verwendung dieses Extraktionsmittels wird hingewiesen.

**Zu § 10.** Siehe die Literaturangaben POHL (a und b), ferner GEILMANN, BODE und KUNKEL.

Über die Bestimmung des Galliums durch Radioaktivierung siehe z. B. BROOKSBANK und Mitarbeiter.

## Literatur.

BELCHER, R., A. J. NUTTEN u. W. I. STEPHEN: J. chem. Soc. [London] **1952**, 2438. — BLASIUS, E., u. M. NEGWER: Fr. **143**, 257 (1954). — BOCK, R., u. K.-G. HACKSTEIN: Fr. **138**, 339 (1953). — BOCK, R., H. KUSCHE u. E. BOCK: Fr. **138**, 167 (1953). — BRADACS, L. K., F. FEIGL u. F. HECHT: Mikrochim. A. [Wien] **1954**, 269. — BROOKSBANK, W. A., G. W. LEDDICOTTE u. H. A. MAHLMAN: J. physic. Chem. **57**, 815 (1953).

DUDLEY, H. C.: J. Pharmacol. exp. Therapeut **95**, 482 (1949).

FARHAN, F.: Mikrochem. A. **35**, 565 (1950). — FLASCHKA, H., u. H. ABDINE: Mikrochim. A. [Wien] **1954**, 657.

GASTINGER, E.: (a) Fr. **140**, 244 (1953); (b) **140**, 252 (1953). — GEILMANN, W., H. BODE u. E. KUNKEL: Fr. **148**, 161 (1955/56).

IRVING, H. M., u. F. J. C. ROSSOTTI: Analyst **77**, 801 (1952).

KLEMENT, R., u. H. SANDMANN: Fr. **145**, 325 (1955).

MILNER, G. W. C.: Analyst **80**, 77 (1955). — MILNER, G. W. C., A. J. WOOD u. J. L. WOODHEAD: Analyst **79**, 272 (1954).

PÁTROVSKÝ, V.: Chem. Listy **47**, 1338 (1953). — PERMAN, I.: Bl. sci. Conseil acad. RPF Yougoslav. **1**, Nr. 2, 42 (1953). — POHL, F. A.: (a) Fr. **141**, 81 (1954) (Gesteine, Bodenproben); (b) **142**, 19 (1954) (Reinstaluminium).

STEINBACH, J. F., u. H. FREISER: Anal. Chem. **26**, 375 (1954).

# Indium.

## Komplexometrische Titration des Indiums nach FLASCHKA und AMIN.

**Vorbemerkung.** Indium kann durch Titration mit Komplexon III und Eriochromschwarz T als Indicator bestimmt werden [FLASCHKA und AMIN (a)][1]. Die Titration erfolgt in ammoniakalischer, mit Ammoniumchlorid gepufferter Lösung, der zur Verhinderung der Hydroxydfällung Tartrat zugesetzt wird. Indium liegt in einer solchen Lösung als Tartratkomplex vor. Obwohl dieser weniger beständig ist als die Indiumkomplexverbindung des Eriochromschwarz T, reagiert Komplexon III zunächst mit letzterer, so daß sogleich nach Zusatz der Maßlösung ein Umschlag des Indicators von Rot nach Blau erfolgt; die rote Farbe kehrt jedoch nach kurzer Zeit nach Maßgabe der Reaktion von Erio T mit dem Tartratkomplex wieder zurück. Diese Vorgänge wiederholen sich nach jedem Zusatz von Maßlösung und bewirken, daß die Titration bei Zimmertemperatur sehr viel Zeit erfordert. Bei Siedetemperatur werden die Reaktionsgeschwindigkeiten so weit erhöht, daß die Titration ganz normal verläuft. Die Bestimmung kann auch im Mikromaßstab ausgeführt werden [FLASCHKA und AMIN (b)].

**Reagenzien.** 0,01 m Lösung von Komplexon III, hergestellt durch Auflösen von 3,722 g Dinatriumäthylendiamintetraacetatdihydrat in Wasser zu 1 Liter; Pufferlösung: 13,4 g $NH_4Cl$ und 88 $cm^3$ konzentrierter $NH_3$ werden mit Wasser zu 250 $cm^3$ gelöst; 5%ige wäßrige Kaliumnatriumtartratlösung; Indicator: Eriochromschwarz T wird mit NaCl p. a. im Verhältnis 1 : 400 innigst verrieben.

***Arbeitsvorschrift I.*** **Indium allein und neben Alkalien, Tl(I), Ag, As, Sb, Mo(VI), W(VI), Cr(VI), Sn(IV).** Die neutrale oder schwach saure Probelösung wird mit einer zur komplexen Bindung des Indiums ausreichenden Menge Tartratlösung versetzt und mit der Pufferlösung auf ein $p_H$ von 8 bis 10 gebracht. (Für je 50 $cm^3$ neutraler Probelösung genügen 3 bis 5 $cm^3$ Pufferlösung.) Man gibt so viel von dem Indicatorpulver (s. o.) hinzu, bis eine deutliche Rotfärbung entsteht, und titriert in der Siedehitze, zuletzt tropfenweise, bis zum Umschlag nach Blau. Es wird nochmals zum Sieden erhitzt und nach ½ Min. kontrolliert, ob die blaue Farbe bestehen bleibt. 1 $cm^3$ 0,01 m Komplexonlösung entspricht 1,1476 mg In (log = 0,05979).

***Arbeitsvorschrift II.*** **Indium neben Hg, Cu, Zn, Cd, Co, Ni.** Die neutralisierte Probelösung wird mit Tartrat und einer zur Überführung der Fremdionen in die komplexen Cyanide ausreichenden Menge 5%iger KCN-Lösung versetzt. Sodann gibt man etwas Cyanidlösung im Überschuß hinzu und puffert auf $p_H$ 8 bis 10 unter Zuhilfenahme von Universalindicatorpapier und gegebenenfalls durch Zugabe von $NH_4Cl$. Titration wie unter I.

***Arbeitsvorschrift III.*** **Indium in Gegenwart von Eisen.** Die Probelösung darf höchstens 10 bis 15 mg Eisen enthalten. Sie wird mit Tartratlösung und Pufferlösung versetzt, wobei keine Trübung entstehen darf. (Gegebenenfalls durch Zugabe von mehr Tartrat zu beseitigen.) Durch Zugabe von KCN wird Eisen in Hexacyanoferrat(III)-ion überführt, dieses durch Hydroxylaminhydrochlorid zum Hexacyanoferrat(II)-ion reduziert. Es wird zum Sieden erhitzt und wie unter I titriert, wobei zu beachten ist, daß der Umschlag nach Grün erfolgt durch die Anwesenheit des gelben Hexacyanoferrat(II)-ions. Die Titration soll in großer Verdünnung (0,001 m an In) ausgeführt werden.

***Bemerkungen.*** **I. Genauigkeit.** In reinen Indiumlösungen bei Indiummengen von etwa 2 bis 12 mg betrug der Fehler höchstens $\pm$0,03 mg. Bei gleichzeitiger Anwesenheit von 50 mg Co, je 25 mg Ni und Cd, je 15 mg Zn und Cu, 10 mg Hg konnten 10 bis 15 mg Indium mit der gleichen Genauigkeit bestimmt werden, desgleichen 5 mg Indium, neben 3 bis 18 mg Eisen.

[1] Siehe Fußnote 2, S. 145.

**II. Einfluß von Fremdionen.** Die Titration kann nicht ausgeführt werden neben Erdalkalimetallen, Mangan, Blei, Aluminium, Titan und Wismut.

**III. Titration im Mikromaßstab (100 bis 1000 $\gamma$ In)** [FLASCHKA und AMIN (b)]. Die Methode kann im Mikromaßstab ausgeführt werden, wenn man folgendes beachtet: Das Titrationsgefäß, am besten ein Zentrifugenglas, wird mit 2%iger ammoniakalischer Komplexonlösung einige Min. ausgekocht, um Spuren von Calcium- und Magnesiumionen von der Glasoberfläche zu entfernen. Die Titration erfolgt nach Zusatz von 2 $cm^3$ Tartratlösung und 2 $cm^3$ Pufferlösung sowie 2 Tropfen Kaliumcyanidlösung, um Schwermetallspuren zu maskieren, mit 0,001 m Komplexon III-Lösung in der Siedehitze (Einstellen des Gläschens in kochendes Wasser). Die Titration ist auch neben je 10 bis 15 mg Hg, Cd, Zn, Ni, Co, Cu möglich, wenn diese Metalle durch Kaliumcyanid maskiert werden. Ist Eisen zugegen, so soll dessen Menge 5 mg nicht überschreiten. 1 $cm^3$ 0,001 m Komplexon III-Lösung entspricht 114,76 $\gamma$ In (log = 2,05979). Der Fehler beträgt, auch in Gegenwart von Fremdmetallen, höchstens 2%.

## Komplexometrische Titration des Indiums nach PÁTROVSKÝ mit Morin als Fluorescenzindicator.

**Vorbemerkung.** Indiumion bildet mit Morin eine fluorescierende Komplexverbindung. Der Entzug des Indiumions bei der Titration mit Komplexon III bewirkt im Äquivalenzpunkt eine Auslöschung der Fluorescenz [PÁTROVSKÝ (a)].

**Reagenzien.** 0,01 m Komplexon III-Lösung; Indicatorlösung: 0,1%ige Lösung von Morin in 96%igem Äthanol; Natriumfluoridlösung, etwa 4,2%ig.

***Arbeitsvorschrift.*** Zur Probelösung, deren Volumen 40 bis 60 $cm^3$ betragen soll, gibt man 2 g Natriumchlorid, 2 g Natriumacetat, 1 $cm^3$ Eisessig und 0,5 $cm^3$ Morinlösung. Man titriert bei UV-Beleuchtung mit Komplexon III-Lösung bis zum Verschwinden der Fluorescenz. 1 $cm^3$ 0,01 m Komplexon III-Lösung entspricht 1,1476 mg In (log = 0,05979). Geringe Mengen Aluminium und Eisen können durch Zusatz von etwa 2 $cm^3$ Natriumfluoridlösung maskiert werden.

***Bemerkungen.*** **I. Genauigkeit.** Indiummengen von 0,7 bis 6 mg konnten mit einem Fehler von etwa 1% bestimmt werden; bei Anwesenheit von Fe und Al traten größere, stets positive Fehler auf.

**II. Einfluß anderer Bestandteile.** Die Titration ist wenig spezifisch, mit Ausnahme der Alkalimetalle stören fast alle Fremdmetalle. Zur Indiumbestimmung in Sphalerit wird die Methode vorgeschlagen, es sind jedoch umfangreiche Trennungsoperationen nötig, bezüglich derer auf die Originalarbeit verwiesen sei.

## Abtrennung des Indiums von anderen Elementen durch Ionenaustausch nach JENTZSCH, FROTSCHER, SCHWERTFEGER und SARFERT.

**Vorbemerkung.** Die Trennung des Indiums und Zinns von den Elementen Pb, Ag, Bi, Fe, Al, Mn, Cd, Cu, Zn, Ni, Co, As gelingt nach einer Vortrennung mit Hilfe eines Anionenaustauschers. Nach dem Aufschluß des zu untersuchenden Materials mit Königswasser und Abrauchen mit Schwefelsäure (1. Vortrennung: Pb, Ag, Bi, ein Teil des Sn und Fe bleiben im Rückstand) wird mit gasförmigem $NH_3$ gefällt (2. Vortrennung: Fe, Al, In, Sn, Mn, ein Teil des As bleiben im Rückstand). Der Rückstand, der alles Indium enthält, wird gelöst und hierin werden Indium und Zinn gemeinsam von den übrigen Elementen durch einen Anionenaustauscher getrennt. Die Endbestimmung erfolgt polarographisch, wobei Sn nicht stört.

**Austauschersäule.** Es wird eine Säule von 650 mm Länge und 7,5 mm Durchmesser verwendet, die mit Wofatit L 150 gefüllt ist. Der Wolfatit soll eine Körnung von 0,08 bis 0,15 mm haben, er wird vor Gebrauch mit 5 m Salzsäure gequollen. (Über eine besonders günstige Form der Austauschersäule, die der verschieden starken — $p_H$-abhängigen — Quellung des Wofatits Rechnung trägt, siehe die Originalarbeit.)

***Arbeitsvorschrift.*** Die Probesubstanz — maximal 10 g — wird mit 60 $cm^3$ Königswasser aufgeschlossen. Nach Vertreiben der Stickoxyde werden 40 $cm^3$ konzentrierte Schwefelsäure zugesetzt, und es wird etwa 1 Std. lang mäßig erhitzt, bis sich eben schwache Schwefelsäurenebel bilden. Nach dem Erkalten und Verdünnen mit 250 $cm^3$ Wasser wird kalt filtriert und ausgewaschen. Das Filtrat wird mit Wasserstoffperoxyd oxydiert, dessen Überschuß verkocht. Unter Kühlung wird gasförmiges $NH_3$ eingeleitet, bis ausfallendes Zinkhydroxyd sich wieder aufgelöst hat. Es wird filtriert, gewaschen und 1- bis 2 mal umgefällt. Das alles Indium enthaltende Gemisch der Hydroxyde wird in möglichst wenig 5 m HCl gelöst und die salzsaure Lösung über die Austauschersäule gegeben.

Die Durchlaufgeschwindigkeit wird auf 60 $cm^3$/Std. eingestellt und so lange mit 4 m HCl nachgewaschen, bis die ausfließende Säure frei von Eisen(III)-ionen ist. Alsdann werden mit 0,1 m HCl mit einer Fließgeschwindigkeit von 30 bis 40 $cm^3$/Std. Indium und Zinn eluiert, wozu etwa 100 bis 140 $cm^3$ Säure nötig sind. In die Lösung wird zur gemeinsamen Fällung der Hydroxyde gasförmiges $NH_3$ eingeleitet, 30 Min. gekocht und filtriert. Der Niederschlag wird abfiltriert, gewaschen, in 10- bis 20%iger Weinsäure gelöst. In dieser Lösung erfolgt die Bestimmung des Indiums polarographisch bei einem Halbstufenpotential von —0,63 V nach RIENÄCKER und HOSCHEK (s. S. 70).

***Bemerkung.*** Das Verfahren ist zur Serienbestimmung des Indiums in Erzen und Zwischenprodukten bei Gehalten bis herab zu 0,005% geeignet. Der relative Fehler wird zu etwa 8% angegeben. (Vgl. auch JENTZSCH und PAWLIK.)

## Trennung des Indiums von Antimon, Blei, Kupfer, Zink und Eisen(III) nach KLEMENT und SANDMANN durch Ionenaustausch.

**Vorbemerkung.** Die Abtrennung des Indiums von Sb, Pb, Cu, Zn und Fe(III) erfolgt in ähnlicher Weise wie die des Galliums (vgl. Nachtrag, Gallium, S. 150).

***Arbeitsvorschrift.*** Die Analysenlösung wird mit einer Durchflußgeschwindigkeit von 10 $cm^3$/Min. über eine Austauschersäule von 1000 mm Länge und 8 mm Durchmesser, gefüllt mit Dowex 50 in der H-Form (20 bis 50 Maschen), gegeben. Der größte Teil des Sb läuft durch, der Rest wird mit 0,2 n HCl eluiert. Danach wird das Indium mit 2000 $cm^3$ 0,4 n HCl eluiert, während die übrigen Metalle erst mit etwa 2 n HCl heruntergelöst werden können. Ist Indium allein von Kupfer zu trennen, so genügt eine Trennsäule von 300 mm Länge, das Indium kann mit 400 bis 600 $cm^3$ 0,5 n HCl eluiert werden.

***Bemerkungen.*** **I. Genauigkeit.** Indiummengen von 50 bis 250 mg konnten von wechselnden, aber stets kleineren Mengen der Fremdelemente, einwandfrei abgetrennt werden. Der relative Fehler betrug durchschnittlich 0,4%, Indium wurde als Oxychinolat bestimmt.

**II. Reinheit des Indiumeluates.** Das durch Fällung des Eluates mit Ammoniak in Polystyrolgefäßen erhaltene Hydroxyd erwies sich als völlig spektralrein.

## Trennung des Indiums von Gallium nach KLEMENT und SANDMANN.

Siehe Nachtrag, Gallium, S. 150.

## Bemerkungen und Literaturhinweise.

**Zu § 2.** TAIMNI und SALARIA schlagen vor, die Fällung des In als Sulfid mit frisch bereiteter Ammoniumsulfidlösung vorzunehmen. Nach erfolgter Fällung wird mit 5 n Essigsäure oder 0,05 n Salzsäure aufgekocht, wenn Mn anwesend war, andernfalls direkt nach 15 bis 20 Min. filtriert, mit Wasser gewaschen und bei 120 bis 125° C getrocknet. Die Resultate sind sehr gut.

**Zu § 4, A.** Die Titration des Indiums kann nach BELCHER, NUTTEN und STEPHEN mit Kaliumhexacyanoferrat(II) in Gegenwart von Hexacyanoferrat(III) in neutraler Lösung unter Verwendung von 3,3'-Dimethylnaphthidin als Redoxindicator erfolgen. Zweckmäßig wird mit $K_4[Fe(CN)_6]$-Lösung in gemessenem Überschuß versetzt und mit Indiummaßlösung zurückgemessen.

**Zu § 4, B.** Die Titration des Indiums mit Kaliumhexacyanoferrat(II) kann nach NIMER, HAMM und LEE mit amperometrischer Indizierung ausgeführt werden. Sie erfolgt in 0,1 n KCl-Lösung unter Zusatz von Gelatine bei Ausschluß des Luftsauerstoffes durch $N_2$ oder $H_2$. Es wird mit der tropfenden Quecksilberelektrode und einer gesättigten Kalomelektrode bei einem Potential von —0,75 V gearbeitet. Dem Niederschlag soll die Formel $In_4[Fe(CN)_6]_3$ zukommen.

**Zu § 7.** Nach PÁTROVSKÝ (b) ist die Fällung des Indiums mit Natriumdiäthyldithiocarbaminat im $p_H$-Bereich von 7 bis 11 quantitativ, auch in Gegenwart von Cyanid und Tartrat. Nicht zu große Mengen Zn, Fe, Cu, Al, W sowie kleine Mengen Sn und Sb stören nicht. Große Mengen dieser Elemente sowie anderer störender Ionen müssen nach bekannten Methoden abgetrennt werden. Die Lösung wird mit Kalium-Natrium-Tartrat und Kaliumcyanid versetzt, mit NaOH auf $p_H$ 8 bis 10 gebracht und in der Wärme mit 10 bis 20 $cm^3$ 2%iger Natriumdiäthyldithiocarbaminatlösung gefällt. Nach Auswaschen mit Ammoniumnitratlösung und Wasser wird bei 105° C getrocknet; nach Veraschen und Glühen kann auch als $In_2O_3$ ausgewogen werden.

**Zu § 8.** Die Abscheidung des Indiums an einer Quecksilberkathode wurde von BOCK und HACKSTEIN (b) untersucht. Indium wird bei weitgehender Variation der Schwefelsäurekonzentration quantitativ abgeschieden, das entstehende Amalgam kann mit verdünnter Salzsäure quantitativ zersetzt werden. Die Methode kann möglicherweise für gewisse Trennungen von Nutzen sein, zur Bestimmung wird sie nicht empfohlen.

**Zu § 9, A.** Indiummengen von 0,1 bis 15 $\gamma$ können nach BOCK und HACKSTEIN (a) durch Ausschütteln mit Oxychinolin-Chloroform und Vergleich der Fluorescenzintensität des Extraktes mit Indiumstandardextrakten bestimmt werden. Die Anregung erfolgt mit der Analysenquarzlampe, der Intensitätsvergleich wird mit bloßem Auge vorgenommen. Die sehr einfache Methode erreicht eine Genauigkeit von etwa 10%.

KLEJNER und MARKOVA untersuchten die colorimetrische Bestimmung des Indiums als Dithizonkomplex. Die quantitative Extraktion des In mit Dithizon-Tetrachlorkohlenstoff gelingt nur in einem engen $p_H$-Bereich von etwa 3,5 bis 4,3 durch mehrfaches und längeres Ausschütteln. Der Extrakt wird durch Ausschütteln mit verdünntem Ammoniak (1 : 1000) von freiem Dithizon befreit, die Absorption der roten Lösung kann dann im Stufenphotometer bei 620 m$\mu$ gemessen werden.

**Zu § 9, B.** Eine flammenphotometrische Methode zur Bestimmung des Indiums in Aluminiumbronzelegierungen geben MELOCHE und Mitarbeiter an. Die Salpetersäurelösung einer 0,1 g-Probe wird direkt zur Messung in einem modifizierten BECKMANN-Flammenphotometer mit Elektronenvervielfacher verwendet. Die Intensität der durch eine Wasserstoff-Sauerstoff-Flamme angeregten Linie In 451,1 m$\mu$ wird gemessen, die Eichung erfolgt mit Standardlösungen entsprechender Zusammensetzung.

**Zu § 10.** Die polarographische Bestimmung des Indiums ist mehrfach bearbeitet worden.

BREYER, GUTMAN und HACOBIAN entwickelten eine Methode der Wechselstrompolarographie. STREULI und COOKE untersuchten das polarographische Verhalten des Indiums an einer ruhenden Hg-Elektrode großer Oberfläche. SEMERANO untersuchte die Möglichkeit der polarographischen Trennung von In und Cd. Das polarographische Verhalten des Indiums wurde eingehend von BULOVOVÁ untersucht. Als Grundlösungen eignen sich 0,1 bis 1 m KJ-, KBr- oder KSCN-Lösungen sowie Acetatpuffer vom $p_H$ 4,7. Bei Gegenwart von Cd wird die Summe von Cd und In erhalten, nach Zusatz von Fluorid erscheint nur die Cd-Stufe, In ergibt sich aus der Differenz.

Eine Bestimmung des Indiums in Berylliumverbindungen gibt MILNER an, MARAGHINI beschreibt eine Methode zur Bestimmung in Schlammresten der Zinkmetallurgie.

Bezüglich dieser Arbeiten sei auf die Originalliteratur verwiesen.

**Zu § 11, D.** Systematische Untersuchungen über die Extrahierbarkeit des Indiumchlorids und Indiumjodids mit Äther mit Hilfe markierter Atome führten IRVING und ROSSOTTI durch. Es wurde u. a. gefunden, daß In als Jodid in 0,5 bis 2,5 n HJ von Ga getrennt werden kann, $Br^-$, $Cn^-$, $F^-$, $PO_4^{---}$ stören nicht; $Cl^-$ beeinträchtigt die Trennung geringfügig. Unter ähnlichen Bedingungen ist die Trennung des In von Fe und Be möglich. Die Extraktion von $InBr_3$ untersuchten BOCK und Mitarbeiter. STEINBACH und FREISER weisen auf die analytische Anwendbarkeit des Acetylacetons als Extraktionsmittel hin.

Im Rahmen umfangreicher Untersuchungen über die Extrahierbarkeit von Metall-Diäthyldithiocarbaminaten mit Tetrachlorkohlenstoff fand BODE, daß die Indiumverbindung bei $p_H$ 4 bis 10 quantitativ extrahierbar ist. Das Verfahren ist für Trennungen brauchbar, eine In-Bestimmung durch Absorptionsmessung des Extraktes bei 305 $m\mu$ ist nicht angezeigt.

**Zu § 13.** Siehe die Literaturangabe POHL (a) (Gesteine, Bodenproben); (b) Reinstaluminium.

Über die Bestimmung von In durch Radioaktivierung siehe z. B. MEINKE und ANDERSON, HUDGENS jr. und NELSON.

## Literatur.

BELCHER, R., A. J. NUTTEN u. W. I. STEPHEN: J. chem. Soc. [London] **1951**, 3444. — BOCK, R., u. K.-G. HACKSTEIN: (a) Fr. **138**, 337 (1953); (b) **138**, 339 (1953). — BOCK, R., H. KUSCHE u. E. BOCK: Fr. **138**, 167 (1953). — BODE, H.: Fr. **144**, 165 (1955). — BREYER, B., F. GUTMAN u. S. HACOBIAN: Austr. J. sci. Res., Ser. A **3**, 567 (1950). — BULOVOVÁ, M.: Chem. Listy **48**, 655 (1954).

FLASCHKA, H., u. A. M. AMIN: (a) Fr. **140**, 6 (1953); (b) Mikrochim. A. [Wien] **1953**, 410.

HUDGENS jr., J. E., u. L. C. NELSON: Anal. Chem. **24**, 1472 (1952).

IRVING, H. M., u. F. J. C. ROSSOTTI: Analyst **77**, 801 (1952).

JENTZSCH, D., I. FROTSCHER, G. SCHWERDTFEGER u. G. SARFERT: Fr. **144**, 8 (1955). — JENTZSCH, D., u. I. PAWLIK: Fr. **146**, 88 (1955).

KLEJNER, K. E., u. L. V. MARKOVA: Z. anal. Chim. [russ.] **8**, 279 (1953). — KLEMENT, R., u. H. SANDMANN: Fr. **145**, 325 (1955).

MARAGHINI, M.: Ann. Chim. **41**, 776 (1951). — MEINKE, W. W., u. R. E. ANDERSON: Anal. Chem. **25**, 778 (1953). — MELOCHE, V. W., J. B. RAMSAY, D. J. MACK u. T. V. PHILIP: Anal. Chem. **26**, 1387 (1954). — MILNER, G. W. C.: Analyst **76**, 488 (1951).

NIMER, E. L., R. E. HAMM u. G. L. LEE: Anal. Chem. **22**, 790 (1950).
PÁTROVSKÝ, V.: (a) Chem. Listy **47**, 1338 (1953); (b) **48**, 1047 (1954). — POHL, F. A.: (a) Fr. **141**, 81 (1954); (b) **142**, 19 (1954).
SEMERANO, G.: Atti Accad. naz. Lincei, Rend. Cl. Sci. fisiche, mat. natur. **6**, 556 (1949). — STEINBACH, J. F., u. H. FREISER: Anal. Chem. **26**, 375 (1954). — STREULI, C. A., u. W. D. COOKE: J. physic. Chem. **57**, 824 (1953).
TAIMNI, I. K., u. G. B. S. SALARIA: Anal. chim. Acta [Amsterdam] **11**, 54 (1954).

# Thallium.

## Komplexometrische Mikrotitration des Thalliums nach FLASCHKA.

**Vorbemerkung.** Versetzt man eine schwach saure Thallium(III)-Salzlösung mit überschüssigem Magnesiumkomplexon und macht anschließend ammoniakalisch, so wird eine dem Thallium äquivalente Menge Magnesium aus dem Magnesiumkomplexon in Freiheit gesetzt unter Bildung der Thallium(III)-Komplexonverbindung. Das frei gewordene Magnesiumion kann dann mit Komplexon III in üblicher Weise mit Eriochromschwarz T als Indicator titriert werden[1].

**Reagenzien.** 0,01 m Komplexon(III)-Lösung; Magnesiumkomplexon, fest; Indicator: Eriochromschwarz T, mit NaCl p.a. 1 : 300 innig verrieben; Pufferlösung: 13,4 g $NH_4Cl$ p.a. und 88 $cm^3$ Ammoniak (25%ig) werden mit Wasser zu 250 $cm^3$ gelöst.

***Arbeitsvorschrift.*** Die schwach saure Probelösung, die alles Thallium in 3wertiger Form enthalten muß, wird mit überschüssigem Magnesiumkomplexon versetzt. Gegen eine Spur Methylrot als Indicator wird mit verdünntem Ammoniak neutralisiert. Je $cm^3$ Lösung werden 2 bis 3 Tropfen Pufferlösung zugefügt, sodann mit Indicatorpulver bis zur deutlich weinroten Färbung versetzt und mit 0,01 bzw. 0,001 m Komplexonlösung auf rein Blau titriert. (Hat man zur Neutralisation zuviel Methylrot verwendet, so erfolgt der Umschlag nach Grün, was aber ohne Bedeutung ist.) 1 $cm^3$ 0,01 m Komplexonlösung entspricht 2,0439 mg Tl (log = 0,31046).

***Bemerkungen.* I. Genauigkeit.** 2 bis 5 mg Thallium konnten mit einem Fehler von maximal $\pm 0{,}02$ mg bestimmt werden, bei Thalliummengen von 26 bis 130 $\gamma$ betrug der Fehler durchschnittlich $\pm 1\,\gamma$.

**II. Einfluß anderer Bestandteile.** Es stören alle mit Komplexon bzw. Magnesiumkomplexon reagierenden Ionen, z. B. Mn, Pb, Hg. Silber ist ohne Einfluß. Die Abtrennung des Thalliums kann durch Fällung als Jodid erfolgen, gegebenenfalls unter Hinzufügen von Silberion als Spurenfänger; der zentrifugierte Niederschlag wird mit konzentrierter Salpetersäure fast zur Trockne eingedampft, mit Wasser aufgenommen und dann wie oben verfahren. Auch die Fällung als $Tl(OH)_3$ kann zur Abtrennung benutzt werden.

### Bemerkungen und Literaturhinweise.

**Zu § 1, B.** Siehe „Zu § 4, B", S. 158.

**Zu § 4, A.** Die Fällung des Thalliums als Jodid in Gegenwart von Pb, Cu, Bi und Fe(III) nach Maskierung dieser Elemente mit Komplexon III (Dinatriumäthylendiamintetraacetatdihydrat) gelingt nach PŘIBIL und ZÁBRANSKÝ (b).

***Arbeitsvorschrift.*** Die Thallium(I)-Lösung wird mit Acetatpuffer ($p_H$ 4) versetzt, bis die Pufferkonzentration 1 m erreicht ist. Nach Zugabe von genügend Komplexon III wird in der Siedehitze mit 8%iger Kaliumjodidlösung in etwa 2%igem Überschuß gefällt, nach 12 bis 16 Std. filtriert, mit 1%iger KJ-Lösung (mit Acetat gepuffert und mit TlJ gesättigt), sodann mit 60%igem Äthanol ge-

[1] Siehe Fußnote 2, S. 145.

waschen. Es wird bei 130° C getrocknet und gewogen. Bei Tl-Mengen von 20 bis 200 mg beträgt der Fehler + 0,5 bis — 1%. Die Konzentration der Fremdionen darf ein Vielfaches der Thalliumkonzentration betragen. (Vgl. auch „Zu § 4, B".)

**Zu § 4, B.** KALVODA und ZÝKA beschreiben eine polarimetrische (ampèrometrische) Fällungstitration des Thallium(I)-ions mit Kaliumjodid bzw. Kaliumdichromat.

***Arbeitsvorschrift.*** 10 cm³ der etwa 0,01 bis 0,001 m Tl(I)-Lösung, die 10% Aceton enthält und 0,3 n an $KNO_3$ ist, wird mit 0,2 cm³ 0,5%iger Gelatinelösung versetzt und mit 0,1 bis 0,05 n KJ-Lösung unter Verwendung der Quecksilbertropfelektrode bei — 0,6 bis — 0,7 Volt titriert. Zuvor wird 10 Min. lang Stickstoff durch die Lösung geleitet, desgleichen nach jeder KJ-Zugabe 1 Min. lang. Der Diffusionsstrom sinkt bis zum Erreichen des Äquivalenzpunktes ab und bleibt dann konstant.

Unter gleichen Bedingungen kann mit Kaliumdichromat titriert werden, nach Überschreiten des Endpunktes steigt der Diffusionsstrom wieder an.

Ein ähnliches Verfahren unter Verwendung einer rotierenden Platin-Mikroelektrode wird von SONGINA angegeben.

PŘIBIL und ZÁBRANSKÝ (b) untersuchten die polarimetrische (ampèrometrische) Titration des Thallium(I) mit Kaliumjodidlösung in Gegenwart von Blei-, Kupfer-, Wismut- und Eisen(III)-ionen nach deren Tarnung mit Komplexon III (Dinatriumäthylendiamintetraacetatdihydrat).

***Arbeitsvorschrift.*** Die mindestens 0,01 m Thallium(I)-lösung wird 0,1 m an Acetatpufferlösung ($p_H$ 4) gemacht und mit 0,5%iger Gelatinelösung versetzt. Nach Zugabe von genügend Komplexon III wird auf höchstens 100 cm³ verdünnt und bei — 0,7 Volt (gegen die gesättigte Kalomelelektrode) unter Verwendung der tropfenden Quecksilberelektrode mit 0,1 bis 0,5 n Kaliumjodidlösung titriert. Es sollen mindestens 2 cm³ Jodidlösung verbraucht werden. Der Fehler beträgt etwa 1% für Thalliummengen zwischen 40 und 200 mg. Die Pb-Konzentration darf ein Mehrfaches der Tl-Konzentration betragen, die übrigen Fremdionen dürfen in höchstens doppelter Konzentration anwesend sein.

Eine Mikrotitration des Thalliums mit Jodid beschreibt SCHULITZ. Das gefällte TlJ wird mit Jodmonochlorid umgesetzt, das dabei ausgeschiedene Jod mit 0,01 bzw. 0,0025 n Kaliumjodatlösung unter Zusatz von Tetrachlorkohlenstoff bis zur Entfärbung der organischen Phase titriert.

**Zu § 5, B.** NORWITZ gibt eine neue Methode zur elektrolytischen Thalliumbestimmung an. Aus ammoniakalischer, ammoniumnitrathaltiger Lösung wird Tl als Oxyd anodisch abgeschieden, ein Zusatz von Kupferion verhindert durch seine Depolarisationswirkung eine kathodische Thalliumabscheidung. Etwas Cu wird anodisch abgeschieden, nach Auswägen und Wiederauflösen des Oxydes wird es elektrolytisch abgetrennt und seine Menge von der ersten Auswaage subtrahiert.

***Arbeitsvorschrift.*** Die zu bestimmende Lösung wird mit 100 cm³ Wasser, 20 cm³ Salpetersäure und 20 cm³ 10%iger Kupfernitratlösung versetzt. Nach Neutralisation mit Ammoniak gegen Lackmus wird Ammoniak in einem Überschuß von 3 bzw. 10 cm³ zugesetzt (Tl-Menge $<$ bzw. $>$ 20 mg), auf 190 cm³ verdünnt und bei 2 Amp. 1 Std. lang an Platinnetzelektroden (Kathode 50 mm, Anode 25 mm Durchmesser) elektrolysiert. Es wird mit Wasser und Alkohol gewaschen, bei 160° C getrocknet und gewogen. Darauf wird der Niederschlag in 15 cm³ Salpetersäure (1 : 1) und 5 cm³ 3%igem Wasserstoffperoxyd gelöst, Kupfer dann in üblicher Weise elektrolytisch bestimmt.

**Zu § 6.** Eine Mikrobestimmung des Thalliums durch Fällung mit radioaktiv markiertem Hexaminkobalt(III)-chlorid wurde von ISHIMAI ausgearbeitet. Die Vorbereitung der Lösung und die Fällung werden in der von SPACU und POP (siehe

S. 99) beschriebenen Weise vorgenommen. Als Fällungsreagens wird eine 0,05 m wäßrige $[Co(NH_3)_6]Cl_3$-Lösung benutzt (dargestellt nach BILTZ[1] aus 10 g $CoCl_2$ und etwa 2,5 mg $^{60}CoCl_2$ — bei Tl-Mengen unter 30 $\gamma$ 5 mg —). Der — möglicherweise nicht sichtbare — Niederschlag wird mit dem Filterstäbchen abgesaugt, wieder gelöst und im Abdampfrückstand der Lösung die Aktivität gemessen. Der Fehler liegt je nach der Tl-Menge zwischen etwa 7 und 10%.

Die Fällung des Thalliums mit Hexaminkobalt(III)-chlorid wird von MURAKAMI [(a) und (b)] zur Tl-Bestimmung im Flugstaub, Bleikammerschlamm usw. benutzt.

**Zu § 7.** Nach DESHMUKH (a) kann sich eine gravimetrische Methode der Thalliumbestimmung darauf gründen, daß Tl(I)-ion durch selenige Säure zum Tl(III)-ion oxydiert wird, wobei sich elementares Selen in äquivalenter Menge abscheidet, welches in üblicher Weise direkt ausgewogen werden kann.

Die Fällung des Thalliums mit Ammoniumtetrarhodano-diamminochromat(III) (Reinecke-Salz, $NH_4[Cr(SCN)_4(NH_3)_2] \cdot H_2O$), schlagen BAGBANLY und MIRZOEVA vor.

**Zu § 8.** Die elektrolytische Abscheidung des Thalliums an einer Quecksilberelektrode untersuchten BOCK und HACKSTEIN. Sie gelingt quantitativ bei stark variierender Säurekonzentration, das Amalgam ist mit Salzsäure quantitativ zersetzbar. Zur Thalliumbestimmung wird das Verfahren nicht empfohlen, bietet aber u. U. Trennungsmöglichkeiten.

**Zu § 9, D.** Die direkte potentiometrische Titration des Thalliums mit Kaliumpermanganat zur Analyse von Blei-Thalliumlegierungen wird von BERTORELLE und TUNESI vorgeschlagen.

ISSA und ISSA geben eine Methode zur Thalliumbestimmung durch potentiometrische Titration mit Kaliumpermanganat in alkalischer Lösung an. Die Genauigkeit der Bestimmung, die auch mikroanalytisch anwendbar ist (5 $\gamma$ Tl in $5 \cdot 10^{-5}$ n Lösung), hängt wesentlich vom Alkaligehalt der Lösung ab. Bezüglich der Einzelheiten muß auf die Originalarbeit verwiesen werden.

Die potentiometrische Titration des Tl(I) in stark alkalischer Lösung mit Kaliumhexacyanoferrat(III) wird auch von MIURA beschrieben.

BUCK, FARRINGTON und SWIFT beschreiben eine Methode zur coulometrischen Titration des Thallium(I). Durch elektrolytisch erzeugtes Brom oder Chlor wird Thallium(I)-ion zu Thallium(III)-ion oxydiert. Der Endpunkt wird durch den sprunghaften Anstieg des Stromes erkannt, der zwischen zwei auf konstantem Potential gehaltenen Platin-Indicatorelektroden fließt.

Die Titration mit Brom erfolgt in überchlorsaurer Kaliumbromidlösung, es werden je Sekunde $10^{-8}$ bis $10^{-7}$ Val $Br_2$ elektrolytisch erzeugt. Die Indicatorelektroden werden gegeneinander auf einem Potential von 200 mV gehalten, im Äquivalenzpunkt erfolgt im Indicatorkreis ein Stromanstieg von z. B. 3 auf 50 $\mu$Amp. Die Titration kann auch mit elektrolytisch aus salzsaurer Lösung erzeugtem Chlor bei einem Indicatorpotential von 300 mV ausgeführt werden.

Im Bereich von 100 bis 1900 $\gamma$ Tl(I) beträgt der Fehler etwa 0,1%, wenn etwa in den Reagenzien vorhandene reduzierende Verunreinigungen durch Blindbestimmungen ermittelt und in Rechnung gesetzt werden.

Nach DESHMUKH (b) kann Thallium(I)-ion in alkalischer Lösung durch Jod oxydiert werden; nach Filtration des $Tl(OH)_3$-Niederschlages wird der Jodüberschuß im angesäuerten Filtrat mit Thiosulfat zurückgemessen.

**Zu § 10, A.** Das jodometrische Verfahren der Thalliumbestimmung wendet KILIAN bei der Analyse hochprozentiger Zink- und Cadmiumlösungen an.

---

[1] BILTZ, H.: Übungsbeispiele aus der anorganischen Experimentalchemie, S. 165, Leipzig 1913.

Langner und Göbel benutzen es ebenfalls bei der Analyse von Produkten der Zinkmetallurgie.

**Zu § 11.** Eine indirekte colorimetrische Methode zur Bestimmung des Thalliums geben Šedivec und Vašák an. Sie beruht auf der Extraktion des Thalliumdiäthyldithiocarbaminates mittels Chloroform, Überführen der extrahierten Tl-Verbindung in die entsprechende Kupferverbindung durch Schütteln des Extraktes mit Kupfersulfatlösung und Colorimetrieren der braunen Chloroformphase. Ein colorimetrisches Verfahren, das von Křepelka und Houda angegeben wird, beruht auf der Reaktion von Thallium(III)-ion mit Benzidinblau.

Die UV-Absorption des Thalliums in 6 n salzsaurer Lösung bildet die Grundlage eines von Merritt jr. und Mitarbeitern ausgearbeiteten spektrophotometrischen Verfahrens zur Thalliumbestimmung. Die Lösung zeigt ein Absorptionsmaximum bei 245 m$\mu$. Wismut und Blei stören nicht, ihre Absorptionsmaxima liegen bei 327 bzw. 271 m$\mu$, die gleichzeitige Bestimmung der drei Elemente ist möglich. Cu(I), Ga, In, Fe(II), Mo(VI), Se(IV), As(III), Ti(III), Ti(IV), W(VI) zeigen in diesem Bereich keine Absorption und sind ohne Einfluß, Cu(II) und Sn(II) stören stark. Die Fehlergrenze bei der Analyse von Gemischen der drei Metalle wird bei Gehalten von 10 bis 20 $\gamma/cm^3$ mit durchschnittlich $\pm 10\%$ angegeben. Näheres siehe in der Originalarbeit.

**Zu § 12, A.** Eine bogen- bzw. funkenspektroskopische Bestimmung des Thalliums (und anderer Verunreinigungen) in Cadmiummetall wird von Komissarenko beschrieben. Bei 0,2 bis 0,005% Tl werden die Linienpaare Tl 3519,24/Cd 3499,996 (im Funken), bei 0,005 bis 0,0005% Tl die Linienpaare Tl 3775,72/Cd 3649,597 (im Bogen) zur quantitativen Auswertung benutzt.

**Zu § 13.** Das polarographische Verhalten des Thalliums an einer ruhenden Quecksilberelektrode großer Oberfläche wurde von Streuli und Cooke untersucht.

Breyer, Gutman und Hacobian entwickelten eine Methode der Wechselstrompolarographie.

Die polarographische Bestimmung des Thalliums (und anderer Verunreinigungen) in reinstem Indium beschreiben Haupt, Olbrich und Nause.

Nach Přibil und Zábranský (a) gelingt die polarographische Bestimmung des Thalliums neben Blei und Kupfer durch Maskierung dieser Begleitelemente mittels Komplexon III (Dinatriumäthylendiamintetraacetatdihydrat). In schwach saurer Lösung wird das Halbstufenpotential des Thalliums nicht verändert, während das von Blei erheblich negativer wird. Auch das Halbstufenpotential des Kupfers verschiebt sich zu negativeren Werten, so daß die Stufen der drei Elemente scharf getrennt werden können.

Die schwach saure Lösung der Metalle wird mit Acetatpuffer (n Essigsäure und n Ammoniumacetatlösung 1 : 1) und 0,1 m Komplexonlösung versetzt und bei hoher Galvanometerempfindlichkeit polarographiert. Geringe Mengen 3wertigen Eisens dürfen anwesend sein, Wismut stört jedoch. Eine Vorschrift für die Thalliumbestimmung in biologischem Material ist ebenfalls in der Originalarbeit zu finden.

Der Einfluß von Komplexon IV (Diamino-cyclohexan-N, N, N', N'-tetraessigsäure) auf die Lage der Halbwellenpotentiale einer Reihe von Metallen, u. a. auch von Thallium(I)-ion, wurde von Přibil, Roubal und Sřatek untersucht. Im $p_H$-Bereich 2,7 bis 9,5 wird das Halbwellenpotential des Tl(I) durch Komplexon IV-Zusatz kaum verändert, während z. B. die Stufe des Bleis völlig unterdrückt werden kann, so daß die polarographische Bestimmung des Thalliums neben einem Überschuß von Blei möglich ist.

KOLTHOFF und JORDAN geben eine ampèrometrische Bestimmungsmethode des Thallium(I) in $10^{-5}$ bis $10^{-3}$ m Lösung an. Der mit Hilfe einer rotierenden Platindrahtelektrode gemessene anodische Diffusionsstrom ist der Konzentration proportional, wenn in 0,1 oder besser 1 m Natronlauge als Grundlösung gearbeitet wird. Der Diffusionsstrom wird bei 0,6 Volt (gegen die gesättigte Kalomelelektrode) gemessen, nachdem die Lösung durch einen Stickstoffstrom von Luftsauerstoff befreit worden ist; die anodische Oxydation erfolgt nach der Gleichung

$$2\,Tl^+ + 6\,OH^- \rightleftarrows Tl_2O_{3\,fest} + 3\,H_2O + 4\,\ominus.$$

**Zu § 17.** Systematische Untersuchungen mittels markierter Atome über die Extraktion von TlCl, TlBr und $TlJ_3$ mit Äther wurden von IRVING und ROSSOTTI angestellt.

BOCK und Mitarbeiter untersuchten die Ätherextraktion von $TlBr_3$.

Die Methode der Extraktion des Thalliums mit Dithizon-Chloroform wird von SILL und PETERSON zur Abtrennung des Thalliums bei der Analyse von Erzen und Flugstaub benutzt, die Endbestimmung erfolgt jodometrisch. Es sei auf die Originalarbeit verwiesen.

Nach BODE kann Thallium(I) als Diäthyldithiocarbaminatkomplex mit Tetrachlorkohlenstoff bei $p_H$ 4 bis 11 quantitativ extrahiert werden. Bei $p_H$ 11 wird Tl(I) in cyanidhaltiger Lösung nur von Bi, Pb und Cd begleitet.

Thallium(III) wird im gleichen $p_H$-Bereich ebenfalls quantitativ extrahiert, bei Gegenwart von Cyanid und Komplexon kann es von einer sehr großen Zahl von Elementen mit Ausnahme des Wismuts abgetrennt werden. Der Extrakt ist zur photometrischen Bestimmung durch Absorptionsmessung bei 426 m$\mu$ geeignet. Bezüglich der Einzelheiten muß auf die Originalliteratur verwiesen werden.

**Zu § 18, 2.** Chromatographische Trennungsverfahren für das Ionenpaar $Tl^+/Pb^{++}$ zum Zwecke der nachfolgenden polarographischen Bestimmung („Chromato-polarographische Methode") gibt KEMULA[(a) und (b)] an.

**Zu § 2 des Anhanges, S. 135f.** Ein Aufbereitungs- und Anreicherungsverfahren zur Bestimmung des Thalliums in der forensischen Analyse geben JANSCH und MAYER an. Nach der Zerstörung der organischen Substanz mit Salzsäure und Kaliumchlorat wird Thallium bei Gegenwart von Eisen(III)-ion als Sulfid gefällt. $Tl_2S$ wird durch Oxydation an der Luft in $Tl_2SO_4$ überführt, das überschüssige Eisensulfid vorsichtig zu Oxyd verglüht. Aus dem Gemisch wird dann das Thalliumsulfat mit heißem Wasser und Essigsäure ausgelaugt und der quantitativen Bestimmung (z. B. spektralanalytisch) zugeführt. (Spezielle Vorschriften für Knochen, Haare, Nägel, Graberde und Sargholz sind im Original zu finden.)

Eine spektralanalytische Methode zur Tl-Bestimmung in tierischen Geweben, gegebenenfalls nach Anreicherung des Thalliums durch Zementation mit Zinkstaub, beschreibt NEVEU.

DE WAEL sowie WINN, GODFREY und NELSON benutzen das Extraktionsverfahren mit Dithizon-Chloroform (vgl. auch S. 129) zur Erfassung kleiner Thalliummengen in Urin. Die Endbestimmung erfolgt spektroskopisch bzw. polarographisch.

ZÁBRANSKÝ gibt Einzelheiten für die Thalliumbestimmung in Blut und Urin auf polarographischem Wege an. Etwa anwesendes Blei und Kupfer wird durch Komplexon III maskiert, wodurch eine Trennung der Halbstufenpotentiale eintritt. Vgl. auch „Zu § 13", S. 160.

Zur Thalliumbestimmung durch Radioaktivierung siehe z. B. DELBECQ, GLENDENIN und YUSTER.

## Literatur.

BAGBANLY, I. L., u. T. MIRZOEVA: Doklady Akad. Nauk Aserbaidshan SSR **9**, 373 (1953). — BERTORELLE, E., u. A. TUNESI: Ann. Chim. **41**, 34 (1951). — BOCK, R., u. K.-G. HACKSTEIN: Fr. **138**, 339 (1953). — BOCK, R., H. KUSCHE u. E. BOCK: Fr. **138**, 167 (1953). — BODE, H.: Fr. **144**, 165 (1955). — BREYER, B., F. GUTMAN u. S. HACOBIAN: Austr. J. sci. Res., Ser. A **3**, 567 (1950). — BUCK, R. P., P. S. FARRINGTON u. E. H. SWIFT: Anal. Chem. **24**, 1195 (1952).

DELBECQ, C. J., L. E. GLENDENIN u. P. H. YUSTER: Anal. Chem. **25**, 350 (1953). — DESHMUKH, G. S.: (a) Anal. chim. Acta [Amsterdam] **12**, 319 (1955); (b) Fr. **145**, 249 (1955).

FLASCHKA, H.: Mikrochem. **40**, 42 (1952).

HAUPT, G., A. OLBRICH u. H. NAUSE: Z. El. Ch. **54**, 67 (1950).

IRVING, H. M., u. F. J. C. ROSSOTTI: Analyst **77**, 801 (1952). — ISHIMAI, T.: Bl. chem. Soc. Japan **26**, 336 (1953). — ISSA, I. M., u. R. M. ISSA: Analyst **79**, 771 (1954).

JANSCH, H., u. F. X. MAYER: Mikrochem. **35**, 310 (1950).

KALVODA, R., u. J. ZÝKA: Chem. Listy **45**, 82 (1951). — KEMULA, W.: (a) Roczniki Chem. [Ann. Soc. chim. Polonorum] **26**, 694 (1952); (b) **26**, 696 (1952). — KILIAN, W.: Erzmetall **3**, 281 (1950). — KOLTHOFF, I. M., u. J. JORDAN: J. Am. Chem. Soc. **74**, 382 (1952). — KOMISSARENKO, V. S.: Sawodskaja Laboratorija [Betriebslab.] **16**, 1260 (1950). — KŘEPELKA, J. H., u. M. HOUDA: Chem. Listy **41**, 173 (1947).

LANGNER, W., u. A. GÖBEL: Erzmetall **3**, 370 (1950).

MERRITT JR., CH., H. M. HERSHENSON u. L. B. ROGERS: Anal. Chem. **25**, 572 (1953). — MIURA, K.: J. Elektrochem. Soc. Japan **19**, 341 (1951). — MURAKAMI, Y.: (a) Bl. chem. Soc. Japan **22**, 206 (1949); (b) **22**, 236 (1949).

NEVEU, N.: Ann. pharmac. franç. **8**, 214 (1950). — NORWITZ, G.: Anal. chim. Acta (Amsterdam) **5**, 518 (1951).

PŘIBIL, R., Z. ROUBAL u. E. SŘATEK: Chem. Listy **46**, 396 (1952). — PŘIBIL, R., u. Z. ZÁBRANSKÝ: (a) Chem. Listy **45**, 427 (1951); (b) **46**, 16 (1952).

SCHULITZ, P. H.: Angew. Ch. **65**, 599 (1953). — ŠEDIVEC, V., u. V. VAŠÁK: Chem. Listy **46**, 607 (1952). — SILL, C. W., u. H. E. PETERSON: Anal. Chem. **21**, 1268 (1949). — SONGINA, O. A.: Trudy Komissii Anal. Khim., Akad. Nauk SSSR, Otdel. Khim. Nauk **4** (7), 116 (1952). — STREULI, C. A., u. W. D. COOKE: J. physic. Chem. **57**, 824 (1953).

DE WAEL, J.: Tijdschr. Diergeneeskunde **76**, 537 (1951). — WINN, G. S., E. L. GODFREY u. K. W. NELSON: Arch. ind. Hyg. occupat. Med. **6**, 14 (1952).

ZÁBRANSKÝ, Z.: Sborník Mezinárod. Polarog. Sjezdu Praze, 1-st. Congr. **1951**, Pt. III, Proc. 495.

# Scandium, Yttrium und die Elemente der seltenen Erden, Röntgenspektralanalyse.

Von A. BRUKL, Wien, und A. FAESSLER, Freiburg i. Br.

Mit 2 Abbildungen.

## Inhaltsübersicht.

# Die Elemente der seltenen Erden.

Unter der Bezeichnung Elemente der seltenen Erden faßt man nicht nur die Elemente mit den Ordnungszahlen 57 bis 71, Lanthan, Cerium, Praseodym, Neodym, Promethium, Samarium, Europium, Gadolinium, Terbium, Dysprosium, Holmium, Erbium, Thulium, Ytterbium, Cassiopeium zusammen, sondern zählt noch Yttrium, Ordnungszahl 39, das sich in seinen chemischen Eigenschaften und in der Basizität zwanglos in die obige Reihe einordnet, hinzu. Meist wird noch wegen des häufig gemeinsamen Vorkommens Scandium, Ordnungszahl 21, mit angeführt, doch steht dieses Element mit seiner Basizität außerhalb der Erdenreihe, und die chemischen Eigenschaften weisen auf einen deutlichen Übergang von den Elementen der seltenen Erden zu den Elementen der 4. Gruppe, vor allem zum Thorium, hin.

An keiner Stelle des Periodischen Systems zeigen benachbarte Elemente so große Ähnlichkeiten wie in der Gruppe der Elemente der seltenen Erden. Die Basizität der Erden und die Löslichkeit ihrer Verbindungen ändert sich von Element zu Element nur geringfügig, so daß eine sehr häufige Wiederholung der Trennungsoperationen notwendig wird, um die kleinen Unterschiede so weit zu vergrößern, daß zwei Nachbarn rein dargestellt werden können. Meist ist es gar nicht möglich, eine annähernd quantitative Scheidung zu erreichen. Die erhaltenen reinen

Endprodukte bilden daher nur einen kleinen Bruchteil der im Ausgangsgemisch vorhandenen Erden; der Rest verteilt sich auf Zwischenprodukte, deren Aufarbeitung sich nicht mehr lohnt.

Stets kommen alle seltenen Erden in der Natur gemeinsam vor. Wohl kennt man Mineralien, in denen die Cerit- oder Yttererden stark vorherrschen, doch sind auch da alle anderen Erden, wenn auch oft nur in sehr geringen Mengen, vorhanden.

Die 15 Elemente der seltenen Erden hat man schon frühzeitig in zwei Hauptgruppen eingeteilt. Den Ceriterden gehören an: Lanthan, Cerium, Praseodym, Neodym, Samarium; den Yttererden: Europium, Gadolinium, Terbium, Dysprosium, Holmium, Yttrium, Erbium, Thulium, Ytterbium, Cassiopeium. Diese Einteilung, ursprünglich auf Grund von chemischen Unterschieden vorgenommen, hat in jüngster Zeit eine theoretische Begründung durch W. Klemm[1] erfahren, wobei Europium und Gadolinium in die erste Gruppe (in die Gruppe der Ceriterden) verwiesen wurden. Im älteren Schrifttum sind die Yttererden noch weitgehend unterteilt: Europium, Gadolinium, Terbium sind die Terbinerden, Dysprosium, Holmium, Yttrium, Erbium, Thulium die Erbinerden und Ytterbium und Cassiopeium die Ytterbinerden.

Die analytische Chemie der Elemente der seltenen Erden hat erst in den letzten Jahren die notwendige Überprüfung und erwünschte Erweiterung erhalten. Bisher waren diese oft sehr wertvollen Elemente nur einem kleinen Kreis von Forschern zugänglich, die sich vor allem mit der Reindarstellung der einzelnen Glieder dieser Reihe beschäftigten. Die ursprünglichen Untersuchungsmethoden, chemischer wie physikalischer Art, dienten daher in erster Linie zur Verfolgung der Reinigungsprozesse, wobei es weniger auf die exakte Bestimmung der Menge einer Verunreinigung als auf den sicheren Nachweis ihrer An- oder Abwesenheit ankam. Eine Sonderstellung nahm das schon frühzeitig in die chemische Industrie eingedrungene Cer ein, dessen Verbindungen eine vielseitige Verwendung gefunden hatten. In jüngster Zeit sind weitere seltene Erden technisch angewendet worden, so daß das Bedürfnis nach brauchbaren Analysenmethoden fühlbar wurde. Hinzu kamen die Grenzwissenschaften, z. B. Mineralogie und Geochemie, die an der exakten Bestimmung der Zusammensetzung eines Gemisches der seltenen Erden stark interessiert waren. Auf Grund vieler Untersuchungen verschiedener Forscher kann gesagt werden, daß es nur eine allgemein anwendbare Methode zur genauen Bestimmung der Bestandteile eines Gemisches der seltenen Erden gibt: die quantitative Röntgenspektroskopie, die selbst durch die Emissionsspektralanalyse nicht verdrängt werden kann.

In besonderen Fällen werden auch andere Methoden gute Dienste leisten, z. B. kann die Fähigkeit mancher Erden zur Bildung höherer oder niederer Wertigkeitsstufen mit Vorteil herangezogen werden. 4wertig sind neben dem Cerium das Praseodym und Terbium, wobei nur das erstere so beständig ist, daß es auf Grund der höheren Wertigkeit analytisch und präparativ abgesondert werden kann. Die 2wertige Stufe ist nur beim Samarium, Europium und Ytterbium deutlich ausgeprägt und kann mit Vorteil analytisch und präparativ ausgenützt werden. Bei den anderen seltenen Erden ist die Existenz dieser Wertigkeit noch stark umstritten.

Wie bereits erwähnt, nimmt das Scandium unter den Elementen der seltenen Erden eine Sonderstellung ein, da es sich zufolge seiner Eigenschaften nicht zwanglos in diese Reihe eingliedern läßt, sondern eine Übergangsstellung zwischen diesen Elementen und dem Thorium einnimmt. Es ist daher verständlich, daß sich das Scandium in einigen Reaktionen an die Elemente der seltenen Erden anlehnt, in anderen jedoch mit dem Thorium große Ähnlichkeit aufweist. Bei Mineralanalysen ist es unbedingt notwendig, zuerst eine qualitative Untersuchung auf die Anwesenheit von Scandium vorzunehmen. Auf Grund dieses Befundes kann erst der Analysengang ausgewählt werden.

---

[1] Klemm, W.: Z. anorg. Ch. **184**, 345 (1929); **187**, 29 (1930); **209**, 321 (1932).

Die echten seltenen Erden bilden eine kontinuierliche Reihe, in der die Basizität der Elemente von Lanthan bis zum Cassiopeium abnimmt, wobei das Yttrium zwischen Dysprosium und Holmium zu stehen kommt. Die Trennung zweier, in dieser Reihe weit entfernt stehender Elemente bietet keine unüberwindliche Schwierigkeit. Das Problem der Scheidung wird erst sichtbar, wenn benachbarte Elemente getrennt werden sollen. Aus dieser großen Ähnlichkeit ergibt sich, daß die meisten in der quantitativen Analyse verwendeten Reaktionen allen seltenen 3wertigen Erdionen zukommen. Bei der Durchführung einer Analyse trägt man dieser Tatsache Rechnung, indem man zuerst trachtet, die Erdelemente gemeinsam von den Begleitelementen abzutrennen, sie dann in die beiden Untergruppen zu zerlegen und schließlich aus diesen die einzelnen Erdelemente zu isolieren oder maßanalytisch zu bestimmen.

In diesem Handbuch ist erstmalig der Versuch unternommen worden, das im Schrifttum weit zerstreute Material über die analytische Chemie der Elemente der seltenen Erden kritisch zu sammeln. Es ist oft schwierig, zu entscheiden, ob eine Trennungsmethode noch in das Gebiet der analytischen Chemie oder bereits in das der präparativen Chemie einzureihen ist. Für den Analytiker ist es manchmal vorteilhaft, die Wege kennenzulernen, die zur Reindarstellung der Elemente der seltenen Erden führten. Aus diesem Grunde sind, wenn auch äußerst kurz besprochen, die besten Methoden zur Isolierung angeführt.

Die Eigenart des Stoffes dieses Kapitels weist eine von den übrigen Teilen des Handbuches abweichende Einteilung auf. Der erste Abschnitt behandelt jene Untersuchungsmethoden, die allen Elementen der seltenen Erden gemeinsam sind. Hier findet man auch die allgemeinen Vorschriften und Bemerkungen über die physikalischen Analysenmethoden. Der zweite Abschnitt ist den einzelnen Elementen gewidmet.

## *A. Bestimmungsmethoden, die allen Elementen der seltenen Erden gemeinsam sind.*

### *I. Gravimetrische und maßanalytische Methoden.*

#### a) Allgemeines.

In der Einleitung wurde darauf verwiesen, daß bei Analysen zuerst alle Elemente der seltenen Erden gemeinsam abgetrennt werden, worauf sich die quantitative Bestimmung einzelner Elemente oder aller Bestandteile anschließt. Eine Ausnahme von dieser Regel tritt bei der Bestimmung des Scandiums ein. Um die Einführung in die mannigfaltigen Analysenmethoden der seltenen Erden nicht unübersichtlich zu gestalten, ist in diesem Abschnitt das Scandium nicht berücksichtigt worden. Es ist im zweiten Abschnitt (S. 287) zusammenhängend und erschöpfend behandelt.

Abschnitte I bis VII bringen die Beschreibung der in der Analyse immer wiederkehrenden Abscheidungs- oder Bestimmungsmethoden. Neben dem gravimetrischen und maßanalytischen Verfahren sind die physikalischen Untersuchungsmethoden so ausführlich gebracht, daß in den folgenden Abschnitten auf ihnen weitergebaut oder auf sie hingewiesen werden kann.

Abschnitt VIII ist dem Aufschluß von Mineralien und der Abtrennung der Elemente der seltenen Erden gewidmet. Ursprünglich waren diese Aufschlüsse für präparative Zwecke entwickelt worden; ihrer leichteren Durchführung wegen wurden sie von der quantitativen Analyse mit gutem Erfolg übernommen.

Aus den durch den Aufschluß gewonnenen Lösungen werden die Elemente der seltenen Erden stets nach den gleichen Methoden abgetrennt. Es ist daher vorteilhaft und übersichtlicher, die jeweiligen Aufschlüsse so weit zu besprechen, daß die im letzten Teil beschriebene Abscheidung der Elemente der seltenen Erden als Fortsetzung der vorhergehenden Analysenvorschriften gelten kann.

Bisher wurde eine Reihe von Trennungsmöglichkeiten aufgezeigt, und es wurden die in der Analyse gebräuchlichsten Methoden besprochen; eine systematische Zusammenstellung aller im Schrifttum vorgeschlagenen Verfahren zur Abtrennung der Elemente der seltenen Erden von anderen Elementen wird im Abschnitt IX gebracht.

Abschnitt X behandelt die Teilung der seltenen Erden in Untergruppen. Wenn eine röntgenspektroskopische Analyse nicht durchgeführt werden kann, gibt diese Teilung in Cerit- und Yttererden einen Einblick in die Zusammensetzung der im Gange der Analyse gewonnenen seltenen Erden. Eine weitere Verfeinerung dieses Ergebnisses wird erzielt, wenn nach Abschnitt XI das mittlere Atomgewicht eines jeden Teiles bestimmt wird. Analytisch gesehen, enthält dieser Absatz die exaktesten Untersuchungen auf dem Gebiet der seltenen Erden, da es sich meist um Methoden zur Atomgewichtsbestimmung handelt. Aus der Kritik der einzelnen Verfahren kann der Analytiker wertvolle Anregungen empfangen.

### b) Wägungsform.

Die Elemente der seltenen Erden werden hauptsächlich als Oxyde ausgewogen, da bei der Trennung von anderen Elementen ihre Fällung durch Oxalsäure den Gang der Analyse beschließt. Die Oxalate selbst werden mit Ausnahme des Ceroxalates nicht als Wägungsform benützt, sondern zu Oxyden verglüht. Durch thermische Zersetzung des Oxalat-Ions werden zuerst basische Carbonate gebildet, die bei steigender Temperatur in Oxyde übergeführt werden. Da die Basizität der seltenen Erden mit der steigenden Ordnungszahl abnimmt, ist auch die Temperatur der Oxydbildung verschieden. Als niedrigste Glühtemperatur ist 1000° anzusehen, bei der das stark basische Lanthan die letzten Anteile der Kohlensäure abgibt. Die hohe Glühtemperatur ist noch aus einem anderen Grunde sehr erwünscht, denn die Oxyde sind mehr oder weniger hygroskopisch und ziehen in fein verteiltem Zustand aus der Luft Feuchtigkeit und Kohlensäure an. Durch die hohe Glühtemperatur werden die Oxyde dichter und verringern ihre Oberfläche. Trotzdem ist bei genauen Analysen ein Schutzwägegläschen sehr erwünscht, und der zum Auskühlen des heißen Tiegels verwendete Exsiccator soll zur Fernhaltung der Kohlensäure festes Kaliumhydroxyd enthalten. Als Tiegel verwendet man gewöhnlich einen Porzellantiegel; doch haben spektroskopische Aufnahmen gezeigt, daß aus den Tiegelwandungen Kieselsäure und Alkalien aufgenommen werden. Aus diesem Grunde ist ein Platintiegel vorzuziehen. Die Glühdauer der Oxyde soll nach Veraschen des Filters wenigstens eine halbe Stunde betragen; meist ist dann das konstante Gewicht erreicht, doch muß auf jeden Fall die Unveränderlichkeit durch neuerliches Glühen auf 900 bis 1000° während 15 Min. geprüft werden.

Das von der Umwandlung der Oxalate in Oxyde Gesagte gilt auch für die Bildung der Oxyde aus den Hydroxyden. Stets nehmen die letzteren während der Filtration mehr oder weniger große Mengen Kohlensäure aus der Luft auf, die durch die Verbrennungsprodukte des Filters noch vermehrt werden.

Mit Ausnahme der Oxyde des Cers, Praseodyms und Terbiums leiten sich die zur Wägung gelangenden Oxyde der seltenen Erden von der 3wertigen Oxydationsstufe ab. Cer gibt beim Glühen an der Luft stets das stabile Dioxyd, das unter analytischen Verhältnissen seine Zusammensetzung nicht verändert. Hingegen bilden Praseodym und Terbium (s. S. 373) keine gleichmäßig zusammengesetzten höheren Oxyde. Wird bei genauen Analysen auf eine gut definierte Wägungsform Wert gelegt, so reduziert man bei 900° im Wasserstoffstrom. Cer bleibt unter diesen Reduktionsbedingungen 4wertig, während alle anderen seltenen Erden in 3wertiger

Form vorliegen. Nun haben BRAUER und HOLTSCHMIDT gezeigt, daß ein mit Praseodym verunreinigtes $CeO_2$ unter den obigen Versuchsbedingungen nach 2 Std. zu etwa 35% reduziert worden ist. Zur Erreichung einer geeigneten Wägungsform wird man daher ein rasches Erwärmen und Abkühlen anstreben und die Temperatur von 900° C durch etwa 15 Min. aufrechterhalten (siehe hierzu RIENÄCKER und BIRKENSTÄDT). Bei technischen Analysen werden stets die an der Luft geglühten Oxyde zur Auswaage gebracht.

Die Oxyde der Formel $R_2O_3$ sind in drei Kristallformen A, B und C bekannt. A ist ein hexagonales Schichtengitter; C ist die kubische Form, die dem $D5_3$-Typ entspricht, während B noch nicht ganz aufgeklärt ist (man vermutet mehrere Modifikationen, die von A und C verschieden sind). Die Kristallform C ist allen Lanthaniden gemeinsam (siehe z. B. A. BOMMER); hingegen ist A und B nur bei den Ceriterden bekannt, wobei der Existenzbereich verschieden liegt. A. JANDELLI gibt folgende Temperaturen an:

| | | | | | | |
|---|---|---|---|---|---|---|
| $La_2O_3$: | C + A; | bis | 500°; | A | oberhalb | 600° |
| $Pr_2O_3$: | C ; | „ | 600°; | A | „ | 700° |
| $Nd_2O_3$: | C ; | „ | 775°; | A | „ | 850° |
| $Sm_2O_3$: | C ; | „ | 1100°; | B | „ | 1200° |
| $Eu_2O_3$: | C ; | „ | 1300°; | B | „ | 1400° |
| $Gd_2O_3$: | C ; | „ | 1500°; | — | — | — |

Die höheren Oxyde von Ce, Pr und Tb besitzen ein Flußspatgitter vom $C_1$-Typ. $CeO_2$ und $PrO_2$ haben $aw = 5{,}41$ bzw. 5,36 Å. $Pr_6O_{11}$ und $Tb_4O_7$ sind etwas verzerrt mit $aw = 5{,}53$ bzw. 5,28 Å. $Ce_4O_7$ hat kein eigenes Gitter.

Die anderen, seltener gebrauchten Wägungsformen sind bei der geeigneten Fällungsart eingehend beschrieben.

### Literatur.

BOMMER, A.: Z. anorg. Ch. **241**, 273 (1939). — BRAUER, G., u. U. HOLTSCHMIDT: Z. anorg. Ch. **265**, 105 (1951).
JANDELLI, A.: G. **77**, 312 (1947).
RIENÄCKER, G., u. M. BIRKENSTÄDT: Z. anorg. Ch. **265**, 99 (1951).

## Bestimmungsformen.

### a) Fällung als Hydroxyd.

#### 1. Durch Ammoniak.

Aus allen Lösungen, mit Ausnahme von Lösungen, die Weinsäure, Citronensäure und andere Oxysäuren enthalten (ROSE), fällt Ammoniak im Überschuß unlösliche Hydroxyde aus. Die in der Kälte erzeugten Niederschläge sind von schleimiger Beschaffenheit und schlecht filtrierbar, altern jedoch in der Siedehitze rasch und werden dichter. Die ersten Glieder der seltenen Erden sind ziemlich starke Basen, so daß bei quantitativer Fällung in Gegenwart von Ammoniumsalzen eine deutlich wahrnehmbare alkalische Reaktion vorhanden sein muß. Diese Umsetzung ist demnach umkehrbar und abhängig von der Ammoniumsalzkonzentration. Werden neutrale gesättigte Erdsalzlösungen in der Kälte mit berechneter Menge verdünntem Ammoniak gefällt, so tritt eine langsame Auflösung ein, wenn Ammoniumchlorid zugesetzt wird. Diese Verzögerung der Fällung durch Ammoniumsalze haben PRANDTL und RAUCHENBERGER bei den Ceriterden eingehend untersucht und zur fraktionierten Trennung von Elementen der seltenen Erden herangezogen. Bei den Ytterbinerden hat MARSH auf die unvollkommene Fällung in Gegenwart von Ammonsalzen hingewiesen und fordert ihre sorgfältige Entfernung und einen geringen Überschuß an Ammoniak.

Die Hydroxyde adsorbieren stark die in der Lösung enthaltenen Fremdionen. So dürfen die durch Alkalihydroxyde erhaltenen Fällungen nach T. O. SMITH und JAMES nicht zur Auswaage gelangen, da die erhaltenen Werte viel zu hoch sind. Auch bei Fällungen mit Ammoniak können die Resultate zu hoch ausfallen, wenn glühbeständige Anionen vorhanden sind. An Lanthansalzen wurde gezeigt, daß Chlor- und Sulfationen bei 1maliger Fällung im verglühten Niederschlag nachzuweisen sind. Man wird daher eine doppelte Fällung vornehmen, wenn nichtflüchtige Substanzen anwesend sind. Die Auflösung des bei der ersten Fällung erhaltenen Hydroxydniederschlages wird zweckmäßig mit Salpetersäure vorgenommen.

**Eigenschaften.** Die Hydroxyde der seltenen Erden zählen zu den mittelstarken Basen, die nur wenig schwächer als Calcium-, doch bedeutend stärker als Aluminiumhydroxyd sind. Mit steigender Ordnungszahl nimmt die Basizität nach und nach ab, so daß die letzte Erde, das Oxyd des Cassiopeiums, sich den Sesquioxyden nähert. Wie JANDER und MÖHR an Chloriden zeigten, sind die seltenen Erden die einzigen 3säurigen Basen, die in hydrolysierenden Lösungen keine höher aggregierten Hydrolysenprodukte bilden. Mit sinkender $[H^+]$ entstehen stark basische Salze und Hydroxyde. Für die Nitrate der Ceriterden fand DUTT $RONO_3 \cdot H_2O$ und $R_2O_3 \cdot 2RONO_3$ und bei den Yttererden $3R_2O_3 \cdot 4N_2O_5$. Die konduktometrische Titration deutet durch Knicke die oben angeführten Verbindungen an, die bei weiterem Laugenzusatz in $R(OH)_3$ übergehen. Die Erdhydroxyde sind in Ammoniak und in verdünnten Alkalihydroxyden im allgemeinen sehr wenig löslich; nur die Hydroxyde von Scandium und Cassiopeium weisen eine nicht zu vernachlässigende Löslichkeit auf (s. S. 288). In konzentrierten Laugen sowie beim Aufschluß mit Alkalicarbonaten oder Hydroxyden offenbart sich der schwach saure Charakter der Erdhydroxyde, wobei salzartige Verbindungen gebildet werden. Die Löslichkeit der Hydroxyde der Elemente der seltenen Erden ist jüngst von MOELLER und KREMERS bestimmt und das Löslichkeitsprodukt errechnet worden. Um vergleichbare Zahlen zu erlangen, wurde die in Lösung verbliebene Menge der Hydroxyde mit $10^6$ multipliziert und in Grammolen ausgedrückt; man findet diese Werte im Teil B bei den einzelnen Erden verzeichnet. Die Übersicht zeigt, daß mit zunehmender Ordnungszahl die Löslichkeit beträchtlich sinkt; für $La(OH)_3$ werden 7,8 g-mole je l und für $Cp(OH)_3$ 0,5 g-mole je l bei 25° C angegeben, wobei $Y(OH)_3$ mit 1,2 g-mole vor $Er(OH)_3$ zu stehen kommt.

Die Erdhydroxyde kristallisieren hexagonal und besitzen mit steigender Ordnungszahl sinkende Zersetzungstemperatur. Für $La(OH)_3$ fand SEITZ 260° und für $Cp(OH)_3$ 200° C. Oberhalb dieser Temperaturen bildet sich ROOH, das seinerseits zwischen 390 bis 320° in das Oxyd übergeht.

**Durchführung.** Die verdünnte Erdsalzlösung wird zum Sieden erhitzt und tropfenweise mit überschüssigem verdünntem Ammoniak gefällt. Um einen gut filtrierbaren Niederschlag zu erhalten, wird noch etwa 1 Std. auf dem siedenden Wasserbad erwärmt. Man achte darauf, daß die Lösung deutlich nach Ammoniak riecht. Der Niederschlag wird auf einem Papierfilter gesammelt. Ist eine doppelte Fällung angezeigt, dann spritzt man den mit verdünntem Ammoniak gewaschenen Niederschlag in das Fällungsgefäß, löst in der notwendigen Menge verdünnter Salpetersäure, fügt Wasser hinzu und fällt wie oben angegeben.

Die getrockneten Hydroxyde werden in einem Platin- oder Porzellantiegel zuerst bei niederer Temperatur, hierauf bei 1000° gewichtskonstant geglüht.

***Bemerkung.*** Infolge der geringen Löslichkeit der Hydroxyde gibt diese Methode sehr genaue Werte; sie wird vor allem bei kleinen Mengen seltener Erden gute Dienste leisten. Bei mehr als 0,5 g Oxyden wird der Niederschlag sehr voluminös und läßt sich schwer verarbeiten. Erdalkalien, Alkalien und Magnesium werden bei Gegenwart von Ammoniumsalzen, besonders bei doppelter Fällung, sicher abgetrennt; Mangan bleibt stets in Spuren bei den seltenen Erden zurück.

2. Nach SCHOELLER und WATERHOUSE.

Zur Abscheidung geringer Mengen von Hydroxyden der seltenen Erden sowie zur sicheren Fällung von stark basischen Erden bei Gegenwart von viel Ammoniumsalzen empfehlen die Verfasser die Fällung der Erdhydroxyde als Adsorptionsverbindung an Gerbsäure.

**Durchführung.** Die auf 200 cm³ verdünnte Lösung wird mit 25 cm³ gesättigter Ammoniumchloridlösung und 5 g Natriumacetat versetzt und zum Sieden erhitzt. Nach Zugabe einer frisch bereiteten Lösung von 0,5 g Tannin wird schwach ammoniakalisch gemacht, worauf der voluminöse Niederschlag zur Abscheidung gelangt. Man erwärmt etwa eine halbe Stunde auf dem Wasserbad, filtriert heiß und wäscht gut mit ammoniumnitrathaltigem Wasser. Der Niederschlag wird verascht, bei 1000° geglüht und gewogen: Oxyde der seltenen Erden.

***Bemerkungen.*** Die Adsorptionsverbindung der Erdhydroxyde mit Gerbsäure ist meist schwach gelb gefärbt. Durch die Gegenwart von Cer sowie durch Luftoxydation wird ein Nachdunkeln verursacht. Der Niederschlag ist in Säuren, selbst in verdünnter Essigsäure, sehr leicht löslich.

Die Resultate sind auch bei kleinen Mengen sehr genau und zeigen keine zu niedrigen Werte. Zu hohe Werte werden durch ungenügendes Waschen verursacht, denn Alkali- und Halogenionen werden hartnäckig zurückgehalten.

Die Sesquioxyde verhalten sich ebenso; nur Alkalien und Erdalkalien lassen sich nach dieser Methode entfernen. Eine besondere Bedeutung erhält diese Abscheidungsart dadurch, daß auch in weinsauren Lösungen die Elemente der seltenen Erden quantitativ gefällt werden.

3. Konduktometrisch nach JANTSCH.

Die Fällung der Ionen seltener Erden durch verdünnte Alkalihydroxydlösungen läßt sich potentiometrisch nicht verfolgen; hingegen kann man unter bestimmten Bedingungen konduktometrisch eine quantitative Bestimmung der Elemente der seltenen Erden erzielen. Durch Anwendung der umgekehrten Titration (in die Lauge die Lösung der Erdsalze eintropfen lassen) sowie durch konstant gehaltene höhere Temperatur (70 bis 90°) wird die Bildung basischer Fällungen vermieden. Da auch mit sehr verdünnten Lösungen titriert wird, ist die Adsorption auf ein Mindestmaß herabgedrückt.

**Durchführung.** In einem Titriergefäß werden 100 cm³ Wasser mit 0,8 bis 1 cm³ genau gestellter n/2 Natronlauge zusammengebracht und auf 70 bis 90° erwärmt, wobei die Temperatur während des ganzen Vorganges konstant gehalten werden muß. Hierauf fügt man 1 bis 2 cm³ einer wäßrigen Aufschwemmung von Erdhydroxyden hinzu, die die gleiche Zusammensetzung wie das zu bestimmende Erdgemisch haben und die frei von $H^+$- und $OH'$-Ionen sind. Unter gutem Rühren wird aus einer Mikrobürette die neutrale Lösung der Chloride der Erdelemente, die ungefähr 5 g im Liter enthält, langsam zutropfen gelassen. Der Neutralisationspunkt läßt sich genau bestimmen.

***Bemerkungen.*** Diese Mikromethode wird für Serienanalysen gute Dienste leisten. Nach Angabe der Autoren beträgt der Fehler $\pm$ 1%.

## b) Fällung als Oxalat.

1. Gravimetrisch.

Meist nimmt man diese für die Elemente der seltenen Erden so charakteristische Fällung in schwach saurer Lösung vor, um gleichzeitig eine Trennung von anderen Elementen vorzunehmen. Die Oxalate sind in Mineralsäuren merklich löslich, deshalb wird stets ein Überschuß des Fällungsmittels, der Oxalsäure oder des Ammoniumoxalats, aber auch eines Gemisches von beiden, angewendet. Beim Ammoniumoxalat ist zu beachten, daß die letzten Glieder der Erden lösliche Doppeloxalate bilden (s. S. 263).

Die Fällung der Elemente der seltenen Erden als Oxalate durch Alkalioxalate oder Oxalsäure wurde von BAXTER und DAUDT eingehend untersucht. Es wurde gefunden, daß die Oxalate der Erdelemente stets Alkalioxalate mitreißen, wobei die im Niederschlag befindliche Menge mit der steigenden Konzentration der Alkalisalze und mit steigender Temperatur zunimmt. Hierbei werden Kalium und Ammoniumsalze gegenüber den Natriumsalzen bevorzugt. In Gegenwart von Mineralsäuren wird die mitgerissene Menge sehr klein. CROUTHAMMEL und MARTIN nehmen die Bildung von $R(C_2O_4)_2^-$ und bei größerem Überschuß an Oxalsäure $R(C_2O_4)_3^{---}$ an. Aus diesen Untersuchungen ergibt sich, daß bei der Fällung mit Alkali- oder Ammoniumoxalat stets mehr Säure vorhanden sein soll, als dem zugesetzten Oxalat entspricht.

Von diesen Beobachtungen wird das Yttrium ausgenommen, denn es fällt sowohl in saurer als auch in neutraler Lösung als sehr reines Oxalat.

**Löslichkeiten.** Die Oxalate der Elemente der seltenen Erden unterscheiden sich bezüglich der Löslichkeit in Wasser und verdünnten Säuren erheblich voneinander. (Genaue Werte, soweit bekannt, siehe im Abschnitt B dieses Kapitels.) In Wasser ist die Löslichkeit gering, doch zeigen die Yttererden höhere Werte als die Ceriterden. Bei 60° hat die Löslichkeit etwa den 10fachen Wert von 25°. In verdünnten Säuren sind die Oxalate beträchtlich löslich, wobei mit steigender Basizität eine steigende Löslichkeit wahrgenommen wird. In überschüssiger, reiner Oxalsäure sind die Oxalate der Ceriterden sehr wenig löslich; sie setzt in Gegenwart verdünnter Mineralsäuren den im Filtrat befindlichen Anteil an Elementen der seltenen Erden stark herunter. Die Yttererden hingegen weisen, wie SAHAMA und VÄHÄTALO zeigten, eine analytisch nicht zu vernachlässigende Löslichkeit bei geringen Mengen freier Salzsäure und überschüssiger Oxalsäure auf. Bei einer Fällung von 12,6 mg verblieben im Filtrat 1,9 mg Oxalate, die aus Yttererden, beginnend mit Gadolinium, bestanden. Die Ceriterden fanden sich vollständig im Niederschlag vor, wie die quantitativ ausgewerteten röntgenspektroskopischen Aufnahmen ergaben.

Die Oxalate neigen zur Bildung schwerlöslicher Komplexverbindungen, in die das in der Lösung vorhandene Anion eingebaut wird. Nach CROUTHAMMEL und MARTIN liegt $R(C_2O_4)^+$ vor. Das hierher gehörende Oxalatochlorid $R_2(C_2O_4)_2Cl_2$ wurde von MAZZA und JANDELLI dargestellt. In der quantitativen Analyse stört diese Neigung (z. B. beim Praseodym) sehr, und man versucht durch umgekehrte Fällung die Reinheit des Niederschlages zu erhöhen. In Alkalioxalaten steigt die Löslichkeit mit fallender Basizität; in der Siedehitze sind die Ceriterden etwas löslich, doch scheiden sich beim Erkalten die Oxalate fast vollständig wieder aus. Die Yttererden bilden wohldefinierte Doppeloxalate, die mit steigender Ordnungszahl eine steigende Löslichkeit aufweisen (s. S. 263). Die Ammoniumdoppeloxalate werden zur Trennung und Reindarstellung der Glieder der Yttererden herangezogen. Schließlich sei die in der Analyse nicht zu übersehende Löslichkeit der Oxalate der Erdelemente in Gegenwart der komplexen, leichtlöslichen Oxalate der 3- und 4wertigen Elemente erwähnt (s. S. 252).

**Eigenschaften.** Die Zusammensetzung der Oxalate entspricht im allgemeinen der Formel $R_2(C_2O_4)_3 \cdot 10\,H_2O$, doch finden sich bei reinen Erdelementen auch andere Hydrate vor, deren Bildung von Temperatur und Wasserstoffionenkonzentration weitgehend abhängig ist. Beim Trocknen bei erhöhter Temperatur werden Teile des Hydratwassers abgegeben; die völlige Entwässerung erfolgt erst oberhalb 200°. Mit der Abgabe der letzten Anteile der Feuchtigkeit ist meist eine Zersetzung des Oxalates verbunden. Als Wägungsform sind die Oxalate nur beim Cer verwendet worden (s. S. 326).

**Durchführung.** Die die Salze der Erdelemente enthaltende Lösung wird durch Ammoniak so weit abgestumpft, daß sie halb oder viertel normal sauer wird, und so weit verdünnt, daß etwa 1 g Erdoxyde in 60 $cm^3$ enthalten sind. Nun erwärmt man auf 60° und fällt mit 40 bis 50 $cm^3$ einer 10%igen Oxalsäurelösung (berechnet für 1 g). Der zuerst käsig anfallende Niederschlag wird bald kristallinisch und setzt sich gut ab. Nach 12stündigem Stehen wird das Oxalat in einem Papierfilter gesammelt und mit sehr verdünnter warmer Oxalsäurelösung gewaschen. Das Verglühen des Niederschlages ist mit großer Vorsicht durchzuführen, da die Oxalate und die bei niederer Temperatur erhaltenen Oxyde sehr fein verteilt sind und leicht zerstäuben. Man hält den Tiegel schräg und erhitzt an der Breitseite, wodurch die Zersetzung und Gasentwicklung langsam gegen die Mitte vorschreitet; für die erhaltenen Oxyde gilt das im vorhergehenden Abschnitt Gesagte.

### Überführung der Oxalate in lösliche Form.

Zwecks Umfällung des Oxalatniederschlages ist die Zerstörung des Oxalat-Ions notwendig. Im allgemeinen wird der Niederschlag durch Verglühen bei niederer Temperatur, bis der Kohlenstoff völlig verbrannt ist, in basisches Carbonat umgewandelt und hierauf in Säure, vorteilhaft in Salpetersäure, gelöst. Manchmal zieht man dem Verglühen die Umsetzung mit Alkalihydroxyden vor. Der Niederschlag wird mit einer nicht zu verdünnten Natrium- oder Kaliumhydroxydlösung auf dem Wasserbad behandelt, bis er das Aussehen der Hydroxyde der Erdelemente angenommen hat. Man filtriert und wäscht mit heißem Wasser gut aus. Wenn größere Mengen der Oxalate umgewandelt werden sollen, so kann die Oxydation mit Salpetersäure empfohlen werden. Meist wendet man konzentrierte Säure an, der man rauchende Salpetersäure zugesetzt hat. Ist in dem Erdgemisch Cer vorhanden, so katalysiert dieses Element die Oxydation der Oxalsäure beträchtlich; bei Abwesenheit desselben setzt man etwas an Mangansalzen (auch Kaliumpermanganat) zu. Die Reaktion ist sehr heftig, weshalb das Becherglas bedeckt und anfangs in der Kälte gehalten wird. Zur Entfernung der überschüssigen Säure dampft man nach vollendeter Oxydation zur Trockne ein. Willard und Gordon oxydieren mit konzentrierter Salpetersäure und 70% Perchlorsäure 4:1 und erwärmen langsam bis zum Auftreten der schweren weißen Dämpfe von Perchlorsäure.

***Bemerkung.*** Diese Methode wird bei größeren Mengen stets angewandt. Sie gestattet eine Trennung vom 3wertigen Eisen, Aluminium, Mangan, Zirkon, Titan, von den Erdsäuren und der Phosphorsäure. Sind die genannten Begleiter im Überschuß vorhanden oder die seltenen Erden in geringen Mengen zugegen, wird zuerst eine grobe Scheidung nach Abschnitt VIII, S. 240, vorgenommen; hierauf werden die Elemente der seltenen Erden als Oxalate abgetrennt. Die Begründung für diese Änderung des Analysenganges ist auf S. 252 gegeben.

Die Gegenwart der Phosphorsäure gibt häufig Anlaß zur Bildung der schwerlöslichen Phosphato-Oxalat-Komplexe, die nur durch eine neuerliche Fällung zerlegt werden können. Über die Trennung der Elemente der seltenen Erden von der Phosphorsäure siehe S. 275.

Bei der Aufarbeitung der Eluate (Trennung an Austauschern), die die seltenen Erden als Citratkomplexe enthalten, konnte nur bei den Ceriterden die Fällung mit Oxalsäure befriedigen. Nach F. H. Spedding werden solche yttererdenhaltige Lösungen, die etwa 250 mg Oxyde im Liter aufweisen, auf 70 bis 80° erwärmt, je Liter Lösung mit 2 g krist. Oxalsäure und 0,2 g Gerbsäure versetzt und 15 bis 20 Min. gekocht. Es stellt sich nun ein $p_H$ von 1,8 bis 2,0 ein. Man läßt 48 Std. stehen und filtriert kalt. Da keine glühbeständigen Ionen vorliegen, kann ohne Waschen verglüht werden. Auf diese Weise werden mehr als 95% der vorhandenen Oxyde erfaßt. Sollen auch die letzten Anteile gewonnen werden, so muß das Filtrat nach der obigen Arbeitsvorschrift durch eine kleine Trennsäule geschickt werden, die zurückgehaltenen Erden löst man nochmals mit einem kleinen Volumen ab.

Will man diese Abscheidung nicht anwenden, muß das anfallende Eluat zur Trockne gedampft und verglüht werden. Das Konzentrieren solcher Lösungen mit nachfolgender Oxalatfällung ist nicht zulässig, da VICKERY zeigte, daß bei anormal hohem Ammonsalzgehalt sich beträchtliche Mengen von Erdoxalaten der Fällung entziehen.

Da beim Verglühen der Oxalate zu Oxyd stets unverbrannter Kohlenstoff hinterbleibt, versetzen SARVER und BRINTON das geglühte Oxyd mit einigen Tropfen konzentrierter Salpetersäure (Vorsicht!), dampfen zur Trockne und glühen nochmals bei 900°. Hierbei werden auch die im Niederschlag enthaltenen Spuren von Chlor-Ionen völlig entfernt.

## 2. Maßanalytisch.

Wenn die Elemente der seltenen Erden als formelreine Oxalate abgeschieden werden, kann aus dem Gehalt der oxydimetrisch bestimmten Oxalsäure auf die Menge der im Niederschlag enthaltenen seltenen Erden geschlossen werden. Da die einzelnen Erdelemente eine verschieden große Neigung zur Bildung von Mischverbindungen zwischen der Oxalsäure und den in der Lösung befindlichen Anionen zeigen (z. B. Oxalochloride oder Oxalosulfate), hat man besondere Fällungsverfahren angegeben. GIBBS empfiehlt die umgekehrte Fällung; BRAUNER zerstört die Mischoxalate durch Digerieren des Niederschlages mit verdünnter Oxalsäure; BRINTON und PAGEL fällen in stärker saurer Lösung und neutralisieren die überschüssige Säure nach und nach (s. Praseodym, S. 375). Das letztgenannte Verfahren führt auf einfache Weise zu genügend reinen Oxalaten.

Sowohl im Niederschlag als auch im Filtrat kann die Menge der anwesenden Oxalsäure ermittelt werden.

Im ersten Falle werden die Oxalate der Erdelemente gefällt, filtriert und gut ausgewaschen. Den Niederschlag löst man in einem Titrierkolben durch verdünnte Schwefelsäure auf und bestimmt durch Oxydation mit 0,1 n Kaliumpermanganatlösung die Oxalsäure. Mit Ausnahme der gefärbten Erden (Praseodym, Neodym und Erbium) ist der Farbenumschlag bei der Titration gut zu erkennen.

Im zweiten Falle werden mit einer bekannten Menge Oxalsäure die Elemente der seltenen Erden gefällt; im Filtrat wird der verbliebene Rest bestimmt. STOLBA hatte diese Methode als Erster angegeben, BRAUNER sowie BROWNING hatten sie nachgeprüft, und GIBBS hat sie für die Bestimmung des mittleren Atomgewichtes empfohlen.

**Durchführung.** Im ersten Falle werden die Oxalate der Erdelemente in schwach saurer Lösung gefällt; nach mehrstündigem Stehen wird durch ein Filter dekantiert und der Niederschlag mit verdünnter Oxalsäurelösung digeriert, damit die möglicherweise gebildeten Oxalochloride oder -nitrate zersetzt werden. Nun wird filtriert und mit Wasser bis zum Verschwinden der Oxalsäurereaktion gewaschen. Das den Niederschlag enthaltende Filter wird in das Titriergefäß gebracht, mit 12%iger Schwefelsäure versetzt und bei 60° mit 0,1 n Kaliumpermanganatlösung titriert.

Die zweite Art der Bestimmung, die auf der Bestimmung des Überschusses der Oxalsäure fußt, wird so vorgenommen, daß die schwach saure Erdsalzlösung mit einer bekannten Menge einer eingestellten Ammoniumoxalatlösung gefällt wird. Nach Abkühlen und mehrstündigem Stehen wird filtriert und der Niederschlag gut mit Wasser ausgewaschen. Das Filtrat wird mit Schwefelsäure angesäuert, auf 70° erwärmt und titriert.

**Berechnung.** $R_2O_3$ ist im Niederschlag an drei Oxalsäurereste gebunden, die zur Oxydation durch Kaliumpermanganat drei Sauerstoffatome brauchen.

***Bemerkungen.*** Die Bestimmung der Oxalsäure in den Erdoxalaten hat eine große praktische Bedeutung für die präparative Reindarstellung der Elemente der seltenen Erden. Man kann durch die Bestimmung des „mittleren Atomgewichtes" die Fortschritte bei der Trennung sehr gut verfolgen (s. S. 279).

Wie mehrfach erwähnt, ist die Neigung zur Bildung von Oxalatoverbindungen bei manchen Erdelementen stark ausgeprägt (z. B. Praseodym, S. 375). GIBBS hatte ihre Bildung durch eine umgekehrte Fällung, d. h. Eingießen der Erdenlösung in die heiße Oxalsäurelösung, zu verhindern versucht. Nach FRIEND und ROUND hat sich diese Variante bei der maßanalytischen Bestimmung der Oxalate der seltenen Erden recht gut bewährt.

Wird die Titration in Gegenwart des Filters vorgenommen, so ist es bei genauen Analysen notwendig, einen Blindversuch mit einem gleichartigen Papierfilter vorzunehmen, denn selbst die besten Filter verbrauchen ein wenig Permanganat. Bei der Bestimmung nach der Restmethode muß beachtet werden, daß die schwächer basischen Glieder der seltenen Erden eine merkliche Löslichkeit in Ammoniumoxalat besitzen. Gegenüber der gravimetrischen Methode ergibt sich stets ein kleiner Fehlbetrag.

### 3. Potentiometrische Bestimmung.

#### α) Nach MAYR und BURGER.

Die beiden Autoren hatten gefunden, daß sich Quecksilber(I)-nitrat zur potentiometrischen Titration von Oxalsäure sehr gut eignet, wenn eine amalgamierte Elektrode als Indicatorelektrode verwendet wird. Sie prüften am 3wertigen Cer die Eignung dieser Methode zu einer raschen Bestimmung der Elemente der seltenen Erden. Titerlösung ist eine quecksilber(II)-salzfreie Quecksilber(I)-nitratlösung, die durch Auflösen von 50 g reinstem Salz in 10 $cm^3$ Salpetersäure (D 1,1) und wenig Wasser und hierauf Verdünnen auf 2 l erhalten wird. 1 Tropfen Quecksilber verhindert die Bildung von Quecksilber(II)-nitraten.

**Durchführung.** Die Lösung des Cer(III)-nitrates wird mit einer eingestellten Natriumoxalatlösung im Überschuß wie üblich gefällt. In einem aliquoten Teile des Filtrates bestimmt man potentiometrisch mit Quecksilber(I)-nitrat den Überschuß des Fällungsmittels. Die Indicatorelektrode besteht aus einem amalgamierten Platindraht.

***Bemerkungen.*** Die Erdlösung muß frei von Chloriden und Sulfaten sein. Über die Verwendung dieser Methode für alle seltenen Erden siehe die folgenden Bemerkungen. Im Gegensatz zur folgenden Methode können nach diesem Verfahren alle Elemente der seltenen Erden bestimmt werden. Analysenfehler etwa $\pm$ 0,5%.

#### β) Nach JANTSCH und GAWALOWSKI mit Natriumoxalatlösung.

Die unter α) beschriebene Methode hat den Nachteil, die seltenen Erden auf Grund einer Resttitration, also indirekt zu bestimmen. Die Löslichkeit des Quecksilber(I)-oxalates ist größer als die der Oxalate der meisten Erdelemente. Eine Ausnahme bilden die Ytterbinerden, die die gleiche Löslichkeit besitzen, und Yttrium, das ein Drittel dieses Wertes aufweist. Wenn nur Elemente der seltenen Erden bei Gegenwart von Quecksilber(I)-nitrat mit Oxalsäure potentiometrisch titriert werden, so scheiden sich die Oxalate der Erdelemente zuerst vollständig ab, worauf die Fällung des Quecksilber(I)-ions einsetzt. Auf diese Weise kann die potentiometrische Titration mit Oxalsäure zu einer direkten Bestimmung der Elemente der seltenen Erden ausgebaut werden.

**Durchführung.** Die neutrale Erdennitratlösung wird mit 1 Tropfen der nach α) hergestellten Quecksilber(I)nitratlösung versetzt und unter Rühren mit einer 0,1 n Natriumoxalatlösung langsam (4 Tropfen in der Sekunde) titriert. Indicatorelektrode ist ein amalgamierter Kupferdraht. Gegen Ende wird die Tropfenzugabe verlangsamt. In einer Blindprobe wird der Verbrauch des zugesetzten Quecksilber(I)-nitrates bestimmt und vom gefundenen Wert abgezogen.

***Bemerkungen.*** An Lanthan, Praseodym, Neodym und Samarium wurde diese Methode geprüft. Gegenüber den gravimetrischen Werten ergab sich eine Erhöhung um 0,1 bis 0,2%, während Yttrium einen Verlust von 0,2 bis 0,4% aufwies. Ytterbium und Cassiopeium lassen sich nicht nach dieser Methode bestimmen. Größere Mengen von Nitraten (z. B. Magnesium und Ammonium) schaden nicht, weshalb sich diese Methode zur raschen Untersuchung der Doppelnitrate gut eignet.

γ) Nach JANTSCH und GAWALOWSKI mit Permanganatlösung.

Die gefärbten Ionen von Praseodym, Neodym und Erbium erschweren die direkte Titration der Oxalate der Erdelemente mit Kaliumpermanganat. Wie die beiden Autoren mitteilen, läßt sich diese quantitative Umsetzung potentiometrisch sehr gut verfolgen. Nur in den obengenannten Fällen ist die potentiometrische Bestimmung der gewöhnlichen Maßanalyse überlegen. Bei farblosen Erden sowie bei Bestimmung des Oxalsäureüberschusses (Resttitration) wird man die unter 2. beschriebenen Methoden vorziehen.

δ) Nach RASIN-STREDEN und M. MÜLLER-GAMILLSCHEG mit Cer(IV)sulfatlösung.

Die seltenen Erdoxalate werden durch Schwefelsäure in Lösung gebracht, und die Oxalsäure wird in Gegenwart von Cl-Ionen mit einer 0,1 n Cer(IV)-sulfatlösung potentiometrisch bei 80 bis 90° titriert. Wenn in dem Erdengemisch Cer vorhanden ist, muß es vor der Oxalatfällung vollständig in die 3wertige Form gebracht werden. Es konnte nachgewiesen werden, daß das unbeständige Cer(IV)-oxalat durch Umhüllung stabilisiert wird und einen ungenauen Verbrauch der Maßlösung ergibt. Die Reduktion des Cer(IV)-ions wird mit schwefliger Säure vorgenommen.

**Durchführung.** Der Erdoxalatniederschlag wird in einem Becherglas in etwa 30 $cm^3$ Schwefelsäure 1:1 vollständig gelöst; hierauf nach Zusatz von 20 $cm^3$ konzentrierter Salzsäure auf 200 $cm^3$ verdünnt und auf 80 bis 90° erwärmt. Mit 0,1 n Cer(IV)-sulfatlösung wird potentiometrisch bis zum ziemlich unvermittelt auftretenden Potentialsprung von 800 mV titriert. Als Bezugselektrode verwendet man die Kalomelelektrode und als Indicatorelektrode einen blanken Platindraht. Man kann auch mit entgegengeschaltetem Umschlagspotential arbeiten.

***Bemerkungen.*** Da die Bestimmung der Oxalsäure mit Cer(IV)-sulfat sehr genau ist, können merkliche Abweichungen nur in der ungleichmäßigen Zusammensetzung und Reinheit der Erdoxalate gelegen sein. Um die Bildung von Oxalatokomplexen weitgehend abzuhalten, wird die umgekehrte Fällung in der Siedehitze mit nachfolgendem kurzem Kochen empfohlen.

G. F. SMITH und GETZ titrieren die Oxalsäure in der Kälte mit einer Cer(IV)-perchloratlösung potentiometrisch oder verwenden Nitro-Ferroin (nitro-o-phenantrolin-Eisenkomplex) als Indicator. Die Autoren haben ausgezeichnete Resultate mitgeteilt.

## 4. Konduktometrische Bestimmung.

Für Serienanalysen sehr ähnlich zusammengesetzter Erdengemische eignet sich die von JANTSCH entwickelte Methode, die Fällung der Erden als Oxalate konduktometrisch zu verfolgen.

**Durchführung.** In einem Titriergefäß wird eine genau eingestellte 0,1 n Natriumoxalatlösung auf 70 bis 90° erwärmt und während der Messung auf konstanter Temperatur gehalten. Nun gibt man zur Sättigung der Lösung mit Erdoxalat einige Kubikzentimeter einer Aufschlämmung der Oxalate von Erdelementen zu, die die gleiche Zusammensetzung wie die zu untersuchenden Erdsalze haben. Aus einer Bürette läßt man die verdünnte (etwa 5 g im Liter) Erdchloridlösung unter gutem

Rühren eintropfen. Die erste Reagenszugabe hat ein Absinken der Leitfähigkeit zur Folge, doch wird der richtige Wert nach kurzem Warten bald erreicht. Die Fällungsgerade verläuft horizontal. Die Reagensgerade soll möglichst steil sein, um den Schnittpunkt genau bestimmen zu können. Zu diesem Zwecke wählt man die Koordinaten derart, daß der Maßstab für die Werte $b/a$ recht groß gehalten wird.

***Bemerkungen.*** Diese Methode soll einen Fehler von $\pm$ 0,7% besitzen.

### c) Fällung als Sebacate und Bestimmung als Oxyde.

WHITTEMORE und JAMES sowie BONARDI und JAMES empfehlen das sebacinsaure Ammonium zur quantitativen Abscheidung der Elemente der seltenen Erden. Das basische Salz ist in verdünnten Mineralsäuren sehr leicht löslich.

**Eigenschaften.** Getrocknet stellen die Sebacate der seltenen Erden ein lockeres Pulver dar, das die Zusammensetzung $R_2[C_8H_{16}(CO_2)_2]_3 \cdot xH_2O$ besitzt. Der Kristallwassergehalt unterliegt Schwankungen; die Verbindung mit Lanthan und Praseodym enthält 2 Mol Wasser, mit Neodym 3 und mit Samarium und Yttrium 4. In Wasser sind die Sebacate sehr wenig löslich und erleiden in der Siedehitze Hydrolyse. Werte für die Löslichkeit sind nicht bekannt.

**Durchführung.** Die salpetersaure Lösung wird mit Ammoniak sehr genau neutralisiert, zum Sieden erhitzt und mit einer 10%igen Ammoniumsebacatlösung unter Umrühren langsam gefällt. Ein körniger, leicht filtrierbarer Niederschlag fällt aus, wird heiß filtriert und mit heißem Wasser gewaschen. Man verglüht und wägt als Oxyd.

***Bemerkungen.*** Diese Methode wurde an Lanthan, Cer, Neodym, Yttrium und Dysprosium quantitativ geprüft und zur Trennung von Alkalien verwendet. Auch zur stufenweisen Fällung eignet sich dieses Reagens. Bei den Yttererden werden gute Trennungsergebnisse erzielt, wobei die Erdelemente mit dem höheren Atomgewicht zuerst ausfallen.

Nach MOELLER und KREMERS neigen größere Mengen von Erdsebacaten beim Verglühen zum Verpuffen.

### d) Fällung als Fluoride.

Wenn die Elemente der seltenen Erden in geringen Mengen neben einem großen Überschuß anderer Elemente zu bestimmen sind, kann zur ersten Abtrennung die Oxalatfällung nicht benutzt werden. Die Löslichkeit der Erdoxalate in Gegenwart größerer Mengen von komplexen Metalloxalosäuren nimmt zu und führt zu einer unvollkommenen Abscheidung (s. S. 252). Man hat daher die Erdfluoride herangezogen, die in sehr verdünnter Flußsäure sehr schwer löslich, während die vorhandenen Begleiter, meist die Sesquioxyde und Erdsäuren, leicht löslich sind. Wenn auch die Erdfluoride noch verunreinigt sind, so ist doch eine bedeutende Anreicherung erzielt worden.

**Eigenschaften.** Die Fluoride der Elemente der seltenen Erden werden aus neutralen Lösungen durch Alkalifluoride als schwerlöslicher Niederschlag gefällt. Dieser ist zunächst von schleimiger Beschaffenheit, wird jedoch beim Stehen oder Erwärmen kristallinisch und enthält dann bei Ceriterden ein halbes Mol Kristallwasser. Die Kristallstruktur ist von ZALKIN und TEMPLETON kritisch untersucht worden. Die Erdfluoride sind in Mineralsäuren leicht löslich; es scheint, daß die Löslichkeit mit steigender Basizität abnimmt. Über den Grad der Löslichkeit in Wasser gibt KURY folgende Werte: $LaF_3 \cdot \frac{1}{2}H_2O$ $1{,}4 \cdot 10^{-18}$; $CeF_3 \cdot \frac{1}{2}H_2O$ $1{,}4 \cdot 10^{-18}$ $GdF_3$ ($H_2O$-frei!) $67 \cdot 10^{-18}$. Zum Unterschied von Scandiumfluorid sind die Erdfluoride nicht befähigt, Alkalidoppelfluoride zu bilden. Durch Glühen an der Luft werden sie in Oxyde übergeführt.

**Durchführung.** Man geht von der Fällung der Hydroxyde mit Ammoniak aus, spritzt diese nach dem Waschen mit heißem Wasser in eine Platinschale und behandelt mit Fluorwasserstoffsäure, deren Überschuß hierauf durch Eindampfen bis fast zur Trockne verjagt wird. Man nimmt den Rückstand mit wenig Flußsäure enthaltendem Wasser auf und filtriert durch einen Platin- oder Gummitrichter. Der Niederschlag wird in einer Platinschale mit Schwefelsäure abgeraucht. Die Sulfate nimmt man mit verdünnter Salzsäure auf und fällt mit Ammoniak die noch unreinen Erdhydroxyde. Nach der Filtration löst man diese nochmals in verdünnter Salzsäure, dampft die Lösung zur Trockne und setzt den Rückstand in der Wärme mit einigen Kubikzentimetern konzentrierter Oxalsäurelösung um. Der Niederschlag enthält die Elemente der seltenen Erden und das gesamte Thorium.

***Bemerkungen.*** Diese Methode hat eine vielseitige Anwendung in der Mineralanalyse gefunden, denn nicht nur die überschüssigen Sesquioxyde und Uran, sondern auch die schwierig abzutrennenden Erdsäuren werden rasch entfernt (s. S. 270).

Nach HILLEBRAND sind in 2 g einer Mineralprobe noch 0,03% seltene Erden genau zu erfassen.

### e) Fällung als Oxychinolate.

An Lanthansalzen fand PIRTEA, daß in schwach ammoniakalischen Lösungen die seltenen Erden als schwer lösliche Oxychinolate quantitativ gefällt werden. Diese Reaktion ist sehr empfindlich, denn es können in 5 $cm^3$ noch 0,0001 g Lanthan eine deutliche Fällung geben. MANELLI untersuchte weitere Glieder der Lanthanidenreihe auf ihre Fällbarkeit und stellte fest, daß mit steigender Ordnungszahl die Abscheidung mit fallendem $p_H$ eintritt. So beginnt Lanthan bei $p_H = 4{,}7$; $Ce^{III}$ 4,8; Pr 4,25; Nd 4,15; Sm 4,05; Gd 3,9; Y 3,7; Th bei 2,85 und $Ce^{IV}$ bereits bei 1,3 auszufallen. Die Fällung ist nach ESWARANARAYANA und RAGHAVA RAO für La bei $p_H$ 5,75 und für $Ce^{III}$ bei $p_H$ 5,55 quantitativ.

**Durchführung.** Die 10 bis 15 mg seltene Erden enthaltende Lösung wird zum Sieden erhitzt, mit 5 $cm^3$ 2 n Essigsäure und im Überschuß mit einer 3%igen alkoholischen o-Oxychinolinlösung versetzt. Die Fällung wird durch tropfenweisen Zusatz einer 10%igen Ammoniaklösung hervorgerufen. MISUMI fällt aus weinsaurer, stark ammoniakalischer Lösung. Nach kurzem Aufkochen und halbstündigem Stehen über kleiner Flamme wird durch einen Glassintertiegel filtriert und gut mit heißem Wasser ausgewaschen. Die Weiterverarbeitung kann sowohl gravimetrisch als auch maßanalytisch erfolgen.

#### 1. Gravimetrische Bestimmung.

Man trocknet bei 130° im Trockenschrank bis zur Gewichtskonstanz.

#### 2. Maßanalytisch.

Aus dem Glassintertiegel löst man den Niederschlag durch 20 bis 30 $cm^3$ 2 n Salzsäure, wäscht 2- bis 3mal mit der gleichen Säure nach und bringt die Lösung in einen Titrierkolben. Nun fügt man 0,5 bis 1 g Kaliumbromid, einige Tropfen 1%iger Indigocarminlösung als Indicator hinzu und läßt tropfenweise eine n/10 Kaliumbromatlösung zufließen, bis der Indicator entfärbt ist. Der Überschuß an Bromat wird jodometrisch zurückgemessen, indem etwas festes Kaliumjodid zugesetzt und das ausgeschiedene Jod mit n/10 Natriumthiosulfat unter Benützung von Stärke als Indicator titriert wird. Das verbrauchte Natriumthiosulfat wird auf Kaliumbromat umgerechnet und von der ursprünglich zugesetzten Titerlösung abgezogen. Die Berechnung, soweit sie in der Literatur angeführt ist, befindet sich bei den einzelnen Elementen.

Für kleine Mengen, etwa 0,1 bis 1 mg seltene Erden, empfiehlt MISUMI die Oxydation mit 0,1 bis 0,01 $KMnO_4$. Zu diesem Zwecke löst man den Niederschlag in 30 $cm^3$ 15- bis 20%iger $H_2SO_4$ und gibt ein bekanntes Volumen der eingestellten $KMnO_4$-Lösung zu. Man läßt genau 20 Min. stehen, fügt 0,5 g KJ zu und titriert das frei gemachte $J_2$ mit 0,1 bis 0,01 n $Na_2S_2O_3$ zurück. Dieses Verfahren soll bessere Werte als die Bromattitrationen ergeben.

***Bemerkungen.*** Da die Ceriterden in essigsaurer Lösung nicht gefällt werden, ergeben sich eine Reihe von Trennungsmöglichkeiten. BERG und BECKER arbeiteten auf dieser Grundlage eine Thor-Cer-Trennung aus (s. S. 365).

Besondere Fällungsbedingungen müssen bei Gegenwart von Cer eingehalten werden, da in ammoniakalischer Lösung eine partielle Oxydation durch den Luftsauerstoff eintritt (s. S. 327). MANELLI hat darauf hingewiesen, daß die Oxychinolate der seltenen Erden zur stufenweisen Fällung geeignet sind und in manchen Fällen vorteilhafte Reinigungsmethoden ergeben.

### f) Fällung als Cupferronate.

Obwohl die Fällbarkeit der seltenen Erden durch Cupferron schon länger bekannt war, ist eine ausführlichere Untersuchung durch POPOV und WENDLANDT erst jüngst erfolgt. Das optimale Fällungs-$p_H$ beträgt 3 bis 4; unterhalb $p_H = 2$ ist die Abscheidung unvollständig. Der Niederschlag kann nicht zur Wägung gebracht werden, da er stets durch das Reagens verunreinigt ist; man muß ihn veraschen und glühen und als Oxyd wägen. Die Cupferronate der reinen Erden sind schwach gefärbt und besitzen Schmelzpunkte von 182 bis 188°. Die Löslichkeit der Cupferronate in Wasser wird in mol/l mal $10^5$ für La = 4,6; Ce = 5,9; Pr = 3,3; Nd = 3,8 und Sm = 3,3 angegeben. Bei der Titration einer Erdenlösung mit dem Reagens werden zwei Knickpunkte beobachtet: Der erste entspricht der Zusammensetzung R $Cupf.^{++}$ und der zweite der analytisch wichtigen Formel $R\,(Cupf.)_3$.

**Durchführung.** Die Erdensalzlösung, als Chloride, Sulfate oder Perchlorate vorliegend, muß frei von allen durch Cupferron fällbaren Elementen sein und soll 2 bis 50 mg an Oxyden enthalten. Man fällt in der Kälte, vorteilhaft unter 10°, mit einer 0,2 m-Cupferronlösung im Überschuß. Man filtriert durch ein Papierfilter, wäscht mit kaltem Wasser wiederholt nach und verascht bei niedriger Temperatur und glüht schließlich bei 1000°.

***Bemerkungen.*** Der Niederschlag ist leicht filtrierbar und läßt sich sehr gut auswaschen. Bei sehr kleinen Mengen ist diese Abscheidungsart der Oxalsäuremethode überlegen. Die gleichen Autoren haben auch das Neocupferron untersucht und eine weitgehende Ähnlichkeit mit Cupferron festgestellt. Als Fällungsmittel wird eine wäßrige Lösung von ungefähr 1% bei einem $p_H = 3$ bis 4 angewendet. Die Salze des Neocupferrons sind leicht löslich in organischen Lösungsmitteln, eine Eigenschaft, auf die bereits BAUDISCH und HOLMES aufmerksam machten. Die Resultate, verglichen mit der Oxalsäurefällung, sind für beide Reagenzien sehr befriedigend.

### g) Maßanalytische Bestimmung mit Komplexonen.

#### 1. Mit Nitrilotriessigsäure.

Nach SCHWARZENBACH, KAMPITSCH und STEINER ist die Nitrilotriessigsäure $N(CH_2COOH)_3$ eine mittelstarke Säure. Zwei ihrer ionogenen Wasserstoffe werden bei einem $p_H$ von 3,03 bzw. 3,07 abdissoziiert, während der dritte erst bei einem $p_H = 10,7$ in Erscheinung tritt. Sie läßt sich demnach als 2basische Säure mit Methylrot als Indicator scharf titrieren. Die Alkalisalze dieser Säure (das Natriumsalz heißt im Handel Trilon A oder Komplexon I) geben in wäßriger Lösung mit einer Anzahl von Metallionen, zu denen auch die Erdalkalien und die seltenen Erden zählen, stabile Komplexe, wobei sich eine der Metallmenge äquivalente Menge Säure bildet, die mit einer Base titrimetrisch erfaßt werden kann. Die verdünnte wäßrige Lösung des 2basischen Kaliumsalzes besitzt ein $p_H = 6{,}8$; fügt man zu dieser Lösung ein neutrales Metallsalz, so sinkt das $p_H$ auf etwa 3,5 ab. Die seltenen Erden ergeben mit 2 Molen Nitrilotriessigsäure starke Komplexverbindungen, 2protonige Säuren, die auf Zusatz von 1 und 2 Molen Base potentiometrisch deutlich erkennbare Sprünge aufweisen. Man kann diese Komplexbildung auf 2fache Art maßanalytisch auswerten. 1. Man mißt die gebildeten H-Ionen mit einer eingestellten Kaliumhydroxydlösung oder 2. man titriert mit einer eingestellten Lösung des tertiären Alkalisalzes der Nitrilotriessigsäure (SCHWARZENBACH und BIEDERMANN).

Erforderliche Lösungen. a) Eine eingestellte n/10 Kaliumhydroxydlösung, die vollkommen frei von Carbonat-Ionen sein muß. Man stellt sie vorteilhaft aus Kaliumchlorid und Silberoxyd her.

b) Die neutrale Nitrilotriacetatlösung für die Methode 1 wird durch Neutralisieren von 19,11 g der Säure mit Kalilauge unter Verwendung von Methylrot als Indicator (Endfarbe vollkommen gelb) hergestellt und mit kohlensäurefreiem Wasser auf 1 l verdünnt. Diese Titerlösung ist gut haltbar.

Für die Methode 2 fügt man zu der neutralen Nitrilotriacetatlösung die Hälfte der verbrauchten Kubikzentimeter an Lauge zu, ferner 10 $cm^3$ der neutralen Lösung und füllt zu 1 l auf. Diese stark alkalische Lösung ist nicht haltbar, da sie Kieselsäure und Calcium aus dem Glase aufnimmt.

**Durchführung.** Methode 1. Die Lösung der seltenen Erden wird mit etwas Ammonchlorid versetzt und mit kohlensäurefreier Kalilauge, bei Lanthan mit $\alpha$-Naphtholphthalein und bei Cer mit Phenolrot als Indicator neutralisiert. Zu dieser Lösung wird nun die neutrale Nitrilotriacetatlösung, auf 1 Atom der seltenen Erden 2 Mole des Salzes, in möglichst geringem Überschuß zugegeben. Nach gutem Umschwenken werden mit der eingestellten Kalilauge die gebildeten $[H^+]$ bestimmt. Den Endpunkt der Titration kann man mit Indicatoren potentiometrisch oder konduktometrisch feststellen. Das Sprunggebiet bewegt sich bei La von $p_H$ 7,4 bis 8,6 und bei Cer von 7,0 bis 8,0.

Methode 2. Die Lösung der seltenen Erden wird, wie bei 1. angegeben, neutralisiert. Nun läßt man die eingestellte Lösung des tertiären Natriumsalzes der Nitrilotriessigsäure bis zum Sprunggebiet La $p_H = 8{,}5$ bis 10 und Ce 8,4 bis 9,5 zufließen. Der Endpunkt wird durch Indicatoren (bei Lanthan Phenolphthalein, bei Cer Thymolblau) konduktometrisch oder am besten potentiometrisch, wobei die Wasserstoffelektrode als Indicatorelektrode und die Kette Ag/AgCl in 0,1 n KCl als Gegenelektrode dient, bestimmt.

***Bemerkungen.*** Nach Angabe der Autoren sind die Resultate bis auf 1% der angewandten Menge genau.

### 2. Mit Äthylendiamintetraessigsäure.

BIEDERMANN und SCHWARZENBACH berichten, daß auch mit Äthylendiamintetraessigsäure die seltenen Erden maßanalytisch bestimmt werden können. Als Maßflüssigkeit dient das sekundäre Natriumsalz der Säure (Trilon B oder Komplexon III genannt), das starke Komplexe bildet.

$$\begin{array}{l} H_2C{-}N{<}^{CH_2COOH}_{CH_2COOH} \\ \quad | \\ H_2C{-}N{<}^{CH_2COOH}_{CH_2COOH} \end{array}$$

Man benötigt zwei Maßlösungen: die eine enthält 37,22 g des Salzes im Liter, die andere ist eine 0,1 n Natronlauge, die nicht frei von Carbonat zu sein braucht.

Als Indicator wird Methylrot oder besser ein Gemisch von Methylrot mit Bromkresolgrün 2 : 3 angewandt.

**Durchführung.** Die Lösung der zu bestimmenden seltenen Erde wird wie oben neutralisiert. Nun läßt man eine nicht ganz äquivalente Menge der Komplexlösung zufließen und neutralisiert die entstandene Säure durch die alkalische Maßlösung. Diese beiden Operationen wiederholt man so oft, bis auf Zusatz der Komplexlösung kein $p_H$-Effekt mehr auftritt.

***Bemerkungen.*** Der $p_H$-Sprung am Titrationsende ist bei dieser Methode sehr klein. Zur leichteren Erfassung des Umschlages wird die Verwendung einer Vergleichslösung von demselben Volumen wie die Titrationsflüssigkeit mit der gleichen Menge Indicator und einigen Tropfen der Komplexlösung empfohlen. Je geringer der Überschuß der Komplexlösung, desto schärfer der Farbwechsel beim Endpunkt.

$$1\ cm^3\ 0{,}1\ n\ NaOH = 7{,}007\ mg\ Ce.$$

Die Bestimmung des Endpunktes durch metallspezifische Indicatoren ist erst in jüngster Zeit durch FLASCHKA angegeben worden. Hierzu werden benötigt: 3,722 g Komplexon III, in bidestilliertem Wasser zu 1 Liter gelöst; 0,01 n $ZnSO_4$-Lösung durch direkte Einwaage und hierauf genaue Einstellung gegen die Komplexonlösung; Eriochromschwarz T als Indicator mit NaCl 1 : 200 innigst verrieben; Pufferlösung $p_H = 10$, bestehend aus 13,5 g $NH_4Cl$ und 88 $cm^3$ konzentriertem $NH_3$, zu 250 $cm^3$ gelöst; Pufferlösung $p_H = 5$, bestehend aus 27,2 g krist. Natriumacetat und 60 $cm^3$ 1 n Salzsäure zu 1 Liter gelöst; Kaliumhexacyanoferrat(III), 1% in Wasser, ist täglich frisch zu bereiten; 3,3'-Dimethylnaphthidin 1% wird durch Erwärmen in Eisessig gelöst; ferner festes Ammoniumchlorid, Citronensäure und Seignettesalz. Da es sich um Mikrobestimmungen handelt, werden Einwaagen von 1 bis 10 mg $R_2O_3$ verarbeitet.

**Durchführung A.** Die schwach saure Lösung der seltenen Erden wird mit einigen Kristallen Seignettesalz oder Citronensäure und auf je 50 $cm^3$ der Probelösung mit 5 $cm^3$ Puffer von $p_H = 10$ versetzt. Nun gibt man spatelweise festes $NH_4Cl$ hinzu, bis ein $p_H$-Papier den Wert von $p_H$ 8 bis 9 anzeigt. Nach Zugabe von Eriochromschwarz T-Indicator bis zur kräftigen Rotfärbung wird zum Sieden erhitzt und mit der Komplexonlösung auf rein Blau titriert.

***Bemerkung.*** Anwesende Schwermetalle werden mit Kaliumcyanid maskiert.

**Durchführung B.** Die schwach saure Probe wird mit einem gemessenen Überschuß von Komplexonlösung versetzt und, wie bei A beschrieben, auf $p_H$ 8 bis 9 gebracht, mit dem Indicator Eriochromschwarz T versetzt und mit der eingestellten Zinklösung von Blau nach Rot titriert.

***Bemerkungen.*** Der Endpunkt kann mehrmals eingependelt werden, wodurch sich Tropfen und Ablesefehler vermindern lassen. Kaliumcyanid als Maskierung kann bei dieser Methode nicht angewendet werden.

**Durchführung C.** Die möglichst schwach saure Lösung wird mit einem gemessenen Überschuß von Komplexonlösung auf je 50 $cm^3$ der Probelösung mit 5 $cm^3$ Pufferlösung $p_H = 5$ und je einem Tropfen Kaliumhexacyanoferrat(III) und Naphthidinlösung versetzt. Nun titriert man mit der eingestellten Zinklösung auf Violett, wobei man gegen den Endpunkt langsamer zutropfen läßt.

***Bemerkungen.*** Auch bei diesem Verfahren können mehrere Ablesungen vorgenommen werden, und schließlich ist eine Indicatorkorrektur von 0,08 $cm^3$ vom Verbrauch der Zinklösung abzuziehen. Erdalkalien stören dieses Verfahren nicht. Die Genauigkeit der Methoden A, B und C entspricht etwa 0,01 bis 0,02 $cm^3$ einer 0,01 m-Maßlösung, das ist etwa $\pm$ 0,2%.

## h) Colorimetrische Bestimmungen.

### 1. Mit Alizarinrot R.

KOLTHOFF verwendete das alizarinsulfosaure Natrium zur colorimetrischen Bestimmung von La (s. S. 312); RINEHARDT zeigte, daß diese Verbindung ein nicht spezifisches Reagens auf alle seltenen Erden darstellt und daß die Empfindlichkeit sehr groß ist.

**Durchführung.** 3 bis 5 $cm^3$ einer Nitrat- oder Chloridlösung, enthaltend 10 bis 100 $\gamma$ einer seltenen Erde oder 8 bis 80 $\gamma$ $Y_2O_3$, werden in einem 10 $cm^3$-Meßkolben mit 1 Tropfen Phenolrot als Indicator versehen, mit 0,2 n NaOH bis zum Umschlag nach Rot und hierauf mit 0,03 n HCl auf Gelb versetzt. Nun fügt man 0,5 $cm^3$ eines Acetatpuffers (2 n Essigsäure und 2 n Ammonacetat) und 0,2 $cm^3$ einer 0,1%igen Alizarinrotlösung zu, vermischt, läßt 5 Min. stehen, füllt in die Meßküvette ein und mißt bei 5500 Å gegen eine gleichartige Blindprobe.

***Bemerkungen.*** Die zur Untersuchung gelangenden Erden müssen sehr rein sein, da Ca, Zr, Al, $PO_4$, $SO_4$ und F stören. Das Neutralisieren der Lösung muß genau nach Vorschrift vorgenommen werden, da die Farbe sich mit dem $p_H$ der Lösung ändert. Ferner soll innerhalb einer halben Stunde gemessen werden, da nach einigen Stunden ein gelatinöser Niederschlag auszufallen beginnt.

### 2. Komplexcolorimetrisch.

Die seltenen Erdsalze geben in Gegenwart von Sulfosalicylsäure und Ammoniak mit Aurintricarbonsäure eine rote Färbung, die dem LAMBERT-BEERschen Gesetz gehorcht. Die Empfindlichkeit wird von HOLLECK, HARTINGER und ECKARDT mit 6 $\gamma$ seltene Erden im $cm^3$ angegeben. Man verwendet Filter, die für 4000 bis 6000 Å durchlässig sind. In Abwesenheit von seltenen Erden bleibt die Lösung gelb. Aluminium darf nicht vorhanden sein, da es eine ähnliche Färbung erzeugt.

**Durchführung.** Probelösungen von $10^{-4}$ bis $10^{-5}$ m an seltenen Erden werden in einem Meßkölbchen mit der berechneten 10fachen Menge Sulfosalicylsäure und mit dem 5fachen Überschuß an Aurintricarbonsäure sowie mit 1 $cm^3$ Ammoniak kurz erhitzt (bis zum Auftreten der ersten Blasen), erkalten gelassen und dann zur Marke aufgefüllt. Die spektralphotometrische Messung erfolgt durch punktweise Registrierung zwischen 4000 und 6000 Å. Eine Eichkurve ist erforderlich, die mit einer neutralen $LaCl_3$-Lösung, z. B. 0,5 $cm^3$ und 0,25 $cm^3$ 0,01 m $LaCl_3$; ferner mit 0,1 $cm^3$ und 0,05 $cm^3$ einer 0,001 m Lösung nach Zusatz von 5 $cm^3$ einer 0,01 m Sulfosalicylsäure; 1 $cm^3$ einer 0,025 m Aurintricarbonsäure und 1 $cm^3$ Ammoniak aufgefüllt auf 10 $cm^3$ hergestellt wird.

***Bemerkungen.*** Zur Messung kleinerer Erdgehalte ist es notwendig, die Menge der angewandten Aurintricarbonsäure zu erhöhen. In diesem Falle ist eine eigene Eichkurve zu ermitteln. Höhere Erdkonzentrationen werden entsprechend verdünnt. Bei $2{,}5 \cdot 10^{-4}$ m Lösungen beginnt der Farblack auszufallen.

### 3. Der Phosphorsäure in $RPO_4$.

Die seltenen Erden fallen auf Zusatz von primären oder sekundären Phosphaten im $p_H$-Bereich 4 bis 7 als einheitlich zusammengesetzte tertiäre Phosphate $RPO_4$ aus. Der Niederschlag wird in einer starken Säure gelöst und das Phosphat-Ion colorimetrisch bestimmt. Da die Phosphorsäurebestimmung als Mikromethode sehr genau ist, können die seltenen Erden auch in Mengen unter 1 mg genau erfaßt werden (BAMANN und HEUMÜLLER).

**Durchführung.** In ein Zentrifugiergläschen von 50 $cm^3$ wird die wenige Kubikzentimeter betragende Lösung der seltenen Erden mit einem Gehalt von etwa 50 mg eingefüllt, mit 3 $cm^3$ 1 n Natriumacetat versetzt und unter leichter Bewegung bei Zimmertemperatur mit einem primären oder sekundären Alkaliphosphat im Verhältnis 2 Phosphorsäure zu 1 seltenen Erde gefällt. Unter öfterem Umschwenken bleibt die Fällung ½ bis 1 Std. stehen und wird hierauf 5 Min. lang bei 3500 Umdrehungen zentrifugiert. Die überstehende Flüssigkeit wird vorsichtig dekantiert, der Niederschlag mit einem Glasstab in n/50 Natriumacetat aufgewirbelt und so viel obiger Lösung zugefügt, daß 40 $cm^3$ im Gläschen enthalten sind. Nun wird nochmals zentrifugiert. Der Niederschlag wird auf diese Weise 3mal gewaschen, in einigen Tropfen 20%iger Salzsäure gelöst und in einen 200 $cm^3$-Meßkolben übergeführt und aufgefüllt. Aliquote Teile werden nun zur colorimetrischen Bestimmung der Phosphorsäure verwendet, die als Phosphormolybdänblau nach dem lichtelektrischen Verfahren ermittelt wird. (Siehe hierzu LANGE.)

***Bemerkungen.*** Sinkt der Gehalt an seltenen Erden auf etwa 0,2 mg, so muß die Fällung vor dem Zentrifugieren zwecks quantitativer Abscheidung 24 Std. stehengelassen werden. Bei so kleinen Mengen ist es zweckmäßig, ein kleineres Fällungsvolumen und weniger Waschflüssigkeit anzuwenden. Ferner wird die colorimetrische Phosphorsäurebestimmung mit dem gesamten Niederschlag durchgeführt.

## Literatur.

BAMANN, E., u. E. HEUMÜLLER: B. **75**, 1514 (1942). — BAXTER, G. P., u. H. W. DAUDT: Am. Soc. **30**, 571 (1908). — BERG, R., u. E. BECKER: Fr. **119**, 1 (1940). — BIEDERMANN, T. W., u. G. SCHWARZENBACH: Chimia **2**, 56 (1948). — BONARDI, J. P., u. C. JAMES: Am. Soc. **37**, 2642 (1915). — BRAUNER, B.: Chem. N. **71**, 283 (1895) u. Z. anorg. Ch. **34**, 113, 207 (1903). — BRAUNER, B., u. A. BATEK: Z. anorg. Ch. **34**, 103 (1903). — BROWNING, P. E.: Z. anorg. Ch. **22**, 297 (1900).

CROUTHAMMEL, C. E., u. D. S. MARTIN: Am. Soc. **72**, 1382 (1950) u. **73**, 509 (1951).

DUTT, N. K.: J. Indian chem. Soc. **22**, 97 u. 107 (1945); Sci. and Cult. **9**, 166 (1943); durch C. A. **38**, 2281g (1944) u. C. A. **40**, $3353_6$ (1946).

ESWARANARAYANA, B. H., u. S. V. RAGHAVA RAO: Anal. chim. Acta **11**, 339 (1954).

FLASCHKA, H.: Mikrochim. A. **1955**, 55. — FRIEND, J. A. N., u. A. A. ROUND: Soc. **131**, 1821 (1928).

GIBBS, W.: Am. Soc. **15**, 546 (1893).

HAUSER, O., u. F. WIRTH: Fr. **47**, 400 (1908). — HILLEBRAND, W. F.: Analyse der Silicat- und Carbonatgesteine, S. 141, 143, 146. 1910. — HOLLECK, L., L. HARTINGER u. D. ECKARDT: Angew. Ch. **65**, 347 (1953) u. Fr. **146**, 103 (1955).

JANDER, G., u. H. MÖHR: Ph. Ch. A **189**, 335 (1941). — JANTSCH, G.: Öst. Ch. Z. **40**, 79 (1937). — JANTSCH, G., u. H. GAWALOWSKI: Fr. **107**, 389 (1937).

KURY, J. W.: Inform. Serv. Oak Ridge, VCRL 2271, 64 (1953); durch C. A. **48**, 3833 (1954).

LANGE, B.: Kolorimetrische Analyse, S. 283. Berlin 1941 (Verlag Chemie).

MANELLI, G.: Atti X Congr. int. Chim., Roma **2**, 718 (1938). — MARSH, J. K.: Chem. Soc. **1943**, 8. — MAYR, C., u. G. BURGER: M. **56**, 113 (1930). — MAZZA, L., u. A. JANDELLI: G. **70**, 57 (1940). — MISUMI, S.: (a) J. Japan Chem. Soc. pure Sec. **74**, 453 (1953); (b) **73**, 931 (1952); durch C. A. **48**, 2508 (1954) u. **47**, 6304 (1953). — MOELLER, TH., u. H. A. KREMERS: Ind. eng. Chem. Anal. Edit. **17**, 798 (1945); J. physic. Chem. **48**, 395 (1944) u. Chem. Reviews **37**, 98 (1945).

PIRTEA, TH. L.: Fr. **107**, 191 (1936). — POPOV, A. J., u. W. W. WENDLANDT: Anal. Chem. **26**, 883 (1954) u. **27**, 1277 (1955). — PRANDTL, W., u. J. RAUCHENBERGER: B. **53**, 843 (1920) u. Z. anorg. Ch. **120**, 120 (1922).

RASIN-STREDEN, R., u. M. MÜLLER-GAMILLSCHEG: Fr. **127**, 81 (1944). — RINEHARDT, R. W.: Anal. Chem. **26**, 1820 (1954). — ROSE, H.: Pogg. Ann. **59**, 102 (1843).

SAHAMA, TH. G., u. V. VÄHÄTALO: C. r. Soc. geog. Finnland Nr XIV, **51** (1939). — SARVER, L. A., u. P. H. BRINTON: Am. Soc. **49**, 943 (1927). — SCHWARZENBACH, G., u. T. W. BIEDERMANN: Helv. **31**, 331 (1948). — SCHWARZENBACH, G., E. KAMPITSCH u. R. STEINER: Helv. **28**, 828 (1945). — SEITZ, A.: Z. Naturforschg. **1**, 321 (1946). — SMITH, G. F., u. C. A. GETZ: Ind. eng. Chem. Anal. Edit. **10**, 304 (1938). — SMITH, T. O., u. C. JAMES: Am. Soc. **36**, 909 (1914). — SPEDDING, F. H., u. Mitarbeiter: Am. Soc. **73**, 4840 (1951). — STOLBA: S.-B. kgl.-böhm. Ges. Wiss. vom 4. Juli 1879; durch Fr. **19**, 194 (1880); S.-B. kgl.-böhm. Ges. Wiss. 1882; Chem. Listy **7**, 52; durch C. **53**, 826 (1882).

VICKERY, R. C.: Chem. Soc. **1949**, 2506.

WHITTEMORE, C. F., u. C. JAMES: Am. Soc. **35**, 129 (1913). — WILLARD, H. H., u. L. GORDON: Anal. Chem. **20**, 165 (1948).

ZALKIN, A., u. D. H. TEMPLETON: Am. Soc. **75**, 2453 (1953).

## *II. Thermochemische Methode.*

Die Nitrate der Ceriterden sowie die Magnesiumdoppelnitrate besitzen scharfe Schmelzpunkte, die je nach den untersuchten Elementen mehr oder weniger weit auseinanderliegen.

Tabelle 1. Kristallisationstemperatur der seltenen Erd-Magnesiumdoppelnitrate.

| Atom-nummer | | Nach JANTSCH °C | Nach QUILL, ROBEY u. SEIFTER °C |
|---|---|---|---|
| 57 | La | 113,5 | 113,5 |
| 58 | Ce | 111,5 | 112,0 |
| 59 | Pr | 111,2 | — |
| 60 | Nd | 109,0 | 108,8 |
| 62 | Sm | 92,2 | 92,0 |
| 63 | Gd | 77,5 | — |
| 83 | Bi | — | 70,8 |

Tabelle 2. Schmelzpunkt der Nitrate (Hexahydrate).

| Atom-nummer | | Nach FRIEND °C | Nach QUILL, ROBEY u. SEIFTER °C |
|---|---|---|---|
| 57 | La | 65,4 | 66,5 |
| 58 | Ce | — | 51,4 |
| 59 | Pr | 56,0 | — |
| 60 | Nd | 67,5 | 64,1 |
| 62 | Sm | — | 79,5 |
| 63 | Gd (98% rein) | — | 87,0 |

Aus den angeführten Zahlen ersieht man, daß für die thermochemische Analyse in der Reihe der Magnesiumdoppelnitrate die Paare Samarium-Gadolinium, Samarium-Wismut und Neodym-Samarium gut geeignet erscheinen. Bei den Nitraten zeigen die Paare Lanthan-Cer, Lanthan-Praseodym, Praseodym-Neodym und Neodym-Samarium eine genügend große Temperaturspanne.

Die Doppelnitrate kommen als $R_2Mg_3(NO_3)_{12} \cdot 24\,H_2O$ und die Nitrate als Hexahydrate zur Analyse, wobei zu ihrer Darstellung von den hochgereinigten Komponenten im stöchiometrischen Verhältnis ausgegangen wird. Die Doppelnitrate werden aus der salpetersauren Lösung, die Nitrate aus Wasser umkristallisiert. Die so gewonnenen Präparate werden über 55%iger Schwefelsäure bis zum konstanten Gewicht getrocknet.

**Durchführung.** Zur Bestimmung der Kristallisations- oder Schmelztemperatur reicht eine einfache Versuchsanordnung aus. Das Präparat wird in einem Pyrexproberohr durch ein gleichmäßig erwärmtes Ölbad wenig über die Schmelztemperatur erwärmt. Hierauf wird die Schmelze unter dauerndem Rühren erkalten gelassen. Der Gang der Abkühlung wird mit einem geeichten Thermometer gemessen (QUILL, ROBEY und SEIFTER).

### a) Doppelnitrate.

Von den oben angeführten Paaren wurden untersucht: Samarium-Wismut und Cer-Samarium. Die folgende Tabelle gibt die gefundenen Temperaturen wieder.

Tabelle 3.

| Sm % | Paar Sm-Bi Temperatur °C | Paar Ce-Sm Temperatur °C |
|---|---|---|
| 100 | 92 | 92 |
| 90 | — | 96,1 |
| 80 | — | 99,5 |
| 76 | 90,9 | — |
| 70 | — | 103,2 |
| 60 | 87,0 | — |
| 50 | 85,0 | 106,2 |
| 40 | 83,0 | — |
| 30 | 80,0 | 110,0 |
| 20 | 77,7 | 110,8 |
| 10 | 74,5 | 111,5 |
| 0 | 70,8 | 112,0 |

Die Liquiduskurven haben ein sehr ähnliches Aussehen und können ungefähr durch die Gleichung:

$$P = 50\,[(f^2 - 4\,F)^{1/2} - f]$$

ausgedrückt werden, wobei $P$ die Gewichtsprozente der Zusammensetzung angibt.

$$f = \left[\frac{d^3 - 32\,d^2 - 63\,d - 16}{16}\right]$$

und

$$F = D^2 + \left[\frac{63 + 16\,d - d^2}{16}\right] D$$

werden bestimmt durch $d$, die Differenz in Graden der Kristallisationstemperaturen der reinen Substanzen, und $D$, die Differenz in Graden der Kristallisationstemperatur der gemessenen Mischung und des niedriger erstarrenden Bestandteiles. Die Gleichung wurde am System Nd-Sm geprüft und innerhalb von $-0{,}2^{\circ}$ C bestätigt gefunden.

b) Nitrate.

Im Gegensatz zu den Doppelnitraten kann die Kristallisationstemperatur durch den Haltepunkt nicht bestimmt werden, da wahrscheinlich niedere Hydrate zur Ausscheidung gelangen. Hingegen ist der Schmelzvorgang durch einen besser wahrnehmbaren Haltepunkt ausgezeichnet. Zur Untersuchung gelangten Paare, in denen Cer einen Bestandteil bildete. Die Verbindungslinie der gefundenen Schmelzpunkte nähert sich einer Geraden, die die Schmelzpunkte der reinen Komponenten verbindet. Eine Schwierigkeit ergibt sich dadurch, daß beim Schmelzvorgang das Cer(III)-nitrat in geringen Mengen in basisches Cer(IV)-nitrat verwandelt wird, das die Temperatur der Verflüssigung in nicht kontrollierbarer Weise beeinflußt.

***Bemerkungen.*** Nach den Angaben der Autoren müssen noch weitere Untersuchungen folgen, um diese Methode empfehlen zu können. Es ist selbstverständlich, daß nur genau definierte Hydrate zur Untersuchung gelangen, denn anhängende Mutterlauge, selbst in Bruchteilen von Prozenten, erniedrigt beträchtlich die Schmelztemperaturen.

Literatur.

Quill, L. L., R. F. Robey u. S. Seifter: Ind. eng. Chem. Anal. Edit. **9**, 389 (1937); Am. Soc. **59**, 1071 u. 2591 (1937).

## *III. Spektralanalytische Methoden.*

### § 1. Absorptionsspektroskopie.

Neben der schon frühzeitig getroffenen Einteilung der seltenen Erden in Ceriterden und Yttererden, die auf der verschiedenen Löslichkeit der Alkalidoppelsulfate beruht, hatte sich eine weitere Ordnung nach der Färbung der Ionen eingebürgert. Die chemische und optische Einteilung wurde häufig gemeinsam angewandt, so daß eine weitere Gliederung der Gruppe der seltenen Erden entstand. Wenn z. B. von gefärbten oder bunten Yttererden gesprochen wurde, so waren Dysprosium, Holmium und Erbium gemeint, während die farblosen Ceriterden die Elemente Lanthan und das 3wertige Cer umfaßten.

Von den 3wertigen Ionen der 15 seltenen Erden sind 7 deutlich gefärbt: Praseodym grün, Neodym rotviolett, Samarium gelb, Dysprosium und Holmium schwach gelb, Erbium rosa und Thulium schwach grün. Nur die stark gefärbten Ionen des Praseodyms, Neodyms und Erbiums sind neben farblosen Erden bei einer optischen Prüfung des Absorptionsspektrums auch in größerer Verdünnung leicht zu erkennen. Europium und Terbium besitzen im sichtbaren Gebiet ebenfalls ein Absorptionsspektrum, doch sind sie, wie das Dysprosium, Holmium und Thulium, nur in höherer Konzentration nachweisbar.

Diese für die seltenen Erden sehr charakteristischen Absorptionsspektren zeichnen sich durch eine besondere übersichtliche Verteilung sowie durch scharf begrenzte Gebiete mit geringer Breite aus. Bei nicht zu konzentrierten Lösungen werden scharfe Linien beobachtet; doch ist es in einem rohen Erdengemisch nicht möglich, die vorkommenden Erdelemente mit Sicherheit nachzuweisen. Erst wenn eine weitergehende Entmischung durch Fraktionierung erreicht worden ist, treten die lichtschwachen Teile des Spektrums auf.

Die Lage und die Intensität des Absorptionsspektrums eines gefärbten Erdelements unterliegen starken Schwankungen, die durch eine Reihe von Faktoren verursacht werden. Vor allem ist auf den Einfluß der Anionen und der Lösungsmittel hinzuweisen. Schon BUNSEN hat auf diese Änderungen aufmerksam gemacht, und zahlreiche nachfolgende Untersuchungen haben diese Beobachtungen bestätigt. MUTHMANN und STÜTZEL haben aus diesem Grund nur gleichartige neutrale Lösungen von reinen Praseodym- und Neodymsalzen verwendet und nach der Doppelspaltmethode eine hinreichende Genauigkeit erzielt. YNTEMA sowie INOUE empfehlen Chloridlösungen, die in einer Molarität von 0,01 bis 0,06 angewendet werden sollen, wobei Schichtdicken von 1 bis 10 cm Verwendung finden. Durch Veränderungen der Schichtdicken, sowohl der Lösung des Erdengemisches als auch der Vergleichslösung, wird erreicht, daß die einzelnen zur Messung gelangenden Banden gerade verschwinden.

Ungleich größer als der Einfluß der Anionen ist der der Gegenwart anderer Elemente, auch farbloser Erden. So vermag die Anwesenheit von viel Lanthan auffallende Veränderungen im Spektrum des Praseodyms hervorzurufen. Ähnliche Erscheinungen fand AUER v. WELSBACH bei Gemischen von Erbium und Ytterbium und LANGLET bei Yttrium-Erbiumgemischen. INOUE untersuchte den Einfluß gefärbter Erden auf das Spektrum des Samariums im Ultraviolett und fand, daß die Absorptionsbanden des Samariums verschoben werden, wenn die Lösung 3mal soviel Neodym oder nur ebensoviel Praseodym wie Samarium enthält.

Aus diesen Tatsachen ergibt sich die Notwendigkeit, daß Schlüsse, die sich auf die Änderung im Absorptionsspektrum stützen, nur mit Vorsicht gezogen werden dürfen (z. B. die oftmals behauptete Spaltbarkeit des Praseodyms sowie Resultate bei Mineralanalysen, in denen Neodym, Praseodym und Erbium ohne vorhergehende Trennung quantitativ bestimmt wurden).

Diese unübersichtlichen und oft widersprechenden Befunde unterzogen QUILL, SELWOOD und HOPKINS einer neuerlichen eingehenden Untersuchung. Die von früheren Autoren beobachteten Abweichungen wurden bestätigt, doch ließ sich keine Gesetzmäßigkeit auffinden. Die Änderungen der Banden, an zahlreichen Systemen studiert, waren von den Anionen und Kationen so stark abhängig, daß die Konzentrationen der Erdsalze nur ungenau erfaßt werden konnten. Ferner hatte sich entgegen der bisherigen Annahme ergeben, daß das BEERsche Gesetz nicht gilt und daß die Abweichung von demselben, gemessen an einer Neodymnitratlösung, der Wirkung eines Zusatzes von Salpetersäure gleicht. Auf Grund dieser Erfahrungen wird die quantitative Bestimmung einer seltenen Erde neben einer anderen durch Absorptionsspektroskopie von einigen Autoren abgelehnt. Trotz dieser Einwände ist man auf die quantitative Bestimmung der gefärbten Erden durch die Absorptionsspektroskopie sowohl in der Industrie als auch im Forschungslaboratorium angewiesen, da sie sehr rasch vorgenommen werden kann, wobei Streuungen in den Resultaten von mehreren Prozenten gerne in Kauf genommen werden. Im Falle von Serienbestimmungen, bei welchen stets gleiche Verhältnisse vorliegen, kann sogar eine zufriedenstellende Genauigkeit erreicht werden. Es ist daher verständlich, daß immer wieder Untersuchungen vorgenommen werden, um die Ursachen der Abweichungen festzustellen und neuartige optische Geräte auf ihre Ver-

| | RODDEN Å | SPEDDING Å | Erfassungsgrenze g/l | Gestört durch |
|---|---|---|---|---|
| Pr | 4460 | 4440 | 0,166 | — |
| | | | 0,249 | — |
| Nd | 5210 | 7400 | — | — |
| | 7980 | 7950 | 0,083 | Dy |
| Sm | 4020 | 4010 | 0,498 | — |
| Eu | 3940 | 3900 | — | Sm |
| Gd | 2729 | — | — | — |
| Dy | 9100 | 8100 | 1,25 | Nd |
| | | 9120 | — | — |
| Ho | 6430 | 5410 | 1,25 | — |
| | | 6430 | — | Er |
| | 5210 | 5210 | — | — |
| Er | 6530 | 6530 | 2,00 | Ho |
| | 9750 | 9750 | — | Yb |
| Tm | 6840 | 6840 | 2,50 | — |
| Yb | 9500 | 9750 | 2,00 | — |
| | 9730 | | — | Er |

wendbarkeit zu prüfen. RODDEN hat die seltenen Erdnitrate mit einem photoelektrischen Spektrophotometer mit Doppelmonochromator (COLEMAN 10 S) neuerlich untersucht und bei den technisch wichtigen Ceriterden die Erfassungsgrenzen angegeben. Die Gültigkeit des BEERschen Gesetzes wurde nochmals überprüft und gefunden, daß nur Neodymnitrat von der Erfassungsgrenze bis 10 g im Liter ihm gehorcht, während höhere Konzentrationen sowie Praseodym und Samarium ihm nicht gehorchen. Zur Messung geeignete Banden sind in vorstehender Tabelle angegeben.

Die Chloride der Ceriterden untersuchte RASIN-STREDEN. In den Messungen wandte er die Neodymbande bei 5210 Å und die Praseodymbande bei 4810 Å an.

Bei niedrigen Chloridgehalten nehmen MOELLER und BRANTLEY die Gültigkeit des BEERschen Gesetzes für alle seltenen Erden an. Siehe auch Tabelle bei VICKERY.

### Herstellung der Probe und Vergleichslösungen.

Die Absorptionsbanden der seltenen Erden werden beeinflußt: 1. durch die Art des Lösungsmittels, 2. durch die Acidität der Lösung, 3. durch die Natur des Anions, 4. durch die gleichzeitige Anwesenheit anderer seltener Erden, auch dann, wenn sie farblos sind, 5. durch Anwesenheit anderer Kationen.

Je nachdem, ob die Probe aus einer Fraktionierungsreihe oder aus einer Mineralanalyse stammt, wird man die Reinigung der zu untersuchenden Erden vornehmen. Zuerst trachtet man, die fremden Kationen zu entfernen und schließt diese Reinigung in jedem Falle mit einer Oxalsäurefällung ab. Die Oxyde werden verglüht, in Säure aufgenommen und die Ceriterden von den Yttererden über die Kaliumdoppelsulfate geschieden (s. S. 275). — Im Niederschlag befinden sich die Ceriterden mit Thor und Scandium, in der Lösung die Yttererden mit Yttrium. Bei technischen Betriebsanalysen beläßt man das Thorium in der Probe und setzt der Vergleichslösung die gleiche Menge zu. Die schließlich anfallenden Oxyde werden in Salzsäure eben gelöst, derart, daß eine neutrale Chloridlösung entsteht, die nach Reduktion des Cers durch Zinn(II)-chlorid oder Wasserstoffperoxyd zur optischen Untersuchung gelangt. MOELLER und BRANTLEY schlemmen die Erdoxyde in Wasser auf, lösen in der notwendigen Menge Säure und dampfen 2mal zur Trockne ein. Der Rückstand wird mit Wasser aufgenommen und in einem Meßkolben so weit verdünnt, daß etwa 25 g Erdoxyde im Liter enthalten sind.

Zur Herstellung von Vergleichslösungen wird von reinsten Oxyden ausgegangen oder, falls diese nicht zu beschaffen sind, von Oxyden, deren Zusammensetzung genau bekannt ist. Sie werden zu neutralen Chloriden aufgelöst. Die erhaltenen Werte werden um so genauer, je besser die Übereinstimmung in der Zusammensetzung der Probe und Vergleichslösung ist. Hierdurch werden Fehler, die durch die Ungültigkeit des BEERschen Gesetzes hervorgerufen werden, auf ein Mindestmaß herabgedrückt.

**Durchführung.** Im allgemeinen unterscheidet man betriebsmäßige Schnellverfahren, die auch für orientierende Untersuchungen geeignet sind, und genauere Bestimmungsverfahren, die einen größeren Aufwand an optischen Geräten verlangen.

#### *a) Schnellverfahren.*

Die Apparatur besteht aus einem Reagensglas und einem Vergleichsspektroskop mit eingebauter Beleuchtung und einblendbarer Wellenlängenteilung, wie es die Firma Leitz, Wetzlar, in den Handel gebracht hat. Die Vergleichslösungen enthalten für sich getrennt Praseodym- und Neodymchlorid, wobei die Intervalle der Konzentration so gewählt werden, daß beim Vergleich zweier aufeinanderfolgender Konzentrationen eben noch ein Unterschied wahrzunehmen ist. Als unterste Grenze wählt man 0,5 g des Oxydes im Liter und kann die obere Grenze nach Bedarf oder maximal mit 100 g Oxyd im Liter festlegen. Die Vergleichslösungen, mit großer Sorgfalt angesetzt, werden in Reagensgläsern eingeschmolzen.

Zur Herstellung der Probe wird 1 g der gereinigten Oxyde in einem Reagensglas eben in Salzsäure aufgelöst und auf genau 10 cm³ verdünnt. Die Probe bringt man nun in das Spektroskop und vergleicht zuerst mit den Neodymvergleichslösungen, bis die Intensitätsgleichheit auftritt. Hierauf wird ebenso das Praseodym ermittelt.

**Genauigkeit.** Die besten Resultate werden im Gebiet 1 bis 10 g Oxyd im Liter erhalten, in welchem Unterschiede von 1 g im Liter noch gut festgestellt werden können. Zwischen 10 und 20 g im Liter sind es noch 2 bis 3 g, zwischen 20 und 40 g im Liter nur mehr 5 g, und über 40 g im Liter sind Unterschiede von 10 g im Liter kaum noch wahrnehmbar. Die untere Empfindlichkeitsgrenze liegt zwischen 0,5 bis 1 g Oxyde im Liter.

### *b) Genaues Verfahren.*

#### α) Visuell.

Die Apparatur besteht aus einem Metallspektroskop der Firma Zeiss mit Zusatzeinrichtung für Absorptionsmessungen. Als Lichtquelle dient eine Nitra-Lampe, deren Licht von einem Beleuchtungskondensor ausgerichtet und von einem Hüfner-Kondensor in zwei gleiche Lichtbündel geteilt wird, die durch einen Spalt, Breite 0,01 bis 0,02 mm, in den Kollimator des Spektroskops eintreten. In den Weg des unteren Lichtbündels wird die Küvette eingeschaltet, in das obere Lichtbündel das Balyrohr; die beiden Spektren stehen nun übereinander. Zuerst muß die gleiche Helligkeit der beiden Gesichtsfeldhälften im Okular überprüft werden, wozu man in die Küvette und in das Balyrohr, das auf die Küvettenschichtdicke eingestellt ist, dieselbe Vergleichslösung einfüllt. Durch entsprechende Verschiebung des Beleuchtungskondensors, bzw. der Beleuchtungslampe, wird gleiche Helligkeit in beiden Feldern erreicht. Nun wird die Küvette entleert, die Probelösung eingefüllt und die Länge des Balyrohres so lange verändert, bis Probe und Vergleichslösung dieselbe Intensität und Struktur aufweisen. Werden Proben unbekannter Größenordnung untersucht, so hält man zwei Vergleichslösungen in Vorrat mit je 50 g $Pr_2O_3$ und $Nd_2O_3$ im Liter und mit je 10 g $Pr_2O_3$ und $Nd_2O_3$ im Liter, mit denen man eine orientierende Bestimmung durchführt. Aus einer großen Zahl von Untersuchungen hat sich ergeben, daß die besten Resultate erzielt werden, wenn Konzentration in Gramm je Liter mal Schichtdicke der Küvette gleich 50 gesetzt werden, wobei für jedes zu bestimmende Element diese Rechnung durchgeführt werden soll.

Die Feinmessung wird auf Grund der orientierenden Bestimmung vorgenommen, wobei nun der Vergleichslösung die in der Probe enthaltenen Mengen von La, Ce oder Th zugesetzt werden. Der Fehler beträgt nach Rasin-Streden etwa $\pm$ 10%.

Eine Verfeinerung erzielt Delaunay durch Aufnahme der im sichtbaren Gebiet liegenden Pr- und Nd-Banden. Die auf der Platte gemessene Bandbreite wird, unter der Voraussetzung, daß das Beersche Gesetz gilt, zur Länge des Balyrohres in Beziehung gebracht. Diese Methode ist nicht allgemein anwendbar, da schwache Bande stark diffus erscheinen und nicht ausgewertet werden können.

#### β) Photometrisch.

Die Apparatur besteht aus einem Pulfrich-Photometer der Firma Zeiss, Jena, mit Spektralfiltern und Photometerlampe. Da die Banden von Neodym und Praseodym verhältnismäßig schmal und scharf sind und auch genügend weit auseinanderliegen, kann eine Messung mit zwei Spektralfiltern zur quantitativen Bestimmung herangezogen werden. Rasin-Streden wählte die Filter S 75 in Rot und S 47 in Blau aus; die Schichtdicke der Küvette betrug stets 5 cm. Man trägt die mit den Filtern und Praseodym- und Neodymchloridlösungen verschiedener bekannter Konzentrationen erhaltenen Extinktionswerte in ein für jedes Filter eigenes Koordinatensystem ein, derart, daß die Abszisse die Konzentration g $R_2O_3$ im Liter und die Ordinate die in 5 cm Schichtdicke gemessene Extinktion angibt. Für das Filter S 75 ergibt sich, daß Praseodym nur sehr kleine Extinktionswerte besitzt, die in erster Annäherung vernachlässigt werden, während Neodym eine gut auswertbare Kurve aufweist. Für das Filter S 47 ergeben sich zwei gut auswertbare Linienzüge. Damit sind die Eichkurven festgelegt. Die Messung der Extinktionswerte der Probelösung wird nun für beide Filter unter gleichen Bedingungen wie bei der Herstellung der Eichkurven vorgenommen. Als Vergleichslösung dient destilliertes Wasser. Die Berechnung erfolgt in zwei Stufen. Die erste Stufe ergibt einen ungefähren Gehalt an gefärbten Erden, aus dem in der zweiten Stufe die genaueren Werte errechnet werden. Der gefundene Extinktionswert der Probelösung mit Filter S 75 wird in das zugehörige Koordinatensystem (unter Vernachlässigung einer dem Praseodym zukommenden Extinktion) auf die Neodymkurve aufgetragen und die Konzentration (g im Liter) abgelesen. Dieser Gehalt wird nun im Linienzug des Neodyms mit Filter S 47 angelegt und die dazugehörige Extinktion abgelesen. Von dem mit der Probelösung für Filter S 47 gefundenen Extinktionswert wird nun die dem Neodymgehalt entsprechende Zahl abgezogen. Die Differenz ergibt die Extinktion des Praseodyms, aus der der Gehalt abgelesen werden kann. Mit diesem nur angenäherten Praseodymgehalt wird nun die genaue Berechnung durchgeführt. Auf den Kurven des Filters S 75 wird der Wert der Pr-Extinktion entsprechend dem rohen Gehalt ermittelt und von der Gesamtextinktion der Probe abgezogen. Der nun kleiner gewordene Neodymgehalt, ermittelt aus der Extinktion, wird auf die Neodymeichkurven des Filters S 47 übertragen und der dazugehörige korrigierte Extinktionswert abgelesen. Der für S 47 bestimmte Probewert wird um die Neodymextinktion vermindert und ergibt den Praseodymwert, aus dem der Gehalt in g im Liter abgelesen werden kann.

Da die seltenen Erden nicht dem BEERschen Gesetz gehorchen, kann das in vielen Fällen erprobte photometrische Verfahren unter Benützung eines Faktors nicht angewendet werden. Es müssen daher Eichkurven für jede Probenzusammensetzung (gefärbte und ungefärbte Ionen) angefertigt werden. Auch wenn zu anderen Küvettengrößen übergegangen wird, müssen neue Eichkurven ermittelt werden.

RASIN-STREDEN gibt einen Fehler von $\pm$ 3 bis 5% an.

Mit einem BECKMANN-Quarz-Spektrophotometer Modell D.U. haben MOELLER und BRANTLEY neue Messungen vorgenommen und gefunden, daß ein Cl-Ionenüberschuß bei den Ceriterden keine Änderung verursacht, daß jedoch beim Erbium stark wechselnde Werte selbst in neutraler Lösung erhalten werden. Es wird daher bei den Yttererden die Perchlorsäure an Stelle der Salzsäure empfohlen, wobei ein Säureüberschuß von 4 : 1 noch immer brauchbare Resultate für Erbium ergibt. In der Regel beeinflussen andere seltene Erdionen in niedriger Konzentration die Messung nicht; eine Ausnahme bildet wieder das Erbium, das in Gegenwart von Thulium und Ytterbium höhere Werte vortäuscht. Samarium und Europium liegen zu nahe beisammen, um aus einer Messung bestimmt zu werden; man ist daher gezwungen, den Gehalt an Europium chemisch zu bestimmen. In dieser Untersuchung wird ferner auf die Wichtigkeit der Spaltbreite hingewiesen. Mit Ausnahme von Gadolinium und Erbium ist die Genauigkeit mit $\pm$ 1% angegeben; man erkennt deutlich die Verbesserung der Resultate durch Anwendung des Extinktionskoeffizienten gegenüber den Eichkurven. Siehe auch HOLLECK und HARTINGER.

Komplexe der seltenen Erden, gelöst in organischen Lösungsmitteln, haben MOELLER und JACKSON zur Messung herangezogen. Nur im Konzentrationsbereich von $10^{-4}$ m (Nd bis $7 \cdot 10^{-4}$ m, Er bis $15 \cdot 10^{-4}$ m) gilt das BEERsche Gesetz. Neodym zeigt die größte Empfindlichkeit, während Erbium an Genauigkeit zurückbleibt. Die anderen Erden können auf diese Weise nicht erfaßt werden.

**Durchführung.** Die seltenen Erdchloride werden auf 3 bis $6 \cdot 10^{-4}$ m in bezug auf Neodym oder Erbium gebracht und auf 25 cm³ verdünnt. Nun gibt man einen 100%igen Überschuß, berechnet für die gesamten Erden, an 5,7-Dichlor-8-Oxychinolin in 3 m Salzsäurelösung zu und fällt die Komplexe mit 0,2 m Ammoniak in Gegenwart von Ammonacetat. Wenn der Niederschlag bleibend gelb erscheint, wird mit 15 m Ammoniak auf $p_H = 9{,}5$ bei Nd und $p_H = 8{,}3$ bei Er eingestellt. Der Niederschlag wird mit 100 cm³ Chloroform ausgezogen und das Absorptionsspektrum für Nd bei 5818 Å und für Er 5208 Å gemessen.

***Bemerkungen.*** Neodym besitzt noch zwei weitere Banden bei 5740 und 5872 Å, Erbium bei 5245 Å, die jedoch weniger empfindlich sind. Resultate für 3 bis 10 g Neodym im Liter in Gegenwart von La, Y, Pr usf. zeigen eine Abweichung von $\pm 1$%.

Aus Gründen des einheitlichen Vergleiches der Absorptionsspektren aller Elemente der seltenen Erden wurde die von PRANDTL und SCHEINER zusammengestellte Tabelle, die eine gute Übersicht bietet, herangezogen. Neben der Verwendung des im Ultraviolett nicht absorbierenden Chlor-Ions ist auf eine weitgehende Reinheit der Präparate Rücksicht genommen worden. Zur Untersuchung gelangten in gleichbleibender Schichtdicke von 50 mm neutrale Chloridlösungen, die aus einer Stammlösung durch immer wiederkehrende Verdünnung auf die Hälfte der vorhergehenden Konzentration erhalten wurden. Als Stammlösung diente eine Lösung, die ein Grammatom des zu untersuchenden Elementes in einem Liter enthielt; die folgenden Verdünnungen ergeben sich daher zu $^1/_2$, $^1/_4$, $^1/_8$, $^1/_{16}$ usf. der Stammlösung.

Die bei konzentrierten Lösungen auftretenden Banden erfahren durch die fortschreitende Verdünnung eine Schmälerung; häufig findet unterhalb eines bestimmten Gehaltes die Auflösung in zwei oder mehrere Spitzen statt, die dann meist durch große Intensität ausgezeichnet sind.

HOOGSCHADEN und GORTER haben die Absorptionsspektren der seltenen Erden nochmals durchgemustert und die von PRANDTL und SCHEINER mitgeteilten Befunde bestätigt. In der Literatur sind noch weitere Angaben und Messungen an anderen Verbindungen der seltenen Erden und deren Konzentrationen vermerkt. Eine Zusammenstellung findet man in GMELIN-KRAUTS: Handburch der anorganischen Chemie, Bd. VI, II.

Literatur.

AUER V. WELSBACH, C.: M. **29**, 181 (1908).
BUNSEN, R.: Pogg. Ann. **128**, 100 (1866).
DELAUNAY, C.: Acad. Sci. Paris **185**, 354 (1927).
HOLLECK, L., u. L. HARTINGER: Angew. Ch. **67**, 648 (1955). — HOOGSCHADEN, I., u. C. J. GORTER: Physica **14**, 197 (1948).
INOUE, T.: Bl. chem. Soc. Japan **1**, 9 (1926).
LANGLET, A.: Ph. Ch. **56**, 624 (1906).
MEYER, R. J., u. O. HAUSER: Analyse der seltenen Erden und Erdsäuren, S. 197. Stuttgart 1912. — MOELLER, TH., u. J. C. BRANTLEY: Anal. Chem. **22**, 433 (1950). — MOELLER, TH., u. D. E. JACKSON: Anal. Chem. **22**, 1393 (1950). — MUTHMANN, W., u. L. STÜTZEL: B. **32**, 2653 (1899).
PRANDTL, W., u. K. SCHEINER: Z. anorg. Ch. **220**, 107 (1934).
QUILL, L. L., P. W. SELWOOD u. B. S. HOPKINS: Am. Soc. **50**, 2929 (1928).
RASIN-STREDEN, R.: Fr. **127**, 97 (1944). — RODDEN, C. I.: J. Res. Nat. Bureau of Standards **26**, 557 (1941) u. **28**, 265 (1942); durch C. **114**, **II**, 153 u. 849 (1943).
SPEDDING, F. H., u. Mitarbeiter: Am. Soc. **69**, 2812 (1947).
VICKERY, L. C.: The chemistry of Lanthanons, Academic Press, New York 1953, S. 261.
YNTEMA, L. F.: Am. Soc. **45**, 907 (1923) u. **48**, 1598 (1926).

## § 2. Emissionsspektralanalyse.

### a) Flammenspektren.

PICCARDI hatte in einer Reihe von Untersuchungen gezeigt, daß die seltenen Erden in einem Gas-Sauerstoffbrenner charakteristische Banden, die sich vorwiegend im sichtbaren Gebiet befinden, auszusenden vermögen. Nur Eu zeigt eine Ausnahme, da es auch Linien, die stärkste bei 4594,07 Å, emittiert. PINTA hatte diese Bestimmungsmöglichkeit wieder aufgegriffen und in einem Acetylen-Sauerstoffbrenner die seltenen Erdchloride zum Leuchten gebracht. Alle Erden, mit Ausnahme von Ce, Tm und Yb, können zu RO-Banden angeregt werden. Manche Elemente, wie Nd, besitzen etwa 200 Banden. MAVRODINEANU und BOITEUX geben folgende Banden an:

LaO 4370 bis 4450 Å (PICCARDI 4418 und 4372 Å).
PrO 5705 Å, das Spektrum ist weniger komplex als beim Nd.
NdO charakteristisch 6650 und 6620; empfindlicher bei 6750 und 7300 Å.
SmO charakteristisch 5820 bis 6800 (PICCARDI 6511 Å).
GdO Beginn der Banden bei 4615 Å und 4892 Å.

Die Belichtungszeit beträgt 4 Min.

***Bemerkungen.*** Das Anwendungsgebiet dieser Methode liegt in der raschen und sparsamen (0,1 g $R_2O_3$ in verdünnter Salzsäure gelöst und auf 10 $cm^3$ verdünnt) Untersuchung von anfallenden Fraktionen, in denen nur Erdenpaare vorhanden sind. Sc, Y, La und Eu lassen sich, da Absorptionsspektren nicht anwendbar sind, durch die Molekülspektren leicht bestimmen. Aber auch die Yttererden sind anregbar. PINTA gibt die Empfindlichkeit von 0,5% bei einer Erde und einen Durchschnittsfehler von $\pm$ 3% an.

Literatur.

MAVRODINEANU, R., u. H. BOITEUX: L'Analyse spectrale quantitative par la flame. Masson u. Co., Paris 1954.

PICCARDI, G.: Zusammenfassung: Spectrochim. Acta **1**, 249 u. 532 (1939 und 1941). — PINTA, M.: J. recherches centre nat. rech. Sci. **20**, 210 (1952) u. **22**, 19 (1953); durch C. A. **47**, 7936 u. 8511 (1953).

## b) Bogenspektren.

Der elektrische Lichtbogen stellt eine bequeme und empfindliche, aber nicht sehr reproduzierbare Anregung für seltene Erden dar. Zur Anwendung gelangten der Gleichstromdauerbogen zwischen Kohle oder Graphitelektroden und der unterbrochene Wechselstrombogen auf Kupferelektroden. Um die Reproduzierbarkeit zu verbessern, arbeiten manche Autoren mit innerem Standard, der die Unregelmäßigkeiten des Bogens kompensieren soll. Die Proben wurden entweder als Lösungen auf Kohle- oder Kupferelektroden aufgebracht und eingedunstet, als Pulver in die Kohle gestopft oder mit geeigneten Haftstoffen auf Kupferelektroden aufgebracht.

Diese Metallelektroden setzen die Empfindlichkeit des Nachweises beträchtlich herunter, so daß WIGGINS auf die Kohleelektrode zurückgreift, jedoch die Cyanbande durch strömenden Wasserdampf unterdrückt. Zu diesem Zwecke sind die Elektroden in einem Aluminiumgehäuse untergebracht. VALLEE und PEATTIE empfehlen He oder Ar als Schutzgas. Bei Anwendung eines geeigneten Standards bildet der Bogen eine gute Analysenmethode für Gemische seltener Erden. Die hierzu notwendigen Elektrodenkohlen werden nach GATTERER durch Erhitzen während 5 bis 10 Sek. mit 300 Amp. gereinigt, wobei die störenden Verunreinigungen der Kohle (mit Ausnahme B, V und Ti) verdampfen.

### 1. Nach GOLDSCHMIDT und PETERS.

MANNKOPFF und PETERS haben gefunden, daß vor der Kathode eines Kohlenlichtbogens die Spektren der meisten Elemente verstärkt (etwa das 10- bis 70fache der Gassäule) erscheinen, und daß die Intensitätsverhältnisse keinen so großen Schwankungen unterworfen sind. Aus dieser Erkenntnis wird die zu analysierende Substanz aus der Kathode verdampft.

Die zu untersuchenden Substanzen werden in fester Form auf die Kathode gebracht und durch den Bogen verdampft. Die Intensitäten der letzten Linien vergleicht man auf visuelle Art mit den Intensitäten von Eichmischungen und kann so den Gehalt bis auf eine halbe Zehnerpotenz abschätzen.

**Durchführung.** Man stopft die Substanz in die Bohrung der Kathode (Durchmesser 1 mm, Tiefe 1,5 mm), zündet den Bogen (220 Volt Gleichstrom, 11 bis 13 Amp.), bildet die Kathode scharf auf dem Spalt ab und macht nacheinander eine Reihe von Aufnahmen mit gleicher Belichtungszeit. Die Linien der Elemente erscheinen der Flüchtigkeit ihrer Oxyde entsprechend in den einzelnen Aufnahmen in verschiedener Stärke. Die Elemente der seltenen Erde treten in Gegenwart von Oxyden, die bei niedrigerer Temperatur verdampfen (z. B. Calcium- oder Aluminiumoxyd), erst in der dritten Aufnahme auf und erreichen bei der vierten und sechsten Aufnahme ihr Maximum, das später wieder abnimmt.

Die Standardaufnahmen werden unter gleichen Aufnahme- und Entwicklungsbedingungen hergestellt.

***Bemerkungen.*** Die Grenze der Nachweisbarkeit liegt bei den meisten Elementen bis etwa 0,001%. Unter günstigen Bedingungen können Intensitätsverhältnisse 1:2 oder 1:3 noch gut erfaßt werden. Daraus ergibt sich ein Fehler von $\pm$ 30 bis 50%. Siehe Scandium S. 296 und Yttrium S. 306.

Diese Methode wurde von Wild zur ungefähren Bestimmung des Yttriums, Europiums und Ytterbiums in Fluoriten herangezogen.

Eine Erhöhung der Genauigkeit der Resultate wurde von Bauer durch Einführung eines inneren Standard erreicht. Titandioxyd, Tantalpentoxyd und Zirkonoxyd wurden auf die Eignung als Eichsubstanz untersucht. Zirkondioxyd hat sich gut bewährt und wurde für die quantitative Bestimmung des Lathans in Gegenwart von Calcium- oder Aluminiumoxyd verwendet (s. S. 313). Der Fehler beträgt bei 0,1% Lanthanoxyd in Calciumoxyd $\pm$ 11%; mittlerer Fehler $\pm$ 5%; doch treten gelegentlich Fehler bis zu 30% auf.

### 2. Nach McCartry, Scribner, Lawrenz und Hopkins.

Bei Anwendung von Zirkondioxyd als inneren Standard wurden alle Fehlerquellen untersucht, um durch ihre Ausschaltung zu wesentlich besseren Resultaten zu gelangen. Die erste wichtige Feststellung zeigte die Beeinflussung der Intensität der Linie eines Elementes der seltenen Erden durch die Anwesenheit anderer Elemente der seltenen Erden. Gelegentlich der Untersuchung von Yttererden wurden die Intensitäten der Analysenpaare gemessen; als man mit Ceriterden verdünnte, wurde ein Fehler von 5% und bei weiterem Zusatz von Samarium und Europium ein Fehler von $\pm$ 15% festgestellt. Weitere Versuche ergaben, daß die gegenseitige Beeinflussung nicht spezifisch ist, sondern daß jedes Erdelement den gleichen Betrag der Intensitätsveränderung verursacht. Diese Beobachtung führte dazu, die Gesamtmenge der Elemente der seltenen Erden stets konstant zu halten.

Eine weitere Verfeinerung erzielte man durch eine entsprechende Vorbereitung der Kathodenkohle. 0,1 cm³ der zu untersuchenden Lösung wurde auf den Krater der ausgeglühten Kathode gebracht und 75 Min. lang in einem Trockenschrank bei 110° getrocknet. Durch diese Vorbehandlung wurde eine gleichmäßige Bogenbildung erreicht.

Die Schwärzung der Linien wurde photometrisch ausgewertet und das Schwärzungsverhältnis auf doppelt logarithmischem Koordinatenpapier gegen den Gehalt aufgetragen.

**Durchführung.** $\alpha$) Festlegung der Eichkurve. Das hochgereinigte Oxyd der zu bestimmenden Erde wird in Salpetersäure gelöst und mit Zirkonnitrat in den Verhältnissen 5:1, 4:1, 3:1, 1:1, 0,6:1, 0,5:1, 0,4:1, 0,3:1, 0,2:1 und 0,1:1 versetzt. Um den Einfluß der anderen seltenen Erden, wie sie in Mineralien oder Fraktionen vorkommen, zu kompensieren, gibt man ein anderes Erdelement, meist Lanthan oder Neodym zu (Dieses Element muß natürlich von der zu bestimmenden Erde völlig befreit sein.) Die Konzentration dieser Standardlösung wird so gewählt, daß in 0,1 $cm^3$ der Lösung 10 mg der seltenen Erdoxyde (La oder Nd und das zu bestimmende Erdelement) und 1 mg Zirkonoxyd enthalten sind. 0,1 $cm^3$ wird in die Höhlung der Kathode eingefüllt und die Lösung bei 110° eingetrocknet. Der Bogen brennt bei 220 Volt mit 5,5 bis 6 Amp. Die Platten müssen unter gleichen Bedingungen und bei gleicher Temperatur entwickelt werden. Man ermittelt das Schwärzungsverhältnis von Analysenpaaren im Gebiete von 2500 bis 3300 Å und zeichnet aus den erhaltenen Werten die Eichkurve, wobei aus je drei Aufnahmen der Mittelwert genommen wird.

Für jedes Element der seltenen Erden wird eine solche Eichkurve aufgestellt; Lanthan und Neodym nehmen gegenseitig die Rolle des Verdünnungsmittels an.

$\beta$) Analyse. Aus dem aufgeschlossenen Mineral werden die Elemente der seltenen Erden rein abgeschieden, wobei auf die Entfernung des Zirkons besondere Sorgfalt verwendet werden muß. Die Oxyde löst man in Salpetersäure, versetzt mit Zirkonnitrat und bringt auf die gewünschte Konzentration: 10 mg Erdoxyde und 1 mg Zirkonoxyd in 0,1 $cm^3$ Lösung. Man nimmt wie bei der Festlegung der Eichkurve das Bogenspektrum 3fach auf und behandelt die Platte unter genau gleichen Verhältnissen. Die errechneten Verhältniszahlen werden auf der Abszisse der Eichkurve aufgetragen; der gesuchte Gehalt des Erdelementes wird auf der Ordinate abgelesen. Auf diese Weise lassen sich alle auf der Platte durch Linien vertretenen Elemente der seltenen Erden bestimmen.

***Bemerkungen.*** Während die Summe aller zu bestimmenden Erdelemente geringere Schwankungen zeigt ($\pm$ 3%), streuen die Werte der einzelnen Erdelemente bis zu $\pm$15%. Berücksichtigt man die Schwierigkeit der Analyse eines durch Fraktionieren nicht zerlegten Oxydgemisches, so kann man die Resultate als vorerst befriedigend bezeichnen.

Auf diese Weise wurden quantitativ bestimmt: Yttrium, Neodym, Samarium, Gadolinium, Dysprosium, Ytterbium und Lanthan. Die für die Auswertung wichtigen homologen Linienpaare sind nicht genannt.

### 3. Nach GATTERER und JUNKES.

Die Autoren untersuchten den Europiumgehalt in sehr reinem Samarium. Sie verwendeten dabei eine schwache Samariumlinie als Bezugslinie für das Europium. Dieses Verfahren ist nach FASSEL bei Gehalten von unter 4% bequem und genau. Die Proben wurden in Lösungsform auf Kohle eintrocknen gelassen und im Gleichstromdauerbogen von 210 Volt und 3,75 Amp. angeregt. Der Dreiprismenapparat GH von STEINHEIL hatte im verwendeten Gebiet eine lineare Dispersion von 3,2 Å/mm. Das Analysenpaar war Europium 4129,73 Å und Samarium 4129,44 Å. Das Schwärzungsverhältnis wurde wie üblich doppelt logarithmisch gegen den Gehalt der Eichlösungen aufgetragen und so eine Eichkurve erhalten. Die Genauigkeit betrug $\pm$5% bei Gehalten bis 0,01% Europium; 0,005% Eu, das sind 50 ppm, konnten noch halbquantitativ ermittelt werden.

### 4. Nach FASSEL und Mitarbeiter.

In mehreren Arbeiten (I bis VIII, außer III) wurden verschiedene seltene Erden auf Verunreinigungen durch andere seltene Erden untersucht. Die Proben wurden dabei mit Graphit 1 : 1 gemischt, in Kohle gestopft (15 mg Probe, Elektroden 6 mm dick, Bohrung 5 mm breit und 2 mm tief) und im Gleichstromdauerbogen (250 Volt 17 Amp.) vollständig verdampft. Die Autoren verwenden große Gitterspektrographen von sehr hoher Auflösung. Bezugslinie war wieder eine schwache Linie des Hauptbestandteiles; die photometrisch ermittelten Schwärzungen wurden mit Hilfe der Platteneichkurve in Intensitätsverhältnisse umgewandelt und diese doppelt logarithmisch gegen den Gehalt der festen Eichproben aufgetragen. Wenn nötig, wurden die Linien auf Untergrund und restliche Verunreinigungen korrigiert. Die Autoren konnten zeigen, daß eine seltene Erde einen sehr guten inneren Standard für eine andere darstellt, offenbar weil sie wegen der großen Ähnlichkeit ähnlich verdampfen und so Unregelmäßigkeiten des Bogens kompensieren. Hierdurch ergibt sich eine sehr gute Reproduzierbarkeit. Da die Yttererden das komplizierteste Spektrum unter allen seltenen Erden besitzen, ist die Auswahl geeigneter Linienpaare schwierig, um so mehr, als sich zahlreiche Fehler in die gebräuchlichsten Wellenlängentafeln eingeschlichen haben. Außerdem sind Fälle von Selbstumkehr bei Yb und Ho aufgefunden worden. Bei Durchführung einer derartigen Analyse ist das Studium der Originalliteratur unerläßlich.

Folgende Spurenuntersuchungen wurden ausgeführt:

| Arbeit | Verwendete Linien |
|---|---|
| I: Eu in Sm | Eu 4129,73/Sm 4129,22 |
| | Eu 4627,12/Sm 4628,79 |
| II: Sm in Nd | Sm 4433,88/Nd 4436,64 |
| IV: Ce, Pr und Nd in La | Ce 4289,94/La 4293,46 |
| | Pr 4408,84/La 4393,51 |
| | Nd 3973,27/La 3925,09 |
| V: La, Pr und Nd in Ce | |
| VI: La, Ce und Nd in Pr | |
| VII: Pr in Nd | |
| VIII: Tb, Y, Ho, Er in Dy | |
| Y, Dy und Er in Ho | |
| Y, Dy, Ho, Tm und Yb in Er | |

Die angegebenen durchschnittlichen Abweichungen vom Mittel betragen bei all diesen Bestimmungen 3 bis 4%. Die bestimmten Gehalte liegen im Bereich von 1% bis zu etwa 0,05%. Die untere Grenze wurde z. B. bei Ce in La zu 0,03%, bei Nd in La zu 0,02% angegeben. Bei Eu in Sm dagegen konnte noch 0,01% bestimmt werden. Bei den Untersuchungen der Yttererden (VIII) ergaben sich ähnliche durchschnittliche Abweichungen vom Mittel; die bestimmten Gehalte liegen zwischen 0,01 und 1%. Die geschätzte untere Grenze liegt tiefer wie bei den Ceriterden; so ist z. B. Y in Er noch in einer Konzentration von 0,0007%, Yb in Er in sogar einer Konzentration von 0,0001% nachweisbar.

Fassel und Mitarbeiter (III) konnten auch zeigen, daß die Analyse von Hauptmengen bei entsprechender Wahl der Bedingungen durchführbar ist. Zu diesem Zweck wird die Probe mit $CeO_2$ und Graphit im Verhältnis 1 : 4 : 5 gemischt. Die Probe muß natürlich entweder cerfrei sein oder chemisch weitgehend von Ce befreit werden. Dabei dient das $CeO_2$ gleichzeitig als innerer Standard, als Verdünnungsmittel und schließlich als Stabilisierungsmittel für die Verhältnisse im Bogen. Bestimmt wurden Y und Gd in Gemischen. Zur Verwendung kamen die Linienpaare Y 4358,72/Ce 4339,31, Gd 4262,09/Ce 4263,42 und Gd 4262,09/Ce 4264,37. Die Reproduzierbarkeit (= relativer mittlerer Fehler) war mit ± 2,5% ausgezeichnet. Nach diesem Verfahren haben Rose, Murata und Carron bei Erfassung der Erden in Cermineralien sehr befriedigende Werte erhalten.

### 5. Nach Short und Dutton.

Zur Bestimmung von seltenen Erden in Uranpräparaten wird eine vollständige Abtrennung des Urans auf chemischem Wege (s. S. 273) durchgeführt; die so erhaltenen seltenen Erdchloride werden spektralanalytisch quantitativ bestimmt. Als Elektroden benützt man 7 mm Hartkupferstäbe, mit denen sich eine durchschnittliche Empfindlichkeit von $20 \cdot 10^{-6}$ g je seltene Erde ergibt. Eichaufnahmen werden von 10 bis $50 \cdot 10^{-6}$ g gemacht, wobei der letztere Wert für quantitative Bestimmungen die obere Grenze darstellt. Die Auswertung wird auf visuellem Wege vorgenommen und nach einer empirisch ermittelten Tabelle korrigiert. Fremde Elemente vermindern die Empfindlichkeit beträchtlich; 1 mg Thor stört stark, ebenso Calcium; Aluminium hingegen beeinflußt nur wenig. Von Anionen sind unerwünscht: Fluor, Sulfat, Arsenat und Phosphat. Samarium ist schwer genau zu ermitteln, $20 \cdot 10^{-6}$ g dürfte die unterste Erfassungsgrenze sein. Linien im Bereich von 2975 bis 6000 Å wurden zur Bestimmung herangezogen.

### 6. Nach McClelland.

Unter Anwendung eines unterbrochenen Wechselstromes wird ein Lichtbogen erzeugt, in dem die seltenen Erden zusammen mit Eisenoxyd verdampft werden. Das Eisenoxyd wird aus spektralreinem Eisen hergestellt und vor der letzten Filtration mit Filterschleim versetzt. Man verglüht zu Oxyd bei 800° C. Die seltenen Erden werden mit der zehnfachen Menge Eisenoxyd versetzt und mit der vierfachen Menge an Kaliumhydrogensulfat (berechnet auf das zugesetzte Eisenoxyd) gut verrieben. Beide Elektroden besitzen ein Loch von $1 \times 1{,}5$ mm, in das die Analysensubstanz gebracht wird. Man erhitzt sie auf einer heißen Platte bis zum Schmelzen und verteilt sie schnell und gleichmäßig mit einem Stahlspachtel auf der Oberfläche der Elektroden. Anfangs wurden Kohleelektroden verwendet, die später durch Kupfer ersetzt wurden. Der Unterschied der Empfindlichkeit wird für Y angegeben: C-Elektrode 0,0005%; Cu-Elektrode 0,001%. Genauigkeit $\pm$ 10%.

López de Azcona hat in mehreren Untersuchungen die Empfindlichkeit des Nachweises der seltenen Erden im Kohlebogen gemessen. Die mitgeteilten Werte befinden sich bei den einzelnen Elementen.

### Literatur.

Bauer, H.: Z. anorg. Ch. **221**, 209 (1935).

McCarty, L. R. Scribner, M. Lawrenz u. B. S. Hopkins: Ind. eng. Chem. Anal. Edit. **10**, 184 (1938). — McClelland, J. A.: Analyst **74**, 529 (1949) u. **75**, 392 (1950).

Fassel, V. A., u. H. A. Wilhelm: (I u. II) J. opt. Soc. Am. **38**, 518 (1948), u. (III) **39**, 187 (1949); (IV—VII) Spectrochim. Acta **5**, 201 (1952); (VIII) Anal. Chem. **27**, 1010 (1955).

Gatterer, A.: Naturwiss. **30**, 421 (1942). — Gatterer, A., u. J. Junkes: Spectrochim. Acta **1**, 31 (1939). — Goldschmidt, V. M., u. Cl. Peters: Nachr. Götting. Ges., mathem.-physik. Kl. **1931**, 257.

Mannkopff, R., u. Cl. Peters: Z. Phys. **70**, 444 (1931).

Rose, H. J., K. J. Murata u. M. K. Carron: Spectrochim. Acta **6**, 161 (1954).

Short, G. H., u. W. C. Dutton: Anal. Chem. **20**, 1073 (1948). — Smith, D. M., u. G. M. Wiggins: Analyst **74**, 95 (1949).

Vallee, B. L., u. R. W. Peattie: Anal. Chem. **24**, 434 (1952).

Wiggins, G. M.: Analyst **74**, 101 (1949). — Wild, G.: Ber. Wien. Akad. Abt. II A, **146**, 479 (1937).

## c) Funkenspektren.

Der Funken bietet eine gut reproduzierbare, aber nicht so empfindliche Anregungsquelle für die seltenen Erden. Die Spektren sind wegen der höheren Anregung linienreicher und daher unübersichtlicher. Zur Anwendung kommen Kupferelektroden, im besonderen bei der „Copper-spark-method“ nach Fred, Nachtrieb und Tomkins, und poröse Kohleelektroden bei der „Porous-cup-method“ nach Feldman. Eine Spezialmethode ist die Methode „Funken in Flamme“.

### 1. Nach Plantinga und Rodden.

Eine Verminderung der Linien erreicht Hultgren dadurch, daß Funken durch eine Flamme schlagen, in die die zu untersuchende Substanz eingeblasen wird.

Die erhaltenen Linien, die sonst in der Flamme nicht auftreten, sind gut zu unterscheiden und werden durch wechselseitige Einflüsse verschiedener Elemente nur wenig berührt. PLANTINGA und RODDEN verwenden diese Methode „Funken in Flamme" zu einer halbquantitativen Bestimmung der Elemente der seltenen Erden.

**Durchführung.** Die zu untersuchende Lösung wird durch einen Zerstäuber in einen mit Wasserstoff gespeisten Brenner eingeblasen. Die Elektroden, zwischen denen der Funke gebildet wird, bestehen aus Wolfram und sind am Rande der Flamme senkrecht zur Strömungsrichtung gelagert. Der Gehalt an einem Element wird durch fortschreitende Verdünnung einer Lösung von bekannter Konzentration bis zum Verschwinden der Linien ermittelt.

***Bemerkungen.*** Mittels dieser Methode lassen sich die Elemente der seltenen Erden im allgemeinen noch nachweisen, wenn sie in einer Konzentration von 0,0001 molar vorliegen, jedoch ist ein deutlicher Einfluß eines anderen Elementes der seltenen Erden wahrnehmbar. Zum Beispiel ist der Nachweis des Lanthans auf ein Zehntel des obengenannten Wertes gesunken, wenn die Lösung gleichzeitig 1,5 mol an Praseodym oder Natrium ist. Vorteilhaft werden Konzentrationen unterhalb 0,01 mol untersucht, wobei die Fehler zwischen 0,01 und 0,001% liegen.

Die Methode arbeitet rasch und sparsam, denn es genügt 0,1 $cm^3$ zur Zerstäubung. Bei der Verfolgung der fortschreitenden Trennung von Elementen der seltenen Erden durch Fraktionierung wird sie gute Dienste leisten.

Zur Erkennung des Lanthans wurden die Linien 4372, 4418 und 5600 Å und des Ytterbiums 5700 Å verwendet.

## 2. Nach HIRT und NACHTRIEB.

FRED, NACHTRIEB und TOMKINS haben in einer allgemeinen Untersuchung die besten Bedingungen der Emission festgelegt, die sogenannte „Copper-spark"-Methode, die in der Arbeit von HIRT und NACHTRIEB auch auf die quantitative Bestimmung der seltenen Erden angewendet wurde. Die Autoren verwenden käufliche Hartkupferelektroden, die aus Stücken von 6,5 mm Durchmesser geschnitten werden. Die Länge beträgt 35 mm, wobei die Seiten in einer Länge von 13 mm etwas abgedreht sind. Die Elektroden werden mit Salpetersäure gewaschen, gut gespült und innerhalb weniger Stunden verbraucht. Um die Möglichkeit des Überfließens der aufgegebenen Probelösung zu vermindern, werden die Elektroden in eine Lösung getaucht, die aus 1 g Apiezon N in einem Liter Petroläther besteht. Die Probelösung, 0,1 $cm^3$ in 1%iger Salzsäure (Nitrate und Sulfate setzen die Empfindlichkeit herunter), wird in gleichen Teilen auf die Elektroden gebracht und in einem beschriebenen Apparat getrocknet. Die Oberflächen müssen sehr sauber sein.

Die Eichaufnahmen von $5 \cdot 10^{-6}$ bis $5 \cdot 10^{-9}$ g in den Verhältnissen 10, 5, 2 und 1 werden für jedes Element hergestellt, aus denen die Eichkurven, korrigierte Intensität gegen Konzentration, gezeichnet werden. Die Proben werden in der gleichen Art behandelt und mehrere Eichaufnahmen auf die gleiche Platte gebracht. Aus den Eichkurven wird der Gehalt der Proben an seltenen Erden ermittelt.

Diese Methode ist weniger genau als die Anwendung von Bezugslinien oder Eichkurven, log Intensität gegen log Konzentration, doch ist sie wesentlich zeitsparender. Die Empfindlichkeit des Funkens in $1 \cdot 10^{-9}$ g:

Sc 0,5; Y 1; La 5; Ce 50; Pr 20; Nd 20; Sm 50; Eu 2; Gd 10; Dy 50; Ho 20; Er 50; Tm 5; Yb 10; Cp 200.

Mittelwerte aus Resultaten, die aus Proben mit einem Gehalt von $2 \cdot 10^{-6}$ bis $5 \cdot 10^{-7}$ g einer seltenen Erde gefunden wurden, geben eine zufriedenstellende Genauigkeit. Diese Methode wurde zur Bestimmung der seltenen Erden in Uranpräparaten verwendet (s. S. 273), wobei Linien zwischen 2100 bis 4000 Å ausgewertet wurden.

### 3. Nach SPICER und ZIEGLER.

An der Bestimmung von Lanthan in Praseodymmetall wird gezeigt, daß eine seltene Erde neben einer anderen auch durch Vergleich mit Linien eines fremden Elementes, die in der Nähe der Linien der zu bestimmenden seltenen Erde liegen, quantitativ erfaßt werden kann. Da Cyanbande, gebildet aus den Kohleelektroden, stören, werden Silber- oder Kupferelektroden, 6 mm Durchmesser, verwendet, die nach dem Schneiden unter Benzol aufbewahrt und innerhalb von 12 Std. verbraucht werden. Die Eich- und Probesubstanzen werden in gelöster Form auf die Elektrode gebracht, wobei sehr verdünnte und schwach salzsaure Lösungen sich durch gute Reproduzierbarkeit auszeichnen. 0,0286 $cm^3$ der Lösung genügen zur Bedeckung der Elektrode, die hierauf durch Erwärmen im Trockenschrank getrocknet wird. Als Vergleichselement dient Mangan.

**Durchführung.** Die Eichlösungen enthielten 0,1316 g Mangan im Kubikzentimeter und 0,00414 g Lanthan im Kubikzentimeter. Zu je 1 $cm^3$ der Manganlösung wurden steigend von 0,4 bis 0,65 $cm^3$ der Lanthanlösung zugegeben. Jede dieser Mischung wurde in einem 30 $cm^3$-Meßkolben auf 15 $cm^3$ verdünnt und hierauf mit 15 $cm^3$ einer 0,5 n Salzsäure aufgefüllt. Die Probelösung enthielt 0,0147 g Praseodym je Kubikzentimeter. 0,4 $cm^3$ dieser Lösung mit 1 $cm^3$ der Manganlösung wurden auf 15 $cm^3$ verdünnt und mit 15 $cm^3$ 0,5 n Salzsäure aufgefüllt. Zum Vergleich gelangte die Manganlinie 3438,974 Å mit der Lanthanlinie 4086,714 Å, die nach der Copper-spark-Methode erhalten wurden.

***Bemerkungen.*** Die Praseodymlinien 4086,24 Å und 4087,206 Å stören nicht; der Fehler beträgt etwa 4,6%. Die Anwendung dieser Methode ist dann gegeben, wenn reinste Oxyde als Eichsubstanzen (in diesem Fall Praseodym) nicht zur Verfügung stehen.

### 4. Nach NORRIS und PEPPER.

Verwendet werden die von FELDMAN beschriebenen porösen Graphit-Elektroden, 6 mm Durchmesser, 3,76 mm lang, die eine 1,1 mm-Bohrung, reichend bis 1 mm an die Gegenwand, enthalten. Der Inhalt dieser Bohrung beträgt 0,32 $cm^3$ und wird mit Hilfe einer dünn ausgezogenen Pipette luftfrei mit der zu untersuchenden Lösung gefüllt. Um die eingefüllte Lösung zu kühlen, ist die Elektrode in eine wassergekühlte Tantalklemme eingespannt. Als untere Elektrode ist ein 3,0 mm-Graphitstab vorgesehen. Nach 15 Sek. Stromdurchgang ist die Lösung durch den dünnen Elektrodenboden durchgesickert, und das Spektrum kann nun aufgenommen werden. Als Vergleichslinie wird Sr 4215,52 Å angewandt.

**Durchführung.** 100 mg der seltenen Erdprobe (die völlig Sr-frei sein muß) werden im 10 $cm^3$-Meßkolben eingewogen und in 2 bis 4 $cm^3$ Salzsäure und wenig Wasser aufgelöst. Nach dem Erkalten wird zur Marke aufgefüllt, 0,1 $cm^3$ einer 0,05%-Strontiumlösung, hergestellt aus Sr-Metall, werden zugegeben, so daß eine Endlösung von $5 \cdot 10^{-6}$ g Sr resultiert. Durch Vergleich mit den Eichkurven wird der Gehalt an einer Erde bestimmt.

***Bemerkungen.*** Diese Methode gestattet die Bestimmung einer seltenen Erde in einem Erdengemisch. Auf Grund zahlreicher Versuche konnte festgestellt werden, daß die Anwesenheit anderer seltener Erden die Intensität der auszuwertenden Funkenlinie nicht beeinflußt. Betriebsdaten und Apparaturangaben im Original. SCHÜLER empfiehlt dieses Verfahren für sehr geringe Mengen von seltenen Erden und hebt die gute Reproduzierbarkeit hervor.

### Literatur.

FELDMAN, C.: Anal. Chem. **21**, 1041 (1949). — FRED, M., N. H. NACHTRIEB u. F. S. TOMKINS: J. opt. Soc. Am. **37**, 279 (1947).

HIRT, R. C., u. N. H. NACHTRIEB: Anal. Chem. **20**, 1077 (1948). — HULTGREN, R.: Am. Soc. **54**, 2320 (1932).

NORRIS, J. A., u. C. E. PEPPER: Anal. Chem. **24**, 1399 (1952).
PLANTINGA, O. S., u. C. J. RODDEN: Ind. eng. Chem. Anal. Edit. 8, 232 (1936).
SCHÜLER, H.: Colloque intern. spektrograph. Strassbourg 1950, 169; durch C. A. **46**, 6029 (1952). — SPICER, W. M., u. W. T. ZIEGLER: Anal. Chem. **21**, 1422 (1949).

## *IV. Röntgenspektralanalyse.*

### a) Einleitung.

**1. Allgemeines.** Der Anwendungsbereich der Röntgenspektralanalyse umfaßt zur Zeit alle Elemente etwa vom Kalium aufwärts bis zum Uran. Grundsätzlich lassen sich auch noch leichtere Elemente als das Kalium erfassen, jedoch treten bei diesen infolge der großen Absorbierbarkeit ihrer charakteristischen Strahlungen so erhebliche experimentelle Schwierigkeiten auf, daß die Röntgenspektralanalyse bis jetzt auf Elemente mit Ordnungszahlen kleiner als 19 nicht ausgedehnt worden ist.

Die Elemente Kalium bis Uran lassen sich sämtlich durch ihre $K$- oder $L$-Serie einfach und mit einem hohen Grad von Sicherheit röntgenspektroskopisch nachweisen, sofern sie überhaupt in einer für die Methode brauchbaren Form vorliegen. Die Sicherheit des röntgenspektroskopischen Nachweises beruht auf dem einfachen Bau des Röntgenspektrums und seiner Unabhängigkeit von äußeren Faktoren. Während das optische Spektrum zum Teil außerordentlich linienreich ist und stark von den Erregungsbedingungen abhängt, besteht das Röntgenspektrum aus einer verhältnismäßig kleinen Zahl von Linien, die bei der Überschreitung der für die betreffende Serie erforderlichen Mindestspannung gleichzeitig auftreten, und deren Intensitätsverhältnis von der an der Röntgenröhre liegenden Spannung unabhängig ist. Ferner sind die Wellenlängen und die Intensitäten der Röntgenspektrallinien praktisch völlig unabhängig von dem physikalischen und chemischen Zustand, in dem sich das nachzuweisende Element befindet. Die Ursache dieser Unabhängigkeit des Röntgenspektrums von äußeren Faktoren ist der große Energieunterschied zwischen den äußeren und inneren Niveaus; die beim Einbau eines Atoms in einen Molekül- oder Kristallverband eintretenden Energieänderungen der Valenzelektronen von einigen Elektronenvolt sind gegenüber der Energie der inneren Elektronen so klein, daß sie sich in der Regel auf das Röntgenspektrum nicht meßbar auswirken. Daher kann dieses im allgemeinen als Atomeigenschaft betrachtet werden[1].

Die Röntgenspektren der verschiedenen Elemente sind in ihrem Bau weitgehend ähnlich. Sie unterscheiden sich dadurch, daß sich die entsprechenden Linien einer Serie mit zunehmender Ordnungszahl um einen bestimmten Betrag nach kürzeren Wellenlängen verschieben: Das Röntgenspektrum eines Elementes ist eine einfache Funktion der Ordnungszahl (MOSELEYsches Gesetz). Diese übersichtlichen Verhältnisse im Verein mit den oben beschriebenen Eigenschaften machen die Röntgenspektralanalyse besonders geeignet, wenn es sich um den Nachweis chemisch ähnlicher Elemente handelt, z. B. des Zirkons in Hafniumpräparaten, des Rheniums in Molybdänpräparaten oder der Platinmetalle nebeneinander. Ein fast unentbehrliches analytisches Hilfsmittel ist die Röntgenspektralanalyse für die Elemente der seltenen Erden, deren große chemische Ähnlichkeit den Nachweis

---

[1] Es ist indessen seit langem bekannt, daß das Röntgenspektrum keine reine Atomeigenschaft ist. Sowohl die Absorptionskanten als auch die Emissionslinien des langwelligeren Gebietes zeigen Einflüsse des Bindungszustandes des betreffenden Atoms. Die Wellenlängenverschiebungen lassen sich z. B. für $K\alpha_{1,2}$ bis 25 Mn, für $K\beta_1$ bis 27 Co, für $K\beta_5$ bis 28 Ni und für die $K$-Absorptionskanten bis 29 Cu verfolgen. Sie bleiben indessen bei den Elementen, für welche die Röntgenspektralanalyse in Frage kommt, so gering, daß der Analytiker keine Störungen durch diese Effekte zu befürchten hat. Etwa von 17 Cl an nach kleinen Ordnungszahlen findet man jedoch sehr deutliche Effekte, die, wie eingehende Untersuchungen gezeigt haben, von einfachen Gesetzmäßigkeiten beherrscht werden, und die im Zusammenhang mit Konstitutionsfragen und allgemeinen Problemen der chemischen Bindung von Interesse sind [vgl. dazu z. B. A. FAESSLER u. M. GOEHRING: Naturwiss. **39**, 169 (1952)].

auf chemisch-analytischem Wege bekanntlich außerordentlich schwierig macht. Der Wert der röntgenspektroskopischen Methode für die Analyse der seltenen Erden zeigte sich besonders bei einer umfassenden Untersuchung über die Verteilung dieser Elemente in Mineralien (GOLDSCHMIDT und THOMASSEN 1924).

**2. Grundlagen der qualitativen und quantitativen Röntgenspektralanalyse.** Der qualitative röntgenspektroskopische Nachweis eines Elementes besteht in der Erzeugung seines Spektrums und in der Identifizierung der verschiedenen Linien einer Serie. In einfachen Fällen genügt die bloße Feststellung der Lage der Linien, d. h. der *Wellenlänge*. Enthält die untersuchte Substanz jedoch mehrere Elemente, deren charakteristische Strahlungen in den Bereich der charakteristischen Strahlung des gesuchten Elementes fallen, wie es gerade bei Gemischen der seltenen Erden häufig der Fall ist, so muß zur sicheren Identifizierung auch das Intensitätsverhältnis der einzelnen Linien einer Serie herangezogen werden. Sofern man das Spektrum photographisch aufnimmt, genügt hierbei oft eine einfache visuelle Abschätzung. In besonders komplizierten Fällen wird es manchmal nötig sein, eine weitere Serie zu untersuchen, z. B. außer der $L$-Serie die einfacher gebaute $K$-Serie.

Zur quantitativen Bestimmung eines Elementes muß die *Intensität* der Spektrallinien ausgewertet werden. Die Registrierung des Spektrums erfolgte in der Röntgenspektralanalyse bisher meist auf photographischem Wege. In diesem Falle erfordert die quantitative Analyse eine photometrische Auswertung der Aufnahme, doch genügt auch hier oft eine visuelle Abschätzung der Linienintensitäten. Einfacher und genauer ergeben sich die Intensitäten, wenn die Registrierung des Spektrums mit Hilfe der Ionisationskammer erfolgt, die den weiteren Vorteil hat, die Dauer der Registrierung zu verkürzen. Eine wesentliche Verkürzung der Beobachtungszeit erreicht man ferner mit Hilfe des Spitzenzählers oder des Zählrohres. In neuerer Zeit ist auch der Photoelektronenvervielfacher zur Registrierung von Röntgenspektren herangezogen worden.

Den empfindlichen elektrischen Registriergeräten kommt zweifellos eine besondere Bedeutung für die Röntgenspektralanalyse zu, da die photographische Methode oft Belichtungszeiten erfordert, die für Reihenuntersuchungen, insbesondere in technischen Laboratorien, untragbar lang sind. Der Ersatz der photographischen Platte durch elektrische Registriergeräte dürfte in der weiteren Entwicklung die röntgenspektralanalytischen Verfahren auch bezüglich der Empfindlichkeit und der Erfassungsgrenze wesentlich verbessern.

Der qualitative Nachweis eines Elementes kann auch mit Hilfe eines Absorptionsspektrums erfolgen, doch wird man von dieser Möglichkeit nur in besonderen Fällen Gebrauch machen, z. B. wenn die Analysenprobe in einer Form vorliegt, die eine Untersuchung in der Röntgenröhre ausschließt. Ebenso gibt es eine quantitative Absorptionsanalyse, die zwar bisher keine allgemeinere Anwendung gefunden hat, die aber durch die Entwicklung neuzeitlicher Geräte möglicherweise an Bedeutung gewinnt (vgl. S. 229).

Im folgenden kann auf Einzelheiten der Methodik und der verschiedenen apparativen Anordnungen nicht eingegangen werden.

## b) Qualitative Röntgenspektralanalyse der Elemente der seltenen Erden.

**1. Aufbau der $K$- und der $L$-Serie.** Zum Nachweis der Elemente der seltenen Erden kann entweder die $K$-Serie oder die $L$-Serie benutzt werden. Es erleichtert die Auswertung eines Spektrogramms wesentlich, wenn man die Lage der einzelnen Linien und ihre relativen Intensitäten innerhalb einer Serie ungefähr im Gedächtnis hat. Es sei daher zunächst eine kurze Beschreibung des Aussehens der beiden Serien gegeben. Die schematischen Zeichnungen (Abb. 1 und 2), in denen die stärksten Linien angegeben sind, dienen zur Erleichterung der Übersicht; die Dicke der Striche soll die Intensität der Linien andeuten.

Die $K$-Serie ist die kurzwelligste Liniengruppe eines Elementes und erfordert zu ihrer Erregung die höchste Spannung.

Ihre Struktur ist sehr einfach: Sie besteht aus 4 Linien, die mit $\alpha_2$, $\alpha_1$, $\beta_1$ und $\beta_2$ bezeichnet werden. Die beiden $\alpha$-Linien, deren Abstand und Intensitätsverhältnis bei sämtlichen Elementen fast konstant sind, bilden ein charakteristisches Dublett; die $\alpha_2$-Linie, die etwa gerade halb so intensiv ist wie die $\alpha_1$-Linie, liegt dicht neben dieser auf der langwelligen Seite in einem Abstand von etwa 4 X[1]. In größerem Abstand auf der kurzwelligen Seite des $\alpha$-Dublettes liegt die $\beta_1$-Linie, deren Intensität etwa $1/5$ der Intensität von $\alpha_1$ beträgt. Neben der $\beta_1$-Linie erscheint die noch kurzwelligere, etwa halb so starke $\beta_2$-Linie.

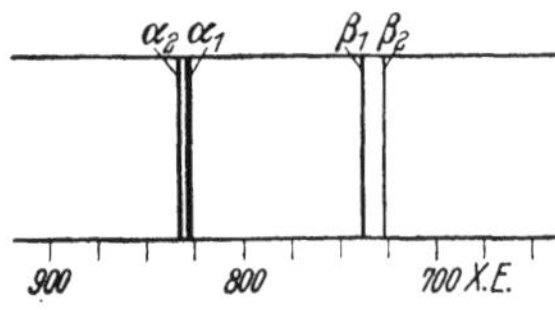


Abb. 1. Schematische Darstellung der $K$-Serie. (Die Wellenlängen sind die des Yttriums.)

Die Tabelle 4 enthält die Wellenlängenwerte der $K$-Linien der Elemente der seltenen Erden. Beim Scandium (und bei allen Elementen unterhalb von Zn) tritt noch eine weitere, schwache Linie auf, die nahe dem $\alpha$-Dublett auf der kurzwelligen Seite liegt und mit $\alpha_3$ bezeichnet wird. Die Wellenlänge von Sc $K\alpha_3$ ist $\lambda = 3006$ X. Außerdem gibt es noch eine Anzahl sehr schwacher $K$-Linien, die indessen für den Analytiker unwichtig sind.

Tabelle 4. Wellenlängen der $K$-Serie der Elemente der seltenen Erden in X-Einheiten.

| Element | $\alpha_2$ | $\alpha_1$ | $\beta_3$ | $\beta_1$ | $\beta_2$ |
|---|---|---|---|---|---|
| 21 Sc | 3028,4 | 3025,0 | — | 2773,9 | — |
| 39 Y | 831,3 | 827,1 | 739,7 | 739,2 | 727,1 |
| 57 La | 374,7 | 370,0 | 328,1 | 327,3 | 319,7 |
| 58 Ce | 361,1 | 356,5 | 315,7 | 315,0 | 307,7 |
| 59 Pr | 348,1 | 343,4 | 304,4 | 303,6 | 296,3 |
| 60 Nd | 336,0 | 331,3 | 293,5 | 292,8 | 285,7 |
| 62 Sm | 313,0 | 308,3 | 273,3 | 272,5 | 265,8 |
| 63 Eu | 302,7 | 297,9 | 263,9 | 263,1 | 256,5 |
| 64 Gd | 292,6 | 287,8 | 254,7 | 253,9 | 247,6 |
| 65 Tb | 282,9 | 278,2 | 246,3 | 245,5 | 239,1 |
| 66 Dy | 273,8 | 269,0 | 237,9 | 237,1 | 231,3 |
| 67 Ho | 265,0 | 260,3 | — | — | — |
| 68 Er | 256,6 | 252,0 | 223,0 | 222,2 | 216,7 |
| 69 Tm | 248,6 | 243,9 | 215,6 | 214,6 | — |
| 70 Yb | 241,9 | 236,3 | 209,2 | 208,3 | 203,2 |
| 71 Cp | 233,6 | 228,8 | 202,5 | 201,7 | 196,5 |
| 90 Th | 136,8 | 132,3 | — | 116,9 | 113,4 |

Wesentlich linienreicher ist die $L$-Serie. Die Linien dieser Serie erfordern zu ihrer Erregung eine geringere Mindestspannung an der Röhre als die der $K$-Serie. Es ist bei der $L$-Serie zu beachten, daß ihre Linien in drei Untergruppen zerfallen, von denen jede nach Überschreiten einer gewissen Mindestspannung entsteht (für das Element La sind die Werte dieser Mindestspannungen 6,3, 5,9 und 5,5 kV). Die Linien einer Untergruppe entstehen gleichzeitig, wenn die Anregungsspannung für diese Untergruppe überschritten wird. Bei weiterer Erhöhung der Röhrenspannung ändert sich das Intensitätsverhältnis der einzelnen Linien einer Untergruppe nicht; das Intensitätsverhältnis zweier $L$-Linien, die *verschiedenen* Untergruppen angehören, ist indessen von der Röhrenspannung abhängig. Dies ist im Hinblick auf die quantitative Spektralanalyse zu beachten. Die Zugehörigkeit der einzelnen $L$-Linien zu den drei Untergruppen geht aus der folgenden Zusammenstellung hervor:

1. Untergruppe: $l\ \alpha_2\ \alpha_1\ \beta_2\ \beta_5\ \beta_6\ \beta_7$.
2. ,, $\eta\ \beta_1\ \gamma_1\ \gamma_5\ \gamma_6$.
3. ,, $\beta_3\ \beta_4\ \gamma_2\ \gamma_3\ \gamma_4$.

Wie die Abb. 2 zeigt, häufen sich die Linien der $L$-Serie an drei Stellen. Die Linien der langwelligsten Gruppe werden mit $\alpha$, die der mittleren mit $\beta$ und die

[1] Die Wellenlängen im Röntgengebiet werden in Ångström-Einheiten (Å) oder in X-Einheiten (X) angegeben. 1 Å $= 10^{-8}$ cm; 1 X $\approx 10^{-11}$ cm. Die X-Einheit ist durch einen von SIEGBAHN gewählten halbkonventionellen Wert der Gitterkonstanten von Kalkspat, $d_{18^\circ} = 3029{,}45$ X, definiert. Aus absoluten Wellenlängenmessungen an Strichgittern ergibt sich die genaue Relation: 1 X $= 1{,}00203 \cdot 10^{-11}$ cm.

der kurzwelligsten mit $\gamma$ bezeichnet. Die drei Gruppen $\alpha$, $\beta$ und $\gamma$ entstehen durch eine reine Zufälligkeit der Linienanordnung; sie haben nichts mit den vorhin erwähnten drei Untergruppen zu tun, deren Entstehung durch die verschiedenen Erregungsspannungen physikalisch begründet ist.

Die stärkste $L$-Linie ist die $L\alpha_1$-Linie. Neben ihr auf der langwelligen Seite liegt $L\alpha_2$. Auch hier bilden die $\alpha$-Linien ein Dublett, das jedoch von dem $K\alpha$-Dublett leicht zu unterscheiden ist: Sowohl der Abstand als auch der Intensitätsunterschied ist beim $L\alpha$-Dublett wesentlich größer. Während beim $K\alpha$-Dublett der Abstand etwa 4 X beträgt und das Intensitätsverhältnis $\alpha_1:\alpha_2 = 2:1$ ist, beträgt der Abstand beim $L\alpha$-Dublett etwa 10 X, und das Intensitätsverhältnis $\alpha_1:\alpha_2$ ist ungefähr gleich 10:1. Innerhalb der $\beta$- und $\gamma$-Gruppe sind die Linien nach ihrer Intensität geordnet mit den Indices 1, 2, 3 usw. bezeichnet. Die $\beta_1$-Linie ist etwa halb so stark wie $\alpha_1$. Die stärkste Linie der $\gamma$-Gruppe, $\gamma_1$, ist etwa so stark wie $\alpha_2$. — Zwei weitere $L$-Linien,

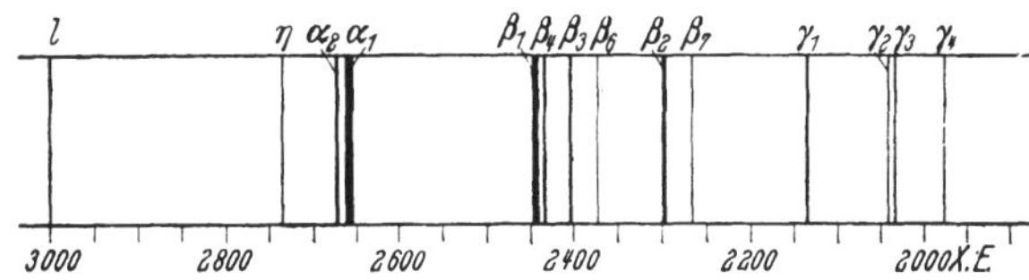

Abb. 2. Schematische Darstellung der $L$-Serie. (Die Wellenlängen sind die des Lanthans.)

Tabelle 5.

Wellenlängen der $L$-Serie der Elemente der seltenen Erden in X-Einheiten.

| Linie | 57 La | 58 Ce | 59 Pr | 60 Nd | 62 Sm | 63 Eu | 64 Gd |
|---|---|---|---|---|---|---|---|
| $\alpha_1$ | 2659,7 | 2556,0 | 2457,7 | 2365,3 | 2195,0 | 2116,3 | 2041,9 |
| $\alpha_2$ | 2668,9 | 2565,1 | 2467,6 | 2375,6 | 2205,7 | 2127,3 | 2052,6 |
| $l$ | 3000,0 | 2885,7 | 2778,1 | 2670,3 | 2477,0 | 2390,3 | 2307,1 |
| $\eta$ | 2734,0 | 2614,7 | 2507,0 | 2404,2 | 2214,0 | — | — |
| $\beta_1$ | 2453,3 | 2351,0 | 2253,9 | 2162,2 | 1993,6 | 1916,3 | 1842,5 |
| $\beta_2$ | 2298,0 | 2204,1 | 2114,8 | 2031,4 | 1878,1 | 1808,2 | 1741,9 |
| $\beta_3$ | 2405,3 | 2305,9 | 2212,4 | 2122,2 | 1958,0 | 1882,7 | 1810,9 |
| $\beta_4$ | 2443,8 | 2344,2 | 2250,1 | 2162,2 | 1996,4 | 1922,1 | 1849,3 |
| $\beta_6$ | 2373,9 | 2276,9 | 2185,9 | 2099,3 | 1942,2 | 1870,5 | 1803,1 |
| $\beta_7$ | 2270,0 | 2176,3 | 2087,4 | 2004,3 | 1852,3 | 1784,0 | 1719,6 |
| $\gamma_1$ | 2137,2 | 2044,3 | 1956,8 | 1873,8 | 1723,1 | 1654,3 | 1588,6 |
| $\gamma_2$ | 2041,6 | 1955,9 | 1875,0 | 1797,4 | 1655,9 | 1593,9 | 1531,0 |
| $\gamma_3$ | 2036,6 | 1950,9 | 1869,9 | 1792,5 | 1651,7 | 1587,7 | 1525,9 |
| $\gamma_4$ | 1978,7 | 1895,2 | 1815,3 | 1740,8 | 1603,3 | 1540,7 | 1481,8 |
| $\gamma_5$ | 2200,8 | 2105,6 | 2016,1 | 1931,3 | 1775,1 | 1705,0 | 1637,6 |

| Linie | 65 Tb | 66 Dy | 67 Ho | 68 Er | 69 Tm | 70 Yb | 71 Cp | 90 Th |
|---|---|---|---|---|---|---|---|---|
| $\alpha_1$ | 1971,5 | 1904,6 | 1841,0 | 1780,4 | 1722,8 | 1667,8 | 1615,5 | 954,1 |
| $\alpha_2$ | 1982,3 | 1915,6 | 1852,1 | 1791,4 | 1733,9 | 1678,9 | 1626,4 | 965,9 |
| $l$ | 2229,0 | 2154,0 | 2082,1 | 2015,1 | 1951,1 | 1890,0 | 1831,8 | 1112,8 |
| $\eta$ | — | 1892,2 | 1822,0 | 1754,8 | 1692,3 | 1631,0 | 1573,8 | 852,8 |
| $\beta_1$ | 1772,7 | 1706,6 | 1643,5 | 1583,4 | 1526,8 | 1472,5 | 1420,7 | 763,6 |
| $\beta_2$ | 1679,0 | 1619,8 | 1563,7 | 1510,6 | 1460,2 | 1412,8 | 1367,2 | 791,9 |
| $\beta_3$ | 1742,5 | 1677,7 | 1616,0 | 1557,9 | 1502,3 | 1449,4 | 1398,2 | 753,2 |
| $\beta_4$ | 1781,4 | 1716,7 | 1655,3 | 1596,4 | 1541,2 | 1488,2 | 1437,2 | 791,9 |
| $\beta_5$ | — | — | — | — | — | — | 1339,8 | — |
| $\beta_6$ | 1737,5 | 1677,7 | 1618,8 | 1563,6 | 1511,5 | 1462,7 | 1414,3 | 826,5 |
| $\beta_7$ | 1655,8 | 1595,7 | — | 1489,2 | — | — | 1345,9 | 772,8 |
| $\gamma_1$ | 1526,6 | 1469,7 | 1414,2 | 1362,3 | 1312,7 | 1264,8 | 1220,3 | 651,8 |
| $\gamma_2$ | 1473,8 | 1420,3 | 1637,7 | 1318,4 | 1271,2 | 1225,6 | 1183,2 | 640,8 |
| $\gamma_3$ | 1468,3 | 1413,9 | 1361,3 | 1311,8 | 1265,3 | 1219,8 | 1177,5 | 634,1 |
| $\gamma_4$ | 1423,9 | 1371,4 | 1319,7 | 1273,2 | 1226,4 | 1182,0 | 1141,1 | 609,5 |
| $\gamma_5$ | 1574,2 | 1515,2 | 1459,0 | 1403,0 | 1352,3 | 1303,0 | 1256,0 | 673,4 |
| $\gamma_6$ | — | — | — | — | — | 1240,5 | 1196,9 | 631,1 |

die außerhalb der drei Gruppen liegen, werden mit $l$ und $\eta$ bezeichnet. $Ll$ ist die langwelligste Linie der ganzen $L$-Serie. $L\eta$ liegt bei den seltenen Erden teils auf der langwelligen, teils auf der kurzwelligen Seite des $\alpha$-Dubletts. — Die relativen Intensitäten der $L$-Linien hängen von der Ordnungszahl ab und sind nur bei wenigen Elementen gemessen. Die Werte, die bei Wolfram gefunden wurden, sollen ein Bild von den Intensitätsverhältnissen innerhalb der $L$-Serie geben:

| $\alpha_1$ | $\alpha_2$ | $\beta_1$ | $\beta_2$ | $\beta_3$ | $\beta_4$ | $\beta_5$ | $\beta_6$ | $\gamma_1$ | $\gamma_2$ | $\gamma_3$ | $\gamma_4$ | $\gamma_5$ | $\gamma_6$ | $l$ | $\eta$ |
|---|---|---|---|---|---|---|---|---|---|---|---|---|---|---|---|
| 100 | 12 | 52 | 20 | 8 | 5 | 0,2 | 1 | 9 | 1,5 | 2 | 0,6 | 0,4 | 0,3 | 3 | 1,3 |

In der Tabelle 5 sind die wichtigsten $L$-Linien der Elemente der seltenen Erden zusammengestellt. Es wurde auch eine Anzahl von recht schwachen Linien mit aufgenommen, die an sich für spektralanalytische Zwecke nicht von Wichtigkeit sind; sie treten jedoch gelegentlich auf lang exponierten Aufnahmen auf, wenn in der Analysenprobe ein Element in großer Konzentration vorhanden ist.

**2. Wahl der zum Nachweis geeigneten Serie.** Die Aufgabe, in einer Substanz ein Element (oder mehrere benachbarte Elemente) röntgenspektroskopisch nachzuweisen, erfordert zunächst eine Entscheidung darüber, welche Serie für den Nachweis benutzt werden soll. Zu dieser Frage ist allgemein folgendes zu sagen: Das $K$-Spektrum hat den Vorzug, daß es aus nur wenigen Linien besteht, von denen das charakteristische $\alpha$-Dublett zudem leicht zu erkennen ist. Die große Linienzahl in der $L$-Serie ist besonders dann unbequem, wenn die Substanz mehrere Komponenten enthält, deren Spektren sich zum Teil überdecken. Man hat dann mit Koinzidenzen zu rechnen, und die Auswertung einer solchen Aufnahme ist manchmal nicht ganz leicht. Man würde also im allgemeinen der $K$-Serie den Vorzug geben, indessen ist noch eine Reihe von anderen Faktoren zu berücksichtigen. Die Anregung der $K$-Serie als der härtesten Liniengruppe eines Elementes erfordert bei Elementen höherer Ordnungszahl beträchtliche Spannungen. So beträgt die Anregungsspannung der $K$-Serie des Lanthans bereits 38,7 kV, die des Cassiopeiums 63,4 kV. Da die Röhrenspannung aus verschiedenen Gründen beträchtlich über der Anregungsspannung liegen soll, so erfordert die Anregung der $K$-Serie der Elementenreihe La-Cp Spannungen von weit über 100 kV. So hohe Spannungen verlangen sehr gutes Röhrenvakuum und sind nicht mit jeder Hochspannungsanlage zu erzielen. Dazu kommt, daß die kurzwelligen $K$-Strahlen eine geringe photographische Wirksamkeit besitzen. Schließlich ist ein dritter Faktor vorhanden, der die Verhältnisse im kurzwelligen Gebiet ungünstig beeinflußt. Man erregt auf der Antikathode einer Röntgenröhre außer der charakteristischen Strahlung des Antikathodenmaterials das kontinuierliche Röntgenspektrum (auch Bremsspektrum genannt). Die Eigenlinien eines Elementes sind daher stets einem kontinuierlichen Untergrund überlagert, der von dem Bremsspektrum herrührt. Im kurzwelligen Gebiet steigt die Intensität des Bremsspektrums stark an; bei langen Belichtungen wird daher der kontinuierliche Untergrund so stark geschwärzt, daß schwache Linien in ihm „ertrinken“. Es ergibt sich aus diesen Überlegungen, daß die Empfindlichkeit des röntgenspektroskopischen Nachweises mit abnehmender Wellenlänge immer kleiner wird. Die Erfahrung hat gezeigt, daß es nicht zweckmäßig ist, wesentlich unter eine Wellenlänge von etwa 550 X herunterzugehen.

Das bedeutet — wie ein Blick auf die Wellenlängentabellen zeigt — für die Elemente der seltenen Erden: Scandium und Yttrium werden stets mit Hilfe der $K$-Serie nachgewiesen. Die $L$-Serie kommt bei beiden Elementen wegen zu großer Absorbierbarkeit nicht in Frage. Die $K$-Spektren (Sc $K\alpha_1$ 3025 X, Y $K\alpha_1$ 827 X) liegen hingegen bezüglich ihrer photographischen Wirksamkeit günstig, und die Anregungsspannung ist nicht zu hoch (4,49 bzw. 17,0 kV).

Für die Reihe Lanthan bis Cassiopeium kommt im allgemeinen die $L$-Serie in Betracht. Nur in Ausnahmefällen wird man für ein Element dieser Reihe das

$K$-Spektrum heranziehen, z. B. dann, wenn infolge von Koinzidenzen (vgl. S. 212) eine sichere Identifizierung in der linienreichen $L$-Serie nicht möglich ist.

Das Thorium wird in der Regel ebenfalls mit Hilfe der $L$-Serie nachgewiesen. Als zweite Möglichkeit kommt die $M$-Serie in Betracht, die bei diesem hochatomigen Element im Wellenlängenbereich der praktischen Spektralanalyse liegt (stärkste $M$-Linie des Thoriums $\lambda = 4130$ X). Die $K$-Serie des Thoriums ist so extrem hart, daß sie für spektralanalytische Zwecke ausscheidet.

Wie die Tabellen 4 und 5 zeigen, kommt also für den Nachweis der Elemente der seltenen Erden — wenn wir das Thorium zunächst außer Betracht lassen — das Wellenlängengebiet von 3100 bis 1200 X in Frage. In diesem Gebiet liegen die $K$-Serie von Scandium; die $K$-Serie 2. und 3. Ordnung von Yttrium, die $L$-Serien der Reihe Lanthan bis Cassiopeium und die $L$-Serie von Thorium in 2. und 3. Ordnung. Die $K$-Serie von Yttrium und die $L$-Serie von Thorium in der 1. Ordnung liegen in dem Bereich von etwa 980 bis 640 X. Beide Wellenlängenbereiche kann man mit einem Spektrographen ohne Vakuum erfassen, indessen ist die Verwendung eines Vakuumspektrographen von etwa 2 bis 2,5 Å an zu empfehlen, da hier die Absorption der Strahlung in Luft recht merklich zu werden beginnt. Steht kein Vakuumspektrograph zur Verfügung, so kann man die Elemente La bis etwa Gd in einzelnen Fällen auch mit Hilfe der $K$-Serie nachweisen, wenn die dazu nötigen hohen Spannungen erreicht werden können.

Tabelle 6. Anregungsspannungen (in kV) der $K$- und der $L$-Serie der Elemente der seltenen Erden.

| Element | $K$-Serie | $L$-Serie[1] | Element | $K$-Serie | $L$-Serie[1] |
|---|---|---|---|---|---|
| 21 Sc | 4,49 | — | 65 Tb | 52,0 | 8,70 |
| 39 Y | 17,0 | 2,36 | 66 Dy | 53,8 | 9,03 |
| 57 La | 38,7 | 6,26 | 67 Ho | 55,8 | 9,38 |
| 58 Ce | 40,3 | 6,54 | 68 Er | 57,5 | 9,73 |
| 59 Pr | 41,9 | 6,83 | 69 Tm | 59,5 | 10,1 |
| 60 Nd | 43,6 | 7,12 | 70 Yb | 61,4 | 10,5 |
| 62 Sm | 46,8 | 7,73 | 71 Cp | 63,4 | 10,9 |
| 63 Eu | 48,6 | 8,04 | 90 Th | 109,0 | 20,5 |
| 64 Gd | 50,3 | 8,37 | | | |

**3. Erregung des Röntgenspektrums.** Die Erregung des charakteristischen Röntgenspektrums eines Elementes geschieht entweder durch Bombardieren mit Kathodenstrahlen oder durch Bestrahlung mit Röntgenstrahlen. Man unterscheidet danach in der Spektralanalyse kurz die Primärmethode, bei der die durch Kathodenstrahlen erzeugten primären Röntgenstrahlen zur Analyse verwendet werden, und die Sekundärmethode, bei der die durch primäre Röntgenstrahlen erzeugten sekundären Röntgenstrahlen (auch Fluorescenzstrahlen genannt) zur Untersuchung gelangen [Glocker und Schreiber (1928), Schreiber (1929), v. Hevesy, Böhm und Faessler (1929)]. Die Primärmethode ist beschränkt auf schwer flüchtige, unzersetzliche Substanzen, da die Analysenprobe direkt auf die Antikathode der Röntgenröhre gebracht und daher thermisch stark beansprucht wird. Mit Hilfe der Sekundärmethode können auch leichter flüchtige und zersetzliche Substanzen untersucht werden.

Die *Primärmethode*, die wegen der wesentlich kürzeren Belichtungszeiten im allgemeinen vorgezogen wird, ist für die Elemente der seltenen Erden besonders geeignet, da diese wohl meist in Form der sehr schwer flüchtigen Oxyde zur Analyse gelangen, so daß eine Verdampfung unter dem Bombardement der Kathodenstrahlen nicht zu befürchten ist.

[1] Kurzwelligste Untergruppe.

Die Substanz wird in fein pulverisierter Form auf die aufgerauhte Antikathode aufgerieben. Als Antikathodenmaterial wird Kupfer, gelegentlich auch Aluminium verwendet. Kupfer hat den Vorteil, daß es als gut wärmeleitendes Metall höher belastbar ist. Mit Aluminium erhält man einen schwächeren kontinuierlichen Untergrund und damit unter Umständen eine höhere Empfindlichkeit (vgl. S. 221).

Die Substanz ist nach Möglichkeit kurz vor dem Auftragen auf die Antikathode auszuglühen, damit ein ruhiger Betrieb der Röhre gewährleistet ist.

Die Spannung an der Röhre soll mindestens das Doppelte, besser das 3- bis 5fache der Anregungsspannung des nachzuweisenden Elementes betragen. Wenn für die Reihe La–Cp auf die Anregung der *K*-Serie verzichtet wird — dies wird meistens der Fall sein —, so genügt also eine Hochspannungsanlage bis 50 kV maximal. Zur Not kommt man auch mit 25 bis 30 kV aus. Bei gegebener Leistung ist es zweckmäßiger, mit hoher Spannung und kleinem Strom zu arbeiten als umgekehrt, denn die Intensität der Linien steigt mit der Röhrenstromstärke proportional, mit der Röhrenspannung jedoch stärker als proportional an. [Es gilt: J prop. $(V - V_0)^n$, wo $V$ die angelegte Spannung, $V_0$ die Anregungsspannung der betreffenden Serie und $n \sim 2$ ist.]

Die *Sekundärmethode* ist zum qualitativen Nachweis (über die Vorzüge der Sekundärmethode in der quantitativen Analyse vgl. S. 229) bei den Elementen der seltenen Erden dann zu verwenden, wenn die Empfindlichkeit der Primärmethode nicht ausreicht. Man kann durch Verlängern der Belichtungszeit infolge des Fehlens des kontinuierlichen Untergrundes bei der Sekundärmethode die Empfindlichkeit ganz wesentlich steigern. Infolge der geringeren Lichtstärke bei der Sekundärmethode sind freilich beträchtliche Belichtungszeiten nötig, so daß die Methode weniger für Gesamtanalysen in Frage kommt als vielmehr dann, wenn es sich darum handelt, in einem Präparat ein einzelnes Erdelement mit der äußersten Empfindlichkeit nachzuweisen. Ferner wird man die Sekundärmethode dann verwenden, wenn eine Verbindung vorliegt, die unter dem Einfluß der Kathodenstrahlen verdampft oder zersetzt würde, und endlich, wenn es sich um eine wertvolle Substanz handelt, die nicht verlorengehen soll. Es ist bei der Sekundärmethode ohne Schwierigkeiten möglich, die Substanz fast quantitativ wieder zu gewinnen, während man bei Anregung mit Kathodenstrahlen stets mit größeren Verlusten zu rechnen hat; beim Auftreten von Gasentladungen, die sich mit absoluter Sicherheit nicht vermeiden lassen, kann der Verlust praktisch vollständig werden.

Die fein pulverisierte Substanz wird entweder auf ein aufgerauhtes Aluminiumblech gerieben, und zwar in einer dicken Schicht, so daß das Aluminium völlig zugedeckt ist, oder es wird eine dünne Pastille gepreßt. Das Aluminium-Blech bzw. die Pastille wird auf dem Sekundärstrahlträger angeschraubt. Zum Schutz gegen Zerstäubung kann das Präparat mit einer dünnen Aluminium-Folie (etwa 7 bis 10 $\mu$) bedeckt werden. Bei weicher Strahlung ($\lambda > 1500$ X) ist es besser, die Substanz mit einem Tropfen Kollodium- oder benzolischer Polystyrollösung zu fixieren, den man über den Strahler laufen läßt.

Als Antikathodenmaterial wird am besten ein Metall gewählt, dessen charakteristische Strahlung etwas kurzwelliger ist als die Absorptionskante des nachzuweisenden Elementes. Je näher die Strahlung der Absorptionskante liegt, desto stärker ist die Anregung. Ist der Abstand größer als etwa 500 X, so erfolgt die Anregung im wesentlichen nur noch durch die Bremsstrahlung. Läßt sich das in Frage kommende Metall nicht in kompakter Form als Antikathodenmaterial verwenden, so genügt es auch, es in Pulverform oder als Oxyd in eine Cu-Antikathode einzureiben. Die Verhältnisse liegen, wie die Tabelle 7 zeigt, bei den Elementen der seltenen Erden recht günstig. In dieser Tabelle sind in der zweiten Spalte die Wellenlängenwerte der *K*- bzw. *L*-Absorptionskanten der anzuregenden Elemente angegeben; in der dritten Spalte ist jeweils das Metall verzeichnet, dessen charakteristische Strahlung für die Erregung des betreffenden Elementes günstig ist. Man sieht, daß es sich um leicht zugängliche und als Antikathodenmaterial brauchbare Metalle handelt. Es muß betont werden, daß es nicht nur auf die günstige Lage der anregenden Linien ankommt, sondern daß auch die Belastbarkeit des Metalls berücksichtigt werden muß. Hier lassen sich allgemeine Regeln nicht angeben; man wird die günstigsten Verhältnisse für jeden Fall in einem Vorversuch ausprobieren müssen. — Für die Anregung mit Bremsstrahlung allein ist Wolfram das geeignetste Antikathodenmaterial.

Die Sekundärmethode erfordert leistungsfähigere Hochspannungsanlagen als die Primärmethode. Man arbeitet bei Spannungen von 40 bis 60 kV und Stromstärken zwischen 20 und 50 mA. Auch hier gilt, daß bei gleicher Leistung hohe Spannung und kleine Stromstärke größere Intensitäten gibt als niedere Spannung und hohe Stromstärke.

Tabelle 7. Charakteristische Strahlungen, die für die Anregung der Elemente der seltenen Erden günstig sind.

| Anzuregendes Element | Wellenlänge der Absorptionsbandkante | Günstiges Antikathodenmaterial | Stärkste Linie der erregenden Strahlung |
|---|---|---|---|
| 21 Sc | 2752 | Ti | $K\alpha_1$ 2743 |
| | | V | $K\alpha_1$ 2498 |
| 39 Y | 726 | Mo | $K\alpha_1$ 708 |
| 57 La | 2252 | Mn | $K\alpha_1$ 2097 |
| 58 Ce | 2159 | Mn | $K\alpha_1$ 2097 |
| 59 Pr | 2072 | Fe | $K\alpha_1$ 1932 |
| 60 Nd | 1992 | Fe | $K\alpha_1$ 1932 |
| 62 Sm | 1841 | Co | $K\alpha_1$ 1785 |
| 63 Eu | 1772 | Ni | $K\alpha_1$ 1655 |
| 64 Gd | 1706 | Ni | $K\alpha_1$ 1655 |
| 65 Tb | 1644 | Cu | $K\alpha_1$ 1537 |
| 66 Dy | 1587 | Cu | $K\alpha_1$ 1537 |
| 67 Ho | 1532 | W | $L\alpha_1$ 1473 |
| 68 Er | 1480 | W | $L\alpha_1$ 1473 |
| 69 Tm | 1430 | Pt | $L\alpha_1$ 1310 |
| 70 Yb | 1386 | Pt | $L\alpha_1$ 1310 |
| 71 Cp | 1338 | Pt | $L\alpha_1$ 1310 |
| 90 Th | 760 | Nb | $K\alpha_1$ 745 |
| | | Mo | $K\alpha_1$ 708 |

**4. Aufnahme.** Auf Einzelheiten bei der Einstellung des Spektrographen, der Inbetriebnahme der Röhre usw. kann hier nicht eingegangen werden. Hingewiesen sei nur auf folgende Punkte: Als Spektrometerkristalle für den Wellenlängenbereich der seltenen Erden dienen Kalkspat und Steinsalz. Das letztere reflektiert wesentlich besser [Faessler und Küpferle (1935)], besonders im Gebiet kurzer Wellenlängen (bei $\lambda = 500$ X 3,5mal, bei $\lambda = 1932$ X 2mal stärker als Kalkspat). Indessen wird diese Überlegenheit des Steinsalzes oft beeinträchtigt durch die Unvollkommenheit seiner Flächen, die sich durch stärkeren und ungleichmäßig geschwärzten kontinuierlichen Untergrund störend bemerkbar macht.

In der Tabelle 8 sind die Braggschen Reflexionswinkel für Kalkspat und Steinsalz für den in Frage kommenden Wellenlängenbereich angegeben.

Tabelle 8. Braggsche Reflexionswinkel und Wellenlängen nach Siegbahn.

| Wellenlänge in X | Reflexionswinkel für | | Wellenlänge in X | Reflexionswinkel für | |
|---|---|---|---|---|---|
| | Steinsalz | Kalkspat | | Steinsalz | Kalkspat |
| 300 | 3° 3′ | 2° 50′ | 1800 | 18° 39′ | 17° 17′ |
| 400 | 4° 4′ | 3° 47′ | 1900 | 19° 44′ | 18° 17′ |
| 500 | 5° 6′ | 4° 44′ | 2000 | 20° 49′ | 19° 16′ |
| 600 | 6° 7′ | 5° 41′ | 2100 | 21° 54′ | 20° 17′ |
| 700 | 7° 9′ | 6° 38′ | 2200 | 23° 1′ | 21° 18′ |
| 800 | 8° 10′ | 7° 35′ | 2300 | 24° 7′ | 22° 19′ |
| 900 | 9° 12′ | 8° 33′ | 2400 | 25° 14′ | 23° 20′ |
| 1000 | 10° 14′ | 9° 30′ | 2500 | 26° 22′ | 24° 22′ |
| 1100 | 11° 16′ | 10° 28′ | 2600 | 27° 31′ | 25° 25′ |
| 1200 | 12° 19′ | 11° 25′ | 2700 | 28° 40′ | 26° 28′ |
| 1300 | 13° 21′ | 12° 23′ | 2800 | 29° 50′ | 27° 31′ |
| 1400 | 14° 24′ | 13° 22′ | 2900 | 31° 1′ | 28° 36′ |
| 1500 | 15° 27′ | 14° 20′ | 3000 | 32° 13′ | 29° 41′ |
| 1600 | 16° 31′ | 15° 19′ | 3100 | 33° 25′ | 30° 47′ |
| 1700 | 17° 35′ | 16° 18′ | 3200 | 34° 39′ | 31° 53′ |

Liegt ein Präparat zur Analyse vor, das auf alle seltenen Erden zu prüfen ist, so können sämtliche Elemente mit einer einzigen Aufnahme erfaßt werden, wenn die Schwenkvorrichtung es erlaubt, den Kristall über einen so großen Winkelbereich zu schwenken. Dieses Verfahren empfiehlt sich jedoch nur, wenn eine rohe Übersicht gewünscht wird; es hat den Nachteil, daß die Streustrahlung, die eine allgemeine Schwärzung des Films hervorruft, relativ zur einzelnen Linie um so länger einwirkt, je größer der Winkelbereich ist; damit wird aber die Empfindlichkeit der Methode verringert. Man erfaßt daher besser einen so großen Wellenlängenbereich mit zwei oder drei Aufnahmen, indem man ihn in passender Weise unterteilt. Wenn man in einem Präparat sämtliche Elemente der seltenen Erden, also Sc, Y, La–Cp und Th nachweisen will, so kann man z. B. folgendermaßen unterteilen: Zunächst weist man Scandium für sich allein nach, indem man im Winkelbereich 27,0 bis 30,3° auf Sc $K\alpha$ und $\beta$ exponiert. Die Reihe Lanthan bis Cassiopeium unterteilt man in zwei Aufnahmen[1]; die erste umfaßt die Elemente La bis Tb (Wellenlängenbereich 2700 bis 1900 X, Schwenkwinkel 28,7 bis 19,7°), die zweite die Elemente Tb bis Cp (Wellenlängenbereich 2000 bis 1200 X, Schwenkwinkel 20,8 bis 12,3°). Eine vierte Aufnahme wird im Winkelbereich 10,2 bis 6,1° hergestellt, entsprechend den Wellenlängen 1000 bis 600 X; sie enthält die stärksten Th $L$-Linien sowie die $K$-Linien des Yttriums in der 1. Ordnung.

Ist man an den Elementen Thorium und Yttrium nur beiläufig interessiert, so genügen die beiden Aufnahmen, welche die Reihe Lanthan bis Cassiopeium umfassen; die Linien von Th und Y erscheinen hier in der 2. Ordnung[2].

In anderen spezielleren Fällen ergibt sich die Unterteilung von selbst.

**5. Auswertung der Aufnahme.** Die Ausmessung der Aufnahme erfolgt in der Weise, daß man die Abstände der einzelnen Linien von einer bekannten Linie ausmißt und unter Verwendung der bekannten Dispersion die Wellenlängen ausrechnet.

Als Bezugslinie benutzt man z. B. die Cu $K\alpha_1$-Linie, die sehr stark auftritt, wenn eine Antikathode aus Kupfer verwendet wird. Sie liegt zwischen den $L\alpha$- und $\beta$-Linien des Cassiopeiums und kann daher für dieses Element und die vorhergehenden als Bezugslinie dienen. Ist in dem Wellenlängenbereich, in dem man arbeitet, eine solche Linie nicht vorhanden, so gibt häufig die ungefähr bekannte Zusammensetzung des Präparates einen Anhalt. Untersucht man z. B. ein fast reines Samariumpräparat auf seine Verunreinigung etwa durch Neodym und Gadolinium, so wird man auf der Aufnahme das stark exponierte $L\alpha$-Dublett des Samariums ohne weiteres als solches erkennen und als Bezugslinien benutzen. Falls die Aufnahme keine markante Linie enthält, hilft man sich so, daß man bei derselben Einstellung des Spektrographen eine zweite Aufnahme macht, die nur wenige Linien enthält, deren Zuordnung eindeutig ist.

Die Dispersion des Spektrographen (d. h. die Anzahl X-Einheiten, die 1 mm auf der Platte entsprechen) ergibt sich zunächst grob aus dem Spektrographenradius. Nachdem eine Linie identifiziert ist, errechnet man aus den Abständen und den exakten Wellenlängenwerten dieser Linie und der Bezugslinie den genauen Wert der Dispersion in dem betreffenden Wellenlängenbereich. Da sich die Dispersion mit der Wellenlänge etwas ändert, so bestimmt man sie an einer zweiten, und wenn nötig an einer weiteren Stelle der Platte von neuem, indem man sie ähnlich wie oben aus den Abständen und den exakten Wellenlängenwerten zweier identifizierter Linien berechnet.

Der wichtigste Teil der Auswertung ist die richtige Zuordnung der gefundenen Linien. Gerade bei den Elementen der seltenen Erden bereitet die eindeutige Zuordnung der beobachteten Linien — und damit der sichere Nachweis eines Elementes — oft erhebliche Schwierigkeiten, und zwar besonders dann, wenn in einem

[1] Es erleichtert die Auswertung, wenn sich die Aufnahmen ein wenig überdecken. — Die Winkel sind in dem Beispiel für Steinsalz berechnet.

[2] Es ist zu beachten, daß die Reflexionen 2. und 3. Ordnung wesentlich schwächer sind als diejenigen 1. Ordnung.

Präparat eine größere Anzahl der seltenen Erden vorliegt oder gar sämtliche seltenen Erden anwesend sind. Da sich die Spektren überlagern, tritt infolge der großen Linienzahl der $L$-Serie eine Reihe von Koinzidenzen (Zusammenfallen von Linien verschiedener Elemente) auf, die sehr gründlich zu diskutieren sind, wenn man nicht grobe Fehler machen will.

Tabelle 9. Linienkoinzidenzen für die wichtigsten $K$-Linien von Scandium und Yttrium (vgl. S. 220).

| | $\alpha_2$ | $\alpha_1$ | $\beta_1$ |
|---|---|---|---|
| 21 Sc | 3028<br>II Dy $L\gamma_5$ 3030 | 3025<br>II Tm $L\beta_6$ 3023<br>III Tl $L\beta_2$ 3025 | 2774<br>II Cu $K\beta_1$ 2779 |
| 39 Y | 831<br>II Sb $K\beta_1$ 832 | 827<br>Th $L\beta_6$ 826<br>Rb $K\beta_1$ 827 | 739<br>II La $K\alpha_1$ 740<br>III Tb $K\beta_1$ 737 |
| 39 Y<br>2. Ordnung | 1663<br>Tb $L\beta_{10}$ 1664 | 1654<br>Sm $L\gamma_3$ 1652<br>Eu $L\gamma_1$ 1654<br>Ni $K\alpha_1$ 1655<br>Ho $L\beta_4$ 1655<br>Tb $L\beta_7$ 1656<br>Sm $L\gamma_2$ 1656<br>II Th $L\beta_6$ 1653<br>II Rb $K\beta_1$ 1654 | 1478<br>— |
| 39 Y<br>3. Ordnung | 2494<br>Ti $K\beta_2$ 2494<br>II Re $L\beta_6$ 2496 | 2481<br>Cs $L\beta_7$ 2480<br>Cs $L\beta_{11}$ 2483<br>II Pt $L\eta$ 2481<br>III Th $L\beta_6$ 2479<br>III Rb $K\beta_1$ 2481 | 2218<br>Ba $L\gamma_7$ 2218 |

Schwierig wird die Auswertung oft auch dann, wenn ein Element in hoher Konzentration anwesend ist, ein Fall, der bei den seltenen Erden häufig vorkommt. Es soll z. B. ein fast reines Erdenpräparat auf geringste Verunreinigungen untersucht werden. Man wird die Aufnahme kräftig exponieren, um die nötige Empfindlichkeit zu erreichen. Dies hat aber zur Folge, daß im Spektrum des Hauptbestandteiles zahlreiche schwache und schwächste Linien erscheinen. (Man beobachtet auf solchen Aufnahmen nicht selten Linien, die in den Tabellen sämtlicher Röntgenlinien nicht verzeichnet sind.) Die Gefahr, daß eine solche schwache Linie mit der Hauptlinie einer gesuchten Verunreinigung zusammenfällt, ist bei der großen Zahl dieser schwachen Linien nicht zu unterschätzen. Es sei hier an die wiederholt angekündigte Entdeckung des Elementes 61 erinnert, dessen natürliches Vorkommen bis heute noch nicht sichergestellt ist [Cork, James und Fogg (1926), Harris, Yntema und Hopkins (1926), Rolla und Fernandez (1926), Dehlinger, Glocker und Kaupp (1926)]. Es steht außer Zweifel, daß in diesem Falle irgendwelche schwachen Linien anderer Elemente mit den nach dem Moseleyschen Gesetz berechneten Hauptlinien des Elementes 61 identifiziert wurden[1].

[1] Neuerdings sind die Hauptlinien der $K$- und $L$-Serie des Elementes 61 mit Hilfe eines im Oak Ridge National Laboratory gewonnenen künstlich radioaktiven Präparats gemessen worden. Zur Verfügung standen 1,5 mg des reinen Chlorids von Element 61. Es ergaben sich die folgenden Wellenlängenwerte (X-Einheiten):

$K$-Serie
[L. E. Burkhart, W. F. Peed u. E. J. Spitzer: Phys. Rev. **75**, 86 (1949).]

| | |
|---|---|
| $K\alpha_2$ | 323,68 |
| $K\alpha_1$ | 319,02 |
| $K\beta_1$ | 282,00 |
| $K\beta_2$ | 275,03 |

$L$-Serie
[W. F. Peed, E. J. Spitzer u. L. E. Burkhart: Phys. Rev. **76**, 143 (1949).]

| | | | |
|---|---|---|---|
| $L\alpha_2$ | $2287,9 \pm 0,4$ | $L\beta_3$ | $2037,9 \pm 0,4$ |
| $L\alpha_1$ | $2277,5 \pm 0,3$ | $L\beta_2$ | $1951,8 \pm 0,6$ |
| $L\beta_1$ | $2075,4 \pm 0,4$ | $L\gamma_1$ | $1795,2 \pm 0,9$ |

Tabelle 10. Linienkoinzidenzen für die wichtigsten $L$-Linien der Elemente La–Cp und Th (vgl. S. 220).

| | $\alpha_2$ | $\alpha_1$ | $\beta_1$ | $\beta_2$ | $\beta_3$ | $\gamma_1$ |
|---|---|---|---|---|---|---|
| 57 La | 2669<br>Nd $L l$ 2670 | 2660<br>Cs $L\beta_4$ 2661<br>II Ta $L\beta_6$ 2657 | 2453<br>II Yb $L\gamma_2$ 2451<br>II Tm $L\gamma_4$ 2453 | 2298<br>— | 2405<br>Nd $L\eta$ 2404<br>II W $L\beta_9$ 2404 | 2137<br>II Au $L\beta_2$ 2136<br>III Mo $K\alpha_2$ 2137<br>II Hg $L\beta_4$ 2138 |
| 58 Ce | 2565<br>Ba $L\beta_1$ 2562<br>Te $L\gamma_2$ 2565<br>II Ta $L\beta_2$ 2564 | 2556<br>II W $L\beta_1$ 2558 | 2351<br>II Re $L\beta_5$ 2349<br>III Pb $L\gamma_4$ 2352<br>III Zr $K\alpha_1$ 2353 | 2204<br>Sm $L\alpha_2$ 2206<br>II Se $K\alpha_1$ 2205<br>II Ta $L\gamma_2$ 2206 | 2306<br>Gd $L l$ 2307<br>II Bi $L\alpha_2$ 2306<br>III Sr $K\beta_2$ 2308 | 2044<br>Gd $L\alpha_1$ 2042<br>La $L\gamma_2$ 2042<br>II Os $L\gamma_1$ 2044 |
| 59 Pr | 2468<br>II W $L\beta_8$ 2470 | 2458<br>— | 2254<br>II Ge $K\beta_1$ 2253<br>II Ir $L\beta_8$ 2254 | 2115<br>Eu $L\alpha_1$ 2116<br>II Bi $L\eta$ 2113<br>II Pt $L\beta_{10}$ 2114 | 2212<br>Ce $L\beta_{14}$ 2212<br>Sm $L\eta$ 2214<br>II Se $K\alpha_2$ 2213 | 1957<br>Ce $L\gamma_2$ 1956<br>Sm $L\beta_3$ 1958<br>II Se $K\beta_2$ 1956<br>Tl $L\beta_5$ 1957<br>III Th $L\gamma_1$ 1956 |
| 60 Nd | 2376<br>La $L\beta_6$ 2374<br>Ba $L\beta_7$ 2376<br>III Th $L\beta_2$ 2376 | 2365<br>II Yb $L\gamma_4$ 2364<br>II Cp $L\gamma_2$ 2366<br>III Zr $K\alpha_2$ 2366 | 2162<br>— | 2031<br>— | 2122<br>Pr $L\beta_{14}$ 2122<br>II W $L\gamma_3$ 2120<br>II Au $L\beta_8$ 2122<br>III Mo $K\alpha_1$ 2124 | 1874<br>Pr $L\gamma_2$ 1875<br>II Bi $L\beta_3$ 1873 |
| 62 Sm | 2206<br>Ce $L\beta_2$ 2204<br>II Se $K\alpha_1$ 2205<br>II Ta $L\gamma_2$ 2206<br>II Ir $L\beta_5$ 2207<br>II Au $L\beta_4$ 2208<br>III U $L\beta_7$ 2204 | 2195<br>II W $L\gamma_1$ 2193<br>II Ta $L\gamma_3$ 2194 | 1994<br>III Nb $K\beta_1$ 1993 | 1878<br>— | 1958<br>Ce $L\gamma_2$ 1956<br>Pr $L\gamma_1$ 1957<br>II Se $K\beta_2$ 1956<br>II Tl $L\beta_2$ 1957<br>III Nb $K\beta_2$ 1958 | 1723<br>Tm $L\alpha_1$ 1723<br>Tl $L l$ 1725 |
| 63 Eu | 2127<br>II Ta $L\gamma_4$ 2125<br>III U $L\beta_3$ 2126 | 2116<br>Pr $L\beta_2$ 2115<br>II Pt $L\beta_{10}$ 2114<br>II Re $L\gamma_1$ 2117 | 1916<br>Dy $L\alpha_2$ 1916<br>II Ir $L\gamma_3$ 1914 | 1808<br>— | 1883<br>Pr $L\gamma_{10}$ 1881<br>Sm $L\beta_{14}$ 1885 | 1654<br>Sm $L\gamma_3$ 1652<br>Ho $L\beta_4$ 1655<br>Ni $K\alpha_1$ 1655<br>Tb $L\beta_7$ 1656<br>Sm $L\gamma_2$ 1656<br>II Th $L\beta_6$ 1653<br>II Y $K\alpha_1$ 1654<br>II Rb $K\beta_1$ 1654 |
| 64 Gd | 2053<br>Ce $L\gamma_9$ 2051<br>II Au $L\beta_{10}$ 2052<br>II W $L\gamma_4$ 2052 | 2042<br>La $L\gamma_2$ 2042<br>Ce $L\gamma_1$ 2044 | 1843<br>Ho $L\alpha_1$ 1841<br>III U $L\gamma_1$ 1842 | 1742<br>Fe $K\beta_2$ 1741<br>Nd $L\gamma_4$ 1741<br>Tb $L\beta_3$ 1743 | 1811<br>III U $L\gamma_2$ 1812 | 1589<br>Eu $L\gamma_3$ 1588 |

| | | | | | | |
|---|---|---|---|---|---|---|
| 65 Tb | 1982<br>II Se $K\beta_1$ 1980<br>II Bi $L\beta_6$ 1983 | 1972<br>II Pt $L\gamma_5$ 1971 | 1773<br>Sm $L\gamma_5$ 1775 | 1679<br>Yb $L\alpha_2$ 1679<br>Dy $L\beta_3$ 1678 | 1743<br>Fe $K\beta_2$ 1741<br>Nd $L\gamma_4$ 1741<br>Gd $L\beta_2$ 1742<br>II Hg $L\gamma_2$ 1745 | 1527<br>Gd $L\gamma_3$ 1526<br>Tm $L\beta_1$ 1527<br>II Th $L\beta_1$ 1527<br>III Pd $K\beta_2$ 1527 |
| 66 Dy | 1916<br>Eu $L\beta_1$ 1916<br>II Ir $L\gamma_3$ 1914 | 1905<br>Mn $K\beta_1$ 1906<br>II Bi $L\beta_2$ 1906 | 1707<br>Eu $L\gamma_5$ 1705 | 1620<br>Ho $L\beta_6$ 1619<br>Co $K\beta'$ 1620<br>II Tl $L\gamma_4$ 1620 | 1678<br>Yb $L\alpha_2$ 1679<br>Tb $L\beta_2$ 1679<br>II Pb $L\gamma_1$ 1676 | 1469<br>Tb $L\gamma_3$ 1468<br>Ta $L\eta$ 1468<br>III Sn $K\alpha_1$ 1469 |
| 67 Ho | 1852<br>Sm $L\beta_7$ 1852<br>II Pt $L\gamma_3$ 1852 | 1841<br>Gd $L\beta_1$ 1843<br>II U $L\alpha_2$ 1841<br>III U $L\gamma_1$ 1842 | 1644<br>Eu $L\gamma_7$ 1644 | 1564<br>Er $L\beta_6$ 1564<br>Hf $L\alpha_1$ 1566<br>II Sr $K\beta_1$ 1563 | 1616<br>Cp $L\alpha_1$ 1616<br>Co $K\beta_1$ 1617<br>III Cd $K\alpha_2$ 1615 | 1414<br>Yb $L\beta_2$ 1413<br>Dy $L\gamma_3$ 1414<br>Cp $L\beta_6$ 1414<br>Ho $L\gamma_9$ 1416 |
| 68 Er | 1791<br>Co $K\alpha_2$ 1789<br>Nd $L\gamma_3$ 1793<br>II Pt $L\gamma_4$ 1790<br>II Au $L\gamma_3$ 1792<br>III U $L\gamma_3$ 1791 | 1781<br>Tb $L\beta_4$ 1781<br>Eu $L\beta_{14}$ 1781<br>III U $L\gamma_6$ 1780 | 1584<br>II Th $L\beta_2$ 1584 | 1511<br>Tm $L\beta_6$ 1512 | 1558<br>III Pd $K\beta_1$ 1558 | 1361<br>Ir $L\alpha_2$ 1360<br>Cp $L\beta_{11}$ 1360<br>Ho $L\gamma_3$ 1361<br>III In $K\beta_1$ 1361 |
| 69 Tm | 1734<br>— | 1723<br>Sm $L\gamma_1$ 1723<br>Ta $L l$ 1725 | 1527<br>Gd $L\gamma_3$ 1526<br>Tb $L\gamma_1$ 1527<br>II Th $L\beta_1$ 1527 | 1460<br>Ho $L\gamma_5$ 1459<br>III Ag $K\beta_2$ 1458 | 1502<br>Er $L\beta_{11}$ 1501 | 1313<br>Er $L\gamma_3$ 1312<br>Bi $L l$ 1314<br>Cp $L$ ? 1315<br>III J $K\alpha_2$ 1311 |
| 70 Yb | 1679<br>Dy $L\beta_3$ 1678<br>Tb $L\beta_2$ 1679 | 1668<br>— | 1473<br>W $L\alpha_1$ 1473<br>Tb $L\gamma_2$ 1474 | 1413<br>Ho $L\gamma_1$ 1414<br>Dy $L\gamma_3$ 1414<br>Cp $L\beta_6$ 1414 | 1449<br>II U $L\beta_5$ 1450 | 1265<br>Tm $L\gamma_3$ 1265 |
| 71 Cp | 1626<br>Dy $L\beta_{14}$ 1625<br>Re $L l$ 1627<br>II Pb $L\gamma_3$ 1626 | 1616<br>Ho $L\beta_3$ 1616<br>Co $K\beta_1$ 1617<br>III Cd $K\alpha_2$ 1615 | 1421<br>Dy $L\gamma_2$ 1420<br>III Sb $K\alpha_2$ 1422<br>III Cd $K\beta_1$ 1422 | 1367<br>Ho $L\gamma_2$ 1368<br>III Te $K\alpha_2$ 1365 | 1398<br>Os $L\alpha_2$ 1398 | 1220<br>Yb $L\gamma_3$ 1220<br>W $L\beta_7$ 1222<br>III Sb $K\beta_2$ 1221 |
| 90 Th | 966<br>Pb $L\beta_3$ 967 | 954<br>Bi $L\beta_2$ 953<br>Au $L\gamma_5$ 954<br>Pt $L\gamma_1$ 956 | 764<br>II J $K\beta_1$ 766<br>III Gd $K\beta_1$ 761<br>III Gd $K\beta_3$ 763 | 792<br>Bi $L\gamma_2$ 794 | 753<br>U $L\beta_2$ 753 | 652<br>Nb $K\beta_2$ 653<br>III Er $K\beta_2$ 650 |
| 90 Th 2. Ordnung | 1932<br>Nd $L\gamma_5$ 1931<br>Fe $K\alpha_1$ 1932<br>II Pb $L\beta_3$ 1934 | 1908<br>Mn $K\beta_1$ 1906<br>II Bi $L\beta_2$ 1906<br>II Au $L\gamma_5$ 1907 | 1527<br>Gd $L\gamma_3$ 1526<br>III Pd $K\beta_2$ 1528 | 1584<br>Er $L\beta_1$ 1583 | 1506<br>II U $L\beta_2$ 1506 | 1304<br>Yb $L\gamma_5$ 1303<br>Ta $L\beta_3$ 1304 |
| 90 Th 3. Ordnung | 2898<br>Cs $L\alpha_2$ 2896<br>II Yb $L\beta_3$ 2899 | 2862<br>II Zn $K\alpha_1$ 2864<br>III Bi $L\beta_2$ 2860<br>III Au $L\gamma_5$ 2861 | 2291<br>Cr $K\alpha_2$ 2289 | 2376<br>La $L\beta_6$ 2374<br>Ba $L\beta_7$ 2376<br>Nd $L\alpha_2$ 2376 | 2260<br>II W $L\gamma_5$ 2260<br>III U $L\beta_2$ 2259 | 1955<br>Ce $L\gamma_2$ 1956<br>Pr $L\gamma_1$ 1957<br>II Se $K\beta_2$ 1956<br>II Tl $L\beta_5$ 1957 |

Es ist jedoch nachdrücklichst zu betonen, daß bei Anwendung aller Vorsichtsmaßregeln sich derartige Fehldeutungen vermeiden lassen. Zum mindesten aber ist der erfahrene Spektralanalytiker in der Lage, in komplizierten Fällen den Grad der Sicherheit seiner Aussage zu beurteilen. — Bevor auf die Faktoren eingegangen wird, die bei der Auswertung zur Vermeidung von Irrtümern zu berücksichtigen sind, sei auf einige Mittel hingewiesen, durch die man sich die Auswertung von vornherein erleichtern kann.

1. Die *Dispersion* des Spektrographen soll nicht zu klein sein. Mit einem BRAGG-Spektrographen von 150 mm Radius erhält man bei Verwendung eines Kalkspatkristalls eine Dispersion von etwa 20 X je Millimeter. Die kleinen Analysenspektrographen, die früher oft benutzt worden sind, geben eine zu geringe Dispersion.

2. Die Spaltbreite soll so eingestellt werden, daß die Komponenten des $K\alpha$-Dubletts noch sauber getrennt erscheinen, d. h. das *Auflösungsvermögen* soll etwa 2 bis 3 X betragen.

3. Eine vorhergehende chemische Trennung kann die Auswertung ganz wesentlich vereinfachen. So empfiehlt sich z. B. in manchen Fällen die chemisch leicht ausführbare Abtrennung des Cers und Thors oder eine Trennung in Cerit- und Yttererden.

Die Messung der Abstände der Linien erfolgt bei photographischer Registrierung z. B. mit Hilfe einer in Zehntelmillimeter geteilten Glasskala unter Benutzung einer guten Lupe. Besser ist die Verwendung eines Meßmikroskops, mit dem sich eine Genauigkeit von $\pm 1$ X ohne besondere Mühe erreichen läßt.

Nachdem die Wellenlängen der einzelnen Linien ermittelt sind, benutzt man zu ihrer Zuordnung eine Tabelle, die praktisch sämtliche bekannten Röntgenlinien, nach der Wellenlänge geordnet, enthält. Ist eine Zuordnung erfolgt, so müssen die möglichen *Koinzidenzen* diskutiert werden. Dies ist gerade bei den Elementen der seltenen Erden sehr wichtig. Ein Beispiel mag die Verhältnisse erläutern. Auf einer Aufnahme eines Gemisches seltener Erden wird eine mittelstarke Linie der Wellenlänge $\lambda = 2116$ X festgestellt. In der Wellenlängentabelle finden wir für die Wellenlänge 2116 die Eu $L\alpha_1$-Linie angegeben. Es darf nun nicht ohne weiteres behauptet werden, die Substanz enthalte Europium. Denn für $\lambda = 2115$ ist Pr $L\beta_2$ angegeben, und die Meßgenauigkeit ist nicht so groß, daß zwischen den beiden Möglichkeiten auf Grund der Wellenlängenmessung entschieden werden kann. Wenn die Anwesenheit von Praseodym von vornherein nicht ausgeschlossen werden kann, versuchen wir folgenden Weg: Wir überzeugen uns davon, ob das Präparat überhaupt Praseodym enthält, indem wir nach anderen Linien von Praseodym, z. B. nach $L\alpha_1$ und $L\beta_1$ suchen. Diese Linien sind nicht festzustellen, die beobachtete Linie kann also nicht vom Praseodym herrühren. Wir stellen ferner fest, daß es auch keine Linie höherer Ordnung sein kann, denn eine Linie der Wellenlänge $\lambda/2$ oder $\lambda/3$ gibt es nicht. Wir betrachten also vorläufig die Linie 2116 als die Eu $L\alpha_1$-Linie. Nun folgt eine wichtige *Kontrolle*: wenn es sich wirklich um die Eu $L\alpha_1$-Linie handelt, so müssen auch die $\alpha_2$-, $\beta_1$- und $\beta_2$-Linien des Europiums festzustellen sein. Die Eu $L\alpha_2$-Linie ist in der Tat eben noch sichtbar (falls sie nicht vorhanden wäre, müßten wir überlegen, ob auf Grund der Intensität der Eu $L\alpha_1$-Linie die 10mal schwächere $\alpha_2$-Linie noch zu sehen sein müßte; im Zweifelsfalle ist eine stärker belichtete Aufnahme nötig). Ebenso findet sich die Eu $L\beta_1$-Linie, die aber mit Dy $L\alpha_2$ koinzidiert. Nun ist Dysprosium zwar vorhanden, denn wir finden die $L\alpha_1$-Linie dieses Elementes, aber die Intensitätsverhältnisse zeigen, daß die Dy $L\alpha_2$-Linie von einer anderen Linie überlagert wird, und dies kann nur Eu $L\beta_1$ sein. Schließlich finden wir die Eu $L\beta_2$-Linie, die mit keiner anderen Linie koinzidiert. — Wir haben damit vier Linien des Europiums festgestellt und betrachten den Nachweis dieses Elementes als gesichert.

Das Beispiel zeigt, wie gefährlich es im Gebiet der Elemente der seltenen Erden ist, auf Grund einer einzigen Linie auf das Vorhandensein eines Elementes zu schließen. Es zeigt aber auch, daß man durch gründliche Diskussion der Koinzidenzen und durch Aufsuchen mehrerer Linien des nachzuweisenden Elementes unter Berücksichtigung der ungefähren Intensitätsverhältnisse in den meisten Fällen zu einem sicheren Ergebnis gelangt.

Zur Erleichterung der Auswertung sind in den Tabellen 9 und 10 die Koinzidenzen für die wichtigsten Linien der seltenen Erden zusammengestellt. Aufgenommen sind sämtliche Linien, deren Wellenlängen auf $\pm 3$ X und weniger mit der Wellenlänge der betreffenden Erdenlinie übereinstimmen (Wellenlängenwerte auf ganze X-Einheiten abgerundet). Für die Linien 2. und 3. Ordnung, die durch II bzw. III gekennzeichnet sind, ist als Wellenlänge $2\lambda$ bzw. $3\lambda$ angegeben. Der Vollständigkeit halber sind auch sehr schwache Linien angeführt; viele von diesen werden auf den meisten Aufnahmen aus Intensitätsgründen überhaupt nicht in Betracht kommen.

**6. Empfindlichkeit des Nachweises der Elemente der seltenen Erden.** Bei Kathodenstrahlerregung sind die Linien dem von der Bremsstrahlung erzeugten kontinuierlichen Untergrund überlagert. Mit abnehmender Konzentration eines Elementes in einer Analysenprobe wird das Verhältnis der Intensität der Linien zur Intensität des Untergrundes immer ungünstiger, schließlich „ertrinken" die Linien in dem Untergrund. Die Empfindlichkeit der Röntgenspektralanalyse nach der Primärmethode ist infolgedessen in erster Linie durch den kontinuierlichen Untergrund begrenzt. Entsprechend der Intensitätsverteilung des Bremsspektrums ist sie in den verschiedenen Wellenlängenbereichen verschieden; sie hängt also von der Ordnungszahl des nachzuweisenden Elementes und von der zum Nachweis gewählten Serie ab. Weiter ist die Natur der Beimengungen von Einfluß, und endlich auch die Form, in der die Analysenprobe vorliegt; für metallische Proben, die auf die Antikathode aufgelötet werden können, liegt die Empfindlichkeit wesentlich höher als für pulverförmige Gemische.

Es ist daher nicht erstaunlich, daß die Angaben verschiedener Autoren etwas auseinandergehen. Für den Wellenlängenbereich der $L$-Serie der Elemente der seltenen Erden wird eine Empfindlichkeit von 0,05 bis 0,1$^0/_{00}$ angegeben. Liegt das Element in metallischer Form vor, so kann unter Verwendung der $L$-Serie eine Empfindlichkeit von 0,02$^0/_{00}$ und besser erreicht werden. Mit der $K$-Serie ist ein sicherer Nachweis nur möglich, wenn die Konzentration des zu bestimmenden Elementes nicht unter 1$^0/_{00}$ liegt. [Rolla (1933), W. Noddack (1933), Faessler (1934) und Mazza (1935).]

Während früher öfters eine höhere Empfindlichkeit von größenordnungsmäßig $1:10^6$ angegeben wurde, haben neuere Untersuchungen die obigen Zahlen bestätigt. Man darf verallgemeinernd sagen, daß für binäre Oxydgemische die Empfindlichkeit im Bereich der seltenen Erden bei Kathodenstrahlerregung 0,1$^0/_{00}$ beträgt. Da 1 bis 0,1 mg Substanz für eine Aufnahme ausreicht, so ist die kleinste nachweisbare Menge (Erfassungsgrenze) etwa $10^{-7}$ bis $10^{-8}$ g. Uran ließ sich mit Hilfe der $L\alpha_1$-Linie sogar noch in einer Menge von $10^{-9}$ bis $10^{-10}$ g nachweisen [Cauchois (1942)].

Eine Grenze für die Empfindlichkeit der Sekundärmethode läßt sich schwer angeben. Infolge des geringen, hier lediglich durch Streustrahlung hervorgerufenen kontinuierlichen Untergrundes kann die Belichtungszeit fast beliebig ausgedehnt werden. Doch sind zum Nachweis von Elementen in Konzentrationen, die kleiner als 0,1$^0/_{00}$ sind, Belichtungszeiten von 20 und mehr Stunden nötig, sofern man mit einem Braggschen Spektrographen und photographischer Registrierung arbeitet.

## c) Quantitative Röntgenspektralanalyse der Elemente der seltenen Erden.

### A. Emissionsanalyse.

**1. Das Zumischungsverfahren.** Die quantitative röntgenspektralanalytische Bestimmung eines Elementes mit Hilfe seines Emissionsspektrums ist im Prinzip sehr einfach und übersichtlich. Sie beruht auf dem Intensitätsvergleich zweier

Linien, von denen die eine dem zu bestimmenden Element, die andere einem der Analysenprobe in bekannter Menge zugesetzten Grundstoff angehört. Kennt man das Atomzahlverhältnis, bei dem die beiden Vergleichslinien gleich stark erscheinen, so läßt sich aus der Menge des zugesetzten Grundstoffes und dem beobachteten Intensitätsverhältnis des Vergleichslinienpaares die Menge des zu bestimmenden Elementes in der Analysenprobe berechnen. Das Atomzahlverhältnis, das Intensitätsgleichheit der beiden Linien ergibt — der sogenannte Atomfaktor —, wird empirisch ermittelt[1]. Es sei $f$ der Atomfaktor, und es seien zu a Gramm der Analysenprobe $Z$ Grammatome des Vergleichselementes zugesetzt worden; die Aufnahme der Analysenprobe ergebe ein Intensitätsverhältnis $A$ der beiden Linien. Dann ist die Anzahl Grammatome des gesuchten Elementes in a Gramm der Probe

$$x = f\,A\,Z.$$

Wichtig ist die Wahl von geeigneten Vergleichslinien. Es ist anzustreben, daß sowohl die Linien selbst als auch die zugehörigen Absorptionskanten nahe beieinanderliegen. Ist dies nicht der Fall, so können leicht Störungseffekte durch Fremdelemente auftreten. Liegt z. B. die Absorptionskante eines in der Analysenprobe vorhandenen dritten Elementes zwischen den Vergleichslinien, so wird die härtere Linie von diesem viel stärker absorbiert als die weichere, und es entsteht dadurch eine Bevorzugung der weicheren Linie (Absorptionseffekt). Enthält die Analysenprobe ein Fremdelement, dessen charakteristische Strahlung zwischen den Absorptionskanten der beiden Vergleichselemente liegt, so wird das Element mit der langwelligen Kante durch diese Strahlung angeregt, das Element mit der kurzwelligen Kante hingegen nicht. Das Intensitätsverhältnis erleidet damit eine Verschiebung zugunsten des Elementes mit der kurzwelligen Absorptionskante (Anregungseffekt). Je näher sich die Linien und Absorptionskanten der Vergleichselemente liegen, desto kleiner ist die Wahrscheinlichkeit für das Auftreten solcher Störungseffekte.

Bei der Wahl der Vergleichslinien sind ferner auch chemische Faktoren zu beachten. Man wird als Vergleichselement möglichst einen solchen Stoff wählen, der in der Analysenprobe nicht schon vorhanden ist. Zur quantitativen Bestimmung eines Elementes der seltenen Erden wird man also nicht ein anderes Element der seltenen Erden wählen, da ja sehr häufig alle seltenen Erden gleichzeitig vorkommen.

Die Tabelle 11 enthält für sämtliche Elemente der seltenen Erden Vergleichslinien, die unter den genannten Gesichtspunkten ausgesucht sind. Die Möglichkeiten sind aber damit keineswegs erschöpft; nicht selten wird sich für ein Element ein anderes Vergleichslinienpaar finden lassen, das dem speziellen Zweck angepaßt ist.

Es lassen sich nur wenige Vergleichslinienpaare finden, bei denen überhaupt keine Möglichkeit für einen der oben geschilderten Störungseffekte vorhanden ist. Für jedes der in der Tabelle 11 angeführten Linienpaare gibt es störende Elemente. In der Tabelle 12 sind diese für jedes einzelne Linienpaar zusammengestellt, und zwar sind unter A verzeichnet die Linien fremder Elemente zwischen den Kanten der Vergleichselemente, unter B die Kanten fremder Elemente zwischen den Vergleichslinien. — Es ist jedoch zu betonen, daß die störenden Effekte nur bei großem Überschuß der Fremdsubstanz merklich werden; meist kann die Analyse ohne Be-

[1] Da das Intensitätsverhältnis zweier Linien etwas von der Spannung abhängt, soll der Atomfaktor bei derjenigen Röhrenspannung ermittelt werden, mit der bei der Analyse gearbeitet wird. Die Spannungsabhängigkeit ist jedoch nur gering, wenn die Röhrenspannung genügend über den (nicht sehr verschiedenen) Anregungsspannungen der beiden Linien liegt.

Tabelle 11. Vergleichslinien zur quantitativen Bestimmung der Elemente der seltenen Erden nach dem Zumischungsverfahren.

| | Zu bestimmendes Element | Linie in X | Kante in X | Vergleichselement | Linie in X | Kante in X |
|---|---|---|---|---|---|---|
| 1a | Sc | $K\alpha_1$ 3025 | 2751 | Sb | $L\beta_2$ 3017 | 2995 |
| b | Sc | $K\beta_1$ 2774 | 2751 | J | $L\beta_2$ 2746 | 2712 |
| 2 | Y | $K\alpha_1$ 827 | 726 | U | $L\alpha_1$ 908 | 720 |
| 3 | La | $L\alpha_1$ 2660 | 2254 | Cs | $L\beta_1$ 2678 | 2307 |
| 4a | Ce | $L\alpha_1$ 2556 | 2160 | Ba | $L\beta_1$ 2562 | 2200 |
| b | Ce | $L\beta_1$ 2351 | 2008 | Cr | $K\alpha_2$ 2289 | 2068 |
| 5a | Pr | $L\beta_1$ 2254 | 1920 | Cr | $K\alpha_1$ 2285 | 2068 |
| b | Pr | $L\beta_2$ 2115 | 2073 | Cr | $K\beta_1$ 2080 | 2068 |
| 6a | Nd | $L\alpha_1$ 2365 | 1992 | Cr | $K\alpha_2$ 2289 | 2068 |
| b | Nd | $L\gamma_1$ 1874 | 1838 | Mn | $K\beta_1$ 1906 | 1892 |
| 7 | Sm | $L\beta_2$ 1878 | 1841 | Mn | $K\beta_1$ 1906 | 1892 |
| 8a | Eu | $L\alpha_1$ 2116 | 1773 | Mn | $K\alpha_1$ 2097 | 1892 |
| b | Eu | $L\beta_1$ 1916 | 1623 | Fe | $K\alpha_1$ 1932 | 1739 |
| 9a | Gd | $L\beta_2$ 1742 | 1706 | Fe | $K\beta_1$ 1753 | 1739 |
| b | Gd | $L\alpha_1$ 2042 | 1706 | Mn | $K\alpha_1$ 2097 | 1892 |
| 10a | Tb | $L\alpha_1$ 1971 | 1644 | Fe | $K\alpha_1$ 1932 | 1739 |
| b | Tb | $L\beta_1$ 1773 | 1498 | Co | $K\alpha_1$ 1785 | 1602 |
| 11a | Dy | $L\alpha_1$ 1905 | 1587 | Fe | $K\alpha_1$ 1932 | 1739 |
| b | Dy | $L\beta_1$ 1707 | 1435 | Ni | $K\alpha_2$ 1659 | 1489 |
| 12 | Ho | $L\beta_1$ 1644 | 1386 | Ni | $K\alpha_1$ 1655 | 1489 |
| 13a | Er | $L\beta_1$ 1583 | 1336 | Hf | $L\alpha_1$ 1566 | 1293 |
| b | Er | $L\beta_1$ 1583 | 1336 | Co | $K\beta_1$ 1617 | 1602 |
| 14a | Tm | $L\beta_1$ 1526 | 1284 | Cu | $K\alpha_1$ 1537 | 1378 |
| b | Tm | $L\alpha_1$ 1722 | 1429 | Ni | $K\alpha_2$ 1659 | 1489 |
| 15a | Yb | $L\beta_1$ 1473 | 1242 | Au | $L\,l$ 1457 | 1038 |
| b | Yb | $L\beta_1$ 1473 | 1242 | Zn | $K\alpha_2$ 1436 | 1281 |
| 16a | Cp | $L\beta_2$ 1367 | 1338 | Hf | $L\beta_1$ 1371 | 1152 |
| b | Cp | $L\alpha_1$ 1616 | 1338 | Er | $L\beta_1$ 1583 | 1336 |
| 17a | Th | $L\alpha_1$ 953 | 760 | Rb | $K\alpha_1$ 924 | 814 |
| b | Th | $L\beta_1$ 763 | 629 | Nb | $K\alpha_2$ 745 | 650 |

rücksichtigung der Störungseffekte ausgeführt werden. Besonders der Anregungseffekt erreicht nur dann einen merkbaren Betrag, wenn es sich um eine starke charakteristische Strahlung ($K\alpha$-Strahlung) eines in großer Konzentration vorhandenen Elementes handelt. Läßt sich in einem solchen Falle kein anderes Linienpaar finden, so ist eine zuverlässige Analyse ohne Kenntnis wenigstens der ungefähren Zusammensetzung der Probe nicht möglich. Man hat die Menge des Fremdelementes abzuschätzen und bestimmt den Atomfaktor in einer Grundsubstanz, die etwa ebensoviel von dem störenden Element enthält wie die zu untersuchende Probe. Rechnet man bei der Analyse mit dem so ermittelten Atomfaktor, so ist der Störungseffekt eliminiert.

In einzelnen Fällen kann von der Zumischung eines Vergleichselementes abgesehen und ein in der Analysenprobe vorhandener Stoff zum Vergleich herangezogen werden. Soll z. B. in einem praktisch reinen Dysprosiumpräparat eine kleine Verunreinigung von Holmium bestimmt werden, so kann man die Ho $L\alpha_1$-Linie mit einer schwachen Dysprosiumlinie, etwa Dy $L\eta$, vergleichen, wobei man bei der Auswertung so rechnet, als ob die Dy $L\eta$-Linie von einem 100%igen Dysprosiumpräparat emittiert worden wäre. Auch hier ist aber der Atomfaktor Ho $L\alpha_1$: Dy $L\eta$ empirisch zu ermitteln.

**2. Vergleich korrespondierender Linien benachbarter Elemente.** Nicht selten werden korrespondierende Linien benachbarter Elemente miteinander verglichen, wobei mit dem Atomfaktor 1 gerechnet wird, d. h. es wird angenommen, daß bei

Tabelle 12. Störende Elemente (vgl. S. 222).
A. Linien fremder Elemente zwischen den Kanten der Vergleichselemente. B. Kanten fremder Elemente zwischen den Vergleichslinien.

| | | |
|---|---|---|
| 1a | A. | Ba $L\alpha_1$, Cs $L\alpha_1$, J $L\beta_1$ |
| | B. | |
| b | A. | Ti $K\alpha_1$ |
| | B. | Sn $L_3$ |
| 2 | A. | — |
| | B. | Hg $L_3$, Tl $L_2$, Au $L_3$, Hg $L_2$, Pt $L_3$, Au $L_2$ |
| 3 | A. | Pr $L\beta_1$, V $K\beta_1$, Cr $K\alpha_1$ |
| | B. | — |
| 4a | A. | Nd $L\beta_1$, Sm $L\alpha_1$ |
| | B. | — |
| b | A. | Gd $L\alpha_1$, Ce $L\gamma_1$ |
| | B. | Cs $L_2$ |
| 5a | A. | Fe $K\alpha_1$, Tb $L\alpha_1$, Sm $L\beta_1$, Gd $L\alpha_1$, Ce $L\gamma_1$ |
| | B. | V $K$, Xe $L_3$ |
| b | A. | — |
| | B. | La $L_2$ |
| 6a | A. | Sm $L\beta_1$, Gd $L\alpha_1$ |
| | B. | Ba $L_1$, Cs $L_2$ |
| b | A. | Ho $L\alpha_1$, Gd $L\beta_1$ |
| | B. | Mn $K$, Ce $L_3$ |
| 7 | A. | Ho $L\alpha_1$, Gd $L\beta_1$, Nd $L\gamma_1$ |
| | B. | Ce $L_3$ |
| 8a | A. | Tb $L\beta_1$, Co $K\alpha_1$, Ho $L\alpha_1$, Gd $L\beta_1$, Nd $L\gamma_1$ |
| | B. | La $L_2$ |
| b | A. | Ho $L\beta_1$, Eu $L\gamma_1$, Ni $K\alpha_1$, Yb $L\alpha_1$, Dy $L\beta_1$, Tm $L\alpha_1$, Sm $L\gamma_1$ |
| | B. | Pr $L_2$ |
| 9a | A. | Sm $L\gamma_1$, Dy $L\beta_1$, Tm $L\alpha_1$ |
| | B. | — |
| b | A. | Dy $L\beta_1$, Tm $L\alpha_1$, Sm $L\gamma_1$, Fe $K\beta_1$, Er $L\alpha_1$, Co $K\alpha_1$, Ho $L\alpha_1$, Gd $L\beta_1$, Nd $L\gamma_1$ |
| | B. | Ba $L_3$, Cr $K$, Pr $L_1$, La $L_2$ |
| 10a | A. | Eu $L\gamma_1$, Ni $K\alpha_1$, Yb $L\alpha_1$, Dy $L\beta_1$, Tm $L\alpha_1$, Sm $L\gamma_1$ |
| | B. | La $L_3$ |
| b | A. | Ta $L\alpha_1$, Tm $L\beta_1$, Cu $K\alpha_1$, Hf $L\alpha_1$, Er $L\beta_1$, Gd $L\gamma_1$ |
| | B. | Eu $L_1$ |
| 11a | A. | Er $L\beta_1$, Cp $L\alpha_1$, Co $K\beta_1$, Ho $L\beta_1$, Eu $L\gamma_1$, Ni $K\alpha_1$, Yb $L\alpha_1$, Dy $L\beta_1$ |
| | B. | Pr $L_2$ |
| b | A. | Zn $K\alpha_2$, Yb $L\beta_1$, W $L\alpha_1$ |
| | B. | Gd $L_1$, Sm $L_2$ |
| 12 | A. | Os $L\alpha_1$, Cu $K\beta_1$, Cp $L\beta_1$, Zn $K\alpha_1$, Dy $L\gamma_1$, W $L\alpha_1$, Yb $L\beta_1$ |
| | B. | Tb $L_1$ |
| 13a | A. | Zn $K\beta_1$, Pt $L\alpha_1$, Ta $L\beta_1$ |
| | B. | — |
| b | A. | Ga $K\alpha_1$, Ir $L\alpha_1$, Hf $L\beta_1$, Os $L\alpha_1$, Cu $K\beta_1$, Cp $L\beta_1$, Zn $K\alpha_1$, Yb $L\beta_1$, W $L\alpha_1$, Ni $K\beta_1$, Ta $L\alpha_1$, Cu $K\alpha_1$, Hf $L\alpha_1$ |
| | B. | Dy $L_1$, Sm $L_3$ |
| 14a | A. | Zn $K\beta_1$, Pt $L\alpha_1$, Ta $L\beta_1$, Ga $K\alpha_1$, Ir $L\alpha_1$, Er $L\gamma_1$, Hf $L\beta_1$ |
| | B. | Ho $L_1$, Eu $L_3$ |
| b | A. | Zn $K\alpha_1$, Dy $L\gamma_1$, Yb $L\beta_1$, W $L\alpha_1$ |
| | B. | Sm $L_2$, Gd $L_1$ |
| 15a | A. | Br $K\alpha_1$, Hg $L\beta_1$, As $K\beta_1$, W $L\gamma_1$, Se $K\alpha_1$, Pt $L\beta_1$, Ge $K\beta_1$, Bi $L\alpha_1$, Ir $L\beta_1$, Pb $L\alpha_1$, As $K\alpha_1$, Hf $L\gamma_1$, Os $L\beta_1$, Tl $L\alpha_1$, Ga $K\beta_1$, Cp $L\gamma_1$, Hg $L\alpha_1$ |
| | B. | Gd $L_3$ |
| b | A. | Ge $K\alpha_1$, Au $L\alpha_1$, W $L\beta_1$ |
| | B. | Dy $L_2$, Gd $L_3$ |
| 16a | A. | Ir $L\beta_1$, Pb $L\alpha_1$, As $K\alpha_1$, Os $L\beta_1$, Tl $L\alpha_1$, Ga $K\beta_1$, Hg $L\alpha_1$, Ge $K\alpha_1$, Yb $L\gamma_1$, Au $L\alpha_1$, W $L\beta_1$, Zn $K\beta_1$, Pt $L\alpha_1$, Ta $L\beta_1$ |
| | B. | — |
| b | A. | Ga $K\alpha_1$ |
| | B. | Dy $L_1$, Co $K$, Sm $L_3$ |
| 17a | A. | Sr $K\beta_1$, Zr $K\alpha_1$, Bi $L\gamma_1$ |
| | B. | Pt $L_2$, Os $L_1$(?) |
| b | A. | Mo $K\beta_1$, Ru $K\alpha_1$ |
| | B. | Bi $L_1$ |

gleichen Atomzahlen der beiden Elemente die korrespondierenden Linien die gleiche Intensität haben. Dieses Verfahren ist besonders naheliegend, wenn nur das Mengen*verhältnis* der beiden Elemente bestimmt werden soll. Es hat sich aber gezeigt, daß die Annahme eines Atomfaktors gleich 1 bei korrespondierenden Linien keineswegs immer zutrifft, und daß infolgedessen bei diesem Verfahren erhebliche Fehler auftreten können. Für die Elemente der seltenen Erden ist das Intensitätsverhältnis der $L\alpha_1$-Linien und der $L\beta_1$-Linien je zweier benachbarter Elemente bekannt. Die Tabelle 13 enthält die Zahlenwerte, welche die direkten unkorrigierten Meßergebnisse darstellen. Man sieht, daß die Abweichung des Intensitätsverhältnisses zweier korrespondierender Linien vom Wert 1 bis zu 30% betragen kann.

Allgemein ist zu sagen, daß der Intensitätsvergleich entsprechender Linien benachbarter Elemente mit unkontrollierter Annahme eines Atomfaktors vom Wert 1 nur für halbquantitative Analysen in Frage kommt (vgl. Abschn. 4). So wurde z. B. in einem Mineral, das zahlreiche seltene Erden enthielt, der Hauptbestandteil, das Thorium, nach dem Zumischungsverfahren durch Vergleich von Th $L\beta_1$ und Nb $K\alpha_1$ exakt bestimmt. Der Gehalt an Yttrium wurde aus dem Intensitätsverhältnis von Nb $K\alpha_1$ und Y $K\alpha_1$ abgeschätzt, das Mengenverhältnis der übrigen Elemente der seltenen Erden durch Vergleich der einander entsprechenden Linien [FAESSLER (a) (1931)].

Tabelle 13. Intensitätsverhältnis der $L\alpha_1$-Linien und der $L\beta_1$-Linien je zweier benachbarter Elemente der seltenen Erden.

| | Verhältnis der Intensität der $L\alpha_1$-Linien | Verhältnis der Intensität der $L\beta_1$-Linien |
|---|---|---|
| La 57 : Ba 56 | 1,1 | 1,1 |
| Ce 58 : La 57 | 1,1 | 1,15 |
| Pr 59 : Ce 58 | 1,3 | 1,25 |
| Nd 60 : Pr 59 | 1,1 | 1,05 |
| Eu 63 : Sm 62 | 0,9 | 0,85 |
| Gd 64 : Eu 63 | 0,95 | 1,0 |
| Tb 65 : Gd 64 | 1,0 | 1,05 |
| Dy 66 : Tb 65 | 1,05 | (0,75) |
| Ho 67 : Dy 66 | 1,10 | 1,10 |
| Er 68 : Ho 67 | 1,05 | 1,05 |
| Cp 71 : Yb 70 | 1,05 | 1,05 |
| Hf 72 : Cp 71 | 0,8 | 0,9 |

**3. Messung der Linienintensitäten (Photometrierung).** Im einfachsten Falle kann der Vergleich der Linienintensitäten visuell unter Benutzung einer guten Lupe erfolgen. Bei einiger Übung läßt sich das Intensitätsverhältnis nahezu gleich starker Linien mit einer für viele Fälle ausreichenden Genauigkeit schätzen.

Werden die Linienintensitäten mit Hilfe eines Photometers bestimmt, so dient als Maß für die Intensität meist der maximale Ausschlag des Photometers, gelegentlich auch — falls es sich um ein registrierendes Instrument handelt — die Fläche unter der Photometerkurve. Im ersten Falle ist jede Linie an mehreren Stellen zu photometrieren und der Mittelwert der Einzelausschläge zu bilden, da der maximale Ausschlag von zufälligen Kornanhäufungen in der photographischen Schicht abhängt.

**4. Genauigkeit der Methode.** Die Genauigkeit der Röntgenspektralanalyse wird im wesentlichen durch die Genauigkeit der Photometrierung bestimmt. Wenn man nach dem Zumischungsverfahren arbeitet, läßt sich jedes Element günstigstenfalls mit einem Fehler von $\pm 1$ bis 2% seines Gehaltes bestimmen; im allgemeinen beträgt der Fehler 2 bis 4% [SCHREIBER (1929), v. HEVESY, BÖHM und FAESSLER (1930), W. NODDACK (1933), I. NODDACK (1935)]. Beim Vergleich korrespondierender Linien benachbarter Elemente hat man mit Fehlern bis zu $\pm 30$% zu rechnen.

**5. Besondere Verfahren zur Bestimmung mehrerer Elemente der seltenen Erden nebeneinander.** Man kann in einem Gemisch, das mehrere oder gar alle seltenen Erden enthält, ein Element nach dem anderen unter Zusatz eines geeigneten Vergleichselementes nach dem einfachen Zumischungsverfahren quantitativ bestimmen. Dieser Weg ist wohl der zuverlässigste, jedoch umständlich und zeitraubend. Es sind daher zur quantitativen Bestimmung mehrerer seltener Erden nebeneinander besondere Verfahren ausgearbeitet worden.

Bei der Bestimmung der seltenen Erden in Tonschiefern (MINAMI 1935) wurde eine Variante des Zumischungsverfahrens benutzt: Die Analysenprobe wurde mit einer bekannten Menge $Cr_2O_3$ gemischt, und die Intensitäten der Linien aller seltenen Erden wurden auf die Cr $K\alpha_1$-Linie bezogen. Aus den gemessenen Intensitäten in Prozenten der Cr $K\alpha_1$-Linie und dem bekannten Gehalt der Probe an $Cr_2O_3$ ergaben sich unter Verwendung einer Reihe von Eichkurven die Gehalte an seltenen Erden. Der Gang der Analyse gestaltete sich im einzelnen folgendermaßen:

Es wurde zunächst eine Eichmischung aufgenommen, die folgende Zusammensetzung hatte: je 5 mg $Y_2O_3$, $Er_2O_3$, $Dy_2O_3$, $Gd_2O_3$, $Sm_2O_3$, $Nd_2O_3$; 5,3 mg $CeO_2$;

je 10 mg NiO, $Cr_2O_3$; 220 mg $Al_2O_3$. Die Aufnahme wurde im Registrierphotometer photometriert; als Maß der Intensitäten der Linien dienten die Photometerausschläge in Millimetern. Die Photometerausschläge für die $L\alpha_1$-Linien der seltenen Erden wurden auf gleiche Atomzahlen umgerechnet und gegen die Wellenlänge aufgetragen; dasselbe wurde für die $L\beta_1$-Linien ausgeführt. Die so erhaltenen Kurven (I und II) stellen die Wellenlängenabhängigkeit der gesamten Absorption der Röntgenstrahlen in der Substanz selbst, im Fenster der Röhre und im Luftweg dar. Sie dienten zur Korrektur des mit der Wellenlänge sich ändernden Einflusses der Absorption auf die Intensität der Linien, und zwar wurden alle Photometerausschläge umgerechnet auf eine Absorption, welche der Wellenlänge der Cr $K\alpha_1$-Linie entsprechen würde.

Es mußte weiter der Zusammenhang zwischen korrigiertem Photometerausschlag und Intensität der Linien in bezug auf die Cr $K\alpha_1$-Linie ermittelt werden. Dies geschah auf folgende Weise: Die Photometerausschläge für die stärksten Linien des Gadoliniums ($L\alpha_1$, $\beta_1$, $\beta_2$ und $\gamma_1$) wurden für die verschiedene Absorption korrigiert, bezogen auf Gd $L\beta_1$ und die korrigierten Ausschläge gegen die wirklichen Intensitäten aufgetragen, die sich verhalten wie 100:56:20,5:11 (Kurve III). Nun wurde der Photometerausschlag von Cr $K\beta_1$ auf Absorption mit Bezug auf die Cr $K\alpha_1$-Linie korrigiert und der diesem korrigierten Wert entsprechende Punkt auf der Intensitätsachse die Kurve III als 20% der Cr $K\alpha_1$-Linie eingetragen (wie auf S. 210 erwähnt, ist die Intensität von $K\beta_1$ gleich $^1/_5$ der Intensität von $K\alpha_1$). Die Kurve III stellt dann also die gesuchte Beziehung zwischen dem für Absorption korrigierten Ausschlag und der wahren Intensität, gerechnet in Prozenten der Cr $K\alpha_1$-Linie, dar.

Das Intensitätsverhältnis Cr $K\alpha_1 : L\alpha_1$ eines seltenen Erdelementes für die Eichmischung ergab sich im Mittel zu 100:9,1. Das Gewichtsverhältnis Chromoxyd:Erdenoxyd in der Eichmischung war 2:1. Bei einem Gewichtsverhältnis $Cr_2O_3 : Sm_2O_3 = 1$ (für $Sm_2O_3$ ist die Korrektion für die Absorption am kleinsten) ergab sich also das Intensitätsverhältnis Cr $K\alpha_1$: Sm $L\alpha_1 = 100:18{,}2$.

Es folgte also: Wenn den aus den Mineralien extrahierten Oxyden der seltenen Erden eine bestimmte Menge $Cr_2O_3$ zugemischt wurde, so konnte die Menge des Samariumoxydes in der Mischung aus der Gleichung

$$\text{Gewichtsprozente } Sm_2O_3 = x : 18{,}2 \text{ Gewichtsprozente } Cr_2O_3$$

ermittelt werden, wo $x$ die Intensität der Sm $L\alpha_1$-Linie in Prozenten der Cr $K\alpha_1$-Linie des zugemischten Chroms bedeutet. Für alle anderen Oxyde mußte der mit dieser Gleichung gefundene Wert noch multipliziert werden mit dem Quotienten

$$\frac{\text{Molekulargewicht des Sesquioxyds}}{\text{Molekulargewicht von } Sm_2O_3}.$$

Auf diese Weise wurden zunächst die seltenen Erden gerader Atomnummer bestimmt. Der Analysenprobe wurde außer $Cr_2O_3$ noch $ZrO_2$ zur Bestimmung von Yttrium beigemischt, ferner NiO als Eich- und Kontrollsubstanz für mittlere Wellenlängen, und endlich $Al_2O_3$ als Verdünnungsmittel. Die Photometerausschläge der Aufnahme wurden mit Bezug auf Cr $K\alpha_1$ für die verschiedene Absorption korrigiert und aus den korrigierten Ausschlägen die Intensitäten der $L\alpha_1$-Linien in Prozenten von Cr $K\alpha_1$ ermittelt, unter Benutzung einer Hilfskurve, die in analoger Weise wie oben mit Hilfe der Photometerausschläge der stärksten Linien des Neodyms erhalten wurde.

Zur Bestimmung der seltenen Erden ungerader Atomnummern, die in geringerer Konzentration vorhanden sind, wurde eine zweite Aufnahme der extrahierten Oxyde ohne Beimengungen hergestellt. Als Eichsubstanz konnte nunmehr eine der Erden gerader Atomnummern, z. B. Neodym, verwendet werden. Die Photometerausschläge wurden wieder in bezug auf die verschiedene Absorption korrigiert und aus den korrigierten Ausschlägen die Intensitäten der $L\alpha_1$- und $L\beta_1$-Linien unter Verwendung einer sinngemäß erhaltenen Hilfskurve in Prozenten von Nd $L\beta_1$ ermittelt. Hieraus und aus dem bekannten Gehalt an $Nd_2O_3$ ergaben sich dann auch die Gehalte an den Erden ungerader Atomnummern.

Das Yttrium wurde durch Vergleich von Y $K\alpha$ und Zr $K\alpha$ bestimmt, wobei das Verfahren sinngemäß das gleiche war wie oben. Schließlich wurde Thorium durch Vergleich von Th $L\beta_1$ und Y $K\beta_1$ bestimmt.

Angaben über die Genauigkeit der geschilderten Methode werden nicht gemacht. Der Fehler läßt sich nur schwer abschätzen, doch darf man wohl annehmen, daß er wesentlich größer ist als beim einfachen Zumischungsverfahren.

Ein anderer, übersichtlicherer Weg wurde bei der Analyse der aus Steinmeteoriten extrahierten Elemente der seltenen Erden eingeschlagen [I. NODDACK (1935)]. Hier war ein besonderes Verfahren insbesondere deshalb erforderlich, weil nur wenige Milligramm Substanz für die Analyse zur Verfügung standen, und weil das Präparat im Hinblick auf das Ausgangsmaterial und den mühevollen chemischen Trennungsgang einen gewissen Wert repräsentierte.

Auch bei diesem Verfahren wurde der Analysenprobe eine bestimmte Menge Chromoxyd zugesetzt. Der Zweck dieses Zusatzes ist aber hier ein anderer: Die Erdenlinien werden nicht mit der Cr $K\alpha_1$-Linie verglichen, sondern mit den entsprechenden Linien eines möglichst ähnlichen Erdenpräparates bekannter Zusammensetzung. Dieses Vergleichspräparat enthält denselben Prozentsatz an Chromoxyd wie die Analysenprobe. Die Chromlinien auf den beiden Aufnahmen erlauben es, den Unterschied der Aufnahmebedingungen, die bei zwei verschiedenen Aufnahmen niemals ganz konstant gehalten werden können, zu berücksichtigen.

Zunächst wurde mit einem Bruchteil der Substanz — ohne Zusatz — eine Übersichtsaufnahme hergestellt. Mit zwei Aufnahmen, von denen die eine den Wellenlängenbereich 2780 bis 1900 X, die andere den Bereich 2000 bis 1200 X überdeckte, wurden die genannten Elemente erfaßt (Sc $K\beta$, Y $K$-Serie in der 2. und 3. Ordnung, $L$-Serie der Elemente La–Cp, vgl. S. 213). Auf Grund dieser Übersichtsaufnahme wurde aus reinen Erdenpräparaten ein dem Originalpräparat O möglichst ähnlich zusammengesetztes Vergleichspräparat V hergestellt. Nun wurden Aufnahmen vom Original- und vom Vergleichspräparat unter gleichen Bedingungen hergestellt. Wenn sowohl die Zusammensetzung der beiden Präparate als auch die Aufnahmebedingungen identisch waren, so sollten für jede Wellenlänge die entsprechenden Linienintensitäten $L$ auf den beiden Spektrogrammen denselben Wert haben. Bestand jedoch bei einem Element ein kleiner Konzentrationsunterschied in den beiden Präparaten, so mußte auch ein Intensitätsunterschied $dL/L$ der zugehörigen Linien auftreten, und es war zu erwarten, daß sich aus diesem bei genügend kleinem $dL/L$ der Konzentrationsunterschied ergeben würde, immer unter der Voraussetzung gleicher Aufnahmebedingungen. Es wurde nun zunächst die zulässige Größe von $dL/L$ ermittelt[1]. Zu diesem Zweck wurde eine Reihe verschiedener Erdenmischungen bekannter Zusammensetzung hergestellt, die unter denselben Bedingungen wie das Vergleichspräparat V aufgenommen wurden. Aus den Aufnahmen wurde mit Hilfe von V die relative und absolute Zusammensetzung der Mischungen bestimmt. Aus der obenstehenden Zusammenstellung geht hervor, welche Fehler die Methode bei verschiedenen Werten von $dL/L$ ergibt.

| $dL/L$ | ± Abweichung in % des Gehaltes bei | |
|---|---|---|
| | Relativ-bestimmung | Absolut-bestimmung |
| 0,05 | 4 | 6 |
| 0,10 | 4 | 8 |
| 0,20 | 5 | 15 |
| 0,50 | 7 | 25 |

Es zeigt sich, daß der *relative* Erdengehalt eines Präparates nach der geschilderten Methode mit einem Fehler von $\pm 4\%$ bestimmt werden kann, wenn man sehr ähnlich

[1] Daß bei großem $dL/L$ erhebliche Fehler auftreten, ist vorauszusehen.

zusammengesetzte Präparate zum Vergleich heranzieht. Der Fehler bei der Absolutbestimmung ist indessen wesentlich größer und steigt mit zunehmendem $dL/L$ stark an. Die Ursache liegt in der ungenügenden Konstanz der Aufnahmebedingungen. Es ist unmöglich, bei zwei verschiedenen Aufnahmen sämtliche Faktoren, die die Intensität der Spektrallinien beeinflussen, konstant zu halten. (Die Erkenntnis dieser Tatsache führte zum Zumischungsverfahren, bei dem die Aufnahmebedingungen für die beiden Vergleichslinien identisch sind.)

Um nun in dem obigen Beispiel den Fehler bei der Absolutbestimmung zu verringern, wurden sowohl dem Original- als auch dem Vergleichspräparat 3% $Cr_2O_3$ zugesetzt. Aus dem Intensitätsverhältnis der Cr-Linien auf den beiden Aufnahmen erhält man ein Maß für deren Belichtungsverhältnis. Das Verfahren gestaltet sich nunmehr folgendermaßen: Sämtliche Linien der Erdelemente und des zugesetzten Chroms wurden photometriert; als Maß für ihre Intensität diente die Amplitude des Photometerausschlags (in mm). Alle Linienintensitäten der Aufnahme des Originalpräparates wurden mit dem Verhältnis $L_v/L_0$ multipliziert, wobei $L_v$ die Intensität einer Cr-Linie des Vergleichspräparates, $L_0$ die Intensität derselben Linie des Originalpräparates bedeutet. So wurde den verschiedenen Aufnahmebedingungen Rechnung getragen und $L_0$ (korr.) erhalten. Für alle brauchbaren Erdenlinien wurde nun das Verhältnis $L_0$ (korr.)/$L_v$ gebildet; durch Multiplikation dieser Zahl mit dem bekannten Gehalt jedes Erdelementes im Vergleichspräparat wurde der Gehalt im Originalpräparat erhalten. Die mit den verschiedenen Linien eines Elementes erhaltenen Einzelwerte wurden gemittelt.

Der Fehler bei der Absolutbestimmung betrug nunmehr nur noch $\pm$ 4 bis 5%, für $dL/L \cong 0{,}04$ bis 0,15, d. h. er war ungefähr ebenso groß wie bei der Relativbestimmung. Beispiel:

### Bestimmung von Samarium.

1. Bestimmung des Belichtungsverhältnisses Vergleichspräparat: Originalpräparat.

| Linie | Photometerausschlag in mm | | $L_v/L_0$ |
|---|---|---|---|
| | Vergleich | Original | |
| Cr $K\alpha_1$ | 29,4 | 26,2 | 1,12 |
| Cr $K\beta_1$ | 5,8 | 5,3 | 1,09 |
| | | | 1,105 im Mittel |

Das Belichtungsverhältnis Vergleichspräparat: Originalpräparat ist also 1,105. Mit dieser Zahl sind die Intensitäten der Sm-Linien des Originalpräparates zu multiplizieren.

2. Bestimmung des Sm-Gehaltes im Originalpräparat.

| Linie | Photometerausschlag in mm | | | $O_{korr.}/V$ |
|---|---|---|---|---|
| | Original | Orig. (Korr.) | Vergleich | |
| Sm $L\alpha_1$ | 19,5 | 21,6 | 23,1 | 0,935 |
| Sm $L\beta_1$ | 11,7 | 12,9 | 13,6 | 0,949 |
| Sm $L\beta_2$ | 4,5 | 5,0 | 5,4 | 0,926 |
| | | | | 0,937 im Mittel |

Das Vergleichspräparat enthält 1,81% Sm; der Sm-Gehalt des Originalpräparates ist also $1{,}81 \cdot 0{,}937 = 1{,}696$% Sm.

**6. Vorteile der Sekundärmethode bei der quantitativen Analyse.** Die quantitative Röntgenspektralanalyse liefert nur dann richtige Resultate, wenn die Zahl der emittierenden Atome des zu bestimmenden Elementes und des Vergleichselementes sich während der Belichtungszeit nicht ändert. Diese Voraussetzung ist bei Erregung mit Kathodenstrahlen nicht immer erfüllt. Unter dem Einfluß der Kathodenstrahlen wird die Substanz sehr stark erhitzt, so daß die Analysenresultate durch Verdampfung, Entmischung der Probe durch Verbindungsbildung u. dgl. gefälscht werden können. Die Primärmethode ist daher nur beschränkt anwendbar. Für die Elemente der seltenen Erden kann sie unbedenklich angewendet werden, wenn diese in Form ihrer sehr schwer schmelzbaren Oxyde vorliegen und wenn das Vergleichselement ebenfalls in einer derartigen Form zugemischt wird.

Die Einführung der Sekundärmethode (Anregung mit Röntgenstrahlen) hat diese Beschränkung in der Anwendbarkeit der Röntgenspektralanalyse beseitigt. Diese Methode erlaubt es, auch leichter flüchtige Verbindungen zu verwenden (es sind z. B. so leicht flüchtige bzw. zersetzliche Substanzen wie $NH_4Cl$ und MgS für die röntgenspektroskopische Untersuchung zugänglich geworden).

Ein ganz besonderer Vorteil der Sekundärmethode besteht darin, daß sie es erlaubt, auch unaufgeschlossene Minerale quantitativ zu analysieren. Die Primärmethode versagt hierbei oft vollkommen. Dies zeigte sich zuerst, als der Hafniumgehalt von Mineralien direkt bestimmt werden sollte (mit Cassiopeium als Vergleichselement; ebenso hätte auch ein etwaiger Cassiopeiumgehalt mit Hilfe von Hafnium als Vergleichselement bestimmt werden können). Es wurden völlig falsche Resultate erhalten. Die Ursache ist auch hier in der Kathodenstrahleneinwirkung zu suchen, durch die offenbar die Analysenprobe derart verändert wird, daß die Ausstrahlung der einen Atomart gegenüber der anderen benachteiligt ist. Daß bei Erregung mit Röntgenstrahlen derartige Störungen nicht auftreten, wurde durch die Bestimmung des Hafniums in dem Mineral Cyrtolith gezeigt. Die Sekundärmethode ergab bei der Analyse sowohl des unaufgeschlossenen Minerals als auch des extrahierten $ZrO_2$-$HfO_2$-Gemisches den richtigen Wert für den Hafniumgehalt, während die Primärmethode nur für das extrahierte Oxydgemisch den richtigen Wert lieferte, im Falle des unaufgeschlossenen Minerals hingegen einen sehr stark abweichenden Wert. — Bei Mineralanalysen kann die Sekundärmethode daher trotz der längeren Belichtungszeiten eine erhebliche Zeitersparnis bringen, da die oft umständlichen und langwierigen Aufschlüsse wegfallen.

Der einzige Nachteil, den die Sekundärmethode besitzt, und der ihrer allgemeineren Anwendung bisher im Wege stand, ist die geringe Intensität der sekundären Röntgenstrahlen: Die dadurch bedingten langen Beobachtungszeiten lassen sich jedoch heute durch Anwendung lichtstarker Spektrographen mit gebogenem Kristall sowie empfindlicher Registriergeräte sehr erheblich verkürzen. Es erscheint berechtigt, anzunehmen, daß die Sekundärmethode in Verbindung mit modernen spektroskopischen Anordnungen und Registriervorrichtungen zu einem schnellen, empfindlichen und genauen Analysenverfahren ausgebaut werden kann, das in einem weiten Anwendungsbereich sehr störungsfrei arbeitet.

## B. Die Absorptionsanalyse.

Bei der quantitativen Absorptionsanalyse wird die Menge eines Elementes in einer Analysenprobe aus Absorptionsmessungen zu beiden Seiten seiner Absorptionskante ermittelt. Mißt man in geringer Entfernung von der Kante, so gilt die einfache Beziehung

$$\frac{I_2}{I_1} = e^{-c\,p}.$$

Hier bedeuten $I_1$ und $I_2$ die bei $\lambda_1 > \lambda_{\mathrm{Kante}}$ bzw. $\lambda_2 < \lambda_{\mathrm{Kante}}$ gemessenen Intensitäten des Bremsspektrums hinter der absorbierenden Schicht, deren Dicke passend gewählt werden muß; $p$ ist die Masse des zu bestimmenden Elementes in g/cm², und $c$ ist eine Konstante, die sich empirisch bestimmen oder aus den bekannten Massenabsorptionskoeffizienten berechnen läßt. Kennt man $c$, so ergibt sich $p$ ohne weiteres aus den gemessenen Werten von $I_1$ und $I_2$ [GLOCKER und FROHNMEYER (1925), MOXNES (1931)].

Die Absorptionsmethode hat gegenüber der Emissionsmethode verschiedene prinzipielle Vorteile. Da die Analysenprobe nicht in der Röntgenröhre, sondern im Spektrographen zwischen Spalt und Kristall angebracht wird, bedarf es keiner besonderen Röhren, es können vielmehr normale abgeschmolzene Röhren benutzt werden. Ferner ist die Methode für feste wie für flüssige Stoffe verwendbar, und endlich läßt sich die Substanz praktisch quantitativ und unverändert wiedergewinnen.

Es scheint jedoch, daß die Absorptionsmethode nur dann brauchbar ist, wenn die Absorption der Beimengungen gegenüber derjenigen des zu bestimmenden Elementes klein ist. Sie eignet sich also besonders für den Fall der Bestimmung eines Elementes höherer Ordnungszahl, das in Gemeinschaft mit Elementen niederer Ordnungszahl vorliegt. Ist die Absorption der Beimengungen zu groß, so wird die Methode ungenau und langwierig.

Die Empfindlichkeit der Absorptionsmethode ist für die Elemente der seltenen Erden an wäßrigen Lösungen der Nitrate nachgeprüft worden [MAZZA (1935)]. Wenn die $K$-Kante benutzt wird, so ist die Empfindlichkeit bei Verwendung reiner Salze 1 bis 2 mg/cm². Sie hängt etwas von der Ordnungszahl ab und wird durch Beimengung leichter Elemente wenig, durch solche schwerer Elemente jedoch erheblich beeinträchtigt. In wäßrigen Lösungen der Nitrate läßt sich ein Element in einer Konzentration von 1 g in 200 bis 300 cm³ Lösung nachweisen.

Obgleich die Absorptionsmethode bisher wenig praktische Anwendung gefunden hat, wird sie in neuerer Zeit wieder diskutiert. Mit einem fokussierenden Spektrographen und unter Anwendung einer hochleistungsfähigen Röntgenanlage wurde die Empfindlichkeit des Uran-Nachweises unter Verwendung der $L_{III}$-Kante untersucht [CAUCHOIS (1942)]. Die Kante ließ sich bei reinem Uransalz noch mit 0,1 mg/cm² feststellen. Die Nachweisgrenze ist etwa $10^{-5}$ g, sie bleibt also um mehrere Zehnerpotenzen hinter derjenigen der Emissionsmethode zurück, da der Absorber nicht zu klein sein darf und daher größere Substanzmengen erforderlich sind. In Uran-Silber-Gemischen läßt sich das Uran mit einer Empfindlichkeit von 1‰ nachweisen.

Bezüglich der Einzelheiten der Absorptionsanalyse sowie der Möglichkeiten, die sich ihr durch die Entwicklung neuer Geräte zur schnellen und bequemen Messung der Absorption von Röntgenstrahlen eröffnen [LIEBHAFSKY (1949)], muß auf die Originalliteratur verwiesen werden.

## Literatur.

### *I. Zusammenfassende Darstellungen.*

GLOCKER, R.: Materialprüfung mit Röntgenstrahlen, 3. Aufl. Berlin 1949.

HEVESY, G. v.: Chemical Analysis by X-Rays and its Applications. New York 1932. — HEVESY, G. v., u. E. ALEXANDER: Praktikum der chemischen Analyse mit Röntgenstrahlen. Leipzig 1933.

SIEGBAHN, M.: Spektroskopie der Röntgenstrahlen, 2. Aufl. Berlin 1931.

### *II. Einzelarbeiten.*

BOROWSKI, I. B., M. A. BLOCHIN u. L. A. GRSHIBOWSKAJA: Betriebslab. **9**, 740 (1940).

CAUCHOIS, Y.: J. Chim. phys. **39**, 161 (1942). — CORK, J. M., C. JAMES u. H. C. FOGG: Proc. Nat. Acad. Sci. Washington **12**, 696 (1926).

DEHLINGER, U., R. GLOCKER u. E. KAUPP: Naturwiss. **17**, 772 (1926).

FAESSLER, A.: (a) Zbl. Min. Geol. Paläont. A, Nr 1, 10 (1931); (b) Z. Phys. **88**, 342 (1934). — FAESSLER, A., u. G. KÜPFERLE: Z. Phys. **93**, 237 (1935).

GLOCKER, R., u. W. FROHNMAYER: Ann. Phys. [4] **76**, 369 (1925). — GLOCKER, R., u. H. SCHREIBER: Ann. Phys. [4] **85**, 1089 (1928). — GOLDSCHMIDT, V. M., u. CL. PETERS: Nachr. Götting. Ges., Math.-phys. Kl. **1933**, 371. — GOLDSCHMIDT, V. M., u. L. THOMASSEN: Videnskapssels kapets Skrifter I. Math.-Naturw. Klasse **1924**, 5, 1; durch C. **95**, **II**, 1327 (1924).

HARRIS, J. A., L. F. YNTEMA u. B. S. HOPKINS: Am. Soc. **48**, 1594 (1926). — HEVESY, G. v., J. BÖHM u. A. FAESSLER: Z. Phys. **63**, 74 (1930).

KIMURA, K.: Bl. chem. Soc. Japan **13**, 10 (1938).

LIEBHAFSKY, H. A.: Anal. Chem. **21**, 17 (1949).

MATVEGEFF, C.: Neues Jahrb. Mineral. Geol. A **65**, 223 (1932). — MAZZA, L.: (a) G. **65**, 724 (1935); (b) G. **65**, 730 (1935). — MINAMI, E.: Nachr. Götting. Ges., Math.-phys. Kl. IV (N. F.) **1**, 155 (1935). — MOXNES, N. H.: Ph. Ch. A **152**, 380 (1931).

NODDACK, I.: Z. anorg. Ch. **225**, 337 (1935). — NODDACK, W.: Erg. techn. Röntgenkunde **3**, 67 (1933).

PROTOPOPOV, V. M.: Mém. Soc. russe Minéral. **66**, 432 (1937).

ROLLA, L., u. L. FERNANDES: G. **56**, 862 (1926).

SAHAMA, TH. G., u. V. VÄHATALO: Bl. Commiss. géol. Finlande **14**, 50 (1941).

## *V. Magnetochemische Analyse.*

Fußend auf den Untersuchungen über den Paramagnetismus der Elemente der seltenen Erden (MAYER, WILLS und LIEBKNECHT), entwickelte URBAIN eine Analysenmethode, die ursprünglich nur für die Elemente der seltenen Erden bestimmt war, heute jedoch eine wesentlich allgemeinere Anwendung in Forschung und Analyse gefunden hat (KLEMM). Schon die ersten Messungen deuteten innerhalb der Reihe der seltenen Erden nicht nur zahlenmäßige Unterschiede, sondern auch ein völlig verschiedenes Verhalten mancher Erden an. Während die Ionen des (Scandiums) Yttriums, Lanthans und Cassiopeiums diamagnetisch waren, zeigten die der bunten Erden einen nicht unbeträchtlichen Paramagnetismus, der mindestens ebenso stark, häufig jedoch stärker als der der Elemente der Eisengruppe war. Der Zusammenhang zwischen Farbe und Paramagnetismus wurde frühzeitig erkannt (MAYER, WEDEKIND) und von LADENBURG durch die unvollständigen Zwischenschalen gedeutet. Die von MAYER sowie CABRERA herrührende magnetische Kurve teilt die Elemente der seltenen Erden in zwei Teile, deren Maxima beim Neodym und Dysprosium liegen, demnach bei Elementen, deren Ionen stark gefärbt sind.

Für die magnetochemische Analyse der seltenen Erden ist die Erscheinung von Bedeutung, daß das magnetische Moment der Ionen durch die Gitterfelder wenig beeinflußt wird. URBAIN wendet für seine Untersuchungen das aus den Oxalaten durch Glühen erhaltene Oxyd an, während DECKER sowie ZERNIKE und JAMES die Oktohydrate der Sulfate zur Messung heranziehen. SUGDEN und Mitarbeiter führen Präzisionsmessungen mit Lösungen in Quarzgefäßen durch. Eine wichtige Voraussetzung für die Anwendung der magnetischen Analyse auf Gemische von seltenen Erden liegt in der strengen Additivität der magnetischen Suszeptibilitäten der einzelnen Bestandteile. Von URBAIN sichergestellt, ist im Laufe der Untersuchungen verschiedener Autoren kein Fall der Ausnahme bekannt geworden.

Für die Analyse von Gemischen seltener Erden mit Hilfe der magnetischen Waage kommen Fraktionen in Betracht, die zwei seltene Erden enthalten. Nur für den Fall, daß auf anderem Wege eine Komponente quantitativ bestimmt werden kann, eignen sich auch ternäre Gemische. Die klassische Anwendung dieser Methode erstreckte sich auf die Elementpaare Yttrium-Dysprosium und Ytterbium-Cassiopeium, besonders günstige Fälle, da je ein Erdelement (Yttrium und Cassiopeium) diamagnetisch war. Im allgemeinen kann man zwei benachbarte Erden zur Analyse verwenden, wenn die Werte der magnetischen Suszeptibilität nicht zu nahe liegen.

Die Werte sind zum größten Teil der Untersuchung durch ZERNIKE und JAMES entnommen; die mit einem Stern bezeichneten Zahlen stammen von DECKER, während der Wert für Thulium (zwei Sterne), das die vorgenannten Forscher nicht untersuchten, auf CABRERA zurückgeht. Neuere Erkenntnisse auf dem Gebiete des Paramagnetismus der seltenen Erden sind bei YOST, RUSSELL JR. und GARNER ausführlich diskutiert.

Tabelle der magnetischen Suszeptibilität ($\varkappa \cdot 10^{-6}$) der festen Oktohydratsulfate. (Korrigiert um den Wert des Sulfations und des Kristallwassers.)

| | |
|---|---|
| Yttrium | diamagnetisch |
| Lanthan | diamagnetisch |
| Cer | 2377 |
| Praseodym | 5100 |
| Neodym | 5270 |
| Samarium | 997 |
| Europium | 6700* |
| Gadolinium | 25860 |
| Terbium | 37200 |
| Dysprosium | 50400* |
| Holmium | 45470 |
| Erbium | 39250 |
| Thulium | 22100** |
| Ytterbium | 8311 |
| Cassiopeium | diamagnetisch |

Wie aus der Zusammenstellung zu ersehen ist, sind folgende Elementpaare für die Analyse schlecht oder nicht geeignet: Yttrium-Lanthan, Lanthan-Cer(IV)-verbindungen [da das Cer(IV)-ion praktisch diamagnetisch ist], Praseodym-Neodym und Dysprosium-Holmium. Sehr günstig liegen die Differenzen bei Samarium, Europium und Gadolinium, bei denen jedes folgende Ion den 5fachen Wert der magnetischen Suszeptibilität des vorhergehenden besitzt.

**Durchführung.** Die apparativen Anforderungen zur Durchführung einer magnetischen Analyse sind von KLEMM sowie EUCKEN ausführlich beschrieben worden.

In den meisten Fällen handelt es sich um die Bestimmung von Relativwerten, so daß es genügt, diese Größen als Ausschläge der magnetischen Waage für stets gleiche Mengen zu registrieren. Bei stark paramagnetischen Substanzen können Proben von 2 mg genügen. Wenn Fraktionen auf fortschreitende Trennung untersucht werden sollen, ist es vorteilhaft, die Ausschläge beider Komponenten in reinem Zustand bei gleicher Temperatur (die auch bei den folgenden Messungen genau eingehalten werden muß) festzustellen. Den Gehalt an einem Bestandteil des zu untersuchenden Erdenpräparates berechnet man, da sich die magnetische Suszeptibilität eines Präparates additiv aus den Komponenten zusammensetzt, nach der Mischungsregel durch eine einfache Proportion.

***Bemerkungen.*** Mit allem Nachdruck muß betont werden, daß die magnetischen Untersuchungsmethoden besondere Ansprüche an die Reinheit des Materials stellen. Vor allem stören Eisen und seine Verbindungen (metallisches Eisen kann bis $10^{-5}$% sehr unangenehme Störungen hervorrufen). Hingegen gestattet diese hohe Empfindlichkeit beim Yttrium, Verunreinigungen an bunten Yttererden nachzuweisen, die mit anderen Methoden nicht aufgefunden werden können.

Im allgemeinen treten Fehler von 1 bis 1,5% auf; bei sehr günstigen Differenzen der Suszeptibilitäten der Bestandteile können die Abweichungen äußerst kleine Beträge annehmen.

Über Versuche, die seltenen Erden mit Hilfe eines magnetischen Feldes zu trennen, berichten NODDACK und WICHT sowie BLAUDIN und LORIERS.

## Literatur.

BLAUDIN, J., u. J. LORIERS: C. r. **236**, 1885 (1953).
CABRERA, B.: J. Phys. **6**, 252 (1925).
DECKER, H.: Ann. Phys. [4] **79**, 324 (1926).
EUCKEN, A.: Der Chemie-Ingenieur II/IV, 294.
KLEMM, W.: Magnetochemie. Leipzig 1936.
LADENBURG, R.: Z. El. Ch. **26**, 270 (1920).
MAYER, ST.: (a) B. **33**, 320 (1900); (b) Naturwiss. **8**, 284 (1920); (c) Phys. Z. **26**, 51, 479 (1925).
NODDACK, W., u. E. WICHT: Z. El. Ch. **56**, 893 (1952).
SUGDEN, S., u. Mitarbeiter: Chem. Soc. **1949**, 132.
URBAIN, G.: C. r. **150**, 913 (1910).
WEDEKIND, E.: B. **54**, 253 (1921). — WILLS, A. P., u. O. LIEBKNECHT: Verh. phys. Ges. **1**, 170, 236 (1899).

YOST, D. M., H. RUSSELL JR. u. C. S. GARNER: The rare-earth Elements and their Compounds, S. 12. New York 1947.
ZERNIKE, J., u. C. JAMES: Am. Soc. 48, 2827 (1926).

## *VI. Die radiometrische Analyse.*

Bei der künstlichen Uranspaltung treten als Bruchstücke seltene Erden auf, radioaktive Isotope des Yttriums und der Ceriterden von Lanthan bis Gadolinium. Ihre Untersuchung erfordert eine neue analytische Methodik, denn die zur Verfügung stehenden Mengen liegen weit unter der Grenze der Nachweisbarkeit. Auch die Abtrennung der einzelnen Erden muß auf neuen Wegen gehen, da die kurze Lebensdauer mancher Isotope eine rasche Arbeitsweise vorschreibt. Die Yttererden treten als Spaltprodukte im Uranbrenner nicht auf, lassen sich jedoch ebenso wie die Ceriterden durch Bestrahlen mit einer thermischen Neutronenquelle aktivieren. Alle auf künstlichem Wege hergestellten radioaktiven seltenen Erden sind $\beta$-Strahler, viele auch $\gamma$-Strahler, und unterscheiden sich durch ihre Halbwertzeit und durch die Absorbierbarkeit ihrer Strahlen. (Die seltenen Erden besitzen auch zwei natürliche Strahler: das Sm als $\alpha$-Strahler $1{,}4 \cdot 10^{11}$ a Hwz. und das Cp als $\beta$-Strahler $7{,}3 \cdot 10^{10}$ a Hwz.) Bei durch Neutronenbestrahlung hergestellten aktiven Erden ist noch die Intensität der Aktivierung zu beachten, die für die einzelnen Elemente ebenfalls verschieden groß ist. Die folgende Tabelle von BOTHE bringt die zugehörigen Werte.

| Halbwertzeit | Halbwertdicke mg Al/cm² | Intensitäten 0,1 mm Al Zählrohr | |
|---|---|---|---|
| | | 0,5 g $R_2O_3$ auf 2 cm Durchm. | dünne Schichte |
| Sc 85 d | 10 | 9,7 | 12 |
| Y 61 h | 155 | 380 | 140 |
| La 40 h | 80 | 1870 | 817 |
| Ce 33 h u. 30 d | 67, 15 | 30; 0,6 | 15; 0,9 |
| Pr 19 h u. 12,5 d | 150, 40 | 1,7; 9000 | 1,2; 3000 |
| Nd 2 h, 47 h u. 11 d | 80, 55, 30 | 640; 27; 2,6 | 320; 16; 2,5 |
| Pm | — | — | — |
| Sm 21 m, 47 h | —; 26 | 26,000; 500 | —; 1900 |
| Eu 9,3 h u. 7 a | 105, — | 200,000; 11 | 210,000; 14 |
| Gd 8 d | — | — | — |
| Tb 73 d | 27 | 31 | 29 |
| Dy 140 m | 63 | $10^6$ | |
| Ho 27 h | 120 | 20,000 | 7000 |
| Er 6 h u. 20 h | 60, 18 | 850; 19 | 520; 30 |
| Tm 127 d | 39 | 110 | 80 |
| Yb 2,4 h, 99 h u. 33 d | 65, 15, — | 2300; 88; 0,17 | 12001; 160; 0,05 |
| Cp 3,6 h u. 6,8 d | 63, 16 | 4300; 251 | 2400; 450 |

m = Minuten; h = Stunden; d = Tage; a = Jahre.

Spalte 1 führt die seltenen Erden und ihre Halbwertzeiten an; Erden, die aus mehreren Isotopen bestehen, können mehrere Halbwertzeiten besitzen, die sich jedoch voneinander unterscheiden. Spalte 2 bringt Zahlenwerte für die Absorbierbarkeit der $\beta$-Strahlen. Für die Umrechnung auf andere Meßbedingungen und zur einfachen Kennzeichnung des Durchdringungsvermögens der $\beta$-Strahlen sind die Halbwertdicken der Aluminiumfolien in mg Al je cm² angegeben. Spalte 3 und 4 enthält Relativwerte der Aktivitäten nach einer kurzen Bestrahlung mit thermischen Neutronen. Spalte 3 gilt für 0,5 g $R_2O_3$ auf einer Kreisfläche von 2 cm Durchmesser, während Spalte 4 für unendlich dünne Präparate von gleicher Masse berechnet ist. In beiden Spalten ist die Dy-Aktivität gleich $10^6$ gesetzt.

Neuere Angaben über Wirkungsquerschnitte vieler Elemente finden sich bei LEDDICOTTE und REYNOLDS, wo der höchste Wert, Dy, mit 738 angeführt ist (s. GÖTTE bzw. MATTAUCH und FLAMMERSFELD).

Über die quantitative Aufarbeitung der Uranspaltprodukte haben HAHN, STRASSMANN und SEELMANN-EGGEBERT berichtet; die Abtrennung der seltenen Erden ist auf S. 248 beschrieben, ihre qualitative Erkennung und quantitative Erfassung siehe LINDNER und auf S. 290. Ferner sind die Untersuchungen von BOTHE zu nennen, aus denen die Methodik der Erkennung unbekannter $\beta$-Strahler und die Bestimmung ihrer Halbwertzeit hervorgeht.

Für die quantitative Analyse der seltenen Erden kann die künstliche Radioaktivität in verschiedener Art nutzbar gemacht werden.

1. Die Erdengemische werden durch thermische Neutronen aktiviert.

2. Dem Erdengemisch werden bekannte Mengen von radioaktiven Isotopen zugesetzt.

3. Das Erdengemisch wird mit einem Reagens gefällt, das in Spuren einen radioaktiven Bestandteil enthält.

Zu 1. Wie aus Spalte 3 der Tabelle hervorgeht, sind bei der künstlichen Aktivierung die Intensitäten von Element zu Element innerhalb der seltenen Erden verschieden. Das Dy hat die größte Zahl, hierauf folgt das Eu und erst in einem weiteren Abstand die anderen Lanthaniden. v. HEVESY und LEVY haben 1938 diese Methode zuerst angewendet, um geringe Mengen Eu in Reingadolinium zu bestimmen. Der Gehalt an Dy wurde von GOLDSCHMIDT und DJOURKOVITCH ermittelt, und schließlich hat BOTHE gezeigt, daß Tm in Ytterbinerden mit großer Genauigkeit erfaßt werden kann.

Zur Durchführung einer derartigen Bestimmung ist eine konstante Quelle für thermische Neutronen erforderlich, die meist aus einer innigen Mischung von Radiumchlorid und Beryllium besteht. Die schnellen Neutronen werden durch Paraffinblöcke verlangsamt, so daß nur thermische Neutronen auf das zu untersuchende Präparat gelangen. Wesentlich für die Anwendung dieser Methode sind die genau einzuhaltenden Versuchsbedingungen, vor allem Stellung des Präparates zur Neutronenquelle oder zum Zähler und die Zeit der Bestrahlung. Zur Vereinfachung werden auch gleiche Gewichte von Probe und Vergleichssubstanz angewendet, wobei es unwesentlich ist, welche Verbindungen zur Untersuchung ausgewählt werden; sie müssen nur gleich sein. Die Zählapparatur besteht aus einem gepanzerten GEIGER-MÜLLER-Zählrohr, für das BOTHE 2 cm Durchmesser, 3 cm wirksame Länge und 0,1 mm Wandstärke angibt. Das gut auflösende Zählwerk steht mit dem Zählrohr über eine einfache NEHER-HARPER-Schaltung in Verbindung. Zuerst mißt man die möglicherweise vorhandene Aktivität des zu untersuchenden Gemisches und der synthetisch hergestellten Eichpräparate. Hierauf wird unter gleichen Bedingungen (Geometrie und Zeit) die Bestrahlung durch thermische Neutronen vorgenommen. Nach gleichen Zeitabständen und bei gleicher Geometrie wird die Aktivität gemessen. Bei Ermittlung kleiner Gehalte an Eu oder Dy wird durch eine einfache Proportion der Gehalt der Probe aus der Eichsubstanz genügend genau ermittelt. Sind Werte über 10% zu bestimmen, so muß eine Korrektur angebracht werden, deren Ermittlung GOLDSCHMIDT und DJOURKOVITCH genau beschreiben.

Der Thuliumnachweis mittels der 127 d-Aktivität ist sehr empfindlich und kann bis zu 0,01% herab leicht erfolgen. BOTHE zeigt an der Untersuchung eines Ytterbiumpräparates die radiometrische Bestimmung von Tm (0,05%) und Cp (2%), ein etwas schwieriger Fall, und den Vorteil der kombinierten Abfalls- und Absorptionsanalyse.

Einen Vergleich der Aktivierungsanalyse mit der spektrophotometrischen Methode führten MEINKE und ANDERSON durch. In den Erdenpaaren Sm–Eu und Dy–Ho ist die radiochemische Analyse überlegen, auch dann, wenn andere Erden

(Ausnahme Cp) bis zum gleichen Gehalt anwesend sind. Der Fehler beträgt weniger als 1%. Bei Anwesenheit von Cp ergibt sich bei gleichem Gehalt eine Abweichung von 5%.

Zu 2. Der Zusatz von radioaktiven Isotopen zu einem Erdengemisch hat in der Ausarbeitung der chromatographischen Trennungen eine große Rolle gespielt. Meist wendet man Isotope aus der Uranspaltung an und wählt die aktive Erde so aus, daß der Trennungsgang durch eine einfache Zählung verfolgt werden kann. Man setzt zu einem bekannten Volumen der zu trennenden Erden den aktiven trägerfreien Indicator zu, bestimmt in einem kleinen Volumen die Gesamtaktivität und verfolgt nun die Trennung, indem man von Zeit zu Zeit eine Zählung oder nach KETELLE und BOYD eine dauernde automatische Zählung bei langsam durchfließender Lösung vornimmt. Im ersten Falle dampft man die zu untersuchende Lösung auf einem Uhrglas ein und bringt die Trockensubstanz unter das Zählrohr. Besser bewährte sich, wie HARRIS und TOMPKINS fanden, ein zylindrischer Porzellantiegel, 35 mm im Durchmesser und 12 mm hoch, in der die zu untersuchende Probe mit 5%iger Citratlösung auf 5 cm³ aufgefüllt wurde. Beim Abdampfen bildet sich auf dem Boden des Näpfchens eine gleichförmige Schichte mit einer Selbstabsorption, die für alle gleichartigen Proben konstant bleibt. Nach FREEDMAN und HUME sind Messungen an festen Körpern mit Fehlern von 2 bis 5% behaftet. Kleine Cu- oder Al-Schälchen, 20 mm Durchmesser, 4 mm hoch, werden mit der zu messenden Flüssigkeit beschickt und mit einem dünnen Zaponlackfilm abgedeckt. Derartige Messungen sind auf 0,1% genau. Die Durchflußzählung erfordert eine komplizierte Apparatur, über die bei KETELLE und BOYD sowie BOYD, MEYERS und ADAMSON nachgelesen werden kann. Die selbsttätige Zählung wird nicht in gleichen Zeiträumen vorgenommen; die Intervalle gehen reziprok mit der gemessenen Teilchenzahl.

Sind mehrere aktive Isotope vorhanden oder sind radioaktive Erden aus den Spaltprodukten des Urans rein darzustellen, so wird die einfache Zählung nicht ausreichen. Es werden Differenzialmessungen mit Absorbern notwendig sein, wie sie BOTHE sowie HARRIS und TOMPKINS angewendet haben.

Zur Erforschung der unübersichtlichen Gleichgewichte der Kaliumdoppelsulfatfällung hat BEYDON die radioaktiven Indicatoren zu Hilfe gezogen. Eine konzentrierte Lanthan- und Yttersulfatlösung wurde mit den aktiven Isotopen versetzt, die Aktivität gemessen und gemischt. Durch Zusatz von Kaliumsulfat wurden die Ceriterden ausgefällt, 15 Min. eisgekühlt, filtriert und mit gesättigter Kaliumsulfatlösung gewaschen. Die Erdhydroxyde wurden gemessen. Es ergab sich, daß im gefällten Lanthan-Kaliumsulfat 10% des vorhandenen Yttriums nachzuweisen war, während im Filtrat nur 3% Lanthan gefunden wurden.

Zu 3. Die Verwendung von Reagenzien, die in ihrem Molekül geringe Mengen eines radioaktiven Isotopes enthalten, zur radiometrischen Bestimmung eines Ions haben MOELLER und SCHWEITZER an dem Beispiel der Monazitanalyse vorgeführt. Es sollte eine rasche Thorbestimmung gefunden werden, die mit Hilfe des im Handel leicht erhältlichen aktiven Phosphorisotopes durchzuführen ist. Es wurde die auf S. 261 beschriebene Methode von CARNEY und CAMPBELL ausgewählt und das hierzu notwendige Natriumpyrophosphat aus der künstlichen aktiven Phosphorsäure hergestellt. Das Fällungsreagens, käufliches Natriumpyrophosphat, wurde in einem Meßkolben angesetzt, hierauf mit einer entsprechenden Menge des aktiven Pyrophosphates versetzt und zur Marke aufgefüllt. Der Pyrophosphatgehalt ist aus der Einwaage bekannt, die Aktivität wird in einer Zählvorrichtung für Flüssigkeiten für eine bekannte Zahl von Kubikzentimetern gemessen. Da der Umsatz der Thorlösung mit Natriumpyrophosphat streng stöchiometrisch verläuft, kann der Thorgehalt aus der verbrauchten Reagensmenge und der im Filtrat an dem vorhandenen Überschuß gemessenen Aktivität errechnet werden. Man fällt in einem Meßkolben, füllt auf und verwendet zur Messung ein bekanntes Volumen.

Die Werte, erhalten aus reinen Thorlösungen in 0,3 n Salzsäure, geben eine vorzügliche Übereinstimmung. Die Thortrennung von den seltenen Erden ist bei Gegenwart von Yttererden nicht ganz scharf, so daß eine doppelte Fällung vorgenommen werden muß. Die erste Fällung wird mit dem nichtaktiven Reagens durchgeführt, der Niederschlag in Oxalat verwandelt und dieses mit Natriumhydroxyd umgesetzt und das gewonnene Thorhydroxyd nach gutem Auswaschen in Salzsäure gelöst. Ein anderer Weg zerstört in schwefelsaurer Lösung die Oxalsäure mit Kaliumpermanganat, worauf sich eine Hydroxydfällung anschließt. Die zweite Fällung wird radiometrisch ausgewertet.

Die mitgeteilten Resultate sind den Standardmethoden ebenbürtig; durch die doppelte Fällung ist jedoch gegenüber den gebräuchlichen Verfahren keine wesentliche Zeitersparnis erkennbar.

Literatur.

BEYDON, J.: C. r. **224**, 1715 (1947). — BOTHE, W.: Z. Naturforschg. **1**, 173, 179 (1946). — BOYD, G. E., L. S. MEYERS u. A. W. ADAMSON: Am. Soc. **69**, 2849 (1947).

FREEDMAN, A. J., u. D. H. HUME: Anal. Chem. **22**, 933 (1950).

GOLDSCHMIDT, B., u. O. DJOURKOVITCH: Bl. **6**, 718 (1939). — GÖTTI, H.: Chem. Ing. Tech. **24**, 204 (1952).

HAHN, O., F. STRASSMANN u. W. SEELMANN-EGGEBERT: Z. Naturforschg. **1**, 545 (1946). — HARRIS, D. H., u. E. R. TOMPKINS: Am. Soc. **69**, 2792 (1947). — HEVESY, G. v., u. H. LEVY: Kgl. danske Vidensk. Selsk., math.-fys. Medd. **15**, 15 (1938).

KETELLE, B. H., u. G. E. BOYD: Am. Soc. **69**, 2800 (1947).

LEDDICOTTE, G. W., u. S. A. REYNOLDS: Nucleonics **8**, 3, 62 (1951). — LINDNER, R.: Z. Naturforschg. **2a**, 329, 333 (1947).

MATTAUCH, J., u. A. FLAMMERSFELD: Landolt-Börnstein, 6. Aufl. Bd. 1 Teil 5 S. 294 (1952). — MEINKE, W. W., u. R. E. ANDERSON: Anal. Chem. **26**, 907 (1954). — MOELLER, TH., u. G. K. SCHWEITZER: Anal. Chem. **20**, 1201 (1948).

## *VII. Andere physikalische Methoden.*

Gelegentlich der Bestimmung der Isotopenzusammensetzung von Neodym und Samarium mit Hilfe des Massenspektrographen haben MATTAUCH und SCHELD auf die Möglichkeit hingewiesen, kleinste Mengen von Verunreinigungen in einer seltenen Erde zu bestimmen. An den überbelichteten Aufnahmen der doppelt geladenen Ionen von Neodym wurden die Elemente Lanthan, Praseodym, Cer und Samarium sicher festgestellt, und ihr Gehalt konnte durch Vergleich der Intensität ihrer Linien mit der Linie $^{148}Nd^{++}$ abgeschätzt werden. So sind erfaßt worden: 0,15‰ La; 0,35‰ Ce; 1,5‰ Pr und 0,6‰ Sm.

Auf gleiche Weise führten in einem Gemisch radioaktiver seltener Erden LEWIS und HAYDN die direkte Bestimmung der anwesenden Erden und ihrer Isotopen durch.

Literatur.

LEWIS, L. G., u. R. J. HAYDN: R. Science Instr. **15**, 599 (1948).

MATTAUCH, J., u. H. SCHELD: Z. Naturforschg. **3a**, 105 (1948).

## *VIII. Der Aufschluß von Mineralien und die Abscheidung der Elemente der seltenen Erden.*

### a) Allgemeines.

Aus zahlreichen Gesteinsuntersuchungen, die in der jüngsten Zeit durchgeführt worden sind, wissen wir, daß die seltenen Erden viel mehr verbreitet sind, als man ursprünglich vermutet hat. Man wird bei der genauen Bestimmung der Bestandteile von Gesteinen oder Mineralien stets mit ihrem Vorkommen rechnen müssen und die Analysenmethoden so wählen, daß die Elemente der seltenen Erden quantitativ erfaßt werden. Bei den älteren Untersuchungen übersah man meist ihre Gegenwart, und im Gange der Analyse wurden sie mit einem sich ähnlich verhaltenden Element gemeinsam abgeschieden und als jenes in Rechnung gestellt.

Der größte Teil der durchgeführten Analysen dient wissenschaftlichen Zwecken, und die Abscheidungsmethoden richten sich danach, ob die seltenen Erden den Hauptbestandteil, eine wenige Prozente betragende Beimengung oder ein spurenweises Vorkommen im Mineral bilden. Die Untersuchung von Ausgangsprodukten auf seltene Erden für technische Zwecke hat eine sehr geringe Bedeutung, da sie als Nebenprodukte anfallen. Der Monazitsand, aus dem man den größten Teil der vorhandenen seltenen Erden gewonnen hat, wird nach dem Thoriumgehalt gehandelt.

Die Vorbereitung der Mineralien zur Analyse wird wie üblich durchgeführt, doch muß beachtet werden, daß häufig ihre Oberfläche verwittert ist. Man wird daher eine sorgfältige Auslese der Bruchstücke vornehmen. Der im Handel vorkommende Monazitsand ist nicht einheitlich, sondern enthält eine Reihe von beigemengten Fremdmineralien. Für technische Analysen wird man sie im Durchschnittsmuster belassen, für wissenschaftliche Untersuchungen jedoch strebt man ihre weitgehende Entfernung an. Eine derartige Aufbereitung haben BALTUCH und WEISSENBERGER beschrieben. Siehe ferner elektromechanische Scheidung der Erze und Sande (LUNGE-BERL).

Zu den leicht aufschließbaren Mineralien zählen die Silicate und Phosphate der Elemente der seltenen Erden. Niobate, Tantalate und Titanate sind oft mit einem Aufschluß nicht vollständig in Lösung zu bringen. Es ist daher notwendig, die Proben äußerst fein zu pulvern, um unaufgeschlossene Rückstände zu vermeiden oder auf ein Mindestmaß herabzudrücken.

Die Einwaage der zu analysierenden Substanzen richtet sich sowohl nach der Menge der vorhandenen Erdelemente als auch nach der Untersuchungsmethode. Für die übliche Durchführung wird nur die Summe der Elemente der seltenen Erden verlangt; eine Menge von etwa 1 g Ausgangssubstanz wird meist hinreichen. Wird die Zusammensetzung der seltenen Erden röntgenspektroskopisch bestimmt, so ist man von der Größe der Einwaage ziemlich unabhängig, da bereits etwa 10 mg der abgeschiedenen und gereinigten Erdoxyde für die Untersuchung genügen. Wünscht man eine gravimetrische Trennung der Ceriterden von den Yttererden, so werden 5 bis 10 g eingewogen. Bei Columbiten und Tantaliten, in denen eine Niob- und Tantaltrennung sowie eine Cer- und Yttertrennung vorgenommen werden soll, müssen 20 bis 30 g aufgeschlossen werden. Eine weitergehende Zerlegung des Gemisches der seltenen Erden wird mit Ausnahme des leicht zu erfassenden Cers selten gefordert werden, denn sie überschreitet den Rahmen einer Analyse und ist nur auf präparativem Wege mit Ausgangsmengen von etwa 800 g gereinigten Erdoxyden durchführbar. Für technische Analysen wählt man aus Rücksicht auf ein gutes Durchschnittsmuster Einwaagen bis zu 50 g, füllt die Lösung des aufgeschlossenen Minerals in einen Meßkolben und verwendet aliquote Teile, deren Gehalt sich in den oben angegebenen Grenzen bewegt.

### b) Aufschluß.

SPENCER gibt für die verschiedenen Mineralien der seltenen Erden folgende Aufschlußmethoden an: Cerit, Orthit, Gadolinit, Thorit und Yttrialith lassen sich durch konzentrierte Salzsäure in Lösung bringen. Xenotim, Yttrotitanit, Thorianit und Monazit werden durch Schwefelsäure aufgeschlossen. Die Niob und Tantal enthaltenden Minerale, wie Fergusonit, Euxenit, Polykras, Samarskit und Yttrotantalit, werden durch Bisulfate oder durch Fluorwasserstoffsäure zerlegt. Es ist für die Wahl der Aufschlußmethoden sehr wichtig, über die vorhandenen Bestandteile unterrichtet zu sein. Manchmal gelingt es, aus der Herkunft der Probe Schlüsse zu ziehen; meist jedoch wird eine qualitative oder spektroskopische Untersuchung notwendig sein.

### 1. Mit konzentrierter Schwefelsäure.

Das am häufigsten angewandte Aufschlußmittel ist konzentrierte Schwefelsäure, die in dem Temperaturintervall von 200° bis zum Siedepunkt auch die widerstandsfähigsten Partikeln angreift. Der Monazitsand wird sowohl für technische als auch für analytische Zwecke durch Schwefelsäure in Lösung gebracht. Oft kombiniert man die Arten des Aufschlusses, indem die von der Schwefelsäure nicht angegriffenen Teile abgetrennt und mit Bisulfat oder Flußsäure nochmals behandelt werden. An dem Beispiel des Monazitsandes sei ein derartiger Aufschluß beschrieben.

**Durchführung.** In einer Platinschale wird die eingewogene Probe mit dem 3fachem Gewicht an konzentrierter Schwefelsäure übergossen und allmählich auf 200° erwärmt. Nach etwa 4 Std. hat sich das Mineral in einen weißlichgrauen Brei verwandelt. Die Vollständigkeit des Aufschlusses prüft man durch Herausnahme einer kleinen Menge auf ein Uhrglas. Man verreibt mit 1 Tropfen Wasser und beobachtet durch eine Lupe, ob noch gelbe Monazitteilchen aufzufinden sind. Ist dies nicht der Fall, so läßt man abkühlen und trägt den Brei in 400 bis 750 $cm^3$ kalten Wassers unter gutem Umrühren langsam ein. Man läßt die Flüssigkeit unter gelegentlichem Rühren einige Zeit stehen und filtriert hierauf in einen 1 l fassenden Meßkolben. Man extrahiert die im Becherglas zurückbleibenden Sulfate nochmals, filtriert und sammelt den gesamten Rückstand auf dem Filter.

Dieses wird getrocknet, verascht und nochmals mit etwa 10 $cm^3$ konzentrierter Schwefelsäure während 1½ Std. aufgeschlossen. Man löst, wie oben angegeben, und vereinigt nach Filtration die Lösung mit der Hauptmenge. Der im Filter verbleibende Rückstand ist die Gangart. Manchmal bilden sich in der ursprünglich klaren Lösung Niederschläge, bestehend aus Hydrolyseprodukten der Erdsäuren. Vor weiterer Behandlung der Lösung muß diese Trübung durch Filtration entfernt werden. Mit verdünnter Schwefelsäure wäscht man den Meßkolben und das Filter gut aus.

***Bemerkungen.*** HENNINGS nimmt den Aufschluß in einem KJELDAHL-Kolben vor; die ständig siedende Schwefelsäure schließt rasch und vollständig auf. Ist in der zu untersuchenden Substanz Phosphorsäure enthalten, so darf beim Aufschluß die überschüssige Schwefelsäure nicht völlig fortgedampft werden, da sich die Phosphate der seltenen Erden zurückbilden. Ist keine Phosphorsäure vorhanden, so kann man den Aufschluß durch schwaches Glühen (bei etwa 400°) vervollständigen. Der erkaltete Rückstand wird in etwa 2%iger Schwefelsäure aufgenommen.

### 2. Mit Hydrogensulfaten.

In der älteren Literatur findet man häufig die Verwendung von Kaliumhydrogensulfat verzeichnet. Man ist wegen der Bildung schwerlöslicher Kaliumdoppelsulfate von seiner Verwendung abgegangen und hat an seiner Stelle Natriumhydrogensulfat genommen. Das käufliche kristallisierte oder wasserfreie Salz wird in einem Platintiegel durch vorsichtiges Schmelzen und Erhitzen von der Feuchtigkeit vollständig befreit und nach dem Erkalten gepulvert.

**Durchführung.** Das sehr fein zerteilte Mineral wird mit der 5- bis 6fachen Menge des Natriumhydrogensulfates gemischt und im Platintiegel mit aufgesetztem Deckel langsam erhitzt. Während des Aufschlusses, der in 40 bis 50 Min. beendet ist, rührt man mit einem Platinspatel um und ergänzt nach teilweiser Abkühlung die verdampfte Schwefelsäure durch Zugabe einiger Kubikzentimeter konzentrierter Säure. Schließlich wird bis zur Rotglut erhitzt. Nach dem Erkalten wird vorsichtig mit kaltem Wasser aufgenommen, in einen großen Rundkolben quantitativ übergeführt, mit Wasser auf 2 l aufgefüllt und mit aufgesetztem Rückflußkühler 24 Std. gekocht. Es fallen durch Hydrolyse die Niob-, Tantal- und Titansäure quantitativ aus; ferner sind die Kieselsäure, Wolframsäure und Zinnsäure neben Bleisulfat und Antimonoxyd im Niederschlag enthalten. Man filtriert und wäscht mit heißem Wasser, bis die ablaufende Flüssigkeit keine mit Ammoniak fällbaren Stoffe mehr enthält. Im Filtrat sind als Sulfate anwesend: Thorium, Zirkon, Eisen, Aluminium, Calcium, Magnesium und die Elemente der seltenen Erden. Durch Fällung bei Gegenwart von Ammoniumchlorid mit Ammoniak, Filtrieren und Waschen mit heißem Wasser werden die unlöslichen Hydroxyde von Calcium und Magnesium abgetrennt. Man löst den Niederschlag in möglichst wenig Säure auf (Analysengang nach HAUSER und HERZFELD).

***Bemerkungen.*** Die Hydrolyse der Niob- und Tantalsäure ist meist nach 2- bis 2½stündigem Kochen am Rückflußkühler beendet. Schwieriger gestaltet sich die Abscheidung der Titansäure. Gelingt es nicht, durch einfaches Kochen vollständige Hydrolyse zu erreichen, so stumpft man die überschüssige Säure durch sehr verdünntes Ammoniak etwas ab; die Lösung muß jedoch deutlich sauer reagieren. Man kocht einige Stunden und überzeugt sich durch Tüpfeln mit Wasserstoffperoxyd von der völligen Hydrolyse.

Wenn unaufgeschlossene Mineralteilchen in dem Hydrolysenniederschlag aufzufinden sind, verglüht man den Niederschlag und schließt nochmals mit Natriumpyrosulfat auf. (Beim Veraschen achte man darauf, daß der Platintiegel nicht durch Blei, Zinn und Antimon zerstört wird.)

Sind in dem Mineral Schwermetalle der Schwefelwasserstoffgruppe vorhanden, so fällt man diese vor der Fällung mit Ammoniak durch Schwefelwasserstoff. Im Filtrat verkocht man das gelöste Gas und oxydiert hierauf das Eisen. Nun folgt die weitere Abtrennung über die Hydroxyde. Diese früher oft angewendete Scheidung leidet an der schwierigen Durchführung sowie an der reichlichen Adsorption der in der Lösung befindlichen Ionen durch die Hydrolysenprodukte. Die Trennung mit Fluorwasserstoffsäure ist leichter durchführbar und gibt exaktere Resultate.

### 3. Mit Perchlorsäure.

WILLARD und GORDON schließen Monazite mit Perchlorsäure auf und erreichen auch bei großen Einwaagen vollständigen Aufschluß.

**Durchführung.** 50 g Monazit werden in einem 1 l-ERLENMEYER-Kolben, der einen Ausguß besitzt, mit 200 cm³ 70%iger Perchlorsäure zum Sieden erhitzt und bei heftigem Kochen 60 bis 75 Min. ohne Verwendung eines Uhrglases belassen. Nach dem Abkühlen werden noch 50 cm³ Perchlorsäure zugegeben und unter Schütteln langsam mit 300 cm³ Wasser verdünnt. Zur Reduktion von Ce(IV)-ionen wird 18 g kristallisiertes Hydrazinchlorid zugegeben, gut umgeschüttelt und etwa 1 Std. gelinde erwärmt. Man kühlt hierauf mit fließendem Wasser, fügt 3 g Diatomeenerde zu und verteilt diese durch Schütteln gleichmäßig in der Flüssigkeit. Es wird mit Hilfe eines Platinkonusses filtriert und mit Perchlorsäure 1:3 gewaschen. Der Rückstand wird in ein Becherglas gebracht, das Filter mit einem Glasstab zerteilt und mit einigen Kubikzentimetern des Waschwassers übergossen. Man dekantiert mehrmals, vereinigt die Filtrate in einem 1 l-Meßkolben und füllt diesen mit dem Waschwasser bis zur Marke auf.

***Bemerkungen.*** Der Rückstand enthält die nicht angegriffenen Anteile der Einwaage an Zirkon, Quarz, Rutil und Ilmenit, ferner die aus Silicaten stammende Kieselsäure. Bei guten Durchschnittsmustern von Monazit genügt, wie GORDON, VANSELOW und WILLARD berichten, eine 1 g-Einwaage. Man schließt in einem 250 cm³-ERLENMEYER-Kolben mit 5 cm³ konzentrierter $HNO_3$ und 30 cm³ 70%iger $HClO_4$ auf.

### 4. Mit konzentrierter Salzsäure.

Die durch konzentrierte Salzsäure aufschließbaren Mineralien (s. S. 237) sind durchweg Silicate. Zur Abscheidung der Kieselsäure verfährt man wie üblich, d. h.

man dampft die Lösung 2- bis 3mal zur Trockne, befeuchtet mit konzentrierter Salzsäure und verdünnt mit heißem Wasser. Nachdem die Kieselsäure durch Filtration entfernt worden ist, fällt man die Schwermetalle mit Schwefelwasserstoff. Im Filtrat verkocht man das überschüssige Gas und oxydiert das Eisen. Wenn Calcium und Magnesium zugegen sind, entfernt man diese durch eine Trennung über die Hydroxyde.

### 5. Mit Fluorwasserstoffsäure.

I. L. SMITH hat gezeigt, daß Erdsäuren enthaltende Mineralien mit Flußsäure schon in der Kälte leicht aufgeschlossen werden können, wobei eine weitgehende Trennung der löslichen Erdsäuren von den unlöslichen basischen Bestandteilen erreicht werden kann. Schwerer zersetzen sich die Niobite und Tantalite, deren Auflösen durch gelindes Erwärmen unterstützt werden muß.

**Durchführung.** Das sehr fein gepulverte Mineral wird in einer Platinschale mit Wasser gut befeuchtet und vorsichtig mit etwa 10 $cm^3$ Flußsäure übergossen. Die zuerst heftige Einwirkung läßt bald nach, worauf man noch eine weitere Menge Säure hinzugibt. Man erwärmt gelinde und erneuert von Zeit zu Zeit die verdampfte Flußsäure. Wenn keine Mineralteilchen mehr wahrzunehmen sind, dampft man den Inhalt der Schale weitgehend ab und nimmt mit Wasser auf. Man erwärmt den Aufschluß, filtriert durch einen Platin- oder Kautschuktrichter und wäscht den Niederschlag mit sehr verdünnter Flußsäure aus. In Lösung gehen als Fluoride die Erdsäuren, Zirkon, Wolfram, Zinn, Eisen und 6wertiges Uran. Ungelöst bleiben Thorium, 4wertiges Uran, die seltenen Erden und Calcium. Der Niederschlag wird in eine Platinschale gespritzt, das Filter verbrannt und die Asche zu den unlöslichen Fluoriden getan. Nun raucht man mit Schwefelsäure ab, löst in kaltem Wasser, trennt durch Schwefelwasserstoff die Schwermetalle und hierauf mit Ammoniak bei Gegenwart von Ammoniumchlorid die Hydroxyde der seltenen Erden vom Calcium ab. Die Hydroxyde werden durch eine eben hinreichende Menge Säure gelöst.

***Bemerkungen.*** Dieser Aufschluß hat für die Verarbeitung größerer Mengen von Columbiten und Fergusoniten Bedeutung erlangt; auch analytisch ergeben sich gegenüber der Bisulfatmethode bedeutende Vorzüge. Nach SCHOELLER und WATERHOUSE ist diese Methode stets anzuwenden, wenn auch die von WELLS geäußerten Bedenken bestehen. Die Trennung der Elemente der seltenen Erden und des Thoriums von den Erdsäuren ist quantitativ; hingegen verteilen sich die üblichen Elemente zwischen der Lösung und dem Niederschlag.

ERICHSON DE OLIVEIRO schließt Monazit mit schmelzendem Kaliumhydrogenfluorid während 15 Min. auf. Der Kuchen wird in 100 $cm^3$/5%iger Schwefelsäure aufgenommen und zum Sieden erhitzt. Man filtriert: Im Filtrat befinden sich Fe, Ti, Zr und Phosphorsäure, im Niederschlag die seltenen Erden und Thor als Fluoride.

### 6. Mit Säuregemischen.

Kompliziert zusammengesetzte Mineralien werden vorteilhaft mit einem Säuregemisch aufgeschlossen, das in der Regel Salpetersäure, Flußsäure und Schwefelsäure, letztere oft durch Perchlorsäure ersetzt, enthält. Als Beispiel sei eine Bastnaesit-Analyse des U.S. Bureau of mines (RISE) angeführt.

0,5 bis 1 g der Probe werden in einer 25 $cm^3$-Platinschale etwas angefeuchtet und vorsichtig mit 8 $cm^3$ 18 n $H_2SO_4$, 3 $cm^3$ konz. $HNO_3$ und 5 $cm^3$ HF versetzt. Man deckt mit einem Platindeckel zu und beläßt durch 15 Min. bei 60 bis 80° C. Nachdem die Gasentwicklung nachgelassen hat und die Gefahr des Spritzens überwunden ist, wird der Deckel entfernt und bis zum Auftreten von Schwefelsäuredämpfen erhitzt. Man läßt abkühlen, wäscht die Innenseite der Schale und des

Deckels mit Wasser ab, rührt gut um, gibt 5 $cm^3$ HF hinzu und erhitzt nochmals bis zum Auftreten der schweren Dämpfe. In ein 250 $cm^3$-Becherglas werden 80 $cm^3$ Wasser eingefüllt, und der erkaltete Aufschluß wird aus der Schale übergeführt. Man läßt den Niederschlag, bestehend aus $BaSO_4$, absitzen, filtriert mit Hilfe von Filterschleim und wäscht mit 1,1 n $H_2SO_4$.

### 7. Mit Natriumperoxyd.

Columbite, Tantalite, Ilmenite und Samarskite werden durch schmelzendes Natriumperoxyd rasch aufgeschlossen. 1 g feinst gepulverte Substanz wird in einen Nickeltiegel eingewogen, mit 5 bis 6 g Peroxyd gemischt, bis zum Schmelzen erhitzt und 10 Min. lang aufgeschlossen. Nach dem Abkühlen wird die Schmelze mit 100 $cm^3$ kaltem Wasser in einem Becherglas zerlegt und der Tiegel zuerst mit Wasser, hierauf mit Salzsäure 1 : 1 gründlich gereinigt. Die Lösung neutralisiert man mit obiger Salzsäure und fügt noch 10 $cm^3$ im Überschuß zu. Durch Zugabe von 4 g Diammoniumphosphat in 20 $cm^3$ Wasser und Verdünnen auf 200 $cm^3$ werden die Phosphate von Ti, Zr (Hf), Th sowie Niob und Tantal zusammen mit $SiO_2$ gefällt. Im Filtrat befinden sich nach Tillu und Athavale die seltenen Erden.

### 8. Mit Alkalicarbonaten.

Boudouard schließt Monazit mit der doppelten Menge Soda bis zum ruhigen Schmelzen auf, behandelt den Aufschluß mit Wasser und wäscht den Niederschlag alkalifrei. Im Filtrat bestimmt man die Kieselsäure, Phosphorsäure und Aluminium. Der Niederschlag wird in Säure gelöst und wie S. 249 weiterverarbeitet.

Auch Chesneau zieht bei phosphorhaltigen Mineralien den alkalischen Aufschluß der Behandlung mit Schwefelsäure vor, da eine nicht zu vernachlässigende Menge Thorium ungelöst zurückbleiben soll. Er schmilzt das Mineral mit der 6fachen Menge Kaliumnatriumcarbonat 1 Std. lang bei heller Rotglut, nimmt den erkalteten Aufschluß in 1%iger Natronlauge auf, filtriert den Rückstand ab und wäscht mit kaltem Wasser.

Wenger und Christin führen an, daß die seltenen Erden durch Sodaschmelze nicht vollständig in Lösung gehen. Es wird ein kombinierter Aufschluß vorgeschlagen, der neben einer raschen Durchführung zuverlässige Resultate gewährleistet. Nach Absatz b (S. 238) schließt man mit Schwefelsäure auf, löst die Sulfate in Eiswasser, filtriert vom unlöslichen Rückstand ab und wäscht gut aus. Das Filter wird verascht, die Kieselsäure mit Flußsäure und Schwefelsäure verflüchtigt und hierauf der Rückstand nach kurzem Glühen mit der 6fachen Menge Soda aufgeschlossen. Der gut gewaschene Rückstand ist meist in verdünnter Salzsäure löslich; sollten trotzdem geringe Mengen zurückbleiben, so bestehen diese aus Zirkon, das mit Kaliumbisulfat völlig in Lösung gebracht werden kann.

### 9. Mit Chlorschwefel.

Die Überführung der Oxyde in wasserfreie Chloride durch Chlorschwefel wurde bald nach ihrer Auffindung durch E. Smith für die analytische Chemie nutzbar gemacht. Es hatte sich nicht nur ein guter Aufschluß für die Erdsäure enthaltenden Mineralien ergeben, sondern auch eine weitgehende Trennung der flüchtigen Chloride und Oxychloride von den nichtflüchtigen basischen Bestandteilen. Hall, Matignon und Bourion, Hicks, Hess und Wells untersuchten die verschiedensten Oxyde auf diese Reaktion und berichteten über vollkommene Aufschlüsse. Wenn man Niob- und Tantalerze, feinst gepulvert, unter Überleiten von Chlorschwefeldämpfen bei 300° erhitzt, so werden quantitativ Chloride und Oxychloride gebildet. Es verflüchtigen sich: Eisen- und Aluminiumtrichlorid, Nioboxychlorid, Niob und Tantalpentachlorid, Wolframoxychloride, Antimontrichlorid, ferner Silicium-, Titan- und Zinntetrachlorid. Im Rückstand befinden sich die Alkali-, Erdalkali- und die nichtflüchtigen Schwermetallchloride, ferner die Chloride der Elemente der seltenen Erden und Teile von unangegriffener Kieselsäure.

**Durchführung.** Die feinst gepulverte Mineralprobe wird in ein Porzellanschiffchen eingewogen und in ein Verbrennungsrohr eingeschoben. Dieses ist auf einer Seite nach abwärts gebogen und taucht in einen mit verdünnter Salpetersäure gefüllten ERLENMEYER-Kolben, die andere Seite ist mit einem Fraktionierkolben verbunden, in dem Chlorschwefel durch eine kleine Flamme zum Verdampfen gebracht wird, wobei man vorteilhaft ein Transportgas, wie reinen Stickstoff oder besser Chlor, verwenden kann. Das Verbrennungsrohr wird mit einem Reihenbrenner auf etwa 300° und erst gegen Ende des Aufschlusses auf dunkle Rotglut erwärmt. Nach 2 bis 2½ Std. sind die Oxyde in Chloride umgewandelt, worauf man einen getrockneten Chlorwasserstoffstrom durchleitet und darin erkalten läßt. Man zieht das Schiffchen vorsichtig heraus. Der Rückstand wird in Wasser gelöst, die Schwermetalle werden durch Schwefelwasserstoff, Calcium und Magnesium nach Fällung der Sesquioxyde durch Ammoniak entfernt.

***Bemerkungen.*** Diese Methode wurde von HICKS nur oberflächlich ausgearbeitet und hat seit dieser Zeit keine Nachprüfung und Verbesserung erfahren. Sie ist schon aus apparativen Gründen dem Natriumbisulfataufschluß unterlegen. Eine Unsicherheit in der Trennung ergibt sich noch dadurch, daß der im Schiffchen verbleibende Rückstand die Chloride in sehr feiner Verteilung enthält. Beim Sublimieren, sowie durch die Strömung der durchgeleiteten Gase, kann leicht ein Verstäuben eintreten.

AGTE, BECKER und HEYNE bestätigen diese Zerstäubung anläßlich der Bestimmung sehr kleiner Mengen seltener Erden neben viel Wolframsäure, denn sie berichten, daß bei 400°, einer Temperatur, bei der die Erdchloride noch nicht verdampfen, seltene Erden im Sublimat anzutreffen waren. Wird an Stelle des Chlorschwefels das von NICOLARDOT empfohlene Gasgemisch, Chloroform und Luft, verwendet, so bleiben beim Erhitzen auf 800° die Elemente der seltenen Erden quantitativ als Oxyde oder als Oxychloride zurück (s. S. 275).

### c) Abscheidung der Elemente der seltenen Erden aus der Aufschlußlösung.

Die Weiterbehandlung der nach den Aufschlußmethoden 1 bis 7 erhaltenen Lösungen wurde im vorhergehenden Abschnitt so weit beschrieben, daß die folgenden Ausführungen gemeinsam gelten. Die Lösungen enthalten als Chloride Eisen, Aluminium, Zirkon, Thorium, die Elemente der seltenen Erden und Phosphorsäure (Chrom, Beryllium, Mangan usw.).

#### 1. Fällung der Elemente der seltenen Erden und des Thoriums als Oxalate.

Die Aufschlußlösung wird mit einem Überschuß von Oxalsäure gefällt und 12 Std. stehengelassen. Man filtriert die Oxalate ab, wäscht sie mit oxalsäurehaltigem Wasser aus und spritzt den Niederschlag in eine Schale. Da der Niederschlag stark phosphorsäurehaltig ist (s. S. 182), wird er mit konzentrierter Salzsäure angerührt und nach Zusatz von etwas fester Oxalsäure auf dem Wasserbad erhitzt. Hierauf wird stark verdünnt, stehengelassen und dann filtriert. Der ausgewaschene Niederschlag wird geglüht und in Salpetersäure gelöst. Die Nitratlösung wird durch Eindampfen von dem Überschuß an Säure befreit und mit Wasser verdünnt.

***Bemerkungen.*** Die völlige Beseitigung der Phosphorsäure ist sehr wichtig, da sie im folgenden die seltenen Erden stets begleitet. MINER (Welsbach Co.) schlägt daher eine umgekehrte Fällung vor, indem die Aufschlußlösung in eine kalte gesättigte Oxalsäurelösung tropfenweise unter mechanischem Rühren eingetragen wird. Der Niederschlag bleibt über Nacht stehen und wird, wie oben angegeben, weiterverarbeitet. Das Filtrat von der Oxalsäurefällung enthält noch seltene Erden. Es wird daher mit Ammoniak neutralisiert und mit 1,5 cm³ konzentrierter Salzsäure auf je 100 cm³ Lösung angesäuert, wobei der Rest der Erdelemente als Oxalophosphate ausfällt. Diese geringe Menge wird auf einem Filter gesammelt, gewaschen und verascht. Man befeuchtet den Glührückstand mit Wasser, löst in wenig konzentrierter Salzsäure, verdünnt, filtriert und versetzt mit einem großen Überschuß von Oxalsäure. Nach mehrstündigem Stehen werden die Erdoxalate abfiltriert, gewaschen und mit der Hauptmenge vereinigt.

WILLARD und GORDON erhöhen die Reinheit der gefällten Erdoxalate dadurch, daß in der Lösung das Fällungsreagens durch Verseifung des Oxalsäuremethylesters langsam und völlig gleichmäßig gebildet wird.

**Durchführung.** Man verwendet das von dem Perchlorsäureaufschluß stammende auf 1 l aufgefüllte Filtrat und mißt 25 cm³ (entsprechend 1,25 g Monazit) in ein 600 cm³-Becherglas. Durch tropfenweisen Zusatz von konzentriertem Ammoniak bis zur entstehenden Trübung wird die freie Säure neutralisiert und hierauf mit 10 cm³ konzentrierter Salzsäure der gebildete Niederschlag gelöst. Nun läßt man 5 Min. unter gelegentlichem Rühren stehen und fügt hierauf 100 cm³ Wasser und 6 g Methyloxalat hinzu. Unter mechanischer Rührung wird langsam auf 70 bis 85° C erwärmt und während 30 Min. gehalten. Um die Fällung zu vervollständigen, werden 8 g Oxalsäure in 280 cm³ Wasser gelöst, hinzugegeben, und es wird weitere 30 Min. gerührt. Nach dem Abkühlen auf Raumtemperatur wird mit verdünntem Ammoniak auf $p_H = 0{,}8$ bis 0,9 eingestellt, hierauf filtriert und 10mal mit einer Lösung von 20 g Oxalsäure im Liter gewaschen. Filter und Niederschlag werden in das Becherglas zurückgebracht und mit 20 cm³ konzentrierter Salpetersäure und 5 cm³ Perchlorsäure langsam bis zum Auftreten der Perchlorsäuredämpfe erhitzt. Nach dem Abkühlen verdünnt man mit 200 cm³ Wasser, gibt 6 g Methyloxalat zu und fällt wie oben angegeben. Nach Zusatz von 8 g Oxalsäure in 200 cm³ Wasser und halbstündigem Rühren wird nach dem Erkalten auf $p_H = 0{,}8$ bis 0,9 eingestellt, filtriert und 5mal mit der Waschlösung gewaschen.

***Bemerkungen.*** Ursprünglich war eine teilweise Neutralisation der Säure vor der Filtration der Oxalate nicht vorgesehen. Es hatte sich jedoch gezeigt, daß einige Milligramm seltener Erden in das Filtrat gelangten. GORDON, VANSELOW und WILLARD haben zur Vermeidung von Verlusten die Einstellung der Acidität auf $p_H = 0{,}8$ bis 0,9 geprüft und empfohlen. Ferner sind die Autoren von der ursprünglichen Zusammensetzung des Waschwassers, 40 cm³ konzentrierter Salzsäure und 20 g Oxalsäure im Liter, abgegangen und haben bessere Resultate mit 2%iger Oxalsäurelösung erzielt. Über die Löslichkeit von Thoroxalat berichten KALL und GORDON.

Diese Fällung trennt die Elemente der seltenen Erden und das Thorium von allen Begleitern, hauptsächlich von Zirkon und Phosphorsäure.

2. Die Trennung der Elemente der seltenen Erden vom Thorium.

Es gibt eine Reihe von Methoden, die eine Trennung der Elemente der seltenen Erden vom Thorium ermöglichen (s. S. 258 sowie dieses Handbuch III. Tl. Bd. IVb). An dieser Stelle seien nur drei ausführlich behandelt.

α) Nach MEYER und SPETER. Zu 100 cm³ Nitratlösung, in der das Cer 3wertig vorliegt, gibt man 50 cm³ konzentrierte Salpetersäure und läßt abkühlen. Hierauf fügt man eine kalte Lösung von 15 g Kaliumjodat in 30 cm³ Wasser und 50 cm³ konzentrierter Salpetersäure hinzu; der weiße flockige Niederschlag wird ½ Std. unter Umrühren stehengelassen und dann filtriert. Das Waschwasser enthält 2 g Kaliumjodat in 50 cm³ Salpetersäure (D 1,2) und 200 cm³ Wasser. Der Niederschlag wird in das Fällungsgefäß gespritzt, mit 100 cm³ der Waschflüssigkeit gut durchgerührt und nochmals auf das Filter gebracht. Nach dem Waschen wird eine Umfällung vorgenommen, indem man den Niederschlag mit heißem Wasser in das Fällungsgefäß zurückbringt, das Wasser bis fast zum Sieden erhitzt und unter tropfenweisem Zusatz von 30 cm³ konzentrierter Salpetersäure den Niederschlag löst.

Die Wiederausfällung erfolgt durch 4 g Kaliumjodat in wenig heißem Wasser und etwas verdünnter Salpetersäure. Man läßt erkalten, filtriert durch das früher benützte Filter, wäscht, dekantiert wie oben. In den vereinigten Filtraten werden die seltenen Erden durch Ammoniak als Hydroxyde abgeschieden, gut gewaschen, in wenig Salzsäure aufgelöst, verdünnt und als Oxalate gefällt, verglüht und ausgewogen.

***Bemerkungen.*** Die Reihenfolge der Trennungen kann bei technischen Analysen geändert werden. Meist bestimmt man die Summe der Oxyde der seltenen Erden und des Thoriums und wägt nach der Scheidung mit Kaliumjodat das Thoriumoxyd aus. Die seltenen Erden bestimmt man aus der Differenz. Bei Monazitanalysen wird die Jodatfällung nach der Schwermetallabscheidung durch Schwefelwasserstoff eingeschoben; die schwefelsaure Lösung stört nicht. Als Jodat wird Thorium vom Titan und Zirkon begleitet; das Filtrat enthält die Sesquioxyde, Erdalkalien, Alkalien und seltenen Erden. Zuerst wird die Hydroxydfällung vorgenommen, und hierauf werden die seltenen Erden über die Oxalate gereinigt und quantitativ abgeschieden. Bei diesem vereinfachten Analysengang wird eine Oxalatfällung (die Summe: Elemente der seltenen Erden und Thorium) eingespart.

Um die Reinheit des abgeschiedenen Thoriums zu erhöhen, wenden Stine und Gordon eine langsame Fällung in homogener Lösung an.

**Durchführung.** 2 bis 150 mg Th, vorliegend als Sulfat, Nitrat oder Perchlorat, sollen in 50 cm³ Lösung nicht mehr als 6 cm³ einer 6 n Säure enthalten. Zu dieser Lösung fügt man 40 cm³ konz. $HNO_3$ und eine filtrierte Lösung von 14 g $NaJO_4$ in 10 cm³ Wasser. Man verdünnt auf 230 cm³, Endlösung = 2,5 n, kühlt ab, stellt eine mechanische Rührung an und fügt 2 cm³ destilliertes $\beta$-Hydroxyäthylacetat zu. Die Fällung beginnt nach 10 Min., wenn mehr als 50 mg Thor vorhanden sind. Nach ½ Std. setzt man nochmals 6 cm³ der organischen Substanz zu. Ist mehr als 100 mg Thor anwesend, so werden die 6 cm³ auf $2 \times 3$ cm³ in einer ½ Std. Zeitspanne aufgeteilt. Nach Zugabe des letzten Anteiles wird 30 Min. gerührt und hierauf absitzen gelassen. Man dekantiert den dichten Niederschlag zehnmal mit einer Lösung von 8 g Natriumjodat, 100 cm³ konz. $HNO_3$ und 900 cm³ Wasser. Die geringe Menge des Niederschlages auf dem Filter wird mit 10%iger HCl, die mit $SO_2$ gesättigt ist, abgelöst und zur Hauptmenge des Niederschlages im Becherglas gegeben. Man dampft zur Trockne, erwärmt 1 Std. auf 110°, löst in 50 cm³ 10%iger Salzsäure und entfernt durch Filtration die möglicherweise abgeschiedene Kieselsäure. Das nun rein vorliegende Thor kann gravimetrisch, volumetrisch oder colorimetrisch bestimmt werden.

***Bemerkungen.*** In Gegenwart von Ce(III) enthält das $Th(JO_3)_4$ nach langsamer Fällung mehr Ce(IV) als nach der alten Arbeitsvorschrift. Es muß daher eine doppelte Fällung vorgenommen werden. Es stören Fe, Sn, Mn, Ti, Zr, nicht aber U. Die Löslichkeit von $Th(JO_3)_4$ in 7 n $HNO_3$ beträgt 0,97 bis 1,2 mg je 230 cm³, in 3 n $HNO_3$ 0,08 bis 0,19 mg. Für die Monazitanalyse werden zwei Wege vorgeschlagen:

a) Man trennt die Oxalate, gebildet durch Hydrolyse, von Methyloxalat ab, löst in 20 cm³ $HNO_3$ und 5 cm³ $HClO_4$ und engt auf etwa 2 cm³ $HClO_4$ ein. Nach dem Abkühlen wird das Th als Jodat nach obiger Vorschrift abgeschieden. Nach Auflösen in 10%iger HCl, gesättigt mit $SO_2$, wird eingedampft und die Hexamethylentetramin-Trennung vorgenommen (s. S. ◆).

b) 1 g Monazit wird im Erlenmeyer-Kolben, 125 cm³ Inhalt, mit 5 cm³ $HNO_3$ und 15 cm³ $HClO_4$ langsam aufgeschlossen und zum Sieden erhitzt, Endvolumen 3 cm³. Nach dem Abkühlen wird 10 cm³ $HNO_3$ und 15 cm³ Wasser zugegeben und das vorhandene Ce(IV) durch eben hinreichende Menge festes Hydroxylaminchlorid reduziert. Man hält einige Minuten im Sieden, filtriert und wäscht mit $HNO_3$ 1 : 3. Das Filtrat wird eingeengt und die Jodatfällung angeschlossen. Der in HCl und $SO_2$ gelöste Niederschlag wird einer Oxalatfällung mit Methyloxalat unterworfen und der Niederschlag in 20 cm³ $HNO_3$ und 5 cm³ $HClO_4$, bis zum Rauchen erhitzt, gelöst. Nach dem Abkühlen und Verdünnen werden Spuren von Kieselsäure entfernt. Im Filtrat wird reines Thor nach der Hexaminmethode gewonnen.

Von Tschernikhov und Usspenskaja wurde versucht, das im Niederschlag enthaltene Thor aus dem Jodatgehalt, der sich leicht jodometrisch ermitteln läßt, zu berechnen, wobei die Zusammensetzung zu $4\,Th(JO_3)_4 \cdot KJO_3 \cdot 18\,H_2O$ angenommen wurde. Eine Überprüfung dieser für die Thor verarbeitende Industrie sehr wichtigen Analysenmethode durch Moeller und Fritz ergab, daß der Niederschlag die Zusammensetzung $Th(JO_3)_4$ hat, daß jedoch durch zurückgehaltenes $KJO_3$ andere Formeln vorgetäuscht werden können. Ein gründliches Waschen hat andererseits eine teilweise hydrolytische Zerlegung des Niederschlages zur Folge. Unter Berücksichtigung aller für die Fällung wesentlichen Umstände wird eine Vorschrift gegeben, die sich mit der oben beschriebenen, von Meyer und Speter entwickelten Methode weitgehend deckt. Volumen, Acidität, Temperatur und die Zusammensetzung der Fällungslösungen sind gleich. An Stelle des halbstündigen Stehens wird eine gleichlange mechanische Rührung empfohlen. Auch Filtrieren, Waschen, Auflösen und Wiederfällen sind dieser Vorschrift entsprechend. Das endgültige Waschen des Niederschlages erfolgt mit nicht mehr als 100 cm³ Eiswasser, das in kleinen Anteilen angewendet wird. Nun wird das Filter samt Niederschlag in einen 500 cm³-Erlenmeyer-Kolben getan und in 100 cm³ 4 n Schwefelsäure gelöst, mit 50 cm³ Wasser verdünnt, 30 bis 35 cm³ 10%iges Kaliumjodid werden zugegeben, und das ausgeschiedene Jod wird nach gutem Umschwenken mit eingestelltem 0,2 n Natriumthiosulfat titriert. — Monazitsand wird mit Schwefelsäure aufgeschlossen, und der zur Thorbestimmung vorgesehene aliquote Teil soll so bemessen werden, daß in ihm 150 bis 200 mg Thor enthalten sind. Im allgemeinen genügt eine einfache Fällung, um die seltenen Erden zu entfernen. Nur dann, wenn sie stark vorwiegen, muß doppelt gefällt werden, wobei Cerit- wie Yttererden vollständig abgetrennt werden. Die Resultate sind in der Regel zu niedrig; der Fehler bewegt sich zwischen + 0,7 bis — 3% der Auswaage. Die Wasserlöslichkeit des Thorjodates beträgt 13,8 mg je 100 cm³ bei 0° C und 66 mg bei 100° C. Ferner bleibt es unter den beschriebenen Fällungsbedingungen in Gegenwart von Oxalsäure unverändert und kann, wie Tillu und Athavale berichten, auf diese Weise von Bi, Ti und Zr abgetrennt werden.

β) Nach T. O. Smith und James. Sebacinsäure scheidet das Thorium in neutraler oder sehr schwach saurer Lösung, nach Nageswara Rao und Raghava Rao bei $p_H$ 1,74, quantitativ ab. Die Elemente der seltenen Erden bleiben unter dieser Bedingung in Lösung, da ihre Abscheidung durch Mineralsäuren verhindert wird. Aus dem Filtrat fällt man die Erdelemente aus.

**Durchführung.** Die salpetersaure Lösung, in der das Cer 3wertig vorliegt, wird vorsichtig mit Ammoniak so weit neutralisiert, daß der durch den einfallenden Tropfen erzeugte Niederschlag eben noch aufgelöst wird. Man erhitzt zum Sieden und fällt mit heißer Sebacinsäurelösung. Die Fällung wird hierauf einige Minuten im Sieden gehalten und heiß filtriert. Man wäscht mit heißem Wasser; das Filtrat wird nochmals mit Ammoniak bis zum Auftreten eines Niederschlages neutralisiert und zum Sieden erhitzt; die Elemente der seltenen Erden werden mit sebacinsaurem Ammoniak gefällt (s. S. 187) (Whittemore und James.)

***Bemerkungen.*** Nach Moore ist diese Methode die sicherste und bequemste, um Thorium von den Elementen der seltenen Erden abzutrennen. Kaufmann fällt mit einer alkoholischen Sebacinsäurelösung, die 30 g im Liter enthält, in neutraler, siedender Nitratlösung. Man setzt die Sebacinsäure portionsweise zu, bis keine weitere Niederschlagsbildung zu beobachten ist. Nun filtriert und wäscht man mit warmem Wasser. Der Niederschlag wird zwecks Umfällung mit rauchender Salpetersäure bis zum Verschwinden der Stickoxyde behandelt, zur Trockne abgedampft und nochmals gefällt. Die Resultate sind zufriedenstellend.

$\gamma$) Nach WILLARD und GORDON. Die durch Salpetersäure und Perchlorsäure in Lösung gebrachten Oxalate (s. S. 243) werden auf Raumtemperatur abgekühlt, mit 25 $cm^3$ einer 4%igen Kaliumjodidlösung und 150 $cm^3$ einer filtrierten Lösung, enthaltend: 8 g Harnstoff, 10 g Ammonchlorid, 3 $cm^3$ Ameisensäure (87 bis 90%) und so viel Wasser, daß im Becherglas 350 $cm^3$ enthalten sind, versetzt. Mit Hilfe einer Glaselektrode wird durch Zusatz von reinstem Ammoniak das $p_H$ der Lösung auf $4,45 \pm 0,02$ genau eingestellt und hierauf auf etwa 450 $cm^3$ verdünnt. Man erhitzt so zum Sieden, daß sich ein langsamer ständiger Strom von Wasserdampfblasen von dem mit einer Kerbe versehenen Ende des eingetauchten Glasstabes aus entwickelt. Nach 95 bis 97 Min. Kochen (berechnet nach Erscheinen der ersten Trübung) wird filtriert. Das End-$p_H$ soll 5,4 bis 6,2 betragen; ist der Wert kleiner, so ist die Thorfällung unvollständig, ist er höher, so sind seltene Erden mitgefallen. Es wird 10mal mit einer heißen Lösung von 20 g Ammonnitrat und 8 $cm^3$ konzentrierter Ameisensäure im Liter und Einstellen mit Ammoniak auf $p_H = 5,6$ gewaschen. Die Fällung muß wiederholt werden, der Niederschlag wird in das Becherglas zurückgebracht, das Filter mit 2 n Salzsäure gut ausgewaschen, der Niederschlag gelöst, die erhaltene Lösung wie angegeben mit 1 g Kaliumjodid, Harnstoff, Ammonchlorid und Ameisensäure versetzt und auf $p_H = 4,45 \pm 0,02$ eingestellt. Der Niederschlag wird 10mal gewaschen. Im Becherglas verbleiben trotz gründlicher Reinigung mit einem Gummiwischer merkliche Mengen von basischem Thorformiat. Zu ihrer Gewinnung werden 10 $cm^3$ Salzsäure 1:1 im Becherglas mit aufgelegtem Uhrglas während 10 Min. im gelinden Sieden gehalten, wodurch der Glasstab und die Becherglaswände vom anhaftenden Hydroxyd befreit werden. Die salzsaure Lösung wird tropfenweise mit Ammoniak bis zum Umschlag von Bromkresolrot versetzt und der entstandene Niederschlag hierauf auf das Filter gebracht. Der Niederschlag wird 2 Std. bei 950° geglüht.

***Bemerkungen.*** Diese Methode ist auf Grund der mitgeteilten Resultate den unter $\alpha$ und $\beta$ beschriebenen Verfahren völlig gleichwertig. Das zur Auswaage gelangende Thoroxyd enthält häufig geringe Mengen von Kieselsäure, die nach Abrauchen mit Flußsäure und Schwefelsäure leicht entfernt werden können. Anschließend wird durch 2 Std. bei 950° im Platintiegel geglüht.

## d) Quantitative Bestimmung von Spuren seltener Erden.

### 1. In Meteoriten.

Als Beispiel für eine zweckentsprechende Anreicherung kann die von IDA NODDACK durchgeführte quantitative Analyse der seltenen Erden in Meteoriten angesehen werden. Bei Steinmeteoriten werden die Einwaagen zwischen 100 und 160 g, bei Eisenmeteoriten zwischen 500 und 650 g gehalten. Die Steinmeteorite wurden durch 3faches Abdampfen mit Flußsäure aufgeschlossen, hierauf durch 3maliges Abrauchen mit Schwefelsäure in Sulfate übergeführt. Das erkaltete, etwas freie Schwefelsäure enthaltende Sulfatgemisch wird mit Wasser übergossen und zwei Tage stehengelassen. Man filtriert durch ein gehärtetes Filter und wäscht mit heißem Wasser gut aus. Der Rückstand besteht aus Calciumsulfat und wird durch Kochen mit einer konzentrierten Natriumcarbonatlösung in Calciumcarbonat umgewandelt. Man filtriert, löst den Carbonatniederschlag in Salzsäure und fällt mit Ammoniak.

Das Filtrat vom Calciumcarbonat wird ebenfalls mit Salzsäure angesäuert und mit Ammoniak gefällt. Man filtriert getrennt, wäscht gut aus und vereinigt die in den beiden Filtern enthaltenen Niederschläge. Die so gewonnenen Hydroxyde enthalten einen Bruchteil der Elemente der seltenen Erden.

Das schwefelsaure Filtrat wird nun 2- bis 3mal mit Ammoniak bei Gegenwart von Ammoniumchlorid gefällt; die erhaltenen Hydroxyde werden stets in Salzsäure aufgelöst. Hierauf extrahiert man in stark salzsaurer Lösung den Großteil des Eisentrichlorides mit eisgekühltem Äther. Die wäßrige Lösung wird vom Äther befreit und mit einem Überschuß von 0,1%iger Natronlauge gefällt. Beryllium und Aluminium werden gelöst. Der Niederschlag wird in Schwefelsäure gelöst, das Chrom mit Wasserstoffperoxyd zu Chromat oxydiert und nochmals mit 0,1% Lauge gefällt. Der Niederschlag ist nun weitgehend von Aluminium und Chrom befreit, wird in sehr verdünnter Säure gelöst und mit Ammoniak gefällt. Die so anfallenden Hydroxyde werden in Salzsäure gelöst und durch Fällung mit Schwefelwasserstoff von den Schwermetallen befreit. Das Filtrat wird eingedampft, oxydiert und mit der Auflösung der Hydroxyde, die aus dem Calciumsulfatrückstand gewonnen worden sind, vereinigt. Man hat jedoch nur noch kleine Substanzmengen zu verarbeiten, die jedoch noch immer die seltenen Erden in starker Verunreinigung enthalten. Man wendet daher die oben angeführten Methoden nochmals an. Das Eisen läßt sich jetzt vorteilhafter als Rhodanid ausschütteln. Zum Schluß erhält man ein Präparat, das neben Eisen, Titan und Mangan als Hauptbestandteil die Gesamtmenge der Elemente der seltenen Erden enthält. Das Titan kann durch öfteres Abrauchen mit Flußsäure bis zur Trockne weitgehend entfernt werden. Die nun folgende Weiterverarbeitung hängt von der Untersuchungsmethode ab. Wird röntgenspektroskopisch gearbeitet, so brauchen die Erden nicht vollständig gereinigt vorzuliegen. Wird eine gravimetrische Bestimmung erstrebt, so wird in kleinstem Volumen eine Oxalatfällung angezeigt sein.

***Bemerkungen.*** Solange die Elemente der seltenen Erden in großer Verdünnung vorliegen, darf keine andere Fällungsart verwendet werden als die der Hydroxyde, da diese die kleinste Löslichkeit aller Erdverbindungen besitzen und vom mitfallenden Eisenhydroxyd quantitativ mitgerissen werden. Die Fällungen, bei denen die Erdelemente in den Niederschlag gehen, werden in der Hitze vorgenommen, worauf man mindestens einen Tag stehenläßt. Alle Filtrationen werden mit gehärtetem Filter ohne Anwendung von Unterdruck durchgeführt.

Auf diese Weise kann man die Elemente der seltenen Erden aus einer 10000-fachen Verdünnung quantitativ erfassen.

### 2. In phosphorsäurehaltigen Gesteinen.

2 g der Probe werden nach Waring und Mela vorerst zur Zerstörung organischer Stoffe in einer Pt-Schale geglüht und nach dem Abkühlen mit 10 cm³ $HNO_3$ 1 : 1; 3 cm³ $HClO_4$ und 5 cm³ HF versetzt, erwärmt und schließlich so weit abgeraucht, daß die Perchlorsäure weitgehend entfernt ist. Den kalten Aufschluß nimmt man mit HCl 1 : 1 und einigen Tropfen 30%igem $H_2O_2$ auf und kocht gelinde. Ein möglicherweise auftretender Niederschlag wird abgetrennt, mit HCl 1 : 1 gewaschen und verworfen. Das Filtrat wird in einen Scheidetrichter übergeführt und zweimal mit Äther (je 20 cm³) extrahiert. Die wäßrige Phase wird in einem 600 cm³-Becherglas auf 20 cm³ eingeengt; nun gibt man einige Tropfen 30%iges $H_2O_2$ zu, verdünnt auf 400 cm³ und fällt mit einer 2 g Ammonoxalat enthaltenden Lösung bei $p_H = 3$. Man beläßt den Niederschlag 1 Std. auf dem Wasserbad, 4 Std. in der Kälte und filtriert. Das Filter wird mit 0,1%iger Ammonoxalatlösung gut gewaschen und in einem Porzellantiegel verascht und geglüht. Hierauf löst man unter Zusatz von wenig $H_2O_2$ in 5 cm³ $HNO_3$ 1 : 1, kocht kurze Zeit, fällt nochmals die Oxalate und verglüht zu Oxyden. Zur Trennung von den Erdalkalien werden die

Oxyde in $HNO_3$ 1 : 1 gelöst, 10 cm³ einer $Al(NO_3)_3$-Lösung (1 cm³ = 0,005 g $Al_2O_3$ als Vergleichselement für die spektralanalytische Bestimmung) zugegeben und mit kieselsäurefreiem Ammoniak, Phenolphthalein als Indicator und 2 cm³ Überschuß auf je 100 cm³ Lösung gefällt. Man läßt auf dem siedenden Wasserbade längere Zeit stehen, gibt Filterschleim zu, filtriert und wäscht mit 2%iger Ammonnitratlösung. Das Filter wird verascht und bei 800° C geglüht. Auf je 10 mg der Oxyde werden 20 mg reinster Graphit zugemischt und das Gemenge in 8 Graphitelektroden eingefüllt. Der Bogen brennt mit 300 Volt Gleichstrom und 12 Amp. (± 0,5). Zur Gehaltsbestimmung werden Vergleichsspektren aufgenommen und auf die Al-Linie 3059,997 bezogen. Die seltenen Erden werden durch folgende Linien quantitativ bestimmt: La: 3245,12; 3215,813; Ce: 4222,599; 3256,682; Pr: 4241,019; 4225,327; 3245,462; Nd: 4247,367; 3275,218; Sm: 3262,263; 3306,372; Eu: 3280,682; 2906,676; Gd: 3046,480; 3034,059; Dy: 3251,260; 3232,642; Yb: 3261,509; 3031,110; 2859,800; Y: 3195,615; 3779,48; Th: 2870,413; 2837,299.

### 3. In Uranoxyd, Uranmetall, Urantetra- und -hexafluorid.

10 g Uranoxyd oder Metall werden in 50%iger Salpetersäure aufgelöst und vom Unlöslichen abgetrennt. Der Niederschlag wird gewaschen, verascht und mit Kaliumhydrogensulfat aufgeschlossen. Der Schmelzkuchen wird in Salzsäure aufgenommen, eingedampft, in Wasser gelöst, in eine Platinschale überspült und mit Fluorwasserstoffsäure gefällt.

Die Hauptlösung wird bis zur Kristallisation eingeengt, abkühlen gelassen und durch Zerdrücken der Kristalle mit einem Glasstab in ein feines Kristallmehl verwandelt. In einem Becherglas wird das Produkt mit 70 cm³ Äther übergossen, wobei fast alles in Lösung geht. Bei der Überführung der Lösung in einen Scheidetrichter sorgt man dafür, daß das Nichtgelöste im Becherglas zurückbleibt. Das Becherglas wird mit 10 cm³ Äther ausgewaschen, der hierauf zur Hauptmenge gelangt. Die Lösung im Scheidetrichter wird mit so viel Wasser versetzt, daß sich nach dem innigen Durchschütteln eine wäßrige Phase von 1 cm³ bildet. Diese wird in das ursprüngliche Becherglas abgelassen. Das Ausschütteln mit 1 cm³ Wasser wird wiederholt, falls notwendig noch 2mal. Die Ätherlösung, die die Hauptmenge des Urans enthält, wird nicht mehr benötigt. Aus dem Becherglas wird der Äther durch Erwärmen auf dem Wasserbad entfernt, etwas Wasser und 2 Tropfen konzentrierte Salpetersäure werden zugesetzt, und man dampft bis fast zur Trockne ein. Es wird in Wasser aufgenommen, in einer Platinschale auf 50 cm³ verdünnt, mit 15 cm³ 40%iger Fluorwasserstoffsäure gefällt und unter Umrühren 3 Std. stehengelassen. Man filtriert durch einen Ebonittrichter in ein paraffiniertes Becherglas. Mit den gefällten Fluoriden des Aufschlusses vereinigt, wird der Niederschlag mit 20 cm³ 5%iger Fluorwasserstoffsäure und 1mal mit Wasser gewaschen und hierauf im Platintiegel verascht. Inzwischen hat man die Platinschale mit 1 bis 2 cm³ heißer konzentrierter Schwefelsäure gut ausgewaschen, die nun in den erkalteten Tiegel übergefüllt wird. Man raucht ab und verwandelt die Fluoride in Sulfate. Ist der Rückstand beträchtlich, so muß das Abrauchen wiederholt werden. Der Rückstand wird in 10%iger Salzsäure gelöst und zur Trockne abgedampft. Er wird mit wenig Wasser aufgenommen und in ein kleines Becherglas übergeführt, so daß ein Endvolumen von 5 bis 10 cm³ entsteht. Man gibt 0,1 g Salicylsäure und einen Überschuß an Ammoniak zu, rührt gut um und filtriert bei nicht zu kleinen Mengen nach Absetzen des Niederschlages; bei sehr kleinen Mengen nach 20 bis 30 Min. Wartezeit. Der Niederschlag wird mit 5%igem Ammoniak so lange gewaschen, bis das Waschwasser farblos abläuft. Das Filter mit der Fällung wird verascht und in einem geringen Überschuß von konzentrierter Salzsäure, mit der das vorhergebrauchte Becherglas gründlich gereinigt wurde, gelöst. Diese Lösung dient als Probe für die nun folgende spektroskopische Untersuchung.

Für den Aufschluß von Urantetrafluorid sind zwei Wege erprobt: 1. 10 g werden mit 5 cm³ konzentrierter Schwefelsäure übergossen und abgeraucht. Die erkaltete Probe wird mit etwas Wasser angefeuchtet und nochmals abgeraucht, der Rückstand in 50 cm³ Wasser gelöst und mit 5 cm³ konzentrierter Salpetersäure oxydiert und abgeraucht, bis die überschüssige Schwefelsäure völlig entfernt ist. Das Uranylsulfat wird mit Wasser aufgenommen, vom Ungelösten getrennt, auf 200 cm³ verdünnt und mit einem möglichst geringen Überschuß an Bariumnitrat gefällt. Nach 1 Std. wird das Bariumsulfat abfiltriert und gut ausgewaschen. Filtrat und Waschwasser werden eingedampft und der Ätherextraktion unterworfen.

2. 10 g werden in einer Platinschale mit 10 cm³ Wasser und 30 cm³ Ammoniak gelöst, mit Eis gut gekühlt und unter Umrühren und langsamem Zusatz von 10 cm³ 30%igem Wasserstoffperoxyd oxydiert. Man dampft vorsichtig ein und glüht bei 800 bis 900°. Das Oxyd wird in 50%iger Salpetersäure gelöst und wie oben beschrieben mit Äther extrahiert.

Uranhexafluorid wird nach 2. aufgeschlossen.

### 4. In Knochen.

Lux hatte anläßlich der Bestimmung der seltenen Erden in Rinderknochen große Mengen von Calcium und Phosphorsäure zu entfernen. Die geglühten und feinstgemahlenen Knochen wurden in Salzsäure aufgelöst, und bei $p_H = 1,6$ (Thymolblau als Indicator) wurde das Calcium portionsweise als Oxalat gefällt. Das Filtrat, das den größten Teil der Phosphorsäure und andere nicht fällbare Ionen enthielt, konnte weggegossen werden. Der Niederschlag wurde bei 1000° verglüht, in Salzsäure gelöst und Ammoniakgas bis zum $p_H$ 7,5 eingeleitet. Es fallen die Sesquioxyde, seltene Erdoxyde und so viel Calcium, als der noch vorhandenen Phosphorsäure entspricht. Der Niederschlag wurde nochmals aufgelöst und das Calcium, wie oben beschrieben, als Oxalat gefällt. Der zu CaO verglühte Niederschlag enthält die seltenen Erden, Eisen, Aluminium, Kupfer, Blei, Mangan, Molybdän, Titan und Kieselsäure. Zuerst entfernt man durch Eindampfen die Kieselsäure, hierauf durch Schwefelwasserstoff Kupfer, Blei und Molybdän und anschließend Titan durch wiederholtes Abrauchen mit Flußsäure und Schwefelsäure. Das vorhandene Calcium nun, als Gips vorliegend, wird durch eine kochende Sodalösung in Carbonat übergeführt und durch Fällung mit Ammoniak von Eisen, Aluminium und den Erden abgetrennt. Durch Ausäthern in salzsaurer Lösung wird das Eisen der wäßrigen Phase entzogen, die mit 0,1% Natronlauge im Überschuß gefällt wird. Im Niederschlag sind die seltenen Erden zu finden, die nochmals durch Ammoniak als Hydroxyde gefällt werden. Dieses Endprodukt wurde zur röntgenspektroskopischen Untersuchung verwendet.

Um die Größe der Verluste an seltenen Erden bei dieser Abtrennung festzustellen, wurden zu Beginn der Fällungen bekannte Mengen von Praseodym und Thulium (ungeradzahlige Elemente, deren Linien im Röntgenspektrum nicht zu erwarten waren) zugefügt. Die Auswertung der Röntgenspektrogramme zeigte, daß 30% der seltenen Erden nicht erfaßt wurden und in die Ablauge gelangten.

In tierischen Geweben bestimmen Brooksbank und Leddicotte den Gehalt an seltenen Erden durch kombinierte Anwendung von Neutronenaktivierung und Ionenaustauscher.

### Literatur.

Agte, K., H. Becker-Rose u. G. Heyne: Angew. Ch. **38**, 1121 (1925).

Baltuch, M., u. G. Weissenberger: Z. anorg. Ch. **88**, 88 (1914). — Boudouard, O.: Bl. Soc. chim. Paris [3] **19**, 10 (1898). — Bourion, F.: A. Ch. [8] **20**, 547 (1910). — Brooksbank, W. A., u. G. W. Leddicotte: J. physic. Chem. **57**, 819 (1953).

Chesneau: C. r. **153**, 429 (1911).

Erichson de Oliveiro, O.: An. assoc. quim. Brasil **9**, 65 (1950); durch C. A. **46**, 381 (1952).

Gordon, L., C. H. Vanselow u. H. H. Willard: Anal. Chem. **21**, 1328 (1949).

HALL, R. D.: Am. Soc. **26**, 1243 (1904). — HAUSER, O., u. H. HERZFELD: Zbl. Min. Geol. Paläont. 758 (1910). — HENNINGS, C. R.: Angew. Ch. **33**, **II**, 218 (1920). — HESS, F. L., u. R. C. WELSS: Am. J. Sci. [4] **31**, 438 (1911). — HICKS, W. B.: Am. Soc. **33**, 1492 (1911).
JOHNSTONE, S. J.: The rare earth industry. 1915.
KALL, H. L., u. L. GORDON: Anal. Chem. **25**, 1256 (1953). — KAUFMANN, L. E.: Chem. J. Ser. B **8**, 1520 (1935); Fr. **113**, 45 (1938). — KITHIL, K. L.: Monazite, Thorium and mesothorium. Bureau Mines Tech. paper **110**, 22 (1915); Chem. N. **114**, 266, 275, 283 (1916).
LUNGE-BERL: 8. Aufl., Bd. II, 2, S. 1621. 1932. — LUX, H.: Z. anorg. Ch. **240**, 21 (1939).
MATIGNON, C., u. F. BOURION: C. r. **138**, 631, 760 (1904). — MEYER, R. J.: Z. anorg. Ch. **71**, 65 (1911). — MEYER, R. J., u. O. HAUSER: Die Analyse der seltenen Erden und Erdsäuren, S. 260. 1912. — MEYER, R. J., u. M. SPETER: Ch. Z. **34**, 306 (1910). — MINER: s. R. B. MOORE: Die chemische Analyse seltener technischer Metalle, S. 49. 1927. — MOELLER, TH., u. N. D. FRITZ: Anal. Chem. **20**, 1055 (1948). — MOORE, R. B.: Die chemische Analyse seltener technischer Metalle, S. 35. 1927.
NAGESWARA RAO, M., u. S. V. RAGHAVA RAO: Fr. **142**, 27 (1954). — NICOLARDOT, P.: C. r. **147**, 795 (1908). — NODDACK, IDA: Z. anorg. Ch. **225**, 337 (1935).
RISE, A. C.: Bureau of Mines: Ind. Nr. 4919; durch C. A. **47**, 999 (1953).
SCHOELLER, W. R., u. E. F. WATERHOUSE: Analyst **60**, 284 (1935). — SHORT, H. G., u. W. L. DUTTON: Anal. Chem. **20**, 1073 (1948). — SMITH, E. F.: Am. Soc. **20**, 289 (1898). — SMITH, L.: Am. Chem. J. **5**, 44, 73 (1883); B. **16**, 1886 (1883). — SMITH, T. O., u. C. JAMES: Am. Soc. **34**, 281 (1912). — STINE, C. R., u. L. GORDON: Anal. Chem. **25**, 1519 (1953). — SPENCER, J. F.: The metals of the rare earths, S. 240. 1919.
TILLU, M. M., u. V. T. ATHAVALE: Anal. chim. Acta **11**, 62 (1954). — TSCHERNIKHOV, I. A., u. T. A. USSPENSKAJA: Betriebslab. **9**, 276 (1940); durch C. B. **112**, **I**, 3265 (1941).
WARING, L., u. H. MELA: Anal. Chem. **25**, 432 (1953). — WELLS, R. C.: Am. Soc. **50**, 1017 (1928). — WENGER, P., u. P. CHRISTIN: Ann. Chim. anal. [2] **4**, 231 (1922); durch C. **1922**, **IV**, 1003. — WHITTEMORE, C. F., u. C. JAMES: Am. Soc. **34**, 772 (1912); **35**, 129 (1913). — WILLARD, H. H., u. L. GORDON: Anal. Chem. **20**, 165 (1948).

## *IX. Verfahren zur Abtrennung der Elemente der seltenen Erden von anderen Elementen.*

Im vorhergehenden Abschnitt sind die gebräuchlichen Trennungsverfahren angeführt worden, die in der Mineralanalyse zur Abscheidung und Bestimmung der Elemente der seltenen Erden verwendet werden. Im folgenden Teil findet man eine Zusammenstellung der im Schrifttum verstreuten Angaben über andere Möglichkeiten der Trennung der Elemente der seltenen Erden von anderen Elementen.

### a) Von den Alkalimetallen.

#### 1. Durch Ammoniak.

Wie auf S. 180 vermerkt wurde, vermag eine einfache Fällung durch Ammoniak zufolge des großen Adsorptionsvermögens der Erdhydroxyde für Fremdionen keine vollkommene Scheidung von den Alkalimetallen zu ergeben. Deshalb ist eine doppelte Fällung nötig. Durchführung siehe S. 180.

#### 2. Durch sebacinsaures Ammoniak.

WHITTEMORE und JAMES zeigten, daß in einer neutralen Lösung die Trennung von den Alkalien mit sebacinsaurem Ammoniak durch eine Fällung durchgeführt werden kann. Hierzu siehe S. 187.

#### 3. Durch Oxalsäure oder Ammoniumoxalat.

Der eingehenden Untersuchung von T. O. SMITH und JAMES sowie BAXTER und DAUDT über die Fällungen der Elemente der seltenen Erden, studiert am Lanthan, ist zu entnehmen, daß der Oxalsäureniederschlag stets geringe Mengen von Alkalien enthält. Eine doppelte Fällung wird jedoch nur dann angezeigt sein, wenn eine sehr hohe Konzentration an Fremdstoffen vorliegt (s. S. 182).

Literatur.

BAXTER, G. P., u. H. W. DAUDT: Am. Soc. **30**, 571 (1908).
SMITH, T. O., u. C. JAMES: Am. Soc. **36**, 909 (1914).
WHITTEMORE, C. F., u. C. JAMES: Am. Soc. **35**, 129 (1913).

## b) Von den Erdalkalien und Magnesium.

### 1. Durch Ammoniak.

Ist der Gehalt an Erdalkalien kleiner als 0,1 g, so wird eine Fällung der Hydroxyde aus einem Volumen von etwa 500 cm³ durch Ammoniak bei Gegenwart von Ammoniumsalzen zufriedenstellende Werte ergeben. Bei einem höheren Gehalt ist eine doppelte Fällung nicht zu entbehren. Man geht nach S. 180 vor, wobei man die Fällung in einem ERLENMEYER-Kolben vornimmt, um die Einwirkung der Luftkohlensäure, die zur Abscheidung von Erdalkalicarbonaten führen würde, auf einen kleinen Betrag herunterzusetzen.

### 2. Durch Elektrolyse.

Unter gewöhnlichen Bedingungen werden in einer HILDEBRAND-Zelle die Erdalkalienchloride zu einem beständigen Amalgam reduziert, während die seltenen Erden in Lösung bleiben. MCCUTCHEON benutzte diese Unterschiede, um eine quantitative Trennung der seltenen Erden von den Erdalkalien auszuarbeiten. Es hatte sich jedoch gezeigt, daß in einer HILDEBRAND-Zelle nur Barium und Strontium vorteilhaft getrennt werden können, während Calcium in Gegenwart der Erden oder des Magnesiums kein beständiges Amalgam bildet, sondern sich gleich diesen unter Hydroxydbildung zersetzt.

Da Barium und Strontium in nennenswerten Mengen bei Abwesenheit von Calcium die seltenen Erden in der Natur nie begleiten, hat diese Trennungsmethode nur ein theoretisches Interesse.

### 3. Durch konzentrierte Salpetersäure.

Bei der Aufarbeitung von Spaltprodukten des Urans ergab sich die Notwendigkeit, Sr von Y und Ba von La zu trennen. SALUTZKY und KIRBY führen beide Trennungen mit 80%iger Salpetersäure durch, wobei Sr und Ba im Niederschlag verbleiben. Die Löslichkeit beträgt für $Sr(NO_3)_2$ 0,004 mg und für $Ba(NO_3)_2$ 0,01 mg je cm³. Da für die Reindarstellung ein Waschen nicht zulässig erschien, ergaben sich Ausbeuten an La und Y zu etwa 90 bis 96%.

### 4. Durch Spektralanalyse.

HEIDEL und FASSEL bestimmen geringe Mengen von Calcium in seltenen Erdmetallen flammenspektroskopisch. Als Vergleichselement wird Mn zugesetzt und die Linien Ca 4227 Å und Mn 4031-3-4 Å verglichen. 0,5 g des seltenen Erdmetalls werden in einem Minimum an Ca-freier Salzsäure aufgelöst, bis zur Kristallbildung eingedampft und in wenig Wasser aufgenommen. Nun wird für alle Proben eine konstante Menge einer eingestellten Manganchloridlösung zugegeben, so daß nach dem Verdünnen auf 25 cm³ ein Mangangehalt von 0,03% resultiert. Eichlösungen enthalten noch Calciumchlorid in Mengen von 0,025 bis 2,5%. Die Vergleichslösungen werden aus Mn- und Ca-Metall hergestellt. Der Analysenfehler beträgt ±1,5%. Ausführliche Beschreibung der Apparatur sowie Skizzen zum Acetylenbrenner und Zerstäuber.

Literatur.

MCCUTCHEON, TH. P.: Am. Soc. **29**, 1449 (1907).
HEIDEL, R. H., u. V. A. FASSEL: Anal. Chem. **23**, 784 (1951).
SALUTZKY, M. L., u. H. W. KIRBY: Anal. Chem. **26**, 1140 (1954) u. **27**, 576 (1955).

## c) Von Eisen.

### 1. Durch Oxalsäure.

Zweiwertiges Eisen darf bei der Fällung der Elemente der seltenen Erden durch Oxalsäure nicht zugegen sein, da es beinahe vollkommen als schwerlösliches Eisen(II)-oxalat mitgefällt wird. Ionen des 3wertigen Eisens bilden mit Oxalsäure so beständige lösliche Komplexe, daß sie, mit Erdoxalaten zusammengebracht, eine Umsetzung hervorrufen, wobei die Elemente der seltenen Erden in Lösung gehen. Wenn demnach in Gegenwart von Eisen die Elemente der seltenen Erden als Oxalate abgeschieden werden sollen, so tritt zuerst die Bildung von Eisen(III)-oxalaten und dann erst die Fällung der Elemente der seltenen Erden ein (DITTRICH). Bei großen Mengen Eisen wird der Verbrauch an Fällungsreagens sehr groß sein, wobei die Löslichkeit der Erdoxalate merklich zunimmt. Man hat versucht, durch längeres Stehenlassen des Niederschlages eine vollständigere Abscheidung zu erzielen, trotzdem verbleiben noch 0,2 bis 0,7% der seltenen Erden in Lösung. 0,5 g Eisen dürfte die oberste Grenze sein, bei der die Trennung über die Oxalate noch brauchbare Ergebnisse liefert.

### 2. Durch Schwefelwasserstoff.

Bei der Untersuchung von Cer-Eisenpräparaten spielt diese Trennung eine große Rolle; man hat wegen der oben angeführten Ungenauigkeiten die Oxalatfällung verlassen und die Abscheidung des Eisens als Sulfid vorgezogen. Nach ARNOLD sowie WÖBER fällt man in ammoniakalischer Lösung bei Gegenwart von Weinsäure das Eisen durch Schwefelwasserstoff. Auf 1 g des Oxydgemisches wendet man 2 bis 3 g Weinsäure an, die in Wasser gelöst und deutlich ammoniakalisch gemacht wird. In diese Lösung gießt man langsam und unter Umrühren die neutrale Cer-Eisenlösung, die keinen Niederschlag bilden darf. Nach der Fällung mit Schwefelwasserstoff wird 1 Std. auf dem Wasserbad erwärmt, wobei der Niederschlag sich gut absetzen muß. Man filtriert und wäscht rasch mit sehr verdünntem Ammonsulfid. Die im Filtrat enthaltenen Erdelemente konnten ursprünglich erst nach der Zerstörung der Weinsäure isoliert werden. Der einfachste Vorgang wäre das Eindampfen der Lösung und Verglühen des Rückstandes. Man löst ihn hierauf in Säure und fällt die Elemente der seltenen Erden.

Nach S. 181 können nun die Elemente der seltenen Erden auch aus weinsaurer Lösung quantitativ abgeschieden werden. Meist jedoch werden diese aus der Differenz der Summe der Oxyde und des gefundenen Eisenoxyds bestimmt.

### 3. Durch Ausäthern.

Ist die Menge des vorhandenen Eisens sehr groß, die der seltenen Erden dagegen klein, so wird die Entfernung des Hauptbestandteiles durch Ausschütteln der Chloride mit Äther sehr rasch zu einer Trennung führen. Die Elemente der seltenen Erden bleiben quantitativ in der wäßrigen Lösung. Nach FISCHER und Mitarbeitern soll die auszuschüttelnde Lösung 20% (6 n) Salzsäure enthalten. Im übrigen siehe S. 247.

### 4. Durch Elektrolyse.

MEYERS trennt Eisen von den Elementen der seltenen Erden über das Eisenamalgam. Die neutrale Sulfatlösung wird für je 10 cm³ mit 1 Tropfen konzentrierter Schwefelsäure versetzt und in einem Becherglas, Quecksilber als Kathode, Platin als Anode, elektrolysiert. Bei einer Stromdichte von 0,05 Amp. je Quadratzentimeter und bei 4 bis 8 Volt läßt sich Eisen in 6 bis 14 Std. quantitativ abtrennen. Im Filtrat bestimmt man die Erdelemente.

BENNER und HARTMANN scheiden bei 6 bis 7 Volt mit 3 bis 4 Amp. das Eisen als Amalgam schnellelektrolytisch in etwa 15 Min. ab. Genauere Angaben machen

PAVLISH und SULLIVAN; die Elektrolyse kann in 0,3 n Schwefelsäure, in 0,5 n Phosphorsäure, in 0,1 n Perchlorsäure, ferner in einem Gemisch von 0,1 n Schwefelsäure und 0,2 n Phosphorsäure vorgenommen werden. Größere Mengen Eisen sind von ALIMARIN und FRIED bei 7 bis 8 Volt und 2 bis 3 Amp. bei 60 bis 70° C in 1 bis 2 Std. entfernt worden.

Literatur.

ALIMARIN, I. P., u. B. I. FRIED: Betriebslab. **7**, 913 (1938); durch C. B. **111**, **II**, 2789 (1940). — ARNOLD, H.: Fr. **53**, 496 (1914); Ch. Z. **43**, 27 (1919).
BENNER, R. C., u. M. L. HARTMANN: Am. Soc. **32**, 1628 (1910).
DITTRICH, M.: B. **41**, 4373 (1908).
FISCHER, W., K. BRÜNGER, W. DIEK u. H. GRIENEISEN: Angew. Ch. **49**, 31 (1936).
MEYERS, R. E.: Am. Soc. **26**, 1132 (1904).
PAVLISH, A. E., u. I. D. SULLIVAN: Metals and Alloys **11**, 56 (1940); durch C. **111**, **I**, 3151 (1940).
WÖBER, A.: Ch. Z. **42**, 470 (1918).

## d) Von Aluminium und Chrom.

### 1. Durch Oxalsäure.

Aluminium- und Chrom(III)-ionen bilden leichtlösliche Oxalokomplexe. Für diese gilt weitgehend das beim Eisen, S. 252, Gesagte. Ist die Menge beider Elemente nicht zu groß, etwa 0,5 g, so wird bei geeigneter Verdünnung eine gute Trennung erzielt. Die Chrom(III)-oxalsäure erzeugt mit seltenen Erden unlösliche Salze, die bei ungeeigneter Fällung den Niederschlag verunreinigen. Es ist daher vorteilhaft, die auf S. 243 beschriebene umgekehrte Fällung vorzunehmen, wobei auf einen reichlichen Überschuß an Oxalsäure zu achten ist.

### 2. Durch Natriumhydroxyd.

Große Mengen Aluminium und Chrom entfernt man nach Oxydation des letzteren zu Chromat durch eine Behandlung mit 0,5- bis 1%iger Natriumhydroxydlösung. Die Erdhydroxyde fallen quantitativ, sind jedoch durch ihr großes Adsorptionsvermögen stark verunreinigt. Meist ist eine zweite Fällung der Hydroxyde nicht notwendig, da eine Reinigung über das Oxalat vorgenommen werden kann. Zu diesem Zwecke löst man die Hydroxyde in Salzsäure, kocht zur Reduktion des Chromat-Ions und fällt, wie oben angegeben.

Literatur.

BJORN-ANDERSEN, H.: Z. anorg. Ch. **210**, 93 (1933).

## e) Vom Gallium.

Obwohl die Trennung des Galliums von den Elementen der seltenen Erden nicht an allen Gliedern dieser Reihe erprobt wurde, können aus den vorhandenen Ergebnissen Schlüsse gezogen werden, die für alle Elemente der seltenen Erden gelten.

### 1. Durch Kaliumhydroxyd.

Galliumhydroxyd ist in überschüssiger Lauge unter Bildung von Alkaligallaten leicht löslich, während die Erdhydroxyde quantitativ ausgefällt werden. Da Scandiumhydroxyd und Ytterbinhydroxyde eine geringe Löslichkeit in Alkalihydroxyden aufweisen, ist, wie beim Aluminium angegeben, nur mit 1- bis 2%igen Laugen zu fällen. Vorteilhaft wird eine umgekehrte Fällung vorgenommen, indem in die erwärmte Kaliumhydroxydlösung die zu untersuchende neutrale Lösung eingegossen wird. Die Trennung ist nicht scharf, denn es verbleiben bei den Erdhydroxyden merkliche Mengen Gallium. Für die Trennung geringer Mengen von Elementen seltener Erden von viel Gallium ist zur ersten Anreicherung diese Fällung sehr zu empfehlen.

2. Durch Kaliumcyanoferrat(II).

In stark salzsaurer Lösung wird Gallium durch Kaliumeisen(II)-cyanid als schwerlösliches weißes Galliumcyanoferrat(II) gefällt. Da der Niederschlag leicht durch das Filter läuft, wird unter Anwendung von Filterbrei filtriert oder zentrifugiert. Man wäscht mit verdünnter Salzsäure. Im Filtrat fällt man die seltenen Erden als Oxalate.

3. Durch Cupferron.

In 1,5 normaler schwefelsaurer Lösung fällt in der Kälte Cupferron das Gallium, während die Elemente der seltenen Erden in Lösung bleiben. Mit Ausnahme des Scandiums werden die Elemente der seltenen Erden, selbst in großem Überschuß, durch eine 1malige Fällung abgetrennt. In Gegenwart von Scandium ist eine doppelte Fällung notwendig. Zu diesem Zwecke wird der zuerst erhaltene Niederschlag verascht, mit Kaliumhydrogensulfat aufgeschlossen, in Wasser gelöst und nach Ansäuern mit Schwefelsäure nochmals mit Kupferron gefällt. Die Elemente der seltenen Erden werden nach Zerstörung der organischen Substanzen durch Wasserstoffperoxyd und Eindampfen bis zum Auftreten von Schwefelsäuredämpfen und nachfolgendem Verdünnen mit Ammoniak gefällt.

4. Durch Oxalsäure (s. Aluminium).

5. Durch Hydrolyse in Gegenwart von Arsentrisulfid.

In schwach essigsaurer Lösung wird das kolloidal gelöste basische Galliumacetat durch frisch gebildetes Arsentrisulfid ausgefällt. Diese Methode ist nicht genau, da das Gallium weder hinreichend rein noch quantitativ abgeschieden wird.

Literatur.

BRUKL, A.: M. **52**, 253 (1929).
LECOQ DE BOISBAUDRAN: C. r. **97**, 1463 (1883).

### f) Von Titan und Zirkon.

1. Durch Oxalsäure.

Beide Elemente geben leichtlösliche Oxalatkomplexe (s. S. 252).

2. Durch Fluorwasserstoffsäure.

Diese Trennung kann sowohl gleich zu Beginn der Analyse, demnach beim Aufschluß der Mineralien, als auch mit dem durch Ammoniak fällbaren Anteil vorgenommen werden. Titan und Zirkon geben in verdünnter Flußsäure lösliche Fluoride, während die Erden ungelöst bleiben (s. S. 187 und 240).

3. Durch Phenylarsonsäure.

Zirkonsalze geben, wie RICE, FOGG und JAMES zeigten, mit Phenylarsonsäure sehr schwer lösliche Niederschläge, deren Löslichkeit von der Acidität weitgehend unabhängig ist. In sehr verdünnten und stark sauren Lösungen gibt Titan, allein vorhanden, eine unvollkommene Abscheidung. Werden Zirkon und Titan gemeinsam gefällt, so geht fast das gesamte Titan mit in den Niederschlag. (Eine Trennung des Titans vom Zirkon wird dadurch erreicht, daß eine Oxydation zur Pertitansäure vorgenommen wird, die mit Phenylarsonsäure nicht reagiert.) Die seltenen Erden bleiben gelöst.

**Durchführung.** Die 10%ige salzsaure Lösung, enthaltend Titan, Zirkon und Elemente der seltenen Erden, wird mit 10%iger Phenylarsonsäurelösung gefällt und zum Sieden erhitzt. Nach einigen Minuten Sieden wird heiß filtriert und mit 1%iger Salzsäure gewaschen. Das klare Filtrat wird mit Ammoniak gefällt, in Säure gelöst, und die Elemente der seltenen Erden werden als Oxalate abgeschieden.

***Bemerkungen.*** Gewöhnlich genügt eine einfache Fällung. Das Zirkonoxyd ist nach dem Glühen rein weiß. Das eventuell in Lösung verbliebene Titan wird bei der Abscheidung der Elemente der seltenen Erden durch Oxalsäure entfernt. Auch bei Abwesenheit von Titan müssen die Erdoxalate gebildet werden, um die Phenylarsonsäure vollkommen zu entfernen, die sonst beim Verglühen beträchtliche Mengen von Arsensäure in den Erdoxyden zurücklassen würde. Weiteres siehe S. 261.

p-Hydroxyphenylarsonsäure ist nach SIMPSON und CHANDLEE zur Trennung des Zirkons und Titans von den seltenen Erden [geprüft an Cer(III)-salzen] gut geeignet. Die Lösung soll an freier Säure enthalten: bei Gegenwart von Salzsäure 0,6 n und bei Schwefelsäure 1,8 n. Eine 4%ige wäßrige Lösung des Fällungsmittels erzeugt, in der Siedehitze zugesetzt, einen weißen Niederschlag. Nachdem die über dem Niederschlag befindliche Lösung klar geworden ist und auf Zimmertemperatur abgekühlt wurde, filtriert man und wäscht mit n/4 Salz- oder Schwefelsäure, der man auf 100 $cm^3$ 12,5 $cm^3$ des Fällungsmittels zugesetzt hat. Im Filtrat werden die seltenen Erden als Oxalate abgeschieden. Cer in 4wertiger Form wird mit Titan und Zirkon gemeinsam abgeschieden. CLAASSEN überprüfte diese Fällung und stellte bei 1maliger Abscheidung völlige Entfernung der seltenen Erden fest. Der Niederschlag, der sich in 3 n Salzsäure oder 1,5 n Schwefelsäure quantitativ bildet, ist jedoch schlecht filtrierbar und kann nur mit Hilfe von Filterbrei gesammelt werden.

## 4. Durch Mandelsäure.

Nach den Untersuchungen von KUMINS stellt die Mandelsäure $C_6H_5CHOHCOOH$ ein spezifisches Reagens auf Zirkon dar, das eine Trennung von Ti und Th, aber auch von Cu, Bi, Sb, Sn, V, Cr, Fe, Al und den seltenen Erden (auch $Ce^{IV}$) gestattet. Der Niederschlag Zr $(C_6H_5CHOHCOO)_4$ wird durch Hydroxyl-Ionen zerlegt. Natronlauge scheidet Zirkonhydroxyd ab, während Ammoniak ein lösliches Komplexsalz ergibt.

**Durchführung.** Die kalte salzsaure Lösung wird so vorbereitet, daß in 100 $cm^3$ 20 $cm^3$ konzentrierte Salzsäure und 15 $cm^3$ 16%ige Mandelsäure enthalten sind. Nun wird langsam auf 85° erwärmt und 20 Min. bei dieser Temperatur gehalten. Es wird filtriert und mit einer Lösung gewaschen, die 2% Salzsäure und 5% Mandelsäure enthält. Der Niederschlag wird zu Zirkonoxyd verglüht. Aus dem Filtrate werden die seltenen Erden durch Natronlauge als Hydroxyde gefällt.

***Bemerkungen.*** Ist Schwefelsäure zugegen, so muß diese vor der Fällung an Natrium-Ionen gebunden werden. Zu diesem Zwecke wird in der Kälte mit Natronlauge so weit alkalisch gemacht, daß das Zirkon vollständig als Hydroxyd vorliegt. Nun läßt man 1 bis 2 Min. stehen, fügt 50 $cm^3$ 16%ige Mandelsäure hinzu, füllt auf 100 $cm^3$ auf und erwärmt auf 85° C. Die erhaltenen Werte sind sehr zufriedenstellend, wie OSTROUMOV bestätigt. Ist weniger als 1 mg Zirkon vorhanden, so muß die Fällung 24 Std. stehengelassen werden. Nach MILLS und HERMON sind Mengen unter 1 mg nicht mehr vollständig zu erfassen. Es stören nach GAVIOLI und TRALDI Nb, Ta, W und Phosphorsäure. Die p-Br- bzw. p-Cl-Mandelsäure stellt nach PAPUCCI und KLINGENBERG die derzeit beste Zirkoniumbestimmung dar.

## 5. Durch selenige Säure.

NILSON beobachtete, daß aus mäßig sauren Titan- und Zirkonlösungen durch selenige Säure basische Selenite fallen, die, mit einem Überschuß des Fällungsmittels gekocht, kristallinische neutrale Selenite ergeben. M. M. SMITH und JAMES haben die Methode zur Trennung des Zirkons, BERG und TEITELBAUM zur Trennung des Titans vom Aluminium, den Elementen der seltenen Erden und von wenig Eisen empfohlen. Zirkon fällt quantitativ in 5%iger salzsaurer Lösung, Titan hingegen in 1%iger Lösung; sind jedoch beide Elemente zugegen, so begleitet Titan das Zirkon auch bei höheren Säurekonzentrationen fast vollständig. Die Selenite der seltenen Erden sind in überschüssiger seleniger Säure sowie in verdünnten Mineralsäuren sehr leicht löslich.

**Durchführung.** Die zu trennenden Elemente müssen als Chloride vorliegen (Sulfate und Nitrate entfernt man über die Hydroxyde). Die Lösung enthält 1 bis 2% Salzsäure und wird in der Kälte tropfenweise mit einem Überschuß an seleniger Säure gefällt. Der Niederschlag ballt sich gut und kann sofort filtriert werden. Man wäscht mit kaltem Wasser, das mit wenig Salzsäure schwach angesäuert wurde. Das Filtrat wird mit Ammoniak neutralisiert, und die Elemente der seltenen Erden werden als Oxalate gefällt.

***Bemerkungen.*** Die geringen Mengen von Titan, die im Filtrat stets nachzuweisen sind, werden durch die Oxalatfällung beseitigt. Diese Methode eignet sich vor allem für die Analyse von Zirkonmineralien. Ist nur Titan abzuscheiden, so fälle man in 0,5- bis 1%iger salzsaurer Lösung. Dreiwertiges Eisen geht als basisches Selenit in den Niederschlag; man kann es jedoch auch durch Reduktion in Lösung halten.

### 6. Durch Phosphorsäure.

Die Fällung des Zirkons durch Phosphate in saurer Lösung führt zu schleimigen, schlecht filtrierbaren Niederschlägen, die zufolge ihrer großen Oberfläche anwesende Kationen reichlich absorbieren. Wird jedoch, wie Willard und Hahn fanden, die Phosphorsäure in der zu fällenden Lösung langsam gebildet, so werden dichte Niederschläge erzeugt, die sich leicht waschen lassen und nur eine sehr geringe Adsorptionswirkung aufweisen. Die Autoren wählten die Metaphosphorsäure, die durch ihr großes Komplexbildungsvermögen das unerwünschte Mitreißen anderer Kationen weitgehend verhindert.

**Durchführung.** Die 3,6 n salpeter- oder schwefelsaure Lösung, die etwa 10 bis 200 mg Zirkonoxyd enthält, wird mit 2 g Metaphosphorsäure in der Kälte versetzt. Durch Komplexbildung bleibt die Lösung klar. Nun läßt man über Nacht (etwa 12 Std.) stehen, erhitzt hierauf während 1 Std. zum Sieden, läßt abkühlen, filtriert und wäscht mit kalter 5%iger Ammoniumnitratlösung. Der Niederschlag wird bei 900 bis 950° C geglüht und als $ZrP_2O_7$ ausgewogen.

***Bemerkungen.*** Bei einer Menge unter 10 mg $ZrO_2$ ist diese Methode nicht sehr genau und bietet gegenüber der normalen Fällung mit Phosphaten keinen Vorteil. Mit einer einfachen Fällung können quantitativ abgetrennt werden: Al, As, B, Cd, Cr, Ce, Co, Cu, Mg, Mn, Hg, Ni, K, Na, V, Y, Zn und Weinsäure. Fe über 25 mg, Th über 10 mg und Ti über 20 mg (wahrscheinlich auch Sc) begleiten in geringen Mengen das Zirkon; eine doppelte Fällung ergibt jedoch reines Zirkonphosphat.

### 7. Durch Hydrazinsulfat.

Die Zirkonlösung wird gegen Kongorot mit Ammoniak neutralisiert, hierauf fügt man 5 Tropfen einer 0,1 n Salzsäure zu und verdünnt auf 350 cm³. Man fällt mit 50 cm³ einer 5%igen Hydrazinsulfatlösung, stellt 10 Min. auf das siedende Wasserbad und filtriert. Im Bereich $p_H$ 2,8 bis 3 ist die Abtrennung der seltenen Erden quantitativ. Mit Zr werden noch U, Sn und Ti gefällt. In Gegenwart von Eisen und Aluminium ist diese Methode nicht anwendbar, da das Zirkonoxydhydrat unvollständig abgeschieden wird [Venkateswarlu und Raghava Rao (a)].

### 8. Durch Benzoesäure.

In einer Zirkonchloridlösung, die 0,15 n freie Salzsäure enthält, fällt in der Siedehitze 1%ige Benzoesäure basisches Zirkonbenzoat. Der flockige Niederschlag wird dekantiert, auf das Filter gebracht und mit 0,25% Benzoesäure gewaschen. Die Abtrennung des Zirkons ist in Gegenwart von Be, Mn, Zn, Ni, Co, Cu, U(VI), Al und seltenen Erden nach Lakshman Rao, Venkataramaniah und Raghava Rao quantitativ. Th, V, Cr und Ti stören. WENGERT, WALTER, LOUCKS und STENGER scheiden nach dieser Methode Th (S. 265) und Zr von seltenen Erden in Magnesiumlegierungen ab (S. 370).

VENKATARAMANIAH und RAGHAVA RAO (d) wenden in 0,2 n salzsaurer Lösung Benzilsäure an. Der Niederschlag hat die Zusammensetzung $O=ZrOH(C_6H_5)_2COHCOO$. Sn und Ti werden mitgefällt; bei Cr und V ist doppelte Fällung notwendig. KLINGENBERG, VLAMES und MENDEL fällen mit 2%iger Lösung und bestätigen die guten Resultate.

## 9. Durch Gerbsäure.

In schwach mineralsaurer Lösung fällt die Gerbsäure Zirkonsalze quantitativ aus. PURUSHOTTAM und RAGHAVA RAO arbeiten in 0,15 n salzsaurer Lösung, der 20 cm³ einer an Ammonchlorid gesättigten Lösung zugefügt wird. Man verdünnt auf 175 cm³, erhitzt zum Sieden und fällt mit 15,5 g Gerbsäure, gelöst in 25 cm³ Wasser. Nach einstündigem Stehen wird filtriert und mit einer 2%igen Ammonchloridlösung kalt gewaschen. In der Regel genügt eine einfache Fällung.

## 10. Durch m-Cresoxyessigsäure.

VENKATARAMANIAH und RAGHAVA RAO (a) trennen in salzsaurer Lösung bei $p_H = 0,20$ bis 0,25 Zirkon von Th, Ti, Fe, Sn und seltenen Erden. Schwefelsäure stört und darf daher nicht anwesend sein. Die Lösung, die nicht mehr als 0,1 g $ZrO_2$ enthält, wird auf 200 cm³ und 0,2 n HCl gebracht, 10 g Ammonchlorid werden zugegeben, man erhitzt zum Sieden und gibt 2 g m-Cresoxyessigsäure in 100 cm³ siedendem Wasser unter Rühren zu. Ein voluminöser flockiger Niederschlag fällt aus, der 5 Min. im Sieden gehalten und dann abkühlen gelassen wird. Man filtriert, wäscht zuerst mit 0,1% Säure in 0,2 n Salzsäure und schließlich mit heißem Wasser gut aus. Eine doppelte Fällung ist nur in Gegenwart von Ti, $Sn^{\cdot\cdot}$, $VO_2^{\cdot}$ und $Cr^{\cdot\cdot\cdot}$ notwendig. Der Niederschlag ist in Salzsäure 1 : 1 auf dem Wasserbade löslich. Nach VISWANADHA SASTRY und RAGHAVA RAO fällen die Phenoxyessigsäure in 0,24 n Salzsäure sowie die Salicylsäure in 0,18 n Salzsäure quantitativ.

## 11. Durch m-Nitrobenzoesäure.

Analog der Thorfällung haben VENKATARAMANIAH und RAGHAVA RAO (b) die m-Nitrobenzoesäure zur Abscheidung des Zirkons herangezogen, nachdem OSBORNE gezeigt hatte, daß eine 0,2 n saure Lösung vollständige Fällung ergibt. Nicht mehr als 0,1 g $ZrO_2$ in salz- oder salpetersaurer Lösung wird mit Ammoniak gegen Kongorot neutralisiert, mit 20 cm³ 2 n Salz- oder Salpetersäure und 10 g festem Ammonnitrat versetzt und mit einer Lösung von 4 g Nitrobenzoesäure im Liter gefällt. Man erhitzt, hält 5 Min. im Sieden, läßt vollständig abkühlen, filtriert, wäscht dreimal mit heißer 0,1%iger Nitrobenzoesäure, die 0,2 n an Salz- oder Salpetersäure ist, und schließlich mit Wasser aus. Aluminium und die seltenen Erden werden durch einfache Fällung abgetrennt; nur in Gegenwart von Eisen und Chrom ist eine doppelte Fällung notwendig. Hierzu wird der Niederschlag mit 25 cm³ Salz- oder Salpetersäure 1 : 1 in etwa 20 Min. auf dem siedenden Wasserbade gelöst. Die Zirkonwerte sind um etwa 0,5% der Auswaage zu niedrig.

## 12. Durch Phthalsäure.

Die obengenannten Autoren (a) fällen in 0,01 bis 0,35 n salzsaurer Lösung Zirkon als basisches Phthalat. Die 2,8 bis 55 mg $ZrO_2$ enthaltende Lösung wird mit 30 cm³ gesättigter Ammonnitratlösung und so viel 2 n Salzsäure versetzt, daß 200 cm³ Lösung 0,3 n sind. Nun verdünnt man die Lösung auf 100 cm³, erhitzt zum Sieden und fällt mit 100 cm³ einer heißen 4%igen Phthalsäurelösung. Man hält 2 Min. im Sieden, 2 Std. auf dem Wasserbade und läßt 1 Std. abkühlen. Der Niederschlag wird einmal mit 0,3 n Salzsäure und 0,1%iger Phthalsäure und hierauf mehrmals mit 0,1%iger Phthalsäure- und 2%iger Ammonnitratlösung gewaschen. Für Fe, Th und seltene Erden genügt eine einfache Trennung; in Gegenwart von Sn, Ti, V und Cr muß der Niederschlag umgefällt werden. Die Resultate schwanken um $\pm$ 0,1 mg. Die Tetrachlorphthalsäure ist nach MURTY und RAGHAVA RAO ebenso empfindlich wie die Mandelsäure.

### 13. Durch Fumarsäure.

0,20 g $ZrO_2$ als Chlorid oder Nitrat gelöst, verwenden die obengenannten Autoren (c) in Gegenwart von 5 g Ammonnitrat und so viel Salzsäure, daß bei 200 $cm^3$ Volumen eine 0,25 n salzsaure Lösung entsteht. Es wird zuerst auf 100 $cm^3$ verdünnt, zum Sieden erhitzt und mit 100 $cm^3$ 2%iger Fumarsäurelösung gefällt. 5 Min. wird abkühlen gelassen und hierauf filtriert. Das Waschwasser besteht anfangs aus 0,02%iger Fumarsäure in 0,25 n Salzsäure, schließlich aus kaltem Wasser. Die Resultate sind sehr gut.

### 14. Durch Zimtsäure.

In 0,1 n Salz- oder Salpetersäure fällt die Zimtsäure nach VENKATESWARLU und RAGHAVA RAO in Gegenwart von 15 g Ammonnitrat in siedender Lösung das Zirkonion und ermöglicht eine Trennung von Th, Mn, U, Be, Al und den seltenen Erden. In Gegenwart von Fe ist doppelte Fällung notwendig. Als Fällungslösung wird eine siedende 0,4%ige Zimtsäurelösung empfohlen; der gebildete Niederschlag soll unter Rühren 5 Min. gekocht, nach gutem Absitzen dekantiert, zuerst mit 3%igem Ammonnitrat in 0,1 n Salzsäure und schließlich mit Ammonnitrat allein gewaschen werden. 0,6 mg Zr kann auf diese Weise noch erfaßt werden.

### Literatur.

BERG, R., u. M. TEITELBAUM: Z. anorg. Ch. **189**, 101 (1930).
CLAASSEN, A.: R. **61**, 299 (1942).
GAVIOLI, G., u. E. TRALDI: Metall. ital. **42**, 179 (1950).
KLINGENBERG, J. J., P. O. VLAMES u. M. G. MENDEL: Anal. Chem. **26**, 754 (1954). — KUMINS, C. A.: Anal. Chem. **19**, 376 (1947).
LAKSHMAN RAO, C. M., VENKATARAMANIAH u. S. V. RAGHAVA RAO: J. Sci. Indian. R. **10B** Nr. 7, 152 (1951); durch C. A. **46**, 2957 (1952).
MILLS, E. C., u. S. F. HERMON: Analyst **78**, 256 (1953). — MURTY, P. S., u. S. V. RAGHAVA RAO: Fr. **141**, 93 (1954).
NILSON, L.: Researches of the salts of selerius acid. Upsala 1875.
OSBORNE, G. H.: Analyst **73**, 381 (1948). — OSTROUMOV, E. A.: Shurn. anal. Khim. **6**, 27 (1951); durch C. A. **45**, 6121 (1951).
PAPUCCI, R. A., u. J. J. KLINGENBERG: Anal. Chem. **27**, 835 (1955). — PURUSHOTTAM, A., u. S. V. RAGHAVA RAO: (a) R. **70**, 555 (1951) u. (b) Analyst **75**, 684 (1950).
RICE, H. C., N. C. FOGG u. C. JAMES: Am. Soc. **48**, 898 (1926).
SIMPSON, C. T., u. CH. C. CHANDLEE: Ind. eng. Chem. Anal. Edit. **10**, 642 (1938).
VENKATARAMANIAH, M., u. S. V. RAGHAVA RAO: (a) Anal. Chem. **23**, 539 (1951); (b) Fr. **133**, 248 (1951); (c) Analyst **76**, 107 (1951); (d) J. Indian chem. Soc. **28**, 257 (1951). — VENKATESWARLU, CH., u. S. V. RAGHAVA RAO: (a) J. Indian chem. Soc. **27**, 395 (1950); (b) **28**, 354 (1951). — VISWANADHA SASTRY u. S. V. RAGHAVA RAO: J. Indian chem. Soc. **28**, 257 (1951).
WILLARD, H. H., u. R. B. HAHN: Anal. Chem. **21**, 293 (1949).

## g) Von Thorium.

### Allgemeines.

Zu den wichtigsten Trennungen der Elemente der seltenen Erden gehört die Scheidung von Thorium, der von der technischen, präparativen und analytischen Seite große Beachtung geschenkt wird. Dies findet in den zahlreichen Abhandlungen und Vorschlägen zu ihrer Durchführung einen deutlichen Ausdruck; denn bis in die jüngste Zeit ist dieses Problem immer wieder behandelt worden. Von den vielen

Methoden, die sich im Schrifttum vorfinden, haben nur wenige eine allgemeine Verbreitung gefunden, denn die an dieser Trennung interessierten Industrien forderten neben einer hinreichenden Genauigkeit eine rasche und billige Durchführung.

Um die Jahrhundertwende waren die unter 1. und 2. genannten Verfahren sehr gebräuchlich. Die erste Methode, die eine Trennung mit Hilfe des Natriumthiosulfates ausführte, war zwar recht zeitraubend, lieferte hingegen befriedigende Werte. Die zweite Methode arbeitete schneller, jedoch wesentlich ungenauer und kam nur als Betriebsverfahren in Betracht. Später fand die auf S. 243 beschriebene Trennung durch Kaliumjodat sowie die unter 3. genannte Scheidung durch Natriumhypophosphat für genaue Analysen Verwendung. In neuester Zeit ist die Fällung als basisches Thorformiat (s. S. 246) bekanntgeworden, die sehr exakte Werte ergibt. Die unter 9. beschriebene Fällung als basisches tetrachlorphthalsaures Thor wird wegen der schweren Zugänglichkeit der Säure nur selten angewendet werden. Für technische Monazitanalysen sei auf die maßanalytische Bestimmung des Thors auf S. 245 verwiesen.

## 1. Mit Natriumthiosulfat.

Hintz und Weber benutzten die Eigenschaft des Natriumthiosulfates, aus neutralen Chloridlösungen das Thorium quantitativ als basisches Thiosulfat zu fällen, zu einer Trennung von den Elementen der seltenen Erden. Der aus basischem Thoriumthiosulfat und Schwefel bestehende gelbe Niederschlag ist nicht ganz frei von Erden; er muß umgefällt werden. Diese Trennung wurde mehrmals eingehend untersucht und brauchbar befunden, so von Drossbach, Benz, Metzger, Hauser und Wirth, Schoeller und Powell. In der Durchführung ist die Arbeitsvorschrift von Hauser und Wirth wiedergegeben, in den Bemerkungen die von Schoeller und Powell vorgeschlagene Änderung.

**Durchführung.** Die Lösung der Chloride, die durch Eindampfen oder Neutralisieren mit Ammoniak vom Überschuß der Säure befreit wurde, erhitzt man zum Sieden und versetzt mit einem Überschuß einer konzentrierten Natriumthiosulfatlösung. Man setzt das Kochen einige Zeit fort und filtriert den entstandenen Niederschlag ab. Der mit Wasser gewaschene Niederschlag wird gemeinsam mit dem Filter in das Fällungsgefäß zurückgebracht, mit etwas konzentrierter Salzsäure aufgekocht, verdünnt und vom Filterschleim und Schwefel abfiltriert. Das Filtrat wird mit Ammoniak neutralisiert und nochmals mit Natriumthiosulfat gefällt. Die Filtrate werden vereinigt, eingeengt, durch Salpetersäure die Polythionsäuren zerstört, die Lösung wird eingedampft, mit wenig Salzsäure aufgenommen, und die Elemente der seltenen Erden werden als Oxalate gefällt.

***Bemerkungen.*** Das so erhaltene Thoriumoxyd ist durch sehr geringe Mengen von seltenen Erden meist schwach rosa gefärbt, doch wird hierdurch das Resultat wenig beeinflußt.

Schoeller und Powell geben folgende Änderungen an, die zu weißen Thoriumoxydpräparaten führen sollen. Die 200 $cm^3$ betragende neutrale Chloridlösung wird mit 9 g Natriumthiosulfat, gelöst in 30 $cm^3$ Wasser, versetzt und über Nacht stehengelassen. Dann wird 10 Min. lang gekocht und filtriert (Niederschlag a). Das Filtrat wird 1 Std. zum Sieden erhitzt und die kleine Menge des Abgeschiedenen auf einem Filter gesammelt (Hauptfiltrat und Niederschlag b). Niederschlag a wird mit wenig Wasser in das Fällungsgefäß zurückgebracht, in 10 $cm^3$ konzentrierter Salzsäure gelöst, in eine Porzellanschale filtriert (Niederschlag c) und das Filtrat zur Trockne gedampft. Der Rückstand wird in 150 $cm^3$ Wasser aufgenommen, mit 3 g Thiosulfat, in wenig Wasser gelöst, versetzt und 12 Std. stehengelassen, wie oben 10 Min. zum Sieden erhitzt und filtriert (Filtrat a). Der Niederschlag wird zum dritten Male in Salzsäure gelöst und wie oben behandelt (Filtrat b). Der hier anfallende Niederschlag enthält den größten Teil des anwesenden Thoriums und ist rein (Niederschlag d). Die Filtrate a und b werden vereinigt, mit Ammoniak gefällt und die Hydroxyde auf dem Filter gesammelt. Dieses Filter wird zusammen mit dem Niederschlag b und den nach Salzsäurebehandlung verbleibenden Schwefelrückständen, Niederschläge c und d, verascht und geglüht. Man schließt mit Kaliumbisulfat auf, fällt mit Ammoniak, löst in wenig Salzsäure die abfiltrierten und gewaschenen Hydroxyde auf und dampft zur Trockne. Wie oben angegeben, wird die Thiosulfatfällung nochmals angewendet. Der Niederschlag enthält den Rest des Thoriums und ist ebenfalls rein. Dieses Filtrat wird mit dem Hauptfiltrat vereinigt, aus dem die seltenen Erden durch eine Fällung mit Oxalsäure abgetrennt werden.

Diese Methode ist sehr zeitraubend und wird nur noch selten angewandt. Gemeinsam mit Thorium fallen Aluminium, Titan, Zirkon und Scandium. Über die Trennung des letzteren Elementes vom Thorium siehe S. 291.

Hennings empfiehlt die von Schoeller und Powell mitgeteilte Vorschrift, vereinfacht sie jedoch nur für technische Analysen, indem das Thorium als Thiosulfat nur 2mal gefällt wird.

### 2. Durch Wasserstoffperoxyd.

In neutraler oder sehr schwach saurer Lösung fällt Wasserstoffperoxyd ein Thoriumperoxydhydrat aus, während nach Wyrouboff und Verneuil die Elemente der seltenen Erden in Lösung bleiben. Benz empfiehlt die Gegenwart von Ammoniumsalzen, wodurch das Thoriumperoxyd in leicht filtrierbarer Form anfällt.

**Durchführung.** Die neutrale Nitratlösung wird auf etwa 100 $cm^3$ gebracht, mit 10 g Ammoniumnitrat versetzt, auf 60 bis 80° erwärmt und mit 20 $cm^3$ 3%iger Wasserstoffperoxydlösung gefällt. Der Niederschlag, der die Zusammensetzung $Th_2O_5$, $N_2O_5$ besitzt, wird sofort abfiltriert und mit 2%iger Ammoniumnitratlösung gewaschen. Da geringe Mengen seltener Erden durch Adsorption zurückgehalten werden, löst man ihn in verdünnter Salpetersäure, dampft zur Trockne und nimmt in 100 $cm^3$ 10%iger Ammoniumnitratlösung auf. Die Fällung wird nun wiederholt. Aus den vereinigten Filtraten gewinnt man die seltenen Erden.

***Bemerkungen.*** Diese Methode wurde geprüft von Borelli, Schoeller und Powell, Treadwell und Hall und von Spencer. Nach Meyer und Hauser führt diese Methode nur bei kleinen Thoriummengen zu befriedigenden Resultaten. In der Technik wird die endgültige Reinigung des Thoriums über die Oxalate vorgenommen. Nachdem das basische Thoriumperoxydnitrat in verdünnter Salpetersäure gelöst und hierauf verdünnt wurde, fällt man es mit Oxalsäure. Der auf dem Filter gewaschene Niederschlag wird in das Fällungsgefäß gespritzt und mit konzentrierter Ammoniumoxalatlösung behandelt. Die klare Lösung wird auf 750 $cm^3$ verdünnt. Nach längerem Stehen fallen nur die seltenen Erden aus (s. S. 263). Kroupa und Hecht haben diese Abscheidung zur mikroanalytischen Bestimmung des Thors in Mineralien herangezogen und nach 3maliger Umfällung gute Werte erhalten.

### 3. Durch Natriumhypophosphat.

Das Natriumsalz der Unterphosphorsäure fällt in stark saurer Lösung Titan, Zirkon und Thorium als Hypophosphate aus. Diese Reaktion wurde von Koss aufgefunden, von Rosenheim zu einer quantitativen Trennung ausgebaut und von Wirth, Levy und Spencer überprüft. Man arbeitet vorteilhaft in salzsaurer Lösung, um die bei Gegenwart von Schwefelsäure auftretenden unlöslichen Natrium- und Erddoppelsulfate zu vermeiden. Moeller und Quinty bestimmten die Löslichkeiten, multiplizierten mit $10^4$ und gaben in G-Molen je Liter an: $ThP_2O_6$ in 4 n HCl 1,65 g Mol, $Nd_4(P_2O_6)_3$ in 2 n HCl 34,7 g Mol und $Y_4(P_2O_6)_3$ in 1 n HCl 26,9 g Mol.

**Durchführung.** Die Lösung wird mit dem gleichen Volumen konzentrierter Salzsäure versetzt, zum Sieden erhitzt und mit einer siedenden Lösung von Natriumsubphosphat versetzt. Den Niederschlag kocht man einige Zeit, läßt ihn absitzen und prüft auf quantitative Fällung. Hierauf wird heiß filtriert und mit heißem, mit Salzsäure schwach angesäuertem Wasser gewaschen, bis Ammoniak keine Hydroxydfällung mehr gibt. Das Filtrat stumpft man weitgehend mit Ammoniak ab und fällt die Elemente der seltenen Erden mit Oxalsäure.

***Bemerkungen.*** Diese Methode läßt sich sehr einfach durchführen und ist sehr billig. Sie wird der Thiosulfat- und Wasserstoffperoxydmethode vorgezogen.

### 4. Durch Natriumpyrophosphat.

Dreiwertige Elemente der seltenen Erden geben in schwach saurer Lösung mit Natriumpyrophosphat keinen Niederschlag, während Zirkon und Thorium sowie 4wertiges Cer ausgefällt werden. CARNEY und CAMPBELL haben diese Trennungsmethode aufgefunden und gezeigt, daß nach Reduktion mit schwefliger Säure auch Cer vom Thorium abgetrennt werden kann.

**Durchführung.** Die Sulfat- oder Chloridlösung wird genau auf 0,3 n Säuregehalt gebracht, aufgekocht und so lange vorsichtig mit einer wäßrigen Lösung von Natriumpyrophosphat versetzt, bis die Fällung des Thoriums vollständig erfolgt ist. Man kocht noch weitere 5 Min., läßt etwa 10 Min. absitzen, filtriert und wäscht den Niederschlag mit 0,3 n Säure gut aus. Zwecks Umfällung wird er in einer kleinen Schale mit etwas konzentrierter Schwefelsäure und Ammoniumperchlorat (zur Zerstörung der organischen Substanzen) erwärmt. Man verdünnt mit wenig Wasser, gießt in Natronlauge und filtriert die Hydroxyde ab. Nach gutem Auswaschen löst man sie in verdünnter Salzsäure und reduziert das mitgerissene Cer durch schweflige Säure. Die Lösung wird nun auf genau 0,3 n Säuregehalt gebracht und die Fällung wie oben wiederholt. In den vereinigten Filtraten scheidet man die Elemente der seltenen Erden als Oxalate ab.

***Bemerkungen.*** Die Methode gibt bei doppelter Fällung gute Resultate, hat jedoch den großen Nachteil, daß die Säurekonzentration sehr genau eingehalten werden muß. Ist zu wenig Säure vorhanden, so bilden sich lösliche Natrium-Thorium-Doppelsalze. Bei Vorhandensein von mehr Säure nimmt die Löslichkeit des Thoriumpyrophosphates beträchtlich zu. Aus diesem Grunde wendet man die Pyrophosphatmethode nur selten an (s. S. 235).

### 5. Durch Kaliumjodat (s. S. 243).

### 6. Durch Phenylarsonsäure.

Auf S. 254 wurde die Abscheidung des Zirkons durch Phenylarsonsäure beschrieben. Auch Thorium läßt sich mit Hilfe dieses Fällungsmittels von den Elementen der seltenen Erden abtrennen, wenn in stark essigsaurer Lösung gearbeitet wird.

**Durchführung.** Die neutrale Lösung, die das Thorium und Erdengemisch [Cer ist in die Cer(III)-stufe durch schweflige Säure übergeführt worden] als Nitrate, Sulfate oder Chloride enthalten kann, wird auf etwa 300 $cm^3$ gebracht, zum Sieden erhitzt und mit 30 $cm^3$ 10%iger Phenylarsonsäure und 75 $cm^3$ Eisessig versetzt. Die Fällung wird durch tropfenweisen Zusatz einer konzentrierten Ammoniumacetatlösung hervorgerufen, die so lange zugegeben wird, bis das Thorium quantitativ abgeschieden ist. Man läßt 10 Min. auf dem siedenden Wasserbade stehen, filtriert hierauf und wäscht mit verdünnter Essigsäure aus. Der Niederschlag wird in das Fällungsgefäß zurückgebracht, in 30 $cm^3$ Salzsäure 1:1 gelöst, etwas schweflige Säure zugefügt, auf 300 $cm^3$ verdünnt und zum Sieden erhitzt. Nachdem man einige Kubikzentimeter der Phenylarsonsäure sowie 75 $cm^3$ Eisessig zugesetzt hat, fällt man mit genügend Ammonacetat. Die beiden Filtrate enthalten die Elemente der seltenen Erden, die nach weitgehender Abstumpfung der Essigsäure als Oxalate abgeschieden werden.

***Bemerkungen.*** Diese Methode liefert sehr gute Werte und wird in der Monazitsandanalyse verwendet. Hat man in Mineralien, die Zirkon und Thorium enthalten, nur die seltenen Erden zu bestimmen, so geht man wie folgt vor: Die salzsaure Lösung, in der das Cer 3wertig enthalten ist, wird nach der auf S. 254 angegebenen Art von Zirkon und Titan durch Phenylarsonsäure befreit. Der Niederschlag enthält beträchtliche Mengen von Thorium und Eisen. Die stark saure Lösung sowie ein sorgfältiges Waschen verhindern, daß nennenswerte Mengen von seltenen Erden okkludiert werden. Das Filtrat wird weitgehend mit Ammoniak neutralisiert und das Thorium, wie oben angegeben, abgeschieden. War viel Thorium zugegen, so fällt an dieser Stelle nur der in Lösung verbliebene Rest, der nun leicht umgefällt und gereinigt werden kann. Die Filtrate enthalten die Elemente der seltenen Erden.

Die quantitative Bildung des phenylarsonsauren Thoriums ist von der Essigsäurekonzentration weitgehend abhängig. KAUFMANN überprüfte diese Trennung und fand bei Gegenwart von Cer keine befriedigenden Ergebnisse für Thorium. Er zieht die Fällung mit Kaliumjodat dieser Methode vor.

### 7. Durch Sebacinsäure (s. S. 245).

### 8. Durch Hexamethylentetramin.

Unter Einwirkung von Wasserstoffionen zerfällt das Hexamethylentetramin in Formaldehyd und Ammoniak; in neutraler Lösung hingegen bleibt diese Verbindung erhalten. Die stark hydrolytisch gespaltenen Thoriumsalze werden demnach durch dieses Reagens quantitativ in unlösliche Hydroxyde übergeführt, während die stärker basischen seltenen Erden in Lösung verbleiben. ISMAIL und HARWOOD haben diesen Unterschied zu einer Trennung benutzt.

**Durchführung.** Die schwach saure, etwa 100 cm³ betragende Lösung wird auf 30° erwärmt, mit 5 g Ammoniumchlorid versetzt und mit einer 10%igen wäßrigen Lösung von Hexamethylentetramin in geringem Überschuß tropfenweise unter gutem Rühren gefällt. Nach dem Absitzen wird filtriert und mit warmer 2%iger Ammonnitratlösung gut gewaschen. Der Niederschlag wird in heißer verdünnter Salzsäure aufgelöst und das Filter mit heißem Wasser nachgewaschen. Diese Lösung wird mit Ammoniak neutralisiert, schwach salzsauer gemacht und nochmals wie oben gefällt.

Aus den vereinigten Filtraten werden die seltenen Erden durch Ammoniak abgeschieden.

***Bemerkungen.*** Als Vertreter der Elemente der seltenen Erden wurden Lanthan, Cer, Praseodym, Neodym und Yttrium untersucht. Über die schwächer basischen Endglieder Ytterbium und Cassiopeium liegt noch keine Erfahrung vor. Die Resultate sind bei doppelter Fällung sehr gut, der Fehler beträgt $\pm 2$ mg bei wechselnden Auswaagen, wie KALL und GORDON neuerlich feststellten.

Die auf S. 246 beschriebene Fällung als basisches Thorformiat stellt eine Weiterentwicklung dieser Methode dar. Auch sie ergibt sehr gute Resultate.

### 9. Durch Tetrachlorphthalsäure.

In einer sauren Thorlösung erzeugt Tetrachlorphthalsäure in der Kälte keine Fällung; wird auf 70 bis 80° C erwärmt, so fällt ein basisches Salz aus, das auf ein Thor 2 Mole der Säure und 3 Mole Wasser enthält. Bei $p_H = 2$ werden die seltenen Erden ebenfalls gefällt. Der Thorniederschlag kann auf übliche Weise nicht verascht werden, da Thor als Tetrachlorid teilweise verflüchtigt wird. Man trocknet und erhitzt ihn gelinde bei 375° während einer längeren Zeit, wodurch die organische

Substanz zerstört und das Tetrachlorid noch nicht verflüchtigt werden kann. GORDON, VANSELOW und WILLARD haben diese Fällungsmethode aufgefunden und untersucht.

**Durchführung.** Die kalte, perchlorsaure Lösung, die Thor und die seltenen Erden enthält, wird auf 200 $cm^3$ verdünnt, 1 g Natriumjodid zugegeben und auf ein $p_H = 1,5$ bis 1,6 eingestellt. Zur Fällung werden 200 $cm^3$ einer 0,3%igen Tetrachlorphthalsäure (berechnet auf Thor 2,5facher Überschuß) zugegeben und unter schneller mechanischer Rührung auf 70 bis 80° C erwärmt. Nach 20 Min. erscheint der Niederschlag, nach 1,5 Std. ist die Fällung vollendet. Es wird heiß filtriert und mit einer 0,1%igen Tetrachlorphthalsäurelösung, die durch Salzsäure auf $p_H = 1,5$ eingestellt wurde, kalt gewaschen. Zur Umfällung wird der Niederschlag mit 2%iger Natronlauge in Thorhydroxyd verwandelt und durch zehnmaliges Waschen sehr weitgehend gereinigt. Der Niederschlag wird in das Becherglas zurückgebracht und in 2 n Salzsäure gelöst. Nach dem Einstellen auf $p_H = 1,5$ bis 1,6 wird die Fällung wiederholt. Der Niederschlag und das Filter werden in einen Porzellantiegel getan, zuerst bei 110° getrocknet, dann in einen kalten Ofen gebracht, der langsam auf 375° C geheizt und 45 Min. bei dieser Temperatur belassen wird. Schließlich wird bei 850° C zur Gewichtskonstanz geglüht.

***Bemerkungen.*** Ist Thorium mit weniger als 50 mg anwesend, so erscheint die erste Trübung nach 1 bis 2 Std., die Fällung ist erst nach weiteren 1,5 Std. vollständig.

### 10. Durch Ammoniumoxalat.

Die beträchtliche Löslichkeit des Thoriumoxalates in gesättigter Ammoniumoxalatlösung hat GLASER veranlaßt, diese Eigenschaft als Grundlage für eine Trennung von den Elementen der seltenen Erden vorzuschlagen. Die Ceriterden sind unter den gleichen Bedingungen nur spurenweise löslich, während die Yttererden mit steigendem Atomgewicht zunehmende Löslichkeit besitzen. AUER v. WELSBACH schied über die Ammoniumdoppeloxalate Ytterbium vom Cassiopeium. BRAUNER gibt folgende Relativzahlen für die Löslichkeit der Doppeloxalate an, wenn diese auf Oxyde berechnet und die gelöste Menge des Lanthanoxydes gleich eins gesetzt wird:

| | | | |
|---|---|---|---|
| $ThO_2$ . . . | 2663 | $Nd_2O_3$ . . . | 1,5 |
| $Yb_2O_3$ . . . | 105 | $Pr_2O_3$ . . . | 1,2 |
| $Y_2O_3$. . . . | 11 | $La_2O_3$ . . . | 1,0 |
| $Ce_2O_3$ . . . | 1,8 | | |

38 g Wasser, die 1 g Ammoniumoxalat enthalten, lösen bei 20° 0,000233 g $La_2O_3$ (BRAUNER).

HINTZ und WEBER, DROSSBACH sowie BENZ zeigten jedoch bald, daß diese Methode für analytische Zwecke ungeeignet ist. Nur wenn Ceriterden von Thorium einfach und schnell abgetrennt werden sollen, wird dieses Verfahren angewendet (s. S. 260).

### 11. Durch Natriumacid.

Die quantitative Fällung des Thoriums durch Hydrolyse wird auch durch Natriumacid, wie DENNIS sowie KORTRIGHT zeigten, bewirkt. Die Stickstoffwasserstoffsäure ist eine nur wenig stärkere Säure als konzentrierte Essigsäure und läßt sich, da sie mit Wasserdämpfen flüchtig ist, aus der siedenden wäßrigen Lösung sehr weitgehend entfernen. Die seltenen Erden, die der Hydrolyse fast nicht unterliegen, verbleiben quantitativ in der Lösung.

**Durchführung.** Die neutrale Lösung, enthaltend Thorium und die Elemente der seltenen Erden, wird mit einigen Kubikzentimetern einer 0,32%igen Natriumacidlösung versetzt. Ist die Lösung an Thorium nicht zu verdünnt, so wird schon in der Kälte ein Niederschlag gebildet. In verdünnteren Lösungen fällt beim Erwärmen das Thorium als Hydroxyd, und seine Abscheidung ist nach 5 Min. langem Sieden vollendet. Man filtriert heiß und wäscht gut mit heißem Wasser. Im Filtrat fällt man die Elemente der seltenen Erden als Oxalate.

***Bemerkungen.*** Die Ceriterden lassen sich durch eine einmalige Fällung gut abtrennen, über Yttererden liegen keine Untersuchungen vor. Wegen der früher vorhandenen Schwierigkeiten, reine Alkaliacide zu gewinnen, hatte diese Methode keine Anwendung gefunden. Die Werte für Thorium sind stets etwas zu niedrig. Der Fehler beträgt bei kleinen Mengen etwa —1%; bei größeren Mengen fehlen 1 bis max. 2 mg Thoriumoxyd.

### 12. Durch selenige Säure.

In einer Thorchlorid- oder Nitratlösung erzeugt selenige Säure eine unvollständige Fällung. Wird jedoch dieser Umsatz in alkoholischer Lösung durchgeführt, so erreicht man nach DESHMUKH und SWANNY eine quantitative Fällung. In Anwesenheit seltener Erden (Ce in 3wertiger Form) darf der Alkoholzusatz 50% nicht überschreiten. Man fällt bei $p_H$ 5,5 bis 6 und verwendet eine 20%ige selenige Säure, die in der Kälte und unter Umrühren zugesetzt wird. Man filtriert, wäscht mit 2%iger seleniger Säure und schließlich mit Alkohol. Die im Niederschlag enthaltene selenige Säure, entsprechend dem Thorselenit, wird nun jodometrisch bestimmt.

### 13. Durch Fumarsäure.

In wäßriger Lösung werden Thoriumsalze durch Fumarsäure selbst in der Hitze nur unvollständig gefällt. In Gegenwart von Alkohol wird die quantitative Fällung als fumarsaures Thorium ermöglicht, wobei Elemente der seltenen Erden in Lösung verbleiben (METZGER). Vollständige Fällung wird in 0,02 n Säure erzielt; in 0,1 n Säure bildet sich kein Niederschlag mehr.

**Durchführung.** Die durch Eindampfen der Nitrate gewonnene neutrale Lösung wird mit Alkohol und Wasser so weit verdünnt, daß 200 $cm^3$ einer 40%igen alkoholischen Lösung entstehen. Man erhitzt zum Sieden und fällt mit einer Fumarsäurelösung, die man durch Auflösen von 1 g kristallisierter Säure in 100 $cm^3$ 40%igem Alkohol erhält. Nach kurzem Kochen wird heiß filtriert und wiederholt mit heißem 40%igem Alkohol gewaschen. Der Niederschlag und das Filter werden in das Fällungsgefäß zurückgebracht, mit 25 bis 30 $cm^3$ verdünnter Salzsäure gekocht, vom Filterbrei abgetrennt, der Rückstand wird gut gewaschen und zur Trockne eingedampft. Die Chloride werden in Wasser aufgenommen, mit Alkohol versetzt und, wie oben angegeben, nochmals gefällt. In den vereinigten Filtraten fällt man die Elemente der seltenen Erden durch Ammoniak; hierbei wird ein Teil derselben als fumarsaure Salze abgeschieden.

***Bemerkungen.*** Zwecks Umfällung kann der Niederschlag auch in verdünnter Salpetersäure gelöst werden. Zur Entfernung der Fumarsäure wird diese Lösung mit überschüssiger Kalilauge gefällt, die Hydroxyde werden durch Filtration abgetrennt, gut gewaschen und nochmals in verdünnter Salpetersäure gelöst. Die Nitrate werden nun zur Trockne eingedampft und, wie oben angegeben, nochmals gefällt. Verbleibende Kohleteilchen stören die Weiterverarbeitung nicht.

Ceriterden sowie Yttrium werden durch diese Methode abgetrennt; hingegen fallen die schwächer basischen Yttererden, wie am Erbium gezeigt wurde, mit dem Thorium gemeinsam, doch unvollständig aus. Aus diesem Grunde hat diese Trennung keine Verbreitung gefunden.

### 14. Durch Metanitrobenzoesäure.

Nitrobenzoesäuren fällen das Thorium aus neutralen Nitratlösungen quantitativ; praktisch hat sich, zufolge der größeren Wasserlöslichkeit, die Metasäure bewährt. Unabhängig voneinander haben NEISH sowie KOLB und AHRLE die Trennung der

Elemente der seltenen Erden vom Thorium beschrieben. Der weiße Niederschlag besteht aus Thoriumnitrobenzoat und enthält nach OSBORNE bei 115° C etwa 4 $H_2O$; er ist in Mineralsäuren sehr leicht löslich.

**Durchführung.** Die neutrale Lösung der Nitrate wird nach und nach unter dauerndem Umrühren mit 150 $cm^3$ einer 4 g im Liter enthaltenden Metanitrobenzoesäurelösung versetzt und auf dem Wasserbad auf 60 bis 80° erwärmt, bis sich der Niederschlag gut zusammengeballt am Boden abgesetzt hat. Man läßt 1 Std. stehen, filtriert und wäscht mit einer 5%igen Lösung des Fällungsmittels. Zur Umfällung wird der Niederschlag in das Fällungsgefäß zurückgebracht, in heißer Salpetersäure 1:5 gelöst, auf 600 $cm^3$ verdünnt und mit 25 $cm^3$ der Nitrobenzoesäurelösung versetzt. Der Niederschlag, der sich nur in neutraler Lösung bildet, wird durch Zugabe von Ammoniak 1:10 hervorgerufen. Um eine alkalische Reaktion der Lösung zu vermeiden, wird Methylorange als Indicator zugegeben und vorsichtig neutralisiert. Schließlich fügt man noch 50 $cm^3$ des Fällungsmittels zur völligen Abscheidung im Überschuß hinzu.

In den vereinigten Filtraten fällt man die Elemente der seltenen Erden durch Ammoniak.

***Bemerkungen.*** Der Endpunkt der Neutralisation durch Ammoniak ist schwer zu erfassen, daher wird der umständlichere Weg, Eindampfen der Nitratlösung, bei genaueren Untersuchungen empfohlen.

KOLB und AHRLE, die diese Methode kritischer untersucht haben, berichten über die leichte Löslichkeit des Niederschlages, selbst in sehr verdünnten Säuren. Bei größeren Mengen Thorium genügt die bei der Fällung frei werdende Salpetersäure, um eine unvollständige Fällung hervorzurufen. Zur gelinden Neutralisation verwenden sie das nitrobenzoesaure Anilin. Bei der Abtrennung muß das Cer in der 3wertigen Form, die durch Reduktion mit Schwefelwasserstoff erhalten wird, vorliegen; 4wertig begleitet es das Thorium. Bei einfacher Trennung sind die Werte für Thorium zu hoch, und das Oxyd zeigt eine rötliche Farbe. Bei Gegenwart von Essigsäure wird die im Niederschlag befindliche Menge der seltenen Erden merklich verringert, doch zeigt auch das Thoriumnitrobenzoat eine deutliche Löslichkeit. Aus diesen Ergebnissen folgt, daß eine doppelte Fällung stets notwendig sein wird.

Über die Trennung des Thoriums von den seltenen Erden hat OSBORNE berichtet: Y, La, Ce, Nd, Sm, Gd und Yb stören nicht. Diese Methode ist nur selten angewendet worden.

### 15. Durch weitere organische Säuren.

In salz- oder salpetersaurer Lösung fällt Benzoesäure bei $p_H = 2$, in schwefelsaurer Lösung bei $p_H = 3{,}5$ Thor quantitativ. VENKATARAMANIAH, SATYANARAYANAMURTHY und RAGHAVA RAO neutralisieren gegen Kongorot, verdünnen auf 100 $cm^3$, erhitzen zum Sieden, setzen heiße 1%ige Benzoesäure zu (für 0,1 g $ThO_2$/100 $cm^3$) und neutralisieren hierauf mit 5%iger Ammonacetatlösung. Der Niederschlag setzt sich leicht ab, wird filtriert und mit 0,25%iger Säure gewaschen. Zur völligen Abtrennung der seltenen Erden muß nochmals gefällt werden, wobei in Salz- oder Salpetersäure gelöst wird. A. JEWSBURY und G. H. OSBORN fällen mit Ammonbenzoat in Gegenwart von Thioglykolsäure. Hierbei fällt Zr, Ti und Al mit, so daß eine gute Trennung von den seltenen Erden und Sc gegeben erscheint. Die indischen Autoren geben Resultate an, die etwa 0,5% zu hoch sind. Bei einer neuerlichen Überprüfung dieser Methode durch VENKATARAMANIAH, LAKSHMAN RAO und RAGHAVA RAO zeigte es sich, daß bei Anwendung einer siedenden 2%igen Benzoesäure eine einmalige Fällung genügt, um die seltenen Erden zu entfernen. In Gegenwart von 10 g Ammonchlorid wird der anfangs flockige Niederschlag nach 10 Min. Sieden kristallin und setzt sich gut ab (S. 256 u. 370). Fehler $\pm 0{,}2$ mg.

Lakshmana Rao und Raghava Rao wenden o-Chlorbenzoesäure an, die bei $p_H = 2{,}8$ Thor quantitativ und bei $p_H = 3{,}8$ die Yttererden fällt. Die Lösung soll nicht mehr als 0,15 g $ThO_2$ enthalten und wird gegen Kongorot genau neutralisiert. Man verdünnt auf 100 $cm^3$, erhitzt zum Sieden und setzt unter Umrühren 1% Chlorbenzoesäurelösung zu. Es wird 3 Min. im Sieden erhalten, eine halbe Stunde stehengelassen, filtriert und mit 0,05% Säurelösung schließlich mit heißem Wasser gewaschen.

Die m-Oxybenzoesäure wird von Deshmukh und Xavier bei einem Fällungs-$p_H = 5{,}5$ bis 6 zur Abtrennung des Thors von den seltenen Erden empfohlen.

Murthy und Raghava Rao untersuchten die o- und p-Aminobenzosäure auf ihre Eignung zur Abtrennung des Thors. Beide Säuren fällen Thor bei $p_H = 4{,}2$ und die seltenen Erden bei $p_H = 4{,}8$. Die Lösung wird gegen Kongorot neutralisiert, mit 5 $cm^3$ 5%iger Ammonacetatlösung versetzt, unter Umrühren mit 75 $cm^3$ einer siedenden 1%igen Aminobenzoesäure gefällt, filtriert und mit der Fällungslösung gewaschen. Schließlich verdrängt man mit heißem Wasser die Säure. Ist das Verhältnis seltene Erden zu Thor größer als 4 zu 1, muß der Niederschlag in heißer verdünnter Salpetersäure gelöst und eine Umfällung vorgenommen werden.

Die Trimethylgallussäure wird von Venkataramaniah, Satyanarayanamurthy und Raghava Rao (a) zur Thorfällung empfohlen. Die Lösung wird gegen Kongorot eben neutralisiert auf 150 $cm^3$ verdünnt, mit 20 bis 25 g Ammonchlorid versetzt, zum Sieden erhitzt und mit 2%iger Säure (für 0,1 g $ThO_2$ 100 $cm^3$) unter gutem Umrühren gefällt. Nach 15 Min. Stehen auf siedendem Wasserbad wird filtriert, mit 0,2%iger Säure, der man einige g Ammonchlorid zugegeben hatte, gewaschen. Nur wenn große Mengen seltener Erden vorhanden sind, ist eine doppelte Fällung notwendig. In diesem Falle löst man in verdünnter Salzsäure auf und neutralisiert sorgfältig gegen Kongorot.

Von denselben Autoren (b) wird die Gerbsäure in neutraler Lösung angewandt. Man setzt 10 bis 15 g Ammonchlorid zu und so viel verdünnte Essigsäure, bis Kongorotpapier blau wird. Man erhitzt zum Sieden und fällt mit heißer 5%iger Gerbsäure (für 0,1 g $ThO_2$ 100 $cm^3$ Lösung) unter gutem Umrühren. Vor dem Filtrieren läßt man den Niederschlag 2 Std. auf dem siedenden Wasserbad stehen. Man wäscht mit 2%iger Gerbsäure, die Ammonchlorid oder Nitrat enthält, die Fällung muß wiederholt werden. Die Resultate sind gut. Cer muß in 3wertiger Form vorliegen.

Die Veratrumsäure gibt nach obiger Arbeitsvorschrift ebenfalls brauchbare Resultate. Auch in diesem Falle ist eine doppelte Fällung notwendig.

Die Phenoxyessigsäure wurde von Pratt und James zur Thorfällung eingeführt, jedoch wegen der merklichen Löslichkeit des Niederschlages in Wasser wieder verlassen (Smith und James). Die indischen Autoren filtrieren den Niederschlag nach völligem Erkalten und erhalten so brauchbare Resultate. Die Lösung wird gegen Kongorot neutralisiert, auf 100 $cm^3$ verdünnt, zum Sieden erhitzt und mit siedender 2%iger Säure gefällt. Nun läßt man völlig erkalten, wäscht mit kalter 2%iger Lösung. Es muß umgefällt werden. Die angeführten Resultate sind sehr gut.

Die 2,4-Dichlorphenoxyessigsäure wird von Datta und Banerjee empfohlen (b).

Phenylessigsäure als 4%ige wäßrige Lösung verwenden Purroshottan und Raghava Rao zur Abtrennung des Thors. Man fällt 0,4 bis 140 mg $ThO_2$ in gegen Kongorot neutralisierter Lösung in Gegenwart von 10 bis 15 g Ammonchlorid oder Ammonacetat in Siedehitze. Der Niederschlag hat die Zusammensetzung: $ThOH(C_6H_5CH_2COO)_3 \cdot 2\,H_2O$. Datta und Banerjee (a) bestätigen die guten Resultate und berichten, daß auch die Phenylpropion-, die Guajaeoxy- und die 1. Napthylessigsäure gut brauchbar sind.

Die m-Cresoxyessigsäure gibt nach Venkataramaniah und Raghava Rao nach doppelter Fällung eine gute Abtrennung der seltenen Erden. Die Lösung wird gegen Kongorot neutralisiert, mit 8 $cm^3$ 0,1 n $HNO_3$ angesäuert, zum Sieden erhitzt und mit einer siedenden Lösung von 2%iger m-Cresoxyessigsäure gefällt. Man kocht 5 Min., läßt 1 Std. stehen, filtriert und wäscht mit 0,1%iger Fällungslösung, die 1% Ammonchlorid enthält. Zum Wiederauflösen des Niederschlages wird $HNO_3$ 1 : 4 verwendet. Der Niederschlag wird verglüht und als $ThO_2$ ausgewogen.

Das Natriumsulfanilat fällt Thorlösungen nach Neutralisation gegen Methylblau und Ansäuern auf $p_H = 2{,}3$ quantitativ. Man verwendet eine 10%ige Lösung, beläßt 30 Min. auf dem Wasserbade und wäscht mit 2%iger Ammonnitratlösung. Der Niederschlag ist frei von Ceriterden und wird verascht (LAKSHMINARAYANA und RAGHAVA RAO).

Die Anissäure fällt in neutraler oder schwach saurer Lösung in Gegenwart von Ammonchlorid Thor und kann nach KRISHNAMURTY und RAGHAVA RAO zur Trennung von den seltenen Erden verwendet werden.

VENKATESWARLU und RAGHAVA RAO trennen Thor von den Ceriterden mit Hilfe der Zimtsäure ab. Bei $p_H = 1{,}9$ und in der Siedehitze wird eine vollständige Fällung erzielt. Die seltenen Erden werden selbst im 5fachen Überschuß quantitativ abgetrennt, wenn bei der Fällung ein $p_H = 2{,}0$ bis 2,6 eingehalten wird. KRISHNAMURTY und VENKATESWARLU neutralisieren die Nitratlösung gegen Kongorot, setzen auf 50 $cm^3$ Lösung 1,5 $cm^3$ 1 n Salpetersäure zu und fällen die siedende Lösung mit 0,4%iger Zimtsäure. Nach 20 Min. Sieden wird heiß filtriert, mit 0,01 n Salpetersäure und 1 g Zimtsäure im Liter und schließlich mit heißem Wasser gewaschen. 8 mg Thor können so von 1,8 g seltenen Erden getrennt werden. Cr, Fe, Sn, Ti, V und Zr stören.

VENKATARAMANIAH und RAGHAVA RAO (b) benützen das naphthionsaure Natrium zur Thorabtrennung. Die Nitratlösung, die nicht mehr als 9 mg $ThO_2$ enthalten soll, wird zur Trockne eingedampft, mit 100 $cm^3$ Wasser aufgenommen, gegen Kongorot schwach sauer gehalten und mit 100 $cm^3$ 10%igem Natriumnaphthionat gefällt. Nach 5 bis 10 Min. Sieden wird abkühlen gelassen, filtriert und mit kaltem Wasser gewaschen. Ein 16facher Überschuß an seltenen Erden gibt noch gute Resultate, wenn doppelt gefällt wird (NAGESWARA RAO und RAGHAVA RAO).

Mit 0,5%iger Toluylsäure wird Thor aus einer gegen Kongorot neutralisierten Lösung ($p_H = 3$ bis 4), wie LAKSHMANA und RAGHAVA RAO (b) mitteilten, in der Siedehitze quantitativ gefällt. Die seltenen Erden werden erst im alkalischen Gebiet niedergeschlagen. Der Niederschlag von basischem Thorsalz wird zuerst mit 0,05%iger Säure und hierauf mit heißem Wasser gewaschen.

Auch die Acetylsalicylsäure eignet sich nach den beiden Autoren bei einem $p_H = 2{,}6$ bis 3,8 zur Thorabtrennung. Es wird in der Siedehitze gefällt und mit 5%iger Ammonacetatlösung die quantitative Abscheidung vervollständigt. Ist das Verhältnis seltene Erden zu Thor größer als fünf, wird der Niederschlag in 7,5 n Salpetersäure gelöst und hierauf nochmals abgeschieden.

Das Ammoniumsalz des Dinitrophenols und der Pikrinsäure wurden von LAKSHMANA RAO, VENKATARAMANIAH und RAGHAVA RAO untersucht. Thorium fällt bei $p_H = 4{,}8$ bis 5,2 quantitativ.

Die Vanillinsäure wurde von KRISHNAMURTY und PURUSHOTTAM zur Thorfällung vorgeschlagen. Die Fällungslösung enthält 20 g der Säure und 25 g Ammonacetat im Liter. Die Probelösung wird gegen Kongorot neutralisiert, mit 10 bis 15 g Ammonchlorid zum Sieden erhitzt und mit 100 $cm^3$ der Reagenslösung unter Rühren versetzt und hierauf 20 Min. auf dem Wasserbad erwärmt. Man dekantiert und wäscht mit 5 g Vanillinsäure und 20 g Ammonchlorid im Liter und schließlich mit heißem Wasser aus. Bei $p_H$ 3,6 wird $ThOH(C_8H_7O_4)_3 \cdot 2\,H_2O$ gebildet. Cr, Fe, Sn, Ti, V und Zr dürfen nicht anwesend sein.

Camphersäure fällt Thor bei $p_H$ 4,2 als $Th[(O_2C)_2C_8H_{14}]_2 \cdot 3\,H_2O$; die seltenen Erden werden erst oberhalb $p_H$ 6,2 abgeschieden. Die Thorlösung wird mit Hilfe eines Ammonacetatpuffers auf $p_H$ 4,2 bis 4,4 gebracht und mit einer heißen 2%igen

Camphersäurelösung gefällt. Der Niederschlag wird mit 1%iger Camphersäure gewaschen. In Gegenwart seltener Erden löst man ihn in heißer 3 n Salpetersäure und wiederholt die Trennung. Der Niederschlag kann bei 105° getrocknet werden; das Verglühen zu $ThO_2$ ist jedoch vorzuziehen [Murty und Raghava Rao (b)].

Eswaranarayana hat in der 7-Hydroxy-4-cumarinessigsäure ein Fällungsmittel gefunden, das bei $p_H = 2{,}5$ bis 3,2 Thor quantitativ abscheidet. Durch einfache Fällung werden mäßige Mengen seltener Erden abgetrennt; durch doppelte Fällung werden auch größere Mengen geschieden. Es stören: Fe(III), Cr und Cu. Die Anwesenheit von Fe(II), Ba, Ca, Co, Ni, Mn, Al und U beeinflußt die Trennung nicht.

Ferner wurden auf quantitative Trennung des Thors von den seltenen Erden noch geprüft: das Ammoniumsalz der Brenzschleimsäure durch Lakshminarayana und Raghava Rao mit einer Empfindlichkeit von 2,2 mg $ThO_2$ und die Adipinsäure bei $p_H = 4{,}2$ bis 4,4 durch Suryanarayana und Raghava Rao. Banerjee berichtet, daß die 2,2'-biphenyldicarbonsäure einen direkt auswägbaren Niederschlag von $Th(C_{14}H_8O_4)_2$ ergibt. Auch die Phenylglycin-o-carbonsäure kann zur Thorbestimmung herangezogen werden; Datta und Banerjee (c).

### 16. Extraktion mit Mesityloxyd.

Thoriumnitrat kann quantitativ durch Mesityloxyd aufgenommen werden, wenn die wäßrige Phase mit $LiNO_3$ gesättigt wird. 50 bis 100 mg Thoriumoxyd als Nitrat werden auf 20 cm³ und die freie Säure auf 1 normal gebracht. Hierzu gibt man 16 g $LiNO_3$ und löst es auf. Nach dem Abkühlen wird mit 25 cm³ Mesityloxyd während 20 Sek. gut geschüttelt. Die organische Phase wird 3mal mit 20 cm³ 1 n $HNO_3$ gewaschen. Die wäßrigen Lösungen werden auf den Gehalt von seltenen Erden weiterverarbeitet. Als Beispiel werden Ceriterden und Y angeführt; es stören: Zr, Fe, Sn und $PO_4$.

### 17. Durch andere Methoden.

Im Schrifttum findet sich noch eine Reihe von Trennungsmethoden vor, die wegen der unzureichenden Scheidung keine Anwendung gefunden haben.

#### α) Trennung über die Alkalidoppelcarbonate.

Thoriumcarbonat ist in Alkalicarbonaten unter Bildung wohl definierter Doppelcarbonate in der Kälte leicht löslich; in der Hitze wird ein Teil des gelösten Salzes abgeschieden, der beim Erkalten wieder gelöst wird. Die Ceriterden sind unter gleichen Bedingungen nur wenig löslich. (Siehe hierzu Meyer, der die Ceriterden mit Hilfe der Doppelcarbonate getrennt und gereinigt hat.)

#### β) Trennung durch Natriumsulfit (s. S. 381).

#### γ) Trennung durch Bleicarbonat.

Zur hydrolytischen Fällung des Thoriums aus einem neutralen Gemisch von Nitraten der seltenen Erden benutzt Giles feinverteiltes Bleicarbonat, das, in der Kälte im Überschuß zugegeben, nach gutem Umrühren das Thorium niederschlägt. Der abfiltrierte Rückstand wird mit Wasser gewaschen, in sehr verdünnter Salpetersäure gelöst und das Blei durch Schwefelwasserstoff als Sulfid gefällt. Im Filtrat fällt man, nach Entfernung des überschüssigen Schwefelwasserstoffes, das Thorium durch Oxalsäure.

***Bemerkungen.*** Die Fällung ist nicht scharf; denn das als Hydroxyd ausfallende Thorium enthält stets mehr oder minder große Mengen seltener Erden. Nach den Angaben des Autors ist man jedoch in der Lage, sehr kleine Thoriummengen aus einem großen Überschuß seltener Erden abzutrennen; es gelang ihm, bei einer Konzentration von 1 bis 2 g seltener Erdoxyde in 100 cm³ Lösung noch 0,602% Thorium zu erfassen. Cer in der 4wertigen Stufe begleitet quantitativ das Thorium.

## Literatur.

AUER V. WELSBACH: Z. anorg. Ch. **86**, 58 (1914).

BANERJEE, G.: Naturwiss. **42**, 417 (1955). — BANKS, C. V., u. R. E. EDWARDS: Anal. Chem. **27**, 947 (1955). — BENZ, E.: Z. angew. Ch. **15**, 297 (1902). — BORELLI, B.: J. Soc. chem. Ind. **28**, 625 (1909). — BRAUNER, B.: Soc. **73**, 951 (1898).

CARNEY, R. J., u. E. D. CAMPBELL: Am. Soc. **36**, 1134 (1914).

DATTA, S. K., u. G. BANERJEE: (a) Anal. chim. Acta **12**, 38 (1955) u. (b) **12**, 323 (1955); (c) J. Indian chem. Soc. **31**, 149 (1952); durch C. A. **48**, 8694 (1954). — DENNIS, L. M.: Z. anorg. Ch. **13**, 412 (1897). — DENNIS, L. M., u. F. L. KORTRIGHT: Z. anorg. Ch. **6**, 35 (1894). — DESHMUKH, G. S., u. I. XAVIER: J. Indian chem. Soc. **29**, 911 (1952); durch C. **125**, 2679 (1954/I). — DROSSBACH, G. P.: Z. angew. Ch. **14**, 655 (1901).

ESPIL, R.-L.: C. r. **152**, 380 (1911). — ESWARANARAYANA, N.: R. **72**, 1003 (1953).

FRESENIUS, R., u. E. HINTZ: Fr. **35**, 525 (1896).

GILES, W. B.: Chem. N. **92**, 1, 30 (1905). — GLASER, C.: Ch. Z. **20**, 612 (1896); Fr. **36**, 213 (1897). — GORDON, L., C. H. VANSELOW u. H. H. WILLARD: Anal. Chem. **21**, 1328 (1949).

HAUSER, O., u. F. WIRTH: Z. angew. Ch. **22**, 484 (1909). — HENNINGS, A.: Z. angew. Ch. **33**, 218 (1920). — HINTZ, E., u. H. WEBER: Fr. **36**, 27 u. 676 (1897).

ISMAIL, A. M., u. H. F. HARWOOD: Analyst **62**, 185 (1937).

JEWSBURY, A., u. G. H. OSBORN: Anal. chim. Acta **3**, 642 (1949). — JOHNSTONE, S. J.: J. Soc. chem. Ind. **33**, 55 (1914).

KALL, H. L., u. L. GORDON: Anal. Chem. **25**, 1256 (1953). — KAUFMANN, L. E.: Chem. J. Ser. B **10**, 1648 (1937); durch C. **1939, I**, 194. — KOLB, A., u. H. AHRLE: Z. angew. Ch. **18**, 92 (1905). — KOSS, M.: Ch. Z. **36**, 686 (1912). — KRISHNAMURTY, K. V., u. A. PURUSHOTTAM: R. **71**, 671 (1952). — KRISHNAMURTY, K. V., u. S. V. RAGHAVA RAO: J. Indian chem. Soc. **28**, 261 (1951); durch C. A. **46**, 4950 (1952). — KRISHNAMURTY, K. V., u. CH. VENKATESWARLU: R. **71**, 668 (1952). — KROUPA, E., u. F. HECHT: Z. anorg. Ch. **236**, 181 (1938).

LAKSHMANA RAO u. S. V. RAGHAVA RAO: (a) J. Indian chem. Soc. **27**, 457 u. (b) 469 (1950). — LAKSHMANA RAO, R., M. VENKATARAMANIAH u. S. V. RAGHAVA RAO: J. Indian chem. Soc. **28**, 515 (1951); durch C. A. **46**, 4950 (1952). — LAKSHMINARAYANA, D., u. S. V. RAGHAVA RAO: J. Indian chem. Soc. **28**, 551 (1951); durch C. A. **46**, 4950 (1952). — LEVY, S.: The rare Earths, S. 341. New York 1915.

METZGER, F. J.: Am. Soc. **31**, 523 (1909). — MEYER, R. J.: Z. anorg. Ch. **41**, 97 (1904). — MEYER, R. J., u. O. HAUSER: Die Analyse der seltenen Erden und Erdsäuren, S. 262. Stuttgart 1912. — MURTHY, S. N., u. S. V. RAGHAVA RAO: J. Indian chem. Soc. **27**, 459 (1950).

NAGESWARA RAO, M., u. S. V. RAGHAVA RAO: Fr. **142**, 27 (1954). — NEISH, A. C.: Am. Soc. **26**, 780 (1904).

OSBORN, G. H.: Analyst **73**, 381 (1948).

PRATT u. JAMES: Am. Soc. **33**, 1330 (1911). — PURROSHOTTAN, A., u. S. V. RAGHAVA RAO: Fr. **141**, 87 (1954).

ROSENHEIM, A.: Ch. Z. **36**, 821 (1912).

SCHOELLER, W. R., u. A. R. POWELL: The analyses of minerals and ores of the rare elements, S. 234. 1919. — SMITH u. JAMES: Am. Soc. **34**, 281 (1912). — SPENCER, J. F.: The metals of the rare earths, S. 240. 1919. — SURYANARAYANA, T. V., u. S. V. RAGHAVA RAO: J. Indian chem. Soc. **28**, 511 (1951); durch C. A. **46**, 4950 (1952).

TREADWELL, F. P., u. W. T. HALL: Quantitative Analyse, S. 857. 1912.

VENKATARAMANIAH, M., C. LAKSHMANA RAO u. S. V. RAGHAVA RAO: Analyst **77**, 103 (1952). — VENKATARAMANIAH, M., S. V. RAGHAVA RAO u. C. LAKSHMANA RAO: Anal. Chem. **24**, 747 (1952). — VENKATARAMANIAH, M., T. K. SATYANARAYANAMURTHY u. S. V. RAGHAVA RAO: (a) J. Indian chem. Soc. **27**, 81 (1950); (b) Analyst **75**, 553 (1950). — VENKATESWARLU, C. H., u. S. V. RAGHAVA RAO: J. Indian chem. Soc. **27**, 638 (1950).

WIRTH, F.: Z. angew. Ch. **25**, 1678 (1912); Ch. Z. **37**, 773 (1913). — WYROUBOFF, G., u. A. VERNEUIL: C. r. **126**, 340 (1898); **127**, 412 (1898); 128, 1331 (1899).


## h) Von Niob und Tantal.

### 1. Durch Hydrolyse.

Diese Abscheidungsart hatte früher für die Analyse von Mineralien, in denen Niob und Tantal sowie die Elemente der seltenen Erden als Hauptbestandteile auftraten, eine große Bedeutung. Wenn auch die durch den Bisulfataufschluß erhaltenen Lösungen bereits in der Kälte hydrolysieren, so muß doch zur quantitativen Fällung der Erdsäuren längere Zeit zum Sieden erhitzt werden. Ist nur Niobsäure vorhanden, so wird unter den gewöhnlichen Bedingungen die Hydrolyse unvollständig sein; kleinste Mengen von Tantalsäure bedingen jedoch vollständige Abscheidung. Die Ausflockung der Niobsäure in der Siedehitze kann durch schweflige Säure sowie durch Einleiten von Schwefelwasserstoff vervollständigt werden. Über das Verhalten von Titan bei der Hydrolyse sowie über die Arbeitsvorschrift siehe S. 239.

### 2. Durch Fluorwasserstoffsäure.

Vorteilhaft verbindet man die Trennung der Erdsäuren von den Elementen der seltenen Erden durch Flußsäure mit dem Aufschluß der zu untersuchenden Mineralien. Dieser Analysengang wird besondere Berechtigung haben, wenn neben viel Erdsäuren reichliche Mengen von seltenen Erden zu bestimmen sind. Über die Durchführung siehe S. 240.

### 3. Nach Pied.

Das verschiedene Verhalten der Elemente der seltenen Erden und der Erdsäuren gegenüber der Oxalsäure hat Pied zur Trennung benutzt, wobei sich zwei Möglichkeiten der Anwendung ergeben.

a) Die Oxyde schließt man mit Kaliumpyrosulfat auf und laugt den erkalteten Schmelzkuchen mit 2%iger Oxalsäurelösung aus. Die Erdsäuren gehen in Lösung, während die seltenen Erden als Oxalate zurückbleiben.

Schoeller und Waterhouse haben diese Methode eingehend untersucht und gefunden, daß nur bei kleinen Mengen Erdsäuren (einige hundertstel Gramm) befriedigende Resultate erhalten werden. Weiter beobachteten sie, daß Kaliumhydrogensulfat zur Abscheidung des schwerlöslichen Kaliumtetraoxalates führt. Deshalb ziehen sie den Aufschluß mit Natriumpyrosulfat vor und laugen die Schmelze mit 100 cm$^3$ 5%iger Oxalsäure aus. Man läßt über Nacht stehen, filtriert und wäscht mit verdünnter Oxalsäure.

b) Man kann ferner den Aufschluß mit einer Weinsäurelösung aufnehmen und die Elemente der seltenen Erden durch Oxalsäure abscheiden.

Auch diese Methode gibt, wie Schoeller und Waterhouse gezeigt haben, nur bei Gegenwart von kleinen Mengen Erdsäuren gute Werte. Größere Mengen verunreinigen stark die seltenen Erden durch partielle Hydrolyse. Die Resultate sind bei 12stündigem Stehen der Fällung gut und weisen einen Fehler von $-0{,}5\%$ auf.

### 4. Nach Schoeller und Waterhouse.

Zur Trennung größerer Mengen Erdsäuren von geringen Mengen seltener Erden wird die Hydrolyse der weinsauren Lösungen empfohlen.

**Durchführung.** 0,5 g der Oxyde werden mit 6 g Kaliumhydrogensulfat in einem Quarztiegel aufgeschlossen und in 60 cm$^3$ einer 10%igen Weinsäurelösung aufgelöst. Man verdünnt auf 400 cm$^3$, setzt 50 cm$^3$ konzentrierte Salzsäure zu und hält während 3 Min. im Sieden. Der Niederschlag wird mit Filterschleim auf einem 12,5 cm-Filter unter geringem Druck gesammelt, in das Becherglas zurückgebracht, mit verdünnter Salzsäure verrührt und nochmals filtriert und gewaschen. Der Niederschlag wird verascht und nochmals mit Kaliumhydrogensulfat aufgeschlossen, wenn Thorium oder größere Mengen seltener Erden vorhanden sind. Man wiederholt die oben geschilderte Hydrolyse und erhält so völlig gereinigte Erdsäuren, die nach Verglühen zur Auswaage gelangen.

Durch diese Hydrolyse ist der Großteil der Erdsäuren entfernt worden. Der Rest sowie die Elemente der seltenen Erden werden in dem Filtrat durch Zusatz von 10 g Ammoniumacetat, 0,7 g frisch gelöstem Tannin und verdünntem Ammoniak in geringem Überschuß in der Siedehitze gefällt (s. S. 181). Man filtriert, wäscht den Niederschlag mit ammoniumnitrathaltigem Wasser und verglüht. Es verbleiben die nur mehr wenig Erdsäuren enthaltenden Oxyde der seltenen Erden, die nach den in 3a) oder b) angegebenen Verfahren weiter gereinigt werden.

***Bemerkungen.*** Diese Methode, obwohl recht zeitraubend, ist sehr zu empfehlen und gibt im Falle der extremen Verhältnisse gute Resultate. Wenn Spuren von seltenen Erden in Erdsäuren gesucht werden, nimmt man mehrmals 0,5 g in Arbeit. Die aus den Filtraten der Hydrolyse gewonnenen angereicherten Oxyde werden vereinigt, mit Kaliumhydrogensulfat aufgeschlossen und nochmals durch Hydrolyse von dem größten Teil der Erdsäuren befreit. Die endgültige Reinigung erfolgt nach 3a) oder b). Die Resultate sind sehr befriedigend.

### 5. Nach Alimarin und Fried.

Phenylarsonsäure fällt aus schwefelsaurer weinsäurehaltiger Lösung die Erdsäuren quantitativ, wobei eine Trennung von Al, Fe, U, V, Mn und den seltenen Erden stattfindet.

**Durchführung.** Das Oxydgemisch wird in einem Porzellantiegel mit Kaliumpyrosulfat aufgeschlossen und in 20 $cm^3$ einer 10%igen Weinsäure gelöst. Mit einer 1 n Salzsäure wird auf 150 $cm^3$ aufgefüllt und mit einer 3%igen Phenylarsonsäurelösung im Überschuß in der Hitze gefällt. Nach einstündigem Stehen auf dem Sandbade wird Filterbrei zugegeben, nach einigen weiteren Stunden Stehen filtriert und mit 4%iger Ammonnitratlösung gewaschen. Der Niederschlag wird verascht, nochmals mit Kaliumpyrosulfat aufgeschlossen und wie angegeben gefällt. Der Erdsäureniederschlag wird bei 1000° zur Gewichtskonstanz geglüht. In den vereinigten Filtraten werden die seltenen Erden abgetrennt.

***Bemerkungen.*** Titan wird nicht vollständig von den Erdsäuren geschieden, sondern verteilt sich auf Filtrat und Niederschlag.

### 6. Nach Rafter.

Größere Mengen Erdsäuren werden vorteilhaft mit Natriumperoxyd aufgeschlossen. Der Aufschluß wird mit 10%iger Weinsäure aufgenommen und nach 4. weiterverarbeitet.

**Durchführung.** 0,2 bis 1 g der feinst gepulverten und gesiebten Oxyde werden mit 1,2 bis 3 g Natriumperoxyd gut vermischt und in einem 30 $cm^3$-Platintiegel überführt. In einem Muffelofen wird der Tiegel auf eine Quarzplatte gestellt und auf 200° C angewärmt. Nun wird genau 7 Min. erhitzt, wobei in den letzten 5 Min. die Temperatur auf 480 $\pm$10° C gehalten werden soll. Die erkaltete Schmelze wird in Wasser oder in weinsäurehaltiger Lösung aufgenommen.

***Bemerkungen.*** Petritic führt den Peroxydaufschluß in einem Zirkonmetalltiegel durch, der mit einer Flamme ohne weitere Vorsichtsmaßnahmen angeheizt werden kann. Der Zirkontiegel hält zahlreiche Aufschlüsse aus, und die Menge des in Lösung gegangenen Zirkons beträgt nur 5 mg je g $Na_2O_2$.

### Literatur.

Alimarin, I. P., u. B. I. Fried: Betriebslab. 7, 913 (1938); durch C. B. **111**, **II**, 1186 (1940).
Petritic, G. J.: Anal. Chem. **23**, 1183 (1951). — Pied, H.: C. r. **179**, 897 (1924).
Rafter, T. A.: Analyst **75**, 485 (1950).
Schoeller, W. R., u. E. F. Waterhouse: Analyst **60**, 285 (1935).

## i) Von Uran.

In den Uranmineralien sind stets mehr oder minder große Mengen seltener Erden enthalten. Der Aufschluß wird mit Salpetersäure vorgenommen und zum Abscheiden des Unlöslichen zur Trockne eingedampft. Der mit sehr verdünnter Salpetersäure aufgenommene Rückstand wird durch Filtration von der Gangart getrennt und durch Einleiten von Schwefelwasserstoff von den Sulfiden befreit. Das Filtrat wird zur Trockne gedampft und mit Wasser aufgenommen. Es enthält Eisen, Aluminium, Calcium, Magnesium, Uran und die Elemente der seltenen Erden.

### 1. Durch Oxalsäure.

Zur Trennung des Urans von den Elementen der seltenen Erden steht uns die Oxalsäure zur Verfügung, die lösliche Uranyloxalsäuren bildet. Diese haben die unangenehme Eigenschaft, wie HAUSER nachgewiesen hat, seltene Erden gelöst zu halten. Nimmt man jedoch zur Abscheidung einen reichlichen Überschuß, so wird die Fällung wesentlich vervollständigt.

**Durchführung.** Die nach dem oben beschriebenen Analysengang erhaltenen neutralen Nitrate werden in eine Ammoniumcarbonatlösung eingegossen. Nach längerem Stehen scheiden sich die Hydroxyde von Eisen und Aluminium, ferner Calciumcarbonat und ein Teil der seltenen Erden ab, während Uran und der Rest der Erden gelöst bleiben. Der beim Eisen verbleibende Anteil der Erden wird nach S. 252 behandelt. Die Ammoniumcarbonatlösung wird mit Salzsäure übersättigt und eingedampft. Aus dem Rückstand werden die Ammoniumsalze verjagt. Man nimmt mit wenig Salzsäure auf, verdünnt auf 50 $cm^3$ und fällt mit einem Gemisch von Oxalsäure und Ammoniumoxalat.

***Bemerkungen.*** Diese Methode ist nicht sehr genau, da das uranhaltige Filtrat der Oxalsäurefällung häufig noch kleine Mengen von Elementen der seltenen Erden enthält. JOHNSTONE gewinnt diesen Anteil wie folgt: Das Filtrat wird zur Trockne eingedampft und zur Zerstörung der Oxalate geglüht. Der Rückstand wird in wenig Salpetersäure gelöst und durch mehrmaliges Eindampfen mit Schwefelsäure in Sulfate verwandelt. Man löst in wenig kaltem Wasser, gibt die 3fache Menge Alkohol hinzu und läßt 12 Std. stehen. Es fallen die Sulfate der seltenen Erden aus, die nach Filtration in Oxalate verwandelt und zur Hauptmenge der seltenen Erden zugegeben werden. DUTT berichtet, daß die Oxalsäure bis zu einem Überschuß an Uran von 25:1 als Fällungsreagens noch gut brauchbar ist.

### 2. Durch Fluorwasserstoffsäure.

Nach DUTT ergibt die auf S. 187 beschriebene Abtrennung als Fluoride gute Werte, ist jedoch sehr zeitraubend. Bei der Aufarbeitung von Uranspaltprodukten spielt diese Methode eine große Rolle (PETROW).

### 3. Durch Ätherextraktion.

Bis zu einem Verhältnis von Uran zu seltenen Erden von 400:1 empfiehlt DUTT die Extraktion mit Äther.

**Durchführung.** HOFFMAN dampft die Nitrate, die bis zu 50 g Uranylnitrat enthalten können, auf dem Wasserbade zur Trockne und zieht den Rückstand mit 100 $cm^3$ Äther, der 5 $cm^3$ Wasser enthält, aus. Die seltenen Erden bleiben, wie eine spektroskopische Prüfung zeigte, quantitativ in der wäßrigen Phase. Die endgültige Reinigung der seltenen Erden erfolgt über die Oxalate.

***Bemerkungen.*** Die Löslichkeit der Erdnitrate ist von der Vorbehandlung abhängig. WELLS findet, daß Thor, Yttrium, Neodym, Erbium und Cer eine sehr geringe Löslichkeit in feuchtem Äther besitzen, während die anderen seltenen Erden völlig unlöslich sind. Es wird die Reinigung der vom Äther durch mehrmaliges Ausschütteln mit 20 $cm^3$ Wasser gewonnenen Uranlösung durch Fällung mit Kupferron empfohlen, wobei die geringen Mengen der seltenen Erden im Filtrat zu finden sind. Siehe hierzu S. 298.

### 4. Durch Ammoniak.

#### α) In Gegenwart von Hydroxylamin.

Wird eine schwach saure Uranlösung mit Hydroxylamin versetzt und längere Zeit erwärmt, so wird auf nachfolgenden Zusatz von Ammoniak bis zur alkalischen Reaktion keine Fällung erzeugt. Diese Komplexbildung nützen JANNASCH und SCHILLING aus, um Thorium und Eisen, die gefällt werden, von Uran zu trennen.

DUTT zeigt, daß auch die seltenen Erden quantitativ abgetrennt werden können. Die schwach saure Lösung wird mit Hydroxylamin längere Zeit erwärmt, hierauf abkühlen gelassen, und nun wird vorsichtig mit Ammoniak gefällt. Um den Niederschlag leicht filtrierbar zu machen, wird die Fällung einige Stunden auf dem Wasserbade stehengelassen. (Wird die heiße Lösung mit Ammoniak gefällt, so läuft der Niederschlag durch das Filter.) In der Regel wird die Fällung wiederholt.

β) In Gegenwart von Salicylsäure.

Uranylsalze geben mit Salicylsäure gefärbte Komplexverbindungen, die durch Ammoniak nicht zerlegt werden. In Anwesenheit von seltenen Erden wird die Salicylsäure zuerst von den Uranyl-Ionen gebunden und hierauf der Überschuß von den Sesquioxyden verbraucht. Wählt man die Menge der komplexbildenden Säure nach der Menge des vorhandenen Urans, so kann mit Ammoniak eine Abtrennung der seltenen Erden erzielt werden. Es ist ersichtlich, daß diese Methode nur mit kleinen Mengen gute Resultate geben wird. Siehe hierzu S. 248. Größere Mengen Uran können auf diese Weise nicht abgetrennt werden, da die seltenen Erden bei einem merklichen Überschuß an Salicylsäure durch Ammoniak nicht mehr vollständig gefällt werden (SHORT und DUTTON sowie HIRT und NACHTRIEB).

γ) In Gegenwart von Komplexon III.

Uranylverbindungen werden in Anwesenheit des komplexbildenden Natriumsalzes der Äthylendiamintetraessigsäure durch Ammoniak quantitativ als Ammoniumuranat gefällt. In Lösung bleiben neben Thor und den seltenen Erden noch Hg, Pb, Bi, Cu, Cd, Fe, Al, Cr(III), Ni, Co, Mn, Zn, Erdalkalien und Mg (PŘIBIL und VORLIČEK).

### 5. Durch Isatin-β-oxim.

Dieses Reagens wurde von HOVORKA und HOLZBECHER eingeführt und gestattet die Abtrennung von 1 bis 240 mg Uran von den seltenen Erden und Thallium. RODDEN überprüfte diese Fällung und empfiehlt als Waschwasser eine verdünnte Oximlösung. Diese Methode wird bei der Untersuchung von Spaltprodukten angewendet.

### 6. Durch Wasserextraktion.

Die Abtrennung der seltenen Erden von großen Mengen Uran spielt in der Kernphysik eine große Rolle, da bei der künstlichen Zertrümmerung des Urankernes diese als Spaltprodukte auftreten. Nach GÖTTE geht man von reinsten Uranylverbindungen aus, die mit Dibenzoylmethan sehr stabile Komplexe bilden, die in Estern gut löslich sind und sich durch Umkristallisieren sehr leicht reinigen lassen. Zur Bestrahlung wird diese Komplexverbindung in Essigester gelöst; die entstehenden seltenen Erden lassen sich durch Wasser gut ausschütteln, da ihre Komplexe hydrolysieren. In die wäßrige Phase gehen ein: Die seltenen Erden, Alkalien und Erdalkalien, ferner Antimon, Tellur und Molybdän. Man fällt zuerst mit einem Trägerelement durch Schwefelwasserstoff die Sulfide aus, dann nach Zusatz von geringen Mengen von Bariumchlorid die Erdalkalien als Sulfate und schließlich nach Zusatz von Lanthan die radioaktiven seltenen Erden als Hydroxyde, die über das Oxalat gereinigt werden.

## Literatur.

DUTT, N. K.: J. Indian chem. Soc. **22**, 75 (1945); durch C. A. **40**, 2086 (1946).
GÖTTE, H.: Angew. Ch. A **60**, 19 (1948).
HAUSER, O.: Fr. **47**, 677 (1908). — HIRT, R. C., u. N. H. NACHTRIEB: Anal. Chem. **20**, 1077 (1948). — HOFFMAN, J. I.: J. Washington Acad. Sci. **38**, 233 (1948); durch C. A. **42**, 8101f (1948). — HOVORKA, V., u. Z. HOLZBECHER: Coll. čechoslov. Chem. Com. **14**, 40 (1949).

JANNASCH, P., u. I. SCHILLING: J. pr. [2] **72**, 26, (1905). — JOHNSTONE, S. J.: The rare earths Industry, S. 97. 1915; s. a. R. B. MOORE: Die chemische Analyse seltener technischer Metalle, S. 37. Leipzig 1927.
PETROW, H. G.: Anal. Chem. **26**, 1514 (1954). — PŘIBIL, R., u. J. VORLIČEK: Chem. Listy **45**, 216 (1951); durch C. A. **46**, 11031 (1952).
RODDEN, C. J.: Anal. Chem. **25**, 1589 (1952).
SHORT, H. G., u. W. L. DUTTON: Anal. Chem. **20**, 1073 (1948).
WELLS, R. C.: J. Washington Acad. Sci. **20**, 146 (1930); durch C. B. **101**, **II**, 28 (1930).

### j) Von Kobalt und Nickel.

Man fällt die Metalle aus weinsäurehaltiger ammoniakalischer Lösung durch Schwefelwasserstoff. Die Durchführung ist auf S. 252 beschrieben.

Eine weitere Methode siehe S. 320.

### k) Von Mangan.

Bei der Fällung der Elemente der seltenen Erden als Hydroxyde oder Oxalate verbleiben auch bei doppelter Durchführung der Trennung stets kleine Mengen Mangan in den Niederschlägen. Eine zufriedenstellende Scheidung wird nur bei Anwendung der Fluoridmethode erreicht (S. 187).

### l) Von den Schwermetallen der Schwefelwasserstoffgruppe.

Man fällt in saurer Lösung (2 bis 5% freie Säure) die Schwermetalle durch Schwefelwasserstoff, verkocht im Filtrat das überschüssige Gas und scheidet die Elemente der seltenen Erden als Hydroxyde oder Oxalate ab.

### m) Von Wolframsäure.

#### 1. Durch Alkalicarbonatschmelze.

WUNDER und SCHAPIRO schmelzen das Oxydgemisch mit 5 g Natriumcarbonat und nehmen den Aufschluß in Wasser auf; im klaren Filtrat wird nach Neutralisation mit verdünnter Salpetersäure die Wolframsäure durch Quecksilber(I)-nitrat gefällt.

#### 2. Durch Verflüchtigung des Wolframs als Oxychlorid.

α) Durch Chlorschwefel (s. S. 241).

β) Durch ein Chloroform-Luftgemisch.

NICOLARDOT trennte Kieselsäure von Wolframsäure durch Überführung der letzteren in Oxychloride, die bei 500° in eine Vorlage übergetrieben wurden. Gelegentlich einer genauen Analyse von Wolframerzen und Wolframmetallsorten wandten AGTE, BECKER-ROSE und HEYNE diese Methode mit Vorteil an, wobei die seltenen Erden im Schiffchenrückstand quantitativ zurückblieben.

**Durchführung.** In ein schwer schmelzbares Glasrohr, das an einem Ende schräg nach abwärts gebogen ist, wird die in einem Schiffchen eingewogene Probe durch das gerade Ende eingeführt. Der gebogene Teil taucht in einen mit verdünnter Salpetersäure beschickten ERLENMEYER-Kolben, während das gerade Ende durch einen Gummistopfen, durch den ein Gaszuleitungsrohr führt, verschlossen wird. Zur Chlorierung verwendet man ein Gasgemisch, das sich beim Durchleiten von nicht ganz trockener Luft durch schwach erwärmtes Chloroform bildet. Das Schiffchen wird auf 500° erwärmt; hierbei wird die Wolframsäure in leichtflüchtige Oxychloride umgewandelt, die teils an den kälteren Rohrwandungen, teils in der Vorlage verdichtet werden. Die Dauer der Verflüchtigung ist von der Menge der anwesenden Wolframsäure abhängig und beträgt meist 2 bis 3 Std. Vor der Beendigung der Zersetzung erhöht man die Temperatur auf 800° und läßt hierauf im Luftstrom erkalten. Den Schiffchenrückstand löst man in verdünnter Säure und fällt die Elemente der seltenen Erden als Hydroxyde oder Oxalate.

***Bemerkungen.*** Zur Bestimmung geringer Mengen von Elementen der seltenen Erden neben viel Wolframsäure eignet sich diese Methode vorzüglich, da die Einwaage der zu untersuchenden Substanz keiner Begrenzung unterliegt.

Literatur.

AGTE, K., H. BECKER-ROSE u. G. HEYNE: Z. angew. Ch. **38**, 1121 (1925).
NICOLARDOT, P.: C. r. **147**, 795 (1908).
WUNDER, M., u. A. SCHAPIRO: Ann. Chim. anal. **18**, 257 (1913).

### n) Von Phosphorsäure.

Solange das Verhältnis $R_2O_3 : P_2O_5$ ungefähr 1 ist, kann das in der Monazitanalyse gebräuchliche Verfahren mit gutem Erfolg angewendet werden. Wenn aber die Phosphorsäure stark überwiegt, wie z. B. in den Apatiten, ist nach ERDEY, KALMAN und ALMASY die Oxalatabtrennung unvollständig. Es wird daher die Phosphorsäure als Ammoniumsalz der Phosphormolybdänsäure zuerst abgetrennt, und im Filtrat werden durch Ammoniak die Hydroxyde abgeschieden. Diese reinigt man zweimal über die Oxalate. In den verglühten seltenen Erdoxyden ist ungefähr 0,1% CaO enthalten.

Literatur.

ERDEY, L., L. KALMAN u. A. ALMASY: Act. chim. hungaric. **6**, 173 (1955).

## *X. Bestimmung der Untergruppen der Elemente der seltenen Erden.*

Bedingt durch die große chemische Ähnlichkeit, sind die seltenen Erden im Mineralreich stets gemeinsam und fast immer vollzählig anzutreffen. Auf Grund zahlreicher Analysen haben GOLDSCHMIDT und THOMASSEN die seltene Erden enthaltenden Mineralien in zwei Gruppen eingeteilt, in solche, die komplette Erdenbestände und solche, die selektive Erdenbestände enthalten. Durch die Unterschiede in der Basizität kann eine Verschiebung in der Zusammensetzung eintreten derart, daß in einem Mineral die basischen Ceriterden überwiegen, z. B. im Monazit, in einem anderen die Yttererden, z. B. im Yttrotantalit, oder wie im Thortveitit das Scandium. Komplette Erdenbestände zeichnen sich durch das fast vollständige Vorhandensein der Elemente der seltenen Erden vom Lanthan bis Cassiopeium und durch die mehr oder weniger gleichen Mengen von Cerit- und Yttererden aus. In selektiven Beständen ist eine der Gruppen deutlich vorherrschend. Ferner kann das Verhältnis Ceriterden zu Yttererden innerhalb eines Minerals sehr stark schwanken und weitgehend von der Fundstelle abhängig sein. So enthält ein Monazit aus Arendal 4% Yttererden, 55,4% Ceriterden, davon 29,2% $Ce_2O_3$, und das gleiche Mineral aus Brasilien 0,8% Yttererden und 68,4% Ceriterden, davon 32,4% $Ce_2O_3$. Es ist begreiflich, daß man diese Mannigfaltigkeit in der Zusammensetzung nicht nur auf Grund langwieriger präparativer Methoden, sondern auch rasch mit analytischen Hilfsmitteln festlegen wollte.

### a) Fällung als Alkalidoppelsulfate.

BERZELIUS sowie KLAPROTH (1804) fanden, daß die Alkalidoppelsulfate der Ceriterden in Wasser sehr wenig löslich sind, und daß sie, wie BERLIN, WÖHLER und GIBBS zeigten, zu einer Trennung von den leichter löslichen Alkaliyttererdsulfaten verwendet werden können. Eine quantitative Trennung der Hauptgruppen ist jedoch infolge der sich kontinuierlich ändernden Löslichkeiten nicht durchführbar. Theoretisch sollten sich die Elemente der seltenen Erden in bezug auf die Löslichkeit der Alkalidoppelsulfate in drei Gruppen einteilen lassen: a) sehr schwer lösliche Doppelsulfate: Elemente der Ceriterden und Scandium; b) mittlere Löslichkeit: Elemente der Terbinerden; c) leicht lösliche Doppelsulfate: Elemente der Yttererden. Praktisch läßt sich diese Einteilung nicht aufrechterhalten, da die Terbinerden zwischen der Lösung und dem Niederschlag verteilt sind. Zwar kann man Yttererden weitgehend von wenig Ceriterden trennen, doch immer auf Kosten der Terbinerden. Schwieriger noch ist es, ein ceriterdenreiches Material von wenig Yttererden zu befreien. Im großen zerlegt man die Alkalidoppelsulfate in eine Reihe von Fraktionen, deren Zusammensetzung man durch eine spektroskopische Prüfung und durch eine Bestimmung des mittleren Atomgewichtes abschätzt. Ungenauer werden die Resultate, wenn es sich um so kleine Mengen handelt, wie sie bei der Analyse von Mineralien anfallen.

**Durchführung.** Die von anderen Elementen befreiten Elemente der seltenen Erden, in denen das Cer 3wertig ist, werden in Salzsäure gelöst, eingedampft und mit einigen Tropfen Salzsäure und Wasser aufgenommen. Man erwärmt auf 50 bis 60° und sättigt mit fein gepulvertem Natriumsulfat. Nach 12stündigem Stehen sind die Ceriterden und ein Teil der Terbinerden ausgefallen. Man filtriert und wäscht einmal mit gesättigter Natriumsulfatlösung aus. Das Filtrat wird mit Ammoniak gefällt, die Hydroxyde werden filtriert, gewaschen und durch Erhitzen mit einer Oxalsäurelösung in Oxalate verwandelt. Die durch Glühen erhaltenen Oxyde werden als Yttererden in Rechnung gesetzt; die Ceriterden ergeben sich aus der Differenz (MEYER und HAUSER).

JOHNSTONE empfiehlt für die Untersuchung des Monazitsandes eine doppelte Fällung, da der ungünstige Extremfall, viel Cerit- neben wenig Yttererden, vorliegt. Die neutrale, auf ein kleines Volumen gebrachte Chloridlösung wird mit 200 cm³ gesättigter Kaliumsulfatlösung und mit 5 g fein gepulvertem Kaliumsulfat versetzt. Nach 12stündigem Stehen wird filtriert, der Niederschlag über das Hydroxyd in Chlorid verwandelt und die Fällung wiederholt. Die vereinigten Filtrate fällt man mit Ammoniak, löst in wenig Säure und fällt als Oxalate. Die Ceriterdendoppelsulfate werden in 400 cm³ Wasser gelöst und zur quantitativen Cerbestimmung verwandt.

***Bemerkungen.*** Nach dem oben Gesagten darf nur eine bescheidene Genauigkeit erwartet werden. JAMES und T. O. SMITH stellen fest, daß Natriumsulfat Lanthan unvollständig ausfällt; hingegen nimmt Kaliumsulfat stets etwas an Yttererden mit. Die Entwicklung dieser Methode in jüngster Zeit geht dahin, die in Lösung verbliebenen Yttererden durch stufenweise Fällung weiter zu zerlegen. MOELLER und KREMERS erhalten eine weitere Fällung durch Einleiten von Wasserdampf in die Lösung der Yttererdendoppelsulfate, die hauptsächlich aus Terbinerden und den geringen Resten der Ceriterden besteht. KLEINBERG, TAEBEL und AUDRIETH erzeugen die zur Fällung notwendigen Sulfat-Ionen durch Oxydation der Amidosulfosäure mit Natriumnitrit bei 0° C. Die Zusammensetzung der Niederschläge gleicht weitgehend den der Doppelsulfate. Auch MARSH bringt die Sulfat-Ionen langsam ein, um eine auswählende Fällung zu erreichen. Die seltenen Erdchloride werden in einer gesättigten Kochsalzlösung mit Natriumsulfat langsam unter Rühren oder Temperaturerhöhung in einzelne Fraktionen zerlegt. Es gelingt so leicht, die Terbin- von den Yttererden, als auch diese von Yttrium zu trennen. Zur Reindarstellung ist diese Methode jedoch nicht geeignet. Trotzdem hat diese Trennung, verbunden mit einer quantitativen Cerbestimmung sowie mit der Bestimmung des mittleren Atomgewichtes beider Fraktionen, eine brauchbare Vergleichsmöglichkeit ergeben.

### b) Fällung als cyanoferrat(III)saure Erden.

Das Bedürfnis, wenig Yttererden von viel Ceriterden vorteilhafter, als es die Alkalidoppelsulfatmethode gestattet, zu trennen, veranlaßte PRANDTL und MOHR, die eisen(III)-cyanwasserstoffsauren Erden auf ihre Eignung zur Gruppentrennung zu untersuchen. Die Ceriterden und das Yttrium zeigen eine genügende Löslichkeit, während die anderen Yttererden abgeschieden werden.

**Löslichkeiten.** Ein Liter Wasser löst bei 20° an Erdcyanoferraten(III), $RFe(CN)_6 \cdot 4H_2O$:

| | | |
|---|---|---|
| 5,316 g $La_2O_3$ | 0,268 g $Sm_2O_3$ | 0,142 g $Er_2O_3$ |
| 2,342 g $Pr_2O_3$ | 0,136 g $Gd_2O_3$ | |
| 1,530 g $Nd_2O_3$ | 0,298 g $Dy_2O_3$ | 0,602 g $Y_2O_3$ |

**Durchführung.** Die möglichst neutrale oder neutralisierte Erdsalzlösung wird so weit verdünnt, daß 25 bis 30 $cm^3$ 1 g Erdoxyde enthalten. Man fällt sie mit der berechneten Menge einer kaltgesättigten Kaliumcyanoferrat(III)-lösung, vermischt gut und erwärmt bis zur Bildung des Niederschlages. Nach einigen Stunden Stehens (vorteilhaft an einem dunklen Ort) wird der Niederschlag abgesaugt und mit wenig Wasser gewaschen. Nun zersetzt man die Cyanoferrate durch Kochen mit Natronlauge, filtriert die Hydroxyde ab und wäscht mit heißem Wasser gut aus.

***Bemerkungen.*** Diese Trennung wird bei größeren Mengen von Yttrium zu wiederholen sein. Auch sie gibt nur eine ungefähre Scheidung, bei der die mittleren Glieder der Lanthaniden auf Filtrat und Niederschlag verteilt werden. Hingegen gestattet sie eine rasche Anreicherung der Yttererden und bei mehrfacher Anwendung eine weitgehende Entfernung des stets im größeren Überschuß vorhandenen Yttriums. Diese Methode leistete bei der Reindarstellung der Elemente der seltenen Erden sehr gute Dienste.

Literatur.

BERLIN, N. J.: K. Vet. Acad. Handl. **1835**, 209; durch Jbr. Berzelius **16**, 101 (1837) u. C. **9**, 180 (1838).

GIBBS, W.: Am. J. Sci. [2] **37**, 354 (1864); Fr. **3**, 397 (1864). — GOLDSCHMIDT, V. M., u. THOMASSEN: Geochemische Verteilungssätze III. Osloer Ak. Ber. **1924**, Nr 5.

HISINGER, W., u. J. BERZELIUS: Afhandl. Fys. kemi Mineralog. **1**, 58 (1803).

JAMES, C., u. T. O. SMITH: Chem. N. **106**, 73 (1912). — JOHNSTONE, S. J.: Soc. chem. Ind. **33**, 55 (1914); durch C. **1914**, **I**, 915.

KLAPROTH, M. H.: Neues allg. J. Chem. (Gehlen) **2**, 312 (1804). — KLEINBERG, I., W. A. TAEBEL u. L. F. AUDRIETH: Ind. eng. Chem. Anal. Edit. **11**, 368 (1939).

MARSH, I. K.: Nature **63**, 998 (1949). — MEYER, R. J., u. O. HAUSER: Die Analyse der seltenen Erden und Erdsäuren, S. 191, 238. 1912. — MOELLER, TH., u. H. A. KREMERS: Ind. eng. Chem. Anal. Edit. **17**, 44 (1945).

PRANDTL, W., u. S. MOHR: Z. anorg. Ch. **236**, 243 (1938); **237**, 160 (1938).

WÖHLER: G. **6**, **I**, 414. Heidelberg 1928.

## *XI. Bestimmung des mittleren Atomgewichtes.*

Um den Gang in einer Fraktionierungsreihe verfolgen sowie die Zusammensetzung der aus den Mineralien gewonnenen Erden charakterisieren zu können, wendet man neben den optischen Methoden auch die quantitative Analyse an, indem man einfache Verfahren heranzieht, die die Berechnung des mittleren Atomgewichtes (R) oder des mittleren Molgewichtes der Oxyde $R_2O_3$ der anwesenden seltenen Erden gestatten. Diese Verfahren sollen rasch durchführbar und von hinreichender Genauigkeit sein, doch wird die große Exaktheit einer Atomgewichtsbestimmung nicht verlangt. Man kann jedoch nur dann erfolgreich das mittlere Atomgewicht zur Kontrolle verwenden, wenn die Atomgewichte der anwesenden Elemente der Erden nicht zu nahe aneinanderliegen. Die Methode ist für die Ceriterden weniger gut geeignet; die vorteilhafte Anwendung liegt bei den Yttererden, bei denen die Atomgewichte weit auseinanderliegen und die zarten Farben der Ionen keine gute Vergleichsmöglichkeit bieten.

### a) Gravimetrische Methode.

Das Verhältnis $R_2O_3 : R_2(SO_4)_3$ haben BAHR und BUNSEN zur Atomgewichtsbestimmung der Elemente der seltenen Erden verwendet. Man kann sowohl vom eingewogenen Oxyd (synthetische Methode) als auch von einer bekannten Menge Sulfat (analytische Methode) ausgehen. Das erste Verfahren wird bei den stark basischen Ceriterden und dem Yttrium vorteilhaft sein, weil die letzten Reste der Schwefelsäure erst bei sehr hohen Temperaturen, etwa bei 1300°, vollständig abgegeben werden. Bei den Elementen der Erbin- und Ytterbingruppe hingegen kann man vom Sulfat ausgehen. Es braucht nicht betont zu werden, daß die für diese Bestimmungen vorgesehenen Erdenpräparate sehr rein und frei von Zirkon, Thorium und 4wertigem Cer sein müssen.

Die zu untersuchenden Erden werden in jedem Falle in schwach salpetersaurer Lösung durch Oxalsäure gefällt. Den Niederschlag saugt man auf einer Siebplatte ab, wäscht mit warmem Wasser, absolutem Alkohol und Äther sorgfältig aus und glüht im Platintiegel erst über dem Bunsenbrenner, dann im elektrischen Ofen bei etwa 1000°.

#### 1. Synthetische Methode.

**Durchführung.** 0,5 bis 1 g der Oxyde werden in einen Platintiegel genau eingewogen, mit wenig Wasser angefeuchtet und in verdünnter Salz- oder Salpetersäure auf dem Wasserbade aufgelöst. Nach vollständiger Lösung gibt man etwas mehr als berechnet verdünnte Schwefelsäure hinzu und dampft zur Trockne ein. Im Luftbad wird dann langsam auf 300° erwärmt, bis die Schwefelsäuredämpfe nicht mehr sichtbar sind. Inzwischen ist ein elektrischer Ofen auf 450 bis 500° eingestellt worden, man überträgt den Tiegel aus dem Luftbad in den Ofen und erhitzt ihn 1 Std. lang. Über Schwefelsäure und Phosphorpentoxyd läßt man abkühlen und wägt hierauf. Das Erhitzen bis zur Gewichtskonstanz muß unbedingt vorgenommen werden.

***Bemerkungen.*** Die direkte Umsetzung der Erdoxyde mit konzentrierter Schwefelsäure ist nicht empfehlenswert, da die Erdsulfate in der Säure unlöslich sind, daher die Oxyde umhüllen und eine vollständige Umwandlung verhindern.

Die Festlegung der experimentellen Bedingungen für die Darstellung einwandfreier Oxyd- und Sulfatpräparate war Gegenstand zahlreicher Untersuchungen. Neben apparativen Angaben, die durch Verwendung moderner Geräte als überholt betrachtet werden können, z. B. POSTIUS, LOOSE, spielt die Frage der formelreinen Zusammensetzung der Sulfate eine große Rolle.

KRÜSS hatte ursprünglich die Temperatur von 350° zur Entfernung der überschüssigen Schwefelsäure als ausreichend erklärt. Neuere Untersuchungen zeigten (JONES, BRILL, WILD), daß diese Temperatur zu niedrig ist, um neutrale Sulfate zu bilden. Zwischen 400 und 550° sind die Erdsulfate stabil und haben die Hauptmenge der ungebundenen Schwefelsäure abgegeben. Schon BRAUNER hatte darauf aufmerksam gemacht, daß die bei diesen Temperaturen hergestellten Sulfate, in Wasser gelöst, sauer reagieren.

So haben MEYER und WOURINEN gelegentlich der Bestimmung des Atomgewichtes des Yttriums einen Mehrwert von 0,07 bis 0,1% der Auswaage erhalten, der als zurückgehaltene Schwefelsäure einwandfrei bestimmt werden konnte. Da die freie Schwefelsäure von Fall zu Fall verschiedene Beträge annehmen kann, ist ihre nachträgliche Bestimmung sehr zu empfehlen. Zu diesem Zweck wird das Sulfat in Wasser gelöst und mit n/10 Natronlauge titriert, bis Methylorange den Neutralpunkt anzeigt. Von dem Gewicht der Sulfate wird die Menge der so gefundenen Schwefelsäure abgezogen.

In jüngster Zeit haben sich HOPKINS und BALKE gegen die Anwendung dieser Methode ausgesprochen, da der Punkt, bei dem die Sulfate absolut rein sind, nicht angegeben und dadurch auch kein konstantes Gewicht erzielt werden kann. Ein weiterer Nachteil ist die starke Hygroskopizität der zu wägenden Sulfate, die selbst bei Anwendung gut schließender Wägegläser zu Fehlern führen kann.

2. Analytische Methode.

Die nach der im vorhergehenden Abschnitt beschriebenen Art hergestellten neutralen Sulfate werden in einen Platintiegel eingewogen und auf dem Gebläse oder im elektrischen Ofen bei etwa 1100° bis zum konstanten Gewicht geglüht. Bei Anwesenheit stark basischer Erden wird zum Schluß noch mit Ammoniumcarbonat oder im Ammoniakstrom erhitzt, um die letzten Anteile der Schwefelsäure mit Sicherheit zu entfernen.

Um mit Bestimmtheit zu neutralen Sulfaten zu gelangen, geht URBAIN von schwefelsauren Erdlösungen aus und fällt die Sulfathydrate durch absoluten Alkohol. Das Kristallpulver wird abgesaugt, gut mit Alkohol gewaschen und zur Entfernung der Feuchtigkeit langsam auf 400° erhitzt. Bei der Untersuchung von Erdfraktionen kann diese Arbeitsvorschrift nur mit besonderer Vorsicht benützt werden, denn auch die Sulfate der Erdelemente weisen Löslichkeitsunterschiede auf, die sich bei der Fällung mit Alkohol auswirken. Man muß daher die gesamten in Lösung befindlichen Sulfate ausfällen, so daß im Filtrat keine Erdelemente mehr nachzuweisen sind.

BILTZ gibt folgende Zahlen für die Fällung der Sulfate mit Alkohol an: 100 $cm^3$ einer 0,8- bis 1%igen Sulfatlösung zeigen bei Zusatz von 50 $cm^3$ Alkohol beginnende Trübung, von 60 $cm^3$ deutliche Ausfällung und von 70 $cm^3$ völlige Abscheidung.

Nach BRILL kann man die Bestimmung des mittleren Atomgewichtes auch mikrochemisch vornehmen. In ein Platintiegelchen wägt man einige Milligramme der Oxyde ein, löst in einigen Tropfen Salpetersäure auf, gibt ebensoviel Schwefelsäure zu, dampft ein, erhitzt 10 Min. auf 450° und wägt. Zur Zersetzung der Sulfate kann ein guter Bunsenbrenner dienen, wobei die kleine Menge in einigen Minuten in das Oxyd übergeführt ist.

**Berechnung.**

$$(2\,\mathrm{R} + 48)\,n = a\ (\text{g Oxyde})$$
$$(2\,\mathrm{R} + 288)\,n = b\ (\text{g Sulfate}),$$

wobei $n$ die Molzahl darstellt,

$$\mathrm{R} = \frac{24\,(6a - b)}{b - a} = \frac{a}{b - a} \cdot 120 - 24.$$

**b) Kombinierte Methode.**

Das Verhältnis $R_2O_3 : (C_2O_3)_3$ kann nach GIBBS auch mit gutem Erfolg zur Bestimmung des mittleren Atomgewichtes herangezogen werden. Es ist gleichgültig, wieviel Wasser das zu untersuchende Oxalat enthält, wesentlich ist, daß die Einwaagen zur Umwandlung in das Oxyd und zur Ermittlung des Oxalat-Ions von dem gleichen Präparat herrühren. Über die Herstellung des für diese Methode geeigneten Oxalates gibt BRAUNER folgende Vorschrift:

**Durchführung.** Das aus schwach saurer Lösung in der Siedehitze durch Oxalsäure gefällte Oxalat ist nicht ganz rein, denn es enthält noch Nitrat- oder Chlor-Ionen. Um diese zu entfernen, wird die über dem Niederschlag stehende Flüssigkeit abdekantiert und der Rückstand mit einer Lösung von Oxalsäure digeriert. Man saugt nun den Niederschlag ab, wäscht gut mit Wasser nach und läßt bis zum konstanten Gewicht, vor Staub geschützt, an der Luft trocknen. Hierauf siebt man die Erdoxalate durch ein feines Platinnetz und wägt von dem homogenen Anteil 1 g für die Umwandlung in Oxyd in einen Platintiegel ein. Das Erhitzen muß vorsichtig geschehen, um ein Verstäuben zu vermeiden. Aus diesem Grunde wird der schräggestellte Tiegel von der Seite erhitzt, so daß die Zersetzung des Oxalates gegen die Mitte zu fortschreitet. Nachdem die Kohle verbrannt ist, glüht man bei 1000° und wägt nach dem Abkühlen.

Ein zweiter Anteil, etwa 0,5 g, wird in 12%iger Schwefelsäure aufgelöst, erwärmt und bei 60° mit einer n/10 Kaliumpermanganatlösung titriert (s. S. 184).

**Berechnung.**

$$n \cdot R_2O_3 = a; \; n\,(C_2O_3)_3 = b;$$

*n* bedeutet die Molzahl, *a* und *b* sind in Prozenten des angewendeten Oxalates ausgedrückt. $b : a = 216 : x$, wobei *x* das Molgewicht der Oxyde bedeutet; es ist dann

$$R = \frac{a \cdot 108}{b} - 24\,.$$

Für den speziellen Fall des Cers, bei dem aus dem Cer(III)-oxalat das Cer(IV)-oxyd resultiert, gilt

$$R = \frac{a \cdot 108}{b} - 32\,.$$

***Bemerkungen.*** Diese Methode hat sich aus den Untersuchungen von STOLBA entwickelt, der die Titration des Oxalat-Ions zur quantitativen Bestimmung der Elemente der seltenen Erden benutzte. GIBBS wandte sie auf die Atomgewichtsbestimmung an, und BRAUNER legte die Bedingungen fest, unter welchen brauchbare Resultate erzielt werden. DENNIS und DALES lehnten jedoch die Anwendung dieser Methode ab, da bei der Oxalatfällung Schwankungen in der Zusammensetzung auftreten. Eine eingehende Untersuchung über diese Streitfrage führten BAXTER und DAUDT aus (s. S. 182), und LEHNER gab nun auf Grund der gesammelten Ergebnisse folgendes Verfahren an, um ein einheitlich zusammengesetztes Oxalat zu erhalten: 1 g der gereinigten Oxyde wird in Salpetersäure gelöst und die schwach saure Lösung auf 500 cm³ verdünnt. Man fällt in der Siedehitze mit überschüssiger Oxalsäure. Diese verbesserte Methode hat in der folgenden Zeit mehrfache Anwendung gefunden. So berichten ENGLE und BALKE sowie MARSH, daß diese Bestimmung der Sulfatmethode gleichwertig ist.

Um reproduzierbare Werte zu erhalten, ist es wesentlich, daß die Erdoxalate homogen zusammengesetzt sind, was durch ein gutes Durchmischen der getrockneten Probe erreicht wird. Beim Lanthan hatte man jedoch Abweichungen gefunden, die durch das Vorhandensein von basischen oder sauren Oxalaten bedingt sein dürften. Um auch diese Ungenauigkeit zu umgehen, empfehlen BARTHAUSER, RUSSELL und PEARCE, die zur Verwendung gelangende Maßflüssigkeit (0,04 bis 0,025 n $KMnO_4$) gegen jenes Erdoxalat, das den Hauptbestandteil des Erdgemisches ausmacht, einzustellen und nicht wie bisher gegen Natriumoxalat. Sie lösen etwa 1 g der Oxyde in 7 cm³ 15 n $HNO_3$ und 50 cm³ Wasser auf, verdünnen mit weiteren 50 cm³ und fällen in der Siedehitze mit 50 cm³ 20%iger heißer Oxalsäurelösung, die langsam zugesetzt wird. Nach mehrstündigem Stehen wird filtriert, der Niederschlag durch Dekantieren 2mal mit je 100 cm³ heißem Wasser gewaschen, dann auf das Filter gebracht, nochmals gewaschen, hierauf in das Becherglas zurückgebracht und nochmals wie beschrieben 2mal mit je 100 cm³ heißem Wasser dekantiert. Nach dem schließlichen Waschen auf dem Filter wird der Niederschlag in das Becherglas übergeführt, die überstehende Flüssigkeit abdekantiert und bei 110° durch 8 bis 12 Std. getrocknet. Von diesem Oxalat werden 2mal 0,2 g genau eingewogen und in einen kalten elektrischen Ofen gestellt, der langsam auf 800° gebracht wird. Das Oxyd wird bis zum konstanten Gewicht geglüht. Zwei weitere Proben von etwa 0,15 g Oxalat werden genau eingewogen, in 2 cm³ warmer 10 n $H_2SO_4$ gelöst, mit 100 cm³ Wasser verdünnt, auf 90° erwärmt und mit Permanganat titriert. Zur Einstellung der Titerlösung mit dem reinsten Erdoxyd wird wie bei der Ermittlung des mittleren Atomgewichtes verfahren. Wie die mitgeteilten Resultate zeigen, sind die Werte in der Reihe der Ceriterden wesentlich besser als bisher. Um auch Ce, Pr und Tb, die beim Verglühen höhere Oxyde bilden, nach dieser Vorschrift bestimmen zu können, haben BARTHAUSER und PEARCE eine Methode zur Bestimmung des aktiven Sauerstoffes ausgearbeitet (siehe Cer, S. 351). Das Gewicht des gefundenen Sauerstoffes wird vom Gewicht der Oxyde abgezogen. Die Differenz ist das $R_2O_3$-Gewicht.

### c) Maßanalytische Methoden.

Der Versuch, die Bestimmung des mittleren Atomgewichtes auf Grund der Oxalatfällung maßanalytisch in einer Operation auszuführen, wurde von KRÜSS und LOOSE zuerst unternommen. Das gewogene Oxyd löste man in Salzsäure, dampfte zur Trockne ein, nahm in Wasser auf und führte diese Lösung in einen Meßkolben über. Teile davon wurden mit einer bekannten Menge einer gegen Kaliumpermanganat gestellten Oxalsäure gefällt, und im Filtrat wurde die überschüssige Säure mit Permanganat zurückgemessen.

Dieser Analysengang hat sich nicht bewährt; denn eine Reihe von Fehlern (Bildung von Doppeloxalaten) ergab stets zu hohe Werte.

#### 1. Nach WILD.

Auf ähnlichen Überlegungen fußend, hat WILD mit größerer Genauigkeit das mittlere Atomgewicht bestimmt.

**Durchführung.** Er löst 0,1 bis 0,2 g der Oxyde der seltenen Erden in einer genau gemessenen Menge, etwa 30 bis 40 cm³, einer eingestellten n/10 Schwefelsäure unter Erhitzen auf, fällt mit 5 cm³ einer neutralen Kaliumoxalatlösung 1:5 die Erdoxalate und titriert mit n/10 Natronlauge in Gegenwart von Phenolphthalein die unverbrauchte Säure zurück.

***Bemerkungen.*** Diese Methode hat ursprünglich keine praktische Anwendung gefunden, erst als HOLDEN und JAMES sie neuerlich untersuchten, wurde sie häufiger angewandt. Im allgemeinen kann man die Rücktitration mit n/10 Lauge in Gegenwart des Niederschlages vornehmen; stört jedoch die Farbe der Oxalate die Erkennung des Indicatorumschlages, so ist eine Filtration angezeigt, wobei der Niederschlag mit Wasser gut gewaschen werden muß. HOPKINS und BALKE haben die drei Methoden der mittleren Atomgewichtsbestimmung verglichen und gefunden, daß jede Methode um einige Zehntel differiert, wobei den niedrigsten Wert die Rücktitration mit Lauge ergibt. Den höchsten Wert hat die Permanganatmethode nach GIBBS, während die Sulfatwerte in der Mitte liegen.

Bei der Bestimmung der mittleren Atomgewichte der Ytterreihe wird diese Methode gute Werte ergeben.

#### 2. Nach FEIT und PRZIBYLLA.

Ein sehr rasches und gut brauchbares Verfahren haben FEIT und PRZIBYLLA angegeben; sie lösen die Oxyde in Schwefelsäure auf und titrieren die unverbrauchte Säure mit Lauge zurück.

**Durchführung.** Von den bis zur Gewichtskonstanz geglühten Oxyden wird in einen ERLENMEYER-Kolben so viel eingewogen, daß etwa 18 cm³ einer 0,5 n Schwefelsäure neutralisiert werden (z. B. Atomgewicht 144, Einwaage 0,5 g). Man übergießt die Oxyde mit etwas Wasser, gibt 19,5 cm³ einer eingestellten 0,5 n Schwefelsäure zu und bringt sie unter Rühren und Erwärmen in Lösung. Nach dem Abkühlen wird bei Gegenwart von Methylorange mit 0,1 n Lauge schwach alkalisch gemacht, mit 0,5 cm³ der 0,5 n Säure angesäuert und nun sorgfältig zu Ende titriert.

An Stelle der Schwefelsäure kann mit Vorteil 1 n Perchlorsäure angewendet werden, wie W. FISCHER und Mitarbeiter berichten. Mit 0,1 n NaOH und Bromphenolblau als Indicator wird der Überschuß an eingestellter Säure zurückgemessen.

***Bemerkungen.*** Diese Methode ist tatsächlich geeignet, die zeitraubende Sulfat-Oxydmethode zu ersetzen, wenn einige Vorsichtsmaßregeln beobachtet werden. Der ERLENMEYER-Kolben muß aus Jenaer Geräteglas sein und das destillierte Wasser völlig neutral. Eine weitere Verfeinerung erreicht man, wenn die 0,5 n Schwefelsäure eingewogen und reines Wasser, mit der gleichen Menge Indicator wie die Probe versetzt, als Vergleichsflüssigkeit verwendet wird. Der Endpunkt der Titration wird um so unschärfer sein, je schwächer basisch die Erde ist. Bei Scandium und bei 4wertigem Cer versagt diese Methode vollständig. Ihr Hauptverwendungsgebiet liegt bei den Cerit- und Terbinerden. Bei den Ytter- und Ytterbinerden ziehen JORDAN und HOPKINS die Permanganatmethode vor. Anläßlich der Reindarstellung von Holmium hat FEIT diese Methode weiter verfeinert, indem er die n/2 Schwefelsäure gegen ein Erdoxyd einstellt. Für allgemeinere Zwecke wird das in großer Reinheit leicht erhältliche $La_2O_3$ genügen; für genaue Untersuchungen in der Yttererdenreihe ist ein in seiner Zusammensetzung genau bekanntes $Dy_2O_3$ als Titersubstanz verwendet worden. Das mittlere Atomgewicht ist auf $\pm$ 0,15 Einheiten genau, wenn die Erdoxydeinwaage so gewählt wird, daß 45 cm³ der n/2 Schwefelsäure zum Auflösen des Oxydes notwendig sind.

### 3. Nach FLASCHKA.

Die auf S. 191 angegebenen Titrationen mit Komplexon III und Eriochromschwarz T als Indicator (Verfahren A, B und C) können auch zur Bestimmung des mittleren Atomgewichtes herangezogen werden. Nach der Formel $A = \frac{100\,g}{V} - 24$, wenn $A$ das mittlere Atomgewicht, $g$ die Einwaage des seltenen Erdoxydes in mg und $V$ das verbrauchte Volumen in cm³ an 0,01 m Komplexonlösung darstellt, kann das Atomgewicht auf etwa $\pm$0,2 Einheiten genau bestimmt werden.

## d) Andere Methoden.

Werden Yttererden über die Bromate fraktioniert, so ist die Bestimmung des mittleren Atomgewichtes sehr zeitraubend. FEIT hat in den an der Luft gewichtskonstant getrockneten $R(BrO_3)_3 \cdot 9H_2O$ das Bromat-Ion jodometrisch bestimmt; 0,2 g der Substanz wird eingewogen, Kaliumjodid zugegeben und mit Schwefelsäure im Überschuß versetzt. Das ausgeschiedene Jod wird mit einer eingestellten 0,1 n Natriumthiosulfatlösung bestimmt. Das so erhaltene mittlere Atomgewicht ist auf eine Einheit genau.

KUNIN schlägt vor, die neutralen in Wasser gelösten Erdsulfate durch einen in $H^{\cdot}$-Form befindlichen Kationenaustauscher zu schicken. Im Eluat wird die Schwefelsäure maßanalytisch bestimmt und die Menge der Erden nach Veraschen des Austauschers ermittelt. Resultate liegen nicht vor.

Neben den bewährten Verfahren finden sich in der Literatur noch andere Vorschläge, die jedoch nie eine Anwendung gefunden haben. SCHÜTZENBERGER geht von wasserfreien Sulfaten aus und errechnet auf Grund der Bariumsulfatauswaage das mittlere Atomgewicht. GIBBS verglüht die Oxalate der seltenen Erden in Gegenwart von frisch bereitetem, eingewogenem Natriumwolframat, wodurch sehr genaue Werte für die Erdoxyde erhalten werden sollen. BRAUNER empfiehlt, die Entwässerung der Erdsulfate in Schwefeldampf vorzunehmen.

Literatur.

BAHR, J., u. R. BUNSEN: A. **137**, 21 (1866). — BARTHAUSER, G. L., R. G. RUSSELL u. P. W. PEARCE: Ind. eng. Chem. Anal. Edit. **15**, 548 (1943). — BAXTER, G. P., u. H. W. DAUDT: Am. Soc. **30**, 571 (1908). — BILTZ, W.: Z. anorg. Ch. **71**, 430 (1911). — BRAUNER, B.: Z. anorg. Ch. **33**, 317 (1903); **34**, 208 (1903). — BRAUNER, B., u. A. BATEK: Z. anorg. Ch. **34**, 113 (1903). — BRILL, O.: Z. anorg. Ch. **47**, 464 (1905).

DENNIS, L. M., u. B. DALES: Am. Soc. **24**, 418 (1902).

ENGLE, E. W., u. C. W. BALKE: Am. Soc. **39**, 57, 67 (1917).

FEIT, W.: Z. anorg. Ch. **243**, 276 (1940). — FEIT, W., u. K. PRZIBYLLA: Z. anorg. Ch. **43**, 212 (1905). — FISCHER, W., u. Mitarbeiter: Angew. Ch. **66**, 317 (1954). — FLASCHKA, H.: Mikrochim. A. **1955**, 55.

GIBBS, W.: Am. Chem. J. **15**, 548 (1893).

HOLDEN, H. C., u. C. JAMES: Am. Soc. **36**, 639 (1914). — HOPKINS, B. S., u. C. W. BALKE: Am. Soc. **38**, 2337 (1916).

JONES, H. C.: Z. anorg. Ch. **36**, 92 (1903). — JORDAN, S., u. B. J. HOPKINS: Am. Soc. **39**, 2617 (1917).

KRÜSS, G.: Z. anorg. Ch. **3**, 46 (1893). — KRÜSS, G., u. A. LOOSE: Z. anorg. Ch. **4**, 161 (1893). — KUNIN, R.: Anal. Chem. **21**, 94 (1949).

LEHNER, V.: Am. Soc. **30**, 577 (1908). — LOOSE, A.: Studien über seltene Erden. Dissertation. München 1892.

MARSH, J. K.: Soc. **1935**, 772. — MEYER, R. J., u. J. WOURINEN: Z. anorg. Ch. **80**, 24 (1913).

POSTIUS, TH.: Untersuchungen in der Yttergruppe. Dissertation. München 1902.

SCHÜTZENBERGER, P.: C. r. **120**, 1143 (1895). — STOLBA, F.: Chem. N. **41**, 31 (1880); S.-B. kgl.-böhm. Ges. Wiss. vom 4. Juli 1879; durch Fr. **19**, 194 (1880).

URBAIN, G.: A. Ch. [7] **19**, 216 (1900).

WILD, W.: Z. anorg. Ch. **38**, 191 (1904).

## *XII. Die Chromatographie der seltenen Erden.*

Die ersten eindeutigen Versuche über das Verhalten der seltenen Erden in einem Trennrohr stammen von ERÄMETSÄ, der 1939 ein Präparat, das sämtliche Erden enthielt, über $Al_2O_3$ nach BROCKMANN chromatographierte. Bald darauf erschien eine ausführlichere Untersuchung von ERÄMETSÄ, SAHAMA und KAMILA, die neben $Al_2O_3$ Silicagel als Adsorbens anführte. Diese Arbeiten, sowie die erkannten Zusammenhänge, bildeten die Grundlage, auf der die erfolgreiche Weiterentwicklung dieser Methode stattfand. Die wesentlichsten Erkenntnisse seien kurz zusammengefaßt: 1. Die seltenen Erden werden von der Säule zurückgehalten. 2. Die Haftfestigkeit an dem Adsorbens ist vom Ionenradius abhängig, derart, daß Erden mit kleinen Radien sich im Trennrohr anreichern, während Erden mit größeren Radien in das Filtrat gelangen (Reihe Cp–La). 3. Yttrium steht nicht in der Reihe der Yttererden, sondern etwa in der Mitte der Ceriterden. 4. Komplexverbindungen der seltenen Erden verändern diese Reihenfolge. Citronensäure als Komplexbildner wendet die Reihe völlig um, so daß La im Trennrohr verbleibt, während die schweren Erden durch die Säule gehen.

BOTTI zeigte, daß auch aktive Kohlen eine trennende Wirkung besitzen, und RUSSELL und PEARCE fanden an natürlichen und künstlichen Zeolithen ebenfalls eine deutliche Trennung. Durch die Anwendung verschiedenartiger Austauscher wurde bewiesen, daß das Trennrohr die Zusammensetzung einer durchlaufenden Erdenlösung zu verändern vermag. Die Weiterentwicklung der Chromatographie stand im Zeichen der Notwendigkeit, die durch die Spaltung des Urans entstehenden Ceriterden, oft sehr kurzlebiger Natur, rasch zu trennen und zu identifizieren. Zwei Wege wurden unabhängig voneinander beschritten. HAHN und seine Mitarbeiter wandten $Al_2O_3$ nach BROCKMANN an, während in USA organische Austauscher bevorzugt wurden. Da es sich ursprünglich um unwägbare Mengen von radioaktiven Erden handelte, konnte mit Hilfe von Aktivitätsmessungen der Fortschritt der Trennung rasch und sehr genau ermittelt werden.

### a) $Al_2O_3$ nach Brockmann als Austauscher.

Über die umfangreichen Untersuchungen berichten Lindner und Peter. Die Säulen hatten eine Länge von 20 bis 100 mm und einen Durchmesser von 5,7 mm; die Menge der zu untersuchenden Erden betrug etwa 5 bis 10 mg. Nach dem Durchlaufen der Analysensubstanz wurde mit 5 $cm^3$ Wasser gewaschen, bis keine Erde mehr im Filtrat nachzuweisen war. Durch eine radiometrische Analyse (s. S. 233) wurde der Gehalt an den zu trennenden Erden in den einzelnen Fraktionen der Säule und des Filtrates bestimmt.

Die Ergebnisse seien im folgenden kurz wiedergegeben:

La–Ce: Cero-Ionen werden gegenüber La angereichert (Säule 56%, Ausgangslösung 50%).

La–Pr: ist leichter auf diese Weise als chemisch zu trennen; 40% des Lanthans wird rein erhalten.

Bei Pr bis Promethium ist der Trenneffekt sehr klein.

Nd–Sm läßt sich wieder gut trennen.

Tb wird schwächer absorbiert als Ho.

Dy steht in der Absorptionsreihe um zwei Stellen höher als in der natürlichen Reihe. Es wird besser zurückgehalten als Ho (65% Ho im Filtrat) und Er.

Tm wird besser als Dy und weit besser als Er zurückgehalten (letzteres ist im Filtrat zu 83% enthalten).

Yb wird gegenüber Tm schwach angereichert; gegenüber Er ist ein klarer Trenneffekt vorhanden.

Cp kam nicht zur Untersuchung.

Y steht in der Trennsäule zwischen Pr und Sm und läßt sich von letzterem sehr leicht abtrennen (90%).

Diese chromatographische Methode hat in der ersten Anwendung dazu gedient, die aus der Urankernspaltung entstehenden Ceriterden zu identifizieren. Man brauchte nur die Absorptionsfähigkeit des unbekannten Strahlers an der Säule mit der vermuteten Erde zu vergleichen. War sie gleich, so konnte die Ordnungszahl des künstlichen Isotops mit großer Sicherheit angegeben werden. War ein Unterschied gegenüber der Vergleichserde vorhanden, so konnten Schlüsse gezogen werden, ob das neue Isotop höher oder tiefer in der Reihe steht.

### b) Organische Austauscher.

In Verwendung standen zwei Typen von Austauschern: Die Amberlite, Kondensationsprodukte von Formaldehyd und Phenol in Gegenwart von Natriumsulfit, mit der aktiven Gruppe $SO_3H$ und Dowex 50, ein Polymerisationsprodukt von sulfonierten aromatischen Kohlenwasserstoffen mit der austauschenden Gruppe $SO_3H$. Der große Fortschritt in der Reindarstellung der seltenen Erden kam dadurch zustande, daß die auswählende Adsorption mit einer auswählenden Eluierung, unter Anwendung der komplexbildenden Citronensäure, kombiniert werden konnte. In der Trennsäule konkurrieren daher die Austauschreaktionen am Adsorptionsmittel mit dem Komplexbildungsvermögen. Da das letztere vom Ionenradius abhängig ist, werden die seltenen Erden nach der fallenden Ordnungszahl abgetrennt. Die theoretischen Grundlagen dieses Verfahrens wurden in einer Reihe von Arbeiten niedergelegt: Baumann und Eichhorn besprechen Dowex 50; Tompkins, Khym, Cohn und Mayer untersuchen die Reaktionen an der Trennsäule und stellen die mathematischen Beziehungen zwischen den maßgebenden Größen her, und Boyd, Schubert, Ademson und Meyers studieren die Kinetik der Adsorption.

#### α) Radiometrische Adsorptionsanalyse.

Harris und Tompkins verwenden für die Trennung der Ceriterden Dowex 50 in Wasserstoff-Form in Trennsäulen, die 10 bis 120 cm hoch sind und eine Fläche von 1 cm² haben. Die sehr verdünnten Chloride der Ceriterden werden am oberen Teil der Säule festgehalten und mit einer 5%igen Citronensäure, die mit Ammoniak auf das gewünschte $p_H$ gebracht wurde, eluiert. Die Durchlaufgeschwindigkeit beträgt 0,2 bis 0,4 cm³ je cm² der Säule und Minute. Die optimalen $p_H$-Werte sind: für die Nd–Pr-Trennung 2,85 bis 2,90; für Pr–Ce 3,00 und Ce–La 3,2 bis 4,0. Bei der Scheidung von Ce–Pr erhält man die beiden Erden in 98% Ausbeute und 99,9% rein.

KETTELE und BOYD verwenden zur Trennung der Yttererden Dowex 50 Säulen von 97 cm Länge und 0,26 cm² Fläche. Da die Trenneffekte bei höherer Temperatur wesentlich besser sind, ist die Säule mit einem Dampfmantel umgeben, der die konstante Temperatur von 100° durch lange Zeit aufrechterhalten kann. Die Durchflußgeschwindigkeit beträgt 0,5 bis 2,0 cm³ je Minute. Die 4,75%ige Citratlösung ist für die Yttererdenscheidung auf ein $p_H = 3{,}2$, bei Trennung der Ceriterden auf $p_H = 3{,}4$ eingestellt. Die Menge des verbrauchten Citratpuffers schwankt zwischen 2 und 7 l, woraus sich die Eluierungsdauer von 33 bis 117 Std. ergibt. Merkwürdigerweise steht bei diesem Verfahren das Yttrium zwischen Holmium und Dysprosium. Wie ein mitgeteilter Versuch zeigt, läßt sich nach dieser Methode die komplette Lanthanidenreihe in die einzelnen reinen Erden auflösen.

Ein praktisches Beispiel zur Trennung aktiver seltener Erden führen WILKINSON und HICKS an. In den aus dem Uranbrenner kommenden Proben müssen zuerst die Erdoxyde rein dargestellt werden. Man löst in Salpetersäure und entfernt durch Zentrifugieren den unlöslichen Rückstand. In 2 n Salpetersäure werden die seltenen Erden als Fluoride gefällt. Der gewaschene Niederschlag wird in konzentrierter Salpetersäure und gesättigter Borsäure aufgelöst und mit Ammoniak gefällt. Diese Reinigung wird 3- bis 4mal wiederholt. Schließlich werden die Hydroxyde zu Chloriden von $p_H = 0{,}5$ bis 1,5 aufgelöst und mit einem Kationenaustauscher behandelt. Der beladene Austauscher wird auf den Kopf einer Kolonne gebracht, die bei 10 bis 100 mg seltene Erden 50 cm lang ist und einen Durchmesser von 0,4 cm besitzt. Die Trennung erfolgt mit 0,25 m Citronensäurelösung von $p_H = 3{,}05$; Durchflußgeschwindigkeit 0,03 cm³ je cm² und Min., d. h. ein Tropfen in 3,5 bis 4 Min. Die aktiven Teilchen werden viertelstündlich gezählt. Die Reinigung der Kolonne wird durch eine 0,25 m-Ammoncitratlösung $p_H = 7$ erzielt.

FREILING und BUNNEY verwenden eine 1 m-Lösung von mit Ammoniak neutralisierter Milchsäure zur Trennung raktioaktiver Spaltprodukte.

Auch von Thor lassen sich die seltenen Erden an Austauschern scheiden. RADHAKRISHNA trennt an Amberlite IR 100 je 3 bis 4 mg der Nitrate Thor und Lanthan. Die Säule ist 80 mm lang und hat 7 mm Durchmesser; der Austauscher befindet sich in Wasserstoff-Form. Das Lanthan und auch andere seltene Erden werden mit 10%iger Citronensäure, die mit Ammoniak auf $p_H = 3$ gebracht wurde, eluiert. Bei einer Tropfgeschwindigkeit von 6,65 cm³ in 20 Min. ist nach 200 cm³ das Lanthan fast vollständig entfernt. Thor wird hierauf mit 6 n Schwefelsäure bei einer Geschwindigkeit von 0,18 cm³ in der Minute abgelöst.

### β) Die Reindarstellung in Makromengen.

SPEDDING und Mitarbeiter untersuchen den Einfluß technisch wichtiger Größen auf die Erdentrennung, wie: Länge der Säule, ihr Durchmesser, Korngröße des Amberlits I.R. 100, maximale Menge der $R_2O_3$-Beladung je cm², $p_H$ des Citratpuffers und Durchflußgeschwindigkeit.

Für die Cerit- und Yttererdentrennung werden als optimale Bedingungen angegeben: Höhe der Säule 244 cm, ihr Durchmesser 10,1 cm, Adsorbens in Wasserstoff-Form; 50 bis 100 g $R_2O_3$, die in Salzsäure aufgelöst und auf $p_H = 1{,}8$ gebracht werden; $p_H$ der 5%igen Citratlösung = 3,9, Durchflußgeschwindigkeit 0,5 cm³ je Minute, rd. 800 bis 1200 l Eluat, woraus sich der durchschnittliche Gehalt an $R_2O_3$ je Liter von 0,008 bis 0,1543 g ergibt.

Die Sm–Gd-Trennung ist nicht so weitgehend wie die der anderen Erden, doch kann die Reduktion mit Natriumamalgam eine rasche Abscheidung des Sm herbeiführen. Bei den Yttererden ist die Trennung der einzelnen Erden nicht so scharf wie bei den Ceriterden; man sammelt daher die einzelnen, gleichartig zusammengesetzten Fraktionen und wiederholt die chromatographische Scheidung.

In einer späteren Mitteilung wird darauf hingewiesen, daß eine 0,1%ige Citronensäurelösung mit einem $p_H = 5{,}5$ bis 5,0 eine bessere Trennung der Nachbarn ergibt. So erhält man aus Mischungen gleicher Anteile von Nd und Pr, sowie Nd und Sm, 60 bis 90% einer jeden Erde in spektroskopischer Reinheit.

Über vergleichende Studien an verschiedenen Eluanten berichtet VICKERY und findet eine direkte Beziehung zwischen dem Grade der Komplexbildung der Lanthaniden mit dem Eluanten und der Güte der Eluierung. Es müssen daher stärker bindende organische Säuren bessere Trennungsergebnisse liefern als die bisher angewandte Citronensäure. HIGGINS und BALDWIN verwendeten die Äthylendiamintetraessigsäure und FITCH und RUSSELL die Nitrilotriessigsäure und die Hydrazindiessigsäure (s. S. 316) mit sehr gutem Erfolg. Eine weitere Verbesserung ergab sich durch Zwischenschaltung fremder Elemente, z. B. Cd zwischen Sm und Gd oder Mn zwischen Pr und Nd. SPEDDING, POWELL und WHEELWRIGHT verwenden das Hilfselement nicht in der gleichen Säule, sondern schalten eine zweite Säule, die sich in Eisen- oder besser Kupferform befindet, nach. Nalcit HCR wird in beiden Säulen verwendet, wobei die erste ganz mit Erdchloriden gesättigt (und gewaschen) ist und die zweite das Hilfselement enthält. Als Eluant dient eine 2%ige Komplexon-III-Lösung, $p_H = 8{,}5$ mit einer Durchflußgeschwindigkeit von 0,5 $cm^3$/Min.; die Konzentration der seltenen Erden im Eluanten ist etwa 10- bis 20mal größer als mit Citronensäure. Siehe hierzu TROMBE und LORIERS.

### c) Cellulose als Austauscher.

1949 haben WELLS sowie BURSTALL, DAVIES, LUNSTEAD und WELLS über die Trennung von Sc und Th an Cellulose-Kolonnen berichtet, wobei die zwei genannten Elemente eluiert werden können, während die seltenen Erden vom Austauscher zurückgehalten werden. Obwohl die Chromatographie der seltenen Erden an Papier sich noch in Entwicklung befindet (POLLARD, MCOMIE und STEVENS sowie LEDERER), haben Elemente, die oft zusammen mit den seltenen Erden vorkommen, eine gründliche Durcharbeitung erfahren. Von analytischer Bedeutung sind jene Elemente, deren Trennung von den seltenen Erden schwierig und zeitraubend ist: Nb und Ta, Th und U.

Die ersten beiden Elemente werden in Makromengen nach BURSTALL und WILLIAMS als Fluoride mit Methyl-Äthyl-Keton eluiert, wobei das Ta frei von Nb in das mit Wasser gesättigte Keton geht. Hierauf wird das Niob mit dem 12,5% Flußsäure enthaltenden Keton extrahiert. Spuren von Wolfram begleiten unter diesen Bedingungen das Niob. Alle anderen Elemente, auch die seltenen Erden, verbleiben in der Kolonne.

Thor wird von Äther, der 12,5% konzentrierte Salpetersäure enthält, aus der Kolonne eluiert. Störend wirkt in diesem Prozeß die Gegenwart von Phosphorsäure. Wird jedoch die aufgeschlossene Probe mit 50 g $Al_2O_3$ vermischt und auf den Kopf der Cellulosesäule gebracht, so werden Th und U durch Äther mit 12,5% konzentrierter Salpetersäure extrahiert (A. F. WILLIAMS sowie KEMBER).

U ist nach BURSTALL und WELLS durch peroxydfreien Äther bereits bei 3% konzentrierter Salpetersäure von der Cellulosesäule ablösbar. Ce muß in 3wertiger Form vorliegen, um bei den anderen seltenen Erden zu verbleiben. Die Wanderung des Sc wird durch Zusatz von Weinsäure verhindert. In Gegenwart von As und Mo muß die aufgeschlossene Probe mit aktivem $Al_2O_3$ vermischt werden (RYAN und A. F. WILLIAMS). Genaue Vorschrift ist in den Originalarbeiten zu finden.

Über Versuche, die in der Säule angesammelten seltenen Erden zur weiteren Verarbeitung zu gewinnen, liegen keine Angaben vor.

## Literatur.

BAUMANN, W. C., u. J. EICHHORN: Am. Soc. **69**, 2830 (1947). — BOTTI, E.: Atti X Congr. int. Chim., Roma **3**, 406 (1939). — BOYD, G. E., u. Mitarbeiter: Am. Soc. **69**, 2818, 2836, 2849 (1947). — BURSTALL, F. H., G. R. DAVIES, R. P. LUNSTEAD u. R. A. WELLS: Nature **163**, 64 (1949); Soc. **1950**, 516. — BURSTALL, F. H., u. R. A. WELLS: Analyst **76**, 396 (1951). — BURSTALL, F. H., u. A. F. WILLIAMS: Analyst **77**, 983 (1952).

ERÄMETSÄ, O.: C. r. Soc. geologn. Finnland No XIV, 37 (1939). — ERÄMETSÄ, O., TH. G. SAHAMA u. V. KAMULA: Ann. Sci. Fenn. Ser. A **47**, 15 (1940).

FITCH, F. T., u. D. S. RUSSELL: J. Canad. Chem. Soc. **29**, 363 (1951) u. Anal. Chem. **23**, 1469 (1951).

HARRIS, D. H., u. E. R. TOMPKINS: Am. Soc. **69**, 2792 (1947). — HIGGINS u. BALDWIN: siehe bei VICKERY, R. C.

KEMBER, N. F.: Analyst **77**, 78 (1952). — KETTELE, B. H., u. G. E. BOYD: Am. Soc. **69**, 2800 (1947).

LEDERER, M.: C. r. **236**, 1557, 1670 (1953). — LINDNER, R.: Z. Naturforschg. **2a**, 329, 333 (1947); **3b**, 219 (1948). — LINDNER, R., u. O. PETER: Z. Naturforschg. **1**, 67 (1946).

POLLARD, F. H., J. F. W. MCOMIE u. H. M. STEVENS: Chem. Soc. **1952**, 4730.

RADHAKRISHNA, P.: Anal. chim. Acta **6**, 351 (1952). — RUSSELL, R. G., u. D. W. PEARCE: Am. Soc. **65**, 595 (1943). — RYAN, W., u. A. F. WILLIAMS: Analyst **77**, 293 (1952).

SPEDDING, F. H., u. Mitarbeiter: Am. Soc. **69**, 2777, 2786, 2812 (1947); **70**, 1671 (1948); **74**, 856, 857 (1952); **76**, 2545, 2550 (1954). Zusammenfassung: Discus. Faraday Soc. **7**, 214 (1949). — SPEDDING, F. H., J. E. POWELL u. E. J. WHEELWRIGHT: Am. Soc. **76**, 612, 2557 (1954).

TROMBE, F., u. J. LORIERS: C. r. **236**, 1567 u. 1670 (1953).

VICKERY, R. C.: Chem. Soc. **1952**, 4357. — VICKERY, R. C.: Chemistry of Lanthanons, Academic Press, New York 1953, S. 149.

WELLS, R. A.: Brit. Science News **3**, 4 (1949). — WILKINSON, G., u. H. G. HICKS: Phys. Rev. **75**, 1370 (1949). — WILLIAMS, A. F.: Analyst **77**, 297 (1952).

## *B. Die Elemente der seltenen Erden einzeln behandelt.*

In diesem Teil sind die Elemente der seltenen Erden getrennt angeführt. Fußend auf dem ersten Teil sind bei jedem Element die charakteristischen Daten, wie: Löslichkeit, Absorptionsspektren, letzte Linien und Analysenlinien, soweit bekannt, angegeben. Für alle Elemente (mit Ausnahme des Scandiums) gelten die im ersten Teil angeführten Bestimmungsmethoden; nur wenn besondere Bemerkungen anzubringen waren, sind diese nach der im ersten Teil gebrauchten Einteilung angeführt. Es folgen nun die Methoden, nach denen das Element von den anderen Elementen der seltenen Erden teils quantitativ, teils präparativ getrennt werden kann.

Da aus Gründen der Übersicht Scandium im ersten Teil nicht behandelt wurde, findet es sich als das erste Element dieser Reihe mit einer ausführlichen Beschreibung vor. Das Cer nimmt wegen seiner besonderen Stellung unter den Elementen der seltenen Erden einen großen Raum ein; neben den zahlreichen gravimetrischen und maßanalytischen Verfahren ist auch auf die Bestimmung in technischen Produkten Rücksicht genommen worden.

## Scandium.

### Sc, Atomgewicht 44,96, Ordnungszahl 21.

Scandium bildet farblose Ionen und besitzt kein Absorptionsspektrum. Die Verbindungen sind durch eine starke Neigung zur Hydrolyse ausgezeichnet. Nach ŠTĚRBA-BÖHM fällt das Scandiumhydroxyd bei einer Wasserstoffionenkonzentration von $p_H = 6{,}10$. Das Scandium läßt sich auf Grund seiner Eigenschaften und der seiner Verbindungen nicht zwanglos in die Reihe der seltenen Erden einordnen, vielmehr bildet es einen Übergang von diesen zu den 4wertigen Elementen Zirkon und

Thorium. Entsprechend dieser Stellung ist das Scandiumoxyd die am schwächsten basische seltene Erde, und die Neigung zur Bildung von Komplexverbindungen ist stärker ausgeprägt als bei den anderen Elementen dieser Reihe. Bedingt durch diese Unterschiede sind der quantitativen Analyse des Scandiums leichter gangbare Wege zugewiesen, so daß seiner Abtrennung und Bestimmung keine allzu großen Schwierigkeiten entgegenstehen.

## Scandiumoxyd.

Die gebräuchliche Wägungsform ist das Scandiumoxyd, $Sc_2O_3$; es entsteht durch Glühen des Nitrates, Hydroxydes, Carbonates, Oxalates und Tartrates; es bildet sich oberhalb 542° C aus dem Tartrat oder Hydroxyd und oberhalb 608° aus dem Oxalat, wie DUPUIS durch Messungen an der Thermowaage feststellte. Nachdem bei schwacher Rotglut die Scandiumverbindung in Oxyd übergeführt wurde, steigert man die Temperatur und hält schließlich den Porzellan- oder Platintiegel durch mehrere Minuten auf 900°. Das so geglühte Oxyd ist nicht hygroskopisch. Auch das Sulfat, Chlorid und Fluorid erleiden eine vollkommene thermische Zersetzung, doch werden die genannten Verbindungen selten auf diesem Wege in das Oxyd umgewandelt.

**Eigenschaften.** Farbe schneeweiß, D 3,864 (berechnet 3,89), unschmelzbar; kubische Kristallart C. Verdünnte Säuren lösen das Oxyd auch in der Hitze nur langsam auf; konzentrierte Säuren greifen in der Kälte wenig an, in der Siedehitze lösen sie vollkommen. Abrauchen mit konzentrierter Schwefelsäure führt nur teilweise in Sulfat über, da dieses in konzentrierter Schwefelsäure unlöslich ist und das umhüllte Oxyd vor weiterem Angriff schützt. Konzentrierte Salz- und Salpetersäure sind die üblichen Lösungsmittel.

**Reinheitsprüfung.** Das Oxyd muß rein weiß sein; die wahrscheinlichsten Verunreinigungen sind Thorium und Yttererden, manchmal auch Blei, Eisen, Mangan.

Auf Yttererden prüft man mit der Natriumthiosulfatreaktion (s. S. 290); das Filtrat darf keine Elemente der seltenen Erden (spektroskopische Prüfung) enthalten.

Zur Prüfung auf Thorium wird die Jodatprobe (s. S. 303) ausgeführt. Oft hilft auch das Elektroskop die Anwesenheit von Thorium zu entdecken, da Scandium nicht radioaktiv ist.

### Literatur.

DUPUIS, TH.: Anal. chim. Acta **3**, 183 (1949).

ŠTĚRBA-BÖHM, J.: Coll. Trav. chim. Tchécosl. **7**, 131 (1935).

## I. Bestimmungsformen des Scandiums.

### § 1. Fällung als Hydroxyd.

### a) Fällung mit Ammoniak.

**Eigenschaften.** Aus allen Scandiumlösungen fällt das Ammoniak das weiße, voluminöse Hydroxyd, das im Überschuß unlöslich ist. Nach SCHUBERT und SEITZ kristallisiert es in der Raumgruppe $T_H^5 - Im^3$. Es ist leicht löslich in Natrium- und Ammoniumcarbonat und etwas löslich in Kalilauge unter Bildung von $K_2[Sc(OH)_5H_2O)] \cdot 3H_2O$ (ŠTĚRBA-BÖHM und MELICHAR). FISCHER und BOCK berichten, daß bei 0,6 g Ammoncarbonat im Liter die Fällung mit Ammoniak, gleichgültig, ob wenig oder viel verwendet wurde, nicht beeinträchtigt wird. Man kann demnach mit käuflicher Ammoniaklösung arbeiten. Bei 10 g im Liter und bei Siedetemperatur gelangen etwa 30 mg Scandiumoxyd in das Filtrat. Weinsäure verhindert die Fällung nur in der Kälte, beim Erhitzen fällt basisches Scandiumtartrat (s. S. 291). Ferner hindern Oxalsäure und Ammoniumfluorid die vollständige Abscheidung als Hydroxyd. Der voluminöse Niederschlag des Hydroxydes adsorbiert reichlich die in der Lösung befindlichen Fremdionen.

**Durchführung** siehe S. 180.

**Löslichkeiten.** MOELLER und KREMERS geben ein Löslichkeitsprodukt von $1 \cdot 10^{-28}$ an.

***Bemerkungen.*** Beim Erhitzen des Hydroxydes bildet sich, nachdem die Feuchtigkeit vollkommen entfernt worden ist, unter Erglühen aus dem amorphen Zustand das kristallinische Oxyd.

### b) Fällung mit Pyridin.

Die starke Neigung zur Hydrolyse nützt OSTROUMOV zur Trennung des Scandiums von den seltenen Erden aus, indem er die Fällung als Hydroxyd mit einer gepufferten Pyridinlösung vornimmt.

**Fällungslösung.** In einen 200 $cm^3$-Meßkolben wird konzentrierte Salpetersäure eingefüllt, die genau 27,2 g $HNO_3$ enthält. Man verdünnt mit etwa 20 $cm^3$ Wasser und kühlt. Nun mischt man langsam unter Umschwenken und Kühlen 136 $cm^3$ reinstes Pyridin zu. Nach Erreichen der normalen Temperatur wird auf 200 $cm^3$ aufgefüllt.

**Durchführung.** Die Lösung wird mit etwa 5 g Ammoniumnitrat und mit verdünntem Ammoniak bis zum Auftreten einer bestehenden, geringen Trübung versetzt, die dann mit 3 Tropfen konzentrierter Salpetersäure entfernt wird. Man verdünnt auf 100 $cm^3$ und erhitzt zum Sieden, setzt etwas Filterbrei zu und läßt unter mechanischer Rührung 15 $cm^3$ der Fällungslösung aus einem Tropftrichter langsam zufließen. Das Becherglas wird mit einem Uhrglas bedeckt, es wird nochmals zum Sieden aufgekocht und hierauf 40 bis 50 Min. auf dem Wasserbad bis zum völligen Absitzen gehalten. Man filtriert und wäscht mit einer Lösung, die 3% Ammoniumnitrat und 5 $cm^3$ der Fällungslösung enthält.

***Bemerkungen.*** Zur Abtrennung von Ceriterden ist eine doppelte Fällung erforderlich; Yttererden begleiten hartnäckig das Scandium und können nur durch eine 3fache Wiederholung entfernt werden.

Literatur.

FISCHER, W., u. R. BOCK: Z. anorg. Ch. **249**, 146 (1942).
MOELLER, TH., u. H. E. KREMERS: J. physic. Chem. **48**, 395 (1944).
OSTROUMOV, E. A.: Shurn. anal. Khim. **3**, 153 (1948); durch C. A. **42**, 7655e (1948).
SCHUBERT, K., u. A. SEITZ: Z. anorg. Ch. **256**, 226 (1948). — ŠTĚRBA-BÖHM, J.: Z. El. Ch. **20**, 289 (1914).

### § 2. Fällung als Scandiumoxalat [$Sc_2(C_2O_4)_3 \cdot 6\,H_2O$].

**Eigenschaften.** Das weiße Scandiumoxalat, bei 60° C gefällt, enthält nach neuen Bestimmungen von KLEIN und BERNAYS 6 $H_2O$; in älteren Angaben wird das nicht bestehende Pentahydrat oft genannt. Von den Oxalaten der Elemente der seltenen Erden unterscheidet sich das Scandiumoxalat durch seine leichtere Löslichkeit in verdünnten Säuren sowie durch die Bildung löslicher Alkalidoppeloxalate. Es steht mit dieser Reaktion dem Thorium und dem Zirkon sehr nahe. Um die Fällung als Oxalat in neutraler oder schwach saurer Lösung quantitativ zu gestalten, ist ein großer Überschuß an Oxalsäure notwendig.

**Durchführung** siehe S. 181, ferner S. 300.

**Löslichkeiten.**

| | | | | | | |
|---|---|---|---|---|---|---|
| 100 g n Oxalsäurelösung | von | 25° | lösen | | 0,1188 g | Scandiumoxalatpentahydrat |
| 100 g Wasser | „ | 25° | „ | | 4,6 mg | Scandiumoxyd |
| 100 g 0,1 n Salzsäure | „ | 25° | „ | etwa | 0,02990 g | wasserfreies Oxalat |
| 100 g 0,5 n „ | „ | 25° | „ | „ | 0,0650 g | „ „ |
| 100 g n „ | „ | 25° | „ | „ | 0,1020 g | „ „ |
| 100 g 0,1 n „ | „ | 50° | „ | „ | 0,04201 g | „ „ |
| 100 g 0,5 n „ | „ | 50° | „ | „ | 0,0870 g | „ „ |
| 100 g n „ | „ | 50° | „ | „ | 0,1435 g | „ „ |

Überschüssige Oxalsäure verändert die Löslichkeit in Schwefelsäure beträchtlich; so sinkt bei 0,5 n Oxalsäure und 2,43 n Schwefelsäure die Löslichkeit um 74,71%. FISCHER und WERNET ergänzen die vorstehende Zusammenstellung: 3%ige Essigsäure löst 5,1 mg $Sc_2O_3$ in 100 g Wasser bei 25° C; 10%ige Essigsäure 4,3 mg und 10%ige Essigsäure und 0,3%ige Oxalsäure 11 mg. Ammonoxalat veranlaßt eine erhebliche Erhöhung der Löslichkeit.

***Bemerkungen.*** Nach MEYER fällt Oxalsäure aus Sulfatlösungen das Scandiumoxalat nur langsam und unvollständig aus, während unter gleichen Bedingungen aus Chlorid- und Nitratlösung eine quantitative Abscheidung erfolgt. Alkalisalze dürfen nicht zugegen sein, da sie sich wahrscheinlich als Doppeloxalate im Niederschlag wiederfinden. FISCHER lehnt die Fällung des Scandiums als Oxalat in quantitativen Untersuchungen auf Grund der großen Löslichkeiten ab.

## Literatur.

FISCHER, W., u. I. WERNET: Fiat Rev. o. G. Sc. Anorg. Chem. Bd. 23, Teil I, S. 46.
KLEIN, M. J., u. P. M. BERNAYS: Am. Soc. **73**, 1364 (1951).
MEYER, R. J.: Z. anorg. Ch. **86**, 276 (1914).
WIRTH, F.: Z. anorg. Ch. **87**, 3 (1914).

### § 3. Fällung als basisches Scandiumthiosulfat.

Aus schwach sauren Nitrat- oder Chloridlösungen (nicht Sulfatlösungen) fällt Natriumthiosulfat (CLEVE) unvollkommen basisches Scandiumthiosulfat, $Sc(OH)S_2O_3$, aus, das sich als gelblicher schwerer Niederschlag gut absetzt. Wird die Lösung bis zur bleibenden Trübung neutralisiert, so fällt Scandium quantitativ als ein Gemisch von Hydroxyd und basischem Thiosulfat. Der Niederschlag ist dann heller gefärbt und flockiger. MEYER konnte im Filtrat keine Spur von Scandium nachweisen.

**Durchführung.** Die Chloridlösung wird bis zur Trockne eingedampft und hierauf der gelöste Rückstand durch Zusatz von Natriumcarbonat genau neutralisiert. Nun wird mit dem auf die eingewogenen Oxyde bezogenen 6fachen Gewicht an Natriumthiosulfat versetzt und kurze Zeit zum Sieden erhitzt. Die Fällung wird heiß filtriert und der Niederschlag mit Wasser gut gewaschen. Man bringt den Rückstand in das Fällungsgefäß zurück, löst in heißer verdünnter Salpetersäure, filtriert durch das benutzte Filter vom Schwefel ab und fällt das klare Filtrat mit Ammoniak.

***Bemerkungen.*** An Stelle des Natriumthiosulfates kann auch Ammoniumthiosulfat verwendet werden. Diese Abscheidung wurde nur im Gange einer Mineralanalyse oder einer Reinigung des Rohscandiums angewendet. Sie scheidet Scandium von den Elementen der seltenen Erden. Die Trennung wird stets wiederholt, indem der aus der ersten Fällung erhaltene Niederschlag in das Fällungsgefäß gespritzt und in einigen Kubikzentimetern Salzsäure gelöst wird. Man filtriert vom Schwefel durch das gebrauchte Filter, wäscht gut nach und dampft das Filtrat zur Trockne ein. Der Rückstand wird in Wasser aufgenommen und nochmals gefällt. In den meisten Fällen schließt sich nun eine Scandium-Thorium-Trennung an. Nach FISCHER und BOCK ist die Abtrennung der Yttererden von Scandium recht gut, wenn die Ausgangslösung ein $p_H = 2$ hat. In 100 $cm^3$ des Filtrates sind dann etwa 35 mg $Sc_2O_3$ enthalten. Wird eine neutrale Lösung zur Fällung verwendet, so finden sich nur 1,7 mg je 100 $cm^3$ als $Sc_2O_3$ im Filtrat, die Trennung ist jedoch nicht gelungen.

## Literatur.

FISCHER, W., u. R. BOCK: Z. anorg. Ch. **249**, 155 (1942).
MEYER, R. J.: Z. anorg. Ch. **86**, 282 (1914); **60**, 148 (1908); **67**, 399 (1910).

### § 4. Fällung als Scandiumfluorid.

Wie alle Elemente der seltenen Erden, bildet das Scandium ein unlösliches Fluorid, das sich jedoch von den Erdfluoriden durch die Bildung löslicher Alkalidoppelfluoride unterscheidet.

**Eigenschaften** siehe S. 187 u. 304.

**Löslichkeiten** unbekannt.

**Durchführung.** Die neutrale Chloridlösung (die überschüssige Säure wird durch Eindampfen entfernt) wird in einer Platin- oder Bleischale in der Kälte mit Flußsäure versetzt. Der anfangs ausfallende Niederschlag löst sich bei weiterem Zusatz der Säure teilweise auf. Es hinterbleibt ein weißer flockiger Niederschlag, der sich gut absetzt. Man filtriert ihn in einer Bleinutsche oder in einem Platin-GOOCH-Tiegel und wäscht mit heißem Wasser aus. Nun bringt man den Niederschlag in eine Platinschale, zersetzt mit konzentrierter Schwefelsäure, raucht ab, bis die Masse teigig wird, kühlt ab und kocht mit Wasser aus. Die klare Lösung wird mit Ammoniak gefällt und das Hydroxyd weiterverarbeitet.

***Bemerkungen.*** Der Niederschlag enthält neben Scandium das gesamte Thorium. Diese Methode wird ebenfalls nur im Gang der Analyse angewendet, wenn eine Trennung von Eisen, Mangan und Aluminium erreicht werden soll. Dann findet man neben Scandium und Thorium noch Calcium, Blei, wenig Eisen und einen Teil der Elemente der seltenen Erden. FISCHER und BOCK berichten über eine merkliche Löslichkeit des Scandiumfluorids in Fluorwasserstoffsäure.

Das Scandiumfluorid kann auch aus einer sauren Lösung durch Kieselfluorwasserstoffsäure oder deren Natriumsalz erhalten werden. Das Scandiumsilicofluorid zerfällt beim Kochen, wobei das normale Fluorid zur Abscheidung gelangt. Über diese Methode siehe S. 300. Nach ŠTĚRBA-BÖHM fällt das Scandium nicht als Fluorid, sondern als Silicofluorid.

#### Literatur.

FISCHER, W., u. R. BOCK: Z. anorg. Ch. **249**, 160 (1942).
MEYER, R. J.: Z. anorg. Ch. **60**, 149 (1908); **86**, 263 (1914).
ŠTĚRBA-BÖHM, J.: Z. El. Ch. **20**, 289 (1914).

### § 5. Fällung als basisches Scandiumtartrat.

Mit den Elementen der Yttererden hat das Scandium die Fällung der weinsäurehaltigen Lösung in der Siedehitze durch Ammoniak gemeinsam. Es fällt das schwerlösliche kryptokristalline basische Scandiumtartrat, $NH_4O_2C(CHOH)_2CO_2Sc(OH)_2$, in dem das Verhältnis Sc zu Weinsäure nur wenig von 1 abweicht.

**Löslichkeiten.** FISCHER und BOCK fanden in 100 cm³ des Filtrates mg $Sc_2O_3$:

| | | | | |
|---|---|---|---|---|
| 10%ige Tartratlösung, | 2 cm³ | 25%iger Ammoniaklösung | | weniger als 0,03 mg |
| 10%ige ,, | 20 cm³ | ,, | ,, | ungefähr 0,04 mg |
| 25%ige ,, | 2 cm³ | ,, | ,, | weniger als 0,04 mg |
| 25%ige ,, | 20 cm³ | ,, | ,, | ungefähr 2,0 mg |

Die besten Resultate werden bei 0,1 n $NH_3$ erhalten; dann beträgt die Löslichkeit 0,25 mg $Sc_2O_3$ im Liter.

## a) Makrobestimmung.

**Durchführung.** Die neutrale Lösung wird in eine 10- bis 20%ige Lösung von neutralem Ammoniumtartrat in der Kälte unter automatischem Rühren langsam eingetragen. Für jedes Gramm der Oxyde sind 100 cm³ Fällungsvolumen notwendig. Die so erhaltene klare Lösung wird zum Sieden erhitzt und mit Ammoniak gefällt. Man läßt den Niederschlag einige Zeit auf dem siedenden Wasserbade stehen, filtriert ihn und wäscht mit verdünnter Ammoniumtartratlösung. Nach dem Trocknen wird der Niederschlag zu Oxyd verglüht.

***Bemerkungen.*** Diese Methode gestattet, das Thorium vom Scandium zu trennen, da ersteres unter gleichen Bedingungen nicht gefällt wird. Hingegen fallen Yttererden teilweise mit. Da diese Abscheidungsart auch mit größeren Mengen durchgeführt werden kann, kommt ihr bei der Reindarstellung von Scandium eine besondere Bedeutung zu. In diesem Falle wird die Fällung als basisches Tartrat wiederholt. SPENCER empfiehlt diese Methode, und N. H. SMITH hat sie zur Reinigung des zur Atomgewichtsbestimmung verwendeten Scandiums mit Vorteil benutzt. FISCHER und BOCK empfehlen diese Methode zur quantitativen Bestimmung des Scandiums, zeigen jedoch, daß bei der Abtrennung des Zirkons (Hafniums), Thors, Eisens und Mangans nach 3maliger Fällung im Scandiumoxyd noch etwa 0,1% jedes Elementes enthalten sind, die nach dieser Methode nicht mehr entfernt werden können.

### b) Mikrobestimmung nach FISCHER, STEINHAUSER und HOHMANN.

Die Lösung soll 5 bis 100 $\gamma$ $Sc_2O_3$ in einem Volumen von 1 bis 5 cm³ enthalten, wobei Chlorid-, Nitrat- oder Sulfationen anwesend sein können. In einem Zentrifugiergläschen wird mit Ammontartrat so lange versetzt, bis die Mischung 10%ig in bezug auf Ammontartrat ist. Hierauf wird aus einer Mikropipette mit stärkerer, schließlich mit verdünnter Ammoniaklösung gegen Neutralrot und mittlere Färbung neutralisiert und ferner so viel Ammoniak zugegeben, bis eine 0,05 bis 0,1 n-Lösung entsteht. Das Gläschen wird in ein siedendes Wasserbad eingehängt, bis der Niederschlag gut ausgeflockt ist und die überstehende Flüssigkeit klar erscheint. Man läßt im Wasserbad erkalten und filtriert nach 24 Std. durch ein G4-Glassinterfilter, wäscht mit 20 bis 30 cm³ kalter 10%iger Ammonsulfatlösung, die 0,1 n Ammoniak enthält, gut aus. Hierauf reinigt man sorgfältig das Ablaufrohr der Fritte und löst den Niederschlag in 1,1 cm³ ¾ n $H_2SO_4$, die vorerst im Zentrifugiergläschen auf 90° C angewärmt wurde, auf. Die Lösung wird in einem kleinen Titrierkelch aufgefangen und in einem auf 120° C gehaltenen Trockenschrank auf 0,05 bis 0,1 cm³ eingedampft.

Der Scandiumgehalt wird aus dem Verhältnis Sc zu Weinsäure ermittelt, indem die Weinsäure nach WILLARD und YOUNG mit Cerisulfat maßanalytisch bestimmt wird. Die hierzu verwendeten Reagenzien müssen sehr rein sein, und bei der Ausführung muß auf die Fernhaltung von Staub geachtet werden. 1 m Weinsäure = 1 g Atom Sc = 7,3 val Cer. Als Maßflüssigkeit dient eine 0,03 n Cer(IV)-sulfatlösung in 2 n Schwefelsäure, die gegen eine frisch bereitete Lösung von 0,03 n MOHRschem Salz eingestellt wird. Der Indicator, $^1/_{400}$ m Ferroin, muß bei allen Titrationen in gleicher Menge vorhanden sein; bei einem Volumen von 0,5 cm³ etwa 2 bis 3 mg.

Zu der im Trockenschrank eingeengten Lösung wird aus einer Mikrowägepipette die Maßlösung im Überschuß zugegeben, derart, daß der Cer(IV)-gehalt nicht unter 0,003 n sinkt. Man hängt nun den Titrierbecher in ein Wasserbad von 95 bis 97° C 35 Min. lang ein und läßt hierauf erkalten. Nach Zugabe des Indicators wird mit 0,03 n MOHRscher Salzlösung zurücktitriert.

***Bemerkungen.*** Bei kleineren Scandiummengen, etwa 1 bis 3 $\gamma$, wird die maßanalytische Bestimmung unzuverlässig; es treten dann Fehler bis zu 20% auf. Bei mittleren Gehalten sind die Resultate recht zufriedenstellend. EBERLE und LERNER weisen auf die quantitative Abtrennung des Sc in Mikromengen als basisches Tartrat hin, bestimmen jedoch nach S. 293 das Sc spektrophotometrisch.

### Literatur.

EBERLE, A. R., u. M. W. LERNER: Anal. Chem. **27**, 1551 (1955).

FISCHER, W., u. R. BOCK: Z. anorg. Ch. **249**, 155 (1942). — FISCHER, W., O. STEINHAUSER u. E. HOHMANN: Fr. **133**, 57 (1951).

MEYER, R. J.: NERNST-Festschrift, S. 306. 1912. — MEYER, R. J., u. H. WINTER: Z. anorg. Ch. **67**, 399 (1910); s. a. R. J. MEYER u. O. HAUSER: Die Analyse der seltenen Erden und Erdsäuren, S. 248. Stuttgart 1912.

SMITH, N. H.: Am. Soc. **49**, 1642 (1927). — SPENCER: The metals of the rare earths. London 1919.

WILLARD, H. H., u. PH. YOUNG: Am. Soc. **52**, 132 (1930).

### § 6. Fällung als Oxychinolat.

Das Scandiumoxychinolat beginnt in schwach essigsaurer Lösung auszufallen; die vollständige Abscheidung wird jedoch erst in neutraler Lösung erzielt. Siehe hierzu S. 188. Nach POKRAS und BERNAYS hat es die Zusammensetzung $Sc(C_9H_9NO)_3 \cdot C_9H_{10}NO$ und ist von citronengelber Farbe. Im Wasser besitzt es eine außerordentlich kleine Löslichkeit, wird jedoch von 2 n Salzsäure und 6 n Essigsäure leicht unter Zersetzung aufgelöst. In organischen Lösungsmitteln wie Chloroform, Tetrachlorkohlenstoff, Dioxan, Aceton, Methylalkohol und Alkohol ist es unzersetzt löslich. S. P. 195 bis 197° C. Bei 110° C getrocknet, ist die Verbindung wasserfrei, die 7,243% Sc oder 11,10% $Sc_2O_3$ enthält. Bei höheren Temperaturen ist sie nicht flüchtig.

**Durchführung.** Die Lösung, die bis 270 mg Scandium als Chlorid, Nitrat, Acetat oder Perchlorat enthalten kann, wird auf 75° C erwärmt und mit einer 5%igen Oxynlösung in 2 n Essigsäure im Überschuß versetzt. Nun wird 45 cm³ einer Pufferlösung, bestehend aus 30 cm³ 2 n Ammonacetat und 15 cm³ 2 n Ammoniak, zugegeben, 2 Std. unter gelegentlichem Rühren stehengelassen, durch einen Glassintertiegel gesaugt und mit 150 cm³ kaltem Wasser gewaschen. Man trocknet bei 110° C.

***Bemerkungen.*** Die Fällung ist im Bereich $p_H = 6{,}5$ bis 8,5 quantitativ; die Fällungstemperatur von 75° C muß ungefähr eingehalten werden, da sonst der Niederschlag in schwer filtrierbarer Form ausfällt. Auch der empfohlene Zusatz von 5 Tropfen einer 0,005%igen Aerosollösung dient einer Verbesserung der Filtriereigenschaften. An Stelle einer gravimetrischen Bestimmung kann eine volumetrische Ermittlung des Scandiumgehaltes erfolgen, wenn nach S. 188 das Oxychinolin mit Bromat bestimmt wird. Sowohl die gravimetrische als auch die maßanalytische Methode ist für die Erfassung kleiner Mengen von Sc geeignet.

#### Literatur.

POKRAS, L., u. P. M. BERNAYS: Am. Soc. **73**, 7 (1951) u. Anal. Chem. **23**, 757 (1951).

### § 7. Fällung als Alizarinsulfonat.

Scandiumsalze geben wie Zirkon (Hafnium) und Thoriumsalze mit alizarinsulfosaurem Natrium einen tiefvioletten, sehr voluminösen Niederschlag $Sc(C_{14}H_7O_4SO_3)_3$, der beim Trocknen seine Farbe vertieft. Auch die Yttererden geben eine ähnliche Fällung, doch ist diese in starker Essigsäure löslich. Auf die Möglichkeit, Scandium von den seltenen Erden auf diese Art zu trennen, hat BECK hingewiesen.

**Durchführung.** Die neutrale Lösung der seltenen Erden wird mit so viel Eisessig versetzt, daß eine 25%ige essigsaure Lösung entsteht. Man fällt mit 0,5 g Natriumalizarin(3)-sulfonat, das in 20 cm³ Wasser aufgelöst wurde, zentrifugiert, wäscht mehrmals mit Wasser und bringt den Niederschlag schließlich auf ein Filter. Dieses wird verascht, mit Schwefelsäure abgeraucht und als Scandiumsulfat ausgewogen.

***Bemerkungen.*** FISCHER und BOCK wenden diese Trennung nur dann an, wenn sehr geringe Mengen Scandium von einem sehr großen Überschuß an Yttererden befreit werden sollen. Schon 100 mg $Sc_2O_3$ erfordern zum Filtrieren und Waschen mehrere Tage. Ferner enthält der Niederschlag noch etwa 5% an seltenen Erden; Zirkon (Hafnium) und Thor begleiten das Scandium quantitativ.

Alizarinrot S wird von EBERLE und LERNER zur spektrophotometrischen Bestimmung von 10 bis 120 $\gamma$ $Sc_2O_3$ in 100 cm³ Lösung angewendet. Der salzsauren Lösung werden 2 cm³ einer 0,1%igen Alizarinrotlösung zugegeben und vorsichtig neutralisiert. Sollte der Neutralpunkt überschritten worden sein, muß schwach angesäuert und nochmals mit Ammoniak neutralisiert werden. Nun fügt man 5 cm³ eines Ammoniumacetatpuffers (100 g käufliches Ammonacetat gelöst in 300 cm³ Wasser, durch konzentrierte Salzsäure auf $p_H$ 3,5 gebracht und auf 500 cm³ verdünnt) zu, läßt abkühlen und füllt auf 100 cm³ auf. Mit einem BECKMANN DU-Spektrophotometer wird bei 5200 Å und einer Spaltbreite von 0,04 mm in einer 5 cm³-Küvette gemessen. Die Vergleichslösung ist genau nach der Vorschrift bereitet, enthält jedoch kein Sc. Eine Eichkurve ist erforderlich.

### Literatur.

BECK, G.: Mikrochem. **27**, 46 (1939).
EBERLE, A. R., u. M. W. LERNER: Anal. Chem. **27**, 1551 (1955).
FISCHER, W., u. R. BOCK: Z. anorg. Ch. **249**, 155 (1942).

### § 8. Fällung als phytinsaures Scandium.

Die Inosithexaphosphorsäure $C_6H_6O_3[OP(OH)_3]_6$, genannt die Phytinsäure, gibt mit Scandium, seltenen Erden, Titan, Zirkon (Hafnium) und Thor einen weißen flockigen Niederschlag. Das Scandiumphytat ist durch seine große Beständigkeit ausgezeichnet; $Sc_6C_6H_6P_6O_{27} \cdot 36H_2O$ ist unlöslich in konzentrierter Salzsäure, Salpetersäure, Königswasser, Wasserstoffperoxyd, Natrium- und Ammoniumcarbonat. Es wird gelöst von Oxalsäure, die mit Natriumacetat gepuffert ist, fällt jedoch wieder aus, wenn Säure oder Base zugegeben wird. 30$\gamma$ Sc im Kubikzentimeter sind an der entstehenden Trübung noch zu erkennen. Die Phytate der seltenen Erden sind unlöslich in Essigsäure und Ammoniumcarbonat, leicht löslich in verdünnten Mineralsäuren; Zirkonylphytat ist leicht löslich in Oxalsäure, das Titansalz in Natriumfluorid und Thorphytat in Nitrilotriessigsäure. Die Löslichkeit ist etwa so groß wie bei Bariumsulfat, jedenfalls kleiner als die von Bleisulfat.

***Bemerkungen.*** BECK hat dieses Verfahren zur Bestimmung von Scandium in Organteilen (Blut, Leber, Gehirn, ferner Urin und Milch) ausgearbeitet. Siehe S. 301.

### Literatur.

BECK, G.: Mikrochem. **34**, 62 (1949).

### § 9. Extraktion des Scandium-Rhodanides mit Äther.

FISCHER und BOCK fanden die Eigenschaft des Scandiums auf, als Scandiumrhodanwasserstoffsäure unter bestimmten Versuchsbedingungen beim Schütteln der wäßrigen Lösung mit Äther in die ätherische Phase überzugehen. Unter gleichen Bedingungen werden vom Äther aufgenommen: Beryllium, Aluminium, Indium, Eisen(III) und etwas Titan, Zirkon und Uran. Die prozentuelle Verteilung der anderen Elemente zwischen der Äther- und Wasserschicht wird angegeben zu: Magnesium 0,02, Calcium 0,04, Yttererden 0,07, Lanthan 0,002, Zirkon 20 bis 0,034, Thor 0,13, Uran 4,6 und Mangan 0,17. Die Lösung darf nur Chlor- oder Nitrat-Ionen enthalten; Sulfate und Phosphate stören. Ursprünglich für die Reindarstellung von Scandium gedacht, läßt sich diese Methode durch Anwendung einiger Verfeinerungen zur quantitativen Analyse heranziehen.

**Durchführung. a) Bei Abwesenheit von Titan, Zirkon und Hafnium.** Der in III, § 1a beschriebene Aufschluß wird bis zum Erhalten der salzsauren Lösung durchgeführt. (Liegen Oxyde vor, so wird 1 g eingewogen und in Salzsäure gelöst.) Die Lösung wird auf dem Wasserbade bis zu einem feuchten Kristallbrei eingedampft, mit 60 cm³ 0,5 n Salzsäure aufgenommen, und in diese Lösung werden 53 g Ammoniumrhodanid eingetragen. Endvolumen 100 cm³. Das Ausschütteln wird nicht in einem Scheidetrichter, sondern in einem dicken Proberohr vorgenommen, das in der oberen Hälfte zu einer Kugel aufgeblasen und mit einem Glasschliffstopfen verschlossen wird. Der Inhalt beträgt etwa 250 bis 300 $cm^3$, wobei die 100 $cm^3$-Marke unterhalb der Kugel liegt. Man schüttelt mit 100 $cm^3$ Äther 3 Min. lang und saugt nach Trennung der Schichten mit einem Heberröhrchen den Äther in einen ERLENMEYER-Kolben. Bei einmaligem Ausschütteln gehen 94% $\pm$1% des vorhandenen Scandiums in den Äther. Vor jeder neuerlichen Ausschüttlung setzt man der wäßrigen Phase auf je 100 $cm^3$ 5 $cm^3$ einer 2 n Salzsäure hinzu. Je nach der Menge des vorhandenen Scandiums wird mit 50 oder 100 $cm^3$ Äther ausgeschüttelt und eine dritte Wiederholung vorgenommen. Die vereinigten Ätherlösungen werden unter Zusatz von einigen Kubikzentimetern verdünnter Salzsäure eingedampft. Der Trockenrückstand, der Zersetzungsprodukte der Rhodanwasserstoffsäure enthält, wird vorsichtig mit konzentrierter Salpetersäure behandelt und nach Ablauf der heftigen Reaktion mit einem Überschuß gekocht, bis die Lösung klar geworden ist. Man nimmt mit Wasser auf und fällt mit Ammoniak die Hydroxyde.

**b) In Gegenwart von Titan, Zirkon und Hafnium und bei größeren Mengen von Scandium.** 60 g Rohoxyde werden in Salzsäure gelöst, bis fast zur Trockne eingedampft, in 600 $cm^3$ 0,1 n Salzsäure gelöst und mit 500 bis 550 g Ammoniumrhodanid versetzt. In einem 3 l-Kolben wird mit 1 l Äther ausgeschüttelt und die ätherische Phase durch ein Heberrohr in einen 2 l-Kolben übergeführt, der mit 100 $cm^3$ einer gesättigten Ammoniumrhodanidlösung beschickt ist. Nun setzt man langsam unter kräftigem Umschütteln 27 $cm^3$ einer 2 n Ammoniaklösung hinzu. (Zur Neutralisation der im Äther befindlichen Rhodanwasserstoffsäure.) Nach dem Schütteln und Klären wird der Äther in einen dritten Kolben übergeführt, der 100 $cm^3$ einer 45%igen Ammoniumrhodanidlösung enthält. Das letzte Verfahren wird nochmals wiederholt. Durch mehrmaliges Ausschütteln der zuletzt erhaltenen Ätherlösung, so lange mit 200 bis 500 $cm^3$ Wasser, bis Ammoniak keine Hydroxydfällung anzeigt, wird das gesamte Scandium gewonnen. Für 40 bis 50 g $Sc_2O_3$ benötigt man 2 bis 3 l Wasser, wobei in der ersten Ausschüttlung der Großteil des Eisens enthalten ist.

Die im ersten Kolben verbliebene wäßrige Schichte wird mit 30 $cm^3$ 2 n Salzsäure versetzt und mit 1 l Äther ausgeschüttelt. Diese Ätherschicht wird mit den in den Kolben 2 bis 4 verbliebenen wäßrigen Phasen nacheinander geschüttelt und gereinigt. Manchmal wird noch eine dritte Extraktion des Kolbens 1 notwendig sein. Die Ätherlösungen werden durch Schütteln mit Wasser, wie angegeben, vom Scandium befreit.

Ausbeute etwa 90% an $Sc_2O_3$, das frei von Yttererden, Zirkon, Hafnium und Thor ist. Im ersten Kolben wurde das Scandium bis auf 0,5% entfernt.

***Bemerkungen.*** Das in den wäßrigen Lösungen enthaltene Scandium kann durch Fällung mit Ammoniak und nachfolgende grobe Reinigung über das basische Scandiumtartrat gewonnen werden. Das durch Verglühen erhaltene Oxyd wird einer neuerlichen Ätherextraktion nach b) in einem kleineren Volumen unterzogen.

An Stelle des Äthers extrahiert PEPPARD mit Tributylphosphat. EBERLE und LERNER überprüften die Verteilung und fanden sie für analytische Zwecke brauchbar. Die Probe wird in konzentrierter Salzsäure aufgenommen, in einen Scheidetrichter übergeführt und mit Salzsäure auf 25 $cm^3$ gebracht. Man gibt 0,5 $cm^3$ einer 30%igen Wasserstoffperoxydlösung und 25 $cm^3$ Tributylphosphat zu und extrahiert. Die organische Phase wird dreimal mit 25 $cm^3$ konzentrierter Salzsäure gewaschen, worauf schließlich das $ScCl_3$ mit 70 $cm^3$ Wasser und gutem Schütteln in die wäßrige Schicht zurückgebracht wird. Diese Phase enthält noch Spuren von Tributylphosphat, die durch Schütteln mit 25 $cm^3$ Äther entfernt werden.

## Literatur.

EBERLE, A. R., u. M. W. LERNER: Anal. Chem. **27**, 1551 (1955).
FISCHER, W., u. R. BOCK: Z. anorg. Ch. **249**, 185 (1942).
PEPPARD, D. F., J. P. FARIS, R. P. GRAY u. G. W. MASON: J. physic. Chem. **57**, 294 (1953).

### § 10. Titration des Chlorions in Scandiumchlorid.

Wird durch Eindampfen eine salzsaure Scandiumlösung zur Trockne gebracht, so wird infolge Hydrolyse der Rückstand einen beträchtlich geringeren Chlorgehalt aufweisen, als dem $ScCl_3$ entspricht. Hingegen erhält man bei Raumtemperatur in einem Vakuumexsiccator über Phosphorpentoxyd und Natriumhydroxyd das formelreine Chlorid. Fischer und Steinhauser bestimmen nun Mikromengen an Scandium durch Ermittlung des Chlorgehaltes, da die völlige Isolierung des Scandiums von allen Fremdionen möglich ist. Es kommen Scandiummengen von 1 bis 10 $\gamma$ zur Bestimmung, die 1,5 bis 15 $\gamma$ Chlor entsprechen. Das im Vakuumexsiccator eingedunstete Chlorid wird in einem Mikrotitrierbecher zu etwa $5 \cdot 10^{-4}$ n in bezug auf Chlor gelöst und mit einer 0,01 n Silbernitratlösung aus einer Mikrowägebürette mit Dichlor-R-Fluorescein als Adsorptionsindicator titriert. Der Scandiumgehalt läßt sich auf diese Weise auf einige Zehntel $\gamma$ genau bestimmen. Diese Methode ist genauer als die auf S. 292 beschriebene Titration der im basischen Scandiumtartrat enthaltenen Weinsäure, doch ist sie nicht spezifisch genug.

### Literatur.

Fischer, W., u. O. Steinhauser: Fiat Rev. O. G. Sc. Anal. Chem. Bd. 29 S. 29. — Fischer, W., O. Steinhauser und E. Hohmann: Fr. **133**, 65 (1951).

## II. Spektralanalytische Methoden.

### Emissionsspektralanalyse.

**a) Bogenspektren.** Nach dem Verfahren von Mannkopff und Peters haben Goldschmidt und Peters (s. S. 201) Scandium in Mineralien quantitativ ermittelt. Als Eichsubstanzen wurden Gemische von Scandiumoxyd mit Kieselsäure, Scandiumoxyd und Magnesiumoxyd und schließlich Gemische aller drei Verbindungen verwendet. Aus der Stärke der Scandiumlinien kann man den Gehalt bis auf eine halbe Zehnerpotenz genau schätzen.

Tabelle der empfindlichen Linien.

| λ | 1% | 0,1% | 0,05% | 0,01% | 0,005% | 0,001% | 0,0005% $Sc_2O_3$ |
|---|---|---|---|---|---|---|---|
| 3359,69 | st st | st[1] | st | m | m | s | ss |
| 3361,32 | st | m | m | s | ss | — | — |
| 3361,97 | m | m | s | ss | — | — | — |
| 3368,97 | st | m | m | s | — | — | — |
| 3372,17 | st | m | m | s | ss | — | — |
| 3618,83 | st st | st | st | m | m | s | ss |
| 3630,75 | | fällt mit Calcium | | | 3630,73 | zusammen | |
| 3642,81 | | fällt mit Titan | | | 3642,70 | | |
| 3645,32 | st | s | s | ss | — | — | — |
| 3651,83 | st | m | m | ss | — | — | — |

Bei Gegenwart von Zirkon wird die stärkste Linie des Scandiums durch eine schwache Zirkonlinie überdeckt; auch die Gegenwart von Wolfram stört. Man vergleicht daher die Linien 3361,32 und 3368,97 Å.

Durch Kvalheim und Strock wurde eine weitere Verfeinerung erzielt, indem als Vergleichssubstanz Lanthan gewählt wurde, das bei der gleichen Temperatur wie Scandium verdampft. Da es sich um die Untersuchung von Pyroxenen auf Scandium handelte, wurden synthetische Silicate hergestellt, aus denen durch Zusatz von bekannten Mengen Scandium Eichproben entstanden. Der Lanthangehalt wurde so bemessen, daß in der Eichsubstanz und Probe 1% $La_2O_3$ enthalten war. Der Scandiumgehalt wurde abgestuft: 0,1; 0,033; 0,01; 0,0033; 0,001 und 0,00033%.

[1] st stark, m mittel, s schwach, ss sehr schwach.

Die gepulverten Proben wurden mit der 2fachen Menge Kohlepulver vermischt und in die Bohrung der Kathode (1,5 · 4 mm bei 3 mm Elektrodendurchmesser) eingefüllt. Die Elektrode wurde einige Sekunden lang vorgewärmt und dann mit 5 Amp. gezündet. Nach 10 Sek. erhöhte man die Stromstärke auf 8 Amp. Zum Vergleich wurden herangezogen:

La 4263,59 mit Sc 4246,83 (stärkste Linie, noch sichtbar bei 0,00003% $Sc_2O_3$).

La 4322,51 mit Sc 4320,73 und 4314,09 (beide Linien sichtbar bis 0,0001% $Sc_2O_3$).

Die photometrischen Schwärzungsmessungen wurden mittels in der Belichtungsdauer abgestuften (1:2:4:8:16:32:64) Eisenspektren ermittelt. Die Resultate streuten um $\pm$ 11%.

### Literatur.

GOLDSCHMIDT, V. M., u. CL. PETERS: Nachr. Götting. Ges. **1931**, 257.
KVALHEIM, A., u. L. W. STROCK: Spectrochim. Acta **1**, 221 (1941).

**b) Funkenspektren.** Mit abnehmendem Gehalt verbleiben als Restlinien: 3907,40 und 3911,81 Å; bei weitgehendem Ionisieren 3613,83, 3630,75 und 3642,81 Å. DE GRAMONT sowie WA. GERLACH und RIEDL führen als Analysenlinien noch an: 4314,1; 4246,9; 4023,7 und 3572,6.

### Literatur.

GERLACH, WA., u. E. RIEDL: Chemische Emissionsspektralanalyse, Teil 3, S. 115. — GRAMONT, A. DE: C. r. **171**, 1106 (1920).

## III. Quantitative Bestimmung des Scandiums in Mineralien, Fabrikationsrückständen und organischen Stoffen.

### § 1. Bestimmung des Scandiums in anorganischen Produkten.

**a) Einwaage und Aufschluß.** Früher wurde je nach der zu erwartenden Scandiummenge 5 bis 100 g eingewogen. Jetzt steht uns die von FISCHER und Mitarbeitern aufgefundene Mikromethode zur Verfügung, die es gestattet, die Einwaage bis auf 2 g zu senken.

Wolframite schließt man im Nickeltiegel mit Natriumhydroxyd auf, filtriert und löst den Rückstand in Salpetersäure auf. Man raucht hierauf ab, nimmt mit verdünnter Salpetersäure auf, filtriert, dampft nochmals ab und nimmt mit 6 n Salzsäure auf (FISCHER).

Wolframitrückstände löst man in konzentrierter Salzsäure auf, filtriert von dem Rückstand ab und wiederholt mit diesem die Säurebehandlung. Die Filtrate werden vereinigt.

Zinnschlacken schließt man mit Soda im Eisentiegel auf, löst in Wasser, säuert mit Salzsäure an und scheidet durch 2maliges Eindampfen Kieselsäure und Wolframsäure ab (MEYER und WINTER).

Zinnstein, feinst gepulvert, wird in einem Schiffchen, das sich in einem schwer schmelzbaren Glasrohr befindet, bei beginnender Rotglut durch Wasserstoff reduziert. Der Rückstand wird auf dem Wasserbad mit konzentrierter Salzsäure behandelt, wobei Unlösliches, bestehend aus Kieselsäure, Wolframsäure und den Erdsäuren, etwas Eisen und Thoriumdioxyd, zurückbleibt. Die filtrierte Lösung wird verdünnt, und das Zinn und die Schwermetalle werden durch Schwefelwasserstoff als Sulfide gefällt. Mit Natriumsulfid trennt man die Schwermetalle vom Zinn und scheidet dieses aus oxalsaurer Lösung elektrolytisch ab (MEYER).

Der unlösliche Schiffchenrückstand wird verascht und mit Natriumhydrogensulfat aufgeschlossen, mit Wasser aufgenommen und von den unlöslichen Säuren abfiltriert. Das Filtrat wird zwecks Entfernung der Sulfat-Ionen mit Ammoniak gefällt, und die gut ausgewaschenen Hydroxyde werden in verdünnter Salzsäure gelöst. Man vereinigt diese Lösung mit dem Hauptfiltrat.

In Thortveitit bestimmen P. und G. URBAIN das Scandium durch Aufschluß des feinst gepulverten Minerals mit Natriumhydroxyd. 1 g der Substanz wird in einem Silber- oder Nickeltiegel unter häufigem Umrühren mit 5 bis 6 g Natriumhydroxyd bei dunkler Rotglut aufgeschlossen, bis das Mineral völlig zersetzt ist. Der Aufschluß wird mit Wasser aufgenommen, heiß filtriert und mit heißem Wasser gewaschen. Der Rückstand wird in Schwefelsäure gelöst und zur Trockne eingedampft. Die durch Auflösung der Sulfate in kaltem Wasser gewonnene Lösung wird mit einem Überschuß an Ammoniak gefällt; der erhaltene Niederschlag wird gewaschen und in verdünnter Salpetersäure gelöst.

Keilhauit wird mit Natriumpyrosulfat aufgeschlossen, das Titan aus der Lösung durch Hydrolyse abgeschieden und das Filtrat mit Ammoniak gefällt. Der Niederschlag wird in Salzsäure gelöst und etwa vorhandene Kieselsäure durch Filtration entfernt (FISCHER, STEINHÄUSER und HOHMANN).

Kohlenasche und Flugstaub. 2 g der Substanz wird mit 10 $cm^3$ Wasser, 4 $cm^3$ 60%iger Perchlorsäure und 15 $cm^3$ Fluorwasserstoffsäure unter nachträglicher Zugabe von dreimal je 10 $cm^3$ Fluorwasserstoffsäure aufgeschlossen. Der Rückstand wird dreimal mit je 4 $cm^3$ 60%iger Perchlorsäure und 10 $cm^3$ Wasser zur Trockne gebracht. Nun löst man mit 5 $cm^3$ konzentrierter Salzsäure und 25 $cm^3$ Wasser.

**b) Der Scandiumgehalt ist größer als 1%.** Aus der durch Aufschluß gewonnenen salzsauren Lösung werden durch Schwefelwasserstoff die Schwermetalle abgetrennt. Nach Oxydation des Filtrates kann in den meisten Fällen eine Tartratfällung nach S. 291 folgen. Nur in Gegenwart von viel Eisen wird man dieses nach ROTHE in 6 n salzsaurer Lösung durch Ausschütteln mit Äther gleich anfangs entfernen. Die Fällung als basisches Tartrat ist immer dann anwendbar, wenn begleitende Elemente das Scandium um nicht mehr als das 100- bis 1000fache übertreffen. Der Niederschlag wird verascht, in Salzsäure gelöst und das Scandium durch Ausschütteln in rhodanwasserstoffsaurer Lösung mit Äther von den Yttererden getrennt. Nun schließt man nochmals eine Fällung als basisches Tartrat an. Der Niederschlag wird verascht und gewogen oder die in ihm enthaltene Weinsäure maßanalytisch bestimmt.

***Bemerkungen.*** MILLER trennte Sc von Fe, Ti, Zr und V durch eine Extraktion der Cupferronate mit Chloroform. Weitere Untersuchungen zeigten, daß auch Hf, Ga, Sn, Mo, Sb und Bi unter gleichen Bedingungen vollständig entfernt werden. Nach EBERLE und LERNER sollen schwefelsaure oder salzsaure Lösungen vorliegen, frei von Nitrat- und Fluorionen. Die Probe wird in einen Scheidetrichter gebracht und mit $H_2SO_4$ oder HCl so weit angesäuert, daß 100 $cm^3$ einer Lösung entstehen, die 10% der freien Säure enthält. Man gibt 10 $cm^3$ einer 6%igen Cupferronlösung zu und extrahiert viermal mit 25 $cm^3$ Chloroform. Ist der Überschuß an zu entfernenden Elementen sehr groß, wird nochmals Cupferronlösung zugegeben und wie oben extrahiert. Man kocht nun in der wäßrigen Phase das gelöste Chloroform weg.

**c) Der Scandiumgehalt liegt unter 1%.** Als Spurenfänger wird weitgehend gereinigtes Yttrium verwendet, das als basisches Tartrat gefällt der entsprechenden Scandiumverbindung völlig gleicht. Der kleine Unterschied liegt in der höheren Alkalinität (0,5 n $NH_3$) der Fällung und in der längeren Abscheidungszeit, die 12 Std. bei Raumtemperatur erfordert.

**Durchführung.** Die schwach saure, chlorid-, nitrat- oder schwefelsäurehaltige Lösung, die wenigstens etwa 30 $\gamma$ $Sc_2O_3$ enthält, wird mit 50 mg $Y_2O_3$ als Chlorid versetzt und das Volumen auf etwa 50 $cm^3$ gebracht. Es können anwesend sein (höchstens): 500 mg $Fe_2O_3$, 500 mg $Al_2O_3$, 300 mg MnO, 100 mg $TiO_2$, 200 mg MgO und 200 mg CaO; die Summe aller Fremdoxyde soll jedoch 1 g nicht übersteigen. Nun wird 20 g Ammoniumtartrat zugegeben und mit Ammoniak bis zum deutlichen Umschlag von Neutralrot neutralisiert und so viel zugefügt, daß schließlich eine 0,5 bis 1 n ammoniakalische Lösung entsteht. Es wird kurz zum Sieden erhitzt; hierauf hängt man das Becherglas für eine halbe Stunde in ein siedendes Wasserbad und läßt dann abkühlen. Nach frühestens 24 Std. wird durch ein Blaubandfilter filtriert und mit 100 bis 150 cm³ einer 3,5%igen Ammontartratlösung, die 0,3 bis 0,5 n Ammoniak enthält, gewaschen. Das Filter und der Niederschlag werden verascht; die erhaltenen Oxyde sind meist grau gefärbt und werden in konzentrierter Salzsäure gelöst. Man dampft bis zum trockenen Kristallbrei ein und nimmt mit 30 cm³ 0,5 n Salzsäure auf. Die Lösung wird in einen Schüttelzylinder übergeführt, mit 26,5 g Ammoniumrhodanid versetzt und mit 50 cm³ peroxydfreiem Äther geschüttelt. Ihn saugt man soweit als möglich in einen Scheidetrichter über; die wäßrige Lösung wird nach Zugabe von 2 cm³ 2 n Salzsäure mit je 25 cm³ Äther noch zweimal ausgeschüttelt. Die vereinigten Ätheranteile werden dreimal mit je 100 cm³ einer Lösung ausgeschüttelt, die durch Auflösen von 53 g Ammoniumrhodanid in 60 cm³ 0,1 n Salzsäure bereitet wird. Die Ätherschicht enthält nun weniger als $10^{-4}$% Y, hingegen fast vollständig das Sc. In einem Becherglas wird die ätherische Lösung nach Zusatz von wenig verdünnter Salzsäure eingedampft und bei aufgelegtem Uhrglas tropfenweise mit konzentrierter Salpetersäure, schließlich mit einigen cm³ dieser Säure gekocht, bis die Rhodansalze völlig zerstört sind. Nach Überführung in eine 10 cm³-Porzellanschale wird die entstandene Schwefelsäure völlig abgeraucht und mit je 2 bis 3 cm³ Königswasser zweimal eingedampft. Nun nimmt man mit wenigen Tropfen verdünnter Salzsäure auf, filtriert durch ein kleines Filter in ein Zentrifugiergläschen und spült mit 0,4 g Ammoniumtartrat in Wasser nach. Man engt auf 4 cm³ ein und fällt als basisches Scandiumammoniumtartrat nach S. 292.

***Bemerkungen.*** Für die Fällung von Scandiummengen im Bereich von 30 bis 200 $\gamma$ genügt die obige Arbeitsvorschrift; sind größere oder kleinere Mengen zu erwarten, muß das Lösungsvolumen entsprechend vergrößert oder verkleinert werden. Die von FISCHER, STEINHÄUSER und HOHMANN angeführten Beleganalysen zeigen durchgehend zu niedere Werte, doch sind sie in Berücksichtigung des schwierigen Analysenganges als recht zufriedenstellend zu bezeichnen.

Bei der Aufarbeitung von Mineralien auf reine Uranpräparate enthalten die Abfallprodukte merkliche Mengen von Scandium. EBERLE und LERNER geben bei Gegenwart von Th und Zr folgenden Analysengang an: die salz- oder schwefelsaure Lösung mit einem Gehalt von 10 bis 120 $\gamma$ $Sc_2O_3$ wird nach S. 298 durch Cupferron von einem Teil der Begleitelemente befreit. Nach dem Auskochen des Chloroforms macht man schwach ammoniakalisch, und wenn kein wahrnehmbarer Niederschlag erscheint, werden nach Ansäuern mit Salpetersäure 200 mg festes Aluminiumnitrat zugegeben. Nun fällt man nochmals und filtriert mit Hilfe von Filterschleim. Die gut gewaschenen Hydroxyde werden in 100 cm³ 20%iger Salpetersäure gelöst und nach S. 291 von Thor abgetrennt. Aus dem auf 300 cm³ verdünnten Filtrat werden durch Ammoniak die Hydroxyde abgeschieden, die gut gewaschen und in 25 cm³ konzentrierter Salzsäure gelöst werden. Nun schließt sich die Extraktion mit Tributylphosphat (auf S. 295) an. Nach Überführung der wäßrigen Lösung in ein Becherglas und Zugabe von 5 cm³ einer Yttriumlösung (1 g $Y_2O_3$ in 10 cm³ konzentrierter Salzsäure auf 200 cm³ aufgefüllt) sowie 25 cm³ einer Ammoniumtartratlösung (100 g Ammoniumtartrat in 200 cm³ 10%igem Ammoniak, auf 250 cm³ verdünnt) wird langsam mit konzentriertem Ammoniak und unter Rühren alkalisch gemacht, worauf man noch einen Überschuß von einigen cm³ zufügt. Nach Vertreiben des gelösten Äthers wird die Lösung fast bis zum Sieden erhitzt. Es fällt das auf S. 291 beschriebene Scandiumtartrat. Man filtriert, löst den gewaschenen Niederschlag in 50 cm³ 20%iger Salzsäure und wiederholt noch zweimal diese Fällung. Nun wird nochmals eine Tributylphosphatextraktion angeschlossen, um das zugesetzte Y zu entfernen. Die photometrische Bestimmung des Sc erfolgt nach S. 293.

**d) Ältere Analysengänge.** 1. P. und G. Urbain trennen Scandium zusammen mit den Ceriterden von den anderen Begleitern durch die Kaliumdoppelsulfate ab. Man dampft zur Trockne ein, löst in kaltem Wasser und fällt hierauf das Scandium gemeinsam mit den Ceriterden durch Kaliumsulfat. Nach etwa 24stündigem Stehen wird filtriert, mit gesättigter Kaliumsulfatlösung gewaschen und hierauf mit 25%iger Ammoniumcarbonatlösung digeriert. Das Filtrat wird zum Sieden erhitzt, wobei das als Doppelcarbonat in Lösung gegangene Scandium hydrolysiert und als basisches Carbonat völlig abgeschieden wird. Der Niederschlag wird auf dem Filter gesammelt, mit heißem Wasser gewaschen, verglüht und als Scandiumoxyd gewogen.

Nach Fischer und Bock ist die Fällung und Abtrennung des Scandiums als Kaliumdoppelsulfat völlig unzureichend und führt zu großen Scandiumverlusten.

2. R. J. Meyer fällt aus siedender salzsaurer Lösung durch Natriumsilicofluorid das Scandiumfluorid aus. Nachdem das Kochen ½ Std. fortgesetzt worden ist, ist die Abscheidung des Scandiums und Thoriums als Fluorid beendet, und der weiße, schleimige Niederschlag hat sich gut abgesetzt. Man gießt die überstehende Flüssigkeit durch ein Filter, dekantiert und wäscht mit heißem Wasser aus. Der Niederschlag wird in das Fällungsgefäß zurückgebracht, mit verdünnter Salzsäure (0,5 n) ausgekocht, abfiltriert und gewaschen (Meyer). Der Niederschlag wird in einer Platinschale durch konzentrierte Schwefelsäure zersetzt und hierauf abgeraucht, bis der größte Teil der Säure entfernt ist. Die noch feuchte erkaltete Masse wird mit Wasser ausgekocht, die Lösung durch 2- bis 3malige Fällung mit Ammoniak vom Calcium befreit und das zuletzt erhaltene Hydroxyd mit Oxalsäure zu Oxalat umgesetzt. Der Niederschlag wird geglüht und soll von weißer Farbe sein. Das Rohscandium enthält nun etwas Blei, wenig Yttererden und das gesamte Thorium.

Fischer und Bock verweisen auf die merkliche Löslichkeit des $ScF_3$ in Fluorwasserstoffsäure, die stets einen Abgang an Scandium zur Folge hat.

3. Reinigung des Rohscandiums. Man löst die Substanz in Salpetersäure und fällt das Blei aus sehr schwach saurer Lösung mit Schwefelwasserstoff; vorteilhaft wird diese Fällung in der Druckflasche vorgenommen. Hierauf engt man das Filtrat ein und verwandelt durch mehrmaliges Abdampfen mit konzentrierter Salzsäure die Nitrate in Chloride. Der trockene Rückstand wird in Wasser aufgenommen und das Thiosulfatverfahren nach S. 290 durchgeführt. Diese Trennung wird wiederholt; der zuletzt anfallende Niederschlag enthält nur mehr Scandium und Thorium. Er wird in Salzsäure gelöst, zur Trockne eingedampft und nach S. 291 das Scandium als basisches Ammoniumtartrat abgeschieden. Der Niederschlag, der das gereinigte Scandium enthält, wird verascht, bei 900° verglüht und als $Sc_2O_3$ gewogen.

4. Bestimmung des Scandiums, des Thoriums und der Elemente der seltenen Erden. Man schließt das feinst gepulverte Analysenmaterial nach §1, a, S. 297 auf und verarbeitet es, bis die in dem obengenannten Abschnitt erwähnte salzsaure Lösung erhalten wird. Man neutralisiert mit Ammoniak, bis eben ein Niederschlag bestehenbleibt, und fällt in der Hitze mit Oxalsäure, deren Gewicht fast gleich der eingewogenen Analysensubstanz ist (Meyer). Nach 24stündigem Stehen scheiden sich die unreinen Oxalate ab. Man filtriert sie ab und verascht sie. Die Oxyde sind durch Mangan braun bis schwarz gefärbt, enthalten neben den Elementen der seltenen Erden, Thorium und Scandium noch Calcium, Blei und Eisen. Man löst sie in Salzsäure auf, fällt das Blei durch Schwefelwasserstoff in schwach saurer Lösung aus, schließt hieran eine doppelte Fällung mit Ammoniak an, spritzt die zuletzt erhaltenen Hydroxyde in eine Platinschale und trennt nach S. 187 Eisen und Mangan mit Flußsäure ab (die auf S. 300 angegebene Arbeitsvorschrift würde einen Verlust an seltenen Erden ergeben, da deren Fluoride in Salzsäure und Flußsäure merklich löslich sind). Die durch Abrauchen der Fluoride erhaltenen Sulfate fällt man durch Ammoniak als Hydroxyde, filtriert, wäscht mit heißem Wasser und verwandelt sie durch Oxalsäure in Oxalate. Man filtriert diese ab, wäscht und ver-

glüht. Die Auswaage besteht aus den Oxyden der seltenen Erden, Scandium und Thorium. Nach S. 290 werden durch eine doppelte Thiosulfatlösung die Erden abgetrennt, worauf sich eine Thorium-Scandium-Trennung nach S. 291 anschließt. Die Elemente der seltenen Erden fällt man aus den Filtraten der Thiosulfattrennung nach S. 260. Ist das Scandium nach der Tartratmethode abgeschieden worden, so bestimmt man das Thorium aus der Differenz, da seine Gewinnung aus der weinsäurehaltigen Lösung sehr zeitraubend und umständlich ist.

### § 2. Bestimmung des Scandiums in organischen Stoffen.

Beck untersuchte Organteile auf den Gehalt an Scandium. Feste Substanzen, wie Leber und Gehirn, wurden zuerst getrocknet, Flüssigkeiten, wie Blut, Urin und Milch, eingedampft und hierauf (gegebenenfalls durch Überleiten von Sauerstoff) verbrannt. Der Glührückstand wurde in Salpetersäure aufgenommen und von den kohligen Teilchen getrennt. Das Filter mit dem Unlöslichen wurde verascht, mit Kaliumnitrat im Schmelzfluß oxydiert und in Salpetersäure gelöst. Die vereinigten Lösungen wurden nach Hinzufügen von einem Tropfen einer Eisen(III)-chloridlösung mit 1 $cm^3$ einer 30%igen Natriumphytatlösung gefällt und die freie Säure durch Zugabe von Ammoniak teilweise neutralisiert. Der Niederschlag wurde zentrifugiert und mehrmals gewaschen. Im Platintiegel verascht, wurde er mit Kaliumnitrat oxydierend geschmolzen und mit Wasser ausgelaugt. Der abgetrennte Niederschlag enthielt das Eisen mit Spuren von Aluminium, Zirkon und Kieselsäure, er wurde in Salzsäure aufgelöst, mit Ammoniak alkalisch gemacht, mit etwas Ammoniumsulfid versetzt und mit Kaliumcyanid gekocht, bis alles Eisen in Cyanoferratform vorlag. Nach Zugabe von Ammoniumchlorid wurde der geringe weiße Niederschlag durch Zentrifugieren von der Lösung abgetrennt. Das Filtrat des Aufschlusses wurde ebenfalls mit Ammoniumchlorid versetzt, längere Zeit im Sieden gehalten und der geringe Niederschlag zentrifugiert. Die beiden Niederschläge wurden zusammen in Salzsäure gelöst und die ausfallende Kieselsäure abgetrennt. Die so erhaltene salzsaure Lösung enthielt das gesamte Scandium und Zirkon. Scandium wurde durch Vergleichsproben geschätzt. Im Blut wurden 10 bis 20 $\gamma$ je Liter gefunden.

### Literatur.

Beck, G.: Mikrochem. **34**, 62 (1949).
Eberle, A. R., u. M. W. Lerner: Anal. Chem. **27**, 1551 (1955).
Fischer, W., u. R. Bock: Z. anorg. Ch. **249**, 146 (1942). — Fischer, W., u. O. Steinhauser: Fiat Rev. G. Sc. Anal. Chem. Bd. 29 S. 26 u. 264. — Fischer, W., O. Steinhauser u. E. Hohmann: Fr. **133**, 57 (1951).
Meyer, R. J.: Z. anorg. Ch. **60**, 145 (1908). — Miller, C. C.: Chem. Soc. **1947**, 1347.
Urbain, P. u. G.: C. r. **174**, 1310 (1922).

## IV. Trennung des Scandiums von anderen Elementen.

### a) Allgemeines.

Durch die gründlichen Untersuchungen Fischers und seiner Mitarbeiter wurde klar aufgezeigt, daß von den klassischen Methoden der Reinigung und Bestimmung des Scandiums nur zwei den Anforderungen der modernen Analyse entsprechen. Die erste ist die Fällung mit Ammoniak, an sich keine spezifische Reaktion, die die Trennung von den Alkalien, Erdalkalien und Magnesium erlaubt. Die zweite Methode ist die Fällung als basisches Tartrat, die eine verlustlose Anreicherung und eine weitgehende Reinigung ermöglicht, wobei die hartnäckigen Begleiter mit Ausnahme der Yttererden zum größten Teil entfernt werden. Durch das Äther- bzw. Tributylphosphat-Ausschüttlungsverfahren werden auch die Yttererden völlig abgetrennt, und das Scandium wird bis an die Erfassungsgrenze von seinen Mitläufern befreit. Durch geeignete Kombination dieser drei Methoden ist man in der Lage, analytisch und präparativ das Scandium zu erfassen und völlig zu reinigen. Die früher so häufig gebrauchte Thiosulfatmethode veranlaßt große Scandiumverluste oder eine unvollständige Trennung und sollte nicht mehr in der Analyse zur Anwendung kommen. Auch die Fällung als Oxalat muß umgangen werden. Hingegen kann die Abscheidung als Fluorid unter gleichen Bedingungen, wie die Fällung der seltenen Erden (s. S. 187), vor allem für Aufschlüsse herangezogen werden. Es muß jedoch berücksichtigt werden, daß die Löslichkeit in Fluorwasserstoffsäure zu Verlusten an Scandium führen kann.

b) Besondere Methoden.

Fischer und Bock empfehlen zur völligen Abtrennung des Eisens die Ätherextraktion nach Rothe in 6 n Salzsäure. Das Eisen kann quantitativ entfernt werden, während Scandium nicht in den Äther gelangt. Aluminium wird aus der eisgekühlten salzsauren Lösung durch Einleiten von Chlorwassergas ausgefällt und ergibt selbst in sehr großem Überschuß eine scharfe Trennung. Von besonderer Bedeutung ist die Abtrennung von Zirkon (Hafnium), da dieses Element unter bestimmten Bedingungen als Rhodanid in den Äther gelangen kann. Als geeignete Methoden werden empfohlen die Fällung als Zirkonylarseniat nach Moser und Lessnig (s. S. 365) und die Fällung mit Phenylarsonsäure (s. S. 261). Im Filtrat des letztgenannten Verfahrens ist das Zirkon unterhalb der Erfassungsgrenze und das Scandium im Niederschlag zu etwa 0,2% vorhanden. Eine günstige Lösung dieser Schwierigkeit stellt die Extraktion der Cupferronate mit Chloroform dar. Cerit- und Yttererden lassen sich auch in sehr großem Überschuß von einer geringen Menge Scandium durch Einleiten von Chlorwasserstoffgas in die salzsaure eisgekühlte Lösung gut abscheiden.

Nach Burstall, Davies, Linstead und Wells läßt sich Sc als Nitrat aus einer Cellulosesäule quantitativ eluieren, während die seltenen Erden am Austauscher zurückgehalten werden. Als Transportflüssigkeiten haben sich bewährt: a) ein an Wasser gesättigter Äther mit 12,5% konzentrierter Salpetersäure; b) Tetrahydrosylvan mit 5% Wasser und 10% konzentrierter Salpetersäure und c) Methylacetat mit 10% Wasser und 5% konzentrierter Salpetersäure. Unter gleichen Bedingungen wird auch Thor eluiert (s. S. 286).

An Dowex 50 kann nach Iya sowie Iya und Loriers Sc von den Erden sowohl mit 5%iger Citronensäure $p_H = 2,7$ bis 3,0 oder besser mit Komplexon leicht abgetrennt werden. Sc wird zuerst eluiert.

Im folgenden sollen aus Gründen des vollständigen Schrifttumnachweises die noch nicht besprochenen Thor-Scandium-Trennungen und eine colorimetrische Bestimmung angeführt werden.

**1. Durch Natriumcarbonat.** Scandium bildet mit Natriumcarbonat eine Komplexverbindung, die in glasglänzenden, nicht umkristallisierbaren Kristallen bei Siedehitze ausfällt und die Zusammensetzung $Sc_2(CO_3)_3 \cdot 4Na_2CO_3 \cdot 6H_2O$ besitzt. Dieses Doppelcarbonat ist im kalten Wasser schwer, in kalter konzentrierter Sodalösung leichter löslich. Selbst in großer Verdünnung (etwa 2%) wird eine hydrolytische Spaltung erst nach 16stündigem Stehen in der Kälte wahrgenommen. Beim Kochen fallen aus der wäßrigen Lösung basische Salze, während aus der Carbonatlösung das schwerlösliche Doppelsalz abgeschieden wird. Thorium gibt unter den gleichen Bedingungen eine leicht lösliche Komplexverbindung (Meyer und Winter).

**Löslichkeiten.** In 100 cm³ verbleiben mg $Sc_2O_3$ im Filtrat:

| bei 100° C, | Abkühlung auf 50° C, | auf 20° C |
|---|---|---|
| 38—49 mg | 55 | 127 |

**Durchführung.** Die Chloridlösung wird auf dem Wasserbad zur Trockne eingedampft, in wenig Wasser aufgenommen und in eine kalte 20%ige Sodalösung (berechnet auf wasserfreies Natriumcarbonat) eingegossen. Für je 1 g Oxyd wendet man 100 cm³ Lösung an. Durch Rühren und schwaches Erwärmen wird eine klare

Lösung erzielt. Nun erhitzt man zum lebhaften Sieden. Nach wenigen Minuten scheiden sich am Boden der Porzellanschale die Kristalle ab und verursachen ein störendes Stoßen und Spritzen. Mit Hilfe eines mechanischen Rührers, der die Kristalle am Boden bewegt, kann das ½ Std. währende Sieden ohne Verluste vorgenommen werden. Das Volumen der Lösung wird durch Zusatz von siedendem Wasser konstant gehalten. Man gießt die heiße Lösung durch ein Filter und kocht die in der Schale verbliebenen Kristalle noch 3mal je eine Viertelstunde mit 20%iger Sodalösung aus. Die so gewonnenen reinen Kristalle werden in kaltem Wasser, für je 1 g Oxyd 200 cm³, nach mehrstündigem Rühren klar gelöst. Hierbei kann ein kleiner Rückstand verbleiben, der aus den Verunreinigungen der Soda stammt. Man entfernt ihn und säuert hierauf das Filtrat mit Salzsäure an. Aus der heißen Lösung scheidet man das Scandium durch Ammoniak als Hydroxyd ab. Die Fällung wird, um alkalifreie Niederschläge zu erhalten, wiederholt. Schließlich fällt man als Oxalat und verglüht es zu Oxyd.

***Bemerkungen.*** FISCHER und BOCK lehnen diese Trennung ab, da die Auswaagen an Scandium viel zu niedrig sind und die Yttererden sowie Zirkon (Hafnium) gegenüber dem Ausgangsprodukt keine merkliche Veränderung erfahren. Der Thoriumgehalt sinkt bei einfacher Fällung um 90%.

**2. Durch Jodat.** Dieses und das folgende Verfahren wurde früher für die vollständige Entfernung kleiner Mengen Thorium aus Scandiumpräparaten bei Einwaagen von 0,5 bis 1 g angewendet.

Auf S. 243 wurde die Fällung des Thoriums als Jodat zur Trennung von den Elementen der seltenen Erden beschrieben. Auch Scandium bleibt wie diese in Lösung, während das Thorium ausgefällt wird; doch ist die Empfindlichkeit dieser Reaktion durch die nicht unerhebliche Löslichkeit des Thoriumjodats in einer Scandiumjodatlösung herabgesetzt. Durch Einhalten eines kleinen Fällungsvolumens läßt sich diese Ungenauigkeit beheben (MEYER und WINTER).

**Durchführung.** Die Nitrate, durch Eindampfen von überschüssiger Säure befreit, werden in 5 cm³ Wasser und einigen Tropfen verdünnter Salpetersäure aufgenommen und mit 5 bis 10 cm³ einer Lösung, die aus 15 g Kaliumjodat, 50 cm³ konzentrierter Salpetersäure und 100 cm³ Wasser besteht, tropfenweise und unter Umrühren gefällt, bis kein weiterer Niederschlag mehr gebildet wird. Hierauf setzt man 10 bis 20 cm³ einer verdünnteren Jodatlösung zu, die 4 g Kaliumjodat, 100 cm³ Salpetersäure (D. 1,2) und 400 cm³ Wasser enthält. Man digeriert bei 60 bis 80° etwa 15 Min. und läßt hierauf bis zum völligen Absitzen des Niederschlages stehen. Nach dem Erkalten darf ein geringer Zusatz der konzentrierteren Jodatlösung keine weitere Fällung ergeben. Man filtriert und wäscht mit der verdünnten Lösung gut aus. Das Filtrat wird in der Hitze stark mit Ammoniak übersättigt, das Scandiumhydroxyd abfiltriert, jodatfrei gewaschen, das Filter getrocknet und zu Scandiumoxyd verglüht.

***Bemerkungen.*** In einer neueren Mitteilung haben MEYER und WASSJUCHNOW das Scandium aus dem Filtrat auf einem umständlicheren Wege abgeschieden, da nach dem älteren Verfahren Jod und Alkali im auszuwägenden Oxyd nachzuweisen waren. Bei der Fällung des Filtrates mit Ammoniak enthält der Niederschlag neben Hydroxyd auch etwas Scandiumjodat. Man löst daher die gut gewaschenen Hydroxyde in Salzsäure, setzt zur Reduktion des Jodates etwas schweflige Säure hinzu und fällt nochmals mit Ammoniak. Das anfallende Hydroxyd wird gut gewaschen, in verdünnter Salpetersäure gelöst und hierauf das Scandium als Oxalat gefällt. Nach den Angaben des Autors ist diese Methode für größere Mengen unbequem und nur zur Bestimmung des Thoriums in einem Scandium-Thorium-Gemisch gut geeignet. Da die Löslichkeiten von Thoriumjodat und Scandiumjodat nahe beieinanderliegen, vermuten FISCHER und BOCK, daß diese Methode nur unvollkommene Trennungen ergeben wird.

Um geringe Mengen Thor von Sc abzutrennen, verwenden EBERLE und LERNER Hg(I)-ionen als Spurenfänger. Sie gehen von 100 cm³ salpetersaurer, chlorfreier Lösung aus, die etwa 20% freie Säure enthält, geben 2 cm³ einer $Hg_2(NO_3)_2$-Lösung (5 g des Salzes in 200 cm³ 20%iger Salpetersäure) zu und fällen mit 75 cm³ einer gesättigten $KJO_3$-Lösung. Man läßt unter gelegentlichem Rühren 15 Min. stehen. Den Niederschlag, der verworfen wird, wäscht man mit $KJO_3$-Lösung. Das Filtrat, auf 300 cm³ verdünnt, wird ammoniakalisch gemacht und auf 80° C erhitzt. Mit Hilfe von Filterschleim werden die ausgefallenen Hydroxyde vom Filtrat abgetrennt.

**3. Durch Ammoniumfluorid.** Das Scandiumfluorid ist in verdünnten Mineralsäuren schwer löslich, hingegen leicht in Alkalifluoriden unter Bildung von $(Alk)_3[ScF_6]$; 100 cm³ einer 3,5%igen Ammoniumfluoridlösung lösen bei normaler Temperatur 2,5 g der oben angeführten Ammoniumkomplexverbindung. Das Doppelsalz ist sehr beständig; so fällt Ammoniak kein Hydroxyd, und verdünnte Säuren zersetzen es in der Kälte nur langsam. Zur Abscheidung des Scandiums wird mit konzentrierter Schwefelsäure abgeraucht. Thorium bleibt unter gleichen Bedingungen unlöslich (MEYER und WASSJUCHNOW).

**Durchführung.** Die neutrale Chloridlösung wird in eine Ammoniumfluoridlösung, die sich in einer Platinschale befindet, eingegossen. Auf je 1 g der Oxyde werden 8 g Ammoniumfluorid angewandt. Man engt auf dem Wasserbad ein und läßt erkalten. Das Thoriumfluorid setzt sich schleimig ab, während das Scandium-Ammoniumfluorid nur bei zu starkem Einengen auskristallisiert; es ist dann durch Verdünnen mit Wasser und gelindes Erwärmen wieder in Lösung zu bringen. Man filtriert durch einen Platin- oder Guttaperchatrichter und wäscht mit verdünntem Ammoniumfluorid. Das Filtrat wird eingedampft und mit Schwefelsäure zersetzt, wobei sich das schwerlösliche Ammonium-Scandiumsulfat bildet, das zum Stoßen und Spritzen neigt. Das zurückbleibende Sulfat wird in heißem Wasser unter Zusatz von Salzsäure gelöst, das Scandium als Hydroxyd durch Ammoniak gefällt und in das Oxalat verwandelt.

***Bemerkungen.*** Diese Methode wurde von N. H. SMITH zur Reinigung der zur Atomgewichtsbestimmung dienenden Scandiumproben herangezogen. Nach FISCHER und BOCK ist diese Trennung nicht zu empfehlen, da die unlöslichen Fluoride bis zu 30% Scandiumfluorid einschließen. Ferner ist das in Lösung gegangene Ammoniumfluoroscandat nie frei von Thor zu erhalten.

**4. Colorimetrische Bestimmung mit Chinalizarin.** 1,2,5,8-Tetraoxyanthrachinon gibt mit Scandium einen gefärbten Niederschlag, der mit kornblumenblauer Farbe von Äthylacetat und Isoamylalkohol gelöst wird. Seltene Erden, Beryllium und Magnesium bleiben in der wäßrigen Schichte, während Zirkon sich auf beide Lösungen verteilt. Aluminium, Titan und Thor verhalten sich wie Scandium. Auf Grund dieses Verhaltens schlägt BECK vor, das Scandium colorimetrisch zu bestimmen. FISCHER und WERNET lehnen dieses Verfahren ab, da sich die Farbtiefe nicht reproduzieren läßt und daher eine quantitative Bestimmung nicht ausgeführt werden kann. Analysenergebnisse sowie Zahlenwerte liegen nicht vor.

## Literatur.

BECK, G.: Mikrochim. A. **2**, 10 (1937) u. Mikrochem. **34**, 283 (1949). — BURSTALL, F. H., C. R. DAVIES, R. P. LINSTEAD u. R. A. WELLS: Soc. **1950**, 516.

EBERLE, A. R., u. M. W. LERNER: Anal. Chem. **27**, 1551 (1955).

FISCHER, W., u. R. BOCK: Z. anorg. Ch. **249**, 149 (1942). — FISCHER, W., O. STEINHAUSER u. E. HOHMANN: Fr. **133**, 57 (1951). — FISCHER, W., u. I. WERNET: Angew. Ch. A **60**, 129 (1948).

IYA, V. K., u. I. LORIERS: C. r. **236**, 608 (1953) u. **237**, 1413 (1953).

MEYER, R. J.: Z. anorg. Ch. **71**, 67 (1911). — MEYER, R. J., u. B. SCHWEIG: Z. anorg. Ch. **108**, 310 (1919). — MEYER, R. J., u. A. WASSJUCHNOW: Z. anorg. Ch. **86**, 266 (1914). — MEYER, R. J., u. H. WINTER: Z. anorg. Ch. **67**, 409 (1910).

SMITH, N. H.: Am. Soc. **49**, 1642 (1927).

URBAIN, P. u. G.: C. r. **174**, 1310 (1922).

# Yttrium.

Y, Atomgewicht 88,92, Ordnungszahl 39.

Das Yttrium ist das häufigste Element der seltenen Erden und findet sich in etwa 3mal so großen Mengen wie das nächst häufigere Cer vor. Obwohl es im Periodischen System außerhalb der Reihe der Elemente der seltenen Erden steht, ist es doch als ein typischer Vertreter dieser Gruppe anzusehen, denn es schließt sich in seinem chemischen Verhalten eng den Elementen der Yttererden an, vor allem dem Erbium, Dysprosium und Holmium, von denen es sehr schwer zu trennen ist. Die hydrolytische Spaltung der Verbindungen ist gering und liegt innerhalb der Werte der stärker basischen Ceriterden. Aus einer 0,0133 mol-Yttriumchloridlösung beginnt auf Zusatz von Natronlauge bei der Wasserstoffionenkonzentration $p_H = 6{,}78$ die Fällung, die anfangs zu Oxychloriden führt. Die Ionen des Yttriums sind farblos, und es treten weder im ultravioletten noch im sichtbaren Gebiet Absorptionsbanden auf.

## Yttriumoxyd.

Als einzige Wägungsform ist das Oxyd bekannt.

**Eigenschaften.** Es ist von weißer Farbe, bildet sich nach DUVAL aus dem Hydroxyd bei 835° C und aus dem Oxalat bei 680° C, kristallisiert regulär und hat im amorphen Zustand die Dichte 4,842, im hochgeglühten Zustand 5,02 (berechnet 5,0); Schmelzpunkt nahe bei 2415°; Siedepunkt bei 4300°.

Säuren lösen das amorphe Oxyd leicht auf; kristallisierte Präparate werden erst nach längerer Erwärmung (am besten mit konzentrierter Schwefelsäure) in Lösung gebracht.

**Reinheitsprüfung.** Das Oxyd muß rein weiß sein, und es dürfen in der konzentrierten Nitrat- oder Chloridauflösung keine Absorptionslinien auftreten. Die endgültige Entscheidung liefert jedoch das Bogenspektrum.

## I. Bestimmungsformen.

### § 1. Fällung als Hydroxyd (s. S. 179).

**Eigenschaften.** Yttriumhydroxyd bildet frisch gefällt eine weiße, leicht zu waschende Gallerte, die aus der Luft Kohlensäure anzieht, in verdünnten Säuren leicht löslich ist und aus Ammoniumsalzlösungen Ammoniak in Freiheit setzt. SCHUBERT und SEITZ bestimmten die Raumgruppe $C^2_{6h}$ für $Y(OH)_3$; $a = 6{,}24 \pm 0{,}01$ Å; $C = 3{,}53 \pm 0{,}02$ Å.

**Löslichkeiten.** Yttriumhydroxyd besitzt nach BUSCH ein Löslichkeitsprodukt von $8{,}00 \cdot 10^{-6}$ bei 29°. MOELLER und KREMERS geben bei 25° C $8{,}1 \cdot 10^{-23}$ an, das entspricht der gelösten Menge von $Y(OH)_3 \cdot 10^6$ von 1,2 g-mol je Liter. In Gegenwart von Ammonsalzen ist die Löslichkeit größer, denn in 100 g einer 4 n oder 5 n Ammoniumnitratlösung sind bei 100° 0,06 g $Y_2O_3$ enthalten. Bei 1, 2 und 3 n Lösungen sowie bei niedrigeren Temperaturen sind die Werte nur wenig geringer (PRANDTL). Es ist unlöslich in Alkalihydroxyden.

**Durchführung** siehe S. 180.

## Literatur.

BUSCH, W.: Z. anorg. Ch. **161**, 161 (1927).
DUVAL, C.: Anal. chim. Acta **10**, 321 (1954).
MOELLER, TH., u. H. E. KREMERS: J. physic. Chem. **48**, 395 (1944); vgl. Chem. Reviews **37**, 98 (1945).
PRANDTL, W.: Z. anorg. Ch. **143**, 278 (1925).
SCHUBERT, K., u. A. SEITZ: Z. Naturforschg. **1**, 321 (1946).

### § 2. Fällung als Oxalat.

**Eigenschaften.** Yttriumoxalat ist ein weißes kristallinisches Pulver, das bei 100° C gefällt $2 H_2O$; zwischen 90 bis 98° C $6 H_2O$; zwischen 15 bis 90° C $10 H_2O$ und unterhalb 15° C $17 H_2O$ enthält (MARSH sowie WYLIE). Bei 375° tritt Zersetzung ein. In großer Reinheit verglüht, zerstäubt es sehr heftig; mit anderen Erden verunreinigt zeigt es diese Erscheinung nicht.

**Löslichkeiten.** Nach RIMBACH und SCHUBERT enthält ein Liter Wasser bei 25° 1,0606 mg $Y_2(C_2O_4)_3$ gelöst. In verdünnten Säuren ist das Yttriumoxalat leichter löslich als das Cerooxalat. Schwefelsäure löst, wie folgende Zahlen (in 100 g Lösung) zeigen: 0,1 n $H_2SO_4$ 0,02623 g $Y_2(C_2O_4)_3$; 0,5 n $H_2SO_4$ 0,1003 g; n $H_2SO_4$ 0,2002 g. Oxalsäure setzt die Löslichkeit stark herunter. Nach BRAUNER sind in 100 g einer 2,63%igen Ammoniumoxalatlösung 0,00674 g $Y_2O_3$ enthalten. In Kaliumoxalat ist das Yttriumoxalat sehr leicht löslich und bildet Doppelsalze, die mit 12 Molen Wasser kristallisieren.

#### 1. Gravimetrische Bestimmung.

**Durchführung** siehe S. 181.

***Bemerkungen.*** Nach BAXTER und DAUDT wird das Yttriumoxalat sowohl durch Oxalsäure als auch durch Alkalioxalate, demnach in saurer und neutraler Lösung, in großer Reinheit abgeschieden.

#### 2. Maßanalytische Bestimmung siehe S. 184.

#### 3. Potentiometrische Bestimmung.

α) Nach MAYR und BURGER. Siehe S. 185.

β) Nach JANTSCH und GAWALOWSKI.

***Bemerkungen.*** Infolge der nahe beieinanderliegenden Löslichkeiten des Ytteroxalates und Mercurooxalates fallen die Werte für das Yttrium stets zu tief aus. Es empfiehlt sich, eine andere Methode anzuwenden.

### Literatur.

BAXTER, G. P., u. H. DAUDT: Am. Soc. **30**, 571 (1908). — BRAUNER, B.: Soc. **73**, 951 (1898).
MARSH, I. K.: Chem. Soc. **1943**, 40.
RIMBACH, E., u. A. SCHUBERT: Ph. Ch. **67**, 195 (1909).
WYLIE, A. W.: Chem. Soc. **1949**, 1687.

### § 3. Fällung als Sebacat siehe S. 187.

### § 4. Fällung als Fluorid siehe S. 187.

## II. Spektralanalytische Methoden.

### Emissionsspektralanalyse.

**a) Bogenspektren.** GOLDSCHMIDT und PETERS (s. S. 202 und S. 296) geben für Yttrium folgende Empfindlichkeitstabelle an (Abkürzungen s. S. 296).

| Å | 1% | 0,1% | 0,01% | 0,001% | < 0,001% $Y_2O_3$ |
|---|---|---|---|---|---|
| 3242,28 | st | m | ss | — | — |
| 3600,73 | st st | st | m | s | ss |
| 3601,92 | st | m | s | ss | — |
| 3633,13 | st | st | s | s | ss |
| 3710,30 | st st | st | m | s | ss |

***Bemerkungen.*** Die Resultate sind innerhalb der Schätzungsreihen von Zehnerpotenzen als übereinstimmend anzusehen.

### Literatur.

GOLDSCHMIDT, V. M., u. CL. PETERS: Nachr. Götting. Ges. **1931**, 257.

**b) Funkenspektren.** Restlinien nach abnehmendem Yttriumgehalt im Funken 3774,33, 3710,29, 3600,7 Å, ferner 4643,69, 4674,84 und bei stärkerer Ionisation 3710,30, 3774,33 und 3788,69 Å. WA. GERLACH und RIEDL führen noch folgende Analysenlinien an: 4177,5, 4375,0 Å.

### Literatur.

GERLACH, WA., u. E. RIEDL: Chemische Emissionsspektralanalyse, Teil 3, S. 139. — GRAMONT, A. DE: C. r. **171**, 1106 (1920).

MEGGERS, W. F.: International Critical Tables of Numerical Data, Physics, Chemistry and Technology. Hauptherausgeber E. W. WASHBURN, 5, 324. New York 1929.

## III. Trennung des Yttriums von den anderen Elementen der seltenen Erden.

Das zur Reindarstellung des Yttriums notwendige Ausgangsprodukt wird aus Erdengemischen erhalten, die nach wiederholten Abtrennungen von den Ceriterden und Ytterbinerden gereinigt wurden. Die Elemente der Ceriterden scheidet man nach S. 275 als Kaliumdoppelsulfate ab. Die so konzentrierten Elemente der Yttererden werden stufenweise gefällt, entweder als Hydroxyde oder als eisen(III)-cyansaure Salze. Die Entfernung der letzten Verunreinigungen Erbium, Dysprosium und Holmium ist sehr schwierig und zeitraubend. Hierbei bedient man sich mit Vorteil der fraktionierten Kristallisation der Bromate.

**a) Nach PRANDTL.** Von den Yttererden ist das Yttrium die stärkste Base und reiht sich, seiner hydrolytischen Spaltung entsprechend, bei den Ceriterden, etwa dem Neodym, ein. Es ist verständlich, daß man diesen Unterschied innerhalb der so ähnlichen Yttererden auf verschiedene Art auszunützen versuchte. Nach den guten Erfahrungen, die bei der stufenweisen Fällung durch Ammoniak in Gegenwart von Cadmiumnitrat und Ammoniumnitrat bei Praseodym-Lanthan-Gemischen gesammelt wurden, suchte PRANDTL nach den günstigsten Fällungsbedingungen für die Elemente der Yttererden. Hierbei ergab sich, daß Zinknitrat günstiger wirkte als das Cadmiumnitrat, und daß die Ammoniumnitratlösung durch Erhöhung der Löslichkeit der Ytterhydroxyde eine langsame Fällung, daher eine vorteilhafte Fraktionierung gestattete.

**Durchführung.** Die konzentrierte Yttererdennitratlösung wird mit äquivalenten Mengen Zinknitrat und so viel Ammoniumnitrat versetzt, daß eine etwa 3 n Ammoniumnitratlösung entsteht. Man erhitzt bis fast zum Sieden und tropft unter mechanischem Rühren langsam verdünntes Ammoniak zu. Nach vollzogener Fällung beläßt man während 1 Std. den Niederschlag in der Mutterlauge und filtriert heiß. Die erste Fällung enthält neben Thorium, Zirkon und Scandium die Ytterbinerden. In der zweiten Fällung sind die Erbinerden vorherrschend. Hierauf werden drei weitere Fraktionen gebildet, von denen die letzte als stärkste basische Fällung die geringen Mengen von anwesenden Ceriterden enthält. Diese trennt man über die Kaliumdoppelsulfate ab und fraktioniert das unreine Yttrium über die Bromate.

***Bemerkungen.*** Diese Methode wurde von PRANDTL wieder verlassen, als er die Kaliumcyanoferrat(III)-fällung näher untersuchte. In einer späteren Arbeit berichtet er über die auf S. 277 beschriebene Methode. Als Ausgangslösung diente das nach der Kaliumsulfatfällung erhaltene Filtrat, das so lange fraktioniert gefällt wurde, bis die gefärbten Erden im Spektroskop nicht mehr nachzuweisen waren. MARSH hatte mit gutem Erfolg diese Methode zur Trennung der Yttererden und Entfernung des Yttriums angewandt.

**b) Nach FOGG und HESS.** Harnstoff hatte sich als ein gutes Fällungsmittel zur Trennung der schwächer basischen Sesquioxyde von den stärker basischen Monoxyden erwiesen. Eine Übertragung dieser Erfahrungen auf die Yttererden führte zu einer Methode, die einen größeren Trennungsgrad als alle anderen Verfahren erreicht.

**Durchführung.** Die neutralen Lösungen der Yttererdennitrate werden so weit verdünnt, daß 5- bis 6%ige Lösungen entstehen. Der Zusatz an Harnstoff wird so berechnet, daß etwa 11 bis 12 Fraktionen entstehen. Der Lösung setzt man Ammoniumsulfat zu, dessen Gewicht ein bis zwei Zehntel der berechneten Harnstoffmenge beträgt. Unter dauerndem Rühren wird auf 90 bis 95° während 6 bis 7 Std. erwärmt. Hierauf wird filtriert und das klare Filtrat mit einer weiteren Harnstoffmenge versetzt.

***Bemerkungen.*** Nach 9 bis 10 Fällungen ist das mittlere Atomgewicht des Filtrates unter 100 gesunken. Nach den Angaben der Autoren gelangt man nach dieser Methode sehr rasch zu hochwertigen Ytteroxyden.

**c) Nach F. Trombe.** Wird ein mit Ammoniakgas beladener Luftstrom in eine Nitratlösung von Yttererden derart eingeleitet, daß die Luftblasen feinst verteilt durch die Lösung perlen, so wird bei gleichbleibendem Volumen sowohl in der Kälte als auch in der Wärme eine stufenweise Fällung erhalten, die eine sehr vorteilhafte Fraktionierung ergibt. Aus einem Gemisch von 20% Erbium und dem Rest Yttrium konnte nach etwa 10 Fraktionen 99% $Y_2O_3$ erhalten werden. Auch Gemische von Gadolinium und Yttrium lassen sich so aufarbeiten, wobei sich die perchlorsaure Lösung besser als die salpetersaure eignet. M. Trombe bringt weitere Messungen zu diesem Verfahren und zeigt, daß sich das Yttrium in konzentrierten Lösungen (0,5 m) den Yttererden anschließt, in verdünnten (0,005 m) jedoch in seiner Basizität an das Lanthan heranreicht. Demnach sind die stufenweisen Fällungen in sehr verdünnter Lösung durchzuführen.

**d) Nach Hilal und Abhady.** Yttererdnitratlösungen mit 80 g $R_2O_3$ im Liter und einem $p_H$ von 6,2 bis 6,4 werden mit dem doppelten Gewicht an $NaNO_2$ (berechnet auf $R_2O_3$) versetzt und durch Einleiten von Wasserdampf während 2 Std. erhitzt. Durch Hydrolyse werden die Yttererden fraktioniert; die letzte Fällung ist frei von gefärbten Yttererden. Y fällt als $3\,Y_2O_3 \cdot 2\,N_2O_5 \cdot 15\,H_2O$.

**e) Nach Quill und Salutsky.** Die Lösungen der Trichloressigsäure und ihrer Salze werden bei Siedetemperatur zerlegt, wobei Chloroform und Kohlensäure bzw. die normalen Carbonate gebildet werden. Für die Trennung der seltenen Erden stellt diese Zerlegung eine stufenweise Fällung in homogener Lösung nach der Basizität dar. Für die Abtrennung des Y von seinen Begleitern haben Quill und Salutsky Beispiele angeführt. 10 g der Erdoxyde werden in der berechneten Menge warmer Trichloressigsäurelösung aufgelöst und auf 1 Liter verdünnt. Man erwärmt nun auf 90° unter gutem Rühren und läßt hydrolysieren. Nach etwa 30 Min. setzt die Trübung durch ausfallendes Carbonat ein, die sich später zu einem dichten Niederschlag vereinigt. Man fällt entweder stufenweise oder entwickelt eine Fraktionierungsreihe, wobei die anfallenden Carbonate neuerlich in Trichloressigsäure aufgelöst werden.

### Literatur.

Fogg, H. C., u. L. Hess: Am. Soc. **58**, 1751 (1936).
Hilal, O. M., u. E. M. Abhady: Chem. Soc. **1952**, 2935.
Marsh, I. K.: Chem. Soc. **1947**, 118.
Prandtl, W.: Z. anorg. Ch. **143**, 277 (1925) und **238**, 321 (1938).
Quill, L. L., u. M. L. Salutsky: Anal. Chem. **24**, 1453 (1952).
Trombe, F.: C. r. **215**, 539 (1942). — Trombe, M.: C. r. **216**, 888 (1943).

## Lanthan.

La, Atomgewicht 138,92, Ordnungszahl 57.

Die Ionen des Lanthans sind farblos und besitzen im Absorptionsspektrum keine Banden. Die wäßrigen Lösungen zeigen keine hydrolytische Spaltung, da das Lanthan das elektropositivste Element unter allen seltenen Erden ist. Dementsprechend liegt die Wasserstoffionenkonzentration der beginnenden **Fällung** durch Natriumhydroxyd von allen Elementen der seltenen Erden am höchsten. BOWLES und PARTRIDGE finden bei 0,01 mol Lösungen für $LaCl_3$ $p_H = 8{,}03$ und für $La_2(SO_4)_3$ $p_H = 7{,}61$.

## Lanthanoxyd.

Aus allen Verbindungen mit flüchtigen Säuren entsteht beim Glühen das Oxyd $La_2O_3$; aus dem Hydroxyd bei 944° C, aus dem Oxalat 876° und aus basischen Carbonaten zwischen 700 und 800° C (DUVAL nach Messungen mit der Thermowaage). Aus Sulfaten ist nach BILTZ das Oxyd schwer rein darzustellen, da zwischen 950 und 1050° das basische Salz $La_2O_3 \cdot SO_3$ beständig ist.

**Eigenschaften.** Das Oxyd ist von weißer Farbe und hat nach starkem Glühen die Dichte 6,53 (berechnet 6,57). Es schmilzt bei 1840° (RUFF und SUDA) und siedet bei etwa 4200°. In verdünnten Säuren ist es selbst im hochgeglühten Zustand sehr leicht löslich, da es die Eigenschaften einer starken Base besitzt. So führt die Feuchtigkeit der Luft (oberhalb 60%) allmählich in Hydroxyd über und Kohlensäure wird aufgenommen. Aus Ammoniumverbindungen, z. B. aus Lösungen des Chlorides, wird schon in der Kälte Ammoniak frei gemacht, wobei Lanthan als Chlorid in Lösung geht.

Wird das Oxyd als Wägungsform verwendet, so muß es bei 1000° geglüht werden, da Kohlensäure hartnäckig zurückgehalten wird. Nach KOLTHOFF und ELMQUIST sind die Werte der Auswaagen von aus Oxalaten durch Glühen bei 700° gewonnenen Oxyden um etwa 6% zu hoch. Durch die hohe Glühtemperatur wird auch das Oxyd dichter, wodurch die hygroskopischen Eigenschaften stark vermindert werden. Trotzdem wird die Verwendung eines Wägegläschens empfohlen.

**Reinheitsprüfung.** Neben dem Fehlen eines Absorptionsspektrums in konzentrierter Lösung ist die rein weiße Farbe des Oxydes ausschlaggebend.

### Literatur.

BILTZ, W.: Z. anorg. Ch. **71**, 427 (1911). — BOWLES, I. A. C., u. H. M. PARTRIDGE: Ind. eng. Chem. Anal. Edit. **9**, 124 (1937).
DUVAL, C.: Anal. chim. Acta **1**, 341 (1947).
KOLTHOFF, I. M., u. R. ELMQUIST: Am. Soc. **53**, 1217 (1931); **53**, 1225 (1931); **53**, 1232 (1931).
RUFF, O., u. J. SUDA: Z. anorg. Ch. **82**, 398 (1913).

## I. Bestimmungsverfahren.

### § 1. Fällung als Hydroxyd (s. S. 179).

**Eigenschaften.** Das weiße Hydroxyd zieht aus der Luft begierig Kohlensäure an und ist in verdünnten Säuren sehr leicht löslich.

**Löslichkeiten.** Bei 20° sind in einem Liter Wasser 0,0076 g $La(OH)_3$ gelöst (B. MÜLLER, KOLTHOFF und ELMQUIST); in ammoniumchloridhaltigen Lösungen wurden folgende Zahlen festgestellt: 100 $cm^3$ einer 1,07%igen Lösung enthalten 0,0213 g und einer 0,27%igen Lösung 0,0090 g Lanthanhydroxyd. MOELLER und KREMERS geben $1 \cdot 10^{-19}$ an; das entspricht der Löslichkeit mal $10^6$ von 7,8 g-mol je Liter bei 25° C.

**Durchführung** siehe S. 179.

***Bemerkungen.*** Die Neigung zur Bildung von basischen Verbindungen ist bei Lanthan stark ausgeprägt. Sehr störend wirkt sich diese Eigenschaft bei der Fällung in schwefelsaurer Lösung aus, da beim Glühen am Gebläse das basische Sulfat nicht zerlegt wird (BILTZ). Es ist daher eine doppelte Ammoniakfällung durchzuführen oder das Lanthan als Oxalat abzuscheiden.

## Literatur.

BILTZ, W.: Z. anorg. Ch. **71**, 427 (1911).
KOLTHOFF, I. M., u. R. ELMQUIST: Am. Soc. **53**, 1217 (1939).
MOELLER, TH., u. H. E. KREMERS: J. chem. Phys. **48**, 395 (1944). — MÜLLER, B.: G 6/II, 17. Heidelberg 1932.

### § 2. Fällung als Oxalat.

**Eigenschaften.** Weißes Pulver, das meist als 11-Hydrat erhalten wird. Über die kristallographischen Eigenschaften des monoklinen 10-Hydrates geben GILPIN und McCRONE Auskunft. Von WYLIE wurden noch das 6- und das 2-Hydrat hergestellt. Letzteres ist bei 180° beständig.

**Löslichkeiten.** Bei 25° enthält ein Liter Wasser 0,00214 g (0,00208 nach KOLTHOFF und ELMQUIST); bei der Siedetemperatur 0,075 g $La_2(C_2O_4)_3$.

Lanthanoxalat besitzt in verdünnten Säuren die größte Löslichkeit von allen Oxalaten der Elemente der seltenen Erden. Es lösen 100 g bei 25°:

n/10 Schwefelsäure 0,0208 g $La_2O_3$; n/2 Schwefelsäure 0,0979 g.
n/10 Salzsäure 0,0208 g $La_2(C_2O_4)_3$; n/4 Salzsäure 0,0567 g; n/2 Salzsäure 0,1384 g.
n/4 Salpetersäure 0,0354 g $La_2(C_2O_4)_3$; 2 n Salpetersäure 0,9256 g.
n Oxalsäure 0,00032 g $La_2O_3$; 3,2 n Oxalsäure 0,00045 g.

Löslichkeit bei Gegenwart von Oxalsäure in 100 g Lösung bei 25° (SARVER und BRINTON):

| | | | |
|---|---|---|---|
| Normalität der HCl | 0,978 | 0,978 | 1,484 |
| Normalität der $H_2C_2O_4$ | 0,1 | 0,5 | gesättigt |
| g $La_2(C_2O_4)_3$ | 0,0532 | 0,0062 | 0,0058 |

Ammoniumoxalat: In 100 cm³ einer 2,63%igen Ammoniumoxalatlösung sind bei 20° 0,00061 g $La_2O_3$ enthalten (BRAUNER).

#### 1. Gravimetrische Bestimmung.

**Durchführung** siehe S. 181.

***Bemerkungen.*** BILTZ führt die Fällung mit Oxalsäure in einer mit einigen Tropfen verdünnten Natriumcarbonatlösung ganz schwach alkalisch gemachten Lösung in der Siedehitze durch. Der möglichst kleine Oxalsäureüberschuß wird mit Ammoniak neutralisiert. Nach mehrstündigem Stehen wird filtriert. BACKER und KLAASSENS haben bei Fällungen des Lanthans mit Oxalsäure unter den üblichen Bedingungen gute Resultate erhalten.

**a) Wägung als Oxyd** (s. S. 309).

**b) Wägung als basisches Lanthancarbonat.** Beim Erhitzen der Lanthanoxalatniederschläge an der Luft lassen sich die Teilvorgänge bis zur Oxydbildung gut verfolgen. Zuerst wird das Kristallwasser entfernt, bei 300° wird die gebundene Oxalsäure in Kohlenmonoxyd und -dioxyd zerlegt, wobei das Präparat eine graue Färbung durch fein verteilten Kohlenstoff annimmt. Bei 400° wird die weiße Farbe wiederhergestellt und es bildet sich quantitativ ein basisches Carbonat von der Zusammensetzung $La_2O_3 \cdot CO_2$, das bis 500° beständig und als Wägungsform gut geeignet ist (BACKER und KLAASSENS).

**Durchführung.** Die neutrale Lanthanlösung wird mit Oxalsäure wie üblich gefällt, nach mehrstündigem Stehen durch einen Porzellanfiltertiegel filtriert und mit Wasser gewaschen. Auf ein Glühschälchen gesetzt, wird das im Tiegel befindliche Oxalat bei kleiner Flamme getrocknet und dann mit einem TECLU-Brenner auf 400° erhitzt, bis der Niederschlag völlig weiß geworden ist. Man wägt als $La_2CO_5$ aus.

***Bemerkungen.*** Die von den Autoren mitgeteilten Resultate zeigen mit den Oxydauswaagen eine gute Übereinstimmung und einen mittleren Fehler von $\pm 0{,}3\%$. Nach PREISS und RAINER wird das basische Lanthancarbonat erst bei 900° völlig zerlegt.

2. Maßanalytische Bestimmung siehe S. 184.

***Bemerkungen.*** Nach KOLTHOFF und ELMQUIST sind die von KRÜSS und LOOSE sowie von DRUSHEL mitgeteilten unbefriedigenden Werte der Titration des Lanthanoxalates darauf zurückzuführen, daß die zur Fällung notwendige Oxalsäure in einem zu geringen Überschuß vorhanden war, und daß das Waschen des Niederschlages zu wenig gründlich vorgenommen wurde. Es werden zum Waschen 275 $cm^3$ Wasser vorgeschrieben. Die direkte Titration ergibt dann Resultate, die auf 0,1% genau sind.

Bei Gegenwart von Alkalisalzen bilden sich schwerlösliche Lanthanalkalioxalate, die durch das Waschwasser nicht zerlegt werden. So entsteht bei Konzentrationen von 0,0012 n an Ammoniumoxalat, 0,02 n an Natriumoxalat bzw. 0,01 n an Kaliumoxalat das Doppelsalz $La_2(C_2O_4)_3 \cdot (Alk)_2C_2O_4 \cdot x\,H_2O$ und über 0,125 n an Kaliumoxalat das $La_2(C_2O_4)_3 \cdot 2\,K_2C_2O_4 \cdot j\,H_2O$. Oxalsäure selbst bildet keine Doppelsalze. Bei Gegenwart von Alkalisalzen sind die Resultate um etwa 0,2% zu hoch.

Die direkte Titration des Lanthanoxalates eignet sich recht gut, um geringe Mengen bestimmen zu können. 4 mg Lanthanoxalat konnten mit n/100 Kaliumpermanganatlösung noch gut bestimmt werden.

3. Potentiometrische Bestimmung.

α), β), γ) siehe S. 185.

δ) **Nach ATANASIU.** Bei der potentiometrischen Auswertung der Fällung des Lanthans durch Oxalsäure-Ionen ergibt sich in wäßriger Lösung, wahrscheinlich infolge der langsamen Niederschlagsbildung, eine Verschiebung des Äquivalenzpunktes. In alkoholischer Lösung erscheint der Endpunkt sehr scharf, und bei etwa 60° ergeben sich für 0,1 $cm^3$ m/10 Natriumoxalatlösung Potentialsprünge von 130 bis 140 mV.

**Durchführung.** Die neutrale Lanthannitrat- oder -chloridlösung wird zu 100 $cm^3$ 50%iger alkoholischer Lösung verdünnt, auf 60° erwärmt und mit m/10 Natriumoxalatlösung, Platin als Indicatorelektrode, titriert.

***Bemerkungen.*** Natrium-Ionen verschleiern ein wenig den Endpunkt, wenn ihr Gehalt 1% überschreitet. Kalium und Ammonium stören nur dann, wenn mehr als 3% zugegen sind. (Siehe das entgegengesetzte Verhalten bei der Certitration.) Sulfate dürfen wegen Bildung des schwerlöslichen Lanthandoppelsulfates nicht vorhanden sein. Die Resultate sollen theoretische Werte ergeben.

## Literatur.

ATANASIU, J. A.: Fr. **112**, 19 (1938).
BACKER, H. J., u. K. H. KLAASSENS: Fr. **81**, 104 (1930). —BILTZ, W.: Z. anorg. Ch. **71**, 429 (1911). — BRAUNER, B.: Soc. **73**, 951 (1898).
DRUSHEL, W. A.: Am. J. Sci. [4] **24**, 197 (1907).
GILPIN, V., u. W. C. MCCRONE: Anal. Chem. **26**, 225 (1952).
KOLTHOFF, I. M., u. R. ELMQUIST: Am. Soc. **53**, 1217—1236 (1931). — KRÜSS, G., u. A. LOOSE: Z. anorg. Ch. **4**, 161 (1893).
PREISS, J., u. N. RAINER: Z. anorg. Ch. **131**, 287 (1923).
SARVER, L. A., u. P. H. M. P. BRINTON: Am. Soc. **49**, 944 (1927).
WYLIE, A. W.: Chem. Soc. **1947**, 1687.

§ 3. Fällung als Oxychinolat.

Siehe S. 188.

## II. Maßanalytische Methode.

1. Fällung als Kalium-Lanthancyanoferrat(II).

**Nach ATANASIU.** Die Fällung von Lanthansalzen mit Kaliumeisen(II)-cyanid ergibt, wie W. D. TREADWELL und CHERVET zeigten, ein Gemisch von $La_4[Fe(CN)_6]_3$ und $LaKFe(CN)_6$, wenn hinreichend konzentrierte Lösungen zur Umsetzung gelangen. ATANASIU konnte in 30%iger alkoholischer Lösung ein einheitliches Reaktionsprodukt, das Kalium-Lanthancyanoferrat(II), erhalten. Während in wäßriger Lösung bei potentiometrischer Verfolgung der Fällung kein deutlicher Wendepunkt aufzufinden ist, wird in alkoholischer Lösung der Potentialsprung deutlich sichtbar.

**Durchführung.** Die neutrale Lösung, die 30% Alkohol enthält, wird auf 60 bis 70° erwärmt und mit 0,1 n Kaliumeisen(II)-cyanidlösung potentiometrisch titriert. Ein Platindraht dient als Indicatorelektrode, eine Kalomelhalbzelle als Bezugselektrode. Die Kaliumeisen(II)-cyanidmaßlösung wird mit einigen Tropfen einer n/10 Kaliumeisen(III)-cyanidlösung stabilisiert.

***Bemerkungen.*** Die Resultate zeigen gute Übereinstimmung; es können Sulfate, Chloride und Nitrate vorliegen. TANANAEV, GLUSHKOVA und SEIFER bestätigen die guten Werte und teilen die Löslichkeit des Niederschlages zu 2,38 bis $2,76 \cdot 10^{-4}$ Mol je Liter mit. Kleine La-Mengen lassen sich nephelometrisch mit Hilfe von Eichkurven gut erfassen.

2. Nach G. u. P. SPACU.

Lanthanjodat hat nach G. SPACU und P. SPACU ein Löslichkeitsprodukt von $5,9 \cdot 10^{-10}$, demnach so groß, daß aus einer 0,005 molaren Lösung kein Niederschlag ausfällt. Wird jedoch in Gegenwart von Alkohol gearbeitet, so werden zufriedenstellende Werte erhalten.

**Durchführung.** In einem 100 cm³ fassenden Meßkolben wird die neutrale Lanthanlösung mit einem gemessenen Volumen, etwa 50 bis 60 cm³, einer gestellten 0,01 m Kaliumjodatlösung versetzt. Nun füllt man mit Alkohol bis zur Marke auf, schüttelt gut um und läßt stehen, bis sich der gebildete Niederschlag abgesetzt hat. Man filtriert durch ein trockenes Filter und entnimmt 10 cm³, die man mit Hilfe einer Bürette genau gemessen hat. Man verdünnt mit 100 cm³ Wasser, setzt 1 bis 2 g Kaliumjodid und 5 cm³ 2 n Schwefelsäure zu und titriert potentiometrisch mit einer 0,1 m Natriumthiosulfatlösung das ausgeschiedene Jod.

***Bemerkungen.*** Diese Methode eignet sich zur Erfassung kleiner Mengen von Lanthan, wenn in 40%iger alkoholischer Lösung gearbeitet wird. Der Fehler beträgt etwa 0,15%.

Literatur.

ATANASIU, J. A.: J. Chim. phys. **23**, 501 (1926); Fr. **108**, 329 (1937).
SPACU, G., u. P. SPACU: Fr. **128**, 226 (1948).
TANANAEV, I. V., M. A. GLUSHKOVA u. G. B. SEIFER: Khim. Redkikh Elementov **1**, 58 (1954); durch C. A. **49**, 10113 (1955).

## III. Colorimetrische Methode.

**Nach KOLTHOFF und ELMQUIST.** Neutrale Lanthansalzlösungen geben mit alizarinsaurem Natrium eine klare violette Färbung; aus dieser Lösung beginnt nach etwa 10 Std. ein Niederschlag auszuflocken. Die Farbe ist abhängig von der Wasserstoffionenkonzentration.

**Durchführung.** Zu 10 cm³ der fast neutralen Lanthanlösung werden 1 cm³ eines Acetatpuffers, bestehend aus 2 n Ammoniumacetatlösung und 2 n Essigsäure, und 0,4 cm³ einer 0,1%igen Lösung von alizarinsaurem Natrium hinzugefügt. Man vergleicht mit einer frisch bereiteten Standardlösung.

***Bemerkungen.*** Diese Methode eignet sich zur Bestimmung von 0,1 bis 2 mg Lanthan im Liter. Als Vergleichslösung wird eine Sulfatlösung empfohlen. Die Resultate sind gut, und die größten Abweichungen betragen —0,13 mg bei 2,08 mg.

Literatur.

KOLTHOFF, I. M., u. R. ELMQUIST: Am. Soc. **53**, 1217—1236 (1931).

## IV. Spektralanalytische Verfahren.

### § 1. Emissionsspektralanalyse.

**a) Bogenspektren.** 1. Nach SELWOOD. Die ersten Versuche, Lanthan quantitativ in einem Erdengemisch zu bestimmen, sind von SELWOOD unternommen worden. Besonderes Interesse erweckte die Bestimmung von Lanthan in hochgereinigtem Yttrium, da bei der basischen Trennung beide Elemente in der Lösung verbleiben. Standardaufnahmen mit einem Lanthangehalt von 10 bis 0,001% wurden zum visuellen Vergleich mit der ursprünglichen Probe herangezogen. Da die konzentrierten Lösungen auf der Anode zur Verdampfung gelangten, war die Empfindlichkeit gering und betrug nur 0,1% Lanthan. Die Linien des Lanthans waren von denen des Yttriums gut zu unterscheiden. Als letzte Linien erwiesen sich: 4333,8, 4086,7, 3995,8, 3988,5 und 3949,1 Å.

2. Nach BAUER (s. S. 202). Die im Durchmesser 5 mm betragende Kathode wird auf den Durchmesser von 2,5 mm abgedreht und mit einer Bohrung von 0,7 mm Durchmesser und 4 mm Tiefe versehen. Als Hilfssubstanz wird Zirkonoxyd in einer Menge von 5% der Probe zugesetzt, wodurch Lanthan in überschüssigem Calciumoxyd und Aluminiumoxyd mit Hilfe der homologen Linienpaare bestimmt werden kann. In den ersten drei Aufnahmen treten die Linien der seltenen Erde gegenüber denen des Hauptbestandteiles zurück. Die vierte und fünfte Aufnahme zeigen das Maximum an Intensität. Die Standardaufnahmen sind unter gleichen Bedingungen und bei gleicher Zusammensetzung der zu untersuchenden Probe durchgeführt.

**Auswertung.** Die homologen Linienpaare des Zirkons und Lanthans wurden mit einem Photometer ausgemessen und die Intensitätsverhältnisse errechnet.

Tabelle der Intensitäten für das System Lanthanoxyd-Calciumoxyd.

| | 1% | 0,5% | 0,25% | 0,1% | 0,05% | 0,025% | 0,01% | 0,005% $La_2O_3$ |
|---|---|---|---|---|---|---|---|---|
| La 3995,74 / Zr 3998,97 | 11,6 | 4,3 | 2,0 | 0,72 | 0,29 | 0,12 | 0,04 | 0,015 |
| La 3995,74 / Zr 3991,13 | 9,6 | 3,6 | 1,6 | 0,58 | 0,25 | 0,11 | 0,037 | 0,012 |
| La 3929,22 / Zr 3929,53 | 5,3 | 2,7 | 1,6 | 0,81 | 0,40 | 0,19 | — | — |
| La 3921,54 / Zr 3921,79 | 4,5 | 2,5 | 1,6 | 0,88 | 0,41 | 0,16 | — | — |

***Bemerkungen.*** Für den subjektiven Vergleich eignen sich vorteilhaft die an dritter und vierter Stelle stehenden Linienpaare, die gut übersehen und geschätzt werden können. Der Fehler beträgt bei 0,1% Lanthanoxyd ± 11%; der mittlere Fehler ± 5%, doch sind größere Abweichungen bis zu 30% vorhanden. Die Empfindlichkeit beträgt 0,0025% Lanthanoxyd in Calciumoxyd.

Tabelle der Intensitäten für das System Lanthan-Aluminiumoxyd.

| | 1% | 0,1% | 0,01% | 0,005% | 0,002% $La_2O_3$ |
|---|---|---|---|---|---|
| La 3995,74 / Zr 3998,97 | 30 | 2,1 | 0,20 | 0,078 | 0,016 |
| La 3995,74 / Zr 3991,13 | 28 | 1,8 | 0,16 | 0,068 | 0,014 |
| La 3929,22 / Zr 3929,53 | 15 | 1,8 | 0,24 | 0,11 | — |
| La 3921,54 / Zr 3921,79 | 12 | 2,1 | 0,21 | 0,10 | — |

***Bemerkungen.*** Im Aluminiumoxyd läßt sich noch 0,001% Lanthanoxyd eindeutig nachweisen.

Dieses Oxydgemisch hat die unangenehme Eigenschaft, im Bogen zu verspritzen. Zur Herabminderung dieser lästigen Erscheinung erhitzt man die Kathode bei sich berührenden Elektroden durch einen Strom von 15 Amp. zur Weißglut und entfernt dadurch die Feuchtigkeit. Trotzdem ist ein ruhiger Bogen nicht gewährleistet. Um falsche Resultate auszuschließen, ist es angezeigt, den Bogen während der Aufnahme zu beobachten.

Ist Eisenoxyd in der Probe enthalten, so sind die Aufnahmen zur quantitativen Auswertung unbrauchbar, da der Bogen sehr unruhig und ungleichmäßig brennt.

### Literatur.

BAUER, H.: Z. anorg. Ch. **221**, 209 (1935).
SELWOOD, P. W.: Ind. eng. Chem. Anal. Edit. **2**, 95 (1930).

**b) Funkenspektren.** Bei abnehmendem Lanthangehalt verbleiben im kondensierten Funken die Linien 3949,10 Å (DE GRAMONT). WA. GERLACH und RIEDL führen noch folgende Linien an: 4333,8, 4123,2, 4086,7, 4429,9, 3794,5 und 3337,5 Å.

### Literatur.

GERLACH, WA., u. E. RIEDL: Chemische Emissionsspektralanalyse, Teil 3, S. 147. Leipzig 1936. — GRAMONT, A. DE: C. r. **171**, 1106 (1920).

## V. Trennung des Lanthans von den anderen Elementen der seltenen Erden.

### § 1. Von den Elementen der Ceriterden.

Da das Lanthan das am stärksten basische Element der seltenen Erden ist, können die begleitenden Erden durch stufenweise Fällung (z. B. als Hydroxyde) oder Zersetzung (Nitrate) verhältnismäßig leicht entfernt werden. Schon frühzeitig war dieser Unterschied gegenüber den anderen Erden bekannt, und bereits um die Mitte des vergangenen Jahrhunderts gelang es, hochgereinigte Lanthanoxyde darzustellen (siehe hierzu S. 379). Durch die technische Aufarbeitung der Ceriterden, die man in großen Mengen aus dem Monazitsand gewinnt, kommen derzeit hochprozentige Lanthansalze in den Handel, die nur einer leicht auszuführenden Nachbehandlung bedürfen, um den Ansprüchen der Reinheitsprüfung zu genügen.

Die Abtrennung des Lanthans aus dem Gemisch der Ceriterden beruht auf der Schwerlöslichkeit der Magnesium- oder Ammoniumdoppelnitrate. Die entsprechenden Doppelsalze aller anderen Erden weisen in der Reihenfolge der abnehmenden Basizität eine zunehmende Löslichkeit auf, so daß sich das Lanthandoppelsalz als schwerstlöslicher Anteil in der Kopffraktion ansammelt. Dieses Verfahren, von AUER V. WELSBACH aufgefunden, hat bis heute seine beherrschende Stellung in der Industrie der seltenen Erden behauptet. Ursprünglich hatte man das Cer im Erdengemisch in der 3wertigen Stufe belassen und so ein Einschieben dieses Elementes in die Fraktionen zwischen Lanthan und Praseodym erreicht. Derzeit scheidet man das Cer vorher ab und erreicht so eine Verminderung des Gewichtes der Ausgangsprodukte um ungefähr 40%.

Aus dem Vorhergehenden ergibt sich, daß man in den schwerlöslichen Kopffraktionen mit der Anwesenheit von Cer und Praseodym zu rechnen hat. Cer läßt sich (nach S. 322) einfach entfernen. Für die Abtrennung des Praseodyms liegen mehrere Methoden vor, die den geringen Unterschied in der Basizität zur Reindarstellung heranziehen.

**a) Nach PRANDTL und HÜTTNER.** Wenn Erdsalzgemische von Lanthan und Praseodym unvollständig als Hydroxyde durch Ammoniak gefällt werden, so reichert sich das Praseodym im Niederschlag um so mehr an, je langsamer die Fällung vor sich geht und je verdünnter das zugesetzte Fällungsmittel ist. PRANDTL hatte beobachtet, daß Ammoniumsalze und Ammoniakate des Zinks und Cadmiums die Fällung der Hydroxyde so stark verzögern, daß eine rationelle stufenweise Fällung erzielt wird, die rascher als eine erschöpfende Kristallisation der Doppelnitrate zum Ziele führt.

**Durchführung.** Die zu verarbeitenden Oxyde werden in Salpetersäure zu einer konzentrierten Lösung aufgelöst, hierauf mit der äquivalenten Menge Cadmiumnitrat und so viel Ammoniumnitrat versetzt, daß eine 2 n Ammoniumnitratlösung entsteht. Unter Rühren wird fast bis zum Sieden erhitzt. Man fällt mit verdünntem Ammoniak derart, daß vier Fällungen vorgenommen werden. Jedesmal läßt man den Niederschlag ½ bis 1 Std. unter Rühren mit der Mutterlauge in Berührung, wodurch neben einer besseren Fraktionierung auch ein gut filtrierbarer Niederschlag erreicht wird. Dieser wird heiß filtriert und wenig ausgewaschen. Man fällt die Filtrate, bis eine Prüfung des Absorptionsspektrums die Abwesenheit der gefärbten Erden anzeigt. Die Niederschläge werden in Salpetersäure gelöst und nach Zusatz von Ammonium- und Cadmiumnitrat nochmals stufenweise gefällt, bis das Filtrat von Praseodym befreit ist.

***Bemerkungen.*** Kleine Mengen von reinem Lanthanoxyd lassen sich auf diese Weise ohne Schwierigkeiten darstellen. Eine völlige Scheidung vom Praseodym ist nur nach etwa 20 Reihen fraktionierter Fällung erreichbar (s. S. 376).

**b) Nach NECKERS und KREMERS.** Elektrolysiert man neutrale Lösungen der Erdennitrate zwischen einer Quecksilberkathode und einer Platinanode, so werden Erdhydroxyde, wahrscheinlich als Umsetzungsprodukte des primär gebildeten, jedoch sehr zersetzlichen Amalgams gebildet. Da diese Hydroxydabscheidung sehr langsam vor sich geht, wird eine Trennung der in dem Erdgemisch vorhandenen Elemente nach der Basizität stattfinden. Das Lanthan ist das elektropositivste Element, es wird daher in der Lösung angereichert, während die Niederschläge, beginnend mit dem am schwächsten basischen Samarium, die Verunreinigungen enthalten.

**Durchführung.** Zur hydrolytischen Fällung gelangen etwa 8%ige Lösungen von Nitraten oder Chloriden von Elementen der seltenen Erden, die in großen Glasgefäßen (10 bis 15 l) elektrolysiert werden. Als Kathode dient Quecksilber; als Anode Platin, das von einer Tonzelle umgeben ist. Mit einer Stromstärke von 1,0 bis 4,0 Amp., einer Spannung von 6 bis 7 Volt und bei dauerndem Rühren werden die besten Resultate erreicht. Zu Beginn der Elektrolyse kann man vorteilhaft mit größeren Stromdichten arbeiten; wenn jedoch die aus den ausgeschiedenen Hydroxyden gewonnenen Oxyde hellfarbig werden, geht man auf etwa 1 Amp. hinunter. Die Dauer der Elektrolyse wird so bemessen, daß jedesmal etwa 20 bis 40 g Oxyde anfallen. Man kann die Dauer ungefähr im voraus festlegen, da aus Chloridlösungen je Stunde und Ampere etwa 2 bis 3 g Oxyde abgeschieden werden. Die zurückbleibende Lösung enthält 99 bis 100% Lanthan.

***Bemerkungen.*** Wie eingehende Versuche zeigen, gestattet diese Methode eine Unterteilung der Ceriterden nach der Basizität. Zur Reindarstellung von Elementen der seltenen Erden kann sie nur beim Lanthan herangezogen werden. Praseodym und Neodym werden in ihrer prozentuellen Zusammensetzung nicht verändert.

**c) Nach F. TROMBE.** Aus einer Ceriterdennitratlösung, die frei von Cer ist, werden durch einen mit 20% Ammoniak beladenen Luftstrom die schwächer basischen Erden abgeschieden. Siehe hierzu S. 308. Man fällt stufenweise 4mal und entfernt so das Praseodym und Neodym. In der Lösung verbleibt reinstes La. VICKERY (a) erhält nach dieser Methode in Gegenwart von 4,5 n Ammoniumnitrat sehr gute Resultate. Wird von Erdoxyden mit wenigstens 80% La ausgegangen, so ist diese Reindarstellung der unter a) angeführten Reinigung an Ausführung und Ausbeute überlegen.

**d) Nach Fitch und Rusell.** Auf den Kopf einer Trennsäule, gefüllt mit Amberlite I.R. 120 oder Nalcite (Dowex 50), 75×0,6 cm, wird ein mit bis zu 300 mg Ceriterden (frei von Ce!) beladener Austauscher gebracht. Man eluiert mit einer 0,5%igen Hydrazinodiessigsäure $H_2N-N(CH_2COOH)_2$, die 1,5% Ammonacetat enthält und auf ein $p_H$ von 5,5 eingestellt ist. Für Mengen von 100 bis 300 mg Erdoxyden sind 300 bis 500 cm³ der obigen Lösung erforderlich, wobei die Durchflußgeschwindigkeit auf 10 cm³ je Stunde gehalten wird. Um sicherzugehen, daß die anderen Erden entfernt sind, werden nochmals 50 cm³ durchlaufen gelassen. Nun sind alle Erden mit Ausnahme des Lanthans entfernt. Zur quantitativen Erfassung des letzteren wird mit 100 bis 150 cm³ einer 1%igen Nitrilotriessigsäure und 2%iger Ammonchloridlösung, die mit Ammoniak auf ein $p_H$ 7,5 bis 8 gebracht wurde, nachgewaschen. Schließlich wird die Säule mit verdünnter Salzsäure 1 : 3 gereinigt. Die beiden letztgenannten Eluate werden vereinigt, und das Lanthan wird als Oxalat gefällt. Die Genauigkeit der Lanthanerfassung beträgt ±3%. Nach Vickery (b) ist diese Methode infolge der schwerlöslichen Erdsalze zur Trennung von größeren Mengen wenig geeignet.

§ 2. Von Yttrium.

Bei der Scheidung des Yttriums von den Yttererden durch basische Fällung kann in der Lösung das Lanthan verbleiben. Da Natriumsulfat das Lanthan als Natrium-Lanthansulfat nicht vollständig fällt, suchten James und T. O. Smith nach einer besseren Trennung. Kaliumsulfat fällt Lanthan vollständig, doch wird auch etwas Yttrium in den Niederschlag mitgenommen. Eine halbwegs brauchbare Scheidung wird erzielt durch Kristallisation des Lanthans als Wismut-Magnesiumdoppelnitrat. In Salpetersäure D. 1,42 ist das Doppelsalz unlöslich, während Yttrium keine Doppelsalze bildet. Die Resultate sind für das Lanthan um etwa 1% zu niedrig, dementsprechend für Yttrium zu hoch.

Am französischen kationaktiven Harz C.P. hat Yang (b) eine Trennung der beiden Elemente erreicht. Y wird beim Eluieren mit einer 5%igen Citratlösung $p_H$ 2,75 zuerst abgelöst. Die Trennung ist gut.

§ 3. Von Aktinium.

a) Aus den Untersuchungen von Bachelet geht hervor, daß das Aktinium schwächer basisch als das Lanthan ist, und daß es in der Basizitätsreihe zwischen Lanthan und Mangan eingereiht werden soll. Es wird vorgeschlagen, durch Fraktionierung der Magnesiumdoppelnitrate das inaktive Lanthan zu entfernen. Percy benützt die bekannte Eigenschaft der seltenen Erden, in essigsaurer mit Ammoniumacetat gepufferten Lösung auf Zusatz von Ammoniak unvollkommen zu fallen, zu einer Trennung von Aktinium. In die ammoniumchlorid- und ammoniumnitratfreie Lösung von 60 g Ammonacetat je Gramm der seltenen Erden wird Ammoniak in der Kälte eingeleitet, bis ein dauernder Niederschlag entsteht. Man filtriert kalt (Erwärmen und Zentrifugieren stört die Fraktionierung). Aktinium wird im Filtrat auf das 2,5fache angereichert, während im Niederschlag nur geringe Mengen festzustellen sind.

b) Diese Trennung führen Yaṇg und Haissinsky chromatographisch durch. In einer Amberlite I.R. 100-Kolonne von 48 cm Länge und 1 cm Durchmesser werden La und Ac durch Eluieren mit einer 1%igen Ammoncitratlösung von $p_H$ 3,8 bis 5,5 in guter Ausbeute rein gewonnen. Durchlaufgeschwindigkeit 0,7 bis 0,8 cm³ je Minute. Mit einer 0,75%igen Citratlösung vom $p_H$ 5 werden 89% La und 74% Ac rein erhalten. Große Mengen La trennt man von wenig Ac auf derselben Kolonne durch Eluieren mit 5%iger Ammonnitratlösung von $p_H = 5{,}5$ [J. T. Yang (a)]. Ac wird entsprechend seiner Basizität zuletzt abgelöst.

c) Eine kontinuierliche papierelektrophoretische Trennung von La und Ac führt Lederer bei 300 Volt durch. Die Erden finden sich als Citrate vor und der Elektrolyt besteht aus 1%iger Citronensäure, wobei mit 10 mA elektrolysiert wird. Dieses Verfahren soll bessere Ergebnisse liefern als die Trennung über die Austauscher.

Literatur.

AUER V. WELSBACH, C.: M. 4, 634 (1883).
BACHELET, M.: J. Chim. phys. 42, 98 (1945).
FITCH, F. T., u. D. S. RUSSEL: Anal. Chem. 23, 1469 (1950).
JAMES, C., u. T. O. SMITH: Chem. N. 106, 73 (1912).
LEDERER, M.: Anal. chim. Acta 11, 145 (1954).
NECKERS, J. W., u. H. C. KREMERS: Am. Soc. 50, 951 (1928).
PERCY, M.: J. Chim. phys. 46, 485 (1949). — PRANDTL, W., u. K. HUTTNER: Z. anorg. Ch. 136, 289 (1924).
TROMBE, F.: C. r. 225, 1156 (1947).
VICKERY, R. C.: Chem. Soc. (a) 1949, 2506; (b) 1954, 385.
YANG, J. T.: (a) J. Chim. phys. 47, 805 (1950); (b) Anal. chim. Acta 4, 59 (1950). — YANG, J. T., u. M. HAISSINSKY: Bl. Soc. France 16, 546 (1949).

## Cer.

Ce, Atomgewicht 140,13, Ordnungszahl 58.

Nur in der 3wertigen Oxydationsstufe verhält sich das Cer als ein echtes Element der Reihe der seltenen Erden und zeigt große Verwandtschaft mit dem Lanthan. Die 4wertige Form lehnt sich in ihren chemischen Eigenschaften stark an das Zirkon und Thorium an. Beide Wertigkeitsstufen lassen sich leicht und quantitativ ineinander überführen und geben eine Fülle von Reaktionen und Trennungsmethoden, durch die das Cer schon sehr frühzeitig rein hergestellt werden konnte.

Die Verbindungen des 3wertigen Cers sind farblos und zeigen eine geringe hydrolytische Spaltung. Nach BOWLES und PARTRIDGE beginnt bei Cer(III)-sulfat die Fällung durch Hydroxyl-Ionen bei einer Wasserstoffionenkonzentration $p_H = 7{,}07$; das Absorptionsspektrum besitzt im Ultraviolett charakteristische Banden.

Die Cer(IV)-stufe ist durch gelbrote Farbe und eine große Neigung zur Hydrolyse ausgezeichnet. Die obengenannten Autoren fanden für Cer(IV)-sulfat $p_H = 2{,}65$. Die Stabilität dieser Stufe ist in Gegenwart starker Säuren nicht sehr groß; schon eine 0,01 n Lösung zeigt nach 20 Min. langem Sieden eine geringe Sauerstoffentwicklung, wobei Cer(III)-salze gebildet werden. Stärkere Lösungen sowie eine höhere Acidität weisen einen Zerfall bis zu 20% auf. In alkalischen Lösungen hingegen zeigen die Cer(III)-verbindungen das Bestreben, in die 4wertige Stufe überzugehen.

**Reinheitsprüfung.** Das Oxyd muß schwach gelb, fast farblos sein; geringe Mengen von Praseodym (0,1%) sind an einem deutlich rötlichen Farbton erkennbar.

Eine Beimengung an Lanthan läßt sich nur röntgen- oder emissionsspektroskopisch feststellen.

### Cerdioxyd.

Beim Verglühen unter Luftzutritt von Cer(IV)- und Cer(III)-salzen mit leicht flüchtigen Säureresten hinterbleibt das Cerioxyd. Es bildet sich nach DUVAL aus dem Hydroxyd und aus dem Oxalat bei 450° und aus dem Sulfat oberhalb 845°. Es ist das beständigste Oxyd des Cers und wird als Wägungsform häufig verwendet. Bei niederen Temperaturen geglüht, hält es immer Kohlendioxyd und Feuchtigkeit zurück und wird erst vor dem Gebläse gewichtskonstant. Sulfate lassen sich auf diese Weise nicht in Oxyd verwandeln, da die letzten Anteile von Schwefeltrioxyd erst bei 1500° völlig entfernt werden.

**Eigenschaften.** Cerdioxyd ist ein gelblichweißes Pulver, das je nach Herstellungsart und Glühtemperatur mehr oder weniger intensiv gefärbt ist. Es kristallisiert im Fluorittypus und hat die Dichte 6,405 bis 7,1318 (je nach Glühtemperatur); berechnete Dichte 7,181.

Frei von anderen seltenen Erden ist das Cerdioxyd in konzentrierten Säuren fast unlöslich. Konzentrierte Schwefelsäure führt bei 110° in Cer(IV)-sulfat über. Salzsäure und Salpetersäure greifen in der Siedehitze nur wenig an; wird jedoch ein Reduktionsmittel zugesetzt, z. B. Wasserstoffperoxyd, Fe(II)-salze, Kaliumjodid oder Hydrochinon, so wird die Lösung als Cer(III)-salz erzielt. Erdgemische, die weniger als 50% Cer enthalten, sind in konzentrierten Säuren löslich.

## Literatur.

BOWLES, J. A. C., u. H. M. PARTRIDGE: Ind. eng. Chem. Anal. Edit. **9**, 126 (1937).
DUVAL, C.: Anal. chim. Acta **1**, 341 (1947).

## I. Bestimmungsverfahren.

### *Allgemeines.*

Unter den zahlreichen angeführten Methoden genügen den Ansprüchen der modernen analytischen Chemie nur zwei Verfahren, die Trennung mit Trinitratotriamminkobalt (S. 320) und mit Kaliumbromat (S. 322). Zur Anreicherung von Cer aus einem nur sehr wenig von diesem Element enthaltenden Erdgemisch wird sich die nach d und e modifizierte MOSANDER-Methode eignen, die die Verwendung beliebig großer Einwaagen gestattet und bei der das gesamte Cer, wenn auch stark verunreinigt, abgeschieden wird. Aus diesem Niederschlag wird nach dem erstgenannten Verfahren das reine Cer gewonnen, das als Dioxyd ausgewogen wird.

### § 1. Bestimmung durch Abscheidung als Cer(IV)-hydroxyd.

**a) Fällung durch Ammoniak.** Aus Cer(IV)-salzlösungen fällt Ammoniak gelbes Cer(IV)-hydroxyd, aus Cer(III)-lösungen das weiße Cer(III)-hydroxyd. Letzteres ist sehr leicht oxydierbar und nimmt aus der Luft Sauerstoff auf, wobei eine Farbänderung von Weiß über Grau nach Gelb erfolgt. Die auf diese Art erhaltenen Niederschläge geben beim Glühen ein unansehnliches Cerdioxyd, da durch Umhüllung eine vollständige Oxydation verhindert wird und das geglühte Produkt nicht ganz der Formel entspricht. Man setzt daher bei der Fällung verdünntes Wasserstoffperoxyd zu, wobei das Cer(III)-hydroxyd in der Wärme über braune Cerperoxyde und darauffolgende Sauerstoffabgabe in das gelbe Cer(IV)-hydroxyd übergeht.

Löslichkeit des Cer(III)-hydroxydes wurde von MOELLER und KREMERS zu $1{,}5 \cdot 10^{-20}$ bestimmt, oder anders ausgedrückt, Löslichkeit mal $10^6$ ergeben 4,1 bis 4,8 g-mole je Liter bei 25° C.

Die Fällung wird nach S. 179 vorgenommen.

***Bemerkung.*** Wenn bei einer notwendigen Umfällung das Cer(IV)-hydroxyd in Salpetersäure nicht vollständig löslich sein sollte (Alterung), so wird mit einigen Tropfen Wasserstoffperoxyd reduziert.

**b) Nach BOWLES und PARTRIDGE.** Cer(IV)-salzlösungen neigen stark zur Hydrolyse und werden durch Hydroxyl-Ionen vor den 3wertigen Erdelementen quantitativ abgeschieden. BOWLES und PARTRIDGE trennen das 4wertige Cer von Lanthan bei genau einzuhaltender Wasserstoffionenkonzentration $p_H = 5{,}78$. Die Sulfatlösung fällt man vorsichtig mit Lauge unter Kontrolle der Acidität, worauf der Niederschlag filtriert und mit Wasser gewaschen wird. Im Filtrat scheidet man mit Oxalsäure das Lanthan ab, verascht und glüht bei 900°.

Die Resultate sind um etwa 1% zu niedrig. Das Lanthanoxyd enthält geringe Mengen Cer, deren Vorhandensein die Autoren auf ursprünglich anwesendes 3wertiges Cer zurückführen.

**c) Nach MOSANDER.** Wenn geringe Mengen Cer aus einem Gemisch seltener Erden abgetrennt werden sollen, so benutzt man zur ersten Abscheidung ein Anreicherungsverfahren, bei dem das gesamte Cer in stark verunreinigtem Zustand anfällt. In diesem Konzentrat läßt sich das Cer leicht nach den üblichen Methoden gravimetrisch und maßanalytisch bestimmen. Diese Anreicherung wurde bis in die jüngste Zeit nach der Methode von MOSANDER durchgeführt, die darauf beruht, daß die mit Chlorgas behandelten Erdhydroxyde als Chloride und Hypochlorite in Lösung gehen, während das Cer als schwerlösliches Cer(IV)-hydroxyd ungelöst bleibt.

**Durchführung.** Die Lösung, in der die Elemente der seltenen Erden als Chloride enthalten sind, wird mit Kalilauge bis zur deutlich alkalischen Reaktion versetzt, hierauf nach WITT und THEEL auf dem Wasserbade erwärmt und mit Chlorgas gesättigt. Das verschlossene Fällungsgefäß läßt man einige Tage an einem kühlen Ort stehen, bis sich das ausgeschiedene gelbe Cer(IV)-hydroxyd am Boden gesammelt und die überstehende Flüssigkeit völlig geklärt hat. Man filtriert, wäscht mit 5%iger Kaliumchloridlösung und bestimmt das in diesem Konzentrat enthaltene Cer nach einem geeigneten Verfahren.

***Bemerkung.*** Diese Trennungsmethode war ursprünglich für die präparative Reindarstellung von Cer gedacht, denn nach 5- bis 6maliger Wiederholung der Chlorbehandlung gelangte man zu sehr reinen Endprodukten. Eine große Anzahl von Untersuchungen, die sich mit Abänderungen sowie mit der Festlegung der günstigsten Bedingungen befaßten, haben nur präparatives Interesse. Für die Analyse sind nachfolgende Erkenntnisse wichtig:

Nach CLEVE sowie MENGEL ist das Filtrat nach der Chlorbehandlung völlig cerfrei, wenn man die mit Chlor gesättigte Lösung 15 Std. stehenläßt. ŠTĚRBA-BÖHM und MATULA haben bei geringen Mengen Cer eine zufriedenstellende Abscheidung erst nach einigen Tagen erreicht. WITT und THEEL fanden, daß die zur Fällung benutzte Kalilauge nicht durch Natronlauge ersetzt werden darf, wenn eine völlige Abscheidung des Cers angestrebt wird.

**d) Nach HAUSER und WIRTH.** Eine eingehende Untersuchung über die MOSANDER-Methode sowie über die erschienenen Verbesserungsvorschläge stammt von HAUSER und WIRTH. Sie erbrachte wertvolle Einblicke in die Vorgänge bei der Auflösung und Oxydation der Erdhydroxyde durch Chlor. Eine vollständige Abscheidung des Cers erfolgt nur dann, wenn vor dem Einleiten des Chlors durch genügenden Zusatz von Hydroxyl-Ionen das gesamte Cer gefällt wurde. Bei unvollkommener Fällung bleiben die Cer(III)-ionen auch in Gegenwart von gelöstem Chlor unverändert. Ferner wurde gefunden, daß die Einwirkungsdauer der Chlorierung wesentlich verkürzt werden kann, wenn man den Hydroxydniederschlag oxydiert. Aus diesen Verbesserungen hat sich folgende Vorschrift ergeben.

**Durchführung.** Die zu untersuchende Lösung, die sich in einem weithalsigen ERLENMEYER-Kolben befindet, wird mit Ammoniak gefällt, bis ein dauernder Geruch bestehen bleibt; ein mäßiger Überschuß schadet nicht. Nach dem Erkalten setzt man in kleinen Anteilen 3%iges Wasserstoffperoxyd zu, bis der Niederschlag eine rein gelbe Farbe erhält. Die Menge des Oxydationsmittels soll nicht zu groß sein; für 100 g Ceroxyd benötigt man 346,5 $cm^3$ 3%iger Lösung. Nun verschließt man das Fällungsgefäß durch einen Stopfen, durch den ein Rührer, ein Gaszu- und -ableitungsrohr führen. Man leitet hierauf während 90 Min. einen lebhaften Chlorstrom hindurch; zuerst geht das Lanthan und dann das Praseodym und Neodym in Lösung. Man filtriert, wäscht und löst in Salpetersäure unter Mithilfe von Wasserstoffperoxyd. Die Fällung wird wiederholt, da das Ende des völligen Herauslösens der 3wertigen Erden nicht erkannt werden kann.

***Bemerkungen.*** Bei kleinen Mengen seltener Erden ist das Rühren nicht notwendig, da ein gelegentliches Schütteln genügt. Die nach dieser Vorschrift gewonnenen Werte sind in der Regel um einige Prozente zu hoch.

**e) Nach BROWNING und ROBERTS.** Die MOSANDER-Methode leidet an dem Übel, daß größere Mengen von Chlorgas hergestellt und angewendet werden müssen.

Schon DROSSBACH schlug vor, Chlor durch Brom oder Jod zu ersetzen; die eingehende Untersuchung auf ihre Brauchbarkeit verdanken wir jedoch BROWNING und ROBERTS, die folgende Arbeitsweise empfehlen.

**Durchführung.** Die Lösung der Ceriterden wird mit Natrium- oder Kaliumhydroxyd schwach alkalisch (Lackmuspapier) gemacht und mit Brom oder Bromwasser im deutlichen Überschuß versetzt. Man erwärmt nun auf dem Wasserbad, bis der größte Teil des unverbrauchten Oxydationsmittels vertrieben ist, filtriert und wäscht mit Wasser.

***Bemerkungen.*** Auch diese Trennung muß 4- bis 5mal wiederholt werden, um eine völlige Reinigung zu erzielen. Die Anwendung des Broms verkürzt ganz wesentlich die Analysendauer; trotzdem wird man bei geringen Mengen Cer mit der Filtration so lange warten müssen, bis sich das Hydroxyd zusammenballt und gut abgesetzt hat; denn fein verteiltes Cer(IV)-hydroxyd geht sehr leicht durch das Filter. Das Filtrat ist stets cerfrei. Die Einwaage der Oxyde der seltenen Erden wird so bemessen, daß das Gewicht des abgeschiedenen Cer(IV)-hydroxydes etwa 0,1 g beträgt.

**f) Nach PRANDTL und LÖSCH.** Nach den Untersuchungen von PRANDTL und LÖSCH haben sich Metallammoniakate bei Gegenwart von Ammoniumsalzen als sehr günstige Fällungsmittel bei der stufenweisen Hydrolyse von Erdsalzen erwiesen. Für die Abtrennung des Cers von seinen Begleitern nehmen die Kobaltiake eine bevorzugte Stellung ein, denn neben der langsamen und homogenen Neutralisation der Lösung durch das abgespaltene Ammoniak tritt auch eine Oxydation des Cer(III)-ions zum Cer(IV)-ion ein, wobei das Kobalt zur 2wertigen Stufe reduziert wird. Besonders gut hat sich das Trinitratotriamminkobalt bewährt (Darstellung nach JÖRGENSEN).

**Durchführung.** In der salpetersauren Lösung der Erden wird durch tropfenweise Zugabe von Wasserstoffperoxyd das Cer(IV)-ion reduziert. Nun dampft man zur Entfernung der freien Säure sowie des überschüssigen Peroxydes zur Trockne ein und nimmt in 400 bis 500 $cm^3$ 3%iger Ammoniumnitratlösung auf. Sollte eine leichte Trübung zu bemerken sein, so werden einige Tropfen Salpetersäure zugegeben. Auf je 0,5 g Erdoxyde werden 2 g Trinitratotriamminkobalt angewandt. Auf dem Wasserbad erwärmt man nun auf 60° und behält diese Temperatur bis zur Beendigung der Fällung bei. Der Kobaltkomplex wird hierbei mit violettroter Farbe gelöst. Nach etwa einer halben Stunde trübt sich die Lösung, und es scheidet sich langsam dichtes, hellgelbes Cer(IV)-hydroxyd ab. Je nach dem Cergehalt dauert die Fällung 4 bis 8 Std., und es muß dafür gesorgt werden, daß die Lösung stets schwach sauer bleibt. Das Ende der Reaktion wird an der Farbänderung erkannt. Das Violettrot geht über Dunkelrot in Hellrot und schließlich Braun über. Nach mehrstündigem Stehen in der Kälte wird das Cer(IV)-hydroxyd auf einem Papierfilter gesammelt und mit ammoniumnitrathaltigem Wasser gewaschen. Gewöhnlich ist dem Niederschlag etwas Kobalt zugesellt. Deshalb löst man aus dem Filter mit einem Gemisch von heißer verdünnter Salpetersäure und Wasserstoffperoxyd (Gasentwicklung!) den Niederschlag auf, dampft nun ein, nimmt in Wasser auf und fällt das Cer als Oxalat. Man filtriert durch das schon verwendete Filter, wäscht, verascht und glüht bei 900°. Das Cerdioxyd ist rein.

Die im Filtrat der Cer(IV)-hydroxydfällung enthaltenen Elemente der Erden werden von der großen Menge der Kobaltsalze, wie folgt, abgetrennt: Die braunrote Lösung wird mit einigen Kubikzentimetern konzentrierter Salpetersäure aufgekocht und, nachdem sie klar geworden ist, im großen Überschuß mit Ammoniak versetzt, dem etwas Wasserstoffperoxyd zugegeben wurde. Man läßt ½ Std. stehen. Es haben sich nun lösliche Kobalt(III)-verbindungen gebildet, die durch Dekantieren von den Erdhydroxyden getrennt werden. Noch sind Spuren im Niederschlag enthalten. Man digeriert daher den Rückstand mit etwas Ammoniumsulfid, wäscht aus und löst ihn in 5%iger Salzsäure. Schwefel und Kobaltsulfid bleiben ungelöst zurück. Die salzsaure Erdenlösung wird schließlich mit Oxalsäure gefällt.

***Bemerkungen.*** Die Methode ist genau und das erhaltene Cer sehr rein. Sie leidet jedoch an der schweren Zugänglichkeit des Trinitratotriamminkobalts und an der langen Analysendauer. Die Einwaage für diese Trennung ist so bemessen, daß die Summe der seltenen Erden zwischen 0,5 bis 0,8 g liegt.

BILTZ und PIEPER sowie LESSNIG bestätigen die Arbeitsvorschrift und die guten Werte.

### Literatur.

BILTZ, W., u. H. PIEPER: Z. anorg. Ch. **134**, 13 (1924). — BOWLES, J. A. C., u. H. M. PARTRIDGE: Ind. eng. Chem. Anal. Edit. **9**, 126 (1937). — BROWNING, P. E., u. E. I. ROBERTS: Z. anorg. Ch. **64**, 302 (1909).

CLEVE: GM., 7. Aufl., Bd. 6, I, (a) S. 444, (b) S. 439. Heidelberg 1928.

DROSSBACH: Z. anorg. Ch. **37**, 383 (1904).

HAUSER, O., u. F. WIRTH: Fr. **48**, 679 (1909).

JÖRGENSEN, S. M.: Z. anorg. Ch. **5**, 185 (1894).

LESSNIG, R.: Fr. **71**, 168 (1927).

MENGEL, P.: Z. anorg. Ch. **19**, 70 (1899). — MOSANDER, C. G.: J. pr. **30**, 276 (1848) und Phil. Mag. [3] **28**, 241 (1843). — MOELLER, TH., u. H. E. KREMERS: J. physic. Chem. **48**, 395 (1944); vgl. Chem. Reviews **37**, 98 (1945).

PRANDTL, W., u. J. LÖSCH: Z. anorg. Ch. **122**, 159 (1922).

ŠTĚRBA-BÖHM, J., u. V. MATULA: R. **44**, 400 (1925).

VOGEL, R.: Z. anorg. Ch. **72**, 320 (1911).

WINKLER, CL.: J. pr. **95**, 410 (1865). — WITT, O. N., u. W. THEEL: B. **33**, 1315 (1900)

### § 2. Bestimmung durch Fällung als basische Cer(IV)-salze.

**a) Nach WYROUBOFF und VERNEUIL.** Der erste Versuch, Cer von den anderen Elementen der seltenen Erden zu trennen und gravimetrisch zu bestimmen, stammt von WYROUBOFF und VERNEUIL. Fußend auf den Erfahrungen der präparativen Darstellung von Cerverbindungen, wurde die Fähigkeit der Cer(IV)-stufe zum Hydrolysieren zur Abscheidung herangezogen. Die Abtrennung erfolgt in zwei Teilen. Zuerst wird die Hauptmenge als basisches Cer(IV)-nitrat in zufriedenstellender Reinheit gefällt. Im Filtrat werden nach Entfernung der Ammoniumsalze die restlichen Anteile als basisches Cer(IV)-acetat abgeschieden.

**Durchführung.** Die Oxyde der seltenen Erden werden in Salpetersäure, gegebenenfalls unter Zusatz von Wasserstoffperoxyd, in Lösung gebracht und mit Ammoniak bis zur deutlich alkalischen Reaktion versetzt. Gleichzeitig fügt man 10 cm³ einer 3%igen Wasserstoffperoxydlösung hinzu, um das Cer(III)-hydroxyd zu oxydieren, und kocht den von Peroxyden braun gefärbten Niederschlag so lange, bis die Farbe in Gelb umschlägt. Man filtriert durch ein Papierfilter, wäscht mit heißem Wasser und trocknet den Niederschlag bei 110°. Hierauf trennt man ihn vorsichtig von dem Filter und gibt ihn in eine Porzellanschale. Das Filter wird verascht und der geringe Rückstand in Salpetersäure gelöst. Die in der Porzellanschale befindliche Hauptmenge wird ebenfalls mit Salpetersäure bis zur Lösung behandelt, mit der Lösung des Filterrückstandes vereinigt und bis zur Sirupdicke eingedampft. Beim Erkalten soll eine glasige Masse gebildet werden, die man nun in 100 cm³ 5%iger Ammoniumnitratlösung aufnimmt und auf 70° erhitzt. Das basische Cer(IV)-nitrat fällt als gelber schwerer Niederschlag zu Boden; die Abscheidung ist beendet, wenn die überstehende Flüssigkeit klar geworden ist. Man filtriert und wäscht den Niederschlag mit ammoniumnitrathaltigem Wasser. Das Filter wird verascht, der Niederschlag bei 900° verglüht und dann gewogen. Das Filtrat ist noch cerhaltig. Man fällt die Elemente der Erden mit Ammoniumoxalat, läßt 12 Std. stehen, filtriert und glüht gelinde, bis alle Kohleteilchen verbrannt sind. Die Oxyde werden wieder in Salpetersäure gelöst, das vorhandene Cer wird durch etwas Wasserstoffperoxyd reduziert und zur Trockne verdampft. Man nimmt mit Wasser auf, setzt Ammoniumacetat und 10 $cm^3$ Wasserstoffperoxydlösung zu und kocht. Das basische Cer(IV)-acetat scheidet sich in groben Flocken ab und wird nach Klärung der überstehenden Flüssigkeit auf einem Filter gesammelt. Man wäscht mit ammoniumacetathaltigem Wasser, verascht, glüht bei 900° und wägt.

***Bemerkungen.*** Die oben geschilderte Methode ist sehr zeitraubend und auch ungenau. Im ersten Teil der Trennung werden etwa 70 bis 80% des Cers in großer Reinheit abgeschieden. Die folgende Acetattrennung jedoch ergibt ein unreines Produkt, das einige Prozente anderer Erden enthält.

**b) Nach Swoboda und Horny.** Cersalze geben in essigsaurer Lösung auf Zusatz von Wasserstoffperoxyd eine quantitative braunrote Fällung von Percer(IV)-acetat, die in verdünnten Mineralsäuren sehr leicht löslich ist. Durch längeres Kochen zerfällt diese Verbindung unter Sauerstoffentwicklung und Bildung des leichter löslichen basischen Cer(IV)-acetates.

**Durchführung.** Die Cernitratlösung wird auf 200 $cm^3$ verdünnt und mit Ammoniak neutralisiert. Nach Zusatz eines Tropfens Salpetersäure und von 0,5 g Natriumacetat wird in der Siedehitze mit 15 $cm^3$ Wasserstoffperoxydlösung (15 Gew.-%) gefällt. Hierauf wird 2 Min. gekocht, der Niederschlag absitzen gelassen und unter Anwendung von Filterschleim rasch filtriert. Als Waschwasser wird ein wasserstoffperoxydhaltiges Wasser (10 $cm^3$ auf 1 l) verwendet. Der Niederschlag wird verascht, geglüht und als Cerdioxyd gewogen.

***Bemerkungen.*** Ammoniumsalze bei etwa 1%igem Gehalte begünstigen den Zerfall der Percer(IV)-verbindung und geben daher zu niedrige Resultate. Ebenso führt ein zu langes Kochen, durch das das überschüssig angewendete Wasserstoffperoxyd zerstört wird, zu unbefriedigenden Werten. Wichtig ist die Nichtbeeinflussung der Fällung durch Weinsäure. Chrom als Chrom(III)-ion und Wolframsäure bei Gegenwart von 1 g Weinsäure stören die quantitative Abscheidung nicht. Die Resultate sind sehr gut und zeigen bei 0,03 g Cerdioxyd keine nennenswerten Abweichungen (s. S. 369).

**c) Nach James und Pratt sowie James.** Neutrale oder schwach saure Cer(III)-nitratlösungen werden in der Siedehitze durch Kaliumbromat oxydiert und die gebildeten Cer(IV)-verbindungen hierauf hydrolysiert unter Abscheidung von basischen Nitraten und Bromaten. Im Laufe dieser Reaktionen nimmt die H-Ionen-Konzentration zu, und es wird bald ein Zustand erreicht, bei dem die weitere Hydrolyse unterbleibt. Zur Neutralisation der freien Säuren wird ein Stückchen Marmor verwendet, dessen Oberfläche glatt, d. h. ohne Sprünge ist, damit nach dem Abspülen kein Niederschlag haftenbleibt.

**Durchführung.** Die etwa 0,4 g Cerdioxyd enthaltende Cer(III)-nitratlösung wird auf 100 $cm^3$ verdünnt, mit einem Stückchen Marmor und 5 g Kaliumbromat versetzt und zum Sieden erhitzt. Nach etwa $^3/_4$stündigem Erhitzen prüft man in der klaren Lösung mit Wasserstoffperoxyd und Ammoniak auf Cer und filtriert bei negativem Befund nach Abspülen des Marmorstückes von dem schweren gelben Niederschlag ab. Ist noch Cer in der Lösung vorhanden, so füllt man mit Wasser auf das ursprüngliche Volumen auf und verlängert das Erhitzen um weitere 15 Min. Der Niederschlag wird abfiltriert, mit 5%iger Ammoniumnitratlösung gewaschen und samt dem Filter in das Fällungsgefäß zurückgegeben. Man löst in Salpetersäure, oxydiert das Filter mit etwas Kaliumbromat und dampft zur Trockne ein. Hierauf wird mit Wasser aufgenommen und die Fällung wiederholt. Der nun reine Cerniederschlag wird in verdünnter Salzsäure gelöst, vom Filterbrei abgetrennt, zur Trockne eingedampft und nach Aufnehmen mit Wasser durch Oxalsäure gefällt.

***Bemerkungen.*** Die Anwendung dieser Methode hat im Laufe der folgenden Jahre eine Verschiebung nach der präparativen Seite erfahren (James und Pratt sowie Prandtl und Lösch). Das Marmorstück kann durch andere Neutralisationsmittel nicht ersetzt werden, weil diese sich rasch mit der Lösung umsetzen, die

Fällung beschleunigen und dadurch wesentlich unreinere Cerpräparate liefern. Die erhaltenen Werte sind gegenüber den geforderten um 1 bis 2% zu hoch. Diese Methode eignet sich gut zur Abtrennung des Cers von allen anderen Elementen der seltenen Erden.

OSTROMOV vermeidet das Marmorstück durch Fällung der geringen Mengen Cer(IV)-ionen durch eine gepufferte Pyridinlösung.

Die zur Trockne eingedampfte Lösung der seltenen Erden wird mit 2 cm³ konzentrierter Salzsäure, 100 cm³ Wasser und 0,3 g Natriumbromat aufgenommen. Man erhitzt während 30 bis 35 Min. zum Sieden (Uhrglas) und ersetzt das verdampfte Wasser von Zeit zu Zeit. Hierauf läßt man abkühlen, fügt 2 g Natriumbromat zu und hält 1 Std. im Sieden. Nach 3 bis 4 Min. Abkühlen werden 10 cm³ einer Lösung, bestehend aus: 40 cm³ 3 n Salzsäure, 25 cm³ Pyridin und 30 cm³ Wasser, tropfenweise zugegeben und über Nacht stehengelassen. Basisches Cer(IV)-bromat fällt aus, wird filtriert und mit kaltem Wasser gewaschen. Der Niederschlag wird mit 50 cm³ heißer 10%iger Oxalsäurelösung nach dreiviertelstündigem Kochen in Ceroxalat umgewandelt und wie üblich behandelt.

**d) Nach BRINTON und JAMES.** Die von MEYER und SPETER aufgefundene Methode zur quantitativen Abtrennung des Thoriums von den Elementen der seltenen Erden mit Hilfe der Jodsäure läßt sich auch auf das Cer anwenden, wenn dieses in der 4wertigen Stufe vorliegt. In stark salpetersaurer Lösung wird durch Kaliumbromat die Oxydation des Cers vorgenommen, an die sich die Fällung mit einem Überschuß an Kaliumjodat anschließt. Der flockige voluminöse Niederschlag wird in einem Papierfilter gesammelt und mit Oxalsäure umgesetzt. Das Ceroxalat wird zu Cerdioxyd verglüht.

**Durchführung.** Die Lösung der Erdnitrate, die nicht mehr als 0,15 g Cer enthalten soll, wird auf etwa 50 cm³ gebracht und mit so viel konzentrierter Salpetersäure versetzt, daß diese ein Drittel der Lösung ausmacht. Zu der nun 75 cm³ betragenden Lösung fügt man ungefähr 0,5 g festes Kaliumbromat und nach dessen Auflösung die 10- bis 15fache Menge des erforderlichen Kaliumjodats hinzu. Das Fällungsmittel wird in Lösung angewandt (100 g Kaliumjodat und 333 cm³ konzentrierter Salpetersäure im Liter) und unter Rühren langsam zugesetzt. Das Cer(IV)-jodat wird so lange in der Kälte absitzen gelassen, bis die überstehende Flüssigkeit klar geworden ist. Man filtriert durch ein gehärtetes Filter, bringt den Niederschlag ziemlich vollständig auf das Filter und spült das Becherglas mit einer kleinen Menge der Waschflüssigkeit einmal nach. Diese enthält 8 g Kaliumjodat und 50 cm³ konzentrierter Salpetersäure im Liter. Nachdem die Flüssigkeit aus dem Trichter abgelaufen ist, spritzt man mit Hilfe der Waschflüssigkeit den gesamten Niederschlag in das Becherglas zurück und verteilt ihn gleichmäßig mit einem Glasstab. Nochmals bringt man ihn auf das Filter und wäscht wie oben nach. Nun folgt die Umfällung. Mit heißem Wasser spritzt man den Niederschlag in das Becherglas, erhitzt zum Sieden und setzt tropfenweise so viel konzentrierte Salpetersäure hinzu, bis der Niederschlag gelöst ist. Für 0,1 g Cer benötigt man etwa 20 bis 25 cm³. Nun gibt man 0,25 g Kaliumbromat und dasselbe Gewicht an Kaliumjodat, wie das erste Mal, jedoch gelöst in einem kleinen Volumen Salpetersäure 1:2 hinzu. Nach dem Abkühlen und Absitzen des Niederschlages wird durch das gebrauchte Filter filtriert, wenig gewaschen, in das Fällungsgefäß, wie vorhin angegeben, zurückgebracht, gut verrührt und nun endgültig auf dem Filter gesammelt. Man wäscht noch 3mal kurz nach. Filter und Niederschlag werden hierauf in ein Becherglas gebracht und mit 50 cm³ Wasser übergossen, in dem 5 bis 8 g Oxalsäure gelöst sind. Nun bedeckt man mit einem Uhrglas und erwärmt vorsichtig, um schließlich zu kochen, bis keine Joddämpfe verflüchtigt werden. Das Uhrglas sowie die Wände werden abgespült. Nach mehrstündigem Stehen bringt man das Ceroxalat gemeinsam mit dem Filterbrei auf ein neues Filter, verascht in einem Platintiegel und glüht vor dem Gebläse.

***Bemerkung.*** Obwohl die von den Autoren angegebenen Werte recht zufriedenstellend sind ($\pm 1\%$), wird diese Methode wegen der großen Zahl von umständlichen Operationen nur eine begrenzte Anwendung finden.

Man kann auch das Ce(IV)-jodat aus homogener Lösung fällen, wenn das Ce(III) zu Ce(IV) langsam oxydiert wird. WILLARD und YU verwendeten als Oxydationsmittel Ammoniumperoxydisulfat oder Kaliumbromat, wobei Cer als $Ce_2(JO_3)_7OH \cdot 3{-}7\,H_2O$ abgeschieden wird.

**Durchführung.** a) Oxydation mit $(NH_4)_2S_2O_8$.

Die Probe, enthaltend Erdoxyde mit 25 bis 100 mg $CeO_2$, wird in hinreichender Menge warmer Schwefelsäure 2 : 1 aufgelöst, mit Wasser auf 300 cm³ verdünnt und mit 8 bis 9 cm³ konzentrierter $HNO_3$ (1,42) und 2 bis 10 Tropfen 3%igem $H_2O_2$ versetzt. Nach einigen Minuten Stehen wird zum Sieden erhitzt und hierauf auf 40 bis 60° abgekühlt. Man stellt den mechanischen Rührer an und löst 3 g $NH_4JO_3$ in der Probelösung auf; es darf kein Niederschlag gebildet werden. Nun fügt man 1 g $(NH_4)_2S_2O_8$ zu, hält unter Rühren die Temperatur von 70 bis 80° 1½ bis 2 Std. lang aufrecht, fügt nochmals 2 g des Oxydationsmittels zu und läßt 2 bis 3 Std. oder über Nacht abkühlen, wobei ein Rühren erwünscht, jedoch nicht notwendig ist. Man filtriert, wäscht dreimal durch Dekantieren und fünfzehnmal am Filter mit 1%iger Jodsäurelösung. Bei einer Umfällung wird durch Dekantation mit 1- bis 2%iger Jodsäurelösung und die im Filter verbliebene geringe Menge 5- bis 10mal gewaschen. Den Niederschlag löst man in 8 bis 9 cm³ konzentrierter $HNO_3$ und 10 Tropfen 3%igem $H_2O_2$ auf und erhitzt zum Sieden, bis die Lösung klar wird. Der Fällungsvorgang wird nun wiederholt.

Das basische Cerjodat wird bei 800 bis 900° C verglüht und, da das $CeO_2$ mit dunklen Teilchen durchsetzt ist, mit konzentrierter $H_2SO_4$ tropfenweise überschichtet, sorgfältig abgeraucht und hierauf 15 bis 30 Min. geglüht.

b) Oxydation mit Kaliumbromat.

Der Aufschluß der Erdoxyde und die Reduktion des Ce(IV) erfolgt wie unter a) beschrieben. Man kühlt auf 60 bis 80° ab, fügt unter mechanischem Rühren 3 g $NH_4JO_3$ und nach einigen Minuten 0,7 bis 1 g $KBrO_3$ zu. Man läßt auf Raumtemperatur abkühlen und rührt während 1½ bis 2 Std. Nun gibt man nochmals die gleiche Menge $KBrO_3$ zu, rührt mindestens ½ Std. und läßt mehrere Stunden oder über Nacht stehen. Die Umfällung sowie die Weiterbehandlung des Niederschlages erfolgen wie in a).

***Bemerkungen.*** Der Niederschlag ist kristallinisch und läßt sich gut verarbeiten. Die Oxydation mit $(NH_4)_2S_2O_8$ ergibt eine bessere Trennung, und in Gegenwart von 200 mg anderer Erden, auch Yttererden, tritt bei doppelter Fällung kein nennenswerter Fehler auf. Es stören nicht Mg, Al, Co, Ni, Cr und $MoO_3$; alle anderen Elemente geben sofort oder nach mehreren Stunden eine Fällung.

**e) Nach NECKERS und KREMERS.** BARBIERI zeigte, daß sich das in schwach saurer Lösung bildende unlösliche Cer(IV)-phosphat zu einer maßanalytischen Bestimmung des Cers heranziehen läßt (S. 342). NECKERS und KREMERS legten die Bedingungen fest, unter welchen aus der volumetrischen Methode eine gravimetrische Trennung und eine präparative Reindarstellung des Cers erhalten werden können. Aus schwach salpetersauren Lösungen, in denen das Cer in der 4wertigen Form vorliegt, wird durch Phosphat-Ionen das schwere, flockige schwachgelbe Ceriphosphat gefällt, das in 5 n Säure wenig, in 2,5 n sehr wenig löslich ist. Die 3wertigen Erdelemente bleiben bei diesem hohen Säuregehalt in Lösung.

**Durchführung.** Die Erdnitrate, in denen das Cer 4wertig ist, werden mit so viel konzentrierter Salpetersäure versetzt, bis die Lösung etwa 5% an freier Säure enthält. Man erhitzt auf 80° und gibt unter Rühren tropfenweise eine Natriumphosphatlösung hinzu. Der Niederschlag setzt sich rasch ab, wird filtriert und mit ½%iger Salpetersäure erdenfrei gewaschen.

Liegt in den Nitraten das Cer nicht 4wertig vor, so setzt man der auf 80° erwärmten Lösung die erforderliche Natriumphosphatmenge zu und oxydiert hierauf unter Rühren und langsamem Zusatz mit Kaliumpermanganat, bis eine blaßrosa Färbung bestehenbleibt. Mit etwas Phosphatlösung prüft man die vollendete Abscheidung.

Der Cer(IV)-phosphatniederschlag wird aus dem Filter in das Fällungsgefäß gespritzt und mit Natriumhydroxyd zersetzt. Man filtriert das Cer(IV)-hydroxyd ab, wäscht gut aus, löst in verdünnter Salpetersäure und fällt das Cer als Oxalat.

***Bemerkung.*** Im Filtrat verbleiben bei den Erden 0,02% Cer. Diese Methode gestattet mit einmaliger Fällung eine sehr scharfe Trennung des Cers von den übrigen Elementen der seltenen Erden. Durch die große Schwerlöslichkeit sowie durch die deutliche Niederschlagsbildung lassen sich auch kleine Mengen Cer erfassen. Man verwendet in diesem Falle etwa 5%ige Erdenlösungen und geht von entsprechend großen Einwaagen aus. Zirkon und Thorium begleiten quantitativ das Cer.

### Literatur.

BARBIERI, G. A.: Atti Accad. Lincei [5] **25, I,** 37 (1916); durch C. **1916, II,** 3. — BRINTON, P. H., u. C. JAMES: Am. Soc. **41,** 1080 (1919).

JAMES, C.: Am. Soc. **34,** 757 (1912). — JAMES, C., u. L. A. PRATT: Am. Soc. **33,** 1326 (1911).

MEYER, R. J., u. SPETER: Ch. Z. **34,** 306 (1910); Z. anorg. Ch. **71,** 65 (1911).

NECKERS, J. W., u. H. C. KREMERS: Am. Soc. **50,** 955 (1928).

OSTROMOV, E. A.: Shurn. Anal. Khim. **2,** 111 (1947); durch C. A. **43,** 5697 (1949).

PRANDTL, W., u. J. LÖSCH: Z. anorg. Ch. **122,** 159 (1922).

SWOBODA, K., u. R. HORNY: Fr. **67,** 389 (1925/26).

WILLARD, H. H., u. S. T. SAI YU: Anal. Chem. **25,** 1755 (1953). — WYROUBOFF, G., u. A. VERNEUIL: Bl. Soc. chim. Paris [3] **19,** 219 (1898).

### § 3. Bestimmung durch Fällung als Cer(III)-oxalat.

Die für die Elemente der seltenen Erden so charakteristische Reaktion, die Fällung mit Oxalsäure, kommt nur dem 3wertigen Cer zu. Das Cer(IV)-ion gibt unter gleichen Bedingungen einen leichtlöslichen gelbgefärbten Komplex, der jedoch bald unter Reduktion des Cers und Oxydation der Oxalsäure zum normalen Ceroxalat führt. In der Siedehitze geht dieser Zerfall so rasch vor sich, daß man ihn zu einer maßanalytischen Bestimmung des Cers heranziehen kann (s. S. 346). Im allgemeinen wird jedoch vor der Fällung mit dem Oxalat-Ion das 4wertige Cer reduziert; vorteilhaft wendet man Wasserstoffperoxyd in geringem Überschuß an.

**Eigenschaften.** Das Cer(III)-oxalat ist ein weißes Pulver, das gewöhnlich als 11-Hydrat erhalten wird und die D = 2,4313 besitzt.

**Löslichkeiten.** Wasser hält im Liter bei 25° 0,41 mg $Ce_2(C_2O_4)_3 \cdot 10\,H_2O$ gelöst (RIMBACH und SCHUBERT); nach CROUTHAMMEL und MARTIN $1{,}7 \cdot 10^{-6}$ g Mole je Liter. Das Cer(III)-oxalat ist in verdünnten Säuren sehr wenig löslich, jedoch leicht löslich in konzentrierten Säuren. Die Löslichkeit in verdünnten Mineralsäuren wird durch die Anwesenheit von Oxalsäure, wie aus folgenden Zahlen zu ersehen ist, sehr stark zurückgedrängt.

| | | | | | |
|---|---|---|---|---|---|
| Normalität der Salzsäure bei 25° | 0,1008 | 0,2576 | 0,5004 | 1,018 | 0,978 |
| Normalität der Oxalsäure | — | — | — | — | 0,1 |
| g $Ce_2(C_2O_4)_3$ in 100 g Lösungsmittel | 0,0131 | 0,0376 | 0,0834 | 0,2174 | 0,0272 |

| | | | | | | |
|---|---|---|---|---|---|---|
| Normalität der Salzsäure bei 25° | 0,978 | 1,484 | 1,484 | 2,00 | 2,00 | 2,00 |
| Normalität der Oxalsäure | 0,5 | — | gesättigt | — | 0,1 | 0,5 |
| g $Ce_2(C_2O_4)_3$ in 100 g Lösungsmittel | 0,0049 | 0,3552 | 0,0068 | 0,5518 | 0,2150 | 0,038 |

(SARVER und BRINTON).

In schwefelsaurer Lösung sind die Löslichkeitswerte geringer, in Salpetersäure etwas höher als die angeführten Zahlen. So löst n/4 Schwefelsäure bei Gegenwart von n/4 Oxalsäure 0,0046 g und n/2 Schwefelsäure bei Anwesenheit von n/2 Oxalsäure 0,0010 g Cer(III)-oxalat (HAUSER und WIRTH).

Oxalsäure allein zeigt folgende Zahlen:

| 0,1 n | 0,5 n | 1 n | 3,2 n | |
|---|---|---|---|---|
| 2 mg | 8,3 mg | 0,4 mg | 1,9 mg | $CeO_2$ bei 25° und dem Bodenkörper $Ce_2(C_2O_4)_3 \cdot 9\,H_2O$ |

(HAUSER und WIRTH).

Die Löslichkeit in 100 cm³ einer 2,63%igen Ammoniumoxalatlösung beträgt nach BRAUNER 1,09 mg $Ce_2O_3$ bei 20°.

**a) Gravimetrische Bestimmung siehe Allgemeiner Teil, S. 181.**

***Bemerkungen.*** Das nach obiger Vorschrift gewonnene Cer(III)-oxalat kann entweder nach Glühen bei 900° als Cerdioxyd nach α) (allgemein üblich) oder auch nach dem Trocknen bei 100° als Cer(III)-oxalat · $3\,H_2O$ nach β) und schließlich lufttrocken mit $10\,H_2O$ nach γ) ausgewogen werden.

α) Wägung als Cerdioxyd siehe S. 178.

β) Wägung als Cer(III)-oxalat mit 3 Molekülen Hydratwasser. GIBBS hatte gefunden, daß ein bei 100° getrocknetes Cer(III)-oxalat sich sehr gut als Wägungsform eignet. Ursprünglich wurde ein bei 100° gewichtskonstant getrocknetes Filter zum Sammeln des Niederschlages verwendet. CONGDON und RAY überprüften diese Methode, doch nahmen sie an Stelle des Filters einen Asbest-GOOCH-Tiegel oder Glassintertiegel. Der Niederschlag wurde mit Wasser gewaschen und bei 100° bis zur Gewichtskonstanz getrocknet. Die Resultate waren sehr zufriedenstellend; denn der mittlere Fehler betrug $\pm 0{,}36\%$. Zum Vergleich sei angeführt, daß die Werte bei Wägung als Dioxyd eine höhere Differenz von $\pm 0{,}49\%$ aufweisen.

LINDEMAN und HAFSTAD beobachteten, daß bei längerem Trocknen noch weiter Wasser abgegeben wird, so daß nach 6 Std. bei 100° nur mehr 2 Hydratwasser verbleiben. Auch diese Modifikation der Wägungsform ergibt nach den Angaben der Autoren gute Resultate.

γ) Wägung als Cer(III)-oxalat mit 10 Molekülen Hydratwasser. Da das gefällte Oxalat bei normaler Temperatur an der Luft sehr beständig ist, d. h. weder Feuchtigkeit anzieht noch Kristallwasser abgibt, kann es als Wägungsform benutzt werden. Die Versuche, mit wenig Mühe zu verläßlichen Resultaten zu gelangen, wurden von SCHRÖDER und SCHACKMANN erfolgreich unternommen.

**Durchführung.** Die zu untersuchende Substanz, die etwa 0,1 bis 0,3 g der Cer(III)-verbindung enthalten soll (die Versuche wurden mit Sulfaten vorgenommen), wird in 200 cm³ Wasser gelöst, das mit 1 cm³ verdünnter Salzsäure angesäuert worden ist. Man erhitzt zum beginnenden Sieden und fällt unter gutem Umrühren mit einem Überschuß von Ammoniumoxalat (für die angegebene Cermenge 10 cm³ einer 5%igen Ammoniumoxalatlösung). Man läßt über Nacht stehen, filtriert durch einen Porzellansintertiegel A1 und wäscht mit etwa 250 cm³ heißem Wasser gut aus. Nach dem Abkühlen des Tiegels wird mit 20 cm³ Alkohol und hierauf mit 20 cm³ Äther langsam nachgewaschen und schließlich gut abgesaugt. Nach 1 Std. Stehen an der Luft wird gewogen.

***Bemerkungen.*** Die Übereinstimmung mit den durch Verglühen und Wägen als Cerdioxyd erhaltenen Werten ist sehr gut. Die Fehler liegen innerhalb der Wägefehler und betragen unabhängig von der Größe der Auswaage $\pm 0{,}2$ mg.

**b) Maßanalytische Bestimmung siehe S. 184.**

**c) Potentiometrische Bestimmung.**

α) Nach MAYR und BURGER siehe S. 185.

β) Nach JANTSCH und GAWALOWSKI siehe S. 185.

γ) Nach JANTSCH und GAWALOWSKI siehe S. 186.

δ) Nach ATANASIU. Da das Cer(III)-oxalat in neutraler Lösung sehr wenig löslich ist, kann man den Verlauf der Fällung potentiometrisch verfolgen. In wäßriger Lösung wird der Äquivalenzpunkt durch einen sehr kleinen Potentialsprung angedeutet, der auch in der Wärme keine wesentliche Verstärkung erfährt. In alkoholischer Lösung hingegen ist der Potentialsprung deutlich ausgeprägt und beträgt 54 bis 59 mV. Anfänglich ist die Potentialeinstellung träge, doch je mehr man sich dem Endpunkt nähert, um so genauer werden die Ablesungen, so daß im Wendepunkt eine Wartezeit unnötig wird.

**Durchführung.** Die Cer(III)-nitrat- oder -chloridlösung wird mit Alkohol und Wasser verdünnt, bis 100 $cm^3$ einer 50%igen alkoholischen Lösung resultieren. Man titriert mit einer m/10 Natriumoxalatlösung, wobei ein blanker Platindraht als Indicatorelektrode und eine Normal-Kalomelelektrode als Bezugselektrode verwendet werden.

**Berechnung.** 1 $cm^3$ n/10 Natriumoxalat entspricht 0,0093 g Ce.

***Bemerkung.*** An Stelle von Alkohol können Aceton und Methylalkohol in der gleichen Konzentration mit gutem Erfolg verwendet werden. Sulfate stören, da sie in alkoholischen Lösungen zur Ausfällung von Cer(III)-sulfat führen. Natrium und Ammonium sowie Chlor und Nitrat-Ionen begünstigen die Ausbildung des Potentialsprunges. Hingegen verschleiern und verschieben Kalium-Ionen, selbst wenn sie 1% nicht überschreiten, den Wendepunkt erheblich; bei genauen Titrationen dürfen sie nicht anwesend sein.

**d) Konduktometrische Bestimmung siehe S. 186.**

## Literatur.

ATANASIU, J. A.: Fr. **112**, 15 (1938).
BRAUNER, B.: Soc. **73**, 972 (1898).
CONGDON, L. A., u. E. L. RAY: Chem. N. **128**, 233 (1924). — CROUTHAMMEL, C. E., u. D. S. MARTIN: Am. Soc. **73**, 569 (1951).
GIBBS, W.: Fr. **3**, 395 (1864); Chem. N. **12**, 208 (1865); **99**, 96 (1909).
HAUSER, O., u. F. WIRTH: Fr. **47**, 394 (1908).
LINDEMAN, TH., u. M. HAFSTAD: Fr. **70**, 440 (1927).
RIMBACH, E., u. A. SCHUBERT: Ph. Ch. **67**, 183 (1909).
SARVER u. BRINTON: GM. 6, 225. Heidelberg 1932. — SCHRÖDER, W., u. H. SCHACKMANN: Z. anorg. Ch. **220**, 395 (1934).

### § 4. Bestimmung als Oxychinolat.

PIRTEA beobachtete, daß die auf S. 188 beschriebene Fällung der seltenen Erden mit Oxychinolin beim Cer nicht glatt verläuft. Der zuerst ausfallende Niederschlag ist gelblichorange [Ce(III)-oxychinolat], nimmt aus der Luft Sauerstoff auf, wird mißfarbig und schließlich purpurbraun. Die vollständige Umwandlung dauert mehrere Tage, und es entsteht eine Verbindung des 4wertigen Cers. [Nach MISUMI ein Gemenge von $Ce(OH)_4$ und Oxim.] Zur quantitativen Bestimmung wird die Veraschung des Niederschlages und Auswaage als $CeO_2$ empfohlen. BERG und BECKER unterdrücken die Bildung 4wertiger Cerverbindungen durch Zugabe eines starken Reduktionsmittels und bringen den Niederschlag nach dem Trocknen zur Auswaage.

**Durchführung.** Die Lösung, enthaltend bis zu 50 mg Cer, wird mit 1 g Hydroxylaminchlorhydrat versetzt, wobei eine völlige Entfärbung eintritt, dann mit 10 $cm^3$ konzentrierter Natriumtartratlösung und 20 $cm^3$ 2 n Ammoniak und auf 100 $cm^3$ verdünnt. Bei 60° wird mit 2,5%iger alkoholischer Oxinlösung gefällt, zum Sieden erhitzt und 30 Min. über kleiner Flamme stehengelassen. Man filtriert durch einen Glassintertiegel, wäscht mit warmem, schwach ammoniakalischem Wasser gut aus und trocknet bei 110°.

***Bemerkungen.*** Nach DUVAL ist der Niederschlag $Ce(C_9H_6ON)_3$ bis 130° beständig.

MISUMI löst den Niederschlag bzw. extrahiert die wäßrige Fällung mit Amylacetat bei einem $p_H$ von 10,5 und bestimmt das Cer spektrophotometrisch. Das Absorptionsmaximum befindet sich bei 4700 Å; es sind noch 0,5 $\gamma$ je $cm^3$ bestimmbar. Eisen, Mangan, Vanadin und Fluor stören.

## Literatur.

BERG, R., u. E. BECKER: Fr. **119**, 1 (1940).
DUVAL, C.: Anal. chim. Acta **1**, 341 (1947).
MISUMI, S.: Chem. Soc. Japan **74**, 67 (1953); durch C. A. **47**, 7937 (1953).
PIRTEA, TH. I.: Bl. Chim. pura apl. Bukarest **39**, 83 (1937); durch C. **1940**, **I**, 3151.

### § 5. Bestimmung durch Fällung als Kaliumcer(III)-cyanoferrat(II).

Lösungen seltener Erden geben mit Kaliumcyanoferrat(II) Niederschläge, die in Wasser und bei verschiedenen Aciditäten recht unterschiedliche Löslichkeiten besitzen. Man hat diese Verbindungen zur fraktionierten Fällung besonders bei Yttererden herangezogen. Durch größere Unlöslichkeit zeichnen sich die Ceriterden aus, vor allem dann, wenn ein hinreichender Überschuß an dem Fällungsmittel vorhanden ist. W. D. TREADWELL und CHERVET untersuchten potentiometrisch die Zusammensetzung der Niederschläge, die durch Einwirkung von Kaliumeisen(II)-cyanid auf Cer(III)-nitratlösungen entstehen. In der Kälte und in wäßriger Lösung wird das normale Salz $Ce_4[Fe(CN)_6]_3$ gebildet, während bei 70° und in 30%iger alkoholischer Lösung, wie ATANASIU zeigte, das $KCeFe(CN)_6$ ausfällt. Die Auswertung dieser Umsetzung kann auf zweierlei Art für die Analyse dienstbar gemacht werden.

**a) Nach P. SPACU.** Der Niederschlag hat die Zusammensetzung

$$KCeFe(CN)_6 \cdot 4\,H_2O$$

und kann, da er kristallinisch und gut filtrierbar ist, im Vakuum getrocknet und ausgewogen werden. Nach DUVAL ist er bei 20° C beständig.

**Durchführung.** Eine kalte neutrale Cer(III)-salzlösung, die ein Volumen von 40 $cm^3$ nicht überschreiten soll, wird tropfenweise und unter ständigem Umrühren mit einem Überschuß einer 0,1 m Kaliumcyanoferrat(II)-lösung gefällt. Es scheidet sich $KCeFe(CN)_6 \cdot 4\,H_2O$ als schweres kristallinisches Pulver ab. Nach einer halben Stunde filtriert man durch einen Porzellanfiltertiegel, wäscht mit 50%igem Alkohol salzfrei, dann mit 96%igem Alkohol und schließlich mit Äther aus. Man trocknet im Vakuum.

**Berechnung.**

$$\%\,Ce = \frac{\text{Auswaage} \cdot 100 \cdot 0{,}30254}{\text{Einwaage}},$$

$$\text{Faktor} = 0{,}30254;\ \log F = 0{,}48079 - 1.$$

***Bemerkungen.*** Die angeführten Beleganalysen sind mit Cer(III)-nitratlösungen durchgeführt worden. Der Autor hat weder andere Säurereste noch die Gegenwart von Ammonium- oder Alkalisalzen in den Kreis seiner Untersuchungen gezogen. Deshalb und wegen der gleichartigen Reaktion anderer Elemente der seltenen Erden hat diese Methode nur einen sehr beschränkten Anwendungsbereich. Die Resultate zeigen einen mittleren Fehler von $\pm 0{,}2\%$.

**b) Potentiometrisch nach ATANASIU.** Wie die ersten potentiometrischen Versuche von W. D. TREADWELL und CHERVET zeigen, ist der Potentialsprung im Äquivalenzpunkt sehr klein. In 30%iger alkoholischer Lösung wird er jedoch so deutlich, daß eine analytische Verwendung möglich wird. Hingegen tritt eine merkliche Verschiebung des Äquivalenzpunktes ein, die nach P. SPACU durch einen Zusatz von 1,5 bis 2 g Kaliumnitrat behoben werden kann.

**Durchführung.** Die neutrale Cer(III)-salzlösung, in der 1,5 bis 2 g Kaliumnitrat enthalten sind, wird mit Alkohol so lange versetzt, bis eine 30%ige Lösung entsteht.

Man erwärmt hierauf auf etwa 70° und titriert mit einer n/20 Kaliumeisen(II)-cyanidlösung, die einige Tropfen einer 0,1%igen Kaliumeisen(III)-cyanidlösung enthält. Als Indicatorelektrode dient ein blanker Platindraht; gegen Ende der Titration muß die langsame Einstellung abgewartet werden. Der Potentialsprung ist gut ausgeprägt.

***Bemerkungen.*** Nach P. SPACU soll die umgekehrte Titration, wenn in der Kälte gearbeitet wird, günstiger sein. Die Versuchsfehler betragen 0,2 bis 0,4%.

Literatur.

ATANASIU, J. A.: J. Chim. phys. **23**, 501 (1926); Fr. **105**, 422 (1936).
DUVAL, C.: Anal. chim. Acta **1**, 341 (1947).
SPACU, P.: (a) Fr. **104**, 28 (1936); (b) Fr. **104**, 119 (1936).
TREADWELL, W. D., u. D. CHERVET: Helv. **6**, 550 (1923).

### § 6. Bestimmung als Cer(III)-sulfat.

Nur in ganz seltenen Fällen wird es notwendig sein, das Cer als wasserfreies Sulfat zur Wägung zu bringen. Im Gegensatz zu den anderen 3wertigen Erdelementen geht man nicht vom Cerdioxyd, sondern von einer Lösung aus. Erhitzt man nämlich das Oxyd mit konzentrierter Schwefelsäure, so wird nur unvollständig Cer(IV)-sulfat gebildet, und der verbleibende Rückstand kann trotz mehrmaligem Abrauchen nicht aufgeschlossen werden. Das Cer(IV)-sulfat zerfällt oberhalb 250°; bei 393° hat das Schwefeltrioxyd bereits einen Dampfdruck von 47 mm Quecksilber. Zwischen 500 und 600° wird ein halbes Mol Trioxyd abgegeben und Cer(III)-sulfat gebildet, das oberhalb 900 bis 1000° in Cerdioxyd übergeht. Es ist wesentlich einfacher, das kristallisierte Cer(III)-sulfat herzustellen, es zu trocknen und bis zum konstanten Gewicht zu glühen. Zu diesem Zwecke wird die Cerlösung, die keine durch Alkohol fällbaren Substanzen enthalten darf, auf ein kleines Volumen eingeengt, mit etwas mehr als der berechneten Menge verdünnter Schwefelsäure und zur Reduktion tropfenweise mit schwefliger Säure oder Wasserstoffperoxyd bis zur Entfärbung versetzt. Nun gießt man diese Lösung unter gutem Rühren in das 4fache Volumen von 96%igem Alkohol. Ein feines weißes Kristallpulver von $Ce_2(SO_4)_3 \cdot 8\,H_2O$ setzt sich rasch zu Boden. Man filtriert durch einen Porzellansintertiegel, wäscht säurefrei mit absolutem Alkohol und trocknet bei 100°, wobei 4 Mol Wasser abgegeben werden. Hierauf erhitzt man vorsichtig auf 450°, läßt über Phosphorpentoxyd erkalten und wägt in einem gut schließenden Wägegläschen (s. S. 279); das Filtrat muß stets mit Ammoniak auf vollständige Fällung geprüft werden.

SCHRÖDER und SCHACKMANN haben mit Vorteil diese Wägungsform benützt, als es galt, Cer(III)-alkalidoppelsulfate zu analysieren. Durch Glühen bei 450° wurden die Doppelsalze entwässert und hierauf zur Wägung gebracht.

Literatur.

SCHRÖDER, W., u. H. SCHACKMANN: Z. anorg. Ch. **220**, 395 (1934).

### § 7. Fällung als Cerperjodat.

VENKATARAMANIAH und RAGHAVA RAO fällen unter Einhaltung einer bestimmten Salpetersäurekonzentration das Cer(IV)-ion als Perjodat, wobei sich eine Trennung von Thor, den seltenen Erden, aber auch vom Cer(III)-ion ergibt.

**Durchführung.** Nicht mehr als 0,5 g der Oxyde werden in Salpetersäure gelöst und auf ein Volumen von 10 cm³ gebracht. In diese kalte Lösung werden 120 cm³ Salpetersäure 1:5 (= 2 n) und 70 cm³ der Perjodatlösung getan. Die Perjodatlösung besteht aus einer Salpetersäure 1:5, die mit Kaliumperjodat in der Kälte gesättigt wurde. Die Fällung wird nun während 10 bis 15 Min. auf ein siedendes Wasserbad gestellt, bis sich der Niederschlag gut abgesetzt hat, und hierauf abkühlen gelassen. Man dekantiert durch einen dichten Glassintertiegel, wäscht durch Dekantieren mit 1 n Salpetersäure (1:10) und löst den Niederschlag im Becherglas zwecks Umfällung in möglichst wenig konzentrierter Salpetersäure auf. Hierauf wird auf 2 n verdünnt, worauf das Cer(IV)-perjodat wieder ausgefällt wird. Man wäscht mit 200 cm³ 1 n Salpetersäure und schließlich mit 100 cm³ kaltem Wasser. Im Trockenschrank wird bei 100 bis 110° während 3 bis 4 Std. getrocknet und als $CeHJO_6 \cdot H_2O$ ausgewogen. Die seltenen Erden und Thor werden im Filtrat zuerst über die Fällung als Hydroxyde durch Ammoniak und dann über die Oxalsäurefällung gereinigt.

***Bemerkungen.*** Die genaue Einhaltung der Salpetersäurekonzentration scheint ein wesentlicher Faktor dieser Bestimmungsmethode zu sein. Analysenergebnisse sind bis jetzt noch nicht zugänglich gewesen.

## Literatur.

VENKATARAMANIAH, M., u. BH. V. RAGHAVA RAO: Current Sci. **18**, 248 (1949); durch C. A. **44**, 1351 (1950).

## II. Maßanalytische Methoden.

Die volumetrischen Bestimmungen des Cers beruhen auf dem Vorhandensein zweier beständiger Oxydationsstufen, deren Überführung ineinander ohne Schwierigkeiten und ohne Nebenreaktionen, demnach in stöchiometrischen Verhältnissen, erfolgt. Die Cer(IV)-salze sind intensiv gelb gefärbt und sehr starke Oxydationsmittel. Cer(III)-salze sind farblos, doch läßt sich dieser Farbenwechsel für quantitative Bestimmungen nur bedingt heranziehen. Bis vor etwa zwanzig Jahren war die Auswahl an titrimetrischen Methoden sehr klein; erst als die elektrometrische Analyse Eingang gefunden hatte, konnten mehrere wohlbekannte Reaktionen quantitativ ausgewertet werden. Einen weiteren Fortschritt bedeutete die Einführung der Redoxindicatoren, die durch ihre einfache Handhabung in einigen Fällen die potentiometrischen Methoden ersetzen. Schließlich sei noch an die Verwendung von Katalysatoren in der Maßanalyse gedacht, die den Kreis der ausnutzbaren Reaktionen wesentlich erweiterten. Man hatte nun die Möglichkeit, langsam verlaufende Umsetzungen zu beschleunigen und quantitativ zu Ende zu führen. Das große Oxydationsvermögen der Cer(IV)-salze, die geringen Kosten geeigneter Cerpräparate sowie die genaue Erfassung des Reaktionsendpunktes trugen dazu bei, daß das Cer(IV)-sulfat als neue Maßlösung in die Oxydimetrie eingeführt wurde. Eingehende Untersuchungen, die meist von amerikanischen Forschern stammen, zeigten die große Verwendungsmöglichkeit der Cerimetrie auf. Es ist nicht im Sinne dieses Handbuches, alle diese Methoden im Rahmen der „seltenen Erden“ zu besprechen, denn das Cer tritt hier als Maßlösung auf. Diese Verfahren werden bei den betreffenden Elementen aufzufinden sein.

Behandelt sind neben den Bestimmungsmethoden, die nur für die quantitative Erfassung des Cers ausgearbeitet wurden, noch jene, die auf einer gut meßbaren Umsetzung mit häufig anzutreffenden Maßlösungen beruhen. In diesem Falle sind hauptsächlich Reaktionen angeführt worden, bei denen man sowohl mit der Cer(IV)-lösung als auch mit dem anderen Reaktionspartner die Titration beenden kann.

In der 4wertigen Form ist das Cer nur in schwefel-, salpeter- und perchlorsaurer Lösung beständig. Halogenwasserstoffsäuren, auch wenn sie verdünnt sind, werden rasch oxydiert unter Bildung der freien Halogene. Muß man eine Titration in ihrer Gegenwart vornehmen, so gibt man die zu bestimmende Cer(IV)-lösung in einen geeigneten Meßkolben, ergänzt das Volumen mit Wasser bis zur Marke, schwenkt gut um und füllt mit dieser Lösung eine Bürette. In einem Titriergefäß wird eine bekannte Menge der halogenwasserstoffsauren Maßlösung, deren Gehalt geringer ist als der der zu erwartenden Cer(IV)-lösung, vorgelegt. Nachdem der Umsatz der Cer(IV)-lösung mit der Maßlösung stets rascher als mit der Halogenwasserstoffsäure erfolgt, kann die Titration richtig durchgeführt werden. Eine Nichtbeachtung dieser Vorschrift führt zu untereinander schwankenden, außerdem falschen Resultaten.

Im Gange der quantitativen Analyse fällt das Cer meist in 3wertiger Form an. Die gebräuchlichsten volumetrischen Methoden gehen jedoch vom 4wertigen Cer aus. Es ist daher verständlich, daß eine Reihe von genauen Untersuchungen über die vollständige Überführung von Ce(III) in Ce(IV) vorliegt, hängt doch von dieser Vorbereitung die Güte der erhaltenen Resultate wesentlich ab. Diese Oxydationsverfahren sollen, da sie immer wiederkehren, den speziellen maßanalytischen Methoden vorangestellt werden.

**1. Oxydation mit Ammoniumperoxydisulfat nach v. Knorre.** Die neutrale Cer(III)-sulfatlösung wird mit möglichst wenig verdünnter Schwefelsäure und mit einer Ammoniumperoxydisulfatlösung versetzt. Für 0,3 g Ce werden 3 g Peroxydisulfat benötigt, das in Wasser gelöst in drei Anteilen zugegeben wird. Zuerst trägt man die Hälfte in die kalte Cerlösung ein, erhitzt 1 bis 2 Min. zum Sieden, kühlt auf 40 bis 60° ab, fügt wiederum die Hälfte der übriggebliebenen Peroxydisulfatlösung zu und verfährt wie vorhin. Nach abermaliger Kühlung und dem Zusatz des letzten Anteils an Peroxydisulfat erhitzt man zur Zerstörung des unverbrauchten Oxydationsmittels noch 10 bis 15 Min. Gegen Ende des Siedens setzt man noch etwas verdünnte Schwefelsäure hinzu.

Diese Oxydation muß genau nach der Vorschrift vorgenommen werden. Die Schwierigkeit, die jedoch durch Übung überwunden werden kann, liegt in dem ersten Zusatz der verdünnten Schwefelsäure. Ist dieser zu gering, dann hydrolysiert die Cer(IV)-verbindung, und die Probe muß verworfen werden. Ist zuviel freie Säure da, dann wird aus dem Ammoniumperoxydisulfat Wasserstoffperoxyd gebildet, das sich mit dem Cer(IV)-ion unter Reduktion umsetzt. Man erhält so das Gegenteil von dem, was man erreichen wollte, eine unvollständige Oxydation.

Nachdem dieses Verfahren wegen der geringen Kosten in der Cer- und Thoriumindustrie vielfach Anwendung gefunden hatte, versuchte man die günstigsten Bedingungen für die Oxydation festzulegen. Schon Drossbach sowie Hintz und Weber befaßten sich mit ihrer Durchführung, bestätigten die guten Resultate, präzisierten jedoch nicht die Bedingungen. Innerhalb der Cer verarbeitenden Industrie hat sich in der folgenden Zeit eine Vorschrift sehr bewährt, die W. Biltz und Pieper mitteilen.

***Arbeitsvorschrift.*** Die schwefelsaure Lösung, enthaltend 0,1 bis 0,15 g Cer, wird in einem Erlenmeyer-Kolben mit verdünntem Ammoniak so weit abgestumpft, daß eben kein Niederschlag entsteht. Hierauf fügt man 10 $cm^3$ einer Schwefelsäure hinzu, die 6 g konzentrierte Schwefelsäure enthält. Diese verdünnte Säure wird einem größeren Vorrat entnommen, der zur sicheren Zerstörung oxydierbarer Stoffe mit Kaliumpermanganat vorbehandelt worden ist. Die Cerlösung wird nun auf 100 $cm^3$ verdünnt. Dann gibt man anteilweise 10 $cm^3$ einer 20%igen Ammoniumperoxydisulfatlösung hinzu, bedeckt mit einem Uhrglas und hält 1 Min. im Sieden. Das Gefäß wird unter einem Strahl der Wasserleitung auf etwa 40° abgekühlt. Nochmals fügt man 5 $cm^3$ der obengenannten Peroxydisulfatlösung hinzu, erhitzt zum Sieden und kühlt ab. Schließlich wird die Oxydation vervollständigt durch einen weiteren Zusatz von 5 $cm^3$ der Peroxydisulfatlösung und durch 15 Min. langes Sieden. Das Ende wird dadurch angezeigt, daß durch das Ausbleiben der Sauerstoffbläschen die siedende Lösung zu stoßen beginnt.

***Bemerkungen.*** Die genannten Autoren machen ausdrücklich darauf aufmerksam, daß nur ein genaues Einhalten dieser Vorschrift zu guten Werten führt. Durch eigene Versuche zeigen sie, daß die untere Grenze für 0,1 g Ce bei 10 $cm^3$ Schwefelsäure 1:4 liegt, entsprechend der Hälfte der vom „Cererdenverband" vorgeschriebenen Säure.

Weitere ergänzende Untersuchungen stammen von LINDEMAN und HAFSTAD. Es wird gezeigt, daß beim Kochen in Gegenwart von 2,6 g konzentrierter Schwefelsäure auf 100 cm³ Lösung noch eine feine Trübung durch Hydrolyse hervorgerufen wird. Zwischen 2,6 bis 9,5 g konzentrierter Schwefelsäure sind die Resultate gleichwertig gut, oberhalb 12 g tritt eine deutliche Reduktion durch das frei gewordene Wasserstoffperoxyd ein.

Ferner wird in der gleichen Mitteilung auf eine neue Arbeitsvorschrift hingewiesen, in der bei Gegenwart von Magnesiumsulfat die konzentrierte Schwefelsäure auf 3,2 g gehalten werden kann, da die Dissoziation der Cer(IV)-sulfate zurückgedrängt wird. Nach diesem Verfahren oxydierte Cer(III)-lösungen weisen bei der Titration höhere Werte als die Standardmethode auf. Eine Überprüfung durch FURMAN ergab, daß das Ammoniumperoxydisulfat durch das Magnesiumsalz stabilisiert und bei der nachfolgenden Certitration mitbestimmt wurde. Demnach ist diese Vorschrift zu verwerfen.

WEISS und SIEGER haben die Oxydation durch Ammoniumperoxydisulfat neuerlich eingehend untersucht und gefunden, daß eine Kochdauer von 10 Min. recht gute Ergebnisse liefert. Wird länger erhitzt, so tritt Reduktion des Cer(IV)-ions ein, und die erhaltenen Werte können bis zu 5% zu niedrig ausfallen.

**2. Methode von WILLARD und YOUNG.** Zur Oxydation größerer Mengen Cer(III)-salz mit Ammoniumperoxydisulfat hatte BARBIERI Silbernitrat als Katalysator verwandt. Dieses einfache und sichere Verfahren übertrug WILLARD und YOUNG auf die quantitative Analyse. Wie WEISS und SIEGER zeigten, beschleunigt Silbernitrat nicht nur die Oxydation des Cer(III)-ions und den Zerfall des überschüssigen Persulfates, sondern stabilisiert auch das gebildete Cer(IV)-ion, so daß die bei der Methode v. KNORRE mit Unsicherheit behaftete Siededauer an Bedeutung verliert.

***Arbeitsvorschrift.*** Die etwa 200 cm³ betragende Cer(III)-salzlösung kann entweder 2,5 bis 10 cm³ konzentrierte Schwefelsäure oder 5 cm³ Salpetersäure vom spezifischen Gewicht 1,42 enthalten. Zur Oxydation verwendet man 1 bis 5 g festes Ammoniumperoxydisulfat sowie 2 bis 5 cm³ einer Silbernitratlösung, die 2,5 g dieses Salzes im Liter enthält. Nachdem 10 Min. zum Sieden erhitzt worden war, ist die Oxydation quantitativ beendet und der Überschuß an Persulfat zerstört.

***Bemerkung.*** Diese Methode gibt sehr gute Werte. Wird eine nach diesem Verfahren oxydierte Cerlösung mit Kaliumjodid titriert, so muß das vorhandene Silber-Ion und der damit zusammenhängende Mehrverbrauch berücksichtigt werden.

**3. Methode von KIMURA und MURAKAMI.** Silberperoxyde eignen sich infolge ihres hohen Oxydationspotentials (ungefähr 2 Volt) und der leichten Zerstörbarkeit des Überschusses sehr gut zur vollständigen Oxydation von Ce(III)-verbindungen. Die Herstellung haltbarer Silberperoxydpräparate kann auf mehreren Wegen erfolgen. a) KIMURA und MURAKAMI behandeln eine 10%ige Silbernitratlösung mit einem geringen Überschuß an berechnetem Ammoniumperoxydisulfat. Unter ständigem Rühren bildet sich in der Kälte ein schwerer Niederschlag, ein Gemisch von $Ag_2O_2$ und $Ag_2S_2O_8$, und eine braune Lösung, die beim Verdünnen mit Wasser $Ag_2O_2$ abscheidet. Man sammelt den Niederschlag in einem Glassintertiegel und wäscht ihn säurefrei. In einem braunen Glase ist das mit Wasser überschichtete Präparat monatelang haltbar. b) MALAGUTI und LABIANCA oxydieren anodisch 2%iges Silbernitrat in konzentrierter Salpetersäure, bis etwa 70 bis 80% des anwesenden Silbers in 2wertiger Form vorliegt. Diese Lösung wird unverändert zur Oxydation verwendet. c) Ferner können die bei der elektrolytischen Oxydation von Silbernitratlösungen anfallenden Peroxyde von der ungefähren Zusammensetzung $AgNO_3$, $Ag_2O_3 \cdot 2Ag_2O_2$ zur Analyse herangezogen werden. In konzentrierter Salpetersäure zu 1% gelöst, ergeben sie ein brauchbares Oxydationsmittel.

***Arbeitsvorschrift.*** Für je 5 mg Ce(III) in 3 n schwefelsaurer Lösung wird 0,1 g des nach a) hergestellten Peroxydes in der Kälte zugesetzt. Zur Zerstörung des

Überschusses wird 10 bis 20 Min. auf dem siedenden Wasserbad erwärmt. Hierauf kühlt man mit fließendem Wasser. MALAGUTI und LABIANCA geben zur Cer(III)-lösung so viel von der 1%igen Vorratslösung, bis die kaffeebraune Färbung bestehen bleibt. Nun erwärmt man auf dem Wasserbade, bis die Farbe (je nach der Menge des anwesenden Cers) in Gelborange oder Hellgelb umschlägt.

***Bemerkung.*** KIMURA und MURAKAMI verwendeten diese Methode zur Mikrobestimmung des Cers. MALAGUTI und LABIANCA hatten Makrobestimmungen ausgearbeitet. Beide Veröffentlichungen berichten über die leichte Durchführung, vollständige Zerstörung des Überschusses an Silberperoxyd durch Hitze und die guten Resultate der nachfolgenden Titration.

**4. Methode von WAEGNER und A. MÜLLER.** In stark salpetersaurer Lösung wird durch Wismuttetroxyd in der Kälte eine Oxydation zu Ce(IV) erzielt.

***Arbeitsvorschrift.*** Die salpetersaure Cer(III)-lösung soll 25 bis 30 cm³ betragen und wird in einen Meßkolben von 110 cm³ übergeführt. Nun fügt man das gleiche Volumen an konzentrierter Salpetersäure hinzu und läßt erkalten (Verdünnungswärme); auf je 0,1 g verwendet man 2 bis 2,5 g Wismuttetroxyd, das in kleinen Anteilen unter Umschwenken eingetragen wird. Nach einer halben Stunde wird mit Wasser zur Marke aufgefüllt und durchgeschüttelt. Der Niederschlag wird absitzen gelassen (etwa 1 bis 2 Std.) und, ohne den Bodensatz aufzuwirbeln, durch ein trockenes Filter gegossen. Genau 100 cm³ des Filtrates werden zur Titration verwendet und mit dem gleichen Volumen Wasser verdünnt.

***Bemerkung.*** Nach v. KNORRE ist die Oxydation vollständig und die Verwendung von Papierfiltern zulässig. Störend wirkt die stark salpetersaure Lösung. W. BILTZ und PIEPER erhielten nicht immer vollständige Oxydation, bisweilen trat Ozongeruch auf. WEISS und SIEGER lehnen diese Methode ab, da auf Grund ihrer Versuche Fehler bis zu 15% entstehen.

**5. Methode von METZGER.** In schwefelsaurer Lösung oxydiert Natriumbismutat, bei Gegenwart von Ammoniumsulfat, das Cer(III)-ion vollständig.

***Arbeitsvorschrift.*** Die Erdoxyde werden in 10 cm³ konzentrierter Schwefelsäure durch Erhitzen gelöst und nach Abkühlung langsam in 100 cm³ eiskaltes Wasser gegossen. Nachdem 2 g Ammoniumsulfat und 1 g Natriumbismutat eingetragen wurden, kocht man auf und filtriert durch einen GOOCH- oder NEUBAUER-Tiegel. Der Niederschlag wird mit 150 cm³ 2%iger Schwefelsäure ausgewaschen.

***Bemerkung.*** Einige Übung erfordert die Herstellung der Sulfatlösung aus den Erdoxyden. Sollte sich nach dem Aufschluß mit konzentrierter Schwefelsäure und nach dem Verdünnen mit Eiswasser nicht alles Oxyd gelöst haben, so gibt man noch 10 cm³ konzentrierte Schwefelsäure hinzu und erwärmt auf der Heizplatte oder dem Wasserbad, bis die Flüssigkeit klar gelb geworden ist. Man engt nun auf 100 cm³ ein.

Dieses Verfahren hat eine sehr große Verbreitung gefunden, da die Oxydation leicht und quantitativ erfolgt. SOMEYA vergrößert den Zusatz an Natriumbismutat auf 2 g und stellt die notwendige Menge an Schwefelsäure fest. Zwischen 6,4 und 12 n ist die Oxydation vollständig. Unterhalb 6 n sind die durch Titration erhaltenen Werte zu hoch. Wird reinstes Natriumbismutat verwendet, so kann nach der Oxydation eine Entfernung des Niederschlages durch Filtration unterbleiben.

FURMAN bestätigt die von SOMEYA mitgeteilten Erfahrungen und findet, daß diese Oxydationsmethode ebenso gute Werte liefert wie die von v. KNORRE angegebene.

**6. Methode nach JOB.** Die ursprünglichen Schwierigkeiten, die in der Peroxydisulfatoxydation lagen, suchte JOB zu umgehen, indem er die bekannte Reaktion mit Bleidioxyd und konzentrierter Salpetersäure zur quantitativen Überführung von Ce(III) in Ce(IV) empfahl. Man hat des öfteren diese Versuche neu aufgenommen, ohne brauchbare Resultate zu erhalten. Die Oxydation war stets unvollkommen (s. v. KNORRE, AUTIE sowie WEISS und SIEGER).

Nun haben GORDON und FEIBUSH gezeigt, daß in 0,5 bis 6 n $H_2SO_4$, 0,3 bis 0,5 g $PbO_2$, 20 bis 1000 $\gamma$ von Ce(III) in der Kälte quantitativ zu Ce(IV) oxydiert werden.

***Arbeitsvorschrift.*** Die Erdenlösung, die 20 bis 1000 $\gamma$ Ce enthält und frei von Chlor und Nitrationen ist, wird durch Zusatz von $H_2SO_4$ auf 2 n gebracht und mit 0,3 bis 0,5 g $PbO_2$ versetzt, gelegentlich geschüttelt und 5 Min. stehengelassen. Man filtriert durch einen Porzellan-Sintertiegel A-3, auf dessen Boden eine Glassinterfritte liegt [Papierfilter reduziert die Ce(IV)-lösung und muß daher abgelehnt werden]. Zweckmäßig läßt man das Filtrat in eine eingestellte $FeSO_4$-Lösung fließen. Der Überschuß an Fe(II) wird photometrisch nach Zusatz von 10 $cm^3$ einer 0,1%igen Phenantrolinlösung und von Ammoniak bis zur Rotfärbung und Einstellen auf $p_H = 2{,}5$ bis 2,8 bei 5050 Å gemessen. Eine gleich behandelte Probe ohne Cer ist zum Vergleich notwendig. Andere Erden und Thor stören nicht.

**7. Elektrochemisches Verfahren nach ATANASIU.** Die elektrochemische Oxydation des Cer(III)-ions in schwefel- oder salpetersaurer Lösung hatte man schon seit langer Zeit präparativ angewendet. HENGSTENBERGER hatte in einer ausführlichen Untersuchung die Bedingungen festgelegt, und F. C. SMITH und GETZ benutzten diese Erfahrungen gelegentlich der Bestimmung der Elektrodenpotentiale Ce(III) bis Ce(IV). Die letztgenannten Forscher berichten über eine meist vollkommene Oxydation, die nur ausnahmsweise auf 98% sank. Wenn auch die Ergebnisse der anodischen Oxydation präparativ befriedigen, so war die analytische Brauchbarkeit nicht erwiesen, denn durch die notwendige Anwendung eines Diaphragmas mußte die Ionenwanderung eine Verarmung des Anodenraumes an Cer bedingen. ATANASIU (Originalarbeit nicht zugänglich, durch C.) teilt nun aus seinen Untersuchungen folgende Daten mit: Für Sulfatlösungen enthält der Katholyt 20% Schwefelsäure, der Anolyt 0,18 Gew.-% Cerdioxyd in 20- bis 50%iger Schwefelsäure. Stromdichte 0,02 Amp. mit 0,05% elektrochemischer Ausbeute. Elektroden: Platinblech als Anode, Bleidraht als Kathode. Zur Oxydation in salpetersaurer Lösung enthält die Kathodenflüssigkeit 20% Salpetersäure, die Anodenflüssigkeit 0,26 Gew.-% Cerdioxyd in 20- bis 50%iger Salpetersäure. Stromdichte 0,005 bis 0,04 Amp. mit 0,2% elektrochemischer Ausbeute. Elektroden: Platinblech als Anode und Platindraht als Kathode. Unter den angegebenen Bedingungen bleibt das Cer quantitativ im Anodenraum. In einer späteren Mitteilung wird folgende Durchführung angegeben: Als Kathode dient ein Platindraht, der nur in die obere Flüssigkeitsschicht taucht, als Anode ein Platinblech. Man elektrolysiert mit 0,01 Amp./$cm^2$ und 0,6 Amp./Std. für 0,1 g Cer. Bei Erdgemischen wird die Summe der Erdoxyde als Cerdioxyd gerechnet. Über Säurekonzentration finden sich keine Angaben, wahrscheinlich handelt es sich um 10- bis 20%ige Lösungen. G. F. SMITH, FRANK und KOTT finden die Oxydation um so vollständiger, je größer das Verhältnis der Anode zur Kathode ist. Als Anodenmaterial wird Platinblech, Bleisuperoxyd oder Graphit, als Kathode Platin- oder Bleidraht empfohlen, wobei in Schwefel-, Salpeter- oder Perchlorsäurelösung ohne Diaphragma gearbeitet wird.

FURMAN, COOKE und REILLY beschreiben eine Apparatur, in der Ce(III) quantitativ oxydiert wird. Die Kathode befindet sich in einer Glassinterzelle, die mit 15%iger Ammoniumsulfatlösung gefüllt ist. Als Elektrodenmaterial wird blankes Platinblech verwendet.

## Literatur.

ATANASIU, J. A.: Bl. Chim. pura apl. Bukarest **30**, 61—67 (1927); durch C. **1928, II**, 1313 und Fr. **108**, 333 (1937). — AUTIE, G.: Bl. [4] **41**, 1535 (1927).

BARBIERI, G. A.: Atti Accad. Lincei **25**, **I**, 37 (1916); durch C. **1916, II**, 3. — BILTZ, W., u. H. PIEPER: Z. anorg. Ch. **134**, 13 (1924).

DROSSBACH, G. P.: B. **35**, 2830 (1902).

FURMAN, N. H.: Am. Soc. **50**, 761 (1928). — FURMAN, N. H., W. D. COOKE u. C. N. REILLY: Anal. Chem. **23**, 945 (1951).

GORDON, L., u. A. M. FEIBUSH: Anal. Chem. 27, 1050 (1955).
HENGSTENBERGER: Über die elektrolytische Oxydation von Cerosalzen. Diss. München, Techn. Hochschule 1914. — HINTZ, E., u. H. WEBER: Fr. 37, 103 (1898).
JOB, A.: C. r. 128, 101 (1899).
KIMURA, K., u. Y. MURAKAMI: Mikrochem. 36/37, 727 (1950). — KNORRE, G. v.: Z. angew. Ch. 10, 685, 717 (1897); B. 33, 1924 (1900).
LINDEMAN, TH., u. M. HAFSTAD: Fr. 70, 433 (1927).
MALAGUTI, A., u. T. LABIANCA: Ann. Chim. 41, 385 (1951); durch C. 123, I, 5948 (1952). — METZGER, F. J.: Am. Soc. 31, 523 (1909). — METZGER, F. J., u. A. HEIDELBERGER: Am. Soc. 32, 642 (1910).
SMITH, G. F., G. FRANK u. A. E. KOTT: Ind. eng. Chem. Anal. Edit. 12, 268 (1940). — SMITH, G. F., u. C. A. GETZ: Ind. eng. Chem. Anal. Edit. 10, 191 (1938). — SOMEYA, KIN'ICHI: Z. anorg. Ch. 168, 56 (1928).
WAEGNER, A., u. A. MÜLLER: B. 36, 282 (1903). — WEISS, L., u. H. SIEGER: Fr. 113, 305 (1938). — WILLARD, H. H., u. P. YOUNG: Am. Soc. 50, 1380 (1928).

## Die verschiedenen maßanalytischen Bestimmungen.

### *Allgemeines.*

Während die gravimetrischen Bestimmungen des Cers bei gleichzeitiger Trennung von den Elementen der seltenen Erden eine mehr untergeordnete Rolle spielen, finden die maßanalytischen Verfahren weite Verbreitung und in der Industrie laufende Anwendung. Das liegt darin begründet, daß zu der Zeit, als die unter § 1, Abschnitt 1, genannte Methode von v. KNORRE allgemein verwendet wurde, die gravimetrischen Trennungen über kein gleichwertiges und ebenso einfach auszuführendes Verfahren verfügten. Ging v. KNORRE in seiner Methode von Cer(IV)-verbindungen aus, so wandten R. J. MEYER und SCHWEITZER, § 3, a die Cer(III)-stufe in der Ausgangslösung an, wobei auch das bei dem ersten Verfahren unerwünschte Chlor-Ion die Oxydation des Cers durch Permanganat nicht störte. Wenn auch dieses zweite Verfahren weniger genau war, so genügten diese beiden Methoden den Ansprüchen der Betriebskontrolle um so mehr, als keine besseren Methoden zur Verfügung standen. Wie in der Einleitung zu diesem Abschnitt ausgeführt wurde, brachte das verflossene Jahrzehnt eine rasch anschwellende Entwicklung, die in der Einführung der elektrometrischen Maßanalyse und der Redoxindicatoren gelegen war. Aus den zahlreichen Mitteilungen heben sich durch ihre große Genauigkeit folgende Verfahren ab, die die beiden obengenannten Methoden auch durch ihre einfache Durchführung überflügeln.

**a) Verwendung von Redoxindicatoren.** Die in § 2 Abs. c, 3 beschriebene Ferroin als Indicator verwendende Methode ist geeignet, das von v. KNORRE aufgefundene Verfahren kurz und einfach zu ersetzen. In salpetersauren Lösungen bewährte sich das von LANG angegebene Verfahren, das, von der Cer(III)-stufe ausgehend, als Ersatz der weniger genauen Methode von R. J. MEYER und SCHWEITZER anzusehen ist. Die in § 4, a angeführte Oxydation durch Kaliumcyanoferrat(III) hatte einer Überprüfung standgehalten und erwies sich auch zur Bestimmung weniger Milligramm Cer als sehr geeignet. Schließlich sei noch die Bestimmung mit arseniger Säure erwähnt, die im § 7, b aufzufinden ist.

**b) Elektrometrische Verfahren.** Die von TOMIČEK, § 4, b angegebene Methode zeichnet sich durch eine hohe Genauigkeit aus, hat jedoch den Nachteil der Verwendung einer komplizierten Apparatur. Bei Serienanalysen werden sich die Verfahren: § 1, c, § 2, d, § 5, b, $\alpha$ und § 8, d gut bewähren.

#### § 1. Titration mit n/10 Wasserstoffperoxyd.

**a) Nach v. KNORRE.** Saure Cer(IV)-lösungen werden durch Wasserstoffperoxyd schon in der Kälte zum farblosen Cer(III)-salz reduziert, wobei Sauerstoff entweicht. Der Farbenwechsel ist gut sichtbar, so daß JOB ihn als Indicator zu verwenden suchte. Bei Nachprüfung seiner Angaben wurde jedoch festgestellt, daß die Empfindlichkeit dieses Farbenumschlages zu gering ist, um für analytische Zwecke brauchbar zu sein. v. KNORRE verwendete einen geringen Überschuß an Wasserstoffperoxyd zur Reduktion und bestimmte diesen durch Rücktitration mit n/20 Kaliumpermanganat.

**Durchführung.** In der Kälte wird unter Umschwenken aus einer Bürette die n/10 Wasserstoffperoxydlösung zutropfen gelassen, bis die anfänglich gelbe Farbe völlig verschwunden ist. Stets wird ein kleiner Überschuß vorhanden sein, der sofort mit n/20 Kaliumpermanganat zurückgemessen wird. Die schwach rote Farbe soll nach Beendigung der Titration eine halbe Minute bestehenbleiben.

**Berechnung.**

$$2\,Ce = 2\,Fe = \tfrac{1}{2}\,O_2.$$

Die Wasserstoffperoxydlösung ist auf die Kaliumpermanganatlösung eingestellt und enthält 6 Gew.-% Schwefelsäure zur Stabilisierung.

***Bemerkungen.*** Diese Methode gibt brauchbare Werte und gestattet die Bestimmung des Cers neben anderen Elementen der seltenen Erden, Zirkon und Thorium. Titan und Phosphorsäure dürfen nicht anwesend sein. Wenn man gealterte Cer(IV)-lösungen zu bestimmen hat, kann die Reduktion durch Wasserstoffperoxyd sehr langsam verlaufen. In diesem Falle erhitzt man die Lösung vor der Titration nach Zusatz einiger Kubikzentimeter konzentrierter Schwefelsäure zum Sieden und läßt abkühlen. Nun verläuft die Bestimmung normal.

Zur Oxydation der Cer(III)-lösung kommen die Verfahren 1 (S. 331), 2 (S. 332), 3 (S. 332) und 5 (S. 333) in Betracht. Ein kleiner Nachteil liegt in der geringen Beständigkeit der Wasserstoffperoxydlösung, die nur wenige Stunden ihren Wert unverändert hält. Es ist vorteilhaft, ihn knapp vor der Certitration durch eine Bestimmung mit n/20 Kaliumpermanganatlösung festzulegen.

Diese Methode war sehr verbreitet, galt als eine der besten Cerbestimmungen und wurde wiederholt nachgeprüft (HINTZ und WEBER, WAEGNER und MÜLLER, DROSSBACH, AUTIE, W. BILTZ und PIEPER, SCHTSCHERBAKOW).

Hingegen haben WEISS und SIEGER die Titration abgelehnt, da sie keinen Vorteil gegenüber der Reduktion mit Eisen(II)-sulfat oder arseniger Säure aufzuweisen hat. Mitgeteilte Resultate zeigen, daß die Lösungen etwa 2 n Säure enthalten müssen; unterhalb dieser Acidität und oberhalb 4 n erhält man zu geringe Werte. Auch die Menge des anwesenden Cers ist maßgebend; so ergeben größere Mengen höhere Resultate als verdünntere Lösungen, die sich dem theoretischen Wert nähern. Die beiden Autoren sowie BRAUER und HAAG empfehlen nur schwefelsaure Lösungen, da Salpetersäure eine genaue Titration unter keinen Bedingungen zuläßt. Ferner vermeiden sie die Rücktitration des überschüssig verwendeten Wasserstoffperoxydes, da zufolge eines geringen Umsatzes zwischen Ce(III) und Kaliumpermanganat Fehler verursacht werden. In jüngster Zeit berichten MALAGUTI und LABIANCA über einen mittleren Fehler von $\pm 0{,}4\%$ in Gegenwart von Salpetersäure.

An dieser Stelle sei noch eine weitere Methode erwähnt, die AUTIE mitteilte. Man führt das Erdengemisch in die löslichen Alkalidoppelcarbonate über, versetzt mit Wasserstoffperoxyd und verkocht den Überschuß. Hierauf säuert man mit Salpetersäure an und titriert das Cer(IV)-ion mit einer n/10 Wasserstoffperoxydlösung. Die Resultate befriedigen nach Angabe des Autors nicht, da der Überschuß des Oxydationsmittels durch Kochen nicht vollständig zerstört werden kann.

**b) Nach WILLARD und YOUNG.** Das Cer(IV)-ion kann mit einer n/10 Wasserstoffperoxydlösung unter Mithilfe des Indicators Ferroin titriert werden. Die schwefel- oder salpetersaure Cer(IV)-lösung, die bis zu 5% freie Säure enthalten kann, wird tropfenweise mit Wasserstoffperoxydlösung titriert, bis die gelbe Farbe fast ganz verschwunden ist. Nun setzt man einen Tropfen Ferroinlösung zu (S. 338) und beendet die Titration. Farbenumschlag von Schwachblau nach Rosa.

***Bemerkung.*** Wird der Indicator zu früh zugesetzt, so oxydiert und zerstört ihn das Cer(IV)-ion, und es kommt zu keiner Farbenentwicklung.

**c) Potentiometrische Titration nach FURMAN und WALLACE.** Die salpeter- oder schwefelsaure Lösung, oxydiert nach 1 (S. 331), 2 (S. 332) und 5 (S. 333), wird auf 2 n angesäuert und mit einer n/10 Wasserstoffperoxydlösung potentiometrisch titriert. Der Potentialsprung ist sehr scharf.

***Bemerkung.*** Diese Methode läßt sich schnell durchführen, und die Resultate sind sehr genau. Das Gleichgewicht stellt sich sehr rasch ein und die Menge der freien Säure ist in weiten Grenzen ohne Einfluß. Als Hilfselektroden wurden ein blanker Platindraht und eine Normalkalomelelektrode verwandt. ATANASIU und STEFANESCU haben unabhängig davon die gleiche Ausführung empfohlen.

## Literatur.

ATANASIU, J. A., u. V. STEFANESCU: B. **61**, 1343 (1928). — AUTIE, G.: Bl. [4] **41**, 1535 (1927).

BILTZ, W., u. H. PIEPER: Z. anorg. Ch. **134**, 13 (1924). — BRAUER, G., u. H. HAAG: Z. anorg. Ch. **161**, 183 (1950).

DROSSBACH, G. P.: B. **35**, 2830 (1902).

FURMAN, N. H., u. J. H. WALLACE: Am. Soc. **51**, 1452 (1929).

HINTZ, E., u. H. WEBER: Fr. **37**, 94 (1898).

JOB, A.: C. r. **128**, 101 (1898).

KNORRE, G. v.: Z. angew. Ch. **10**, 685, 717 (1897); B. **33**, 1924 (1900).

MALAGUTI, A., u. T. LABIANCA: Ann. Chim. **41**, 385 (1951); durch C. **123, I**, 5948 (1952).

SCHTSCHERBAKOW, W. G.: Betriebslab. **6**, 160 (1937); durch C. **1938, II**, 363.

WAEGNER, A., u. A. MÜLLER: B. **36**, 282 (1903). — WEISS, L., u. H. SIEGER: Fr. **113**, 305 (1938). — WILLARD, H. H., u. P. YOUNG: Am. Soc. **55**, 3269 (1933).

### § 2. Titration mit Eisen(II)-ammoniumsulfat.

**a) Nach METZGER.** An Stelle der wenig beständigen Wasserstoffperoxydlösung wird eine Eisen(II)-ammoniumsulfatlösung angewendet. Der Überschuß wird mit Kaliumpermanganat zurückgemessen.

**Durchführung.** Die Titration erfolgt in der Kälte, und die n/40 Eisen(II)-ammoniumsulfatlösung wird bis auf Farblos zufließen gelassen. Die Rücktitration mit n/10 Permanganatlösung kann sofort angeschlossen werden.

**Berechnung.**

$$2\,Ce = 2\,Fe = \tfrac{1}{2}\,O_2.$$

***Bemerkung.*** Diese Methode gibt ganz vorzügliche Werte. Da nur in schwefelsaurer Lösung gearbeitet werden kann, wird die Oxydationsmethode 1 (S. 331), 3 (S. 332) oder 5 (S. 333) anzuwenden sein.

KIMURA und MURAKAMI erfassen Milligramme Cer durch Titration mit 0,01 n Eisen(II)-lösung, Zugabe von 1 cm³ sirupöser Phosphorsäure und Rücktitration mit 0,01 n Kaliumpermanganatlösung. Die vorangehende Oxydation zu Ce(IV) wird nach 3 vorgenommen.

**b) Nach LESSNIG.** Während für alle vorhergenannten Bestimmungsarten Erdsalzlösungen vorliegen müssen, wird hier versucht, von den Oxyden auszugehen. Bei Gegenwart von Eisen(II)-ammoniumsulfat als Reduktionsmittel werden die Cer enthaltenden Oxyde durch verdünnte Schwefelsäure aufgelöst. Der Überschuß an Eisen(II)-salz wird oxydimetrisch ermittelt und aus der Differenz das Cer berechnet.

**Durchführung.** In einen ERLENMEYER-Kolben werden die Oxyde der seltenen Erden, 0,1 bis 0,2 g, eingewogen und mit 10 cm³ einer n/10 Eisen(II)-ammoniumsulfatlösung und 50 cm³ Schwefelsäure (1:5) übergossen. Mit einem doppelt durchbohrten Stopfen, durch dessen eine Bohrung ein bis auf den Boden reichendes Einleitungsrohr und durch dessen zweite Bohrung eine kurze Gasableitung führt, wird der Kolben verschlossen. Man verdrängt in der Kälte aus dem Kolben die Luft durch Kohlensäure und erhitzt hierauf zum gelinden Sieden. In etwa 5 Min. sind die Oxyde gelöst, und nun läßt man im Kohlendioxydstrom erkalten. Man verdünnt mit Wasser und titriert das unverbrauchte Eisen(II)-ammoniumsulfat mit n/20 Kaliumpermanganatlösung zurück.

**Berechnung.**

$$1\,\mathrm{Fe} = 1\,\mathrm{Ce}.$$

***Bemerkungen.*** Die Verläßlichkeit der nach dieser Methode erhaltenen Resultate wird durch einen Gehalt an Praseodym und Terbium, die höhere Oxyde bilden, stark beeinträchtigt. Bei kleinen Cer- und großen Praseodymmengen kann sich der Mehrbetrag bis auf 30% des vorhandenen Cers vergrößern. Es besteht kein Zusammenhang zwischen dem Praseodymgehalt und den erhaltenen Werten. Cerdioxyd, rein oder in Mischung mit Lanthan, Neodym und Yttererden, gibt einwandfreie Werte.

AUTIE hat unabhängig von LESSNIG dieselbe Methode in der gleichen Durchführung empfohlen.

**c) Nach FURMAN.** Nach Untersuchungen von FURMAN und WALLACE kann man bei der Titration des Cer(IV)-sulfates mit dem Eisen(II)-ion die Restbestimmung mit Permanganat umgehen, wenn man Redoxindicatoren anwendet. Für die Umsetzung Cer(IV)-sulfat-Eisen(II)-sulfat haben die Autoren drei brauchbare Indicatoren, Methylrot, Erioglaucin und Eriogrün experimentell geprüft.

1. Methylrot. Der Indicator wird durch Auflösen von 0,2 g Methylrot in 100 $cm^3$ 6 n Schwefelsäure hergestellt. Der geringe unlösliche Rückstand wird durch Filtration entfernt.

**Durchführung.** Die n/10 Eisen(II)-sulfatlösung wird zugefügt, bis die zu titrierende Flüssigkeit nur mehr eine schwach gelbe Färbung aufweist. Nun gibt man 0,05 $cm^3$ des Indicators und 25 $cm^3$ einer Schwefelsäure-Phosphorsäuremischung (je 150 $cm^3$) der konzentrierten Säuren auf 1 l Wasser) hinzu. Die schwach gelbe Färbung der Lösung wird verstärkt, und bei vorsichtiger Zugabe der Eisen(II)-sulfatlösung schlägt im Endpunkt der Indicator auf Violett um.

***Bemerkung.*** Der Zusatz von Phosphorsäure verschärft den Farbenumschlag, der nun gut mit dem elektrometrisch bestimmten Wendepunkt übereinstimmt. Bei ganz genauen Analysen muß eine kleine Indicatorkorrektur von 0,03 $cm^3$ n/10 Ferrosulfatlösung vorgenommen werden.

2. Erioglaucin und Eriogrün. Die Indicatoren werden in 0,1%iger wäßriger Lösung verwendet. 0,5 $cm^3$ dieser Lösung genügen für eine Titration. Im Gegensatz zum Methylrot können diese Farbstoffe zu Beginn der Titration zugefügt werden. Die Farbe ist zuerst rosa oder rot, bei Gegenwart von Eisen(III)-ionen orange; gegen Ende des Umsatzes tritt das Rot stärker hervor, um im Endpunkt innerhalb eines kleinen Intervalls in Gelb umzuschlagen. Diese beiden Indicatoren geben in beiden Titrationsrichtungen gute Resultate, ohne eine Korrektur zu erfordern.

Als Indicator werden ferner vorgeschlagen:

3. Ferroin. WALDEN, HAMMETT und CHAPMAN empfehlen als Indicator das Ferroin. In einer 2 n schwefelsauren Lösung, deren Volumen 100 bis 300 $cm^3$ betragen kann, läßt sich in der Kälte das Cer(IV)-ion mit Eisen(II)-sulfat sehr genau bestimmen. Der Farbenumschlag erfolgt von Schwachblau nach Rosa, wobei der Indicator erst dann zugesetzt wird, wenn der größte Teil des Cer(IV)-ions reduziert ist.

Der Indicator wird in folgender Weise hergestellt: 0,075 m Phenantrolinmonohydrat werden in einer 0,025 m Ferrosulfatlösung zu $Fe(C_{12}H_8N_2)_3SO_4$ aufgelöst. Ein Tropfen dieser Lösung genügt für eine Titration und verbraucht 0,01 $cm^3$ eines n/10 Oxydationsmittels. Demnach wird nur bei sehr verdünnten Lösungen eine Indicatorkorrektur notwendig sein.

Nach dieser Methode erhielten WEISS und SIEGER sehr gute Werte. Nitrate und Salpetersäure dürfen nicht anwesend sein. Die Eisen(II)-sulfatlösung wurde durch Auflösung von Klavierdraht unter Bunsenventilschutz hergestellt.

Das 5-Nitro-1,10-phenantrolin Eisen(II), genannt Nitroferroin, wurde von SMITH und GETZ angewandt. Bei Titrationen, in denen Ce(IV) als Nitrat oder Perchlorat vorliegt, wird der Endpunkt scharf angezeigt. Dieser Indicator wird nun in zunehmendem Maße verwendet. Eine Indicatorkorrektur ist manchmal erforderlich (HURDIS und ROMEYN).

4. Diphenylaminsulfosaures Natrium. Dieser Indicator wurde von SARVER und KOLTHOFF in die Cerimetrie eingeführt und hatte die bisher üblichen Stoffe, wie Diphenylamin und Diphenylbenzidin, wegen der Schärfe des Umschlages verdrängt. Man löst 0,317 g des Bariumsalzes in 100 $cm^3$ Wasser unter Zusatz von 0,5 g Natriumsulfat. Nach Entfernung des abgeschiedenen Bariumsulfates ist der Indicator gebrauchsfertig. Für eine Titration verwendet man 0,3 $cm^3$ der Indicatorlösung und setzt, um die oxydierende Wirkung des Eisen(III)-ions auszuschalten, auf je 100 $cm^3$ Lösung 5 $cm^3$ Phosphorsäure (D. 1,7) zu. Der Umschlag erfolgt von Tiefblau auf Grünlich, wobei in der Nähe des Endpunktes die Maßlösung langsam zugegeben wird. Als Indicatorkorrektur müssen 0,03 $cm^3$ n/10 Eisen(II)-sulfat zum abgelesenen Volumen hinzugefügt werden.

5. RAGHAVA RAO empfiehlt Rhodamin 6 G, das durch Cer(IV)-ionen reversibel zu einer orange gefärbten Verbindung oxydiert wird. Während das Rhodamin fluoresciert, ist sein Oxydationsprodukt nicht fluorescenzfähig. Als Indicator dient eine 0,1%ige Auflösung, die in 2 n schwefelsaurer Lösung in einigen Tropfen zugegeben wird. Der Indicator eignet sich für Titrationen mit Eisen(II)-sulfat, Kaliumcyanoferrat(II) und Wasserstoffperoxyd; ungeeignet ist er für Oxalsäure und arsenige Säure.

**d) Potentiometrische Bestimmung.** SOMEYA hat die Umsetzung Cer(IV)-sulfat-Eisen(II)-sulfat potentiometrisch verfolgt und ihre besondere Eignung zur quantitativen Bestimmung des Cers festgestellt. Zur Messung wurden ein Potentiometer, als Nulllinstrument ein empfindliches Galvanometer und als Elektroden eine Normalkalomelhalbzelle und ein blanker Platindraht verwendet.

**Durchführung.** Die auf 300 $cm^3$ verdünnte Cer(IV)-lösung kann bis 20 $cm^3$ konzentrierte Schwefelsäure enthalten. Es wird in der Kälte titriert; solange die gelbe Farbe noch sichtbar ist, geht die Potentialeinstellung rasch, gegen Ende muß jedoch 3 bis 5 Min. gewartet werden. Das Umschlagspotential liegt bei 0,85 Volt, gemessen gegen die Normalkalomelelektrode; der Potentialsprung ist sehr scharf.

***Bemerkungen.*** Die Cer(IV)-lösung kann nach dem Oxydationsverfahren 1 (S. 331) und 5 (S. 333) hergestellt werden. Wurde bei dem Verfahren 5 nicht reinstes Natriumbismutat verwendet, so muß unter gleichen Bedingungen ein Blindversuch unternommen werden. FURMAN und ATANASIU bestätigen die oben angeführte Titrationsvorschrift, und WILLARD und YOUNG zeigen, daß auch in salpeter- und perchlorsaurer Lösung gute Werte erhalten werden.

**e) Nach COOKE und FURMAN.** Cer(IV)-salze lassen sich nicht kathodisch mit 100%iger Stromausbeute reduzieren. Eine direkte coulometrische Titration ist daher nicht möglich. Werden jedoch elektrolytisch Eisen(II)-ionen gebildet, so reduzieren diese das Cer(IV)-ion, und der Umsatz in bezug auf Stromausnützung erreicht den theoretischen Wert. In einer besonders gebauten Zelle befinden sich die geschützte Anode und die Kathode, beide aus Platin mit je 10 $cm^2$ Fläche, und das Elektrodenpaar Pt–W. Als Elektrolyt dient eine genau bekannte Menge Eisenammonalaun, 15 $cm^3$ einer 0,6 n-Lösung in 4 n Schwefelsäure sowie 1 $cm^3$ 85%iger Phosphorsäure, 2 $cm^3$ 18 n Schwefelsäure und die unbekannte Menge des Cer(IV)-sulfates. Die Stromstärke muß genau konstant gehalten werden (z. B. 0,1 Amp.). Das Ende der Reduktion wird potentiometrisch mit Hilfe des Elektrodenpaares Pt–W bestimmt. Gemessen wird die Zeit mit Hilfe von elektrischen Präzisionsuhren. Der Cergehalt wird berechnet aus der Differenz der Zeiten der mit Cer(IV)-salz versetzten Lösung und einer gleichartigen Blindprobe. Auf diese Weise kann das Cer von 1 bis 150 mg mit großer Genauigkeit bestimmt werden; bei unter 10 mg Ce muß die Zelle unter Luftabschluß gehalten werden. MEITES beschreibt die hierzu notwendigen Geräte, gibt Schaltskizzen und diskutiert die Genauigkeit.

**f) Nach LANG.** Bestimmung des Cer(IV)ions mit Eisen(II)-sulfatlösung nach vorhergehender induzierter Oxydation durch Chromsäure und arsenige Säure.

Cer(III)-salzlösungen werden im allgemeinen durch Chromsäure nicht oxydiert. Bei Gegenwart von arseniger Säure wird jedoch die Chromsäure reduziert und sowohl die arsenige Säure als auch das Cer(III)-salz oxydiert. Das so gebildete Cer(IV)-salz unterliegt seinerseits weiter der induzierten Reduktion durch das Gemisch Chromsäure–arsenige Säure. Es bildet sich ein Gleichgewichtszustand Ce(III) = Ce(IV) heraus, der sich mit wachsender Acidität zugunsten des Cer(IV)-salzes verschiebt, ohne jedoch eine vollständige Oxydation zu erreichen. Ist nun Metaphosphorsäure in der Lösung vorhanden, so bildet diese sowohl mit dem 3wertigen als auch mit dem 4wertigen Cer lösliche Komplexverbindungen, die das Potential Ce(III)/Ce(IV) hinreichend negativ gestalten, um die induzierte Reduktion des Cer(IV)-salzes zu verhindern. Unter diesen Bedingungen wird die quantitative Oxydation des Cersalzes leicht erreicht, und die überschüssig angewendete arsenige Säure wirkt auf die stabilisierte Cer(IV)-stufe nicht ein. Nun kann man mit einer eingestellten Eisen(II)-sulfatlösung das Cer(IV)-salz titrieren. Die ursprünglich tiefblauviolette Lösung wird bei Gegenwart einer Diphenylaminlösung als Indicator auf Grasgrün titriert.

**Durchführung.** Erforderliche Lösungen:

1. 15 g Kaliumbichromat im Liter.
2. 15 g arsenige Säure und etwa 10 g Natriumcarbonat im Liter.
3. n/10 Eisen(II)-sulfatlösung: 28 g kristallisiertes Eisen(II)-sulfat und 10 cm³ konzentrierte Schwefelsaure im Liter. Der Titer kann auf Kaliumbichromat oder Kaliumpermanganat eingestellt werden.
4. 1 g Diphenylamin in 100 cm³ sirupöser Phosphorsäure als Indicator.

Die Cer(III)-salzlösung, die auf 200 cm³ 5 bis 30 cm³ konzentrierte Salzsäure oder 5 bis 50 cm³ konzentrierte Salpetersäure oder 3 bis 40 cm³ konzentrierte Schwefelsäure enthalten darf, wird mit einer Lösung von 4 bis 5 g glasiger Phosphorsäure in 10 bis 20 cm³ Wasser und mit 3 Tropfen = 0,1 cm³ der Diphenylamin-Indicatorlösung versetzt. Nun wird unter Umschwenken Chromsäure und arsenige Säure zufließen gelassen. Für 0,35 g Cer benötigt man: 30 cm³ Bichromat und 35 bis 40 cm³ arsenige Säure; für 0,63 g Cer: 50 cm³ Bichromat und 55 bis 60 cm³ arsenige Säure. Nach einer halben Minute wird mit Eisen(II)-sulfat auf Grasgrün titriert. Die Indicatorkorrektur beträgt −0,015 cm³ n/10 Eisen(II)-sulfatlösung.

**Berechnung.**

$$1\,\mathrm{Ce} = 1\,\mathrm{Fe}.$$

***Bemerkungen.*** Die Indicatorkorrektur −0,015 cm³ n/10 Eisen(II)-sulfatlösung bezieht sich auf den Zusatz vor der Vermischung mit Chromsäure-arseniger Säure. Wird der Indicator knapp vor der Titration zugegeben, also nach erfolgter Oxydation des Cersalzes, so muß mit einer Korrektur von +0,07 cm³ n/10 Eisen(II)-sulfatlösung gerechnet werden. Diese Zahlen wurden für 0,1 cm³ Diphenylaminlösung experimentell bestimmt.

Ein Vorteil dieser Methode liegt in den weiten Grenzen der Acidität. Ist mehr Säure vorhanden als angegeben, so kann die Lösung bis zu 400 cm³ verdünnt werden. Bei Gegenwart von viel Salpetersäure fügt man etwas Harnstoff zu, um die Stickoxyde zu entfernen, die die Farbe des Indicators beeinflussen. Die Methode ist sehr genau, wenn in salpetersaurer Lösung gearbeitet wird. Die Beleganalysen zeigen sehr geringe Schwankungen, max. 0,5%, und seltene Erden stören nicht. In schwefelsaurer Lösung fallen die Werte um einige Prozente zu hoch aus, während in Gegenwart von Salzsäure ein Verlust von 1 bis 2% festzustellen ist (WEISS und SIEGER).

**g) Nach GORDON und FEIBUSH.** Bei Cergehalten von 20 bis 1000 $\gamma$ wird die Oxydation zu Ce(IV) mit $PbO_2$ in schwefelsaurer Lösung nach S. 334 vorgenommen. Man filtriert in eine vorgelegte, eingestellte und verdünnte Eisen(II)-sulfatlösung und bestimmt den Überschuß des Eisen(II) spektrophotometrisch. Man bringt die Lösung in einen 100 cm³-Meßkolben, gibt 10 cm³ einer 0,1%igen Phenanthrolinlösung und Ammoniak hinzu, bis die Farbe auf Rot umschlägt. Man läßt auf Zimmertemperatur abkühlen, stellt auf $p_H$ von 2,5 bis 2,8 ein und verdünnt auf 100 cm³. Gemessen wird die Absorption bei 5050 Å gegen eine gleichartige Blindprobe.

***Bemerkungen.*** Andere seltene Erden und Thor stören nicht. Die ursprüngliche Lösung muß frei von Chlor- und Nitrationen sein.

## Literatur.

ATANASIU, J. A.: B. **61**, 1343 (1928). — AUTIE, G.: Bl. [4] **41**, 1535 (1927).
COOKE, W. D., u. N. H. FURMAN: Anal. Chem. **22**, 896 (1950).
FURMAN, N. H.: Am. Soc. **50**, 761 (1928). — FURMAN, N. H., u. J. H. WALLACE: Am. Soc. **52**, 2351 (1930).
GORDON, L., u. A. M. FEIBUSH: Anal. Chem. **27**, 1050 (1955).
HURDIS, E. C., u. H. ROMEYN: Anal. Chem. **26**, 321 (1954).
KIMURA, K., u. Y. MURAKAMI: Mikrochem. **36/37**, 727 (1950).
LANG, R.: Fr. **97**, 395 (1934). — LESSNIG, R.: Fr. **71**, 161 (1927).
MEITES, L.: Anal. Chem. **24**, 1057 (1952). — METZGER, F. J.: Am. Soc. **31**, 523 (1909). — METZGER, F. J., u. M. HEIDELBERGER: Am. Soc. **32**, 642 (1910).
RAGHAVA RAO, BH.: Current Sci. (India) **16**, 378 (1947); durch C. A. **42**, 4485 i (1948).
SARVER, L. A., u. I. M. KOLTHOFF: Am. Soc. **53**, 2902 (1931). — SMITH, G. F., u. C. A. GETZ: Anal. Chem. **10**, 304 (1938). — SOMEYA, KIN'ICHI: Z. anorg. Ch. **168**, 56 (1928).
WALDEN JR., G. H., L. P. HAMMETT u. R. P. CHAPMAN: Am. Soc. **55**, 2653 (1933). — WEISS, L., u. H. SIEGER: Fr. **113**, 316 (1938). — WILLARD, H. H., u. P. YOUNG: Am. Soc. **50**, 1322 (1928).

## § 3. Titration mit Kaliumpermanganat.

**a) Nach R. J. MEYER und SCHWEITZER.** Cer(III)-salze werden in saurer Lösung durch Kaliumpermanganat nur äußerst langsam oxydiert; in neutraler oder alkalischer Lösung tritt jedoch sofort ein Umsatz ein, bei dem Cer(IV)-hydroxyd zusammen mit Braunstein abgeschieden wird.

Schon WINKLER hatte versucht, das Cer mit Permanganat quantitativ zu bestimmen, indem er durch Quecksilberoxyd die frei werdende Säure neutralisierte. Gleichartige Versuche mit Zinkoxyd von ŠTOLBA oder mit überschüssigem Kaliumhydroxyd von BRAUNER schlugen fehl, da sich der Luftsauerstoff an der Oxydation in unkontrollierbarer Weise beteiligte. Nach BÖHM zeigen die so erhaltenen Werte einen konstanten Fehlbetrag, der durch Titerstellung der Kaliumpermanganatlösung gegen eine bekannte Cer(III)-lösung unschädlich gemacht werden sollte. Eine brauchbare Lösung zur Ausschaltung der Oxydation durch den Luftsauerstoff stammt von R. J. MEYER und SCHWEITZER. Entgegen den bisherigen Versuchen hatten sie die Permanganatlösung alkalisch gemacht und die neutrale Cer(III)-lösung aus einer Bürette in das alkalische Gemisch einfließen lassen. Die Neutralisation der Säure und die Oxydation des Cers finden demnach gleichzeitig statt. Der Endpunkt ergibt sich durch das Entfärben der vorgelegten Permanganatlösung.

***Arbeitsvorschrift.*** Die neutrale Cer(III)-lösung, erhalten durch Eindampfen oder durch genaues Neutralisieren mit Natriumcarbonat, bis eben eine schwache Trübung bestehenbleibt, wird in einen geeigneten Meßkolben übergeführt und bis zur Marke mit Wasser verdünnt. Die gut durchgemischte Lösung wird in eine Bürette gefüllt. In einem Titrierkolben wird reinste, ausgeglühte Magnesia, die mit

Wasser milchig verrieben wurde, auf 60 bis 70° erhitzt und mit 25 bis 30 $cm^3$ einer n/10 oder n/20 Kaliumpermanganatlösung vermischt. Nun läßt man aus der Bürette unter dauerndem Umschütteln die Cer(III)-lösung zutropfen. Die Farbe des sich bildenden Niederschlages ist zunächst braun und geht schließlich in Gelb über. Gegen Ende der Titration verlangsamt sich die Umsetzung; man unterbricht daher das Zutropfen und läßt den Niederschlag absitzen. Der Umschlag von Rot auf Farblos ist sehr scharf.

**Berechnung.**

$$2\,Ce = \tfrac{1}{2}\,O_2.$$

***Bemerkungen.*** Für reine Cerlösungen gibt diese Bestimmungsart einwandfreie Werte, die sehr gut mit den Resultaten der Methoden von v. KNORRE sowie von METZGER übereinstimmen (AUTIE). Sind jedoch Praseodymsalze zugegen, so werden auch sie zum Teil oxydiert. Die Werte liegen dann 1 bis 2% über dem Cerwert. Die einfache Handhabung dieser Titration sowie die Unabhängigkeit von den vorhandenen Anionen hat zu einer großen Verbreitung in der Industrie geführt.

LENHER und MELOCHE haben die Bedingungen der Ceroxydation durch Permanganat eingehend nachgeprüft. Sie verwendeten Cer(III)-nitratlösungen und untersuchten verschiedene Neutralisationsmittel, von denen sich das Magnesiumoxyd auf das beste bewährte. Auch die Vorgänge bei der Titration wurden verändert. Auf Grund der gesammelten Erfahrung empfehlen die Autoren folgende Arbeitsweise: Der Cer(III)-salzlösung fügt man den größten Teil der zu verbrauchenden Permanganatmenge auf einmal zu, hierauf das mit Wasser fein zerriebene Magnesiumoxyd. Nun wird zum Sieden erhitzt und bis zum Auftreten der Schwachrosa-Färbung titriert. Nach CONGDON und RAY ergibt diese Variante einen Fehler von +0,74%.

Ferner wird eine gesättigte Boraxlösung als Neutralisationsmittel empfohlen. In die Cer(III)-lösung wird nach und nach Boraxlösung eingetragen, bis gegen Lackmus alkalische Reaktion besteht. Dann wird wie oben angegeben weiter verfahren.

Für beide Methoden gilt bei Anwesenheit von Praseodym das bei dem Verfahren nach R. J. MEYER und SCHWEITZER Gesagte.

**b) Nach WEISS und SIEGER.** An Stelle der oben angeführten Neutralisationsmittel wird ein Natriumacetatpuffer $p_H = 8$ vorgeschlagen. Da die entstehenden rotgefärbten Mangan(III)-salze die Beobachtung des Titrationsendpunktes unmöglich machen, wird der Umsatz potentiometrisch verfolgt. Die Resultate schwanken zwischen −1,5 bis +1,5%. Diese Titration ist rasch durchzuführen. Über den Einfluß anderer Elemente der seltenen Erden auf die Güte der Resultate findet sich kein Hinweis.

**c) Nach BARBIERI.** Phosphorsäure fällt aus schwach saurer Lösung Cer(IV)-phosphat quantitativ, während die Cer(III)-salze gelöst bleiben. Aus neueren Untersuchungen ist bekannt, daß das Ce(III)/Ce(IV)-Potential in Anwesenheit von Phosphat-Ionen infolge von Komplexbildung sehr niedrig liegt. Wird das Cer(IV)-ion dauernd abgefangen, so ist es möglich, auch in Gegenwart von H-Ionen das Cer(III)-salz mit Permanganat zu oxydieren.

**Durchführung.** Die Lösung soll in 100 $cm^3$ 0,1 g Cer enthalten und wird mit 20 $cm^3$ Phosphorsäure (D 1,35) versetzt. Man titriert in der Hitze mit n/10 Kaliumpermanganatlösung, bis die Rotfärbung bestehenbleibt. Es fällt weißes basisches Cer(IV)-phosphat aus, und die überstehende Lösung erscheint bis gegen Ende der Titration farblos.

***Bemerkung.*** Diese Methode wurde noch nicht nachgeprüft. Die Gegenwart von Praseodym sollte nicht störend wirken. Bei der Berechnung beachte man, daß in saurer Lösung titriert wird.

**d) Nach Goffart.** Pyrophosphate stabilisieren im Bereich von $p_H = 6$ bis 8 die Mangan(III)-stufe und bilden mit dem durch Oxydation entstandenen Cer(IV)-ion sehr feste Komplexe. Unterhalb $p_H = 6$ wird die Reaktion Cer(III)-ion und Permanganat so langsam, daß sie maßanalytisch nicht verwertet werden kann; oberhalb $p_H = 8$ ist der Umsatz nicht mehr quantitativ.

**Durchführung.** Zu 200 cm³ einer gesättigten Natriumpyrophosphatlösung wird etwas Salzsäure zugegeben, um $p_H = 7$ zu erreichen. In diese Lösung gießt man die zu titrierende Cer(III)-salzlösung mit einem Gehalt von etwa 150 mg Cer. Als Maßlösung wird eine 0,02 m Kaliumpermanganatlösung empfohlen. Der Endpunkt wird potentiometrisch mit blankem Platindraht und Kalomelelektrode oder amperometrisch mit Platindraht und Silber mit Chlorsilber bedeckt, über einen Widerstand von 1000 $\Omega$ geschlossen, bestimmt. Der Potentialsprung ist etwa 15 bis 25 mV. Amperometrisch mißt man laufend die Stromstärke, die sich bis zum Äquivalenzpunkt wenig ändert, danach aber sehr stark zunimmt.

***Bemerkungen.*** Die Eigenfarbe der Mn(III)-pyrophosphatverbindung stört wenig, so daß man den Endpunkt der Titration auch visuell erfassen kann. Die Cerlösung muß frei von Mangan(II)-salzen sein, denn diese lassen sich auf gleiche Art titrieren. Die Resultate sollen nach Angabe des Autors sehr zufriedenstellend sein.

Literatur.

Autie, G.: Bl. [4] **41**, 1535 (1927).
Barbieri, A.: Atti Accad. Lincei [5] **25**, **I**, 37 (1914); durch C. **1916**, **II**, 3. — Böhm, C. R.: Z. angew. Ch. **16**, 1129 (1903). — Brauner, B.: Chem. N. **71**, 283 (1895).
Congdon, L. A., u. E. L. Ray: Chem. N. **128**, 233 (1924).
Goffart, G.: Anal. chim. Acta **2**, 140 (1948).
Lenher, V., u. C. C. Meloche: Am. Soc. **38**, 67 (1916).
Meyer, R. J., u. A. Schweitzer: Z. anorg. Ch. **54**, 104 (1907).
Štolba: S.-B. kgl.-böhm. Ges. Wiss. 1878.
Weiss, L., u. H. Sieger: Fr. **113**, 323 (1938). — Winkler, Cl.: Fr. **3**, 423 (1864).

### § 4. Titration mit Kaliumcyanoferrat(III).

**a) Nach Browning und Palmer.** Wenn man das leicht oxydable Cer(III)-hydroxyd mit einem milden Oxydationsmittel zusammenbringt, so besteht die Möglichkeit, daß nur das Cer in die 4wertige Form gebracht wird, während das Praseodym in seiner ursprünglichen Wertigkeit erhalten bleibt. Das Kaliumeisen(III)-cyanid erfüllt diese Forderung, und das hierbei durch Reduktion entstehende Eisen(II)-cyanid kann dann im Filtrat oxydimetrisch bestimmt werden.

**Durchführung.** Die Cer(III)-sulfatlösung wird mit 20 cm³ einer 2%igen Kaliumeisen(III)-cyanidlösung und hierauf mit so viel Kaliumhydroxyd versetzt, bis die Erdhydroxyde vollständig ausgefällt sind. Nun filtriert man den Niederschlag ab, wäscht gut mit Wasser aus und verdünnt das Filtrat auf 200 bis 250 cm³. Dieses wird mit Schwefelsäure deutlich angesäuert und das durch Reduktion entstandene Eisen(II)-cyanid mit einer n/10 Kaliumpermanganatlösung titriert.

**Berechnung.**

$$1\,\mathrm{Ce} = 1\,\mathrm{Fe}.$$

***Bemerkungen.*** Dieses Verfahren ist sehr rasch durchführbar, da in der Kälte gearbeitet wird. Durchschnittliche Analysendauer 25 Min. Eine Beschränkung erleidet diese Methode dadurch, daß nur Sulfate zugegen sein dürfen. Hingegen stören begleitende seltene Erden nicht. Die Resultate differieren um $\pm 0{,}5\%$.

Weiss und Sieger ergänzen die oben angeführte Vorschrift. Die ein kleines Volumen besitzende Cerlösung wird auf je 0,1 g Ce mit 20 cm³ Kaliumeisen(III)-cyanidlösung versetzt, hierauf mit 8%iger Natronlauge im Überschuß gefällt. Nach dem Abkühlen wird mit ausgekochtem Wasser auf 200 cm³ aufgefüllt. Man kann sogleich durch ein Blaubandfilter filtrieren und einen aliquoten Teil mit n/10 Kaliumpermanganat titrieren.

Bei kleinen Cermengen fallen die Resultate meist zu hoch aus, da die qualitativen Filter das Eisen(III)-cyanion reduzieren. Man trennt daher den Niederschlag durch Zentrifugieren, Absitzen oder durch Verwendung eines Glassintertiegels. Ferner tritt eine deutliche Zersetzung ein, wenn ein zu großer Überschuß an Hydroxyl-Ionen vorhanden ist. Schon in der Kälte ist diese unerwünschte Reduktion bemerkbar, die in der Wärme zu beträchtlichen Fehlern führen kann. Aus diesen Erfahrungen ergibt sich für die Mikrobestimmungen die folgende Durchführung:

Die Cerlösung darf höchstens 25 cm³ betragen und wird in einen 100 cm³ ERLENMEYER-Kolben eingefüllt. Man kühlt mit einer Eis-Kochsalzkältemischung die zu verwendenden Lösungen und gibt hierauf 5 bis 10 cm³ einer normalen Kaliumeisen(III)-cyanidlösung (deren Eisengehalt durch einen Blindversuch bestimmt wurde) und in möglichst geringem Überschuß Natronlauge 1:2 zu. Man zentrifugiert, wäscht den Niederschlag mit 1,5 cm³ Lauge in 30 bis 40 cm³ Wasser aus, säuert die klare, gelbe Lösung mit Schwefelsäure 1:4 an und titriert mit n/10 Kaliumpermanganat. Auf diese Weise lassen sich Mengen von wenigen Milligramm Cer hinreichend genau bestimmen. Fehler max. $\pm 0{,}5$ mg.

**b) Potentiometrisch nach TOMIČEK.** Die 3wertigen Elemente der seltenen Erden bilden mit überschüssigen Alkalicarbonaten lösliche Komplexsalze; das Kalium-Cer(III)-carbonat nimmt aus der Luft Sauerstoff auf und bildet eine leicht lösliche gelbe Doppelverbindung. Wenn man unter Luftabschluß arbeitet und die Oxydation mit einer eingestellten Eisen(III)-cyanidlösung vornimmt, kann man den Cergehalt sehr genau erfassen.

**Durchführung.** Die zu titrierende neutrale oder sehr schwach saure Lösung, die Sulfat- oder Chlor-Ionen enthalten kann, wird auf etwa 20 cm³ eingeengt und mit etwa ¾ der zu erwartenden Kaliumeisen(III)-cyanidlösung versetzt. Der Titrierkolben ist durch einen Gummistopfen verschlossen, der fünf Bohrungen besitzt. Durch diese gehen hindurch: 1 Thermometer, 1 Platindrahtnetz als Hilfselektrode, die Kalomelhalbzelle, 1 Gaszuleitungsrohr und 1 Gasableitungsrohr. Letzteres ist mit einer mit gesättigter Kochsalzlösung gefüllten Waschflasche verbunden. Durch sauerstofffreie Kohlensäure wird die Luft aus der Apparatur und der Lösung verdrängt; hierauf wird unter andauerndem Rühren eine starke Kaliumcarbonatlösung (ungefähr 50%ig) so lange eingetragen, bis die Carbonatkonzentration etwa 30% beträgt. Die Titration mit n/10 oder n/20 Kaliumcyanoferrat(III)-lösung wird nun fortgesetzt und jeder Zusatz potentiometrisch verfolgt. Die Platinelektrode erreicht sehr schnell den konstanten Wert. Der Potentialsprung am Ende der Titration ist sehr scharf.

***Bemerkung.*** Da die Bildung eines Niederschlages vermieden wird, erreicht diese Methode eine Genauigkeit von $\pm$ 0,2% (bestätigt von AUTIE). Die Gegenwart anderer Elemente der seltenen Erden sowie von Zirkon, Thorium und 3wertigem Eisen beeinflussen die Werte nicht. Hingegen erfordert diese Bestimmungsart eine eigene Apparatur und eine sehr sorgfältige Durchführung.

Eine neuerliche Prüfung dieser Methode durch WEISS und SIEGER ergab gute Resultate, wenn die zu verwendenden Lösungen vom Luftsauerstoff völlig befreit wurden. Die Endkonzentration an Kaliumcarbonatlösung braucht nicht 20 bis 25% zu betragen, denn auch die Hälfte dieser Menge gibt noch einwandfreie Werte.

Diese Methode ist nicht anwendbar auf Nitrate. Ist eine größere Menge von Schwefelsäure zugegen, so wird vor Zusatz der Pottaschelösung mit Natronlauge neutralisiert, wodurch die Bildung der schwerlöslichen Kaliumdoppelsulfate vermieden wird.

**c) Nach WEISS und SIEGER.** Es wurde versucht, in mit Acetat oder Biphthalat gepufferten Lösungen das Cer(III)-ion durch Kaliumcyanoferrat(III) potentiometrisch zu bestimmen. Unterhalb $p_H = 7$ findet sich kein deutlicher Wendepunkt;

bei $p_H = 8$ sind zwei Haltepunkte vorhanden. Der erste scharfe Punkt zeigt die Hälfte der zur Oxydation notwendigen Menge an. Hierbei fällt die Hälfte des Cers als blaßviolettes Cer(IV)-hydroxyd aus. Bei weiterem Zusatz der Maßlösung ergibt sich ein unscharfer Wendepunkt. Auch die Umkehrung dieser Reaktion wurde untersucht, doch führte auch sie nicht zu guten Werten. Die Autoren empfehlen diese Methode nicht.

### Literatur.

Autie, G.: Bl. [4] **41**, 1535 (1927).
Browning, P. E., u. H. E. Palmer: Z. anorg. Ch. **59**, 71 (1908).
Tomiček, O.: R. **44**, 410 (1925).
Weiss, L., u. H. Sieger: Fr. **113**, 318 u. 322 (1938).

### § 5. Titration mit Kaliumcyanoferrat(II).

**a) Nach Willard und Young.** Im vorhergehenden Abschnitt wurde die Oxydation von Cer(III)-salzen durch Kaliumcyanoferrat(III) in alkalischer Lösung beschrieben. Diese Reaktion geht sehr schnell vor sich, wechselt jedoch sofort die Richtung, wenn Wasserstoff-Ionen zugesetzt werden. Auch dieser entgegengesetzte Verlauf wird mit hinreichend großer Geschwindigkeit vollzogen, so daß man ihn zu einer maßanalytischen Bestimmung verwenden kann. Mit dem Indicator Ferroin läßt sich der Endpunkt der Reaktion Cerisulfat-Cyanoferrat(II) gut erfassen, wenn in salzsaurer Lösung gearbeitet wird (s. S. 330).

**Durchführung.** Die gemessene n/10 Kaliumcyanaferrat(II)-lösung wird im Titriergefäß mit 5 bis 10 cm³ konzentrierter Salzsäure versetzt und auf 100 bis 200 cm³ verdünnt. Ein Tropfen Ferroim(IV)-lösung (S. 338 wird zugefügt und mit der zu bestimmenden Cer(IV)-sulfatlösung titriert, bis die braunrote Farbe in Gelbgrün umschlägt.

***Bemerkung.*** Die von den Autoren angeführten Resultate sind zufriedenstellend, doch wird bei Gegenwart von viel Sulfat-Ionen der Farbenumschlag unscharf. Weiss und Sieger haben bei Gegenwart von Schwefelsäure und direkter Titration [Cer(IV)-salz mit Eisen(II)-cyankalium bei Zimmertemperatur] gute Resultate erhalten, wenn die Hauptmenge der Maßflüssigkeit in einem Guß zugesetzt wird.

**b) Potentiometrisch nach Someya.** Die Umsetzung von Cer(IV)-sulfat mit Kaliumcyanoferrat(II) zählt zu den empfindlichsten potentiometrischen Methoden der Cerimetrie. Es ist gleichgültig, welcher von den beiden Reaktionsteilnehmern bestimmt und mit welchem die Titration beendet werden soll. Die Umsetzung zu Cer(III)-salz und Kaliumcyanoferrat(III) geht in Gegenwart von H-Ionen sehr schnell vor sich, so daß in der Kälte titriert werden kann. Indicatorelektrode: blanker Platindraht.

**Durchführung.** Die etwa 100 cm³ betragende Cer(IV)-sulfatlösung wird mit 2,5 cm³ konzentrierter Schwefelsäure versetzt und mit einer n/10 Kaliumcyanoferrat(II)-lösung titriert. Die Gleichgewichtseinstellung erfolgt sehr rasch. Beim Endpunkt warte man 1 bis 2 Min. Der Potentialsprung ist sehr deutlich.

***Bemerkung.*** Die Resultate sind sehr genau, und die größten Fehler betragen 0,05%. Atanasiu und Stefanescu bestätigen die Durchführung und die einwandfreien Resultate. Furman und Evans untersuchten diese Titration nochmals eingehend und fanden, daß es vorteilhaft ist, die n/10 Cyanoferrat(II)-maßlösung rasch zufließen zu lassen. Die besten Resultate erhält man in 1 n schwefelsaurer Lösung, doch ist die Abhängigkeit von der Säurekonzentration nicht sehr groß. Erst über 4 n wird der Endpunkt unscharf. Someya ist mit dieser Modifikation einverstanden und zieht sie seiner ersten Vorschrift vor.

**c) Trennung des Cers von Lanthan nach Atanasiu (a).** Die potentiometrische Bestimmung des Cers durch Kaliumcyanoferrat(II) kann bei Cer(III)-verbindungen fällungsanalytisch und bei Cer(IV)-verbindungen oxydimetrisch vorgenommen werden (s. S. 328). Auch Lanthan kann nach der gleichen Methode wie Cer(III) quantitativ ermittelt werden (S. 311). ATANASIU zeigte, daß durch Kombination dieser Verfahren Lanthan und Cer nebeneinander mit einer Maßlösung sehr genau und rasch bestimmt werden können.

**Durchführung.** Wie auf S. 311 und 328 beschrieben, werden Cer und Lanthan gemeinsam als Kaliumcyanoferrat(II) gefällt. Bei diesem Teil der Analyse können Nitrate, Chloride und Sulfate in neutraler Lösung zugegen sein. Das Cer befindet sich in der Cer(III)-stufe.

Für die Bestimmung des Cers dürfen nur Sulfate vorliegen, die man bei Anwesenheit anderer Anionen durch Abrauchen herstellt. Man oxydiert nach Methode 1 (S. 331) oder 5 (S. 333). Die Titration wird in 10- bis 15%iger schwefelsaurer Lösung durchgeführt.

***Bemerkungen.*** Es ist für die Berechnung der Analyse sehr zweckmäßig, beide Titrationen mit der gleichen Gewichtsmenge oder dem gleichen Volumen vorzunehmen, da sowohl bei der Fällung als auch bei der Reduktion auf ein Mol der seltenen Erden ein Mol Kaliumcyanoferrat(II) verbraucht wird. Es ergibt sich daher der Wert für Lanthan aus der Differenz der verbrauchten Kubikzentimeter n/10 Kaliumcyanoferrat(II)-lösung für die Fällungsanalyse vermindert um die Anzahl Kubikzentimeter, die für die Reduktion des Cer(IV)-sulfates verwendet wurde.

Diese Titration kann auch mit dem bimetallischen Paar Platin-Nickel durchgeführt werden. Da beide Titrationen sehr genaue Werte liefern, sind auch die Werte für Lanthan zufriedenstellend.

ATANASIU (b) hat versucht, Thorium neben den beiden Elementen der seltenen Erden zu bestimmen. Die Versuche waren nicht erfolgreich, da der Wendepunkt die Summe aller drei Elemente anzeigt.

### Literatur.

ATANASIU, J. A.: (a) Fr. **108**, 329 (1937); (b) Bl. Chim. pura apl. Bukarest **30**, 51 (1927); durch C. **1928, II**, 1239. — ATANASIU, J. A., u. V. STEFANESCU: B. **61**, 1343 (1928).

FURMAN, N. H., u. O. M. EVANS: Am. Soc. **51**, 1131 (1929).

SOMEYA, KIN'ICHI: Z. anorg. Ch. **181**, 183 (1929) und **184**, 428 (1929).

WEISS, L., u. H. SIEGER: Fr. **113**, 309 (1938). — WILLARD, H. H., u. P. YOUNG: Am. Soc. **55**, 3268 (1933).

## § 6. Titration mit Natriumoxalat.

**a) Nach WILLARD und YOUNG.** Der quantitative Umsatz zwischen Cer(IV)-sulfat und Oxalsäure findet erst bei höherer Temperatur, am leichtesten in der Siedehitze statt. Wird jedoch ein Katalysator zugesetzt, so wird die Reaktion derart beschleunigt, daß man bei mittleren Temperaturen mit einem geeigneten Indicator den Endpunkt der Titration festlegen kann. Als Katalysatoren eignen sich Jodverbindungen, doch findet nur das Jodmonochlorid praktische Verwendung, weil es am Ende der Titration wieder unverändert auftritt und daher keine Korrektur erfordert. Da der Katalysator nur in stark salzsaurer Lösung seine Wirkung entfalten kann, muß eine umgekehrte Titration vorgenommen werden (S. 330). Ferroin, das bei einer Temperaturerhöhung bis auf etwa 60° seine Farbeigenschaften nicht verliert, wird als Indicator verwendet. An Stelle des Ferroins kann auch Methylenblau vor dem Endpunkt als Indicator zugesetzt werden. Der Farbenumschlag erfolgt von Blau, manchmal über Rosa nach Grün.

**Durchführung.** Die Jodmonochloridlösung wird hergestellt durch Auflösen von 0,279 g Kaliumjodid und 0,178 g Kaliumjodat in 250 $cm^3$ Wasser und Zusatz des gleichen Volumens an konzentrierter Salzsäure. Die Lösung ist auf Jodmonochlorid berechnet 0,005 m. Die n/10 Natriumoxalatlösung wird in einen Titrierkolben eingefüllt, 20 $cm^3$ konzentrierte Salzsäure und 5 $cm^3$ der 0,005 m Jodmonochloridlösung werden hinzugegeben, und es wird auf 100 $cm^3$ verdünnt. Nach Erwärmen auf 50° (Rührthermometer) wird 1 Tropfen 0,025 m Ferroinlösung zugefügt, wobei eine deutlich rote Farbe sichtbar wird. Man titriert mit der Cer(IV)-sulfatlösung, wobei man gegen Ende die Temperatur genau auf 50° hält, bis der Indicator auf Blaßblau umschlägt.

***Bemerkung.*** Der Farbenumschlag wird stark durch die Gegenwart von Sulfat-Ionen beeinträchtigt; so darf die Cer(IV)-sulfatlösung nicht mehr als 0,5 m an freier Schwefelsäure sein. Ist die Acidität höher, so bemißt man die Menge der vorgelegten n/10 Natriumoxalatlösung derart, daß 25 bis 35 cm³ der Cer(IV)-lösung verbraucht werden. Durch den engen Spielraum, der den Sulfat-Ionen zugewiesen wird, erfährt diese Methode eine starke Einschränkung. Die Resultate sind zufriedenstellend.

**b) Potentiometrische Titration mit Natriumoxalat.** $\alpha$) Ohne Katalysator. Die Reduktion der Cer(IV)-salze durch Oxalsäure wird bei höherer Temperatur und in Gegenwart von freier Säure vorgenommen. Als Indicatorelektrode wird blanker Platindraht verwendet.

**Durchführung.** Die in einem Titrierkolben befindliche Cer(IV)-sulfatlösung wird auf 70° erwärmt, wobei in 200 cm³ Lösung nicht mehr als 5 cm³ konzentrierte Schwefelsäure anwesend sein sollen. Nun läßt man die n/10 Natriumoxalatlösung zutropfen. Der Potentialsprung ist sehr scharf.

***Bemerkungen.*** An Stelle der Schwefelsäure können 25 cm³ 73%ige Perchlorsäure oder 5 bis 20 cm³ konzentrierte Salpetersäure treten. In Gegenwart letzterer Säuren, sowie bei höherer H-Ionenkonzentration, wird der Potentialsprung weniger scharf. Chlor-Ionen dürfen nicht zugegen sein. Auch kontuktometrisch läßt sich dieser Umsatz nach SINGH und MENON mit guter Genauigkeit verfolgen.

$\beta$) Mit Katalysator. Die auf S. 346 beschriebene Methode kann auch potentiometrisch durchgeführt werden. Hinsichtlich der Titration in stark salzsaurer Lösung sei auf S. 330 verwiesen.

**Durchführung.** Man legt in dem Titrierkolben ein bekanntes Volumen einer n/10 Natriumoxalatlösung vor, fügt 15 bis 25 cm³ konzentrierte Salzsäure und 10 cm³ der Jodmonochloridlösung hinzu und verdünnt auf etwa 100 cm³. Die Cer(IV)-sulfatlösung wird hierauf aus einer Bürette zugetropft. Der Potentialsprung ist sehr deutlich und genau.

***Bemerkung.*** Die nach dieser Methode gewonnenen Resultate sowie die nach der Eisen(II)-sulfat- oder der Oxalatmethode (ohne Katalysator) erhaltenen Werte sind gleich gut und sehr genau. Fehler etwa $\pm 1^0/_{00}$.

Literatur.

SINGH, D., u. G. MENON: Cur. Sci. India **22**, 73 (1953); durch C. A. **47**, 8580 (1953).
WILLARD, H. H., u. P. YOUNG: Am. Soc. **50**, 1322 (1928); **55**, 3260 (1933).

### § 7. Titration mit arseniger Säure.

**a) Nach LANG.** BROWNING und CUTLER untersuchten die Möglichkeit, Cer(IV)-salze mit arseniger Säure zu titrieren. Infolge des langsamen Verlaufes war diese Umsetzung für volumetrische Zwecke nicht verwendbar. LANG zeigte nun, daß mit Hilfe von Katalysatoren die Reaktion derart beschleunigt werden kann, daß praktisch eine augenblicklich ablaufende Reduktion erzielt wird. Eine eingehende Untersuchung der obwaltenden Verhältnisse deckte eine mehrfache Katalyse auf. Bei Gegenwart von Mangansulfat in genügend hoher Konzentration wird das Ceri-Ion nach folgender Gleichung reduziert:

$$\text{Ce(IV)} - \text{Mn(II)} \rightarrow \text{Ce(III)} + \text{Mn(III)}.$$

Das intermediär gebildete Mn(III)-salz unterliegt seinerseits der jodkatalytischen Reduktion durch arsenige Säure. Die Erkenntnis dieser Vorgänge erlaubte, für die Bestimmung des Cers ein maßanalytisches und ein potentiometrisches Verfahren auszuarbeiten. Ferner hat der Verfasser ein neues Oxydationsmittel angegeben, um das Cer(III)-ion in die Cer(IV)-form überzuführen. Ausgehend von der Erfahrung, daß die von v. KNORRE angegebene Ammoniumperoxydisulfatmethode erst nach dreimaliger Anwendung und längerem Sieden die quantitative Oxydation des Cers erreicht, hatte er in den höheren Nickeloxyden einen schon in der Kälte wirkenden Sauerstoffüberträger in die Analyse eingeführt.

α) Volumetrische Bestimmung. Zur volumetrischen Bestimmung wird die Cer(IV)-sulfatlösung [die entweder nach dem Verfahren von v. KNORRE 1 (S. 331) oder nach dem Nickeldioxydverfahren erhalten wurde] mit Salzsäure stark angesäuert, mit Mangansulfat und einer Spur Kaliumjodat als Katalysatoren und mit einem gemessenen Überschuß an n/10 arseniger Säure versetzt. Nach dem Farbenumschlag von Gelb nach Weiß wird der Überschuß mit Kaliumpermanganat zurückgemessen.

**Durchführung.** 1. Die Oxydation der Ausgangslösung kann nach v. KNORRE (S. 331) vorgenommen werden. Die vom Verfasser angegebene Methode lehnt sich weitgehend an die Arbeitsvorschrift des „Cererdenverbandes" an.

2. **Das Nickeldioxydverfahren.** Der schwach schwefelsauren Cer(III)-nitrat- oder -sulfatlösung werden 20 cm³ einer Nickelsulfatlösung (120 g mangan- und praktisch kobaltfreies, kristallisiertes Nickelsulfat im Liter), hierauf 20 bis 25 cm³ 2,5 n chloridfreie Natronlauge und 2 g gelöstes reines Ammoniumperoxydisulfat zugefügt. Es wird gut umgerührt und nach 1 bis 2 Min. mit 50 cm³ 5 n Schwefelsäure in einem Guß angesäuert. Nach öfterem Umrühren wird die Lösung klar und kann titriert werden.

Die nach 1 und 2 erhaltene kalte Lösung wird mit 10 cm³ Salzsäure 1 : 1 angesäuert, mit 10 cm³ Mangansulfatlösung (50 g kristallisiertes Mangansulfat in 100 cm³) und 1 Tropfen 0,005 m Kaliumjodatlösung versetzt. Die im Überschuß angewendete, bekannte Menge n/10 arsenige Säure wird zufließen gelassen und nach dem Farbenumschlag mit n/10 Kaliumpermanganatlösung zurücktitriert.

**Berechnung.** Die n/10 arsenige Säure und die n/10 Permanganatlösung sind aufeinander eingestellt:

$$2\,\mathrm{Ce} = \tfrac{1}{2}\,\mathrm{O_2}.$$

***Bemerkung.*** Diese Methode gestattet, sowohl Nitrat- als auch Sulfatlösungen zu verwenden. Andere Elemente der seltenen Erden, vor allem Praseodym, stören nicht. Ammoniumperoxydisulfat, das in der Lösung unzersetzt verblieben sein kann, wirkt sich auf das Resultat nicht aus, da es mit den Maßlösungen nicht reagiert. Bei der Oxydation mit Hilfe der höheren Nickeloxyde muß die Zugabe von Schwefelsäure in einem Guß erfolgen, da ein langsamer Zusatz infolge von Adsorptionserscheinungen zur unvollständigen Bildung von Cer(IV)-sulfat führt. Nach WEISS und SIEGER sind die Werte um 1 bis 2% zu niedrig.

β) Direktes potentiometrisches Verfahren. Infolge eines großen Potentialsprunges kann sowohl nach der Kompensationsmethode als auch nach dem Verfahren des entgegengeschalteten Umschlagspotentials gearbeitet werden. Man mißt bei dieser Titration das Potential von Mn(III)-arseniger Säure.

**Durchführung.** Die nach 1 oder 2 oxydierte Cerlösung wird mit 10 cm³ Salzsäure (1:1), dann mit 10 cm³ der oben angeführten Manganlösung und einem Tropfen 0,005 m Kaliumjodatlösung versetzt. Nun wird unter gutem Rühren arsenige Säure zugegeben, wobei nach jedem Zusatz die Potentialänderung mit einer Platin-Indicatorelektrode verfolgt wird.

***Bemerkungen.*** Die Indicatorelektrode darf, wenn nach dem Nickeldioxydverfahren oxydiert wurde, erst nach vollständigem Zerfall der höheren Oxyde in das Reaktionsgefäß gesenkt werden. Wenn im Laufe der Titration eine Braunsteinausscheidung erfolgen sollte, so setzt man etwas Salzsäure zu, oder man wartet die meist rasch erfolgende Auflösung ab.

**b) Nach Willard und Young.** Die Reaktion zwischen Cer(IV)-sulfat- und arseniger Säure läßt sich auch durch Jodmonochlorid katalysieren und durch den Redoxindicator Ferroin gut sichtbar zu Ende führen.

**Durchführung.** In einem Titrierkolben legt man eine bekannte Menge arseniger Säure vor (S. 330), gibt 15 bis 20 cm³ konzentrierte Salzsäure und 2,5 cm³ Jodmonochloridlösung (S. 346) hinzu und verdünnt auf 100 cm³. Nun wird 1 Tropfen 0,025 m Ferroin (S. 338) zugefügt und mit der nach dem Oxydationsverfahren 1 (S. 331) oder 5 (S. 333) erhaltenen Cer(IV)-sulfatlösung titriert, bis die ursprünglich braune Farbe des Indicators nur noch langsam wiederkehrt. Nun erwärmt man genau auf 50° (Rührthermometer) und titriert langsam zu Ende, bis die braune Farbe 1 Min. lang nicht wiederkehrt.

***Bemerkung.*** Sulfat-Ionen und andere Elemente der seltenen Erden stören nicht. Die vorgeschriebene Endacidität von 3,0 bis 4,2 n gilt nur für die anwesende Salzsäure, also nicht für die Gesamtacidität. Der Indicator kann durch Chloroform ersetzt werden, wobei im Äquivalenzpunkt die Jodfarbe verschwindet. Auch auf potentiometrischem Wege kann diese Reaktion quantitativ ausgewertet werden. Die von den Autoren angegebenen Resultate sind sehr zufriedenstellend und werden durch Swift und Gregory sowie durch Weiss und Sieger bestätigt.

**c) Nach Gleu.** Ein weiterer Katalysator für die Reaktion Cer(IV)-sulfat-arsenige Säure wurde im Osmiumtetroxyd gefunden. Ferroin (S. 338) wirkt als Redoxindicator, der von Tiefrot auf Farblos umschlägt. Der Farbenwechsel ist am besten sichtbar, wenn die Titration mit Cer(IV)-sulfat beendet wird. Bei der quantitativen Bestimmung des Cers wird man daher nach S. 330 verfahren. Hat man jedoch eine n/10 Cer(IV)-sulfatmaßlösung vorrätig, so behandelt man die zu bestimmende Cer(IV)-lösung mit einem Überschuß von n/10 arseniger Säure und nimmt diesen mit der eingestellten Cer(IV-lösung zurück.

**Durchführung.** 1. Die nach dem Oxydationsverfahren 1 (S. 331), 3 (S. 332) oder 5 (S. 333) erhaltene Cer(IV)-lösung wird auf 100 bis 200 cm³ verdünnt, mit 3 Tropfen einer 0,01 m Osmiumtetroxydlösung und 3 Tropfen 0,025 m Ferroinlösung versetzt und nun mit einer n/10 arsenigen Säure titriert, bis der Indicator durch seine tiefrote Farbe einen Überschuß am Reduktionsmittel anzeigt. Mit n/10 Cer(IV)-sulfatlösung wird nun auf Farblos titriert.

2. In einem Titrierkolben wird eine gemessene Menge n/10 arsenige Säure vorgelegt, wie oben mit Osmiumtetroxyd und Ferroin versetzt und auf 100 bis 200 cm³ verdünnt. Mit der zu bestimmenden Cerlösung wird auf Farblos titriert.

***Bemerkungen.*** Der Farbenumschlag ist in schwefelsaurer Lösung am ausgeprägtesten: Chlor-Ionen bis 0,1 n schaden nicht, doch wird der Farbenwechsel unscharf; sind größere Mengen von Chlor-Ionen vorhanden, dann kann man sie durch Zugabe von Quecksilber(II)-perchlorat unschädlich machen. Diese Methode gibt gute Resultate, ist schnell durchzuführen und in schwefelsaurer Lösung ziemlich unabhängig von der Wasserstoffionenkonzentration. Man arbeitet in 0,5 bis 2 n Lösung. Vorhandene Elemente der seltenen Erden stören nicht. Hurdis und Romeyn verwenden als Indicator einen Tropfen 0,025 n Nitroferroin. Die Ce-Werte sind um 0,04 bis 0,1% zu hoch.

**d) Potentiometrisch nach Willard und Young.** In stark salzsaurer Lösung in Gegenwart von Jodmonochlorid kann Cer(IV)-sulfat potentiometrisch sehr genau bestimmt werden. Die Reaktionsgeschwindigkeit ist wesentlich abhängig von der Wasserstoffionenkonzentration. Ist mehr als 4,6 n und weniger als 3 n Salzsäure vorhanden, so stellt sich das Gleichgwicht nur sehr langsam ein.

**Durchführung.** Die vorgelegte n/10 arsenige Säure wird mit konzentrierter Salzsäure versetzt, bis eine Endkonzentration von 3 bis 4,2 n erreicht ist. Hierauf fügt man 5 cm³ Jodmonochloridlösung (S. 346) zu und titriert nun mit der Cer(IV)-sulfatlösung. Der Potentialsprung ist scharf.

***Bemerkung.*** Unter gleichen Bedingungen kann auch der Redoxindicator Methylenblau verwendet werden, der keine Indicatorkorrektur verlangt und von Grün auf Mattblau umschlägt.

Literatur.

BROWNING, P. E., u. WM. D. CUTLER: Z. anorg. Ch. **22**, 303 (1900).
GLEU, K.: Fr. **95**, 305 (1933).
HURDIS, E. C., u. H. ROMEYN: Anal. Chem. **26**, 321 (1954).
LANG, R.: Fr. **91**, 5 (1933).
SWIFT, E. H., u. C. H. GREGORY: Am. Soc. **52**, 905 (1930).
WEISS, L., u. H. SIEGER: Fr. **113**, 318 (1938). — WILLARD, H. H., u. P. YOUNG: Am. Soc. **50**, 1375 (1928); **55**, 3264 (1933).

§ 8. Jodometrische Methoden.

**a) Nach BUNSEN, überprüft von BROWNING, HANFORD und MALL.** Ceroxyde, die mehr als 50% an anderen seltenen Erden enthalten, sind in konzentrierter Salzsäure löslich. Hierbei geht das Ceroxyd 3wertig in Lösung, während eine genau äquivalente Menge Chlor in Freiheit gesetzt wird. In einer vorgelegten, mit Kaliumjodidlösung beschickten Waschflasche wird das Chlor aufgefangen und umgesetzt und das entbundene Jod hierauf mit Natriumthiosulfat titriert. Sind reinere Ceroxyde zu untersuchen, die sich nicht in konzentrierter Salzsäure lösen, so muß ein stärkeres Reduktionsmittel angewandt werden, Jodwasserstoffsäure, die aus Kaliumjodid und Salzsäure im Lösungskolben hergestellt wird. Das freie Jod wird mit Natriumthiosulfat gemessen. BUNSEN hat ursprünglich ohne Rücksicht auf die Löslichkeit des zu untersuchenden Ceroxydes stets mit Kaliumjodid und Salzsäure gearbeitet. Einem kleinen Rundkolben, in dem sich das eingewogene Oxyd und 1 g Jodkalium befand, wurde der Hals vor dem Gebläse bis auf eine kleine Öffnung ausgezogen. Dann wurde mit reinster Salzsäure bis nahe an die Verjüngung aufgefüllt und schließlich mit einem Körnchen Natriumcarbonat die noch vorhandene Luft durch Kohlendioxyd verdrängt. Nun wurde an der engsten Stelle abgeschmolzen. Auf einem Wasserbade wurde bis zur Lösung der Oxyde erhitzt, dann abkühlen gelassen, die Spitze geöffnet und das Jod titriert. BROWNING, HANFORD und MALL haben diese Versuche in einer Stöpselflasche nachgeprüft.

**Durchführung.** In einem ungefähr 100 $cm^3$-Kölbchen mit eingeschliffenem Stopfen wurden 0,1 bis 0,2 g der Oxyde eingewogen, 1 g jodatfreies Kaliumjodid und etwas Wasser zum Lösen desselben hinzugefügt. Während 5 Min. wurde zur Verdrängung der Luft ein Kohlendioxydstrom hindurchgeleitet und dann 10 $cm^3$ konzentrierte Salzsäure einfließen gelassen. Nach Aufsetzen und Befestigen des Stopfens wurde 1 Std. auf dem Wasserbad erwärmt. Der Inhalt des abgekühlten Kolbens wurde in das Titrationsgefäß übergeführt und auf 400 $cm^3$ verdünnt. Das freie Jod wurde mit n/10 Natriumthiosulfatlösung titriert.

Die unbequeme Druckflasche ersetzte man jedoch bald durch ein Destillationsgefäß und fing die Joddämpfe in einer Waschflasche auf, die mit 3%iger Kaliumjodidlösung beschickt war. Vor und während des ganzen Versuches leitete man Kohlensäure durch. Im übrigen sind die obengenannten Mengen beibehalten worden, doch vermehrte man das zugesetzte Wasser auf 15 $cm^3$. Die Lösung erhitzte man so lange zum Sieden, bis das Volumen auf die Hälfte gesunken und das Jod völlig in die Vorlage getrieben worden war. Das Jod in der Waschflasche titrierte man mit n/10 Natriumthiosulfatlösung.

**Berechnung.**

$$1\,\mathrm{Ce} = 1\,\mathrm{J}.$$

***Bemerkungen.*** Diese Methode hat geschichtliches Interesse, weil sie die erste maßanalytische Bestimmung des Cers darstellt. Auch sie leidet an unzuverlässigen Werten bei Gegenwart von höheren Praseodymoxyden; durch die Verwendung des kostspieligen Kaliumjodids ist sie in der Industrie nie in größerem Maße angewendet worden. CONGDON und RAY stellten einen Fehler von +0,4% fest.

MARTIN hat die Reaktion Cer(IV)-ion + Jod-Ion nachgeprüft und gefunden, daß das Cer(III)-ion den Umsatz Jodwasserstoffsäure-Luftsauerstoff katalysiert. Es muß daher bei der jodometrischen Cerbestimmung auf völligen Luftabschluß großer Wert gelegt werden.

BARTHAUSER und PEARCE untersuchten diese Methode im Hinblick auf die Bestimmung des „aktiven" Sauerstoffes in seltenen Erdoxyden (gemeint ist der Mehrwert an Sauerstoff der höherwertigen Oxyde von Ce, Pr und Tb), der bei der Ermittlung des mittleren Atomgewichtes von Cerit- und Terbinerden eine große Rolle spielt. Siehe S. 281. Die eingewogene Probe wird in einen 125 $cm^3$-KJEDAHL-Kolben gebracht, mit 20 $cm^3$ 10%iger Kaliumjodidlösung und 10 $cm^3$ 12 n Salzsäure versetzt. Ein eingeschliffener Rückflußkühler wird sofort aufgesetzt. Er trägt am anderen Ende ein gebogenes Glasrohr, das mit einem Bunsenventil abgeschlossen wird. Das Bunsenventil taucht in ein kleines Becherglas, das mit 8 $cm^3$ der 10%igen Kaliumjodidlösung beschickt ist. Man erhitzt zum ruhigen Sieden, bis die Oxyde völlig in Lösung gegangen sind. Nach dem Abkühlen spült man den Rückflußkühler mit dem Inhalt des Becherglases aus, vereinigt die Lösungen in einem 500 $cm^3$-Titrierkolben, verdünnt auf 350 $cm^3$ und bestimmt das in Freiheit gesetzte Jod mit einer eingestellten 0,1 n Natriumthiosulfatlösung. Eine Blindprobe ist stets erforderlich, wobei etwa 0,5 $cm^3$ einer 0,1 n Thiosulfatlösung verbraucht werden. Die Resultate sind auf $\pm 1$% genau.

In Gegenwart von Cu(II) und Fe(III) kann Ce(IV) nach PŘIBIL, SIMON und DOLEŽAL jodometrisch erfaßt werden. Die saure Lösung wird mit Kaliumjodid, hierauf mit Komplexon III (Äthylendiamintetraessigsäure) und Natriumacetat ($p_H$ 4 bis 5) versetzt. Cu und Fe werden als 2- bzw. 3wertige Komplexe stabilisiert, während das ausgeschiedene Jod der Reduktion zu Ce(III) entspricht.

**b) Nach ŠTĚRBA-BÖHM und MATULA.** Cer(III)sulfat- oder -chloridlösungen werden in alkalischer Lösung durch Kaliumperoxydisulfat oxydiert, worauf durch Kochen der Überschuß des Oxydationsmittels zerstört wird. Nach dem Erkalten und Ansäuern wird mit Kaliumjodid das 4wertige Cer reduziert und das ausgeschiedene Jod mit n/10 Thiosulfatlösung titriert.

**Durchführung.** 0,2 bis 0,5 g der Erdsulfate werden in einem ERLENMEYER-Kolben in 40 bis 60 $cm^3$ kaltem Wasser gelöst. Nun fügt man 3 bis 4 $cm^3$ 3,5%ige Kaliumperoxydisulfatlösung und aus einer Pipette tropfenweise 1 n Natriumhydroxydlösung hinzu. Wenn die Hydroxyde auszufallen beginnen, wird 1 Tropfen Phenolphthalein und bis zur deutlich alkalischen Reaktion Lauge zugefügt. Nun erhitzt man zum Sieden und achtet darauf, daß die Lösung stets alkalisch bleibt. Während des Siedens ändert sich die Farbe des Niederschlags von Hellbraun auf Hellgelb. Nun erhitzt man noch 25 Min., schüttelt öfter um und läßt erkalten. Hierauf werden 1 bis 1,5 g Kaliumjodid und 3 bis 4 $cm^3$ 20%ige Salzsäure zugesetzt, worauf sich der Niederschlag in einigen Minuten löst und Jod ausgeschieden wird. Mit n/40 Natriumthiosulfat wird das Jod titriert.

Der so erhaltene Wert ist nicht zufriedenstellend. Man wiederholt daher mit einer neuen Einwaage den ganzen Vorgang, bemißt jedoch den Kaliumperoxydisulfatzusatz genau, so daß auf 1 g Ce 1,5 g Kaliumperoxydisulfat verwendet werden. Das jetzt erhaltene Resultat ist richtig.

***Bemerkung.*** Diese Methode ist sehr zeitraubend und ungenau, die Werte streuen zwischen $\pm 2$%. Nach WEISS und SIEGER beträgt der Fehler +20%. Siehe hierzu die Bemerkungen zu der vorhergehenden Bestimmungsart.

**c) Nach LEWIS.** BERG hat gezeigt, daß sich Jod in Gegenwart von verdünnter Schwefelsäure mit Aceton zu Jodaceton rasch und vollständig umsetzt.

Diese Beobachtung hat in der Jodometrie eine wesentliche Vereinfachung gebracht, denn bei Reaktionen, die Jod in Freiheit setzen, wird die Rücktitration mit n/10 Thiosulfatlösung überflüssig, und man kann den Umsatz mit einer genau gestellten n/10 Kaliumjodidlösung quantitativ durchführen. Nachdem Kaliumpermanganat auf diese Weise genau bestimmt werden konnte, versuchte LEWIS, Kaliumjodid mit Cer(IV)-sulfat zu titrieren.

**Durchführung.** Ein genau bekanntes Volumen einer eingestellten n/10 Kaliumjodidlösung wird in einer enghalsigen Flasche (Jodaceton reizt die Augenschleimhäute) mit 25 cm³ reinstem Aceton, 1 Tropfen Ferroinindicator, 10 cm³ 9 n Schwefelsäure versetzt und mit Wasser auf 100 cm³ verdünnt. Aus einer Bürette wird die Cer(IV)-sulfatlösung zufließen gelassen. Sollte zu Beginn die Jodausscheidung durch schnellen Zusatz des Oxydationsmittels zu rasch vor sich gehen, so schüttelt man das Titriergefäß gut um. Das Ende der Reaktion zeigt der Indicator an, der von Braunrot auf Blau umschlägt.

***Bemerkungen.*** Nach späteren Angaben von LEWIS ist diese Methode sehr genau und zeigt einen Fehler von $\pm 0,1\%$, wenn die freie Schwefelsäure 0,9 bis 2,7 n ist. Unterhalb dieser Konzentration sind die Werte höher, oberhalb die Resultate zu niedrig. WEISS und SIEGER überprüften dieses Verfahren und fanden zu niedrige Werte, auch dann, wenn über Permanganat destilliertes Aceton verwendet wurde.

Das Kaliumjodid wird bei 125 bis 130° während 3 Std. getrocknet und kann für die Maßlösung eingewogen werden.

**d) Potentiometrisch nach WILLARD und YOUNG.** Die Reduktion von Cer(IV)-salzen durch Kaliumjodid kann potentiometrisch gut verfolgt werden.

**Durchführung.** Der Cer(IV)-lösung, die nach dem Oxydationsverfahren 1 (S. 331) oder 5 (S. 333) hergestellt wurde, fügt man 2,5 cm³ konzentrierte Schwefelsäure zu und verdünnt auf 200 cm³. Mit einer 0,05 n Kaliumjodidlösung wird potentiometrisch titriert. Der Potentialsprung ist sehr ausgeprägt.

***Bemerkungen.*** Die Werte sind sehr genau. Die Cer(IV)-lösung kann auch nach dem Oxydationsverfahren 2 (S. 332) hergestellt werden. Es muß jedoch die zur Katalyse notwendige Silbernitratmenge bekannt sein, denn der Potentialsprung zeigt Cer und Silberjodid gemeinsam an.

Die Resultate sind nach SOMEYA sehr befriedigend, und der mittlere Fehler beträgt 0,06%. Ein Zusatz von 5 cm³ 3%iger Kaliumcyanidlösung soll den Potentialsprung wesentlich vergrößern.

**e) Nach TSCHERNIKOW und USSPENSKAJA.** Wenn eine stark salpetersaure Cer(IV)-lösung mit einer Kaliumjodatlösung gefällt wird, so hat nach den beiden Autoren der Niederschlag die Zusammensetzung $2\,Ce(JO_3)_4 \cdot KJO_3 \cdot 8\,H_2O$. Das in ihm enthaltene Jodat-Ion kann nun in schwefelsaurer Lösung mit Jod-Ionen in Reaktion gebracht und das in Freiheit gesetzte Jod mit Natriumthiosulfat bestimmt werden. Es kommen dann auf 1 Ce = 28 J, wobei das Cer zur 3wertigen Stufe reduziert wird. Die relativen Fehler schwanken zwischen 2 bis 2,5%; bei Mikrobestimmungen 2 bis 5%.

***Bemerkungen.*** Siehe hierzu S. 240. Ag, Pb, Cd, Zn, Co, Ni und Fe werden vorher an der Quecksilberkathode abgeschieden, Fe, Mn, Ti, Zr, V und U über die Oxalate abgetrennt. Es stören nicht: Ca, Mg, Al, Zn, Co, Ni, Cu und Mo, ferner 0,5 g $K_2SO_4$, 0,5 g $(NH_4)_2HPO_4$ und 0,2 g Oxalsäure oder Citronensäure. Bei 10 mg U oder V in 20 cm³ Lösung sowie in Gegenwart von 20 mg Cd beträgt der Fehler 15 bis 30%.

Da nach den beiden Autoren unter den gleichen Bedingungen Thor als $4\,Th(JO_3)_4 \cdot KJO_3 \cdot 18\,H_2O$ gefällt wird, kann nach Reduktion des Cers mit Wasserstoffperoxyd eine Cer-Thortrennung durchgeführt werden, wobei beide Elemente jodometrisch ermittelt werden. Im Filtrat der Thorfällung wird Ce(III) durch Kaliumbromat oxydiert und nach starkem Einengen abgeschieden. USSPENSKAJA und TSCHERNIKOW berichten, daß auch Zr als $2Zr(JO_3)_4 \cdot KJO_3 \cdot 8H_2O$ sowie Ta, von dem nur ein empirischer Faktor ermittelt werden konnte, gefällt werden. 0,4 bis 1,6 mg Thor kann man auf diese Weise von 200 bis 350 mg Cer nach 2- bis 3maliger Fällung abtrennen.

### Literatur.


BARTHAUSER, G. L., u. W. D. PEARCE: Ind. eng. Chem. Anal. Edit. **18**, 479 (1946). — BROWNING, P. E., G. A. HANFORD u. F. J. MALL: Z. anorg. Ch. **22**, 297 (1900). — BUNSEN, R.: A. **105**, 49 (1858).

CONGDON, L. A., u. E. L. RAY: Chem. N. **128**, 233 (1924).

LEWIS, D.: Ind. eng. Chem. Anal. Edit. **8**, 199 (1936); Am. Soc. **59**, 1401 (1937).

MARTIN, J.: Am. Soc. **49**, 2133 (1927).

PŘIBIL, R., V. SIMON u. J. DOLEŽAL: Chem. Listy **45**, 88 (1951); durch C. A. **46**, 11031 (1952).

SOMEYA, KIN'ICHI: Z. anorg. Ch. **181**, 183 (1929). — ŠTĚRBA-BÖHM, J., u. V. MATULA: R. **44**, 400 (1925).

TSCHERNIKOW, J. A., u. T. A. USSPENSKAJA: Betriebslab. **9**, 276 (1940); durch C. **1941**, **I**, 3265.

USSPENSKAJA, T. A., u. J. A. TSCHERNIKOW: C. r. Acad. URSS. **28**, 800 (1940); durch C. **1942**, **I**, 782.

WEISS, L., u. H. SIEGER: Fr. **113**, 315 (1938). — WILLARD, H. H., u. P. YOUNG: Am. Soc. **50**, 1381 (1928).


### § 9. Potentiometrische Titration mit Hypobromit nach O. TOMIČEK und M. JAŠEK.

Die Oxydation des Cer(III)-ions wird in stark alkalischer Lösung durch eingestellte Natriumhypobromitlösung vorgenommen. Infolge der großen Empfindlichkeit des Cer(III)-hydroxydes gegen Luftsauerstoff muß in einer völlig geschlossenen Apparatur (s. S. 344) gearbeitet werden.

**Durchführung.** Die Cer(III)-chlorid- oder -sulfatlösung wird in die oben angegebene Apparatur eingefüllt, die Luft durch Kohlendioxyd verdrängt, hierauf die Lösung mit so viel konzentrierter Kaliumcarbonatlösung versetzt, bis in dem Titrationsgefäß eine 20- bis 30%ige Carbonatlösung entsteht. Die klare Lösung wird auf Zusatz von Hypobromit klar gelb. Die Potentialeinstellung geht sehr langsam vor sich, weshalb man die erste Probe übertitriert, um bei der nachfolgenden Bestimmung fast die ganze erforderliche Menge an Hypobromit auf einmal zuzusetzen und die wenigen fehlenden Zehntel Kubikzentimeter zur Vollendung der Titration zu verwenden.

***Bemerkung.*** Nach den Angaben der Autoren ist diese Methode nicht zu empfehlen, da es eine ganze Reihe von besseren und leichter durchzuführenden Bestimmungsarten gibt.

### Literatur.


TOMIČEK, O., u. M. JAŠEK: Am. Soc. **57**, 2409 (1935).


### § 10. Titration mit Natriumnitrit.

**a) Nach WILLARD und YOUNG.** Zur Reduktion von Cer(IV)-lösungen können auch Nitrite herangezogen werden, vor allem das leicht rein zu erhaltende Natriumnitrit. Als Indicator wird das in der Cerimetrie gebräuchliche Ferroin angewandt.

**Durchführung.** Die 100 bis 200 $cm^3$ betragende Cer(IV)-lösung wird mit 5 bis 10 $cm^3$ konzentrierter Salpetersäure versetzt, auf 50° erwärmt und mit einer n/10 Natriumnitritlösung titriert, bis nur noch eine schwach gelbe Lösung verbleibt. Nun gibt man 1 Tropfen Ferroinlösung (S. 338) hinzu und titriert langsam zu Ende. Nach Zusatz eines jeden Tropfens muß einige Zeit gewartet werden; der Farbenumschlag erfolgt von Blaugrau auf Rosa.

**b) Potentiometrisch nach WILLARD und YOUNG.** Unter den oben angeführten Bedingungen kann die Reaktion zwischen Cer(IV)-sulfat- und Natriumnitrit auch potentiometrisch ausgewertet werden. Das Volumen der Lösung, die Acidität, sowie die Temperatur sind gleich. In der Nähe des Wendepunktes stellt sich das Gleichgewicht nur sehr langsam ein, und auch der Potentialsprung ist geringer als bei den gebräuchlichen Cerbestimmungen.

***Bemerkungen.*** Man kann diese Methode auch in Gegenwart von 5 bis 20 $cm^3$ konzentrierter Schwefelsäure auf 200 $cm^3$ Lösung anwenden, doch wird der Potentialsprung noch kleiner als in salpetersaurer Lösung. Perchlorsäure verhindert den quantitativen Umsatz. Die Resultate sind gut.

## Literatur.

WILLARD, H. H., u. P. YOUNG: Am. Soc. **50**, 1383 (1928); **55**, 3268 (1933).

### § 11. Potentiometrische Titration mit Titan(III)-sulfat.

Anläßlich einer Untersuchung von VAN NAME und FENWICK über das Verhalten von Elektroden aus Platin und Platinlegierungen in der elektrometrischen Analyse wurde die Titration einer Cer(IV)-sulfatlösung mit Titan(III)-sulfat beschrieben. Obwohl keine Arbeitsvorschrift mitgeteilt wurde, ist aus den begleitenden Bildern zu ersehen, daß die Umsetzung quantitativ erfolgte und der Potentialsprung deutlich ausgebildet war. Die Titration wurde unter Luftausschluß bei Gegenwart von Kohlendioxyd durchgeführt. JANSSENS bestätigt den quantitativen Umsatz und den deutlichen Potentialsprung.

## Literatur.

JANSSENS, R.: Natuurwetensch. Tijdschr. **13**, 257 (1931); durch C. **1932**, **I**, 977.
NAME, R. G. VAN, u. F. FENWICK: Am. Soc. **47**, 19 (1925).

### § 12. Titration mit Kaliumwolfram(III)-chlorid.

Nach UZEL und PŘIBIL können die unbeständigen Titerlösungen des Titan(III)-sulfates und Vanadin(IV)-sulfates durch $K_3W_2Cl_9$ vorteilhaft ersetzt werden. Diese Verbindung ist im festen Zustand beständig und wird nur in neutraler oder alkalischer Lösung durch den Luftsauerstoff rasch oxydiert. In Gegenwart von Salzsäure nimmt die Beständigkeit mit steigender Acidität zu. Zur Herstellung der n/10 Maßlösung werden entsprechende Mengen des Salzes in normaler Salzsäure aufgelöst, der man etwas Alkohol oder Citronensäure zugesetzt hat. Während der Titration leitet man Kohlensäure durch die zu titrierende Lösung hindurch. Um die Maßlösung in der Bürette vor dem Luftsauerstoff zu schützen, wird mit einer Benzinschicht überdeckt. Die Stärke der Maßlösung kann weitgehend verändert werden; es sind n/5 bis n/50 Lösungen verwendet worden.

**Titerstellung.** Der Gehalt der Maßlösung wird entweder jodometrisch (Oxydation durch eine bekannte Menge n/10 Jodlösung und Rücktitration des unverbrauchten Überschusses durch n/10 Natriumthiosulfat) oder potentiometrisch durch Oxydation mit n/10 Kaliumbichromat bestimmt.

**Durchführung.** Die schwefelsaure Cer(IV)-sulfatlösung wird potentiometrisch mit n/10 $K_3W_2Cl_9$ titriert. Als Hilfselektroden werden ein Platindraht und eine Normalkalomelelektrode verwendet. Vor dem Titrationsendpunkt ist eine Wartezeit zur Potentialeinstellung notwendig. Der Wendepunkt ist deutlich zu erkennen.

***Bemerkungen.*** Die aus zwei Analysen stammenden Resultate zeigen Abweichungen von weniger als 1%. Die Beendigung der Titration kann auch durch einen Indicator angezeigt werden. Neben dem gebräuchlichen Ferroin wird noch Kakothelin empfohlen.

## Literatur.

UZEL, R., u. R. PŘIBIL: Coll. Trav. chim. Tchécosl. **10**, 330 (1938).

### § 13. Titration mit Vanadylsulfat.

BANERJEE bestimmt das nach dem v. KNORRE-Verfahren (S. 331) in die 4wertige Stufe gebrachte Cer in schwefelsaurer Lösung mit Vanadylsulfat. Die Lösung wird auf 200 cm³ mit sauerstofffreiem Wasser verdünnt und in einer Kohlendioxydatmosphäre nach Zugabe von 5 bis 10 cm³ konzentrierter Schwefelsäure sowie 2 Tropfen einer 1%igen Lösung von Diphenylamin in konzentrierter Schwefelsäure auf Farblos titriert. Man kann auch mit einem Überschuß der Maßlösung versetzen und diesen mit Kaliumpermanganat zurückmessen. Die Vanadylsulfatlösung wird im ersten Fall gegen Cer(IV)-sulfat, im zweiten gegen Kaliumpermanganat eingestellt.

***Bemerkungen.*** FURMAN hat diese Umsetzung, die quantitativ verläuft, zur Bestimmung von Vanadin in technischen Produkten verwendet. Da bis jetzt kein gut verwendbarer Indicator aufgefunden werden konnte, wird der Endpunkt des Umsatzes potentiometrisch bestimmt.

### Literatur.

BANERJEE, P. C.: J. Indian chem. Soc. **15**, 475 (1938); durch C. **1939**, **I**, 3595.
FURMAN, N. H.: Am. Soc. **50**, 755 (1928).

### § 14. Titration mit Ferroin.

CHARLOT verwendet den Farbenumschlag von Rot auf Hellblau des Redoxindicators Ferroin zur Bestimmung kleinster Mengen Cer.

**Durchführung.** In 1 n Schwefelsäure wird die Probe mit etwas Ammoniumperoxydisulfat und Natriumbismutat versetzt und bis zur heftigen Gasentwicklung erhitzt. Hierauf wird filtriert und das Filtrat zur Titration verwendet. Als Maßlösung dient eine 0,005 m Ferroinlösung, von der 100 cm³ etwa 0,25 mg Cer entsprechen.

***Bemerkungen.*** Mangan, Chrom und Vanadin müssen abwesend sein; ferner ist eine Blindprobe für das Natriumbismutat und für die Certitration notwendig.

### Literatur.

CHARLOT, G.: Bl. [5] **6**, 1126 (1939).

### § 15. Titration mit Kaliumrhodanid.

In schwach schwefelsaurer Lösung oxydiert Ce(IV) den Schwefel des Rhodanions zu Sulfat.

**Durchführung.** Die schwach saure Lösung wird im Überschuß mit einer eingestellten Kalium- oder Ammoniumrhodanidlösung versetzt. Nach kurzem Stehen wird der Überschuß nach VOLLHARD zurückgemessen. Berechnung: 6 Ce(IV) = 1 KSCN.

***Bemerkungen.*** Andere seltene Erden stören nicht. Diese Umsetzung ist später nur für die Bestimmung des Rhodanions herangezogen worden.

### Literatur.

DESHMUKH, G. S., u. B. R. SANT: Pr. Indian Acad. Sci. **37 A**, 504 (1953); durch C. A. **47**, 12106 (1953).

## III. Gasvolumetrische Bestimmung des Cers.

Versetzt man eine saure Cer(IV)-salzlösung mit Wasserstoffperoxyd, so wird das Cer(IV)-ion zu Cer(III)-ion reduziert, wobei 2 Ce einem $O_2$ entsprechen. Der in Freiheit gesetzte Sauerstoff wird in einer Bürette aufgefangen und gemessen.

**Durchführung.** Die abgemessene Menge der Cer(IV)-salzlösung wird in den äußeren Raum einer WAGNERschen Zersetzungsflasche gebracht und mit 50 cm³ verdünnter Schwefelsäure (D. 1,5) vermischt. In den inneren Raum bringt man die zur Zersetzung der Cer(IV)-lösung hinreichende Menge einer 2%igen Wasserstoffperoxydlösung. Das Zersetzungsgefäß wird an das mit Quecksilber als Sperrflüssigkeit gefüllte Gasvolumeter angeschlossen, der Überdruck durch Lüften des Hahnes ausgeglichen, durch Senken des Niveaugefäßes Unterdruck erzeugt und hierauf durch Schütteln der Umsatz der beiden Lösungen herbeigeführt. Nach Beendigung der Sauerstoffentwicklung bringt man das Gasvolumen auf Atmosphärendruck, liest das Volumen des entwickelten Sauerstoffes ab und reduziert auf 0° und 760 mm.

**Berechnung.** Die Hälfte des reduzierten Volumens entspricht dem vom Cer(IV)-ion abgegebenen Sauerstoff. Multipliziert man diese Zahl mit 0,038464, so erhält man die entsprechende Menge $CeO_2$.

***Bemerkungen.*** Verwendet man bei der Zersetzung einen nicht zu großen Überschuß an Wasserstoffperoxyd, so erhält man recht brauchbare Werte.

### Literatur.

TREADWELL, F. P.: Kurzes Lehrbuch der analytischen Chemie, Bd. 2, S. 729. Leipzig u. Wien 1923.

## IV. Colorimetrische Methoden.

**a) Nach HINTZ und WEBER.** In der Thoriumindustrie hat eine rasche Bestimmung von sehr wenig Cer neben viel Thorium eine große Bedeutung. Die gravimetrischen und maßanalytischen Methoden sind sehr zeitraubend, weshalb man nach physikalischen Bestimmungsformen Ausschau gehalten hat. Die stark gefärbten Cer(IV)- und Peroxycer(IV)-salze eignen sich gut für colorimetrische Gehaltsbestimmungen.

**Durchführung.** Man schließt die Oxyde mit Kaliumbisulfat auf, fällt die Lösung des Aufschlusses mit Ammoniak, filtriert, wäscht mit Wasser aus, löst den Niederschlag in Salpetersäure und dampft zur Trockne. Der Rückstand wird in Wasser aufgenommen (bei Gegenwart von Thorium kann ein kleiner Rückstand von basischem Thoriumnitrat hinterbleiben, der abfiltriert wird), mit Citronensäure versetzt (die Menge wird jeweils durch eine Probe ermittelt), dann Wasserstoffperoxyd zugesetzt und die Säure durch Ammoniak abgestumpft. Man colorimetriert mit einer gleich behandelten Cernitratstandardlösung, enthaltend 0,55 mg $CeO_2$ in 5 $cm^3$ Lösung, der man die aus der Einwaage bekannte Menge an Thorium als Thoriumnitrat zusetzt. Steht kein Colorimeter zur Verfügung, so kann man den Cergehalt annähernd bestimmen, wenn in gleichartigen Gefäßen bei gleichem Volumen die Färbung der steigenden Cergehalte (2,5 $cm^3$, 5 $cm^3$, 10 $cm^3$) mit der Probelösung verglichen wird.

***Bemerkungen.*** Über die Größe der Fehler wurden keine Angaben gemacht. RYABSCHIKOV und STRELKOVA arbeiten in natronalkalischer Lösung bei einem $p_H = 8$ bis 9. Die Oxalate der seltenen Erden werden in gesättigter Kaliumcitratlösung aufgelöst und in einem Meßkolben aufgefüllt. Von dieser Lösung wird mehrmals 1 $cm^3$ entnommen und in Teströhren gefüllt, die mit steigender Tropfenzahl von 0,1 n Natronlauge versetzt werden. In jede Teströhre wird etwas 10%ige Wasserstoffperoxydlösung getan und verglichen, welche Teströhre die beste Färbung ergibt. Diese wird nun mit einer Standardlösung verglichen. POLNEKTOV und NIKONOVA lösen die Oxalate in einer Aluminiumnitratlösung auf und verfahren weiter, wie oben angeführt. Bei 10 bis 20 mg Ce beträgt der Fehler $\pm 10$ bis 20%.

**b) Nach SCHEMJAKIN und WASCHTSCHENKO.** Pyrogallol oder Gallussäure geben in ammoniakalischer Lösung mit Cer(III)- oder Cer(IV)-salzen eine violette bis blaue Fällung. In sehr verdünnten Lösungen bleibt diese Fällung aus, und an ihrer Stelle wird eine deutliche blauviolette Färbung, bedingt durch die feine Verteilung des Niederschlages, sichtbar. Während der Niederschlag beständig ist, wird die Lösung durch Luftsauerstoff gebräunt.

Zur Auswertung dieser empfindlichen Reaktion wird zum Fernhalten des Luftsauerstoffes die Lösung mit einer indifferenten Flüssigkeit, z. B. Äther, Benzol, Toluol, überschichtet und mit Natriumsulfit versetzt.

**Empfindlichkeit:** 14 bis $70 \cdot 10^{-7}$ g Ce je $cm^3$ bei einer optimalen Wasserstoffionenkonzentration $p_H = 11{,}5$.

**Durchführung.** In ein 10 $cm^3$ fassendes und mit einem Glasstopfen zu verschließendes zylindrisches Colorimetergefäß werden 2,7 $cm^3$ einer 0,001 m Gallussäure und so viel einer Cer(IV)- oder Cer(III)-nitratlösung eingefüllt, daß 1 $cm^3$ der Lösung $3 \cdot 10^{-5}$ bis $7 \cdot 10^{-5}$ g Cer enthält. Man mischt gut durch, überschichtet mit 2 $cm^3$ der organischen Flüssigkeit und setzt unter die Deckschicht 5,3 $cm^3$ einer n/10 Ammoniaklösung, die auf 100 $cm^3$ 1 g kristallisiertes Natriumsulfit enthält. Mit Wasser wird bis zur Marke aufgefüllt, gut durchgemischt und mit einer frisch bereiteten Standardlösung [Cer(IV)-nitrat] verglichen.

***Bemerkungen.*** Die Angaben sind sehr dürftig gehalten, und es werden keine Resultate angeführt. Titan unter einem Gehalt von $8 \cdot 10^{-1}$ g, Thorium von $1 \cdot 10^{-5}$ g und Lanthan von $1{,}5 \cdot 10^{-5}$ g je Kubikzentimeter Lösung stören nicht; ebenso sind ohne Einfluß auf die Färbung Fe, Cr, Al, Mn, Ni, Co und U in 6wertiger Form. Nach HERZFELD ist diese Reaktion für Cer spezifisch. Während alle anderen Ceriterden graue Tyndallkegel geben, ist Cer an der blauvioletten Färbung gut zu erkennen.

Veratrol, von ANTONIADES empfohlen, gibt mit Ce(IV)-sulfaten eine charakteristische rosa Färbung, die sich mit empirischen Eichkurven gut auswerten läßt.

**c) Nach PLANK.** Der wasserlösliche Kaliumcer(III)-carbonatkomplex nimmt Sauerstoff auf und geht aus der farblosen 3wertigen in die tiefgelbrot gefärbte Peroxycer(IV)-stufe über, die zu einer colorimetrischen Bestimmung ausgewertet werden kann. Solche Lösungen gehorchen dem BEERschen Gesetz. Nach JOB hat die entstehende Verbindung die Zusammensetzung: $Ce_2(CO_3)_3O_3 \cdot 4\,K_2CO_3 \cdot 12\,H_2O$.

**Durchführung.** Die schwach saure Lösung wird mit einer Lösung von Kaliumcarbonat in Wasser 1:1 im Überschuß bis zur Auflösung versetzt und in einem Meßkolben bis zur Marke mit Wasser aufgefüllt. Nachdem sie in ein mit Gaszu- und -ableitungsrohr versehenes Gefäß gebracht worden ist, wird in die Lösung aus einem Gasometer Sauerstoff eingeleitet und die Oxydation durch öfteres Schütteln unterstützt. Wenn sich die Farbe der Lösung nicht mehr vertieft, wird in die Küvette eingefüllt. Ist der Gehalt des Cers im Kubikzentimeter größer als 0,2 mg, so wird die 2,5 mm-Küvette, ist er kleiner (bis 0,02 mg), die 50 mm-Küvette verwendet. Die Extinktion bestimmt man mit einem PULFRICH-Stufenphotometer unter Anwendung des Zeissfilters S 43 oder benützt Cer(III)-sulfatlösung als Standardlösung.

***Bemerkungen.*** In einer späteren Mitteilung wird die Entfernung der störenden Elemente besprochen. Eisen wird durch Fällung als Hydroxyd abgeschieden; Chrom wird zu Chromat oxydiert und über das $PbCrO_4$ abgetrennt, und die Edelmetalle werden reduziert. Praseodym, Neodym und Erbium stören nicht; hingegen kann Arsen durch Verhinderung der Bildung der Percer(IV)-verbindungen [es entsteht nur die Cer(IV)-stufe] zu falschen Resultaten Anlaß geben. Vor der Oxydation mit Sauerstoff muß das gesamte Cer in 3wertiger Stufe vorliegen. Über die Analyse von Cereisen siehe S. 370.

Für sehr kleine Cermengen (3 bis 30 $\gamma$ Ce) je $cm^3$ verwenden TELEP und BOLTZ diese Methode, entwickeln jedoch die Farbe durch $H_2O_2$.

**Durchführung.** Die Probe wird in einem Meßkolben gegen Lackmus neutralisiert und so verdünnt, daß in einem $cm^3$ 0,1 mg Ce(III) enthalten sind. Ein aliquoter Teil wird in einen 50 $cm^3$-Meßkolben übergeführt, aus einer Bürette werden genau 25 $cm^3$ $K_2CO_3$ (100 g in 100 $cm^3$ $H_2O$) dazugegeben und sorgfältig durch Zugabe von ungefähr 10 $cm^3$ 6 n HCl auf ein $p_H = 10{,}1$ bis 10,5 gebracht. Man füllt mit doppelt destilliertem Wasser und 1 $cm^3$ 3%igem $H_2O_2$ auf. Gemessen wird mit einem BECKMANN DU-Spektrophotometer bei 3040 Å in der 1 $cm^3$-Quarzzelle. Als Vergleichslösung dient eine gleich behandelte und gleich zusammengesetzte Probe ohne Cer.

***Bemerkungen.*** Es stören U(VI), Cr(III), Cr(VI), V(V) und Fe(II, III) $(CN)_6$. Der Vorteil dieses Verfahrens liegt in der Ausschaltung des $NO_3^-$, das sich stets bei der Oxydation des $NH_4$-Ions durch die Peroxydischwefelsäure bildet. Ist der Cergehalt höher als 30 $\gamma$ je $cm^3$, kann ein störender Niederschlag, auch bei richtigem $p_H$, auftreten.

**d) Nach Schemjakin, Wolkowa und Boshko.** Zur colorimetrischen Bestimmung des Cers in Mineralien, wie Loparit und Lowtschorit, wenden die Autoren den Aufschluß nach Hillebrandt und Lundel an. Der gewonnene wäßrige Auszug wird mit 2 g festem Ammoniumperoxydisulfat auf je 0,1 g Ce, 5 $cm^3$ Schwefelsäure und 5 $cm^3$ einer 15%igen Silbernitratlösung versetzt und 1 Std. in einer Porzellanschale gekocht. Hierauf verdünnt man in einem Meßglas auf 100 $cm^3$. Von dieser Lösung werden 2,5 $cm^3$ entnommen, die durch tropfenweisen Zusatz mit Ammoniak neutralisiert und mit 0,5 $cm^3$ 0,1 n Schwefelsäure sowie 2 $cm^3$ einer 0,01 n Lösung von essigsaurem Brucin versetzt werden. Man vergleicht gegen Standardlösungen.

***Bemerkungen.*** Die Empfindlichkeit beträgt $1 \cdot 10^{-5}$ g Ce je Kubikzentimeter; die empfohlene Meßkonzentration wird mit $1 \cdot 10^{-3}$ bis $1,4 \cdot 10^{-5}$ angegeben. Für gute Resultate ist die Einhaltung der vorgeschriebenen Acidität von großer Bedeutung. Ammoniumperoxydisulfat gibt die gleiche Färbung und muß vorher völlig zerstört werden.

**e) Nach Murthy und Raghava Rao.** Benzidin gibt in essigsaurer Lösung mit Ce(IV) eine grüne Färbung, in salzsaurer Lösung eine gelbe, die eine Empfindlichkeit von 0,3 $\gamma$ besitzt. Obwohl die gelbe Farbe nicht beständig ist, kann durch rasches Arbeiten eine hinreichend genaue Bestimmung durchgeführt werden, wenn die Messung innerhalb 2 Min. vorgenommen wird.

**Durchführung.** 5 $cm^3$ der Probe (0,02 bis 0,25 mg Ce) werden mit 1 $cm^3$ einer Lösung, enthaltend 1 g Benzidin in einem Liter 0,3 n Salzsäure, versetzt und mit 3 n Salzsäure auf 50 $cm^3$ genau aufgefüllt. Als Vergleichsfarbe dient eine Eisen(III)-chloridlösung (0,11 g $FeCl_3 \cdot 6\,H_2O$ gelöst in 100 $cm^3$ 2 n Salzsäure) und als Eichsubstanz Ce(IV)-sulfat.

***Bemerkungen.*** Es stören nicht Th, Cu, Be, Mg, Erdalkalien, Zn, Al, Bi U(VI), Mn(II), Ni, $NO_3$, $PO_4$, Cl, F, Mo(VI) und As(III). $SO_4$ stört nur in größeren Mengen durch Niederschlagsbildung. Die gleiche Farbreaktion geben hingegen V(V) und Cr(VI), die vollständig entfernt werden müssen.

**f) Nach Schemjakin, Rudanova und Gavrilova.** Anthranilsäure gibt mit Ce(IV) in Gegenwart von $NH_3$ einen braunen Niederschlag, der durch Salpetersäure bei 70 bis 80° in eine klare rötliche Lösung umgewandelt wird, deren Farbstärke dem Cergehalt proportional ist.

**Durchführung.** Die Probe wird in 7,5 n $HNO_3$ gelöst, zur Entfernung der Stickoxyde aufgekocht, in einen 100 $cm^3$-Meßkolben übergeführt und zur Marke aufgefüllt. 10 $cm^3$ dieser Lösung werden in einem Becherglas mit 20%igem Ammoniak bis zur Trübung versetzt, worauf 2 bis 5 $cm^3$ einer frisch bereiteten Lösung von 2%igem Ammoniumanthranilat zugegeben wird. Man erwärmt auf 70 bis 80° und löst den Niederschlag tropfenweise mit 7,5 n $HNO_3$. Nun wiederholt man die Fällung und das Wiederauflösen. Man vergleicht hierauf die Farbe mit einer gleichartig behandelten Standardlösung.

***Bemerkungen.*** Für 1 mg Ce werden 0,07 g Anthranilsäure benötigt.

**g) Nach Misumi.** Das Dinatriumsalz der 2″6″-Dichlor-4′-oxy-5,5′-dimethylfuchson-33′-dicarbonsäure (Solochrom Azurin BS oder Erichochromazurol B) gibt mit Ce(III)-salzen eine sehr empfindliche violette Färbung, die 6 $\gamma$ im $cm^3$ nachzuweisen gestattet.

**Durchführung.** Zu 5 $cm^3$ der Lösung, die 8 bis 30 $\gamma$ Ce(III) je $cm^3$ enthält, werden 0,5 bis 1 $cm^3$ Glycerin und 0,5 $cm^3$ 1 n Ammoniumacetatlösung sowie 0,4 $cm^3$ der 0,1%igen Farbstofflösung zugegeben. Mit 1%igem Ammoniak wird auf $p_H = 7,5$

eingestellt und mit Wasser auf 10 cm³ aufgefüllt. Man mißt mit einem PULFRICH-Photometer bei 5500 Å mit dem ZEISS-Filter S 57 gegen eine Vergleichslösung.

***Bemerkungen.*** Da nach MISUMI auch andere seltene Erden eine ähnliche Färbung geben, dürfen sie, ebenso wie Eisen, nicht anwesend sein. Ce(IV) gibt eine gelbe Lösung und muß vorher zu Ce(III) reduziert werden.

**h) Nach HAGIWARA.** Im Gemisch mit anderen Erden kann Ce im Bereich von 5 bis 35 $\gamma$ je cm³ bestimmt werden. Das Ce liegt in 4wertiger Form in 0,1 bis 0,15 n schwefelsaurer Lösung vor. Die Probe wird mit 0,5 cm³ frisch bereiteter Cupferronlösung und so viel Wasser versetzt, daß ein Endvolumen von 10 cm³ entsteht. Es muß innerhalb einer halben Minute mit 5 cm³ Amylacetat ausgeschüttelt werden. Die Färbung wird mit Hilfe einer Eichkurve innerhalb einer halben Stunde gemessen.

## Literatur.

ANTONIADES, H. N.: Chem. Anal. **44**, 34 (1955); durch C. A. **49**, 10117 (1955).

HAGIWARA, Z.: Technol. Rep. Tôhoku Univ. **18**, 32 (1953); durch C. A. **48**, 8118h (1954). — HERZFELD, E.: Fr. **115**, 422 (1939). — HINTZ, E., u. H. WEBER: Fr. **36**, 676 (1897).

JOB, A.: C. r. **128**, 1098 (1899).

MISUMI, S.: Chem. Soc. Japan pure chem. Sect. **73**, 171, 173, 175 (1952); durch C. A. **46**, 11024 (1952). — MURTHY, T. K. S., u. S. V. RAGHAVA RAO: J. Indian chem. Soc. **27**, 383 (1950); durch C. **123**, **I**, 1215 (1952).

PLANK, E.: Fr. **116**, 312 (1939). — POLNEKTOV, N. S., u. M. P. NIKONOVA: Shurn. anal. Kim. **3**, 354 (1948); durch C. A. **43**, 8950c (1949).

RYABSCHIKOV, D. J., u. Z. G. STRELKOVA: Shurn. anal. Kim. **3**, 226 (1948); durch C. A. **43**, 8950 (1949).

SCHEMJAKIN, F. M.: Z. anorg. Ch. **217**, 272 (1934); Betriebslab. **3**, 1090 (1934); durch C. **1935**, **II**, 3551. — SCHEMJAKIN, F. M., L. M. RUDANOVA u. K. D. GAVRILOVA: Trudy Kom. Anal. Kim. Ak. Nauk. SSSR **3**, 246 (1951); durch C. A. **47**, 2639 (1953). — SCHEMJAKIN, F. M., u. T. W. WASCHTSCHENKO: Chem. J. Ser. A **5**, 667 (1935); durch C. **1936**, **I**, 599. — SCHEMJAKIN, F. M., W. A. WOLKOWA u. A. S. BOSHKO: Chem. J. Ser. A **8** (70), 452 (1938); durch C. **1940**, **II**, 1478.

TELEP, G., u. D. F. BOLTZ: Anal. Chem. **25**, 971 (1953).

## V. Spektralanalytische Methode.

### § 1. Absorptionsspektroskopie siehe S. 195.

Die farblosen Lösungen des 3wertigen Cers besitzen im ultravioletten Teil des Absorptionsspektrums eine breite Bande, die bei 2530 und 2372 Å ein Maximum von so hoher Empfindlichkeit aufweist, wie sie bei keiner anderen seltenen Erde anzutreffen ist.

| Banden bei 1 Grammatom im Liter von Å bis Å | Teilung bei Verdünnung | Å der Spitzen | Verschwinden bei Verdünnung auf |
|---|---|---|---|
| 3252 bis zur ständigen Absorption | 1/32 | 3047 | 1/64 |
| | | 2966 | 1/256 |
| | | 2874 | 1/64 |
| | | 2530 | 1/131072 |
| | | 2372 | 1/131072 |

INOUE versuchte, das Cer quantitativ aus dem ultravioletten Teil des Spektrums neben den anderen Ceriterden zu bestimmen. Nach NEWTON und ARCAND wird durch Sulfationen nur die Intensität der Linie 2966 Å beeinflußt. Sie ist unabhängig von der [H˙] im Bereich von 0,01 bis 1 n und dürfte dem BEERschen Gesetz gehorchen.

Die gelbgefärbten Lösungen des 4wertigen Cers besitzen im Bereich 3150 bis 3200 Å ein Maximum der Absorption, das sich vortrefflich zur quantitativen Bestimmung heranziehen läßt. MEDALIA und BYRNE geben eine Empfindlichkeit von 0,003 mg Ce an.

***Arbeitsvorschrift.*** 0,04 bis 0,2 mg Ce werden in einem 30 cm³-Becherglas in 10 cm³ n Schwefelsäure gelöst, mit 0,5 g Silbernitrat (0,2 cm³ einer 0,25%igen Lösung) und 24 mg Kaliumperoxydisulfat (1 cm³ einer 2,4%igen Lösung) sowie einem kleinen

Splitter Carborundum gegen Siedeverzug versetzt, das Becherglas wird zugedeckt und 5 bis 10 Min. zum Sieden erhitzt, wobei das Volumen etwa 6 $cm^3$ betragen soll. Hierauf wird während 5 Min. bis zu 15° abgekühlt, in ein 10 $cm^3$-Meßgefäß übergeführt und aufgefüllt. In einer Quarzglaszelle wird die Extinktion bei 3200 Å gemessen und der Gehalt aus der Eichkurve ermittelt. Das Beersche Gesetz gilt in dem angegebenen Bereich.

***Bemerkungen.*** An Fremdionen stören: Th, Fe, U(VI), V, Chromate, Permanganate und Nitrate (gebildet aus Ammoniumionen durch Oxydation). Freedman und Hume bestimmen nach diesem Verfahren sehr wenig Cer in einem seltenen Erdengemisch, das über Jodat, Cer(IV)-hydroxyd und Percer(IV)-hydroxyd abgetrennt wird. Um die unvermeidlichen Verluste durch Fällung und Filtration zu erfassen, wird die optische Methode mit der radiometrischen Bestimmung kombiniert. Die so gewonnenen Resultate sind auf $\pm 1,7\%$ genau.

Bricker und Sweetser bestätigen die Eignung der spektrophotometrischen Methode zu genauen Bestimmungen von Ce(IV) neben Ce(III) in 1%iger Schwefelsäure.

Für die Bestimmung von wenig Ce in U, bei Gegenwart von Fe, Mn, Cr, V, Ni, Cu und Al, verwenden Huré und Saint-James-Schonberg diese Methode, doch messen sie die Absorption bei 3600 Å und nicht die empfindlichere Linie bei 3200 Å, da geringste Mengen von U und Cr störend wirken. Nach Extraktion von U und Fe als Rhodamide durch Äthylacetat dient als Vergleichslösung ein gleiches Volumen der zu messenden Lösung, in der durch Oxalsäure Ce(IV) zu Ce(III) und Mn(VII) zu Mn(II) reduziert wurde. Mn wird bei 5250 Å in oxydierter und reduzierter Lösung gemessen, wobei der von Cr und V herrührende Untergrund berechnet wird. Es können so 1 bis 5 $\gamma$ Ce je $cm^3$ mit einem mittleren Fehler von $\pm 15\%$ erfaßt werden. Bei Abwesenheit von Cr sinkt der Fehler auf $\pm 5\%$.

### Literatur.

Bricker, C. E., u. P. B. Sweetser: Anal. Chem. **24**, 409 (1952).
Freedman, A. J., u. D. H. Hume: Anal. Chem. **22**, 933 (1950).
Huré, J., u. R. Saint-James-Schonberg: Anal. chim. Acta **9**, 415 (1953).
Inoue, T.: Bl. chem. Soc. Japan **1**, 9 (1926).
Medalia, A. J., u. B. J. Byrne: Anal. Chem. **23**, 453 (1951).
Newton, T. W., u. G. M. Arcand: Am. Soc. **75**, 2449 (1953).

### § 2. Emissionsspektralanalyse.

**a) Bogenspektrum,** siehe S. 201. Lopez de Azcona hat im Kohlebogenspektrum die Empfindlichkeit des Cer-Nachweises geprüft und gefunden, daß bei $2 \cdot 10^{-4}$ g Ce 202, bei $2 \cdot 10^{-5}$ g 130 und bei $2 \cdot 10^{-6}$ g noch 24 Linien festgestellt werden können.

**b) Funkenspektren.** Als Restlinien bezeichnet de Gramont 4012,9 und 4040,76 Å. Gerlach und Riedl führen als Analysenlinien an: 4186,6, 4137,6, 4133,8, 3801,5 und 3560,8 Å. Die ersten beiden Linien wurden von Sukhenko zur Bestimmung von Ce in Leichtmetallen herangezogen, während Bogdanova 3171 Å für Magnesiumlegierungen verwendete.

### Literatur.

Bogdanova, V. V.: Sawod. Lab. **16**, 1406 (1950); durch C. A. **45**, 10124 (1951).
Gerlach, Wa., u. E. Riedl: Chemische Emissionsspektralanalyse, Teil 3, S. 45. — Gramont, A. de: C. r. **171**, 1106 (1920).
Lopez de Azcona, I. M.: An. Españ. **36**, 154 (1940); durch C. **111**, **I**, 330 (1941).
Sukhenko, K. A.: Iswest. Akad. Nauk SSSR, Ser. Fis. **14**, 590 (1950); durch C. A. **45**, 6966 (1951).

## VI. Polarographische Methode.

In saurer Lösung ist das 4wertige Cer mehr oder weniger in das Anion komplex eingebaut (z. B. $H_4[Ce(SO_4)_4]$), so daß eine direkte polarographische Bestimmung nicht möglich ist. G. Canneri und D. Cozzi beschreiben eine indirekte Methode, bei der das ursprünglich in 3wertiger Stufe vorliegende Cer nach PRANDTL und LÖSCH mit Triamminkobalt(III)-nitrat zu Ce(IV) oxydiert wird. Da sich die Wellen des überschüssigen Co(III) und des gebildeten Ce(IV) überlagern, wird das Cer in saurer Lösung durch vorsichtigen Zusatz von verdünntem Wasserstoffperoxyd reduziert. Der Gehalt an Cer ergibt sich nun aus der Differenz der Stufen vor und nach Zusatz des Reduktionsmittels, das so lange tropfenweise zugesetzt wird, bis eine weitere Verminderung der Welle nicht mehr beobachtet werden kann. Da in der Veröffentlichung eine präzise Arbeitsvorschrift fehlt, wird versucht, die wesentlichsten Momente herauszustellen. Die seltenen Erdoxyde, die frei von Eisen und Mangan sein müssen, werden in Salpetersäure gelöst und unter Zusatz von Wasserstoffperoxyd zur Trockne abgedampft. Man nimmt mit Wasser auf und neutralisiert mit Ammoniak. Nun wird auf 1 Ce die 4fache Menge an Triamminkobalt(III)-nitrat zugesetzt und während mehrerer Minuten im Sieden gehalten. Nach teilweiser Abkühlung wird mit 2,5 $cm^3$ Schwefelsäure 1 : 1 angesäuert und bis zur klaren Lösung erwärmt. Hierauf füllt man zu 100 $cm^3$ auf und polarographiert.

Die Empfindlichkeit liegt in der Größenordnung von $6 \cdot 10^{-6}$ m Cer im Liter; sie ist jedoch von der Art des Polarographen abhängig. Der Cergehalt muß vorher angenähert bekannt sein, um den Zusatz an Kobalt(III)-salz richtig vorzunehmen. Eine weitere Schwierigkeit ergibt sich aus der Reaktion der Cer(IV)-lösung mit der Hg-Anode, wobei es zur Bildung von Quecksilber(I)-sulfat kommt. Um diese Störung zu beseitigen, wird ein mit gesättigter Natriumsulfatlösung und 2% Agar-Agar gefüllter Stromschlüssel zwischen Anode und Kathode eingebaut. Die anderen seltenen Erden beeinflussen diese Bestimmung nicht; Schwankungen in der Konzentration der anwesenden Erden lassen sich durch eine gleiche Menge an Ammonnitrat ausgleichen.

### Literatur.

CANNERI, G., u. D. COZZI: G. **71**, 311 (1941).
PRANDTL u. LÖSCH: s. S. 321.

## VII. Die Bestimmung der beiden Wertigkeitsstufen des Cers nebeneinander.

Für diese Bestimmungen liegen meist Lösungen oder in Wasser oder verdünnten Säuren leicht lösliche Verbindungen vor. Aus dem Verhalten des Cer(IV)-ions gegenüber Halogenwasserstoffsäuren ergibt sich, daß in sauren Lösungen keine Halogen-Ionen vorhanden sein dürfen. Die geeigneten Lösungsmittel sind verdünnte Schwefel- und Salpetersäure, die jedoch im Überschuß und vor allem bei längerer Siededauer eine Reduktion des Cer(IV)-ions begünstigen (s. S. 330). Bei Gegenwart von Halogen-Ionen wird manchmal bei peinlichstem Luftabschluß eine 15- bis 30%ige Kaliumcarbonatlösung ein brauchbares Lösungsmittel darstellen.

Aus der großen Zahl der maßanalytischen Methoden für Cer lassen sich für die Bestimmung der beiden Wertigkeitsstufen eine Reihe von Verfahren verwenden, vor allem dann, wenn bei dem Verhältnis Cer(IV)- zu Cer(III)-ion keine extremen Verhältnisse vorliegen und der Gesamtgehalt an Cer nicht zu klein ist. Meist bestimmt man entweder gravimetrisch oder maßanalytisch den Gesamtgehalt an Cer und in einer getrennten Einwaage maßanalytisch den Cer(III)- oder Cer(IV)-gehalt.

**a) Bestimmung des Cer(III)-ions.** Nach LENHER eignet sich die Titration des Cer(III)-ions mit Kaliumpermanganat nach dem auf S. **342** beschriebenen, modifizierten Verfahren sehr gut, wobei das anwesende Cer(IV)-ion nicht störend wirkt.

WEISS und SIEGER haben die von BROWNING angegebene Oxydation des Cer(III)-ions durch Kaliumcyanoferrat(III) in alkalischer Lösung sehr empfohlen und für die Bestimmung sehr kleiner Mengen Cer(III)-ion neben viel Cer(IV)-ion eine besondere Vorschrift, die sehr gute Resultate liefert, ausgearbeitet (s. S. **343**).

**b) Bestimmung des Cer(IV)-ions.** Alle Verfahren, die die Cer(IV)-stufe durch Wasserstoffperoxyd, Ferroammoniumsulfat oder Oxalsäure reduzieren, werden geeignet sein, bei Anwesenheit von Cer(III)-verbindungen für Ce(IV) brauchbare Werte zu liefern.

Die jodometrische Methode (Destillation nach BROWNING) wird in besonderen Fällen von Vorteil sein, wenn z. B. halogenhaltige feste Präparate zur Untersuchung vorliegen (s. S. 350). Auch das von LESSNIG angegebene Verfahren wird für feste Substanzen anwendbar sein, doch muß das Nitrat-Ion unbedingt abwesend sein (s. S. 327).

## VIII. Die Trennung des Cers von den anderen Elementen der seltenen Erden.

**Allgemeines.** Die quantitative Bestimmung des Cers neben einem anderen Element der seltenen Erden bietet keine Schwierigkeiten, denn aus der Summe der Oxyde sowie aus der maßanalytischen Bestimmung des Cers lassen sich beide Bestandteile genau ermitteln. Allgemein können alle Titrationen verwendet werden, die auf dem Wechsel der Wertigkeit des Cers beruhen. Eine Einschränkung erfährt diese Verallgemeinerung durch die Anwesenheit von Praseodym. Da dieses Element höhere Oxyde besitzt und diese auch in alkalischer Lösung in Gegenwart des Cers und eines starken Oxydationsmittels bildet, dürfen nur Titrationsmethoden angewandt werden, die das in Lösung befindliche Cer(IV)-ion zu Cer(III)-ion reduzieren. Die Summe der Oxyde wird nach S. 351 bestimmt. Das Terbium ähnelt in seinen Eigenschaften dem Praseodym und wird analytisch wie dieses behandelt, doch ist eine Cer-Terbiumtrennung kaum zu erwarten.

Für ternäre Gemische haben BAHR und BUNSEN einen Analysengang vorgeschlagen, der dem Sinne nach noch heute Gültigkeit besitzt. In einem Teil der Oxyde wird das Cer jodometrisch nach S. 350 ermittelt. (Diese Bestimmungsart wird nur dann zu empfehlen sein, wenn in dem Oxydgemisch das möglicherweise vorkommende Praseodym in 3wertiger Form vorliegt. Anderenfalls löst man die Oxyde und wendet eine der im Abschnitt II beschriebenen Titriermethoden an.) Einen anderen Teil des Gemisches führt man in Sulfate über, entwässert diese bei 450° nach S. 279 und bringt sie zur Wägung. Hierauf verwandelt man sie in Oxyde, glüht bei 900° und wägt nochmals. Aus den drei Werten kann der Gehalt der anwesenden seltenen Erden errechnet werden.

Neben den in Abschnitt I, S. 318, genannten Methoden gibt es noch eine Reihe weiterer Trennungsmöglichkeiten des Cers von den anderen Elementen der seltenen Erden. Teils sind diese Verfahren von historischer Bedeutung, teils hatten sie sich für die quantitative Analyse als nicht ganz geeignet erwiesen. Sie werden im folgenden beschrieben, um eine geschlossene Darstellung zu geben.

**a) Nach PATTISON und CLARK.** Die Chromate der Elemente der seltenen Erden sind bei 110° beständig, während Cer(III)-chromat unter Bildung von Cerdioxyd und Chromsäure zerfällt. Man löst die Erdoxyde oder -hydroxyde in der Wärme in einer Chromsäurelösung, dampft zur Trockne und erhitzt auf 110°. Der Rückstand wird in Wasser aufgenommen, wobei Lanthan, Praseodym und Neodym in Lösung gehen. Cerdioxyd bleibt zurück.

**b) Nach MENGEL.** Die Lösung der Ceriterden wird in der Kälte durch eine Lösung von Natriumperoxyd in Eiswasser oxydiert. Der rotbraune Niederschlag (Cerperoxydhydrate) wird filtriert, mit heißem Wasser gewaschen und bei 110 bis 130° getrocknet. Er wird in kleinen Anteilen in konzentrierte Salpetersäure eingetragen und nach Zusatz von Ammoniumnitrat als schwer lösliches Cer(IV)-ammoniumnitrat abgeschieden.

**c) Nach Wyrouboff und Verneuil.** Die konzentrierte salpetersaure Erdenlösung wird mit Ammoniak und Wasserstoffperoxyd gefällt und zur Trockne gedampft. Hierauf erhitzt man über freier Flamme, bis die Ammoniumsalze sich zu verflüchtigen beginnen. Man löst nun in verdünnter Salpetersäure und dampft nochmals bis zur Sirupdicke ein, fügt auf 0,5 g Erdoxyd 150 $cm^3$ Wasser hinzu und kocht auf. Das Cer(IV)-nitrat hydrolysiert; durch Zugabe von 1 $cm^3$ einer 5%igen Ammoniumsulfatlösung wird die Abscheidung vervollständigt. Man filtriert, wäscht mit heißem Wasser nach und verglüht. 90% des anwesenden Cers wird auf diese Weise rein erhalten, den Rest gewinnt man aus dem Filtrat in wesentlich unreinerer Form. Man oxydiert die Lösung mit 0,05 g Ammoniumperoxydisulfat und macht mit 1 $cm^3$ 50%iger Natriumacetatlösung schwach essigsauer. Beim Aufkochen werden die letzten Anteile des Cers hydrolysiert und abgeschieden.

**d) Nach Barbieri.** Cer(III)-jodat ist in verdünnter Salpetersäure leicht löslich und wird in stark saurer Lösung durch Kaliumpermanganat zum schwer löslichen Cer(IV)-jodat oxydiert. Zur titrimetrischen Bestimmung ist diese Reaktion nicht geeignet, da das Permanganat auch das Mangan(II) zu Mangan(IV) oxydiert und dieses ein dem Cer(IV)-jodat isomorphes Mangan(IV)-jodat bildet. Hingegen kann sie zu einer brauchbaren quantitativen Trennung von den anderen Elementen der seltenen Erden herangezogen werden.

**Durchführung.** Eine Lösung, enthaltend 0,3 g Cer(III)-nitrat in 50 $cm^3$ Wasser, wird mit 20 $cm^3$ einer 10%igen Jodsäurelösung und 15 $cm^3$ konzentrierter Salpetersäure versetzt. Man oxydiert mit 10 $cm^3$ n/10 Kaliumpermanganatlösung und erwärmt auf dem Wasserbad, bis sich der Niederschlag, bestehend aus Cer(IV)- und Mangan(IV)-jodat, gut abgesetzt hat. Nun wird filtriert und mit verdünnter Salpetersäure ausgewaschen (siehe hierzu S. 342).

**e) Extraktion.**

1. Mit Äther. Imre hat gezeigt, daß in salpetersaurer Lösung Cer(IV)-nitrat, das als $H_2[Ce(NO_3)_6]$ bzw. als $H[CeNO_3)_5H_2O]$ vorliegt, durch Schütteln mit Äther weitgehend in die ätherische Phase übergeht. Auch Bock verweist auf die Trennungsmöglichkeit der 3wertigen Ceriterden vom 4wertigen Cer durch Äther. Eine eingehende Untersuchung liegt von Wylie vor, in der die sich ergebenden Gleichgewichte quantitativ verfolgt werden. Als wesentlichste Forderung muß die Ausschaltung der Reduktion des Ce(IV) zu Ce(III) durch Äther angesehen werden. Es konnten drei Gründe für diese Reduktion festgestellt werden: Der Peroxydgehalt des Äthers, helles Tageslicht und erhöhte Temperatur, wie sie zum Verjagen des Äthers notwendig wird.

**Durchführung.** Feinst gepulverte Erdhydroxyde werden in 66%iger Salpetersäure gelöst, so daß eine 6 n freie Salpetersäure und ein Gehalt von ungefähr 107 g $CeO_2$ im Liter entsteht. Mit dem gleichen Volumen peroxydfreiem Äther wird nun bei Zimmertemperatur 3 Min. geschüttelt und klären gelassen. In der Ätherschicht befinden sich 93% des Cers und 76% der freien Salpetersäure. Die wäßrige Schicht wird nach Entfernung der ätherischen Phase von 2,4 n nochmals auf 6 n Salpetersäure gebracht und mit dem gleichen Volumen frischen Äthers behandelt. Die vereinigten Ätherextrakte enthalten nun 99% des Cers und 84% der freien Salpetersäure und werden üblicherweise mit 6 n Salpetersäure gewaschen, wobei ein kleiner Cerverlust auftritt. Das in der wäßrigen Schicht verbliebene 1% Cer ist zur 3wertigen Stufe reduziert worden.

***Bemerkungen.*** Die anwesenden Ceriterden gehen zu weniger als 0,3% in die Ätherschicht und üben durch einen Aussalzeffekt einen günstigen Einfluß auf die Cerextraktion aus. Thor und Uran müssen abwesend sein, da sie gleichfalls vom Äther aufgenommen werden.

2. Mit Ketonen. Zur Bestimmung des Cers in Spaltprodukten haben Glendenin, Flynn, Buchanan und Steinberg Ce(IV) mit Methylisobutylketon extrahiert. Als

Oxydationsmittel wird $NaBrO_3$ in 9 n Salpetersäure verwendet. Die Probe wird mit 2 cm³ 2 m $NaBrO_3$-Lösung und so viel konzentrierter $HNO_3$ versetzt, daß eine 8 bis 10 n $HNO_3$ entsteht. In einem Scheidetrichter werden 50 cm³ Methylisobutylketon mit 50 cm³ 9 m $NHO_3$, die mit 2 cm³ der obengenannten Bromatlösung versetzt ist, ins Gleichgewicht gebracht. Nach Entfernung der Salpetersäure wird die Probe eingetragen und 15 bis 30 Sek. geschüttelt. Nach Ablassen der wäßrigen Phase wird 2mal mit je 10 cm³ 9 n $HNO_3$ gewaschen. Durch Ausschütteln mit 5 cm³ Wasser, das 2 Tropfen 30%iges $H_2O_2$ enthält, wird Ce(IV) zu Ce(III) reduziert und in die wäßrige Phase überführt. Nach Neutralisation fällt man das Ceroxalat.

***Bemerkungen.*** Die Lösung von 8 n $HNO_3$ in Methylisobutylketon ist instabil und gibt nach einigen Stunden eine sehr kräftige Reaktion. Das Keton muß gleich nach Gebrauch gut mit Wasser gereinigt und die Sättigung mit konzentrierter Salpetersäure erst knapp vor Gebrauch durchgeführt werden. Die wäßrigen stark sauren Lösungen werden durch Neutralisieren mit Ammoniak unschädlich gemacht. Ausbeute etwa 80% Ce, wobei Mikro- und Makromengen (1 mg je cm³) abgetrennt werden können. Andere Erden werden zu 0,1% mitextrahiert.

## Literatur.

BAHR, J., u. R. BUNSEN: A. **137**, 29 (1866). — BARBIERI, G. A.: Atti Accad. Lincei [5] **25**, I, 37 (1916); durch C. **1916**, **II**, 3. — BOCK, R., u. E. BOCK: Naturwiss. **36**, 344 (1949); Z. anorg. Ch. **263**, 146 (1950).

GLENDENIN, L. E., K. F. FLYNN, R. F. BUCHANAN u. E. P. STEINBERG: Anal. Chem. **27**, 59 (1955).

IMRE, L.: Z. anorg. Ch. **164**, 214 (1927).

MENGEL, P.: Z. anorg. Ch. **19**, 71 (1899).

PATTISON, M., u. J. CLARK: Chem. N. **16**, 259 (1867).

WYLIE, A. W.: Chem. Soc. **1951**, 1474. — WYROUBOFF, G., u. A. VERNEUIL: C. r. **128**, 1331 (1899).

## IX. Die Trennung des Cers von anderen Elementen.

Für die Trennung des 3wertigen Cers von anderen Elementen hat das im Allgemeinen Teil, S. 246, Gesagte volle Gültigkeit.

Liegt das Cer hingegen in der höheren Oxydationsstufe vor, so ergeben sich neue Möglichkeiten, die jedoch nur dann ausgenützt werden, wenn die für die niedere Stufe vorhandenen Methoden nicht ausreichen und daher verbessert werden sollen.

**a) Von Strontium.** Strontiumnitrat ist in rauchender konzentrierter Salpetersäure unlöslich, während Cer(IV)-nitrat in Lösung bleibt.

**Durchführung.** Die Lösung wird zur Trockne eingedampft, in 10 cm³ Wasser aufgenommen und mit 26 cm³ 100%iger Salpetersäure tropfenweise unter mechanischem Rühren versetzt. Man läßt in der Kälte ½ Std. lang stehen, filtriert durch einen Glassintertiegel, führt den Niederschlag in den Tiegel über und wäscht 10mal mit ungefähr 1 cm³ 80%iger Salpetersäure. Der Niederschlag wird bei 130 bis 140° während 2 bis 3 Std. getrocknet und als wasserfreies Nitrat ausgewogen. Cer wird im Filtrat bestimmt.

***Bemerkungen.*** Die Lösung kann Cer und Strontium als Nitrate und Perchlorate enthalten. Die Resultate sind gut und weisen nur kleine Abweichungen auf. Hingegen muß die 100%ige Salpetersäure selbst hergestellt werden. Barium fällt unter gleichen Bedingungen quantitativ mit, während Calcium sich auf Niederschlag und Lösung verteilt.

**b) Von Blei, Chrom, Vanadin und Wolfram.** Wie EVANS zeigte, kann Cer in Gegenwart größerer Mengen Blei durch Perborat als Percer(IV)-acetat abgeschieden werden. Bei doppelter Fällung werden selbst kleine Mengen Cer quantitativ erfaßt (s. S. 369).

Werden Chrom(III)-hydroxyd, Vanadin- und Wolframsäure durch Weinsäure in Komplexe übergeführt, so kann in schwach essigsaurer Lösung das Cer durch

Wasserstoffperoxyd als Peroxycer(IV)-acetat quantitativ abgetrennt werden (s. S. 322).

**c) Von Zirkon.** Cer(IV)- und Cer(III)-nitrat geben in salpetersaurer Lösung mit Natriumarsenat einen Niederschlag, der aus saurem Cer(IV)-arsenat besteht. Ist Wasserstoffperoxyd zugegen, so wird das Cer(IV)-salz reduziert, und die Fällung unterbleibt. Zirkon hingegen wird gefällt.

**Durchführung.** Die Lösung der Nitrate wird mit Salpetersäure 1:3 stark angesäuert, mit 10 $cm^3$ 3%iger Wasserstoffperoxydlösung versetzt, zum Sieden erhitzt und mit einer konzentrierten Lösung von Natriumarsenat (20 g in 100 $cm^3$ Wasser) in geringem Überschuß gefällt. Man läßt auf dem Wasserbad absitzen, filtriert, wäscht zuerst mit salpetersäurehaltigem Wasser und hierauf mit heißem Wasser den Niederschlag alkalifrei. Im Filtrat fällt man doppelt mit Ammoniak das Cer (Moser und Lessnig).

***Bemerkungen.*** Diese Methode wird nur dann zur Anwendung kommen, wenn die Fällung des Cers als Oxalat nicht durchgeführt werden kann. Der Niederschlag, bestehend aus Zirkonarsenat, ist wegen der schleimigen Beschaffenheit schwer zu filtrieren und schlecht waschbar.

Die Resultate zeigen gegenüber den angewendeten Mengen nur geringe Abweichungen. Claassen und Visser fällen das Zirkon in einer schwefelsäurefreien 2 n Salzsäurelösung mit 30 $cm^3$ einer 10%igen Arsensäurelösung, Fällungsvolumen 300 $cm^3$, Kochdauer 20 bis 30 Min. Der Niederschlag wird mit Filterbrei vermengt und mit kalter 0,5 n Salzsäure, die auf je 100 $cm^3$ 0,2 g $H_4As_2O_7$ und 2 g Ammonnitrat enthält, gewaschen. Siehe S. 302.

**d) Von Thor.** Berg und Becker fällen in essigsaurer Lösung in Gegenwart von 3 wertigem Cer das Thor als Oxychinolat. Im Filtrat wird nach Zusatz von Ammoniak Cer ebenfalls als Oxychinolat abgeschieden.

**Durchführung.** Die saure Thor und Cer enthaltende Lösung wird mit 1 g Hydroxylaminchlorhydrat versetzt und erwärmt, bis die Lösung farblos geworden ist. Man neutralisiert mit Ammoniak unter Mithilfe von Methylrot (Endfarbe gelbrot), wobei die Lösung klar bleiben muß. Nun setzt man so viel Eisessig zu, daß im endgültigen Volumen 2,5% freie Essigsäure vorhanden ist. Es wird zum Sieden erhitzt und mit einer essigsauren Oxychinolinlösung gefällt. Sollte sich kein Niederschlag bilden, so wird mit Ammoniak neutralisiertes Ammoniumacetat (20 $cm^3$ einer 25%igen Lösung) zugegeben. Es wird erkalten gelassen, filtriert und mit warmem Wasser gewaschen. Der Niederschlag wird getrocknet und mit Zusatz rückstandfreier Oxalsäure verascht. Das Thor wird als $ThO_2$ ausgewogen.

Im Filtrat wird nach dem Zusatz von 10 $cm^3$ konzentrierter Natriumtartratlösung nach S. 327 verfahren.

***Bemerkungen.*** Nach dieser Methode lassen sich nur Ceriterden abtrennen; siehe S. 188. Die erhaltenen Werte sind sehr befriedigend.

## Literatur.

Berg, R., u. E. Becker: Fr. **119**, 1 (1940).
Claassen, A., u. J. Visser: R. **62**, 172 (1943).
Evans, B. S.: Analyst **58**, 454 (1933).
Moser, L., u. R. Lessnig: M. **45**, 329 (1924).
Willard, H. H., u. E. W. Goodspeed: Ind. eng. Chem. Anal. Edit. 8, 415 (1936).

## X. Methoden zur Untersuchung cerhaltiger technischer Produkte.

**1. Cer-Eisen-Legierungen.** Ursprünglich begnügte man sich mit der Fällung der Elemente der seltenen Erden durch Oxalsäure und nachfolgender Abscheidung des Eisens durch Ammoniak im Filtrat. Als die unvollständige Fällung der Erdoxalate in Gegenwart von viel Eisen aufgefunden (s. S. 252) und auch der Anspruch auf erhöhte Genauigkeit technischer Analysen laut wurde, verließ man die direkte Bestimmung der Ceriterden, ermittelte den Gehalt aller Beimengungen und errechnete aus der Differenz die seltenen Erden (ARNOLD).

**Durchführung.** 0,5 bis 1 g der Legierung wird in eine Porzellanschale eingewogen, mit Wasser übergossen und in Bromsalzsäure gelöst. Zur Abscheidung der Kieselsäure dampft man zur Trockne und erhitzt im Trockenschrank. Manchmal enthält das Cereisen Antimon, das über 100° als Trichlorid sublimieren könnte. Zur Vermeidung dieser Unsicherheit werden 0,5 g Kaliumchlorid zugegeben, wodurch nicht flüchtige Komplexverbindungen gebildet werden. Der trockene Rückstand wird mit konzentrierter Salzsäure befeuchtet, mit heißem Wasser gelöst, hierauf die Kieselsäure abfiltriert und der gut gewaschene Niederschlag verglüht. Im Filtrat löst man 3 bis 5 g Weinsäure auf und gießt diese Lösung unter gutem Rühren in 50 cm³ konzentriertes Ammoniak. Der klaren Lösung setzt man tropfenweise 15 bis 30 cm³ Schwefelammonium zu und erwärmt während 1½ bis 2 Std. auf dem Wasserbad. Der Sulfidniederschlag, bestehend aus Kupfer, Blei, Eisen, Zink, Mangan und Cadmium, wird auf einem Blaubandfilter gesammelt und 15 mal mit Weinsäure, Ammoniak und Schwefelammonium enthaltendem Wasser gewaschen. Die völlig cerfreien Sulfide werden wie üblich getrennt. Das Filtrat wird noch 1 bis 2 Std. auf dem Wasserbad belassen, um zu prüfen, ob die Sulfidfällung quantitativ erfolgt ist. Das Cer kann im Filtrat erst nach der Zerstörung der Weinsäure abgeschieden werden. Zu diesem Zweck gibt man 2 g Kaliumchlorat und 10 cm³ konzentrierte Salpetersäure zu, erhitzt 1 Std. auf dem Sandbad und dampft zur Trockne ein. Der Rückstand wird in 10 cm³ konzentrierter Salpetersäure aufgenommen, nochmals 1 g Kaliumchlorat zugegeben und auf dem Sandbad 15 bis 30 Min. belassen. Nun ist die Weinsäure zerstört, man verdünnt mit Wasser und fällt das Cer als Oxalat nach S. 325.

***Bemerkungen.*** Die umständliche Zerstörung der Weinsäure kann nach S. 181 umgangen werden. Im Falle großer Eisenmengen wird das Ausschüttlungsverfahren nach ROTHE in 6 n Salzsäure zweckmäßig sein.

**2. Cer in Schnelldrehstählen. a) Nach SWOBODA und HORNY.** 2 g der Probe werden in einem 500 cm³-Becherglas in 60 cm³ Salzsäure 1:1 unter Erwärmen gelöst. Unter Vermeidung eines Überschusses wird aus einem Tropfgläschen so viel konzentrierte Salpetersäure zugegeben, wie zur Oxydation des Eisens und der Wolframsäure notwendig ist. Zu der heißen Lösung werden sogleich 60 cm³ einer 25%igen Weinsäurelösung und 30 bis 35 cm³ einer 10%igen salzsauren Zinn(II)-chloridlösung zugesetzt. Hierauf wird mit konzentrierter Natronlauge in geringem Überschuß gefällt und in einen 500 cm³-Meßkolben übergeführt. Nach Abkühlen der Lösung wird 10 cm³ Alkohol zugegeben, zur Marke aufgefüllt, gut umgeschüttelt, durch zwei ineinandergelegte Faltenfilter und, um die Zeit der Filtration und dadurch die Oxydation des Eisen(II)-hydroxydes möglichst gering zu halten, durch 2 Trichter filtriert. Der Niederschlag enthält Eisen, Kobalt, Nickel als Hydroxyde und metallisches Tantal; im Filtrat sind die weinsauren Salze des Cers und Chroms und Molybdän-, Wolfram- und Vanadinsäure enthalten. 250 cm³ des Filtrates werden in ein 500 cm³-Becherglas gebracht und mit Salzsäure tropfenweise bis zur deutlich sauren Reaktion versetzt. Nun erhitzt man zum Sieden, entfernt die Flamme und fällt mit 2 g Ammoniumfluorid. Die überstehende Flüssigkeit wird mit Ammoniak neutralisiert, mit 1 bis 2 Tropfen Salzsäure angesäuert und 1 Std. absitzen gelassen. Hierauf wird durch ein Barytfilter unter Anwendung von Filterschleim filtriert und mit heißem Wasser, das je Liter 3 g Ammoniumfluorid enthält, alkalifrei gewaschen. Der Niederschlag wird in einem Platintiegel verascht, geglüht und als Cerdioxyd gewogen.

***Bemerkungen.*** Die mitgeteilten Resultate zeigen eine sehr beachtliche Übereinstimmung mit den angewendeten Mengen. Unabhängig von der Größe der Auswaage bewegen sich die Fehler innerhalb der Wägefehler und betragen −0,1 bis −0,2 mg.

**b) Nach** MALOW, PEN'KOVA **und** KOROLEVA. 0,5 bis 1,0 g Cerstahl wird in einem Gemisch von Salpetersäure und Schwefelsäure gelöst und bis zum Rauchen erhitzt. Man verdünnt mit Wasser und scheidet die Metalle elektrolytisch an einer Quecksilberkathode ab. In der verbleibenden Lösung wird mit Ammonperoxydisulfat und Silbernitrat Mangan und Chrom oxydiert und durch Fällung des Cers und Titans mit Ammoniak abgetrennt. Der Niederschlag wird filtriert, gut mit heißem Wasser gewaschen und in Schwefelsäure gelöst. Man oxydiert mit Ammonperoxydisulfat und titriert das Cer(IV)-ion potentiometrisch mit Ferroammonsulfat.

***Bemerkung.*** Wenn das Permanganation durch die Ammoniaktrennung nicht vollständig entfernt wurde, sind die Cerwerte zu hoch.

**c) Nach** MORRIS. Von hochlegierten Chromstählen werden 2 bis 3 g Probe eingewogen und in einem 600 $cm^3$-Becherglas mit 100 $cm^3$ 6 n Schwefelsäure aufgelöst. Hierbei engt man auf 70 $cm^3$ ein, läßt abkühlen und oxydiert mit etwa 12,5 g trockenem Natriumperoxyd unter gründlichem Rühren; man verdünnt auf 100 $cm^3$, dampft nochmals auf 70 $cm^3$ ein, verdünnt mit 40 $cm^3$ Wasser und filtriert nach Zugabe von Filterschleim. Der Niederschlag wird nicht gewaschen, sondern mit 30 $cm^3$ heißer 4,5 n Schwefelsäure in Teilmengen von 5 $cm^3$ gelöst, auf 300 $cm^3$ verdünnt und mit 50 $cm^3$ einer 5%igen Ammoniumoxalatlösung versetzt. Nun neutralisiert man mit Ammoniak unter gutem Rühren, bis die Lösung braun wird, gibt 1 g festes Ammoniumoxalat zu und läßt über Nacht stehen. Der Niederschlag wird 40mal mit einer Waschflüssigkeit gewaschen, die 5 g Ammoniumoxalat und 2 g Oxalsäure im Liter enthält. Der Niederschlag wird verascht und ausgewogen.

**d) Nach** SPITZ, SIMMLER, FIELD, ROBERTS **und** TUTHILL. 1 g der Probe, als Späne vorliegend, wird in einem 150 $cm^3$-Becherglas mit 20 $cm^3$ HCl 1 : 1, 5 $cm^3$ $HNO_3$ und 10 $cm^3$ $HClO_4$ (die beiden Säuren 70%ig) langsam unter gelindem Erwärmen gelöst, bis das Chrom zu Chromsäure oxydiert ist. Nach dem Abkühlen wird 40 $cm^3$ $H_2O$ zugegeben, zum Sieden erhitzt, 10 $cm^3$ 6%ige $H_2SO_3$ zugegeben und 5 Min. gekocht. Man filtriert heiß und wäscht den Rückstand mit heißer 1%iger $HClO_4$. Das Filtrat wird an einer Hg-Kathode (Apparat Dyna Cath) mit 15 Amp. 1 Std. lang elektrolysiert und hierauf die Lösung ohne Stromunterbrechung in ein 400 $cm^3$-Becherglas übergeführt. Man setzt Filterschleim zu, filtriert und wäscht mit heißer 1%iger $HClO_4$-Lösung. Dem Filtrat setzt man 0,2 $cm^3$ einer Eisenchloridlösung (1 $cm^3$ = 6,0 mg Fe) zu und dampft bis zu einem Volumen von 1 bis 2 $cm^3$ ein. Man kühlt ab, überführt mit Hilfe von 10 bis 12 $cm^3$ Wasser die Lösung in ein 15 $cm^3$-Zentrifugenröhrchen und fällt mit einem Überschuß an Ammoniak. Nun zentrifugiert man und hebert die überstehende Flüssigkeit ab. Der Niederschlag wird in 5 Tropfen HCl aufgelöst, die Wände werden gut abgespült; man verdünnt mit 5 $cm^3$ Wasser und fällt mit dem gleichen Volumen Ammoniak. Nach dem Zentrifugieren und Auflösen in HCl wird in ein 3 $cm^3$-Zentrifugenröhrchen übergeführt und noch zweimal mit Ammoniak gefällt. Der letzte Niederschlag wird in der hinreichenden Menge HCl gelöst und mit 0,2 $cm^3$ einer Standardlösung, bestehend aus 0,3773 $U_3O_8$ [durch Verglühen von $UO_2(NO_3)_2$], gelöst in möglichst wenig $HNO_3$ und 25 g NaCl, aufgefüllt auf 100 $cm^3$, versetzt und mit Wasser auf 0,6 $cm^3$ gebracht. Für die spektralanalytische Bestimmung werden jeweils 0,05 $cm^3$ auf den Elektrodenkopf gebracht und bei 105° durch 30 Min. getrocknet. Man arbeitet mit Vergleichslösungen im Bereich von 100 bis 4000 $\gamma$ seltener Erden.

***Bemerkungen.*** Die Trennung an der Hg-Kathode ist nach Angaben von SPITZ, SIMMLER, FIELD, ROBERTS und TUTHILL quantitativ. Die Empfindlichkeit ist sehr zufriedenstellend, denn 50 $\gamma$ seltene Erden können gefunden werden. Durch Vergrößerung der Einwaage sind 0,0005% zu erfassen. Nb, Ta und W stören nicht. Eine schnellere Methode empfiehlt STEINBERG, der die cerhaltige Eisenlegierung nach dem Lösen in HCl und $HClO_4$ in Gegenwart von $Ba^{··}$ als Fluorid fällt. Der Niederschlag wird im Gleichstrombogen verascht und spektralanalytisch untersucht. Als Vergleich dienen synthetische Gemische von cerfreiem Stahl und zugesetzten bekannten Mengen Cer. 0,003% Ce können so noch gefunden werden.

**3. Cer in Gußeisen.** Die Probe wird in 6 n Salzsäure aufgelöst, das Unlösliche abgetrennt und mit 0,2 n Salzsäure gewaschen. Das Filtrat wird auf 200 $cm^3$ aufgefüllt. Ein aliquoter Teil, entsprechend 0,1 g der Einwaage, wird mit 2 $cm^3$ einer 50%igen Citronensäure und hierauf mit konzentriertem Ammoniak mit 5 bis 6 Tropfen im Überschuß versetzt. Nun fügt man 4 $cm^3$ einer Lösung, bestehend aus 400 g Kaliumcyanid und 15 g Natriumhydroxyd im Liter, zu und erwärmt bis zum Sieden. Eine frisch bereitete Lösung von 2,5 g $Na_2S_2O_4$ in 25 $cm^3$ sehr verdünntem Ammoniak wird zugegeben und mit 3 Tropfen 7 n Schwefelsäure versetzt. Man kocht noch 15 Min. und läßt abkühlen. Der Lösung wird Citronensäure tropfenweise zugegeben, bis Phenolphthalein auf Farblos umschlägt. Nun fügt man 5 $cm^3$ Ammoniak zu, überführt die Probe in einen Scheidetrichter und verdünnt auf 50 $cm^3$ mit Wasser. Mit 11 $cm^3$ einer Lösung, bestehend aus 200 $cm^3$ Chloroform, 6 g Oxym und 20 $cm^3$ Methylalkohol, wird ausgeschüttelt und die rotbraune Chloroformlösung in einem Spekker-Absorptiometer gemessen.

***Bemerkungen.*** In Gegenwart von Mangan oder Nickel gibt diese Methode keine guten Resultate. In diesem Falle elektrolysiert man die schwefelsaure, citronensaure Lösung an einer Quecksilberkathode, Anode ein Platinnetz, bis die Lösung eisenfrei geworden ist. Nach Angabe der Autoren, WESTWOOD und A. MAYER, ergeben sich im Bereich von 0,02 bis 0,18% Ce ausgezeichnete Resultate.

**4. Cer oder Ceritmetall in Raffinadekupfer.** 2mal 10 g Metallspäne werden in Salpetersäure (D. 1,2) gelöst und durch ein Filter vom Ungelösten abgetrennt. Nach gutem Auswaschen wird das Filter verascht und mit wenig Kaliumhydrogensulfat aufgeschlossen. Die Schmelze wird in möglichst wenig Schwefelsäure (1 + 10) gelöst und es werden mit Schwefelwasserstoff die vorhandenen Schwermetalle abgetrennt. Im Filtrat wird der Schwefelwasserstoff verkocht, mit einigen Tropfen Wasserstoffperoxyd oxydiert und mit kochender überschüssiger Oxalsäure gefällt. Die vereinigten salpetersauren Filtrate macht man schwach ammoniakalisch und filtriert die nach 2 bis 3 Std. Stehen ausgefallenen Hydroxyde ab. Man wäscht mit heißem Wasser gut aus und wiederholt die Fällung. Im gelösten Hydroxydniederschlag werden die seltenen Erden, wie üblich, mit Oxalsäure abgeschieden. Die beiden Niederschläge werden gemeinsam verascht, geglüht und ausgewogen. Die Ceritoxyde sind meist von brauner Farbe und enthalten etwa 50% $CeO_2$. (Aus Analyse der Metalle Bd. I.)

***Bemerkungen.*** Da meist mit nur sehr kleinen Mengen Ceritoxyden gerechnet werden muß, kann die Löslichkeit des Lanthanhydroxydes in der ammoniakalischen Lösung nicht übersehen werden. Es empfiehlt sich, nach der Auflösung der Späne mit Schwefelsäure abzurauchen und die Schwermetalle auf einer Quecksilberkathode abzuscheiden.

**5. Cer in Kupfer-Schweißdrähten.** 10 g der Legierung werden in Königswasser gelöst, die Stickoxyde verkocht, und nach Zusatz von 1 $cm^3$ 10%iger Eisentrichloridlösung wird mit Ammoniak gefällt. Man kocht auf, läßt ½ Std. stehen, filtriert die Hydroxyde ab und wäscht mit schwach ammoniakalichem Wasser. Den Niederschlag spritzt man in das Fällungsgefäß zurück, löst in verdünnter Salzsäure und verdünnt auf etwa 200 $cm^3$. Nun leitet man während 20 Min. Schwefelwasserstoff ein und filtriert das gebildete Kupfer- und Antimonsulfid ab. Das Filtrat wird auf etwa 100 $cm^3$ eingedampft und tropfenweise mit Wasserstoffperoxyd oxydiert. Man filtriert vom ausgeschiedenen Schwefel ab, macht schwach ammoniakalisch und setzt 5 g Oxalsäure zu. Nach kurzem Kochen fällt das Cer(III)-

oxalat, das nach längerem Stehen filtriert, gewaschen und zu Cerdioxyd verglüht wird (PACHE).

*Bemerkungen.* Dieser Arbeitsvorschrift sind keine Resultate beigegeben worden. Das gefällte Cer(III)-oxalat muß man, wie SWOBODA und HORNY zeigten, 12 Std. absitzen lassen.

**6. Cer in Bleilegierungen nach EVANS.** Geringe Mengen Cer neben viel Blei lassen sich nicht zur Cer(IV)-stufe oxydieren, ohne daß Bleidioxyd Cerdioxyd einschließt und in den Niederschlag mitnimmt. Auch die Trennung über das Bleisulfat befriedigt nicht, da beträchtliche Teile des Cer(III)-sulfates in den Niederschlag gelangen. Hingegen gibt die von SWOBODA und HORNY mitgeteilte Fällung als Percer(IV)-acetat einen gut gangbaren Weg, um ohne vorhergehende Abtrennung des Bleis Cer quantitativ zu isolieren.

**Durchführung.** 10 g der Legierung werden in 50 $cm^3$ verdünnter Salzsäure 1:1 gelöst, mit 50 $cm^3$ Wasser verdünnt, mit Ammoniak schwach alkalisch gemacht und sofort mit Essigsäure gegen Lackmus neutralisiert. Hierauf fügt man noch 3 bis 4 Tropfen dieser Säure hinzu, erwärmt auf 90° und fällt mit 2 g Natriumperborat. Es wird einige Sekunden gerührt und sogleich filtriert. Da das gefällte Percer(IV)-acetat leicht in der Siedehitze unter Sauerstoffabgabe zerfällt und dann in Lösung geht, muß man die Fällung schnell filtrieren oder rasch abkühlen. Der Niederschlag wird mit heißem Wasser gewaschen, in das ursprünglich benutzte Becherglas zurückgebracht und in Salpetersäure (D 1,2) gelöst. Man neutralisiert mit Ammoniak und wiederholt, wie oben angegeben, die Fällung. Aus dem Filter löst man das nun weitgehend gereinigte Percer(IV)-acetat in 50 $cm^3$ Schwefelsäure 1:3 und wäscht in 150 $cm^3$ heißem Wasser nach. Das Filtrat wird mit 2 g Natriumbismutat unter Kochen während 5 Min. oxydiert. Man filtriert durch Asbest, wäscht mit 2%iger Schwefelsäure aus, fügt als Indicator 1 $cm^3$ einer 0,1%igen Disulfinblaulösung hinzu, reduziert das Cer(IV)-ion mit einer gemessenen n/10 Eisen(II)-ammoniumsulfatlösung und mißt den Überschuß der Maßlösung mit n/10 Kaliumpermanganatlösung zurück.

*Bemerkungen.* Der Indicator gestattet, den Endpunkt der Titration scharf zu erfassen.

Die Resultate sind sehr befriedigend; Cer kann noch bei einem Gehalt von 0,01% genau ermittelt werden. Der Fehler ist meist positiv und beträgt unabhängig von der Menge des gefundenen Cers 0,3 mg.

**7. Cer in Cermetall, Mischmetall und pyrophoren Legierungen. a) Gravimetrisch.** 5 bis 10 g der Späne werden in ein Wägegläschen eingewogen und in Salzsäure (je Gramm Einwaage 10 $cm^3$ Salzsäure 1 + 3) gelöst, wobei meist kleine Flöckchen von Kohlenstoff zurückbleiben. Nach erfolgter Lösung wird in einen Liter-Meßkolben übergeführt und aufgefüllt. Silicium wird aus einem aliquoten Teil mit Hilfe von Gelatine nach WEISS und SIEGER gefällt. Das Filtrat wird verworfen. Eisen wird nach REINHARDT-ZIMMERMANN bestimmt. Zur Ermittlung der Metalle wird ein aliquoter Teil, entsprechend 2 g Einwaage, mit dem gleichen Volumen Wasser verdünnt und mit Schwefelwasserstoff gefällt. Die Sulfide werden abfiltriert, gewaschen und in Salpetersäure gelöst; das Kupfer wird elektrolytisch aus dieser Lösung abgeschieden. Im Filtrat der Schwefelwasserstoffällung wird durch Erhitzen das gelöste Gas entfernt und nach Oxydation des Eisens 2mal mit Ammoniak gefällt. Die beiden Filtrate werden vereinigt, eingeengt und aus neutraler Lösung das Zink als Sulfid abgeschieden; im Filtrat wird Magnesium als Ammoniumphosphat erhalten. Der Hydroxydniederschlag wird mit Salzsäure (1 + 3) in der Wärme gelöst und in eine überschüssige Lösung von Natronlauge eingegossen. Diese Fällung wird wiederholt und in den vereinigten Filtraten das Aluminium bestimmt. Die im Filter enthaltenen Hydroxyde werden in Salzsäure gelöst und als Oxalate gefällt und über Nacht stehengelassen. Cer wird nach S. 335 maßanalytisch bestimmt.

(Aus Analyse der Metalle.) Über eine betriebsmäßige Kontrolle von Cerit-Zusammensetzungen siehe RASIN-STREDEN und M. MÜLLER-GAMILLSCHEG.

**b) Colorimetrisch.** PLANK wägt 0,1 g des Metalls ein, löst in verdünnter Salzsäure, oxydiert mit Bromwasser und dampft auf dem Wasserbade ein. Man nimmt mit etwas Wasser auf und gibt so viel einer Kaliumcarbonatlösung 1:1 zu, bis der Rückstand gelöst ist. Nach Zugabe des gleichen Volumens Wasser wird 10 Min. lang auf dem Wasserbade erwärmt, vom ausgeschiedenen Eisenhydroxyd abgetrennt und gut gewaschen. Das Filtrat wird auf dem Wasserbade mit Devarda-Legierung reduziert (Abscheidung der Schwermetalle), eingeengt, abkühlen gelassen, mit Sauerstoff nach S. 357 geschüttelt und das Cer colorimetriert.

**8. Cer in Aluminium. a) In Zweistofflegierungen Al-Ce.** In einem Liter-Becherglas werden 100 g Natriumhydroxyd in 500 $cm^3$ Wasser gelöst und langsam mit 20 g der eingewogenen Probe versetzt (Uhrglas benützen). Nach Ablauf der heftigen Reaktion wird bis zur vollständigen Zersetzung erhitzt, mit warmem Wasser auf 800 $cm^3$ verdünnt und sogleich filtriert. Der Filterinhalt wird so lange mit 5%iger Natronlauge gewaschen, bis eine Probe keine Aluminiumreaktion mehr aufweist. Das Filter wird in ein 600 $cm^3$-Becherglas getan und vorsichtig mit 100 $cm^3$ Salzsäure (1 + 3) gekocht, bis der Niederschlag in Lösung gegangen ist. Nun wird mit Natronlauge in starkem Überschuß alkalisch gemacht, filtriert und mit 5%iger Natronlauge gewaschen. Der Niederschlag wird in 100 $cm^3$ Salzsäure (1 + 3) gelöst, mit Ammoniak neutralisiert (Kongo als Indicator auf Violett), mit 20 g fester Oxalsäure versetzt und mit siedendem Wasser auf 900 $cm^3$ verdünnt.

**b) In Ceraluminium.** Nach der elektrolytischen Abscheidung des Kupfers aus saurer Lösung wird das Mangan als Dioxyd mit Ammoniumperoxydisulfat ausgefällt. Hierbei wird das Cer in die 4wertige Stufe gebracht und kann im Filtrat colorimetrisch bestimmt werden. Bei Cergehalten unter 1% ist dieses Verfahren genügend genau. (Analyse der Metalle Bd. I.)

**c) In Reinstaluminium** bestimmen $1 \cdot 10^{-6}$ bis $1 \cdot 10^{-8}$% seltener Erdmetalle ALBERT, CARON und CHAUDRON radiometrisch.

**9. Cer und Ceritmetalle in Magnesium.** Besondere Magnesiumlegierungen enthalten Th(Zr) und seltene Erden. WENGERT, WALKER, LOUCKS und STENGER geben folgende Analysenvorschrift: Die Einwaage wird so groß genommen, daß etwa 10 bis 100 mg Thor und seltene Erden in der Probe enthalten sind. In einem 400 $cm^3$-Becherglas wird die Einwaage mit 50 $cm^3$ Wasser übergossen und so viel konzentrierte Salzsäure nach und nach zugegeben, bis alles gelöst ist. Ein gelegentlicher Rückstand besteht meist aus $ZrO_2$. Zur klaren Lösung werden 2 Tropfen Bromphenolblau zugegeben, und es wird mit Ammoniak so weit neutralisiert, daß der Indicator eben sauer anzeigt. Nun gibt man 10 $cm^3$ einer frisch bereiteten 2%igen Natriumsulfitlösung und 10 g Ammonchlorid zu, erhitzt zum Sieden und fällt mit 100 $cm^3$ 2%iger Benzoesäure unter Umrühren und weiterem Erhitzen während 10 Min. Im Niederschlag sind Thor und Zirkon enthalten. Das Filter wird mit 0,25%iger Benzoesäure gut gewaschen. Das Filtrat wird auf 150 $cm^3$ eingeengt, mit Ammoniak auf $p_H$ 7,5 bis 8,5 (bei Gegenwart von Zn auf $p_H$ 8,5 bis 9,5) gebracht und mit 20 $cm^3$ einer 5%igen Ammoniumsebacatlösung unter Rühren gefällt. Man läßt 15 Min. unter gelegentlichem Rühren stehen, filtriert und wäscht einmal mit 20 $cm^3$ heißer 1 : 1 Ammoniaklösung, wenn Zn vorhanden, und hierauf mit 1,5%iger Ammoniaklösung gründlich aus. Der verglühte Niederschlag wird in Salpetersäure unter Zusatz von 1 $cm^3$ 30%iger Wasserstoffperoxydlösung gelöst, und die seltenen Erden werden als Oxalate gefällt.

**10. In zunderfesten Legierungen.** Neben Cr, Ni, Fe, Al, Co und Mo enthalten zunderfeste Legierungen 0,1 bis 0,5% Th und bis zu 1% Ce.

1 bis 6 g Späne werden in Königswasser gelöst und mit 15 bis 50 $cm^3$ Schwefelsäure (1 + 1) bis zum Entweichen von Schwefelsäuredämpfen erhitzt. Man verdünnt

mit Wasser und filtriert die Kieselsäure ab, wäscht gut aus und verascht. Sollte nach dem Abrauchen mit Fluß- und Schwefelsäure ein Rückstand hinterbleiben, so wird mit Natriumhydrogensulfat aufgeschlossen, in Lösung gebracht und zum Hauptfiltrat gegeben. In diesem wird durch Natronlauge in der Kälte die freie Säure so weit neutralisiert, bis die Lösung durch basische Eisensalze bräunlich gefärbt erscheint. Nun setzt man 2 cm³ Schwefelsäure (1 + 1) zu und elektrolysiert an einer Quecksilberkathode (40 cm²) mit 4 Amp. bei etwa 13 Volt. Nach etwa 3 bis 10 Std. ist der Elektrolyt farblos geworden und wird abgehebert. Man versetzt mit etwas Wasserstoffperoxyd, fügt Ammoniak bis zur schwach alkalischen Reaktion zu und läßt mehrere Stunden stehen. Es wird filtriert, gut gewaschen, in verdünnter Salzsäure gelöst und zur Trockne eingedampft. Man nimmt mit Wasser auf und fällt mit 2 g fester Oxalsäure. Die Oxalate werden geglüht und als Summe Thoroxyd und seltene Erden bestimmt. Die Thorabtrennung wird mit Phenylarsinsäure nach S. 261 vorgenommen (Analyse der Metalle Bd. I).

**11. Cer in unbrauchbar gewordenen Glühkörpern.** Die Glühstrümpfe enthalten neben der Hauptmenge Thoriumoxyd etwa 1% Cerdioxyd. Die an größeren Verbraucherstellen sowie in der Fabrikation anfallenden Rückstände werden zur Weiterverwendung und Aufarbeitung gesammelt.

**Durchführung.** 6 g fein gepulvertes Durchschnittsmuster wird langsam mit konzentrierter Schwefelsäure abgeraucht, der Rückstand in 250 cm³ Wasser gelöst und die Hauptmenge der Säure unter Kühlung mit Ammoniak neutralisiert. In einem Meßkolben wird auf 500 cm³ verdünnt, und von der erhaltenen Lösung werden 100 cm³ zur Analyse genommen. Man oxydiert das Cer mit Ammoniumperoxydisulfat (S. 331) und titriert nach v. KNORRE mit einer n/10 Wasserstoffperoxydlösung.

***Bemerkungen.*** Auf gleiche Art wird Thoriumnitrat auf den Gehalt an Cer geprüft. Da meist wenig Cer zu erwarten ist, wägt man 10 g ein, verdünnt auf 500 cm³ und nimmt 200 cm³ zur Oxydation und Titration (WEBER).

**12. Cer in der Fluidlösung.** Zum Imprägnieren der Auerglühstrümpfe wird eine verdünnte Lösung von Nitraten, die neben anderen Elementen hauptsächlich Thorium und Cer enthält, verwendet. Zur quantitativen Untersuchung auf Cer werden 5 cm³ der Lösung mit Schwefelsäure angesäuert, mit Ammoniumperoxydisulfat oxydiert (S. 331) und mit n/10 Wasserstoffperoxyd titriert (S. 336). Meist wird auch eine Bestimmung der Summe der Oxyde angeschlossen. Man dampft in einem gewogenen Porzellantiegel 3 cm³ der ursprünglichen Lösung ein und verglüht die Nitrate zu Oxyd.

**13. Cer in Rohstoffen der Glasindustrie** nach HEINRICHS und JAECKEL. Eine Beimengung von 2 bis 6% Cer in Gläsern ruft eine ausgezeichnete Absorption im Ultraviolett hervor. Das zum Erschmelzen solcher Gläser verwendete Cerdioxyd ist sehr unrein und zeigt im fertiggestellten Glase deutlich wahrnehmbare Mengen von Didym. Für farblose Gläser nimmt man angereicherte Ceritoxyde, die entweder über die Hydroxyde (über „Hydrat“) oder über „Oxalat“ gereinigt werden. Solche Präparate enthalten etwa 96% seltene Erden, hiervon 80 bis 90% Cer. Da der Kaufpreis der Ceritoxyde mit steigendem Cergehalt zunimmt, anderseits der Gehalt an seltenen Erden für gleichmäßige Fabrikation und für gleichbleibende optische Eigenschaften von Wichtigkeit ist, sind einheitliche Untersuchungsmethoden ausgearbeitet worden.

**Durchführung.** 4,5 g der Oxyde der seltenen Erden werden in einer geräumigen Porzellanschale mit 50 cm³ konzentrierter Salzsäure übergossen, zum Sieden erhitzt und anteilweise mit einer 10%igen Kaliumjodidlösung versetzt. Bei Oxyden mit geringerem Cergehalt genügen 15 bis 20 cm³, bei hochwertigen Oxyden müssen 40 bis 50 cm³ zugesetzt werden, wobei dauernd im Sieden gehalten und häufig umgerührt wird. Die Probe geht bis auf einen kleinen Rückstand in Lösung, der aus Sand besteht und etwa 0,1% beträgt. Man filtriert in einen 500 cm³-Meßkolben und wäscht das Filter gut aus. Der Rückstand wird im Platintiegel verascht, gewogen, mit Flußsäure und Schwefelsäure abgeraucht, geglüht und nochmals gewogen. Die Differenz ergibt die Kieselsäure. Sollte der nach dem Abrauchen verbleibende Rückstand wägbar sein, so wird er mit Kaliumbisulfat aufgeschlossen, in Wasser gelöst und zu dem im Meßkolben befindlichen Hauptfiltrat hinzugegeben. Nun neutralisiert man mit Ammoniak bis zum bleibenden Niederschlag, setzt 50 cm³ Salzsäure (D. 1,124) hinzu und füllt zur Marke auf. Nach gutem Umschütteln werden 100 cm³ dieser Lösung in 70 cm³ einer kaltgesättigten Oxalsäurelösung einfließen gelassen; darauf wird mit heißem Wasser auf 300 cm³ verdünnt und auf dem Wasserbade unter häufigem Rühren erwärmt. Nachdem über Nacht die Fällung sich selbst überlassen wurde, filtriert man und wäscht hierauf den Niederschlag mit 2%iger heißer Oxalsäurelösung. In einem Porzellantiegel wird das Filter getrocknet, verascht und schließlich bei etwa 1100° während 50 Min. geglüht. Eine Prüfung auf Gewichtskonstanz ist unerläßlich; man glüht daher nochmals während 15 Min. und betrachtet eine Differenz von wenigen Zehntel Milligramm als zulässigen Fehler. Aus dem Filtrat der Oxalsäurefällung bestimmt man das Eisen und das Calcium. Der Cergehalt wird aus 25 cm³, die dem Meßkolben entnommen werden, ermittelt. Man setzt der in einer Porzellanschale befindlichen Lösung zur Zerstörung vorhandener Jodwasserstoffsäure einige Tropfen einer Wasserstoffperoxydlösung zu und dampft zur Trockne. Der Rückstand wird mit Schwefelsäure befeuchtet, bis zum Auftreten der schweren weißen Dämpfe erhitzt und abkühlen gelassen. Nun spült man mit Wasser die Wände der Schale ab, dampft zur Trockne und verjagt die überschüssige Säure. Der in Wasser gelöste Rückstand wird nach v. KNORRE (s. S. 331) oxydiert und mit Wasserstoffperoxyd titriert (S. 336).

***Bemerkungen.*** Auf ähnliche Weise werden Gläser auf ihren Cergehalt untersucht. 1 bis 2 g werden mit Soda aufgeschlossen, mit Wasser aufgenommen und vom Ungelösten abfiltriert. Der Niederschlag enthält die gesamten Elemente der seltenen Erden, die nach dem Lösen in verdünnter Salzsäure, wie oben angegeben, bestimmt werden.

## Literatur.

ALBERT, P., M. CARON u. G. CHAUDRON: C. r. **233**, 1108 (1951). — ARNOLD, H.: Fr. **53**, 493 (1914).

EVANS, B. S.: Analyst **58**, 454 (1933).

HEINRICHS, H., u. G. JAECKEL: Sprechsaal **60**, 705, 730 (1927).

KNORRE, G. v.: Z. angew. Ch. **10**, 685, 717 (1897); B. **33**, 1924 (1900).

MALOW, S. J., E. F. PEN'KOVA u. A. S. KOROLEVA: Sawod. Lab. **14**, 349 (1948); durch C. A. **43**, 1282 (1949). — MORRIS, C.: Iron Age **169**, Nr. 3, 94 (1952); durch C. A. **46**, 2444 (1952).

PACHE, E.: Ch. Z. **62**, 102 (1938). — PLANK, E.: Magyar Chem. Folyóirat **50**, 141 (1946); durch C. A. **43**, 8950 (1949).

RASIN-STREDEN, R., u. M. MÜLLER-GAMILLSCHEG: Fr. **127**, 81 (1944).

*Schiedsverfahren*, Bd. I, S. 132—138. Berlin 1942. — SPITZ, E. W., J. R. SIMMLER, B. D. FIELD, K. H. ROBERTS u. S. M. TUTHILL: Anal. Chem. **26**, 305 (1954). — STEINBERG, R. H.: Appl. Spectroscopy **7**, 163 (1953). — SWOBODA, K., u. R. HORNY: Fr. **67**, 386 (1925/26).

WEBER, H.: Fr. **42**, 446 (1903). — WEISS, L., u. H. SIEGER: Fr. **119**, 245 (1940). — WENGERT, G. B., R. C. WALKER, M. F. LOUCKS u. V. A. STENGER: Anal. Chem. **24**, 1636 (1952). — WESTWOOD, W., u. A. MAYER: Analyst **73**, 275 (1948).

# Praseodym.

Pr, Atomgewicht 140,92, Ordnungszahl 59.

Die Verbindungen und Ionen des Praseodyms besitzen eine charakteristische grüne Farbe. Die Salze erleiden eine nur sehr geringe hydrolytische Spaltung, die jedoch stärker als die der Lanthanverbindungen ist. Die Fällung einer 0,0114 mol Praseodymchloridlösung durch Natriumhydroxyd setzt bei einer Wasserstoffionenkonzentration $p_H = 7{,}05$ (nach BRITTON) und die einer 0,01 mol Sulfatlösung bei $p_H = 6{,}98$ ein (BOWLES und PARTRIDGE).

Das Absorptionsspektrum zeigt fünf sehr charakteristische Banden: zwei im Gelb, zwei im Blau und eine im Violett.

## Praseodymoxyde.

Während in Lösung bisher nur 3wertige Ionen festgestellt werden konnten, weisen die Oxyde noch eine höhere Wertigkeit auf. Glüht man Salze mit flüchtigen Säureresten an der Luft, so erhält man ein braunschwarzes Oxyd von der Formel $Pr_6O_{11}$. Aus diesem erhält man durch Reduktion mit Wasserstoff das normale Sequioxyd. Beide Oxyde werden als Wägungsformen verwendet.

**a) Eigenschaften des $Pr_2O_3$.** Je nach der Glühtemperatur grünlichgelbe bis hellgelbe Kristalle, die verschiedenen Modifikationen angehören. Dichte 20/4 = 6,87 bis 7,068, berechnet 7,07. Beim Erhitzen an der Luft wird Sauerstoff aufgenommen und das braunschwarze Oxyd $Pr_6O_{11}$ gebildet. Das Oxyd ist in verdünnten Säuren leicht löslich. Es bildet sich aus dem Hydroxyd bei 676°, aus dem Oxalat bei 746° und aus dem basischen Carbonat bei 815°.

**b) Eigenschaften des $Pr_6O_{11}$.** Dunkelbraunes bis schwarzes Pulver, das eine Dichte $^{20}_{4}$ von 6,704 besitzt. PRANDTL betrachtet dieses Oxyd als ein basisches Praseodymat $2\,Pr_2O_3 \cdot Pr_2O_5$, während es nach MARSH die Zusammensetzung $4\,PrO_2 \cdot Pr_2O_3$ hat. Es ist in verdünnten Säuren in der Kälte mäßig, in der Hitze leicht löslich, wobei Sauerstoff oder bei Gegenwart von Halogenwasserstoffsäuren Halogene in Freiheit gesetzt werden. Bei gewöhnlicher Temperatur ist dieses Oxyd hygroskopisch und kann 1 bis 1,5% Wasser aufnehmen, das erst bei 180° wieder abgegeben wird (PRANDTL und HUTTNER).

**Reinheitsprüfung.** Lanthan und Cer sind nur durch die Prüfung des Bogenspektrums aufzufinden. Neodym verrät sich im Absorptionsspektrum durch seine Banden im Grün.

### Literatur.

BOWLES, J. A. C., u. H. M. PARTRIDGE: Ind. eng. Chem. Anal. Edit. **9**, 124 (1937). — BRITTON, H. TH. ST.: Soc. **127**, 2142 (1925).

DUPUIS, TH.: Anal. chim. Acta **3**, 183 (1949).

MARSH, J. K.: Chem. Soc. **1946**, 17.

PRANDTL, W., u. G. RIEDER: Z. anorg. Ch. **238**, 225 (1938). — PRANDTL, W., u. K. HUTTNER: Z. anorg. Ch. **149**, 235 (1925). — PREISS, J., u. N. RAINER: Z. anorg. Ch. **131**, 287 (1923).

## I. Bestimmungsmethoden.

### § 1. Fällung als Hydroxyd siehe S. 179.

**Eigenschaften.** Das Praseodymhydroxyd ist ein grüner, schleimiger Niederschlag, der in verdünnter Säure sehr leicht löslich ist und aus der Luft lebhaft Kohlendioxyd anzieht. Die Löslichkeit wurde von MOELLER und KREMERS zu $2{,}7 \cdot 10^{-20}$ angegeben. Diese Löslichkeit mal $10^6$ ergibt 5,4 g-mol je Liter bei 25° C.

**Durchführung** siehe S. 179.

***Bemerkungen.*** Wie oben erwähnt, bildet sich beim Glühen des Praseodymhydroxydes das braunschwarze Oxyd $Pr_6O_{11}$, das nur dann zur Auswaage gelangen darf, wenn das Praseodym frei von anderen seltenen Erden ist. Die üblichen Begleiter beeinflussen die Zusammensetzung wesentlich, so daß im Molekül mehr oder weniger Sauerstoff vorhanden sein kann, als der Formel entspricht. So erhöht Cer, auch in kleinen Mengen, den Sauerstoffgehalt, während Lanthan und Neodym ihn teils erhöhen, teils herabsetzen. Außerdem wird eine sehr geringe Gewichtskonstanz erreicht (MARC). Eingehend wurde diese Sauerstoffaufnahme durch PRANDTL und HUTTNER untersucht.

α) Wägung als $Pr_6O_{11}$ nach BRINTON und PAGEL. Der Niederschlag, der nur aus Praseodymhydroxyd oder Oxalat bestehen darf, wird verascht und mit voller Bunsenflamme 20 Min. geglüht.

Die Auswaage ist bis auf 1 mg konstant und verursacht einen Fehler von $\pm 0{,}75\%$.

β) Wägung als $Pr_2O_3$. Um mit anderen Erden verunreinigte Praseodymoxyde gravimetrisch genau bestimmen zu können, wird die Reduktion mit Wasserstoff oder die Überführung in das wasserfreie Sulfat vorgenommen. Erstere Methode wird dann vorteilhaft sein, wenn das Praseodym nur etwa die Hälfte der Bestandteile ausmacht und frei von Cer ist (s. S. 178). Das durch Reduktion mit Wasserstoff erhaltene Oxyd hat manchmal die Eigenschaft, in der Kälte aus der Luft Sauerstoff aufzunehmen und teilweise in das höhere Oxyd überzugehen (EPHRAIM). Nehmen die anderen anwesenden Erden einen größeren Bruchteil der Zusammensetzung ein, so wird das Praseodymoxyd weitgehend geschützt.

**Durchführung.** Der Niederschlag samt Filter wird bei möglichst niedriger Temperatur in einem Platintiegel verascht und erkalten gelassen. Hierauf wird der Tiegel mit einem durchbohrten Deckel verschlossen, durch den ein Gaseinleitungsrohr geführt wird (ROSE-Deckel und -Pfeife). Vorteilhafter ist es, den Tiegel in ein Quarzrohr zu stellen, das senkrecht gelagert ist und eine Gaszu- und -ableitung trägt. Nach dem Verdrängen der Luft durch reinsten Wasserstoff wird bei 900° reduziert, bis das Erdengemisch eine helle Färbung erlangt hat. Es wird im Wasserstoff erkalten gelassen und rasch gewogen.

γ) Wägung als Praseodymsulfat. SARVER und BRINTON vermeiden die Unsicherheit der Zusammensetzung der Praseodymoxyde und wenden als Wägungsform das wasserfreie Praseodymsulfat an.

**Durchführung** siehe S. 279.

***Bemerkungen.*** Bei raschem Wägen sowie bei Anwendung eines Schutzwägegläschens sind zufriedenstellende Werte zu erlangen.

## Literatur.

BRINTON, P. H. M.-P., u. H. A. PAGEL: Am. Soc. **45**, 1460 (1923).
EPHRAIM, F.: B. **61**, 82 (1928).
MARC, R.: B. **35**, 2383 (1902). — MOELLER, TH., u. H. E. KREMERS: J. physic. Chem. **48**, 395 (1944).
PRANDTL, W., u. K. HUTTNER: Z. anorg. Ch. **149**, 235 (1925).
SARVER, L. A., u. P. H. M.-P. BRINTON: Am. Soc. **49**, 943 (1927).

### § 2. Fällung als Oxalat siehe S. 181.

**Eigenschaften.** Das Praseodymoxalat ist hellgrün und kristallinisch (monoklin) und enthält meist 10 Mol Kristallwasser.

**Löslichkeit.** 1 l Wasser enthält bei 25° nach RIMBACH und SCHUBERT 0,74 mg $Pr_2(C_2O_4)_3 \cdot 10H_2O$, nach SARVER und BRINTON 1,49 mg.

Löslichkeit in 100 g der verdünnten Säuren bei 25° nach SARVER und BRINTON.
g wasserfreies Oxalat in 100 g Lösung.

| | | | | | | |
|---|---|---|---|---|---|---|
| Norm. der $HNO_3$ | 0,2482 | 1,992 | 2,000 | 2,000 | | |
| Norm. der Oxalsäure | — | — | 0,1 | 0,5 | | |
| % $Pr_2(C_2O_4)_3$ | 0,0289 | 0,5102 | 0,1295 | 0,0295 | | |
| Norm. der $H_2SO_4$ | 0,1 | 0,5075 | 1 | | | |
| % $Pr_2(C_2O_4)_3$ | 0,0153 | 0,0643 | 0,1345 | | | |
| Norm. der HCl | 0,1008 | 0,2576 | 0,5004 | 1,018 | 0,978 | 0,978 |
| Norm. der Oxalsäure | — | — | — | — | 0,1 | 0,5 |
| % $Pr_2(C_2O_4)_3$ | 0,0098 | 0,0279 | 0,0625 | 0,1603 | 0,0128 | 0,0026 |

Nach BRAUNER sind in 100 g einer 2,63%igen Ammoniumoxalatlösung 0,00077 g $Pr_2O_3$ enthalten.

**1. Gravimetrische Bestimmung. Durchführung** siehe S. 181.

**2. Maßanalytische Bestimmung.** Lösungen von Praseodymsalzen, mit Oxalsäure gefällt, geben keine formelrein zusammengesetzten Oxalate. Wie KRÜSS und LOOSE zeigten und PRANDTL und HUTTNER an Sulfaten bestätigten, entstehen sehr stabile Oxalatoverbindungen, die die maßanalytische Bestimmung des Praseodyms sehr erschweren. Die direkte Titration des Praseodymoxalates mit n/10 Kaliumpermanganatlösung wird infolge der starken Eigenfärbung selten vorgenommen, hingegen erfreut sich die Resttitration (d. h. die Bestimmung der überschüssigen Oxalsäure im Filtrat) häufiger Anwendung. Ohne Vorsichtsmaßnahmen wird die Oxalsäurebestimmung zu hoch, die Umrechnung auf Praseodym zu niedrig ausfallen. BRINTON und PAGEL fällen in stark saurer Lösung, da, wie BAXTER und GRIFFIN mitteilen, Praseodymoxalat Ammonium- und Alkalioxalate mitreißt.

**Durchführung.** Aus stark salpetersaurer Lösung (auf je 0,1 g Oxyd 1 $cm^3$ konzentrierter Salpetersäure, verdünnt auf 100 $cm^3$) wird bei 60 bis 70° mit überschüssiger gemessener Oxalsäure gefällt. Nach etwa 1 Std. wird über einen Zeitraum von mehreren Stunden durch tropfenweisen Zusatz von Ammoniak die Säure weitgehend neutralisiert. Das Filtrieren und Waschen des Niederschlages sowie die Titration der unverbrauchten Oxalsäure wird wie üblich vorgenommen.

### Literatur.

BAXTER, G. P., u. R. C. GRIFFIN: Am. Soc. **28**, 1684 (1906). — BRAUNER, B.: Soc. **73**, 951 (1898). — BRINTON, P. H. M.-P., u. H. A. PAGEL: Am. Soc. **45**, 1460 (1923).

KRÜSS, G., u. A. LOOSE: Z. anorg. Ch. **4**, 161 (1893).

PRANDTL, W., u. K. HUTTNER: Z. anorg. Ch. **149**, 239 (1925).

RIMBACH, E., u. A. SCHUBERT: Ph. Ch. **67**, 198 (1909).

SARVER, L. A., u. P. H. M.-P. BRINTON: Am. Soc. **49**, 943 (1927).

## II. Maßanalytische Methode.

Bei Anwesenheit von Cer versucht v. SCHEELE die höhere Wertigkeit des Praseodyms in einem an der Luft geglühten Erdoxydgemisch zu einer maßanalytischen Bestimmung des Praseodyms auszuwerten. Die in einem Kölbchen eingewogenen Oxyde werden in einer schwefelsauren Eisen(II)-ammoniumsulfatlösung von bekanntem Gehalt aufgelöst und das unverbrauchte Eisen(II)-ion durch Kaliumpermanganat zurückgemessen. Die Durchführung wird entsprechend der beim Cer beschriebenen Methode nach LESSNIG (S. 337) vorgenommen. Nach den Untersuchungen von PRANDTL (S. 373) ist in einem Oxydgemisch der Gehalt an höherwertigem Praseodym von der Zusammensetzung weitgehend abhängig; man wird daher von dieser Methode nur eine sehr bescheidene Genauigkeit zu erwarten haben.

### Literatur.

SCHEELE, C. v.: Z. anorg. Ch. **27**, 53 (1901).

## III. Spektralanalytische Methoden.

### § 1. Absorptionsspektroskopie.

Das Praseodym besitzt zwei charakteristische Banden, die bei Verdünnung der Untersuchungslösung in fünf schmälere, sehr charakteristische Banden aufgelöst werden.

| Banden bei 1 Grammatom je Liter von Å bis Å | Teilung bei Verdünnung | Å der Spitzen | Verschwinden bei Verdünnung auf |
|---|---|---|---|
| 6042—5784 | 1/8 | 5971<br>5890 | 1/32<br>1/128 |
| 4885—4326 | 1/2<br>1/4 | 4819<br>4688<br>4440 | 1/512<br>1/256<br>1/512 |

### Literatur.

DELAUNEY, E.: C. r. **185**, 354 (1927).

MUTHMANN, W., u. L. STÜTZEL: B. **32**, 2653 (1899).

§ 2. Emissionsspektralanalyse siehe S. 200.

**a) Bogenspektren** siehe S. 201. LÓPEZ DE AZCONA zählt bei $2 \cdot 10^{-4}$ g Pr 172; bei $2 \cdot 10^{-5}$ g 33 und bei $2 \cdot 10^{-6}$ g noch 6 Linien, die im Kohlebogenspektrum aufzufinden sind.

**b) Funkenspektrum.** GERLACH und RIEDL geben als charakteristische Analysenlinien des Praseodyms an: 4408,8, 4225,3, 4223,0, 4179,4, 4100,8, 4062,8, 3908,4 (+ 3908,1) Å.

Literatur.

GERLACH, WA., u. E. RIEDL: Chemische Emissionsspektralanalyse, Teil 3, S. 147.
LÓPEZ DE AZCONA, J. M.: An. Españ. **36**, 154 (1940); durch C. **1941**, **I**, 330.

## IV. Trennung des Praseodyms von den anderen Elementen der seltenen Erden.

Der hartnäckigste Begleiter des Praseodyms ist das Neodym, das nur durch die fraktionierte Kristallisation der Ammonium- oder Magnesium-Doppelnitrate nach AUER V. WELSBACH abgetrennt werden kann (s. S. 379). Zur Reindarstellung des Praseodyms geht man von Fraktionen aus, die frei von Neodym sind, jedoch wechselnde Mengen von Lanthan enthalten. Nach PRANDTL kann man Praseodym von Lanthan nur durch die stufenweise basische Fällung trennen. Oxyde, die neben wenig Praseodym viel Lanthan enthalten, werden nach S. 314 aufgearbeitet. Die anfallenden praseodymreichen Niederschläge werden mit den anderen Fraktionen vereinigt und einer systematischen stufenweisen basischen Fällung in Gegenwart von Cadmiumnitrat und Ammoniumnitrat unterzogen.

**Durchführung.** 600 g Oxyde werden in Nitrate übergeführt, mit 1850 g Cadmiumnitrat versetzt und mit 5 Litern 2 n Ammoniumnitratlösung vermischt. Zuerst werden mit verdünntem Ammoniak 6 bis 7 Fällungen durchgeführt, die nach dem Schema der fraktionierten Kristallisation weiterbehandelt werden. Schon nach der dritten Reihe wird nur ein schwach gefärbtes Lanthanoxyd ausgeschieden, während das Praseodym von der 8. Reihe an in großer Reinheit erhalten wird.

Aus den Endlaugen fällt man die Elemente der seltenen Erden durch Ammoniumcarbonat aus. Das Filtrat wird zwecks Zerstörung des Carbonates erhitzt und kann hierauf den Kopffraktionen neuerlich zugesetzt werden.

***Bemerkungen.*** Um diese zeitraubende Trennung auszuschalten, hat BECK vorgeschlagen, in einer Kaliumhydroxydschmelze, die die Hydroxyde der seltenen Erden auflöst, durch anodische Oxydation oder durch Kaliumchloratzusatz das Praseodymdioxyd zu erzeugen, das dann als unlöslicher Körper auf den Boden niedersinkt und durch Abgießen der Schmelze weitgehend angereichert werden kann. MARSH hat in einer großen experimentellen Untersuchung die Frage der Bildung des $PrO_2$ näher geprüft. In Alkali-Nitratschmelzen fällt bei 350° das Cerdioxyd weitgehend aus, bei 500° wird die Schmelze farblos und das schwarze $PrO_2$ unvollständig ausgeschieden. Wird jedoch eine cerfreie Schmelze mit wasserfreiem Cernitrat oberhalb 400° nach und nach versetzt, so wird Praseodym in besserer Ausbeute abgeschieden. Ferner ergab sich, daß wenig Pr von viel La (oberhalb 33%) nicht getrennt werden kann, während bei größeren Praseodymgehalten eine merkliche Anreicherung stattfindet (von 70% auf 95%). Neodym kann nach diesem Verfahren nicht abgetrennt werden. Bei Kaliumhydroxydschmelzen (320° C) wurde gefunden, daß die Anwesenheit von 15 bis 17% Wasser von wesentlicher Bedeutung ist; denn in einer wasserfreien Schmelze sind die Oxyde völlig unlöslich. Das gelöste Praseodymhydroxyd wird schneller als La- oder $Nd(OH)_3$ entwässert und geht durch Oxydation mit Kaliumchlorat in das Dioxyd über. Man läßt die Schmelze gut absitzen, dekantiert den klaren Anteil und läßt den Tiegel erkalten. Nun zieht man den Inhalt mit Wasser aus, bringt mit sehr verdünnter Essigsäure die 3wertigen Hydroxyde in

Lösung und sammelt durch Zentrifugieren den schwarzen Rückstand. Siehe hierzu VICKERY. Eine Erschwerung der Reinigung tritt jedoch dadurch ein, daß das Dioxyd mit NdOOH isomorph ist und mit dem in Kristallform C vorliegenden $Nd_2O_3$ eine feste Lösung bildet. Bei niederen Praseodymgehalten wird demnach eine rasche Anreicherung erzielt, doch ist eine Reindarstellung auf diesem Wege nicht möglich.

Literatur.

AUER V. WELSBACH, C.: M. **4**, 634 (1883).
BECK, G.: Angew. Ch. **52**, 536 (1939).
MARSH, J. K.: Chem. Soc. **1946**, 15, 17, 20.
PRANDTL, W.: Z. anorg. Ch. **238**, 321 (1938). — PRANDTL, W., u. K. HUTTNER: Z. anorg. Ch. **136**, 289 (1924).
VICKERY, R. C.: Chemistry of Lanthanons. Acad. Press, New York u. London 1953.

## Neodym.

Nd, Atomgewicht 144,27, Ordnungszahl 60.

Die Salze des Neodyms sind rosa bis violettrosa gefärbt und weisen eine sehr geringe hydrolytische Spaltung auf. Eine 0,01 mol Neodymchloridlösung beginnt durch Natronlauge bei einer Wasserstoffionenkonzentration $p_H = 7{,}40$, eine 0,01 m Sulfatlösung bei einem $p_H = 6{,}73$ stark basische Salze abzuscheiden. Das Absorptionsspektrum zeigt zahlreiche Banden, die im Gelb und Grün charakteristisch sind.

### Neodymoxyd.

Im Gegensatz zu Praseodym ist das Neodym auch in seinem Oxyd nur 3wertig. Im älteren Schrifttum finden sich Angaben über höhere Oxyde, die jedoch durch hartnäckig zurückgehaltene Feuchtigkeit und Kohlensäure vorgetäuscht werden. $Nd_2O_3$ ist als Wägungsform nach Glühen bei 900° gut geeignet (PRANDTL). Es bildet sich nach DUVAL aus dem Hydroxyd bei 608°, aus dem Oxalat bei 813° und aus dem basischen Carbonat bei 800° C.

**Eigenschaften.** Neodymoxyd ist von hellblauer oder hellpurpurner Farbe und hat die Dichte $D_4^{15} = 7{,}24$ (berechnet 7,22). Es zieht aus der Luft rasch Feuchtigkeit an, hydratisiert jedoch bei gewöhnlicher Temperatur nicht; es ist leicht löslich in verdünnten Säuren.

**Reinheitsprüfung.** Das Oxyd ist nur im reinen Zustand hellblau oder blaurot; andere seltene Erden geben eine stumpfe, graue oder bräunliche Färbung (JAMES). Samarium und Praseodym, die häufigsten Verunreinigungen, werden im Absorptionsspektrum entdeckt.

Literatur.

BOWLES, J. A. C., u. H. M. PARTRIDGE: Ind. eng. Chem. Anal. Edit. **9**, 127 (1937).
DUVAL, C.: Anal. chim. Acta **1**, 341 (1947).
JAMES, C.: Am. Soc. **30**, 989 (1908).
PRANDTL, W.: B. **55**, 693 (1922). — PREISS, J., u. N. RAINER: Z. anorg. Ch. **131**, 287 (1923).

### I. Bestimmungsformen.

#### § 1. Fällung als Hydroxyd.

**Löslichkeit.** Nach MOELLER und KREMERS hat $Nd(OH)_3$ ein Löslichkeitsprodukt von $1{,}9 \cdot 10^{-21}$. Die Löslichkeit mal $10^6$ ist 2,7 g-mol je Liter bei 25° C.

**Durchführung** siehe S. 179.

#### § 2. Fällung als Oxalat siehe S. 181.

**Eigenschaften.** Zart rosaviolettes, fein kristallinisches Pulver, das stets als 11-Hydrat abgeschieden wird (JAMES und ROBINSON).

Im Gegensatz zu Praseodym neigt das Neodym nach SELWOOD nicht zur Bildung von Oxalatoverbindungen, wenn in der Siedehitze aus verdünnten Lösungen mit verdünnter Oxalsäure langsam gefällt wird. Die Resultate sind aus Chloridlösungen auf 0,1% genau.

**Löslichkeit.** Nach SARVER und BRINTON löst 1 l Wasser bei 25° 1,48 mg $Nd_2C_2O_4)_3 \cdot 10\,H_2O$ (nach RIMBACH und SCHUBERT 0,49 mg und nach CROUTHAMMEL und MARTIN $1{,}5 \cdot 10^{-6}$ gmol).

Löslichkeit in 100 g der verdünnten Säuren bei 25° nach SARVER und BRINTON.

| | | | | | |
|---|---|---|---|---|---|
| Norm. $HNO_3$ | 0,2482 | 1,992 | 2,000 | 2,000 | |
| Norm. Oxalsäure | — | — | 0,1 | 0,5 | |
| % $Nd_2(C_2O_4)_3$ | 0,0238 | 0,4287 | 0,1138 | 0,0195 | |
| Norm. der HCl | 0,1008 | 0,5 | 1,018 | 0,978 | 0,978 |
| Norm. der Oxalsäure | — | — | — | 0,1 | 0,5 |
| % $Nd_2(C_2O_4)_3$ | 0,0076 | 0,0270 | 0,1260 | 0,0082 | 0,0020 |
| Norm. der $H_2SO_4$ | 0,086 | 0,419 | 1,0 | | |
| % $Nd_2(C_2O_4)_3$ | 0,0091 | 0,0415 | 0,1173 | | |

| Bande bei 1 Grammatom je Liter von Å bis Å | Teilung bei Verdünnung | In Spitzen Å | Verschwinden bei Verdünnung |
|---|---|---|---|
| 6902—6705 | 1/2 | 6877 | 1/16 |
| | | 6786 | 1/32 |
| 6369 | | | 1/4 |
| 6288 | | | 1/4 |
| 5228 | | | 1/8 |
| 5944—5622 | | 5784 | 1/128 |
| | | 5752 | 1/512 |
| | | 5724 | 1/128 |
| 5342—4984 | 1/4 | 5320 | 1/32 |
| | | 5219, 5207 | 1/512 |
| | | 5129 | 1/128 |
| | | 5090 | 1/128 |
| 4802 | | | 1/16 |
| 4755 | | | 1/128 |
| 4709—4648 | 1/2 | 4691 | 1/128 |
| | | 4612 | 1/32 |
| 4332 | | | 1/16 |
| 4296 | | | 1/2 |
| 4272 | | | 1/256 |
| 4182 | | | 1/8 |
| 3806 | | | 1/2 |
| 3596—3446 | 1/4 | 3557 | 1/16 |
| | | 3538 | 1/64 |
| | | 3504 | 1/32 |
| | | 3455 | 1/64 |
| 3400 | | | 1/2 |
| 3342—3233 | | 3282 | 1/16 |
| 3138 | | | 1/2 |
| 2997 | | | 1/2 |
| 2984 | | | 1/16 |
| 2911 | | | 1/4 |
| 2899 | | | 1/4 |

In 100 g einer 2,63%igen Ammoniumoxalatlösung sind nach BRAUNER 0,00088 g $Nd_2O_3$ gelöst.

**Durchführung** siehe S. 181.

## Literatur.

BRAUNER, B.: Soc. **73**, 951 (1898).

CROUTHAMMEL, C. E., u. D. S. MARTIN: Am. Soc. **73**, 569 (1951).

JAMES, C., u. J. E. ROBENSON: Am. Soc. **35**, 758 (1913).

MOELLER, TH., u. H. E. KREMERS: J. physic. Chem. **48**, 395 (1944).

RIMBACH, E., u. A. SCHUBERT: Ph. Ch. **67**, 198 (1909).

SARVER, L. A., u. P. H. M.-P. BRINTON: Am. Soc. **49**, 943 (1927). — SELWOOD, P. W.: Am. Soc. **52**, 4309 (1930).

## II. Spektralanalytische Methoden.

### § 1. Absorptionsspektroskopie.

Das Neodym besitzt zahlreiche Banden von sehr. verschiedener Intensität, die sich vom roten zum ultravioletten Gebiet hinziehen.

## Literatur.

DELAUNEY, E.: C. r. **185**, 354 (1927).

MUTHMANN, W., u. L. STÜTZEL: B. **32**, 2653 (1899).

§ 2. Emissionsspektralanalyse siehe S. 200.

**a) Bogenspektren** siehe S. 201. Im Kohlebogenspektrum findet LÓPEZ DE AZCONA bei $2 \cdot 10^{-4}$ g Nd 249; bei $2 \cdot 10^{-5}$ g 19 und bei $2 \cdot 10^{-6}$ g ebenfalls 19 Linien.

**b) Funkenspektrum.** DE GRAMONT bezeichnet 3951,1, 4177,36, 4303,61 Å als Restlinien. GERLACH und RIEDL führen noch folgende Analysenlinien an: 4109,5 (+ 4109,1), 4156,2, 4012,3, 4061,1 und 4451,6.

Literatur.

GERLACH, WA., u. E. RIEDL: Chemische Emissionsspektralanalyse, Teil 3, S. 147. — GRAMONT, A. DE: C. r. **171**, 1106 (1920).
LÓPEZ DE AZCONA, J. M.: An. Españ. **36**, 154 (1940); durch C. **1941**, **I**, 330.

## III. Trennung des Neodyms von den anderen Elementen der seltenen Erden.

Aus dem alten Didym lassen sich Neodym und Praseodym nur nach dem AUERschen Verfahren der fraktionierten Kristallisation der Magnesium- oder Ammoniumdoppelnitrate isolieren. Die Trennung dieser beiden Elemente geht nur sehr langsam vor sich, denn erst in der 8. Reihe beobachtet man rote und grüne Fraktionen. Die praseodymfreien Laugen erkennt man an der weißblauen Farbe der Oxyde.

**Allgemeines.** Im älteren Schrifttum findet man Trennungsmethoden angegeben, die dem modernen Stand der analytischen Chemie nicht mehr entsprechen. Da Neodym und Praseodym mit den Mitteln der chemischen Analyse nicht zu trennen waren, hatte man bei gravimetrischen Methoden bis über die Jahrhundertwende hinaus den gemeinsamen Namen Didym beibehalten. Nur wenige dieser Methoden sind bisher erwähnt worden; aus Gründen der Vollständigkeit wird im folgenden diese Lücke geschlossen.

**1. Trennung des Didyms und Lanthans von Cer.** a) Nach DAMOUR und SAINTE CLAIRE-DEVILLE. Man fällt die Elemente der seltenen Erden enthaltene Lösung mit Kalilauge, filtriert und schwemmt die erhaltenen Hydroxyde in verdünnter Lauge auf. Nun leitet man Chlorgas ein, wobei Didym und Lanthan in Lösung gehen, während Cer(IV)-hydroxyd den Niederschlag bildet. Cer(IV)-hydroxyd wird in Salzsäure gelöst und als Ceroxalat gefällt.

Aus dem Lanthan und Didym enthaltenden Filtrat werden die Elemente der Erden als Oxalate abgeschieden, geglüht und gewogen. Die Oxyde löst man in verdünnter Salpetersäure, dampft in einer Porzellanschale zur Trockne und erhitzt auf 400 bis 500°. Bevor die Nitrate vollständig zersetzt worden sind, läßt man abkühlen und löst in kaltem Wasser; Lanthannitrat geht in Lösung, während Didym als basisches Nitrat in Flocken zurückbleibt. Nach längerem Stehen wird gekocht und filtriert. Mit dem so gewonnenen Filtrat wird noch 2mal die gleiche Operation vorgenommen; schließlich erhält man eine farblose Lösung, die frei von Didym ist. Die aus den drei Niederschlägen erhaltenen Oxyde werden als Didymoxalat ausgewogen.

***Bemerkungen.*** Diese Methode liefert keine brauchbaren Resultate, da die Scheidung nicht quantitativ erfolgt.

b) Nach GIBBS. Man kocht die stark salpetersaure Lösung mit Bleidioxyd, dampft die durch Cer(IV)-nitrat stark gefärbte Lösung zur Trockne und glüht hierauf, bis ein Teil der Nitrate zerlegt ist. Man nimmt in Wasser auf und filtriert vom Niederschlag, der neben Bleioxyd das gesamte Cer als basisches Cernitrat enthält, ab. Der Niederschlag wird in Salpetersäure gelöst, das Blei durch Schwefelwasserstoff abgeschieden und hierauf das Cer als Oxalat gefällt. Lanthan und Didym sollen völlig rein sein.

c) Nach MUTHMANN und RÖLIG. Die neutrale Nitratlösung wird mit aufgeschlämmtem Zinkoxyd verrührt und tropfenweise mit einer Kaliumpermanganatlösung versetzt, bis die überstehende Flüssigkeit schwach rosa erscheint. Im Niederschlag befindet sich neben Zinkoxyd das Cer als Cer(IV)-hydroxyd. Das Filtrat wird anteilweise mit Magnesia gefällt, bis die Lösung im Absorptionsspektrum keine Didymbanden mehr aufweist.

d) Nach WINKLER. Der neutralen salzsauren Lösung wird ein auf nassem Wege bereitetes Quecksilberoxyd zugegeben und unter Umrühren eine verdünnte Kaliumpermanganatlösung zugefügt. Wenn unverbrauchtes Permanganat an der schwach roten Lösung erkannt wird, läßt man den Niederschlag absitzen, filtriert und wäscht ihn durch Dekantieren aus. Er besteht aus unverbrauchtem Quecksilberoxyd, Mangandioxyd, Cer(IV)-hydroxyd und fast dem ganzen Didym als Superoxyd. (Die Fällung des Didyms als Superoxyd ist eine unbewiesene Annahme; in Wirklichkeit findet durch das Quecksilberoxyd eine Fällung des schwächer basischen Didyms statt.) Man glüht den Niederschlag, löst den Rückstand in Salzsäure, dampft mit Schwefelsäure zur Trockne, löst in Eiswasser und trennt die Elemente der Erden vom Mangan über die Kaliumdoppelsulfate. Das lanthanhaltige Filtrat wird mit Oxalsäure gefällt und der Niederschlag nach dem Glühen als Oxyd ausgewogen.

e) Nach MOSANDER. Die Sulfate des Lanthans und Didyms zeigen bei verschiedenen Temperaturen ungleiche Löslichkeiten. Während in Eiswasser und bei 5 bis 6° die wasserfreien Sulfate leicht löslich sind, fällt aus konzentrierten Lösungen unterhalb von 50° (30 bis 35°) das Enneahydrat des Lanthansulfates aus, während das Didymsulfat fast vollständig gelöst bleibt. Das Lanthansulfat wird durch Glühen entwässert, in Eiswasser gelöst und nochmals der fraktionierten Kristallisation unterworfen. Dieser Vorgang wird so lange wiederholt, bis die Mutterlauge der letzten Kristallisation im Absorptionsspektrum keine Didymbanden enthält. Da bei jeder Fraktionierung Lanthan beim Didym verbleibt, müssen die Filtrate weiterverarbeitet werden. Man erwärmt sie auf etwa 50°, wobei neben rotem Didymoktosulfat auch wesentlich hellere Kristalle anfallen. Durch Auslesen trennt man diese ab und wiederholt nochmals die Fraktionierung. Schließlich verbleibt ein Sulfatgemisch, das eine weitere Trennung nicht mehr gestattet. Man führt daher die Sulfate in Oxyde über und behandelt diese mit zur Lösung unzureichenden Mengen Salpetersäure. Dadurch entsteht eine lanthanreiche Lösung, während der Rückstand Didym als Hauptbestandteil enthält. Die schließliche Reinigung wird über die fraktionierte Kristallisation der Oxalate erreicht.

f) Nach SCHÜTZENBERGER. Die zur Trockne gedampften Nitrate von Lanthan, Cer und Didym werden mit 8 Teilen Kaliumnitrat geschmolzen und bei 300 bis 325° so lange gehalten, bis keine nitrosen Gase mehr auftreten. In Wasser aufgenommen, wird das Cerdioxyd abfiltriert, gewaschen und in Cer(III)-sulfat übergeführt. Man löst in Eiswasser, erwärmt, bis keine weitere Kristallisation auftritt, verwandelt die Oktohydrate in Oxalate und diese schließlich in Nitrate. Die oben beschriebene partielle Zersetzung wird wiederholt und nun ein reines Cerdioxyd erhalten, das im Absorptionsspektrum keine Banden der gefärbten Erden aufweist. Die stark kaliumnitrathaltigen Filtrate werden zur Trockne gebracht und bei 350 bis 360° geschmolzen. Die wäßrige Lösung ist didymärmer geworden. Man wiederholt diese partielle Zersetzung bei immer steigenden Temperaturen, bis die Filtrate völlig weiß geworden sind und demnach nur noch Lanthan enthalten.

g) Nach BUNSEN. Die Oxalate werden mit der Hälfte des Gewichtes an Magnesiumcarbonat gemengt und bei schwacher Rotglut bis zur Zerstörung der Oxalate geglüht. Man nimmt in heißer Salpetersäure auf, verjagt den Überschuß der Säure und hydrolysiert durch Eingießen in heißes, mit etwas Schwefelsäure angesäuertes Wasser. Basisches Cer(IV)-sulfat fällt aus.

***Bemerkungen.*** Nach BRAUNER muß die Hydrolyse 11mal wiederholt werden, bis ein reines Cerdioxyd erhalten wird.

h) Nach Beck. Die Nitrilotriessigsäure bildet nach S. 189 mit den seltenen Erd-Ionen Komplexverbindungen, die durch verschiedene Stabilität ausgezeichnet sind. Alle schwerlöslichen Verbindungen (wie Oxalate, Fluoride usf.) werden in schwach ammoniakalischer Lösung aufgelöst und durch Änderung der Acidität wieder ausgefällt. Bei $p_H$ 9 bis 10 werden die Hydroxyde abgeschieden, während bei Gegenwart von Oxalsäure und Zusatz von Essigsäure bei $p_H$ 6,9 bis 7,5 La Oxalat, bei $p_H$ 6,9 bis 5,5 Nd, bei $p_H$ etwa 5 Sm, bei $p_H$ 4,5 Gd und zwischen $p_H$ 3 bis 4 die Yttererdoxalate ausfallen. Die Beständigkeit der Komplexe der seltenen Erden nimmt demnach mit fallendem Ionenradius zu. Komplexe Cer(III)-verbindungen werden durch Wasserstoffperoxyd quantitativ als Cerperoxyhydrate gefällt.

Zur stufenweisen Fällung der seltenen Erden kann die Stabilität dieser Komplexverbindungen auf verschiedene Weise nutzbar gemacht werden.

1. Man fällt die Oxalate, löst in schwach ammoniakalischer Nitrilotriessigsäurelösung auf, stellt mit Eisessig auf die erwünschte Acidität genau ein, kocht auf und trennt die abgeschiedenen Oxalate ab. Dieser Vorgang ist nur bei den Ceriterden anwendbar, da bei $p_H$ 3 bis 4 die Löslichkeit der Yttererdoxalate so groß ist, daß nur eine sehr unvollkommene Abscheidung erzielt wird.

2. Man stellt, wie bei 1 angegeben, eine Komplexlösung her und fällt durch anteilweise Zugabe eines stärkeren Komplexbildners, in diesem Falle Kupfersulfat, die Oxalate der seltenen Erden nach ihrer Stabilität stufenweise aus.

3. Man teilt die gefällten, feuchten Erdoxalate in zwei oder mehrere gleiche Teile. Ein Teil wird zur Herstellung der Komplexlösung verwendet, die dann mit dem zweiten Teil unter mehrmaligem Aufkochen versetzt wird. Der Austausch geht so vor sich, daß die Erde mit der niederen Ordnungszahl als Oxalat abgeschieden wird. Die anderen ursprünglichen Oxalatanteile werden nacheinander zugesetzt, wobei jedesmal der anfallende Niederschlag entfernt wird. Man entwickelt so eine Fraktionierungsreihe.

Die Nitrilotriessigsäure ist bald danach durch die stärker komplexbildende Äthylendiamintetraessigsäure ersetzt worden. Bei dieser Fraktionierung handelt es sich auch um ein Gleichgewicht, an dem ionogen und komplex gebundene seltene Erden beteiligt sind. Die ionogen gebundenen Erden sind durch den größeren Ionenradius, d. h. durch fallende Ordnungszahl, ausgezeichnet und geben die gewohnten Reaktionen. Neben der Oxalatfällung, der Erhöhung der Acidität und der Verdrängung kann, wie jüngst Marsh zeigte, auch die Natriumsulfatfällung treten. Diese Methode stellt eine wesentliche Vereinfachung der Zerlegung der seltenen Erdenreihe dar und ist den früheren Verfahren überlegen. Die Ceriterden sind wegen der geringen Löslichkeit ihrer Komplexverbindungen zu einer Trennung weniger geeignet als die Yttererden, bei denen Er besser als nach der Cyanoferrat(III)-fällung angereichert werden kann. In dieser Gruppe ist die Trennwirkung besser als nach der bisher üblichen Bromatfraktionierung. Bei den Ytterbinerden kann eine Reindarstellung von Tm und Cp erreicht werden (Marsh sowie Vickery).

**2. Trennung des Didyms, Lanthans, Cers von Thorium.** Nach Chavastelon. Die grobe Trennung der Elemente der seltenen Erden von Thorium wird mit Natriumsulfit durchgeführt. Eine gesättigte Sulfitlösung fällt die Elemente der seltenen Erden, während Thorium nur mit Spuren der Erden verunreinigt in Lösung bleibt. Die als Sulfite gefällten Erden sind jedoch nicht ganz rein. Man unterwirft daher sowohl das Filtrat als auch den Niederschlag einer endgültigen Trennung mit Wasserstoffperoxyd (s. S. 260). Aus den beiden thoriumfreien Filtraten fällt man mit Ammoniak die Elemente der seltenen Erden als Hydroxyde, filtriert und spritzt diesen Niederschlag in das Fällungsgefäß, gibt überschüssiges Alkalicarbonat hinzu und leitet Kohlensäure zur Bildung von Bicarbonaten ein. Cer wird als rotbraunes Percer(IV)-alkalicarbonat gelöst, während die anderen Elemente der Erden als unlösliche Carbonate zurückbleiben. War von der vorhergehenden Thoriumtrennung genügend Wasserstoffsuperoxyd zugegen, so sind die zurückbleibenden Erden vom Cer befreit. Man filtriert, prüft den Niederschlag durch Auftropfen von Wasserstoffperoxyd auf die Abwesenheit von Cer. Tritt keine Farbänderung ein, so ist die Trennung gelungen; beobachtet man eine Rotbraunfärbung, so muß nach Zugabe von Wasserstoffperoxyd die Trennung wiederholt werden.

***Bemerkungen.*** Man kann den Gang dieser Analyse derart ändern, daß das Cer, gemeinsam mit Thorium, als lösliches Doppelcarbonat von den anderen Elementen der seltenen Erden abgetrennt und hierauf mit Hilfe von Natriumsulfit Cer von Thorium geschieden wird.

Nach GROSSMANN ist diese Methode unbrauchbar, da das Thorium bei kleinen Mengen nur zu etwa 10% gelöst wird.

### Literatur.

AUER V. WELSBACH, C.: M. **4**, 634 (1883).

BECK, G.: Helv. **29**, 357 (1946); Mikrochem. A. **33**, 344 (1947) u. Anal. chim. Acta **3**, 41 (1949). — BRAUNER, B.: GM. 6/I, 451. Heidelberg 1928. — BUNSEN, R.: Pogg. Ann. **155**, 375 (1875).

CHAVASTELON, R.: C. r. **130**, 781 (1900).

DAMOUR, A., u. H. SAINTE CLAIRE-DEVILLE: C. r. **59**, 272 (1864).

GIBBS, W.: Fr. **3**, 396 (1863). — GROSSMANN, H.: Z. anorg. Ch. **44**, 229 (1905).

MARSH, J. K.: Chem. Soc. **1950**, 1819; **1951**, 1461 u. 3057; **1952**, 4804. — MOSANDER, C. G.: Phil. Mag. [3] **28**, 251 (1843). — MUTHMANN, W., u. H. RÖLLIG: B. **31**, 1718 (1898).

SCHÜTZENBERGER, P.: C. r. **120**, 663, 1143 (1895).

VICKERY, L. C.: The chemistry of Lanthanons. Acad. Press, New York 1953.

WINKLER, CL.: J. pr. **95**, 410 (1865).

## Promethium.

### Pm, Ordnungszahl 61.

Alle Versuche, das Element 61 in Gemischen seltener Erden, hergestellt aus den verschiedensten Ausgangsstoffen, nachzuweisen, sind fehlgeschlagen. In den Spaltprodukten des Uranbrenners fanden MARINSKY, GLENDENIN und CORYELL (a) 1946 das langlebige Isotop, einen $\beta$-Strahler, mit der Massenzahl 147 und einer Halbwertzeit von etwa 3,7 Jahren. Diese Autoren (b) benannten das Element Promethium. Aus anderen Kernreaktionen sind weitere 6 Isotope bekannt, die jedoch eine wesentlich kürzere Lebensdauer besitzen. Da bei der Uranspaltung das Element 61 im Laufe der Zeit grammweise anfällt, ist sein analytisches Verhalten bereits teilweise untersucht worden.

Die Ionen sind rosa gefärbt; das Oxalat kristallisiert mit 10 Wasser und wird beim Verglühen an der Luft in das Oxyd $Pm_2O_3$ übergeführt.

Das Absorptionsspektrum des Promethiums gleicht dem des Neodyms sehr weitgehend, doch sind die Maxima um etwa 80 Å verschoben, so daß sich eine deutliche Trennung ergibt. PARKER und LAUTZ empfehlen, die Bande 5485 $\pm$5 Å, 5680 $\pm$2 Å und 7372 $\pm$2 Å für Messungen heranzuziehen, da diejenigen bei 4935 $\pm$5 Å, 6850 $\pm$1 Å, 7027 $\pm$3 Å und 7850 $\pm$1 Å zuwenig empfindlich sind. Die stärkste Bogenlinie gibt FELDMAN mit 3427,42 Å an; mittelstarke Linien sind bei 3391,25 und 3449,81 Å sowie schwache Linien bei 3366,05, 3377,64, 3418,67 und 3441,09 Å. Für Funken geben MEGGERS und SCRIBNER die Linien 4086,6, 3980,6, 3910,4 und 3711,7 Å an, die von TIMMA bestätigt werden.

Die Trennung des Pm von Eu gelang HUFFMANN und OSWALT mit dem Anionenaustauscher Dowex A-1 in Citratform. Die Säule hatte eine Länge von 14,9 cm und eine Fläche von 0,08 cm³. Pm wurde bei 1,5 cm³ je Stunde durch den Citratpuffer $p_H$ 2,1 zuerst eluiert.

Literatur.

FELDMAN, C.: Am. Soc. **72**, 3841 (1950).
HUFFMANN, E. H., u. R. L. OSWALT: Am. Soc. **72**, 3323 (1950).
MARINSKY, I. A., u. L. E. GLENDENIN: (a) Am. Soc. **69**, 2781 (1947); (b) Chem. Eng. News **26**, 2346 (1948). — MEGGERS, W., u. L. SCRIBNER: Anal. Chem. **22**, 22 (1950) u. Spectrochim. Acta **4**, 137 (1951).
PARKER, G. W., u. P. M. LAUTZ: Am. Soc. **72**, 2834 (1950).
TIMMA, D. L.: J. opt. Soc. Am. **39**, 898 (1949).

# Samarium.

Sm, Atomgewicht 150,35, Ordnungszahl 62.

Die Ionen des Samariums sind schwach gelb gefärbt und besitzen im Absorptionsspektrum, vor allem im violetten und ultravioletten Teil, starke Banden. Die hydrolytische Spaltung der Samariumsalze ist bereits etwas größer als bei den Neodymverbindungen; nach BRITTON beginnt die Fällung einer 0,0121 molaren Samariumchloridlösung bei der Wasserstoffionenkonzentration $p_H = 6{,}83$.

Samarium kann 3- und 2wertig auftreten. Die niedere Wertigkeitsstufe ist schwer zugänglich, da die Samarium(II)-verbindungen in wäßriger Lösung äußerst unbeständig sind; sie kommt vorläufig für analytische Zwecke nicht in Betracht.

Eine weitere Eigenschaft, die für die quantitative Analyse noch nicht ausgewertet wurde, ist die Radioaktivität, durch die sich das Samarium als $\alpha$-Strahler von allen anderen Elementen der seltenen Erden unterscheidet (v. HEVESY und PAHL).

## Samariumoxyd.

Das bei 900° geglühte Oxyd ist die meist angewendete Wägungsform.

**Eigenschaften.** $Sm_2O_3$ ist von schwach gelber Farbe, hat die Dichte $D_4^{15} = 7{,}43$ und schmilzt im Knallgasgebläse. Es bildet sich nach DUVAL aus dem Hydroxyd bei 813° und aus dem Oxalat oberhalb 800° C. Es ist leicht löslich in verdünnten Säuren, doch etwas schwerer als Praseodym- und Neodymoxyd.

**Reinheitsprüfung.** Sowohl die chemische Prüfung als auch die Absorptionsspektralanalyse geben keine entscheidenden Befunde. Nur das Bogenspektrum gibt Auskunft über die anwesenden Verunreinigungen.

Literatur.

BRITTON, H. TH. ST.: J. chem. Soc. **127**, 2142 (1925).
DUVAL, C.: Anal. chim. Acta **1**, 341 (1947).
HEVESY, G. v., u. M. PAHL: Z. Phys. **83**, 43 (1933).

## I. Bestimmungsverfahren.

### § 1. Fällung als Hydroxyd.

**Eigenschaften.** Das Samariumhydroxyd ist eine schwach gelbliche, fast weiße Gallerte, die aus der Luft Kohlendioxyd anzieht. Löslichkeitsprodukt nach MOELLER und KREMERS $6{,}8 \cdot 10^{-22}$. Die Löslichkeit mal $10^6$ ergibt 2 g-mol je Liter bei 25° C. Das Hydroxyd beginnt seine Abscheidung bei $p_H = 6{,}80$ bis $6{,}90$.

**Durchführung** siehe S. 179.

### § 2. Fällung als Oxalat.

**Eigenschaften.** Weiße Flocken, die bald kristallinisch werden, wobei eine schwach gelbe Färbung zum Vorschein kommt. Das $Sm_2(C_2O_4)_3$ besitzt die geringste Löslichkeit von allen seltenen Erdoxalaten.

**Löslichkeit.** Nach SARVER und BRINTON löst 1 l Wasser 1,48 mg $Sm_2(C_2O_4)_3$; nach RIMBACH und SCHUBERT 0,70 mg.

Löslichkeit in verdünnten Säuren bei 25°
nach SARVER und BRINTON sowie HAUSER und WIRTH.
g wasserfreies Oxalat in 100 g Lösung.

| | | | | | | | |
|---|---|---|---|---|---|---|---|
| Norm. $HNO_3$ | 0,2482 | 1,992 | 2,000 | 2,000 | | | |
| Norm. Oxalsäure | — | — | 0,1 | 0,5 | | | |
| % $Sm_2(C_2O_4)_3$ | 0,0189 | 0,3408 | 0,0905 | 0,0134 | | | |
| Norm. HCl | 0,1008 | 0,2576 | 0,5702 | 0,978 | 0,978 | 0,978 | |
| Norm. Oxalsäure | — | — | — | — | 0,1 | 0,5 | |
| % $Sm_2(C_2O_4)_3$ | 0,0052 | 0,0181 | 0,0267 | 0,0712 | 0,0061 | 0,0010 | |
| Norm. $H_2SO_4$ | 0,05 | 0,5 | 0,86 | 0,96 | 1,0 | 1,19 | 1,445 |
| Norm. Oxalsäure | 0,5 | 0,5 | — | 0,5 | — | 0,5 | — |
| % $Sm_2(C_2O_4)_3$ | 0,0009 | 0,001 | 0,0090 | 0,0032 | 0,1015 | 0,0042 | 0,1804 |

**Durchführung** siehe S. 181.

## Literatur.

HAUSER, O., u. F. WIRTH: Fr. **47**, 393 (1908).
MOELLER, TH., u. H. E. KREMERS: J. physic. Chem. **48**, 395 (1944).
RIMBACH, E., u. A. SCHUBERT: Ph. Ch. **67**, 198 (1909).
SARVER, L. A., u. P. H. M.-P. BRINTON: Am. Soc. **49**, 943 (1927).
WIRTH, F.: Z. anorg. Ch. **76**, 196 (1912).

## II. Spektralanalytische Methoden.

### § 1. Absorptionsspektroskopie siehe S. 195.

Die wichtigsten Banden des Samariums liegen im violetten und ultravioletten Teil des Spektrums.

| Bande bei 1 Grammatom je Liter von Å bis Å | Teilung bei Verdünnung | In Spitzen Å | Verschwinden bei Verdünnung |
|---|---|---|---|
| 5593 | | | 1/8 |
| 4995 | | | 1/8 |
| 4892 | | | 1/4 |
| 4870—4720 | 1/4 | 4793 | 1/16 |
| 4674—4602 | 1/4 | 4639 | 1/32 |
| 4513 | | | 1/4 |
| 4446—4376 | | | 1/4 |
| 4180 | | | 1/8 |
| 4164 | | | 1/8 |
| 4148 | | | 1/8 |
| 4097—3902 | 1/2 | { 4074 | 1/8 |
| | | { 4056 | 1/4 |
| | | 4016 | 1/32 |
| 3905 | | | 1/4 |
| 3776—3713 | | 3746 | 1/16 |
| 3650—3589 | | 3620 | 1/16 |
| 3535 | | | 1/2 |
| 3466—3424 | | 3444 | 1/8 |
| 3226 | | | 1/8 |
| 3175 | | | 1/8 |
| 3055 | | | 1/4 |
| 2900 | | | 1/4 |
| 2790 | | | 1/8 |
| 2737 | | | 1/2 |

Die Spitze bei 4016 Å wird nur gestört durch sehr viel Eu und durch Er. Beide Elemente sind in den gewöhnlichen Ceriterden nur in ganz geringer Menge vorhanden, so daß, wie RASIN-STREDEN, DAUSCHAN und ZEMEK mitteilten, eine photometrische Bestimmung möglich ist. Verwendet wurde ein PULFRICH-Photometer mit Hg-Lampe und dem Sperrfilter HgCd 405. Da der Bandenschwerpunkt mit der Hg-Linie 4047 Å nicht zusammenfällt, ist das BEERsche Gesetz nicht erfüllt. Erschwerend wirkt sich die Lage der Spitze aus, da sie am violetten Ende des sichtbaren Spektrums liegt und daher schwer wahrzunehmen ist (schwarzes Lichtschutztuch). Ferner besitzt das Eisen in diesem Gebiet eine kontinuierlich ansteigende Extinktion.

**Durchführung.** Aus den seltenen Erdoxyden, die durch doppelte Fällung mit Oxalsäure gereinigt und in einem Porzellantiegel verglüht wurden, wägt man 5 g ein. Man löst in Salzsäure, dampft bis zur Kristallisation ein, überführt in ein Becherglas und setzt 20 Tropfen einer 3%igen $H_2O_2$-Lösung zu. Mit Hilfe eines kleinen Stückchens Platinnetz wird auf ein kleines Volumen eingedampft. Die Lösung kommt nun in einen Scheidetrichter mit Doppelweghahn und wird auf je 14 $cm^3$ der Lösung mit 6 $cm^3$ konzentrierter HCl und 10 $cm^3$ einer 50%igen Rhodanidlösung versetzt. Man schüttelt mit 20 $cm^3$ Äther kräftig aus. Nach Entfernen des Äthers und Zugabe von weiteren 5 $cm^3$ obiger Rhodanidlösung wird zum zweitenmal ausgeschüttelt und die verbleibende wäßrige Lösung ohne weitere Zugabe noch ein drittes Mal. Die Ätherlösungen werden verworfen; die wäßrige Phase wird in einen 50 $cm^3$-Meßkolben getan und mit der Waschflüssigkeit des Scheidetrichters aufgefüllt. Man filtriert durch ein trockenes Filter in die 5 $cm^3$-Küvette. Die Eichkurven werden nach der gleichen Vorschrift ermittelt.

***Bemerkungen.*** Wenn 5 g eingewogen werden, die Lösung einen 50 $cm^3$-Meßkolben ausfüllt und die Küvette 5 $cm^3$ faßt, gibt die Eichkurve den Gehalt an $Sm_2O_3$ in % im Erdengemisch an. Die geringste nachweisbare Menge ist 1% $Sm_2O_3$; bei kleinen Gehalten ist der Fehler etwa $\pm 1$%; bei höheren Werten etwa $\pm 2$% absolut.

Literatur.

RASIN-STREDEN, R., W. DAUSCHAN u. O. ZEMEK: Mikrochim. A. **1956**, 512.

§ 2. Emissionsspektralanalyse.

**a) Bogenspektrum.** Nach SELWOOD. Geringe Mengen Samarium wurden in Neodymoxyd nach der visuellen Methode bestimmt. Als Vergleichssubstanzen dienten Mischungen dieser Elemente von 10 bis 0,001%, die als Lösungen auf die Anode gebracht und im Bogen verdampft wurden. Im Hinblick auf die zahlreichen Koinzidenzen war es schwierig, den Gehalt an Samarium unterhalb von 0,1% zu bestimmen. Bei einem Gehalt von 0,1% sind sichtbar: 4280, 4361, 4670; ferner die letzten Linien 4434,34, 4424,35 und 4390,87 Å. Bei 1% Samarium kommen noch die Linien 3365,86, 3254,38 und das Doublett 3187,90 und 3187,12 Å hinzu (siehe ferner S. 201).

Literatur.

SELWOOD, P. W.: Ind. eng. Chem. Anal. Edit. **2**, 93 (1930).

**b) Funkenspektren.** Reststrahlen sind nach MEGGERS 4390,87, 4424,35 und 4434,34 Å. GERLACH und RIEDL führen noch als Analysenlinien an 4281, 4280, 4467,3, 3592,6, 3609,5, 3634,5, 3568,3 Å.

Literatur.

GERLACH, WA., u. E. RIEDL: Chemische Emissionsspektralanalyse, Teil 3: Tabellen zur qualitativen Analyse, S. 147. Leipzig 1936.
MEGGERS, W. F.: International Critical Tables of Numerical Data, Physics, Chemistry and Technology. Hauptherausgeber E. W. WASHBURN. Bd. 5, S. 324. 1929.

§ 3. Luminescenzanalyse siehe S. 389.

## III. Trennung des Samariums von den anderen Elementen der seltenen Erden.

Aus den gelb gefärbten Endlaugen der Kristallisation der Ceriterden über die Magnesiumdoppelnitrate gewinnt man das Samarium, das noch verhältnismäßig gut kristallisiert. Zur Erleichterung der Trennung haben URBAIN und LACOMBE das Magnesiumwismutnitrat eingeschoben, das bei der Kristallisation das Samarium in die Kopffraktionen mit sich nimmt. PRANDTL zieht bei größeren Erdsalzmengen die Abscheidung des Nitrates aus salpetersäurehaltigen Lösungen der URBAINschen Methode vor. Im Laufe der Aufarbeitung sammelt sich das Europium an und wird elektrolytisch (s. S. 391) in Gegenwart von Sulfat-Ionen als schwer lösliches Europium(II)-sulfat abgeschieden. Die ersten Kopffraktionen nehmen das in Lösung enthaltene Neodym mit; die folgenden bestehen aus sehr reinem Samarium.

Die Sonderstellung, die Samarium durch die Bildung 2wertiger Verbindungen in der Reihe der seltenen Erden einnimmt, läßt sich auch für analytische Zwecke auswerten.

**a) Reduktion zur 2 wertigen Stufe.** Da die niedere Wertigkeitsstufe in wäßriger Lösung unbeständig ist, werden in absolut alkoholischer Lösung die Mischchloride durch Calciumamalgam reduziert, wobei das Samarium(II)-chlorid in leuchtend dunkelroten Kristallen ausfällt (BRUKL). Der Niederschlag besteht aus sehr kleinen Kristallen, die durch Filtration von der Mutterlauge nicht getrennt werden können; hingegen erreicht man eine saubere Scheidung durch Zentrifugieren. Die große Luftempfindlichkeit des Niederschlages erfordert rasches Arbeiten und Verschließen der Zentrifugiergefäße. Diese Methode eignet sich vor allem für größere Mengen von Gemischen seltener Erden und erlaubt eine Abtrennung des Samariums bis auf etwa 2%.

**Durchführung.** Die Reduktion wird in einem dickwandigen Scheidetrichter mit 1%igem Calciumamalgam durchgeführt, wobei man als Lösung einen an wasserfreien Erdchloriden gesättigten absoluten Alkohol verwendet. Zu Beginn der Reduktion wird eine schmutzige Färbung erzeugt, die zum Teil durch kleine Mengen des grünen Samarium(II)-hydroxydes hervorgerufen wird. Der Umsatz des Calciums mit Samariumtrichlorid geht sehr rasch vor sich; neben dieser Reduktion findet auch in kleinerem Umfang Alkoholatbildung unter Wasserstoffentwicklung statt. Wenn das Amalgam aufgebraucht ist, wird mit 1 bis 2 $cm^3$ absolut alkoholischer Chlorwasserstoffsäure angesäuert und hierauf zentrifugiert.

***Bemerkungen.*** Bei einer Reduktion können bis zu 60 g Samariumoxyd abgeschieden werden. Geht man von einem Erdengemisch mit etwa 55% Samarium aus, so ergibt die erste Reduktion ein Produkt mit 91% Samarium und 8% Gadolinium, wobei eine merkliche Anreicherung an Europium stattfindet. Verarbeitet man die aus mehreren Reduktionen erhaltenen Oxyde auf wasserfreie Chloride und reduziert neuerlich, so erhält man neben einer starken Europiumvermehrung ein fast gadoliniumfreies Samarium: 95,8% Samarium, 4% Europium, 0,2% Gadolinium.

CLIFFORD und BEACHELL haben in absolutem Alkohol mit Magnesiummetall als Reduktionsmittel gute Resultate erhalten. $SmCl_2$ wurde mit wasserfreiem Aceton gewaschen.

**b) Reduktion zu Amalgam.** Die seltenen Erden bilden durch Umsatz ihrer löslichen Salze mit Natriumamalgam Amalgame, die sich in ihrer Stabilität und somit Ausbeute ganz wesentlich unterscheiden. Im allgemeinen bemerkt man mit steigender Ordnungszahl eine fallende Beständigkeit derart, daß Ceriterden La, Pr, Nd einen deutlichen Umsatz ergeben, während vom Gadolinium an eine Amalgambildung nur angedeutet wird. Aus dieser allgemeinen Regel heben sich Samarium, Europium und Ytterbium, Elemente mit stabilen 2 wertigen Formen, deutlich ab, denn sie bilden leicht und mit guter Ausbeute etwa 0,6%ige Amalgame. Diese Merkwürdigkeit hängt wohl mit dem Befund von KLEMM zusammen, daß das Kristallgitter der Metalle dieser Elemente zum Teil aus 2 wertigen Ionen aufgebaut ist.

MARSH zeigte, daß Samarium praktisch vollständig aus einer Acetatlösung der seltenen Erden durch Umsatz mit Natriumamalgam entfernt werden kann. Ist dieses Element im Erdengemisch als Hauptbestandteil vorhanden, so wird bei $p_H = 8$ bis 9, in schwach alkalischer Lösung, also knapp vor der Hydroxydfällung, eine 90%ige Ausbeute erzielt. Ist Samarium nur in mehreren Prozenten vorhanden, so werden Bedingungen gewählt, bei denen auch die anderen Erden Amalgame bilden, um einen vollständigen Umsatz herbeizuführen. Ein $p_H = 4$ bis 5 entspricht dieser Forderung. Eine weitere Reinigung des Amalgams kann durch die stufenweise Zerlegung erfolgen. Obwohl die Bildung des Samariumamalgams leichter vor sich geht als die des Neodyms oder Gadoliniums, so ist es weniger beständig als diese und setzt sich mit Wasser oder verdünnten Säuren früher um, so daß diese im Amalgam verbleiben. Zum Vergleich sei die Ausbeute angeführt, die 1 g Natrium als Amalgam in einer essigsauren Lösung ergibt: 0,18 g $Nd_2O_3$ oder 0,018 g $Gd_2O_3$; dieses Verhältnis 10:1 bleibt bei Anwesenheit beider Elemente in einer Lösung stets konstant.

**Durchführung.** α) Sm-Gd (wenig Sm). Die Mischoxyde werden in Acetate verwandelt, mit kochendem Wasser so weit verdünnt, daß eine 20%ige Lösung entsteht, und mit 0,25- bis 0,33%igem Natriumamalgam (enthaltend etwas weniger Natriummetall, als dem Gehalt an Samarium entspricht) in einer Flasche geschüttelt. Während des Umsatzes, der nur wenige Minuten beansprucht, wird eine der Natriummenge entsprechende Anzahl Kubikzentimeter von Eisessig zugegeben. Hierauf wird in einen Scheidetrichter übergeführt, das Amalgam abgelassen und mit Wasser gewaschen. Da meist noch etwas Natrium im Amalgam vorhanden sein soll, wird es jetzt mit Wasser geschüttelt, bis alles Natrium entfernt ist. Nun wird das Amalgam mit 2 n Salzsäure geschüttelt, bis die Bildung von Kalomel einsetzt. Aus dieser Lösung werden Erdoxalate gefällt. Die im Scheidetrichter verbliebene Lösung wird mit 300 $cm^3$ Wasser verdünnt und mit Essigsäure auf $p_H = 6$ gebracht. Man schüttelt mit etwas weniger Amalgam als das erste Mal aus. Unter gleichen Bedingungen wird ein drittes Mal mit Amalgam umgesetzt. Das Samarium ist nun zu etwa 99% extrahiert. Ist jedoch notwendig, die Reinigung noch weiter zu treiben, so muß die wäßrige Lösung, die viel Natriumacetat enthält, aufgearbeitet werden. Man dampft auf ein kleines Volumen ein und läßt die Erdacetate auskristallisieren. Aus der Mutterlauge wird durch Ammoniak der Rest gefällt, der, in Essigsäure gelöst mit den Erdacetaten vereinigt, zu einer neuen Lösung zusammengestellt wird. Man schüttelt noch 3mal aus; der Samariumgehalt ist danach auf etwa 0,001% gesunken. Von der dritten Extraktion an ist mit der Gegenwart anderer Erdelemente zu rechnen. Die Zerlegung des Amalgams wird nun stufenweise vorgenommen, indem zuerst mit Wasser das Natrium entzogen wird, hierbei zerfällt das Quecksilber in Stückchen und bildet einen Schlamm. Nun bilden sich durch kräftiges Schütteln Hydroxyde, die hauptsächlich aus Sm bestehen, wobei das Quecksilber wieder eine blanke Oberfläche erhält. Schließlich wird es mit 2 n Salzsäure völlig gereinigt. Die aus der salzsauren Lösung gewonnenen Erden sind fast frei von Sm.

β) Nd-Sm. Die Acetatlösung wird durch Einengen der essigsauren Lösung bei 30° erhalten, bis Kristalle auszufallen beginnen. Konzentrierte essigsaure Neodymlösungen ergeben beim Erhitzen schwerlösliche Niederschläge. Aus diesem Grunde wird zum Unterschied von α) in der Kälte gearbeitet.

**Durchführung.** Es wird wie bei α) vorgegangen, doch muß, da mehr Neodym in das Quecksilber geht, die Zerlegung des Amalgams mit Sorgfalt vorgenommen werden. Das Amalgam wird nach der Umsetzung 2mal mit Wasser gewaschen und dann stufenweise mit 2 n Salzsäure extrahiert. In den ersten Anteilen ist Samarium mit etwa 0,01% Neodym verunreinigt; der letzte kann bis zu 50% Nd enthalten.

***Bemerkungen.*** Der Umsatz des Natriumamalgams soll nur so weit getrieben werden, daß etwa 10% des ursprünglichen Gehaltes noch im Quecksilber verbleibt; hierdurch wird im Laufe des Reinigungsprozesses ein Inlösunggehen des Sm vermieden.

Literatur.

Brukl, A.: Angew. Ch. **52**, 151 (1939).
Clifford, A. F., u. H. C. Beachell: Am. Soc. **70**, 2730 (1948).
Marsh, J. K.: Chem. Soc. **1942**, 523.
Prandtl, W.: Z. anorg. Ch. **238**, 327 (1938).
Urbain, G., u. H. Lacombe: C. r. **137**, 792 (1903).

## Europium.

Eu, Atomgewicht 152,0, Ordnungszahl 63.

Aus der Reihe der Elemente der seltenen Erden hebt sich das Europium durch die Fähigkeit, 2wertige Verbindungen von ausreichender Stabilität zu bilden, deutlich ab. Ursprünglich wurde diese niedere Wertigkeitsstufe mühevoll durch

Reduktion des wasserfreien Trichlorides durch Wasserstoff erhalten; in der jüngsten Zeit sind Methoden aufgefunden worden, die den Valenzwechsel zu einer Anreicherung und folgenden Reindarstellung ausnützen. So wurde dieses Element, das seltenste unter den seltenen Erden, leicht zugänglich, und aus der Notwendigkeit, die erhaltenen Produkte auf den Europiumgehalt zu untersuchen, entstanden quantitative Bestimmungsverfahren.

In der 3wertigen Form schließt sich das Europium den stetig verlaufenden Eigenschaften den Elementen der seltenen Erden an; es steht zwischen dem Samarium und dem Gadolinium. Die Ionen sind sehr schwach rötlich gefärbt, und das Absorptionsspektrum zeigt charakteristische scharfe Linien. Die 2wertigen Verbindungen weisen eine große Ähnlichkeit mit den Erdalkalien, vor allem dem Strontium, auf, mit dem in einigen Verbindungen Isomorphie besteht. 2wertige Europium-Ionen sind ebenfalls sehr schwach grünlich gelb gefärbt und besitzen ein Absorptionsspektrum, das von der 3wertigen Stufe wesentlich verschieden ist.

## Europiumoxyd.

Die einzige Wägungsform ist das Oxyd. Es ist weiß mit einem schwach roten Farbton und bei 900° geglüht nicht hygroskopisch. Es kristallisiert kubisch und hat die Dichte 7,42, wenn es aus dem Oxalat, und 6,55, wenn es aus dem Nitrat hergestellt wurde. Berechnete Dichte 7,30. Es bildet sich nach Dupuis aus dem Hydroxyd bei 650° und aus dem Oxalat bei 940°. Das Europiumoxyd ist in Säuren leicht löslich. Weitere Eigenschaften sind nicht bekannt.

**Reinheitsprüfung.** Mit gutem Erfolg wird die röntgenspektroskopische Prüfung angewandt, wobei den Elementen Samarium, Gadolinium und Ytterbium besondere Beachtung zu schenken ist.

### I. Bestimmungsformen.

Die quantitative Bestimmung des Europiums wird nach § 1 und 2 S. 179 vorgenommen.

| Bande bei Grammatom im Liter Å | Spitze bei Å | Verschwindet bei Verdünnung |
|---|---|---|
| 5360 | | 1/2 |
| 5255 | | 1/16 |
| 4656 } | | |
| 4651 } | | 1/32 |
| 4647 } | | |
| 9377—3926 | 3943 | 1/64 |
| 3853 | | 1/4 |
| 3809 } | | |
| 3766 } | | 1/4 |
| 3749 } | | |
| 3617 | | 1/8 |
| 3273—3253 | | 1/2 |
| 3204 | | 1/2 |
| 3189—3160 | 3179 | 1/32 |
| | 3168 | 1/8 |
| 3000 | 2980 | 1/32 |
| | 2930 | 1/4 |
| | 2861 | 1/32 |
| | 2853 | 1/32 |

Die Löslichkeit des Hydroxydes wurde von Moeller und Kremers zu $3,4 \cdot 10^{-22}$ angegeben. Die Löslichkeit mal $10^6$ ergibt 1,4 g-mol je Liter bei 25° C. Aus Nitratlösungen beginnt bei Zusatz von Natronlauge das Hydroxyd bei $p_H = 6,82$ auszufallen. Über die Löslichkeit des Europiumoxalates liegen keine Angaben vor.

### II. Maßanalytische Methoden siehe S. 185.

### III. Spektralanalytische Methoden.

#### § 1. Absorptionsspektroskopie.

Das Absorptionsspektrum des Europiums ist verhältnismäßig schwach, aber sehr einfach und durch seine schmalen scharfen Linien sehr charakteristisch.

#### § 2. Emissionsspektralanalyse siehe S. 200.

Reststrahlen nach de Gramont 4129,7 Å; Meggers beobachtet noch die Linie 4205,03 Å. Gerlach und Riedl vervollständigen diese Angaben durch 4435,5, 4594,1 und 3819,6 Å. Nach Piccardi werden die ersten zwei Linien durch Gadolinium gestört; hingegen treten drei recht intensive Linien 4661, 4627, 4594,1 Å bei so tiefer Temperatur auf, bei der die übrigen anwesenden Elemente nur noch ein Bandenspektrum liefern.

Literatur.

DUPUIS, TH.: Anal. chim. Acta **3**, 183 (1949).

GERLACH, WA., u. E. RIEDL: Chemische Emissionsspektralanalysen, Teil 3, S. 146. — GRAMONT, A. DE: C. r. **171**, 1106 (1920).

MEGGERS, W. F.: International Critical Tables of Numerical Data, Physics, Chemistry and Technology. Hauptherausgeber E. W. WASHBURN. Bd. 5. S. 324. 1929. — MOELLER, TH., u. H. E. KREMERS: J. physic. Chem. **48**, 395 (1944).

PICCARDI, G.: Atti Accad. Lincei [6] **17**, 1092—1094 (1933); durch C. **1933, II**, 2861.

§ 3. Luminescenzanalyse.

Eine große Zahl von Mineralien verschiedener Herkunft zeigt in dem durch Uviolglas gefilterten Licht der Quecksilberlampe eine deutliche Fluorescenz, deren charakteristische Banden genau festgelegt werden können. Von den genauer untersuchten Mineralien sind hervorzuheben: Fluorite, Feldspate, Apatite, Baryte, Coelestine, Anhydrite und Scheelite. Das dankbarste Objekt war der Fluorit, dessen altbekannte Fluorescenz zum Ausgangspunkt größerer Untersuchungsreihen wurde. Aus einer Zusammenarbeit von Mineralogen (HABERLANDT, KÖHLER) und Physikern (PRZIBRAM, KARLIK) erwuchs die Vorstellung, daß die Fluorescenz durch Spurenelemente hervorgerufen wird. Die Elemente: Mangan, die seltenen Erden und Uran wurden als Träger solcher Erscheinungen erkannt; in vielen Fällen jedoch ist man noch auf Vermutungen angewiesen. Durch Beobachtungen an synthetischem Calciumfluorid mit verschiedenen Zusätzen an seltenen Erden konnte mit Hilfe von künstlicher Radiumbestrahlung eine mit der natürlichen Leuchtfarbe übereinstimmende Fluorescenz erhalten werden. Die blaue Bande konnte so dem Europium, die gelbgrüne Bande bei Tieftemperatur dem Ytterbium und die rote Bande dem Samarium zugeschrieben werden. Aus den chemischen Eigenschaften dieser drei Erden ist anzunehmen, daß sie als 2wertige Ionen in das Kristallgitter eingebaut sind. MERKADER untersuchte die Beziehungen zwischen der Intensität der Fluorescenz und dem Gehalt an seltenen Erden in Eichpräparaten sowie in natürlichen Fluoriten.

Auch Feldspate wurden in den Kreis der Untersuchung gezogen, wobei in den meisten Fällen Europium als Ursache der Fluorescenz gefunden wurde. Da sich die Feldspatschmelzen als sehr empfindlich auf Spuren von seltenen Erden erwiesen, war es naheliegend, andere Mineralien, die ihren Gehalt an Erden nicht durch Fluorescenz verraten, in ihnen aufzuschließen und nach Erkalten zum Aufleuchten zu bringen.

Aus diesen Versuchen, die ursprünglich rein mineralogischen Interessen dienten, entwickelten sich mikroanalytische Bestimmungsmethoden, die Europium und Samarium in Konzentrationen von $1 \cdot 10^{-4}$ bis $1 \cdot 10^{-6}$ g je g zu bestimmen gestatten.

**Apparatur.** In einem dunklen Raum befindet sich eine Quecksilberlampe, die mit einem Uviolglasfilter abgedeckt ist. Die Fluorescenz der zu untersuchenden Probe wird in einem lichtstarken Glasspektrographen zerlegt, und die erhaltenen Banden werden photographiert. Die Auswertung der Schwärzungsintensitäten erfolgt mit einem selbstregistrierenden Mikrophotometer.

**Eichpräparate.**

a) Bestimmung des Europiums. Für diese Bestimmung eignen sich Calciumfluoridpräparate, die durch Abrauchen von reinstem Calciumnitrat und berechneten Mengen von Europiumnitrat ($4 \cdot 10^{-4}$ bis $1{,}6 \cdot 10^{-6}$ g je Gramm $CaF_2$) mit Fluorwasserstoffsäure erhalten werden. Hierauf wird 5 Min. bei 800° geglüht (Zeit und Temperatur genau einhalten).

b) Bestimmung des Samariums. Bei diesem Element hat sich der Einbau in ein Calciumsulfatgitter besser bewährt. Calciumnitrat und der Zusatz an Samariumnitrat in der Konzentration von $1 \cdot 10^{-4}$, $1 \cdot 10^{-5}$, $1 \cdot 10^{-6}$ und $1 \cdot 10^{-7}$ g je Gramm $CaSO_4$ wird durch Abrauchen mit Schwefelsäure in Calciumsulfat übergeführt. Anschließend wird 5 Min. bei 500° geglüht. (Natürliche Fluorite müssen mehrmals abgeraucht werden.)

**Durchführung.** Will man die Intensitäten der Fluorescenzbanden zweier Proben vergleichen, so kann man dies nur dann, wenn sie gleichen Bedingungen unterworfen worden sind. Man bringt daher bei Probe und Eichpräparat die Bande durch Glühen in einer offenen Platinschale mit einem Bunsenbrenner bei 800° zum völligen Verschwinden. Zur Herstellung des luminescenzfähigen Zustandes werden die Proben einheitlich der $\beta$- und $\gamma$-Strahlung eines Radiumstandardpräparates (etwa 610 mg Ra) im Abstand von 2 cm während ungefähr 3 Tagen ausgesetzt. Trägt man die Logarithmen der Konzentrationen als Abszisse und die Logarithmen der Intensitäten als Ordinate auf, so erhält man die Eichkurve, die für Eu und Sm getrennt aufgestellt wird. Die Gehaltsbestimmung in natürlichen Fluoriten kann nun aus der Eichkurve abgelesen werden (MERKADER).

***Bemerkungen.*** Die Samariumeichpräparate verlieren im Laufe der Zeit an Intensität; sie müssen daher vor einer quantitativen Bestimmung neu bestrahlt werden.

Aus den Untersuchungen von WILD geht hervor, daß Mangan, Blei und Eisen in Fluoriten häufig anzutreffen sind. Eichproben mit bekannten Mengen dieser Elemente ergaben, daß in Fluoritpräparaten Blei nicht stört, Mangan und Eisen jedoch in Konzentrationen $1 \cdot 10^{-5}$ die Luminescenz bedeutend schwächen, bei $1 \cdot 10^{-4}$ völlig unterdrücken. Solche Fluorite sind an der Gelb- oder Grauverfärbung beim Glühen kenntlich. Die Anwesenheit anderer seltener Erden übt mit Ausnahme des Cers auf den Europiumnachweis keinen Einfluß aus. Die Cerbanden liegen beim Feldspat in den Eu-Banden im Blau, doch ist der Cernachweis weniger empfindlich und tritt bei $2{,}5 \cdot 10^{-4}$ bis $5 \cdot 10^{-3}$ g auf.

In Calciumsulfatpräparaten wirken sich die obgenannten Elemente gerade umgekehrt aus. Eisen, Mangan und Blei üben keinen Einfluß auf die Intensität aus, hingegen setzen seltene Erden sie stark herab. Experimentell wurde festgestellt, daß in natürlichen Fluoriten der gefundene Samariumgehalt mit 100 zu multiplizieren ist.

Auch Feldspat, besonders Plagioklas, kann als Grundsubstanz herangezogen werden, wobei das oben geschilderte Verfahren angewendet wird. In der Regel schließt man das zu untersuchende Mineral mit der 12fachen Menge Plagioklas auf.

Das Leuchten der Scheelite wurde von SERVIGNE untersucht, wobei linienartige Fluorescenzbanden im Rot 6400 bis 6520 Å; 5960 bis 6100, im Gelb 5760 bis 5800; 5680 bis 5730, im Grün 5000 bis 5550; 5400 bis 5460 und 5200 bis 5310 Å und die bekannten Linien des Eu und Ce im Blau auftreten. Um die Eigenluminescenz des Scheelits zu unterdrücken, wird die Probe auf 90° C erwärmt; dann sind die Banden in Rot für Samarium und Europium, in Gelb für Dysprosium und in Grün für Erbium und Therbium charakteristisch. Ytterbium zeigt im Ultrarot bis zu $5 \cdot 10^{-3}$ g eine schwache Luminescenz. Das Auftreten der Fluorescenzbande der einzelnen Erdelemente ist auch abhängig von der eingestrahlten Wellenlänge (HABERLANDT, mündliche Mitteilung). Bei 4036 Å werden fast nur die Samariumlinien angeregt; 3660 Å läßt Samarium und Dysprosium erkennen, mit 2650 Å leuchtet Terbium sehr gut auf, und 2537 Å erlaubt noch zusätzlich Europium und Erbium zu erfassen. Auf Grund der festgestellten Empfindlichkeiten schätzte SERVIGNE den Gehalt der seltenen Erden in Scheeliten. MARSH überprüfte spektroskopisch die durch die Fluorescenz erhaltenen Werte und stellte Fehler fest, die etwa um den Faktor 20 liegen. In den Forbes Reef-Scheeliten ist im Vergleich zu anderen Mineralien das Fluorescenzspektrum intensiver.

Die Luminescenzanalyse ist nach dem derzeitigen Stand ein empfindlicher Nachweis für das spurenweise Vorkommen der seltenen Erden. Quantitative Schlüsse sind mit großer Vorsicht zu ziehen, denn der störende Einfluß anderer Elemente ist noch nicht völlig erkannt, und Methoden zu ihrer Ausschaltung sind nur teilweise entwickelt. Für geochemische Untersuchungen mag die Fluorescenz ein sehr wertvolles Hilfsmittel darstellen.

Versuche, seltene Erden in Lösung durch Fluorescenz zu bestimmen, haben HUKE, HEIDEL und FASSEL unternommen. Sie verwenden zu ihren Messungen ein umgebautes BECKMANN-DU-Spektrophotometer. Es konnten bestimmt werden: Ce in Pr und Th sowie Tb in Dy und Y in Gd. Die mittleren Abweichungen sollen ±1,5 bis 2% betragen. Angaben über Untersuchungsbedingungen sowie über Empfindlichkeiten fehlen; hingegen findet sich eine komplette Beschreibung der Apparatur mit Schaltskizze vor. Siehe S. 400.

## Literatur.

HABERLANDT, H., B. KARLIK u. K. PRZIBRAM: Ber. Wien. Akad. **143**, 151 (1934); **144**, 77 (1935). — HABERLANDT, H., u. A. KÖHLER: Mikroskopie, I. Sonderband Fluorescenzmikroskopie, S. 102. Wien 1949; Chemie der Erde **13**, 363 (1940); **14**, 107 (1941). — HUKE, F. B., R. N. HEIDEL u. V. E. FASSEL: J. opt. Soc. Am. **43**, 400 (1953).

MARSH, J. K.: J. chem. Soc. **1943**, 577. — MERKADER, S.: Ber. Wien. Akad. **149**, 349 (1940).

SERVIGNE, M.: C. r. **210**, 440 (1940); **212**, 540 (1941); **214**, 833 (1942); Bl. **7**, 121 (1940); Ann. Chim. anal. **22**, 273 (1940).

WILD, G.: Ber. Wien. Akad. **146**, 479 (1937).

## IV. Trennung des Europiums von den anderen Elementen der seltenen Erden.

URBAIN und BOURION fanden, daß Europium(III)-chlorid durch reinsten Wasserstoff zum Europium(II)-chlorid reduziert werden kann. Neuere Untersuchungen dieser wichtigen Umsetzung durch KLEMM und ROCKSTROH sowie durch JANTSCH, ALBER und GRUBITSCH zeigten, daß Europium in der 2wertigen Form ziemlich stabile Verbindungen bildet, die den entsprechenden Erdalkalisalzen, vor allem dem Strontium und Barium, sehr nahestehen. Als analytisch bedeutsam ist die Schwerlöslichkeit des Europium(II)-sulfates in Wasser und des Europium(II)-chlorides in konzentrierter Chlorwasserstoffsäure zu bewerten. Der erste Versuch, das Europium auf Grund seines Wertigkeitswechsels von den anderen Erden zu trennen, wurde von YNTEMA unternommen, der aus Chloridlösungen in Gegenwart von Sulfat-Ionen das Europium elektrolytisch an Quecksilberkathoden reduzierte und das gebildete, schwer lösliche Europium(II)-sulfat durch Filtration von den Begleitern abtrennte. Diese Methode wurde durch KAPFENBERGER sowie durch BRUKL weiter entwickelt.

Einen anderen Weg schlug McCOY ein, nachdem es ihm gelungen war, Europium(III)-lösungen durch Zink in schwach saurer Lösung zu reduzieren. Ursprünglich für präparative Zwecke gedacht, entwickelte sich aus dieser Umsetzung ein maßanalytisches Verfahren, nach dem das Europium jodometrisch neben anderen Erden bestimmt werden kann. Für die Verfolgung der Reinigung von Europium(II)-sulfat sind ferner oxydimetrische Methoden ausgearbeitet worden.

In den meisten Fällen wird es sich darum handeln, Europium in Fraktionen zu bestimmen, in denen es im Laufe der Erdenaufarbeitung angesammelt wurde. Es ist das seltenste Element der seltenen Erden und kann im Roherdengemisch nur mit großer Ungenauigkeit quantitativ erfaßt werden. Erfolgreicher wird die Analyse, wenn nach Abtrennung der Elemente Lanthan bis Neodym und ausreichender Entfernung der Yttererden Fraktionen von Samarium und Gadolinium verwendet werden. Der Gehalt solcher Präparate an Europium schwankt je nach der Herkunft der aufgearbeiteten Mineralien zwischen 0,5 und 3%. Die Auswahl der Analysenmethode richtet sich nach dem Zweck der Untersuchung. Sollen in kleinen Mengen Gehaltsbestimmungen an Eu vorgenommen werden, so wird das unter 2 beschriebene Verfahren zu empfehlen sein. Sind große Erdenmengen auf Rein-Eu aufzuarbeiten, so wird man die erste Anreicherung nach 1b präparativ vornehmen, wobei die Löslichkeit des Eu(II)$SO_4$ in Rechnung gestellt wird. In beiden Fällen wird hierauf das angereicherte Eu nach 3 maßanalytisch bestimmt.

**1. Die Anreicherung des Europiums auf elektrolytischem Wege.** a) Nach KAPFENBERGER. Dieser Autor entwickelte eine Apparatur, die den ersten Versuchsbedingungen YNTEMAS weitgehend entsprach, jedoch für die Aufarbeitung größerer Mengen seltener Erden auf Europium wesentlich geeigneter erschien. Von einer etwa 2½ l fassenden Flasche wird der Boden abgesprengt, der Hals mit einem Gummistopfen fest verschlossen, durch den ein Capillarhahn führt. Die Flasche wird mit dem Hahn nach unten in ein Stativ eingespannt, einige Zentimeter hoch reines Quecksilber eingefüllt und dieses mit der Erdchloridlösung überschichtet. Das Quecksilber dient als Kathode und wird durch einen gegen die Lösung isolierten Platinkontakt mit dem negativen Pol verbunden. Ein Rührer taucht in die Lösung ein. In einer 2 l fassenden Woulfeschen Flasche, mit 3 oben angebrachten Hälsen und einem am Boden befindlichen Tubus wird 1 n Schwefelsäure eingefüllt. Die beiden Gefäße werden durch einen weiten, mit 1 n Schwefelsäure gefüllten Heber verbunden. Durch den zweiten oberen Tubus ragt die Platinanode in den Anolyten hinein. Der 3. Tubus dient zum Entweichen der anodisch gebildeten Gase.

**Durchführung.** Die über dem Quecksilber befindliche Erdenlösung enthält etwa 160 g Oxyde (gelöst als Chloride) im Liter. Man säuert mit Schwefelsäure an, stellt den Rührer an und elektrolysiert mit einer Stromdichte von 0,01 Amp./cm$^2$ bei 80 Volt. Nach 2 bis 3 Tagen ununterbrochener Elektrolyse hat sich das Europium(II)-sulfat zu größeren Kristallen vereinigt und gut abgesetzt. Nach Entfernen des Quecksilbers wird der Niederschlag rasch filtriert, wenig gewaschen und mit konzentrierter Salzsäure oxydiert. In der europiumhaltigen Lösung befinden sich neben den Elementen der seltenen Erden auch Schwermetalle; man verdünnt daher stark, fällt mit Schwefelwasserstoff, entfernt im Filtrat durch Auskochen dieses Gas und bringt durch nachfolgende Oxydation das Eisen in die Eisen(III)-form. Nun fällt man mit Oxalsäure, verglüht und bestimmt in diesem Präparat das Europium jodometrisch nach S. 394.

***Bemerkungen.*** Diese Methode scheidet das Europium von den begleitenden Erden bis auf 0,3% ab. Auf Grund des röntgenspektroskopisch bestimmten Wertes berechnet sich die Löslichkeit des Europium(II)-sulfates auf 0,7833 g je Liter. Bei sehr genauen Analysen muß dieser Wert in Rechnung gestellt werden.

b) Nach BRUKL. Eine wesentlich einfachere und rascher zum Ziele führende Anordnung hat BRUKL mitgeteilt. Die Trennung des Anodenraumes vom Kathodenraum wird durch ein Diaphragma (Tonzelle) erreicht. Die höhere Stromdichte sorgt für die hinreichende Durchmischung des Elektrolyten, und das durch Reduktion erhaltene Europium(II)-sulfat wird isomorph in Strontiumsulfat eingebaut.

**Durchführung.** In ein 2 l fassendes, außen gut gekühltes GRIFFINsches Becherglas wird etwa 2 cm hoch Quecksilber eingefüllt, das mit einem gegen die Lösung isoliertem Platin- oder Nickelkontakt als Kathode verwendet wird. Der Elektrolyt enthält 120 bis 180 g Oxyde je Liter als Chloride und wird mit Schwefelsäure (1 normal) angesäuert. Als Anode dient ein Kohlenstab, der in eine mittelgroße, mit 1 n Schwefelsäure gefüllte Tonzelle taucht. Man elektrolysiert mit 0,05 bis 0,1 Amp./cm$^2$ und 72 Volt. Ein gut ziehender Abzug entfernt das entwickelte Chlorgas. Nach 1 Std. Elektrolyse beginnt man mit dem Zusatz von Strontiumchlorid, das in der 10fachen Menge des zu erwartenden Europiums angewendet wird. Halbstündlich setzt man Teile der Strontiumchloridlösung zu, die 1 Std. vor der Stromunterbrechung aufgebraucht sein soll. Im Elektrolyten bildet sich Strontiumsulfat, das das eben gebildete Europium(II)-sulfat einbaut und stabilisiert. Nach 8stündiger Elektrolyse wird unterbrochen, das Strontiumsulfat abfiltriert und kurz gewaschen. Der Elektrolyt enthält, auf Erdoxyde berechnet, 0,2 bis 0,3% Europium. Wiederholt man die Elektrolyse unter den gleichen Bedingungen mit derselben Lösung, so sinkt der Europiumgehalt auf 0,1%. Das Strontiumsulfat wird entweder durch einen Sodaaufschluß oder durch längeres Kochen mit einer Natriumcarbonatlösung in Carbonat verwandelt, vom Natriumsulfat abfiltriert und gut gewaschen. Den Niederschlag löst man in Salpetersäure und fällt die Elemente der seltenen Erden als Hydroxyde durch Ammoniak bei Gegenwart von Ammoniumchlorid. Das Filtrat des Aufschlusses wird mit Salpetersäure angesäuert und ebenfalls mit Ammoniak gefällt. Die Hydroxyde werden getrennt filtriert, mit heißem Wasser gut gewaschen, in Salpetersäure gelöst, hierauf vereinigt und mit Oxalsäure gefällt. Dieser Niederschlag wird verglüht und der Gehalt an Europium jodometrisch bestimmt.

***Bemerkungen.*** Der nach der Elektrolyse in den verbleibenden Erden röntgenspektroskopisch bestimmte Europiumgehalt erlaubt eine Löslichkeit von 0,2611 g je Liter zu berechnen. Diese Methode hat den Vorteil der großen Einfachheit und wurde ursprünglich für eine präparative Darstellung von Europium entwickelt; sie wird bei jenen Präparaten gute Dienste leisten, in denen der Europiumgehalt unter 1% liegt. Beide elektrolytischen Methoden reichern das in dem Elektrolyten enthaltene Ytterbium an.

**2. Anreicherung durch Amalgambildung.** Unter den gleichen Bedingungen, wie beim Samarium beschrieben (s. S. 386), läßt sich auch das Europium durch Natriumamalgam aus einer essigsauren Lösung völlig entfernen. Es ist stets damit zu rechnen, daß beide Elemente vorliegen, und daß das Europium in den ersten Ausschüttelungen gegenüber dem Samarium bevorzugt angereichert wird. Die weitere Aufarbeitung des Amalgams geht daher auf eine Europium-Samarium-Trennung hinaus. Marsh hat eine Reihe von Trennungsmöglichkeiten beschrieben, die jedoch nur für präparative Zwecke geeignet sind. McCoy gibt eine Vorschrift, die den analytischen Bedürfnissen näherkommt, indem sie die Möglichkeit gibt, die Abscheidung des Europiums zu verfolgen und den Endpunkt festzustellen.

**Durchführung.** Die Oxyde (in den meisten Fällen wird es sich um die aus dem Amalgam gewonnenen Oxyde handeln) werden in Acetate umgewandelt, eingedampft und mit einer Lösung des 2- bis 3fachen Gewichtes der Oxyde an tertiärem Kaliumcitrat aufgenommen. Diese Lösung wird mit Kaliumcarbonat schwach alkalisch gemacht, auf etwa 100 cm³ verdünnt und in einem Becherglas mit Quecksilberkathode und Platindrahtanode bei 1 bis 1,2 Amp. elektrolysiert. Die Dauer der Elektrolyse wird durch die Entfärbung von Lackmus bestimmt. Zu Beginn der Elektrolyse werden Europium(II)-ionen gebildet, die Lackmus bleichen. Solange diese Reaktion anhält, ist die Abscheidung von Europium nicht vollendet. In dem Augenblick, wo Lackmus seine Farbe behält, ist der größte Teil des Europiums aus der Lösung verschwunden und als Amalgam gebunden. Die Grenze der Empfindlichkeit liegt unterhalb von 1% Europium, bezogen auf das Erdengemisch. Wird über diesen Zeitpunkt hinaus weiter elektrolysiert, so wird Samarium vom Amalgam aufgenommen und das Europium verunreinigt.

***Bemerkungen.*** Die Ausbeute beträgt 90 bis 95% des anwesenden Europiums und die Dauer der Elektrolyse 1 bis 2 Std. Das Amalgam wird durch Schütteln mit 2 n Salzsäure bis zur Kalomelbildung vom Erdmetall befreit. Die salzsaure Lösung wird mit Salpetersäure oxydiert, hierauf mit Oxalsäure gefällt und das Europium als Oxyd ausgewogen.

Eine wesentlich bessere Abtrennung des Eu aus dem Sm-Gemisch erzielt Onstott, der das Kaliumion durch Lithium ersetzt. Der Elektrolyt hat die Zusammensetzung:

Sm ungefähr 0,5 m; hierdurch ist die Eu-Konzentration gegeben, die im obigen Falle 0,0072 m beträgt. Die Erden liegen als Acetate vor, die vorhandene Essigsäure ist ungefähr 1,5 m. Lithium ist 5 m und die Citronensäure 1,56 m. 200 $cm^3$ obiger Lösung werden verwendet, wobei dauernd gerührt wird. Es wird mit 800 bis 900 g Quecksilber mit 55 $cm^2$ Oberfläche bei Zimmertemperatur und bei $p_H$ 9,8 elektrolysiert. Die Stromdichte schwankt zwischen 6 und 16 mAmp. je $cm^2$. Die als Amalgame gewonnenen Erden bestehen aus einem Sm–Eu-Gemisch, das nach 85 Min. Elektrolysendauer etwa 90% des vorhandenen Eu enthält. Eine neuerliche Elektrolyse entfernt 99,5%. Der Elektrolyt enthält danach nur mehr $3 \cdot 10^{-4}$% Europium.

**3. Die maßanalytische Bestimmung.** Das nach dem vorhergehenden Abschnitt angereicherte Europium wird in Salzsäure gelöst, zur Trockne eingedampft, mit Wasser aufgenommen und in einen Meßkolben übergeführt. Nach dem Zusatz von so viel Salzsäure, daß eine n/10 Lösung resultiert, füllt man zur Marke auf und entnimmt aliquote Teile (entsprechend etwa 0,2 g Erdoxyde), in denen der Europiumgehalt maßanalytisch bestimmt wird.

a) Jodometrisch nach McCoy. Die Europiumchloridlösung wird durch reinstes amalgamiertes Zink, das sich in einem Jones-Reduktor (21 cm hoch, 1,75 cm Durchmesser) befindet, reduziert. Genauere Untersuchungen über die Oxydation der auf diese Weise gewonnenen Lösungen durch Luftsauerstoff zeigten, daß richtige Resultate nur dann erzielt werden, wenn die Luft durch ein inertes Gas ersetzt wird. Aus dem gleichen Grunde läßt man die reduzierte Lösung sofort in eine vorgelegte n/25 Jodlösung einfließen, deren Überschuß hierauf mit Natriumthiosulfat zurückgemessen wird.

**Durchführung.** Der Jones-Reduktor ist mit 150 g reinstem amalgamiertem Zink gefüllt, das eine Korngröße von 1 bis 1½ mm besitzt. Vor jeder Titration gießt man in den Reduktor einige Kubikzentimeter einer n/20 Salzsäure, schüttelt gut durch und läßt die Flüssigkeit abfließen. Hierauf wird nachgewaschen, indem so viel verdünnte Säure eingefüllt wird, daß die Zinksäule völlig bedeckt ist. Nach dem Entleeren der Flüssigkeit ist der Reduktor für die Analyse vorbereitet.

In einem Titrierkolben von 400 $cm^3$ Inhalt wird die n/25 Jodlösung (meist 20 $cm^3$) vorgelegt und der Kolben hierauf mit einem Gummistopfen, der drei Bohrungen enthält, verschlossen. Durch eine Bohrung taucht der Reduktor in die Titerlösung ein, die anderen Öffnungen dienen zur Aufnahme eines Gaszu- und -ableitungsrohres, durch die Kohlensäure geleitet wird. Nach der Verdrängung der Luft läßt man die Europiumlösung so langsam durchlaufen, daß sie 5 bis 6 Min. mit dem Zink in Berührung bleibt. Man wäscht mit 150 $cm^3$ einer n/20 Salpetersäure nach. Reduzieren und Waschen dauert etwa 20 Min. Nach einer kurzen Wartezeit wird der Überschuß an Jod durch eine n/25 Natriumthiosulfatlösung zurückgemessen.

**Berechnung.**

$$1\,\mathrm{Eu} = 1\,\mathrm{J}.$$

***Bemerkungen.*** Nach den Angaben des Autors zeigt diese Methode einen Fehler von weniger als 1%, doch wird aus den beigefügten Analysen eine größere Abweichung ersichtlich. Es wurden auch Versuche unternommen, das Europium ohne vorhergehende Anreicherung in den seltenen Erden des Monazitsandes jodometrisch zu bestimmen. Durch eine doppelte Natriumsulfattrennung scheidet man die Ceriterden von den Yttererden, entfernt vollständig aus den ersteren das Eisen, die Phosphor- und Schwefelsäure und stellt konzentrierte Chloridlösungen her, die in 1 $cm^3$ etwa 0,11 g Oxyde enthalten; 50 $cm^3$ dieser Lösung verwendet man zur Reduktion und Titration.

Für orientierende Untersuchungen mag dieses Schnellverfahren gute Dienste leisten, doch für exakte Bestimmungen ist die elektrolytische oder mit Hilfe des

Amalgams erzielte Anreicherung vorzuziehen, da die in der Lösung verbliebenen geringen Europiummengen bekannt sind und in Rechnung gestellt werden können.

b) Oxydimetrisch nach Foster und Kremers. Die unter a) beschriebene Methode ist nur bei höheren Eu-Gehalten brauchbar und versagt bei der Untersuchung von nicht angereicherten Fraktionen.

**Durchführung.** Man löst die von störenden Begleitelementen befreiten seltenen Erdoxyde in HCl, entfernt durch Eindampfen die überschüssige Säure und nimmt in 20 cm³ Wasser auf. Inzwischen ist der Reduktor vorbereitet worden: 300 g Zink von 20 Maschen werden mit 300 cm³ 2%iger $Hg(NO_3)_2$-Lösung, die 2 cm³ konzentrierter $HNO_3$ enthält, übergossen und nach der Amalgamierung gut mit Wasser gewaschen. Der Reduktor ist 23 cm hoch und hat einen Durchmesser von 2 cm; er taucht in einen Erlenmeyer-Kolben ein, der 20 cm³ einer salzsauren 0,04 n $FeCl_3$-Lösung enthält und durch 7 Min. langes $CO_2$-Durchleiten entlüftet wurde. Der Kolben ist durch einen 3fach durchbohrten Stopfen geschlossen; zwei Öffnungen dienen für Zu- und Ableitung der Kohlensäure, durch die dritte Öffnung führt die Spitze des Reduktors bzw. bei der Titration die Spitze der Mikrobüretten. Die vorbereitete Probenlösung wird in den Reduktor gebracht und das ursprüngliche Gefäß mit 150 cm³ verdünnter Salzsäure gut nachgewaschen. Die Tropfgeschwindigkeit wird so eingestellt, daß Lösung und Waschwasser 10 Min. mit dem Amalgam in Berührung bleiben. Hierauf gibt man in den Kolben 4 cm³ konzentrierte HCl, 5 cm³ 85%ige $H_3PO_4$ und 3 Tropfen einer 0,3%igen wäßrigen Lösung von diphenylamin-p-sulfonsaurem Natrium. Nach gutem Umschwenken wird mit 0,04 n $K_2Cr_2O_7$ bis zum Umschlag titriert.

***Bemerkungen.*** Die erzielten Resultate sind bei geringen Eu-Mengen auf etwa 2 bis 3%, bezogen auf den Gehalt, genau; mittlere Mengen geben Abweichungen von 0,5%. In der Regel sind jedoch Minuswerte zu erwarten.

c) Oxydimetrisch nach McCoy. Europium(II)-sulfat wird von einer Jodlösung infolge seiner Schwerlöslichkeit nur langsam oxydiert. Im Laufe der Reindarstellung des Europiums ist man oft genötigt, Gehaltsbestimmungen in Sulfatniederschlägen vorzunehmen. In diesem Falle führt die Oxydation mit Kaliumpermanganat rasch und sicher zum gewünschten Resultat.

**Durchführung.** Das Europiumsulfat wird in einem Sintertiegel gesammelt, mit verdünnter Salzsäure gut gewaschen und diese durch Methylalkohol verdrängt. Man trocknet bei 75° und wägt hierauf etwa 0,1 g zur Analyse in einen Titrierkolben ein. Das Präparat wird mit 30 cm³ 3 n Schwefelsäure übergossen, mit n/25 Kaliumpermanganatlösung bis zur Rotfärbung und einem weiteren Überschuß von 0,6 bis 0,8 cm³ versetzt. Nachdem das schwerlösliche Sulfat vollständig verschwunden ist, wird der Überschuß mit einer genau eingestellten Eisen(II)-sulfatlösung zurückgemessen.

**Berechnung.**

$$1\,Eu = 1\,Fe.$$

***Bemerkungen.*** Die Beständigkeit des Europium(II)-sulfates ist sehr groß; es kann daher die oben angeführte Filtration und Trocknung ohne Bedenken vorgenommen werden. Die von dem Autor angeführten Werte zeigen gute Übereinstimmung, doch wäre eine exakte Überprüfung sehr erwünscht.

**4. Polarographische Bestimmung.** Holleck gibt eine polarographische Bestimmungsart des Europiums an. Die Potentiallage und Stufenhöhe der Entladungsstufe $Eu^{\cdots} \rightarrow Eu^{\cdot\cdot}$ können danach zur qualitativen und quantitativen Bestimmung ausgewertet werden. Als Bezugselement zur Lage- und Konzentrationsbestimmung wird Zink in Form von Zinkchlorid (Lösung 0,002 molar an $ZnCl_2$ bei 0,02 molar an Europiumchlorid) angewandt. Aus dem Abstand der Wendepunkte wird für $Eu^{\cdots} \rightarrow Eu^{\cdot\cdot}$ der Potentialwert zu 0,77 Volt (auf 1 n Kalomelelektrode bezogen) gefunden. Da es sich meistens um Bestimmungen von Europium in kleinen Konzentrationen handeln wird, ist es notwendig, den im Elektrolyten gelösten Luftsauerstoff durch Hindurchleiten von Wasserstoff zu verdrängen und überhaupt unter einer Wasserstoffatmosphäre in einer angegebenen Apparatur zu arbeiten.

Da Schwermetalle mit edlerem Entladungspotential wie das Reduktionspotential des $Eu^{\cdots}$-Ions stören, ist eine vorangehende Fällung mit Schwefelwasserstoff notwendig. Die Elemente der seltenen Erden werden als Oxalate oder Hydroxyde mit den entsprechenden Säuren in die gewünschten Salze überführt. Bei geringen Europiumkonzentrationen eignen sich die Chloride wegen ihrer großen Löslichkeit am besten, da die Gesamterdenkonzentration verhältnismäßig hoch gewählt werden kann. Der Zusatz eines Leitsalzes ist gewöhnlich nicht notwendig, da die Fremderdenkonzentration ausreichend ist oder bei Europiumpräparaten die Europiumkonzentration selbst ausreicht. Erweisen sie sich doch als notwendig, so eignen sich Alkalichloride am besten.

Der Autor erhält einwandfreie Ergebnisse bis zu Europiumkonzentrationen von etwa 3 bis $5 \cdot 10^{-5}$ mol.

Laitinen und Taebel lehnen die Anwendung des Zinks als Begleitelement ab, da hierdurch ungenaue Werte erhalten werden. Als Leitsatz wird Ammoniumchlorid empfohlen. Fehler etwa $\pm 3\%$.

Literatur.

Brukl, A.: Angew. Ch. **49**, 159 (1936).
Foster, D. C., u. H. E. Kremer: Anal. Chem. **25**, 1921 (1953).
Holleck, L.: Fr. **116**, 161 (1939); Proc. I. Intern. Polarographie Congr. Prag **1951**, 85.
Jantsch, G., H. Alber u. H. Grubitsch: M. **53/54**, 307 (1929).
Kapfenberger, W.: Fr. **105**, 199 (1936). — Klemm, W., u. J. Rockstroh: Z. anorg. Ch. **176**, 181 (1928).
Laitinen, H. A., u. W. A. Taebel: Anal. Chem. **13**, 825 (1941).
Marsh, J. K.: Chem. Soc. **1943**, 531. — McCoy, H. N.: Am. Soc. **58**, 1577 (1936) u. **63**, 3432 (1941).
Onstott, E. J.: Am. Soc. **77**, 2129 (1955).
Urbain, G., u. F. Bourion: C. r. **153**, 1156 (1911).
Yntema, L. F.: Am. Soc. **52**, 2782 (1930).

## Gadolinium.

Gd, Atomgewicht 157,26, Ordnungszahl 64.

Die Ionen des Gadoliniums sind farblos und besitzen im sichtbaren Gebiet kein Absorptionsspektrum. Die Basizität ist etwas kleiner als die des Europiums, jedoch größer als die des Terbiums.

### Gadoliniumoxyd.

$Gd_2O_3$ ist weiß und hat die Dichte 7,40 (berechnet 7,62). Es ist hygroskopisch, doch in geringerem Maße als die Oxyde der anderen Ceriterden, und bildet sich nach Dupuis und Duval aus dem Hydroxyd oberhalb 650° C und aus dem Oxalat bei 813°. Löslich in verdünnten Säuren.

**Reinheitsprüfung.** Geringe Mengen von Terbium verraten sich an der gelblichen bis bräunlichen Färbung des sonst ganz weißen Oxydes. Samarium und Europium werden im Bogen- und Röntgenspektrum aufgefunden.

### I. Bestimmungsformen.

#### § 1. Fällung als Hydroxyd.

**Eigenschaften.** Weißer, gallertartiger Niederschlag, dessen Löslichkeitsprodukt nach Moeller und Kremers zu $7{,}1 \cdot 10^{-22}$ bestimmt wurde. Mit $10^6$ multipliziert, ergibt die Löslichkeit 1,4 g-mol je Liter bei 25° C. Die Fällung des Hydroxydes durch Natronlauge setzt bei $p_H = 6{,}8$ ein.

§ 2. Fällung als Oxalat.

**Eigenschaften.** Weißer kristallinischer Niederschlag, der meist 10 Mole Kristallwasser enthält.

**Löslichkeiten.** 1 l Wasser enthält bei 25° 0,69 mg $Gd_2(C_2O_4)_3$ (SCHOLVIEN).

Nach SARVER und BRINTON lösen verdünnte Säuren in 100 g bei 25°.

| | | | | | | |
|---|---|---|---|---|---|---|
| Norm. $HNO_3$ | 0,2482 | 1,992 | 2,00 | 2,00 | | |
| Norm. Oxalsäure | — | — | 0,1 | 0,5 | | |
| % $Gd_2(C_2O_4)_3$ | 0,0219 | 0,2785 | 0,0768 | 0,0128 | | |
| Norm. HCl | 0,1008 | 0,2576 | 0,5004 | 1,018 | 0,978 | 0,978 |
| Norm. Oxalsäure | — | — | — | — | 0,1 | 0,5 |
| % $Gd_2(C_2O_4)_3$ | 0,0024 | 0,0099 | 0,0329 | 0,0938 | 0,0061 | 0,0011 |
| Norm. $H_2SO_4$ | 0,086 | 0,419 | 0,958 | 1,846 | | |
| % $Gd_2(C_2O_4)_3$ | 0,0086 | 0,0401 | 0,0988 | 0,2047 | | |

Nach BENEDICKS lösen 100 g einer 2,63%igen Ammoniumoxalatlösung 0,00218 g $Gd_2O_3$.

**Durchführung** siehe S. 181.

Literatur.

BENEDICKS, C.: Z. anorg. Ch. **22**, 393 (1900).
DUPUIS, TH., u. C. DUVAL: Anal. chim. Acta **3**, 438 (1949).
MOELLER, Th., u. H. E. KREMERS: J. physic. Chem. **48**, 395 (1944).
SARVER, L. A., u. P. H. M.-P. BRINTON: Am. Soc. **49**, 943 (1927). — SCHOLVIEN: s. G. 6 II, 576. Heidelberg 1932.

## II. Spektralanalytische Methoden.

§ 1. Absorptionsspektroskopie.

Die farblosen Gadolinium-Ionen zeigen im Ultraviolett eine Absorption, die, verglichen mit dem 3wertigen Cer, schwächer und von geringerer Empfindlichkeit ist.

MOELLER und MOSS haben an reinen Chloriden und Perchloraten das Absorptionsspektrum des Gd nochmals durchgemessen und neue Banden aufgefunden. Gleichzeitig erfuhren die bekannten Maxima kleine Korrekturen, die drei stärksten Spitzen jedoch sind unverändert geblieben.

| Bande bei 1 Grammatom im Liter von Å bis Å | Teilung bei Verdünnung | In Spitzen Å | Verschwindet bei Verdünnung |
|---|---|---|---|
| 3108 | | | 1/4 |
| 3055 | | | 1/4 |
| 3051 | | | 1/4 |
| | | 2791 | 1/16 |
| | | 2762 } | 1/64 |
| | | 2756 } | |
| 2990 (ständige Absorption) | 1/4 | 2729 | 1/128 |
| | | 2521 | 1/8 |
| | | 2457 | 1/8 |
| | | 2436 | 1/8 |

Literatur.

MOELLER, TH., u. F. A. I. MOSS: Am. Soc. **73**, 3149 (1951).
PRANDTL, W., u. K. SCHEINER: Z. anorg. Ch. **220**, 107 (1937).

§ 2. Emissionsspektralanalyse.

**a) Bogenspektren.** 1. Nach SELWOOD. Die Bestimmung des Gadoliniums neben Samarium und Neodym ist durch die feinen Linien außerordentlich erschwert. Die Standardmischungen wurden als Lösung auf die Anode aufgetragen. Bei 0,1% Gadolinium, der Grenze der Nachweisbarkeit, sind sichtbar: 4225,1, 4225,9, 3646,19, 3768,40 Å. Die beiden letztgenannten Linien werden durch die Cyanbande verdeckt. Bei 1% sind außer den genannten noch sichtbar: 3362,4, 3358,77, 3350,63, 3100,66, 3034,06, 3032,85 und 3027,60 Å.

Literatur.

SELWOOD, P. W.: Ind. eng. Chem. Anal. Edit. **2**, 95 (1930).

**b) Funkenspektren.** Nach MEGGERS sind folgende Linien als Reststrahlen zu bezeichnen: 3646,19 und 3768,40 Å. GERLACH und RIEDL führten noch an: 3422,5, 3350,5, 3362,3, 3585,0, 4098,6 und 4184,3 Å.

Literatur.

GERLACH, WA., u. E. RIEDL: Chemische Emissionsspektralanalyse, Teil 3, S. 146.
MEGGERS, W. F.: International Critical Tables of Numerical Data, Physics, Chemistry and Technology. Hauptherausgeber E. W. WASHBURN. Bd. 5, S. 323. 1929.

### III. Die Trennung des Gadoliniums von den anderen Elementen der seltenen Erden.

Als Ausgangsfraktionen kommen die von Samarium befreiten, nicht mehr kristallisierenden Endlaugen der Magnesiumdoppelnitratscheidung sowie die angereicherten Yttererden in Betracht. Durch stufenweise Fällung als Erdcyanoferrate(III) (s. S. 277) wird der Hauptteil des Yttriums entfernt, worauf die Weiterfraktionierung der Bromate beginnt.

Diese Methode, von JAMES aufgefunden, hat für die Yttererden dieselbe Bedeutung, wie die fraktionierte Kristallisation der Doppelnitrate für die Ceriterden. Der Linienzug, der die Löslichkeitspunkte der Bromate der seltenen Erden bei 25° verbindet, hat Parabelform, an deren Scheitel das Europium als schwerstlösliche Erde steht. Der linke Ast entspricht den Elementen der Ceriterden, wobei mit fallender Atomnummer größere Löslichkeit verbunden ist. Der rechte Ast weist mit steigender Ordnungszahl steigende Löslichkeit auf. Ordnet man die Elemente der seltenen Erden nach der Löslichkeit ihrer Bromate, so erhält man folgende Reihenfolge, beginnend mit der größten Löslichkeit: Erbium, Lanthan, Yttrium, Holmium, Praseodym, Dysprosium. Neodym, Terbium, Samarium, Gadolinium und Europium.

Da Europium sehr selten ist, bildet das Gadolinium den am schwersten löslichen Anteil und nimmt dabei die geringen Mengen der Ceriterden mit, die dann nach der Alkalidoppelsulfattrennung ausgeschieden werden können. Hartnäckig wird jedoch das Gadolinium von Terbium und Samarium begleitet. Da Gadolinium sehr häufig anzutreffen ist, wird die Fraktionierung der schwerlöslichen Teile so geführt, daß bei erschöpfender Kristallisation nur die mittleren Ausscheidungen zur Reindarstellung des Gadoliniums herangezogen werden. Hierbei ist zu beachten, daß bei 5° die Löslichkeiten der Bromate des Gadoliniums und Samariums fast gleich sind; bei tieferen Temperaturen bildet Samariumbromat den unlöslichen Teil, bei höheren Gadoliniumbromat. Die Entfernung des Samariums durch Reduktion mit Natriumamalgam (MARSH, s. S. 386) oder mit Strontiumamalgam (ROLLA) kann die Reindarstellung des Gadoliniums wesentlich erleichtern. Es ist sehr schwer, die letzten Spuren von Terbium, das das weiße Gadoliniumoxyd schwach bräunlich färbt, vollständig zu entfernen.

Literatur.

JAMES, C.: Am. Soc. **30**, 182 (1908).
PRANDTL, W.: Z. anorg. Ch. **238**, 328 (1938).
ROLLA, L.: Atti X Congr. int. Chim., Roma **2**, 766 (1938).
ZERNIKE, J., u. C. JAMES: Am. Soc. **48**, 2871 (1926).

## Terbium.

Tb, Atomgewicht 159,2, Ordnungszahl 65.

Unter den Yttererden ist das Terbium das einzige Element, das neben der normalen 3wertigen Form noch eine höhere Wertigkeit besitzt. Ähnlich dem Praseodym, sind die farblosen Ionen des Terbiums nur in der Hauptwertigkeit vorhanden, während das Oxyd und das Fluorid die höhere Wertigkeitsstufe aufzeigen. Die

Basizität steht im Einklang mit der Stellung des Terbiums innerhalb der Reihe der Elemente der seltenen Erden. Das Absorptionsspektrum zeigt eine schwache Bande im blauen Gebiet, die nur bei stärkerer Anreicherung auftritt.

### Terbiumoxyd.

**a) $Tb_2O_3$.** Das niedere Oxyd ist weiß, hat nach MARSH die Dichte 7,68 (7,81 berechnet) und wird nur aus dem höheren Oxyd durch Reduktion im Wasserstoffstrom bei 400° (MARC) erhalten. Es ist nicht pyrophor und in verdünnten Säuren löslich.

**b) $Tb_4O_7$.** Aus allen Verbindungen, die, an der Luft verglüht, das Oxyd ergeben, bildet sich das dunkelbraun gefärbte Oxyd $Tb_4O_7$, das die Dichte 6,27 besitzt. Nach Untersuchungen von PRANDTL ist es in Säuren schwer löslich, wird jedoch rasch in Lösung gebracht, wenn der Säure anteilweise verdünntes Wasserstoffperoxyd zugegeben wird. Das starke Färbevermögen dieser Verbindung erlaubt, in Erdgemischen das Terbium schon in geringen Mengen zu erkennen. Nach MARC sind Erden mit 1,5% Tb gelb bis ockerbraun gefärbt, bei etwa 13% dunkelzimtbraun. Diese Farbenskala ist jedoch nicht quantitativ auswertbar, vielmehr, wie PRANDTL zeigte, von den Bestandteilen des Gemisches sehr stark abhängig. Auch der über die Zusammensetzung $Tb_2O_3$ hinausgehende Sauerstoffgehalt ist bei Erdengemischen starken Schwankungen unterworfen. $Tb_4O_7$ wird sich daher nur bei reinen Terbiumsalzen als Wägungsform eignen, wenn keine zu große Genauigkeit verlangt wird.

**Reinheitsprüfung.** Den sicheren Nachweis der Abwesenheit von Verunreinigungen geben das Bogen- und Röntgenspektrum.

Literatur.

MARC, R.: B. **35**, 2383 (1902). — MARSH, J. K.: Chem. Soc. **1935**, 772.
PRANDTL, W.: Z. anorg. Ch. **238**, 65 (1938).

## I. Bestimmungsformen.

### § 1. Fällung als Hydroxyd.

**Eigenschaften** und **Löslichkeiten** unbekannt.

**Durchführung** siehe S. 179.

***Bemerkungen.*** a) Wägungsform. $Tb_4O_7$. Aus mehreren von PRANDTL und RIEDER mitgeteilten Versuchsergebnissen folgt, daß beim Glühen des normalen Oxydes $Tb_2O_3$ an der Luft ein Endprodukt entsteht, das ziemlich nahe an die Formel $Tb_4O_7$ heranreicht. Dieses als $Tb_2O_3 \cdot 2TbO_2$ formulierte Oxyd gibt bereits oberhalb 350° Sauerstoff ab; bei 700° ist die Dissoziation in Sesquioxyd und Sauerstoff fast vollständig.

Läßt man so hoch erhitzte Präparate erkalten, so glühen sie einige Zeit lang nach infolge der Wiederaufnahme des verlorenen Sauerstoffes. Der Sauerstoffgehalt der auf diese Weise gewonnenen Präparate ist nun abhängig von der Dauer des Erkaltens und wird um so näher der Formel $Tb_4O_7$ liegen, je langsamer man die Abkühlung vornimmt (PRANDTL und RIEDER).

**Durchführung.** Filter und Niederschlag werden in einen Platintiegel gebracht, vorsichtig getrocknet und verascht. Nun erhitzt man einige Minuten auf helle Rotglut und verkleinert hierauf die Flamme des Brenners so weit, daß der Platintiegel auf etwa 300 bis 350° erwärmt wird. Diese Temperatur hält man während 15 Min. ein und läßt danach im Exsiccator erkalten.

***Bemerkungen.*** Nach den mitgeteilten Resultaten ergibt sich ein Fehler von + 0,15%. Eine Kontrolle der Auswaage kann ohne viel Mühe vorgenommen werden, wenn $Tb_4O_7$ in das normale Sesquioxyd übergeführt wird.

b) Wägung als $Tb_2O_3$. Schon bei gelindem Glühen wird (in Gegensatz zu Praseodym) das $Tb_4O_7$ durch Wasserstoff glatt zu $Tb_2O_3$ reduziert.

**Durchführung.** Das in einem Tiegel befindliche Oxyd wird mit einem gelochten Deckel, durch den ein Gaseinleitungsrohr führt, bedeckt. Man leitet reinsten Wasserstoff ein, erhitzt auf helle Rotglut und läßt, wenn das Oxyd farblos geworden ist, im Wasserstoffstrom erkalten.

***Bemerkungen.*** Wenn Serienanalysen durchgeführt werden sollen, empfiehlt es sich, das beim Praseodym (s. S. 374) beschriebene Quarzrohr an Stelle des ROSE-Tiegels zu verwenden. MARSH reduziert bei 700 bis 800° während 15 Min. Bei der Atomgewichtsbestimmung des Terbiums wurde diese Wägungsform mit Vorteil angewendet.

c) Wägung als wasserfreies Terbiumsulfat siehe S. 279 u. 329.

§ 2. Fällung als Oxalat siehe S. 181.

Literatur.

MARSH, J. K.: Chem. Soc. **1935**, 772.
PRANDTL, W.: Z. anorg. Ch. **238**, 65 (1938). — PRANDTL, W., u. G. RIEDER: Z. anorg. Ch. **238**, 229 (1938).

## II. Spektralanalytische Methoden.

§ 1. Absorptionsspektroskopie siehe S. 195.

Im Violett und Ultraviolett zeigt das Terbium eine schwache Absorption. Eine neuerliche Untersuchung des Spektrums durch PRANDTL ergab nur eine im sichtbaren Gebiet liegende schwache Bande bei 4875 Å.

| Banden bei 1 Grammatom im Liter von Å bis Å | In Spitzen Å | Verschwindet bei Verdünnung |
|---|---|---|
| 4875 | | 1/4 |
| 3797—3752 | | 1/2 |
| 3694 | | 1/8 |
| 3418 | | 1/2 |
| 3196—3160 | | 1/2 |
| 3111 | | 1/8 |
| 3052 | | 1/4 |
| 2900 | 2842 | 1/8 |
| (ständige Absorption) | 2418 | 1/16 |

Literatur.

PRANDTL, W.: Z. anorg. Ch. **220**, 107 (1934).

§ 2. Emissionsspektralanalyse siehe S. 200.

Restlinien nach MEGGERS: 3509,18, 3561,75, 3848,76 und 3874,19 Å. Weitere Linien teilen GERLACH und RIEDL mit: 3676,3, 3702,9, 3703,9; ferner im Bogen 4326,4, 4325,8, 4278,5, 4144,5 Å und im Funken 4287,5, 4144,5, 4326,4, 4325,8 und 4318,9 Å.

Literatur.

GERLACH, WA., u. E. RIEDL: Chemische Emissionsspektralanalyse, Teil 3, S. 147.
MEGGERS, W. F.: International Critical Tables of Numerical Data, Physics, Chemistry and Technology. Hauptherausgeber E. W. WASHBURN. Bd. 5, S. 324.

§ 3. Fluorescenzanalyse.

Auf die Fähigkeit von seltene Erden enthaltenden Mineralien beim Auftreffen von UV-Strahlen zu fluorescieren, ist auf S. 389 eingegangen worden. Beim Terbium konnten FASSEL und HEIDEL zeigen, daß die Fluorescenz unter bestimmten Bedingungen proportional dem Gehalt ist und zu einer quantitativen Bestimmung herangezogen werden kann. Mit Hilfe eines Zusatzgerätes zum BECKMANN-DU-Spektrophotometer wird in wäßriger Lösung gemessen und die für die Anregung optimale Wellenlänge von 2500 Å durch einen Wasserstoffbogen nach ALLEN erzeugt. Die Küvetten sind aus Borosilicatglas, 16 mm im Durchmesser und 50 mm lang. Unter diesen Bedingungen werden 7 Banden des Terbiums sichtbar, von denen die Bande 5440 bis 5470 Å am stärksten ausgeprägt ist. Zur Messung gelangt 5450 Å, da in diesem Gebiet keine Fluorescenz- und Absorptionsspektren anderer Erden auftreten. Die günstigsten Konzentrationen bewegen sich zwischen 0,05 mg und 2 mg Tb je 10 cm³ Lösung. Da die Acidität einen ungünstigen Einfluß auf die Fluorescenz ausübt, werden die Oxyde in 0,5 n HCl, das mit doppelt destilliertem Wasser aus gasförmigem Chlorwasserstoff hergestellt wird, gelöst (einfach destilliertes Wasser gibt bei 5450 Å einen Untergrund). Gemessen wird mit 1 mm Spaltbreite. Es stören: U, Fe, $NO_3$ und von den Erden $CeO_2$, das vorher entfernt werden muß. Die anderen Erden, insbesondere Y, Gd, Dy und Ho, stören nicht. Unterste Erfassungsgrenze in Oxydgemischen 0,005% Tb. Die Resultate sind reproduzierbar und zeigen Fehler von $\pm 3\%$. Man arbeitet mit Eichkurven.

Literatur.

FASSEL, V. A., u. R. H. HEIDEL: Anal. Chem. **26**, 1135 (1954).

### III. Die Trennung des Terbiums von den anderen Elementen der seltenen Erden.

Aus den löslichen Anteilen der Gadoliniumdarstellung gewinnt man durch erschöpfende Kristallisation der Bromate Fraktionen, die durch die zunehmende braune Farbe der Oxyde die Ansammlung des Terbiums anzeigen. Nach dem Ausscheiden der stark gadoliniumhaltigen Kristalle bildet das Terbium die Kopffraktion, doch ist, da die Trennung nur langsam fortschreitet, eine zufriedenstellende Entfernung der beiden Nachbarn, Gadolinium und Dysprosium, nicht zu erreichen. Man wendet sich daher einem anderen Verfahren der Fraktionierung der Ammoniumdoppeloxalate zu, das sich bei der Reindarstellung der anderen Yttererden sehr bewährt hat.

Die Löslichkeit der Erdoxalate in Ammoniumoxalatlösungen ist bei den Criterden bei Zimmertemperatur sehr gering; sie wird bei den Yttererden, beginnend mit Holmium, merklich größer und nimmt mit steigender Temperatur stark zu. In siedender konzentrierter, schwach ammoniakalischer Ammoniumoxalatlösung ist das Terbium schon so weit löslich, daß man es umkristallisieren kann. Beim Abkühlen scheidet sich zuerst viel Ammoniumoxalat aus, das durch Abgießen der Lösung entfernt wird. In der nächsten Kristallisation fallen die Ammoniumdoppeloxalate an. Die unlöslichen Anteile bestehen aus Ammoniumoxalat und Gadoliniumammoniumoxalat, die Endlaugen enthalten das Dysprosium. Aus den mittleren Fraktionen gewinnt man sehr reines Terbiumoxyd in kleiner Ausbeute.

MARSH empfiehlt die Fraktionierung der Dimethylphosphate. Die Yttererden bilden hierbei die mittleren Glieder, die Ytterbinerden den unlöslichen, während die Ceriterden den löslichsten Teil ergeben. Nach der Entfernung des Yttriums wird eine schnelle und gute Trennung der Elemente Holmium, Dysprosium, Terbium und Gadolinium erzielt.

Wie FEIT zeigte, eignet sich die Perrheniumsäure, die Salze von der Formel $R(ReO_4)_3 \cdot 4\,H_2O$ bildet, sehr gut zu einer raschen Tb–Gd-Trennung.

Die Anwendung der oxydierenden Kalilaugeschmelze (s. S. 376) bewährt sich nur bei der Abtrennung vom Dysprosium; beim Gadolinium sind die Ergebnisse weniger befriedigend.

Literatur.

FEIT, W.: Z. anorg. Ch. **243**, 276 (1940).
MARSH, J. K.: Chem. Soc. **1939**, 554.

## Dysprosium.

Dy, Atomgewicht 162,51, Ordnungszahl 66.

Die Ionen des Dysprosiums treten nur 3wertig auf, haben eine schwach citronengelbe bis grünlichgelbe Farbe und besitzen im Absorptionsspektrum sowohl im sichtbaren als auch im ultravioletten Gebiet zahlreiche Banden, die vielfach die des Terbiums und Holmiums überdecken.

### Dysprosiumoxyd.

$Dy_2O_3$ ist rahmfarben bis fast weiß und wird durch Glühen von Verbindungen mit flüchtigen Anionen bei 900° erhalten. Dichte 7,81 (ENGLE und BALKE), berechnet 8,20. Im Vergleich mit anderen seltenen Erden ist das Dysprosiumoxyd eine schwache Base, die in Ameisensäure wenig löslich ist. Andere Säuren lösen es hingegen leicht.

**Reinheitsprüfung.** Das Oxyd darf keine bräunliche Färbung besitzen, denn selbst geringe Mengen von Terbium lassen sich auf diese Weise deutlich nachweisen. Holmium zeigt im Absorptionsspektrum gut bemerkbare Banden bei 6407 und 5368 Å. Yttrium wird im Bogenspektrum aufgefunden.

#### Literatur.

ENGLE, E. W., u. C. W. BALKE: Am. Soc. 29, 63 (1911).

## I. Bestimmungsformen.

### § 1. Fällung als Hydroxyd.

**Eigenschaften** und **Löslichkeit** unbekannt.

**Durchführung** siehe S. 179.

### § 2. Fällung als Oxalat.

**Eigenschaften.** Das Dysprosiumoxalat ist weiß, kristallinisch und enthält 10 Mole Kristallwasser.

**Löslichkeit.** Die Bestimmungen der Löslichkeit des Dysprosiumoxalates in verschiedenen Säuren und bei wechselnden Konzentrationen sind noch nicht systematisch vorgenommen worden. So wird die Löslichkeit in Wasser als „fast unlöslich" angegeben.

100 cm³ normaler Schwefelsäure lösen bei 20° 0,1893 g (JANTSCH und OHL); bei 25° 0,1420 g $Dy_2(C_2O_4)_3$ (BODLÄNDER). Bei 90° sind in 100 cm³ 2,5 normaler Salpetersäure 1,8458 g und in Gegenwart von 5% Oxalsäure 0,4215 g $Dy_2O_3$ enthalten (NECKERS und KREMERS).

**Durchführung** siehe S. 181.

#### Literatur.

BODLÄNDER, E.: G. 6 II, 603. Heidelberg 1932.
JANTSCH, G., u. A. OHL: B. 44, 1275 (1911).
NECKERS, J. W., u. H. C. KREMERS: Am. Soc. 50, 953 (1928).

## II. Spektralanalytische Methoden.

### § 1. Absorptionsspektroskopie.

Das Absorptionsspektrum des Dysprosiums zeigt große Ähnlichkeit mit dem des Samariums.

| Bande bei 1 Grammatom im Liter von Å bis Å | Teilung bei Verdünnung | In Spitzen Å | Verschwindet bei Verdünnung |
|---|---|---|---|
| 4789—4685 | | | 1/2 |
| 4549—4479 | 1/2 | 4534, 4501 | 1/16 |
| 4274 | | | 1/8 |
| 3976 | | | 1/4 |
| 3927—3850 | | 3883 | 1/6 |
| 3819 | | | 1/4 |
| 3796 | | | 1/4 |
| 3689—3611 | | 3649 | 1/32 |
| 3582 | | | 1/2 |
| 3552—3458 | | 3504 | 1/64 |
| 3382 | | | 1/8 |
| 3280—3198 | | 3249 | 1/64 |
| 3022 | | | 1/2 |
| 2994 | | | 1/2 |
| 2981 | | | 1/2 |
| 2960 | | | 1/16 |
| 2977 | | | 1/4 |
| 2800 (ständige Absorption) | 1/2 | 2785 | 1/4 |
| | | 2743 | 1/8 |
| | 1/4 | 2579 | 1/16 |
| | | 2561 | 1/32 |

### § 2. Emissionsspektralanalyse siehe S. 200.

Von MEGGERS werden als Reststrahlen aufgezählt: 4000,50, 4046,0, 4077,98, 4167,99, 4211,74 Å. GERLACH und RIEDL vermehren die Linien um 3968,4, 3645,4, 3531,7 und 3407,8 Å.

### Literatur.

GERLACH, WA., u. E. RIEDL: Chemische Emissionsspektralanalyse, Teil 3, S. 146.
MEGGERS, W. F.: International Critical Tables of Numerical Data, Physics, Chemistry and Technology. Hauptherausgeber E. W. WASHBURN. Bd. 5, S. 323. 1929.

### III. Trennung des Dysprosiums von den anderen Elementen der seltenen Erden.

Der zur Gewinnung von reinem Terbiumoxyd aufgefundene Weg führt auch bei der Darstellung des Dysprosiums zum Ziel. Hierbei ist zu beachten, daß sowohl die Löslichkeit der Bromate als auch die der Ammoniumoxalate zugenommen hat.

## Holmium.

Ho, Atomgewicht 164,94, Ordnungszahl 67.

Die Ionen des Holmiums sind gelb gefärbt und besitzen ein kompliziertes Bandenspektrum. Die Kenntnisse über die Eigenschaften dieses Elementes und seiner Verbindungen sind sehr gering, da seiner Reindarstellung große Schwierigkeiten im Wege stehen.

### Holmiumoxyd.

$Ho_2O_3$ ist gelb und hat die Dichte (berechnet) 8,36. Es wird nach dem üblichen Verfahren hergestellt und ist in verdünnten Säuren löslich.

**Reinheitsprüfung.** Die Prüfung des Absorptionsspektrums erlaubt keine bindenden Aussagen über die Reinheit des Präparates, da kleine Mengen Erbium und Dysprosium durch die verbreiteten Gebiete verdeckt werden. Sichere Schlüsse gestatten das Bogen- und Röntgenspektrum. Geringste Mengen an Yttrium hat GATTERER als YO-Bande identifiziert.

#### I. Bestimmungsformen (s. S. 179).

#### II. Spektralanalytische Methoden.

§ 1. Absorptionsspektroskopie.

Das Absorptionsspektrum ist sehr bandenreich und erstreckt sich über das ganze sichtbare und ultraviolette Gebiet.

| Banden bei 1 Grammatom im Liter von Å bis Å | Teilung bei Verdünnung | In Spitzen Å | Verschwindet bei Verdünnung |
|---|---|---|---|
| | | 6567 | 1/16 |
| 6588—6363 | 1/4 | 6525 | 1/16 |
| | | 6407 | 1/64 |
| | 1/2 | 5494 | 1/16 |
| 5498—5330 | 1/4 | {5434 | 1/32 |
| | | 5368} | 1/128 |
| 4914—4820 | 1/2 | {4910 | 1/8 |
| | | 4852} | 1/128 |
| 4799 | | | 1/8 |
| 4756—4712 | | 4734 | 1/16 |
| 4677 | | | 1/16 |
| 4580—4438 | 1/32 | {4509, 4503} | 1/128 |
| 4225—4130 | 1/2 | {4220, 4170} | 1/64 |
| 3896 | | | 1/4 |
| 3863 | | | 1/4 |
| 3645—3578 | | 3612 | 1/16 |
| 3500 | | | 1/4 |
| 4790 | | | 1/2 |
| 3452 | | | 1/4 |
| 3356—3319 | | 3337 | 1/8 |
| 3264—3240 | | | 1/4 |
| | | 2956—2924 | 1/4 |
| 2980 | 1/4 | 2870 | 1/128 |
| (ständige | | 2841 | 1/4 |
| Absorption) | | 2783 | 1/64 |

§ 2. Emissionsspektralanalyse siehe S. 200.

Als Reststrahlen bei weitgehender Ionisierung bezeichnet MEGGERS die Linien 3748,19, 3891,02 und 2936,8 Å. GERLACH und RIEDL ergänzen diese Wellenlängen durch 4163,0, 4103,8, 4045,4, 4053,9, 3810,7, 3453,1 und 3399,0 Å.

Literatur.

GATTERER, A.: Ricer. spettro. **1**, 140 (1942). — GERLACH, WA., u. E. RIEDL: Chemische Emissionsspektralanalyse, Teil 3, S. 146.

MEGGERS, F. W.: International Critical Tables of Numerical Data, Physics, Chemistry and Technology. Hauptherausgeber E. W. WASHBURN. Bd. 5, S. 323. 1929.

## III. Trennung des Holmiums von den anderen Elementen der seltenen Erden.

Die Reindarstellung des Holmiums ist sehr schwierig. Der Grund dafür liegt darin, daß Holmium entsprechend seiner ungeraden Ordnungszahl selten ist und von Yttrium, Dysprosium und Erbium, die um ein Vielfaches häufiger vorkommen, hartnäckig begleitet wird. Jede dieser Trennungen ist mit großen Holmiumverlusten verbunden, so daß für die endgültige Reinigung nur noch kleine Mengen des wertvollen Materials zur Verfügung stehen.

Der Gang der Reinigung wird zuerst über die Bromate geführt, wobei der Hauptteil des Dysprosiums und Erbiums entfernt wird. Anschließend fällt man das Holmium als Cyanoferrate(III), wobei das Yttrium in Lösung bleibt. Das schon hochprozentige Holmiumoxyd wird schließlich über die Ammoniumoxalate endgültig gereinigt.

Literatur.

FEIT, W.: Z. anorg. Ch. **243**, 276 (1940).

PRANDTL, W.: Z. anorg. Ch. **238**, 330 (1938).

# Erbium.

Er, Atomgewicht 167,27, Ordnungszahl 68.

Neben dem Yttrium ist das Erbium das häufigste Element in einem Yttererdengemisch. Ausgezeichnet durch die rosenrote Färbung seiner Verbindungen, besitzt es im Absorptionsspektrum zahlreiche Banden, die durch ihre Übersichtlichkeit und Schärfe leicht gefunden und gedeutet werden können. Erbium bildet nur 3wertige Ionen.

## Erbiumoxyd.

$Er_2O_3$ ist schwach rosenrot und hat die Dichte (HOFMANN) 8,616 (berechnet 8,65). Das Oxyd ist nicht hygroskopisch, hält jedoch Kohlendioxyd hartnäckig zurück. So ist das durch Glühen bei 885° aus Erbiumoxalat hergestellte Oxyd noch nicht formelrein; erst oberhalb 900° werden die letzten Anteile Dioxyd abgegeben (WICHERS, HOPKINS und BALKE). Es ist in verdünnten Säuren langsam löslich; hochgeglühte Präparate sind in konzentrierten Säuren fast unlöslich. In diesem Falle ist der Aufschluß mit Natrium- oder Kaliumhydrogensulfat zu empfehlen.

**Reinheitsprüfung.** Im Absorptionsspektrum ist das Holmium in geringen Mengen nicht auffindbar; hingegen läßt sich das Thulium an der Bande im äußersten Rot bei 6825 Å leicht nachweisen. Yttrium und Holmium findet man am sichersten im Röntgenspektrum. Nach BOSS und HOPKINS ist das Bogenspektrum zur Reinheitsprüfung des Erbiums nicht geeignet.

Literatur.

BOSS, A. E., u. B. S. HOPKINS: Am. Soc. **50**, 298 (1928).

HOFMANN, K. A.: B. **43**, 2631 (1910). — HOFMANN, K. A., u. O. BURGER: B. **41**, 308 (1908).

WICHERS, E., B. S. HOPKINS u. C. W. BALKE: Am. Soc. **40**, 1619 (1918).

## I. Bestimmungsformen.

### § 1. Fällung als Hydroxyd.

**Eigenschaften.** Erbiumhydroxyd ist ein amethystfarbener, gallertartiger Niederschlag, der begierig Kohlendioxyd anzieht und von verdünnten Säuren leicht aufgelöst wird. Eine konzentrierte Ammoniumchloridlösung wirkt nur in der Siedehitze langsam auflösend. Chloridlösungen werden beginnend bei $p_H = 6{,}60$ durch Natriumhydroxyd gefällt. Das Löslichkeitsprodukt beträgt nach MOELLER und KREMERS $1{,}3 \cdot 10^{-23}$. Die Löslichkeit mal $10^6$ ergibt 0,8 g-mol je Liter bei 25° C. Das von BUSCH mitgeteilte Löslichkeitsprodukt $1{,}28 \cdot 10^{-5}$ bezieht sich auf das Oxyd, das jedoch nicht definiert erscheint, da der Grad der Hydratisierung nicht untersucht wurde. Aus Nitratlösungen beginnt das Hydroxyd bei $p_H = 6{,}76$ auszufallen.

**Durchführung** siehe S. 179.

| Banden bei 1 Grammatom im Liter von Å bis Å | Teilung bei Verdünnung | In Spitzen Å | Verschwindet bei Verdünnung |
|---|---|---|---|
| 6700—6459 | 1/4 | 6669 | 1/32 |
| | | 6525 | 1/64 |
| | | 6484 | 1/32 |
| 5522—5476 | | 5488 | 1/8 |
| 5430—5400 | | 5413 | 1/32 |
| 5281—5150 | 1/16 | 5230 | 1/128 |
| | | 5206 | 1/64 |
| 4946—4824 | 1/2 | 4915 | 1/32 |
| | | 4877 | 1/128 |
| 4553 | | | 1/4 |
| 4534 | | | 1/8 |
| 4511—4480 | | 4497 | 1/32 |
| 4422 | | | 1/8 |
| 4130—4032 | 1/8 | 4070, 4054 | 1/32 |
| 3842—3740 | | 3794 | 1/128 |
| 3686—3626 | 1/8 | 3645 | 1/16 |
| | | 3640 | 1/32 |
| ~3600 bis ~3550 | 1/2 | 3590 | 1/4 |
| | | 3559 | 1/32 |
| 3355 | | | 1/4 |
| 3162 | | | 1/4 |
| 3012 | | | 1/2 |
| 2954 | | | 1/2 |
| 2928 | | | 1/4 |
| 2884 | | | 1/2 |
| 2866 | | | 1/4 |
| 2755—2724 | 1/2 | 2749, 2733 | 1/16 |
| 2690 (ständige Absorption) | 1/4 | 2588 | 1/16 |
| | | 2550 | 1/128 |
| | | 2431 | 1/64 |

### § 2. Fällung als Oxalat.

**Eigenschaften.** Hellrosenrote, stark doppelbrechende Kristalle, die bei 100° 6 Mole, bei 50° aus schwach saurer Lösung gefällt, 10 Mole, in der Kälte gefällt, 14 Mole Kristallwasser enthalten.

**Löslichkeit.** Normale Schwefelsäure löst bei 25° 0,1948% $Er_2(C_2O_4)_3$, 2,16 normale Schwefelsäure löst bei 25° 0,5144% $Er_2(C_2O_4)_3$ (BODLÄNDER sowie WIRTH).

Andere Werte sind nicht bekannt.

#### Literatur.

BODLÄNDER: G. 6 II, 629. Heidelberg 1932. — BUSCH, W.: Z. anorg. Ch. **161**, 161 (1927).

MARSH, J. K.: Chem. Soc. **1943**, 40. — MOELLER, TH., u. H. E. KREMERS: J. physic. Chem. **48**, 395 (1944).

WIRTH, F.: Z. anorg. Ch. **76**, 181 (1912).

## II. Spektralanalytische Methoden.

### § 1. Absorptionsspektroskopie.

Die quantitative Bestimmung des Erbiums mit Hilfe der Absorptionsspektralanalyse wurde sehr häufig angewandt, da dieses Element empfindliche und deutlich wahrnehmbare Banden im sichtbaren Gebiete besitzt. Auch das Spektrum im Ultraviolett wurde durch INOUE herangezogen, wobei die Linie 2470 Å zum Vergleich benutzt wurde (siehe ferner S. 195).

#### Literatur.

INOUE, T.: Bl. chem. Soc. Japan **1**, 9 (1926).

PURVIS, J. E.: Pr. Soc. Cambridge **12**, **III**, 202 (1903); durch C. **1903**, **II**, 1394.

§ 2. Emissionsspektralanalyse siehe S. 200.

**a) Bogenspektren.** LÓPEZ DE AZCONA fand bei $2 \cdot 10^{-4}$ g Er 115 Linien, bei $2 \cdot 10^{-5}$ g 81; bei $2 \cdot 10^{-6}$ g 25 und bei $2 \cdot 10^{-7}$ g 4.

**b) Funkenspektren.** Im kondensierten Funken bleiben bei abnehmendem Gehalt nach DE GRAMONT folgende Restlinien erhalten: 3499,12, 3692,65, 3906,36 Å. GERLACH und RIEDL ergänzen durch folgende Analysenlinien: 4151,1, 4008,0, 3906,3 und 3372,8 Å.

Literatur.

GERLACH, WA., u. E. RIEDL: Chemische Emissionsspektralanalyse, Teil 3, S. 146. — GRAMONT, A. DE: C. r. **171**, 1106 (1920).
LÓPEZ DE AZCONA, J. M.: An. Españ. **37**, 184 (1941); durch C. A. **37**, 33 (1943).

## III. Trennung des Erbiums von den anderen Elementen der seltenen Erden.

Ursprünglich hatte man das Erbium durch stufenweise Zersetzung der Sulfate bei höheren Temperaturen von den anderen Yttererden getrennt. Die Ytterbinerden sind durch Glühen während 10 Std. auf 845° in basische Sulfate umgewandelt worden, die bei der folgenden Extraktion mit Wasser ungelöst zurückblieben. Das Filtrat wurde eingedampft, 30 Min. auf 950° erhitzt und nochmals mit Wasser ausgezogen. Der Rückstand bestand größtenteils aus den basischen Sulfaten des Erbiums, während die Lösung die stärker basischen Erden, vor allem das Yttrium, enthielt. Durch oftmalige Anwendung dieser partiellen Zersetzung erhielten HOFMANN und BURGER ein sehr hochwertiges Erbiumoxyd. Ähnlich wirkt die von DRIGGS und HOPKINS angewandte Zerlegung der Nitrate und nachfolgende Fraktionierung der Bromate.

PRANDTL empfiehlt zur Hauptscheidung der Yttererden die stufenweise Fällung durch Ammoniak bei Gegenwart von Cadmium- und Ammoniumnitrat (s. S. 307). Als erster Niederschlag fallen die Ytterbinerden, hierauf folgt der größte Teil des Erbiums. Diese Teile werden der Bromatkristallisation unterworfen. Das schon stark angereicherte Präparat enthält als Verunreinigung Yttrium, Thulium und Holmium. Zuerst wird über die Erdcyanoferrate(III) das Yttrium entfernt und hierauf als letzte Reinigung die von AUER v. WELSBACH eingeführte Ammoniumdoppeloxalatscheidung vorgenommen.

Literatur.

AUER v. WELSBACH, C.: Z. anorg. Ch. **86**, 58 (1914).
DRIGGS, F. H., u. B. S. HOPKINS: Am. Soc. **47**, 364 (1925). — Thesis Univ. Illinois 1921.
HOFMANN. K. A., u. O. BURGER: B. **41**, 308 (1908).
PRANDTL, W.: Z. anorg. Ch. **238**, 331 (1938).

# Thulium.

Tm, Atomgewicht 169,4, Ordnungszahl 69.

Zu den am wenigsten untersuchten Elementen der seltenen Erden zählt das Thulium, das weitgehend angereichert erst in jüngster Zeit erhalten wurde. Die Lösungen zeigen nur in größerer Konzentration bei Tageslicht eine blaß grünlichgelbe Färbung; bei künstlichem Licht hingegen ist die Farbe stärker und schön smaragdgrün. Das Absorptionsspektrum ist reich an Banden, die bei steigender Konzentration an Breite sehr stark zunehmen.

## Thuliumoxyd.

$Tm_2O_3$ ist weiß mit einem schwach grünlichen Ton. Berechnete Dichte 8,77. Es ist in konzentrierten Säuren löslich und wird, bei 900° geglüht, als Wägungsform verwendet.

**Reinheitsprüfung.** Das Oxyd muß eine weiße Farbe haben und darf im Absorptionsspektrum keine Erbiumbanden aufweisen. Ytterbium wird im Bogen- oder Röntgenspektrum aufgefunden.

## I. Bestimmungsformen.

### § 1. Fällung als Hydroxyd.

**Eigenschaften.** Das Thuliumhydroxyd ist weiß und setzt sich, selbst in der Kälte gefällt, gut ab. Es ist leicht löslich in verdünnten Säuren. Das Löslichkeitsprodukt wurde von MOELLER und KREMERS zu $3{,}3 \cdot 10^{-24}$ angegeben. Die Löslichkeit mal $10^6$ ergibt 0,6 g-mol je Liter bei 25° C.

### § 2. Fällung als Oxalat.

**Eigenschaften.** Weißer, grünlich getönter Niederschlag, der 6 Mole Hydratwasser enthält. Die Löslichkeit in Ammoniumoxalat hat gegenüber den vorangehenden Erden merklich zugenommen. Zahlenwerte sind nicht bekannt.

## II. Spektralanalytische Methoden.

### § 1. Absorptionsspektroskopie.

| Bande bei 1 Grammatom im Liter von Å bis Å | Teilung bei Verdünnung | In Spitzen Å | Verschwindet bei Verdünnung |
|---|---|---|---|
| 7025—6766 | 1/2 | 6990 | 1/8 |
| | | 6825 | 1/64 |
| 6583 | | | 1/8 |
| 4649—4634 | | 4642 | 1/8 |

### § 2. Emissionsspektralanalyse siehe S. 200.

**a) Bogenspektren.** LÓPEZ DE AZCONA verzeichnet bei $2 \cdot 10^{-4}$ g Tm 153 Linien; bei $2 \cdot 10^{-5}$ g 65; bei $2 \cdot 10^{-6}$ g 23 und bei $2 \cdot 10^{-7}$ g noch 2.

**b) Funkenspektren.** MEGGERS bezeichnet 3462,21, 3761,34 und 3761,91 Å als Reststrahlen. GERLACH und RIEDL führen noch an: 3131,3, 3425,1, 3848,0, 4105,8, 4094,2, 4105,8, 4187,6 und 4242,2 Å.

### Literatur.

GERLACH, WA., u. E. RIEDL: Chemische Emissionsspektralanalyse, Teil 3, S. 147.
LÓPEZ DE AZCONA, J. M.: An. Españ. **37**, 184 (1941); durch C. A. **37**, 33 (1943).
MEGGERS, W. F.: International Critical Tables of Numerical Data, Physics, Chemistry and Technology. Hauptherausgeber E. W. WASHBURN. Bd. 5, S. 324.

## III. Die Trennung des Thuliums von den anderen Elementen der seltenen Erden.

Durch die leicht durchzuführende elektrolytische Reduktion des Ytterbiums zur 2wertigen Oxydationsstufe wurde das einst so schwer erhältliche Thulium gut zugänglich. Zu seiner Reindarstellung geht man von den am schwächsten basischen Fraktionen der Yttererden aus, den sogenannten Ytterbinerden, die aus Thulium, Ytterbium und Cassiopeium bestehen. Man vereinigt diese mit den leicht löslichen und farblosen Teilen der Bromat- und Ammoniumoxalatkristallisation.

Die Zerlegung dieses Materials erfolgt über die Ammoniumdoppeloxalate und wird so lange fortgesetzt, bis das Erbium in der Kopffraktion angesammelt wurde. Die nach Wegnahme des Erbiums verbleibenden Fraktionen werden nun nach S. 409 von dem beigemengten Ytterbium durch Elektrolyse oder durch Natriumamalgambehandlung weitgehend befreit. Die endgültige Reinigung wird nochmals über die Doppeloxalate vorgenommen, wobei Thulium in hoher Reinheit und guter Ausbeute gewonnen wird.

# Ytterbium.

Yb, Atomgewicht 173,04, Ordnungszahl 70.

Die gleichförmige Reihe der Yttererden wird durch die Fähigkeit des Ytterbiums, 2- und 3wertige Verbindungen zu bilden, unterbrochen. Dieser Valenzwechsel, von KLEMM und SCHÜTH aufgefunden, hatte ursprünglich nur im Zusammenhang mit theoretischen Überlegungen Bedeutung erlangt. Erst als BALL und YNTEMA zeigten, daß in wäßriger Lösung der niederen Wertigkeitsstufe eine hinreichende Beständigkeit zukommt, nutzte man den Valenzwechsel für präparative und analytische Zwecke aus.

Die 3wertigen Ytterbium-Ionen sind farblos und besitzen kein Absorptionsspektrum. Die 2wertigen Ionen sind deutlich gelbgrün gefärbt und weisen im chemischen Verhalten eine nahe Verwandtschaft zu den Erdalkalien, vor allem dem Strontium, auf. Wichtig ist das schwerlösliche Ytterbium(II)-sulfat, das sich vom Europium(II)-sulfat durch seine etwas größere Löslichkeit unterscheidet.

## Ytterbiumoxyd.

$Yb_2O_3$ ist das einzige bekannte Oxyd und hat die Dichte 9,175 (berechnet 9,28). Es ist von weißer Farbe und wird in der Kälte von Säuren nur langsam, beim Kochen rasch gelöst. In der quantitativen Analyse wird es nach dem Glühen bei 900° als Wägungsform benützt.

**Reinheitsprüfung.** Die Anwesenheit anderer Elemente der seltenen Erden als Verunreinigung wird durch das Bogen- oder Röntgenspektrum festgestellt.

Literatur.

BALL, R. W., u. L. F. YNTEMA: Am. Soc. **52**, 4264 (1930).
KLEMM, W., u. W. SCHÜTH: Z. anorg. Ch. **184**, 353 (1929).

## I. Bestimmungsformen.

### § 1. Fällung als Hydroxyd.

**Eigenschaften.** Das Ytterbiumhydroxyd ist ein schwerer, mehr oder weniger durchsichtiger, weißer Niederschlag, der aus der Luft Kohlensäure unter Bildung basischer Carbonate anzieht. Er ist in verdünnten Säuren leicht löslich. MOELLER und KREMERS geben das Löslichkeitsprodukt zu $2{,}9 \cdot 10^{-24}$ an. Die Löslichkeit mal $10^6$ ergibt 0,5 g-mol je Liter bei 25° C. Aus Nitratlösungen fällt auf Zusatz von Natronlauge das Hydroxyd bei $p_H = 6{,}30$ aus.

### § 2. Fällung als Oxalat.

**Eigenschaften.** Weißer mikrokristalliner Niederschlag, der bei 100° gefällt $6\,H_2O$, bei 15° $7\,H_2O$ enthält.

**Löslichkeit.** 1 l Wasser löst bei 25° 3,34 mg $Yb_2(C_2O_4)_3$ (RIMBACH und SCHUBERT) bzw. $3{,}0 \cdot 10^{-6}$ gmol (CROUTHAMMEL und MARTIN). 100 cm³ normale Schwefelsäure enthält 0,3053 g, nach 2stündigem Kochen und anschließendem Abkühlen 0,3719 g $Yb_2(C_2O_4)_3 \cdot 2{,}613$ g Ammoniumoxalat, in 100 g Wasser gelöst, enthalten 0,06967 g $Yb_2O_3$ (CLEVE).

Literatur.

CLEVE, A.: Z. anorg. Ch. **32**, 129 (1902). — CROUTHAMMEL, C. E., u. D. S. MARTIN: Am. Soc. **72**, 1382 (1950).
MARSH, J. K.: Chem. Soc. **1943**, 40. — MOELLER, TH., u. H. E. KREMERS: J. physic. Chem. **48**, 395 (1944).
RIMBACH, E., u. A. SCHUBERT: Ph. Ch. **67**, 183 (1909).

## II. Maßanalytische Methoden siehe S. 411.

## III. Emissionsspektralanalyse.

**a) Bogenspektren.** LÓPEZ DE AZCONA zählte bei $2 \cdot 10^{-4}$ g Yb 19 Linien; bei $2 \cdot 10^{-5}$ g 10; bei $2 \cdot 10^{-6}$ g 6; bei $2 \cdot 10^{-7}$ g 2 und bei $2 \cdot 10^{-8}$ g eine mit der Wellenlänge 3289,37 Å.

**b) Funkenspektren.** Bei abnehmendem Ytterbiumgehalt verbleiben nach DE GRAMONT folgende Linien: 3289,30, 3694,19, 3988,01 Å. Der Funken besitzt nach GERLACH und RIEDL noch die charakteristische Analysenlinie 2891,4 Å.

### Literatur.

GERLACH, WA., u. E. RIEDL: Chemische Emissionsspektralanalyse, Teil 3, S. 147. — GRAMONT, A. DE: C. r. **171**, 1106 (1920).
LÓPEZ DE AZCONA, J. M.: An. Españ. **36**, 72 (1940).

## IV. Die Trennung des Ytterbiums von den anderen Elementen der seltenen Erden.

Die klassische Zerlegung des von MARIGNAC als Ytterbium bezeichneten Erdengemisches durch AUER V. WELSBACH in Aldebaranium und Cassiopeium gelang über die Ammoniumdoppeloxalate. URBAIN, der unabhängig das gleiche Ziel verfolgte, spaltete das Gemenge durch fraktionierte Kristallisation der Nitrate aus Salpetersäure und nannte die neuen Elemente Neoytterbium und Lutetium. Durch die Möglichkeit, Ytterbium über das Ytterbium(II)-sulfat von Thulium und Cassiopeium zu trennen, haben die von den Entdeckern angewendeten Methoden nur noch für die Reindarstellung der Nachbarelemente eine Bedeutung. Ytterbium wird in höchster Reinheit durch elektrolytische Reduktion oder durch Umsetzung mit Natriumamalgam in guter Ausbeute gewonnen.

**a) Präparative Trennung von Thulium und Cassiopeium.** Reduziert man ein ytterbiumhaltiges Erdensulfatgemisch elektrolytisch an einer Quecksilberkathode, so wird die anfangs farblose Lösung deutlich grün. Nach etwa einer halben Stunde fallen aus der tiefgelbgrünen Lösung Kristalle von $YbSO_4$ aus, die ziemlich beständig sind und bald die Kathodenoberfläche bedecken. PRANDTL setzte die orientierenden Versuche YNTEMAS fort, hatte jedoch mit Schwierigkeiten zu kämpfen, die durch basische Fällungen der begleitenden Erdelemente verursacht wurden. Eine eingehende Untersuchung aller bestimmender Faktoren durch BRUKL führte zu einer auch im größeren Maßstabe durchführbaren Methode, die neben der Gewinnung eines reinen Ytterbiumoxydes die Anreicherung der beiden Nachbarelemente bis auf etwa 95% gestattet.

**Durchführung.** In ein dickwandiges Becherglas wird reinstes Quecksilber 1 cm hoch eingefüllt und durch einen gegen die Lösung isolierten Nickel- oder Platinkontakt mit dem negativen Pol der Stromquelle verbunden. Als Elektrolyt wird eine Lösung von 120 g Erdsulfaten und 50 g konzentrierter Schwefelsäure im Liter in den Elektrolyseur eingefüllt. Als Anode dient ein Kohlestab, der in eine mit verdünnter Schwefelsäure gefüllte Tonzelle eintaucht. Um die Bildung großer Mengen des Niederschlages zu ermöglichen, ohne daß eine störende Bedeckung der Kathode stattfindet, baut man einen Rührer derart ein, daß die Flüssigkeit und die Oberfläche des Quecksilbers in Bewegung gehalten werden. Das Becherglas wird von außen durch fließendes Wasser gekühlt, denn die Temperatur des Elektrolyseurs soll 20° nicht überschreiten. Man elektrolysiert bei einer Spannung von 72 Volt mit einer Stromdichte von 0,05 Amp. je Quadratzentimeter. Es ist nicht ratsam, eine höhere Stromdichte anzuwenden; denn die Bildung des Ytterbium(II)-sulfates soll nicht zu schnell fortschreiten, damit die Adsorption von Fremd-Ionen nicht zu groß wird. Nach etwa 2 bis 3 Std. bedeckt der Niederschlag die Kathode in einer

Höhe von 2 bis 4 cm. Nun wird die Elektrolyse abgebrochen, da die Stromausbeute sinkt und eine weitere Vermehrung des Ytterbium(II)-sulfates nicht mehr stattfindet. Man filtriert rasch durch einen BÜCHNER-Trichter, wäscht einmal mit Wasser nach, drückt mit einem Pistill den Niederschlag fest nieder und saugt die Feuchtigkeit ab.

Das Filtrat wird immer wieder der Elektrolyse zugeführt, bis eine Niederschlagsbildung nicht mehr eintritt. Man dampft nun die Lösung stark ein, läßt die Erdsulfate auskristallisieren und trennt die überstehende verdünnte Schwefelsäure ab. Die von weiteren gleichen Operationen gesammelten Kristalle löst man in Wasser und stellt aus ihnen eine an Erdsulfaten gesättigte Lösung her. Bei einer Elektrolyse aus neutraler Lösung wird nochmals Ytterbium(II)-sulfat abgeschieden, das jedoch nicht mehr so rein ist wie das in saurer Lösung hergestellte. Es enthält nur etwa 90% Ytterbium. Auch diese Elektrolyse wird so oft wiederholt, bis keine Abscheidung mehr eintritt. Der Elektrolyt enthält nun 8 bis 12 g $Yb_2O_3$ je Liter. Um diese Menge noch weiter zu vermindern, wurden früher Elektrolysen angeschlossen, bei denen man das gebildete Ytterbium(II)-sulfat in das isomorphe Strontiumsulfat einbaute. Vorteilhafter ist es, die letzten Anteile des Ytterbiums durch Natriumamalgam zu entfernen (s. b).

Die aus saurer Lösung gewonnenen Ytterbium(II)-sulfatniederschläge enthalten meist etwa 98% Ytterbium. Man bringt sie in ein Becherglas, übergießt sie mit Wasser, setzt etwas verdünnte Schwefelsäure zu und löst durch tropfenweisen Zusatz von Wasserstoffperoxyd auf. Wenn ein Gehalt von 120 g Erdsulfaten im Liter erreicht ist, säuert man mit 50 g konzentrierter Schwefelsäure an und elektrolysiert, wie oben angegeben. Das nun anfallende Ytterbium(II)-sulfat ist röntgenspektroskopisch rein, das heißt es enthält von jeder anderen Erde weniger als 0,1%.

Die aus neutraler Lösung gewonnenen Niederschläge werden gesammelt und in den Mutterlaugen, aus denen das reine Ytterbium abgeschieden wurde, aufgelöst. Durch Elektrolyse fällt ein hochprozentiges, jedoch noch nicht ganz reines Produkt an. Man löst daher nochmals auf und elektrolysiert in saurer Lösung.

Wenn das gesamte Erdengemisch auf diese Weise getrennt wurde, führt man sowohl die verbleibenden Elektrolytlösungen als auch das gereinigte Ytterbium in Oxalate über. Letzteres wird zu Oxyd verglüht. Die Oxalate aus den Elektrolyten enthalten als Hauptbestandteile Thulium oder Cassiopeium neben etwa 3 bis 5% Ytterbium und werden über die Ammoniumdoppeloxalate völlig gereinigt. Eine kleine Mittelfraktion bleibt sowohl bei der Elektrolyse als auch bei der Fraktionierung stets zurück, sie enthält etwa 80 bis 90% $Yb_2O_3$.

**Löslichkeiten.** Die Löslichkeit des elektrolytisch gewonnenen Ytterbium(II)-sulfates ist von der Acidität stark abhängig. Eine 1%ige Schwefelsäure löst etwa 4 g, eine 5%ige etwa 8 g und eine 12½%ige etwa 20 g $YbSO_4$ je Liter. Diese Werte sind nur größenordnungsmäßig richtig, da 2wertige Ytterbiumverbindungen sehr unbeständig sind und unter Oxydation aus Wasser Wasserstoff in Freiheit setzen.

***Bemerkungen.*** PEARCE, NAESER und HOPKINS reduzieren elektrolytisch das Ytterbium aus wesentlich verdünnteren Lösungen (n/4 an Yb). Um die Löslichkeit des Ytterbium(II)-sulfates herunterzusetzen, werden die Erdsulfate in einer konzentrierten, jedoch nicht gesättigten Natriumsulfatlösung aufgenommen. 90% des vorhandenen Ytterbiums wird so von den begleitenden Erden abgetrennt. Die Methode von BRUKL arbeitet schneller und gibt eine bessere Ausbeute. MARSH empfiehlt an Stelle des Quecksilbers eine aus reinstem Blei bestehende amalgamierte Kathode. Die Ausbeute an Ytterbium sowie die Anreicherung des Cassiopeiums entsprechen den Werten, die BRUKL bei der Elektrolyse aus neutralen Lösungen gefunden hat.

**b) Durch Reduktion mit Natriumamalgam.** Das Ytterbiumamalgam, gebildet durch den Umsatz einer essigsauren Lösung mit Natriumamalgam, unterscheidet sich von Samarium- und Europiumamalgam durch seine geringe Beständigkeit gegen Luft und Wasser. Auch ist die Ausbeute je Gramm Natrium geringer als bei den genannten Erden (MARSH).

**Durchführung.** Die Ytterbinoxyde werden durch mehrstündiges Erhitzen mit Essigsäure auf dem Wasserbade in Acetate übergeführt und zum Kristallisieren gebracht. Man löst mit der 1,25fachen Menge siedenden Wassers auf und behandelt mit Amalgam, das 125% der berechneten Natriummenge enthält. Man schüttelt etwa 2 Min. in einer Literflasche und verhindert die Bildung von Hydroxyden durch Zusatz geringer Mengen Essigsäure. Das Amalgam wird 2mal mit Wasser gewaschen, das verbliebene Natrium mit verdünnter Salzsäure entfernt und schließlich mit weiterer Säure bis zur Kalomelbildung geschüttelt, wodurch sich das Ytterbium völlig herauslöst. Die Ausbeute beträgt etwa 95% des anwesenden Ytterbiums. Aus der Natriumchloridlösung fällt man durch Lauge die geringen in Lösung gegangenen Ytterbiummengen und vereinigt sie mit der Hauptlösung, die über die Oxalate weiterverarbeitet wird. Die verbleibende Acetatlösung wird mit Essigsäure angesäuert (3 $cm^3$), nochmals mit Natriumamalgam wie oben geschüttelt und das Amalgam aufbereitet. Die Lösung der Roherden muß nun vom Natriumacetat befreit werden, indem die Lösung auf 1500 $cm^3$ verdünnt und mit Lauge gefällt wird. Die Hydroxyde werden gut gewaschen, in Essigsäure gelöst und eingedampft. Man schüttelt nun ein drittes Mal mit Natriumamalgam aus. Die spektroskopische Untersuchung der erhaltenen Oxyde ergab: erste Umsetzung reinstes $Yb_2O_3$; zweite und dritte Umsetzung schwach gefärbte Oxyde; Rückstand Yttererden mit 0,008% $Yb_2O_3$.

***Bemerkungen.*** Nach MOELLER und KREMERS arbeitet man bei einem $p_H = 4$ bis 6, da oberhalb $p_H = 6{,}5$ die Bildung von Hydroxyden einsetzt. Die Ausbeute ist nur wenig temperaturabhängig. Die letzten Anteile von Ytterbium sind auch bei wiederholter Behandlung nur schwierig zu entfernen. MARSH setzt zu ihrer Entfernung 50 mg Samariumoxyd zu und behandelt nun mit wenig Natriumamalgam (enthaltend 0,25 g Na). Jeder Sm-Zusatz reicht für drei Amalgamumsetzungen aus. Auf diese Weise gelingt es, Cassiopeium mit 0,001% $Yb_2O_3$ herzustellen.

**c) Maßanalytische Bestimmung.** Unter der Voraussetzung, daß das in der Lösung befindliche Ytterbium an der Quecksilberkathode quantitativ reduziert wird, kann man das starke Reduktionsvermögen zu einer maßanalytischen Bestimmung heranziehen, wobei die Anwesenheit gefärbter Erden (Erbium) nicht störend wirkt. Die Genauigkeit dieser Methode wird jedoch durch die kurze Lebensdauer der Ytterbiumverbindungen stark beeinträchtigt. Die Oxydation wird mit einer Eisen(III)-ammoniumsulfatlösung vorgenommen und hierauf das gebildete Ferro-Ion mit einer n/10 Kaliumpermanganatlösung bestimmt.

**Durchführung.** Die zu untersuchenden Oxyde, die von Schwermetallen völlig befreit sein müssen, werden durch Abrauchen mit konzentrierter Schwefelsäure in Sulfate übergeführt und hierauf in Wasser gelöst. Die Größe der Einwaage richtet sich nach dem vermuteten Ytterbiumgehalt; in 50 $cm^3$ der Lösung sollen 0,05 bis 0,20 g $Yb_2O_3$ enthalten sein. Als Elektrolyseur verwendet man ein 100 bis 150 $cm^3$ fassendes Becherglas, das mit reinstem Quecksilber als Kathode beschickt wird. Die entsprechend kleine Tonzelle wird mit 1 n Schwefelsäure gefüllt, in die eine Kohlenstabanode taucht. Die Lösung ist 5%ig schwefelsauer und wird mit einer Stromdichte von 0,1 Amp. je Quadratzentimeter unter guter Kühlung elektrolysiert. Nach 1 Std. ist die Reduktion beendet; nur bei Lösungen, deren Ytterbiumgehalt sich der oberen Grenze nähert, wird die Elektrolyse um die Hälfte der Reduktionsdauer verlängert. Nach Beendigung der Reduktion wird die Tonzelle rasch herausgehoben und es werden 10 $cm^3$ einer bereitgestellten 5%igen Eisen(III)-ammoniumsulfatlösung zugegeben. Die Stromzuleitung zur Quecksilberkathode kann nun herausgenommen werden, worauf man mit wenig Wasser abspült und mit einem Glasstab umrührt. Nach 5 Min. mißt man das gebildete Eisen(II)-ion mit n/10 Kaliumpermanganatlösung zurück. Eine Blindprobe wird mit dem gleichen Gefäß und unter gleichen Bedingungen vorgenommen und hat den Zweck, die stets vorhandene Reduktion des Eisen(III)-ions durch den gelösten Wasserstoff festzulegen. Die Blindprobe zeigt einen Verbrauch von 0,4 ± 0,2 cm³ n/10 Permanganatlösung.

**Berechnung.**

$$1\,\mathrm{Fe} = 1\,\mathrm{Yb}.$$

***Bemerkungen.*** Durch eine Reihe von Unzulänglichkeiten, die in der kurzen Lebensdauer der Ytterbium(II)-lösung begründet liegen, wird ein Fehler von ±5% verursacht. Ein Mindergehalt wird durch unvollständige Reduktion sowie durch die Tonzelle, die beim Herausheben nicht abgespült wurde, verursacht. Ein zu hoher Wert wird durch den kathodisch gelösten Wasserstoff, der eine Reduktion des Eisen(III)-ions bewirkt, herbeigeführt. Der letztere Fehler soll durch eine Blindprobe behoben werden.

Diese Methode wurde zum Zwecke der Beobachtung der Fortschritte bei der Reindarstellung von Ytterbium und bei der Fraktionierung von ytterbiumhaltigen Erdgemischen entwickelt. Für exakte Gehaltsbestimmungen ist sie nicht geeignet.

**d) Polarographische Bestimmung.** Unabhängig voneinander haben Holleck sowie Laitinen und Taebel die polarographische Bestimmung des Ytterbiums untersucht. Auch in Gemischen mit anderen seltenen Erden kann es, da die Entladungsstufe $Yb^{\cdots} \rightarrow Yb^{\cdot\cdot}$ außerhalb der anderen Erdenentladungen liegt, einfach erfaßt werden. Das Halbstufenpotential ergibt sich zu —1,48 Volt.

**Durchführung.** Die zu untersuchenden Erdoxyde werden in Salzsäure gelöst, die Lösung wird zur Trockne gedampft, in 5 cm³ Wasser aufgelöst und in das Polarographiergefäß übergeführt. Nun leitet man eine halbe Stunde lang Wasserstoff hindurch, setzt eine bekannte Menge Cadmiumchlorid als Vergleichslösung zu (etwa 0,001 n $CdCl_2$, bezogen auf die Erdchloridlösung) und bestimmt die Stromspannungskurve wie üblich.

***Bemerkungen.*** Freie Säure ist auf jeden Fall zu vermeiden, da sich an die Ytterbiumvorstufe die Wasserstoffabscheidung anschließt und zu Unregelmäßigkeiten Anlaß gibt. Durch vorsichtiges Abstumpfen mit einer Lithiumhydroxydlösung, ohne daß es zu einer Ausscheidung kommt, wird Abhilfe geschaffen. Die Empfindlichkeit der Erfassung ist abhängig von der Zusammensetzung der Erdoxyde. Sind Ceriterden vorhanden, so wird man 0,1% Yb sicher bestimmen können; gehören die Begleiter den Ytterbinerden an, so wird, da die Abscheidungspotentiale der seltenen Erden mit steigender Ordnungszahl edler werden, die Ytterbiumvorstufe unscharf, und die Nachweisgrenze wird herabgesetzt. In Zweifelsfällen wird ein Zusatz einer Ytterbiumchloridlösung bekannten Gehaltes nützlich sein.

Laitinen und Taebel bringen Chloride, entsprechend 0,2 g Oxyden, in einen 50 cm³-Meßkolben, neutralisieren mit 0,5 n Ammoniak gegen einen Tropfen Methylrot und füllen mit so viel Ammoniumchlorid auf, daß eine 0,1 n Ammoniumchloridlösung entsteht. Die Resultate sind zufriedenstellend, wenn Yb etwa zu 5% in den Oxyden enthalten ist. Geringerer Gehalt sowie Gegenwart von Samarium führen zu unvollständiger Erfassung.

## Literatur.

Auer v. Welsbach: Z. anorg. Ch. **86**, 58 (1914).

Ball, R. W., u. L. F. Yntema: Am. Soc. **52**, 4264 (1930). — Brukl, A.: Angew. Ch. **50**, 28 (1937).

Holleck, L.: Fr. **126**, 1 (1943).

Laitinen, H. W., u. W. A. Taebel: Ind. eng. Chem. Anal. Edit. **13**, 825 (1941).

Marignac, J. de: C. r. **87**, 578 (1878). — Marsh, J. K.: Chem. Soc. **1937**, 1367 u. **1943**, 8. — Moeller, Th., u. H. E. Kremers: Ind. eng. Chem. Anal. Edit. **17**, 789 (1945).

Pearce, D. W., C. R. Naeser u. B. S. Hopkins: Trans. electrochem. Soc. Preprint **11** (1936). — Prandtl, W.: Z. anorg. Ch. **209**, 13 (1932).

Urbain, G.: C. r. **145**, 759 (1907).

# Cassiopeium (Lutetium).

Cp (Lu), Atomgewicht 174,99, Ordnungszahl 71.

Die für die Lanthaniden so eigentümliche Auffüllung der inneren Elektronenbahnen ist beim Cassiopeium zum Abschluß gelangt. Die Salze sind daher farblos und besitzen kein Absorptionsspektrum. Die Verbindungen leiten sich nur von der 3wertigen Oxydationsstufe ab, und die Basizität hat den kleinsten Wert unter allen Erden eingenommen.

## Cassiopeiumoxyd.

$Cp_2O_3$ ist weiß und hat die berechnete Dichte von 9,42. Unter den gleichen Bedingungen, wie die anderen Oxyde der seltenen Erden, wird es als Wägungsform verwendet.

**Reinheitsprüfung.** Größere Mengen von Verunreinigungen werden röntgenspektroskopisch aufgefunden. Spuren und kleinere Mengen bis zu 0,2% müssen im Bogenspektrum aufgesucht werden.

## I. Bestimmungsformen.

### § 1. Fällung als Hydroxyd.

**Eigenschaften.** Das Cassiopeiumhydroxyd ist weiß, gut filtrierbar und in verdünnten Säuren leicht löslich. Das Löslichkeitsprodukt wurde von Moeller und Kremers zu $2,5 \cdot 10^{-24}$ angegeben. Die Löslichkeit mal $10^6$ ergibt 0,5 g-mol je Liter bei 25° C. Die Nitrate beginnen bei $p_H = 6,30$ Hydroxyde abzuscheiden.

### § 2. Fällung als Oxalat.

**Eigenschaften.** Schwerer, weißer, kristallinischer Niederschlag, der in Ammoniumoxalatlösungen die größte Löslichkeit von allen Erdoxalaten besitzt. Bestimmungen der Löslichkeit des Cassiopeiumoxalates liegen nicht vor.

## II. Spektralanalytische Methoden.

Emissionsspektralanalyse siehe S. 200.

Nach Meggers sind als Reststrahlen anzusehen: 4518,5, 2894,86, 2911,40, 3397,02, 3472,49, 3554,43 Å. Gerlach und Riedl führen als Analysenlinien noch an: 2615,4, 2911,40 und 3077,6 Å.

### Literatur.

Gerlach, Wa., u. E. Riedl: Chemische Emissionsspektralanalyse, Teil 3, S. 146.

Meggers, W. F.: International Critical Tables of Numerical Data, Physics, Chemistry and Technology. Hauptherausgeber E. W. Washburn. Bd. 5, S. 323.

## III. Die Trennung des Cassiopeiums von den anderen Elementen der seltenen Erden.

Auer v. Welsbach hat Cassiopeium durch erschöpfende Kristallisation der Ammoniumdoppeloxalate rein dargestellt. Durch die elektrolytische Abtrennung des Ytterbiums (siehe dort), sowie durch die Behandlung mit Natriumamalgam, wird die Gewinnung des im Periodischen System als letztes Element der seltenen Erden stehenden Cassiopeiums wesentlich erleichtert. Aus den bei der Entfernung des Ytterbiums hinterbleibenden Lösungen werden die Elemente der seltenen Erden als Oxalate abgeschieden. Neben wenig Thulium enthält das so angereicherte Cassiopeium nur Spuren von Ytterbium. Man reinigt über die Ammoniumdoppeloxalate und sammelt in den Kopffraktionen das schwerer lösliche Thulium und Ytterbium an. In den letzten Mutterlaugen finden sich quantitativ das stets vorhandene

Scandium und das Thorium wieder. Die mittleren Anteile enthalten in sehr guter Ausbeute das von seinen Nachbarn weitgehend befreite Element.

Einen anderen Weg schlägt MARSH vor, der die Fähigkeit des Cp ausnutzt, Komplexverbindungen zu bilden. Das Rohprodukt, von Yb befreit, wird durch Eindampfen mit Jodwasserstoffsäure in Jodid übergeführt und mit einer wäßrigen Lösung von Antipyrin versetzt. Nach 12 Std. Stehen haben sich Kristalle des Hexaantipyrincassiopeiumjodids abgeschieden, deren Löslichkeit in 100 $cm^3$ Wasser 4,05 g (das entspricht 0,482 g $Cp_2O_3$) beträgt. Die anderen seltenen Erden bilden diese Verbindung nicht oder sind wesentlich löslicher (MARSH).

## Literatur.

AUER V. WELSBACH, C.: Z. anorg. Ch. **86**, 58 (1914).
BRUKL, A.: Angew. Ch. **50**, 28 (1937).
MARSH, J. K.: Chem. Soc. **1950**, 577.
PRANDTL, W.: Z. anorg. Ch. **238**, 332 (1938).

# Actinium und Mesothor 2.

Von O. ERBACHER †, Berlin.

Unveränderter Abdruck der 1. Auflage 1942.

Mit 1 Abbildung.

Inhaltsübersicht.

## Actinium.

## Mesothor 2.

# Actinium.

Ac, Atomgewicht 227, Ordnungszahl 89, Halbwertszeit 13,5 Jahre.

## *A. Nachweismethoden.*

Radiometrischer Nachweis. Zum qualitativen Nachweis von Actinium kann wegen seines Vorkommens in sehr geringer Menge ausschließlich die radiometrische Methode verwendet werden.

Radiometrischer Nachweis (vgl. Teil III, Bd. IIa, Radium, A, § 1).

Die $\beta$-Strahlung des Actiniums selbst ist für praktische Meßzwecke viel zu weich. Aus diesem Grunde erfolgt der radiometrische Nachweis ausschließlich durch seine Folgeprodukte.

### 1. Aus der Nachbildung der Folgeprodukte des Actiniums.

Man trennt von dem Actiniumsalz die Folgeprodukte Radioactinium, Actinium X und den aktiven Niederschlag nach den unter C, § 3, II angegebenen Methoden ab und mißt in Zeitabständen die $\alpha$- oder die $\beta$-Strahlen des Präparates, das vorher mit einem luftdichten Verschluß versehen wird, der aber durchlässig für die $\alpha$- bzw. $\beta$-Strahlen sein muß. Man erhält dann einen Anstieg der $\alpha$- bzw.

$\beta$-Aktivität — gleich am Anfang wird keine Aktivität gemessen —, der für die Nachbildung der Folgeprodukte des Actiniums charakteristisch ist, und nach etwa 5 Monaten eine praktisch konstante Aktivität. Die bei einigen Folgeprodukten auftretende $\gamma$-Strahlung besitzt keine für den Nachweis gut geeignete Intensität.

2. Aus dem Zerfall der Folgeprodukte des Actiniums.

Zum Nachweis des Actiniums kommen von den Folgeprodukten in erster Linie das Aktinon und der aktive Niederschlag in Betracht.

**a) Aus dem Zerfall des Aktinons.** Das Aktinon wird von dem Actinium durch geeignetes Erhitzen, durch einen Luftstrom oder durch Abpumpen abgetrennt, wobei das Präparat als feste Substanz, eventuell in hoch emanierender Form und als Lösung vorliegen kann, und die Abnahme der $\alpha$-Aktivität mit der Zeit bestimmt. Das Aktinon hat eine Halbwertszeit von $T = 3{,}9$ Sek.

**b) Aus dem Zerfall des aktiven Niederschlags.** Liegt ein mehr oder weniger emanierendes, d. h. Aktinon von selbst abgebendes Präparat vor, so erhält man den aktiven Niederschlag auf sehr einfache Weise, wenn das zu untersuchende Präparat in einem geschlossenen Gefäß aufbewahrt wird, in das ein negativ geladenes Blech oder ein negativ geladener Draht eingeführt ist. Auf dem Blech oder Draht sammelt sich dann der aktive Niederschlag in hoch konzentrierter Form an und sein Abfall kann dann in einfacher Weise gemessen werden.

## *B. Bestimmungsmethoden.*

### I. Bestimmung der Actiniummenge.

Da das Actinium gewichtsmäßig nur in sehr geringer Menge herstellbar ist, erfolgt seine Bestimmung ausschließlich auf radiometrischem Wege.

**Radiometrische Methoden.** Da das Actinium eine für praktische Meßzwecke viel zu weiche $\beta$-Strahlung besitzt, kann es nur durch die Strahlung seiner Folgeprodukte bestimmt werden. Man muß deshalb vor jeder Bestimmung zweckmäßig etwa 5 Monate nach der letzten Abtrennung der Folgeprodukte warten, bis sich nämlich die Folgeprodukte bis zur praktischen Einstellung des Gleichgewichtes nachgebildet haben. Die Bestimmung des Actiniums kann dabei entweder nach der Emanationsmethode oder nach der $\alpha$-$\beta$-Methode erfolgen.

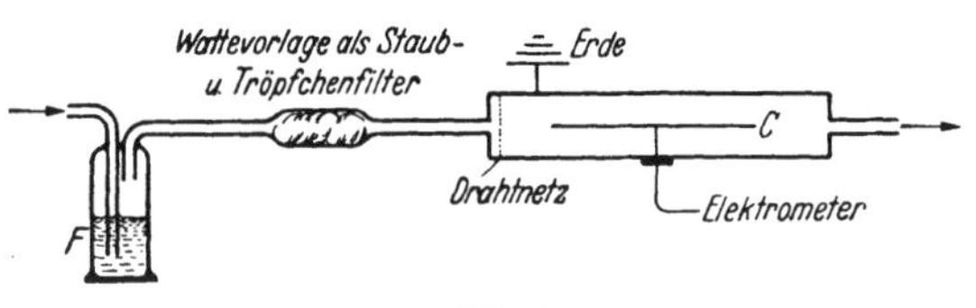


Abb. 1.

1. Emanationsmethode. Die Bestimmung beruht auf einem Vergleich der $\alpha$-Strahlung des Aktinons, das von dem im Gleichgewicht mit Radioactinium und Actinium X befindlichen Actiniumpräparat gebildet wird, mit derjenigen Aktinonmenge, die sich im Gleichgewicht mit einer bekannten Actiniummenge befindet. Als bekannte Actiniummenge dient eine Probe eines möglichst thoriumfreien Uranerzes, z. B. Pechblende, in dem das Verhältnis Uran : Radium : Actinium $= 1 : 3{,}4 \times 10^{-7} : 1{,}3 \times 10^{-10}$ als gesichert und nicht durch sekundäre Veränderungen gestört angesehen werden kann. Wegen des raschen Zerfalls des Aktinons (Halbwertszeit $T = 3{,}9$ Sek.) sind analoge Methoden wie für das Radon nicht anwendbar. Man kann jedoch die Vergleichsmessung mittels der sogenannten „Strömungsmethode“ ausführen, bei der immer derselbe Bruchteil der insgesamt gebildeten Aktinonmenge zur Messung gelangt. Hierbei wird in möglichst identischer Weise nacheinander die Lösung des Präparats mit der unbekannten Actiniummenge, die mit Radioactinium und Actinium X bereits im Gleichgewicht

sein muß, und die Lösung des aufgeschlossenen Uranerzes in die Waschflasche nach einer etwa der Abb. 1 entsprechenden Anordnung eingeführt und ein konstanter Strom von Luft oder eines anderes Gases durchgesaugt. Die in der Zeiteinheit entstehende Aktinonmenge, soweit sie nicht schon auf dem Wege von der Lösung bis zu dem mit dem Elektrometer verbundenen Mitteldraht ($C$) des Zylinderkondensators zerfallen ist, gelangt zur Messung.

Eine Variierung des Abstandes $F - C$ oder der Strömungsgeschwindigkeit gestattet eine Kontrolle der Genauigkeit der Meßmethodik. Die Anwesenheit von Radium in der Probe stört dabei nicht merklich, da sein Folgeprodukt Radon nur mit der Halbwertszeit $T = 3{,}825$ Tage, das Aktinon aber fast momentan nachgebildet wird.

Das Verhältnis der gefundenen Aktinonmengen gibt auch das Verhältnis der in den beiden Proben enthaltenen Actiniummengen. Die in dem Uranerz enthaltene Actiniummenge ergibt sich durch eine Uranbestimmung oder durch eine radiometrische Bestimmung des Radiums nach der Emanationsmethode (s. Teil III, Bd. IIa, Radium, B, § 1, I, 2) aus dem oben angegebenen Verhältnis Uran:Radium: Actinium (MEYER und SCHWEIDLER).

2. $\alpha$-$\beta$-Methode. Liegen schwache Actiniumpräparate vor, so läßt sich ein ungefährer Vergleich ihrer Stärke durch Feststellung der $\alpha$-Strahlenaktivität der Folgeprodukte durchführen, wobei auf eine eventuelle Veränderung der Aktivität mit der Zeit zu achten ist. Bei einer derartigen Bestimmung ist erforderlich, daß das Präparat nur wenig emaniert, d. h. nur wenig von dem insgesamt gebildeten Aktinon freiwillig abgibt, und daß der Einfluß der Absorption der $\alpha$-Strahlen in der Substanz bei dem Vergleich möglichst herabgesetzt wird. Letzteres geschieht durch den Vergleich der Aktivitäten von gleichen Substanzmengen, die auf gleich großer Oberfläche in gleichmäßiger Schicht verteilt sind.

Die Bestimmung genügend starker Actiniumpräparate erfolgt durch Messung der $\beta$-Strahlung. Hierzu wird das Actiniumpräparat, das mit Radioactinium und Actinium X bereits im Gleichgewicht sein muß, in ein flaches Schälchen übergeführt und mit einer dünnen Folie luftdicht verschlossen. Nach 3 Std. sind das Aktinon und der aktive Niederschlag im Gleichgewicht mit dem Actinium X. Die darauf ausgeführte Messung der $\beta$-Strahlung gibt ein Maß für die vorhandene Actiniummenge als Bezugswert, wenn die Messungen immer unter denselben Bedingungen erfolgen. Wenn nämlich der Abstand des Präparates von der Aluminiumfolie des Elektroskops stets gleich und die Absorption der $\beta$-Strahlen in der Substanz selbst gering ist, ist der gemessene Ionisationsstrom proportional der Actiniummenge.

Eine quantitative Bestimmung des Actiniums kann auf folgendem Wege stattfinden: Man stellt sich zunächst durch Exponieren eines Bleches in einer Aktinonatmosphäre den aktiven Niederschlag des Actiniums in gewichtsloser Menge her. 50 Min. nach dem Exponieren befindet sich der aktive Niederschlag im laufenden Gleichgewicht und wird seine $\alpha$- und $\beta$-Aktivität dann fortlaufend gemessen. Bei der $\beta$-Messung werden praktisch nur die $\beta$-Strahlen des Actinium C'' mit der Halbwertsdicke von $243\,\mu$ in Aluminium und, da das Actinium C' nur zu 0,3% aus dem Actinium C entsteht, bei der $\alpha$-Messung nur die $\alpha$-Strahlen des Actiniums C gemessen. Die $\alpha$-Messung wird ohne und mit Abdeckung des Präparates durch eine Folie von $60\,\mu$ Dicke ausgeführt. Die Differenz zeigt den Anteil der $\beta$-Strahlen bei der $\alpha$-Messung, woraus sich die reine $\alpha$-Aktivität des aktiven Niederschlags berechnet. Auf diese Weise wird also das Verhältnis $\alpha$-Aktivität/$\beta$-Aktivität des aktiven Niederschlags im laufenden Gleichgewicht experimentell bestimmt. Daraus und aus den Halbwertszeiten läßt sich dann das Verhältnis $\alpha$-Aktivität/$\beta$-Aktivität im dauernden Gleichgewicht (mit Actinium) berechnen, das größer ist als das im laufenden Gleichgewicht.

Aus den bekannten Zahlen der durch die $\alpha$-Teilchen der einzelnen $\alpha$-Strahlen je Sekunde erzeugten Ionenpaare ergibt sich, daß die Aktivität aller $\alpha$-Strahlen gegenüber der Aktivität der $\alpha$-Strahlen des Actinium C $9{,}98 \cdot 10^5/2{,}03 \cdot 10^5 = 4{,}91$ mal größer ist. Jetzt wird das zu untersuchende Actiniumpräparat 3 Std. nach dem Einschließen im $\beta$-Elektroskop gemessen, die Absorption der $\beta$-Strahlen in der Abdeckfolie bestimmt und bei der erhaltenen $\beta$-Aktivität berücksichtigt. Aus der so erhaltenen $\beta$-Aktivität des Actiniumpräparates ergibt sich entsprechend dem obigen Verhältnis $\alpha$-Aktivität/$\beta$-Aktivität und dem Faktor 4,91 die Gesamt-$\alpha$-Aktivität des Actiniumpräparates. Nun ist es weiter notwendig, die dieser $\alpha$-Aktivität entsprechenden elektrostatischen Einheiten zu bestimmen, was z. B. durch Bestimmung der dem Ladungsstrom entsprechenden Elektrizitätsmenge erfolgen kann. Aus der Zahl der elektrostatischen Einheiten kann man dann durch Division durch die Zahl der erzeugten Ionenpaare $9{,}98 \cdot 10^5$ und die Elementarladung $e$ die Zahl der je Sekunde ausgesandten $\alpha$-Strahlen des Actiniums im Gleichgewicht mit den Folgeprodukten erhalten. Schließlich läßt sich aus dieser Zahl und der Zahl der von 1 mg Radium (allein) je Sekunde ausgesandten $\alpha$-Teilchen ($3{,}7 \cdot 10^7$) unter Berücksichtigung des genetischen Anteils (Radium 95,4%, Actinium 4,6%) die gesuchte Gewichtsmenge des Actiniums berechnen (Nahmias).

## *II. Bestimmung der Reinheit des Actiniumsalzes.*

### Bestimmung des Gehaltes an anderen Salzen, insbesondere an seltenen Erden.

Bei der Bestimmung eines etwaigen Gehaltes eines Actiniumsalzes an anderen Salzen handelt es sich in der Regel um die Feststellung der Beimengungen an seltenen Erden, da sich das Actinium, wie aus Abschnitt C ersichtlich, von allen anderen Elementen mit Ausnahme der seltenen Erden unschwer abtrennen läßt.

Zur Bestimmung des Gehaltes eines Actiniumsalzes an anderen Salzen findet eine

### Kombination der gewichtsanalytischen und der radiometrischen Bestimmung

Verwendung. Wird nämlich das Gewicht eines Salzes von bekanntem Anion und Wassergehalt und hierauf auf radiometrischem Wege der Gehalt dieser Salzmenge an Actinium-Element bestimmt, so kann man daraus den Anteil des Actiniumsalzes an dem Gesamtgewicht des Salzes und damit die Konzentration des Actiniumpräparates berechnen.

**a) Gewichtsanalytische Bestimmung.** Die gewichtsanalytische Bestimmung erfolgt zweckmäßig durch Fällen des Actiniumpräparates als Oxalat oder Hydroxyd, das nach dem Trocknen zu Oxyd bis zum Eintreten der Gewichtskonstanz verglüht wird.

Bei Rotglut ist das Actinium nicht flüchtig (Strömholm und The Svedberg). Auch beim Glühen von Lanthan, das das Actiniumisotop Mesothor 2 enthielt, traten keinerlei Verluste an Mesothor 2 ein (Marie Curie).

**b) Radiometrische Bestimmung.** Nachdem man nach a) das Gewicht des vorliegenden Salzes bestimmt hat, ist es zur Bestimmung der Beimengungen des Actiniumsalzes noch notwendig, durch die radiometrische Bestimmung den Gehalt des Salzes an Actinium-Element festzustellen. Da das Actinium nur in äußerst kleinen Gewichtsmengen vorkommt — mit 1 g Uran sind $1{,}30 \times 10^{-10}$ g Actinium im Gleichgewicht —, diese Bestimmungsmethode der Reinheit eines Actiniumsalzes aber die gewichtsanalytische Bestimmung zur Voraussetzung hat, kommt sie nur für wägbare Beimengungen des Actiniumsalzes in Frage, wie sie bei den aus den Uranlaugrückständen hergestellten Actiniumpräparaten bisher stets vorgelegen haben. Die radiometrische Bestimmung des Gehaltes an Actinium-Element erfolgt nach den unter I. angegebenen Methoden.

Literatur.

CURIE, MARIE: J. Chim. phys. **27**, 7 (1930).
MEYER, ST., u. E. SCHWEIDLER: Radioaktivität, 2. Aufl., S. 311. Leipzig 1927.
NAHMIAS: C. r. **188**, 1165 (1929); J. Chim. phys. **26**, 319 (1929).
STRÖMHOLM, D., u. THE SVEDBERG: Z. anorg. Ch. **63**, 199 (1909).

## *C. Trennungsmethoden.*

### § 1. Trennung des Actiniums von anderen Salzen.

Da das Actinium ein Glied der nach ihm benannten Zerfallsreihe ist, deren Stammvater Aktino-Uran $^{235}_{92}$AcU mit 0,720% zusammen mit dem Stammvater der Uran Radium-Reihe Uran I $^{238}_{92}$U I mit 99,274% und mit Uran II $^{234}_{92}$U II mit 0,006% das Mischelement Uran bildet, kommt das Actinium in allen Uranmineralien vor. Und zwar ist entsprechend dem Anteilsverhältnis der Actinium-Reihe von 4,6% im Gleichgewicht zu Uran I eine Gewichtsmenge von $1{,}3 \cdot 10^{-10}$ g Actinium vorhanden. Die Gewinnung von Actinium-Präparaten erfolgte bisher ausschließlich aus den Uranlaugenrückständen, indem man diese auf seltene Erden verarbeitet, speziell auf Lanthan, dem sich das Actinium beigesellt und von dem es noch nicht vollständig hat abgetrennt werden können. Wer nicht im glücklichen Besitze von jahrelang gealtertem reinem Protactinium ist und daraus durch eine einfache Umfällung des Protactiniumsalzes das nachgebildete Actinium frei in Lösung erhalten kann, ist nach wie vor auf den schwierigen und langwierigen Weg einer Abtrennung des Actiniums aus einem Uranmineral angewiesen. Die Reaktionen, die zur Trennung des Actiniums von den dabei hauptsächlich in Frage kommenden Elementen führen und die jeweils nach den vorliegenden Verhältnissen abwechselnd wiederholt werden müssen, sind im folgenden aufgeführt.

#### 1. Trennung des Actiniums von Uran und anderen in verdünnter Schwefelsäure löslichen Substanzen.

**Fällung mit Schwefelsäure.** Fällt man aus einer sauren, etwas Barium enthaltenden Lösung des Actiniums Bariumsulfat aus, so wird das Actinium mitgerissen. Schon durch eine einzige solche Fällung kann man ein stark actiniumhaltiges Präparat herstellen [DEBIERNE (a), GIESEL, AUER v. WELSBACH (a), HENRICH (a)]. Trotzdem erfolgt diese Mitfällung von Actinium nur teilweise. So konnten aus einer Lösung von Barium, Lanthan und dem gewichtslosen Actinium-Isotop Mesothor 2 durch eine einmalige Fällung mit Schwefelsäure nur 10% des Mesothor 2 im Bariumsulfat erhalten werden [MARIE CURIE (a)].

Die Trennung des im Mineral enthaltenen Actiniums vom Uran erfolgt auf folgende Weise: Die Pechblende wird nach dem Rösten mit konzentrierter Schwefelsäure behandelt, unter Vermeidung eines Überschusses über die zur Lösung des Urans notwendige Menge, und nach der Reaktion der erhaltene Brei mit Waschwasser wiederholt ausgelaugt; man erhält so die Uranylsulfatlauge und die Uranlaugrückstände [ERBACHER (a)]. Dabei dürfte jedoch der größere Teil des ursprünglich in dem Mineral enthaltenen Actiniums (und ein kleinerer Teil des Ioniums-Thoriums) mit dem Uran in die schwefelsaure Lösung gehen [MARIE CURIE (b)]. Es ist schwierig, aus dieser ungeheure Uranmengen enthaltenden Lösung das Actinium abzutrennen [MARIE CURIE (c)].

2. Trennung des Actiniums von Kieselsäure, Tonerde, Blei, Aluminium, Calcium und daran gebundener Schwefelsäure.

**Behandlung mit heißer konzentrierter Natronlauge.** Die nach der Behandlung des Uranminerals mit Schwefelsäure verbleibenden Uranlaugrückstände werden mit konzentrierter Natronlauge gekocht und dann ausgewaschen. Dadurch werden Kieselsäure, Tonerde sowie Blei, Aluminium, Calcium und die damit verbundene Schwefelsäure in Lösung gebracht [ERBACHER (b)]. Das Actinium bleibt mit dem Barium-Radium-Sulfat im Rückstand.

3. Trennung des Actiniums von Barium und Radium.

**a) Behandlung mit Salzsäure.** Aus dem gewaschenen Rückstand von der Natronlauge-Behandlung der Uranlaugrückstände wird mit Salzsäure der größte Teil des darin enthaltenen Actiniums, Poloniums und Ioniums-Thoriums herausgelöst, im Rückstand bleibt das Radium-Barium-Sulfat [ERBACHER (b)]. Aus der salzsauren Lösung werden dann mit *Ammoniak im Überschuß* die sogenannten „Hydrate" gefällt, die wiederholt als Ausgangsmaterial für die Actinium-Gewinnung dienten [DEBIERNE (b), AUER v. WELSBACH (b), HENRICH (b)].

**b) Kristallisation der Chloride.** Liegt eine Mischung von Radium, Barium, Calcium, Eisen, seltenen Erden, Ionium-Thorium und Actinium vor, so erreicht man durch fraktionierte Kristallisation der Chloride eine Konzentrierung des Radiums und Bariums in der schwerstlöslichen Fraktion, während sich die übrigen genannten Elemente in den am meisten löslichen Endfraktionen ansammeln [MARIE CURIE (d)].

**c) Behandlung mit Alkohol.** Die Lösung von Bariumnitrat, dem Radiumisotop Mesothor 1 und seinen Zerfallsprodukten Mesothor 2, Radiothor usw. sowie von Lanthannitrat wird zur Trockne eingedampft und der Eindampfrückstand mit absolutem Alkohol behandelt und filtriert: in Lösung gehen das Radiothor und das Lanthan mit dem Actiniumisotop Mesothor 2, im Rückstand bleiben das Barium und die Radiumisotope Mesothor 1 und Thorium X (HAÏSSINSKIY; vgl. 9, e).

4. Trennung des Actiniums von Calcium, Blei und Wismut bzw. von Calcium und Blei allein.

**a) Behandlung mit Schwefelsäure.** Die in den „Hydraten" enthaltenen Mengen von Gips, Blei und Wismut werden großenteils durch Behandlung mit Schwefelsäure entfernt. [AUER v. WELSBACH (c), HENRICH (c)].

**b) Behandlung mit konzentrierter Salzsäure.** Bei wiederholter Behandlung der „Hydrate" mit konzentrierter Salzsäure enthält man einen Rückstand, der nur Gips, Bleisalze u. a. enthält, während Wismut und die Elemente der seltenen Erden mit Actinium in die Lösung gehen [AUER v. WELSBACH (d), HENRICH (c)].

5. Trennung des Actiniums von Blei, Kupfer und Wismut.

**Fällung mit Schwefelwasserstoff aus salzsaurer Lösung.** Aus der mit Salzsäure angesäuerten Lösung werden Blei, Kupfer, Wismut und (aus etwas vorhandenem Radium D gebildetes) Polonium mit Schwefelwasserstoff gefällt, das Actinium bleibt in Lösung [AUER v. WELSBACH (e), HENRICH (a), MARIE CURIE (e)].

6. Trennung des Actiniums von Wismut.

**Fraktionierte Fällung mit Wasser und verdünntem Ammoniak.** Die schwefelsaure bzw. salzsaure Lösung wird (nach Entfernung der Hauptmengen von Calcium, Blei und Wismut mit Schwefelsäure bzw. von Calcium und Blei allein mit konzentrierter Salzsäure, s. 4.) fraktionsweise so lange mit Wasser und verdünntem Ammoniak versetzt, wie basisches Wismut ausfällt. Der Niederschlag kann zwecks Abtrennung von eventuell adsorbiertem Actinium mit Salpetersäure gelöst und neuerdings mit Wasser und verdünntem Ammoniak gefällt werden [AUER v. WELSBACH (f), HENRICH (d)].

7. Trennung des Actiniums von den Erdalkalimetallen.

**a) Fällung mit verdünnter Natronlauge oder Ammoniak.** Die Hydroxyde der seltenen Erden (vgl. § 2) sind wesentlich schwerer löslich als die Erdalkalihydroxyde und werden daher aus salzsaurer Lösung im Gegensatz zu diesen durch verdünnte Alkalilauge oder Ammoniak auch bei Gegenwart von Ammoniumsalzen vollständig gefällt (vgl. 3, a) [AUER v. WELSBACH (g), HENRICH (a), MARIE CURIE (f), REMY (a)]. Siehe auch § 2! Doch ist dabei zu beachten, daß bei Gegenwart von Ammoniumsalzen das Actinium durch Ammoniak nicht vollständig gefällt wird [AUER v. WELSBACH (h), HENRICH (e), MARIE CURIE (g)]. Es kann aber aus basischen Lösungen bei Gegenwart von Mangan als Actinium-(Lanthan-)Manganit gefällt werden [AUER v. WELSBACH (h), HENRICH (e)]. Siehe auch § 2, II, 3, e.

**b) Fällung basischer Salze.** Eisen, Thorium, Uran und die Elemente der seltenen Erden (vgl. § 2) einschließlich Actinium werden aus der stark verdünnten salpetersauren Lösung nach Zufügen von Ammoniumnitrat durch Zugabe von verdünntem Ammoniak (1:20) unter starkem Umrühren und darauffolgendem Aufkochen fraktioniert als basische Salze gefällt, während das Calcium und verwandte Elemente in Lösung bleiben [AUER v. WELSBACH (i), HENRICH (f)]. Siehe § 2, I, 1, b.

8. Trennung des Actiniums von Eisen.

**a) Fällung mit Fluorwasserstoffsäure.** Werden die mit Ammoniak gefällten Hydroxyde mit verdünnter Fluorwasserstoffsäure behandelt, so wird das Eisen aufgelöst, während Thorium, Cer, Didym und Lanthan mitsamt dem Actinium als unlösliche Fluoride zurückbleiben. Diese werden entweder in die Sulfate oder durch Behandlung mit einer kochenden Lösung von Natronlauge und Natriumcarbonat in die Carbonate umgewandelt, die in verdünnter Salzsäure gelöst werden [DEBIERNE (c), HENRICH (g), MARIE CURIE (f)]. Doch ist dabei die Trennung des Eisens vom Thorium und den seltenen Erden mit Actinium nicht vollständig, da anscheinend die Fluoride des Lanthans und Actiniums in saurer Lösung ein wenig löslich sind. Es empfiehlt sich deshalb, die Lösung des Eisens mit Ammoniak zu fällen und die Hydroxyde auf etwa eingeschlossenes Actinium zu kontrollieren [MARIE CURIE (e)].

**b) Fällung mit Oxalsäure.** Werden die Chloride bzw. frische Ammoniakfällungen in schwach saurer Lösung mit überschüssiger Oxalsäure behandelt, so bleibt viel Eisen in Lösung, die das Actinium enthaltenden Oxalate der seltenen Erden fallen aus (werden gewaschen, zu Oxyd geglüht und in Salpetersäure gelöst) [DEBIERNE (d), AUER v. WELSBACH (k), HENRICH (b), (d)]. Doch hält dabei die das Eisen enthaltende Lösung etwas Actinium zurück, dessen Oxalat sicher wie das des Lanthans ein wenig in saurer Lösung löslich ist. Der aus der Eisenlösung gefällte Ammoniakniederschlag muß daraufhin kontrolliert werden [MARIE CURIE (g)]. Hinsichtlich der Löslichkeit von Actiniumoxalat in saurer Lösung vgl. § 2, II, 2, b). Gleichzeitig mit den Elementen der seltenen Erden wird auch das Thorium aus saurer Lösung als Oxalat gefällt [REMY (b)].

Zum besseren Verständnis sei hier eine Übersicht über die verschiedenen Trennungsmethoden, bei denen die Oxalate zur Verwendung kommen, angefügt:

Mit Oxalsäure im Überschuß werden die seltenen Erden mit Actinium ausgefällt, Eisen bleibt in Lösung (§ 1, 8, b).

Durch Behandlung mit Ammoniumoxalat bei gewöhnlicher Temperatur wird aus dem Gemisch der Erdoxalate das Thorium herausgelöst (§ 1, 9, c).

Durch Behandlung mit einer heißen gesättigten Ammoniumoxalatlösung werden die Yttererden aus dem Gemisch der Erdoxalate herausgelöst (§ 2, I, 2, a).

Die fraktionierte Behandlung der Ammoniakfällung der seltenen Erden mit Oxalsäure führt ebenfalls zur Abreicherung der Yttererden (§ 2, I, 2, b).

Die fraktionierte Kristallisation der Oxalate der Ceriterden aus stark saurer Lösung führt zur Anreicherung des Actiniums und Lanthans in der Lösung (§ 2, II, 2, b).

Die fraktionierte Kristallisation der Oxalate von Actinium und Lanthan aus stark saurer Lösung führt zur Anreicherung des Actiniums in der Lösung (§ 2, II, 3, a).

9. Trennung des Actiniums von Ionium-Thorium.

**a) Fällung mit Natriumthiosulfat $Na_2S_2O_3$ bzw. Natriumhyposulfit $Na_2S_2O_4$.** Ionium kann man durch Ausfällen mit Natriumthiosulfat bei Gegenwart von Thorium abtrennen, wobei das Actinium in Lösung bleibt [HENRICH (h)]. Man gibt zu der neutralen oder schwach sauren Lösung des Thoriumsalzes überschüssiges Natriumthiosulfat in der Hitze zu, wodurch Thoriumthiosulfat quantitativ mit Schwefel zusammen ausfällt. Am besten bereitet man sich eine Lösung des Thoriums in Salzsäure, verdampft den Überschuß soweit wie möglich, verdünnt und versetzt tropfenweise mit Ammoniak, bis ein entstehender Niederschlag nur noch schwer verschwindet. Nun erhitzt man zum Sieden und setzt einen Überschuß von Thiosulfat zu. Man kocht noch einige Zeit, bis der Niederschlag sich gut absetzt und filtriert. Ist Cerium beigemengt, so muß die Fällung wiederholt werden. Wie Thorium werden auch Zirkon und Scandium durch Thiosulfat gefällt; jedoch ist Zirkonoxalat in überschüssiger Oxalsäure löslich [HENRICH (i)]. Man kann zur Abtrennung des Thoriums von den seltenen Erden und Actinium die Fällung anstatt mit Natriumthiosulfat auch mit Natriumhyposulfit ausführen [MARIE CURIE (e)]. Eventuell in dem Thoriumniederschlag bzw. in dem damit ausgefallenen Schwefel eingeschlossenes Actinium kann dadurch entfernt werden, daß man den Niederschlag mit Salzsäure auskocht, vom Schwefel und Filterresten abfiltriert und das Thorium, nachdem seine Lösung mit Ammoniak fast neutralisiert war, mit Oxalsäure fällt [HENRICH (k)], bzw. daß man den Schwefel in einem geschlossenen Gefäß abdestilliert, der sich dann völlig inaktiv niederschlägt [MARIE CURIE (g)].

**b) Fällung mit Wasserstoffperoxyd.** Versetzt man eine neutrale oder ganz schwach salzsaure oder schwach salpetersaure (höchstens 1 $cm^3$ $HNO_3$ 1:10 auf 100 $cm^3$) Lösung von Thorium mit Ammoniumnitrat und einigen Kubikzentimetern 10%igem reinem Wasserstoffperoxyd und erwärmt auf 60°, so scheidet sich ein flockiger Niederschlag von Thoriumperoxydhydrat ab, der nach dem Abfiltrieren gut ausgewaschen wird. Bei der Veraschung muß man den Niederschlag gut in das Filter einwickeln und vorsichtig erhitzen, weil das Peroxydhydrat bei der Überführung in Thoriumdioxyd spratzt. Die Cererden fallen hierbei mit aus [HENRICH (l)]. Actinium wird, wie mit Mesothor 2 geprüft wurde, von dem in schwach salpetersaurer Lösung durch Wasserstoffperoxyd gefällten Thoriumhydroxyd nicht adsorbiert (YOVANOVITCH).

**c) Behandlung mit Ammoniumoxalat** (vgl. bei § 1, 8, b!). Die salpetersaure Lösung von Thorium und seltenen Erden wird erst mit Oxalsäure gefällt und der Niederschlag dann zur Entziehung von Thorium mit Ammoniumoxalat ausgezogen [AUER v. WELSBACH (l), HENRICH (m), MARIE CURIE (g)]. Dabei ist zu beachten, daß sich Actinium bei Gegenwart von Ammoniumsalzen durch Ammoniumoxalat nicht vollständig niederschlagen läßt [AUER v. WELSBACH (h), HENRICH (n)]. (Siehe § 2, II, 3, e.) Eine eventuell zu Meßzwecken gewünschte Umwandlung der übrigbleibenden Oxalate in die Oxyde durch Glühen macht die Möglichkeit, die Oxyde wieder aufzulösen, keineswegs zunichte, solange ein Gemisch von Thorium und seltenen Erden vorliegt, erst im Fall des reinen Thoroxalates ist die Auflösung des geglühten Oxyds unmöglich [MARIE CURIE (g)].

**d) Fällung mit Natriumsubphosphat $NaHPO_3$ bzw. Natriumpyrophosphat $Na_4P_2O_7$.** Die Fällung des Thoriums mit einer konzentrierten Lösung von Natriumsubphosphat in stark salzsaurer Lösung in der Hitze gilt zugleich als der empfindlichste Nachweis des Thoriums. Es fällt dabei Thoriumsubphosphat $ThP_2O_6 \cdot 11\,H_2O$ aus, während die 3wertigen Erden in Lösung bleiben, wenn die Lösung stark sauer ist. Ist Titansäure vorhanden, so hindert ein Zusatz von Wasserstoffperoxyd auch die Fällung des Titans, da Pertitansäure durch Subphosphat nicht gefällt wird [HENRICH (o)]. Man kann die Thoriumfällung auch mit Natriumpyrophosphat in 0,3 n Salzsäure ausführen [MARIE CURIE (g)].

**e) Behandlung mit Pyridin.** Die alkoholische Lösung von Lanthannitrat mit dem Actiniumisotop Mesothor 2 und von Radiothor (siehe 3, c) wird mit kristallisiertem Thoriumnitrat und Pyridin versetzt, wodurch Thorium und Radiothor ausfallen. Das Filtrat enthält Lanthan und sehr reines Mesothor 2, das mit dem Lanthan als Hydroxyd oder Oxalat gewonnen werden kann (HAÏSSINSKIY).

Literatur.

AUER v. WELSBACH, C.: (a) M. **31**, 1197 (1910); Z. anorg. Ch. **69**, 387 (1911); (b) M. **31**, 1159 (1910); Z. anorg. Ch. **69**, 353 (1911); (c) Ber. Wien. Akad. **119**, **IIa**, 1011 (1910); M. **31**, 1162, 1200 (1910); Z. anorg. Ch. **69**, 355, 389, 390 (1911); (d) Ber. Wien. Akad. **119**, **IIa**, 1011 (1910); M. **31**, 1177, 1181 (1910); Z. anorg. Ch. **69**, 369, 372 (1911); (e) M. **31**, 1166, 1172, 1200 (1910); Z. anorg. Ch. **69**, 359, 365, 389 (1911); (f) Ber. Wien. Akad. **119**, **IIa**, 1011 (1910); M. **31**, 1162, 1178, 1181, 1183, 1200 (1910); Z. anorg. Ch. **69**, 356, 369, 372, 374, 389 (1911); (g) M. **31**, 1175 (1910); Z. anorg. Ch. **69**, 367 (1911); (h) Ber. Wien. Akad. **119**, **IIa**, 1, 1011 (1910); M. **31**, 1168 (1910); Z. anorg. Ch. **69**, 361 (1911); (i) M. **31**, 1173, 1178 (1910); Z. anorg. Ch. **69**, 365, 370 (1911); (k) M. **31**, 1166, 1175, 1181, 1199 (1910); Z. anorg. Ch. **69**, 359, 367, 372, 389 (1911); (l) Ber. Wien. Akad. **119**, **IIa**, 1011 (1910); M. **31**, 1175, 1178, 1179, 1185, 1186 (1910); Z. anorg. Ch. **69**, 367, 370, 371, 376, 377 (1911).

CURIE, MARIE: (a) J. Chim. phys. **27**, 7 (1930); (b) **27**, 6 (1930); (c) **27**, 8 (1930); (d) **27**, 2 (1930); (e) **27**, 3, 4 (1930); (f) **27**, 3 (1930); (g) **27**, 4 (1930).

DEBIERNE, A.: (a) C. r. **130**, 906 (1900); **131**, 333 (1900); (b) C. r. **129**, 594 (1899); (c) C. r. **130**, 906 (1900); (d) C. r. **130**, 906 (1900); **139**, 539 (1904).

ERBACHER, O.: (a) GM., Syst.-Nr 31: Radium und Isotope, S. 28; (b) GM., Syst.-Nr 31: Radium und Isotope, S. 34.

GIESEL, F.: B. **37**, 1698 (1904); **38**, 776 (1905).

HAÏSSINSKIY, M.: C. r. **196**, 1788 (1933). — HENRICH, F.: (a) Chemie und chemische Technik radioaktiver Stoffe, S. 244. Berlin 1918; (b) Chemie usw. S. 243, 244; (c) S. 333; (d) S. 333, 334; (e) S. 245, 339; (f) S. 245, 333, 334, 339; (g) S. 243; (h) S. 245; (i) S. 258, 259; (k) S. 260; (l) S. 259, 260; (m) S. 336; (n) S. 339; (o) S. 259.

REMY, H.: (a) Lehrbuch der anorganischen Chemie, Bd. 2, S. 380. Leipzig 1932; (b) Lehrbuch der anorganischen Chemie, Bd. 2, S. 41. Leipzig 1932.

YOVANOVITCH, D. K.: J. Chim. phys. **23**, 16 (1926).

## § 2. Trennung des Actiniums von den Elementen der seltenen Erden.

Zu den Elementen der seltenen Erden gehören die Elemente 21 Scandium, 39 Yttrium, 57 Lanthan und die Lanthanidengruppe 58 Cerium bis 71 Cassiopeium. Seinem chemischen Verhalten nach wäre auch das höhere Homologe des Lanthans, das Actinium in die Gruppe der seltenen Erden einzubeziehen, während das Thorium als naher Verwandter zu gelten hat. Dem allgemeinen Verhalten nach unterscheidet man bei den Elementen der seltenen Erden folgende Untergruppen:

Lanthanidengruppe

$_{58}Ce$ $_{59}Pr$ $_{60}Nd$ $_{61-62}Sm$ | $_{63}Eu$ $_{64}Gd$ $_{65}Tb$ (2. Terbinerden) | $_{66}Dy$ $_{67}Ho$ $_{68}Er$ $_{69}Tu$ (3. Erbinerden) | $_{70}Yb$ $_{71}Cp$ (4. Ytterbinerden)

Gruppe IIIa i. period. System: [$_{89}Ac$] $_{57}La$ — I. Ceriterden; $_{39}Y$ (1.) … $_{21}Sc$ (5.) — II. Yttererden

Die Verbindungen des Actiniums haben sich als isomorph mit denen des Lanthans erwiesen. (STRÖMHOLM und THE SVEDBERG.)

## I. Trennung des Actiniums von den Elementen der Yttererden.

1. Als Hydroxyde.

**a) Fraktionierte Fällung mit Ammoniak bzw. Natronlauge.** Durch tropfenweisen Zusatz von sehr verdünnter Alkalilauge zur Lösung der 3wertigen Ionen der seltenen Erden erfolgt die Fällung in der Reihenfolge Sc, Cp, Yb, Tu, Er, Ho, Dy, Tb, Sm, Gd, Eu, Y, Nd, Pr, Ce, La. Man erreicht auf diese Weise zwar keine völlige Trennung der Elemente der seltenen Erden, es tritt aber bei öfterer Wiederholung der fraktionierten Fällungen eine der angegebenen Reihenfolge entsprechende teilweise Scheidung ein. Die so erhaltene Reihe entspricht einer solchen von steigenden Werten der Löslichkeitsprodukte und damit steigender Basizität der Hydroxyde. Das am schwächsten basische Hydroxyd der Lanthanidengruppe, das Cassiopeiumhydroxyd, leitet zum Scandiumhydroxyd über, im Vergleich zu dem es allerdings noch verhältnismäßig stark basisch ist, so daß Scandium von den übrigen seltenen Erden verhältnismäßig leicht durch fraktionierte Fällung mit Ammoniak getrennt werden kann [Remy (a)].

Das Actinium steht in seinem basischen Charakter zwischen Lanthan und Calcium [Auer v. Welsbach (a), Henrich (a)]. Bei der fraktionierten Fällung der Elemente der seltenen Erden aus salzsaurer Lösung mit Ammoniak [Auer v. Welsbach (b), Henrich (b)] ist zu beachten, daß das Actinium durch Ammoniak bei Gegenwart von Ammoniumsalzen nur unvollkommen gefällt wird [Auer v. Welsbach (c), Henrich (c), Marie Curie (a)]. Über die vollständige Fällung als Manganit vgl. II, 3, e.

**b) Fraktionierte Fällung basischer Salze aus salpetersaurer Lösung mit verdünntem Ammoniak („Hydratverfahren" von Auer v. Welsbach).** In die stark verdünnte salpetersaure Lösung läßt man nach Zugabe von Ammonnitrat unter lebhaftem Umrühren stark verdünntes Ammoniak (1:20) einfließen, bis sich ein entsprechender Teil der Hydroxyde abgeschieden hat, und kocht dann auf. Die abgeschiedenen Hydroxyde wirken dann auf die noch in Lösung befindlichen Nitrate ein und bilden basische Salze. Durch mehrmalige Wiederholung dieser Fällung nach jedesmaliger Abtrennung des Niederschlags läßt sich unschwer eine fast quantitative Trennung der einzelnen Bestandteile bzw. Gruppen von Bestandteilen durchführen. Zuerst fällt dabei Eisen aus, das am leichtesten basische Salze bildet, dann folgt Thorium, das auch in schwach sauren Lösungen noch leicht basisch wirkt, weiter Uran, dann fallen die Elemente der seltenen Erden in der Reihenfolge Scandium, die Ytterbinerden Cassiopeium und Ytterbium und dann nacheinander die übrigen Erden der Yttererden, zuletzt die Ceriterden [darunter die Cer(III)-salze, während Cer(IV)-salze sehr leicht basische Salze geben und daher mit den ersten Fraktionen ausfallen]. Von den Ceriterden bildet das Lanthan als stärkste Base unter den vorliegenden Reaktionsbedingungen am schwierigsten basische Salze. Das Calcium und verwandte Elemente bleiben in Lösung [Auer v. Welsbach (d), Henrich (d)].

2. Als Oxalate.

Bei den Oxalaten der seltenen Erden steigt die Löslichkeit (La $<$ Sc) im großen und ganzen (genauere Angaben bei Sarver und Brinton) mit abnehmender Basizität (La $>$ Sc), während umgekehrt die Säurelöslichkeit (La $>$ Sc) der Oxalate beim Lanthanoxalat am größten ist (vgl. II, 2, b) [Remy (b)].

**a) Behandlung mit heißer Ammoniumoxalatlösung** (vgl. bei § 1, 8, b!). Die verschiedene Löslichkeit der Oxalate der seltenen Erden (Sc $>$ Y $>$ La) in einer heißen gesättigten Ammoniumoxalatlösung ist ein wichtiges Mittel zur Trennung der seltenen Erden voneinander [Remy (c)]. Nach der Abtrennung des Thoriums werden die seltenen Erden mit Ammoniak als Hydroxyde gefällt, in Oxalate umgewandelt und dann mit einer kochenden Lösung von Ammoniumoxalat behandelt. Die dabei unlöslich gebliebenen Oxalate enthalten Actinium in einer Mischung von Cer, Lanthan, Neodym und Praseodym [AUER v. WELSBACH (e), MARIE CURIE (b)], während sich die Oxalate von Scandium und Yttrium in der heißen gesättigten Ammoniumoxalatlösung unter Bildung von Doppeloxalaten lösen [REMY (c)].

**b) Fraktionierte Fällung der Oxalate** (vgl. bei § 1, 8, b!). Behandelt man die Ammoniakfällung der seltenen Erden fraktioniert mit Oxalsäure, so wird das Actinium mit den Ceriterden angereichert, und zwar ist das Actinium vom Lanthan am schwersten zu trennen [GIESEL (a), AUER v. WELSBACH (f), HENRICH (b)].

## II. Trennung des Actiniums von den Ceriterden.

### 1. Trennung des Actiniums von Cerium.

**a) Fällung des Cer(IV)-hydroxyds.** In der salpetersauren Lösung der Ceriterden wird zunächst das Cer(IV)-salz zu Cer(III)-salz reduziert, dann die Lösung durch Zugabe von Alkalicarbonat fast neutralisiert, erwärmt und hierauf eine Lösung, enthaltend 1 Mol $KMnO_4$ auf 4 Mol $K_2CO_3$ oder $Na_2CO_3$, hinzugefügt. $MnO_4$ wird dabei zu $Mn^{4+}$ reduziert und $Ce^{3+}$ zu $Ce^{4+}$ oxydiert, und es fallen Mangandioxydhydrat und Cer(IV)-hydroxyd aus. Der Niederschlag enthält nur sehr wenig Actinium, das übrigens durch Wiederholung der Fällung nach vorausgegangener Abtrennung des Mangans als Mangandioxyd wiedergewonnen werden kann. Aus der Lösung, die einen kleinen Überschuß von Kaliumpermanganat enthält, werden die seltenen Erden als Oxalate gefällt und durch Glühen in Oxyde übergeführt [MARIE CURIE (b), (a)]. Vgl. Mesothor 2, C, a, $\xi$.

**b) Fällung von basischem Cer-Salz.** Man löst das Oxydgemisch in Salpetersäure, vertreibt den Säureüberschuß durch Eindampfen der Lösung bis zur Sirupbildung und löst diesen dann durch Zugabe von Wasser. Darauf fügt man zur warmen Lösung eine genügende Menge von Ammoniumnitrat (WYROUBOFF und VERNEUIL) oder Ammoniumpersulfat zu und kocht auf. Dadurch wird das Cer als basisches Salz gefällt, während die anderen Erden Lanthan, Praseodym, Neodym und Samarium sowie das Actiniumisotop Mesothor 2 in der Lösung bleiben, die die violette Farbe der Didymsalze annimmt und aus der die Erden mit Oxalsäure wieder gefällt werden können [YOVANOVITCH (a)].

**c) Behandlung der alkalischen Lösung mit Chlor bzw. Brom.** $\alpha$) Die Lösung der Chloride oder Nitrate wird mit Kalilauge oder Natronlauge im Überschuß gefällt und dann durch die suspendierten Hydroxyde ein Chlorstrom geleitet. Dadurch wird Cer(III)-hydroxyd zu unlöslichem Cer(IV)-hydroxyd oxydiert, die Hydroxyde von Lanthan, Praseodym, Neodym und Samarium werden dagegen in die Chloride verwandelt und gelöst (MOSANDER, DENNIS und MAGEE, KRÜSS). Das ebenfalls in der Mischung der Hydroxyde befindliche Actiniumisotop Mesothor 2 geht dabei gleichfalls in die Lösung [YOVANOVITCH (a)].

$\beta$) Die Oxyde der Ceriterden werden in die Hydroxyde verwandelt und in der alkalischen Lösung suspendiert. Fügt man Brom zur Suspension, dann geht das Lanthanhydroxyd als erstes in Lösung (BROWNING) und mit ihm 87,4% des in der Mischung ebenfalls enthaltenen Actiniumisotops Mesothor 2, während Neodym und Praseodym noch ungelöst sind (GLEDITSCH und CHAMIÉ).

**d) Herauslösen mit Äther.** Liegt eine Mischung der Salze von Cer, Lanthan und Actinium vor, so läßt sich das Cer(IV) aus diesem Gemisch mit Äther ausschütteln, von dem Actinium geht weniger als 1% in den Äther (IMRE).

### 2. Trennung des Actiniums von Neodym, Praseodym und Samarium.

**a) Fraktionierte Kristallisation der Doppelnitrate des Ammoniums.** Bei der fraktionierten Kristallisation der Doppelnitrate der Ceriterden und des Ammoniums in salpetersaurer Lösung bei Gegenwart von Ammoniumnitrat (AUER v. WELSBACH), geht das Actinium zusammen mit dem Lanthan in die weniger lösliche Fraktion [GIESEL (b), AUER v. WELSBACH (h), MARIE CURIE (b)]. So z. B. zeigten sieben Fraktionen eines Gemisches von Actinium, Lanthan, Neodym und Samarium folgende willkürliche Actiniumaktivitäten (die Messungen wurden 4½ Monate nach der Umwandlung in die Oxalate ausgeführt):

La ——————————————→ Sm

| Fraktion | 1 | 2 | 3 | 4 | 5 | 6 | 7 |
|---|---|---|---|---|---|---|---|
| Aktivität | 3,37 | 2,75 | 2,26 | 1,58 | 1,91 | 1,05 | 0,82 |

(MAURICE CURIE und TAKVORIAN).

Auch beim Einengen des in konzentrierter Salpetersäure gelösten Gemisches des Actiniumisotops Mesothor 2 mit Lanthan, Praseodym, Neodym und Samarium bei Gegenwart von Ammoniumnitrat enthielten die entsprechenden Fraktionen stets einen annähernd gleich großen, mit fortschreitender Fraktionierung langsam abfallenden Anteil des Actiniumisotops. So betrug beispielsweise die prozentuale Verteilung des Mesothor 2 in den einzelnen Fraktionen auf gleiche Gewichtsmengen der Fällungen bezogen:

| Fraktion . . . | 1 | 2 | 3 | 4 | 5 |
|---|---|---|---|---|---|
| % Mesothor 2 . | 28,2 | 23,9 | 19,1 | 16,2 | 12,6 |

[YOVANOVITCH (b)].

War ein wenig Cer in der Lösung, so scheidet sich dieses in Form schöner roter Kristalle an erster Stelle aus. Der Fortschritt der Operationen kann durch Prüfung der Absorptionsspektren der verschiedenen Fraktionen verfolgt werden, wobei sich die Gegenwart des Didyms (Neodym und Praseodym) durch charakteristische Absorptionslinien anzeigt. Wenn diese Linien nicht mehr erscheinen, dann liegt praktisch nur mehr Lanthan vor, die erhaltenen Kristalle sind dann völlig farblos, und das daraus erhaltene Oxyd ist rein weiß. Die Gewinnung des Actiniums mit dem Lanthan ist dabei befriedigend, der Gehalt der am Ende ausgeschiedenen Fraktion an Actinium ist schwach. Die fraktionierte Kristallisation der Doppelnitrate der Ceriterden und des Ammoniums ist, da sie zur Anreicherung des Actiniums mit dem Lanthan führt, dann nicht zweckmäßig, wenn in dem Gemisch der Ceriterden das Lanthan vorherrscht [MARIE CURIE (c)].

**b) Fraktionierte Kristallisation der Oxalate aus stark saurer Lösung.** (Vgl. bei § 1, 8, b!) Werden stark saure Nitratlösungen der Ceriterden mit Oxalsäure fraktioniert gefällt, so reichert sich das Actinium in der Mutterlauge der Oxalatfällungen an [GIESEL (c), AUER v. WELSBACH (i), HENRICH (e)]. Bei der fraktionierten Fällung von Lanthan, Praseodym, Neodym und Samarium aus heißer, 5% freie Salpetersäure enthaltenden Lösung wird erst das Samarium gefällt und schließlich das Actiniumisotop Mesothor 2 in den letzten Fraktionen mit dem Lanthan angereichert. Beispielsweise betrug die prozentuale Verteilung des Mesothor 2 in den einzelnen Fraktionen auf gleiche Gewichtsmengen der Fällung bezogen:

| Fraktion. . . . . . . | 1 | 2 | 3 | 4 |
|---|---|---|---|---|
| % Mesothor 2. . . . . | 0,8 | 9,2 | 18,9 | 71,1 |

[YOVANOVITCH (c)].

Durch Umkristallisation der Oxalate der Ceriterden aus Salpetersäure oder Salzsäure geht das Actinium in die am leichtesten löslichen Fraktionen und kann so von den Ceriterden und zum Teil auch von Lanthan abgetrennt werden. Man sättigt heiße Salzsäure mit den Edelerdenoxalaten, nach dem Erkalten scheidet sich der größte Teil (der das Ionium enthält) wieder ab. Die Mutterlauge enthält dann fast alles Actinium [KEETMAN, HENRICH (f)].

Löslichkeit des Actiniumoxalates in 0,1 n Salzsäure. Bei sehr ähnlichen Mischkristallsystemen scheint ein ungefähres Parallelgehen zwischen den

Löslichkeiten und den An- bzw. Abreicherungen der Mikrokomponente in den Kristallen zu bestehen. Bei Fällungen der Oxalate der seltenen Erden Lanthan, Cer, Praseodym und Neodym in Anwesenheit des Actiniumisotops Mesothor 2 aus 0,1 n Salzsäure wurde zwar das Actinium in die Kristalle aufgenommen, es fand aber immer eine Abreicherung statt, und der Betrag der Abreicherung stimmte innerhalb gewisser Grenzen ganz gut mit dem Gang der sehr genau bestimmten Löslichkeiten der Erdoxalate in 0,1 n Salzsäure (SARVER und BRINTON) überein. Die Ergebnisse sind in der folgenden Tabelle 1 zusammengestellt.

Tabelle 1.

| Oxalat | g Löslichkeit in 100 g n/10 Salzsäure | Verteilung in 100 g n/10 HCl | | $\frac{\text{Verteilung}}{\text{Löslichkeit}}$ |
|---|---|---|---|---|
| | | gefunden | nach Mittelwert $\frac{\text{Verteilung}}{\text{Löslichkeit}}$ berechnet | |
| La | 0,021 | 0,39 | 0,42 | 18,6 |
| Ce | 0,013 | 0,32 | 0,26 | 24,4 |
| Pr | 0,0098 | 0,21 | 0,20 | 21,4 |
| Nd | 0,0076 | 0,12 | 0,15 | 15,8 |
| | | | Mittel | 20 |

Aus diesem mittleren Wert 20 für das Verhältnis Verteilung/Löslichkeit ergibt sich für ein gewichtsmäßig vorliegendes Actiniumoxalat, für das die Verteilung seines Isotops Mesothor 2 natürlich 1 wäre, die Löslichkeit zu 0,05 g in 100 g n/10 HCl (HAHN und WEVER).

**c) Fraktionierte Fällung mit verdünntem Ammoniak.** Da das Actiniumhydroxyd basischer als die Hydroxyde von Lanthan, Praseodym, Neodym und Samarium ist, erhält man bei der fraktionierten Fällung mit 0,1 n Ammoniak eine Anreicherung des Actiniums (untersucht mit dem Actiniumisotop Mesothor 2) mit dem Lanthan in den letzten Fraktionen. So betrug beispielsweise die prozentuale Verteilung des Mesothor 2 in den einzelnen Fraktionen auf gleiche Gewichtsmengen der Fällung bezogen:

| Fraktion | 1 | 2 | 3 | 4 |
|---|---|---|---|---|
| % Mesothor 2 | 4,31 | 10,1 | 26,3 | 59,3 |

[YOVANOVITCH (d)]. Vgl. auch I, 1, a.

**d) Fällung mit einer konzentrierten Kaliumsulfatlösung.** Aus der Lösung der Nitrate von Lanthan, Praseodym, Neodym und Samarium kann man durch eine konzentrierte Kaliumsulfatlösung den größten Teil des Lanthans und Praseodyms fällen, in Lösung bleiben Neodym und Samarium, da die Doppelsulfate von Lanthan und Praseodym schwerer löslich sind als das des Neodyms (SCHÜTZENBERGER und BOUDOUARD). Das Actinium geht dabei mit dem Lanthan [GIESEL (d), HENRICH (b)]. So z. B. werden bei Gegenwart des Actiniumisotops Mesothor 2 über 90% des Mesothor 2 in der ersten Lanthan und Praseodym enthaltenden Fraktion erhalten [YOVANOVITCH (e)].

**e) Behandlung der alkalischen Lösung mit Brom.** Vgl. II, 1, c, $\beta$!

3. Trennung des Actiniums von Lanthan.

**a) Fraktionierte Kristallisation der Oxalate aus saurer Lösung** (vgl. bei § 1, 8, b!). Bei der fraktionierten Kristallisation der Oxalate von Lanthan und Actinium (vgl. 2, b) aus Salpetersäure oder Salzsäure geht das Actinium in die leichter lösliche Fraktion und kann so vom Lanthan zum Teil abgetrennt werden [KEETMAN, HENRICH (f)]. Vgl. die Unvollständigkeit der Fällung des Actiniums mit den seltenen Erden als Oxalate aus salpeter- oder salzsaurer Lösung (§ 1, 8, b und 9, c).

Als Beispiel für die dadurch erzielte Anreicherung sei die Verarbeitung von 80 g $La_2O_3$, enthaltend 1560 willkürliche $\beta$-Aktivitätseinheiten von Actinium, mitgeteilt, wobei die vier Fraktionen von insgesamt zehn Verarbeitungen zusammengerechnet sind, die aus salpetersaurer Lösung von jeweils passender Konzentration gewonnen wurden:

| Fraktion | 1 | 2 | 3 | 4 |
|---|---|---|---|---|
| % $La_2O_3$ | 77,5 | 7,4 | 9,5 | 2,0 |
| % Ac | 4,7 | 3,9 | 19,9 | 71,5 |

Die Fraktionierung des Oxalats von Lanthan und des Actiniumisotops Mesothor 2 zeigt die folgenden Ergebnisse, wobei in beiden Fällen die geringe in der Endlösung gebliebene Actiniummenge (etwa 3%) nicht mitgerechnet ist.

Tabelle 2.

| Fraktion | 1. aus n $HNO_3$ | 2. mit $H_2O$ bis n/2 $HNO_3$ | 3. durch Neutralisation mit $NH_3$ |
|---|---|---|---|
| % von 1,09 g Lanthanoxalat . . . | 75,9 | 23,6 | 0,37 |
| % Mesothor 2 . . . . . . . . . . . | 1,4 | 6,8 | 91,8 |
| % von 1,424 g Lanthanoxalat . . . | 98,3 | — | 1,7 |
| % Mesothor 2 . . . . . . . . . . . | 4,2 | — | 95,8 |

Man sieht aus allen diesen Ergebnissen, daß bei der Fällung durch Oxalsäure in salpeter- oder salzsaurer Lösung das Lanthan leichter ausfällt als das Actinium. Bei diesem Fraktionierungsverfahren steht dem Vorteil einer verhältnismäßig guten Anreicherung des Actiniums der Nachteil einer etwas umständlichen Arbeitsweise gegenüber. Man muß nämlich jedesmal das gefällte Oxalat in Oxyd umwandeln, bevor man eine neue Fällung ausführt. Ebenso muß (zum Zwecke der Messung) aus jeder von einer unvollständigen Fällung herrührenden Lösung das Lanthan herausgeholt und als Oxyd gewonnen werden. Schließlich müssen die bei den letzten Fällungen erhaltenen ammoniakalischen Lösungen verdampft und die Rückstände geglüht werden, um das noch darin befindliche Actinium (etwa 3%) zu sammeln [MARIE CURIE (b), (d)].

**b) Fraktionierte Kristallisation der Doppelnitrate des Magnesiums.** Bei der fraktionierten Kristallisation der Nitrate von Actinium, Lanthan, Neodym und Samarium zusammen mit Magnesiumnitrat fällt zuerst das Magnesium-Lanthan-Nitrat aus (DEMARCAY), das Actinium sammelt sich mit Neodym und Samarium in der Mutterlauge an [DEBIERNE (a), GIESEL (e), HENRICH (g), (b)]. In sieben Fraktionen aus salpetersaurer Lösung eines Gemisches Actinium, Lanthan, Neodym und Samarium wurden folgende willkürliche Actinium-Aktivitäten erhalten (die Messungen wurden 4½ Monate nach der Umwandlung in die Oxalate ausgeführt):

La ——————————————→ Sm

| Fraktion | 1 | 2 | 3 | 4 | 5 | 6 | 7 |
|---|---|---|---|---|---|---|---|
| Aktivität | 1,09 | 2,15 | 5,62 | 7,10 | 9,89 | 4,0 | 2,85 |

(MAURICE CURIE und TAKVORIAN).

**c) Fraktionierte Kristallisation der Doppelnitrate des Mangans.** Bringt man die Nitrate von Actinium, Lanthan, Neodym und Samarium mit Mangannitrat zusammen, so entstehen Doppelsalze, bei deren fraktionierter Kristallisation sich das Actinium mit Neodym und Samarium in den Mutterlaugen ansammelt [DEBIERNE (b), HENRICH (g)].

**d) Fraktionierte Kristallisation der Doppelnitrate des Ammoniums.** Die fraktionierte Kristallisation des Lanthans und des Actiniumisotops Mesothor 2 mit Ammoniumnitrat in salpetersaurer Lösung führt nur zu einer schwachen und unstetigen Anreicherung des Actiniumisotops in den Kristallen [MARIE CURIE (b), (e)].

**e) Fällung als Manganit.** Actinium läßt sich bei Gegenwart von Ammoniumsalzen weder durch Ammoniak noch durch Ammonoxalat vollständig niederschlagen (vgl. § 1, 7, a und 9, c). Es kann dann aus basischer Lösung bei Gegenwart von Mangan nahezu vollständig als Actinium-(Lanthan-)Manganit gefällt werden [AUER v. WELSBACH (k), HENRICH (c)].

## Literatur.

AUER v. WELSBACH, C.: (a) M. **31**, 1160 (1910); Z. anorg. Ch. **69**, 354 (1911); (b) M. **31**, 1198 (1910); Z. anorg. Ch. **69**, 388 (1911); (c) Ber. Wien. Akad. **119**, **IIa**, 1, 1011 (1910); M. **31**, 1168 (1910); Z. anorg. Ch. **69**, 361 (1911); (d) Ber. Wien. Akad. **119**, **IIa**, 1011 (1910); M. **31**. 1173, 1178 (1910); Z. anorg. Ch. **69**, 365, 370 (1911); (e) M. **31**, 1163, 1167 (1910); Z. anorg. Ch. **69**, 356, 360 (1911); (f) M. **31**, 1182, 1184 (1910); Z. anorg. Ch. **69**, 373, 375 (1911); (g) M, **6**, 477 (1885); (h) M. **31**, 1196 (1910); Z. anorg. Ch. **69**, 386 (1911); (i) Ber. Wien. Akad. **119**, **IIa**, 1011 (1910); M. **31**, 1167, 1182, 1195 (1910); Z. anorg. Ch. **69**, 360, 373, 385 (1911); (k) Ber. Wien. Akad. **119**, **IIa**, 1011 (1910); M. **31**, 1169 (1910); Z. anorg. Ch. **69**, 361 (1911).

BROWNING, P. E.: C. r. **158**, 1679 (1914).

CURIE MARIE: (a) J. Chim. phys. **27**, **4** (1930); (b) **27**, 3 (1930); (c) **27**, 5 (1930); (d) **27**, 7 (1930); (e) **27**, 6 (1930). — CURIE, MAURICE, u. S. TAKVORIAN: C. r. **198**, 1688 (1934).

DEBIERNE, A.: (a) in MARIE CURIE: Die Radioaktivität, Bd. 1, S. 181. Leipzig 1912; (b) C. r. **139**, 540 (1904). — DEMARCAY, E.: C. r. **130**, 1019 (1900). — DENNIS, L. M., u. W. H. MAGEE: Z. anorg. Ch. **7**, 252 (1894).

GIESEL, F.: (a) B. **35**, 3611 (1902); **36**, 343 (1903); **37**, 1698 (1904); (b) B. **38**, 777 (1905); (c) B. **35**, 3611 (1902); (d) B. **36**, 343, 344 (1903); (e) B. **38**, 776 (1905); in MARIE CURIE: Die Radioaktivität, Bd. 1, S. 183. Leipzig 1912. — GLEDITSCH, E., u. C. CHAMIÉ: C. r. **182**, 381 (1926).

HAHN, O., u. I. WEVER: in O. HAHN: Applied Radiochemistry, S. 89. Ithaca, New York 1936. — HENRICH, F.: (a) Chemie und chemische Technik radioaktiver Stoffe, S. 242. Berlin 1918; (b) S. 244; (c) S. 245, 339; (d) S. 244, 333, 334, 339; (e) S. 334, 339; (f) S. 245; (g) S. 243.

IMRE, L.: Z. anorg. Ch. **166**, 13 (1927).

KEETMAN, B.: Diss. Berlin 1909. — KRÜSS, G.: A. **265**, 13 (1891).

MOSANDER: J. pr. **30**, 276 (1843).

REMY, H.: (a) Lehrbuch der anorganischen Chemie, Bd. 2, S. 380. Leipzig 1932; (b) Lehrbuch usw., Bd. 2, S. 391. Leipzig 1932; (c) Lehrbuch usw., Bd. 1, S. 290. Leipzig 1932.

SARVER, L. A., u. P. H. M. P. BRINTON: Am. Soc. **49**, 943 (1927). — SCHÜTZENBERGER, P., u. O. BOUDOUARD: Bl. (3) **19**, 228 (1898). — STRÖMHOLM, D., u. THE SVEDBERG: Z. anorg. Ch. **63**, 199 (1909).

WYROUBOFF, u. A. VERNEUIL: Bl. (3) **17**, 680 (1897); (3) **19**, 224 (1898); C. r. **124**, 1231 (1897).

YOVANOVITCH, D. K.: (a) J. Chim. phys. **23**, 17 (1926); (b) C. r. **175**, 309 (1922); J. Chim. phys. **23**, 24 (1926); (c) C. r. **175**, 309 (1922); J. Chim. phys. **23**, 20 (1926); (d) C. r. **175**, 309 (1922); J. Chim. phys. **23**, 18 (1926); (e) C. r. **175**, 309 (1922); J. Chim. phys. **23**, 21 (1926).

## § 3. Trennung des Actiniums von anderen radioaktiven Atomarten.

### I. Trennung des Actiniums von seiner Muttersubstanz Protactinium.

**a) Beim Vorliegen eines Gemisches mit anderen Elementen.** Liegen das Protactinium und das Actinium in einem Gemisch mit anderen Elementen vor, wie es z. B. in Uranlaugenrückständen der Fall ist, so führt Erwärmen mit Flußsäure und Schwefelsäure zu einer Trennung des Actiniums und Protactiniums, indem Uranoxyfluorid, Blei, Erdalkalimetalle, seltene Erden und mit diesen das Actinium (nebst allen übrigen radioaktiven Atomarten) ungelöst bleiben. In Lösung gehen dabei Eisen, Zirkon, Erdsäuren und Protactinium [HAHN und MEITNER, v. GROSSE (a), GRAUE und KÄDING (a)], auf Grund der leichteren Löslichkeit von PaO in Flußsäure [v. GROSSE (b)].

**b) Beim Vorliegen von Protactinium und Actinium allein.** Liegt das Protactinium als reines Kalium-Protactinium-Doppelfluorid $K_2PaF_7$ vor (hergestellt durch Lösen von $Pa_2O_5$ in Flußsäure und Zugabe von so viel Kaliumfluorid, wie für die Kristallisation des Doppelfluorids notwendig ist [GRAUE und KÄDING (b)] und wurde das Salz entsprechend lange gelagert, um eine genügende Menge von Actinium (Halbwertszeit $T = 13{,}5$ Jahre) nachzubilden, so erhält man durch Auflösen des Kalium-Protactinium-Doppelfluorids in verdünnter Flußsäure und Zugabe einer geringen Menge Lanthansalz einen Niederschlag von Lanthanfluorid, der das Actinium enthält. Aus dem Filtrat wird das Protactinium durch Zugabe von genügend Kaliumfluorid wieder als Doppelfluorid gefällt.

## II. Trennung des Actiniums von seinen Zerfallsprodukten.

Da keines der Zerfallsprodukte des Actiniums mit diesem isotop ist, lassen sich alle seine Folgeprodukte von ihm abtrennen.

### 1. Trennung des Actiniums vom Radioactinium.

Da das Radioactinium ein Thoriumisotop ist, kann die Abtrennung des Actiniums vom Radioactinium nach allen Reaktionen erfolgen, die eine Actinium-Thorium-Trennung bewerkstelligen. In der Literatur beschrieben sind folgende Reaktionen:

**a) Durch Ausfällen des Radioactiniums.** Fraktionierte Fällung mit Ammoniak: Gibt man zu einer Lösung eines mehrere Monate alten Actiniumpräparates nur so viel Ammoniak hinzu, daß eine geringe Fällung entsteht, so enthält diese Radioactinium angereichert, wiederholt man diesen Prozeß in dem Filtrat, so werden noch weitere radioactiniumhaltige Niederschläge gewonnen. Die Fällungen müssen, bevor sie filtriert werden, etwa 2 Std. stehen, das Actinium X bleibt in Lösung, zum größten Teil auch das Actinium [HAHN (a)].

**b) Durch Ausfällen des Radioactiniums durch Zugabe einer Trägersubstanz.** α) Durch Fällen des Radioactiniums mit Zirkonhydroxyd. Man setzt zu der sehr schwach salzsauren Actiniumlösung etwas Zirkon (oder Thorium) [HAHN (b)] zu und fällt mit Natriumthiosulfat das Radioactinium aus. Actinium und Actinium X bleiben dabei in Lösung, aus der ersteres mit Ammoniak gefällt werden kann [HAHN und ROTHENBACH (a), PANETH und ULRICH (a)].

β) Durch Fällen des Radioactiniums mit Thoriumhydroxyd. Die Abtrennung des Radioactiniums aus einer Actiniumlösung kann auch durch Fällung mit Wasserstoffsuperoxyd bei 60° nach Zugabe von etwas Thorium zu der sehr schwach salzsauren Actiniumlösung erfolgen (McCOY und LEMAN).

γ) Durch Fällen des Radioactiniums mit Cer(IV)-hydroxyd: Siehe Mesothor 2, D, IV, 1, d bzw. C, a, ζ.

δ) Durch Fällen des Radioactiniums mit feinen Niederschlägen. Aus Lösungen von Actinium kann man das Radioactinium stets angereichert ausscheiden, wenn man in ihnen einen sehr feinen Niederschlag erzeugt, z. B. durch Schwefel bei Zusatz von Natriumthiosulfat zu einer ziemlich stark salzsauren Actiniumlösung [HAHN (c), GIESEL, LEVIN], oder durch Schütteln mit Tierkohle (HENRICH).

### 2. Trennung des Actiniums vom Actinium X.

Da das Actinium X ein Radiumisotop ist, kann diese Trennung wegen der Isomorphie aller bisher bekannten Radium-Barium-Salze durch jede Reaktion erfolgen, die eine Actinium-Barium-Trennung zur Folge hat.

**a) Durch Ausfällen des Actiniums.** α) Die Lösung eines mehrere Monate verschlossen aufbewahrten, also im Gleichgewicht mit seinen Zerfallsprodukten befindlichen Actiniumpräparats wird mit Ammoniak gefällt. Nach 2stündigem Stehen auf dem Wasserbad werden das ausgefällte Actinium und Radioactinium abfiltriert. Da die Fällung des Actiniums mit Ammoniak nicht vollständig ist, wird die vollständige Entfernung des Actiniums aus dem angesäuerten Filtrat durch eine Eisen- bzw. Aluminiumfällung nach β) bewirkt [HAHN (d), HAHN und ROTHENBACH (a), PANETH und ULRICH (a)].

Man kann auch aus der Actiniumlösung vorher das Radioactinium nach 1, b) abtrennen und dann das Actinium durch Ammoniak ausfällen [HAHN und ROTHENBACH (b)], wobei man zweckmäßig, um das leicht adsorbierbare Actinium X in Lösung zu halten, vorher etwas Bariumnitrat zugibt [MEYER und PANETH (a)].

$\beta$) Das Radioactinium und Actinium werden aus einer Aktiniumlösung nach Zugabe von Eisen- bzw. Aluminiumsalz durch Fällung mit Ammoniak vollständig abgeschieden, das Actinium X bleibt in Lösung [HAHN und ROTHENBACH (a), PANETH und ULRICH (b)].

$\gamma$) Reste von Actinium (und Radioactinium) können aus einer Actinium X-Lösung durch 2malige HgS-Fällung mit Schwefelwasserstoff in ammoniakalischer Lösung — die zunächst eintretende Hydroxydfällung läßt man unberücksichtigt — entfernt werden, da hierdurch Actinium, Radioactinium und der aktive Niederschlag vollständig ausgefällt werden [MEYER und PANETH (b), PANETH und ULRICH (b)].

**b) Durch Ausfällen des Actinium X.** $\alpha$) Aus einer schwach salzsauren Actiniumlösung kann das Actinium X (nach Abtrennung des Radioactiniums) nach Zugabe von Bariumchlorid- und Natriumacetatlösung mit Kaliumchromat ausgefällt werden. Aus dem Filtrat wird das Actinium nach Zusatz von Chromisalz mit Ammoniak abgetrennt [HAHN und ROTHENBACH (b)].

$\beta$) Das Actinium X kann aus der Lösung auch durch Fällung von Bariumsulfat mit Schwefelsäure abgeschieden werden [HAHN und ROTHENBACH (a), McCOY und LEMAN, MEYER und PANETH (b)]. Dabei kann jedoch ein Teil des Actiniums von dem Bariumsulfatniederschlag mitgerissen werden (vgl. § 1, 1).

### 3. Trennung des Actiniums vom Actinium K.

Die vor kurzem entdeckte, natürliche radioaktive Atomart des Elements 87, das Actinium K, entsteht als Zweigprodukt (1%) aus dem Actinium durch Abspaltung eines $\alpha$-Teilchens. Das Actinium K sendet $\beta$-Strahlen aus und zerfällt mit der Halbwertszeit $T = 21$ Min. Die Möglichkeiten zur Abtrennung des Actinium K von anderen radioaktiven Atomarten sind durch sein chemisches Verhalten als Alkalimetall gegeben.

$\alpha$) Nach Abtrennung der Folgeprodukte des Actiniums (nach II, 1 und 2) werden von dem actiniumhaltigen Lanthan die letzten Spuren von Radioactinium nach Oxydation der Lösung durch Cer(IV)-hydroxyd entfernt, der aktive Niederschlag nach Zugabe von Blei mit Schwefelwasserstoff gefällt und schließlich das actiniumhaltige Lanthan bei Gegenwart von Barium durch carbonatfreies Ammoniak gefällt, während das Actinium X mit dem Barium in Lösung bleibt. Schließlich wird Bariumcarbonat gefällt, das Actinium K bleibt in Lösung (PEREY).

$\beta$) Das Actinium K kann auch aus einer Suspension von Actinium enthaltendem Lanthanfluorid in Wasser abgetrennt werden. Die verschiedenen radioaktiven Zerfallsprodukte des Actiniums (außer Actinium K) werden durch 8mal aufeinanderfolgende Fällungen von Blei, Barium und Lanthan mit Ammoniumcarbonat entfernt. Die restliche Lösung wird verdampft und der Rückstand geglüht, er enthält das Actinium K (PEREY und LECOIN).

## Literatur.

GIESEL, F.: B. **40**, 3012 (1907). — GRAUE, G., u. H. KÄDING: (a) Angew. Ch. **47**, 650 (1934); (b) **47**, 653 (1934). — GROSSE, A., v.: (a) B. **61**, 237 (1928); (b) B. **61**, 242 (1928).

HAHN, O.: (a) Phys. Z. **7**, 560, 856, 861 (1906); Phil. Mag. **12**, 249 (1906); (b) B. **39**, 1605 (1906); (c) B. **39**, 1605 (1906); Phys. Z. **7**, 856, 861 (1906); Phil. Mag. **13**, 166, 176 (1907); (d) Phys. Z. **7**, 856 (1906); Phil. Mag. **13**, 166 (1907). — HAHN, O., u. L. MEITNER: B. **52**, 1821 (1919). — HAHN, O., u. M. ROTHENBACH: (a) Phys. Z. **14**, 409 (1913); (b) Phys. Z. **14**, 410 (1913). — HENRICH, F.: Chemie und chemische Technik radioaktiver Stoffe, S. 246. Berlin 1918.

LEVIN, M.: Phil. Mag. **12**, 184 (1906).

McCoy, H. N., u. E. D. Leman: Phys. Z. **14**, 1281 (1913); Phys. Rev. [2] **4**, 409 (1914). — Meyer, St., u. F. Paneth: (a) Ber. Wien. Akad. **127, IIa**, 147 (1918); (b) **127, IIa**, 153 (1918).

Paneth, F., u. C. Ulrich: (a) in C. Doelter: Handbuch der Mineralchemie, Bd. 3, 2. Hälfte, S. 324. Dresden u. Leipzig 1926; (b) in C. Doelter: Handbuch der Mineralchemie, Bd. 3, 2. Hälfte, S. 325. Dresden u. Leipzig 1926. — Perey, M.: C. r. **208**, 97 (1939). — Perey, M., u. M. Lecoin: Nature **144**, 326 (1939).

# Mesothor 2.

$MsTh_2$, Atomgewicht 228, Ordnungszahl 89, Halbwertszeit 6,13 Std.

## *A. Nachweismethoden.*

Da mit 1 mg Mesothor 1, dem ja bei gleicher Strahlenwirkung gewichtsmäßig bereits eine einige Hundert Male größere Radiummenge entspricht, eine Gewichtsmenge von nur $1{,}05 \cdot 10^{-4}$ mg Mesothor 2 im Gleichgewicht steht, kann das Mesothor 2 ausschließlich in gewichtsloser Menge gewonnen werden. Der Nachweis für Mesothor 2 ist deshalb allein auf radiometrischem Wege möglich.

### Radiometrische Methoden.

#### 1. Aus der Bestimmung der Abfallskurve.

Der Nachweis des Mesothor 2 erfolgt gewöhnlich durch den charakteristischen Abfall der $\beta$- oder $\gamma$-Strahlenaktivität nach der Isolierung des Mesothor 2 aus dem Gemisch mit seinen Folgeprodukten und seiner Muttersubstanz Mesothor 1, die nach den unter D, IV. und III. angegebenen Methoden erfolgen kann. Entsprechend der Halbwertszeit des Mesothor 2 nimmt die Aktivität in 6,13 Std. um die Hälfte ab.

#### 2. Durch Aufnahme einer Absorptionskurve.

Da die $\gamma$-Strahlen des Mesothor 2 eine den $\gamma$-Strahlen von Radium (Radium C) und denen von Radiothor (Thorium C″) gegenüber verschiedene Durchdringbarkeit, besonders für Blei, besitzen, kann man auch durch Aufnahme der Absorptionskurve der $\gamma$-Strahlen Aufklärung über die Anwesenheit des Mesothor 2 erhalten.

## *B. Bestimmungsmethoden.*

### I. Bestimmung der Mesothor 2-Menge.

Das Mesothor 2 kann ausschließlich auf radiometrischem Wege bestimmt werden, da es nur in gewichtsloser Menge herstellbar ist.

Bei starken Mesothor 2-Präparaten wird die $\gamma$-Strahlenaktivität durch Vergleichsmessung einer Radiumnormalen unter denselben Bedingungen mit der Wirkung der $\gamma$-Strahlen des Radiums verglichen. Auf diese Weise erhält man eine Angabe über die Menge Radiumelement, die hinsichtlich der $\gamma$-Strahlenaktivität bei gleichen bestimmten Meßbedingungen (gewöhnlich durch 5 mm Blei) der Mesothor 2-Menge äquivalent ist.

Hätten die $\gamma$-Strahlen des Mesothor 2 genau das gleiche Ionisierungsvermögen wie die des Radiums (Radium C), wären beide also unmittelbar vergleichbar, dann entspräche 1 „mg“ $\gamma$-Strahlenäquivalent Mesothor 2 $6{,}13/1600 \cdot 365 \cdot 24 = 4{,}38 \cdot 10^{-7}$ mg (im Gewichtsmaß). Nun ist aber bei gleicher Anzahl zerfallender Atome die ionisierende Wirkung der $\gamma$-Strahlen des Mesothor 2 geringer als die der $\gamma$-Strahlen des Radiums (beide durch 5 mm Blei gemessen). Für gleiche Wirkung gilt in diesem Fall das Verhältnis Mesothor 2 : Radium = 1 : 0,835. Somit hat 1 „mg“ $\gamma$-Strahlenäquivalent Mesothor 2 ein Gewicht von $4{,}38 \cdot 10^{-7}/0{,}835 = 5{,}24 \cdot 10^{-7}$ mg (im Gewichtsmaß):

Bei schwachen Mesothor 2-Präparaten kann die Bestimmung durch Messung der β-Strahlen ausgeführt werden. Der Aktivitätsabfall der β-Strahlung ist der gleiche wie der der γ-Strahlung.

### II. Bestimmung der Reinheit des Mesothor 2-Salzes.

Da das Mesothor 2 stets in gewichtsloser Menge vorliegt, kann es sich bei der Frage der Reinheit nur um die radioaktive Reinheit handeln, also um eine etwaige Beimengung von Mesothor 1 bzw. Radiothor und dessen Folgeprodukten. Zum Nachweis dieser Reinheit des Mesothor 2 wird die Abfallskurve über längere Zeit aufgenommen. Eine reine Exponentialkurve mit der Halbwertszeit von 6,13 Std. zeigt an, daß das Mesothor 2 radioaktiv rein war. Tritt jedoch mit der Zeit eine immer stärker werdende Verlangsamung des Abfalls ein, so erhält man durch die Differenzbildung mit der theoretischen Abfallskurve den Anteil von Mesothor 1 bzw. Radiothor und Folgeprodukten an der Gesamtaktivität.

## *C. Fällung und Adsorption durch andere Salze.*

Da das Mesothor 2 niemals in sichtbarer und wägbarer Menge erhalten werden kann, ist es von Interesse, mit welchen Niederschlägen das Mesothor 2 durch Mitfällen bzw. Adsorption mitgerissen wird und bei welchen es im Filtrat bleibt.

#### a) Hydroxyde.

α) Das gesamte in der Lösung enthaltene Mesothor 2 wird mitgerissen durch die im Überschuß von Ammoniak in der Wärme gefällten (und mit warmem Ammoniakwasser gewaschenen) Hydroxyde von Eisen, Aluminium, Cer, Lanthan, Praseodym, Neodym, Samarium, Yttrium und Erbium [YOVANOVITCH (a)].

β) Das in schwach salpetersaurer Lösung durch Wasserstoffperoxyd gefällte Thoriumperoxydhydrat adsorbiert das Mesothor 2 nicht [McCOY und VIOL (a), YOVANOVITCH (b)]. Vgl. Actinium, C, § 1, 9, b!

γ) Fällt man aus einer Lösung von Mesothor 2, den Ceriterden und Magnesiumchlorid durch Zugabe von Ammoniak und Ammoniumchlorid die Elemente der seltenen Erden als Hydroxyde, so folgt das Mesothor 2 den Elementen der seltenen Erden, während das Magnesium vollständig inaktiv in Lösung bleibt [GLEDITSCH und CHAMIÉ (a)].

δ) Fügt man zu einer Lösung von Mesothor 2 und den Ceriterden Aluminiumsulfat zu und fällt darauf mit Ammoniak, so bleibt keine Spur des Mesothor 2 bei den Ammoniumsalzen. Werden die gewaschenen Hydroxyde darauf mit Natronlauge behandelt, so geht das Aluminiumhydroxyd als Aluminінat in Lösung, die übrigen Hydroxyde bleiben mit dem gesamten Mesothor 2 ungelöst [GLEDITSCH und CHAMIÉ (b)].

ε) Beim Einleiten von Chlor in die durch Lauge im Überschuß gefällten in der Lösung suspendierten Hydroxyde der Ceriterden wird Cer(III)-hydroxyd zu unlöslichem Cer(IV)-hydroxyd oxydiert, die Hydroxyde von Lanthan, Praseodym, Neodym und Samarium werden dagegen in die Chloride verwandelt und gelöst, ebenso wird das Mesothor 2 gelöst und nicht von dem Cer(IV)-hydroxyd adsorbiert [YOVANOVITCH (c)]. Die Oxyde der Ceriterden werden in die Hydroxyde umgewandelt und in einer alkalischen Lösung nach Zufügen von Mesothor 2 suspendiert. Durch Zufügen von Brom gingen das Lanthanhydroxyd als erstes in Lösung (BROWNING) und mit ihm 87,4% des Mesothor 2, während Neodym und Praseodym noch ungelöst sind [GLEDITSCH und CHAMIÉ (b)]. Vgl. Actinium, C, § 2, II, 1, c.

ζ) Man bereitet eine Lösung von Kaliumpermanganat und Kaliumcarbonat und fügt dazu die kochende Lösung der Ceriterden, die das Cer als Cer(III) enthält. Dadurch werden Cer(IV)-hydroxyd und Mangandioxyd ausgefällt. Wenn man die

Lösung sorgfältig neutral hält, erreicht man die Abtrennung des Cers in vollständiger Weise. Enthält die Lösung Mesothor 2, so ist das Cer völlig inaktiv, das gesamte Mesothor 2 bleibt mit den anderen Erden in Lösung [GLEDITSCH und CHAMIÉ (b)]. Vgl. D, IV, 1, d und Actinium, C, § 2, II, 1, a.

$\eta$) Bei der fraktionierten Fällung der Ceriterden Lanthan, Praseodym, Neodym und Samarium durch 0,1 n Ammoniak erfolgt die Anreicherung des Mesothor 2 in den letzten Fraktionen, da das Mesothor 2-Hydroxyd basischer ist als die Hydroxyde der Ceriterden [YOVANOVITCH (d)]. Vgl. Actinium, C, § 2, II, 2, c.

b) Basische Salze.

Wird durch Zufügen von Ammoniumpersulfat zur warmen Lösung der Nitrate der Ceriterden basisches Cerisalz gefällt, so bleibt das Mesothor 2 mit Lanthan, Praseodym, Neodym und Samarium in Lösung [YOVANOVITCH (c)]. Vgl. Actinium, C, § 2, II, 1, b.

c) Halogenide.

$\alpha$) Wird zu einer heißen Lösung von Bariumchlorid und Mesothor 1 in wenig Wasser konzentrierte Salzsäure gegeben und erkalten lassen, so wird das Barium mit Mesothor 1 gefällt, während das Mesothor 2 größtenteils mit sehr wenig Barium in Lösung bleibt [YOVANOVITCH (e), (f)].

$\beta$) Eine zeitliche Änderung der Adsorption von Mesothor 2 wurde festgestellt an Silberjodid [IMRE (a)], Silberbromid [IMRE (b)] und Silberchlorid [IMRE (c)].

d) Nitrate.

$\beta$) Erfolgt fraktionierte Kristallisation der Doppelnitrate der Ceriterden und des Ammoniums durch Einengen des in konzentrierter Salpetersäure gelösten Gemisches von Lanthan, Praseodym, Neodym und Samarium bei Gegenwart von Ammonnitrat, so nimmt mit fortschreitender Fraktionierung der Gehalt an Mesothor 2 langsam ab [YOVANOVITCH (g)]. Vgl. Actinium, C, § 2, II, 2, a.

$\beta$) Die fraktionierte Kristallisation der Doppelnitrate von Lanthan und Mesothor 2 mit Ammoniumnitrat in salpetersaurer Lösung führt nur zu einer schwachen und unstetigen Anreicherung des Mesothor 2 in den Kristallen [MARIE CURIE (a)]. Vgl. Actinium, C, § 2, II, 3, d.

e) Sulfate.

$\alpha$) Bei der Fällung der Doppelsulfate der Ceriterden durch Zugabe von konzentrierter Kaliumsulfatlösung zur Lösung der Nitrate von Lanthan, Praseodym, Neodym und Samarium wird der größte Teil von Lanthan und Praseodym und Mesothor 2 gefällt [YOVANOVITCH (h), GLEDITSCH und CHAMIÉ (b)]. Vgl. Actinium, C, § 2, II, 2, d.

$\beta$) Bei der Fällung von Bariumsulfat aus schwach saurer Mesothor 2 enthaltender Lösung wird das Mesothor 2 am Niederschlag adsorbiert [McCOY und VIOL (b)]. Bei der Fällung von Bariumsulfat aus einer Lanthan und Mesothor 2 enthaltenden Lösung mit Schwefelsäure werden 10% des Mesothor 2 mit dem Bariumsulfat mitgerissen [MARIE CURIE (b)]. Vgl. Actinium, C, § 1, 1. Eine zeitliche Änderung der Adsorption von Mesothor 2 an Bariumsulfatniederschlägen und dabei eine Abhängigkeit von der $Ba^{2+}$- bzw. $SO_4^{2-}$-Ionenkonzentration sowie der Salzsäurekonzentration in Lösung wurde von IMRE (d) festgestellt.

f) Sulfide.

Die in saurer Lösung durch Schwefelwasserstoff gefällten Sulfide von Quecksilber [McCOY und VIOL (b)], Blei und Wismut adsorbieren Mesothor 2 nicht [YOVANOVITCH (b)].

g) Oxalate.

α) Die durch überschüssige Oxalsäure aus schwach saurer Lösung in der Wärme gefällten Oxalate von Lanthan, Cer, Praseodym, Neodym und Samarium fällen das gesamte in Lösung befindliche Mesothor 2 [Yovanovitch (b)]. Vgl. Actinium, C, § 1, 8, b.

β) Die fraktionierte Fällung der Ceriterden Lanthan, Praseodym, Neodym und Samarium aus heißer salpetersaurer Lösung (mit 5% freier Salpetersäure) durch Oxalsäure bei Gegenwart von Mesothor 2 ergibt dessen Anreicherung mit dem Lanthan in den letzten Fraktionen [Yovanovitch (i)]. Vgl. Actinium, C, § 2, II, 2, b. Die Fraktionierung der Oxalate von Lanthan und von Mesothor 2 aus salpetersaurer Lösung ergibt die Anreicherung des Mesothor 2 in der leichter löslichen Fraktion [Marie Curie (b)]. Vgl. Actinium, C, § 2, II, 3, a.

## *D. Trennungsmethoden.*

### I. Trennung des Mesothor 2 von anderen Salzen.

Um die Chemie des Actiniums kennenzulernen, wurden verschiedentlich Fällungsversuche des im Gegensatz zum Actinium selbst leicht rein herstellbaren und nachweisbaren Actiniumisotops Mesothor 2 mit anderen Elementen ausgeführt. Dabei wird eine Trennung des Mesothor 2 bewirkt von den Elementen:

*Magnesium*, wenn aus einer Lösung von Magnesiumchlorid und der Ceriterden samt Mesothor 2 die beiden letzteren durch Zugabe von Ammoniak und Ammoniumchlorid gefällt werden, das Magnesium bleibt vollständig inaktiv in Lösung, siehe C, a, γ.

*Barium*, wenn aus einer Lösung von Bariumchlorid (und Mesothor 1) und Mesothor 2 in wenig Wasser durch Zugabe von konzentrierter Salzsäure das Bariumchlorid (und Mesothor 1) ausgefällt wird, das Mesothor 2 bleibt mit sehr wenig Barium größtenteils in Lösung, siehe C, c, α.

*Aluminium*, wenn durch Zugabe von Natronlauge zu den Hydroxyden der Ceriterden und des Mesothor 2 sowie des Aluminiums das letztere als Aluminat in Lösung gebracht wird, die seltenen Erden samt dem ganzen Mesothor 2 bleiben ungelöst, siehe C, a, δ.

*Eisen*, wenn eine das Mesothor 2 enthaltende geringe Eisenhydroxydmenge in verdünnter Salzsäure gelöst und dann mit einer Platinkathode elektrolysiert wird, wobei sich das Eisen als Hydroxyd an der Kathode niederschlägt, während sich das Mesothor 2 erst in fast neutraler Lösung abscheiden würde, siehe D, III, 4, a.

*Quecksilber, Blei und Wismut*, wenn diese Metalle aus saurer Lösung mit Schwefelwasserstoff gefällt werden, denn diese Sulfide adsorbieren in saurer Lösung kein Mesothor 2, siehe C, f.

*Thorium*, wenn Thoriumhydroxyd aus schwach salpetersaurer Lösung durch Wasserstoffperoxyd gefällt wird, da dabei das Mesothor 2 nicht adsorbiert wird, siehe C, a, β.

### II. Trennung des Mesothor 2 von den seltenen Erden.

Um Aufschluß über den Verbleib des Actiniums bei den verschiedenen in Frage kommenden Fraktionierungen der seltenen Erden (und damit gleichfalls über die Chemie des Actiniums) zu erhalten, wurden verschiedentlich Versuche nicht mit dem nur sehr umständlich nachweisbaren Actinium, sondern mit seinem in gewichtsloser Menge vorkommenden Isotop Mesothor 2 angestellt, nachdem dieses (nach erfolgter Abtrennung von Mesothor 1) mit den seltenen Erden vermischt worden war. Diese Versuche sind im vorausgehenden Abschnitt C unter a, ε bis η, b, d, α und β, e, α sowie g, β angeführt. Vgl. auch Actinium, C, § 2.

## III. Trennung des Mesothor 2 von seiner Muttersubstanz.

Bei allen Abtrennungen des Mesothor 2 von seiner Muttersubstanz, dem Radiumisotop Mesothor 1, wird zugleich mit letzterem stets auch das Radiumisotop Thorium X (siehe IV, 2) und, wenn, wie es größtenteils der Fall ist, radiumhaltiges Mesothor vorliegt, auch das Radium selbst abgetrennt.

### 1. Fällung des Mesothor 1 mit konzentrierter Salzsäure.

Das Gemisch Bariumchlorid, Mesothor und eventuell Radium wird unter Erhitzen auf dem Wasserbad in wenig Wasser vollständig gelöst, dann langsam konzentrierte Salzsäure bis zum doppelten Volumen zugegeben und schließlich erkalten lassen. Dann wird die klare Säurelösung, die den größten Teil des Mesothor 2, Radiothor und den aktiven Niederschlag von Thorium (und eventuell Radium) sowie eine geringe Menge Bariumchlorid mit einer sehr kleinen Menge Mesothor 1 (und eventuell Radium) enthält, von den Kristallen abgegossen. Die Kristalle enthalten das Bariumchlorid, Mesothor 1, Thorium X und eventuell Radium. Sie werden auf dem Wasserbad getrocknet und nach Auflösen in wenig Wasser die Fällung zwecks vollständiger Abtrennung des Mesothor 2 vom Mesothor 1 wenn nötig ein paarmal wiederholt [Yovanovitch (e), (f)]. Die Entfernung der weitaus größten Mesothor 1-Menge durch die Kristallisation mit konzentrierter Salzsäure ist vor jeder Mesothor 2-Abtrennung aus einem Mesothorpräparat mit Hilfe eines schwer löslichen Hydroxyds als Träger (siehe 3) zu empfehlen, da dadurch eine Verunreinigung des Hauptpräparates mit Ammoniumsalzen infolge der Ammoniakfällungen vermieden wird [Yovanovitch (e), (k)].

### 2. Behandlung mit absolutem Alkohol.

Zu einer Lösung von Bariumnitrat und Mesothor 1 mit seinen Zerfallsprodukten wird Lanthannitrat gegeben und die Lösung zur Trockne eingedampft, der Eindampfrückstand mit absolutem Alkohol behandelt und filtriert: Im Rückstand bleibt das Barium, Mesothor 1, Thorium X und eventuell Radium. Das Filtrat enthält das Lanthan und Mesothor 2 sowie das Radiothor (Haïssinskiy). Über die Abtrennung des Radiothors vom Mesothor 2 siehe IV, 1, a.

### 3. Fällung des Mesothor 2 mit einem schwer löslichen Hydroxyd als Trägersubstanz.

Zu der schwach sauren Lösung des Mesothor 1 und Mesothor 2 wird (zweckmäßig nach erfolgter Abtrennung der Hauptmenge des Mesothor 1 mit konzentrierter Salzsäure nach 1) eine der unten genannten Trägersubstanzen zugegeben und dann in der Wärme mit Ammoniak in geringem Überschuß unter Ausschluß von Kohlendioxyd das Hydroxyd gefällt, das Mesothor 1 bleibt dabei in Lösung, das Mesothor 2 wird mit der Trägersubstanz gefällt. Als Trägersubstanz kann Verwendung finden: Zirkon (Hahn), Eisen [Marckwald, Meitner, Yovanovitch (e), (f), Hahn und Erbacher], Aluminium [McCoy und Viol (c), Yovanovitch (e)], Thorium (Cranston, Widdowson und Russell), über eine eventuell vorausgehende Reinigung des Thoriums vgl. bei IV, 1, b, Lanthan (v. Hevesy, Gueben), Ceriterden [Yovanovitch (l)].

Noch weitergehend wird das Mesothor 2 von Mesothor 1, Thorium X und Radium befreit, wenn man die das Mesothor 2 enthaltende Hydroxydfällung wieder in Säure löst und von neuem mit kohlendioxydfreiem Ammoniak fällt [Gueben (b)], wobei es am wirksamsten ist, wenn zur Lösung vor der Fällung Bariumchlorid zugegeben wird (Hahn und Erbacher). Oder man fällt nach Zugabe eines Bariumsalzes mit Schwefelsäure [Gueben (c)]. Vgl. C, e, $\beta$.

### 4. Abscheidung des Mesothor 2 durch Elektrolyse.

**a) Kathodische Abscheidung nach erfolgter Hydroxydfällung.** Nachdem aus dem Mesothorpräparat (nach IV, 3, b, $\beta$) alle Folgeprodukte mit Ausnahme des

Mesothor 2 abgetrennt sind, wird nach Zusatz einer geringen Eisenmenge das Mesothor 2 zusammen mit dem Eisen durch Ammoniak gefällt, der Niederschlag in verdünnter Salzsäure gelöst und nun das Eisen durch Elektrolyse an einer Platinkathode als Hydroxyd niedergeschlagen. Nach Entfernung des Eisens aus der Lösung wird diese fast neutralisiert und das Mesothor 2 unter ständigem Kochen der Lösung an einer Silberkathode elektrolytisch abgeschieden. Es gelang so, auf einem Silberdraht von 0,19 mm Dicke und 10 mm Länge mehrere Milligramm $\gamma$-Strahlenäquivalent Mesothor 2 zu konzentrieren (MEITNER). Wird in eine 0,1 bis 0,05 n Salzsäurelösung von Eisen und Mesothor 2 zu 0,5 mg Eisenchlorid 1 mg Bariumchlorid zugegeben und unter Kohlendioxyd-Einleiten elektrolysiert, so scheidet sich Mesothor 2 an der Kathode ab (TÖDT).

**b) Kathodische Abscheidung direkt aus der Mesothor 1-Lösung.** Um auf diesem einfachen Weg reines Mesothor 2 zu erhalten, muß das hierzu verwendete Mesothor 1 frei von Radium sein. Ferner müssen das Radiothor und der aktive Niederschlag des Thoriums nach IV, 1, e bzw. 3, b abgetrennt worden sein. Dann läßt sich das Mesothor 2 rein aus der Mesothor 1-Lösung abscheiden, die etwa 0,5 g Bariumchlorid enthalten soll, damit keine Mesothor 1-Spuren mit abgeschieden werden. Die Salzsäurekonzentration der Lösung soll 0,01 bis 0,02 normal sein, dann scheidet sich an einer Platinkathode von etwa 0,8 $cm^2$ bei einer Spannung von 4 Volt und einer Stromstärke von 80 bis 100 Milliampere schon in 2 bis 3 Std. reines Mesothor 2 mit einer Ausbeute von 50 bis 60% ab. Bei kleineren $H^+$-Konzentrationen scheidet sich an der Kathode auch etwas Barium + Mesothor 1 als Carbonat aus, bei größeren $H^+$-Konzentrationen aber ist die Rücklösung des Mesothor 2 zu stark [IMRE (e)].

## IV. Trennung des Mesothor 2 von seinen Zerfallsprodukten.

Sämtliche Zerfallsprodukte des Mesothor 2 lassen sich von diesem selbst abtrennen, da sie mit ihm nicht isotop sind.

### 1. Trennung des Mesothor 2 vom Radiothor.

Diese Trennung wird durch jede Reaktion bewirkt, die eine Actinium-Thorium-Trennung zur Folge hat. In der Literatur beschrieben sind folgende Reaktionen. Vgl. Actinium, C, § 3, II, 1.

**a) Behandlung der alkoholischen Lösung mit Pyridin.** Zur alkoholischen Lösung von Lanthannitrat, Mesothor 2 und Radiothor (siehe III, 2) werden kristallisiertes Thoriumnitrat und Pyridin zugegeben, wodurch Thorium und Radiothor ausfallen. Das Filtrat enthält Lanthan und sehr reines Mesothor 2, das mit dem Lanthan als Hydroxyd oder als Oxalat gewonnen werden kann (HAÏSSINSKIY). Der im Filtrat enthaltene aktive Niederschlag kann nach 3. entfernt werden.

**b) Durch Fällen des Radiothors mit Thoriumhydroxyd.** Die fast neutrale Lösung wird nach Zugabe von wenig Thorium mit Wasserstoffperoxyd bei 60 bis 70° gefällt, das Radiothor geht in den Niederschlag, das Mesothor bleibt in Lösung [McCOY und VIOL (a), YOVANOVITCH (e), (l), GUEBEN (b)]. Eine eventuell notwendige vorausgehende Reinigung des zur Lösung zugegebenen Thoriums von seinen radioaktiven Zerfallsprodukten erfolgt zweckmäßig auf folgende Weise: Man fügt eine Lösung einer Mischung der Nitrate von Blei, Wismut, Lanthan und Barium hinzu, neutralisiert beinahe mit Ammoniak und fällt dann das Thorium mit Wasserstoffperoxyd. Die Fällung wird nach Aufnahme des Niederschlages in Salpetersäure wiederholt [GUEBEN (c)].

**c) Durch Fällen des Radiothors mit Zirkon.** Der Niederschlag des Trägerhydroxyds mit dem Mesothor 2 wird in verdünnter Salzsäure gelöst, nach Zugabe von Zirkon (und eventuell wenig Thorium) mit Ammoniak kongoneutral gemacht (das Indicatorpapier soll gerade rot bleiben), dann bei gewöhnlicher Temperatur mit Ammoniumthiosulfat gefällt, auf dem Wasserbad erhitzt und der das Radiothor enthaltende Niederschlag abfiltriert. Das Mesothor 2 bleibt in Lösung (HAHN und ERBACHER).

**d) Durch Fällen des Radiothors mit Cer(IV)-hydroxyd.** Gibt man zur kochenden Lösung der Ceriterden, worin das Cer als Cer(III)-ion vorliegt, eine Lösung von Kaliumpermanganat und Kaliumcarbonat, so fallen Cer(IV)-hydroxyd und Mangandioxyd aus. Enthält die Lösung Mesothor 2 und Radiothor, so bleibt das gesamte Mesothor 2 in Lösung, während das Radiothor vollständig mit dem Cer(IV)-hydroxyd mitgefällt wird [GLEDITSCH und CHAMIÉ (b)]. Vgl. C, a und Actinium, C, § 2, II, 1, a.

**e) Durch Wiederholung der Fällung 2 Tage nach der 1. Fällung.** Fällt man aus der Mesothorlösung mit Ammoniak ein schwerlösliches Hydroxyd (siehe III, 3) aus, so werden mit dem Hydroxyd das Mesothor 2 und Radiothor gefällt, während das Mesothor 1 in Lösung bleibt. Fällt man nun nach 2 Tagen aus dem Filtrat neuerdings ein schwerlösliches Hydroxyd aus, so wird das inzwischen aus dem Mesothor 1 nachgebildete Mesothor 2 ($T = 6{,}13$ Std.) wieder mitgefällt, während sich praktisch noch kein Radiothor ($T = 1{,}9$ Jahre) nachgebildet hat. Man erhält also auf diese Weise das Mesothor 2 frei von Mesothor 1 und Radiothor [HAHN, MEITNER, YOVANOVITCH (e), (f)].

2. Trennung des Mesothor 2 vom Thorium X und Thoron. Vgl. Actinium, C, § 3, II, 2.

Die Abtrennung des Mesothor 2 vom Thorium X erfolgt zweckmäßig durch Fällung eines schwerlöslichen Hydroxydes mit Ammoniak als Trägersubstanz für das Mesothor 2 (siehe III, 3), wobei das Thorium X, insbesondere wenn vorher zur Lösung etwas Bariumsalz gegeben wurde (HAHN und ERBACHER), in Lösung bleibt.

Man kann auch nach Zufügen von Bariumsalz zur Lösung das Thorium X mit dem Barium zusammen mit Schwefelsäure ausfällen [GUEBEN (c)]. Vgl. C, e, $\beta$.

Nach der Entfernung des Thorium X kann in dem Mesothor 2-Präparat auch kein Thoron ($T = 54{,}5$ Sek.) mehr nachgebildet werden.

3. Trennung des Mesothor 2 vom aktiven Niederschlag, nämlich Thorium B und Thorium C.

**a) Durch Fällen des aktiven Niederschlags mit einem Metallsulfid.** War das Mesothor 2 aus einem radiumhaltigen Mesothor-Präparat abgetrennt, so werden mit dem aktiven Niederschlag des Thoriums auch der kurzlebige Niederschlag des Radiums, nämlich Radium B und Radium C, und der langlebige Niederschlag des Radiums, nämlich Radium D, Radium E und Polonium, mitgefällt.

Der aktive Niederschlag des Thoriums wird aus der schwach sauren Mesothor 2-Lösung (z. B. durch Auflösen von Eisenhydroxyd, das Mesothor 2, Radiothor, Thorium B und Thorium C mitgefällt hat, in Salzsäure erhalten) durch eine Fällung mit Schwefelwasserstoff entfernt, nachdem man vorher zur Lösung z. B. Quecksilber [McCOY und VIOL (a)], oder Blei (HAHN und ERBACHER, HAÏSSINSKIY), oder Blei und Wismut [YOVANOVITCH (e), GUEBEN (c)] zugegeben hat.

**b) Durch Wiederholung der Trennung des Mesothor 2 vom Mesothor 1 alle 2 Tage während eines Monats.** $\alpha$) Fällung des Mesothor 1 mit konzentrierter Salzsäure (siehe III, 1). Wird das Mesothor 1 zusammen mit dem Bariumchlorid alle 2 Tage während eines Monats mit konzentrierter Salzsäure ausgefällt, so wird neben dem in dieser Zeit stets im Gleichgewicht nachgebildeten Mesothor 2 auch die geringe jeweils daraus nachgebildete Radiothormenge samt dem entsprechenden über das Thorium X gebildeten aktiven Niederschlag in der Säurelösung erhalten. Auf diese Weise wird das Thorium X, das stets mit dem Mesothor 1 ausgefällt wird, allmählich ganz zerfallen, da seine Muttersubstanz Radiothor sich infolge ihrer dauernden Abtrennung im Mesothor 1 nicht mehr ansammeln kann. Bei der schließlich nach einem Monat ausgeführten Kristallisation wird dann nur mehr Mesothor 2 allein (mit einer geringen Menge von Mesothor 1 und Bariumchlorid) in der Säurelösung erhalten, da auch der aktive Niederschlag sich wegen völligen Zerfalls des Thorium X beim Mesothor 1 nicht mehr nachbilden konnte [YOVANOVITCH (f)].

β) Fällung des Mesothor 2 mit einem schwerlöslichen Hydroxyd als Trägersubstanz (siehe III, 3). Man kann die in Zeitabständen von ein paar Tagen öfters zu wiederholende Trennung des Mesothor 2 vom Mesothor 1 auch durch Fällungen eines schwerlöslichen Metallhydroxydes, z. B. Eisenhydroxyd, mit Ammoniak durchführen. In diesem Fall werden Mesothor 2, Radiothor und der aktive Niederschlag mit dem Metallhydroxyd gefällt, während Mesothor 1 und Thorium X im Filtrat bleiben. Aus den unter α) angegebenen Gründen befindet sich nach etwa einem Monat beim Mesothor 1 nur sein Folgeprodukt Mesothor 2, das dann durch eine erneute Ammoniakfällung nach Zugabe von sehr wenig Eisen vom Mesothor 1 abgetrennt werden kann (MEITNER).

## Literatur.

BROWNING, P. E.: C. r. **158**, 1679 (1914).

CRANSTON, J. A.: Phil. Mag. [6] **25**, 712 (1913). — CURIE, MARIE: (a) J. Chim. phys. **27**, 6 (1930); (b) **27**, 7 (1930).

GLEDITSCH, E., u. C. CHAMIÉ: (a) C. r. **182**, 380 (1926); (b) **182**, 381 (1926). — GUEBEN, G.: (a) Recherches sur le Mesothor 2, S. 17, 19. Brüssel 1933; (b) Recherches S. 17; (c) Recherches S. 18.

HAHN, O.: Phys. Z. **9**, 246, 392 (1908). — HAHN, O., u. O. ERBACHER: Phys. Z. **27**, 532 (1926). — HAÏSSINSKIY, M.: C. r. **196**, 1788 (1933). — HEVESY, G. v.: Danske Vid. Selsk. Math. Fys. Medd. **7**, 11 (1926).

IMRE, L.: (a) Ph. Ch. A **153**, 132 (1931); (b) **153**, 134 (1931); (c) **153**, 136 (1931); (d) **153**, 266 (1931); (e) **153**, 130 (1931).

MARCKWALD, W.: B. **43**, 3421 (1910). — McCOY, H. N., u. C. H. VIOL: (a) Phil. Mag. [6] **52**, 336, 337, 350 (1913); (b) **25**, 337 (1913); (c) **25**, 336, 350 (1913). — MEITNER, L.: Phys. Z. **12**, 1097 (1911).

TÖDT, F.: Ph. Ch. **113**, 329 (1924).

WIDDOWSON, W. P., u. A. S. RUSSELL: Phil. Mag. [6] **49**, 137 (1925).

YOVANOVITCH, D. K.: (a) C. r. **175**, 309 (1922); J. Chim. phys. **23**, 15 (1926); (b) J. Chim. phys. **23**, 16 (1926); (c) **23**, 17 (1926); (d) **23**, 18 (1926); (e) C. r. **175**, 308 (1922); (f) J. Chim. phys. **23**, 5 (1926); (g) C. r. **175**, 309 (1922); J. Chim. phys. **23**, 22 (1926); (h) C. r. **175**, 309 (1922); J. Chim. phys. **23**, 21 (1926); (i) C. r. **175**, 309 (1922); J. Chim. phys. **23**, 20 (1926); (k) J. Chim. phys. **23**, 4 (1926); (l) **23**, 6, 7 (1926).

# Actinium und Isotope.

Ac, Atomgewicht 227, Ordnungszahl 89.

Von **W. Herr**, Mainz.

Ergänzungen zum vorhergehenden Kapitel.

Mit 4 Abbildungen.

## Inhaltsübersicht.



## Allgemeines.

Die rasche Entwicklung der kernphysikalischen und kernchemischen Forschung während der letzten Jahre hat weitere Isotope des Elementes 89 bekannt werden lassen. Zugleich haben die Forschungen genauere Kenntnis der Actinium-Chemie gebracht. Das Hauptisotop $^{227}Ac$ konnte erstmalig in wägbaren Mengen (etwa 1 mg) künstlich dargestellt und viele seiner Verbindungen konnten studiert werden. Durch neue Abtrennungsverfahren, die sich z. T. bereits in der Radiochemie der seltenen Erden bewährt hatten, konnte Ac in sehr reiner Form und sogar trägerlos isoliert werden. Die HZ des $^{227}Ac$ wurde neu bestimmt, der sicherste Wert ist heute $T = 22{,}0 \pm 0{,}3\,a$.

Die neuen Isotope werden durch künstliche Umwandlung erzeugt bzw. sind Glieder der Neptunium-Reihe (4n + 1). Obgleich $^{227}$Ac und $^{228}$Ac (MsTh 2) nach wie vor für chemische Untersuchungen die wichtigsten und am leichtest zugänglichen Isotope geblieben sind, ist es doch nicht mehr angezeigt, die analytischen Reaktionen jedes der Ac-Isotope getrennt abzuhandeln.

Die Tabelle 1 gibt eine Übersicht über die Kerneigenschaften der jetzt bekannten Ac-Isotope (LANDOLT-BÖRNSTEIN).

Tabelle 1. Actinium-Isotope.
Ordnungszahl 89.

| Massenzahl | Halbwertszeit | Zerfall | Energie der α- bzw. β-Strahlung | Energie der γ-Strahlung | Entstanden aus |
|---|---|---|---|---|---|
| 222 | ~ 10 Sek. | α | α: 6,96 (I. K.) | — | $^{226}$Pa—α → |
| 223 | 2,2 ± 0,1 m | α | α: 6,64 (I. K.) | — | $^{227}$Pa—α → |
| 224 | 2,9 ± 0,2 h | K [≈ 10], α [1] | α: 6,17 (I. K.) | — | $^{228}$Pa—α → |
| 225 | 10,0 ± 0,1 d | α | α: 5,801 ± 0,010 (I. K.) | — | $^{225}$Ra—β⁻ →<br>$^{229}$Pa—α →<br>$^{225}$Th—K → |
| 226 | 1,2 d | β⁻ | — | — | $^{230}$Pa—α → |
| (Ac) 227 | 22,0 ± 0,3a | β⁻ [98,8], α [1,2] | β⁻: 0,010, α: 4,95 ± 0,02 | 0,037 (abs.) | $^{231}$Pa—α →<br>$^{227}$Ra—β⁻ → |
| (MsTh 2) 228 | 6,13 h | β⁻ | 1,55 ± 0,07 | — | $^{228}$Ra—β⁻ → |

## *Nachweis- und Bestimmungsmethoden.*

Die Ac-Isotope werden mit Ausnahme des $^{227}$Ac durch ihre Strahlung direkt nachgewiesen. Die weiche β-Strahlung des $^{227}$Ac, deren Energie zu 0,03 MeV bestimmt werden konnte, ist auch heute noch mit empfindlichsten Nachweisgeräten nicht zur Bestimmung geeignet. Es muß daher durch die Strahlung seiner Folgeprodukte identifiziert werden. Zum Nachweis des $^{227}$Ac kommen folgende Methoden in Betracht:

1. Messung aus dem Zerfall des Aktinons,
2. Messung aus dem Zerfall des aktiven Niederschlages,
3. Messung aus dem Anstieg der gesamten α-Aktivität,
4. Messung aus dem β-Zerfall des Actinium K,
5. Messung aus dem α-Zerfall (Stern-Photomethode).

1. Die von MEYER-SCHWEIDLER angegebene Methode (s. vorangehendes Kapitel) wurde u. a. von BARANOV modifiziert. Eine absolute Bestimmung wird durch Vergleich des Ionisationsstromes von An und einer bekannten Menge Rn ermöglicht. Die Messungen wurden mit zwei äquivalenten Ionisationskammern und einem LUTZ-EDELMANN-Elektrometer durchgeführt. Um die Emanationsausbeute zu bestimmen, wurden sowohl gelöste als auch feste $^{227}$Ac-Präparate gemessen.

2. α-, β-, γ-Methode. Zur quantitativen $^{227}$Ac-Bestimmung wurde die Methode von NAHMIAS, neuerdings von LECOIN, PEREY und POMPEI weiter entwickelt. Durch α-Strahl-Messung und calorimetrische Bestimmungen wurde die Korrespondenz von β- und γ-Messung erhalten und unter den Versuchsbedingungen eine absolute Eichung auf mC erzielt.

3. Zur radiometrischen Bestimmung starker $^{227}$Ac-Präparate wurden in neuerer Zeit die energiereichen α-Strahlen insgesamt (aller Tochtersubstanzen!) verwendet. Diese Methode, von HAGEMANN (a) als die genaueste und bequemste bezeichnet, bedient sich eines modernen Proportionalzählers bzw. Proportionalverstärkers (pulseanalyser) oder einer Ionisationskammer (Parallelplattenkondensator). Kleine Mengen der Ac-Lösung (ohne Träger) wurden auf Pt-Tischchen eingedampft und so zur Messung gebracht. In Anbetracht der hohen spezifischen Aktivität und der chemischen Rein-

heit der Präparate war eine Korrektur etwaiger Zählverluste, durch Selbstabsorption in der Probe, nicht nötig. Die Aufwertung im Proportional-Methan-Zähler war bei einer Zählrate von weniger als 10000 $T$/Min. ebenfalls vernachlässigbar klein. Die Messung in der Ionisationskammer verlangte zufolge der großen Auflösungszeit dieses Instrumentes eine Korrektur von $\sim$7% der Gesamtaktivität, welche durch eine Koinzidenz der $\alpha$-Strahlen des Aktinons und seines kurzlebigen Folgeproduktes Ac A (HZ $= 1{,}83 \cdot 10^{-3}$ Sek.) bedingt war. In der angegebenen Meßanordnung betrug die absolute Zählausbeute etwa 52%. Obgleich erst 4 bis 5 Monate nach der Abtrennung das radioaktive Gleichgewicht annähernd erreicht ist, wurden doch einigermaßen genaue Bestimmungen schon nach 1 bis 2 Wochen an Hand der theoretischen und der experimentellen Nachbildungskurve erhalten.

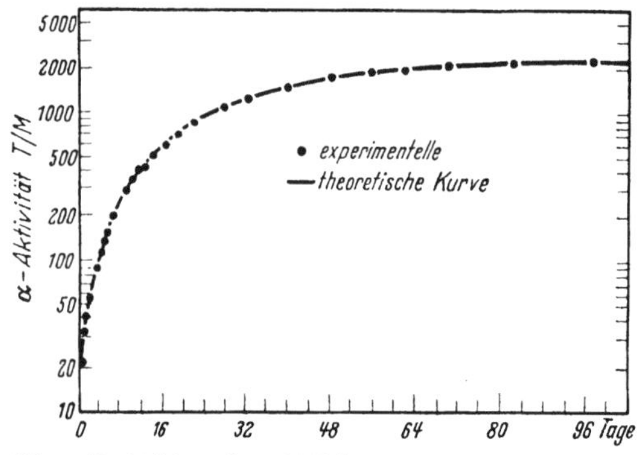

Abb. 1. Nachbildung der α-Aktivität sehr reiner Ac-Präparate.

4. *Bestimmung des* $^{227}$*Ac aus dem Zerfall seiner Tochtersubstanz Ac K.* Gewöhnlich wird Ac durch die Strahlung seiner, dem An folgenden Glieder Ac B und Ac C'' gemessen. Allerdings ist hier der sehr lange Zeitraum von einigen Monaten bis zur Erreichung des Gleichgewichtes notwendig. Erst nach dieser Zeit kann man beispielsweise im Elektroskop das Ergebnis einer Analyse oder Anreicherung der Substanz feststellen. Diese Schwierigkeit wird umgangen, wie M. Perey zeigte, wenn das Ac durch die $\beta$-Strahlung seiner primären Tochtersubstanz, dem Ac K, radiometrisch bestimmt wird.

Ac erleidet einen dualen Zerfall, ein geringer Anteil ($1{,}25 \pm 0{,}02$%) geht durch $\alpha$-Zerfall in das kurzlebige Ac K, in das Element 87, über. Dieses ist instabil und wandelt sich unter Aussendung von $\beta$-Strahlung mit einer Halbwertszeit von $T = 21$ m in das Ac X um.

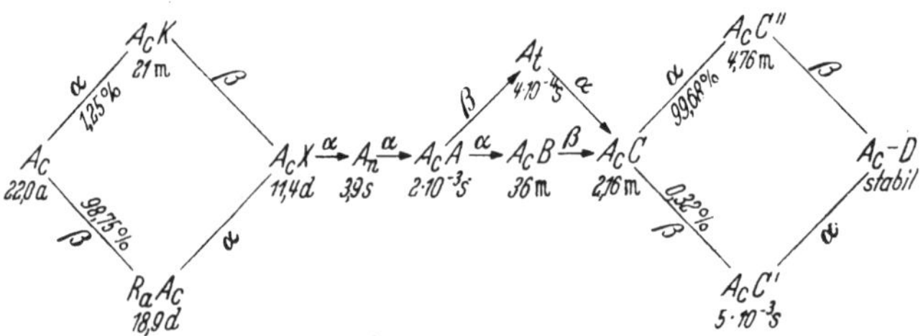

$^{227}$Ac-Zerfallsreihe.

Die radiochemische Bestimmung wird so durchgeführt, daß man das lanthanhaltige Ac-Salz in einem Überschuß von $HNO_3$ oder HCl löst, warm mit überschüssiger Soda fällt und den Carbonatniederschlag, der Ac und alle seine Zerfallsglieder mit Ausnahme des Ac K und des Ac C'' enthalten sollte, schnell absaugt und wäscht (Zeit der Abtrennung $= t_0$). Zu achten ist darauf, daß das Ac X (Ra-Isotop) vollständig ausfällt. Um das Tl-Isotop Ac C'', $T = 4{,}76$ m, vom Ac K abzutrennen, fällt man aus dem schwach angesäuerten und mit $K_2Cr_2O_7$ versetzten Filtrat mit $BaCl_2$ einen Ba-Chromat-Niederschlag aus. Damit werden auch etwaige Ac X-Reste entfernt. Ac K bleibt im Filtrat und wird nach dem Eindampfen in der üblichen Weise in der Ionisationskammer oder im $\beta$-Zählrohr gemessen. Extrapoliert man auf die Anfangsaktivität zur Zeit $t_0$, so läßt sich das Verhältnis von $\beta$-Strahlung des

Ac K zur $\beta$-Strahlung des Ac (im Gleichgewicht mit allen Gliedern) bestimmen. Es wird unter den speziellen Meßbedingungen zu 0,0041 $\pm$ 0,0002 angegeben.

Das Verzweigungsverhältnis von $^{227}$Ac zu $^{223}$Fr konnte mit Hilfe eines Differential-Impulsverstärkers genau bestimmt werden (PETERSON und GHIORSO). Die Messung wurde durch die nachfolgenden $\alpha$-Zerfälle der Ac-Reihe nicht beeinträchtigt. Nur 1,25 $\pm$ 0,02% des $^{227}$Ac erleidet $\alpha$-Zerfall. Die Energie der Teilchen beträgt 4,95 $\pm$ 0,05 MeV.

5. Bestimmung des $^{227}$Ac durch Auszählung der $\alpha$-Sterne. Beim Ac im Gleichgewicht mit seinen Folgeprodukten beobachtet man fünf zeitlich kurz hintereinanderfolgende $\alpha$-Zerfälle. Auf Grund dieser Tatsache besteht die Möglichkeit, Ac durch die Fünfer- bzw. ab dem Radium-Isotop AcX Vierer-Sterne in einer Kernemulsions-Photoplatte (Kodak C 2 oder Ilford C 2), die nur stark ionisierende Strahlung registriert, nachzuweisen und zu bestimmen (BRUXELLES: Centre phys. nucleaire). Diese neue Methode dürfte geeignet sein, einen empfindlichen Nachweis des Elementes neben Radium und auch Thorium (samt Folgeprodukten) zu führen. So haben SCHNEIDER und MATITSCH gezeigt, daß auch an einer natürlich radioaktiven Substanzprobe durch Ermittelung des Verhältnisses Ra : AcX eine absolute Actiniumbestimmung durchgeführt werden kann. Man verwendet eine unter besonderer Sorgfalt hergestellte neutrale Lösung der chemisch abgetrennten Radioisotope $^{226}$Ra und AcX (letzteres kommt erst nach mindestens 5 Monaten ins Gleichgewicht mit seiner Muttersubstanz Ac, daher sind nur ältere Ac-Präparate zu verwenden). Die Photoplatten werden in der Lösung gebadet, nach der Exposition und der Entwicklung der Platten werden die in der Emulsion vorhandenen IV-Sterne durch Ausmessung ihrer charakteristischen Reichweiten als Ra-IV-Sterne bzw. AcX-IV-Sterne (bzw. ThX-IV-Sterne) identifiziert und gezählt. (Ra bildet Sterne der vier $\alpha$-Strahler Ra, Rn, RaA und RaC′, doch besteht für das Rn-Atom eine gewisse Diffusionswahrscheinlichkeit, daher geht ein Bruchteil der Ra-IV-Sterne verloren. Versuche ergaben ihn zu 0,22.) Aus dem Zahlenverhältnis Ra-IV-Sterne zu AcX-IV-Sternen kann auf das Verhältnis Ra zu AcX der Lösung, zur Zeit Expositionsbeginn, geschlossen werden. Das Verhältnis Ra zu Ac läßt sich errechnen. Wird noch eine Ra-Bestimmung etwa mit einem Fontaktometer durchgeführt, so gelangt man zu einer absoluten Ac-Bestimmung.

Einfacher ist das folgende Stern-Zählverfahren. Es liegt ihm das verschieden schnelle Abklingen der Radium-Isotope zugrunde, welches auf der Photoplatte verfolgt wird. Zu verschiedenen Zeiten nach der Abtrennung der Ra, AcX-Lösung werden Photoplatten unter gleichen Bedingungen darin gebadet. Man zählt die jeweils in einem bestimmten Emulsionsvolumen insgesamt enthaltenen IV-Sterne. Durch rechnerische Analyse des ermittelten Abklingens kann man auf die Ra- bzw. AcX-(bzw. ThX-)Komponente in der Gesamt-IV-Sternzahl und damit schließlich wieder auf das Verhältnis Ra zu AcX (zu ThX) der Probe schließen. Um statistisch genügend sichere Ergebnisse zu erhalten, sind jedoch relativ viele Sterne auszumessen, eine Arbeit, die nicht ganz der Mühe entbehrt.

Die photographische Methode hat zwar den Vorzug, daß sie zur Ac-Bestimmung keine besonderen Apparate und keine geeichten Ac-Präparate erfordert. Liegt eine größere Anzahl von Bestimmungen vor, so dürfte man jedoch der Emanationsbestimmungsmethode oder der Messung in der Ionisationskammer wegen schnellerer und einfacherer Durchführbarkeit den Vorzug geben.

## Abtrennungsmethoden.

### Extraktionsverfahren.

#### Trennung des $^{227}$Ac vom Ra und dessen Folgeprodukten durch Extraktion mit TTA.

Da das Ac-Element nur in sehr kleinen Mengen in Uranerzen vorkommt (ungefähr 0,15 mg $^{227}$Ac je Tonne Pechblende), ist eine quantitative Isolierung eine schwierige und mühevolle Aufgabe. Die höchst konzentrierten Ac-Präparate, die aus natürlichen Quellen stammen, und die durch fraktionierte Kristallisation der Erdoxalate gewonnen wurden, bestanden aus wenigen Milligramm La-Oxyd mit 1 bis 2% $^{227}$Ac [LUB; PEREY (b)].

Ein heute leicht zugänglicher Herstellungsweg ist durch die Elementumwandlung

$$^{226}\mathrm{Ra}\,(n,\gamma)\;^{227}\mathrm{Ra};\quad ^{227}\mathrm{Ra}\xrightarrow[\text{sehr kurzlebig}]{\beta^-}\;^{227}\mathrm{Ac}\quad \text{gegeben.}$$

Diese Kernreaktion wurde zuerst von PETERSON (b) experimentell bestätigt.

Um für chemisch-physikalische Untersuchungen erstmalig eine größere Menge Ac zu isolieren, wurde von HAGEMANN (b) 1 g $RaBr_2$ längere Zeit im Pile mit Neutronen bombardiert und das gebildete $^{227}$Ac dann vom Ra und seinen langlebigen Tochtersubstanzen durch Lösungsmittelextraktion getrennt. Dieses Extraktionsverfahren wurde aus dem Grunde vorgezogen, da einmal die Extraktionsapparatur automatisch gesteuert werden konnte (um die Gefahr einer Strahlenschädigung des Personals herabzusetzen) und zum andern, da die Wiedergewinnung des Ra auf diese Weise sehr vereinfacht wurde. Extrahiert wurde aus wäßriger Lösung bei kontrollierten $p_H$-Werten mit einer benzolischen Lösung von 0,25 m Thenoyl–Trifluoraceton (TTA). Die Enolform dieses fluorierten $\beta$-Diketons reagiert mit Metallionen zu neutralen Chelatkomplexen.

```
         O  H  O
H    H   ‖  |  ‖
C————C—C—C—C—CF3
‖    ‖      |
             H
HC   CH
  \S/
```

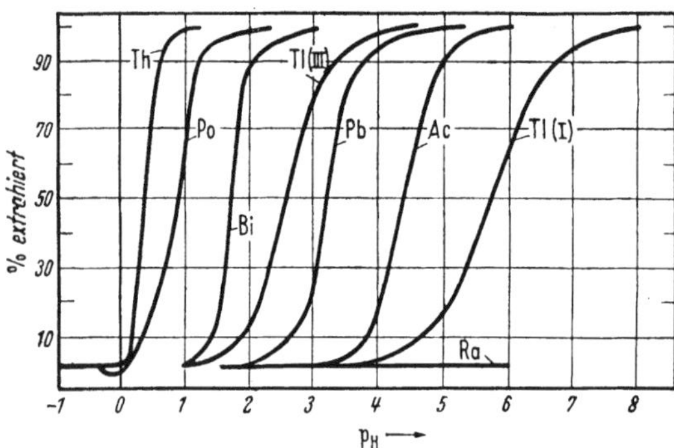


Abb. 2. Extraktion von Tracer-Mengen Thorium, Polonium, Wismut, Blei, Thallium, Radium und Aktinium aus wäßriger Lösung mit gleichem Volumen 0,25 m TTA-Benzollösung als Funktion des $p_H$-Wertes.

Die Bedingungen der Extraktion und insbesondere die Feststellung des wirksamsten $p_H$-Bereiches wurden im Modellversuch mit Tracer-Aktivitäten des Th(Io), Po, Bi(RaE), Ac(MsTh2), $^{226}$Ra und $^{204}$Tl studiert. Es ergeben sich nebenstehende Extraktionsbereiche.

***Arbeitsvorschrift.* Abtrennung des Ac vom bestrahlten Ra.** Das neutronenbestrahlte $RaBr_2$ wurde in 35 ml Wasser gelöst und in die Apparatur eingebracht. Nachdem durch NaOH der $p_H$-Wert auf 6 eingestellt war (Glaselektrode), wurde mit dem gleichen Volumen einer 0,25 m TTA-Lösung in Benzol versetzt und die Mischung 15 bis 20 Min. gut durchgerührt. Sodann konnten die Phasen getrennt und die benzolische Lösung konnte in ein zweites Gefäß gedrückt werden, aus welchem das Ac in 25 cm³ 6 n HCl zurückextrahiert wurde. Die Extraktion der Ausgangslösung wurde noch zweimal wiederholt. Die 6 n HCl-saure Lösung enthielt dann Ac, RaAc, RaD und kleine Mengen anderer Elemente. Sie wurde abgedampft, in 25 cm³ 0,1 n HCl aufgenommen und mehrmals mit TTA-Lösung zur Entfernung des Th geschüttelt. Nachdem der $p_H$-Wert wieder auf 6 eingestellt war, wurde Ac erneut extrahiert und dieses in 6 n HCl zurückgeschüttelt. [Die spektroskopische Analyse eines kleinen Teiles dieser Lösung ergab 54% Ac, 18% Pb(RaD), 18% $SiO_2$, Fe, Al, Ca, Mg, Na. 0,1% Ra war noch vorhanden, wahrscheinlich durch mechanisches Mitreißen.]

Die weitere Reinigung bestand in zwei neuerlichen Extraktionscyclen, sodann wurde mit einigen Milligramm Blei als Träger Bleisulfid gefällt und die restliche

Pb-, Bi- und Po-Aktivität auf diese Weise entfernt. Schließlich wurde mit $NH_3$-Gas das Ac als weiße, gelatinöse Substanz gefällt, zentrifugiert und wieder in 0,1 n HCl gelöst. 1,25 mg Ac konnten gewonnen werden. (Die spektroskopische Analyse von etwa 10 $\mu$g Substanz zeigte, daß das Produkt über 95% aus Ac bestand. Rest Fe, Al, Ca, Mg.)

### Abtrennung des Ac vom Th.

Die Aufgabe, quantitativ gewichtslose Ac- und Ra-Aktivitäten von größeren Mengen (2 bis 5 g) Th abzutrennen, wurde auf gleiche Weise mittels (TTA) Extraktion (MEINKE und ANDERSON) gelöst. (Wird Th durch Fällungsreaktionen entfernt, so ist ein unkontrollierbares Mitreißen der gewichtslosen Radioisotope unvermeidlich.) Von MEINKE und ANDERSON wird eine automatisch nach dem Prinzip der aufsteigenden Gasblase arbeitende Apparatur angegeben. Th wurde aus $HNO_3$-Lösung ($p_H = 2,5$) in TTA-Benzol extrahiert und dann mit 2 n $HNO_3$ zurückextrahiert (MEINKE).

Weitere Versuche zur Abtrennung des Ac durch Extraktion wurden von McLANE und PETERSON (a) mitgeteilt. Der Ac-Benzhydroxam-Komplex scheint aus wäßriger Lösung ($p_H = 5,0$) in Chloroform, ähnlich wie auch der Komplex des Elementes 95, extrahierbar zu sein.

## Adsorptionsverfahren.

### Trennung des $^{228}$Ac von La und seltenen Erden mittels Ionen-Austauscher.

Da sich zur Trennung der seltenen Erden das Kunstharz „Amberlit IR 1"-Kationenaustauscher als sehr brauchbar erwiesen hatte, wurde dieses neue Verfahren zur Abtrennung des Ac und des in seinem chemischen Verhalten sehr ähnlichen La angewendet [McLANE und PETERSON (b)]. Als Adsorptionssäule diente ein 35 cm langes und 7 mm (innerer Durchmesser) starkes Rohr, das unten mit Glaswolle abgeschlossen war. Die Lösungen wurden durch Vorrats-Schütteltrichter eingefüllt. Das Kunstharz Amberlit wurde mit verdünnter HCl, $H_2O$ und mit Natrium-Citratlösung vorbehandelt. Darauf wurde die $^{228}$Ac-Lösung, die nur einige Zehntel cm³ faßte und etwa 2 mg La enthielt, zu 6,6 cm³ 0,25 m Citratlösung (2,4 Teile Citronensäure auf 1 Teil Diammoniumcitrat) gegeben und langsam durch die Säule gezogen. Das La war mit $^{140}$La ($T = 40^h$) markiert. Der $p_H$-Wert wurde auf 3,09 eingestellt und mittels Glaselektrode kontrolliert. Mit einer größeren Menge Citratlösung wurde sofort eluiert. 26 Proben zu je 12 ml wurden getrennt aufgefangen. Schließlich wurde nochmals mit 0,5 m Monoammoniumcitrat ($p_H = 3,76$) nachgewaschen. Das Diagramm zeigt, daß die Trennung beinahe quantitativ ist und daß ein geringes Überlappen der beiden Aktivitäten durch eine Verlängerung der Trennsäule vermieden werden kann.

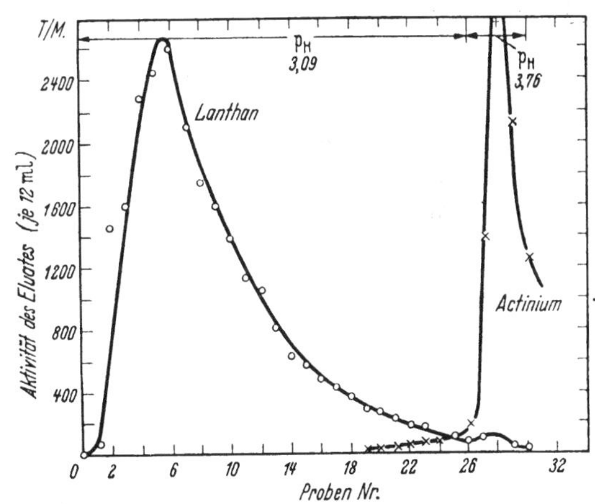

Abb. 3. Trennung von La und Ac mittels Amberlit IR 1 durch Elution mit 0,25 m Citratlösung.

Auch YANG und HAÏSSINSKY lösten, wohl unabhängig voneinander, die Aufgabe der Trennung des Ac vom La auf gleichem Wege. Diese Autoren verwendeten das Kunstharz Amberlit IR 100. Die Trennung der beiden Elemente wurde besonders günstig in sehr verdünnten Ammoniumcitratlösungen (etwa 1%) beim $p_H$-Wert 4,5 bis 5,5.

Daß auch die Trennung von La und Ac auf Papier mit Hilfe einer angelegten Spannung von 300 Volt durch Elektrophoresewirkung gelingt, hat M. LEDERER kürzlich gezeigt. Als Elektrolyt wurde eine etwa 1%ige Ammoncitratlösung ($p_H$ 7 bis 8) verwendet.

### Trennung des $^{227}$Ac von Ra und dessen Folgeprodukten durch Adsorption.

PETERSON (b) zeigte, daß $^{227}$Ac von Ra und seinen Folgeprodukten durch Adsorption am Harzaustauscher Amberlit IR 1 getrennt werden kann. Ein Ra-Präparat von 1 mg wurde 13 Tage im Pile bestrahlt, in verdünnter HCl gelöst und auf dem Kation-Harzaustauscher adsorbiert. Die verwendete Säule war 35 cm lang und 7 mm von innerem Durchmesser. Das Ac wurde sodann mit 150 ml 0,25 m Monoammoniumcitratlösung eluiert. Vorangegangene Tracerexperimente hatten ergeben, daß unter diesen Bedingungen nur $10^{-3}$% des Ra, aber alles $^{228}$Ac ausgewaschen wird. (Anschließend ließ sich das Ra mit 3 m HCl vom Austauscher ablösen.) Das Ac enthaltende Eluat wurde mit HCl angesäuert, auf 0,1 m Citratlösung verdünnt und an einer zweiten Säule nochmals adsorbiert, dann auf gleiche Weise mit 150 ml 0,25 m primärer Ammoncitratlösung eluiert. Der Prozeß wurde ein drittes Mal an einer neuen Säule wiederholt. Danach erwies sich die Lösung als Ra-frei. Blei und Wismut wurden als Träger für die noch in Spuren vorhandenen Radioisotope RaD, RaE und Po zugesetzt und mit $H_2S$ aus salzsaurer Lösung zweimal gefällt. Aus der Aktivitätsausbeute berechnet sich der Neutronenwirkungsquerschnitt $(n, \gamma)$ für $^{226}$Ra zu etwa 18 bis 20 barns[1].

## Chemische Trennungsverfahren.

### Trennung des $^{228}$Ac vom MsTh 1 ($^{228}$Ra) [McLANE und PETERSON (c)].

#### Herstellung eines radioaktiv reinen $^{228}$Ac(MsTh 2)-Präparates.

Die Arbeitsmethode ist durch Modifikation des von HAÏSSINSKY angegebenen Verfahrens entwickelt worden. Sehr geringe Trägermengen werden verwendet. Die Filtration wird durch Zentrifugieren ersetzt, so daß alle Operationen schneller und einfacher in kleinen Zentrifugengläsern durchführbar sind. Wegen der Bedeutung des Isolierungsverfahrens soll die Arbeitsvorschrift hier angeführt werden.

***Arbeitsvorschrift.*** Zu der $^{228}$Ra und dessen Zerfallsprodukte enthaltenden salpetersauren Lösung werden je 1 mg Ba, Pb, Th und La zugegeben. Die etwa 0,5 ml Lösung werden schnell bei 100° C im Luftstrom abgedampft. Die trockene Nitrat-Salz-Mischung wird dreimal mit je 1 cm³ Isopropyl- oder Äthylalkohol[2] extrahiert. Die Ra-Isotope bleiben im Blei- bzw. Bariumrückstand (welcher für eine spätere Abtrennung wieder Verwendung finden kann). Zu der alkoholischen Lösung werden 2 ml Pyridin zugegeben, und es wird 10 Min. auf dem Wasserbad bei etwa 70° C gerührt. Das Th fällt langsam als Pyridin-Komplexsalz aus und kann entfernt werden. Zur Abtrennung von mitgelöstem aktivem Pb und Bi wird in die Alkohol-Pyridin-Lösung noch etwa 1 mg Pb- und Bi-Nitrat in wenig verdünnter $HNO_3$ zugegeben und durch $H_2S$ der Sulfidniederschlag gefällt und abzentrifugiert. (Der geringe Säuregehalt des Reagenses genügt, um La vor der Ausfällung als Hydroxyd

[1] *„barn"*: 1950 von der Joint Commission on Standards, Units and Constants of Radioactivity in international Council of Scientific Unions (ICSU) festgelegte Bezeichnung für die Einheit des Wirkungsquerschnittes: 1 barn = $10^{-24}$ cm² [Nature **166**, 931 (1950)].

[2] Über die Vorbehandlung, d.h. die sehr wichtige Trocknung der Alkohole, werden leider keine näheren Angaben gemacht.

zu bewahren.) Danach wird die Lösung zur Trockne gedampft und u. U. vorsichtig geglüht, um organische Substanzreste zu entfernen. MsTh 2 kann in jeder gewünschten Säure (mit La-Oxyd als Träger) aufgenommen werden. Die auf diesem Wege erzielte radiochemische Reinheit des Präparates wird zu 99,95% angegeben.

## Abtrennung des $^{228}$Ac von allen Begleitsubstanzen.

### Herstellung eines trägerfreien $^{228}$Ac(MsTh 2)-Präparates.

$^{228}$Ac läßt sich mit $La(NO_3)_3$ als Träger in abs. Alkohol aufnehmen. Bemerkenswerterweise ist $^{228}$Ac ohne La-Träger nicht extrahierbar. Wird nun La durch Ce ersetzt, so kann es mit diesem zusammen aufgenommen und, nachdem das Ce zur höheren Oxydationsstufe oxydiert ist, von diesem getrennt werden [PETERSON (c)]. Die Abtrennung des $^{228}$Ac von seinen radioaktiven Mutter- bzw. Tochtersubstanzen wird in der bereits angeführten Weise [McLANE und PETERSON (c)] durchgeführt, jedoch wird statt La 1 mg Ce als Träger zugesetzt. Das geglühte Produkt enthält dann Ce(IV)-Oxyd, welches in dem noch warmen Tiegel mittels 30%igem Perhydrol (das 1 n an $HNO_3$ ist) gelöst wird. Die Lösung und Reduktion zum Ce(III) geht schnell vonstatten (Abdecken des Gefäßes empfehlenswert, da Sprühverluste). Unter einem Infrarotstrahler wird zur Trockne gedampft. Der aktive Rückstand wird in 0,5 bis 1 cm³ 1 n $HNO_3$ aufgenommen, in ein kleines Zentrifugengläschen überführt. Dann werden wenige Milligramm festes $Ag_2O$ unter Rühren zugefügt. Um von Ce und Ag zu trennen, wird mit 1 n $HNO_3$ auf 5 ml verdünnt und mit 1 m $HJO_3$* bis *zu einem winzigen Überschuß* tropfenweise versetzt. Die Ce- und Ag-Niederschläge werden abzentrifugiert. Da die Mitfällung des Ac sehr empfindlich durch überschüssiges Jodat beeinflußt wird [McLANE und PETERSON (d)] und um die Ausbeute an Ac nicht zu gefährden, ist die Arbeitsvorschrift genau einzuhalten. Das Filtrat bzw. die klare überstehende Lösung wird zur Trockne gebracht und in einem Pt-Tiegelchen zur Zerstörung des $JO_3$ vosichtig erhitzt. Die spektroskopische Analyse eines diesbezüglichen Präparates zeigte nur Ca und Al in der Größenordnung von 5 $\mu$g.

## Analytisches Verhalten von Tracer-Mengen Ac(MsTh 2).

Die Sonderheit der analytisch-chemischen Eigenschaften eines gewichtslos vorliegenden Radioelementes zwingt den Radiochemiker, das Verhalten der „Tracer-Mengen", das durchaus abweichend von den Reaktionen des in wägbarer Menge vorliegenden Elementes sein kann, genauestens zu studieren. Es ist daher im Rahmen dieser Abhandlung sehr bedeutungsvoll, wenn auf diese Tracer-Reaktionen im folgenden ausführlicher eingegangen wird.

### Bedingungen bei der Fällung von $Zr(JO_3)_4$.

Die Mitfällungsbedingungen des $^{228}$Ac an Zirkon-Jodat wurden von McLANE und PETERSON (d) eingehend untersucht. Es wurde trägerfreies $^{228}$Ac (c) für die Experimente verwendet, um die Möglichkeit einer Täuschung durch Fällung von La-Jodat zu vermeiden. Die Fällungen wurden mit 0,85 m $KJO_3$-Lösung oder mit festem $KJO_3$ in einem kleinen Volumen von 3 bis 5 cm³ bei Zimmertemperatur durchgeführt.

Es zeigte sich, daß der Prozentsatz des gefällten $^{228}$Ac außerordentlich von der in der Lösung verbleibenden Jodatkonzentration abhängt. Schon ein geringer Überschuß des Reagenses läßt die Ausfällung des Ac mit dem Zr-Jodatniederschlag stark ansteigen. Bei geringer Jodatkonzentration bleibt Ac quantitativ in Lösung. In einer noch an $KJO_3$ 0,25 m Lösung erreicht die Fällung bereits 95% des $^{228}$Ac.

* Dem Referenten erscheint die $HJO_3$-Konzentration zu hoch bemessen!

Die Gegenwart von Neutralsalzen, z. B. Ammoniumnitrat und $NaClO_4$, hindert die Fällung des Ac-Tracers. Den Einfluß verschiedener Elektrolyte auf die Fällung zeigt die Tabelle (Zr-Konzentration 0,1 g/Liter; 0,1 m $JO_3^-$).

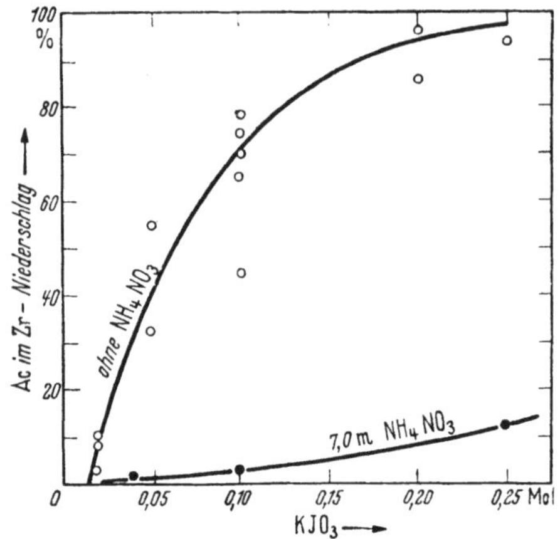


Abb. 4. Einfluß der $JO_3^-$-Konzentration auf die Mitfällung des Ac (0,1 g Zr/Liter, aus 0,2 m $HNO_3$).

| Elektrolyt | $^{228}$Ac gefällt mit $Zr(JO_3)_4$ (in %) aus 1 m Lösung | aus 3 m Lösung |
|---|---|---|
| $HNO_3$ | 34,5 | 10,5 |
| $HClO_4$ | 57,5 | 45 |
| $NaNO_3$ | 17,5 | — |
| $NaClO_4$ | 15 | 16,24 |
| $NH_4NO^3$ | 9 | 4,5 |
| $NH_4ClO_4$ | 15 | — |

Salpetersäure weist einen ähnlichen, aber weniger ausgeprägten Einfluß auf die Mitfällung des Ac auf. Steigende $HNO_3$-Konzentration erniedrigt, wie zu erwarten, die Mitfällung, beispielsweise werden aus 0,9 n $HNO_3$ nur 15% des Ac gefällt. Aus 0,1 n $HNO_3$ sind es unter gleichen Bedingungen (0,1 g Zr/Liter; 0,05 n $JO_3^-$) etwa 40%.

## Fällung des Ac durch $Bi(PO_4)$.

Das Verhalten von trägerfreien Tracer-Mengen $^{228}$Ac bei der Fällung des Wismutphosphats wurde von McLane und Peterson [(d) S.1371] studiert. Die Fällung wurde bei erhöhter Temperatur (75 bis 80°) durch Zufügen von 0,8 m $H_3PO_4$ vorgenommen. Anschließend wurde der Niederschlag 1 Std. bei dieser Temperatur digeriert. Die Mitfällung des Ac ist, wie sich aus der Löslichkeit des Bi-Phosphats in Säuren verstehen läßt, stark vom $p_H$-Wert abhängig. Aus 0,2 m $HNO_3$ werden 80% gefällt, aus 1 n $HNO_3$ dagegen nur etwa 5%. Die Bi- und auch die $H_3PO_4$-Konzentration hat keinen merklichen Einfluß, ebenso die Anwesenheit von Na-Perchlorat. Die Fällung wird dagegen relativ stark durch die Gegenwart von $NH_4NO_3$ verhindert, wie aus der nebenstehenden Tabelle zu ersehen ist.

| Salz | $^{228}$Ac gefällt mit Bi-Phosphat (in %) (0,1 m $HNO_3$, 1 g Bi/Liter, 1,5 m Salz) % Ac |
|---|---|
| $NaClO_4$ | 95 |
| $NH_4ClO_4$ | 94 |
| $NaNO_3$ | 68 |
| $NH_4NO_3$ | 35 |
| $NH_4NO_3$ | 52 |

## Fraktionierte Kristallisation von La-Salzen.

**a) Ac-La-Oxalate.** Auch die Verteilung des $^{228}$Ac-Tracers zwischen La-Oxalatniederschlag und Lösung bei teilweiser Fällung des Lanthans (mit $^{140}$La als Indicator) wurde neu studiert. Die Niederschläge wurden mit Ammonoxalat gefällt ($p_H \sim 4{,}5$) und danach 20 bis 30 Min. auf 75 bis 80° gehalten (s. S. 1377). Als Ergebnis wurde gefunden, daß sich Ac noch quantitativ im Niederschlag befindet, obgleich nur 70% des La gefällt wurde. Die Gegenwart von Yttrium (welches einen löslichen Oxalatkomplex bildet) hat keinen merklichen Einfluß, s. Tabelle. Leider führen die Autoren nicht an, wie die Messungen durchgeführt wurden. Einige Zahlenwerte der Tabelle lassen den Schluß auf relativ großen Fehler bei der radiometrischen Bestimmung zu.

Wird La-Oxalat aus stark salpetersaurer Lösung gefällt, so erreicht man eine Abreicherung des Ac vom La. Bei Fällung des dritten Teiles des La in 1 m $HNO_3$ zeigte dieser Niederschlag nur $^1/_{10}$ der Ac-Aktivität.

Tabelle 2.
Verteilung des Actiniums bei fraktionierter Fällung von Lanthan-Oxalat.

| Erhitzungszeit in Minuten | Yttrium g/Liter | Gefundene Aktivität in % | | | |
|---|---|---|---|---|---|
| | | Actinium | | Lanthan | |
| | | Niederschlag | Lösung | Niederschlag | Lösung |
| 20 | 0,0 | 84 | < 1 | | |
| | 0,0 | | | 63 | 27 |
| | 0,1 | 87 | < 2 | | |
| | 0,1 | | | 52 | 38 |
| 30 | 0,0 | 98 | 0 | 76 | 22 |
| | 0,1 | 79 | 0 | 70 | 30 |
| | 0,1 | 99 | 0 | 77 | 23 |
| | 0,2 | 99 | 0 | 77 | 23 |

**b) Ac-La-Phosphate.** Mit radioaktiven Leitatomen $^{140}La$ und $^{228}Ac$ ließ sich zeigen, daß Ac vom La durch Phosphatfällung abgereichert werden kann (l. c. S. 1376). Die Lösung enthielt 0,7 g La je Liter und war 0,8 m an $H_3PO_4$, gefällt wurde durch $NH_4OH$ mit nachfolgendem Erhitzen auf 75 bis 80° C. Die Verteilung der Elemente zwischen Niederschlag und Lösung zeigt die nebenstehende Tabelle.

| Durchschnittliche $NH_4^+$-Konz. Molarität | Actinium % | | Lanthan % | |
|---|---|---|---|---|
| | Niederschlag | Lösung | Niederschlag | Lösung |
| 0,12 | 42 | 36 | 90 | 11 |
| 0,25 | 80 | 22 | 94 | 4 |
| 0,37 | 81 | 9 | 98 | 2 |

## Fällung des Ac mit Sulfaten.

Es ist seit langem bekannt, daß Ac an Bariumsulfat adsorbiert und gefällt wird (Imre). Aus 0,5 m $HNO_3$ wird Tracer-$^{228}Ac$ mit 1 Tropfen konzentrierter $H_2SO_4$ je $cm^3$ gefällt. Die Niederschläge wurden 1 Std. digeriert. Aus nebenstehender Tabelle ist ersichtlich, daß kleine Mengen La das Ac im $BaSO_4$-Niederschlag verdrängen können [McLane und Peterson (e)].

Tabelle 3. Fällung und Adsorption des Aktiniums an Bariumsulfat.

| La-Konzentration g/Liter | Temperatur °C | Gefundene Aktivität in % | |
|---|---|---|---|
| | | Niederschlag | Lösung |
| 0 | 85 | 96 | 4 |
| 0 | 85 | 95 | 5 |
| 0,3 | 25 | 30 | 69 |
| 0,3 | 80 | 35 | 63 |

Trägerfreies Ac wird auch aus 6 m $H_2SO_4$ von $PbSO_4$ beinahe quantitativ (98%) gefällt. Die Gegenwart von $NH_4NO_3$ ändert diesen Wert nicht.

## Analytisches Verhalten des Ac bei der Fällung von La-Fluorid.

La-Fluorid nimmt praktisch quantitativ (über 98%) Tracer $^{228}Ac$ mit, wenn dieses aus einer Lösung, die 5 m an $HNO_3$ und 3 m an HF ist, gefällt wurde und die Lösung 0,3 g La je Liter enthielt. Jedoch wird aus 2 m $HNO_3$ + 5 m $NH_4NO_3$ nur 87% der Aktivität ausgefällt (l. c. S. 1377).

Siliciumfluorwasserstoffsäure stört ebenso. La-Niederschläge aus solchen Lösungen, die 90% des La enthielten, brachten nur 50 bis 75% Ac mit.

## Trennung des Ac vom Uran.

Uranylperoxyd (20 g U je Liter), das aus 0,33 m $HNO_3$ und 10% $H_2O_2$ gefällt wird, reißt nicht mehr als 2% des gewichtslos vorhandenen Ac mit (l. c. S. 1378), wie aus Experimenten ersichtlich ist, die mit α-strahlendem $^{225}Ac$ als Indicator durchgeführt wurden.

## Abscheidung durch Elektrolyse.

Von COTELLE und HAÏSSINSKY wurde die elektrolytische Abscheidung des $^{228}$Ac mit 2 bis 5 mg $La(NO_3)$ aus Alkohol-Aceton-Lösung an Ag-Kathoden versucht. Die Elektrolyse brachte keine Trennung vom La.

Praktisch trägerfreie Präparate, wenn auch mit sehr geringer Ausbeute, wurden bei der Elektrolyse von $^{228}$Ac mit $NaNO_3$ unter ähnlichen Bedingungen erhalten.

## Das Emissionsspektrum.

Das Spektrum des $^{227}$Ac wurde von MEGGERS, MARK FRED und TOMKINS untersucht. 1 mg $^{227}$Ac stand zur Verfügung. Das Spektrum wurde photographiert, und die stärksten Linien wurden gemessen.

## Literatur.

(Literatur wurde bis Anfang 1953 berücksichtigt.)

BARANOV, V. I.: Akad. V. I. Vernadskomu k Pyatidesyatiletiyu. Nauch. Deyatelnosti **1**, 499 (1936). — BRUXELLES: Centre phys. nucleaire, Univ. libre, Nr 3 (1—5) (1948) Aug.

COTELLE, S., u. M. HAÏSSINSKY: C. r. **206**, 1644 (1938).

HAGEMANN, F.: (a) Am. Soc. **72**, 770 (1950); (b) Am. Soc. **72**, 768 (1950). — HAÏSSINSKY, M.: C. r. **196**, 1788 (1933).

IMRE, L.: Ph. Ch. A **153**, 262 (1931); Z. El. Ch. **38**, 535 (1932).

LANDOLT-BÖRNSTEIN: Zahlenwerte, 6. Aufl., Bd. I, 5. Teil (1952). — LECOIN, M., M. PEREY u. A. POMPEI: J. Chim. phys. **46**, 158 (1949). — LEDERER, M.: C. r. **236**, 200 (1953). — LUB, W. A.: J. Phys. Rad. **8**, 366 (1937).

MCLANE u. S. PETERSON: (a) N.N.E.S. IV, 14-B, Paper 19. 3, S. 1379 (1949); (b) N.N.E.S. IV, 14-B, Paper 19. 6, S. 1385 (1949); (c) N.N.E.S. IV, 14-B, Paper 19. 7, S. 1388 (1949); (d) N.N.E.S. IV, 14-B, Paper 19. 3, S. 1371 (1949); (e) N.N.E.S. IV, 14-B, Paper 19. 3, S. 1378 (1949). — MEGGERS, WM. F., MARK FRED, F. S. TOMKINS: AECU-1562, UAC-118, Juli 1951. — MEINKE, W. W.: U.S. AECD-2738 und AECD-2750, Aug. (1949), AECD-3084 (1951). — MEINKE, W. W., u. R. E. ANDERSON: Anal. Chem. **24**, 708 (1952). — MEYER, ST., u. E. SCHWEIDLER: Radioaktivität, 2. Aufl. Leipzig 1927.

NAHMIAS: C. r. **188**, 1165 (1929); J. Chim. phys. **26**, 319 (1929).

PEREY, M.: (a) J. soc. de Chim. Phys. **43**, 263 (1946); C. r. **214**, 797 (1942); (b) J. Chim. phys. **43**, 155 (1946). — PETERSON, S., u. A. GHIORSO: (a) N.N.E.S. IV, 14-B, Paper 19. 10, S. 1395 (1949); (b) N.N.E.S. IV, 14-B, Paper 19. 9, S. 1393 (1949); (c) N.N.E.S. IV, 14-B, Paper 19. 8, S. 1391 (1949).

SCHNEIDER, W., u. T. MATITSCH: Mitt. Inst. Radium Wien Nr. 288. Diss. Inst. Radium Wien (1951).

YANG, J., u. M. HAÏSSINSKY: Bl. 546 (1949); J. Chim. phys. **47**, 805 (1950); Bl. Soc. Chim. France **1949**, 546.

*Anmerkung:* Die Abkürzung N.N.E.S. IV, 14-B bezieht sich auf den Band 14 B der Abteilung IV der National Nuclear Energy Series, betitelt „The Transuranium Elements", herausgegeben von G. T. SEABORG, J. J. KATZ und W. M. MANNING, im Verlag McGraw-Hill Book Comp., New York 1949.

Zeitfracht Medien GmbH
Ferdinand-Jühlke-Straße 7
99095 Erfurt, Deutschland
produktsicherheit@kolibri360.de